工程机械手册

HANDBOOK OF CONSTRUCTION MACHINERY

MUNICIPAL MACHINERY AND RECREATION FACILITIES

市政机械与游乐设施

主编 黄兴华
副主编 舒文华 周崎 盛金良

清华大学出版社
北京

内 容 简 介

本书分为 5 篇，共 53 章，内容涵盖市政机械与游乐设施五大类产品（市政机械、游乐设施、洗车修车设备、停车设备和园林机械）及市政机械与游乐设施选型与维护等。本书针对广大市政机械与游乐设施机械专业工作者对设备选型、应用和维护管理的需要，考虑到行业工作的特点，每一篇内容既相对独立又相互联系，方便不同业务范围的管理及技术人员使用。编写时，每篇均采用行业骨干企业的最新信息，对主流市政机械与游乐设施产品资料进行归纳提炼，以数据表格、图形等形式展现，方便读者学习和使用。

本书较为全面地汇集了市政机械与游乐设施的主要数据资料，内容与相关的机械设计手册、设计规范等有一定的互补性，可供市政机械与游乐设施及相关机械装备制造行业从事机械装备制造、运行和维修的管理及技术人员使用，也可供相关专业的工程技术人员及大专院校的师生参考。

版权所有，侵权必究。举报：010-62782989，beiqinquan@tup.tsinghua.edu.cn。

图书在版编目（CIP）数据

工程机械手册：市政机械与游乐设施/黄兴华主编．—北京：清华大学出版社，2023.4
ISBN 978-7-302-61731-0

Ⅰ. ①工… Ⅱ. ①黄… Ⅲ. ①市政工程－工程机械－技术手册 ②游乐场－设施－工程机械－技术手册 Ⅳ. ①TU990.05-62 ②TS952.8-62

中国版本图书馆 CIP 数据核字（2022）第 157897 号

责任编辑：王　欣
封面设计：傅瑞学
责任校对：欧　洋
责任印制：丛怀宇

出版发行：清华大学出版社
　　　　网　　址：http://www.tup.com.cn，http://www.wqbook.com
　　　　地　　址：北京清华大学学研大厦 A 座　　　邮　编：100084
　　　　社 总 机：010-83470000　　　　　　　　　　邮　购：010-62786544
　　　　投稿与读者服务：010-62776969，c-service@tup.tsinghua.edu.cn
　　　　质量反馈：010-62772015，zhiliang@tup.tsinghua.edu.cn
印 装 者：三河市东方印刷有限公司
经　　销：全国新华书店
开　　本：185mm×260mm　　　印　张：50.75　　　字　数：1328 千字
版　　次：2023 年 4 月第 1 版　　　　　　　　　　印　次：2023 年 4 月第 1 次印刷
定　　价：298.00 元

产品编号：085548-01

《工程机械手册》编写委员会名单

主　编　　石来德　周贤彪
副主编　　（按姓氏笔画排序）
　　　　　丁玉兰　马培忠　卞永明　刘子金　刘自明
　　　　　杨安国　张兆国　张声军　易新乾　黄兴华
　　　　　葛世荣　覃为刚
编　委　　（按姓氏笔画排序）
　　　　　卜王辉　王　锐　王　衡　王国利　王勇鼎
　　　　　毛伟琦　孔凡华　史佩京　付　玲　成　彬
　　　　　毕　胜　刘广军　李　刚　李　青　张　珂
　　　　　张丕界　周　崎　周治民　孟令鹏　赵红学
　　　　　郝尚清　胡国庆　秦倩云　徐志强　徐克生
　　　　　郭文武　黄海波　曹映辉　盛金良　程海鹰
　　　　　傅炳煌　舒文华　谢正元　鲍久圣　薛　白
　　　　　魏世丞

《工程机械手册——市政机械与游乐设施》编委会

主　任　黄兴华
编　委　（按姓氏笔画排序）
　　　　王文东　王志光　仝　光　乔　军　刘　钊　刘宝军
　　　　孙志强　杨清亮　宋子洋　陈再兴　金知涛　周　崎
　　　　周正山　孟　磊　胡　兼　施　炜　姚　俊　夏　晓
　　　　黄东峰　黄瑞达　盛金良　盛春强　舒文华　舒峰琳
　　　　楼惠一
主　编　黄兴华
副主编　舒文华　周　崎　盛金良
编写组　（按姓氏笔画排序）
　　　　王　旭　王　泽　王文东　王志光　王琤阳　王海卿
　　　　王继锋　王殿虎　王嘉舜　尹　浩　仝　光　冯明辉
　　　　朱金栋　乔　军　刘辰宇　刘宝军　孙志强　严冬华
　　　　李传磊　李江源　李恩光　杨　阔　杨清亮　杨增玉
　　　　肖　斌　汪　澍　汪陈英　沈　杰　宋子洋　宋春华
　　　　张　荣　张　婕　张宇光　陆　敏　陆军伟　陈　兴
　　　　陈　涛　陈占伟　陈再兴　欧阳惠卿　金知涛　金宗琪
　　　　周　崎　周正山　周晓君　郑　杰　孟　磊　胡　兼
　　　　施　炜　姚　俊　夏　晓　徐自平　高　祥　高　攀
　　　　黄东峰　黄瑞达　盛金良　盛春强　彭　佳　蒋明锋
　　　　覃先云　舒峰琳　楼惠一　廖燕丽　熊　杰　缪正荣
参加审稿人员　（按姓氏笔画排序）
　　　　　　　仝　光　刘　钊　杨清亮　周　崎　黄东峰
　　　　　　　黄兴华　盛金良　舒文华

《工程机械手册——市政机械与游乐设施》编写人员

第 1 篇　市政机械
主　编　黄东峰
编写人员
第 1 章　孙志强　汪　澍
第 2 章　黄东峰　肖　斌
第 3 章　廖燕丽　黄东峰
第 4 章　覃先云
第 5 章　覃先云
第 6 章　汪陈英　金知涛
第 7 章　杨增玉　王　旭　高　攀　彭　佳
第 8 章　金知涛　汪陈英
第 9 章　王文东
第 10 章　黄东峰　陈占伟
第 11 章　乔　军　李江源
第 12 章　乔　军　李江源
第 13 章　乔　军　李江源

第 2 篇　游乐设施
主　编　姚　俊
编写人员
第 14 章　缪正荣　张宇光
第 15 章　高　祥　胡　兼
第 16 章　蒋明锋　沈　杰
第 17 章　徐自平　胡　兼　张宇光
第 18 章　陈　涛　王琤阳
第 19 章　楼惠一　欧阳惠卿
第 20 章　舒峰琳　王琤阳
第 21 章　周晓君　舒峰琳　王海卿　李传磊
第 22 章　高　祥　张宇光
第 23 章　胡　兼　王海卿
第 24 章　刘辰宇　王嘉舜　欧阳惠卿
第 25 章　王海卿　陆军伟
第 26 章　欧阳惠卿　舒峰琳　王嘉舜　楼惠一

第3篇　洗车修车设备

主　编　仝　光

编写人员

第27章　仝　光　杨　阔
第28章　熊　杰　仝　光
第29章　熊　杰　仝　光
第30章　熊　杰　仝　光
第31章　杨　阔　张　婕　仝　光
第32章　杨　阔　张　婕　仝　光
第33章　杨　阔　张　婕　仝　光
第34章　仝　光　朱金栋　尹　浩
第35章　孟　磊　夏　晓　王殿虎
第36章　李恩光
第37章　李恩光
第38章　王志光　冯明辉　仝　光

第4篇　停车设备

主　编　黄瑞达

编写人员

第39章　黄瑞达　周　崎
第40章　黄瑞达　周　崎
第41章　刘宝军　周正山　张　荣　宋春华
第42章　周正山　刘宝军　陆　敏　金宗琪
第43章　刘宝军　周正山　王　泽　严冬华　陆　敏
第44章　陈再兴　刘宝军　王继锋　张　荣　周正山
第45章　陈再兴　刘宝军　宋春华　周正山　张　荣
第46章　徐小勇　徐泽元　凌　云
第47章　黄瑞达

第5篇　园林机械

主　编　盛金良

编写人员

第48章　盛金良　施　炜
第49章　杨清亮　郑　杰
第50章　宋子洋　盛金良
第51章　盛春强　宋子洋
第52章　施　炜　陈　兴　盛金良
第53章　朱正扬　盛金良

总序

PREFACE

根据国家标准,我国的工程机械分为20个大类。工程机械在我国基础设施建设及城乡工业与民用建筑工程中发挥了很大作用,而且出口至全球200多个国家和地区。作为中国工程机械行业中的学术组织,中国工程机械学会组织相关高校、研究单位和工程机械企业的专家、学者和技术人员,共同编写了《工程机械手册》。首期10卷分别为《挖掘机械》《铲土运输机械》《工程起重机械》《混凝土机械与砂浆机械》《桩工机械》《路面与压实机械》《隧道机械》《环卫与环保机械》《港口机械》《基础件》。除港口机械外,已涵盖了标准中的12个大类,其中"气动工具""掘进机械"和"凿岩机械"合在《隧道机械》内,"压实机械"和"路面施工与养护机械"合在《路面与压实机械》内。在清华大学出版社出版后,获得用户广泛欢迎,斯普林格出版社购买了英文版权。

为了完整体现工程机械的全貌,经与出版社协商,决定继续根据工程机械型谱出齐其他机械对应的各卷,包括:《工业车辆》《混凝土制品机械》《钢筋及预应力机械》《电梯、自动扶梯和自动人行道》。在市政工程中,尚有不少小型机具,故此将"高空作业机械"和"装修机械"与之合并,同时考虑到我国各大中城市游乐设施亦很普遍,故也将其归并其中,出一卷《市政机械与游乐设施》。我国幅员辽阔,江河众多,改革开放后,在各大江大河及山间峡谷之上建设了很多大桥;与此同时,在建设了很多高速公路之外,还建设了很多高速铁路。不论是大桥还是高速铁路,都已经成为我国交通建设的名片,在我国实施"一带一路"倡议及支持亚非拉建设中均有一定的地位,在这些建设中,出现了自有的独特专用装备,因此,专门列出《桥梁施工机械》《铁路机械》及相关的《重大工程施工技术与装备》。我国矿藏很多,东北、西北、沿海地区有大量石油天然气,山西、陕西、贵州有大量煤矿,铁矿和有色金属矿藏也不少,勘探、开采及输送均需发展矿山机械,其中不少是通用机械,在专用机械如矿井下作业面的开采机械、矿井支护、井下的输送设备及竖井提升设备等方面均有较大成就,故列出《矿山机械》一卷。农林机械在结构、组成、布局、运行等方面与工程机械均有相似之处,仅作业对象不一样,因此,在常用工程机械手册出版之后,再出一卷《农林牧渔机械》。工程机械使用环境恶劣,极易出现故障,维修工作较为突出;大型工程机械如盾构机,价格较贵,在一次地下工程完成后,需要转场,在新的施工现场重新装配建造,对重要的零部件也将实施再制造,因此专列一卷《维修与再制造》。一门以人为本的新兴交叉学科——人机工程学正在不断向工程机械领域渗透,因此增列一卷《人机工程学》。

上述各卷涉及面很广,虽撰写者均为相关领域的专家,但其撰写风格各异,有待出版后,在读者品读并提出意见的基础上,逐步完善。

石来德
2022年3月

前言
FOREWORD

近年来,随着我国社会经济的快速发展,城市得到了快速发展,人民群众的生活水平得到大幅度提高,同时人们的游乐生活意愿增强,同步地对城市管理及游乐生活的要求日益提高。国家在城市建设方面不断加大投入,促进了城市管理及游乐生活配套的相关产业的迅速发展,客观上也促进了市政机械与游乐设施的发展及更新换代。

装备制造业是我国的战略性新兴产业,市政机械与游乐设施是重要装备产品的组成部分,是城市管理和人民游乐生活的基础技术装备,是城市管理及游乐生活日益提高的重要保障。"十三五"规划实施以来,我国市政机械装备制造业规模迅速扩大,主要装备实现了国产化,部分装备达到国际领先水平,先进装备和优势企业走出去的步伐加快,产品覆盖近百个国家和地区,行业整体水平得到了跨越式发展。在游乐设施装备方面,我国已成为大型游乐设施制造大国,但还不是制造强国,产品主要凭借实用性和价格优势,多销售至东南亚、非洲、中东等地区,欧美地区销量仍较少。随着国内外市场竞争的加剧,为应对与国外知名企业竞争的压力,国内大型游乐设施制造企业应加快提升创意设计,实现我国由大型游乐设施制造大国向制造强国转变的目标。

《工程机械手册——市政机械与游乐设施》选择了市政机械与游乐设施的五大类产品,包括市政机械、游乐设施、洗车修车设备、停车设备和园林机械5篇内容,主要特点如下。

(1) 根据行业骨干企业的最新信息,参考市政机械与游乐设施设备产品资料,经过归纳提炼,以数据表格、图形等形式展现,方便读者学习和使用。

(2) 5篇内容既相对独立又相互联系,方便不同业务范围的管理及技术人员使用。

(3) 所有市政机械与游乐设施数据以国内外标准为依据。

(4) 汇集的市政机械与游乐设施资料较为齐全,内容与相关的机械设计手册、设计规范等有一定的互补性。

编写《工程机械手册——市政机械与游乐设施》出版的目的是为广大市政机械与游乐设施管理和技术人员提供一本实用的工具书,为市政机械与游乐设施选型和维护提供支持与帮助。

《工程机械手册——市政机械与游乐设施》由上海市科学技术协会黄兴华教授担任主编,上海市特种设备监督检验技术研究院院长舒文华教授、上海振华重工(集团)股份有限公司副总裁周崎、同济大学盛金良教授担任副主编。在手册编写期间,得到编委会成员单位上海市科学技术协会、上海电机学院、上海神舟汽车节能环保股份有限公司、湖北五环专用汽车有限公司、福建侨龙应急装备有限公司、长沙中联重科发展股份有限公司、杭州爱知工程车辆有限公司、海德馨汽车有限公司、中国电信上海分公司、江苏路鑫达交通设施有限公司、重庆耐德新明和工业有限公司、上海芝松航空科技有限公司、上海市特种设备监督检验技术研究院、上海锦江乐园有限公司、上海华侨城投资发展有限公司欢乐谷旅游分公司、广东金马游乐股份有限公司、上海希都游乐设备制造有限公司、浙江南方文旅科技股份有限公司、上海钦龙科技设备有限公司、上海国际主题乐园有限公司、上海青浦游艺机玩具厂有限公司、上海游艺机工程有限公司、上海振华重工(集团)股份有限公司、上海市政工程设计研究总院(集团)有限公司、上海同济远大环保机械工程有限公司等单位的大力支持,谨此致谢!

在手册编写过程中,同济大学、东北农业大学、上海电机学院的部分研究生承担了资料收集工作,谨此致谢!

手册在编写过程中参考了国内外专家学者的文献资料,在此表示深深的谢意!

清华大学出版社为手册的编写提供了很多有价值的修改建议,并进行了数据校审工作,谨此致谢!

由于编者的学识水平有限,疏漏之处在所难免,敬请广大读者不吝赐教。

编 者

2022 年 6 月

目录
CONTENTS

第1篇 市政机械

第1章 道路综合养护车 ... 3
- 1.1 概述 ... 3
  - 1.1.1 定义 ... 3
  - 1.1.2 用途 ... 3
  - 1.1.3 国内外发展概况及发展趋势 ... 4
- 1.2 分类及结构特点 ... 5
  - 1.2.1 主要分类 ... 5
  - 1.2.2 结构特点 ... 5
- 1.3 结构及工作装置 ... 6
  - 1.3.1 结构及特点 ... 6
  - 1.3.2 工作装置及技术 ... 7
- 1.4 典型产品介绍 ... 12
  - 1.4.1 拖车式道路综合养护车 ... 12
  - 1.4.2 热再生型道路综合养护车 ... 13
- 1.5 选型原则 ... 15
  - 1.5.1 依据养护距离选型 ... 15
  - 1.5.2 依据车辆类型选型 ... 15
- 1.6 常见故障及排除方法 ... 17

第2章 交通抢险清障车 ... 19
- 2.1 概述 ... 19
  - 2.1.1 定义 ... 19
  - 2.1.2 功能 ... 19
  - 2.1.3 国内外发展概况及发展趋势 ... 20
  - 2.1.4 设计要求 ... 20
- 2.2 分类 ... 20
- 2.3 典型产品介绍 ... 22
  - 2.3.1 平板型清障车 ... 22
  - 2.3.2 拖吊型清障车 ... 29
- 2.4 安全使用规程 ... 30
  - 2.4.1 操作准备 ... 30
  - 2.4.2 操作程序 ... 30
  - 2.4.3 注意事项 ... 30
  - 2.4.4 常规维护保养 ... 31
- 2.5 常见故障及排除方法 ... 31
- 2.6 选用原则 ... 33

第3章 排水抢险车 ... 34
- 3.1 概述 ... 34
- 3.2 用途与分类 ... 34
  - 3.2.1 用途 ... 34
  - 3.2.2 分类 ... 34
- 3.3 典型产品介绍 ... 34
  - 3.3.1 垂直供排水抢险车 ... 34
  - 3.3.2 高空供排水抢险车 ... 36
  - 3.3.3 远程供排水抢险车 ... 37
- 3.4 常见故障及排除方法 ... 38
- 3.5 发展趋势 ... 39

第4章 下水道疏通车 ... 40
- 4.1 概述 ... 40
- 4.2 用途与分类 ... 40
  - 4.2.1 用途 ... 40
  - 4.2.2 分类 ... 40
- 4.3 典型产品介绍 ... 40
  - 4.3.1 8 t级下水道疏通车 ... 40
  - 4.3.2 11 t级下水道疏通车 ... 44

4.3.3　18 t 级联合疏通车 …………… 47
4.4　常见故障及排除方法 ……………… 52
4.5　发展趋势 ……………………………… 53

第5章　公路保洁车 …………………… 54

5.1　概述 …………………………………… 54
5.2　用途与分类 …………………………… 54
　5.2.1　用途 ……………………………… 54
　5.2.2　分类 ……………………………… 54
5.3　典型产品介绍 ………………………… 55
　5.3.1　路面养护车 ……………………… 55
　5.3.2　护栏清洗车 ……………………… 60
5.4　常见故障及排除方法 ………………… 64
5.5　发展趋势 ……………………………… 65

第6章　高空作业车 …………………… 66

6.1　概述 …………………………………… 66
　6.1.1　国内发展概况 …………………… 66
　6.1.2　国外发展概况 …………………… 67
　6.1.3　发展趋势 ………………………… 68
6.2　分类及规格型号 ……………………… 68
　6.2.1　分类 ……………………………… 68
　6.2.2　规格型号 ………………………… 68
6.3　结构特点及性能参数 ………………… 69
　6.3.1　结构特点 ………………………… 69
　6.3.2　性能参数 ………………………… 69
6.4　结构及部件选型 ……………………… 70
　6.4.1　结构和主要部件 ………………… 70
　6.4.2　主要部件选型 …………………… 71
6.5　典型产品介绍 ………………………… 73
　6.5.1　CLW5050JGKZ4型高空
　　　　　作业车 …………………………… 73
　6.5.2　高空作业平台 …………………… 74
6.6　高空作业车安全使用规范 …………… 78
　6.6.1　总则 ……………………………… 78
　6.6.2　行车 ……………………………… 79
　6.6.3　作业 ……………………………… 79
　6.6.4　其他 ……………………………… 79
6.7　常见故障及排除方法 ………………… 79

第7章　强力吸污车 …………………… 82

7.1　概述 …………………………………… 82
　7.1.1　定义 ……………………………… 82
　7.1.2　适用工况 ………………………… 83
　7.1.3　国内外发展概况及发展
　　　　　趋势 ……………………………… 83
7.2　分类 …………………………………… 83
　7.2.1　按车型分类 ……………………… 83
　7.2.2　按容积分类 ……………………… 83
　7.2.3　按吸程及吸引距离分类 ………… 84
7.3　工作原理、产品结构、主要技术
　　　参数及选用原则 …………………… 84
　7.3.1　工作原理 ………………………… 84
　7.3.2　产品的主要结构及组成 ………… 84
　7.3.3　主要技术参数 …………………… 89
　7.3.4　选用原则和选用计算 …………… 89
7.4　安全使用规程 ………………………… 91
　7.4.1　使用注意事项 …………………… 91
　7.4.2　操作规程 ………………………… 91
　7.4.3　日常维护和保养 ………………… 93
7.5　常见故障及排除方法 ………………… 95

第8章　应急电源车 …………………… 96

8.1　概述 …………………………………… 96
　8.1.1　定义 ……………………………… 96
　8.1.2　用途 ……………………………… 96
　8.1.3　发展趋势 ………………………… 96
8.2　分类 …………………………………… 96
8.3　典型产品介绍 ………………………… 97
　8.3.1　标准车载式移动电源车 ………… 97
　8.3.2　拖车式移动电源车 ……………… 101
　8.3.3　高压电源车 ……………………… 103
　8.3.4　UPS电源车 ……………………… 104
　8.3.5　EPS电源车 ……………………… 107
　8.3.6　军用电源车 ……………………… 108
8.4　移动电源车的操作规程 ……………… 110
　8.4.1　发电前的准备工作 ……………… 110
　8.4.2　启动发电机组 …………………… 111
　8.4.3　运行发电机组 …………………… 111
　8.4.4　关闭发电机组 …………………… 111

8.4.5 柴油发电机组的保养维修程序 …… 111
8.5 常见故障及排除方法 …… 112
 8.5.1 发电机组的常见故障及排除方法 …… 112
 8.5.2 UPS电源的常见故障及排除方法 …… 113
8.6 选用原则 …… 114

第9章 应急通信车 …… 115
9.1 概述 …… 115
 9.1.1 功能 …… 115
 9.1.2 特点 …… 116
9.2 分类 …… 116
9.3 典型产品介绍 …… 117
 9.3.1 大型应急指挥车 …… 117
 9.3.2 小型应急指挥车 …… 118
 9.3.3 大型应急通信基站车 …… 119
 9.3.4 小型应急通信基站车 …… 121
 9.3.5 应急静中通卫星通信车 …… 121
 9.3.6 应急动中通卫星通信车 …… 122
 9.3.7 应急卫星转播车 …… 123
 9.3.8 大型应急通信油机车 …… 124
9.4 设计要求 …… 126
 9.4.1 设备选型 …… 126
 9.4.2 定制设计 …… 126
9.5 常见故障及排除方法 …… 127

第10章 道路交通维护车 …… 129
10.1 概述 …… 129
 10.1.1 发展背景 …… 129
 10.1.2 发展趋势 …… 129
10.2 用途与简介 …… 130
 10.2.1 用途 …… 130
 10.2.2 简介 …… 130
10.3 道路标线的划线与清除方法 …… 130
 10.3.1 道路标线的划线方法 …… 130
 10.3.2 道路标线的清除方法 …… 131
10.4 典型产品介绍 …… 134
 10.4.1 18t级道路划线车 …… 134
 10.4.2 18t级道路标线清除车 …… 136

10.5 常见故障及排除方法 …… 137
10.6 选用 …… 138

第11章 应急热食供应保障车 …… 139
11.1 概述 …… 139
 11.1.1 功能和特点 …… 139
 11.1.2 分类与用途 …… 139
11.2 结构原理 …… 140
11.3 总体设计 …… 140
 11.3.1 主要参数的确定 …… 140
 11.3.2 整车总体布置 …… 142
 11.3.3 主要部件的结构设计 …… 144
11.4 试验与检验 …… 145
 11.4.1 专业性能试验与检验 …… 145
 11.4.2 检验规则 …… 145
11.5 常见故障及排除方法 …… 147
11.6 选用 …… 147
11.7 发展方向 …… 147

第12章 应急饮水供应保障车 …… 149
12.1 概述 …… 149
 12.1.1 功能和特点 …… 149
 12.1.2 分类与用途 …… 149
12.2 结构原理 …… 149
12.3 总体设计 …… 150
 12.3.1 主要参数的确定 …… 150
 12.3.2 整车总体布置 …… 151
 12.3.3 主要部件的结构设计 …… 151
12.4 试验与检验 …… 153
 12.4.1 专业性能试验与检验 …… 153
 12.4.2 检验规则 …… 154
12.5 常见故障及排除方法 …… 155
12.6 选用 …… 155
12.7 发展趋势 …… 156

第13章 应急综合饮食供应保障车 …… 157
13.1 概述 …… 157
 13.1.1 功能和特点 …… 157
 13.1.2 分类与用途 …… 157
13.2 结构原理 …… 158
13.3 总体设计 …… 158

13.3.1 主要参数的确定 …………… 158
13.3.2 整车总体布置 …………… 159
13.3.3 主要部件的结构设计 …… 160
13.4 试验与检验 …………………… 161
13.4.1 专业性能试验与检验 …… 161
13.4.2 检验规则 ………………… 162
13.5 常见故障及排除方法 ………… 163
13.6 选用 …………………………… 164
13.7 发展趋势 ……………………… 164

第2篇 游乐设施

第14章 概述 …………………… 167
14.1 现状及发展趋势 ……………… 167
14.2 术语定义 ……………………… 168
14.3 分类 …………………………… 168
14.4 选用的基本原则 ……………… 169
14.4.1 合法使用 ………………… 169
14.4.2 合理选型 ………………… 170
14.4.3 安全运营 ………………… 171

第15章 旋转木马 ……………… 173
15.1 概述 …………………………… 173
15.2 分类 …………………………… 174
15.2.1 按规模大小分类 ………… 174
15.2.2 按驱动方式分类 ………… 175
15.3 典型产品的结构 ……………… 176
15.4 场地设施 ……………………… 178
15.5 主要参数规格及选型 ………… 178
15.5.1 主要参数 ………………… 178
15.5.2 部分厂家的产品规格和
        参数 ……………………… 179
15.5.3 选型 ……………………… 180
15.6 安全使用规程、维护及常见
     故障 …………………………… 180
15.6.1 操作规程 ………………… 180
15.6.2 日常安全检查 …………… 180
15.6.3 维护与保养 ……………… 181
15.6.4 常见故障与处理 ………… 182

第16章 碰碰车 ………………… 184
16.1 概述 …………………………… 184
16.2 分类 …………………………… 184
16.2.1 天网碰碰车 ……………… 184
16.2.2 地网碰碰车 ……………… 185
16.2.3 储能式碰碰车 …………… 185
16.3 车体 …………………………… 185
16.3.1 底盘 ……………………… 185
16.3.2 座舱 ……………………… 186
16.3.3 车身外饰及音响 ………… 186
16.4 车场 …………………………… 186
16.4.1 天网碰碰车车场 ………… 186
16.4.2 地网碰碰车车场 ………… 187
16.4.3 配电 ……………………… 187
16.5 主要参数规格及选型 ………… 187
16.6 安全使用规程、维护及常见
     故障 …………………………… 188
16.6.1 操作规程 ………………… 188
16.6.2 日常安全检查 …………… 189
16.6.3 维护与保养 ……………… 189
16.6.4 常见故障与处理 ………… 190

第17章 飓风飞椅 ……………… 191
17.1 概述 …………………………… 191
17.2 典型产品的结构 ……………… 191
17.2.1 基座 ……………………… 191
17.2.2 转伞及吊椅悬挂装置 …… 193
17.2.3 支撑装置 ………………… 193
17.2.4 装饰及彩灯 ……………… 193
17.3 场地设施 ……………………… 194
17.4 主要参数规格及选型 ………… 194
17.4.1 主要参数 ………………… 194
17.4.2 部分厂家的产品规格和
        参数 ……………………… 195
17.4.3 选型 ……………………… 195
17.5 安全使用规程、维护及常见
     故障 …………………………… 195
17.5.1 操作规程 ………………… 195
17.5.2 日常安全检查 …………… 196
17.5.3 维护与保养 ……………… 197

17.5.4　常见故障与处理 …………… 198

第 18 章　自控飞机 ……………………… 200

　18.1　概述 …………………………………… 200
　18.2　典型产品的结构 ……………………… 201
　18.3　场地设施 ……………………………… 201
　18.4　主要参数规格及选型 ………………… 202
　　　18.4.1　主要参数 …………………… 202
　　　18.4.2　部分厂家的产品规格和
　　　　　　　参数 ……………………… 202
　　　18.4.3　选型 ………………………… 202
　18.5　安全使用规程、维护及常见
　　　　故障 ………………………………… 203
　　　18.5.1　操作规程 …………………… 203
　　　18.5.2　日常安全检查 ……………… 203
　　　18.5.3　维护与保养 ………………… 204
　　　18.5.4　常见故障与处理 …………… 206

第 19 章　摩天轮 ………………………… 208

　19.1　概述 …………………………………… 208
　19.2　分类 …………………………………… 211
　　　19.2.1　按支撑方式分类 …………… 211
　　　19.2.2　按转盘结构形式分类 ……… 211
　　　19.2.3　非传统型摩天轮 …………… 212
　19.3　典型产品的结构 ……………………… 213
　　　19.3.1　转盘 ………………………… 213
　　　19.3.2　立架 ………………………… 215
　　　19.3.3　主轴 ………………………… 215
　　　19.3.4　座舱 ………………………… 217
　　　19.3.5　驱动装置 …………………… 218
　　　19.3.6　控制系统 …………………… 219
　19.4　场地设施 ……………………………… 219
　　　19.4.1　基础 ………………………… 219
　　　19.4.2　站台 ………………………… 221
　　　19.4.3　安装 ………………………… 221
　19.5　主要参数规格及选型 ………………… 223
　　　19.5.1　主要参数 …………………… 223
　　　19.5.2　部分已建成摩天轮的技术
　　　　　　　参数 ……………………… 223
　　　19.5.3　选型 ………………………… 225
　19.6　安全使用规程、维护及常见

　　　　故障 ………………………………… 226
　　　19.6.1　操作规程 …………………… 226
　　　19.6.2　日常安全检查 ……………… 226
　　　19.6.3　维护与保养 ………………… 227
　　　19.6.4　常见故障与处理 …………… 229
　　　19.6.5　应急预案 …………………… 230

第 20 章　海盗船 ………………………… 231

　20.1　概述 …………………………………… 231
　20.2　典型产品的结构 ……………………… 231
　20.3　场地设施 ……………………………… 233
　20.4　主要参数规格及选型 ………………… 233
　　　20.4.1　主要参数 …………………… 233
　　　20.4.2　部分厂家的产品规格和
　　　　　　　参数 ……………………… 233
　　　20.4.3　选型 ………………………… 234
　20.5　安全使用规程、维护及常见
　　　　故障 ………………………………… 234
　　　20.5.1　操作规程 …………………… 234
　　　20.5.2　日常安全检查 ……………… 235
　　　20.5.3　维护与保养 ………………… 236
　　　20.5.4　常见故障与处理 …………… 237

第 21 章　过山车 ………………………… 238

　21.1　概述 …………………………………… 238
　21.2　分类 …………………………………… 240
　　　21.2.1　按运行方向分类 …………… 240
　　　21.2.2　按轨道材料分类 …………… 241
　　　21.2.3　按车辆姿态分类 …………… 242
　　　21.2.4　按乘坐姿势分类 …………… 243
　　　21.2.5　按驱动方式分类 …………… 244
　21.3　典型产品的结构 ……………………… 245
　　　21.3.1　轨道和立柱 ………………… 245
　　　21.3.2　列车 ………………………… 248
　　　21.3.3　提升及止逆装置 …………… 251
　　　21.3.4　制动装置与控制系统 ……… 253
　　　21.3.5　安全压杠 …………………… 256
　21.4　场地设施 ……………………………… 259
　　　21.4.1　站台 ………………………… 259
　　　21.4.2　维修区 ……………………… 259
　　　21.4.3　空压站 ……………………… 259

21.4.4 安全围栏 ……………… 259
21.4.5 排队区 …………………… 259
21.4.6 操作室与操控台 ………… 259
21.4.7 乘客须知与安全标识 …… 259
21.5 主要参数规格及选型 ………… 260
21.5.1 主要参数 ………………… 260
21.5.2 部分厂家的产品规格和
参数 ……………………… 260
21.5.3 选型 ……………………… 263
21.6 安全使用规程、维护及常见
故障 ……………………………… 263
21.6.1 操作规程 ………………… 263
21.6.2 日常安全检查 …………… 263
21.6.3 维护与保养 ……………… 265
21.6.4 常见故障与处理 ………… 267
21.6.5 应急预案 ………………… 268

第22章 激流勇进 ………………… 269

22.1 概述 …………………………… 269
22.2 分类 …………………………… 270
22.2.1 小激流勇进 ……………… 270
22.2.2 大激流勇进 ……………… 270
22.3 典型产品的结构 ……………… 270
22.3.1 船艇 ……………………… 270
22.3.2 轨道（水道） …………… 271
22.4 场地设施 ……………………… 273
22.4.1 冲浪池 …………………… 273
22.4.2 水泵及水处理设施 ……… 273
22.4.3 观景台 …………………… 273
22.4.4 维修区 …………………… 273
22.4.5 安全围栏 ………………… 273
22.4.6 排队区 …………………… 274
22.4.7 操控台 …………………… 274
22.4.8 乘客须知 ………………… 274
22.5 主要参数规格及选型 ………… 274
22.5.1 主要参数 ………………… 274
22.5.2 部分厂家的产品规格和
参数 ……………………… 274
22.5.3 选型 ……………………… 275
22.6 安全使用规程、维护及常见
故障 ……………………………… 275

22.6.1 操作规程 ………………… 275
22.6.2 日常安全检查 …………… 276
22.6.3 维护与保养 ……………… 277
22.6.4 常见故障与处理 ………… 278

第23章 峡谷漂流 ………………… 280

23.1 概述 …………………………… 280
23.2 分类 …………………………… 281
23.2.1 上站台峡谷漂流 ………… 281
23.2.2 下站台峡谷漂流 ………… 281
23.3 主要组成部分 ………………… 281
23.3.1 船筏 ……………………… 282
23.3.2 水道系统 ………………… 283
23.4 站台及辅助设施 ……………… 285
23.4.1 景观设施 ………………… 286
23.4.2 站台桥 …………………… 286
23.4.3 安全围栏 ………………… 286
23.4.4 等候区 …………………… 286
23.4.5 维修区 …………………… 286
23.4.6 循环水处理系统 ………… 286
23.4.7 控制室与操控台 ………… 286
23.4.8 乘客须知和安全标识 …… 287
23.5 主要参数规格及选型 ………… 287
23.5.1 主要参数 ………………… 287
23.5.2 部分厂家的产品规格和
参数 ……………………… 287
23.5.3 选型 ……………………… 287
23.6 安全使用规程、维护及常见
故障 ……………………………… 288
23.6.1 操作规程 ………………… 288
23.6.2 日常安全检查 …………… 288
23.6.3 维护与保养 ……………… 289
23.6.4 常见故障与处理 ………… 291

第24章 水滑梯 …………………… 292

24.1 概述 …………………………… 292
24.2 分类 …………………………… 293
24.2.1 按滑具分类 ……………… 293
24.2.2 其他分类 ………………… 294
24.3 主要组成部分 ………………… 295
24.3.1 滑道本体与结构支撑 …… 295

24.3.2 循环供水系统 ………………… 296
24.3.3 起滑平台 …………………… 296
24.3.4 溅落池 ……………………… 297
24.3.5 滑具输送装置 ……………… 297
24.3.6 电气与控制系统 …………… 297
24.3.7 场地设施 …………………… 297
24.4 主要参数规格与选型 ………………… 298
24.4.1 主要参数 …………………… 298
24.4.2 部分常见的水滑梯产品规格和参数 ………………… 298
24.4.3 选型 ………………………… 305
24.5 安全使用规程、维护及常见故障 ………………………………… 305
24.5.1 基本安全要求 ……………… 305
24.5.2 日常安全检查 ……………… 305
24.5.3 维护与保养 ………………… 306
24.5.4 常见故障与处理 …………… 308

第25章 观光车辆 …………………… 309

25.1 概述 ………………………………… 309
25.1.1 轨道观光列车 ……………… 309
25.1.2 非公路用旅游观光车辆 …… 310
25.2 典型产品的结构 …………………… 310
25.2.1 轨道观光列车 ……………… 310
25.2.2 非公路用旅游观光车辆 …… 311
25.3 主要参数规格与选型 ……………… 312
25.3.1 主要参数 …………………… 312
25.3.2 部分厂家的产品规格和参数 ………………………… 312
25.3.3 选型 ………………………… 316
25.4 安全使用规程、维护及常见故障 ………………………………… 316
25.4.1 操作规程 …………………… 316
25.4.2 日常安全检查 ……………… 317
25.4.3 维护与保养 ………………… 318
25.4.4 常见故障与处理 …………… 319

第26章 其他 …………………………… 322

26.1 转转杯 ……………………………… 322
26.1.1 概述 ………………………… 322
26.1.2 基本结构与场地设施 ……… 322

26.1.3 主要技术参数 ……………… 323
26.2 高架脚踏车 ………………………… 323
26.2.1 概述 ………………………… 323
26.2.2 基本结构与场地设施 ……… 324
26.2.3 主要技术参数 ……………… 324
26.3 大摆锤 ……………………………… 325
26.3.1 概述 ………………………… 325
26.3.2 基本结构与场地设施 ……… 325
26.3.3 主要技术参数 ……………… 326
26.4 高空飞翔 …………………………… 327
26.4.1 概述 ………………………… 327
26.4.2 基本结构与场地设施 ……… 327
26.4.3 主要技术参数 ……………… 328
26.5 探空飞梭 …………………………… 328
26.5.1 概述 ………………………… 328
26.5.2 基本结构与场地设施 ……… 329
26.5.3 主要技术参数 ……………… 330
26.6 弹射蹦极 …………………………… 331
26.6.1 概述 ………………………… 331
26.6.2 基本结构与场地设施 ……… 331
26.6.3 主要技术参数 ……………… 334
26.7 部分事故案例 ……………………… 334
26.7.1 案例一 ……………………… 334
26.7.2 案例二 ……………………… 335
26.7.3 案例三 ……………………… 336
26.8 相关标准 …………………………… 337

第3篇 洗车修车设备

第27章 洗车设备概述 ………………… 341

27.1 洗车设备的概念及分类 …………… 341
27.1.1 概念 ………………………… 341
27.1.2 分类 ………………………… 341
27.2 洗车设备的发展 …………………… 344
27.2.1 国外洗车设备的发展 ……… 344
27.2.2 国内洗车设备的发展 ……… 344
27.2.3 洗车设备技术的发展趋势 …………………………… 345

第28章 洗车原理 ……………… 347

- 28.1 无接触的喷射法 ………… 347
  - 28.1.1 喷头 ………………… 347
  - 28.1.2 主要参数的确定 …… 353
- 28.2 有接触的刷毛法 ………… 354
  - 28.2.1 刷毛 ………………… 354
  - 28.2.2 运动分析 …………… 354
- 28.3 水路系统 ………………… 355
  - 28.3.1 高压清洗喷水系统 … 355
  - 28.3.2 低压雾化喷水系统 … 357
- 28.4 洗车液的选择 …………… 357
  - 28.4.1 车体表面洗车液 …… 357
  - 28.4.2 其他清洗液 ………… 357
- 28.5 污水循环系统 …………… 357
  - 28.5.1 传统污水处理方法 … 358
  - 28.5.2 MBR 洗车污水处理 … 359
- 28.6 洗车质量检测指标 ……… 360
  - 28.6.1 车身洗净率与车身吹干率 ……………… 360
  - 28.6.2 车身洗净率与车身吹干率的试验方法 … 360

第29章 移动清洗设备 ………… 362

- 29.1 总体结构和工作原理 …… 362
  - 29.1.1 总体结构 …………… 362
  - 29.1.2 工作原理 …………… 363
- 29.2 主要参数 ………………… 364
  - 29.2.1 喷头式低压洗车机的结构参数 …………… 364
  - 29.2.2 移动式高压清洗机的结构参数 …………… 364
- 29.3 移动式高压清洗机的控制系统 ………………… 365
  - 29.3.1 电气系统 …………… 365
  - 29.3.2 清洗控制 …………… 366
- 29.4 辅助系统 ………………… 367
  - 29.4.1 软水机滤芯 ………… 367
  - 29.4.2 防冻 ………………… 367
- 29.5 安全保障措施 …………… 367
  - 29.5.1 常见的安全保障措施 … 367
  - 29.5.2 移动式高压清洗机的日常使用与保养 …… 368
- 29.6 常见故障及排除方法 …… 369

第30章 无刷式洗车设备 ……… 371

- 30.1 总体结构、工作原理及主要参数 …………………… 371
  - 30.1.1 总体结构 …………… 371
  - 30.1.2 工作原理 …………… 372
  - 30.1.3 主要参数 …………… 372
- 30.2 自动化洗车系统 ………… 373
  - 30.2.1 探测系统 …………… 373
  - 30.2.2 控制系统 …………… 374
  - 30.2.3 喷射控制 …………… 374
  - 30.2.4 辅助系统 …………… 375
- 30.3 安全保障及故障排除 …… 376
  - 30.3.1 安全保障 …………… 376
  - 30.3.2 故障排除 …………… 377

第31章 往复式汽车清洗设备 … 378

- 31.1 总体结构和工作原理 …… 378
  - 31.1.1 总体结构 …………… 378
  - 31.1.2 工作原理 …………… 380
  - 31.1.3 应用场所及选址 …… 380
- 31.2 主要参数 ………………… 381
  - 31.2.1 结构参数 …………… 381
  - 31.2.2 清洗参数及其设定 … 384
- 31.3 金属结构 ………………… 384
  - 31.3.1 机架、刷辊及传动结构 … 384
  - 31.3.2 清洗结构 …………… 386
- 31.4 控制系统 ………………… 387
  - 31.4.1 电气系统 …………… 388
  - 31.4.2 运动控制 …………… 392
  - 31.4.3 清洗控制 …………… 392
- 31.5 辅助系统 ………………… 393
  - 31.5.1 洗刷防冻系统 ……… 393
  - 31.5.2 泡沫混合系统 ……… 393
- 31.6 安全保障措施 …………… 394
  - 31.6.1 安全保护系统 ……… 394
  - 31.6.2 故障自动检测、记录、报警及自动计数系统 … 394

31.6.3　远程信息报警系统 …… 394
　　31.6.4　往复式汽车清洗设备
　　　　　　安装与日常检查 …… 394
31.7　常见故障及排除方法 …… 394

第32章　隧道式汽车清洗设备 …… 396
32.1　总体结构和工作原理 …… 396
　　32.1.1　总体结构 …… 396
　　32.1.2　工作原理 …… 397
　　32.1.3　应用场所 …… 397
32.2　主要参数 …… 398
　　32.2.1　结构参数 …… 398
　　32.2.2　清洗参数及其设定 …… 398
32.3　金属结构 …… 399
　　32.3.1　支承结构 …… 399
　　32.3.2　清洗结构 …… 399
32.4　控制系统 …… 404
　　32.4.1　电气系统 …… 404
　　32.4.2　运动控制 …… 406
　　32.4.3　清洗控制 …… 407
32.5　辅助系统 …… 408
　　32.5.1　辅助投影装置 …… 408
　　32.5.2　自动防冻系统(自动
　　　　　　排水装置) …… 409
32.6　安全保障措施 …… 409
　　32.6.1　安装及使用的注意事项 …… 409
　　32.6.2　出厂前4h运行检测 …… 409
　　32.6.3　安全保护系统 …… 410
　　32.6.4　水泵维护 …… 410
　　32.6.5　洗车机维护 …… 410
　　32.6.6　整机保养与维修 …… 410
32.7　常见故障及排除方法 …… 411

第33章　蒸汽清洗设备 …… 412
33.1　工作原理和总体结构 …… 412
　　33.1.1　工作原理 …… 412
　　33.1.2　总体结构 …… 414
　　33.1.3　应用场所 …… 415
33.2　主要参数 …… 415
　　33.2.1　结构参数 …… 415

　　33.2.2　选型参数 …… 416
33.3　控制系统 …… 416
　　33.3.1　电气系统 …… 416
　　33.3.2　清洗控制 …… 416

第34章　车辆清洗配套设备 …… 419
34.1　吸尘设备 …… 419
　　34.1.1　工作原理 …… 419
　　34.1.2　总体结构 …… 420
　　34.1.3　吸尘设备的技术参数 …… 421
　　34.1.4　吸尘设备的应用场所 …… 425
　　34.1.5　吸尘设备的使用方法 …… 426
　　34.1.6　吸尘设备的注意事项 …… 427
34.2　高压水枪 …… 427
　　34.2.1　工作原理 …… 427
　　34.2.2　总体结构 …… 427
　　34.2.3　技术参数 …… 429
　　34.2.4　功能特点 …… 429
　　34.2.5　使用方法 …… 430
　　34.2.6　注意事项 …… 430
34.3　汽车打蜡抛光机 …… 431
　　34.3.1　打蜡抛光 …… 431
　　34.3.2　打蜡抛光对车的保养
　　　　　　作用 …… 432
　　34.3.3　打蜡抛光的操作流程 …… 433
　　34.3.4　注意事项 …… 434
34.4　悬挂式组合鼓 …… 434
　　34.4.1　悬挂式组合鼓简介 …… 434
　　34.4.2　悬挂式组合鼓管件接口
　　　　　　汇总 …… 435

第35章　汽车维修设备概论 …… 436
35.1　汽车维修概论 …… 436
　　35.1.1　汽车维修术语 …… 436
　　35.1.2　汽车维修基础 …… 439
35.2　汽车维修设备分类 …… 444

第36章　发动机检修及维修设备 …… 446
36.1　发动机检修设备 …… 446
　　36.1.1　喷油器清洗检测仪 …… 446

36.1.2 视频内窥镜及点火
示波器 …………………… 446
36.1.3 吊机及翻转台架 ………… 447
36.1.4 发动机听诊器及分析仪 … 448
36.1.5 发动机尾气分析仪 ……… 449
36.1.6 发动机气缸漏气检测仪
及曲轴箱窜气量测量仪 … 451
36.2 发动机维修设备 ……………… 452
36.2.1 火花塞套维修设备 ……… 452
36.2.2 气门维修设备 …………… 453
36.2.3 活塞维修设备 …………… 454
36.2.4 点火正时维修设备 ……… 455
36.2.5 进排气系统维修设备 …… 456
36.2.6 燃油机油系统维修设备 … 457
36.2.7 其他维修设备 …………… 458

第37章 底盘故障检修设备 ………… 460

37.1 底盘系统检测设备 …………… 460
37.1.1 转角仪 …………………… 460
37.1.2 前束尺 …………………… 460
37.1.3 四轮定位仪 ……………… 460
37.2 底盘系统维修常用的设备 …… 465
37.2.1 轮胎维修设备 …………… 465
37.2.2 车轮总成维修设备 ……… 468
37.2.3 减振器弹簧压缩器 ……… 470

第38章 其他系统维修常用工具和设备 ………………………… 471

38.1 空调系统维修常用设备 ……… 471
38.1.1 空调系统高、低压力表组 … 471
38.1.2 真空泵及空调系统
检漏仪 …………………… 472
38.1.3 制冷剂注入阀 …………… 473
38.1.4 制冷剂鉴别仪 …………… 474
38.1.5 制冷剂回收加注机 ……… 475
38.2 车辆支撑和举升常用工具和
设备 …………………………… 476
38.2.1 千斤顶与安全支架 ……… 476
38.2.2 汽车举升机 ……………… 478
38.3 汽车电子检测设备 …………… 479
38.3.1 基本仪器 ………………… 479

38.3.2 通用型汽车故障电脑
诊断仪 …………………… 482
38.3.3 专用诊断仪 ……………… 485
38.3.4 底盘测功机 ……………… 490
38.4 车身系统常用的维修工具和
设备 …………………………… 490
38.4.1 基本工装 ………………… 491
38.4.2 凹坑修复设备 …………… 496
38.4.3 装饰件及门手柄修复
设备 ……………………… 497
38.4.4 车身表面加工及维修气动
设备 ……………………… 497
38.5 汽车车身修复工艺及设备 …… 505
38.5.1 车身外表件及附件拆装 … 505
38.5.2 车身测量及校正 ………… 512
38.5.3 车身板件损伤修复 ……… 522
38.5.4 车身结构件更换 ………… 529
38.6 汽车涂装工具设备 …………… 534
38.6.1 汽车涂装安全防护用具 … 534
38.6.2 干磨设备 ………………… 537
38.6.3 喷漆烤房及其设备 ……… 541

第4篇 停车设备

第39章 停车设备概述 ……………… 557

39.1 停车设备的发展及分类 ……… 557
39.1.1 概念 ……………………… 557
39.1.2 发展 ……………………… 557
39.1.3 分类及工作原理 ………… 558
39.2 停车设备的适停车辆与重要
术语 …………………………… 564
39.2.1 适停车辆 ………………… 564
39.2.2 停车设备的重要术语 …… 564
39.3 停车设备的标准体系与发展
趋势 …………………………… 568
39.3.1 标准体系 ………………… 568
39.3.2 发展趋势 ………………… 569

第40章 停车设备选型简述 ………… 570

40.1 需求分析 ……………………… 570

40.1.1 需求分析的方法及特点 …… 570
40.1.2 配建停车场的停车位指标 …… 571
40.1.3 确定规模 …… 571
40.2 场地适用性分析 …… 571
40.2.1 升降横移类停车设备 …… 571
40.2.2 垂直循环类停车设备 …… 571
40.2.3 水平循环类停车设备 …… 572
40.2.4 多层循环类停车设备 …… 572
40.2.5 平面移动类停车设备 …… 572
40.2.6 巷道堆垛类停车设备 …… 572
40.2.7 垂直升降类停车设备 …… 572
40.2.8 简易升降类停车设备 …… 572
40.2.9 汽车升降机类停车设备 …… 573
40.3 经济性分析 …… 573
40.4 设备选型小结 …… 573

第41章 升降横移类停车设备 …… 574

41.1 概述 …… 574
41.1.1 系统组成及工作原理 …… 574
41.1.2 应用场所 …… 577
41.1.3 国内外发展现状 …… 577
41.2 典型构造 …… 577
41.2.1 单列式和重列式 …… 577
41.2.2 地面式和半地下式 …… 577
41.2.3 四柱式和二柱式 …… 578
41.3 主要参数及型号 …… 579
41.3.1 主要参数 …… 579
41.3.2 型号表示方法 …… 579
41.4 金属结构 …… 580
41.4.1 金属结构的设计原则 …… 580
41.4.2 主框架设计 …… 581
41.4.3 载车板设计 …… 581
41.5 电气控制系统 …… 581
41.5.1 基本介绍 …… 581
41.5.2 控制系统功能概述 …… 582
41.5.3 传动系统设计 …… 582
41.5.4 控制系统原理 …… 584
41.6 辅助系统 …… 585
41.6.1 自动存取车系统 …… 585
41.6.2 远程诊断系统 …… 585
41.6.3 车辆识别系统 …… 585
41.7 安全保障措施 …… 585
41.7.1 停车位置保护 …… 585
41.7.2 机构联锁措施 …… 586
41.7.3 防坠落装置 …… 586
41.7.4 松绳检测装置 …… 586
41.7.5 紧急停止开关 …… 586
41.7.6 液压系统保护 …… 586
41.8 运营管理与维修指南 …… 586
41.8.1 运营管理 …… 586
41.8.2 维修与保养 …… 588
41.8.3 常见故障及排除方法 …… 590

第42章 简易升降类停车设备 …… 592

42.1 概述 …… 592
42.1.1 系统组成及工作原理 …… 592
42.1.2 应用场所 …… 595
42.1.3 国内外发展现状 …… 595
42.2 典型构造 …… 596
42.3 主要参数及型号 …… 597
42.3.1 主要参数 …… 597
42.3.2 型号 …… 598
42.4 金属结构 …… 599
42.5 电气控制系统 …… 599
42.5.1 基本介绍 …… 599
42.5.2 控制系统功能概述 …… 599
42.5.3 自动存取车控制系统 …… 599
42.5.4 控制系统原理 …… 600
42.6 辅助系统 …… 600
42.6.1 自动收费管理系统 …… 600
42.6.2 照明控制系统 …… 600
42.6.3 语音及信息辅助系统 …… 600
42.6.4 远程诊断系统 …… 601
42.6.5 自动道闸 …… 601
42.6.6 监控安保系统 …… 601
42.7 安全保障措施 …… 601
42.7.1 阻车装置 …… 601
42.7.2 防坠落挂钩装置 …… 601
42.7.3 紧急停止开关 …… 601
42.7.4 无避让停车设备专有保护 …… 602

42.8 运营管理与维修指南 …………… 602
  42.8.1 运营管理 …………… 602
  42.8.2 维修与保养 …………… 602
  42.8.3 常见故障及排除方法 …………… 603

第43章 平面移动类停车设备 …………… 605

43.1 概述 …………… 605
  43.1.1 构造及工作原理 …………… 605
  43.1.2 应用场所 …………… 605
  43.1.3 系统组成 …………… 606
  43.1.4 国内外发展现状 …………… 612
43.2 典型构造 …………… 612
43.3 主要参数及型号 …………… 614
  43.3.1 停车设备的整机性能 …………… 614
  43.3.2 主要参数 …………… 614
  43.3.3 设备形式 …………… 614
  43.3.4 适停汽车的组别、尺寸及质量 …………… 614
  43.3.5 型号表示方法 …………… 615
43.4 金属结构 …………… 615
43.5 电气控制系统 …………… 615
  43.5.1 基本介绍 …………… 615
  43.5.2 控制系统功能概述 …………… 615
  43.5.3 自动存取车控制系统 …………… 616
  43.5.4 控制系统原理 …………… 617
43.6 辅助系统 …………… 618
  43.6.1 自动存取车系统 …………… 618
  43.6.2 远程诊断系统 …………… 618
  43.6.3 自动道闸 …………… 619
  43.6.4 监控安保系统 …………… 619
43.7 安全保障措施 …………… 619
  43.7.1 设备安全装置及要求 …………… 619
  43.7.2 转换区的安全要求 …………… 621
  43.7.3 控制互锁的保护 …………… 621
43.8 运营管理与维修指南 …………… 622
  43.8.1 运营管理 …………… 622
  43.8.2 维修与保养 …………… 622
  43.8.3 常见故障及排除方法 …………… 622

第44章 巷道堆垛类停车设备 …………… 624

44.1 概述 …………… 624
  44.1.1 构造及工作原理 …………… 624
  44.1.2 应用场所 …………… 624
  44.1.3 系统组成 …………… 625
  44.1.4 国内外发展现状 …………… 629
44.2 典型构造 …………… 629
44.3 主要参数及型号 …………… 631
  44.3.1 整机性能 …………… 631
  44.3.2 主要参数 …………… 631
  44.3.3 适停汽车的组别、尺寸及质量 …………… 631
  44.3.4 型号表示方法 …………… 632
44.4 金属结构 …………… 632
44.5 电气控制系统 …………… 632
  44.5.1 基本介绍 …………… 632
  44.5.2 控制系统功能概述 …………… 632
  44.5.3 自动存取车控制系统 …………… 633
  44.5.4 控制系统原理 …………… 633
44.6 辅助系统 …………… 635
  44.6.1 安全门 …………… 635
  44.6.2 超高、超长、超宽检测装置 …………… 635
  44.6.3 人机界面 …………… 636
  44.6.4 闭路电视（CCTV）监控系统 …………… 636
  44.6.5 智能充电桩系统 …………… 636
  44.6.6 LED引导屏 …………… 636
  44.6.7 牌照识别系统 …………… 636
44.7 安全保障措施 …………… 636
  44.7.1 设备安全装置及要求 …………… 636
  44.7.2 转换区的安全要求 …………… 638
  44.7.3 控制互锁的保护 …………… 638
44.8 运营管理与维修指南 …………… 639
  44.8.1 运营管理 …………… 639
  44.8.2 维修与保养 …………… 639
  44.8.3 常见故障及排除方法 …………… 639

第45章 垂直升降类停车设备 …………… 641

45.1 概述 …………… 641
  45.1.1 构造及工作原理 …………… 641
  45.1.2 应用场所 …………… 641

45.1.3　系统组成 …………… 641
　　　45.1.4　国内外发展现状 ……… 647
　45.2　典型分类 …………………… 647
　45.3　主要参数及型号 …………… 648
　45.4　金属结构 …………………… 649
　　　45.4.1　材料 ………………… 649
　　　45.4.2　金属结构制造工艺 …… 649
　　　45.4.3　设计要求 …………… 649
　　　45.4.4　表面涂装 …………… 649
　45.5　电气控制系统 ……………… 649
　　　45.5.1　基本介绍 …………… 649
　　　45.5.2　控制系统功能概述 …… 650
　　　45.5.3　自动存取车控制系统 … 650
　　　45.5.4　控制系统原理 ……… 651
　45.6　辅助系统 …………………… 652
　　　45.6.1　车辆识别系统 ……… 652
　　　45.6.2　LED屏幕播报系统 …… 652
　　　45.6.3　车姿检测系统 ……… 653
　　　45.6.4　扫码收费系统 ……… 653
　　　45.6.5　人机交互系统 ……… 653
　　　45.6.6　充电桩管理系统 …… 653
　　　45.6.7　闭路电视监控系统 … 654
　　　45.6.8　停车设备远程监控系统 … 654
　　　45.6.9　车位管理系统 ……… 654
　45.7　安全保障措施 ……………… 654
　　　45.7.1　安全防护装置及要求 … 654
　　　45.7.2　转换区的安全要求 … 655
　　　45.7.3　控制互锁的保护 …… 656
　45.8　运营管理与维修指南 ……… 657
　　　45.8.1　运营管理 …………… 657
　　　45.8.2　维修与保养 ………… 657
　　　45.8.3　常见故障及排除方法 … 658
第46章　车库光伏发电系统 ……… 661
　46.1　光伏的发展及分类 ………… 661
　　　46.1.1　光伏的概念及分类 … 661
　　　46.1.2　光伏的发展 ………… 661
　46.2　车库光伏设计概述 ………… 663
　　　46.2.1　设计原则 …………… 663
　　　46.2.2　光伏车库发电系统设计
　　　　　　　概述 ………………… 663
　　　46.2.3　光伏车库的结构设计 … 664
　46.3　光伏车库的基本电气系统 … 665
　　　46.3.1　发电侧 ……………… 665
　　　46.3.2　变电侧 ……………… 665
　　　46.3.3　配电侧 ……………… 665
　46.4　光伏与停车设备结合的优点 … 665
　46.5　执行的相关标准 …………… 666
第47章　停车机器人 ……………… 667
　47.1　概述 …………………………… 667
　　　47.1.1　系统组成及工作原理 … 667
　　　47.1.2　应用场所 …………… 667
　　　47.1.3　国内外发展现状 …… 667
　　　47.1.4　停车机器人的技术特点 … 668
　47.2　停车机器人设计方法简述 … 668
　　　47.2.1　导航系统 …………… 668
　　　47.2.2　驱动系统 …………… 669
　　　47.2.3　车辆交换系统 ……… 670
　　　47.2.4　车架系统 …………… 670
　47.3　技术标准及规范 …………… 672

第5篇　园林机械

第48章　园林机械概述 …………… 675
　48.1　园林机械的概念及分类 …… 675
　　　48.1.1　概念 ………………… 675
　　　48.1.2　重要术语 …………… 675
　　　48.1.3　分类 ………………… 675
　48.2　园林机械的发展趋势 ……… 676
　　　48.2.1　国外园林机械的发展 … 676
　　　48.2.2　国内园林机械的发展 … 677
　　　48.2.3　园林机械的发展方向 … 677
第49章　园林种植与施肥机械 …… 678
　49.1　园林场地清理平整机械 …… 678
　　　49.1.1　场地清理平整机械的
　　　　　　　用途 ………………… 678
　　　49.1.2　割灌机 ……………… 678
　　　49.1.3　园林拖拉机 ………… 680
　　　49.1.4　铧式犁 ……………… 682

49.1.5　圆盘犁 …………………… 682
　　49.1.6　圆盘耙 …………………… 683
　　49.1.7　旋耕机 …………………… 684
　　49.1.8　拔根机 …………………… 685
　　49.1.9　开沟机 …………………… 686
　　49.1.10　常见故障及排除方法 …… 687
49.2　园林种植机械 ………………………… 687
　　49.2.1　园林种植机械的用途与
　　　　　　分类 …………………… 687
　　49.2.2　草木花卉播种机 ………… 688
　　49.2.3　苗木播种机 ……………… 689
　　49.2.4　挖坑机 …………………… 691
　　49.2.5　起苗机 …………………… 694
　　49.2.6　大苗植树机 ……………… 695
　　49.2.7　常见故障及排除方法 …… 696
49.3　园林移植机械 ………………………… 697
　　49.3.1　Bobcat 树木移植机 ……… 697
　　49.3.2　2ZS-150 型树木移植机 … 698
　　49.3.3　前置式树木移植机 ……… 698
　　49.3.4　U 形铲式树木挖掘机 …… 699
49.4　园林施肥机械 ………………………… 699
　　49.4.1　园林施肥机械的用途 …… 699
　　49.4.2　施肥机的结构与工作
　　　　　　过程 …………………… 699
　　49.4.3　施肥机的技术参数 ……… 699
　　49.4.4　化肥深施机械化操作 …… 700
　　49.4.5　常见故障及排除方法 …… 702

第 50 章　园林病虫害防治机械 ………… 703

50.1　概述 …………………………………… 703
50.2　园林病虫害防治机械分类 …………… 703
50.3　手动喷雾器 …………………………… 703
　　50.3.1　手动液泵式喷雾器 ……… 703
　　50.3.2　手动气泵式喷雾器 ……… 704
　　50.3.3　安全使用规程 …………… 704
　　50.3.4　常见故障及排除方法 …… 705
50.4　机动喷雾机 …………………………… 706
　　50.4.1　担架式机动喷雾机 ……… 706
　　50.4.2　手推式机动喷雾机 ……… 709
　　50.4.3　牵引式机动喷雾机 ……… 709
　　50.4.4　手扶自行式和驾乘式机动
　　　　　　喷雾机 ………………… 709

　　50.4.5　安全使用规程 …………… 710
　　50.4.6　常见故障及排除方法 …… 711
50.5　背负式喷雾喷粉机 …………………… 711
　　50.5.1　安全使用规程 …………… 712
　　50.5.2　常见故障及排除方法 …… 713
50.6　喷雾车 ………………………………… 713
　　50.6.1　液力喷雾车 ……………… 713
　　50.6.2　气力喷雾车 ……………… 714
　　50.6.3　安全使用规程 …………… 714

第 51 章　草坪机械 ……………………… 715

51.1　概述 …………………………………… 715
51.2　分类 …………………………………… 715
51.3　草坪建植机械 ………………………… 715
　　51.3.1　地面整理机械 …………… 715
　　51.3.2　播种与移植机械 ………… 717
　　51.3.3　安全使用规程 …………… 721
　　51.3.4　常见故障及排除方法 …… 721
51.4　草坪养护管理机械 …………………… 723
　　51.4.1　草坪修剪机 ……………… 723
　　51.4.2　草坪打孔机 ……………… 727
　　51.4.3　切根梳草机 ……………… 729
　　51.4.4　草坪修边机 ……………… 730
　　51.4.5　草坪滚压机 ……………… 731
　　51.4.6　草坪施肥机 ……………… 732
　　51.4.7　安全使用规程 …………… 734
　　51.4.8　常见故障及排除方法 …… 736
51.5　高尔夫球场养护机械 ………………… 739
　　51.5.1　果岭剪草机 ……………… 739
　　51.5.2　发球台草坪剪草机 ……… 740
　　51.5.3　球道剪草机 ……………… 741
　　51.5.4　铺沙机 …………………… 742
　　51.5.5　耙沙机 …………………… 742
　　51.5.6　安全使用规程 …………… 743
　　51.5.7　常见故障及排除方法 …… 743

第 52 章　园林绿化灌溉机械 …………… 745

52.1　概述 …………………………………… 745
　　52.1.1　喷灌系统的组成 ………… 745
　　52.1.2　喷灌系统的类型 ………… 746
　　52.1.3　喷灌系统的主要参数 …… 746

52.2 喷头 …………………………… 747
　52.2.1 喷头的分类 ………………… 747
　52.2.2 喷头的机构及工作原理 … 748
52.3 系统管路 ……………………… 753
　52.3.1 分类 ………………………… 753
　52.3.2 各种管道的特点 …………… 753
　52.3.3 控制及安全部件 …………… 754
52.4 喷灌机 ………………………… 755
　52.4.1 喷灌机的类型 ……………… 755
　52.4.2 园林绿地常用喷灌机的
　　　　 结构及工作原理 …………… 755
52.5 微灌设备 ……………………… 757
　52.5.1 微灌系统的分类 …………… 757
　52.5.2 微灌系统的组成 …………… 758
　52.5.3 首部枢纽 …………………… 758
　52.5.4 灌水器 ……………………… 761
　52.5.5 微灌管道及管件 …………… 763
52.6 自动化灌溉系统 ……………… 763
　52.6.1 自动控制设备 ……………… 764
　52.6.2 微机灌溉控制系统 ………… 765

52.7 安全使用规程 ………………… 766
52.8 常见故障及排除方法 ………… 766

**第53章 园林绿化树木修剪和枝丫削片
　　　　粉碎机械** ……………………… 768

53.1 园林绿化树木修剪机械 ……… 768
　53.1.1 绿篱修剪机 ………………… 768
　53.1.2 动力链锯 …………………… 770
　53.1.3 安全使用规程 ……………… 772
　53.1.4 常见故障及排除方法 ……… 772
53.2 枝丫削片粉碎机械 …………… 773
　53.2.1 国内常用削片粉碎机的
　　　　 类型 ………………………… 773
　53.2.2 盘式削片粉碎机 …………… 774
　53.2.3 鼓式削片粉碎机 …………… 779
　53.2.4 安全使用规程 ……………… 780
　53.2.5 常见故障及排除方法 ……… 780

参考文献 …………………………………… 782

第1篇

市政机械

第1章

道路综合养护车

1.1 概述

我国从20世纪80年代开始修建高速公路,之后的30余年时间里,公路建设一直处于高潮期。据统计,截至2019年年底,全国公路总里程达到501.25万km,其中高速公路总里程14.96万km,高速公路车道里程66.94万km。随着时间的推移,路面在各种因素(车辆荷载、气候环境、人为破坏等)的作用下,各项性能会逐渐降低,例如,沥青路面会出现车辙、波浪、坑洞、松散、各种形式的开裂等。如不采取有效的路面养护措施及时消除危害,最终将导致路面结构的严重破坏。

随着公路工程建设规模的加大,人们越来越关注公路养护问题。据不完全统计,我国已建成的高等级公路路面中约有80%为沥青路面,因此沥青路面的养护占公路路面养护的比重很大,而这种路面必须进行周期养护。伴随着科学技术的不断发展,对于沥青路面的养护技术也在提高,一些新设备、新技术逐步运用到日常的沥青公路养护中,其中道路综合养护车是现代科技的产物,已经成为道路养护作业中不可或缺的装备。

1.1.1 定义

道路综合养护车又称沥青路面修补车,是一种对沥青路面进行综合性维修和保养的养护机械,是以修补沥青路面为主,兼具发电、电焊、钻孔、除锈等多种功能的公路养护设备。通常意义上的道路综合养护车可以完成损坏路面的破碎、沥青混合料的制作或储运、路面压实和沥青(基质沥青或乳化沥青)存储、加热及喷洒等基本功能。有些养护车还具有路面加热、旧料回收再利用及小型铣刨等辅助功能。

1.1.2 用途

沥青路面由于受到各种因素的长时间影响,极易出现一些裂缝、坑槽、沉陷等,这些损坏的部分在行驶车辆的不断冲击下,以及雨雪天气的侵蚀下,会加剧损坏程度,给车辆的行驶带来安全隐患等。因此,为了保证沥青路面的良好使用,使用沥青路面综合养护车对这些损坏部分进行修补显得十分必要。

道路综合养护车作为一种维修维护公路沥青路面的多功能工作车,不仅可以完成路面破碎及挖掘、路面碾压、搅拌沥青混合料、旧油层再生利用、加热沥青、工场材料转运、为其他养护机具提供电源、公路检查巡视等多项作业和工序,还可以对新、旧沥青混合料加热再生,为修补沥青路面提供热料。发电机组可为外接电动工具等提供动力,液压动力输出接口,可以满足多种液压机具的使用要求。道路综合养护车随车还带有振动压路机,以满足修补后路面振动压实的需要。因此,道路综合养护车是公路养护中不可缺少的机械设备。

1.1.3 国内外发展概况及发展趋势

1. 国内概况

我国从20世纪80年代起就开始研制道路综合养护车,从拖车式到自行式,从冷补型到热补型,从仿制开发到自行研发,在技术上日臻完善。但由于我国幅员辽阔,各地气候条件和道路条件千差万别,各地的经济发展不平衡,在道路养护方面的投入差异很大。此外,各地道路养护管理的模式亦不相同,因而对道路综合养护车的需求不同。目前,道路综合养护车在我国虽然得到了广泛应用,但实际使用情况并不乐观,主要存在以下问题。

(1) 养护费用过低,道路养护单位买不起、用不起道路综合养护车。养护费用过低是制约道路综合养护车推广使用的一个主要因素,对进口道路综合养护车的使用影响更大。在高速公路、普通公路和市政道路3个主要使用部门中,除高速公路的养护费用较充足外,普通公路和市政道路的养护费用严重缺乏。导致普通公路和市政道路的养护机械化水平远远落后于高速公路。尤其是市政道路养护,在国内中小城市中基本是传统的人工修补方式,即使是省会级城市,其养护手段也是以人工为主,道路综合养护车的应用刚刚起步。有些地区即使购买了道路综合养护车,也因运行费用高而闲置不用。

(2) 公路管养模式不顺,设备不实用导致弃置不用。对于普通公路和市政道路,由于受养护费用的限制,路面的修补很难做到像高速公路一样随坏随补,基本是采取春秋两季集中修补的管养模式。目前使用最广泛的滚筒式道路综合养护车在普通公路上的应用不尽如人意。由于滚筒式道路综合养护车需要现场拌料,单筒搅拌量小,搅拌时间长,现场作业效率低,不能满足短时间内大面积集中修补的要求,致使一些公路养护部门即使买了也不使用,而仍然采用翻斗车拉料到养护现场的作业方式。个别地方甚至出现了购买滚筒式道路综合养护车后就封存不用的现象。究其原因,除使用部门对养护车本身的认识不足、选购不恰当的因素外,主要还是生产厂家开发的产品不能很好地适应市场的需要,无法满足不同用户的需求。因此,立足国内道路条件,结合我国当前的公路养护管理模式,开发出更加适应国情和市场需要的产品,是道路综合养护车生产厂家的当务之急。

2. 国外概况

国外道路综合养护机械已有百余年的历史,用于高等级公路的沥青路面小修作业综合养护机械也有60多年的历史。综合养护机械按功能和作业方式可分为以下4种。

(1) 带有红外加热功能的路面综合养护车,代表机型为美国热动力公司的修路王。其最大的特点是可对旧料进行就地再生利用,从而大大节省沥青混合料,有利于环境保护和节约能源。同时,由于混合料与原有路面会形成一种自然接缝,新旧路面结合紧密,有利于延长新路面的使用寿命。该养护车上配有热混合料箱、沥青箱及喷洒系统、丙烷气及红外加热器、压实工具、废料箱等设备,适用于浅层坑洼、裂缝、龟裂等沥青路面的处理。

(2) 带有热混合料箱及路面破碎压实工具的路面综合养护车,代表机型是美国阿克苏诺贝尔公司生产的TP4型综合养护车。这种车型在国外数量较多,通常配有7 t加热保温料箱、螺旋出料器、沥青喷洒装置、破碎镐和振动夯等设备,适用于小面积坑槽的修补作业。

(3) 喷射式修补养护车,代表机型是美国乐仕高公司的路面修补车。其最大的特点是通过高压喷射的方式,将带有不同电荷的乳化沥青和骨料混合并喷洒到待处理的坑槽中,从而达到维修的目的,且该车复原的路面可以立即通车。该车型适用于较小坑洞的修补工作。

(4) 综合作业修补养护车,代表机型是美国LeeBoy公司生产的1200-S沥青路面综合修补车。该型车具有铣刨、喷洒沥青、摊铺等作业功能,配备有铣刨机、摊铺装置、沥青箱、液压镐和沥青喷洒系统等设备,适用于小面积修补作业。

3. 发展趋势

为保证公路畅通，路面养护工作必须做到快速、高效，并且保证质量和安全。因此，道路综合养护车辆逐渐向综合性、大型化、智能化、环保型的方向发展。根据国内外道路综合养护车辆的技术现状及公路建设的发展，道路综合养护车辆的发展主要呈现"四化"趋势。

(1) 机组专业化。随着道路里程的不断增加和道路车流量的不断加大，对道路的养护作业要求快速、高效，这就要求养护设备具备加热、铣刨、填充新料、拌和、摊铺、压实等功能。同时，这对维修时间和开放时间要求极高的高等级公路的养护具有重大的现实意义。

(2) 功能模块化。道路综合养护车的综合功能应与路面修补作业的实际情况相对应，根据用户的使用条件及作业工艺进行功能"组装"。以道路养护作业中最常见的坑槽修补作业为例，坑槽修补的施工过程大体分为以下步骤：路面切割、坑槽破碎、除尘、喷洒底油、添加新料、路面压实。与之相对应，道路综合养护车应配备路面切割、气镐(电镐或液压镐)、风枪(气动风枪或电动风枪)、沥青、储料、压路等功能及完成相应功能的设备。因此，上述6种设备作为道路综合养护车是必不可少的，它们提供了道路综合养护车的基本功能。在此之外的其他功能是附加功能。如道路综合养护车上配有发电机组，则可以配备一台小型电焊机，使道路综合养护车具有移动焊机的功能，这也是在公路养护作业中经常用到的一项功能。又如，可以在沥青喷洒功能的基础上增加沥青灌缝功能，作为沥青灌缝机使用。如果道路综合养护车上配有空气压缩机，也可以为养护车增加农药喷洒装置，进行绿化作业。此外，还可以配备拔桩设备、高空作业台设备、作业照明设备等。是否选择这些附加功能，应根据用户的实际需求来确定，厂家不能自行确定，否则不仅加大了用户的购置成本和使用成本，还会造成很多功能闲置浪费。

(3) 沥青在线化。保证沥青混凝土的保温时间而不破坏沥青混凝土的出料品质，或加装对已经拌和出厂的成品沥青混凝土进行现场加热加工的专用设备，使其所带成品料能在短时间内恢复到搅拌站的出料状态，这样的沥青在线化使道路综合养护车突破了使用时间和路程的限制，将会带来新的养护理念。

(4) 环保智能化。随着人们环保理念的增强和环境治理力度的加大，节能降耗是设备发展的必然趋势，道路综合养护车辆在产品的轻量化、加热器的节能、环保等方面具有很大的潜力。另外，道路综合养护车作业时占用了通行道路，因此其高效智能化作业不仅可以提高工作效率，还能优化工作流程，提高养护质量，将为产品的性能提升带来无限空间。

1.2 分类及结构特点

1.2.1 主要分类

按质量划分，道路综合养护车分为：小型，即载质量小于3 t；中型，即载质量为3~5 t；大型，即载质量大于5 t。

按照行驶方式划分，道路综合养护车分为：拖车式和自行式2种。

按照传动方式划分，道路综合养护车分为：机械传动式、液压传动式、电传动式、气压传动式和综合传动式。

按照发动机类型划分，道路综合养护车分为：燃油类、燃气类和新能源类。

按功能和作业方式划分，道路综合养护车分为：带有沥青混合料加热保温功能的路面综合养护车、带有加热搅拌装置的路面综合养护车、带有加热墙的沥青路面综合养护车等。

1.2.2 结构特点

1. 拖车式与自行式道路综合养护车

拖车式道路综合养护车是将各种设备装置安装在拖挂底盘上，用自带的动力源驱动各种装置和机具，由牵引机械拖到路面上进行养护作业。其底盘不带动力,结构简单,但机动灵活性差,工作效率比较低,适用于喷洒沥青和清扫路面。

自行式道路综合养护车是将各种设备装置安装在汽车底盘或专用底盘上,从底盘主机取力或通过自备动力源提供动力。

2. 不同功能的道路综合养护车

带有沥青混合料加热保温功能的道路综合养护车不仅具有铣刨、黏层油喷洒等功能,还有沥青料保温箱,能够进行中、短距离的沥青路面养护工作。

带有加热搅拌装置的道路综合养护车最大的特点是能在现场进行沥青混合料的拌制,从而提高养护的路面质量。它还能够将部分旧料进行再次利用,从而降低沥青路面的成本投入。

带有加热墙的沥青道路综合养护车的优点主要是节能、环保、效率高。因为车上有加热墙,可通过红外线和微波等方式加热。这种养护车能够在对沥青路面损坏部分进行维修的同时,将沥青路面损坏的区域加热软化,然后添加新沥青混合料进行加固,最后进行压实操作,并且这种施工方式的效果非常好。不仅能够对旧沥青材料进行循环利用,节省路面养护成本的投入,还减少了对环境的污染。

1.3 结构及工作装置

1.3.1 结构及特点

1. 一般结构

道路综合养护车是专门用于及时修补路面损坏部分的专用车辆,一般由底盘车、动力系统、传动系统、装运和制备材料装置、作业机具、操纵及控制机构等组成。

图 1-1 所示为普通道路综合养护车。

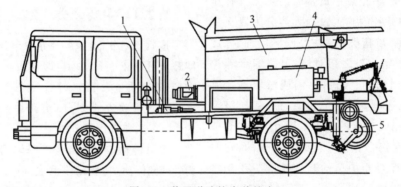

图 1-1 普通道路综合养护车
1—液压冲击镐;2—螺旋输送器;3—料箱;4—液压系统;5—碾压系统

2. 结构特点

道路综合养护车是一种对公路沥青路面进行维修、维护的多功能工作车,其各部分的功能如下。

底盘车具有乘坐、操作功能,并承载所用设备装置,包括发动机、底盘、驾驶室、副车架等。

动力系统的功能是为作业装置提供动力或驱动,一般有发动机、空压机、液压泵、沥青泵、水泵等。

装运和制备材料装置的功能是进行沥青预处理的作业,包括沥青罐、混合料箱、油箱、水箱和拌和机等。

作业机具的功能是进行沥青铺设的作业,主要包括破碎挖掘、压实、喷洒、清扫及加热等机具,主要有以下 5 种。

(1)铲挖工具。因为在进行沥青路面的养护过程中,需要大量铲挖路面进行作业施工,不仅要将损坏的部分挖出,还要使周围形成一种有规则的、整齐的坑槽,从而方便新路面材料的填补。目前,我国大多数沥青路面综合养护车配备的铲挖工具主要是风镐、液压镐、电镐等装备。

(2) 沥青保温喷洒系统。沥青路面综合养护车喷洒沥青是进行沥青路面养护作业时的重要环节，因为这是保证新旧沥青材料更好黏结的关键。因此，在作业过程中，先要将铣刨出来的坑槽进行清理，清理完成后在进行新沥青混合料填补前，需要对清理好的坑槽进行沥青喷洒施工。该系统由沥青保温箱、沥青泵及电动机、电加热板、单喷管、清洗油箱管路、配油管路等组成。其中，电加热板用于对保温箱中的沥青进行加热，使之达到符合要求的限度。沥青泵安装在保温箱内，由电动机驱动，既可抽吸液态沥青和喷洒沥青，又可用柴油冲洗洒布管路。

(3) 沥青混合料保温与输送装置。沥青混合料保温箱的保温层内装有电加热板。电加热板的主要作用一是加热前对混合料保温箱进行预热（环境温度低于10℃时）；二是保持沥青混合料的温度，使卸料流畅。

保温箱下方设有混合料螺旋输送器，用于将沥青混合料卸出以填补路面。

(4) 路面加热器。路面加热器装置需要根据养护车的自身条件进行科学合理的路面加热器配备。按热源分为燃气加热器、燃油加热器和电加热器3种；按沥青路面的受热方式分为火焰直接加热和红外辐射加热2种；按加热器的移动方式分为手提式路面加热器和手推式路面加热器。

(5) 冲击夯和电动碾压装置。对于道路综合养护车的压实设置，这是道路综合养护车的基本功能，一般的道路综合养护车上配备了小型振动压实机械设备，以保证修补后的路面能够及时压实。快速冲击夯一般由电动机驱动，对路面底层和填料进行夯实作业；电动碾压装置通常安装在养护车的后下方，采用液压操纵、电力驱动。

小型振动压实机械设备主要分为夯板和滚轮2种类型。

3. 道路修补工作过程

(1) 放线，即根据路面病害情况，放出须切挖的范围。

(2) 利用风镐、液压镐或电镐将路面破损处开槽。

(3) 清除操作破碎后的旧料，用压缩空气将槽内的石屑清理干净。

(4) 将热沥青或乳化沥青喷洒到路槽表面，附着成黏结层。

(5) 对于需要拌制混合料的道路综合养护车，将石料、液态沥青输送到搅拌器内拌制成沥青混合料。

(6) 利用输送装置将拌制好的沥青混合料送入路槽内，然后采用机械或人工整平。

(7) 利用压实机具将槽内的沥青混合料铺层压实成型。

4. 道路坑槽修补方式

道路坑槽修补方式主要有2种。一种是冷补法，属于传统的坑槽修补方式。其施工程序是：对待修补坑槽边缘划切割线，然后切缝，清理坑槽、除尘、喷洒底油、加入新料、压实、沥青封边。修补后的坑槽边缘整齐，外观为方形。另一种是热补法，这是后来兴起的一种坑槽修补方式。其施工程序是：用加热器对坑槽进行加热，耙松加热后的坑槽，加入新料，压实。修补后的坑槽边缘为不规则形，但与原路面结合较好。热补法与冷补法相比工序简单，理论上修补效果要比冷补法好。目前，我国的道路综合养护车基本上是基于上述2种修补方法研发的。

1.3.2 工作装置及技术

1. 工作装置

道路综合养护车的作业主要依靠各工作装置来完成，也正是这些工作装置的协同作业，才实现了道路的综合养护。现有的道路综合养护车的主要工作装置包括以下6种。

1) 混合料箱及输送装置

混合料箱多为方形结构，如图1-2所示，搅拌沥青混合料在环境温度20℃下，要求3 h内应保持温度在110℃以上，所以混合料箱上必须设有玻璃棉、矿棉等保温材料。

螺旋输料器由螺旋、外壳、出料口、驱动装置等组成。与箱体连在一起的外壳由钢板焊

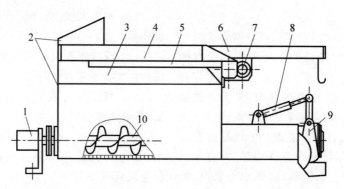

图 1-2 混合料箱

1—液压马达；2—外壳；3—箱体；4—箱门；5—齿条；6—进料仓门；7—箱门电动机；8—出料门油缸；9—出料阀门；10—螺旋输料器

成,底部呈半圆形,设有保温层；驱动装置由动力源、减速器、联轴器等组成,工作中螺旋转轴被液压马达驱动,利用叶片从料箱内吐出混合料。

2) 沥青罐

沥青罐主要由内壳、罐体保温层、外壳、加热装置、进出沥青管路、沥青泵、温度计量仪表、安装支架等组成,如图 1-3 所示。

沥青罐具有装运、加热、吸入、喷洒沥青的功能。按罐体形状不同,可分为圆形、椭圆形、方形 3 种；按喷洒沥青的方式不同,可分为泵压式和气压式 2 种。

沥青用来修补沥青路面时必须达到要求的使用温度,一般热沥青的温度为 160～180℃,为此沥青罐要有保温措施,并附有加热装置。加热有燃油加热、燃气加热和电加热 3 种方式。

燃油加热装置由浸在沥青中的 U 形火管、喷嘴、储气罐、燃料箱、空气压缩机、管路、阀、

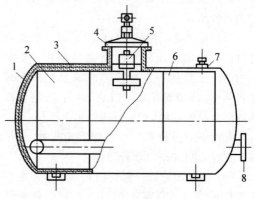

图 1-3 沥青罐

1—封头；2—内壳；3—保温层；4—罐盖；5—温控及报警装置；6—外壳；7—进出总管；8—U 形火管

仪表等组成,如图 1-4 所示。与沥青洒布车的加热系统相同,在燃油加热装置中设有手提式喷灯,用于沥青罐和沥青路面的局部加热。

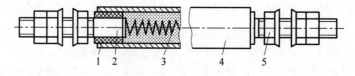

图 1-4 燃油加热装置

1—绝缘材料；2—引出杆；3—镍铬电阻丝；4—管壳；5—接线螺母

燃气加热装置由燃气罐、阀门、燃烧器灯组成。

工作装置采用电力驱动的道路综合养护车,在沥青罐底部设有电热管以实现电加热。

3) 拌和装置

对于附有拌和装置的综合道路养护车,作业时可进行沥青混合料或再生沥青混合料的拌和。拌和装置主要有盘式拌和器(图 1-5(a))、筒式拌和器(图 1-5(b))、卧式单轴强拌式拌和器(图 1-6)。

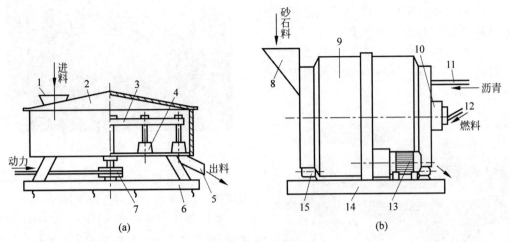

图 1-5 拌和装置

(a) 盘式拌和器；(b) 筒式拌和器

1—进料口；2—箱体；3—拌和架；4—拌片；5—出料口；6—机架；7—传动机构；8—进料口；9—筒体；
10—燃烧器；11—沥青入口；12—燃料入口；13—电动机及减速器；14—支架；15—支承辊

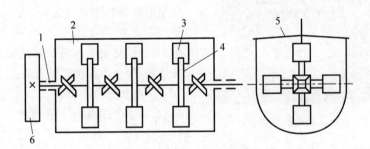

图 1-6 卧式单轴强拌式拌和器

1—搅拌轴；2—拌和器箱体；3—搅拌叶片；4—搅拌臂；5—箱盖；6—传动机构

4）沥青喷洒系统

沥青喷洒系统由沥青泵、阀门、管路、喷头等组成，如图 1-7 所示。其通过不同的三通旋阀可向沥青罐中泵入沥青或向外喷洒沥青，使罐内的热沥青边加热边循环。为了实现不同喷洒沥青的需要，可改换不同的喷头。

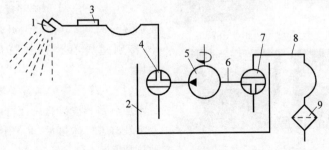

图 1-7 沥青喷洒系统

1—喷头；2—沥青罐；3—喷枪；4,7—三通旋阀；5—沥青泵；6—管路；8—吸入管；9—滤油器

5) 路面加热器

(1) 路面加热器按热源种类分为燃气加热器、燃油加热器和电加热器3种。

(2) 按加热器的移动方式不同，可分为自行式路面加热器(图1-8)和手推式路面加热器(图1-9)2种。

图 1-11　微波加热车

图 1-8　自行式路面加热器

图 1-9　手推式路面加热器

(3) 按沥青受热方式不同，路面加热器可分为热风循环加热、红外线辐射加热与微波加热3种，如图1-10和图1-11所示。

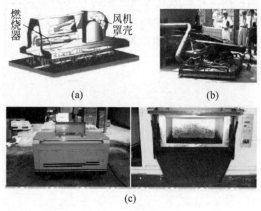

图 1-10　加热方式

(a) 热风循环加热；(b) 红外线辐射加热；(c) 微波加热

其中，热风循环加热、红外线辐射加热比较常用，但近年来微波加热发展很快。

微波是频率在 300 MHz～300 GHz 的电磁波，把微波作为一种能量可用于加热、干燥。微波加热的原理是介质材料由极性分子和非极性分子组成，在电磁场的作用下，极性分子从原来的随机分布状态转向按照电场的极性排列取向，在高频电磁场作用下，这些取向按交变电磁场的变化而变化，这一过程使极性分子产生高频往复运动，相互摩擦从而产生热量。此时，交变电磁场的场能转化为介质内的热动能，使介质温度不断升高。

微波加热的优势：

(1) 加热速度快。微波加热是使被加热物体本身成为发热物体，不需要热传导的过程，特别适合短时间内对热传导较差的物质迅速加热的要求。

(2) 加热均匀。微波加热时物体各部位不论形状如何，通常能被电磁波均匀穿透，不会产生旧料辅层的外层结壳而内层夹生的现象。

(3) 易于控制。与常规加热方法比较，微波加热可瞬间达到升降、开停控制，热惯性极小，特别适合有严格加热规范的技术应用领域。

(4) 安全无害。通常微波是在金属制成的封闭加热室和波导管中工作，并且没有放射线危害及有害气体排放，是一种十分安全高效的加热技术。

6) 碾压滚轮

部分大、中型沥青路面综合养护车在其尾

部悬挂一个碾压滚轮,作业时将滚轮撑地顶起车后轮,使整个车的后部负荷作用在滚轮上,以实现对路面修补后的沥青混合料辅层进行压实,如图1-12所示。

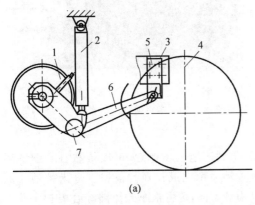

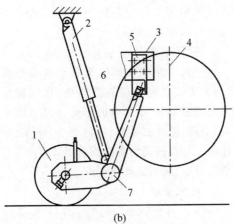

图1-12 碾压滚轮
(a) 行驶状态;(b) 碾压状态
1—滚轮;2—支撑液压缸;3—车架;4—驱动轮;
5—支座;6—托架;7—横梁

2. 使用技术

1) 动力装置

发动动力装置是路面综合养护车作业前的第一步,真正作业需要在运转和输出动力正常之后实施,动力装置和机具的启动与使用应选择两个不同的时间点,且需要注意总负荷不得超过动力输出功率,从而使有动力输入无负荷的时间得以减少。为了防止油泵使用寿命降低而引起故障,取力器挂上挡后应避免发动机空转。

2) 混合料箱

混合料在装入混合料箱时应注意温度不能低于150℃,且为了防止混合料散落在箱外,相关人员应全力打开箱盖;为了保证混合料的温度,防止在混合料箱内混入杂物,应将斗门或箱盖及时关闭;完成作业之后,相关人员应清理剩余在箱内的混合料。

3) 沥青罐

将沥青装入罐内时,应当打开沥青罐的放气孔,在确定沥青泵、管路、阀门的通畅性之后,再开启沥青泵,须保证过滤器存在于吸入管的管头;沥青不仅要达到标准的温度要求,且沥青数量不能超过总容量的80%;需要注意罐内沥青的加热只能在路面综合养护车停车之后实施,不能在其行驶中加热。

4) 拌和装置

启动拌和装置空转是混合料拌和之前展开的工作,经过几分钟空转之后,方可进行原材料的拌和;在这个过程中需要达到混合料均匀拌和的效果,同时需要在第一时间出料;清除拌和装置内残余的混合料是不连续混合料拌和的前提条件。沥青路面综合养护车中常用的加热技术有微波加热技术、红外加热技术等。

(1) 微波加热技术

微波加热技术自身具有加热速度快、加热均匀、节能高效、易于控制等优点。而将微波加热技术广泛应用到道路综合养护车上,从而通过微波加热技术使沥青混凝土路面能够再生,不仅降低了成本投入,还能够节省大量的时间。近年来,微波加热技术在道路综合养护车上主要采用一种微波墙加热,然后我们将沥青材料进行拌和,对沥青路面进行加热,并进行相应的铣刨施工,对于坑槽进行及时处理,使下一步施工能够顺利进行。这样一种能够从路面加热到最终压实一体化的机械处理养护,不仅能够大大降低资金的投入,还能够大大降低维护时间,一举多得。

(2) 红外加热技术

红外加热技术根据加热方式的不同可分为液化气红外加热技术、电加热器红外加热技术2种。不管道路综合养护车采用何种红外加热方式,都具有加热快、费用低、环保等优点,这样就能够通过红外加热技术对沥青路面进行加热处理,从而达到修补沥青路面的坑槽、裂缝等众多常见损坏的处理要求。这种技术的道路综合养护车的工作流程是:先对需要修补的沥青路面损坏处进行加热,然后等损坏的沥青路面表层沥青材料松软后,对表面沥青材料进行人工耙松、整平,并根据现场的平整情况填入新的沥青热料,并使用小型手扶式压路机进行快速压实处理,从而达到修补路面的目的。

图1-13 拖车式道路综合养护车
1—热熔釜;2—送料电动机;3—燃气器;4—软管;
5—箭头灯;6—发电机;7—吊臂;8—方向盘;9—拖钩

1.4 典型产品介绍

1.4.1 拖车式道路综合养护车

1．组成

拖车式道路综合养护车主要由无动力底盘、加热器、沥青罐、拌和装置、动力源、碾压机具及电气系统等组成。图1-13所示是国内某公司生产的一款拖车式道路综合养护车。

2．结构特点

拖车式道路综合养护车是将各种设备装置安装在拖车底盘上,用自带动力源驱动各种装置和机具,由牵引机械在作业地点拖曳进行养护作业的一种设备。其不具备自行的动力源,但到达施工场地后,可以依靠自身配备的其他动力源完成作业。根据自身携带的作业动力源不同,可将拖车式道路综合养护车分为拖车式风动道路综合养护车和拖车式电动风机型道路综合养护车。

3．适用范围

拖车式道路综合养护车由于自身不带动力,不太适合远距离的养护作业,比较适用于一般沥青路面的日常养护作业。它可以完成挖坑、清理、搅拌成品料、喷洒沥青、压实、清扫等作业。与自行式沥青路面修补车相比,它具有结构简单、成本低等特点。

4．技术参数

拖车式道路综合养护车的技术参数见表1-1。

表1-1 拖车式道路综合养护车的技术参数

项　　目	参　　数	项　　目	参　　数
型号规格	RZS-1000	额定功率/(kV·A)	8.5
外形尺寸(长×宽×高)/(mm×mm×mm)	3 650×1 852×2 060	料釜容积/L	1 000
整机质量/kg	1 850(不含单缸轮压路机)	液晶温控器	日本欧姆龙智能控制
发电机	三相柴油发电机(AC380V)	卸料时间/min	1～3
启动方式	电启动/手拉启动	加热方式	360°转动均匀热空气加热(料筒带保温层)

5．性能优势

(1)滚筒式料箱。柴油加热,360°旋转均匀加热,热效率高,带有双层隔热系统,首箱料加热仅需15～18 min,远远低于国内同类产品,效率高,使用成本低。

(2)集成智能化控制。滚筒养护车工作时,利用时间和温度相结合控制温升的方式,杜绝料筒内的沥青混合料产生老化现象。

(3)电动搅拌机构。变速电动机驱动,结构简单,使用轻松,维护方便。

（4）冷混合料加热。生产好的混合料冷储存，路面作业时再次加热利用，解决了拌和站开通成本高，拌和站不开通时，路面作业需要热料的问题。

（5）乳化沥青喷洒系统。添加乳化沥青，使原路面与新料形成良好的黏层，并可以为缺少油分的废旧料增加含油量。

1.4.2 热再生型道路综合养护车

1．组成

图1-14所示是一款热再生型道路综合养护车，主要由二类底盘、发电机组、保温料仓、路面加热板、废料回收仓及压路机等构成，可完成远距离高等级公路的养护作业。

图1-14 热再生型道路综合养护车
1—路面加热板；2—箭头灯；3—保温料仓；4—压路机；5—发电机组；
6—底盘车；7—废料回收仓；8—加热板升降系统

2．主要部件的结构特点

（1）加热墙。①采用间歇式热辐射加热技术，以保证加热温度和深度符合施工要求，并可最大限度地避免因加热引起的沥青老化现象。②加热墙可分为多个独立控制加热区，根据路面损坏的形状和大小灵活选择加热区的数量及组合方式。加热墙可左右旋转和横移，以适应不同的道路状况。

（2）料仓。①采用旋转式自动加热恒温料仓，出料速度快。30 min即可提供3 000 kg的优质热料，特别适合修复大面积路病，解决了长距离施工和冬季施工的供料问题。②车辆行驶和施工中均可加热，节省等候时间。料仓及加热墙可同时工作，大大提高了施工效率。③采用多段旋转控制方式，确保沥青混合料不被烧焦或出现离析现象。④配有红外线测温传感器，能准确探测料仓内沥青料的温度，出料口配有双轴拌和器，成功解决了骨料离析的问题。

（3）废料回收仓可回收破碎后的路面旧料，对其进行加热再生利用，实现对原路面材料原价值循环利用。

（4）国Ⅵ排放底盘达到国家第六阶段机动车污染物排放标准，更环保。

（5）自带上料结构可实现快速上料，降低工人劳动强度。

（6）集中型控制系统采用触摸屏电脑控制，操作更直观、简洁。

3．作业原理及过程

（1）加热软化。如图1-15所示，将加热板放置于待修补区上部，并调整到合适位置，加热路面修补处，3~5 min后可使其软化。

图1-15 加热软化工艺

(2) 疏松清理。如图 1-16 所示，用液压疏松耙或人工疏松被加热软化的路面修补处，然后清理出旧料或直接利用旧料。

图 1-16　疏松清理工艺

(3) 喷洒乳化沥青。如图 1-17 所示，利用乳液储罐及喷洒系统往待补槽内喷洒乳化沥青，使其形成黏结层或成为添加材料。

图 1-17　喷洒沥青工艺

(4) 填充混合沥青。如图 1-18 所示，利用螺旋送料器将混合料储箱中的沥青混合料输出，填入需要修补的坑槽处。

图 1-18　填充沥青工艺

(5) 摊平修正。如图 1-19 所示，将填入坑槽内的沥青混合料人工摊平。

图 1-19　摊平沥青工艺

(6) 压实成型。如图 1-20 所示，操纵附于机械上的振动碾压机具，将摊铺后的沥青混合料压实成型。

图 1-20　压实沥青工艺

4. 技术参数

热再生型道路综合养护车的技术参数见表 1-2。

表 1-2　热再生型道路综合养护车的技术参数

项　　目		参　　数
基本参数	整车尺寸（长×宽×高）/(mm×mm×mm)	8 652×2 380×2 980
	最大总质量/kg	15 625
	额定载质量/kg	3 710
	轴距/mm	5 000
	最高车速/(km·h^{-1})	98
	排放标准	GB 17691—2018 国 V，GB 3847—2018
	燃料种类	柴油
	料箱容积/m^3	2

续表

项　目		参　数
底盘车参数	品牌及型号	东风牌、DFL1160BX1V
	功率/kW	132
	轮胎数/个	6
加热及温度控制系统参数	总功率/kW	43.2
	加热温度/℃	≤300
	温度控制	由温控器分区控制，温度范围为 25～400℃
	加热时间/h	3～4
	控制方式	可编程逻辑控制器(PLC)/触摸屏
上装发电机系统	品牌及型号	康明斯 4BTA 3.9—G2
	输出功率/kW	50
	平均油耗/(L·h^{-1})	11(工作状态)
	输出电压/V	400/230
	绝缘等级	H
	防护等级	IP22
液压系统参数	动力来源	通过取力器从底盘取力
	油箱容积/L	150
	控制方式	全电控
乳化沥青喷洒系统参数	软管长度/m	7.5
	乳化沥青箱容积/L	45
	柴油清洗箱容积/L	17
	乳化沥青压力瓶容积/L	20
加热墙参数	加热面积/m²	2.5
	分区加热	分 3 个区(既可分区加热又可整体加热)
	加热功能	液压自动升降，具有横移、旋转功能

5．技术优势

(1) 配备有旋转式自动加热保温料仓及标准沥青路面修补装置，包括液压破碎镐、乳化沥青喷洒系统及振动压路机。

(2) 整机系统由车载独立发动机提供动力，即使在开往施工现场的途中也可加热冷料，抵达现场时，沥青混合料便可以立刻使用，节省时间，使工作效率得以提高。

(3) 料仓采用多段旋转控制方式，确保沥青混合料不被烧焦或出现离析现象。

(4) 料仓加热器从旋转料仓底部加热，热力由料仓外传至内部，解决了传统旋转式料仓沥青混合料积结于料仓内的问题。

(5) 红外线测温传感器能准确探测料仓内沥青混合料的温度，实现加热与保温的自动控制。

(6) 出料口配有液压双轴拌和器，解决了出料时沥青混合料的离析问题。

(7) 自带式液压上料机构提高了上料速度，减轻了加料的劳动强度。

1.5　选型原则

1.5.1　依据养护距离选型

随着我国公路网建设规模的不断增加，在选择道路综合养护车时，要根据公路的等级、质量及长度进行选择：

(1) 养护 300 km 以上的高等级沥青路面时，适合选用自行式大型道路综合养护车。

(2) 养护 200～300 km 的高等级沥青路面时，适合选用自行式中型道路综合养护车。

(3) 养护 200 km 以下的高等级沥青路面时，适合选用自行式小型道路综合养护车。

(4) 一般沥青路面的日常养护，适合选用小型自行式道路综合养护车和拖车式道路综合养护车。

1.5.2　依据车辆类型选型

目前国内外的道路综合养护车种类繁多，要合理选择适合的车辆，就必须对每种产品的功能和作业能力范围做深入的分析。下面就 3 种主要的道路综合养护车型选择进行分析。

1．滚筒式道路综合养护车

滚筒式道路综合养护车属于冷补法类养护车，一般由汽车底盘、搅拌筒、上料装置、发电机组、沥青箱和压路机等部分组成，是目前道路养护中使用最广泛的一种养护车。其产品类型既有自行式也有拖车式，既有用燃烧器对滚筒内混合料直接加热的,也有用红外线在滚筒外进行间接加热的,是技术上最成熟的一类产品。目前,国内有多家生产企业。

滚筒式道路综合养护车的优点是机动灵活,可以现场拌料,随时供料,不受季节影响,特别是在沥青混凝土搅拌站关闭期间,其优点更为明显。

滚筒式道路综合养护车的主要缺点是单筒搅拌量小,搅拌时间长,占道时间久,现场作业效率低,对交通影响大。在遇到较大坑槽时,有时需要搅拌2筒以上的沥青混合料才够用,虽然厂家声明的单筒拌料时间较短,但实际上路使用时的总作业时间要比理论值长得多。由于这类养护车普遍没有储料箱,所以须另配一台货车装载冷料或旧料配合作业。这样,作业过程就变成从载料车上取冷料或旧料,装入养护车上料斗后加入滚筒,上料斗的容量一般较小,且提升速度较慢。因此,仅装料的时间就需要约 10 min。现场搅拌的时间受气候影响也非常大,冬季加热时间要比夏季长很多。很显然,在目前道路交通紧张繁忙的情况下,长时间占道对交通的影响非常大。

另外,滚筒式道路综合养护车在搅拌时易产生烟尘,一些产品虽然增加了除烟尘装置,但效果不是很理想。因此该类车作业时对环境有一定程度的污染,这也是滚筒式道路综合养护车很少用于市政道路的一个主要原因。

滚筒式道路综合养护车主要用于冷料和旧料的热再生,旧料热再生时,须根据旧料的含油量适当加入沥青,以提高旧料的油石比。它还可以用于生产新沥青混凝土,但由于没有计量装置,无法保证沥青混凝土的级配和油石比,从而使新料的质量无法保证。

从上述分析中可以看出,滚筒式道路综合养护车主要适合修补作业频繁、作业量小,对修补作业及时性要求较高的场合。因此,滚筒式道路综合养护车主要用于高速公路的养护作业,不适合普通公路的集中性修补作业和市政道路的养护作业。

2. 热再生型道路综合养护车

热再生型道路综合养护车属于热补法类养护车,该类养护车由车底盘、燃气供应系统、储料仓、路面加热装置和压路机等组成。路面加热装置主要有 2 种方式:一种是加热墙式,通过热辐射方式进行加热,其优点是热效率高、加热效果好,但技术复杂、维护困难;另一种是加热管式,通过红外线进行加热,加热效果不及加热墙,但技术简单且易于维护。储料仓的加热保温也有 2 种方式:一种是用液化气进行加热保温;另一种则是采用电热管加热。但无论是哪种加热保温方式,其加热时间都较长,整仓料加热到可以使用的温度(160℃左右)需 8~9 h。

从理论上讲,无论是热辐射加热还是红外线加热都是可行的,当路面含油量(沥青含量)较高时,加热效果一般较好。但是,当路面含油量较低时,加热效果则变得很差,热补效果大打折扣。特别是普通公路,路面坑槽修补不及时,一般损坏较严重时才修补,坑槽底部失油已非常严重,进行加热已基本没有效果。因此,热再生型道路综合养护车不适合于普通公路的养护作业。高速公路要求随坏随补,路面条件好,含油量较高,使用热再生型道路综合养护车进行修补的效果相对较好。由于无须现场拌料,热再生型道路综合养护车的现场作业效率较高,但操作比较复杂。

在搅拌站关闭期间,热再生型道路综合养护车利用自身的储料仓对冷料或旧料热再生,因其加热时间长达 8~9 h,一个工作日仅能提供一仓沥青混合料。在修补作业量较大时,一个工作日往往需要一车以上的沥青混合料,此时热再生型道路综合养护车就无法满足养护作业的需要。另外,由于供料时间长,在出现临时性修补任务时,也不能及时进行修补作业。不过,在沥青混凝土搅拌站开工后,它可以直接从搅拌站接料,上述问题则不复存在。

热再生型道路综合养护车在对路面进行加热时,会产生油烟,尤其是加热过度时,油烟特别严重,对环境有一定程度的污染。此外,热再生型道路综合养护车的热再生效果并不十分理想,现场操作复杂,加之与其他类型养护车相比,其价格昂贵,使用成本高,从而限制了这类养护车的推广使用。

3. 储料式道路综合养护车

储料式道路综合养护车属于冷补法类养护车,这类养护车由车底盘、储料仓、沥青仓、发电机组、压路机等部分组成。与热再生型道路综合养护车相比,除没有路面加热装置外,储料仓也有区别。该类养护车的储料仓主要用于热料的保温,不能对冷料或旧料直接进行热再生。储料式道路综合养护车工作时,必须从沥青混凝土搅拌站接料。其优点是占道时间短,现场作业效率高,适于集中式修补作业;缺点是在沥青混凝土搅拌站关闭时,会因缺料而无法使用。由此可见,储料式道路综合养护车适合附近有沥青混凝土搅拌站的道路养护部门。附近有常年开放的沥青混凝土搅拌站的高速公路可以选择这种养护车,此外,实行春秋季集中修补的普通公路和市政道路也可以选择这种养护车。储料式道路综合养护车不会对环境产生烟尘污染,现场作业效率高,占道时间短,对道路交通影响小,因此最适合市政道路使用。

1.6 常见故障及排除方法

道路综合养护车种类繁多,其故障诊断和排除各不相同,下面以最典型的热再生型道路综合养护车为例,列举典型的常见故障及排除方法,见表1-3。

表1-3 道路综合养护车的常见故障及排除方法

故障现象	原因	排除方法
养护装置液压系统无动作	取力器、离合器未接合	接合离合器
	油泵联轴器扭断或油泵内部不正常	更换联轴器
	油泵进油孔进空气	检查渗漏处,紧固接头,必要时更换密封件
	多路阀工况不良	检修或更换
	液压系统无压力或压力太小	溢流阀芯小孔堵塞,进行清理或重新调节
	操作机构有故障	检修
	滤油器堵塞	清理或清洗
	进油管损坏	更换
	油温过高	避开高温环境或适当停歇
油缸或其他滑动配合面存在卡滞现象		检查清理各配合表面,必要时加注润滑脂。如因构件变形而发生卡滞则应更换变形件
养护装置液压系统动作异常(无力、迟缓或有冲击)	液压系统压力过低	① 检查汽车发动机使之正常; ② 调整或更换溢流阀; ③ 更换油泵
	系统有渗漏	检查渗漏处,需要时紧固接头,必要时更换密封件
	系统内有空气	① 检查系统是否渗漏; ② 检查液压油箱液面是否过低,必要时加注液压油; ③ 将加热墙等养护装置的液压机构全行程往返2~3次
	滤油器阻塞	清理或清洗
	油中气泡太多	避开高温环境,停歇一段时间,然后将加热墙等养护装置的液压机构全行程往返2~3次
	工作油不适当	更换
	液控单向阀工况不良	调节、修理或更换

续表

故障现象	原　因	排　除　方　法
作业噪声过大	系统压力高或溢流阀流速过快	检查溢流阀是否堵塞或系统压力是否过高,请专业人员重新调整或更换溢流阀
	节流阀工况不良	检修或更换
	动力系统不正常	检查发动机和取力器
	管路接头松动,密封不良或损坏	重新紧固或更换已损坏的元件
	油箱油量过多或过少	减少或增加油量
	油中气泡太多	避开高温环境,停歇一段时间
	油箱或进油管路堵塞,吸油不畅	检查从油箱到泵的进油口间的各元件(滤网、滤清器、接头、管路)是否有堵塞现象,必要时加以清除或更换
液压油过热	油液面过低	补加油到适当的高度
	油脏或油的黏度太高	将原油排出,换油和清洗滤清器(必须加注规定的液压油)
	使用时间太长	适当停歇,使油液充分冷却,保持油温在80℃以下(触摸多路阀处的油管和油箱,不烫手能停留时方可)
	发动机转速偏高	使发动机转速维持在急速清障操作状态,或控制转速在1 200～1 500 r/min,最高不能超过2 000 r/min
底盘发动机负载情况下熄火	发动机速度太低	调整发动机转速
	液压系统油压过高	调整液压系统的压力
泵的零部件损坏或过度磨损	请专业维修人员检修或更换油泵	
加热墙不加热	液化气加热系统故障	检查电磁阀开关、阀门、零压阀、调压器、通风阀等电器元件是否正常
	电加热系统故障	检查电器控制开关及加热管是否正常
料仓不加热或加热异常	点火开关失灵	更换或维修点火开关
	气路系统或电路系统故障	检查气路系统或电路系统
	温控器失灵	更换或维修温控器
沥青供应装置异常	检查沥青泵、液化气炉盘、导热油泵、管路及沥青枪等部件及控制系统是否工作正常。若有不正常,则进行维修或更换	
压路机工作异常	检查压路机的动力系统及各执行机构工作是否正常,若有不正常,则进行维修或更换	

第2章

交通抢险清障车

2.1 概述

随着我国汽车行业和基础建设的飞速发展,截至2019年年底,我国的汽车保有量已达到2.7亿辆,公路总里程达501.25万km。每年发生的道路交通事故超过800万起,其中造成人身伤害的达50万起。道路交通事故还会造成交通堵塞,给人们的出行和物流运输带来不便,因此,快速的交通抢险救援是维护道路畅通的重要保证。

我国的交通抢险救援装备行业发展迅速,常见的类型有清障车、抢险救援消防车、汽车起重机。由于抢险救援消防车归为消防车大类,汽车起重机归为起重机械大类,这里重点介绍清障车的内容。

2.1.1 定义

清障车又称道路清障车、拖车、道路救援车、拖拽车,具有托举、起吊、拖拽、牵引及警示等多项功能,主要用于拖拽道路故障车辆、城市违章车辆及进行抢险救援等。

2.1.2 功能

清障车的主要功能包括:

(1) 托举功能。清障车能将一端损坏的车辆从前部或后部托起,然后将整车拖离现场。清障车的托架能适应不同车型、不同部位(如车轴、车轮、弹簧等)的托举,装拆方便;在托举过程中,还能避免车辆受到二次损坏。

(2) 起吊功能。清障车具有可变幅的主吊臂,以便将损坏的车辆从一端(或一侧)吊起,摆正,便于托举。为了适应起吊车辆的不同部位,中重型清障车的主吊臂还具有伸缩功能。

(3) 拖拽功能。清障车备有绞盘,供拖拽损坏的车辆使用。为了扶正倾翻的车辆,清障车一般应备有能力相同的2个绞盘,配合主吊臂及现场固定的锚脚(定滑轮)完成各种形式倾翻车辆的扶正工作。

(4) 牵引功能。清障车可将一端托起的损坏车辆牵引走。此外,对于车桥未损坏的车辆,可通过钢丝绳(软牵引)或牵引杆(硬牵引)将事故车辆拖走。清障车具有足够的牵引能力,托举牵引时还具有相应的行驶稳定性与机动能力。

(5) 警示功能。清障车具有大型的警示灯报警器,使其进行清障作业时有明显的标志。

此外,根据作业场地的具体情况及特殊要求,清障车还具有辅助照明和破拆救援等辅助功能。辅助照明功能是指夜间作业时,清障车应备有充足的辅助照明动力设备,以方便作业;破拆救援功能是指清障车备有破拆机具,可及时剪拆事故车辆的壳体。破拆机具具有体积小、质量轻、能力强及使用方便等特点。

2.1.3 国内外发展概况及发展趋势

清障车是为保证道路畅通而设计的专用工程车辆,是现代交通管理的重要装备,特别是高速公路交通管理必不可少的装备。

国外清障车发展较早,也较成熟,世界上第一辆清障车诞生于20世纪50年代的美国。进入21世纪后,全球公路里程和机动车数量飞速增长,清障车行业也飞速发展,且已形成轻、中、重型产品系列,功能呈现多样化、重型化、智能化。

近年来,国内研究开发出多种适合我国国情的清障车,且产品质量也有明显提高,但真正功能齐全、外形美观的清障车较少,作业性能和可靠性还有待提高。尤其是适用于清理各级公路及城市道路上肇事、故障及违章停放车辆的清障车,市场需求缺口很大。性能优良、功能齐全、操作方便的清障车将是今后发展的方向。

目前,我国有多家企业生产清障车,生产的清障车产品、种类较多,按功能特点大致分为"拖吊""旋转""平板""升降平台"等系列。"拖吊"式和"旋转"式清障车适用于侧翻、滚落到沟里或路外的大型车辆的清理,但是由于这类清障车车体笨重,操作不便,受路面环境及作业环境的限制,对一般的城市道路不适用。"平板"式和"升降平台"式清障车适用于对普通公路、高速公路等路面交通事故及违章车辆的清理,受路面及作业环境的限制小,操作灵活、简便。

清障车发展的4个趋势是底盘专业化、车身轻量化、配置功能化、调度智能化。底盘专业化是国内清障车行业发展的一种趋势,目前采用货车二类底盘来改装清障车,其后桥载荷比例无法达到85%,因此需要开发专业清障车底盘。车身轻量化可以降低车辆的燃油消耗,结构件可以采用高强度钢,装饰件和底板等可以采用铝合金材料等;配置功能化针对近年来我国汽车品种高速发展的问题,例如低平板公交车、豪华大客车等,具有吨位大、底板离地间隙小、前悬长的特点,必须采用超长超薄的拖臂才能实施救援;调度智能化是把清障车作为移动智能终端,可以由调度中心根据事故的情况,匹配清障车的数量、类型、大小、距离事故点的位置等参数,实现最优化配置。

2.1.4 设计要求

根据QC/T 645—2018《清障车》的规定,最大托举质量和最大托牵质量是衡量清障车作业能力的重要技术参数。

清障车的最大托牵质量不得超过其底盘的最大设计总质量。

最大托举质量是指托臂有效长度为最小值时清障车的额定托举质量,且必须达到的要求是:"清障车在托牵状态下,前桥轴荷不小于最大总质量的15%,后桥轴荷不得超过其允许载荷的20%;空载时前桥轴荷不得超过其允许载荷。"清障车的托举质量与托牵质量的比值不小于20%。根据这些规定,可识别厂家对清障车所标注的技术参数是否真实及是否符合清障车的标准。

工程黄清障车在市场上非常畅销,原因就在于它的颜色非常醒目,特别是在北方冬季下雪的情况下,到处白茫茫的一片,工程黄清障车便显现出其重要性,此时它的安全性是最重要的。

所有的清障车张贴反光标识或安装警灯都是为了安全,而工程黄清障车本身就具备这一特性。此外,无论是在城市道路中还是在其他场所,黄色本身就代表着救援。

2.2 分类

清障车根据不同的分类方法可以分为多种类型。

(1)按照使用特点划分,清障车可分为运载型和起吊牵引型清障车。

(2)按照结构形式划分,清障车可分为平板型清障车和拖吊型清障车。平板型清障车包括普通型清障车、折叠式清障车、完全落地式清障车、随车吊式清障车,随车吊式清障车还可以分为直臂式清障车和折臂式清障车。拖吊型清障车包括普通型清障车和吊臂旋转型清障车。

(3) 按照吨位不同,清障车的总质量为 2~54 t,托举质量为 0.14~23 t。

(4) 按照清障作业能力划分,可分为轻型(2~6 t)清障车、中重型(8~25 t)清障车及超重型(30 t 以上)清障车。轻型清障车的清障作业对象是轻型载货汽车、微型客货车及轿车等;中重型清障车的清障作业对象是中重型载货汽车、大中型客车等;超重型清障车的清障作业对象是重型载货汽车、超重型半挂汽车等。

典型的清障车类型如图 2-1~图 2-10 所示。

图 2-1 平板型清障车

图 2-2 平板折叠式清障车

图 2-3 平板完全落地式清障车

图 2-4 平板带随车吊清障车

图 2-5 平板带折叠随车吊清障车

图 2-6 拖吊型清障车

图 2-7 吊臂旋转型清障车

图2-8 轻型清障车

图2-9 中重型清障车

图2-10 超重型清障车

下面主要介绍最常用的2种清障车类型,即平板型清障车、拖吊型清障车。

2.3 典型产品介绍

2.3.1 平板型清障车

1. 产品概述

平板型清障车是在载货汽车二类底盘的基础上加装平板托举结构改装而成的。实施救援时,通过铰链装置或者随车吊把故障车转移到平板上,进行固定后驶离交通事故现场。

与拖吊型清障车相比,平板型清障车的优点是:在转移过程中,被救援车辆完全由清障车背负,可以快速行驶,能够迅速缓解交通压力。在行驶过程中,也不会因车速问题影响到其他车辆。平板型清障车是目前城市中心区的主要交通救援车辆。

2. 产品用途与适用范围

平板型清障车适用于长距离运输故障车辆,主要的救援对象包括小轿车、越野车、跑车、轻型卡车等。一般情况下,可以用普通型平板清障车处理交通事故。

(1) 若故障车辆的轴距过长、前悬过长或者后悬过长,装载时故障车辆有可能与清障车碰撞,也有可能刮蹭地面,需要采用折叠式平板清障车。

(2) 若故障车辆底盘过低时,如跑车、部分新能源卡车等,需要采用完全落地式清障车。

(3) 若故障车辆在事故中发生了严重损坏,轮胎或者底盘卡滞不能移动时,需要采用带随车吊的平板清障车进行救援。

另外,平板清障车还可以在后部增加托举臂,最明显的优势是能够一拖二,即一次能够清理两辆故障车,在轻型故障车多的时候特别适用。

3. 工作原理和主要结构

平板型清障车由二类底盘和上装作业装置两大部分组成。上装作业装置包括副车架、装载平板、绞盘总成、液压系统、托举机构、操作系统、电气系统等组成。其中副车架和装载平板通常由抗弯强度高的低合金钢焊接制作,具有良好的机械性能,同时考虑到故障车辆的重量,设计时要保证满载时的侧向稳定性。液压系统中的水平伸缩油缸推动装载平台前后移动,变幅油缸控制装载平台的倾斜角度,便于故障车辆被拖上平台。绞盘可以实施对故障车辆的牵引、起吊和扶正作业。

平板型清障车的主要结构如图2-11所示。

平板型清障车的工作原理是:发动机通过安装在变速箱上的取力器将动力传递给液压

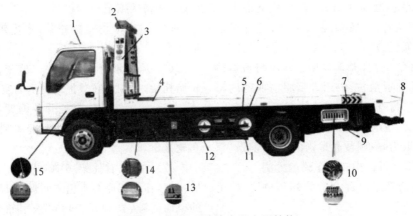

图 2-11 平板型清障车的主要结构

1—驾驶室；2—警示灯及灯架(包括室内警报控制装置)；3—高位行车信号指示灯(上部：白—前示廓灯,红—后示廓灯；下部：黄—转向灯,红—刹车灯,白—倒车灯)；4—绞盘及钢缆；5—装载平板；6—侧标志灯；7—链钩；8—托举机构；9—L形托扳；10—操作机构及液压系统；11—辅助轮；12—侧防护栏；13—工具箱及附件；14—取力器及油泵装置；15—取力器操作手柄或开关

油泵,液压油泵产生的高压液压油通过控制阀分别输送至各油缸或液压马达,从而实现各工作机构的运转。

4．平板机构的使用

平板机构具有平板升降、滑动的运动功能,主要由装载平板、底架、后支撑、液压绞盘、钢丝绳(钩)、平板升降、伸缩油缸等部件组成。平板机构主要用于装载车辆,在使用平板机构装载和卸载车辆时,操作方便、快捷。平板型清障车既有托举牵引车辆的功能,又有单独装载车辆的功能。在载荷允许的情况下,还可以先装载再托举牵引车辆,实现了装载与托举牵引同时进行的双重功能(图 2-12),有效地提高了工作效率。

图 2-12 平板型清障车的工作状态

1) 使用平板机构装载车辆的方法

(1) 将清障车停到合适的卸车位置,拉手刹。

(2) 接合取力器,操作平板的滑动手柄,首先使平台向后滑出约 0.4 m,使其脱离限位板位置,然后倾斜平板机构,使其支撑接触到地面,但不能支起清障车,则滑出平板刚好接地。

(3) 将被装载的车辆挂空挡,并松开车辆的手刹。

(4) 脱开清障车绞盘离合器,拉出钢丝绳至被运载车辆前,用链钩勾住被装载车辆拖端下部的牵引钩环。注意：拉出钢丝绳时绞盘滚筒上所剩钢丝绳的圈数不得少于 5 圈。

(5) 接合清障车绞盘的离合器,操作绞盘的操纵手柄,使绞盘钢丝绳收绳,把被装载车辆拉上平板,如果被装载车辆与平板发生碰撞,应及时调整平板的倾斜角度使之不发生碰撞,且尽量靠前,并控制钢丝绳上的钩距离绞盘大约为 0.4 m。注意：当绞盘承受负荷时,切勿将绞盘的手动控制离合器脱开！

(6) 操作平板滑动操纵杆,滑回平板,使前平板与折叠板刚好在同一平面上。

(7) 拉上被运载车辆的手刹,用绑带将后两侧的车轮绑好。

(8) 继续操作平板滑动操纵杆,滑回平板,使前平板到副车架上限位装置的距离大约为 0.6 m；操作平板升降操纵杆,将平板降到最低位,再操作平板滑动操纵杆,将平板全部滑回并进入锁紧位置。(特别提示:平板应尽量前滑,再降到低位。)

(9) 如配有三角形车轮限位块可将被运载车辆的车轮前后限位,再用绑带将前两侧的车轮绑好锁紧,检查后两侧车轮的绑带并锁紧。

(10) 以上各步骤完成后,踩下清障车的离合器,脱开取力器,则装载车辆的工作完成。

2) 使用平板机构卸载车辆的方法

(1) 将清障车停到合适的卸车位置,拉上手刹。

(2) 卸下三角形车轮限位块和前轮绑带。

(3) 接合取力器,操作平板的滑动手柄,使平台向后滑出约 1.2 m,然后倾斜平板机构,使后支撑接触到地面,但不能支起清障车,然后完全滑出平板接地。

(4) 松开被运载车辆的手刹,将后两侧车轮的绑带卸下。

(5) 接合清障车绞盘的离合器,操作绞盘的操纵手柄,使绞盘钢丝绳放绳,把被装载车辆从平板上卸下,并拉上被运载车辆的手刹。

(6) 按操作规定收回平板及钢丝绳(钩)。

(7) 以上各步骤完成后,踩下清障车的离合器,脱开取力器,则卸载车辆的工作完成。

5. 托臂机构的使用

托臂机构具有伸缩、升降的运动功能,根据不同的情况,可选择采用 L 形臂托举车轮,或采用托叉托起被拖车的工字形梁、大梁、车桥两侧弹簧钢板的方法来托起被拖车。一般情况下优先选用 L 形臂托举车轮的方法,且使用 L 形臂和使用托叉的方式转换也方便、快捷、简单。

1) 使用 L 形臂车轮托架托举车轮

(1) 将清障车倒车至被拖车前,倒车时尽可能使两车对齐,夹角越小越方便操作。

(2) 停好车,拉上手刹,接合取力器,操作托臂机构,使十字臂离地面的高度尽可能小,以保证十字臂能伸到车的底部且不与被拖车的零部件发生碰撞。

(3) 调整十字臂上的臂套位置,使之与被拖车的车轮宽度一致,然后用锁紧螺栓锁定

(或用弹簧销锁定)。

(4) 拔出车轮安全插销,将托架座向两边摆开。

(5) 从 L 形臂安装架上取出左、右 L 形轮胎托架,分别放在被拖车两侧的空地上。

(6) 伸出并且降低托臂伸缩臂,使臂套接触两侧车轮下的地面且使臂套端斜面与被拖车轮接触。

(7) 在左、右托架座中分别插入 L 形臂轮胎托架,在托架座与车轮之间保留 15 mm 左右的横向间隙,摆动托架座进入车轮位置,使 L 形臂紧靠轮胎底部,并保证 L 形臂托架底部的孔确实已进入托架座中的定位销中。

(8) 在每一个车轮前的 L 形臂托架上靠近托架座端部的孔中插入安全销,以防止 L 形臂托架在行驶过程中被拉出。在每一个车轮前部插入轮胎限位销,防止车轮因惯性冲出拖架。

(9) 托臂升高至适当的位置(轮胎离地 200~400 mm),缩回托臂保持两车之间的距离尽可能短,原则上要保证前后车不会在行驶转弯时相撞。

(10) 用绑带将两侧车轮绑好并锁紧如图 2-13 所示。

图 2-13 车轮锁紧状态

(11) 用保险链条连接清障车与被拖车以保障安全行驶。(保险链条自备)

(12) 当上述工作完成并确认无误后,将取力器挡位分离,放开被拖车手刹,并检查其他情况,一切正常后就可以行驶了。

2) 使用L形臂车轮托架卸载车辆

(1) 将清障车停到合适的卸车位置,拉上手刹。

(2) 接合取力器,操作托臂机构,使车轮刚好接触地面,此时不能完全降低托臂至地面,否则操作完后被拖车可能会因为没有刹车而滚动。

(3) 拉紧被拖车手刹,变挡位到停车挡。

(4) 安全降低托臂至地面,此时托架自行松动。

(5) 卸下安全链条和绑带。

(6) 取下L形臂上的安全销,移出L形臂托架,放入L形臂安装架中。

(7) 安全收回伸缩臂,然后升高至正常高度。

(8) 将安全销重新放在托架座的固定孔中,松开臂套至原位并锁紧。

3) 使用托叉托举车辆的方法

将清障车倒车至被拖车前,倒车时尽可能使两车对齐,夹角越小越方便操作,停好车,拉上手刹。

(1) 使用托叉前,如果臂套装在十字臂上,要先将臂套卸下,然后按图2-14进行操作。注意:不用解锁钎是不能移出臂套的。

(5) 操作托臂机构,使托叉和托举支撑点完全卡位接触,绑好安全链。

(6) 操作托臂机构,将托臂升高至适当的位置(轮胎离地200～400 mm),缩回托臂,保持两车之间的距离尽可能短,原则上要保证前、后车不会在行驶转弯时相撞。

(7) 用保险链条连接清障车与被拖车,以保障安全行驶。(保险链条自备)

以上工作完成并确认无误后,将取力器挡位分离,放开被拖车手刹,并检查其他情况,一切正常后就可以行驶了。

4) 使用托叉卸载车辆的方法

使用托叉卸载车辆的方法可参考L形臂托架卸载车辆的方法。

6. 辅助轮的使用

在清障车清障事例中,常遇到被拖车辆后轮锁死、轮胎爆裂、后桥损坏等现象,为解决此类清障问题,可采用辅助轮装置,以取代被拖车辆的后轮行走,从而达到方便、快捷、安全、高效的清障目的。目前国内的辅助轮装置种类较多,包括A型辅助轮、B型辅助轮、万向辅助轮和重型辅助轮等。下面主要介绍常用的A型辅助轮(图2-15)和B型辅助轮(图2-16)。

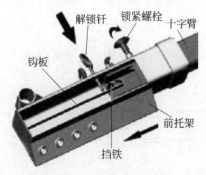

图2-14 锁紧机构

图2-15 A型辅助轮

(2) 观察车底部,选择托叉支撑点,通常可以选择车的大梁、工字形梁或者弹簧钢板。

(3) 在十字臂上装好左右托叉座和托叉,对称调节到适当位置,保证每一个托叉座的锁销插入十字臂的孔中。

(4) 接合取力器,操作托臂机构,使十字臂离地面的高度尽可能小,保证十字臂能伸到车的底部且不与被拖车的零部件发生碰撞。

图2-16 B型辅助轮

1) A型辅助轮

A型辅助轮采用4个轮胎支撑车辆的后轴,其典型应用场景如图2-17所示。

(1) 结构

A型辅助轮总成如图2-18所示,主要由支架、轮胎、保险手柄、限位板、限位挡板、撬杠座、连接杆座、保险钩等部分组成。

可调式连接杆由连接杆、伸缩杆组成,如图2-19所示。

图2-17 A型辅助轮的应用场景

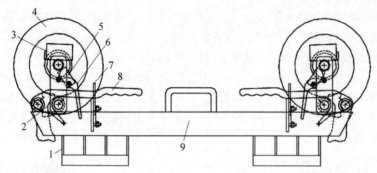

图2-18 A型辅助轮总成

1—连接杆座;2—限位挡板;3—撬杠座;4—轮胎;5—限位板;6—保险手柄2;7—保险钩;8—保险手柄1;9—支架

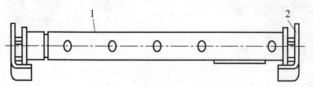

图2-19 A型辅助轮的可调式连接杆

1—连接杆;2—伸缩杆

(2) A型辅助轮的使用方法

① 首先将整套辅助轮装置从清障车上拿下来,放置在被拖车辆被承载轮胎的两侧地面上。

② 松开保险钩,放下保险手柄,将辅助轮转动到自由状态。

③ 再将两条连接杆调节到合适的长度和宽度,使之夹住被拖车轮,然后将端头分别插入立放的辅助轮连接杆座中。

④ 将撬杠插入辅助轮一端的撬杠座孔中,放开保险手柄2,再用一手扳开保险手柄1,另一手用力扳动撬杠,使辅助轮转动时即可抬起被拖车轮;用同样的方法可将被拖车轮从辅助轮上放下。

⑤ 当辅助轮转动到底时,放下保险手柄 1 与保险手柄 2,并锁住保险钩。按同样的方法装好辅助轮的另一端。

⑥ 装好一侧的辅助轮后,按同样的方法装好另一侧的辅助轮。

⑦ 用保险带将被拖车轮与辅助轮绑紧,则 A 型辅助轮装置安装完毕,检查各处是否正常。

(3) A 型辅助轮使用的注意事项

为了适应清障车拖车安全速度的需要(清障车拖车的安全速度不大于 30 km/h),A 型辅助轮胎选用的是低速轮胎,拖车时禁止超过 30 km/h 的速度,如果超过该速度行驶,会使轮胎发热损坏或加速磨损。

A 型辅助轮是清障车的随车工具之一,其特点是轻巧、使用方便(不需要千斤顶)、快捷,升降行程较低,对于底盘很低的小型车辆尤其适用。它主要用于路面条件较好的城市及拖牵路程不远的清障中托举事故车的车轮,以替代因事故或其他原因造成损坏而不能行驶的轮胎。

2) B 型辅助轮

B 型辅助轮需要成对使用,采用 4 个轮胎支撑故障车辆的一个车轮,典型的应用场景如图 2-20 所示。

图 2-20　B 型辅助轮的应用场景

(1) B 型辅助轮的使用方法

① 首先确定需要托起的轮胎,按照图 2-21(a)所示,将辅助轮放入事故车轮下面,将前后两个定位销锁向上拉起并旋转一个小角度,防止弹力复位。

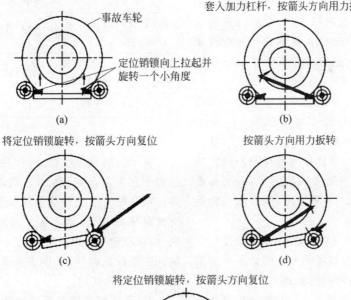

图 2-21　B 型辅助轮的举升步骤

② 如图 2-21(b)所示，使用加力杠杆套入杠杆柄，用力按箭头方向扳转至图 2-21(c)的状态。

③ 在图 2-21(c)的状态下，将相应的定位销锁旋转，按箭头方向复位锁定轮轴架，防止轮轴架返回。

④ 如图 2-21(d)所示，按照图 2-21(c)的步骤将加力杠杆套入另一个杠杆柄，按照箭头方向用力扳转到图 2-21(e)的状态。

⑤ 在图 2-21(e)的状态下按照图 21-1(d)的步骤将相应的定位销锁旋转，按箭头方向复位锁定轮轴架，防止轮轴架返回。

在完成了以上工作后，对另一个辅助轮按照上面的操作顺序对事故车辆的另一侧车轮进行举升。整个举升过程完成后，再进行拖牵方面的其他准备事项，在所有的准备工作按清障车的使用规程做好了之后，方可对事故车辆进行拖牵行驶操作。

(2) B 型辅助轮使用的注意事项

① 使用 B 型辅助轮拖牵车辆只能在较平坦、无坑洼的路面上进行，拖牵车辆行驶时的速度不得超过 30 km/h，路况的好坏和行驶速度的快慢直接影响到行车安全和辅助轮的使用寿命。

② 拖牵车辆行驶中应避免急转弯并保持转弯时低于 15 km/h 的车速行驶。

③ 由于 B 型辅助轮径很小，不适于行驶路程较长的清障作业，为保证轮胎橡胶不因发热而损坏，在保证行驶速度的前提下，一次拖牵里程应小于 10 km。若要继续行驶，须待轮胎冷却后才能进行。

④ 必须成对使用辅助轮，不能单独使用一个轮胎进行拖牵，否则可能由于高低不平而偏载及行驶过程中转向不同步而损坏辅助轮。

⑤ 装载车轮时，要使车轮与辅助轮保持平行，特别是行驶过程中的颠簸可能使被载车轮偏离原来的位置，所以应在行驶中时刻注意，及时停车调整至原始平行状态。

⑥ 使用辅助轮前，应仔细进行检查，包括轮毂各螺栓是否紧固、橡胶轮是否与轮毂正常贴合、轮毂轴承转动时是否处于良好状态、弹簧锁销是否完好，这些情况都正常完好时才能使用，否则应进行修理或更换。

⑦ 定期对辅助轮进行保养，并润滑承载轴承。

⑧ 车辆在不使用辅助轮行驶前应将辅助轮置于特定的位置加以固定，防止行驶过程中发生意外。

3) 辅助轮的使用条件

A、B 型辅助轮主要配备在轻型或者平板型清障车上，适合轻型汽车和轿车的辅助行驶，其使用条件见表 2-1。

表 2-1 辅助轮的使用条件

项目	条件
被拖车的类型	微型工具车、各类轿车及同类型车辆
被拖车轮的直径/mm	400～750
辅助轮的最大承载能力/t	高等级平坦路面≤0.8 中等级平坦路面≤0.6 较差路面不能使用
车辆行驶限速/(km·h^{-1})	≤30
转弯弯度超过 90°时的限速/(km·h^{-1})	≤15
一次连续行驶里程/km	≤10

4) 辅助轮的维护与保养

由于辅助轮轮径很小，使用时磨损较快，这属于正常现象，应做到正确使用与及时保养。辅助轮的橡胶外缘及轮架轴承是最容易受到损坏的部分，轴承坏了后可以修理与更换，而橡胶轮与轮毂在由于路况或行驶速度太快发生高温剥离后，只能更换新的轮子，以保证工作中正常使用。

7. 平板型清障车操作的注意事项

平板型清障车一般性操作的注意事项如下：

(1) 在操作平板车时，人员切勿站在平板上面和后面，并且平板上不允许放置任何能够自由滑动的重物。

(2) 在清障工作之前方可接合取力器，在清障车行驶前一定要脱开取力器，否则会造成液压泵和取力器等部件损坏。

(3) 作业时,注意不要对被拖(背载)车辆的任何部件造成损伤。

(4) 只有当平板位于距最前端大于 400 mm,使其脱离锁紧位置后,才可以进行平板的升降操作。

(5) 清障车行驶前,应确认平板已充分向前进入锁紧位置。

(6) 在背载和托举车辆时必须将车辆用链条、绑带或钢缆固定牢靠,以防行驶途中松脱。

(7) 在托牵状态下,应尽量避免倒车,否则有可能损坏设备。

(8) 在夜间施救行车时,被拖车尾部必须有尾灯或辅助警示灯光。

2.3.2 拖吊型清障车

1. 产品概述

拖吊型清障车是最常见的清障车类型,如图 2-22 所示。对于总质量大于 5 t 的被救援车辆,一般采用拖吊型清障车托起被救援车辆的前轴,驶离交通事故现场。

与平板型清障车相比,拖吊型清障车的优点是托举质量大,对于中型以上的卡车、半挂车等,必须采用拖吊型清障车;缺点是转场速度慢、转弯半径大,由于被救援车的前进和减速都依赖清障车,因此采用拖吊型清障车时,要以中低速行驶以避免二次事故,这就会在一定程度上影响交通。同时由于拖拽了被救援车,其转弯半径增大,不适用于城市中心区的狭窄道路。

2. 产品用途与适用范围

拖吊型清障车主要有普通型拖吊清障车和吊臂旋转型拖吊清障车 2 种。

普通型拖吊清障车的吊臂只能进行伸缩和俯仰角度调整,结构简单,不配备液压支腿,可以处理一般性事故,适合处理故障车辆的轮胎可以正常运动的情况,一般为 2 轴或 3 轴的中型清障车。

当故障车辆不能移动,而清障车又无法正常摆放时,可选用吊臂旋转型拖吊清障车,其吊臂可以进行 360°旋转,可将故障车辆拖至合适位置,然后进行救援。吊臂旋转型拖吊清障车一般配备有液压支腿,以保证吊装作业时的稳定性,一般为 4 轴或 5 轴的重型清障车。

拖吊型清障车的选用重点要考虑被救援车的吨位,因此援救前应事先了解被救援车的型号和前轴质量。

3. 主要结构件及功能

拖吊型清障车是在二类底盘的基础上改造的,其结构如图 2-23 所示,除了二类底盘,上装部分的结构件主要包括以下 6 种。

图 2-22 拖吊型清障车

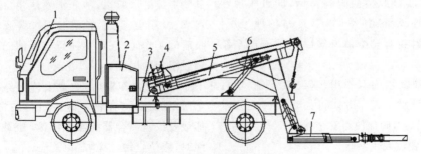

图 2-23 拖吊型清障车的结构
1—二类底盘;2—外蒙皮及工具柜;3—副车架;4—卷扬机构;5—变幅臂;6—液压系统;7—托举臂

1) 副车架

副车架为箱形结构,采用高强度低合金钢板焊接而成。上设变幅臂支承连接座,通过U形螺栓与汽车底盘车架纵梁连接,具有良好的刚度与强度,是重要的受力构件。

2) 变幅臂

变幅臂为多节伸缩式结构,由基本臂、伸缩臂和一个双作用伸缩油缸组成,下连变幅油缸和变幅臂支承连接座。伸缩臂伸缩可改变变幅臂的工作长度,伸缩油缸伸缩可使变幅臂俯仰,改变其工作幅度与高度,以适应更多的工况。

3) 卷扬机构

卷扬机构由卷扬机、油马达、钢丝绳、吊钩组成。油马达驱动卷扬机,使钢丝绳卷上或放下,起吊重物。

4) 托举臂

托举臂是多节伸缩式箱形结构,由基本臂、伸缩臂、托举叉及伸缩油缸组成。伸缩油缸伸缩使托举臂上行或下落,伸缩油缸使伸缩叉伸出,调整托架与被拖车辆轮胎的距离,锁紧托架与轮胎,即可托牵行驶。

5) 液压系统

液压系统由液压泵、马达、油缸、换向操纵阀、液压油箱和液压管路等组成。液压泵的动力来源是取力装置,取力装置由取力器和操作手柄等组成。取力器与汽车变速器连接,驱动液压泵产生高压油,供各工作部分实现工况动作。

取力器驱动液压泵,从油箱吸入低压油,泵出高压油,操纵换向阀各手柄,即可实现卷扬、变幅、伸缩臂、托举、伸缩叉等各种工况。换向阀上附装有安全溢流阀以保护液压系统超载。

所有油缸均为双作用、双向液压锁、单杆活塞式液压缸。工作时能可靠地锁停在要求的空间位置上,确保使用安全。

6) 外蒙皮及工具柜

工具柜为全金属结构,可放置各种操作工具和附件。

2.4 安全使用规程

2.4.1 操作准备

清障车出车前,应保证车辆本身状态良好,清点随车工具与附件是否齐全。抵达事故或违章车辆现场后,应本着先救人、后清障的原则,仔细查看现场,确定施救和清障方法。

2.4.2 操作程序

将清障车尾部靠近并正对被救援车辆(一般为前部),到位后驻车制动(必要时先塞住后轮),踩下离合器踏板,挂上取力器挡位后松开离合器踏板,使液压系统运转,根据现场实际情况操纵换向阀手柄,实现起重、伸缩、变幅、托举等各种动作,进行选定的救援或清障作业。

2.4.3 注意事项

(1) 取力器未脱开时,严禁清障车起步行驶。

(2) 禁止以起重作业的方式拨、拉固定物。

(3) 操控作业时应平稳缓慢加速、减速、制动,避免猛起、猛停。

(4) 起重作业时禁止移动车辆。

(5) 托牵车辆时,一定要给被托牵车辆绑好安全带(链),并减速行驶,尽量避免超载或偏载。

(6) 保持液压系统正常,据有关资料统计,液压系统的故障大部分是由液压油引起的,而由液压油引起的故障又是由于液压油中混入异物造成的。所以,液压油要适量、洁净、质量可靠、定期更换、不能相混。如需液压系统较长时间工作时,一定要注意液压油的温度不得超过限定的温度。

(7) 绞盘作业时,绞盘上的钢丝绳不能少于限定的数量,在钢丝绳带负荷的情况下,不能触及绞盘离合器的操纵装置;空载收放钢丝绳时,应拉直钢丝绳,避免乱绳。

(8) 在清障作业实践中,应掌握、积累清障作业技巧。如长途托牵(或背载)作业,捆绑车辆很关键,途中要常检查。为了做好各种事故车辆的清障作业,既要掌握单台清障车的清障作业技巧,又要掌握多台清障车间的协作作业技术,以避免对事故车辆的损伤和破坏。

(9) 根据说明书,结合清障车的实际出勤情况,列出每日、每周、每月、每年的检查保养项目。经常检查各主要螺栓的紧固情况,特别是各销轴定位螺栓的情况;检查各受力部件(如副车架、托臂、吊臂、钢丝绳、吊钩、油缸支座、吊臂座、托叉等)有无损伤、变形或开裂,各摩擦面有无拉毛、烧损、咬死或过度磨损。若发现此类问题,要及时处理,防止作业时发生事故。

为了使清障车长期处于良好状态,除按时进行首保外,还要按规定进行定期保养,这里讲述的是清障设备的检查保养要求,汽车底盘的检查保养应参考汽车底盘部分的使用说明和保养手册。

2.4.4 常规维护保养

1. 每日检查项目

(1) 检查液压系统是否有渗漏现象。
(2) 检查液压油油箱液面,油面高度不得低于油箱顶部 50 mm,否则应添加液压油。
(3) 检查主要零部件是否有变形、开裂损坏现象。
(4) 检查各油缸座、销轴等连接件的螺栓是否松动。
(5) 检查平板滑槽摩擦片、托臂摩擦片、副车架和十字臂的主转动销轴是否润滑良好。

2. 每月检查及保养项目

(1) 按每日检查项目进行检查。
(2) 检查副车架与汽车大梁的连接横梁是否松动,并注意上紧螺栓。
(3) 检查钢丝绳是否有拉毛、断丝等破损现象,如有必要应予以更换。
(4) 平板滑槽摩擦片、托臂摩擦片、副车架和十字臂的主转动销轴、油缸销轴等每月应加注润滑脂,以保障注油润滑情况良好。润滑油脂采用 4 号钙基润滑脂。
(5) 检查绞盘蜗轮减速箱的润滑油。每年应更换蜗轮箱中的润滑油。

3. 清障车液压系统液压油的更换

根据工作频率、使用时间长短、工作环境调整换油周期,建议正常情况下每年更换清障液压系统油箱中的液压油一次,如果使用频繁、负荷时间长、环境差,则可适当缩短换油周期,每半年进行一次,更换前应清洗油箱及更换滤油器。

2.5 常见故障及排除方法

清障车的常见故障及排除方法见表 2-2。

表 2-2 清障车的常见故障及排除方法

故障现象	原　因	排　除　方　法
清障设备无动作	取力器、离合器未接合	接合离合器
	油泵联轴器扭断或油泵内部不正常	更换联轴器
	油泵进油孔进空气	检查渗漏处,紧固接头,必要时更换密封件
	平衡阀不良	检修或更换
	多路阀不良	检修或更换
	液压系统无压力或压力太小	溢流阀芯小孔堵塞,进行清理或重新调节
	操作机构有故障	检修
	滤油器堵塞	清理或清洗
	进油管损坏	更换
	油温过高	避开高温环境或适当停歇

续表

故障现象	原　因	排　除　方　法
达不到额定举升载荷	液压系统压力过低	① 检查汽车发动机使之正常； ② 调整或更换溢流阀； ③ 更换液压泵
	系统有渗漏	检查渗漏处，需要时紧固接头，必要时更换密封件
动作有冲击、爬行现象	系统内有空气	① 将托臂、折叠臂、伸缩臂全行程往返2～3次； ② 检查系统有否渗漏； ③ 检查液压油箱液面是否过低，必要时加注液压油
	滤油器阻塞	清理或清洗
	平衡阀不良	修理或更换
	油缸或其他滑动配合面存在卡滞现象	检查清理各配合表面，必要时加注润滑脂。如因构件变形而发生卡滞则应更换变形件
动作迟缓	系统内有空气	将托臂、折叠臂、伸缩臂全行程往返2～3次
	油中气泡太多	避开高温环境，停歇一段时间，然后将托臂、折叠臂、伸缩臂全行程往返2～3次
	工作油不适当	更换
	平衡阀或液控单向阀不良	调节、修理或更换
当拖车时，托臂自动下降	平衡阀不良	调节、更换或修复
	液控单向阀不良	调节、更换或修复
	升降油缸泄漏	更换油缸密封件
作业噪声过大	系统压力高或溢流阀流速太快	检查溢流阀是否堵塞或系统压力是否过高，请专业人员重新调整或更换溢流阀
	平衡阀或节流阀不良	检修或更换
	动力系统不正常	检查发动机和取力器
	管路接头松动、密封不良或损坏	重新紧固或更换已损坏的元件
	油箱油量过多或过少	减少或增加油量
	油中气泡太多	避开高温环境，停歇一段时间
	油箱或进油管路堵塞，吸油不畅	检查从油箱到液压泵的进油口之间各元件（滤网、滤清器、接头、管路）是否有堵塞现象，必要时加以清除或更换
	系统内有空气存在	检查油箱内的回油管和进油管是否浸没在液面之下，必要时加注液压油至规定液面
	油液黏度太高或油污染、老化、含有水分	检查液压油是否正常，必要时更换
	泵的零部件损坏或过度磨损	请专业维修人员检修或更换液压泵
	固定管夹松动	重新紧固

续表

故障现象	原　　因	排 除 方 法
发动机负载情况下熄火	发动机速度太低	调整发动机转速
	系统油压过高	调整液压系统的压力
液压油过热	油液面过低	补加油到适当的高度
	油脏或油的黏度太高	将原油排出,换油并清洗滤清器(必须加注规定的液压油)
	使用时间太长	适当停歇,使油液充分冷却,保持油温在80℃以下(触摸多路阀处的油管和油箱,不烫手能停留时方可)
	发动机转速偏高	使发动机转速维持怠速清障操作,或控制转速为1 200~1 500 r/min,最高不能超过2 000 r/min

2.6　选用原则

清障车的选用,是根据清障作业的要求和实际使用路况来确定的,不同的环境对清障车的要求是不同的。

在公路路段中,若中小型载货汽车及长途客车占比大,应配置中重型清障车并带能清除大客车的装置;若中重型载货汽车占比大的,则应配置超重型且功率相对较大的清障车。

城市路段主要以乘用车为主的,或者交警部门拖违章摩托车较多的,则需要配置平板清障车。前者应配置夹具型清障车,后者应配置带摩托车升降平台型的清障车。

在环境比较恶劣的情况下,则应配置平板带吊机的清障车。

对于高速公路的交警大队,或者城郊的救援公司,还应配备大型旋转吊清障车,用于救援侧翻在沟里的大型故障车辆。

第3章

排水抢险车

3.1 概述

随着我国城市建设的飞速发展，城市管理对各个层面的应急预案已愈加完善。其中排水抢险车是防止城市内涝和应急排水的重要装备之一。应急排涝抢险不同于日常维护作业的特殊性在于抢险的紧迫性、工作面的复杂性、作业的安全性、施工环境的随机性、工作场地的环保性、时间的任意性等，这就对排水抢险车的性能提出了更高的要求。

经过多年的发展，我国生产的排水抢险车型号已经比较齐全。排水抢险车属于应急抢险救灾装备，不仅能确保水利、农业、市政工程灌排水的应急需要，还能及时排除城市内涝对交通、人民生活的不利影响，保障人民生命和财产安全，可有效地实现防灾减灾。

3.2 用途与分类

3.2.1 用途

排水抢险车是在汽车二类底盘基础上加装大流量水泵及其他作业装置，用于快速抽吸积水的专用汽车。其适用于城市内涝、市政窨井及立交桥排水、城市道路（跨线桥底积水）排涝、公路隧道排水、大面积农田、沼泽地抽排水、地下车库、涵洞等低矮环境、消防供水及对现有消防装备配套供水等各种复杂工况。

3.2.2 分类

按照工业和信息化部对排水抢险车名称的规定，可以将排水抢险车分为4种：大流量排水抢险车、垂直供排水抢险车、高空供排水抢险车、远程供排水抢险车。行业标准 QC/T 1055—2017《排水抢险车》中规定，水泵的流量需要不小于 $300\ m^3/h$。因此，从流量方面来讲，垂直供排水抢险车、高空供排水抢险车、远程供排水抢险车也可以叫作大流量排水抢险车。下面主要按照这3个分类进行介绍。

按照车辆的总质量可划分为 3 t、4 t、7 t、8 t、10 t、12 t、14 t、16 t、18 t、21 t、22 t、23 t、25 t 等。

3.3 典型产品介绍

3.3.1 垂直供排水抢险车

1. 产品概述

如图 3-1 所示，垂直供排水抢险车的管道通过液压油缸可以直立，水泵垂直进入水中，具有吸水深度大、抽水所需水位低、排水扬程高的特点。与其他车型相比，垂直供排水抢险车特别适用于市政窨井、立交桥排水和消防供水作业。

2. 主要结构

如图 3-2 所示，垂直供排水抢险车主要由

第3章　排水抢险车

图 3-1　垂直供排水抢险车

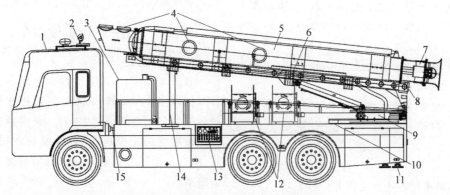

图 3-2　垂直供排水抢险车的结构

1—二类底盘；2—遥控探照灯；3—油箱及附件；4—出水口；5—水管伸缩管；6—翻转架；7—液压轴流泵；8—滑动轨道；9—旋转机构；10—平移伸缩机构；11—液压支撑腿；12—水带绞盘；13—控制面板；14—龙门支撑架；15—取力器传动轴

二类底盘、遥控探照灯、油箱及附件、出水口、水管伸缩管、翻转架、液压轴流泵、滑动轨道、旋转机构、平移伸缩机构、液压支撑腿、水带绞盘、控制面板、龙门支撑架、取力器传动轴等组成。

上装部分的作业动作全部采用液压驱动，平稳可靠；电子模块采用按键操作，方便简单。该型号车辆的机动性强，无须外接电源、额外发动机和起吊设备。

3．主要部件的功能

1）控制系统

液压控制系统包括水泵马达控制阀组、辅助机构控制阀组及控制面板3部分。

（1）水泵马达控制阀组。水泵马达控制阀组采用大流量低阻力、高集成、无泄漏插装阀组，插装阀采用名优插装阀。该阀组上的P、T、A、B口配有SAE-DN32高压法兰。

（2）辅助机构控制阀组。辅助机构控制阀组用于控制表3-1中的机构。

表 3-1　辅助机构控制阀组的控制功能

序号	机构	执行元件	控制功能要求
1	翻转	油缸	双向平稳运动，锁定
2	工作台平移	油缸	双向平稳运动，锁定
3	支腿平移	油缸	双向平稳运动，锁定
4	水管伸缩	油缸	双向平稳运动、平稳下降、防滑、锁定
5	水带绞盘	油马达	正反转、锁定
6	管轨伸缩	油缸	双向平稳运动、平稳下降、防滑、锁定

续表

序号	机构	执行元件	控制功能要求
7	液压支腿	油缸	双向平稳运动、双向锁定
8	旋转驱动绞盘	油马达	正反转、平稳转动、锁定

(3) 控制面板。控制面板安装在车底板前段的电控箱内，是整车专用部分的控制中心，控制面板上的每一个按钮对应机构的每一个动作。

2) 液压系统

(1) 油箱主要用于储油和散热，也起着分离油液中的气体及沉淀污物的作用，还可用于安装固定附件。

(2) 辅助高压齿轮泵为其执行元件提供所需压力的高压油。

(3) 水泵用高压油泵采用斜轴式轴向柱塞泵马达，为液压轴流泵提供所需压力的高压油。

(4) 油马达（轴流泵）为整车的主要组成元件，是抽排水时的主要工作元件。

(5) 水泵马达控制阀组用于控制主泵的调压、卸荷和水泵马达平稳启动/停止、正转/反转。

(6) 控制阀组和辅助机构控制阀组用于控制油缸、绞盘。

3) 冷却系统

液压系统工作时产生的热量除一部分散发到周围空间，大部分使油液及元件的温度升高。冷却系统的冷却原理为：系统采用独特的冷却方式，将冷却管置于伸缩管内，作业时热量被水流带走，使液压油冷却。

液压系统的正常温度范围为 15~85℃，超过该温度范围应立即停止运转，并查明原因。

3.3.2 高空供排水抢险车

1. 产品概述

如图 3-3 所示，高空供排水抢险车的排水管道可以伸长和旋转，出水口可以把水排到上一级平台上。与其他车型相比，高空供排水抢险车特别适用于城市道路（跨线桥底积水）排涝、高速公路隧道排水及对现有的消防装备配套供水。

图 3-3 高空供排水抢险车

2. 主要结构

高空供排水抢险车的结构如图 3-4 所示。

高空供排水抢险车主要由二类底盘、前转盘、旋转管套、送水管外管、前翻转举升油缸、液压油箱及附件、取水管伸展油缸、后翻转举升油缸、取水管伸缩内管、液压水泵、送水管伸缩内管、送水管伸缩油缸、后转盘、平移机构、后支撑腿、液压油冷却管、水带绞盘、导水管、控制柜、出水口、前支撑腿等组成。

上装部分的作业动作全部采用液压驱动，平稳可靠；电子模块采用按键操作，方便简单。该型号车辆机动性强，无须外接电源、额外发

第3章 排水抢险车

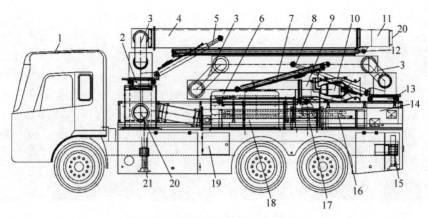

图 3-4 高空供排水抢险车的结构

1—二类底盘；2—前转盘；3—旋转管套；4—送水管外管；5—前翻转举升油缸；6—液压油箱及附件；7—取水管伸展油缸；8—后翻转举升油缸；9—取水管伸缩内管；10—液压水泵；11—送水管伸缩内管；12—送水管伸缩油缸；13—后转盘；14—平移机构；15—后支撑腿；16—液压油冷却管；17—水带绞盘；18—导水管；19—控制柜；20—出水口；21—前支撑腿

动机和起吊设备。

3．主要部件的功能

1）控制系统

液压控制系统包括水泵控制系统、辅助机构控制阀组、水带收放系统及控制面板4部分。

（1）水泵控制系统。该控制系统用于控制水泵的正转、停止、反转。

（2）辅助机构控制阀组。辅助机构控制阀组用于控制表 3-2 中的机构。

表 3-2 辅助机构控制阀组的控制功能

序号	机构	执行元件	控制功能要求
1	支腿	油缸	双向平稳运动、锁定
2	翻转举升	油缸	双向平稳运动、锁定
3	水管展开	油缸	双向平稳运动、锁定
4	平移伸缩	油缸	双向平稳运动、锁定
5	转盘旋转	油马达	正反转、锁定
6	水管伸缩	油缸	双向平稳运动、锁定
7	水带绞盘	油马达	正反转、锁定

（3）水带收放系统。采用 4 个独立控制的水带绞盘各卷取 30 m 水管。水带绞盘采用浮动式设计，在辅泵关闭的状态下可用手直接转动，需要时还可用液压马达驱动。水带收放系统采用独立的遥控器控制。

（4）控制面板。控制面板安装在车裙边前段的电控箱内，是整车排水作业过程的控制中心平台，控制面板上的每个按钮对应机构的每一个动作。

2）液压系统

液压系统主要由油箱、辅助高压齿轮泵、高压油泵、液压马达、控制阀组和辅助机构控制阀、油缸等组成，其功能和原理与垂直供排水抢险车的液压系统基本一致。

3）冷却系统

冷却系统采用水冷原理，使液压系统在 15～85℃的正常温度范围内工作，其功能和原理与垂直供排水抢险车的冷却系统基本一致。

3.3.3 远程供排水抢险车

1．产品概述

如图 3-5 所示，远程供排水抢险车采用子车与母车的组合方式，子车可以通过自行走装置到达母车无法行驶的区域，母车提供动力并连接排水管，从而实现远程作业。与其他车型相比，远程供排水抢险车可以处理低矮、泥泞的区域，特别适用于城市地下车库排涝、高速公路隧道、地铁的地下通道、农田排水等场所。

2．主要结构

如图 3-6 所示，远程供排水抢险车主要由

图 3-5 远程供排水抢险车

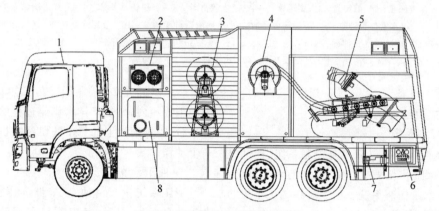

图 3-6 远程供排水抢险车的结构

1—二类底盘；2—液压油冷却风扇；3—水带绞盘；4—油管绞盘；5—履带车；
6—控制面板；7—水泵溢流管绞盘；8—油箱及附件

二类底盘、液压油冷却风扇、水带绞盘、油管绞盘、履带车、控制面板、水泵溢流管绞盘、油箱及附件等组成。

3．主要部件的功能

1）控制系统

专用部分为 3 个模块控制，分别是控制面板、履带车控制系统、水带或油管收放系统。

（1）控制面板安装在车裙边后段的电控箱内，是整车排水作业过程的控制中心平台，控制面板上的每个按钮对应机构的每一个动作。

（2）履带车控制系统安装在履带车上，通过遥控器"无线＋有线"的方式控制。

（3）水带或油管收放系统采用独立的遥控系统控制，分别控制上、下、左、右 4 个水带或油管绞盘的收放。

2）液压系统

液压系统主要由油箱、辅助高压齿轮泵、高压油泵、液压马达、控制阀组和辅助机构控制阀、油缸等组成，其功能和原理与垂直供排水抢险车的液压系统基本一致。

3）冷却系统

冷却系统采用水冷原理，使液压系统在 15～85℃的正常温度范围内工作，其功能和原理与垂直供排水抢险车的冷却系统基本一致。

3.4 常见故障及排除方法

排水抢险车按照种类，作业部分的功能差别较大，专业性较强，表 3-3 给出了通用性的常见故障及排除方法。

表 3-3 排水抢险车的常见故障及排除方法

故　　障	原　　因	排　除　方　法
取力器挂不上	取力器推拉气缸损坏或漏气	修理或更换
	取力器损坏	检修或更换机件
液压系统无压力或压力偏低	油泵故障	修理或更换
	系统安全阀压力设置不当	调整或修理
	油量不足	补足液压油,检查滤油器是否堵塞
	液压油使用时间长	更换
运动部件异常	部件缺油	加注润滑脂
	连接部件损坏	修理或更换
液压油缸不锁闭	管路漏油	检修管路
	换向阀故障或电路故障	修理或更换
	油缸故障	修理或更换
蓄电池亏电	蓄电池表面有尘土或接线柱腐蚀	检查并排除
	蓄电池过久不用	充电
	蓄电池损坏	更换
底盘加速不力	油滤器堵塞	更换
	油品不好(含水量大)	定期清洗柴油箱,按油水分离器操作规程执行
	缺尿素	及时补充尿素
底盘空调风扇不转	风扇继电器进水后短路或烧坏	检修或更换

3.5 发展趋势

我国的城市建设正在飞速发展,其中地铁、隧道、大型立交桥的建设已经由一线城市逐步推广到二、三线城市,这些大型交通工程在遇到雨涝灾害时,会对城市的交通网络造成严重影响,这就对排水抢险车提出了更高的要求。其发展趋势包括:研发排水抢险车专用底盘,排水抢险车需要的辅助发电机等占用了车辆的空间和成本,现有的底盘是通用货车底盘,未来有可能出现配备足够容量发电机的专用底盘;高效率的水泵,水泵是整车作业效率的关键,伴随着行业的发展,现有的品种如转子泵、自吸泵、潜水泵等将更加高效;多功能化,排水抢险车作为应急装备之一,出勤率低,其辅助功能如照明、发电、动力提供、切割破除等可以有所加强,以提高车辆的使用效率。

第4章

下水道疏通车

4.1 概述

近年来,随着我国城市人口数量的增多,污水排放量也日益增大。现代城市废水、污水的排放主要通过下水道的管网汇集排出,由于废水和污水中常含有各种垃圾、泥土和杂物等,易造成下水道管路阻塞,因此需要经常对下水道进行疏通和维护。采用人工清掏、抓泥车和射水疏通等方式对地下管道进行疏通和维护,不但效率低而且劳动强度大。采用下水道疏通车进行管道疏通作业将极大地减少管道疏通工人的劳动强度,提高工作效率。

4.2 用途与分类

4.2.1 用途

下水道疏通车是具有高压水疏通清洗、真空吸污清理下水道等功能的特种车辆。其不仅适用于城市下水道、各类雨水井、沉淀井、沟渠的疏通及吸污作业,也适用于炼油、钢铁、化工、房管、环卫等行业的管道清洗,废水、积淀物的抽吸、装运和排卸作业等。

4.2.2 分类

(1)按照疏通方法可以分为机械疏通下水道疏通车和高压水疏通下水道疏通车两类。

(2)按照工作装置驱动形式可以分为单发驱动(利用底盘发动机驱动专用装置)下水道疏通车和副发驱动(利用副发动机驱动专用装置)下水道疏通车两类。

(3)按照底盘可以分为通用底盘下水道疏通清洗车和专用底盘下水道疏通清洗车两种类型,国内的下水道疏通车绝大部分采用通用底盘。

(4)按照疏通工作方式可以分为疏通车和联合疏通车。

下面主要介绍 8 t 级下水道疏通车、11 t 级下水道疏通车和 18 t 级联合疏通车。

4.3 典型产品介绍

4.3.1 8 t 级下水道疏通车

1. 产品概述

8 t 级下水道疏通车是在载货汽车二类底盘的基础上研发的,上装部分主要包括清水箱、前车架、水管卷盘、罩壳护栏、水路系统、液压系统、气路系统、电气系统等专用装置或系统。其适用于城市下水道、沟渠的疏通、清洗等养护作业,具有疏通、喷枪两种作业模式。图 4-1 为长沙中联重科环境产业有限公司(以下简称"中联环境")研发的 8 t 级下水道疏通车,采用江铃 JX1083TG26 底盘。

图 4-1　8 t 级下水道疏通车的外观
(a) 右 45°；(b) 左 45°；(c) 前；(d) 后

2. 产品用途与适用范围

8 t 级下水道疏通车主要适用于城市下水道、雨水井、沉淀井、沟渠的疏通清洗作业，也适用于炼油、钢铁、化工、房管、环卫等行业的管道清洗。

产品宜在 0～40℃ 的环境温度下行驶和作业。在气温降到 0℃ 及以下之前，应放尽清水箱、水管内的水，利用本车气压排水装置的吹气管排尽高压水泵及高压水路中的余水。因此，在低温结冰天气，不宜使用本车。运输、转场等行驶工况下，路面纵向坡度应≤25%；作业工况下，路表面应平整、硬实且纵向坡度≤25%。

3. 主要部件

8 t 级下水道疏通车主要由二类底盘、水路系统、清水箱、前车架、罩壳、侧防护栏、后防护栏、水管卷盘、附件、液压系统、气路系统、电气系统等组成，图 4-2 为中联环境研发的 8 t 级下水道疏通车的组成结构示意图。

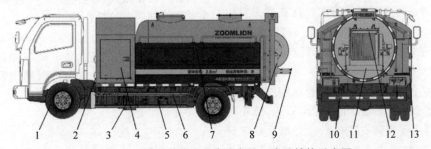

图 4-2　8 t 级下水道疏通清洗车的组成及结构示意图
1—二类底盘；2—气路系统；3—高压水泵；4—罩壳；5—分动箱；6—侧防护栏；7—清水箱；
8—液压系统；9—射流喷头；10—后防护栏；11—排管器；12—压管器；13—电气系统

下面对 8 t 级下水道疏通车主要组成部分的结构特点进行简单说明。

1) 底盘

该车的底盘采用载货汽车二类底盘改装而成，具有动力强劲、承载能力强等特点，是目前国产最先进、质量最可靠的国Ⅵ排放车 8 t 级底盘。发动机为柴油发动机，额定功率 112 kW，转速 2 800 r/min，排放达到国Ⅵ标准。

2) 高压水疏通清洗系统

高压水疏通清洗系统由高压水泵及传动装置、低压水管路、高压水管路、清洗转盘装置、清水箱、水管卷盘、高压水软管、射流喷头等组成。

(1) 高压水泵及传动装置。高压水泵及传动装置主要由分动箱、传动轴、轴承座、皮带传动装置、高压水泵等组成。发动机发出的动力从分动箱传出，经传动轴、轴承座、皮带传动装置传递到高压水泵。为保护高压水泵不冻结损坏，该车设有专用的压缩空气排水接头。

(2) 低压水管路。清水箱底部有进水口及阀门，在出水口和球阀之后安装有水过滤器，清水经过过滤后进入高压水泵。此外，清水箱带有液位显示与报警装置，液位低于设定值时会发出警报并且系统会做出保护反应。

(3) 高压水管路。作业时，流入高压水泵后产生的高压水分为 3 路，分别回清水箱、到清洗转盘装置和水管卷盘。作业前，高压水会在循环管路中循环：清水箱—水过滤器—高压水泵—气控高压球阀—清水箱。各路中的最高水压可以通过调压阀进行设定，水压可以通过改变发动机的转速进行调节。

(4) 清洗转盘装置。清洗转盘装置主要用于清洗作业现场和疏通车本身。将胶管的出水口接通手持喷枪，便可进行清洗箱体和作业场地等清洗作业。

(5) 水管卷盘装置。水管卷盘装置主要由卷筒轴、卷筒、支撑轴承座、摆线马达、链轮传动装置、高压水软管、压管器、排管器及软管导向滑轮装置等组成。卷盘用于缠绕存放高压水软管，控制高压水软管的收放速度。该装置采用了国际知名品牌的高压软管和喷头，耐压能力、疏通能力强，以及具有国家专利（专利号：201220331224.7）的排管装置。

(6) 射流喷头。射流喷头是通过高压射水完成下水道疏通清洗作业的重要元件。该车的标准配置中配备了炸弹形喷头、三角形喷头和蘑菇形喷头，如图 4-3 所示。这 3 种喷头的使用特点各不相同，用户可以根据具体作业工况选择合适的喷头进行作业。

图 4-3 喷头
1—炸弹形；2—三角形；3—蘑菇形

3) 清水箱

清水箱体采用 Q235A 圆柱形钢两边带封头的结构，尤其是后部的内凹式结构，造型新颖、美观，耐腐蚀，容积大，无骨架。清水箱内置防波板，带低水位报警保护装置，箱体内壁涂阿克苏国际表面处理环氧漆 interseal 670HS，耐腐蚀性好。箱体后部设有透明的水位指示器，前下部设有 2 个并联的缺水报警水位传感器。

4) 液压系统

该车的液压系统主要由液压油箱、齿轮泵、液压阀、液压马达和液压管路等组成。齿轮泵从底盘车变速箱侧取力器取力。液压系统主要用于驱动和控制水管卷盘来收放高压水软管。操作方式为电控方式，操作旋钮安装在车辆尾部的电控操作箱上。

5) 气路系统

该车的气路系统主要由储气筒、气阀、气缸和气管路等组成。气路主要用于控制分动箱、侧取力器、高压水管路中 3 个气控高压球阀的开关和压管器。

6) 电气系统

该车的电气系统分为底盘车电气系统和专用工作装置电气系统两部分，这 2 个系统共用底盘车电源。专用工作装置电气系统主要包括发动机远程油门控制及转速监测电路,清水箱低水位报警、高压水泵保护电路和专用工作装置动作控制电路等。

气控系统的主要功能是：

（1）疏通作业时,可远程调节发动机的转速。

（2）远程传感显示发动机的工作转速及工作状态。

（3）侧取力接合先于疏通,分离后于疏通。

（4）清水箱出口阀关闭或清水箱水位低时蜂鸣器报警,分动箱离合器不能接合。

（5）疏通作业过程中,清水箱缺水时蜂鸣器报警,10 s后发动机转速自动降为怠速,喷头和喷枪的高压球阀自动关闭,以保护高压水泵。

（6）疏通作业时,发动机转速由远程油门调节,操作面板上发动机转速表的转速升高至1 260 r/min。

（7）配有自动伸缩卷轴电盒,电缆线手动拉出后,可自动收回,电缆线长度10 m,配有LED灯,可观察沉井情况。

4．功能介绍

8 t级下水道疏通车使用范围广泛,通过车上装备的液压系统、气路系统、电控系统和高压水疏通清洗系统等相互协同作用,可以完成高压疏通和清洗作业。

下水道疏通车的功能需要车上装备的各专用装置相互协同作用来实现：首先,发动机发出的动力由分动箱传出,经传动装置(传动轴、轴承座、皮带传动装置)传递给高压水泵。由清水箱流入高压水泵后产生的高压水分别通过气控高压球阀后分为3路：第1路流至清水箱,第2路流至车体右侧的清洗转盘装置,第3路流至车体后部的水管卷盘。各路的最高水压通过各路的调压阀进行设定,高压水泵流出的高压水可以通过控制发动机转速来调节。

1) 下水道疏通清洗作业

通过打开下水道疏通车后部控制箱盖的水管卷盘按钮,可将高压水软管释放适当长度并将软管导向保护装置套在高压水软管上,根据工况不同可安装不同喷头。

（1）三角形喷头向前有穿透喷嘴,向后有推进喷嘴。作业时喷头向前、后两个方向同时射水。向前的射流冲开前方堵塞物,向后的射流除冲洗管道外,还产生牵引力,带动喷头及高压水软管自动进入管道纵深。对于完全堵塞的管道,可首先使用三角形喷头冲破淤塞。

（2）蘑菇形喷头的8个后喷嘴以两种角度布置,该喷头有较大的推力、冲击力和清洗效果,特别适用于疏通清洗有油脂等堆积的管道。

（3）炸弹形喷头的后端沿圆周方向布有与喷头轴心线成夹角的喷嘴。该型喷头在高压射流作用下推进力强劲,特别适宜冲洗下水管道堆积的泥沙和清洗管道壁上污垢。通常情况下可使用该型喷头进行下水管道疏通清洗作业。使用时将喷头放入下水道中,前进方向指向需要疏通的下水道延伸方向。接合分动箱取力,高压水泵开始工作,此时需保持发动机为怠速状态。打开喷水疏通按钮,调节发动机转速达到需要的水压,水流经水管卷盘装置中的高压水泵后,产生的高压水便从喷头喷出,实现疏通车的疏通功能。

2) 清洗作业

将手持喷枪接到清洗转盘装置的软管上,接合分动箱取力,使发动机处于怠速状态,打开喷枪,调节发动机转速至压力达到需要的水压,流到清洗转盘装置中的高压水泵产生的高压水便从手持喷枪中喷出,实现疏通车的清洗功能。

5．性能参数

8 t级下水道疏通车的性能与参数见表4-1。

表4-1　8 t级下水道疏通车性能与参数

项　目		单　位	数　值
底盘	发动机额定功率	kW	112
作业性能	清水箱容积	L	4 500
	高压水软管长度	m	80
	卷管速度	m/min	0～40
	疏通清洗管径	mm	$\phi 150 \sim \phi 800$

续表

项　目			单　位	数　值
行驶性能	最大爬坡度		(°)	18
	最小转弯直径		m	13.5
质量参数	整车整备质量		kg	5 335
	整车最大总质量		kg	8 200
外廓参数	外形尺寸(长×宽×高)		mm×mm×mm	6 230×2 100×2 415
	轴距		mm	3 360
	轮距	前轮	mm	1 580
		后轮	mm	1 530
疏通清洗系统	高压水泵	最高压力	MPa	16
		最大流量	L/min	207
	水管卷盘	卷管速度	m/min	0～40
		软管长度	m	80
	清洗卷盘	胶管长度	m	15
	清水箱		L	5 500

4.3.2　11 t 级下水道疏通车

1. 产品概述

11 t 级下水道疏通车是在载货汽车二类底盘的基础上研发的特种车辆。该车采用二类汽车底盘，并加装夹心取力器、高压水泵及水路系统、高压水管卷盘、压管器、排管器、高压水软管及射流喷头、清水箱、前车架、液压系统和电气系统等部件。图 4-4 为中联环境研发的 11 t 级下水道疏通车，采用庆铃底盘。

图 4-4　中联环境 11 t 级下水道疏通车
(a) 右 45°；(b) 左 45°；(c) 前；(d) 后

2. 产品用途与适用范围

该车型具有下水道疏通、清洗的功能，适用于城市下水道、雨水井、沉淀井、沟渠的疏通清洗作业，也适用于炼油、钢铁、化工、房管、环卫等行业的管道清洗。宜在 0~40℃ 的环境温度下行驶和作业，行驶路面的纵向坡度应≤25.8%。作业路面应平整硬实，纵向坡度≤25.8%。

3. 主要部件

11 t 级下水道疏通车主要由汽车二类底盘、夹心取力器、高压水疏通清洗系统、前水箱、清水箱、前车架、罩壳、侧防护栏、后防护栏、水管卷盘、附件、液压系统、电气系统等组成。图 4-5 为中联环境研发的 11 t 级下水道疏通车的组成结构示意图。

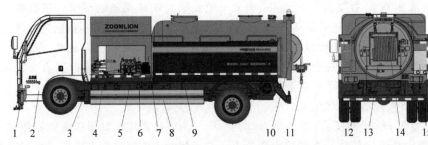

图 4-5　11 t 级下水道疏通车的组成结构示意图

1—前洒水架(选装)；2—底盘；3—气路系统；4—夹心取力器；5—高压水泵；6—前水箱；7—罩壳；8—侧防护栏；9—清水箱；10—液压系统；11—射流喷头；12—后防护栏；13—排管器；14—压管器；15—电气系统

下面对该下水道疏通车主要组成部分的结构特点进行简单说明。

1) 底盘

该车底盘采用庆铃汽车股份有限公司生产的庆铃二类汽车底盘改装，具有动力大和承载能力强的特点，该底盘是目前国产最先进、质量最可靠的国Ⅵ排放商用车 11 t 级底盘。

发动机采用庆铃五十铃(重庆)发动机，额定功率 139 kW，额定转速 2 600 r/min，排放达到国Ⅵ标准。

2) 高压水疏通清洗系统

高压水疏通清洗系统由高压水泵及传动装置、低压水管路、高压水管路、清洗转盘装置、清水箱、水管卷盘、高压水软管、射流喷头等组成。

(1) 高压水泵为三柱塞高压正排放水泵，设计使用的最高转速为 1 800 r/min，对应的发动机转速为 1 950 r/min。车体后部控制箱上设有发动机转速控制旋钮和转速表。

(2) 清水箱由普通钢板焊接制造，箱体内壁涂阿克苏国际表面处理环氧漆 interseal 670HS。箱体后部设有透明的水位指示器，前下部设有 2 个并联的缺水报警的水位传感器。

(3) 清洗转盘装置位于水道疏通车右侧后下部，胶管长度 15 m，接通手持喷枪后，便可进行箱体和作业场地等的清洗作业(图 4-6)。

图 4-6　清洗转盘与水管卷盘

1—水管卷盘；2—清洗转盘装置

(4) 水管卷盘是指用于缠绕存放高压水软管，控制高压水软管收放速度的装置。水管卷盘位于车辆尾部的水箱后封头上。操纵电控箱上的水管转盘收放旋钮便可控制水管卷盘收管或放管(图 4-6)。

(5) 射流喷头是进行高压射水,完成下水道疏通清洗作业的重要元件,其构造形式、喷嘴孔的分布、加工精度、喷头材质、耐磨性等直接影响作业性能和可靠性。该车标准配置中配备了3种喷头。用户可根据作业工况的需要,选用合适的喷头进行作业。

3) 液压系统

该车的液压系统主要由液压油箱、齿轮泵、液压阀、液压马达和液压管路等组成,主要用于驱动和控制水管卷盘来收放高压水软管。操作方式为电控方式,操作旋钮安装在车辆尾部的电控操作箱上。旋钮可改变水管卷盘的旋转方向,从而实现收、放高压水软管。旋转按钮能自动复位,松开旋钮,则换向阀自动回到中位,水管卷盘停止转动。在电控操作箱上还安装了电位器,通过调节电位器旋钮,可调节水管卷盘的转速,从而控制喷头前进和后退的速度。该车液压系统的工作压力为 10 MPa。

4) 气路系统

该车的气路系统主要由储气筒、气阀、气缸和气管路等组成。气路主要用于控制夹心取力器、侧取力器、高压水管路中 3 个气控高压球阀的开关和压管器。压管器调定的工作压力为 0.8 MPa。

5) 电气系统

该车的电气系统分为底盘车电气系统和专用工作装置电气系统两部分,这 2 个系统共用底盘车电源。其中,专用工作装置电气系统主要包括发动机远程油门控制及转速监测电路、清水箱低水位报警、高压水泵保护电路和专用工作装置动作控制电路等。

4. 功能介绍

1) 管道清洗作业

该车标准配置中配备了3种喷头。用户可根据作业工况的需要,选用合适的喷头进行作业。

(1) 三角形喷头向前有穿透喷嘴,向后有推进喷嘴。作业时喷头向前、后两个方向同时射水。向前的射流冲开前方堵塞物,向后的射流除冲洗管道外,还产生牵引力,带动喷头及高压水软管自动进入管道纵深。对于完全堵塞的管道,可首先使用三角形喷头冲破淤塞。

(2) 蘑菇形喷头的 8 个后喷嘴以两种角度布置,该喷头有较大的推力、冲击力和清洗效果,特别适用于疏通清洗有油脂等堆积的管道。

(3) 炸弹形喷头的后端沿圆周方向布有与喷头轴心线成夹角的喷嘴。该型喷头在高压射流作用下推进力强劲,特别适宜冲洗下水管道堆积的泥沙和清洗管道壁上污垢。通常情况下可使用该型喷头进行下水管道疏通清洗作业。

2) 低温排水

为保护高压水泵不因冻结而损坏,该车设有专用的压缩空气排水接头。在0℃以下气温来临时,打开通往高压水泵的球阀,将喷水旋钮选择疏通,利用外面的压缩空气可以将高压水泵和高压软管中的余水排净。

3) 水管卷盘自动化

操纵电控箱上的水管转盘收放旋钮,可控制水管卷盘收管或放管。

4) 前置洒水功能

用户可选配洒水架,可对地面方向、向前倾角为 45°方向进行洒水作业。

5) 喷射水压可调

高压水疏通清洗作业时,可通过控制旋钮调节发动机转速来调节高压水的喷射压力。在发动机的转速达到 1 950 r/min 时,高压水泵达到最高输出水压与最大输出流量,此时系统将自动限制发动机转速继续升高,通过控制旋钮不能再调高发动机转速。

6) 自动卷轴电盒

手动拉出电缆线,可自动收回,电缆长度10 m,配有 LED 灯,可观察沉井的情况。

7) 安全警报

气压低、清水箱出口阀关闭或清水箱水位低时语音报警,夹心取力器气动离合器不能接合。

洒水作业过程中,清水箱缺水时,语音报警器报警,10 s 后发动机转速自动降为怠速,洒水高压球阀关闭,以保护高压水泵。

疏通作业过程中,清水箱缺水时语音报警器报警,10 s后发动机转速自动降为怠速,喷头和喷枪高压球阀自动关闭,以保护高压水泵。

5. 性能参数

11 t级下水道疏通车的性能与参数见表4-2。

表4-2 11 t级下水道疏通车的性能与参数

项 目			单 位	数 值
作业性能	清水箱容积		L	3 900
	高压水软管长度		m	80
	卷管速度		m/min	0~40
	疏通清洗管径		mm	ϕ150~ϕ800
行驶性能	最高车速		km/h	110
	最大爬坡度		(°)	14.5
	最小转弯直径		m	16
	行驶燃油消耗量		L/(100 km)	15.5
质量参数	整车整备质量		kg	6 600
	整车最大总质量		kg	10 550
外廓参数	外形尺寸(长×宽×高)		mm×mm×mm	7 100×2 280×2 410
	轴距		mm	4 175
	轮距	前轮	mm	1 680
		后轮	mm	1 650
疏通清洗系统	高压水泵	最高压力	MPa	19
		最大流量	L/min	212
	水管卷盘	卷管速度	m/min	0~40
		高压水管长度	m	80
	清洗卷盘	胶管长度	m	15

4.3.3 18 t级联合疏通车

1. 产品概述

18 t级联合疏通车是一款集吸污车和下水道疏通清洗车功能于一体的高效环卫车。该车采用二类汽车底盘,并加装分动箱、水环真空泵、高压水泵、清水箱、污水罐、水管卷盘、罩壳、水路系统、真空系统、液压系统、气动系统、电气系统等部件。图4-7为中联环境研发的18 t级联合疏通车,采用东风天锦二类底盘。

2. 产品用途与适用范围

18 t级联合疏通车适用于城市下水道、各类雨水井、沉淀井、沟渠的疏通及吸污作业,也适用于炼油、钢铁、化工、房管、环卫等行业的管道清洗,废水、积淀物的抽吸、装运和排卸作业等。

宜在0~40℃的环境温度下行驶和作业。在低温结冰天气,不宜使用本车。运输、转场等行驶时,路面纵向坡度应≤28.7%;作业时,路表面应平整硬实,纵向坡度≤28.7%。

3. 主要部件

本(系列)联合疏通车的主要部件和系统有汽车二类底盘、分动箱、高压水疏通清洗系统、真空吸污系统、液压系统、电气系统、罩壳和附件等。图4-8为中联环境研发的18 t级联合疏通车的组成结构示意图。

下面对该联合疏通车主要组成部分的结构特点进行简单说明。

图 4-7　中联环境 18 t 级联合疏通车
(a) 右 45°；(b) 左 45°；(c) 前；(d) 后

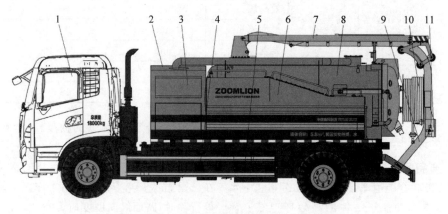

图 4-8　18 t 级联合疏通车的组成结构示意图
1—底盘；2—罩壳；3—水环真空泵；4—分动箱；5—高压水泵；6—清水箱；7—旋转臂架；8—污水罐；9—吸污软管；10—水管卷盘；11—操作箱

1) 底盘

采用东风汽车有限公司生产的天锦 DFH1180EX8 型二类汽车底盘改装,动力强劲,承载能力强,该底盘是目前国产最先进、质量最可靠的国Ⅵ排放商用车 18 t 级底盘。

发动机采用东风康明斯 D6.7NS6B230 柴油发动机,额定功率 169 kW,额定转速 2 300 r/min,排放达到国Ⅵ标准。

2) 分动箱

该联合疏通车的高压水疏通清洗系统和真空吸污系统均由分动箱驱动。分动箱位于发动机后侧,安装在车架的中间位置。分动箱采用意大利进口的 OMSI PC4/3000 型分动箱。

3) 高压水疏通清洗系统

高压水疏通清洗系统由高压水泵及传动装置、低压水管路、高压水管路、清洗转盘装置、清水箱、水管卷盘、高压水软管、射流喷头等组成。

(1) 高压水泵及传动装置主要由分动箱、传动轴、轴承座、皮带传动装置、皮带张紧装置、高压水泵等组成。

发动机发出的动力从变速箱后端的分动箱传出，经传动轴、轴承座、皮带传动装置传递到高压水泵。分动箱疏通离合器的接合与分离采用气动电控操作，控制开关布置在驾驶室内。

(2) 低压水管路的左清水箱、右清水箱和前水箱之间有管路连通，清水经水过滤器过滤后，分别由高压水泵的左、右进水口进入泵体。左、右水箱带有液位显示与报警装置。

(3) 高压水管路连通清水箱、车体后部的水管卷盘、车体右侧的清洗转盘装置。清洗转盘装置管路中设有低压调压阀，调定压力为 4 MPa。水管卷盘前的高压调压阀的调定压力为 18 MPa。

(4) 清洗转盘装置位于疏通车右侧后下部。胶管长度 20 m，接通手持喷枪后，便可进行箱体和作业场地等的清洗作业。

(5) 水管卷盘采用了国际知名品牌的高压软管和喷头，耐压能力、疏通能力强，是用于缠绕存放高压水软管，控制高压水软管收放速度的装置。水管卷盘位于车辆尾部污水罐的后门上，可绕铰点水平转动 180°，方便下水道疏通清洗作业。其主要由卷筒轴、卷筒、支撑轴承座、摆线马达、链轮传动装置、高压水软管及软管导向滑轮装置等组成。水管卷盘如图 4-9 所示。

(6) 射流喷头是进行高压射水，完成下水道疏通清洗作业的重要元件，其构造形式、喷嘴孔的分布、加工精度、喷头材质、耐磨性等直接影响作业性能和可靠性。该车标准配置中配备了 3 种喷头。用户可根据作业工况的需要选用合适的喷头进行作业。

图 4-9　水管卷盘

4) 真空吸污系统

真空吸污系统主要由真空泵及传动装置与管路、循环水箱、吸污管总成、污水罐、旋转臂架等组成。

(1) 真空泵为水环真空泵，安装在驾驶室后左侧的副车架上。真空泵的进气口与污水罐相连，中间装有止回阀。止回阀能防止真空泵中的冷却水倒流至污水罐中。真空泵的排气口与循环水箱相连。循环水箱设有排气口，真空泵抽出的空气由此排入大气。

(2) 循环水箱为矩形立方体，通过管路与水环真空泵间形成水循环回路。循环水箱与真空泵的排气口相连，并接通大气。真空泵排出的气水混合体进入循环水箱后，产生水气分离。气体由排气口排出，水则留在水箱内循环作业；循环水箱的出水口与冷却管相连，冷却管置于前水箱中，利用前水箱中的水冷却循环水。循环水流经冷却管冷却后流回水环真空泵。循环水箱带有放水球阀和液位显示与报警装置。

(3) 吸污管总成是一内径为 $\phi 125$ mm 的钢丝编织胶管，一端与污水罐相连，另一端带快速接头。吸污作业前，应根据吸污高度，用接长管接到需要的长度。接长管置放于养护车右侧中前部的前水箱下方。

(4) 污水罐为圆柱形，罐体容积 6 m³，采用 Q345B 材料、两端带封头的结构设计，造型新颖、美观、耐腐蚀，容积大，无骨架，倾倒方便，便于清洗。其后门可开启、关闭，由液压驱动、液压锁止。后门上有 3 个液位观察孔和 1 个污水排放口。罐体底部有液压油缸，油缸推动罐体绕后端的铰点旋转,实现倾翻卸料。罐体内有液位传感器,罐内液位达到设定高度时,会给出信号。污水罐如图4-10所示。

图4-10　18 t级联合疏通车污水罐

(5) 旋转臂架用于支承吸污软管,并带动吸污软管变幅升降、旋转、伸缩,可左右旋转230°,伸缩1.3 m。

5) 液压系统

该车的液压系统主要由液压油箱、齿轮泵、各类阀、液压油缸、液压马达和液压管路等组成。

齿轮泵从底盘车变速箱的侧取力器取力。该车液压系统用于驱动污水罐后门开闭、锁止、倾斜卸料;驱动旋转臂架变幅、旋转、伸缩;驱动水管卷盘以收放高压水软管。电控按钮和手动换向阀操纵手柄等安装在车辆尾部的电控操作箱上。该车的液压系统有2种工作压力,即水管卷盘转动和旋转臂架旋转,液压系统的工作压力为7 MPa;油缸等工作时,液压系统的工作压力为15 MPa,工作压力的转换为自动控制,无须手动操作。各压力的调定在出厂前已调试好,用户不可随意调动。

污水罐后门的开启与锁紧采用电磁阀与顺序阀的组合来达到关门、锁紧与开锁、开门的顺序动作。水管卷盘采用节流阀结合手动多路阀来控制。

6) 气路系统

该车的气路系统主要由储气罐、气阀、气缸和气管路等组成。气路主要用于控制侧取力离合气缸,主传动离合气缸,疏通传动离合气缸,吸污传动离合气缸,喷头、喷枪转换气缸,循环、给水控制气缸,水管卷盘定位气缸,工作压力为0.6 MPa。

7) 电气系统

该车的电气系统分为底盘车电气系统和专用工作装置电气系统2部分,这2个系统共用底盘车电源。专用工作装置电气系统主要包括发动机控制电路、清水箱低水位报警与水泵保护电路、污水罐高液位报警与保护电路、循环水箱低水位报警与保护电路和专用工作装置动作控制电路等。

4. 功能介绍

1) 管道疏通作业

18 t级联合疏通车的疏通模式适用于城市下水道、雨水井、沉淀井、沟渠的疏通清洗作业,也适用于炼油、钢铁、化工、房管、环卫等行业的管道清洗。其可疏通清洗的管径高达ϕ800 mm,高压清洗软管长达80 m。该车标准配置中配备了3种喷头,如图4-3所示。用户可根据作业工况的需要,选用合适的喷头进行作业。

(1) 炸弹形喷头:后端沿圆周方向布有与喷头轴心线成夹角的喷嘴。该形喷头在高压射流作用下推进力强劲,特别适宜于冲洗下水管道堆积的泥沙和清洗管道壁上污垢。通常情况下可使用该形喷头进行下水管道疏通清洗作业。

(2) 三角形喷头:向前有穿透喷嘴,向后有推进喷嘴。作业时喷头向前、后两个方向同时射水。向前的射流冲开前方堵塞物,向后的射流除冲洗管道外,还产生牵引力,带动喷头及高压水软管自动进入管道纵深。完全堵塞的管道,可首先使用三角形喷头冲破淤塞。

(3) 蘑菇形喷头:8个后喷嘴以两种角度布置,该喷头有较大的推力、冲击力和清洗效果,特别适用于疏通清洗有油脂等堆积的管道。

2) 高效真空吸污、清污作业

该车的吸污模式适用于城市下水道、雨水井、沉淀井、沟渠的吸污及清污作业,也适用于废水、积淀物的抽吸、装运和排泄作业。该车配有5 800 L大容积污水罐,可提高污水装载量。

3) 清洗作业

将手持喷枪接到清洗转盘装置的软管上，接合分动箱取力，使发动机处于怠速状态，打开喷枪，调节发动机转速达到需要的水压，水流经清洗转盘装置中的高压水泵后，产生的高压水便从手持喷枪中喷出，实现了该疏通车的清洗功能。

喷枪工作模式用于疏通、吸污作业后清洗箱体和作业场地。

4) 操作方便

为便于真空吸污作业操作，该车配备了无线遥控器。无线遥控器不仅可以控制旋转臂架的升降、旋转和伸缩，还可以控制污水罐的举升、下降和后门开闭。

5) 低温排水方便

为保护高压水泵不因冻结而损坏，该车设有专用的压缩空气排水接头。在0℃以下气温来临时，打开通往高压水泵的球阀，将喷水旋钮选择疏通，利用外面的压缩空气可以将高压水泵和高压软管中的余水排净。

6) 水管卷盘自动化

操纵电控箱上的水管转盘收放旋钮，可控制水管卷盘收管或放管。

7) 喷射水压可调

用高压水疏通清洗作业时，可通过控制旋钮调节发动机的转速来调节高压水的喷射压力。高压水泵达到最高输出水压与最大输出流量时，系统将自动限制发动机转速继续升高，通过控制旋钮则不能再调高发动机转速。

8) 自动卷轴电盒

手动拉出电缆线，可自动收回，电缆长度10 m，配有LED灯，可观察沉井情况。

9) 安全警报

气压低、清水箱出口阀关闭或清水箱水位低时语音报警，夹心取力器气动离合器不能接合。

疏通作业过程中，清水箱缺水时语音报警器报警，10 s后发动机转速自动降为怠速，喷头和喷枪高压球阀自动关闭，以保护高压水泵。

吸污作业过程中，污水罐内的液位达到设定高度时，给出警报信号，将发动机转速自动降为怠速。

5. 性能参数

18 t级联合疏通车的性能与参数见表4-3。

表4-3 18 t级联合疏通车的性能与参数

项目		单位	数值
底盘	发动机额定功率	kW	169
作业性能	清水箱容积	L	3 900
	高压水软管长度	m	80
	卷管速度	m/min	0~40
	疏通清洗管径	mm	$\phi150\sim\phi800$
	污水罐容积	L	5 800
	有效吸程	m	≥5
行驶性能	最高车速(满载)	km/h	89
	最大爬坡度	(°)	16
	最小转弯直径	m	15
质量参数	整车整备质量	kg	12 200
	整车最大总质量	kg	18 000
外廓参数	外形尺寸(长×宽×高)	mm×mm×mm	8 775×2 485×3 415
	轴距		mm	5 000
	轮距	前轮	mm	1 876,1 896,1 920,1 950
		后轮	mm	1 820,1 860

续表

项 目			单 位	数 值
疏通清洗系统	高压水泵	最高压力	MPa	18
		最大流量	L/min	269
	水管卷盘	卷管速度	m/min	0～30
		软管长度	m	80
	清洗卷盘	胶管长度	m	20
	清水箱		L	5 500
真空吸污系统	真空泵	流量	m³/h	1 400
		最大真空度	mbar*	33
	循环水箱	容积	L	300
	污水罐	容积	L	5 800
	吸污管	管径	mm	ϕ125

注：* 1 bar=10^5 Pa，下同。

4.4 常见故障及排除方法

疏通车的常见故障及排除方法见表 4-4。

表 4-4 疏通车的常见故障及排除方法

故 障	原 因 分 析	排 除 方 法
分动箱离合器接合困难	齿轮磨损	更换齿轮
	轴承损坏	更换轴承
	气路系统气压低于 0.65 MPa	加气到 0.65 MPa 以上后再开启
喷水压力过低	进水过滤器堵塞	清洗过滤器的滤网
	发动机转速过低	提高转速，但不得大于设计的最大转速
	传动皮带打滑	张紧传动皮带
	水箱水位过低	加水
真空系统真空度低	罐体后门密封不好	调整罐体与后门间隙或更换密封条
	橡胶管与硬管接合处密封不好	将强力抱箍拧紧或更换
	一级防溢处堵塞	清除一级防溢处的杂物
液压系统油路漏油	管接头松动	紧固松动的管接头
	密封圈或组合垫损坏	更换密封圈或组合垫
	油箱或管道有裂纹	将油箱或管道拆卸洗净后补焊
液压系统工作压力过低或无压力	电磁溢流阀调压过低或阀芯卡滞	调整溢流压力或以手指推动阀芯往复运动数次，消除阀芯卡滞
	液压油箱油面过低或吸油滤清器堵塞	添加液压油或清洗液压油滤清器
	电控线路松脱、接触不良或空开跳闸	检修电控线路
	液压泵损坏或内漏过大	检修或更换液压泵
液压系统发热严重	液压油箱油面过低或液压油变质	添加液压油或更换液压油
	发动机转速过高	仅油缸工作时，应降低发动机转速

续表

故 障	原 因 分 析	排 除 方 法
液压系统振动噪声大	液压管路里有空气	油缸来回动作数次以排气
	管道或液压元件的定位紧固松动	紧固各元件和液压管道
喷嘴不喷水	喷头的喷嘴孔堵塞	清洗通畅喷头的喷嘴孔
水位报警误报	传感器脏污或损坏	清洗或更换传感器
作业警示灯不亮	电路不良或空开跳闸	消除接触不良,空开复位
	警示灯泡烧坏	更换灯泡

4.5 发展趋势

由于国内下水道网管堵塞严重,下水道疏通车作业时工况一般较差,因此,采用大流量高压水泵和超强吸污泵来提高疏通和吸污能力。未来下水道疏通车设计的发展趋势是:①污水多级过滤系统能使污水的循环利用达到节约水资源的目的;②污泥脱水技术能有效减少污泥占用罐体的空间,延长吸污作业时间;③智能控制系统能最大限度地减少操作人员的工作强度;④复合材料的选用能有效降低整车整备质量,提高整车装载质量;⑤小型轻量化,方便驶入狭隘路段。

第5章

公路保洁车

5.1 概述

近年来,随着我国城市化的快速发展,公路事业建设也在飞速发展。公路建设的发展加快了经济的快速发展,但是公路的不断增加及其科技含量的提高也给公路保洁养护工作提出了许多的新问题。在公路的使用寿命期限内,随着年限的增加,在其自身使用功能不断下降的同时各种危害也日益严重。与公路建设已取得的巨大成就及远景目标相比,公路的保洁养护管理工作严重滞后,已经远远不能适应我国公路事业高速发展的需要。如何解决公路建设与保洁养护管理之间日益尖锐的矛盾,合理和及时的保洁养护工作显得尤为重要;如何采用科学合理的保洁养护技术,以延长公路的使用寿命及减少保洁工作的时间和成本,已经引起了人们的重视。公路的整洁关系到城市的市容面貌,更是国家形象的体现。目前国内的公路保洁作业多由人工完成,劳动强度大,作业效率低,并且绝大部分公路车流量较大,清洗时容易发生安全事故。因此,高效的公路保洁车不仅能够极大地改善传统公路保洁的作业方式,保证公路的质量,提高保洁的效率,还能够降低公路保洁的成本和作业人员的危险性。

随着国家城市化进程的不断加大,许多新兴的中小城市正在崛起,城市化规模不断扩大,同时随着我国公路里程的不断增加,公路保洁越来越重要。随着我国综合经济实力的不断发展及劳动力成本的不断提高,公路保洁车的市场前景也逐渐变好,公路保洁采用保洁车清扫作业已经成为一种趋势。公路保洁车在我国经济发达的东部沿海地区已经被广泛使用,目前正向中西部地区扩展,公路保洁工作从人力向机械化转变的时代已经到来。

5.2 用途与分类

5.2.1 用途

公路保洁车是一种综合性能比较强的保洁特种车辆。它是集路面清扫、路面清洗、垃圾回收和运输、护栏清洗于一体的新型高效清扫设备。它可以让公路保持很好的清洁环境,帮助环卫工人提高作业效率和质量,同时也提高了作业人员的人身安全性,既环保又节能。

5.2.2 分类

按照动力方式分类可以分为一般的燃油动力驱动的公路保洁车和新能源纯电动公路保洁车。

按照工作环境不同可以分为路面养护车和护栏清洗车。

下面按照路面养护车和护栏清洗车2个类型叙述。

5.3 典型产品介绍

5.3.1 路面养护车

这里主要介绍路面养护车的主要部件、适用范围、功能及几种车型的性能参数。

1. 产品概述

路面养护车是装有高压水泵等装置的专用车辆,用于清理人行道、非机动车道、摊点路面、墙面等区域的污渍,进行保洁维护。路面养护车在标准的二类汽车底盘上加装了高压清洗机系统、水箱、喷水架、前角喷及定点清洗装置、电气系统、手持喷枪、高压水路和辅助清洗推车等部件,可以实现大范围高压冲洗路面、定点冲洗、路缘护栏清洗、人工辅助清洗等功能。根据用户需求,还可以通过选装特定装置实现圆盘清洗、打药、加热和喷砂等特殊功能。

该系列产品具有功率大、外形美观、驾驶舒适、操作简单、机动灵活、维修便利、噪声小和可靠性高等特点。

2. 分类和特点

1) 分类

根据动力方式不同,路面养护车可分为燃油路面养护车和纯电动路面养护车。燃油路面养护车速度快、操控性好、续航里程高。纯电动路面养护车具有较好的能耗经济性、稳定性、安全性以及环保等优点。

2) 性能特点

燃油路面养护车采用大功率永磁同步电动机驱动,高压水泵采用进口知名品牌,最高压力可达 250 bar,流量可达 35 L/min。配置带自回收功能的胶管卷盘装置,最大清洗距离可达 15 m。前喷水架采用电动推杆控制,可以实现左、右 20°回转和上、下 100 mm 高度范围变幅,最大清洗宽度达 1.5 m,作业时的系统水压最高可达 80 bar。定点清洗装置可实现上、下、左、右偏摆,作业时的系统水压最大可到 120 bar。左、右独立角喷自动清洗装置在车辆行驶时可实现路缘,护栏座,道路黄、白标线等的高压清洗作业。配置耐高压的手持喷枪,用于清洗较脏的油污地面,作业时系统水压最高可达 100 bar。对于城市道板、护栏的清洗具有良好的效果,配置了容积为 1.7~2.0 m^3 的清水箱,单次加水能连续工作 60 min 以上。

纯电动路面养护车采用大容量免维护锰酸锂蓄电池,绿色环保,使用寿命长。充电器采用国家标准接头,充电时可实现实时监控,更加安全、可靠。纯电动路面养护车的底盘为纯电动底盘,具有良好的稳定性和安全性。

3. 产品用途与适用范围

1) 产品用途

该产品适用于城市人行道、非机动车道、广场、步行街等的养护保洁作业,具有清洗路面,路缘,护栏,道路黄、白标线,城市"牛皮癣",果皮箱,广告牌等功能,兼有园林打灭虫药功能。

2) 产品适用范围

产品宜在 0~40℃ 环境温度下行驶和作业。当环境温度低于 0℃ 时,必须停止作业,并找合适的位置将水箱、管路和水泵内的水放净。行驶时,路面纵向坡度应不大于 30%。

4. 结构布局

路面养护车主要由汽车底盘、水箱、喷水架、定点清洗装置、副发动机及传动系统、电气系统组成。路面养护车的组成结构示意图见图 5-1,实物图见图 5-2。

1) 底盘

路面养护车的底盘主要采用标准的二类汽车底盘,具体的底盘参数参考表 5-2。

2) 水箱

路面养护车的水箱均采用包括双置工具箱、中置水箱和后置机的整体框架式箱体结构,电泳防腐处理,强度、刚度好,水箱抗锈蚀能力强,经久耐用。水箱具有上、下加水口,加水流畅,可适应不同地区的取水要求。前、后工具箱方便存取辅件与维护。水箱采用整体式裙边,外形美观大方如图 5-3 所示。

3) 副发动机及传动系统

副发动机负责路面养护车各种功能的运转,常选用国际知名品牌,其为 V 形双缸汽油

图 5-1　路面养护车的组成结构示意图

1—底盘；2—水箱；3—高压水路系统；4—副发动机及传动系统；
5—清洗装置；6—电气系统；7—定点清洗装置；8—喷水架

图 5-2　路面养护车实物图
（中联环境 3 t 级路面养护车）

图 5-4　副发动机及传动系统

图 5-3　水箱外观

机，带燃油自吸功能，具有工作平稳、振动小、动力强劲、作业高效的特点，正常工作时噪声低于 77 dB(A)。V 形双缸汽油机的副发动机及传动系统见图 5-4。

4）电气系统

路面养护车的电气系统分为底盘车电气系统和专用工作装置电气系统 2 部分，这 2 个系统共用底盘车电源。

5）高压水路系统

路面养护车的水路系统涵盖了该产品的各个功能，前角喷通过高压电磁水阀控制开关，其他功能块由球阀手动控制开关。喷水架、定点清洗装置由电气系统实现在驾驶室内控制其上、下、左、右偏转。所有功能块通过副发动机驱动高压水泵提供水压。

5．功能配置

路面养护车的主要功能配置包括喷水架、定点清洗装置、前角喷、辅助清洗推车、手持喷枪。

1）喷水架

高压水泵产生的压力水通过装配在喷水架上的高压喷嘴清洗路面，其喷杆可实现左、右偏摆，偏摆角度为 ±20°，还可实现上、下提升，提升高度为 100 mm。高压水泵产生的高压水经喷水架的高压喷嘴喷出，利用高压水流的动能，以高压力低流量的方式清洗，强力去污，高效节水。喷水架作业演示见图 5-5。

2）定点清洗装置

高压水泵产生的压力水通过装配在定点清洗装置上的高压喷嘴清洗路面，可实现上、

图 5-5 喷水架作业演示

图 5-7 左角喷作业演示

下、左、右偏摆。定点清洗装置可以冲洗前方大范围路面上任何小范围的垃圾、污渍等,具有较强的灵活性,可以弥补喷水架的作业盲点、漏点。定点清洗装置作业演示见图 5-6。

图 5-6 定点清洗装置作业演示

3) 前角喷

高压水泵产生的压力水通过装配在前角喷装置上的高压喷嘴清洗路面,前角喷分为左角喷和右角喷 2 部分。左、右独立角喷自动清洗装置在行驶时可实现路缘,护栏底座,道路黄、白标线等的高压清洗作业。前角喷主要针对车头两侧位置的路面区域,高压水可迅速冲洗两侧路面,进一步增大路面养护车的总体作业面积。左、右角喷作业演示分别见图 5-7 和图 5-8。

4) 辅助清洗推车

在机动车不便停靠的路段,可采用人力小推车进行清洗。该小推车采用不锈钢管扶手、铝合金耐压喷杆,轻便、美观、可靠,清洗宽度为 1.5 m 左右。辅助清洗推车可接至卷盘导入高压水,利用推车前部的喷嘴进行清洗作业。辅助清洗推车的结构简图见图 5-9,实物图见图 5-10。

图 5-8 右角喷作业演示

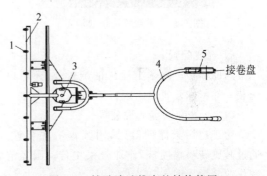

图 5-9 辅助清洗推车的结构简图
1—喷嘴;2—喷杆;3—支架;4—手推架;5—控制开关

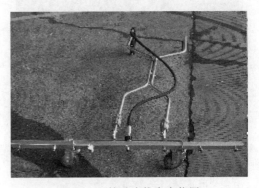

图 5-10 辅助小推车实物图

5) 手持喷枪

路面养护车配置有高压手持喷枪,用于清洗地面、人行道、非机动车道、广场、步行街、"牛皮癣"等,系统水压可达 14 MPa 以上,工作时间可达 80 min 以上。通水胶管外缠螺旋钢丝套,作业时可避免胶管与地面直接磨损,使用寿命长。作业人员可以用该手持喷枪进行定点冲洗,既快速又便捷。手持喷枪作业演示见图 5-11。

图 5-11 手持喷枪作业演示

6) 选装配置

路面养护车除了上述标准配置外,还可以选装一些特殊装置以实现特殊功能。

(1) 可选装圆盘清洗装置

对于超污染路面,可采用圆盘清洗装置,通过其旋转喷嘴喷洗,作业效果更佳。圆盘清洗作业演示见图 5-12。

图 5-12 圆盘清洗作业演示

(2) 可选装打药装置

将手持喷枪的喷嘴更换成打药专用雾化喷嘴,可实现打药功能。喷嘴实物见图 5-13。

图 5-13 喷嘴实物

(3) 可选装加热装置

通过加热系统将手持喷枪打出去的水加热,可更加高效地清洗路面上的油污。带加热装置的手持喷杆作业演示见图 5-14。

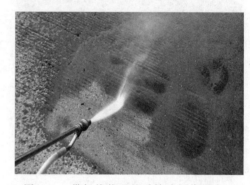

图 5-14 带加热装置的手持喷杆作业演示

(4) 可选装喷砂头

通过加装喷砂头可实现手持喷枪打出水砂混合物,大大提升对顽固污渍的清洗及城市道路"牛皮癣"的快速清除能力。喷砂头装置包括枪管、喷砂头、吸砂胶管、吸砂硬管等,实物见图 5-15。

图 5-15 加装喷砂头的手持喷枪实物

6．产品参数

这里以中联环境的路面养护车为例介绍路面养护车的性能参数。中联环境主要有4款路面养护车：3 t级国Ⅴ排放路面养护车、3 t级国Ⅵ排放路面养护车、3 t级纯电动路面养护车和4 t级纯电动路面养护车。其中，前2种为燃油车，后2种为纯电动车。其性能参数见表5-1，底盘参数见表5-2。

表5-1　4款中联环境路面养护车的主要性能参数

项目			3 t级国Ⅴ排放路面养护车	3 t级国Ⅵ排放路面养护车	3 t级纯电动路面养护车	4 t级纯电动路面养护车
作业性能	喷水架	宽度/m	1.5	1.5	1.5	1.5
		流量/(L·min^{-1})	30	35	30	35
		压力/MPa	≥8	≥8	≥8	≥8
		偏转角度/(°)	±20	±20	±20	±20
		提升高度/mm	100	100	100	100
	辅助清洗推车	宽度/m	1.5	1.5	1.5	1.5
		流量/(L·min^{-1})	35	35	35	35
		压力/MPa	≥8	≥8	≥8	≥8
	定点清洗	压力/MPa	≥14	≥14	≥14	≥14
		流量/(L·min^{-1})	27	27	27	27
	手持喷枪	压力/MPa	≥14	≥14	≥14	≥14
		流量/(L·min^{-1})	27	27	27	27
	前角喷	压力/MPa	≥14	≥14	≥14	≥14
		流量/(L·min^{-1})	27	27	27	27
	额定载质量/kg		915	915	795	915
	水罐最大容量/L		2 000	2 000	1 700	1 700
行驶性能	最高车速(满载)/(km·h^{-1})		95	95	85	95
	最大爬坡度/%		30	20	20	30
	制动距离(空载)/m		≤8	≤9	≤8	≤9
	最小转弯直径/m		≤11.5	≤11	≤11	≤11
质量参数	整车整备质量/kg		2 080	2 160	2 570	2 540
	最大允许质量/kg		3 125	3 495	3 495	4 300
结构尺寸	外形尺寸(长×宽×高)/(mm×mm×mm)		4 980×1 650×2 085	5 010×1 650×2 240	5 410×1 640×2 150	5 395×1 640×2 165
	轴距/mm		2 650	2 650	2 650	2 650
	轮距	前轮/mm	1 316	1 316	1 316	1 316
		后轮/mm	1 223	1 223	1 223	1 223
	接近角/(°)		10	10	10	10
	离去角/(°)		21	21	21	21
	最小离地间隙/mm		150	150	150	150

表 5-2　4 款中联环境路面养护车的底盘参数

车型	底盘型号及供应商	底盘发动机参数		
3 t 级国 V 排放路面养护车	SH1032PBGBNZ（上汽商用车底盘）	发动机	型号	LJ469Q-AE8
			排量/mL	1 249
			最大功率/kW	64
			电动机类型	永磁同步电动机
3 t 级国 VI 排放路面养护车	SH1033PEGCNZ（上汽商用车底盘）	发动机	型号	LJ4A15Q6
			排量/mL	1 499
			最大功率/kW	83
			电动机类型	永磁同步电动机
3 t 级纯电动路面养护车	NJ1037PBEVNZ1（南京汽车纯电动底盘）	发动机	型号	TZ238XSWT30ANQ
			排量	—
			额定功率/kW	30
			电动机类型	永磁同步电动机
4 t 级纯电动路面养护车	SH1047PBEVNZ（上汽商用车纯电动底盘）	发动机	型号	TZ249XSC7BY001
			排量	—
			额定功率/kW	40
			电动机类型	永磁同步电动机

5.3.2　护栏清洗车

这里主要介绍护栏清洗车的用途与适用范围、主要部件、功能和性能参数。

1. 分类和特点

护栏清洗车可根据护栏形状和车辆清洗方式的不同，分为城市隔离护栏清洗车和高速 U 形护栏清洗车。城市隔离护栏清洗车是针对两边均为行车道，位于马路中间的各种隔离护栏研发的特种车辆。它的清洗作业方式是采用 4 根立式滚刷将护栏夹在中间进行清洗。高速 U 形护栏清洗车是针对位于道路两侧的防护栏研发的特种车辆。它的清洗作业方式是采用 2 根立式滚刷靠在护栏上面进行清洗。

护栏清洗车的清洗方式均包括高压水冲洗和立式滚刷擦洗 2 部分。它的特点有：

（1）作业速度快。机械自动化清洗，车辆作业效率高。

（2）清洗更干净。护栏清洗车的作业方式为高压水冲洗加上滚刷擦洗。前面的高压喷杆喷出的高压水先对护栏冲洗一次，可清理掉护栏上的部分污渍，然后两排滚刷贴着护栏高速转动，进行反复擦洗，将护栏上的污渍全部擦洗干净，后面的高压喷杆再次喷出高压水冲洗护栏，车辆擦洗过后护栏洁净如新，其洁净度远远高于人工清洗。

（3）作业更安全。清洗护栏的时候，道路上的车流量大、车速快，采用人工清洗作业，既不利于清洗人员的自身安全，又给来往的车辆带来了极大的安全隐患。而护栏清洗车有多种作业安全辅助装置，如作业音乐警示灯、安全作业距离旗和超大安全警示双排箭头灯等，过往的车辆在很远的地方就能看到和听到，这极大地保障了作业的安全性。

（4）使用成本低。1 辆护栏清洗车 1 h 的作业效率高于人工一人一天的作业效率，护栏清洗车的使用年限一般为 5~8 年，比起人工作业可以节省巨额的成本。

2. 产品概述

护栏清洗车是结合我国城市护栏的特点

研制的一款护栏清洗专用车。它主要适用于城市道路护栏的清洗,也可用于城市广场、交通标志、交通路牌和广告牌等的手持喷枪冲洗,还具有左、右角喷清洗双黄线等多种功能。

图 5-16 为中联环境研发的 7 t 级护栏清洗车。该车清洗效率高,清洗效果好,能一次性洗净护栏的四周,有高效、环保、可靠的优越性能。

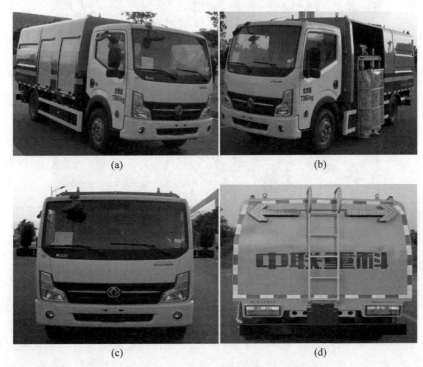

图 5-16　ZBH5070GQXEQE6D 型护栏清洗车外观
(a) 右 45°；(b) 左 45°；(c) 前；(d) 后

3. 产品用途与适用范围

护栏清洗车驾驶性能良好,驾驶室内配备冷暖空调,装有控制开关及彩色视频监视系统,操作灵活简便,司机可在驾驶室内完成所有控制操作并监视工作状态。水箱容积大,采用先进的防腐防锈技术处理,并配有低水位传感器保护系统,防止水泵因缺水运转而损坏；车辆配有自动避让和防撞的护栏清洗机构,方便操作,能高效自动地清洗护栏。

护栏清洗车主要适用于城市道路护栏的清洗,也可用于城市广场、交通标志、交通路牌和广告牌等的手持喷枪冲洗。在清洗作业过程中,左、右角喷喷水冲洗地面,可防止环境二次污染。护栏清洗车不但工作效率高,清洗效果明显,而且对环境污染小。

车辆宜在 0～40℃ 的环境温度下行驶和作业。对于运输、转场等行驶工况,路面纵向坡度应不大于 20%；对于作业工况,路表面应平整硬实,纵向坡度应不大于 20%。

4. 主要部件

护栏清洗车的主要结构包括底盘、罩盖箱、水箱、副车架总成和护栏清洗机构等,罩盖内安装有电气控制系统、气动控制系统、液压系统、高压水系统等。

图 5-17 为中联环境研发的护栏清洗车的组成结构示意图。

下面对护栏清洗车主要组成部分的结构特点进行简单说明。

1) 底盘

采用东风汽车股份有限公司生产的 EQ1075SJ5CDF(国Ⅵ)型载货汽车二类底盘,功率大、动力强劲,可靠性和安全性高,同时承

图 5-17 ZBH5070GQXEQE6D 型护栏清洗车的组成结构示意图
1—水箱；2—气动控制系统；3—罩盖箱；4—底盘；5—高压水系统；6—液压系统；
7—护栏清洗机构；8—副车架总成；9—电气控制系统

载能力大。此外发动机采用东风 ZD30D16-6N 型柴油发动机，额定功率 120 kW，额定转速 3 000 r/min，排放达到国 Ⅵ 标准。

2）水箱总成

采用瓦楞结构开发，强度高且外观新颖，内腔进行防锈防腐处理，水罐底部有底架焊接承载，水罐中间用防波板隔开，并配有高低水位标记管，造型完美且坚固耐用。

3）清水箱

清水箱体内表面涂抹阿克苏国际表面处理环氧漆，耐腐蚀性好。水箱内设有内置式溢流管，加满水后，水会从水箱的底部溢出，罩盖左前端设有透明的水位标。

4）护栏清洗机构

护栏清洗机构具有防撞功能，由弹簧、伸缩臂、4 组滚刷和内外滚刷支架等组成。伸缩臂由副车架上的下导向座、L 形伸缩臂、垂直伸缩臂、上基本臂和调节臂组成。

L 形伸缩臂固定在副车架的下导向支座上，采用液压油缸实现工作装置的水平伸出与缩回，尼龙滑块在其滑动的行程和区域内。

垂直伸缩臂固定在 L 形伸缩臂内，采用液压油缸实现工作装置的上升与下降，可根据护栏高度在垂直方向自由调节。开始清洗护栏时，可将工作装置下降至工作位置；清洗完毕需转场时，可将工作装置提升。

上基本臂和调节臂采用液压油缸实现清洗机构的移出或移入。

5）滚刷组

每个滚刷由独立的马达驱动旋转，相邻滚刷的旋转方向相反，能实现护栏的全方位刷洗。滚刷柱为单片叠加式结构，更换磨损的毛刷盘部分时，只需把滚刷下方的两个螺栓松开，便能很方便地将刷盘块拆下。

6）清洗装置

清洗装置主要包括毛刷内、外滚刷支架，滚刷底架，滚刷总成，摆线马达和高压喷水管等装置。滚刷装置工作时，高压水经过喷水管管路和喷嘴形成射流水束,喷向护栏和滚刷,起到湿润护栏、预湿刷毛的作用;液压马达通过马达安装座总成带动滚刷刷洗护栏,利用刷毛冲击力完全刷洗掉护栏上的污渍混合物,并将混合物抛向前方,完成护栏的清洗作业过程。

7) 高压水路系统

高压水路系统由高压水泵、过滤器、三通球阀、旋转接头、喷嘴和管路等组成。该系统设有双重安全保护。

高压水泵采用进口柱塞式高压水泵,其产生的高压水通过气动高压球阀控制,分别输送给各功能管路。通过水泵卸荷的气动高压球阀为常开型,其他气动高压球阀为常闭型。当任一常闭型气动高压球阀开启时,通往水泵卸荷的气动高压球阀会自动关闭。自动卸荷压力为 10 MPa,安全溢流阀的溢流压力为 12 MPa。

8) 液压系统

液压系统采用底盘侧取力驱动分动箱和双联齿轮泵,其中,前泵为扫刷马达和翻转马达供油,扫刷马达带动滚刷旋转清洗作业,翻转马达通过回转支座带动护栏清洗机构翻转;后泵驱动护栏清洗机构中的垂直升降、水平伸缩和扫刷间距调整油缸等机构动作。液压系统内设有溢流阀,可以限制系统的工作压力;设有平衡阀和液压锁,可以保证执行机构油缸的安全;设有散热器,可以保证液压系统在合理的温度范围内工作。

9) 电气系统

电气系统包括控制器、GPS 信号采集器、电控箱及器件、操作面板、照明系统、传感器及线束等。通过驾驶室的操作面板可以控制各个执行机构的动作顺序,以实现护栏洗刷作业、左、右角喷清洗和手持喷枪清洗作业。

5. 功能介绍

1) 低水位自动报警

水箱的左后下部安装有低水位报警传感器。一般情况下,可通过水位计观察到水位情况。当水位低于设定高度时,水位报警装置会报警;当水位降到最低水位时,系统会自动停止作业。

2) 高压清洗护栏功能

护栏清洗机构由液压马达通过马达安装座总成驱动滚刷旋转来实现护栏的清洗作业。滚刷组有 4 组滚刷,其前后间距可以调整,相邻滚刷的旋转方向相反,可根据护栏的厚度和干净程度调整滚刷与护栏的贴合度。

3) 左前角喷(右前角喷)冲洗路面功能

车辆的左前方和右前方装有角喷,在作业过程中,开启高压水泵的进水球阀,操作左角喷开关或右角喷开关,便可以利用左、右前角喷对路面喷水降尘,防止作业时二次污染。

4) 手持喷枪冲洗功能

车辆配备手持喷枪,使用时开启高压水泵的进水球阀,将喷枪与卷盘接头连接好,打开喷枪开关就可以用喷枪对清洗的对象(如交通指示牌、户外广告牌、城市广场及所有可进行高压冲洗的物体)进行清洗作业。

5) 语音警报和监控功能

车辆配备语音报警系统,其后部装有音乐喇叭,在系统存在水箱缺水、液压漏油等工况时,会发出报警音,提醒操作人员。

车辆配备多重感应系统和监视系统,能在作业时感应和监视各机构的动作执行情况。

车辆配备 GPS 信息采集器,能够在后台看到车辆的作业路线和作业区域。

6) 双黄线清洗功能

护栏清洗车能够根据双黄线的宽度,用万向球头调节喷嘴角度来冲洗双黄线。

7) 护栏清洗范围广

车辆依靠先进的机械臂结构技术和独特的刷体选择,除了可以清洗使用广泛的京式护栏外,还可以针对大厚度塑性钢护栏和斜片式防眩护栏等进行一次性无死角清洗。

6. 性能参数

护栏清洗车的性能与参数见表 5-3。

表 5-3　护栏清洗车的性能与参数

项　目		单　位	参　数
整车参数	整车整备质量	kg	5 100
	最大总质量	kg	7 360
	额定载质量	kg	2 065
	外形尺寸(长×宽×高)	mm×mm×mm	5 950×2 210×2 620
	最小离地间隙	mm	180
	接近角/离去角	(°)	22/13
底盘参数	底盘型号	—	EQ1075SJ5CDF(国Ⅵ)
	类别	—	载货汽车二类底盘
	生产企业	—	东风汽车股份有限公司
	乘坐人数	人	3
	发动机型号	—	ZD30D16-6N
	发动机额定功率	kW	120
	变速器型号	—	1700010-BD36
	变速器型式	—	机械式
	轮胎气压　前轮	kPa	770
	轮胎气压　后轮	kPa	770
作业性能	最大清洗厚度	mm	0~235
	清洗护栏高度	mm	100~1 600
	清洗速度	km·h^{-1}	2~10
	清洗效率	%	90
	作业时最大爬坡角	%	30
	高压水泵压力	MPa	14
	高压水泵流量	L·min^{-1}	34
	水箱容积	m^3	4.5
行驶性能	最高车速(满载)	km·h^{-1}	≤110
	起步气压	bar	6
	最大爬坡角	%	30
	制动距离(满载 30 km·h^{-1})	m	10
	最小转弯直径	m	16

5.4　常见故障及排除方法

护栏清洗车的常见故障及排除方法见表 5-4。

表 5-4　护栏清洗车的常见故障及排除方法

故　障	原　因	排除方法
取力器挂不上挡	车辆气路压力偏低	加大气路气压
	取力器控制气路漏气	检修取力器控制气路
	取力器变挡齿轮损坏	更换齿轮
	拨叉或拨叉轴损坏	更换损坏件
	电磁气阀发热卡滞	更换
操纵气缸不动	电磁气阀卡滞	检查并分析损坏情况,进行维修或更换
	电线插接头松脱	接好线
	气压太低	保持正常气压(≥0.65 MPa)

续表

故　障	原　因	排除方法
作业机构不作业	水箱水位低于超低水位	向水箱中加注水
	电路故障	检查原因,排除电路故障
液压系统油路漏油	管接头松动	紧固松动的接头
	密封圈或组合垫损坏	更换密封圈或组合垫
	油箱或管道裂纹	拆卸下来洗净后补焊或更换
液压系统工作压力过低或无压力	溢流阀调压过低或阀芯卡滞	调整溢流压力或清洗阀芯,消除卡滞
	液压油箱油面过低或吸油滤芯堵塞	添加液压油或清洗、更换滤芯
	电磁阀未得电或线圈损坏	检修电气线路或更换电磁阀线圈
	液压油泵损坏或内漏过大	检修或更换密封件、液压油泵
液压系统发热严重	液压油箱油面过低或液压油变质	添加液压油或更换液压油
	溢流压力不当,溢流量大,液压管路堵塞,节流阀开度不当	调整溢流压力和节流阀开度,清除管路堵塞
液压系统振动噪声大,液压油缸有爬行现象	液压管路中有空气	从液压泵进油管路开始逐段松开管接头排气
	管道或液压元件的定位紧固螺栓松动	紧固各元件和液压管道
清洗机构动作缓慢或不动作	液压锁卡滞	清洗或更换液压锁
	油缸内泄	更换油缸密封件
	臂架缺乏润滑脂	加注润滑脂
箭头警示灯不亮	电路接触不良,搭铁或保险丝烧损	消除接触不良、短路现象,或更换保险丝
喷嘴水量小或不喷水	喷嘴堵塞	疏通、清洗喷嘴
	滤网三通堵塞	清洗滤网
水泵及管路震动、噪声大	水泵进水口堵塞	清除堵塞物
	进水管法兰连接处漏进空气	紧固法兰连接螺栓
护栏清洗效果差	喷杆喷嘴堵塞,不喷水	更换喷嘴,检查水路系统
	滚刷前后距离或转速不当	调整内、外滚刷间距和滚刷转速
	滚刷磨损过短	更换滚刷盘

5.5　发展趋势

现代化公路保洁车应与生态型、现代化国际大都市的发展相适应,具有保洁优先、技术创新和国际先进等装备特征。从满足单一的普通作业需求,向满足联合作业、规范作业、模块组合、环保作业及同步监控管理等需求发展。其主要有以下特征。

(1) 多功能化。公路保洁车的多功能化是必然的趋势,一辆车在一次行驶中能够完成多种作业模式,一方面节约了用车单位的运营成本,另一方面也提升了作业质量。

(2) 模块化。产品多元化和个性化的市场需求不断增长,这就要求生产厂家通过模块组合设计,快速生产出多种类型和规格的系列化产品,以满足不同用户、地区、作业环境及特殊应用场合的需求。

(3) 环保化。在节能降耗方面,任何能提高吸、扫、刷效率的改进和创新都能自动降低燃油消耗,减少对周围环境的污染排放。在污水污染方面,重点是控制车辆在作业中的滴漏现象;在噪声污染方面,重点是控制液压系统、机构撞击、发动机等机械噪声;在废气污染方面,重点是控制发动机的废气排放和车辆作业中散发的异味气体。

第6章

高空作业车

6.1 概述

高空作业车是一种将作业人员、工具、材料等通过作业平台举升到空中指定位置进行各种安装维修、抢险救援(电力事故、台风、雨雪等自然灾害)等作业的移动式专用高空作业装备,属于高空作业平台的一种。作为先进、安全的登高作业技术装备,高空作业车替代了落后的登高梯、脚蹬、吊篮等作业方式,其应用是伴随着安全生产、文明施工意识的提高而产生的。高空作业车是装备制造业中重要的施工设备,对国民经济高效运行具有重要的保障作用,其保有量也是衡量一个国家对安全生产重视程度和施工文明程度的重要标志。

高空作业车主要由行走底盘、取力及操纵系统、作业支撑系统(副车架、支腿等)、走台板及覆盖件总成、防护系统、照明系统、回转支承总成、转台总成、臂架总成、工作平台及平衡系统、电气控制及操纵系统、液压传动系统、液压控制及其操纵系统、备用动力系统、专用功能模块等组成。

6.1.1 国内发展概况

我国高空作业车行业起步较晚,20世纪60年代开始研制,70年代才推出商业化样机,进入90年代,随着改革开放的深入,逐渐引入国外技术及其产品,开始在路灯、园林、电力等行业推广使用。近年来,在引进消化吸收国外先进技术的基础上,我国高空作业车行业在基础研发、产品设计、生产制造、加工工艺等方面取得了显著进步,产品技术水平、品质和制造工艺装备水平有了很大的提高,部分产品已接近或达到世界先进水平,如国内企业(海伦哲)开发的智能化高空作业车产品已经投入市场,产品的最大作业高度已经达到了 35 m,但我国高空作业车产品的整体技术质量与欧美发达国家尚有明显的差距。近年来,我国高空作业车行业保持了较快发展,据统计,2005 年我国高空作业车产销量为 980 台,2009 年为 1 560 台(数据来源:中国工程机械工业协会装修与高空作业机械分会的《中国高空作业车产业及市场研究报告》),收入规模约 7 亿元。21 世纪初以来,我国高空作业车行业开始快速增长,目前正处于成长期的初级阶段。

我国高空作业车行业具有以下特点。

(1) 多品种、小批量。由于产品需求涉及路灯、园林、电力、石化、通信等行业,且产品用途各不相同,对产品的规格、技术参数等指标要求差异较大,行业产品具有专用性强、个性化要求突出、品种规格多、细分市场规模小等特点,每种规格产品的生产批量较小。

(2) 产品具有高技术要求、高附加值的特点。高空作业车产品涉及汽车、机械、电气、计算机、自动化等众多技术领域,是典型的技术密集型产品,且客户对产品的安全性和操控性等均有很高的要求,企业必须具有较强的研发能力才能满足客户的要求。同时产品特别是大作业高度、电力行业特殊需求定制的产品通常单台价值高,产品附加值高。

(3) 适合专业化的中小企业发展。高空作业车行业具有行业规模小、产品品种多、专用性强、技术含量高、安全性要求高、差异化需求明显等特点,通常只能量身定制,单一规格的产品难以实现大批量生产,适合专业化的中小企业发展,而大企业无法作为主导产业投入相应的技术研发资源、市场开发资源和管理精力,其行业特点制约了大型企业的进入。例如,我国的徐工集团、中联重科等大企业也于20世纪90年代中期和21世纪初先后进入高空作业车行业,经过多年的经营,中联重科目前仅有5种产品公告,年销量在20台左右,徐工集团年销量仅为20台左右。国际高空作业车领域前10强的生产企业均为高空作业车及相关专用车辆的专业化生产企业。

(4) 行业进入门槛高。由于专用汽车归属于汽车产业,我国对专用汽车行业在企业准入、注册资本、外商股权比例及产品的注册、认证、检验、缺陷召回等方面都有严格的规定。同时由于电力、市政、园林、交通等行业是高空作业车的主要应用行业,客户基本以政府机构和大型国有企业为主,其采购体系已实行供应商准入制度和专用专修制度,对供应商的后期服务依赖性强。因而我国高空作业车行业具有较高的进入门槛。

(5) 季节性需求比较明显。高空作业车的用户主要集中在电力、市政及园林等行业,受国家行政事业单位及电力等大型国有企业预算管理制度和采购制度的影响,高空作业车行业第4季度的发货量约占全年的40%。

6.1.2 国外发展概况

高空作业车(国际上统称为移动式高空作业平台,包括自行式、车载式和蜘蛛式产品)在欧美发达国家和地区发展起步较早,20世纪20年代已开始研制,经过近一个世纪的发展,西方发达国家的高空作业车呈现出产品综合技术水平高、作业高度大、规格品种齐全、结构型式多样、功能丰富等特点。总体来看,发达国家高空作业车行业的技术和市场均已比较成熟,典型产品具有高空作业、抢险、救援等功能,作业平台最大载荷可达 500 kg,最大作业高度已达 120 多米,具有多种安全保护措施,适合在各种场地作业。作为专用高空作业平台,高空作业车由于其能显著提高劳动生产效率,有效降低劳动强度和安全事故率,在西方发达国家已成为装备制造业中的重要施工设备。

国外高空作业车的特点如下。

(1) 产品控制系统普遍智能化。欧美发达国家生产的高空作业车大量采用电液比例控制和智能控制,各种作业动作均有检测,可以根据工作姿态参数、安全状态参数、环境参数对作业姿态进行自动控制。高空作业车根据实际作业状况,可实现整车自动调平、工作平台垂直升降与水平运动并跨越障碍、自动避障、臂架自动展开与回收等功能;通过自动变速和调整,在工作臂达到设备极限点前,实现自动减速,并在极限位置自动停止;控制系统还会根据高空作业车支腿跨距的变化自动确定工作范围等。产品控制系统集成化程度高,所有动作均通过2个或3个操纵杆(手柄)操作,简化了操作程序,降低了劳动强度,提高了安全性和可靠性。

(2) 安全控制装置齐全。发达国家的高空作业车,尤其是作业高度较高的高空作业车,对产品的安全性非常重视,普遍设置了安全可靠的安全控制装置。这些安全控制装置包括支腿压力控制系统,上、下车动作互锁系统,工作臂极限位置限制系统,工作平台过载保护系统,高电压报警系统等。这些安全控制装置的设置,极大地保证了设备及操作人员的安全。

(3) 采用高强度材料和轻质合金材料。高空作业车的工作臂结构设计合理,选用高强度和轻质合金材料,工作臂截面小,一些非受力件或受力较小的部件采用铝合金轻质材料,有效地降低了整车质量,提高了底盘的机动性能。在相同的作业高度下,国外高空作业车比国内产品轻盈灵活。

(4) 产品质量水平高。国外高空作业车行业由于经历了近一个世纪的技术储备和生产制造经验积累,其生产制造工艺先进,早期故障率低,产品质量水平高。

6.1.3 发展趋势

1. 向更广阔的应用领域发展

目前我国高空作业车的使用尚处于初级阶段,行业处于成长期的初期。根据行业发展的规律和国外应用情况,以下因素将推动我国高空作业车更加广泛地应用。

(1) 政府和企业推行安全、文明、高效的施工方式,将加快淘汰落后登高作业方式的步伐。

(2) 社会基础设施运行的日常维护保障和应急抢修保障要求越来越高,如电力、照明、通信、石化等保障,既是国家安全的需要,也是保障民生、维护国民经济正常运行的需要。

(3) 国民经济发展水平的提高、企业经济效益的提高及劳动力成本的上升,将促使大量企业普遍淘汰传统落后的高空作业方式,而使用高空作业车。这些驱动因素将推动高空作业车的需求量长期稳定地增长。

2. 向智能化、大高度、轻量化和小型化方向发展

高空作业车作为一种专用车辆,其特殊性在于:一是载人高空作业,因此对其作业安全性的要求比一般工程车辆高,即所谓的"高安全性";二是施工场所环境的非结构性,即其工作环境不可预知,并且多变,要求其对环境具有"高适应性";三是因其常用于抢修作业,并且多为室外或野外作业,作业环境差,所以要求其具有作业的"高效率"。为了达到这些要求,高空作业车必然朝着智能化、轻量化和相同作业高度的小型化方向发展。

3. 向多功能方向发展

由于我国经济发展水平和下游行业客户作业习惯的影响,我国高空作业车行业的客户普遍要求"一机多用",以节省设备投资。因此,我国高空作业车要求产品多功能化在未来仍是一个重要的发展方向。

6.2 分类及规格型号

6.2.1 分类

高空作业车有多种分类方式。

按照控制技术的特点划分,可以分为智能化高空作业车和普通高空作业车;按照绝缘性能划分,可以分为绝缘型高空作业车和非绝缘型高空作业车。

按臂架的形状分类,可以分为直臂式和曲臂式2种基本形式;按工作臂的型式分类,可以分为4种基本形式,分别为:垂直升降式(代号 C)、折叠臂式(代号 Z)、伸缩臂式(代号 S)和混合臂式(代号 H)。

高空作业车一般设有变幅机构、回转机构、平衡机构和行走机构。依靠变幅机构和回转机构可以实现载人工作斗在水平方向和垂直方向的移动;依靠平衡机构可以使工作斗和水平面之间的夹角保持不变;依靠行走机构可以实现工作场所的转移。

6.2.2 规格型号

高空作业车的规格型号由组型代号、形式代号、主参数代号和更新变型代号组成,具体说明如下:

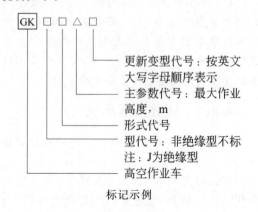

标记示例

(1) 最大作业高度为 10 m 的绝缘型伸缩臂式高空作业车的规格型号为(GB/T 9465—2018)：

高空作业车　GKJS 10

(2) 最大作业高度为 12 m 的非绝缘型垂直升降式高空作业车的第一次变型产品的规格型号为(GB/T 9465—2018)：

高空作业车　GKC 12A

6.3　结构特点及性能参数

6.3.1　结构特点

1. 垂直升降式高空作业车

垂直升降式高空作业车的升降机构有剪叉式和套筒式 2 种，其中剪叉式应用较为广泛。剪叉式升降机构由多组铰接成剪形的交叉连杆框架组成，其结构如图 6-1(c)所示(GENIE 公司出品)。剪叉式升降机构在两个框架间装有液压缸，通过液压缸的伸缩来改变连杆交叉的角度，从而达到改变升降高度的目的。该形式的主要特点是结构简单、工作平稳、负载能力强，适合较低高度的作业，但其升降机构只能做垂直运动，这导致其作业范围狭小，所以应用场合较少。

2. 伸缩臂式高空作业车

伸缩臂式高空作业车的升降机构由多节套叠、可伸缩的箱形臂组成，其结构形式如图 6-1(a)所示。行驶时，作业臂收缩套叠；工作时，各节臂采用或独立、或顺序、或同步的方式伸缩，以此改变臂架的伸出长度来满足不同的工作需求。该形式的主要特点是操作简单、动作平稳，同时可以获得较大的作业高度与作业幅度，因此应用广泛。

3. 折叠臂式高空作业车

折叠臂式高空作业车的升降机构由多节箱形臂铰接而成，其结构形式如图 6-1(b)所示。折叠臂式通常采用 2～3 节折叠臂，各节折叠臂的折叠和展开运动由各节臂的液压缸完成。该形式的主要特点是适合较低高度的作业，升降机构灵活多样、适应性好、跃障能力强，因此其应用也比较广泛。目前，国内生产的高空作业车绝大多数是折叠臂式的。

4. 混合臂式高空作业车

将折叠臂和伸缩臂结合在一起组成的臂架形式称为混合臂式，其结构形式如图 6-1(e)所示，这种臂架形式融合了 2 种基本形式臂架的优点，不仅作业高度和作业幅度较大，跃障能力也较强，但其结构也最为复杂。

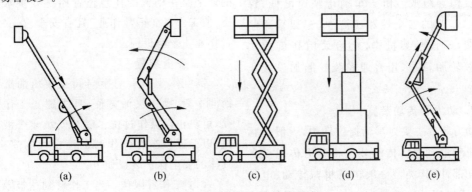

图 6-1　高空作业车的结构形式
(a) 伸缩臂式；(b) 折叠臂式；(c) 剪叉式；(d) 套筒式；(e) 混合臂式

6.3.2　性能参数

高空作业车的性能参数主要包括：

1. 作业高度 H

作业高度是指工作平台底面的离地高度与工作人员手臂所能到达的平均高度之和。通常作业高度分为做大作业高度 H_{max} 和做大作业幅度时的作业高度 H。

2. 作业幅度 R

作业幅度是指高空作业车作业回转中心

线(对于垂直升降高空作业车为升降的中心线)至工作平台外边缘的水平距离 R。

3. 作业速度 v

高空作业车的作业速度包括工作平台在垂直方向升起的平均速度和下降的平均速度,以及工作平台回转的速度。

4. 工作平台的装载质量 Q

高空作业车工作平台的装载质量是指标定装载质量,不包含工作平台自身的质量。

6.4 结构及部件选型

6.4.1 结构和主要部件

高空作业车主要由基础车底盘、动力和传动装置、回转机构、举升机构、作业斗平衡机构、安全装置等组成(见图6-2)。

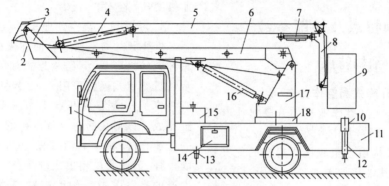

图6-2 高空作业车的结构

1—汽车底盘;2—吊钩位置;3—平衡杆;4—二臂油缸;5—二臂;6—大臂;7—小臂油缸;8—小臂;9—工作斗;10—后横;11—边板;12—后支脚;13—前支脚;14—操作箱;15—液压油箱;16—大臂油缸;17—站臂;18—回转支撑

1. 基础车底盘

基础车底盘由发动机、车架、行走机构、转向机构等组成。由于车辆行驶速度低,综合考虑作业的安全性和经济性,车架采用刚性连接,不设悬架机构,轮胎采用高负荷实心橡胶轮胎,或选用普通橡胶轮胎加设液压支腿。

2. 动力和传动装置

动力装置主要为车辆提供动力,一般包括内燃机和电动机。传动装置将动力传递至各个运动部件,其类型一般包括机械传动、电传动、液压传动。

3. 回转机构

回转机构的主要功能是支撑和驱动举升机构转动。

4. 举升机构

举升机构是将工作平台举升到特定高度的机构,也是实现高空作业的主要装置。

5. 作业斗平衡机构

为了保证高空作业车工作斗(作业平台)的地平面在动臂的任意位置始终处于水平状态,使工作者能正常作业,且有安全感,必须设置作业斗平衡机构。

6. 安全装置

高空作业车采用换向阀及液压油缸维持换向平衡,操作灵活方便,且支腿与工作臂互锁,可防止误操作过位。随车安装4个液压支腿,以保证整车在操作时的稳定性与安全性。具体的安全保护装置如下。

(1) 工作臂限位。当工作臂到达极限位置时自动报警并停止动作,防止意外事故的发生。

(2) 动作速度控制。采用进口电液比例手柄控制,动作速度可微调,且无级调速。

(3) 设置垂直支腿支撑力检测装置。在作业中,当某个支腿不受力时,所有动作自动停止,防止车辆倾翻。

(4) 感应式自动上、下车互锁。在操作工作臂时,锁住下车支腿操作,防止发生意外。

(5) 油缸止回缩装置。防止工作臂、工作斗自动下落,保证动作平稳。

(6) 支腿止回缩装置。该装置可有效防止支腿回缩。

(7) 过载保护。当平台超载时,安全系统报警提示,欧标 CE 的升降机还会切断电源,停止平台提升或横向伸展。

(8) 安全带。产品随车配置 2 副安全带,供操作人员高空作业时使用。

(9) 斗臂防撞。配置斗臂防撞装置可有效防止收放工作臂时,因过度动作发生的工作臂和工作斗相撞现象,提高产品的使用寿命。

(10) 倾斜报警。当高空作业升降平台处于倾斜角度大于安全设定值时,设备会报警,欧标 CE 的升降平台还会切断电源,停止平台提升或横向伸展等动作。

(11) 起吊称重。产品配置起吊称重装置,可实时检测起重量。

(12) 应急泵。产品配置应急液压泵,当动力系统出现故障后,可以手动将车辆臂架、支腿回收到位。

(13) 紧急停止装置。当有危险情况发生时,可一键停止所有动作。

6.4.2 主要部件选型

1. 基础车选型

专用汽车的性能好坏直接取决于专用汽车底盘的好坏,通常专用车辆所采用的基本底盘按结构可分为二、三、四类底盘。汽车底盘主要是根据专用汽车的类型、用途、装载质量、使用条件,专用汽车的性能指标,专用设备或装置的外形、尺寸、动力匹配等选择的。目前,几乎 80% 以上的专用车辆采用二类底盘进行改装设计。采用二类汽车底盘进行改装设计工作的重点是整车总体布置和工作装置布置设计,对底盘仅做性能适应性分析和必要的强度校核,以确保改装后的整车性能基本与原车接近。

在汽车底盘选型方面,一般应满足以下要求。

(1) 适用性。专用改装车底盘应适于专用汽车特殊功能的要求,并以此为主要目标进行改装造型设计。

(2) 可靠性。所选用的汽车底盘要求工作可靠,出现故障的概率低,零部件要有足够的强度和寿命。且同一车型各总成零部件的寿命应趋于平衡。

(3) 先进性。应使用整车在动力性、经济性、操纵稳定性、行驶平顺性及通过性等基本性能指标和功能方面达到同类车型先进水平的汽车底盘,并且在专用性能上要满足国家或行业标准的要求。

(4) 方便性。所选底盘要求便于安装、检查保养和维修,处理好结构紧凑与装配调试空间合理的矛盾。在选用底盘时,除了以上因素外,还有两个重要方面。一是汽车底盘价格,它是专用汽车购买成本中很大的一部分,一定要考虑到用户可以接受。这也涉及专用汽车产品能否很快占有市场,企业能否增加效益的问题。二是汽车底盘供货要有来源,所选的底盘在市场上必须有一定的保有量。

2. 动力和传动装置选型

下面介绍几种常用的动力和传动装置的选型。

(1) 内燃机-机械传动。这种传动方式仅在用途单一的高空作业车上使用,如用于电力设施维修的垂直升降式高空作业车多采用这种形式。动力源为汽车发动机,动力经变速器传出后,还要经过分动器、离合器、减速器、卷扬机、滑轮及钢丝绳等才能传递到工作装置,传动路线长,结构复杂。

(2) 电力-机械传动。这种传动方式是利用外接电源或车载电源(蓄电池),通过电动机将电能转换成机械能,再经机械传动装置将动力传递至各工作装置。由于电动机具有逆转性和可在较大转速范围内实现无级等优点,并且各机构可由独立的电动机驱动,简化了传动和操纵机构,而且噪声小、污染少,适合在外接电源方便或流动性不大的场地工作。

(3) 内燃机-电力传动。这种传动方式的路线是汽车发动机-发电机-电动机,然后带动各工作装置运转。其优点是利用直流电动机的优良工作特性,使高空作业车获得良好的作业性能,但这些传动装置质量较大、价格昂贵。

(4) 内燃机-液压传动。大部分折叠臂式高空作业车采用这种工作方式,它可充分利用液压传动的优点,简化传动结构,并且易于实现无级调速和运动方向的变换,传动平稳,操作简单、方便、省力,能防止过载。

3. 回转机构选型

回转机构是由回转驱动机构和回转支撑机构2部分构成的。根据回转驱动机构的不同,回转机构可以分为机械驱动式、电力驱动式和液压驱动式。根据回转支撑结构的不同,回转机构可以分为转柱式、立柱式和转盘式,其中转盘式是一种较常用的形式。

转盘式回转支撑装置又可以分为2种:支撑轮式和滚动轴承式。支撑轮式回转支撑装置增大了转盘回转装置的高度,且增大了质量和成本;滚动轴承式回转支撑装置是目前应用最多的一种,它是在普通滚动轴承的基础上发展起来的,结构上相当于放大了滚动轴承。其优点是回转摩擦阻力矩小,承载能力大,高度低。由于回转支撑装置的高度降低,可以降低整车的质心,从而增大了整车的稳定性。

滚动轴承式回转支撑装置按结构可以分为以下几种。

(1) 单排滚球式转盘。单排滚球转盘多数由内、外圈组成一个整体的滚道,其滚道呈圆弧形曲面,是最简单的一种回转支撑装置,球和导向体从内圈或外圈的圆孔中装进滚道,然后将装配孔堵塞。这种回转支撑装置的优点是质量轻、结构紧凑、成本较低,但其承载能力小,故应用不多。

(2) 双排滚球式转盘。双排滚球式转盘主要由上、下双排球体,内、外座圈,间隔体和润滑密封装置等组成。上、下球体均排列在一个整体的内(或外)座圈内。双排球转盘回转支撑装置比同样大小和数目相同的单排球转盘支撑装置的承载能力要大得多。

(3) 交叉滚柱式转盘。交叉滚柱式转盘滚子的接触角一般为45°,相邻的滚子轴线交叉排列,即相邻的两个圆柱滚子轴线呈90°交叉。这使回转机构不但能承受轴向和径向载荷,而且能承受翻倾力矩。此外,与滚球转盘相比,这种滚道是平面,加工工艺比较简单,而且容易达到加工要求。

(4) 高承载能力转盘。在一些大型起重举升专用汽车中,可采用双排、多排滚球或滚柱式回转支撑装置。

4. 举升机构选型

举升机构的类型主要有以下几种形式。

(1) 伸缩臂式举升机构。伸缩臂式举升机构是由多节套装、可伸缩的箱形臂构成的。如图6-1(a)所示,它与汽车起重机伸缩式起重臂一样,也包括基本臂、伸缩臂和液压缸等。只不过在其末端装有作业斗或其他作业装置,而不是起重吊钩。它也有变幅液压缸和伸缩液压缸,以实现臂架的变幅和伸缩。伸缩臂节数因高空作业车的最大作业高度而异,对于作业高度不大的汽车,只有1节或2节伸缩臂。由于伸缩臂式举升机构可以获得较大的作业高度和变幅,其最大作业高度可达60~80 m,因此被广泛应用于各种高空作业车上。但是,这种高空作业车的跃障能力差。

(2) 折叠臂式举升机构。折叠臂式举升机构是通过多节箱形臂折叠而成的。如图6-1(b)所示,折叠臂式举升机构一般采用2节或3节折叠臂,其折叠方式可分为上折式和下折式2种。各节臂的折叠与展开运动由各节间的液压缸来完成。这种举升机构可完成一定高度和幅度的作业,下折式举升机构还可以完成地平面以下的空间作业(如立交桥涵下的维修与装饰等作业),扩大了高空作业车的作业范围。由于折叠臂式举升机构具有灵活多样、适应性好、跃障能力强等优点,因此应用广泛。

(3) 剪叉式举升机构。剪叉式举升机构是由多组交叉连杆框架铰接成的剪形机构。如图6-1(c)所示,一般是通过装在连杆框架间的液压缸的伸缩来改变连杆交叉的角度,从而改变举升机构的升降高度。这种垂直升降的剪叉式举升机构，能够完成较低高度的作业，工作平稳，作业平台较大，被广泛应用于飞机、船舶的室内维修，清洁电车线路维修等作业场地。但是这种作业车跃障能力差，工作范围小。

(4) 套筒式举升机构。套筒式举升机构是由桁架式、箱式或圆筒式套筒套合在一起，利用液压缸、钢丝绳或链条带动多节套筒的伸缩完成升降动作的，其结构形式如图 6-1(d)所示。这种举升机构的使用特点与剪叉式举升机构相似。

(5) 云梯式举升机构。云梯式举升机构由多节桁架式梯子套合在一起，利用液压缸和钢索控制云梯的升降，通过变幅液压缸控制云梯的变幅。这种举升机构结构简单、质量小、功能全、适应性强、工作可靠，能迅速到达作业场地，被广泛用在消防车上，即云梯消防车。

5. 作业斗平衡机构选型

常用的作业斗平衡机构有重力平衡式、液压缸等容积式、四杆平衡式和电液自动平衡式。

(1) 重力平衡式作业斗平衡机构。重力平衡式作业斗平衡机构是靠作业斗的自重保持平衡的。它是将动臂末端与作业斗的质心铅重线上方的某一点相铰接，无论动臂在何位置，作业斗在重力作用下始终处于平衡状态，其底平面保持水平。到达工作位置时，工作人员可将作业斗锁紧在动臂上，这种机构简单，但由于举升过程中的惯性，工作人员的质心不能与工作斗的质心完全重合，作业台会出现偏移和偏摆现象，使工作人员缺乏安全感，一般很少采用。

(2) 液压缸等容积式作业斗平衡机构。液压缸等容积式作业斗平衡机构一般用于伸缩式动臂。在基本臂与转台之间及伸缩臂与作业斗之间分别装有等容积的 2 个液压缸。2 个液压缸的有杆腔和无杆腔分别相通。当变幅液压缸的活塞伸缩时，则带动主调液压缸的活塞杆伸缩，与此同时，与主调液压缸形成闭式回路的副调液压缸的活塞杆相应地产生伸缩

运动，始终能够满足作业斗的平衡条件，因此无论作业臂处于何位置，作业斗的底面始终保持水平。

(3) 四杆平衡式作业斗平衡机构。四杆平衡式作业斗平衡机构是利用平行四边形机构调平的。当上、下折叠分别或同时做起伏运动时，四边形的 4 个杆对边分别保持平行，从而使作业斗的底面始终保持水平。四杆平衡式作业斗平衡机构用于折叠式动臂，其平衡精确、制造简单、工作可靠，使用非常广泛。

(4) 电液自动平衡式作业斗平衡机构。电液自动平衡式作业斗平衡机构是在动臂和作业斗之间通过重力元件取得电信号，由电磁阀控制液压缸动作，形成单独的调平系统，使作业斗自动保持平衡。

6.5 典型产品介绍

6.5.1 CLW5050JGKZ4 型高空作业车

CLW5050JGKZ4 型高空作业车为折臂型高空作业车，其外观如图 6-3 所示。该作业车具有折臂结构紧凑，强度高，质量轻，可直接接入交流电或采用自带的直流电源启动，架设速度快，工作台既可升高又可水平延伸，还可旋转，易于跨越障碍物到达工作位置等特点。

图 6-3　CLW5050JGKZ4 型高空作业车的外观

CLW5050JGKZ4 型高空作业车的主要技术参数见表 6-1，其配置见表 6-2。

表 6-1 CLW5050JGKZ4 型高空作业车的主要技术参数

类别	项目	单位	数据
尺寸参数	总长	mm	7 790
	总宽	mm	2 190
	总高	mm	3 130
质量参数	乘坐人数(含驾驶员)	人	3
	总质量	kg	7 895
主要性能参数	工作平台额定载荷	kg	200
	最大作业高度	m	22
	最大作业高度时的作业幅度	m	5
	最大作业幅度	m	13.6
	最大作业幅度时的作业高度	m	5.36
	支腿跨距 横向	mm	4 120
	支腿跨距 纵向	mm	4 650
	臂架变幅时间	s	100
	臂架回转速度	s·r^{-1}	75
	支腿收放时间	s	40
行驶参数	前悬	mm	1 130
	后悬	mm	2 310
	后伸	mm	1 250
	轴距	mm	3 800
	最高行驶速度	km·h^{-1}	103
	最小离地间隙	mm	195
	接近角	(°)	21
	离去角	(°)	14

表 6-2 CLW5050JGKZ4 型高空作业车的配置

部件名称	简要说明
底盘	东风
发动机	柴油发动机,最大功率 125 kW,国Ⅵ排放标准
驾驶室	单排座,可乘坐 3 人,驾驶室装备空调
围板及走台板	不锈钢围栏及防滑走台板
取力系统	机械操作
工作平台	(1 000)1 100×700×1 150
臂架形式	4 节六边形工作臂,同步伸缩

续表

部件名称	简要说明
回转装置	360°连续回转
支腿	K 形支腿,稳定性好,可同时或单独操作,适用多种工况
操作	工作平台或地面遥控器
控制系统	电液比例控制系统,实现无级调速
调平系统	液压自动调平

基本功能及安全配置

高空作业车的基本功能安全配置:作业车可以实现平台载荷 200 kg,最大作业高度 22 m,最大作业幅度 13.6 m

名称	简要说明
上、下车自动互锁装置	用于上、下车互锁,防止误操作发生危险
支腿检测功能	当支腿出现不受力情况时,智能限动,保证安全
水平检测功能	实时检测整车是否水平
应急电动泵	当发动机及主泵发生故障时,可将工作人员送回地面
紧急停止装置	用于紧急停止操作
夜间安全警示装置	车辆上有工频闪灯、照明灯
整车水平状态测试仪	可检测整车横向、纵向 2 个方向的倾斜状态
发动机点火、熄火	在转台和平台处可对发动机进行点火、熄火控制
实时通信	在平台和下车设有无线对讲装置

6.5.2 高空作业平台

1. 蜘蛛式高空作业平台

1) 结构特点

蜘蛛式高空作业平台主要由支腿、转台、主臂变幅液压缸、基本臂、二节臂、三节臂、四节臂、折臂变幅液压缸、折臂、工作篮、调平马达、履带、车架等组成,如图 6-4 所示。

蜘蛛式高空作业平台的车身部分包括支腿和行走系统。上装部分主要包括伸缩臂、折臂、平台框、回转装置。

蜘蛛式高空作业平台具有 4 条独立的蜘蛛

第6章 高空作业车

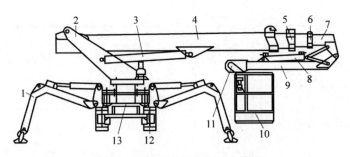

图 6-4 蜘蛛式高空作业平台简图

1—支腿；2—转台；3—主臂变幅液压缸；4—基本臂；5—二节臂；6—三节臂；7—四节臂；8—折臂变幅液压缸；9—折臂；10—工作篮；11—调平马达；12—履带；13—车架

式液控支腿，能够获得较大的支撑面积，从而可以将车身的质量减轻以获得更高的作业高度，其作业高度一般可以达到 52 m。作业前，必须先将其蜘蛛车的 4 条支腿伸出，使整个车体起升离地，然后根据作业地点的实际情况，单独操纵一条或同时操纵多条支腿动作，使蜘蛛车底盘处水平状态，以保证蜘蛛车水平。支腿使整个车身离地，既能延长底盘的使用寿命也能扩大高空作业平台的作业范围。

蜘蛛式高空作业平台主要有无痕轮式、无痕橡胶履带式 2 种行走方式。2 种行走方式皆适合室内外，其中无痕橡胶履带式的适应性更强一些。在室内，因其为无痕橡胶履带，受力面积更大，能充分保护地面。在室外的草地及恶劣地面上行走也是游刃有余。

蜘蛛式高空作业平台的上装部分和普通的高空作业车基本相似，主要用以实现工作平台的升降和工作斗的调平功能。

另外，蜘蛛车还具有底盘调平系统，主要由检测装置、控制装置和调平执行机构组成。检测装置为安装在底盘上的双轴倾角传感器、支腿上的微动开关和压力传感器，其中双轴倾角传感器用来检测底盘的倾斜度，其检测值作为系统调平控制的依据，检测精度直接影响着底盘的调平精度。控制装置为 PLC 控制和电磁比例阀操控手柄、电磁换向阀通电按钮。调平执行机构主要由 4 组带有自锁功能的阀控单杆活塞液压缸和电磁阀组成。

2）适用范围

蜘蛛车尺寸小、宽度窄，而且具有可靠性高、作业效率高和工作范围广、适应性强等优点，因此广泛应用于具有高大内部空间结构的城市综合体、购物中心、体育馆、酒店等建筑的安装、维护、装饰、清洁等作业。

3）技术参数

GTSZ30J 型蜘蛛式高空作业平台的技术参数见表 6-3，其工作范围如图 6-5 所示。

表 6-3 GTSZ30J 型蜘蛛式高空作业平台的主要参数

	项 目	参 数
产品性能	最大平台高度/m	27.5
	最大工作高度/m	29.5
	最大水平延伸/m	12(200 kg) 14(80 kg)
	转台旋转/(°)	440
	工作平台旋转/(°)	180
	飞臂旋转/(°)	180
	爬坡能力/%	30
	平台装载能力/kg	200
	行驶速度/(km·h^{-1})	0～3
	最大允许风速/(m·s^{-1})	12.5
	最大允许倾斜角度/(°)	1
	正常作业时的最大噪声(7 m 处)/dB(A)	77
	最大允许侧向力(室内)/N	400
产品尺寸	整车长度(收起状态)/m	7.2
	整车宽度(收起状态)/m	1.58
	整车高度(收起状态)/m	1.98
	离地高度/m	0.31
	平台尺寸(长×宽×高)/(m×m×m)	1.2×0.8×1.1

续表

项目	参数
整车质量/kg	4 500
支腿踏板尺寸(长×宽)/(m×m)	0.31×0.22
每个踏板的最大承重/kN	32
工作时对地面的压力/(kN·m^{-2})	2
履带行走时对地面的压力/(kN·m^{-2})	4
产品尺寸 标准宽展开时宽度最大/最小/m	5.5/4.8
受限单边窄展开时宽度最大/最小/m	4.39/3.9
受限双边窄展开时宽度最大/最小/m	3.2/3
支腿可支撑的斜坡坡度/%	30
支腿展开时最大离地间隙/m	1.26
受限制展开时的作业范围(双边窄展开)/m	±20
受限制展开时的作业范围(单边窄展开)/m	220
履带可调节的展开高度/宽度/m	0.22/0.17
液压油箱容积/L	75

续表

项目	参数
产品尺寸 柴油箱容积/L	40
控制电压/V	12
无线遥控距离/m	100
发动机型号	久保田 D1105-E4B-EU-X1, 18.5 kW
外接电驱动(220 V)/kW	3
外接电驱动(400 V)/kW	4

2. 自行走直臂式高空作业平台

自行走直臂式高空作业平台适用于高度较高的场所,设计简洁,结构简单,其外观如图6-6所示。该平台采用英国原装进口帕金斯发动机,比同类产品轻10%,更节省燃油,驱动强劲,适应各种恶劣的工况,平台上的操作按钮控制自如,动作范围更大的小臂让遥不可及变成触手可及。

自行走直臂式高空作业平台的参数见表6-4。

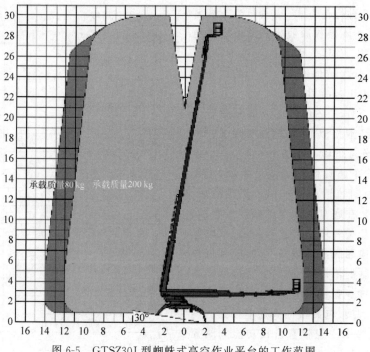

图6-5 GTSZ30J型蜘蛛式高空作业平台的工作范围

第6章 高空作业车

图6-6 自行走直臂式高空作业平台

表6-4 自行走直臂式高空作业平台的参数

项　目	参　数					
	GTBZ30	GTBZ32J	GTBZ36	GTBZ38J	GTBZ40	GTBZ42J
最大平台高度/m	30.4	32.0	36.5	38.4	39.2	41.6
最大工作高度/m	32.4	34.0	38.5	40.4	41.2	43.6
最大水平延伸/m	21.0	22.0	19.1	20.9	23.2	23.2
外转弯半径/m	5.57	5.57	5.57	5.57	6.81	6.81
内转弯半径/m	2.56	2.56	2.56	2.56	4.37	2.56
尾扫/m	1.82	1.82	1.82	1.82	1.82	1.82
转台旋转/(°)	360(连续)	360(连续)	360(连续)	360(连续)	360(连续)	360(连续)
平台旋转/(°)	160	160	160	160	160	160
爬坡能力/%	42	42	40	40	40	40
平台装载能力(人和工具)/kg	340	250	340	250	340	250
行驶速度(收车状态)/(km·h^{-1})	0～4.4	0～4.4	0～4.4	0～4.4	0～4.4	0～4.4
行驶速度(升起状态)/(km·h^{-1})	0～1.1	0～1.1	0～1.1	0～1.1	0～1.1	0～1.1
最大允许风速/(m·s^{-1})	12.5	12.5	12.5	12.5	12.5	12.5
最大允许倾角/(°)	5	5	5	5	5	5
最大允许侧向力/N	400	400	400	400	400	400

3. 剪叉式高空作业平台

剪叉式高空作业车用途广泛,其剪叉机械结构使得升降平台有较高的稳定性。它有宽敞的可伸缩的作业平台,使用人员不下升降平台就可以控制机器的升降和行走,使其在各种工作中得心应手;有较高的承载能力,一次可以向作业地点运送较多的人员和材料;高效的直流电驱动无噪声、零排放、小巧灵活,工作高度一般为6～12 m,特别适用于工厂、学校、医院等室内外敏感环境,更符合当今社会的低碳环保要求。图6-7所示为电动剪叉式高空作业平台。电动剪叉式高空作业平台的参数见表6-5。

图6-7 电动剪叉式高空作业平台

表 6-5 电动剪叉式高空作业平台的参数

项目	参数						
	GTJZ0612	GTJZ0808	GTJZ0812	GTJZ1012	GTJZ1212	GTJZ1412	GTJZ1414
最大平台高度/m	6.3	8.1	8.1	10.0	11.9	13.8	13.8
最大工作高度/m	8.3	10.1	10.1	12.0	13.9	15.8	15.8
延伸平台的水平延伸/m	0.9	0.9	0.9	0.9	0.9	0.9	0.9
外转弯半径/m	2.35	2.10	2.35	2.35	2.35	2.56	2.64
内转弯半径/m	0	0	0	0	0	0	0
爬坡能力/%	25	25	25	25	25	25	25
平台装载能力/kg	550	250	450	320	320	227	227
延伸平台的装载能力/kg	120	120	120	120	120	120	120
行驶速度(收车状态)/(km·h^{-1})	0~3.2	0~3.2	0~3.2	0~3.2	0~3.2	0~3.2	0~3.2
行驶速度(升起状态)/(km·h^{-1})	0~0.8	0~0.8	0~0.8	0~0.8	0~0.8	0~0.8	0~0.8
平台全升时间(无载重)/s	33~38	30~35	33~38	53~58	63~68	83~92	75~85
平台全降时间(无载重)/s	30~35	34~39	35~40	40~45	44~49	55~65	55~63
最大允许风速(室内)/(m·s^{-1})	0	0	0	0	0	0	0
最大允许风速(室外)/(m·s^{-1})	12.5	12.5	12.5	12.5	12.5	12.5	12.5
最大允许倾角(前后)/(°)	3	3	3	3	3	3	3
最大允许倾角(左右)/(°)	1.5	1.5	1.5	1.5	1.5	1.5	1.5
平台上工作的允许人数(室内)/人	2	2	2	2	2	2	2
平台上工作的允许人数(室外)/人	2	2	2	1	1	1	1
最大允许侧向力(室内)/N	400	400	400	400	400	400	400
最大允许侧向力(室外)/N	400	400	400	200	200	200	200

6.6 高空作业车安全使用规范

6.6.1 总则

采用液压传动的载人高空作业车是当代先进的特种机械设备。施工人员借助高空作业车升空工作,只要正确使用,安全便可得到保证。若操作不妥或安全措施未落实,它又是一种十分危险的高空作业设备,特制定如下行为规范。

6.6.2 行车

(1) 汽车驾驶员必须持有大客车行车执照,即 A1 驾照。

(2) 液压油泵必须处于脱离状态,停止运转。

(3) 注意桥梁、隧道的通行高度。

(4) 车速一般不超过 30 km/h,郊区不超过 40 km/h。

(5) 作业斗(平台)内禁止滞留人员。

6.6.3 作业

(1) 停车位置应选择坚实的地面,整车倾斜度不大于 3°,并开启警示闪灯。

(2) 作业高度与风力。

① 风力 6 级及以下适宜高度 10 m 以下的作业。

② 风力 5 级及以下适宜高度 11~20 m 以下的作业。

③ 风力 4 级及以下适宜高度 21~30 m 以下的作业。

(3) 启动油泵,踩下汽车离合器,拉上手刹,变速箱挂空挡,扳动液压油泵离合拉杆,使液压油泵处于工作状态。

(4) 液压油泵运转 2~5 min 后,方可操纵各动作手柄。

(5) 高空作业车的操作,应由经过培训并持有操作上岗证的人员负责。

(6) 操作人员要精神集中,防止误操作并严禁酒后作业。

(7) 首先放下支腿,必要时在支腿掌下放垫木,确保车辆处于水平状态。

(8) 操作手柄时要平稳,切勿急速迅猛,以免导致作业臂惯性摆动过大而发生意外事故。

(9) 严格按照设备规定的技术参数及作业范围作业。

(10) 作业斗(平台)上的工作人员要系好安全带。

(11) 升降作业斗(平台)时,应使上、下臂交替动作,以保证作业斗(平台)处于最佳升幅半径状态,严禁将作业臂用作其他用途。

(12) 作业时,操作人员要注意作业斗(平台)臂与高低压导线、电话线及建筑物、大树、广告牌、灯饰等的安全距离。

(13) 当值司机负责地面工作并注意往来车辆的安全防护工作。

(14) 使用作业高度在 25 m 以上的作业车时,除设置好安全标志及护栏外,地面监护人除司机外,还要设 1 人或 2 人专责加强监护。

(15) 作业过程中,若发现液压系统有异音或突然外漏油液,应即停止工作,待检查或修复后,方可继续工作。

(16) 液压系统出现故障,作业臂不能动作时,应设法使作业斗(平台)上的工作人员安全撤离,并通知专业维修人员处理。

(17) 作业完毕,将作业斗(平台)、作业臂复位,收起支腿,并脱开液压油泵,松开手刹,方可起动行车。

6.6.4 其他

(1) 高空作业的作业斗(平台)、作业臂及支腿应有反光安全标志。

(2) 高空作业车应配备三角(轮胎)垫木 2 块及支腿垫木 4 块,车上应装置水平标志。

6.7 常见故障及排除方法

高空作业车的常见故障及排除方法见表 6-6。

表 6-6 高空作业车的常见故障及排除方法

故障现象	原因	排除方法
液压系统不能达到所需的工作压力	溢流阀开启压力过低	调整溢流阀的开启压力
	油箱油面过低或吸油管堵塞	添加新油或检查吸油管
	压力管路和回油管路串通或泄漏过大	检查油路,特别是各种阀锁、马达等
	泵损坏或泄漏过大	检查油泵,进行检修或更换

续表

故障现象	原 因	排除方法
操纵排挡失灵	操纵杆失灵	修理或更换
	拨叉损坏	
	定位珠弹簧失灵	
液压系统漏油	接头松动	拧紧
	密封件损坏	更换
	管边破裂或焊管接头油砂眼	补焊或更换
油门操纵阀不灵	系统中的钢丝绳被卡住	检修
	弹簧损坏	更换
	行程由于绳卡松动而变化	调整行程并紧固绳卡
	缺乏润滑油	润滑各部位
压力表不指示或压力不上升	油箱液面过低或吸油管堵塞	加油并清除异物
	溢流阀调整压力过低	按规定适当调整压力
	油泵进油口前的管边不密封	排除不密封处
	油泵损坏或因内边磨损严重而泄漏大	检修或更换
	压力管路或回油管路串通或泄漏过大	修理或更换
	压力表损坏	修理或更换
油路噪声,振动严重	管路中有空气	各机构反复多次动作,排除内部气体,检修油泵
	元件失灵	修理或更换
	管边元件不紧固	紧固并加管卡
	换向太猛、太快	缓慢操作
	油温过低	空载运行加温
	油不足	注油
	管路堵塞	疏通
油温过热	内部泄漏过大	检修元件
	压力过高	调整压力
	连续作业时间长,环境温度高(夏天)	停机休息,冷却后再工作
油缸、马达运动不均匀,有爬坡现象	液压系统中存有空气负载后被显著压缩,使运动不均匀	将油箱加足油并对各油缸分别高速全行程往复运动若干次
	运动摩擦面之间缺乏润滑	经常加涂黄油润滑
	运动部件与非部件之间的间隙过小,或运动工作部件变形	检查并调整各运动部件之间的间隙松紧适度
支腿运动缓慢,收放失灵,甚至不动	溢流阀失灵或压力过低	检修、更换或调压
	油缸内漏油,油封损坏,降低了油缸的容积效率;油泵排量不足,换向阀失灵或内漏严重	更换油封;油泵排量不足,不加大油门,提高发动机转速;换向阀失灵,轻则修理,重则更换
	双向液压锁内的滑阀锥面与阀座接触线间有异物或伤痕	拆开清洗,重则更换,轻则重新研配
	缸内有空气	往复运动几次,以排除空气

续表

故障现象	原 因	排除方法
转台转不动	溢流阀溢流压力过低或完全失灵	检修或调整
	油泵或旋转马达不灵	修理或更换
	小齿轮与齿圆啮合不好	按规定调整
	蜗轮减速箱不灵	修正或更换
	换向阀失灵	检修或更换
工作臂不上升	溢流阀的溢流压力过低	调压
	管路堵塞,油不通	逐段检查,清除脏物;转动油泵机构并操纵,逐一卸松管接头,查看有无油液射出,便能查出管道被堵塞的具体位置
	油缸严重内漏	更换油封
	换向阀失灵	检修或更换
工作臂不下落	平衡阀中的控制压力太高	调整平衡阀的压力
	管路堵塞,油不通	按工作臂不上升的方法排除
	换向阀失灵	检修或更换
落臂时有振动	缸筒内有空气	按维修方法排除空气
	限速阀调整不当	重新调整
变幅油缸锁不住	平衡阀锥面与阀座油封封面有划痕或异物	修理或更换
	平衡阀弹簧断裂而卡死	修理或更换
	接头漏油	紧固
	油缸内漏	修理或更换
作业斗与底面不垂直	作业斗销轴处、平衡拉杆铰轴处、摆杆等处润滑不够	润滑相关部位

第7章

强力吸污车

7.1 概述

吸污车是装备有储运罐、真空泵或其他抽吸装置等设施,用于吸除水坑、阴沟洞、下水道里污浊物的罐式专用作业汽车。强力吸污车则采用"气力+负压"输送原理,将污水、污泥、石块、粉体、编织袋、塑料瓶、漂浮物、板结物等吸入吸污罐,具有吸引力强劲、操作简单、维护便捷等特点。该车作业后可自行清洗罐体,吸收的异味气体(物)经过二次过滤处理后杜绝了二次污染。

吸污车是用于收集清理和中转运输污物、避免二次污染的新型专用车,可自吸自排,工作速度快,容量大,运输方便,其垂直吸引深度可达 20~40 m,水平吸引距离在 120 m 以上,罐体容积为 5~15 m³。常用强力吸污车的外观如图 7-1 和图 7-2 所示。

图 7-1 NDT5140GXW 型强力吸污车

图 7-2 NDT5250GXW 型强力吸污车

7.1.1 定义

(1)吸污罐总容积,即设计规定的吸污罐能存储水的净空间。

(2)吸污罐有效容积,即设计规定的吸污罐允许存储水的空间。

(3)有效吸程,即吸污车正常抽吸作业时,吸污车车轮所在水平地面到被吸液面的最大垂直距离。

(4)系统最大真空度,即在额定工作转速下持续运转时,吸污车的抽吸装置中所能产生的最小绝对压力与大气压的差值。

(5)抽吸时间,即吸污车进行抽吸作业时,从抽吸装置达到额定工作转速开始至水充满罐体有效容积所需的时间。

(6)卸料角,即举升卸料时,吸污罐底部与车架大梁之间的最大夹角。

(7)单次作业循环,即吸污车完成一次污物吸排的过程。单次作业循环为:抽吸装置开始工作→污水满罐报警→停止抽吸→打开后盖(或排污阀)→举升吸污罐,排尽工作介质→吸污罐复位。

(8) 安全撑杆,即污水罐举升后防止其自行下落的支撑锁止装置。

(9) 防溢流装置,即防止吸污罐内的水溢流至真空泵的装置。

7.1.2 适用工况

适用于城市排水管网雨水井、污水井、提升泵站储水池、化粪池、方渠、倒虹吸池、河道漂浮物,污水厂提升泵站、沉淀池、生物池的污物清理,建筑物内的管道、烟囱的疏通清理,灾后水路、河川的恢复疏浚工作,钢厂、电厂、水泥厂废弃物的处理。

使用环境要求温度范围为 $-25\sim50℃$;整车行驶道路为硬实的土路和等级公路。

7.1.3 国内外发展概况及发展趋势

随着我国经济的快速发展,城市化进程加快,国家对城市环境、下水道管网的重视使吸污车的需求不断增加。在和平建设的环境中为应对自然灾害及突发事件,随着国家灾害应急处理机制的不断健全,全国相继建立了各级灾害应急处理中心,对应急抢险救援设备的需求大大增加,其中应急救援、抢险等特种车辆的需求不断增加。而吸污车可以广泛应用于各类应急救援、抢险。伴随着经济社会的发展和人们社会地位的提高,越来越多的年轻人不愿意从事脏、臭、累的下水道管网及化粪池清理工作,造成专业清污人员严重缺失,因此,机械化程度高的吸污车的需求越来越大。

目前,我国吸污车行业发展相对滞后,以欧美为代表的吸污车快速进入我国市场,但国外吸污车售价高,交货周期长,没有车辆公告,上户不方便,且售后服务和维修跟不上。由于历史原因,我国城市下水管网分布复杂,其中的污物状况更是复杂,国外的吸污车并不能完全适应我国的情况。因此,我国现阶段吸污车的发展还需要引进和消化吸收国外的先进技术,在此基础上研发适合我国国情的吸污车。

吸污车的发展趋势可以概括为以下几点。

(1) 人性化设计。降低操作人员的劳动强度,提高工作效率;操作简单,作业安全可靠。

(2) 智能化设计。车辆安装液晶显示系统,自动记录工作时间及累计工作时间,便于车辆按时维护保养;设置警示报警信号,使操作更安全;使用遥控操作设备,使工作更轻松。

(3) 外观设计。改变过去只注重实用的观念,使整车外观变得美观,从而使之能够完全融入城市中,形成一道流动的风景线。

(4) 环保。节能减排和环境保护是环卫装配的发展趋势。随着国家对环境的要求越来越高,不仅对吸污车的吸污能力要求提高了,对吸污设备的技术水平也在同步提高。新能源底盘、低噪声的真空泵也在未来的吸污车上逐步应用。

(5) 容积。大部分污物处理厂远离市区,使用容积小的吸污车运输成本相对比较高,利用吸污车的抽吸功能可使大型车和小型车进行无缝对接,将小型车中的污物方便、快速地转换至大型车中进行运输,以提高效率、降低成本。

7.2 分类

吸污车可以按照以下几种方法进行分类。

7.2.1 按车型分类

吸污车按车辆总质量可分为 4 t、7 t、8 t、12 t、14 t、16 t、18 t、25 t 等类型。总质量 4～8 t 的吸污车,宽度小、转向灵活,一般用于清理作业空间狭小的小巷、小区中的下水管网及化粪池;总质量 12～18 t 的吸污车主要用于作业空间相对较大的区域,属于主流车型,适合城市大部分下水管网及化粪池的清理作业;25 t 及以上吨位的吸污车,主要用于作业空间不受限制、清理污物较多的工况,比如污水处理厂沉淀池中的污物。

7.2.2 按容积分类

吸污车按吸污罐的有效容积可以分为

2 m³、4 m³、5 m³、6 m³、7 m³、8 m³、10 m³、12 m³、15 m³ 等车型。一般 2～5 m³ 的吸污车对等 4～8 t 的吸污车，5～10 m³ 的吸污车对等 12～18 t 的吸污车，10 m³ 及以上的吸污车对等 25 t 及以上的吸污车。之所以有这种现象，主要是由于各制造厂家的配置不同造成了整备质量不同。

7.2.3 按吸程及吸引距离分类

吸污车按吸程和吸引距离可分为普通吸污车和强力吸污车。普通吸污车的最大吸引深度一般在 10 m 左右，吸引距离小于 50 m。普通吸污车受吸程和吸引距离的限制，一般用于深度小于 10 m、吸引距离小于 50 m 的下水管线和化粪池的工况作业，因其吸力相对较小，对吸引物料的状态有一定的限制，不适合黏度大或颗粒大、质量大的物料；强力吸污车的吸引深度可达 20～40 m，水平吸引距离在 120 m 以上，因其吸力大、吸程高、吸引距离长，适合大多数复杂工况作业，而且可以将小于其吸引管径的所有物料吸入吸污罐中，尤其适合对城市污水提升泵站、污水处理厂提升池中的污物进行清理。

7.3 工作原理、产品结构、主要技术参数及选用原则

7.3.1 工作原理

吸污车采用独一无二的"气力＋负压"输送原理，通过底盘提供动力，带动真空泵工作。真空泵工作后，外部的空气通过真空阀被吸入。关闭真空阀时，因吸污罐内变为负压，导致吸引软管端部开始吸入空气。将吸引软管接近回收物，则回收物和空气一起通过吸引管，被吸引至吸污罐内。在重力的作用下，回收物自由下落后蓄积在吸污罐底部。排污时真空泵将罐外大气压入罐内，利用空气压力将污物排出罐外。其作业原理如图 7-3 所示。

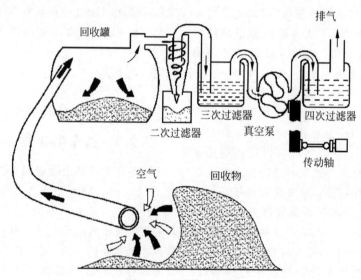

图 7-3 吸引作业原理

7.3.2 产品的主要结构及组成

吸污车主要由底盘、副车架、吸污罐、真空泵、管路系统、液压系统、电气系统组成，如图 7-4 所示。

1. 底盘

目前，吸污车的年销量相对于货车来说，仍然比较少，没有厂家开发吸污车专用底盘，一般采用通用汽车底盘改装。吸污车一般选用东风天锦，重汽汕德卡，庆铃，上汽依维柯红岩等公司生产的二类底盘进行改装。选用底

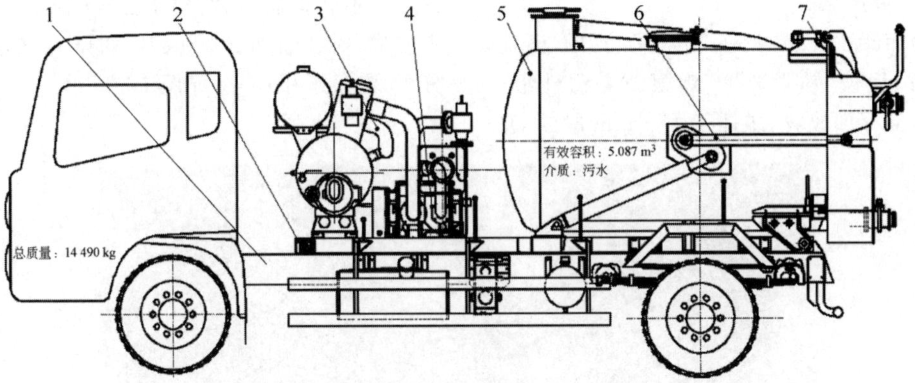

图 7-4　吸污车的结构

1—底盘；2—副车架；3—管路系统；4—真空泵；
5—吸污罐；6—液压系统；7—电气系统

盘一般应满足以下要求：

（1）符合国家有关法律法规的要求，如符合 CCC 强制要求，满足当前尾气排放要求，满足整备质量和装载质量要求。吸污车的总质量需小于等于底盘总质量要求。

（2）底盘运行的可靠性及底盘售后服务网络覆盖范围和售后响应的快慢应达到要求。

（3）底盘的可改装性，包括底盘的电路、气路、油路及取力的改装应达到要求。所有的改装必须严格按照底盘厂家改装手册的要求进行。

NDT5140GXW 型强力吸污车选用东风天锦 DFL1160BX1V 型底盘，发动机为 ISD210-50，额定功率 155 kW；采用侧取力，取力器的扭矩为 500 N·m。

NDT5250GXW 型强力吸污车选用上汽依维柯红岩 CQ1256HTVG50-594 型底盘，发动机为 F2CCE611B*L，额定功率 257 kW；采用侧取力，取力器扭矩为 700 N·m。

2. 副车架

为了改善主车架的承载情况，避免集中载荷，在专用装置与车架之间多采用副车架过渡。在设计副车架时，为避免由于副车架刚度急剧变化引起主车架应力集中，对副车架的形状、安装位置有一定的要求。副车架应连续、不能断开或向侧面弯曲，其结构不能限制其他运动件的自由度。

副车架设计时，其外宽、外轮廓均应与车架一致，副车架的纵梁应平放在车架纵梁上缘。

副车架设计时，为避免由于副车架截面高度尺寸急剧变化而引起主车架纵梁应力集中，副车架的前端形状采用 U 形逐步过渡的方式，在其与主车架纵梁相接触的翼面上加工成局部斜面，以满足扭转刚度的要求。

副车架设计时，还应注意法规对防护装置的要求，即须满足 GB 11567—2017《汽车及挂车侧面和后下部防护要求》，对于出口车辆还应满足欧盟指令 ECE R73、ECE R58、70/221/EEC、2006/20/EU 等法规的要求。

副车架一般设计为箱体结构，主要材料选用 Q235 钢和 Q345 钢，其焊接后进行酸洗、磷化处理。

表 7-1　副车架用钢的力学性能和工艺性能

牌号	厚度 /mm	屈服强度 /(N·mm^{-2})	抗拉强度 /(N·mm^{-2})	断后伸长率 /%	宽冷弯 180° $b=35$ mm	标准
Q235	2～16	235	375～460	26	$d=a$	GB/T 3274—2017
Q345	2～16	345	460～510	22	$d=a$	GB/T 1591—2018

注：a 为试样厚度，b 为冷弯试样宽度，d 为弯曲直径。

3. 吸污罐

吸污罐主要由封头、筒体、防波板、满量防溢装置、后盖、锁紧装置、观察窗等部件组成。其用于储存回收物，罐体采用 5 mm 厚的 Q345 或 304 不锈钢制作，需要承受 -96 kPa 的压力不变形，对其施加 -100 kPa 的压力进行 CAE 分析，满足承压要求，如图 7-5 所示。

图 7-5　罐体 CAE 强度分析图

罐体在加载 -100 kPa 压力时，其强度最弱处承受的最大压力为 110.25 MPa，远远小于罐体材料的屈服强度 345 MPa，因此，使用中罐体不会产生形变。

吸污车在倾倒物料时，通过液压油缸将后盖打开，再将罐体举升至 50°，便于物理倾倒。其作业过程如图 7-6 所示。

图 7-6　罐体的举升及开盖

图 7-7　真空泵解析图

4. 真空泵

吸污车采用的是二级三叶湿式真空泵，连续高负荷运转时，能够维持高真空状态，使整个系统的负压达到 -96 kPa，保证了超强的输送能力。真空泵解析图如图 7-7 所示。

吸污车采用两个真空泵串联的结构，一级用于增大风量，二级用于增大压力，同时运用风量和真空度将污物吸进罐体。泵腔内通过水冷却和密封，吸气均匀，工作平稳可靠。真空泵内的工作间（缝）隙小于 1 mm，与冷却水形成水膜，大大提高了真空泵的密封性能。真空泵的工作原理如图 7-8 所示。

强力吸污车进行吸引作业时，真空泵在额定转速下，其风量随着负压值的减小而逐渐变小，发动机功率变大。在负压 ≥ -13 kPa 时，其风量最大；在负压 ≤ -93 kPa 时，其风量急速衰减；当负压为 -96 kPa 时，风量约为 $8\ m^3 \cdot min^{-1}$，如图 7-9 所示。

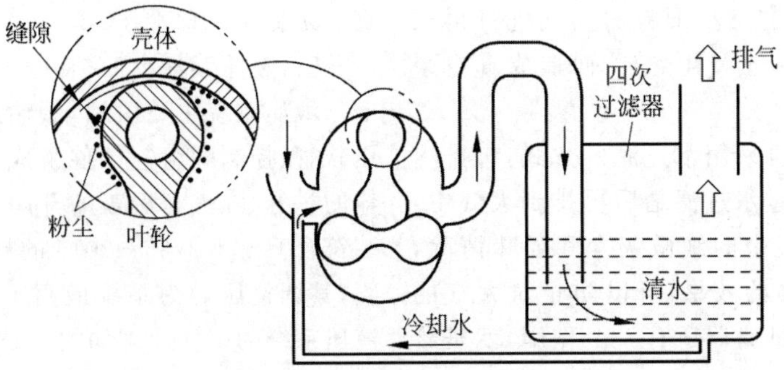

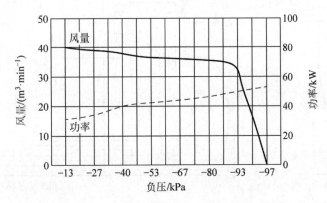

图 7-8 真空泵的工作原理

图 7-9 真空泵吸引作业性能曲线

强力吸污车进行压送作业时,从作业安全的角度考虑,将系统压力值设定为 70 kPa,此时真空泵的作业性能曲线如图 7-10 所示。

5. 管路系统

管路系统采用钢管和法兰连接组焊而成,其中设有二、三、四次过滤器,安全阀,调压阀等。

1) 二次过滤器

空气在吸引罐中经过一次过滤后,进入图 7-11 所示的二次过滤器中,利用二次过滤器的螺旋除尘结构将颗粒较大的回收物收集在其中,细小颗粒的灰尘则随空气进入三次过滤器中。

2) 三、四次过滤器

三、四次过滤器设置为一个整体,从罐体中间隔开,形成 2 个工作腔,如图 7-12 所示。三次过滤器的作用是利用水过滤原理,将来自

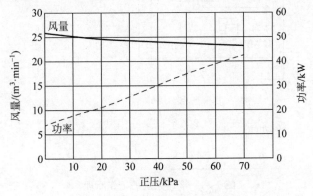

图 7-10 真空泵压送作业性能曲线

二次过滤器的含有细小颗粒的空气进行再次过滤,避免颗粒物进入真空泵,而造成真空泵损伤或卡死。

四次过滤器也采用水过滤的方式,将排出真空泵的空气经过水过滤之后再排到大气中。这样,可以将空气中的细微灰尘和异味清除,即具有除尘、除臭的效果,可以防止对大气的二次污染。四次过滤器还有一个作用,就是给真空泵提供冷却水。

6. 液压系统

液压系统主要由油泵、油缸、液压油箱、高压软管、控制阀组等部件组成。其主要用于罐体的举升、降落和后盖的开闭。液压系统的安装符合 GB/T 3766—2015 的规定,设置有安全阀,其调整压力为系统最高工作压力的 10%。液压系统的工作原理如图 7-13 所示。

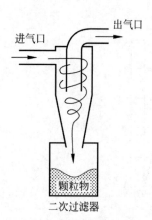

图 7-11 二次过滤器示意图

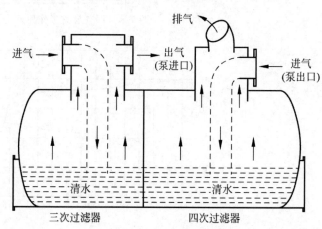

图 7-12 三、四次过滤器示意图

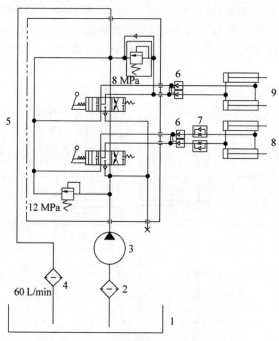

图 7-13 液压系统的工作原理

1—液压油箱;2—吸油过滤器;3—齿轮泵;4—回油过滤器;5—多路换向阀;6—液压锁;7—节流阀;8—举升油缸;9—开盖油缸

7. 电气系统

电气系统主要由控制箱（图 7-14）、仪表、远程控制油门及控制线缆等组成。图 7-15 所示为电气系统的原理图。

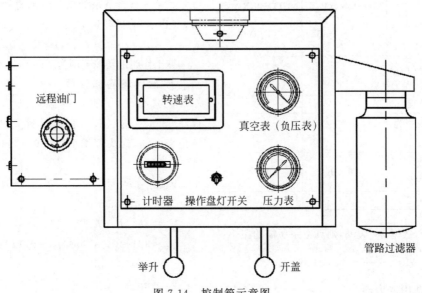

图 7-14 控制箱示意图

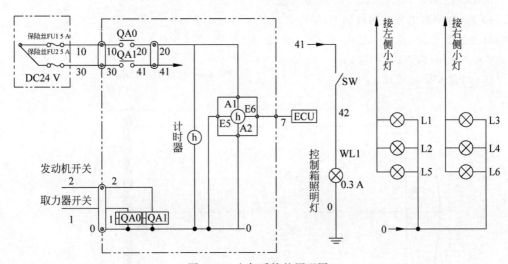

图 7-15 电气系统的原理图

7.3.3 主要技术参数

吸污车的主要技术参数见表 7-2。

7.3.4 选用原则和选用计算

1. 底盘选用

在设计吸污车时，首先需要根据吸污车的性能参数确定各部件的质量及尺寸，再初步计算出总质量，并根据吸污车各部件的具体布置关系确定吸污车的总体尺寸，最后通过总质量和总尺寸确定合适的底盘型号，底盘确定后，一些基本结构尺寸便可以通过底盘参数来确定。

2. 动力计算

(1) 计算真空泵的扭矩 M

真空泵的常用转速 $n=1\,550$ r/min，功率

表 7-2 主要技术参数

序号	项目	基本参数	
		NDT5140GXW 型	NDT5250GXW 型
1	吸污罐总容积 V/m^3	5	10
2	抽吸时间 /min	3	4
3	有效吸程 /m	20	40
4	水平吸引距离 /m	100	120
5	系统最大真空度 /MPa	−0.096	−0.096
6	卸料角 /(°)	50	50

$P=32$ kW,效率 $\eta=0.98$,则真空泵所需的扭矩:

$$M=\frac{9\,550P}{n\eta}\approx 201\ \mathrm{N\cdot m}$$

(2) 选用取力器。

依据底盘参数 DF1160BX1V、发动机型号 ISD210-50,选用取力器的参数如下:

取力器型号为 4205F85E3-010BQ,最大扭矩为 500 N·m,总速比 $i=1.03$。

(3) 计算皮带轮速比 $i_{皮}$:

$$i_{皮}=D/d\approx 1.15$$

式中 D——取力器处皮带轮的直径,mm;

d——真空泵处皮带轮的直径,mm。

(4) 发动机转速 $n_{发}$:

$$n_{发}=n/i_{皮}/i\approx 1\,309\ \mathrm{r/min}$$

取工作时的转速范围为 $1\,150\sim1\,350$ r/min。

3. 吸污罐容积计算

根据图 7-16 所示的罐体结构,查 JB/T 4746—2002《钢制压力容器用封头》中的 DHB 封头表可知,封头容积 $V_{封头}=0.486\,0\ \mathrm{m}^3$,则有筒体容积:

$$V_{筒体}=\pi R^2H=3.14\times 0.75^2\times 2.483\ \mathrm{m}^3$$
$$=4.385\,6\ \mathrm{m}^3$$

$$V_1=\pi h_1^2(R-h_1/3)$$
$$=3.14\times 0.1^2\times(1.5-0.1/3)\ \mathrm{m}^3$$
$$=0.046\,1\ \mathrm{m}^3$$

$$V_2=\pi r^2h_2$$
$$=3.14\times(1.15/2)^2\times 0.195\ \mathrm{m}^3$$
$$=0.202\,4\ \mathrm{m}^3$$

罐体容积:$V=V_{筒体}+V_{封头}+V_1+V_2=4.385\,6\ \mathrm{m}^3+0.486\,0\ \mathrm{m}^3+0.046\,1\ \mathrm{m}^3+0.202\,4\ \mathrm{m}^3=5.120\,1\ \mathrm{m}^3$

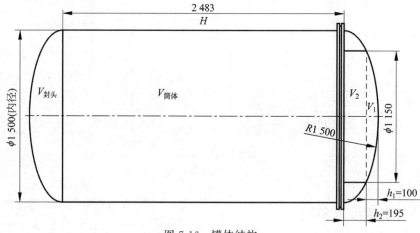

图 7-16 罐体结构

4. 罐体举升油缸推力计算

根据图 7-17 所示的罐体举升升力分析图,计算过程如下:

(1) 重心分力 g 计算:

$$g=G\cos\alpha=72.5\times\cos 39.95°$$
$$=55.58\ \mathrm{kN}$$

其中,$G=$ 罐体重量 + 装载重量。

(2) 罐体抬升方向的推力 F 计算:

根据力矩平衡原理有

$$gL=Fl$$

那么，
$$F = \frac{gL}{l} = 189.06 \text{ kN}$$

式中 L——罐体重心力臂，m；

l——油缸支点力臂，m。

(3) 油缸推力 f 计算：
$$f = F/\cos\beta = 204.28 \text{ kN}$$

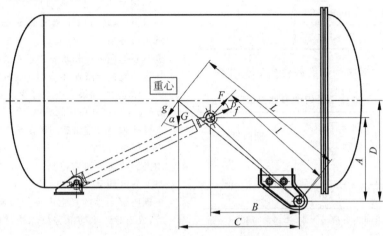

图 7-17 罐体举升受力分析图

7.4 安全使用规程

7.4.1 使用注意事项

(1) 不要在斜坡上驻车。如需在斜坡上作业，应使用手刹刹紧并在车轮处放置楔子，以免车子震动或物重造成车身滑动。

(2) 作业前务必确认工作环境的安全性。

(3) 作业前应检查胶管表面是否有磨损、伤痕、变形及老化现象。如果胶管有异常现象，应及时更换新的胶管。

(4) 禁止向吸污罐内装入易燃易爆品、烈性药剂及其他危险性物品。

(5) 不要触摸排气管、消音器等高温部位；不要将易燃易爆品等放在排气管及消音器附近。

(6) 使用时吸引软管有可能发生乱蹦现象，应做好吸引软管四周的安全防范工作；为防止软管乱蹦，应对软管或软管连接处进行简单的固定处理。

(7) 车辆作业时，不要将手脚接近软管的吸引口处。不要将吸引口朝向吸引物以外的物体或人。除操作人员外，其他人员不要随意靠近吸引口。

(8) 压送作业前，应确认罐门是否关紧，点检软管的连接处是否紧密连接。

(9) 不要用手接近真空泵、万向节、轴承支座等旋转部位。

(10) 不要在吸污罐举升或罐门敞开的状态下行驶车辆。

(11) 将吸引软管及软管接头等固定牢固，防止车辆行驶时软管脱落。

(12) 车辆行驶时，应将吸引阀、排出阀关紧，同时锁紧罐门的锁闭装置，防止物料撒漏。

7.4.2 操作规程

1. 操作须知

(1) 使用前，一定在确认下述事项后进行一次试运转，以确认是否有异音或异常现象。

① 使用前，按底盘的相关要求检查底盘是否正常。

② 确认液压油的油量及干净程度。

③ 确认真空泵的机油量及干净程度。

④ 注意油压系统各配管等处是否有漏油现象。

⑤ 确认 V 形传动带的张力松紧度。

⑥ 将真空泵各排水口调节为"闭"的状态。

⑦ 确认三、四次回收过滤器内的水量是否充足。

(2) 吸污车使用的转速范围见表 7-3。

表7-3 使用转速范围

车型	吸引转速/(r·min^{-1})	压送转速/(r·min^{-1})
NDT5140GXW	1 150～1 350	1 000～1 200
NDT5250GXW	900～1 100	750～900

(3) V形传动带的张力调整值见表7-4。

表7-4 V形传动带的张力调整值

新品时	第1次及以后的张力调整	挠曲度
58 N 5.9 kgf	58 N 5.9 kgf	14.3 mm

注：本表给出的张力值为V形传动带单根的数值。1 kgf=9.81 N，下同。

2．操作方法

(1) 吸引作业操作步骤见表7-5。

表7-5 吸引作业操作步骤

开始前的操作	① 打开负荷释放阀； ② 将转换阀调至"吸引"状态。 驾驶室内操作： ③ 启动发动机，进行预热运转后，踩下离合器，按下PTO开关，慢慢松开离合器使PTO开始运转。 注意：将罐门锁闭装置锁上。
作业时操作	吸引作业： ④ 通过车辆右侧操作盘处的调速阀（外接油门）将发动机的转速调节到吸引作业时所需的转速。 ⑤ 打开吸污罐后方的吸引阀。 ⑥ 关闭负荷释放阀。 需停止时： 如果需要暂时中断或停止，将负荷释放阀慢慢打开即可。
停止作业	⑦ 完工后将负荷释放阀慢慢打开。 ⑧ 等到真空压力降至-30 kPa以下后，通过调速阀将发动机的转速调至急速状态。 ⑨ 关闭吸污罐后方的吸引阀。 ⑩ 断开PTO开关。

操作时注意：

① 运转时，三、四次回收过滤器中的水量一定要达到规定的水量。特别是四次回收过滤器中的水量，运转时由于蒸发减少，所以应随时留意进行补给。

② 真空泵的循环冷却水是否正常流动，应通过冷却水的流量计或循环冷却水的软管进行确认。

③ 吸引作业时，如果吸引软管发生堵塞等异常现象，应立刻打开负荷释放阀。

④ 车辆行驶时一定将罐门锁闭装置锁紧。

⑤ 作业停止时，在真空压力彻底释放后再调低发动机的转速。如果在真空压力没有恢复的状态下突然调低发动机的转速，真空泵可能会受车辆内部余存的真空压力的影响而发生逆转等，成为导致驱动部分故障的直接原因，应特别注意。

(2) 压送作业操作

压送作业操作步骤见表7-6。

表7-6 压送作业操作步骤

开始前的操作	① 打开负荷释放阀。 ② 将转换阀①②③调至"吸引"状态。 驾驶室内操作： ③ 启动发动机，进行预热运转后，踩下离合器，按下PTO开关，慢慢松开离合器使PTO开始运转。
压送作业	④ 确认罐门锁闭装置是否完全牢实地锁闭。 警告：a. 确认罐门及观察口牢牢关紧。 b. 确认软管的状态及连接部位是否牢靠。 ⑤ 打开吸污罐后方的排出阀。 ⑥ 通过车辆右侧操作盘处的调速阀（外接油门）将发动机的转速调节到排出作业时所需的转速。将转换阀①②③慢慢地扭转至"压送"状态。
停止作业	⑦ 将转换阀③②①慢慢地扭转至"吸引"状态。 ⑧ 通过操作盘处的调速阀（外接油门）将发动机的转速调至急速状态。 ⑨ 关闭吸污罐后方的排出阀，断开PTO开关。

续表

操作时注意：

① 不要连续 15 min 以上进行压送作业。(15 min 压送作业后，或者改为吸引作业或者暂停休息，确保每次压送作业的间隔在 1 h 以上。15 min 基本上可以完全排出吸污罐内的物体)否则，真空泵有烧坏的危险。

② 加压时，慢慢地扭转转换阀，以切换气流的方向。

③ 压送时，绝对不要关闭负荷释放阀。

④ 压送时，如果排出软管发生了堵塞或者异常现象，迅速将转换阀扭转至吸引位置，确认吸污罐及配管内没有残余压力后，再进行作业。

⑤ 作业停止时，在压力彻底释放后再调低发动机的转速。如果在压力没有降低的状态下突然调低发动机的转速，真空泵可能会受车辆内部存压力的影响而发生逆转，成为导致驱动部分故障的直接原因，应特别注意。

(3) 排出(卸料)作业操作步骤见表 7-7。

表 7-7　排出作业操作步骤

开始前的操作		① 打开负荷释放阀。 ② 将转换阀调至"吸引"状态。 驾驶室内操作： ③ 启动发动机，进行预热运转后，踩下离合器，按下 PTO 开关，慢慢松开离合器使 PTO 开始运转。
作业时操作	排出作业	④ 打开罐门的锁闭装置。 ⑤ 提升罐门操作杆，将罐门全部打开。 ⑥ 提升吸污罐操作杆，将吸污罐抬高。
	停止作业	⑦ 压低吸污罐操作杆，使吸污罐完全复位。 ⑧ 压低罐门操作杆，完全关闭罐门。 ⑨ 锁闭罐门锁闭装置。 ⑩ 断开 PTO 开关。

操作时注意：

① 完全打开罐门后，将吸污罐抬高。

② 在罐门开闭、吸污罐升降时，一定确保周围安全。

③ 如果由人工清扫吸污罐内的残余物，会有残余物突然掉落的可能，应特别注意。

3. 使用后的注意事项

(1) 清洗工作中用过的吸引软管。

(2) 排放吸污罐及各回收过滤器内的水，对各容器内部进行清洗。

(3) 真空泵内部清扫。

对四次回收过滤器内部进行清扫后，加入规定量的净水。

按照表 7-5 中的步骤①~④进行操作，然后调节负荷释放阀的关闭程度，使真空压力保持在 $-60 \sim -50$ kPa 范围内，使冷却水循环流入真空泵进行清洗(大约 10 min)。

清洗完成后，排出四次回收过滤器内的水。

(4) 三次回收过滤器进行再次排水。

(5) 打开真空泵各排水阀排出泵内剩余的积水。

(6) 将真空泵内的冷却水排空后，使真空泵空转 5 min，进行内部干燥。

7.4.3　日常维护和保养

1. 加油、加脂规范

加油、加脂规范见表 7-8。

表 7-8　加油、加脂规范

部位	加油、加脂	加油、加脂周期	用量
液压油箱	抗磨液压油	首次 3 个月或 300 h，以后每年或每 1 000 h	40 L
真空泵	75W-85 齿轮油	每 6 个月或每 2 000 h	1.8 L
	通用型润滑脂	每 3 个月或每 1 000 h	11 g/各处
传动轴支座	通用型润滑脂	每月或每 100 h	20 回/各处
各铰轴部位	通用型润滑脂	每月或每 100 h	10 回/各处
罐门锁闭装置	通用型润滑脂	每月或每 100 h	10 回/各处
万向节	通用型润滑脂	每月或每 100 h	10 回/各处

车辆配置有计算工作时间的计时器，上装及底盘的加油、加脂期限可按照计时器的工作时间进行。

2. V形传动带的调节

如果V形传动带调节过紧,则可能使传动轴承和旋转轴承破损,过于松弛的话传动带就会因打滑摩擦生热而导致寿命缩短,因此,需要特别注意。同时,V形传动带初期使用时会有长度增长的情况,此情况在新车磨合期容易发生。传动带以新品时的负荷量为基准,经过约24 h运转后,应调节到张力调节第一回的负荷基准值。如果传动带的负荷值比第一回调节基准值大,可继续使用。以后进行日常点检时,如果张力不足,则以张力调节基准值第二回以后的基准值为准进行调整。

(1) 根据张力负荷F和挠曲量δ的数值设定张力计。

(2) 使用传动带的张力计对准V形传动带中间部分垂直按下,与设定好的张力负荷F和挠曲量δ相同进行调节。因每根传动带会有个体差异,所以在张力调节时,应取传动带的平均值。

3. 防止真空泵故障

如果真空泵出现严重故障,有可能需要更换真空泵整体。所以需要定期的保养、检查,以及工作前、工作时进行充分确认。

1) 故障原因

由于生锈引起的故障,主要是由于长时间(3日以上)不使用引起的。

内部高温烧坏,主要是由于冷却不足、长时间及高速运转造成的。

满量事故引起的故障,吸污罐内满量后,继续进行吸引作业导致回收物进入真空泵内导致的故障。

2) 防止方法

真空泵长时间放置不用时,应保证每周进行一次空转,或将叶轮加油口的阀门打开,加入100~200 mL润滑油。

点检冷却水用软管、流量计是否异常;确认轴承部位的润滑油、齿轮油油量是否充足。

确认满量浮球是否有裂纹或破损及满量胶垫是否有磨损或变形。

4. 冬季防止真空泵上冻

(1) 防止真空泵上冻的方法

每次使用完毕,一定要对各回收过滤器及真空泵进行排水,然后保持真空泵的排水阀为"开"的状态,使真空泵空转5~10 min。

即使进行空转干燥,第2天也有上冻的危险,应在空转后从叶轮加油处吸入200 mL左右的防冻液(防冻液应根据气温进行2~4倍的稀释)。

如果在极其寒冷的地区使用,且发现三、四次回收过滤器中的水有上冻的迹象,也可以向三、四次回收过滤器内加入适当的防冻液。

(2) 如果发生上冻现象,应在使用"蒸汽"或者"温水"进行完全解冻后,再旋转真空泵(同时也要注意冷却水的循环管线是否完全解冻)。

(3) 注意事项。一定要在发动机空转时将离合器踩到底,按下PTO开关后慢慢松开离合器来带动真空泵。真空泵内部上冻时,突然启动会因内部叶轮错位而发生损坏。为了确保真空泵的冷却,一定要确认冷却水是否正常循环。(即确认循环管线是否上冻)

(4) 防止阀门上冻损坏。排水完毕,将阀门以半开形式,也就是保持手柄呈45°的状态放置(全开或者全闭时,阀门内部的截断球面会上冻,旋转时易产生裂纹)。

5. 确认U形螺栓、紧固螺栓处的螺帽松紧

若U形螺栓、紧固螺栓的螺母松弛,则副车架与底盘大梁之间的橡胶隔条会发生错位而导致上装或底盘损坏。所以,需要对U形螺栓和紧固螺栓的螺母定期进行检查,检查时按照图7-18和表7-9进行紧固。

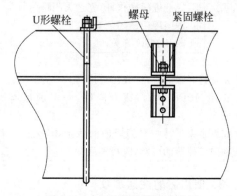

图7-18 U形螺栓紧固示意图

表 7-9 U形螺栓和紧固螺栓的扭矩对照表

名称	螺母规格	扭矩/(N·m)
U形螺栓	M16	90(9.2)
紧固螺栓	M16	150(15.3)

注：括号中数值的单位为 kgf·m。

7.5　常见故障及排除方法

1. 发动机没有异常但真空泵不旋转

(1) 真空泵内叶轮生锈。卸下真空泵处的配管，清扫叶轮；或者加入机油后放置片刻，用手转动转轴。

(2) 真空泵的轴承烧坏。因机油不纯或油量不够导致真空泵轴承烧坏，更换轴承。

(3) V形传动带破损或松弛。更换V形传动带或调整V形传动带的张紧度。

(4) 传动轴支承处的轴承烧坏。润滑油不足导致传动轴支承处的轴承烧坏，更换轴承。

(5) 满量后回收污物被吸入真空泵内导致叶轮卡死。拆解真空泵，清除污物。

2. 真空压力无法增高，不吸引空气

(1) 负荷释放阀闭合不良，一直处于"开"的状态。维修或更换负荷释放阀。

(2) 真空压力表的连接管破损。更换真空压力表的连接管。

(3) 排出口、点检口、阀门为"开"的状态。使排出口、点检口、阀门处于关紧状态。

(4) V形传动带打滑。调整皮带的张紧度。

(5) 真空断路器不良。更换真空断路器。

(6) 吸污罐罐盖没有完全关紧或密封条损坏。关紧罐盖或更换密封条。

(7) 作业用软管、罐门处的吸引、吸污罐处的连接软管等有可能被回收物堵塞或软管破损。清理各处堵塞物或更换软管。

3. 真空压力上升后发动机转速降低

(1) 发动机状态不佳。联系底盘4S店进行维修。

(2) 真空泵叶轮处粘有回收物。将各回收过滤器内的水排出，装入干净水后进行无负荷运转，使冷却水对真空泵内部进行清扫，或者将连接真空泵的配管卸下后用干净的水直接清洗。

4. 真空泵处发出异常声音

(1) 真空泵内部轴承不佳。拆解真空泵并更换轴承。

(2) 小的金属垃圾等进入真空泵内，随着叶轮一起旋转。将连接真空泵的配管卸开，对内部进行检查与清扫。

(3) 真空泵内部叶轮等部件发生错位而产生摩擦。联系制造厂家进行维修。

(4) 冷却水没有正常流动。拆开循环冷却水软管进行清扫。

5. 机械运转正常，但真空压力一直上升或没有任何反应

(1) 真空表发生故障。更换真空表。

(2) 连接真空表的软管发生堵塞。清扫或更换连接软管。

6. 罐体无法升降，罐门无法开闭

(1) 液压油量不足或混入了空气。添加液压油，排除空气。

(2) 液压油泵异常。更换或维修液压油泵。

(3) 过滤器发生堵塞。更换过滤器。

(4) 液压泵的进口处或配管处有空气吸入。拧紧配管接头。

7. 真空泵正常转动，压送压力无法上升

(1) 吸排换向阀没有正常切换或异常。将换向阀切换到正当位置，如果阀门本身有异常则进行更换。

(2) 压力表异常或连接管破损。更换压力表或连接管。

(3) 压力断路器调节不当。重新设定压力断路器的调节螺钉。

(4) 吸污罐的点检口及各阀门有忘记关闭的地方或罐门锁闭装置没有锁闭。确认各处，进行关闭锁紧。

第8章

应急电源车

8.1 概述

8.1.1 定义

应急电源车又称为移动电源车是在二类汽车底盘上将各种设备、发电机组和电力管理系统进行科学合理搭配的专用车辆,主要用于一旦停电将会产生严重影响的电力、通信、会议、工程抢险和军事等场所,作为机动应急备用电源。应急电源车具有良好的越野性和对各种路面的适应性,可以随时奔赴现场并立即投入作业,适应全天候的野外露天作业,而且能在极高温、低温和沙尘等恶劣环境中工作。它具有整体性能稳定可靠、操作简便、噪声低、排放性好、易维护等特点,能很好地满足户外作业和应急供电的需要。

8.1.2 用途

应急电源车属于新型高科技产品,在电力抢险、通信维修、市政建设、国防通信、突发事件处理、抢险救灾等方面的应用越来越广泛。应急电源车作为应急机动车,由于其具有较好的机动性,在军事作战演习、野外勘探、抢险救灾等场合的后勤保障中发挥了特殊功能。

8.1.3 发展趋势

应急电源车是近年来出现的一种新型专用汽车,相比于传统汽车,应急电源车具有良好的越野性和对各种路面的适应性,并且具有灵活的可移动性。在各种突发事件和重大事件、自然灾害、用电保障场合,多功能应急电源车发挥了其特殊功能,如工业企业、港口码头、医院大厦、各种仪式场合、建筑施工、工程抢修、影视拍摄现场、石油、邮电通信、电力、作战装备、部队后勤保障等。因此,应急电源车市场前景十分广阔,有着巨大的发展空间。随着我国经济的发展,对于应急电源车的需求量越来越大,而随着市场需求的扩大,对产品的要求将会逐步提高,逐渐向高、精、尖的专业化方向发展。

8.2 分类

目前各行业的用电设备比较广泛,设备所需要的应用范围和能力有所差别,所以根据不同的电源输出特性及结构对应急电源车进行大致分类:

按照底盘可将其分为标准车载式移动电源车和拖车式移动电源车,拖车式移动电源车又分为小型半挂系列电源车、全挂式电源车。

按照用途可以分为电力电源车、通信电源车、军用电源车。

按照输出电压可以分为低压电源车、高压电源车。

按照电源类型可以分为 UPS 不间断电源车、EPS 应急电源车。

8.3 典型产品介绍

8.3.1 标准车载式移动电源车

1. 概述

标准车载式移动电源车是将发电设备安装于各类标准载重汽车底盘上的移动电源,该系列车可直接将二类底盘作为移动电站运载工具。标准车载式移动电源车按照车载型号、轴距、总质量和额定发电量的不同可分为小型、轻型、大型、重型,其具体分类见表8-1。

表8-1 标准车载式移动电源车的分类

序号	类别	轴数	轴距/mm	总质量 M/kg	电压/V	额定发电功率/kW
1	小型	2	2 700～3 360	$1\,500 \leqslant M \leqslant 4\,500$	220,380	20～70
2	轻型	2	3 360～3 650	$4\,500 \leqslant M \leqslant 8\,000$	220,380	70～150
3	大型	2	3 800～5 200	$8\,000 \leqslant M \leqslant 18\,000$	220,380	150～500
4	重型	3,4	1 800～2 150+3 800～5 000+1 350,1 400	$18\,000 \leqslant M \leqslant 35\,000$	220,380,6 k,6.3 k,6.6 k,10 k	500～1 000

2. 系统构成及结构特点

该电源车主要由底盘、发电机组、控制系统、降噪系统、支撑装置、电缆收放系统、进风系统、排风系统及其他选装装置组成,其结构示意图如图8-1所示。

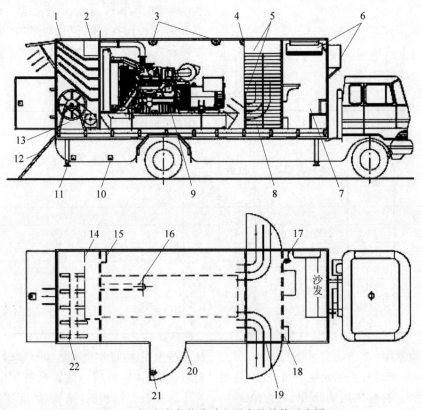

图 8-1 标准式车载移动电源车的结构示意图

1,5,8,19—百叶窗;2—消声器;3—防爆灯;4—探头;6—空调;7—操作室;9—发电机室;10—电缆连接;11—液压支腿;12—蹬梯;13—电缆室;14—消音室;15—应急灯;16—排烟管;17—应急灯;18—液压缸操作箱;20—检修门;21—灭火器;22—电缆绞盘

下面对此类型应急电源车的系统结构进行简要说明。

1) 底盘

底盘一般采用国内成熟或国外进口的二类底盘,这样的底盘经过优化设计,各总成匹配合理,通用性强,可靠性高,易于维护和保养,使用寿命长,移动速度在 100 km/h 左右。可根据不同的电源设备采用不同轴距和不同载质量的底盘,目前采用的底盘主要以柴油发动机为主,其排放标准达到国Ⅵ标准。

2) 发电机组

发电机组一般选用美国 John Deere、康明斯、CAT,瑞典 Volvo,日本 Mitsubishi,英国威尔信,我国玉柴、潍柴、上柴,德国道依茨等国际知名品牌的柴油发电机组,这样的发电机组运行稳定、故障率低,能满足应急启动发电的特殊需求。发电机组的控制系统一般采用全数字技术、模块化控制,图 8-2 为发电机组的实物图。

标准车载式移动电源车的频率为 50 Hz/60 Hz,按照发电电压一般分为低压发电机组和高压发电动机组,其中高压发电机组一般只

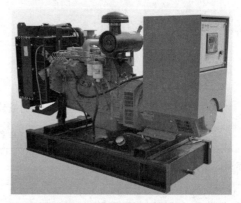

图 8-2 发电机组实物图

选装在重型底盘和半挂系列底盘上,这里主要介绍低压发电机组,高压发电机组将在高压电源车一节中介绍。

低压发电机组的电压等级为 110/230/400 V,功率因数为 0.8,功率为 20~2 000 kW。

以康明斯动力、斯坦福发电机的低压发电机组为例,具有动力强、可靠性高、耐久性好、燃油经济性优良、体积小、功率大、扭矩大、扭矩储备大、零部件通用性强、安全环保的产品优势,具体参数见表 8-2。

表 8-2 低压发电机组参数

	50 Hz/60 Hz,110/230/400 V,$\cos\varphi = 0.8$(LAG),三相四线							
序号	输出功率/kW		柴油机型号	缸数	排气量/L	燃油消耗率/$(g \cdot kW^{-1} \cdot h^{-1})$	机组尺寸($L \times W \times H$)/(mm×mm×mm)	机组质量/kg
	主用	备用						
1	20	22	4B3.9-G1	4	3.9	209	1 800×760×1 400	890
2	45	50	4BTA3.9-G1	4	3.9	210	1 800×760×1 400	980
3	150	160	6CTA8.3-G2	6	8.3	206	2 500×860×1 563	2 100
4	200	220	MTA11-G2A	6	10.8	207	3 100×1 300×1 700	2 600
5	300	330	NTAA855-G7	6	14.0	204	3 300×1 380×1 850	3 250
6	400	440	KTA19-G4	6	18.9	221	3 400×1 250×1 970	3 500
7	500	550	KTAA19-G6A	6	18.9	175	3 700×1 550×1 940	4 300

3) 控制系统

在车厢后侧设有控制输配电系统(电气控制柜)控制舱,发电机组的操作、输配电的控制、发电机组故障报警及故障显示均设置在电气控制柜上,既便于观察和操作,又保证了操作者的安全,降低了危险。为了能够给超负载设备供电,并联控制柜既有单机使用功能,又有手动并联控制功能,这样,既能实现单台机组对外供电,又能实现与同频率、同电压的其他机组并联对大负载进行供电,提高了车辆的

利用率。此外,并联控制柜还设有同步表、机组急停按钮、手动合分闸按钮、充电指示灯等。

4) 降噪系统

应急电源车的降噪系统主要包括车厢降噪系统和发电机降噪系统。

应急电源车的车厢为全封闭、独立式、隔音、降噪厢体。车厢主要由侧板、顶板和前板组成,能够满足防雨、防晒、防尘等要求;车厢板为多层复合结构,外覆盖件为冷轧薄钢板,内覆盖件为多孔金属降噪吸音板,中间夹层填充阻燃吸音材料,可有效降低噪声。车厢内部设有特殊设计的进风及排风降噪装置,不仅能够满足发电机组运行时通风散热的要求,还能够大大降低机组工作时产生的噪声,最大限度地满足电源车的运行条件。厢体内部采用隔音板将厢体从前到后依次分为排风舱、发电机工作舱、进风舱 3 部分。

在发电机工作舱中,通过固有频率较低的专用减震器组将发电机组与车体主梁可靠连接,达到隔振的目的。根据不同客户的需求可配备发电机组操作、数据显示装置、绝缘监视报警装置、电力输出装置、接地保护安全装置等。

发动机降噪系统:在发动机的排气管上安装消声器能够有效降低发动机的噪声,可采用抗性、阻性或者两者结合的消声器。另外,发动机排烟口采用无缝钢管和减振钢丝波纹管,能够有效地吸收发动机组引起的震动。在移动电源车中,排气出口有 2 种方式可供选择,分别为车顶上排气和车底下排气。

5) 进风系统

进风舱内设有由进风百叶窗、多层消音板组成的进风道、隔音板,也可设置迷宫式吸音板降噪风道。因防水防尘的需要,在进、排风口内侧还设有百叶窗。当发电机组工作时,开启进风门、排风门,空气在发电机组散热风扇的抽吸作用下,从后双对开门经百叶窗、进风降噪风道进入发电机组舱,经机组散热水箱、进风降噪风道排出。空气在这样一个循环畅通的风道内流通,既保证了机组正常工作所消耗的新鲜空气,又能将机组产生的热量带走,散热效果很好,降低了机舱内的温度,使机组不会因温度过高而停止工作。

6) 排风系统

车厢后部为排风及排烟区,排风系统主要由进风百叶窗、进风消声装置、轴流风机、消音装置、排风百叶窗等组件组成。排风主要通过 2 个通道进行:一个是机组风扇排风通道,另一个是加装低噪声轴流风机对发动机舱进行排风,能够带走机组工作时产生的热量,以保证机组内各元件正常工作。排风消音装置一般采用复合型消声器及降噪风墙,风墙布置采用迷宫式设计,在保证机组排风散热的前提下,大大降低了排风噪声。

7) 支撑装置

为了减轻发电机组工作及长期停放时轮胎及钢板弹簧的负荷,延长车辆的使用寿命,在底盘下方安装 4 个辅助电动液压支腿,升起时承载整车的大部分重量,降低了机组工作时产生的冲击及车辆长期停放时负荷对轮胎及钢板弹簧的损害。液压支腿采用电动方式,可充分利用汽车底盘上的 DC 24 V 电源,操作简单,设计简化,改善了整车设备布局,使用完毕,支撑腿向上收起收藏,保证有充分的离地高度,确保行车安全,保护轮胎及设备的安全。

8) 电缆收放系统

车厢尾部为电缆绞盘舱,该舱与前 3 部分完全分隔,舱内安装有一个或若干个电缆绞盘,应急电源车上的绞盘主要有手动绞盘、电缆绞盘和液压绞盘。

(1) 手动绞盘。当需要各种救援工作时,手动绞盘最大的优点是可以便携,且可以从车子的任何方向连接,手摇绞盘的拉力可达 2 500 lbf(1 lbf≈4.449 N,下同)。

(2) 电缆绞盘。电缆绞盘由绞盘支架、卷筒、变频器、内置减速机、低压电器回路等组成,可调节绞盘的旋转速度,实现输电电缆收放的快慢,满足不同情况的下需求。电缆绞盘的型号也很多,有 ATV 电缆绞盘、DJ 电缆绞盘等。电缆绞盘的拉力可达 16 500 lbf。

(3) 液压绞盘。液压绞盘以底盘车辆的动力或者发电机组助力转向系统为其动力源,使用助力转向泵提供动力源,液压绞盘的拉力可达 45 000 lbf。

电缆绞盘的参数见表 8-3。

表 8-3　电缆绞盘的参数

类别	容纳长度/m	驱动方式
小型	10～50	手动/电动
轻型	20～100	电动
大型	50～300	电动/液压
重型	100～500	电动/液压

9）选装装置

（1）照明系统。照明系统可根据用户要求选配车顶升降照明系统和隐藏式车载照明系统，控制方式为线控或无线控制。①车顶升降照明系统安装在驾驶室顶部，工作时可根据需要进行升降作业，升降高度为 0.5～1 m，可自动旋转 180°，一般选择 4 组灯头呈圆周布置，照明半径达 50 m，结构简单，操作方便，便于维护。②隐藏式车载照明系统在行车时隐藏在导流罩内，以减少风阻、降低能耗，照明系统作业时可自动翻转 90°，升降 1.5 m，旋转 180°，照明半径可达 80 m，最大作业高度达 5 m，能满足 8 级风雨的恶劣天气抢险施工的需求。

（2）直流电源装置。配置移动专用的 24 V、48 V 通信电源，可对固定基站检修、抢修时提供不间断直流电源，确保通信畅通。该装置主要选装在通信电源车上，用于移动通信基站、卫星地面站及需要不间断交（直）流供电的场所。

（3）操作室。操作室是方便工作人员监控系统运行及休息的地方。

此外，还可以选装灭火装置、智能灭火系统、摄像功能、焊接切割装置、机组辅助加油功能等。

3. 产品应用

该类型移动电源车机动性强，上装一般有较高的降噪要求，主要用于抢险救灾、重大政治会议及赛事活动等因事故停电后的应急电力支援，并且是能够比较迅速地恢复且延长到一定供电时间的用电负载，现在普遍应用于大型的民用建筑工程，比如现在的一些医院、高层办公楼、机场、卫星发射测控基地、大型体育场、档案馆、比较重要的科研大楼等的供电场所。产品图片见图 8-3～图 8-6。

图 8-3　小型应急电源车

图 8-4　轻型应急电源车

图 8-5　大型应急电源车

图 8-6　重型应急电源车

4．性能参数

移动电源车的性能参数见表 8-4。

表 8-4　某型号（5160TDY）移动电源车的性能参数

性能参数		单位	数值
外形尺寸	长	mm	8 245
	宽	mm	2 495
	高	mm	3 650
总质量		kg	15 800
整备质量		kg	8 840
轴荷	前/后	kg	5 800/10 000
轴距		mm	4 500
轮距		mm	1 880/1 800
前悬/后悬		mm	1 430/2 315
接近角/离去角		(°)	20/9.6
最小离地间隙		mm	320
最大爬坡度		%	25
最小转弯直径		m	19
最高车速		km/h	98
最低稳定速度		km/h	25
全油门起步加速到 70 km/h 的时间		s	50
平均使用燃油消耗量（限定条件）		L/100 km	27.4
轮胎规格			10.00R20 16PR
底盘型号			DF1160BX1V
发动机型号			ISD210 50
工作噪声		dB(A)	≤80
发电机组专用性能参数	机组额定功率	kW	400
	气动方式		24 V 直流电气动
	额定电压	V	380
	额定频率	Hz	50
	额定电流	A	1 010
	启动时间	s	3
	过载能力	%	150
	绝缘等级		H
	接地方式		三相四线
	油箱容积	L	600(8 h)
	励磁方式		无刷自励
	防护等级		IP23
辅助装置	绞盘	个	4（手电动一体）
	液压支撑	个	4
	电缆线	m	200

续表

性能参数		单位	数值
选装装置	倒车雷达	套	1
	倒车显示屏	套	1
	曲臂升降灯	套	1
	防爆灯	套	3
	应急灯	套	2
	长条警灯	套	1

8.3.2　拖车式移动电源车

拖车式移动电源车是发电设备安装于各类拖车底盘或独立全挂上的移动电源车，主要分为小型半挂式电源车、全挂式电源车。

1．半挂式电源车

电源车的发电机组根据需求可配备低压发电机组或高压发电机组，单台机组功率一般在 1 000 kW 以上，目前最高的发电机组可达到 2 600 kW 左右，其配备的燃油箱容量为 3 300 L，以满足最低 8 h 的满载工作时间。

1) 系统构成及结构特点

半挂式电源车主要配置有牵引车、半挂车底盘、发电机组、进/排风系统、降噪系统、控制检测系统、电缆绞盘、支撑装置、倒车影像、灭火装置等。

(1) 牵引车。牵引车采用 40 t 级的东风、重汽、陕汽、北奔、奔驰、解放等国内外知名品牌的牵引车头，具有牵引能力强、扭矩大、成熟可靠等特点。

(2) 半挂车底盘。半挂车底盘采用 3 轴半挂底盘，总质量在 40 t 左右，其长度在 13～14 m，宽度为 2.55 m，高度为 4 m。

(3) 发电机组。采用柴油发电机组，可配备玉柴 1 000～2 000 kW 发电机组。

(4) 进/排风系统。迂回式水雾分离进/排风系统设计、防雨防尘型电动铝合金百叶窗，使大功率移动电源可在雨天工作。

(5) 降噪系统。采用多级降噪处理、迷宫式风道、环保型降噪材料、复合材料车厢、阻抗复合型消音器等措施，使整车噪声更低。

(6) 控制检测系统。该系统具有基本的参数设置，自动启动，单相及三相交流电压、电流、频率、功率、功率因数等的测量显示及保护功能；带有电压、电流检测及继电保护等功能。

（7）电缆绞盘。电缆绞盘采用液压驱动绞盘，由底盘取力，液压动力使牵引力能够得到充分保证，其电缆绞盘可根据电缆的种类和使用情况配备1组、3组或者4组电缆绞盘，以满足不同的使用情况，而且在发电输出部分采用快速连接器，并配置带引流线夹的快速引接电缆。

（8）支撑装置。支撑装置选用的液压支撑装置由底盘取力，单个支撑装置的支撑能力在10 t以上，以满足应急电源车的稳定支撑要求。

（9）选装装置。半挂式电源车通常还配备倒车影像、灭火装置等，以保证车辆行驶和工作中的安全性。还可选配升降照明灯、电缆快速连接器、自动灭火装置、ATS、工程警灯、ISS、抽油泵、云监控服务系统等，即使不在现场也可实时知晓车辆的健康状况；也可选配休息室，休息室中可配置空调、沙发等。

2）产品应用

半挂式电源车的应急、移动能力强，能在野外露天工作，可适应高寒、高海拔、高腐蚀、高潮湿等特有环境，主要用于核电站厂区内和大型用电设备的应急电力保障。图8-7为半挂式电源车的产品实物图。

图8-7 半挂式电源车

2. 全挂式电源车

全挂式移动电源车的发电机组为低压发电机组，其功率范围通常为30～100 kW，主要配置有全挂底盘、柴油发动机、发电机、静音系统、控制系统、电缆卷盘等。

全挂式电源车具有独立承载能力，可以依靠其他车辆牵引行驶，一般采用充气式实心轮胎，无破胎、爆胎的危险，安全、简单而耐用，主要分为单轴全挂电源车和双轴全挂电源车两种。

单轴全挂电源车有制作成本低，主要用于质量相对较轻的发电机组，如图8-8所示。

图8-8 单轴全挂电源车

双轴全挂电源车转向轻巧、灵活，越野性能好，并配备刹车制动系统，可用于重型和轻型移动电站，多适用于部队等有特殊要求的用户，如图8-9所示。

图8-9 双轴全挂电源车

3. 性能参数

应急电源车的性能参数见表8-5。

表8-5 某型号（9360XDY）应急电源车的性能参数

性能参数		单位	数值
外形尺寸	长	mm	12 980
	宽	mm	2 545
	高	mm	3 990
总质量		kg	36 000
整备质量		kg	36 000
轴荷		kg	24 000（三轴组）
轴距		mm	6 790＋1 310＋1 310

8.3.3 高压电源车

1. 概述

在发生大面积断电后,可直接将高压电源车机组提供的高压输出通过高压电缆直接连接到用户环网柜或高压输电线路以保证整条线路连续供电。同时也可以通过负荷转移车上的降压系统,把降压后的 400 V 电压直接接入用户端以保证连续供电。还可以进行长距离输电。

2. 系统构成及结构特点

高压电源车主要由运载底盘、降噪箱体、高压发电机组、智能控制系统、配电系统、高压开关柜、输出系统组成,如图 8-10 所示。

1) 底盘系统

高压电源车一般选用 18 t 以上的重型二类底盘或半挂式车载底盘。

2) 高压发电机组

50 Hz/60 Hz 高压柴油发电机组的主要输出电压等级有 6 kV、6.3 kV、6.6 kV、10 kV、10.5 kV、11 kV 等,一般要求单台机组功率在 1 000 kW 以上,多台机组并联使用,可选用康明斯、MTU 等双轴承发电机联轴器连接,工作可靠、安全性更高。

高压发电机组的特点:①高压发电机组在运行中发生接地故障时,对人身和设备会产生很大的安全隐患,因此需要设置接地故障保护。

续表

性能参数		单位	数值
轮距		mm	1 880/1 800
后悬		mm	2 020
离去角		(°)	14
最小离地间隙		mm	430
轮胎规格			11.00R20 12PR
底盘型号			东风 DFH4251AX4AV
工作噪声		dB(A)	≤85
发电机组专用性能参数	机组额定功率	kW	1 800
	气动方式		24 V 直流电气动
	额定电压	kV	10.5
	额定频率	Hz	50
	额定电流	A	120
	启动时间	s	5
	过载能力	%	150
	绝缘等级		H
	接地方式		三相四线
	油箱容积	L	3 300(8 h)
	励磁方式		无刷自励
	防护等级		IP23
辅助装置	绞盘	个	4(液压)
	液压支撑	个	2
	电缆线	m	500
选装装置	休息室		

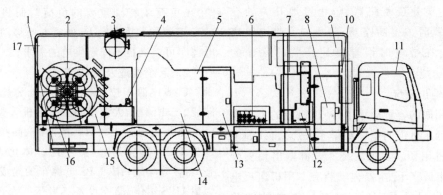

图 8-10 高压电源车结构简图

1—整车接地点;2—行星电缆卷盘;3—阻抗消音器;4—机组燃油箱;5—发电机组;6—主馈出面板;7—开关柜;8—直流屏;9—进风口;10—机组控制屏;11—汽车底盘;12—控制室;13—检修门;14—机修室;15—油箱室;16—电缆室;17—出风口

②电压等级的提高使其绝缘要求更高，相应地，发电机部分的体积和质量比低压机组大。③高压发电机组与低压发电机组相比须增加电阻柜、接触器柜等中性点配电设备。④高压发电机组必须设置差动保护。⑤高压发电机组考虑到信号干扰问题，一般需要独立的机组控制箱，与机组分开布置。

3）智能控制系统

高压智能控制系统主要由发电机进线柜（并机柜）、PT柜、出线柜组成。智能主控制器本身已经集成了全面的发电机组保护功能，满足了机组本身及其附属设备的基本保护需求。作为后备冗余保护，用户可根据项目的实际需要及操作习惯，在发电机进线柜上可选装综合保护装置及差动保护装置，在出线柜上可选装综合保护装置，以有效地保护机组及设备安装稳定运行。

4）高压开关柜

高压发电机组发出的交流电经高压开关柜后向外输出。高压开关柜用于接收和分配电能，设置有先进的、完善的全中文显示微电脑综合保护系统，对被控电路有短路、过流、漏电、绝缘监视、过电压、欠压等保护功能；还设有超高温保护，在电抗器温升超限时故障保护，确保电抗器的安全。开关柜的设计满足GB 3906的要求，具有防止带负荷推拉断路器、防止误分合断路器、防止接地开关处在闭合位置时关合断路器、防止误入带电隔离室、防止在带电时误合接地开关的联锁"五防"功能。

5）输出系统

在相同的容量等级下，高压机组的出线电缆要比低压机组的电缆细得多，故对出线通道的空间占用要求更低。高压电源输出箱安装在高压电源车下方，箱内安装有专用机组市电并网输出母线排，便于机组或市电的转移输出。

6）其他装置

尾部设置有登顶梯，以方便操控以及检修人员对排风门及其他顶部设施进行维护与检修；车厢内有舱内照明灯及其控制开关，照明系统由机组蓄电池直接供电，控制舱和机组舱也设置有照明灯等。

3．产品应用

高压电源车组具有大容量、远距离供电、可靠性强、配套的配电系统简单等明显的优点，为目前电力部门较为常用。此外，高压柴油发电机组也在银行、数据中心、冶金、民航等领域进行了大量应用。图 8-11 为高压电源车的外观。

图 8-11　高压电源车的外观

8.3.4　UPS 电源车

1．概述

UPS 电源车又称 UPS 不间断电源车，重大活动中的保供电负荷，如电视录播设备、音响设备、计分设备、金属卤化物灯光设备等，都属于"重要场所不允许中断供电的负荷"，属于"一级负荷中特别重要的负荷"，而将大容量 UPS 安装在载重车辆上，做成方便移动的 UPS 电源车可以满足不间断供电的需求。

2．系统构成及结构特点

UPS 电源车按储能设备可分为化学电池储能、飞轮储能、大惯量同步补偿机等类别；按 UPS 本体可分为工频双转换 UPS、高频双转换 UPS、Delta 变换 UPS、磁飞轮一体化 UPS、动态 UPS 等类别；按 UPS 电源车的集成度可分为集 UPS 本体、储能设备二者于一车，集 UPS 本体、储能设备、发电机组三者于一车等类别，即纯 UPS 电源车（蓄电池＋UPS），其结构简图见图 8-12；混合 UPS 电源车（柴油机＋各种类型的 UPS），其结构简图见图 8-13。

第8章 应急电源车

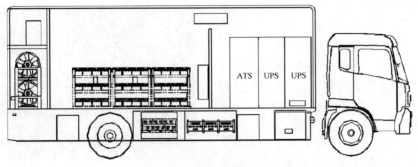

图 8-12 纯 UPS 电源车结构简图

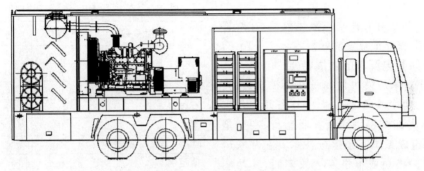

图 8-13 混合 UPS 电源车结构简图

UPS 不间断电源车主要由二类底盘、电源系统、储能系统、双电源切换柜、液压支撑系统、散热系统、隔热车厢、液压支撑系统、电缆及电缆盘、电缆接线箱、进/排风系统等组成。

1) 底盘系统

底盘采用国际知名品牌的牵引车辆,整车箱体采用隔音降噪处理,可以全天候使用。

2) 电源系统

UPS 电源系统的性能和参数包括输入功率因数、输入电流畸变率、输出电压稳定精度、输出频率精度、输出电压总谐波含量、输出电压相位差偏差、输出电压不平衡度、输出电压动态响应、UPS 电源效率、UPS 切换时间、UPS 旁路开关切换时间及安装与空间要求等。用户可根据自己的使用情况选择不同型号的 UPS 电源系统,普遍选择山特 UPS、伊顿 UPS、施耐德 UPS、艾默生 UPS、科士达 UPS 等成熟可靠的产品。

3) 储能系统

UPS 的储能形式主要有 2 种,即蓄电池、磁飞轮。

(1) 蓄电池 UPS 是静态 UPS,其具有较大的电能容量和输出功率,可快速充放电。后备时间较长,一般为 10~30 min,或者根据配置进行后备时间的延长,蓄电池 UPS 技术成熟,市场应用范围广。

对于车载保供电电源中的储能蓄电池,在应用中存在如下问题:①车载对于安装空间和质量的限制对选择蓄电池的影响;②车载移动带来的震动对蓄电池的使用效果和性能的影响;③蓄电池的安装要考虑车载的震动。

(2) 磁飞轮 UPS 是动态 UPS,属于物理方式储能,具有高的可靠性和安全性、高效低能耗、绿色环保、体积小、飞轮转速恒定、低摩擦、低噪声等优势,但能量比较小,难以满足大容量用户的需要。

具有磁飞轮储能系统的 UPS 电源车一般配备专用的发电机组。柴油发电机能够在不到 10 s 的时间内启动并承担负载,且发电机组控制模块与系统无缝连接。控制模块可以访问关键性能数据和通信数据,协调控制整车系统。发电机组的具体型号可根据用户需求定制。发电机组还配备了快速启动模块,以确保发电机组顺利启动。

4) 双电源切换柜

双电源切换柜主要具有市电、机电双电源自动切换、电源车防雷保护、UPS 主机过流保护等功能。

5) 液压支撑系统

UPS 电源车在运行过程中对水平度要求较高,自调平的液压支撑装置能够快速、准确地进行调整,以保证 UPS 电源车正常运行。

6) 散热系统

UPS 主机设计有独立式散热风道,并配置有散热空调,整车散热性能好。

3. 不间断电源车的发展特点

(1) UPS 采用模块化在线并机扩容功能。目前多数大功率段的 UPS 均已具备冗余并机功能,UPS 内部多模块冗余并联运行,甚至是多台 UPS 组成系统冗余运行技术。在并联运行中,当单一模块或单机发生故障时,其功能则自动转由冗余单元承担,大大提高了 UPS 供电系统的可靠性。

(2) 高效率、高可靠性。提高 UPS 自身能效,优化负载效率曲线,降低输入电流谐波,提高功率因数。

(3) UPS 的数字化、智能化。

(4) UPS 的绿色、节能、环保。节能环保已成为 UPS 产品技术创新的指导原则,对 UPS 而言,输入功率因数的高低表明了其吸收电网有功功率的能力及对电网影响的程度。

4. 产品应用

UPS 不间断电源车可广泛应用于矿山、航天、工业、通信、国防、医院、计算机业务终端、网络服务器、网络设备、数据存储设备、应急照明系统、铁路、航运、交通、电厂、变电站、核电站、消防安全报警系统、无线通信系统、移动通信等领域,为用户提供不间断的、持久的应急电力供应,有效地保障特殊用户在一定时期对电力供应可靠、稳定、持续不间断的要求。图 8-14 为 UPS 电源车的外观。

5. 性能参数

UPS 电源车的性能参数见表 8-6。

图 8-14　UPS 电源车外观

表 8-6　某型号 UPS 电源车的性能参数

性能参数		单位	数值
外形尺寸	长	mm	10 850
	宽	mm	2 500
	高	mm	3 920
总质量		kg	22 570
整备质量		kg	23 300
轴荷	前/后	kg	5 930/17 500
轴距		mm	5 700+1 350
轮距		mm	2 040/1 880
前悬/后悬		mm	1 480/2 320
接近角/离去角		(°)	18/13
最高车速		km/h	90
轮胎规格			12.00R20 16PR
底盘型号			DFL1250A13
工作噪声		dB(A)	≤75
发电机组专用性能参数	机组额定功率	kW	300
	气动方式		24 V 直流电气动
	额定电压	V	440/230
	额定频率	Hz	50
	启动时间	s	3
	过载能力	%	150
	绝缘等级		H
	接地方式		三相四线
	励磁方式		无刷自励
	防护等级		IP23
	稳态电压调整率	%	优于±1
	空载电压调整范围	%	±5

续表

	性能参数	单位	数值
UPS主要技术参数	容量	kV·A	160
	输出功率因数	%	80
	远程控制		EPO 和旁路
	计算机监控端口		RS232/C
	运行温度	℃	0±40
	最大相对湿度	%	95
	最大海拔高度	m	1 000
	防护等级		IP20
	额定电压	V	380
	额定电流	A	2 320
	峰值因数		3
	稳态电压稳定度	%	±1
	暂态电压响应	%	±5
	逆变效率	%	94
	逆变/旁路切换时间	ms	<1
辅助装置	绞盘		液压
	液压支撑	个	4
	UPS 输出电缆线	m	200
	发电机组输出电缆线	m	200
	快速电缆的专用连接器	套	4
	ATS 切换装置	套	1
	机组输出控制		电动
选装装置	升降照明灯	套	2(泛光、聚光各1)

8.3.5 EPS 电源车

1. 概述

EPS 电源又称 EPS 消防应急电源,全称为 emergency power supply(紧急电力供给),在国内,EPS 电源主要用于消防行业的用电设备,强调能够持续供电这一功能。UPS 电源一般用于精密仪器负载(如电脑、服务器等 IT 行业),要求供电质量较高,强调逆变切换时间、输出电压、频率稳定性、输出波形的纯正性等要求。在应急事故、照明等用电场所,与转换效率较低且长期连续运行的 UPS 不间断电源相比较,EPS 应急电源具有更高的性价比。

2. 系统构成及结构特点

消防应急电源车主要由底盘、车厢、EPS 电源系统、后备蓄电池、输入/输出系统、消防联动系统、车内配电系统、电缆收放系统等组成,如图 8-15 所示。

1) EPS 电源系统

应急电源按供电负荷的类型主要分为 3 类:①应急照明型。该类 EPS 主要是单相输入、单相输出,用于应急现场的照明。此类 EPS 由于在应急时输出为单相电源,因此只能供单相照明负载。②混合负载型。该类 EPS 除了用于应急照明外,还可应用于空调、电梯、消防水泵、卷闸门等电感性负载的三相输入、三相输出。此类 EPS 由于使用到三相负载,因此应急输出为 380V 三相交流电压。但由于没有变频缓启动装置,在连接一些直接启动的电动机时需要扩容。③变频启动型。此类 EPS 直接为电动机供电,同时带有变频启动功能。它主要针对单一的电动机负荷,考虑到电动机启动瞬间产生的大冲击电流,对电网及电动机本身的影响,加入了变频启动以减少对电网的干扰。

2) 后备蓄电池

蓄电池容量需要根据 EPS 逆变器的效率进行选择,其方法为

$$C_n = \frac{P_{load} \cdot A}{E_{inv}} \quad (8-1)$$

式中 C_n——单块电池需要的放电功率,kW;

P_{load}——负载的平均功率,kW;

E_{inv}——EPS 逆变器的效率,%;

A——配置电池的数量,块。

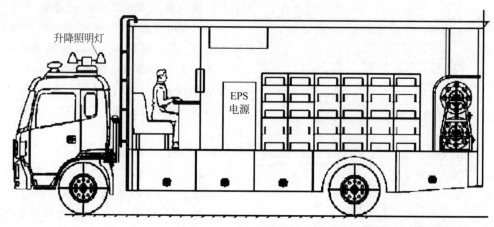

图 8-15　EPS 电源车结构简图

3）输入/输出系统

输入系统，即考虑可能出现三相负载不均衡的情况，选用快速连接器，其中包含主电输入断路器和备电输入断路器，同时可节省操作时间，提高工作效率。

输出系统，即 EPS 输出系统配置总输出断路器，分别与负载、消防联动控制系统及车内配电系统相连接。

4）消防联动系统

消防联动系统主要是指消防设备能在每个火灾时间点依据消防人员的控制指令准确动作，使消防设备的应急作用发挥至最大。

5）电缆收放系统

采用液压动力电缆绞盘，由底盘取力，具有结构紧凑、占用空间较小、节能环保等优点，既方便快捷，又能保证在野外或无外接市电的情况下正常工作。

6）其他装置

照明系统，包括操作间、EPS 室及绞盘室的照明。

插座，包括操作间空调机车内插座，可以保证 EPS 维护时的用电需求。

升降照明灯，可以为操作人员提供夜间工作环境下的照明。

3. 产品应用

EPS 电源主要用于消防行业的用电设备，图 8-16 为 EPS 不间断电源车的外观。

图 8-16　EPS 不间断电源车外观

8.3.6　军用电源车

1. 概述

军用后勤保障装备因其敏感性和特殊性，对于国防等意义重大。随着国家经济的发展、科技的进步，在我军武器装备现代化进程中，军用保障装备的应用范围不断扩大，应用程度不断深入。在各种军用后勤保障装备中，军用电源车能够提供可靠的应急电能，在实际作战中发挥着巨大的作用。对于野外执行任务的军用电源车来说，常常需要面对各种各样、复杂多变的环境条件的考验，例如沙尘、雨雪等挑战，这就要求设备能够实现抗震、抗冲击、防水、防沙尘等功能，同时，因其应用场合的特殊性，更应当保证其不受外部环境的干扰和损害，有更高的隐蔽性，从而保证其在实际作战等军事行动中不发生不应有的突发状况，更好地为武器装备和作战人员提供应急电源保障。

2. 系统构成及结构特点

现有的军用电源车由底盘车、车厢、电源系统、控制系统、输出装置、支撑装置、照明监控装置、电缆绞盘等组成,其结构较为简单,为纯发电设备,同时采用传统的单向性伪装涂料涂覆外表面,具备临场指挥应变能力、高隐蔽性和机动性强等特点,图 8-17 为军用电源车的结构简图。

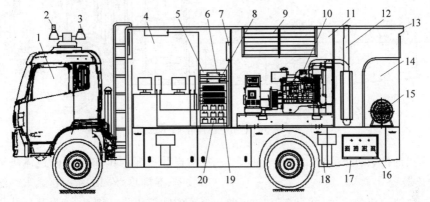

图 8-17 军用电源车的结构简图

1—底盘车;2—摄像头;3—升降照明灯;4—指挥室;5—网络机柜;6—通信模块;7—机组控制器;8—数据处理模块;9—百叶窗;10—发电机组;11—机组室;12—排烟、排气装置;13—车厢;14—绞盘室;15—电缆绞盘;16—快速连接器;17—接线箱;18—支撑腿;19—模块化 UPS 电源;20—蓄电池组

1)底盘车

军用电源车的底盘选用运载能力强的二类底盘,其各项性能指标须达到军用要求,如动力性、燃料经济性、制动性、操纵性、稳定性、行驶平稳性、通过性等。全轮驱动的方式可使底盘车的动力性能得到充分发挥。

2)车厢

车厢采用钢骨架加内、外蒙板的结构,并填充隔热、消音材料,在车厢外表面涂覆智能涂料,能使整车全天候、全过程、全时段与周围的自然背景相融合,使其具备自适应伪装能力,隐蔽性大大增强。在智能涂料的涂层中还可以嵌入具有感知能力的纳米机械、填充氢氧化钙的微型胶囊和微型传感器等,使整车在具备变色伪装功能的同时,具有抗划伤、耐盐雾、防腐耐候及自动修复功能。车厢示意图如图 8-18 所示。

车厢内部分隔为指挥室、机组室和绞盘室。

3)电源系统

机组室内放置有柴油发电机组,同时,为保证设备的正常运行,指挥室内还配置了包括模块化 UPS 和蓄电池组在内的不间断电源系统,模块化 UPS 由多个并联冗余的模块组成,可实现带电热插拔,提高了供电的可靠性。正常工作时,发电机组提供电能,经模块化 UPS 后为车内设备供电;当发电机组工作异常时,由蓄电池组提供直流电源,再经模块化 UPS 内的逆变器逆变为纯净的交流电源,继续为车内设备供电。

4)指挥室

在指挥室中设置有包括通信模块和数据处理模块在内的网络机柜,使战士能第一时间接收并执行任务指令,机组控制器设置在指挥室与机组室之间的隔断上,战士可在指挥室内对发电机组进行启停控制、参数监测和设置等。为保证发电机组的通风散热需求,在机组室的外部设置有百叶窗,百叶窗还需要具备防尘、防雨等性能。为避免机组室内出现积雾现象,在其后部设置有由排烟消声器、挠性连接装置、波纹管、排气通道、防雨自动工作帽及支

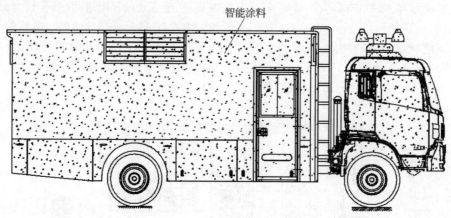

图 8-18 军用电源车车厢示意图

承连接件组成的排烟、排气装置。

5）输出装置

为达到快速响应的需求，接线箱内的负载输出装置应配置有快速连接器插座，与电缆端的快速连接器插头配合使用；同时，为适应各种军用环境，其防护等级应达到 IP65 以上，并具有抗腐蚀、耐高冲击和振动、耐高低温交变等性能。

6）支撑装置

为保证整车在工作时的平稳性，在底盘车车架上安装有支撑腿。

7）照明监控装置

底盘车车头上安装有升降照明灯，在升降照明灯的灯头上还可安装高清监控摄像头，并将视频信号送入指挥室，灯头在升降或旋转时可带动摄像头升降或旋转，使战士能在指挥室中监视周边的环境情况。

8）电缆绞盘

绞盘室内设置有电缆绞盘，其上卷绕负载输出电缆，电缆应采用能承受较大机械外力作用的重型橡套电缆，适宜在户外使用，电缆绞盘选用包括取力器、取力器控制器、油泵、油缸及高压油管、液压马达、绞盘及支架总成在内的液压绞盘，其具有方便快捷的优点，可实现在野外无外接电源的情况下收放电缆。

3. 产品应用

随着战争的现代化发展，军用保障装备性能的提升将深刻影响最终的整体决策和作战的效率、准确度，军用伪装电源车将继续朝着更高的性能迈进。图 8-19 为某部队用军用电源车的外观。

图 8-19 军用电源车外观

8.4 移动电源车的操作规程

8.4.1 发电前的准备工作

（1）将移动电源车停放至合适位置，放下液压支撑腿，保持车体平衡。

（2）检查发电机组内的机油是否足够（机油应在标尺的最小与最大刻度线之间）。

（3）检查燃油表，确保发电机的柴油充足。

（4）检查发电机组的蓄电池电压是否大于 24 V，否则应及时充电。

（5）检查水箱冷却液是否正常，当环境温度低于 0℃ 时应及时添加防冻液。

(6) 检查各接线端子是否牢固。

(7) 打开电缆绞盘取出各相电缆,将电缆的一端与配电箱中的面板插座相连,另一端与负载相连即可。

(8) 将接地钎取出,在车辆附近找到合适的位置打入地下,使车辆外壳与大地保持良好接地。

(9) 在控制室内将百叶窗开关打开,使箱体的进出风口百叶窗处于开启状态,保持车辆内空气流畅。

8.4.2 启动发电机组

(1) 按控制屏上的启动键启动发电机组。启动时间不要超过 7~10 s,启动次数一般不超过 4 次。如 4 次仍不能启动,须检测发电机启动电瓶的电量是否充足。如电量下降不多,则在 10 s 后再次启动,否则须对发电机组蓄电池进行及时充电(利用外接市电或车内自备的充电动机进行补充)。如遇天气寒冷,则应先对机组预热。

(2) 发电机组启动后,应检查电压、电流、油压、频率、转速等参数。①操作电压检测转换开关,观察三相电压。②观察机油压力是否在 3.5~7.5 bar。③观察蓄电池直流电压是否在 24~28 V。④观察频率是否在 50~52 Hz。⑤观察转速是否为 1 500 r/min。

(3) 待发电机组正常运转 2~3 min 后,确认机组输出正常,将配电柜内的输出空气开关拨到"ON"的位置,此时发电机组即向外输出三相(单相)动力电。

8.4.3 运行发电机组

(1) 定时检查各相电压是否在正常范围内,不平衡度不超过 10%。

(2) 定时检查交流电流是否正常,观察各相序间的电流差,其值不要超过 10%。

(3) 定时检查油压是否在 3.5~7.5 bar 范围内。

(4) 定时检查水温是否在 65~93 ℃ 范围内。

(5) 定时检查频率是否在 50~52 Hz。

(6) 定时检查直流电压是否在 24~28 V。

(7) 定时检查引擎的转速是否适当。

(8) 时刻注意发电机引擎有无异常声音或震动。如遇紧急情况,应按下紧急停机按钮停机。

8.4.4 关闭发电机组

(1) 关闭负荷开关后,按下控制屏上的停止键,机组空载运行冷却 3 min 后自动关闭发电机组。

(2) 开启强制排风扇对机组余温进行散热,时间为 5~10 min。

(3) 关闭前、后进出口的百叶窗。

(4) 拆除负载连接电缆,使用电缆绞盘以自动或者手动方式将负载电缆均匀地缠绕在电缆绞盘上,端头处用勾绳加以固定,关闭所有门窗并锁紧。

(5) 收回液压支撑腿。

8.4.5 柴油发电机组的保养维修程序

以下保养维修程序只适用在 12 个月以内运行少于 400 h 的发电机组。有关保养维修程序以运行时间或月来计算,以最先届满为准。在最初运行满 50 h,应立即更换润滑油或者机油滤清器。

1. 每班或每次启动前

(1) 检查并加满燃油,检查燃油喷射系统各组件及油管接头是否良好。

(2) 检查润滑油容量,保持机油液面接近"H"标记处。

(3) 检查冷却液容量,保持正常液位。

(4) 检查各传动皮带是否良好,皮带是否松弛。

(5) 清洁机组表面的油污和灰尘及环境卫生,检查各连接部位的螺栓有无松动。

(6) 检查空气滤清器,根据指示确定是否需要更换。

(7) 排放初级柴油滤清器内的水分及沉淀物。

(8) 启动及运行机组直至达到正常的使用温度。

2. 每运行 250 h 或每个月

(1) 检查空气滤清器是否需要更换,油浴式空气滤清器中的机油平面是否达标。

(2) 旋转燃油滤清器底部的放油螺栓,放净油污杂质。

(3) 检查冷却液的相对密度及酸碱度。

(4) 检查蓄电池电解液的相对密度和液面高度,必要时添加补充,并保证电力充足。

(5) 清洗燃油箱,更换柴油滤清器。

3. 每运行 500 h 或每 12 个月

(1) 清洗冷却系统,重新注入防冻液。

(2) 检查并调节气门间隙。

(3) 检查喷油嘴的喷油压力和喷油情况,必要时清洗喷油嘴并调节。

(4) 检查喷油泵的供油量、各缸供油量的均匀度和供油定时,必要时重新调整。

4. 每运行 1 000 h 或 24 个月

(1) 检查并校验各仪器仪表,以便指示准确。

(2) 检查涡轮增压器的螺栓松紧度和叶轮转动是否灵活。对于备用发电机组应定期启动至热身。但空转运行时间不应超过 10 min。

8.5 常见故障及排除方法

8.5.1 发电机组的常见故障及排除方法

发电机组的常见故障及排除方法见表 8-7。

表 8-7 发电机组的常见故障及排除方法

故障现象	故障原因	检查及处理方法
不能发电	接线错误	按线路图检查、纠正
	主发电机或励磁机的励磁绕组接错,造成极性不对	往往发生在更换励磁绕组后,由接线错误造成,应检查并纠正
	旋转硅整流元件击穿短路,正反向均导通	用万用电表检查整流元件的正反向电阻,替换损坏的元件
	主发电机励磁绕组断线	用万用表检查主发电机励磁绕组,若电阻为无限大,应接通励磁线路
	主发电机或励磁机各绕组严重短路	电枢绕组短路,一般有明显的过热;励磁组短路,可由其支流电阻值来判定。若有损坏,则更换损坏的绕组即可
空载电压太低	励磁机励磁绕组断线	检查励磁机励磁绕组的电阻应为无限大,更换断线线圈或接通线圈回路
	主发电机励磁绕组严重短路	励磁机励磁绕组的电流很大;主发电机励磁绕组严重发热,振动增大,励磁绕组支流电阻比正常值小许多。若有损坏,则更换短路线圈
	自动电压调节器故障	额定转速下,测定自动电压调节器输出支路的电流值是否与电动机的出厂空载特性相等。若有故障,则检修自动电压调节器
空载电压太高	自动电压调节器失控	空载励磁机励磁绕组电流太大,检查自动电压调节器
	整定电压太高	重新整定电压

续表

故障现象	故障原因	检查及处理方法
励磁机励磁电流太大	整流元件中有1个或2个元件断路,正反向都不通	用万用表检查,替换损坏的元件
	主发电机或励磁机励磁绕组部分短路	测量每极线圈的直流电阻值,更换有短路故障的线圈
稳态电压调整率差	自动电压调节器有故障	检查并排除故障
振动大	与原动机对接不好	检查并校正对接,各螺栓紧固后保证发电机与原动机轴线对直并同心
	转子动平衡不好	一般发生在转子重绕后,应找正动平衡
	主发电机励磁绕组部分短路	测量每极直流电阻,找出短路故障点,更换线圈
	轴承损坏	一般有轴承盖过热现象,更换轴承
	原动机有故障	检查原动机
过热	发电机过载	使负载电流、电压不超过额定值
	负载功率因数太低	调整负载,使励磁电流不超过额定值
	转速太低	调转速至额定值
	发电机某绕组部分短路	找出短路绕组,纠正或更换线圈
	通风道阻塞	排除阻碍物,拆开发电机,彻底吹清各风道
轴承过热	长时间使用后轴承磨损过度	更换轴承
	润滑油脂质量不好,不同牌号的油脂混杂使用,润滑脂内有杂质,润滑脂装得太多	除去旧油脂,清洗后更换新油脂
	与原动机对接不好	严格对直,找正同心

8.5.2 UPS电源的常见故障及排除方法

UPS电源的常见故障及排除方法见表8-8。

表8-8 UPS电源的常见故障及排除方法

故障现象	故障原因	检查及处理方法
市电有电时,UPS出现市电断电告警	市电输入空开跳闸	检查输入空开
	输入交流线路接触不良	检查输入线路
	市电输入电压过高、过低或频率异常	如市电异常可不处理或启动发电机供电
	UPS输入空开或开关损坏或保险丝熔断	更换损坏的空开、开关或保险丝
	UPS内部市电检测电路故障	检查UPS市电检测回路

续表

故障现象	故障原因	检查及处理方法
市电正常时,UPS输出正常;市电断电后,负载也跟着断电	由于市电经常低压,电池处于欠压状态	① 在市电电压正常时对电池充足电; ② 启动发电机对电池充电; ③ 在 UPS 输入端加设稳压器
	UPS 充电器损坏,电池无法充电	检查充电器
	电池老化、损坏	更换电池
	负载过载,UPS 旁路输出	减少负载
	负载未接到 UPS 输出上	将负载接到 UPS 的输出上
	长延时机型的电池组未连接或接触不良	检查电池组是否接对、接好
	UPS 逆变器未启动(UPS 面板控制开关未打开),负载由市电旁路供电	启动逆变器对负载供电(打开面板控制开关)
	逆变器损坏,UPS 旁路输出	检查逆变器
UPS 无法启动	电池长期放置不用,电压低	将电池充足电
	输入交流、直流电源线未连接好	检查输入交流、直流线是否接触良好
	UPS 内部开机电路故障	检查 UPS 开机电路
	UPS 内部电源电路故障或电源短路	检查 UPS 电源电路
	UPS 内部功率器件损坏	检查 UPS 内部整流、升压、逆变等部分的器件是否损坏
UPS 在正常使用时突然出现蜂鸣器长鸣告警	用户有大负载或大冲击负载启动	① 负载投入时按先大后小的顺序进行; ② 增大 UPS 的功率容量
	输出端突然短路	检查 UPS 的输出是否短路
	UPS 内部逆变回路故障	检查 UPS 逆变器
	UPS 保护、检测电路误动作	检查 UPS 内部控制电路
UPS 工作正常但负载设备异常	UPS 输出的零地电压过高	检查 UPS 接地,必要时可在 UPS 的输出端零地间并联一只 1~3 kΩ 的电阻
	UPS 地线与负载设备地线没接在同一点上	将 UPS 地线与负载地线接到同一个点上
	负载设备受到异常干扰	重新启动负载设备

8.6 选用原则

应急电源车的选用应从以下几个方面考虑。

(1) 适用性。应急电源车应用于电力、通信、医院、厂矿、变电站、发电厂、大型活动及突发事件等场所,适用范围广,在选用时可以根据所需负载的种类和大小选择合适型号的车辆。

(2) 可靠性。应急电源车作为应急保障类特殊车辆,不仅要满足启动性、耐候性、耐压性、防雨、防尘等性能上的要求,在可靠性能方面还要保证设备能全天候工作。

(3) 安全性。应急电源车的发电功率及电器设备电压高,一般需要选择人员稀少的区域放置,并设置相关警示标志,在车辆外观上较为醒目,一般非专业人员禁止靠近。

(4) 经济性。选择合适功率的电源系统及底盘系统有利于提高应急电源车的经济性。

(5) 节能环保。应急电源车在燃油的排放及噪声排放等方面也要有所考虑。

第9章

应急通信车

9.1 概述

应急通信车是应急通信体系中重要的通信装备,一般选用高性能车辆底盘,配置多种应急通信装备,具有较高的机动性和灵活性。根据应急任务要求,应急通信车应及时抵达应急灾害现场,迅速构建以应急通信车为核心的现场应急通信网络,既可独立组网也可与其他通信网络实现对接,提供应急指挥调度、语音通信、数据传输、图像回传等多种业务保障能力。

9.1.1 功能

应急通信车根据实际任务及业务规模一般分为小型应急通信车、大中型应急通信车两大类。

1. 小型应急通信车

小型应急通信车一般采用越野车底盘,具有机动性能高、越野性好等特点,配置1套或2套核心应急通信系统,可以提供应急指挥调度、通信保障、图像采集回传等保障功能,并通过卫星通信、移动通信等多种手段,实现与上级应急指挥中心或公众通信网络的业务对接,满足应急指挥调度的通信应用需求。小型应急通信车的功能结构如图9-1所示。

2. 大中型应急通信车

大中型应急通信车一般采用二类汽车底盘搭载方舱模式,根据实际应用需要配置多套应急通信系统,如卫星通信系统、地面移动通

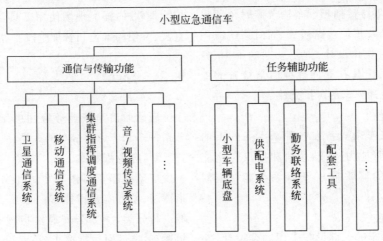

图9-1 小型应急通信车的功能结构

信系统、集群指挥调度通信系统、音/视频传送系统等。在应急现场应快速构建以应急通信车为核心的大中型综合应急通信系统,其所提供的业务能力、容量规模较小型应急通信系统更大,能满足应急指挥调度、公众通信保障等多种应用需求。大中型应急通信车的功能结构如图9-2所示。

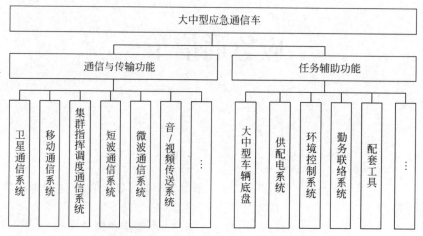

图 9-2 大中型应急通信车的功能结构

9.1.2 特点

应急通信车在国家应急管理体系建设过程中承担了重要职责,其未来技术的发展趋势呈现以下5个特点。

1. 兼容性

应急通信指挥车的设计与制造按国家相关建设规范、技术体制及标准要求执行,保证集成的各个设备间相互兼容。

2. 扩展性

应急通信车选用的设备尽量为模块化设计,并预留扩展接口插槽。车辆改装时预留设备的安装空间及预埋线路通道,同时系统应用软件也采取模块化设计,方便后期的维护、升级和扩充。系统具有支持多种信息接口的能力以确保应急通信车的可扩充性。

3. 适用性

应急通信车须具备在各种恶劣条件下的生存能力、越野能力、运动通信和接口转换能力、组网灵活的保障能力,确保系统能在不同环境下使用。

4. 可靠性

应急通信车的关键设备采用冗余设计,并且配备了系统自动监测告警设备,通过通信系统与固定指挥所的互联互通,可将车辆的状态信息、故障信息上报给指挥中心的车辆管理系统,提高了整车的容错能力,使系统整体具备高的可靠性。

5. 安全性

应急通信车的安全性从信息安全、物理安全、人身安全、电气安全等方面考虑。

6. 可维护性

应急通信车的系统设计尽量减少维护和管理环节,并且配置有自动监测告警设备和维护管理软件,搭配现场使用工具,能提供简单、直观、方便的维护和管理手段。

9.2 分类

应急通信车按业务应用类别可以分为应急指挥车和应急通信车两大类。

1. 应急指挥车

应急指挥车可按车型大小分为大型应急指挥车、小型应急指挥车;也可按应用行业领域进行分类,例如公安通信指挥车、武警通信指挥车、电信通信指挥车、桥梁通信指挥车、建委通信指挥车、城管通信指挥车、电力通信指挥车、交通通信指挥车、卫生通信指挥车、地震通信指挥车、公路通信指挥车、消防通信指挥车、环境通信指挥车、森林通信指挥车等。

2．应急通信车

应急通信车原则上按业务功能进行分类，可以分为应急卫星通信车、应急基站通信车、应急短波通信车、应急集群通信车、应急微波通信车、应急交换通信车、应急电源保障车、应急综合通信车等。

下面主要介绍8个类型的车型，包括大型应急指挥车、小型应急指挥车、大型应急通信基站车、小型应急通信基站车、应急静中通卫星通信车、应急动中通卫星通信车、应急卫星转播车、大型应急通信油机车。

9.3 典型产品介绍

9.3.1 大型应急指挥车

1．总体概述

大型应急指挥车可以提供视频会议、IP电话、图像接入、无线基站、集群调度等业务能力，可通过VSAT卫星、海事卫星、地面光纤等通信手段与后方指挥中心之间的视频会议、语音通话和图像传输等，实现前后方协同指挥。

大型应急指挥车一般配有可扩展会议区域，可满足10人左右进行现场临时会议的需求。大型应急指挥车的外观如图9-3所示。

图9-3　大型应急指挥车外观

2．布局设计

根据通信系统的配置要求，结合某型应急通信车的特点，车体设计总长为9 m，车宽为2.5 m（左右各可扩展0.8 m），车总高为3.8 m，具体布局如图9-4所示。

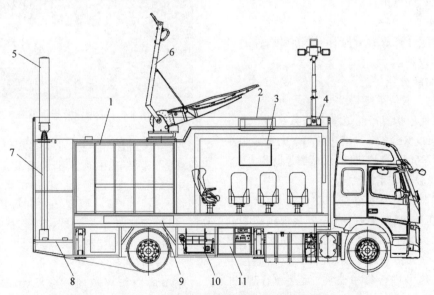

图9-4　大型应急通信指挥车结构示意图

1—辅助工作区；2—室内机；3—会议区；4—翻折式升降杆及照明灯；5—通信天线；6—卫星天线；7—升降杆；8—发电机；9—抽拉平台；10—电源盘舱；11—支撑腿控制舱

车厢内设计成3个主要区域,分别是会议区、技术区、辅助工作区。内部结构如图9-5所示。

图9-5　大型应急通信指挥车内部结构

1) 会议区

会议区采用电动双侧拉扩展结构,会议区配置360°旋转的会议座椅,中间布置一张带信号接口的长条高档会议桌,会议桌前设计屏幕墙(含显示屏和音箱),两侧拉箱前角设计安装显示屏,以满足现场应急指挥调度的需求。

2) 技术区

技术区内安装标准机柜,主要用于放置各类通信设备及配套设备。机柜设计为抽拉台面,以方便工作人员操作,技术区后部设计两组储物柜和配电柜。

3) 辅助工作区

辅助工作区放置升降杆及发电机、外接口板等附件设备。

3. 功能介绍

1) 卫星通信系统

应急通信指挥车的卫星通信系统由2.4 m的卫星天线、Ku波段卫星功放、LNB、数字卫星调制解调器、网络交换机、IP加速器等设备构成。

2) 业务通信系统

视频监控系统由监控中心软件系统、摄像头、视频矩阵、视频编解码器、单兵视频终端设备等组成;通过车顶和车内的摄像机采集数据并通过网络回传给固定的指挥中心,由监控中心对视频信号进行集中监控、储存和管理,并分发至后方。

3) 平衡支撑系统

平衡支撑系统由车厢四角的4个支撑腿组成,车体驻车工作时由4个支撑腿与地面接触使车厢保持平稳,其性能可靠,操作便捷,有调平功能,单个支撑腿的支撑力为10 t。控制系统安装在车体下舱,可以自动地快速操作,使应急基站车体快速进入或脱离静止状态,增强了机动性、灵活性。

4) 电源供电系统

应急通信指挥车内部设备采用交流220 V供电。交流供电系统采用TN-S工作方式。在具备市电接入条件时,优先利用市电为车内开关电源、空调、照明等系统供电;在无市电接入的情况下,采用车载柴油发电机组为车内设备供电。

9.3.2　小型应急指挥车

1. 总体概述

小型应急指挥车主要用于突发性事件应急指挥现场的指挥调度,且具备良好的通过性,主要用于道路条件不好、大中型应急指挥车不易到达的应急现场。小型应急指挥的外观如图9-6所示。

图9-6　小型应急指挥外观

小型应急指挥车包含业务终端设备、传输系统(含VSAT动中通卫星设备和MSTP设备)、电源系统、装载平台。其提供话音通信、图像接入、视频会议、数据传送和应用访问等功能,作为现场的指挥系统,可通过卫星网或地面网络接入应急指挥调度系统。

2. 布局设计

小型应急指挥车的外形尺寸(长×宽×高)为5 172 mm×1 970 mm×2 240 mm,符合GB 1589—2016《汽车、挂车及汽车列车外廓尺寸、轴荷及质量限值》的要求。小型应急指挥车的结构如图 9-7 所示。

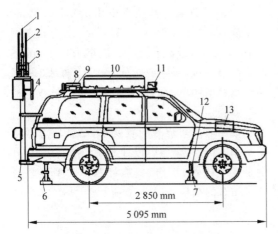

图 9-7 小型应急指挥车结构示意图
1—避雷针；2—鞭状天线；3—AP 室外单元；4—AP 天线；5—手动升降杆；6—支撑腿；7—千斤顶；8—GPS；9—功放；10—平板形天线；11—云台摄像机；12—千斤顶；13—取力发电机

车辆改装后保留前排 2 人座位（含驾驶员），拆除第二排座椅，以便整车设备的安装。保留第三排座椅，便于操作人员使用。原车整备质量 2 540 kg，满载质量 3 300 kg。在拆除第二排座椅（约 60 kg）后，整车的承载质量为 820 kg。按使用习惯，车内划分为驾驶区、设备及检修区和操作区。小型应急指挥车的内部结构如图 9-8 所示。

图 9-8 小型应急指挥车内部结构

驾驶区后面为设备及检修区。该区域主要放置 2 个标准机柜，机柜按 19 in（1 in＝25.4 mm，下同）标准机柜设计。操作区保留原车最后一排座椅，座椅收折后可放置便携发电机。

车尾内部右侧安装便携油箱；车尾放置线缆盘，上面绕有天线馈线、野战光缆线、避雷针接地线等；车尾内部安装取力发电机控制器。

由于车内空间有限，桅杆天馈系统采用外露式安装，布置于车尾部。桅杆上的天线等装置采用可拆式安装，不工作时可收藏于车内。

3．主要功能

（1）通过小型应急指挥车的卫星天线可与上级卫星固定站互联，实现应急现场指挥车与部/省级指挥调度中心的互联。

（2）配备 WLAN AP 实现应急现场的宽带无线覆盖及宽带数据传输。

（3）宽带无线系统实现单兵与指挥车的音/视频传输，并可以与国家公共安全应急信息平台应急指挥车同频组网实现互联互通，单兵可在两车无线覆盖区域内实现漫游。

（4）组建车内局域网，实现车内设备互联。

（5）预留相应的接口，支持微波、E1、光传输等方式与其他网络互联。

（6）配备北斗指挥机、车载北斗定位终端、手持北斗定位终端，可实现应急指挥车、应急工具包与指挥中心的报文通信功能，并实现车辆或个人定位导航功能，定位信息可在指挥中心的 GIS 系统上以图形标示。

（7）便携视频系统通过配备的海事卫星设备可将视频数据回传至指挥中心。

（8）便携装备中配备海事卫星电话，可实现应急现场的语音通信。

9.3.3 大型应急通信基站车

1．总体概述

大型应急通信基站车配置不同规格（3G/4G/5G）的移动通信基站设备，采用共用天馈系统，可满足现场移动网络信号覆盖的要求，通过卫星、光纤、微波等方式接入核心网。其主要用途包括：应急突发事件场景下替代损毁的公网基站，解决区域性移动通信网的无线覆盖问题；在重大活动保障期间解决浪涌话务量拥塞，增强现场运行的负荷能力，确保公众移动通信畅通。大型应急通信基站车的外观如

图9-9所示。

图9-9 大型应急通信基站车外观

2. 布局设计

大型应急通信基站车采用沃尔沃FM330卡车底盘,整车长度9.5 m,宽度2.5 m,高度3.8 m,原车有效载荷17 t;该车采用15 m气动升降杆系统,实际载质量200 kg,满足3扇区移动基站射频单元的安装要求,最大服务半径为3 km。

根据通信系统的配置要求,结合应急通信基站车的特点,车厢内设计成3个主要区域,分别是发电机舱、工作舱、桅杆舱。大型应急通信基站车的结构如图9-10所示。

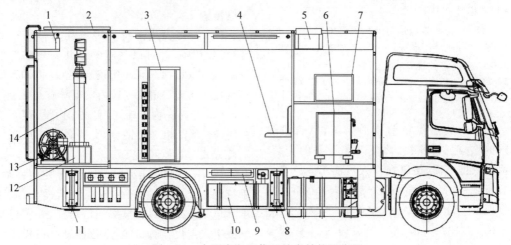

图9-10 大型应急通信基站车结构示意图

1—电动支撑杆;2—翻折顶盖;3—车载设备;4—翻折座椅;5—空调室内机;6—发电机组及滑架;7—空调室外机;8—前液压支撑腿;9—蹬车抽拉梯;10—副油箱;11—后液压支撑腿;12—升降塔保持架;13—电源电缆盘;14—15 m气动升降塔

1) 发电机舱

发电机舱用于放置车载柴油发电机组,机组下方安装有抽拉式导轨,可拉出车外进行维护;发电机舱上面放置空调室外机2台,侧面加开散热百叶窗。

2) 工作舱

工作舱用于工作人员对进行设备操作,其地板上铺设防静电橡胶垫层,车厢内装备在车上安装牢靠并便于使用的灭火器。

3) 桅杆舱

桅杆舱用于放置15 m气动升降杆及各类电缆绕线盘、外接口板等附件设备。

3. 功能介绍

大型应急通信基站车主要包括移动通信系统、桅杆升降系统、车载电源系统、集中监控系统、自动平衡支撑系统等,分述如下:

1) 移动通信系统

配置不同厂家的3G/4G/5G移动基站通信设备,采用共用天馈系统方式,实现应急现场不同无线信号覆盖能力。

2) 桅杆升降系统

大型应急通信基站车配置双桅杆升降系统,满足基站及微波传输设备天线挂置的要求。其中,主桅配置15 m气动升降杆,垂直承载质量大于 205 kg,杆上承载三面基站天线、具备自动调节下倾角的功能,可满足不同型号基站天馈系统的安装要求。副桅杆配置 10 m 电动升降杆,垂直载质量 70 kg,满足微波传输及 Wi-Fi 等设备的安装要求。

3) 车载电源系统

车载电源系统包括交流配电箱、车载柴油发电机组、开关电源、UPS 系统、蓄电池组等设备,供电电路中加装 ATS,可使发电机与市电供电具有自动切换的能力。

4) 集中监控系统

集中监控系统配备触摸屏且可短距离无线遥控,能对大型应急通信基站车及其周围的环境进行监控,并可根据客户需求专门定制或扩展控制功能。

5) 自动平衡支撑系统

自动平衡支撑系统由车厢四角的 4 个支撑腿组成,具备自动调平功能,以保持车辆及相关的应急通信系统工作平稳。

9.3.4 小型应急通信基站车

1. 总体概述

小型应急通信基站车作为受灾前期重要的通信网络恢复手段,在灾区的各级政府和指挥部为党政军及重要单位提供运营商无线信号保障。其以较强的越野性能为依托,依靠自身配备的发电机等多种电源动力,结合卫星等多样的传输手段,可实现电信网络的快速补充和延伸。小型应急通信基站车的外观如图 9-11 所示。

图 9-11 小型应急基站车外观

2. 布局设计

小型应急基站车采用丰田越野车底盘,配置全时四驱 4WD 系统,具有良好的越野性能。整车长度 5.3 m、宽度 2 m、高度 2.4 m,原车整备质量 2 675 kg。小型应急通信基站车的内部结构如图 9-12 所示。

图 9-12 小型应急通信基站车内部结构

3. 功能介绍

小型应急通信基站车根据需要配置分布式移动基站设备,配置 4.5 m 手动升降杆系统,安装单扇区射频单元,服务半径 200 m;还配有卫星通信系统等多种传输手段和方式,紧急情况下可通过卫星方式开通基站。

该车配有取力发电机、UPS 系统、交/直流配电箱、蓄电池等设备,供电方式采用发电机和市电 2 种方式,可通过配电盘自由切换选择。在某种供电方式中断时,系统设备可利用 UPS 蓄电池为系统设备不间断供电,以保证系统传输的可靠性。

9.3.5 应急静中通卫星通信车

1. 总体概述

应急静中通卫星通信车由车载平台、静中通卫星通信系统、无线背负系统、综合网管终端、视频会议系统、IP 电话系统、电源系统、综合保障系统等组成。通过卫星通信系统与主控站实现双向视频、图像、语音和数据的双向通信。

在局部地区遭受严重自然灾害或发生重大突发事件时,该通信车能够根据上级要求快速部署,及时建立卫星链路,满足国家应急体系的紧急通信需求,实现对突发事件现场的指挥调度。

2. 布局设计

该车采用依维柯二类底盘，额定总质量 5 200 kg，整车长度 7 080 m、宽度 2 170 m、高度 3 320 m。应急静中通卫星通信车的外观如图 9-13 所示。

图 9-13 应急静中通卫星通信车外观

应急静中通卫星通信车的整体布局结构如图 9-14 所示，其内部结构如图 9-15 所示。

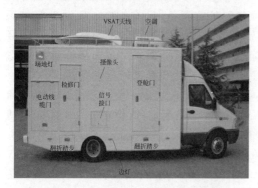

图 9-14 应急静中通卫星通信车结构

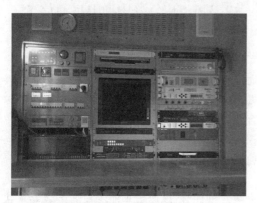

图 9-15 应急静中通卫星通信车内部

3. 功能介绍

1) 通信保障功能

通过卫星通信系统与主控站、固定站或其他移动站（动中通、静中通、便携站）实现双向视频、图像、语音和数据的双向通信。

2) 视频采集/传输功能

视频采集传输设备能够对现场周围环境的图像信息进行实时采集、录像和回放。

3) 视频会议功能

该车配置有视频会议终端，可通过有线网络或者卫星通信网络与固定站、其他车载站或便携站之间召开多方电视会议。

4) 网络综合管理功能

通过网络综合管理终端可以对卫星 ODU、IDU、交换机、VOIP、编解码器等设备进行统一的拓扑、设置和性能管理，并接入全国公用应急宽带 VSAT 网的网络控制系统，实现无人值守。

9.3.6 应急动中通卫星通信车

1. 总体概述

应急动中通卫星通信车由车载平台、动中通卫星通信系统、互联互通系统、无线背负系统、综合网管终端、视频会议系统、IP 电话系统、电源系统、综合保障系统等组成。通过卫星通信系统与主控站、固定站或其他移动站（动中通、静中通、便携站）实现双向视频、图像、语音和数据的双向通信。应急动中通卫星通信车的外观如图 9-16 所示。

图 9-16 应急动中通卫星通信车外观

在局部地区遭受严重自然灾害或发生重大突发事件时，该通信车能够根据上级要求快速部署，及时建立卫星链路，满足国家应急体系的紧急通信需求，实现对突发事件现场的指挥调度。

2. 布局设计

该车采用依维柯二类底盘,额定总质量 5 200 kg,整车长度 6.9 m、宽度 2.1 m、高度 3.3 m。车辆工作舱的布局结构如图 9-17 所示(图中尺寸单位为 mm),其内部实景如图 9-18 所示。

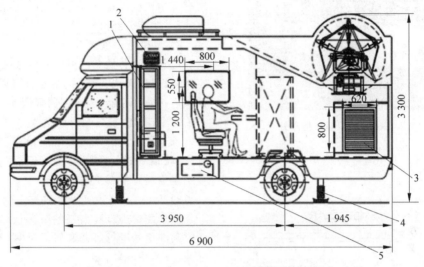

图 9-17　应急动中通卫星通信车的内部结构
1—登顶梯；2—场地灯；3—水冷箱百叶窗；4—支撑腿；5—附加油箱

图 9-18　应急动中通卫星通信车内部

3. 功能介绍

1) 通信保障功能

通过动中通卫星通信系统与主控站、固定站或其他移动站(动中通、静中通、便携站)实现双向视频、图像、语音和数据的双向通信。

2) 视频采集/传输功能

视频采集传输设备能够对现场周围环境的图像信息进行实时采集、录像和回放。

3) 视频会议功能

该车配置视频会议终端,可通过有线网络或者卫星通信网络与固定站、其他车载站或便携站之间召开多方电视会议。

4) 网络综合管理功能

通过网络综合管理终端可以对卫星 ODU、IDU、交换机、VOIP、编解码器等设备进行统一的拓扑、设置和性能管理,并接入全国公用应急宽带 VSAT 网的网络控制系统,实现无人值守。

9.3.7　应急卫星转播车

1. 总体概述

应急 Ku 频段卫星转播车用于卫星广播级高清视/音频信号传送,配置车载 1.8 m Ku 频段卫星天线系统,配有 GPS、电子罗盘等配套设备,可以实现自动寻星功能；配置 Ku 波段 200 W 固态功放；还配备了车载柴油发电机组,以满足应急情况的需求。Ku 频段卫星转播车的外观如图 9-19 所示。

2. 布局设计

应急卫星转播车选用凌特(Sprinter)524 厢式车,整体车长 7 m、宽 2 m、高 3.7 m。其布局主要分为工作区、辅助工作区、驾驶区、车顶平台 4 个相对独立的区域。Ku 频段卫星转播

图 9-19　Ku 频段卫星转播车外观

车的结构示意图如图 9-20 所示，其内部实景如图 9-21 所示。

图 9-20　Ku 频段卫星转播车结构示意图
1—方形天线导流罩；2—发电机散热窗；
3—4 点电动支撑；4—50L 发电机油箱；
5—发电机油箱加油口

图 9-21　应急卫星转播车内部图

1）工作区

工作区位于整车的中部，与驾驶室相通无隔断，工作区后部横向排列 3 个 32U 标准机柜，装入卫星、通信、音/视频设备和 UPS 等设备，机柜前面安装技术操作控制台，供工作人员操作。

2）辅助工作区

辅助工作区与工作区之间有隔断，配置电动电缆盘和安装车载静音柴油发电机。前部留有 2 扇机柜设备维修门，以方便维修。

3. 功能介绍

1）卫星通信系统

应急卫星转播车的卫星通信系统由 1.8 m Ku 频段卫星天线、天线控制器、Ku 固态功放、低噪声接收变频器、卫星调制解调器等组成。

2）高清音/视频编码调制器

该车配置高清视频编解码设备，能对高清音/视频信号进行编码调制处理，处理后的信号送至卫星发射系统进行发射。

3）高清音/视频解码解调器

该车配置进口高清视频解码设备，对卫星接收到的信号进行解调和解码处理，还原成高标清音/视频信号。

4）电源系统

应急卫星转播车可根据实际应用的需要采用市电 220 V、市电 380 V、发电机等不同供电方式，其由主供电单元、辅助供电单元和应急供电单元组成。

9.3.8　大型应急通信油机车

1. 总体概述

大型应急通信油机车采用二类汽车底盘，配置 200 kW 车载柴油发电机组，为应急保障现场提供动力电源保障。该车底盘采用 VOLVO FM330 42R 进口底盘，包括车辆厢体改装、配置电源系统、供油系统、平衡支撑系统、厢体及静音系统等。200 kW 应急通信油机车的外观如图 9-22 所示。

图 9-22　200 kW 应急通信油机车外观

2. 布局设计

根据大型应急通信油机车的配置要求，结合其特点，设计整车尺寸为 8 995 mm×2 480 mm×3 500 mm（长×宽×高），车厢内设计成3个主要区域：发电机排风散热舱、发电机主机舱、电缆盘舱，另设7个下裙箱。200 kW 应急通信油机车的结构如图 9-23 所示，其内部实景如图 9-24 所示。

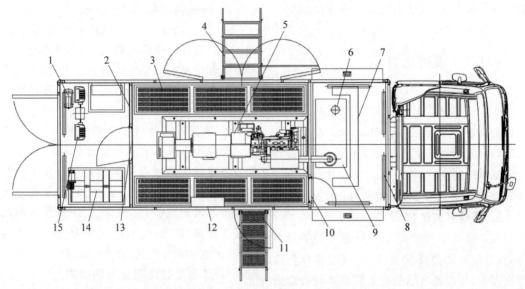

图 9-23　200 kW 应急通信油机车结构示意图

1—升降杆气泵；2—后隔断墙；3—地板通风网；4—左侧大门楼梯；5—发电机；6—发电机排气管；7—挂梯安放位置；8—防爆照明灯；9—发电机消声器；10—前隔断小门；11—抽拉梯；12—外接口控制箱；13—后隔断小门；14—线缆盘；15—升降杆及照明灯

图 9-24　200 kW 应急通信油机车内部图

1）发电机排风散热舱

该舱用于放置 200 kW 发电机排风散热及消音系统，车体两侧及前侧面加开散热百叶窗，百叶窗的面积约为 4.5 m²，百叶为手动可调式，不使用发电机时可手动关闭，且防水、防尘。

2）发电机主机舱

该舱用于配置车载 200 kW 发电机组，发电机舱的地板设计可手动翻折式，不使用发电机时可手动关闭，且防水、防尘。翻折地板采用大花纹铝板铺设，下方安装不锈钢防护网可防蚊虫进入，且易清洗。车厢内装备灭火器，灭火器在车上安装牢靠且便于使用。

3）电缆盘舱

电缆盘舱位于车辆尾部，与发动机主机舱之间采用后隔断墙和后隔断小门分开，放置电缆线卷盘和升降杆及照明灯等。

3. 功能介绍

该车配置 200 kW 车载柴油发电机组，并附加 1 000 L 油箱。根据发电机功率 200 kW 计算，油机正常工作在满载状态，此时油耗为 60 L/h，考虑油管与油箱底部间距及油箱余量，可确保油机连续工作 15 h 以上。

9.4 设计要求

应急通信车的实际使用效果取决于应急通信车的设备选型、定制设计及系统集成等多方面的因素。

9.4.1 设备选型

1. 车辆选择

影响应急通信车选型的因素很多,其中最关键的指标是车辆的通过性和承载能力。应急通信车选型时至少应考虑以下因素:对应用场景道路的适应性、越野机动性能及载质量大小、内部空间大小,操控性能和可靠性高。

2. 通信系统选择

应急通信车一般配置一种或多种通信装备,在通信装备选择配置时,应根据实际行业应用需求、使用场景范围及车辆整体情况综合考虑决定。在满足行业应用需求的情况下,应考虑车载或野外工作环境(颠簸、温度、湿度等因素)对设备选择的条件约束,选型时主要考虑3个要素:质量的可靠性、维护保养的便捷性、车外使用的设备和线缆对恶劣环境的适应性。一般选定集成度高、抗干扰能力强、体积小、质量轻、功耗小、抗震好的设备,且最好是无须在后面板及侧面板进行维护的设备,以确保应急通信装备技术功能的有效实现。

9.4.2 定制设计

应急通信车属于定制产品,故在整体方案设计时应考虑设备选型、整体设计、系统集成等多个环节。由于应急通信车应用广泛,不同的行业应用要求也不相同,所以其整体设计原则也有较大的差异,但归纳起来,其主要遵循的设计原则包括:

1. 满足改装手册及上牌要求

应急通信车涉及车辆改装,其改装必须满足《汽车底盘改装手册》及车辆上牌公告的相关要求。在进行整体方案设计时,尽量不与底盘传动、发动机、油箱、气泵、减震装置等零部件发生干扰。另外,还必须满足排放、整备质量、外廓尺寸、灯光、防护装置等的相关检测要求。

2. 满足合理载荷的分布要求

由于应急通信车对机动性要求较高,因此必须具有良好的载荷分布特性,才能满足车辆安全行驶的要求。在整体方案设计时,应结合车辆底盘原有载荷的分配值合理布置设备位置,以达到载荷分布的合理性要求。

3. 满足对操作维护空间的要求

应急通信车由于车内空间有限,应根据不同应急通信车型装载空间的差异及安装设备的具体情况(如外形尺寸、用电种类及容量大小等参考因素)进行定制设计,一般装备前部为操作区,后部为维护区,还需要预留一定的空间,便于设备维护、散热及连线等。

4. 满足良好减震能力的要求

可通过底盘选择(如选择空悬)、箱体减震、机柜减震、单体设备减震等多种减震方式来减少车辆行进中对设备造成的影响。

5. 满足适应恶劣环境使用的要求

整体设计时需对车内环境进行设计,通过冷、热负荷的计算,合理选用车载空调及风道方式,同时还可以通过设置通风窗、换气扇等形式进行综合考虑,以满足应急通信车在野外恶劣环境下开通使用的要求。

6. 满足安全供电的要求

供电设计不能只考虑外接市电和UPS(含电池组)逆变供电,还应在空间和成本允许的情况下尽可能配置独立的柴油发电机、车载电瓶、取力发电等供电方式,最大限度地满足不同通信装备的使用需要。

7. 满足对电磁兼容型的要求

在进行整体设计时,对单体设备的电磁兼容性(EMC)进行分析,结合车内走线、设备布放等因素,充分利用电磁干扰的距离衰减特性进行综合考虑。

8. 满足良好的人机工程及操作性要求

应急通信车需要操控的设备较多,因此所

需操控的设备应集中摆放并满足人机工程的要求。另外,随着应急通信车使用范围的不断扩展,其逐步向综合保障、现场办公指挥等方向延展,因此在整体设计时不仅要保证应急通信的主要功能,还要考虑进行合理的人性化设计。

9.5 常见故障及排除方法

应急通信车的常见故障及排除方法见表 9-1。

表 9-1 应急通信车的常见故障及排除方法

故障现象	原 因	排 除 方 法
柴油发动机无法启动	启动电池端头锈蚀或松动	清理电池端头或紧固电池接线端
	启动电池电压低于 10 V	对电池充电或更换电池
	油路进入空气	检查电磁阀是否有渗漏,紧固接头;松动排气螺栓以排除空气,必要时更换密封件
	油管漏油	检修或更换
	油水分离器故障	检修或更换
	启动机不转动	检查启动机连接电缆是否虚接或松动
	控制板有故障	检查控制与非门电路是否故障,电平信号是否误触发
	柴油滤清器故障	检查有无破损,进行清理或清洗
	柴油泵损坏	更换
	启动继电器损坏	更换
发电机启动后自动停机	输出电压低告警	检查 AC 控制盒的励磁电容是否损坏,若损坏,则更换励磁电容
	输出频率低告警	若发电机转速低,则调整转速
	高温保护	检修温度传感器或进行更换;检查水箱风扇是否工作正常、防冻液是否缺少
	水路进气	检查排气螺栓并排气
	水管损坏	检修或更换水管
	防冻液溢漏	检查水路小循环回路,必要时更换回水管
	水泵损坏	检修或更换水泵
	交流输出失败	检修调速板
	控制板温度告警	检修或更换
	油压告警	检查润滑油,必要时添加
支撑腿无法正常伸出	控制面板无法开关	检修或更换
	控制模块无法开关	检修或更换
	供电电源电压低、带载能力不足	检查 24 V 电源输出是否正常;检查电源带载电压是否正常,应大于 20 V;检查供电电源系统有无松动或虚接;检查电源系统的电池电压是否小于 12 V,必要时进行充电或更换电池
	支撑腿漏油	检查液压高压油管、油路连接器
	支腿泵损坏	清理或清洗泵;检修或更换电动机
	支腿控制继电器不正常	检修或更换
	平衡模块异常	功能测试,进行修理或更换
液压支撑腿伸出缓慢	液压油缺少或乳化	检查液压泵输出口有无堵塞,必要时补充液压油或更换液压油
	支腿驱动电动机损坏	检修测试或更换
	支腿弹簧损坏	检修或更换

续表

故障现象	原　因	排　除　方　法
无法自动调平	水平模块损坏	检修测试或更换
桅杆无法上升	气泵不能工作	检查气泵是否上电,控制开关有无打开
	桅杆控制气管损坏	检修或更换
	桅杆不灵活或损坏	检修并进行润滑,必要时拆解进行维修
桅杆无法上升、下降	桅杆锁损坏	检修或更换
	桅杆控制手柄损坏	检修或更换
	桅杆杆体变形	检修或更换
桅杆伸出后自动脱落	桅杆锁定机构磨损	检修或更换
天窗无法打开	电源电压低	检修测试或更换
	推杆损坏	检修或更换
	限位开关损坏	检修或更换
	连接安装件损坏	检查天窗机械安装件,如有机械型卡接,现场进行校正
空调不制冷	启动电容损坏	维修更换气动电容
	空调压缩机不工作	检修或更换
	空气冷凝器损坏	测试制冷剂的压力,检修冷凝器和冷凝管有无破损,若有破损,可以补焊或者更换
	空调散热器损坏	清洁冷凝器,维修或更换
空调不制热	空调加热管不工作	检修或更换
	空调电动机不转动	检修测试电动机
外接电源不能正常接入	电源插头损坏	检修插头的插针有无松动或者更换
电源缺相告警	电源相序检测器损坏	维修或更换
市电油机不能自动切换	双电源切换器损坏	维修或更换
发电机不能自动启动	发电机面板损坏	维修或更换
	自动启动开关损坏	维修或更换
漏电告警	输入电源没有接地	维修或检测
	车载设备漏电	用漏电测试仪逐个设备进行漏电检测
天线不能调整左右、俯仰角	天线左右/俯仰推杆电动机损坏	维修或检测
	天线左右/俯仰限位器或角度传感器损坏	维修检测或更换
微波天线的角度不能调整	微波天线驱动电动机或位置传感器损坏	维修或更换
避雷针不能回收	避雷针驱动电动机或位置传感器损坏	维修或更换
裙厢锁打不开	锁体或是锁扣故障	必要时对锁体进行拆解维修
外接电缆发热	电缆盘旋缠绕或者虚接、松动	进行断电检修

第10章

道路交通维护车

10.1 概述

随着我国公路事业的不断发展，截至 2019 年年底，全国公路总里程达到 501.25 万千米，与此同时道路交通维护车行业也在此过程中发展壮大，这里重点介绍道路交通维护车的两个类型，道路划线车和道路标线清除车。

道路划线车和道路标线清除车是把清除标线的设备优化选型，系统集成在汽车二类底盘上形成的专用汽车。

道路标线是引导交通能够正常运行的重要识别物之一，划设于道路表面，经受日晒雨淋、风雪冰冻，遭受车辆的冲击磨耗，因此对其性能有严格的要求。据统计，我国每年用于道路标线的涂料需求量超过 6 万吨，每年用于道路标线涂料的费用占总设施维修的一半以上。道路划线车和道路标线清除车是道路交通维护行业的重要装备，其作业质量的好坏决定了道路标线的质量，间接影响着交通事故发生的概率。

10.1.1 发展背景

我国的道路交通维护车行业起步较晚，只有几个厂家能够自主研发。其主要原因是道路交通维护行业仍然是劳动密集型作业模式，自动化机械的应用率比较低，多数采用小型的手推式划线机或者标线清除机。近年来，随着国家整体装备水平的提高和人力成本的提高，自动化装备的优势逐渐得以体现，专业的交通维护车具有效率高、质量稳定、作业安全性好等优点，正逐渐被用户接受。

国内的道路标线清除车处于起步阶段，截至 2020 年 5 月，具有工信部公告的仅有 1 款。

10.1.2 发展趋势

道路交通维护车作为刚刚起步的专用汽车，目前已开发了大吨位的划线车和道路标线清除车，其中道路标线清除车采用了高压水射流的上装装置。

道路交通维护车的发展趋势主要表现在以下方面。

（1）加速国产化。昂贵的进口设备和不便的售后维修必然推动国内厂商开发国产设备，以满足我国市场的需求。

（2）车型系列化。现有的大吨位车型适用于主干道、新铺设道路的维护保养，适合小型道路、老旧道路的车辆有待开发。

（3）作业清洁化。标线的作业和清除伴随着标线涂料、污水的飞溅和散落，道路交通维护车要能够同步进行作业清理。

（4）作业环保化。设备的噪声会严重影响作业人员的健康和附近居民的生活质量，因此降低作业噪声，减少对环境的污染也是道路交通维护车的发展趋势。

10.2 用途与简介

10.2.1 用途

道路交通维护车是用于维护交通设施的专用车辆,其功能包括路面标线的铺设和清除、交通标牌的维护和清理、交通指示灯具的维修等。本书介绍的道路交通维护车的功能仅针对路面标线的铺设和清除。

10.2.2 简介

道路划线车和道路标线清除车是较为典型的两种道路交通维护装备,分别对应路面标线的铺设和清除。

1. 道路划线车

道路划线车用于标线的铺设,要求标线干燥时间短,作业车辆操作简单,减少交通干扰,标线铺设后反射性强,色彩鲜明,反光度强,使白天、夜晚都有良好的能见度,并应具有抗滑性和耐磨性,以保证行车安全和使用寿命。道路划线车的性能是保证施工质量的重要因素。

2. 道路标线清除车

道路标线清除车用于清除标线,当原有的标线经过年久风化和车辆轮胎的磨损需要清除时,就需要采用道路标线清除车。如果旧的标线不能彻底清除,或者清除后路面有凹槽等明显伤痕,可能会误导驾驶员或者造成驾驶员判断混乱,从而引发交通事故。因此道路标线清除车的作业质量也是维护交通安全的重要保证。

我国的道路标线清除行业,目前仍然以手推式除线机为主,截至2019年,高等级的道路标线车和道路标线清除车仍然依赖进口,仅少数厂家开始进行国产机型的研发工作。

10.3 道路标线的划线与清除方法

10.3.1 道路标线的划线方法

道路标识线也称为道路标线,是指在道路的路面上用线条、箭头、文字、立面标记、突起路标和轮廓标等向交通参与者传递引导、限制、警告等交通信息的标识。其作用是管制和引导交通,可以与标志配合使用,也可以单独使用。

目前道路标线的划线方法有热熔划线、常温冷漆划线、彩色防滑划线、振荡防滑反光划线和预成型划线。其中,热熔划线是我国道路划线应用最广的划线类型之一。

热熔型标线涂料的主要组成为:合成树脂、玻璃珠、着色颜料、体质填料、添加剂等。利用合成树脂热可塑性的特点,使热熔型涂料具有快干性;利用合成树脂的热熔着性,使标线与路面黏结牢固。涂料中加入添加剂可增加涂层塑性,使涂膜抗沉降、抗污染、抗变色。标线涂料的颜色有黄色和白色2种。白色涂料的主要成分是钛白、氧化锌、锌钡白等,黄色涂料的主要成分是耐热黄铅。涂料的填料对涂膜的机械强度、耐磨性及色相均有影响,其粒径大小对流动性、沉淀性等有影响,同时对表面加工也有影响。

1. 热熔划线工艺

热熔划线的施工流程为:

(1) 将涂料放在热熔机内加热,熔化后,将温度控制在180～220℃,充分搅拌10 min左右,方可进行涂敷施工作业。

(2) 标记位置并测量,按设计图标明的位置和图形在标记的图中涂敷涂料底漆。

(3) 底漆干后方可进行热熔涂料,在涂标线的同时撒布反光玻璃珠,增加夜间识别性,标线厚度为1.5～1.8 mm。

2. 热熔划线的特点

热熔型道路标线的划线方法具有以下几个特点。

(1) 附着力强。道路标线涂料与地面间要有较强的附着性能,这样才能充分保证标线的完整与清晰。然而一般的涂料干燥时间越短,其附着力越差,这就形成了一对矛盾体,所以道路涂料工业的关键技术之一就是如何解决这一问题。

(2) 耐磨寿命长。好的道路标线涂料应具有较长的使用寿命,这样才能保证在较长的时间内,标线保持完整清晰,并能减少多次重复施工所带来的人力、物力上的浪费,以减少对正常交通的阻碍和影响。

(3) 夜间反光性能。现代交通不仅要求昼时效应,也注重夜间效果。夜间反光标线可大大提高夜间行车的安全性,也可提高夜间的行车效率。世界上越发达的国家越注重这一点,其道路夜明化程度越高。

(4) 干燥迅速。道路标线涂料所应用的环境多有不能间断的交通量存在(即使在夜间也存在着一定量的交通流量),因此要求道路涂料尽可能地迅速干燥。根据不同的涂料类型,一般 3~15 min 要求实干通车。对一般涂料来说,这种要求近于苛刻,但它是衡量某种产品能否成为好的道路涂料的先决条件。

(5) 耐水性好。这是要求涂料能长期保持鲜明度,自然老化程度缓慢。

(6) 经济性好。这是要求涂料成本低、售价低。

(7) 绿色环保。在实际涂料的研究生产和使用过程中,只能尽量满足以上要求,但是不可能同时完全满足以上要求,只能有所侧重。

10.3.2 道路标线的清除方法

目前道路标线的清除方法主要有 6 种,包括打磨法、铣刨法、高压水射流法、喷砂法、抛丸法、刷擦法,其在中小型标线清除设备上均有使用。每种清除方法需要借助相应类型的机械来实现,并有各自的特点和适用类型,没有一种清除方法适用于所有类型。这些清除方法的具体特点对比如下。

1. 打磨法

打磨法清除标线是通过打磨型标线清除机来实现的。打磨型标线清除机用发动机带动合金打磨头高速旋转,打磨头在旋转力的作用下与路面的凸起部分磨合,将旧线清除干净。打磨刀头分为 24 齿和 48 齿 2 种,其中 24 齿刀头也叫热熔刀头,多用于打磨热熔标线,48 齿刀头主要用于打磨常温标线。一般情况下,无论是热熔标线还是常温标线,2 种刀头均可使用。硬质合金打磨头可根据路面与标线的情况调整,并根据路面条件调节打磨压力,具有打磨性能好、速度快、操作保养简单等特点。

打磨清除法是一种传统的、目前应用最广的标线清除方法。该方法既适用于水泥混凝土路面,也适用于沥青混凝土路面,可以清除任何厚度、任何涂料的路面标线(常温、加热、熔融)。其主要缺点是对路面有损伤,会在路面上留下明显的磨痕,对渗入表面空隙里的标线涂料不能彻底清除。在平整的路面和密级配的沥青混凝土路面上所留磨痕要浅些,所以这种清除方法更适合于平整密实的路面。另外,该类型机械工作时有震动、噪声较大、尘土较多等缺点。

2. 铣刨法

铣刨法清除路面标线是通过路面铣刨机来实现的。铣削转子是铣刨机的主要工作部件,它由铣削转子轴、刀座和刀头等组成,直接与路面接触,通过其高速旋转的铣刀进行工作而达到铣削的目的。铣刨机上设有自动调平装置,以铣削转子侧盖作为铣削基准面,控制 2 个定位液压缸,使所给定的铣削深度保持恒定;铣鼓总成可根据不同的作业要求快速自由调换,以满足不同的工作宽度及深度要求。用于清除路面标线的路面铣刨机主要有小型路面铣刨机和单人乘驾式路面铣刨机 2 种。

小型路面铣刨机主要用于少量标线的清除,一般铣刨速度为 60 m^2/h。当需要进行大面积清除时,可以多人操作多台机械同时进行。该类型机械尤其适合于交通干扰较多或作业空间受限制的情况,且清除路面标线效果很好。单人乘驾式路面铣刨机需要 1 名作业人员驾驶行进和操作。它设计有特殊的铣刨刀头和铣刨深度精确调控系统。这种机械适合进行大量标线的清除工作,效率高、速度快、效果好。为了减少环境污染和对操作人员身体的伤害,该类型机械还配备有真空吸尘系统。与小型路面标线清除机械相比,该类型机械使用成本较高,机型较大,作业空间受限制,操作难度大,在我国路面标线清除作业中使用较少。

路面铣刨机清除过的路面标线位置一般会造成损伤或留下明显的印痕,易对驾驶员造成迷惑或误导,对安全行车不利。

3. 高压水射流法

高压水射流法是近年来国际上兴起的一项高科技清洗技术。高压水射流清洗已经成为西方发达国家的主流清洗技术,在美国,高压水射流清洗已占到了清洗业的90%。

高压水射流清洗系统是利用经设备增压系统(通常是高压泵)加压的水由喷头射出而形成的高速水射流进行清洗的,所以高压水射流系统一般由超高压水泵或高压水泵、高压软管、喷枪组成。这种水射流有很高的冲击和切削能力。

高压水射流清洗属于物理清洗方法,不存在有害物质排放与环境污染问题,水射流雾化后还能降低作业区的空气粉尘浓度,保护环境。水射流的压力与流量可以方便地调节,因而不会损伤被清洗物的基体。其缺点是:该类型机械工作时产生的水要及时清理,否则有水的路面可能对邻近车道行车带来危险。高压水流会部分进入路面结构内部对路面材料造成破坏,所以这种清除方法比较适合于水泥混凝土路面标线的清除,不太适合沥青混凝土路面,尤其是新铺的沥青类路面标线的清除。另外,表面空隙率高的沥青混凝土路面采用该方法清理后,其路面空隙内仍会残留少量的标线涂料。

4. 喷砂法

喷砂法是通过喷砂机来实现的。喷砂机以压缩空气为动力,形成高速喷射束将喷料(喷丸玻璃珠、钢丸、钢砂、石英砂、金刚砂、铁砂、海砂)高速喷射到被处理表面,由于磨料对路面的冲击和切削作用,使路面标线得以清除。喷砂型道路标线清除机有多种粒度的磨料可以选择使用,能够很容易地清理掉常温标线及粗糙路面凹槽处的标线。

喷砂机一般分为干喷砂机和液体喷砂机两大类。干喷砂机又可分为吸入式和压入式2种。液体喷砂机相对于干式喷砂机来说,最大的特点就是很好地控制了喷砂加工过程中的粉尘污染,改善了喷砂操作的工作环境。液体喷砂机的工作原理是:液体喷砂机是由磨液泵提供动力,通过磨液泵将搅拌均匀的磨液输送到喷枪内。压缩空气作为磨液的加速动力,通过输气管进入喷枪,在喷枪内,压缩空气对进入喷枪的磨液加速,并经喷嘴射出,喷射到被清理的路面而达到清除的目的。采用液体喷砂法时会有液体喷射到路面上,由于液体进入沥青混凝土路面空隙会对路面结构造成破坏,所以不太适用于沥青类路面标线的清除。工作时产生的液体如果得不到及时清理而是在路面上漫流,也会给邻近车道上的行车安全造成威胁。

喷砂法是一种比较理想的路面标线清除方法。干喷砂机既适合于水泥混凝土路面标线的清除,又适合沥青混凝土路面标线的清除。喷砂清除法的速度一般较慢,标线涂料越厚清除的速度越慢,所以不适合进行大量标线的清除。喷砂型道路标线清除机比较大,工作时会占用较宽的路面,所以在路面较窄或交通繁忙的路段使用会对正常行车造成较大干扰,可以采用封闭交通或选择非交通高峰时段进行标线清除。

5. 抛丸法

抛丸清理设备的工作原理是:抛丸机把丸料(钢丸或砂粒)以很高的速度和一定的角度抛射到工作表面上,让丸料冲击工作表面,然后在机器内部通过配套的吸尘器的气流清洗,将丸料和清理下来的杂质灰尘分开回收,回收的丸料被重复循环抛射,以达到清理路面标线的目的。抛丸机配有粉末回收除尘系统,可以做到少尘、少污染施工。抛丸清理设备按其行走形式可分为3种:手推式、车载式和自行式。

抛丸法主要用于水泥混凝土路面上的标线清理,尤其适合于常温标线的清理工作。其特点是抛丸清理过的标线路面摩擦系数会提高,对行车安全有利,而且清除作业中不会产生大量粉尘,尤其适合城市道路上人行道邻近旧线的清除。

6. 刷擦法

用打磨法、铣刨法、抛丸法、喷砂法等清除路面标线时，如果操作人员掌握不好，要么会对路面产生破坏，要么会导致少量标线残留，采用高压水射流法清理后在路面的空隙内也会残留少量的标线涂料。采用刷擦法则不会出现上述问题。刷擦法是通过刷擦型标线清除机来实现的。该类型的路面标线清除机根据其清除工作原理分为加热式、触变式和往返式3种。

加热式标线清除机作业时先将旧标线加热，使标线漆软化，再由紧随其后的钢丝刷盘将被加热软化的旧标线清除掉。其组成结构包括动力装置、传动装置、机架、钢丝刷盘，其中，动力装置和传动装置安装在机架上，钢丝刷盘安装在机架下面，传动装置的输出轴与钢丝刷盘的转动轴相连接。机架上还装有液化气红外加热装置。该机械作业时具有环境噪声小、劳动强度低、操作方便、清除比较彻底、对路面无损坏等优点。

触变式标线清除机采用化学触变剂和钢刷磨头相结合的方式，先在待清除的路面标线上涂抹触变剂，使其与待清除的道路漆充分接触；在触变剂的作用下待清除道路漆在2～10 min即产生渗透、溶胀、起皮、软化、分离、脱落、溶解等物理及化学变化；待触变现象充分完成后，再配合相应的机械设备进行清除，使待清除标线漆与路面完全分离并配合水的清洗，如此循环往复直至彻底清除。

往返式标线清除机主要用于清除路面上不易扫去或吹走的顽固污迹，其对于清除渗入路面空隙的油污和涂料等的效果很好。其组成结构包括电动机、出轴齿轮、轴承、滑轨、偏心拨杆、钢丝刷等。电动机与出轴齿轮连成一体，出轴齿轮在同一轴线上连有联动齿轮，联动齿轮上连接有经轴承拨动滑轨的偏心拨杆（轴），固定在滑轨下的钢架两侧连接有在滑轨导槽中做往返运动的移动轴，滑轨钢架下装有钢丝刷。工作时，钢丝刷在调整弹簧压力的作用下，具有韧性的钢丝可以深入沥青表层空隙中进行往返剔擦动作，从而达到清除油污和标线涂料的目的。采用刷擦法时，通常为了达到彻底清除的目的需要反复刷擦，相对而言速度较慢、效率较低。

路面标线清除方法对比见表10-1。

表10-1 路面标线清除方法对比

序号	清除方法	清除原理	特点及局限性
1	打磨法	打磨机上发动机带动打磨刀头高速旋转磨平路面的凸起部分	操作简单、机动灵活、应用广；路面有磨痕、噪声大、尘土多
2	铣刨法	铣刨机上高速旋转的铣刀与路面接触进行铣削	操作简便、应用广、清除较彻底；有损路面、印痕明显、尘土多
3	高压水射流法	经增压系统加压的水由喷头射出形成高速水射流对路面标线进行冲击和切削	路面无印痕、环保无尘；水有损路面、设备昂贵、有残留
4	喷砂法	喷砂机以压缩空气为动力将喷料高速喷射到路面上，对标线进行冲击和切削	清除较彻底、应用较广；效率较低、有损路面、作业空间要求大
5	抛丸法	抛丸机把丸料高速循环抛射到路面上击碎并回收标线粉末	清除较彻底、效率高；有损路面、噪声较大、有粉尘
6	刷擦法	钢丝刷盘对经加热或触变软化后的路面标线进行刷擦清除	轻便灵活、清除彻底、无损路面；效率较低

10.4 典型产品介绍

10.4.1 18 t 级道路划线车

道路划线车是一种道路划线装备,是在汽车底盘基础上改装的具有划线功能的专用汽车,区别于小型的道路划线机,道路划线车通过操作人员在驾驶内操作,即可完成道路划线工作。

道路划线车具有施工安全性高、施工效率高、施工质量好、投入的作业人员少等特点,可按照客户的实际施工需要选择配置热熔空气喷涂、热熔离心喷涂、热熔挤压、热熔刮涂、高压无气喷涂、双组分挤压、双组分离心喷涂及空气辅助喷涂等喷涂设备。

1. 产品用途与适用范围

18 t 级道路划线车是在载货汽车二类底盘的基础上研发的,上装主要包括动力箱、车厢、划线料架、加热器等专用装置或系统。其特点是长距离划线效率高,适用于新铺设的高速公路、城市主干道等,可以配备多种喷涂系统。

图 10-1 为国内某厂家生产的 18 t 级道路划线车。

图 10-1 18 t 级道路划线车

2. 产品配置

18 t 级道路划线车是一款符合国际划线施工主流机械标准的大型道路划线设备,其主要产品配置如下。

(1) 配置不间断可循环供料的大容量涂料罐和玻璃珠罐,能满足长距离、不间断、大工程量标线工程施工的需求;玻璃珠罐储压干燥系统、不间断循环供料系统及加料口密封固定系统能彻底避免玻璃珠受潮堵枪、施工中玻璃珠断喷及上压慢或压力泄漏等弊端。可自行调整玻璃珠压力及流量的专利玻璃珠喷枪可以满足不同标线类型的玻璃珠喷撒要求。

(2) 配置全进口液压分动(液压驱动)系统,性能稳定、操作方便,能精准控制施工速度,可自如实现低速、定速、匀速行走,确保标线质量;大容量液压油箱、新型冷却系统能确保液压系统在连续运行过程中始终保持较稳定的冷却值,从而提高液压系统的运行寿命。

(3) 采用智能化划线控制系统,在满足用户按照线型标准及施工要求进行精确操控、线型选择输入等基本功能的同时,可根据用户需要增配施工标线数据自动收集与分析系统,以便轻松实现对单位时间内涂料用量、标线长度、施工面积等施工参数的自动收集、测算及打印,以及施工质量(厚度提示等)、实时定位等施工状况的自动评估、警示及打印;高度智能化划线操作系统及高亮度 LED 导向警示屏使其无须配置地面辅助类施工设备和施工人员,施工人力成本低且安全高效。

(4) 整机采取模块化设计,可根据客户的实际需求任意选配热熔型、双组分厚浆型、高压无气喷涂型、空气辅助喷涂型 4 种标线类型中的 1 种或多种,也可以根据客户的个性化需求实现特别定制;整机采用高等级的电泳涂装或复合式电镀处理,其防腐防锈性能卓越。

3. 产品特点

1) 热熔型配置系统

该系统配置 2 个或 3 个容量不同的内置翻滚式自动搅拌系统的卧式涂料罐,采用导热油间接式柴油加热系统及自动温控系统,保证罐内涂料能按照所设定的温度值快速、恒温熔化,且所熔化涂料的结构稳定均匀,不会因加热不足、加热过当或搅拌不匀而影响涂料的内在品质;输料系统结构合理,输料管阻力小、残留少、通畅性好。专利输料系统既能充分保障划线端划线施工时的涂料供应,又可方便、快捷、彻底地清理施工后的输料通道,使整个系统省料、省时、省力、耐用、维护方便。

其中,热熔喷涂型采用专利热熔喷枪,其内环形雾化气道设计使涂料雾化更彻底、标线毛边更小、与地面的黏结性更好。可任意调节标线宽度及标线厚薄(通过分动箱调节并恒定行走速度),克服了普通刮敷式热熔划线机的调节宽度和厚度只能通过更换料斗或调整底刀才能实现的缺点,且二次划线施工前无须清除旧线,既节约了成本又提高了施工效率。

2) 双组分厚浆型配置系统

该系统可通过选配及更换不同系统实现甩涂星点状,或挤压式棋子状、无底排骨状,或有底排骨状、平线状等标线方式,在保证耐磨性、环保性的基础上,增强其疏水性、反光性和压线震荡警示效果,并能有效降低施工成本;配置微电脑控制系统及精密的涂料和固化剂混合系统,实现固化剂输送量、涂料输送量的自动控制,使涂料和固化剂准确配比、混合均匀,以确保划线质量。

其中,甩涂用混合器采用卡扣式安装方式,确保拆卸快捷高效,料斗内置电动蝶形自动搅拌叶,液压搅拌系统扭矩大、运行可靠,确保混合均匀;配有快速清洗系统,方便在施工中对划线系统进行快速清洗,提高施工效率。

3) 高压无气喷涂型配置系统

该系统装备 20 L/min 的国际品牌合金柱塞式泵机,耐磨损、流量大、压力稳定,喷涂压力可在 0～25 MPa 范围内任意调整,以满足用户不同涂料类型、不同标线厚度和宽幅等的需求;变量泵与自动往复式液压油缸完美结合,去除了复杂的电控系统,为涂料泵提供连续、持久、稳定的驱动力;喷枪高度可轻松实现微调,喷涂宽度调节更精准、便捷。

其中,双组分型内混和外混喷枪架复合设计,更方便设备功能切换,专利 X 形内混式混合器使混合更均匀,所施工标线的性能更稳定。

4) 空气辅助喷涂型配置系统

该系统采用内环形雾化气道设计的专利喷枪,使涂料雾化更彻底、涂层更均匀、标线毛边更小、与地面的黏结性更好。可任意调节标线宽度及标线厚薄(通过分动箱调节并恒定行走速度)。配置大流量空压机,吹力强、流量稳定,能充分满足各类高固体分标线涂料的施工需要。

4. 性能参数

18 t 级道路划线车可配备的划线系统的性能参数见表 10-2。

表 10-2 18 t 级道路划线车的性能参数

配置类型	热熔型	双组分厚浆型	高压无气喷涂型	空气辅助喷涂型
划线方式及线型	挤压点状、空气喷涂、离心喷涂、刮敷(震荡、平线)(标配一种)	挤压(点状、水滴状)、离心喷涂(结构甩涂)、重力(无底托排骨)、刮敷(平线、平线+排骨)(标配一种)	喷涂平线	喷涂平线
空压机排量/$(m^3 \cdot min^{-1})$	0.38 或 3.0(空气喷涂)	0.68 或 1.0(挤压)	0.38	3
玻璃珠罐容量/L	600	600	600	—
料罐容量/t	3×2.5	2×3.5	2×3.5	2×3.5
适用的涂料	热熔刮敷类、热熔喷涂类	双组分 98：2/1：1	溶剂型涂料、水性涂料、双组分喷涂型涂料(1：1 或 98：2)	溶剂厚浆型涂料、水性厚浆型涂料

续表

配置类型	热熔型	双组分厚浆型	高压无气喷涂型	空气辅助喷涂型
加热方式	柴油燃烧器加热	—	—	—
保温方式	导热油多层保温	—	—	—
标线宽度/mm	刮敷：50～450（换料斗）；热喷：50～300（可调）	挤压：50～450（换挤压头）；离心、刮敷：50～450（换料斗）	50～1 000（双组分涂料最大喷幅400）	50～300（可调）
标线速度/(km·h^{-1})	刮敷：0～5；热喷：0～4	0～5	0～10	0～5
标线厚度或高度/mm	1.5～2.0（平线）、1.5～4（点状或震荡）	挤压点状：直径20～25、高度2～4；挤压水滴状：直径20～25、高度2～2.5；星点状甩涂：高度1～3；无底托排骨：高度3～4；刮敷：平线厚度1～2，底托排骨高度5～9	0.2～0.4	1.0～1.5

10.4.2　18 t 级道路标线清除车

道路标线清除车属于标线清除行业的大型设备，普遍采用高压水射流清洗的方法，随着水射流技术的提高，高压水的压力可达到1 000 MPa的等级，显著提高了道路标线清除车的性能和作业效率。

道路标线清除车主要用于道路标线的清除作业，具备超高效率、清除彻底、无损路面、同步回收、转场方便、操作简便、耐用性高等特点，具有作业低成本、安全性高的优势。

1. 概述

18 t级道路标线清除车是一款用于道路标线清除的专用车辆，如图10-2所示，它是在优质二类汽车底盘的基础上，系统集成了分动箱、高压清除系统、污水回收系统、水箱、液压系统、气动系统、电气系统等部件改装而成的。该车可用于道路标线的清除，以及有油污或口香糖等顽渍的道路路面、广场等的清洗。为国内道路管理机构及道路专业施工主体高效、无损、环保地清除道路标线提供了高性价比的施工利器。

(a)

(b)

图 10-2　18 t 级道路标线清除车

2. 性能特点

18 t级道路标线清除车的特点主要有：

（1）高压热水清除系统，标线清除彻底，对路面无损伤。

(2) 道路标线清除车左右两侧均安装可调节的清除装置。

(3) 采用液压马达驱动高速旋转式清除装置,高效节能。

(4) 清除装置可以左右移动,对道路左右两侧的标线均可以清除,且全覆盖无死角。

(5) 底盘加装机械液压复合分动箱,可实现低速作业与正常行驶 2 种模式随时切换,作业速度稳定,转场快捷方便。

(6) 配置专利环保污水回收装置,作业现场无粉尘、残渣、污水。

(7) 配置的智能化、可视化操作系统可实时查看系统运行时的各种参数,方便掌握整机的运行状态,具有故障提示报警功能,方便故障排查。

3. 性能参数

18 t 级道路标线清除车的参数见表 10-3。

表 10-3　18 t 级道路标线清除车的参数

项　　目	参　　数
整车尺寸(长×宽×高)/(mm×mm×mm)	6 900×2 360×2 800
最大总质量/kg	18 000
加热器数据	30 MPa、100 kW
分动箱型号	FDX 120
清除装置	单清洗盘(作业面直径 890 mm,可左右移动)
高压水泵	GIANT 35 MPa
作业宽度/mm	890
作业速度/(km·h^{-1})	1～8
底盘型号	DFH1180BX1V
发动机型号	ISD180 50
发动机额定功率/kW	132
轴距/mm	3 650

10.5　道路交通维护车的常见故障及排除方法

道路交通维护车的常见故障及排除方法见表 10-4。

表 10-4　道路交通维护车(划线车)的常见故障及排除方法

故障现象	原　　因	排除方法
油漆喷洒时油滴停止,引起油漆带端部模糊	油漆枪中的针不够干净	拆卸并清洗油漆枪
	电磁阀出口处堵塞引起的故障	清洗电磁阀
油漆枪不喷洒	电子开关故障	检查修理,必要时更换
	电磁阀故障	检查修理,必要时更换
	空气压力不足	升高压力
	油漆枪针故障	拆卸并清洗油漆枪
	油漆枪堵塞	拆卸并清洗油漆枪
	油漆枪喷嘴堵塞	清洗油漆枪喷嘴
油漆带侧边不规则	油漆泵的压力波动严重	油漆黏度过高,用发光剂稀释一下
	油漆泵真空度不足	油漆黏度过高,用发光剂稀释一下
	油漆泵的零部件中,型号为 PN101T178 或 PN100T279 球体损坏	更换损坏的零件
	油漆泵的 V 形密封垫损坏	更换损坏的零件
玻璃珠不能喷洒	电子开关或电磁阀故障	修理并更换
	空气压力不足	升高空气压力
	玻璃珠枪不够清洁	充分清洗玻璃珠枪,使枪针运动更顺畅

续表

故障现象	原　因	排除方法
玻璃珠喷洒间断	玻璃珠潮湿	更换玻璃珠
	有大灰尘堵塞	清理灰尘
玻璃珠喷洒不均匀	玻璃珠潮湿	更换玻璃珠
	玻璃珠枪喷洒护罩安放不合适	调整喷洒护罩在合适的位置
	压缩空气压力不足	增加气压
	强气流	加上防风挡板
油漆温度不增加	油漆加热器中没有水	加水
空气压力不增加	空气泄漏	检查空气管路并阻止空气泄漏
	空气压缩机故障	更换空气压缩机

10.6 选用

道路交通维护车的推广使用，近几年才刚刚开始，由于进口设备价格昂贵、维修保养不方便，国产设备型号相对较少，因此用户的可选择范围很小。对于需要大量划线和除线作业的工况，道路交通维护车的性价比才具有优势。但随着行业的发展，道路交通维护车必将逐渐出现系列化车型，以满足各种类型用户的需求。

第11章

应急热食供应保障车

11.1 概述

应急热食供应保障车是在二类底盘上改制的新一代热食保温运输车辆,主要用于从食堂(热食加工点)至就餐点运送热食。该车具有无人烹饪热食制作、热食保温及运输等功能,解决了应急热食的集中运输等问题,其具有整车性能良好、工作可靠的特点。应急热食供应保障车的配发与使用有助于改善野外作业人员的就餐条件和饮食保障效果,提高饮食保障水平。应急热食供应保障车的外观如图11-1所示。

图11-1　QL5090XXY9KARJ型应急热食供应保障车

11.1.1 功能和特点

应急热食供应保障车主要用于市政工程作业时实现热食的保温、运输和无人烹饪,要求车辆具有密封性能好、操作方便可靠、保温效率高等特点。车辆保温效果好,可以降低操作者的劳动强度,改善工作环境;厢体内置保温供餐箱,对热食进行保温,也可以进行无人烹饪。整个过程仅一人操作便可轻松完成。

随着技术的不断完善、改进和升级,应急热食供应保障车在原有基本功能的基础上不断发展了新的功能,如选用轻便、安全的保温箱,进行无人烹饪热食制作等。

车厢体采用聚氨酯保温胶压式大板结构铆固而成,工艺先进、结构简单、坚固耐用、保温性好,用其装载食物可保持温度。

选用汽车底盘和车厢的尺寸范围、结构符合车辆基型底盘、厢式车的结构和尺寸范围要求。整车部件标准化程度高,操作使用简便,维护方便、可靠性、可维修性好。

11.1.2 分类与用途

应急热食供应保障车按车辆上装可装载的保温箱不同,可分为主食箱、副食箱;按其满足的保障方式不同,可分为热食保温、无人烹饪系统。

市政作业的特点是环境差、就餐时间长、批次多,使用应急热食供应保障车进行饮食保障,机动性能好,保障效率高,可迅速给就餐人员提供热饭、热菜和热汤,是必不可少的装备之一。

11.2 结构原理

应急热食供应保障车由车辆底盘、车厢、保温供餐箱、无人烹饪系统、定位系统和供电系统等组成,其主要结构组成见图 11-2。

应急热食供应保障车的工作原理是通过底盘取力器驱动油泵为车辆上装提供液压动力。在装卸热食保障车的过程中,通过保温箱对热食进行保温,可以通过热水进行无人烹饪制作。

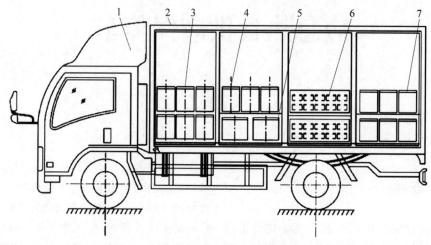

图 11-2 应急热食供应保障车结构示意图
1—底盘;2—车厢;3,4,5—保温供餐箱;6—饭盒;7—汤桶

11.3 总体设计

11.3.1 主要参数的确定

应急热食供应保障车的主要性能参数分为整车结构参数、行驶性能参数及专用性能参数 3 类,分别见图 11-3(图中尺寸单位为 mm)及表 11-1。

整车机构参数主要包括外廓尺寸、整车最大总质量、整车整备质量、整车载质量。

行驶性能参数包括动力性、燃油经济性、制动性、操控稳定性、平顺性及通过性等。行驶性能参数中,有 3 个主要的指标,即最高车速、加速时间及最大爬坡度。

专用性能参数主要包括厢体有效容积、作业噪声、作业燃油消耗量等。

1. 整车尺寸参数的确定

1) 外廓尺寸

外廓尺寸即指整车的长、宽、高,由所选的汽车底盘及上装确定,但最大尺寸要满足规范要求。对于超重或其他一些特殊车辆,属于非公路运输车辆,不在 GB 1589—2016《汽车、挂车及汽车列车外廓尺寸、轴荷及质量限值》标准范围内。

2) 轴距

轴距影响到车辆总长,因为应急热食供应保障车的特殊性,选用底盘的轴距尺寸不得小于 3 000 mm。

3) 轮距

轮距影响车辆总宽、横向通过半径、转向时的通道宽度及车辆的横向稳定性。

4) 前、后悬

应急热食供应保障车的前、后悬直接涉及汽车的接近角和离去角。前悬应满足车辆接近角和轴荷的分配要求。

5) 接近角、离去角

应急热食供应保障车的接近角、离去角直接影响车辆行驶的通过性和安全性。

2. 整车质量参数的确定

1) 最大总质量 m_a

应急热食供应保障车的最大总质量为车辆装备齐全,满载(规定值)货物及乘员时的质

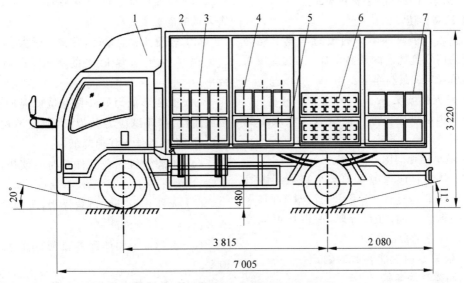

图 11-3 应急热食供应保障车整车尺寸图
1—底盘；2—车厢；3,4,5—保温供餐箱；6—饭盒；7—汤桶

表 11-1 应急热食供应保障车的总体设计参数

序号	参数类型	名称	单位
1	结构参数	外廓尺寸(长×宽×高)	mm×mm×mm
2		整车最大总质量	kg
3		整备质量	kg
4		整车载质量	kg
5	行驶性能参数	额定功率	kW
6		额定扭矩	N·m
7		最高车速	km·h^{-1}
8		加速时间	s
9		最大爬坡度	%
10		最小离地间隙	mm
11		最小转弯直径	m
12		接近角/离去角	(°)
13	专用性能参数	厢体有效容积	m^3
14		作业噪声	dB(A)
15		作业燃油消耗量	kg/(t·km)

量，其计算公式为

$$m_a = m_0 + m_e + m_p \quad (11\text{-}1)$$

式中 m_0——车辆整备质量，kg；

m_e——车辆的载质量，kg；

m_p——乘员质量(按座位数计为 65 kg/人)kg。

应急热食供应保障车的最大总质量不允许超过所采用底盘的最大允许总质量。

2) 整备质量 m_0。

应急热食供应保障车的整备质量为车辆带有全部工作装置及底盘所有附属设备，加满燃油和水，但未载人或载货的整车质量。整备质量是应急热食供应保障车的一项重要设计指标，直接影响车辆的动力性和经济性，在保证车辆安全性能和专用性能的前提下，应尽可能对车辆进行轻量化设计，以减小车辆的整备质量。

3) 载质量 m_e。

应急热食供应保障车的载质量为车辆不算所载规定的乘员，所装载的热食的最大总质量。载质量是应急热食供应保障车的另一项重要设计指标，对于同一底盘，一般在设计时应尽量提高车辆的装载质量，以期达到车辆的最大利用率。

根据车辆运行情况，采用不同载质量的车辆可以提高车辆的利用率。

3. 整车行驶性能参数的确定

1）最高车速

应急热食供应保障车的最高车速不允许超过所采用底盘规定的最高车速，一般直接采用底盘所规定的最高车速。

2）最大爬坡度

应急热食供应保障车的最大爬坡度不允许超过所采用底盘规定的最大爬坡度。

3）最小离地间隙

应急热食供应保障车的最小离地间隙直接影响车辆的通过性能，采用的底盘不同，最小离地间隙也不同，在设计时，一般尽可能靠近所采用底盘的最小离地间隙。

4. 整车专项性能参数的确定

1）厢体有效容积 V

应急热食供应保障车的有效容积是指厢体内保温箱的总容积，不包括推板到厢体前封板之间的容积。应急热食供应保障车的有效容积是设计车辆的主要指标，直接影响车辆的运行和经济性能。

2）作业噪声

应急热食供应保障车的作业噪声是指车辆在作业过程中，底盘及专用装置发出的综合噪声。

11.3.2 整车总体布置

1. 车辆各专用装置的功能简介

1）车厢

（1）车厢是应急热食供应保障车的主要结构件，车厢的功能是容纳尽量多的保温供餐箱，车厢内部容积越大，运载能力越强。

（2）车厢必须有足够的强度，保证车辆行驶在野外的非道路区域，不变形、不开裂。

（3）车厢必须具有保温功能，运输过程中保证餐食温度。

（4）车厢还需要具有杀菌、照明等功能，外观结构还需要方便工作人员操作方便，提高搬运效率。

2）保温供餐箱

食品供餐箱用于餐食转运，要具有以下性能。

（1）保温性能。保证饭菜的温度，提高用餐人员的满意度。

（2）轻便性。质量轻，容积尽量大，工作人员可以单次搬运尽量多的餐食，提高工作效率。

（3）防变形能力好。具有抗低温冲击性、抗翘曲性、抗环境应力开裂性，或经清洗剂清洗后，其使用性能无任何降低。

（4）抗腐蚀性。金属件长时间使用，不能生锈，橡塑件清洗后不变形、不变色。

（5）人性化设计。边角光滑，不能划伤炊事人员，同时便于清洗。

（6）密封性。厢体和盖板密封性好，防止泄漏。

2. 底盘与取力装置的选择

目前，我国的应急热食供应保障车没有采用专用底盘，一般采用通用汽车底盘改装。因此，在设计应急热食供应保障车时，首先需要根据应急热食供应保障车的性能参数确定各部件的质量及尺寸，再初步计算出总质量，并根据应急热食供应保障车各部件的具体布置关系，确定应急热食供应保障车的总体尺寸，最后通过总质量和总尺寸确定合适的底盘型号。底盘确定以后，一些基本结构尺寸便可以通过底盘参数来确定，分别见图 11-4 及表 11-2。

应急热食供应保障车一般选用依维柯公司、庆铃股份公司等生产的二类底盘进行改装，整车设计严格遵守国家的各项安全法规。

3. 轴荷分配计算

轴距是影响专用汽车基本性能的主要尺寸参数。轴距的长短除影响汽车的总长外，还影响汽车的轴荷分配、装载量、装载面积或容积、最小转弯半径、纵向通过半径等，此外，还影响汽车的操纵性和稳定性等。轮距除影响汽车总宽外，还影响汽车的机动性和横向稳定性。应急热食供应保障车的轴载质量是根据公路运输车辆的法规限值和轮胎负荷能力确定的，见表 11-3。各类专用汽车的轴载质量限值参见 JTG B01—2014《公路工程技术标准》。

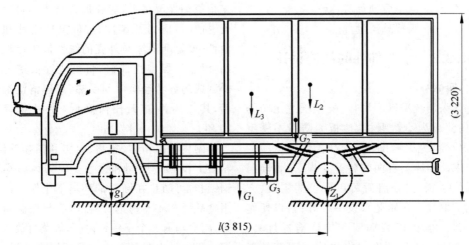

图 11-4 应急热食供应保障车整体受力分析图

表 11-2 应急热食供应保障车底盘配置

序号	名称	底盘最大总质量 M/kg	底盘轴距 /mm	取力器输出扭矩 /(N·m)
1	3.5 m³ 上装	$5\,300 \leqslant M < 6\,500$	3 360	≥180
2	4.5 m³ 上装	$6\,500 \leqslant M < 7\,500$	3 100~3 360	≥180
3	6 m³ 上装	$9\,500 \leqslant M < 10\,500$	3 800~3 815	≥250
4	8 m³ 上装	$15\,500 \leqslant M < 16\,500$	3 800	≥450

表 11-3 应急热食供应保障车的轴荷分配

汽车的最大总质量/kg	≤10 000	≤15 000	≤20 000	≤30 000
前轴载质量/kg	≤3 000	≤5 000	≤7 000	≤6 000
后轴载质量/kg	≤7 000	≤10 000	≤13 000	≤24 000

(1) 已知底盘整备质量 G_1，底盘前轴负荷 g_1，底盘后轴负荷 Z_1，上装部分质心位置 L_2，上装部分质量 G_2，整车装载质量 G_3（含驾驶室乘员），装载货物的质心位置 L_3（水平质心位置），轴距 l。

(2) 上装部分轴荷分配计算（力矩方程式）：

$$g_2 l = G_2 L_2 \tag{11-2}$$

则

$$g_2 = \frac{G_2 L_2}{l} \tag{11-3}$$

所以有：

$$Z_2 = G_2 - g_2 \tag{11-4}$$

式中　g_2——上装部分前轴负荷，kg；
　　　Z_2——上装部分后轴负荷，kg。

(3) 装载质量轴荷分配计算：

$$g_3 l = G_3 L_3 \tag{11-5}$$

则

$$g_3 = \frac{G_3 L_3}{l} \tag{11-6}$$

所以有：

$$Z_3 = G_3 - g_3 \tag{11-7}$$

式中　g_3——整车装载质量的前轴负荷，kg；
　　　Z_3——整车装载质量的后轴负荷，kg。

(4) 空车轴荷分配计算：

$$g_空 = g_1 + g_2 \tag{11-8}$$

$$Z_空 = Z_1 + Z_2 \tag{11-9}$$

$$G_空 = g_空 + Z_空 \tag{11-10}$$

式中　$g_空$——空车前轴负荷，kg；
　　　$Z_空$——空车后轴负荷，kg；
　　　$G_空$——空车整备质量，kg。

(5) 满车轴荷分配计算：

$$g_满 = g_空 + g_3 \tag{11-11}$$

$$Z_满 = Z_空 + Z_3 \tag{11-12}$$

$$G_满 = g_满 + Z_满 \tag{11-13}$$

式中　$g_满$——满车前轴负荷，kg；

$Z_满$——满车后轴负荷,kg;
$G_满$——满载总质量,kg。

11.3.3 主要部件的结构设计

1. 厢体

厢体采用统型系列厢体,外蒙板选用防锈铝板,内蒙板为不锈钢板,地板为防滑不锈钢板,保温材料为聚氨酯泡沫,符合食品运输的卫生要求。厢体左右两侧各开4扇门,每扇门装有限位装置,门开启后可以限位固定,以方便饭箱的取放。车厢尾部设一外开门,以便作业人员进入舱内安装搁架和检修消毒灯具。车厢顶部沿纵中轴线布置有内饰照明灯及消毒灯,车厢底部设置4个地漏,方便清洗车厢和排放水枪或水杯洒落的漏水。

2. 保温供餐箱

保温供餐箱采用先进的滚塑成型工艺和高效保温技术制造,箱盖和箱体外壳采用线性低密度聚乙烯(LLDPE)材料一体成型,中间填充聚氨酯保温材料,能够提高箱体和箱盖的强度、抗环境应力开裂性、抗低温冲击性和抗翘曲性。聚氨酯泡沫与外壳的线性低密度聚乙烯结合性好,保温性能好,将由线性低密度聚乙烯制成的容器经短时间受热,或经清洗剂清洗后,其使用性能无任何降低,使用寿命超过20年。

副食箱由箱体、箱盖、内胆和锁扣等组成,箱盖上设有平压阀和提手。锁扣为海洋不锈钢锁扣,可防止在潮湿的环境下生锈。内胆采用食品级304不锈钢材料,内胆与保温箱可分离,副食箱有2个不锈钢内胆,饭菜可放入不锈钢内胆内。内胆各角边均采用圆导角设计,侧壁具有一定的倾斜度,以防止尖角划伤外壳内壁和伤及炊事人员,方便清洗。箱盖上安放食品级硅橡胶密封条,可实现不锈钢内胆的饭菜密封,防止泄漏,如图11-5所示。

主食箱与副食箱外形尺寸相同,结构相似,但只有一个不锈钢内胆,如图11-6所示。

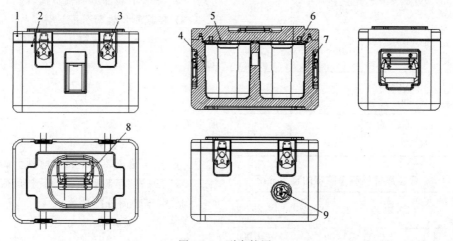

图 11-5 副食箱图

1—副食箱上盖;2—副食箱箱体;3—锁扣;4—副食箱内胆;5—内胆盖;
6—硅胶垫片;7—把手;8—提手;9—透气阀

3. 消毒灯

厢体顶部安装有紫外线消毒灯,用于厢体内部的消毒。安装紫外线消毒灯的数量为平均每立方米不少于1.5W,照射时间不少于30 min。

4. 供电系统

供电系统由底盘发电机经逆变电源供电,逆变电源的功率为300 W,可同时为舱内的4盏消毒灯和2盏照明灯供电。

5. 定位系统

利用GPRS网络进行远程传输数据,可实现PC端及移动端远程查询温度数据及监控车辆的位置;GPS定位模块在保证GPRS信号丢

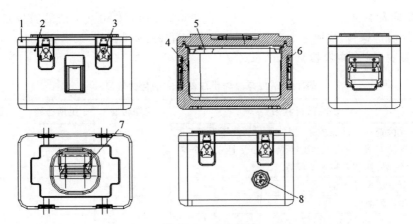

图 11-6 主食箱图

1—主食箱上盖；2—主食箱箱体；3—锁扣；4—主食箱内胆；5—内胆盖；6—把手；7—提手；8—透气阀

失的情况下，可实时定位车辆的位置。由此实现热食温度的远程监控。

11.4 试验与检验

11.4.1 专业性能试验与检验

（1）外观质量，采用目测检验。

（2）整车外廓尺寸，满足 GB/T 12673—2019《汽车主要尺寸测量方法》中测量长、宽、高的要求执行。

（3）整备质量，整车按规定装备齐全，处于行驶准备状态，进行整车整备质量测定。试验满足 GB/T 12674—1990 的要求。

（4）质心，样车按规定装备齐全，处于行驶准备状态。试验满足 GB/T 12538—2003 的要求。

（5）静侧翻稳定性，样车按规定装备齐全，处于行驶准备状态。试验满足 GB/T 14172—2021 的要求。

（6）最高车速，满足 GB/T 12544—2012 的要求。

（7）加速性能，满足 GB/T 12543—2009 的要求。

（8）制动性能，满足 GB/T 12676—2014 的要求。

（9）最小转弯直径，满足 GB/T 12540—2009 的要求。

（10）陡坡通过性能，满足 GB/T 12539— 2018 的要求。

（11）供餐箱的有效容积，通过满载装水称重方式测定保温箱的有效容积。

（12）行驶可靠性。

① 定型试验按 GB/T 12678—2021 的标准进行可靠性行驶检验。

② 出厂检验以底盘最高时速进行行驶检验。在 4 级以上公路行驶 50 km，行驶过程中制动不少于 2 次。上装设备应牢固、可靠，无松脱渗漏现象。

（13）安全性，满足 GB 4706.1—2005 中测定耐电压、绝缘电阻的要求。

（14）人机工程，行驶及作业时噪声测定须满足 GB 16170—1996 的要求。系统正常作业时，对距主操作面 1 m、距地面高度 1.5 m 处的作业噪声值进行测定，要求设备作业噪声不大于 80 dB(A)。

11.4.2 检验规则

产品的检验分为例行检验、定型检验和定期确认检验。

（1）每辆车均应进行例行检验，经质量检验部门检验合格并签署产品合格证书后方可出厂。出厂检验项目按表 11-4 的规定进行。

（2）定型检验，按照应急热食供应保障车检验项目表规定的内容检验，其余均按 QC/T 252—1998《专用汽车定型试验规程》的标准执行,试验项目见表11-4。

(3) 定期确认检验,按照应急热食供应保障车检验项目表规定的内容检验,其余按 ZB/T 50002—1987《专用汽车产品质量定期检查试验规程》的标准执行,技术参数见表11-5。

表11-4 应急热食供应保障车的检验项目

序号	检验项目和内容	定型检验	定期检验	出厂检验
1	外观检查——油漆质量、焊接质量;液压系统、电气系统布置的合理性及操纵的方便性;安全装置、润滑、铭牌及三漏等情况	△	△	△
2	整车外廓尺寸测量	△	△	△
3	车厢容积测量	△		
4	质量参数(包括重心位置)测量	△	△	△
5	滑行试验	△		
6	最低稳定车速试验	△		
7	最小转弯直径	△	△	
8	灯光信号	△	△	
9	最高车速试验	△	△(最高挡)	
10	加速试验	△	△	
11	爬坡试验(陡坡)	△	△	
12	制动性能试验(冷态)	△	△	△
13	燃料消耗试验	△	△	
14	噪声测定	△	△	
15	坡道作业试验	△		
16	道路行驶试验	△	△	
17	后门启闭性能	△	△	△

注:△为检验项目。

表11-5 典型应急热食供应保障车的技术参数

项目		参数值		
		QL5090XXY9KARJ	QL5090XXY9KAR	QL5101XXY9KARJ
尺寸参数	长/mm	7 005	7 005	7 005
	宽/mm	2 396,2 346	2 396,2 346	2 396,2 346
	高/mm	3 220,3 395	3 220,3 395	3 220,3 280,3 395,3 450
	前悬/后悬/mm	1 110/2 080	1 110/2 080	1 110/2 080
	轴距/mm	3 815	3 815	3 815
	最小离地间隙/mm	480	480	480
	接近角/离去角/(°)	20/11	20/11	20/11
质量参数	整备质量/kg	4 320,4 355	4 320,4 355	4 420,4 455
	载质量/kg	4 800,4 765	4 800,4 765	5 360,5 325
	最大总质量/kg	9 315	9 315	9 975
性能参数	额定乘员/人	3	3	3
	最高车速/(km·h^{-1})	110	110	110
底盘	型号	QL11019LARY	QL10909KARY	QL11019KARY
	排放标准	国V	国V	国V

续表

项　目		参　数　值		
		QL5090XXY9KARJ	QL5090XXY9KAR	QL5101XXY9KARJ
发动机	型号	4HK1-TC51	4HK1-TC51	4HK1-TC51
	额定功率/(kW/(r·min^{-1}))	139/2 600	139/2 600	139/2 600

11.5　常见故障及排除方法

应急热食供应保障车的常见故障及排除方法见表11-6。

表11-6　应急热食供应保障车的常见故障及排除方法

序号	故障现象	故障原因	排除方法
1	车辆轮胎瘪了	胎压不足	及时充气,保持胎压,不但省油且延长使用寿命
2	车辆玻璃清洗器不工作	清洗液不足或管路堵塞	添加清洗液;用大头针疏通管路
3	车辆水温过高	冷却液不足	补充冷却液
4	保温供餐箱的保温效果变差	密封条破损或脱落	更换新的密封条;重新安装密封条到位
5	保温供餐箱打不开	箱内气压低于外界气压	打开透气阀门放气,平衡内外压差
6	保温供餐箱的搭扣转动不灵活	偏心轮处接触较紧	加些润滑剂
7	保温供餐箱提手松动	固定提手的紧固件松动	重新拧紧紧固件

11.6　选用

应急热食供应保障车的选用原则应从以下几方面考虑:

(1)作业环境。应急热食供应保障车在野外市政作业下保障热食,气候温度差异很大,冬季和夏季的保障要求也不同,要求在选用时考虑气候差异。

(2)作业效率。保温箱的尺寸决定了卸载的方便性,可以根据保障人数确定其容积大小。

(3)经济性。根据应急热食供应保障车的产量选用总质量和厢体容积适中的应急热食供应保障车,有利于提高应急热食供应保障车运行的经济性。

(4)安全性。小吨位的应急热食供应保障车较大吨位的应急热食供应保障车灵活,盲区较小,安全性较高,适用于中心城区人口较密集的区域作业;大吨位的应急热食供应保障车适用于城市外围及郊区等区域作业。

应急热食供应保障车由于吨位及热食保温箱的容积不同,价格差异较大,选购时一定要注意根据作业范围及食物量合理选择应急热食供应保障车的数量及车型,以做到物尽其用。

11.7　发展方向

在当今信息时代,数字化作业方式已经代替了传统的人工感觉作业,所以应急热食供应保障车也应适应这种现代化生产的需要,从而更方便地为人类所用。对其要求可以概括为以下几个方面:

（1）提高自动化水平。采用信息控制技术，并具有装载量检测控制和运动机构安全报警装置，保证操纵灵活、轻便，专用机构安全、可靠。

（2）人性化设计。降低操作人员的劳动强度，提高工作效率，使工作更符合人体工程学。

（3）智能化操作。在车辆安装称重系统，以及信息储存、发送、打印、监控等一整套信息化系统，能够及时测出每箱食物的量，汇总每个收集点所收集的食物总量，并对这些信息进行计算处理，便于科学管理和监督。车辆安装手持终端，可以精确统计各施工的保障信息并进行汇总。

（4）美观化设计。改变过去只注重实用的观念，使车辆整体外观变得好看，从而使之完全融入城市中，形成一道流动的风景线。

（5）多样化形式。应一些就餐人员的要求，设计不同功能的保温箱，可以满足不同的餐谱供应。

（6）作为特殊用途车辆，经常行驶在狭窄的街道及复杂的路面上，设计中着重考虑车辆的转向灵活性和通过能力，降低整车整备质量，提高载质量利用系数。

（7）应急热食供应保障车应具有箱桶清洗及消毒装置，热食卸载后，应立即清洗。

第12章

应急饮水供应保障车

12.1 概述

应急饮水供应保障车主要用于野外作业时,为各流动作业点供应冷、热饮用水。该车的配发与使用,有助于改善野外作业人员的就餐条件和饮水保障效果。应急饮水供应保障车是在二类底盘上改制的新一代直饮水供应、热水供应运输车辆,如图12-1所示,具有饮用水净化、饮水加热保温及运输等功能,解决了市政作业、抗震救灾、野外施工等情况下的饮用水保障等问题。

图12-1 QL5090XXY9KARJ型应急饮水供应保障车

12.1.1 功能和特点

应急饮水供应保障车要求车厢密封性能好、操作方便、安全可靠,具有加热效率高、保温效果好等特点,可改善工作环境,降低操作者的劳动强度。

车厢体采用聚氨酯保温胶压式大板结构铆固而成,工艺先进、结构简单、坚固耐用、保温性好;应用新型净化技术,净化效果明显。

整车所需底盘和车厢的尺寸,设计时要符合厢式车的结构设计要求。整车部件标准化程度高,操作使用简便,维护方便,可靠性、可维修性好。

随着技术的不断完善、改进和升级,应急饮水供应保障车在原有基本功能的基础上不断发展新的功能,如选用轻便、安全的开水炉和控制系统等。

12.1.2 分类与用途

应急饮水供应保障车按车辆上装设备不同,可分为热水保障车、直饮水保障车;按照保障的地区不同,可分为高海拔保障车(带压力加热容器)、低海拔保障车。

野外作业的特点是环境差,远离饮用水源,作业时间长,饮水供应量大,批次多。使用应急饮水供应保障车进行饮水保障,机动性能好,保障效率高,可迅速为施工人员提供热水、直饮水,是野外作业必不可少的装备之一。

12.2 结构原理

应急饮水供应保障车由车辆底盘、车厢、燃油开水炉、保温水箱、定位系统和控制系统组成。其主要结构组成见图12-2。

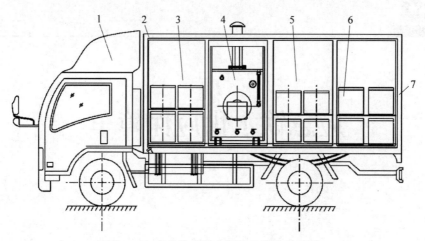

图 12-2　应急饮水供应保障车结构示意图

1—底盘；2—车厢；3,5,6—保温水箱；4—开水炉；7—发电机组

应急饮水供应保障车的工作原理是将冷水管快插接头的一端与水源相连，另一端与左下部的冷水快插接头相连，选择电源和功能开关，按启动键（驾驶室控制台和开水炉控制面板均可操作）。系统启动后，PLC 根据开水炉和水箱水位传感器的状态依次开启冷水上水电磁阀，向燃油开水炉和补水箱中注入冷水，水位到达上限水位后自动停止注水。

12.3　总体设计

12.3.1　主要参数的确定

应急饮水供应保障车的主要性能参数分为整车结构参数、行驶性能参数及专用性能参数 3 类，分别见图 12-3（图中尺寸单位为 mm）及表 12-1。

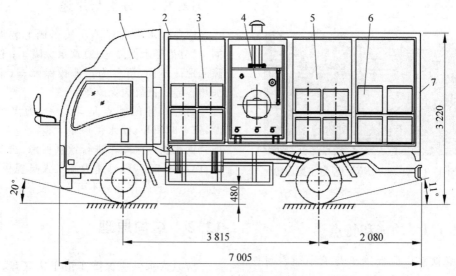

图 12-3　应急饮水供应保障车整车尺寸图

1—底盘；2—车厢；3,5,6—保温水箱；4—开水炉；7—发电机组

表 12-1　应急饮水供应保障车的总体设计参数

序号	参数类型	名称	单位
1	结构参数	外廓尺寸（长×宽×高）	mm×mm×mm
2		整车最大总质量	kg
3		整备质量	kg
4		整车载质量	kg
5	行驶性能参数	额定功率	kW
6		额定扭矩	N·m
7		最高车速	km·h^{-1}
8		加速时间	s
9		最大爬坡度	%
10		最小离地间隙	mm
11		最小转弯直径	m
12		接近角/离去角	(°)
13	专用性能参数	厢体有效容积	m^3
14		作业噪声	dB(A)
15		开水炉容积	L
16		发电机功率	kW

整车机构参数主要包括外廓尺寸、整车最大总质量、整备质量、整车载质量。

行驶性能参数包括动力性、燃油经济性、制动性、操控稳定性、平顺性及通过性等。行驶性能参数中，有 3 个主要的指标，即最高车速、加速时间及最大爬坡度。

专用性能参数主要包括厢体有效容积、作业噪声、作业燃油消耗量开水炉容积、发电机功率等。

应急饮水供应保障车的整车尺寸、质量和行驶性能的参数确定可参考 11.3.1 节应急热食供应保障车的相关内容。

12.3.2　整车总体布置

1. 车辆各专用装置的功能简介

1) 车厢

车厢是应急饮水供应保障车的主要结构件，车厢的功能是提供尽量大的空间，内部容积越大，运载能力越强。

车厢必须有足够的强度，保证车辆行驶在野外的非道路区域，不变形、不开裂。

车厢必须具有保温功能，减少水的热量流失，节约燃料和能源。

车厢还需要具有杀菌、照明等功能，外观结构还需要方便工作人员操作方便，提高搬运效率。

2) 保温水箱

上开盖的保温水箱可用于保存、运输和供应饮水送往餐厅、大厦、郊区或餐饮服务中心。保温性能是保温水箱的核心功能，无论热储或冷藏均可保持温度。部分型号的保温水箱还能进行短途搬运。

3) 燃油开水炉

燃油开水炉是提供开水的核心装备，通过柴油燃烧的热量生产热水。由于车载使用，其结构坚固，不会因为车辆的振动而产生裂纹，并通过在线监控装置，保证水温在控制范围内。

燃油开水炉具有保温的功能，减少热量的损失。燃油开水炉还具有保证卫生的功能，可以检测水垢的含量，与水路相关的材料都是耐腐蚀材质。

4) 反渗透净水装置

反渗透净水装置的功能是过滤水中的杂物，包括杂质、重金属、有机物、病菌、铁锈、胶体、放射性离子、无机离子、农药、水碱等，保证了饮用水的健康与安全。

2. 底盘与取力装置的选择

目前，我国的应急饮水供应保障车没有采用专用底盘，一般采用通用汽车底盘改装。详细内容可参考 11.3.2 节应急热食供应保障车的相关内容。

3. 轴荷分配计算

应急饮水供应保障车的轴载质量是根据公路运输车辆的法规限值和轮胎负荷能力确定的，详细的轴荷分配计算可参考 11.3.2 节应急热食供应保障车的相关内容。

12.3.3　主要部件的结构设计

1. 厢体

厢体采用统型系列厢体，外蒙板选用防锈

铝板,内蒙板为不锈钢板,地板为防滑不锈钢板,保温材料为聚氨酯泡沫,符合食品运输的卫生要求。厢体左右两侧各开4扇门,每扇门装有限位装置,门开启后可以限位固定,以方便保温水箱的取放。车厢尾部设一外开门,以便作业人员进入舱内安装搁架和检修消毒灯具。车厢顶部沿纵中轴线布置内饰照明灯及消毒灯,车厢底部设置4个地漏,方便清洗车厢和排放水枪或水杯洒落的漏水。

2. 保温水箱

保温水箱是由箱体、箱盖、水龙头、抬把手和锁扣等组成。水箱箱盖和箱体外壳采用线性低密度聚乙烯(LLDPE)材料一体成型,中间填充聚氨酯保温材料,箱盖上装有食品级硅橡胶密封条,可实现水箱内水的密封,不会发生泄漏,如图12-4所示。

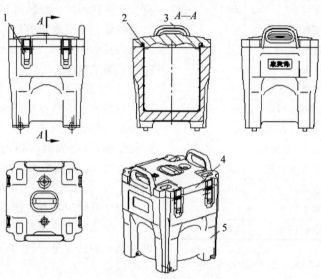

图12-4 保温水箱示意图
1—锁扣;2—密封条;3—提手;4—箱盖;5—箱体

3. 燃油开水炉

燃油开水炉为常压、卧式、内燃、二回程的热水开水炉,设计燃料为柴油,上出烟,侧面进水,并配有排污口、溢流口、温水出口和热水出口,炉体上部有通大气口。开水炉设置水位计、高水位探头、低水位探头、水温探头和水垢在线监控装置。开水炉内胆采用食品级不锈钢制造,隔热材料为聚氨酯,采用独特的结构解决了传统不锈钢车载开水炉易产生裂纹的问题。燃油开水炉的结构如图12-5所示。

为提高开水炉的自持能力和热效率,增加了补水箱。补水箱主要由箱体、水泵、热交换盘管等组成,还配有进水口、排污口、溢流口和清污口,清污口上设有手动加水口,可以直接加水。补水箱上设置水位计、高水位探头、低水位探头。开水在补水箱中冷却,可实现开水

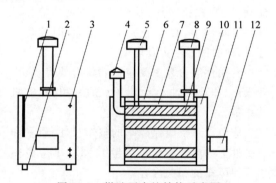

图12-5 燃油开水炉结构示意图
1—水位计;2—底座钢梁;3—管接件;4—加水漏斗;5—大气连通管;6—保温层;7—烟道;8—烟囱;9—炉胆;10—壳体;11—外装饰板;12—燃烧机

即饮功能。采用冷热水热交换法,利用热交换盘管内开水与补水箱中水的温差,经过充分热交换进行降温,再把补水箱中的温水泵入开水

炉烧开,提高了经济性和效率。

4. 反渗透净水系统

反渗透净水系统采用膜处理技术,以压力差为推动力,从溶液中分离出溶剂。对膜一侧的料液施加压力,当压力超过其渗透压时,溶剂就会逆着自然渗透的方向反向渗透,从而在膜的低压侧得到透过的溶剂,即渗透液;在高压侧得到浓缩的溶液,即浓缩液(废水),这样可以降低水的硬度。反渗透原理如图12-6所示。

图12-6 反渗透原理示意图

5. 控制系统

控制系统对开水炉和补水箱进行自动控制、检测和调节。当开水炉工作中出现异常时,控制系统控制可控温燃油开水炉停机或执行保护性操作,并发出报警信号,其主要功能是控制和保护可控温燃油开水炉的正常运行。

1) 主要功能

温度范围为 $0\sim99℃$;水垢报警;水位检测、显示:水位计显示水位高低并配有高水位和低水位探头,有开水炉缺水指示和补水箱缺水指示;显示运行状态和故障信息。

2) 技术指标

工作电源 AC 220 V×(1±10%)、50 Hz,空载消耗功率≤4 W,使用相对湿度≤90%,测温精度 ±1℃。

6. 定位系统

利用 GPRS 网络进行远程传输数据,可实现 PC 端及移动端远程查询温度数据及监控车辆的位置;GPS 定位模块在保证 GPRS 信号丢失的情况下,可实时定位车辆位置。由此实现热水温度的远程监控。

12.4 试验与检验

12.4.1 专业性能试验与检验

(1) 外观质量。采用目测检验。

(2) 整车外廓尺寸,满足 GB/T 12673—2019《汽车主要尺寸测量方法》中测量长、宽、高的要求执行。

(3) 整备质量,整车按规定装备齐全,处于行驶准备状态,进行整车整备质量测定。试验满足 GB/T 12674—1990 的要求。

(4) 质心,样车按规定装备齐全,处于行驶准备状态。试验满足 GB/T 12538—2003 的要求。

(5) 静侧翻稳定性,样车按规定装备齐全,处于行驶准备状态。试验满足 GB/T 14172—2021 的要求。

(6) 最高车速,满足 GB/T 12544—2012 的要求。

(7) 加速性能,满足 GB/T 12543—2009 的要求。

(8) 制动性能,满足 GB/T 12676—2014 的要求。

(9) 最小转弯直径,满足 GB/T 12540—2009 的要求。

(10) 陡坡通过性能,满足 GB/T 12539—2018 的要求。

(11) 保温水箱的有效容积,通过满载装水称重方式测定保温箱的有效容积。

(12) 燃油开水炉的性能。

满足 GB 4706.36—2014 中对可控温燃油开水炉装水容积偏差、加热时间、出水温度、出水流量测定、保温时间、热效率和油耗检验的要求。

(13) 行驶可靠性。

① 定型试验按 GB/T 12678—2021 的标准进行可靠性行驶检验。

② 出厂检验以底盘最高时速进行行驶检验。在 4 级以上公路行驶 50 km,行驶过程中制动不少于 2 次。上装设备应牢固、可靠,无松脱渗漏现象。

(14) 安全性,满足 GB 4706.1—2005 中测

定耐电压、绝缘电阻的要求。

12.4.2 检验规则

产品的检验分为例行检验、定型检验和定期确认检验。

(1) 每辆车均应进行例行检验,经质量检验部门检验合格并签署产品合格证书后方可出厂。出厂检验项目按表12-2的规定进行。

(2) 定型检验,按照应急饮水供应保障车检验项目表的内容检定,其余满足QC/T 252—1998《专用汽车定型试验规程》的标准执行,试验项目见表12-2。

(3) 定期确认检验,按照应急饮水供应保障车检验项目表的内容检定,其余按ZBT 50002—1987《专用汽车产品质量定期检查试验规程》的标准执行,技术参数见表12-3。

表12-2 应急饮水供应保障车的检验项目

序号	检验项目和内容	定型检验	定期检验	出厂检验
1	外观检查——油漆质量、焊接质量;液压系统、电气系统布置的合理性及操纵的方便性;安全装置、润滑、铭牌及三漏等情况	△	△	△
2	整车外廓尺寸测量	△	△	△
3	车厢容积测量	△		
4	质量参数(包括重心位置)测量	△	△	△
5	滑行试验	△		
6	最低稳定车速试验	△		
7	最小转弯直径	△	△	
8	灯光信号	△	△	
9	最高车速试验	△	△(最高挡)	
10	加速试验	△		
11	爬坡试验(陡坡)	△		
12	制动性能试验(冷态)	△	△	△
13	燃料消耗试验	△		
14	噪声测定	△	△	
15	坡道作业试验	△		
16	道路行驶试验	△	△	
17	后门启闭性能	△	△	△
18	燃油开水炉加热时间	△	△	
19	燃油开水炉出水温度	△	△	
20	燃油开水炉保温时间	△	△	

注:△为检验项目。

表12-3 典型饮用水保障车的技术参数

项 目		参 数 值		
		QL5090XXY9KARJ	QL5090XXY9KAR	QL5101XXY9KARJ
尺寸参数	长/mm	7 005	7 005	7 005
	宽/mm	2 396,2 346	2 396,2 346	2 396,2 346
	高/mm	3 220,3 395	3 220,3 395	3 220,3 280,3 395,3 450
	前悬/后悬/mm	1 110/2 080	1 110/2 080	1 110/2 080
	轴距/mm	3 815	3 815	3 815
	最小离地间隙/mm	480	480	480
	接近角/离去角/(°)	20/11	20/11	20/11

续表

项　目		参　数　值		
		QL5090XXY9KARJ	QL5090XXY9KAR	QL5101XXY9KARJ
质量参数	整备质量/kg	4 320,4 355	4 320,4 355	4 420,4 455
	载质量/kg	4 800,4 765	4 800,4 765	5 360,5 325
	最大总质量/kg	9 315	9 315	9 975
性能参数	额定乘员/人	3	3	3
	最高车速/(km·h^{-1})	110	110	110
底盘	型号	QL11019LARY	QL10909KARY	QL11019KARY
	排放标准	国 V	国 V	国 V
发动机	型号	4HK1-TC51	4HK1-TC51	4HK1-TC51
	额定功率/(kW/(r·min^{-1}))	139/2 600	139/2 600	139/2 600

12.5　常见故障及排除方法

应急饮水供应保障车的常见故障及排除方法见表12-4。

表12-4　应急饮水供应保障车的常见故障及排除方法

序号	故障现象	故障原因	排除方法
1	车辆轮胎瘪了	胎压不足	及时充气,保持胎压,不但省油而且可以延长使用寿命
2	车辆玻璃清洗器不工作	清洗液不足或管路堵塞	添加清洗液;用大头针疏通管路
3	车辆水温过高	冷却液不足	补充冷却液
4	保温水箱保温效果变差	密封条破损或脱落	更换新的密封条;重新安装密封条到位
5	保温水箱搭扣转动不灵活	偏心轮处接触较紧	加些润滑剂
6	开水炉水龙头滴水	密封圈有异物或损坏	清洗密封圈;更换新的密封圈

12.6　选用

应急饮水供应保障车的选用原则应从以下几方面考虑：

（1）作业环境。应急饮水供应保障车在野外市政作业下保障热水，气候温度差异很大，冬季和夏季的保障要求也不同，要求在选用时考虑气候差异。

（2）作业效率。保温水箱的尺寸决定了卸载的方便性，可以根据保障人数确定容积大小。

（3）经济性。根据应急饮水供应保障车的产量选用总质量和厢体容积适中的应急饮水供应保障车，有利于提高应急饮水供应保障车运行的经济性。

（4）安全性。小吨位的应急饮水供应保障车较大吨位的应急饮水供应保障车灵活，盲区较小，安全性较高，适用于中心城区人口较密集的区域作业；大吨位的应急饮水供应保障车适用于城市外围及郊区等区域作业。

应急饮水供应保障车由于吨位及保温水箱的容积不同，价格差异较大，选购时一定要注意根据作业范围及水量合理选择应急饮水供应保障车的数量及车型，以做到物尽其用。

12.7 发展趋势

(1) 自动化趋势。采用信息控制技术,并具有装载量检测控制和运动机构安全报警装置,保证操纵灵活、轻便,专用机构安全、可靠。应用电子控制技术,集点火、燃烧、监控于一体,实现全自动程序控制。炉体上部设置水位计、高水位探头、低水位探头、水温探头、温度自动监控、信号显示、自动报警及过载保护等,形成了供热、温控全方位自动监控一体化。通过对燃烧器及开水炉各种传感信号的采集分析和运算实现自动控制。

(2) 轻量化趋势。作为特殊用途车辆,经常行驶在狭窄的街道及复杂的路面上,设计时应着重考虑车辆的转向灵活性和通过能力,降低整车整备质量,提高载质量利用系数。

(3) 洁净化趋势。应急饮水供应保障车应防止水垢,加强水垢的在线监测,并且应具有箱桶清洗及消毒装置,在热水卸载后,应立即清洗。

(4) 数字化趋势。车辆安装手持终端,可以精确统计各施工的保障信息并进行汇总。

(5) 人性化设计。降低操作者的劳动强度,提高工作效率,使操作更符合人机工程学。

(6) 美观化设计。改变过去只注重实用的观念,使车辆整体外观变得好看,从而使之完全融入城市中,形成一道流动的风景线。

(7) 多样化形式。根据市政施工地区的不同、施工季节的不同,设计不同功能的设备,可以满足不同的水供应要求。

第13章

应急综合饮食供应保障车

13.1 概述

应急综合饮食供应保障车是在二类底盘上改制的新一代直饮水供应、热水供应、热食供应运输车辆,如图13-1所示。该车具有饮用水净化、饮水加热保温、无人烹饪热食制作、热食保温及集中运输等功能,解决了市政作业、抗震救灾、野外施工等情况下饮用水及热食的收集和运输保障等问题,为各流动作业点供应冷、热饮用水和食品。其整车性能良好,工作可靠。

该车的配发与使用,有助于改善野外作业人员的就餐条件和饮水保障效果。

图 13-1 QL5090XXY9LARJ型应急综合饮食供应保障车

13.1.1 功能和特点

应急综合饮食供应保障车主要用于市政工程作业时,饮用水的净化、加热、保温、运输及热食的保温、运输和无人烹饪。要求车辆具有密封性能好、操作方便可靠、保温效率高等特点。车辆保温效果好,可以降低操作者的劳动强度,改善工作环境。

随着技术的不断完善、改进和升级,应急综合饮食供应保障车在原有基本功能的基础上不断发展新的功能,如选用轻便、安全的开水炉,安全的保温箱和控制系统等。

车厢体采用聚氨酯保温胶压式大板结构铆固而成,工艺先进、结构简单、坚固耐用、保温性好,并采用新型净化技术,净化效果明显。

选用汽车底盘和车厢的尺寸范围、结构符合车辆基型底盘、厢式车的结构和尺寸范围的要求。整车部件标准化程度高,操作使用简便,维护方便,可靠性、可维修性好。

13.1.2 分类与用途

应急综合饮食供应保障车按车辆上装设备不同,可分为高海拔应急综合饮食供应保障车、低海拔应急综合饮食供应保障车。

市政作业的特点是环境差,远离饮用水源,作业时间长,饮水供应量大、批次多,就餐时间长。使用应急综合饮食供应保障车进行饮食保障,机动性能好,保障效率高,可迅速给施工人员提供热水、直饮水,热饭、热菜和热汤,是市政作业必不可少的装备之一。

13.2 结构原理

应急综合饮食供应保障车主要由车辆底盘、车厢、燃油开水炉、保温水箱、保温供餐箱、无人烹饪系统、定位系统和供电系统等组成。其主要结构组成见图13-2。

应急综合饮食供应保障车的工作原理分为两部分：

（1）开水供应的原理为：将冷水管快插接头一端与水源相连，另一端与左下部的冷水快插接头相连，选择电源和功能开关，按启动键（驾驶室控制台和开水炉控制面板均可操作）。系统启动后，PLC根据开水炉和水箱的水位传感器状态依次开启冷水上水电磁阀，向燃油开水炉和补水箱中注入冷水，水位到达上限水位后自动停止注水。

（2）保温的原理为：在装卸热食保障车过程中，通过底盘取力器驱动油为车辆上装提供液压动力，液压动力驱动水泵，从保温箱抽取热水带动热循环系统，对热食进行保温，也可以通过热水循环进行无人烹饪制作。

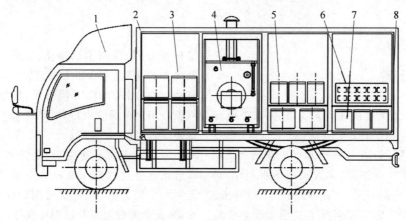

图13-2 应急综合饮食供应保障车结构示意图
1—底盘；2—车厢；3—保温水箱；4—开水炉；5,7—保温供餐箱；6—饭盒；8—发电机组

13.3 总体设计

13.3.1 主要参数的确定

应急综合饮食供应保障车的主要性能参数分为整车结构参数、行驶性能参数及专用性能参数3类，分别见图13-3（图中尺寸单位为mm）及表13-1。

表13-1 应急综合饮食供应保障车的总体设计参数

序号	参数类型	名称	单位
1	结构参数	外廓尺寸（长×宽×高）	mm×mm×mm
2		整车最大总质量	kg
3		整备质量	kg
4		整车载质量	kg

续表

序号	参数类型	名称	单位
5	行驶性能参数	额定功率	kW
6		额定扭矩	N·m
7		最高车速	km·h^{-1}
8		加速时间	s
9		最大爬坡度	%
10		最小离地间隙	mm
11		最小转弯直径	m
12		接近角/离去角	(°)
13	专用性能参数	保温水箱有效容积	L
14		厢体有效容积	m^3
15		作业噪声	dB(A)
16		开水炉容积	L
17		发电机功率	kW

应急综合饮食供应保障车的整车尺寸、质量和行驶性能的参数确定可参考11.3.1节应

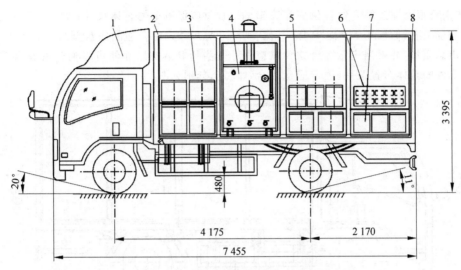

图 13-3 应急综合饮食供应保障车整车尺寸图
1—底盘；2—车厢；3—保温水箱；4—开水炉；5,7—保温供餐箱；6—饭盒；8—发电机组

急热供应保障车的相关内容。

13.3.2 整车总体布置

1. 车辆各专用装置的功能简介

1）车厢

车厢是应急综合饮食供应保障车的主要结构件，车厢的功能是提供尽量大的空间，内部容积越大，运载能力越强。

车厢必须有足够的强度，保证车辆行驶在野外的非道路区域，不变形、不开裂。

车厢必须具有保温功能，减少水的热量流失，节约燃料和能源。

车厢还需要具有杀菌、照明等功能，外观结构还需要方便工作人员操作，提高搬运效率。

2）保温供餐箱

食品供餐箱用于餐食转运，要具有以下性能。

保温性能，保证饭菜的温度，提高用餐人员的满意度。

轻便性，质量轻，容积尽量大，工作人员可以单次搬运尽量多的餐食，提高工作效率。

防变形能力好，具有抗低温冲击性、抗翘曲性、抗环境应力开裂性，或经清洗剂清洗后，其使用性能无任何降低。

抗腐蚀性，金属件长时间使用，不能生锈，橡塑件清洗后不变形、不变色。

人性化设计，边角光滑，不能划伤炊事人员，同时便于清洗。

密封性，箱体和盖板密封性好，防止泄漏。

3）燃油开水炉

燃油开水炉是提供开水的核心装备，通过柴油燃烧的热量生产热水。

由于车载使用，结构坚固，不会因为车辆的振动而产生裂纹，并通过在线监控装置，保证水温在控制范围内。

燃油开水炉具有保温的功能，减少热量的损失。

燃油开水炉还具有保证卫生的功能，可以检测水垢的含量，与水路相关的材料都是耐腐蚀材质。

4）保温水箱

上开盖的保温水箱可用于保存、运输和供应饮水送往餐厅、大厦、郊区或餐饮服务中心。

保温性能是保温水箱的核心功能，无论热储或冷藏均可保持温度。

部分型号的保温水箱还能进行短途搬运。

2. 底盘与取力装置的选择

目前，我国的应急综合饮食供应保障车没有采用专用底盘，一般采用通用汽车底盘改装。因此，在设计应急综合饮食供应保障车时,首先需要根据应急综合饮食供应保障车的性能参数确定各部件的质量及尺寸;其次,初步计算出总质量,并根据应急综合饮食供应保障车各部件的具体布置关系,确定应急综合饮食供应保障车的总体尺寸;最后,通过总质量和总尺寸确定合适的底盘型号。底盘确定后,一些基本结构尺寸便可以通过底盘参数来确定,分别见图13-4及表13-2。

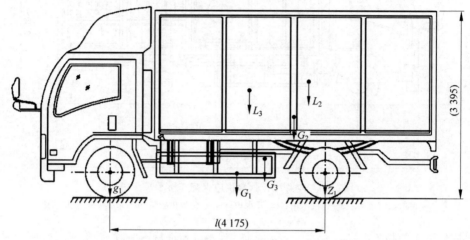

图13-4 应急综合饮食供应保障车的整体受力分析图

表13-2 应急综合饮食供应保障车的底盘配置

序号	名称	底盘最大总质量 M/kg	底盘轴距/mm	取力器输出扭矩/(N·m)
1	3.5 m³上装	$5300 \leqslant M < 6500$	3360	≥180
2	4.5 m³上装	$6500 \leqslant M < 7500$	3100~3360	≥180
3	6 m³上装	$9500 \leqslant M < 10500$	3800~3815	≥250
4	8 m³上装	$15500 \leqslant M < 16500$	3800~4500	≥450

应急综合饮食供应保障车一般选用依维柯公司、庆铃股份公司等生产的二类底盘进行改装,整车设计严格遵守国家各项安全法规。

3. 轴荷分配计算

应急综合饮食供应保障车的轴载质量是根据公路运输车辆的法规限值和轮胎负荷能力确定的,详细的轴荷分配计算可参考11.3.2节应急热食供应保障车的相关内容。

13.3.3 主要部件的结构设计

1. 厢体

厢体采用统型系列厢体,外蒙板选用防锈铝板,内蒙板为不锈钢板,地板为防滑不锈钢板,保温材料为聚氨酯泡沫,符合食品运输的卫生要求。厢体左右两侧各开4扇门,每扇门都装有限位装置,门开启后可以限位固定,方便饭箱的取放。车厢尾部设一外开门,以便作业人员进入舱内安装搁架和检修消毒灯具。车厢顶部沿纵中轴线布置有内饰照明灯及消毒灯,车厢底部设置4个地漏,方便清洗车厢和排放水枪或水杯洒落的漏水。

2. 保温供餐箱

保温供餐箱采用先进的滚塑成型工艺和高效保温技术制造,箱盖和箱体外壳采用线性低密度聚乙烯(LLDPE)材料一体成型,中间填充聚氨酯保温材料,能够提高箱体和箱盖的强度、抗环境应力开裂性、抗低温冲击性和抗翘曲性,聚氨酯泡沫与外壳的线性低密度聚乙烯结合性好,保温性能好,将线性低密度聚乙烯制成的容器经短时间受热或经清洗剂清洗后,其使用性能无任何降低。

保温供餐箱由箱体、箱盖、内胆和锁扣等组成,箱盖上设有平压阀和提手。锁扣为海洋不锈钢锁扣,可防止在潮湿的环境下生锈。内胆采用食品级304不锈钢材料,内胆与保温箱可分离,内胆各角边均采用圆导角设计,侧壁具有一定的倾斜度,以防止尖角划伤外壳内壁和伤及炊事人员,且方便清洗。箱盖上安放食品级硅橡胶密封条,可实现不锈钢内胆的饭菜密封,防止泄漏。

3. 保温水箱

保温水箱由箱体、箱盖、水龙头、抬把手和锁扣等组成。水箱盖和箱体外壳采用线性低密度聚乙烯(LLDPE)材料一体成型,中间填充聚氨酯保温材料,箱盖上装有食品级硅橡胶密封条,可实现水箱内水的密封,不会发生泄漏。水箱示意图如图12-4所示。

4. 燃油开水炉

燃油开水炉为常压、卧式、内燃、二回程的热水开水炉,设计燃料为柴油,上出烟,侧面进水,并配有排污口、溢流口、温水出口和热水出口,炉体上部有通大气口。开水炉设置水位计、高水位探头、低水位探头、水温探头和水垢在线监控装置。开水炉内胆采用食品级不锈钢制造,隔热材料为聚氨酯,其采用独特的结构解决了传统不锈钢车载开水炉易产生裂纹的问题。燃油开水炉的结构如图12-5所示。

为提高开水炉的自持能力和热效率,增加了补水箱。补水箱主要由箱体、水泵、热交换盘管等组成,还配有进水口、排污口、溢流口和清污口,清污口上设有手动加水口,可以直接加水。补水箱上设置水位计、高水位探头、低水位探头。开水在补水箱中冷却,可实现开水即饮功能。采用冷热水热交换法,利用热交换盘管内开水与补水箱中水的温差,经过充分热交换进行降温,再把补水箱中的温水泵入开水炉烧开,提高了经济性和效率。

5. 反渗透净水系统

反渗透净水系统采用膜处理技术,以压力差为推动力,从溶液中分离出溶剂。对膜一侧的料液施加压力,当压力超过其渗透压时,溶剂就会逆着自然渗透的方向反向渗透,从而在膜的低压侧得到透过的溶剂,即渗透液;在高压侧得到浓缩的溶液,即浓缩液(废水),这样可以降低水的硬度。反渗透的原理如图12-6所示。

6. 控制系统

控制系统对开水炉和补水箱进行自动控制、检测和调节。当开水炉工作中出现异常时,控制系统控制可控温燃油开水炉停机或执行保护性操作,并发出报警信号,其主要功能是控制和保护可控温燃油开水炉的正常运行。

1) 主要功能

温度范围为 0~99℃;水垢报警;水位检测、显示:水位计显示水位高低并配有高水位和低水位探头,有开水炉缺水指示和补水箱缺水指示;显示运行状态和故障信息。

2) 技术指标

工作电源 AC 220 V×(1±10%)、50 Hz,空载消耗功率≤4 W,使用相对湿度≤90%,测温精度±1℃。

7. 定位系统

利用 GPRS 网络进行远程传输数据,可实现 PC 端及移动端远程查询温度数据及监控车辆的位置;GPS 定位模块在保证 GPRS 信号丢失的情况下,可实时定位车辆位置。由此实现热食温度的远程监控。

13.4 试验与检验

13.4.1 专业性能试验与检验

(1) 外观质量,采用目测检验。

(2) 整车外廓尺寸,按 GB/T 12673—2019《汽车主要尺寸测量方法》中测量长、宽、高的要求执行。

(3) 整备质量,整车按规定装备齐全,处于行驶准备状态,进行整车整备质量测定。试验满足 GB/T 12674—1990 标准。

(4) 质心,样车按规定装备齐全,处于行驶准备状态。试验满足 GB/T 12538—2003 的要求。

(5) 静侧翻稳定性,样车按规定装备齐全,处于行驶准备状态。试验满足 GB/T 14172—2021 的要求。

(6) 最高车速,满足 GB/T 12544—2012 的要求。

(7) 加速性能,满足 GB/T 12543—2009 的要求。

(8) 制动性能,满足 GB/T 12676—1999 的要求。

(9) 最小转弯直径,满足 GB/T 12540—2009 的要求。

(10) 陡坡通过性能,满足 GB/T 12539—2018 的要求。

(11) 水箱的有效容积,通过满载装水称重方式测定水箱的有效容积。

(12) 燃油开水炉的性能,满足 GB 4706.36—2014 中对可控温燃油开水炉装水容积偏差、加热时间、出水温度、出水流量测定、保温时间、热效率和油耗检验的要求。

(13) 行驶可靠性,①定型试验按 GB/T 12678—2021 的标准进行可靠性行驶检验,行驶里程为 5000 km。②出厂检验以底盘最高时速进行行驶检验。在 4 级以上公路行驶 50 km,行驶过程中制动不少于 2 次。上装设备应牢固、可靠,无松脱渗漏现象。

(14) 安全性,满足 GB 4706.1—2005 中测定耐电压、绝缘电阻的要求。

(15) 人机工程,行驶及作业时的噪声测定满足 GB 16170—1996 的要求。系统正常作业时,对距主操作面 1 m、距地面高度 1.5 m 处的作业噪声值进行测定,要求设备作业噪声不大于 80 dB(A)。

13.4.2 检验规则

产品的检验分为例行检验、定型检验和定期确认检验。

(1) 每辆车均应进行例行检验,经质量检验部门检验合格并签署产品合格证书后方可出厂。出厂检验项目按表 13-3 的规定进行。

(2) 定型检验按照应急饮水供应保障车检验项目表的内容检定,其余满足 QC/T 252—1998《专用汽车定型试验规程》的要求,试验项目见表 13-3。

(3) 定期确认检验按照应急饮水供应保障车检验项目表的内容检定,其余按 ZBT 50002—1987《专用汽车产品质量定期检查试验规程》的标准执行,技术参数见表 13-4。

表 13-3 应急综合饮食供应保障车检验项目

序号	检验项目和内容	定型检验	定期检验	出厂检验
1	外观检查——油漆质量、焊接质量;液压系统、电气系统布置的合理性及操纵的方便性;安全装置、润滑、铭牌及三漏等情况	△	△	△
2	整车外廓尺寸测量	△	△	△
3	车厢容积测量	△		
4	质量参数(包括重心位置)测量	△	△	△
5	滑行试验	△		
6	最低稳定车速试验	△		
7	最小转弯直径	△	△	
8	灯光信号	△		
9	最高车速试验	△	△(最高挡)	
10	加速试验	△		
11	爬坡试验(陡坡)	△		
12	制动性能试验(冷态)	△	△	△
13	燃料消耗试验	△		
14	噪声测定	△	△	
15	坡道作业试验	△		
16	道路行驶试验	△	△	
17	后门启闭性能	△	△	△
18	燃油开水炉加热	△	△	

续表

序号	检验项目和内容	定型检验	定期检验	出厂检验
19	燃油开水炉出水温度	△	△	
20	燃油开水炉保温时间	△	△	

注：△为检验项目。

表 13-4　典型应急综合饮食供应保障车技术参数

项　　目		参　数　值	
		QL5090XXY9LARJ	QL5101XXY9LARJ
尺寸参数	长/mm	7 455	7 455
	宽/mm	2 396,2 346	2 396,2 346
	高/mm	3 350,3 395	3 350,3 410,3 395,3 450
	前悬/后悬/mm	1 110/2 170	1 110/2 170
	轴距/mm	4 175	4 175
	最小离地间隙/mm	480	480
	接近角/离去角/(°)	20/11	20/11
质量参数	整备质量/kg	4 330,4 450	4 330,4 450
	载质量/kg	4 800,4 680	4 800,4 680
	最大总质量/kg	9 325	9 325
性能参数	额定乘员/人	3	3
	最高车速/(km·h^{-1})	110	110
底盘	型号	QL10909LARY	QL11019LARY
	排放标准	国 V	国 V
发动机	型号	4HK1-TC51	4HK1-TC51
	额定功率/(kW/(r·min^{-1}))	139/2 600	139/2 600

13.5　常见故障及排除方法

应急综合饮食供应保障车的常见故障及排除方法见表 13-5。

表 13-5　应急综合饮食供应保障车的常见故障及排除方法

序号	故障现象	故障原因	排除方法
1	车辆轮胎瘪了	胎压不足	及时充气，保持胎压，不但省油而且可以延长使用寿命
2	车辆玻璃清洗器不工作	清洗液不足或管路堵塞	添加清洗液；用大头针疏通管路
3	车辆水温过高	冷却液不足	补充冷却液
4	保温供餐箱保温效果变差	密封条破损或脱落	更换新的密封条；重新安装密封条到位
5	保温供餐箱打不开	箱内气压低于外界气压	松开透气阀门放气，平衡内外压差
6	保温供餐箱搭扣转动不灵活	偏心轮处接触较紧	加些润滑剂
7	保温供餐箱提手松动	固定提手的紧固件松动	重新拧紧紧固件
8	开水炉水龙头滴水	密封圈有异物或损坏	清洗密封圈；更换新的密封圈
9	开水炉报警	水垢多或缺水	及时清理水垢；加水以保持水位
10	保温水箱搭扣变形	长期使用造成磨损	更换新的搭扣

13.6 选用

应急综合饮食供应保障车的选用原则应从以下几方面考虑：

(1) 作业环境。应急综合饮食供应保障车在野外市政作业下保障热水和热食，气候温度差异很大，冬季和夏季的保障要求也不同，要求在选用时考虑气候差异。

(2) 作业效率。保温箱的尺寸决定了卸载的方便性，可以根据保障人数确定容积大小。

(3) 经济性。根据应急综合饮食供应保障车的产量选用总质量和厢体容积适中的应急综合饮食供应保障车，有利于提高应急综合饮食供应保障车运行的经济性。

(4) 安全性。小吨位的应急综合饮食供应保障车较大吨位的应急综合饮食供应保障车灵活，盲区较小，安全性较高，适用于中心城区人口较密集的区域作业；大吨位的应急综合饮食供应保障车适用于城市外围及郊区等区域作业。

应急综合饮食供应保障车由于吨位及热食、热水的容积不同，价格差异较大，选购时一定要注意根据作业范围及食物量合理选择应急综合饮食供应保障车的数量及车型，以做到物尽其用。

13.7 发展趋势

(1) 自动化趋势。采用信息控制技术，并具有装载量检测控制和运动机构安全报警装置，保证操纵灵活、轻便，专用机构安全、可靠。应用电子控制技术，集点火、燃烧、监控于一体，实现全自动程序控制。炉体上部设置水位计、高水位探头、低水位探头、水温探头，温度自动监测，信号显示，自动报警及过载保护等，形成了供热、温控全方位自动监控一体化。通过对燃烧器及开水炉的各种传感信号的采集分析和运算实现自动控制。

(2) 轻量化趋势。作为特殊用途车辆，经常行驶在狭窄的街道及复杂的路面上，设计时应着重考虑车辆的转向灵活性和通过能力，降低整车整备质量，提高载质量利用系数。

(3) 人性化设计。降低操作者的劳动强度，提高工作效率，使操作更符合人机工程学。

(4) 美观化设计。减少操作人员的劳动强度，提高工作效率，使工作更符合人体工程学。

(5) 多样化形式。根据市政施工地区的不同、施工季节的不同，设计不同功能的设备，以满足不同的水供应要求。

(6) 洁净化趋势。应急综合饮食供应保障车应防止水垢，加强水垢的在线监测，并且应具有箱桶清洗及消毒装置，在热食和热水卸载后，应立即清洗。

第2篇

游乐设施

第14章

概　　述

14.1　现状及发展趋势

游乐设施最早起源于16世纪的欧洲。当时的劳动人民为了庆祝丰收，开始在集市上进行各种庆典活动，由此产生了一些可供游人娱乐的设施，例如，人力推动的儿童转椅——后来逐渐演变成经久不衰的"旋转木马"，而诞生于17世纪俄罗斯圣彼得堡的"雪橇"则是现代滑行车的原形。

现代游乐行业是随着科学技术的不断进步而发展的，其真正的快速发展阶段是在20世纪50年代以后。1955年7月建成的美国洛杉矶迪士尼乐园开拓了人们游乐设施制造的新思路，游乐园（场）的建造开始发生质的变化，游乐设施制造业也得到了空前的快速发展，这是社会物质文明和工业水平发展到一定阶段的产物。

纵观国内外，游乐业的发展都是从放置在公园内的单一游乐设施开始，逐步发展为在公园内修建游乐场（园），进而发展到修建独立的主题乐园的过程。国内自20世纪80年代京沪和华南地区陆续兴建首批游乐园以来，游乐行业进入了迅速发展的时期，游乐设施从旋转类到滑行类、从有动力到无动力、从地面到空中、从陆地到水上，逐渐发展成为一个朝阳产业。接下来的20多年里，全国各地陆续建造了一大批各具特色的游乐园和主题乐园，这些游乐园和主题乐园的建成，极大地丰富了广大人民群众的文化娱乐活动。

随着生活水平、消费能力的不断提高，人们对游乐设施刺激性、娱乐性的需求越来越高。在这种需求的推动下，随着现代生产能力和科学技术的不断进步，游乐设施发展迅速，目前国内外游乐设施正朝着以下几个方向发展。

1) 设计参数极限化、人性化

以过山车为代表的速度、以摩天轮为代表的高度正在不断地被刷新：全球过山车的最高速度目前已经超过240 km/h，有多座摩天轮的高度已经超过160 m。

高速线性运动可以给人们带来动能转化所引起的加减速刺激，甚至自由落体的感觉；旋转和/或离心运动可以使人们体验被抛出和/或左右游荡的感觉。目前已有越来越多设备的瞬时加速度可达$3 \sim 5g$，其惊险、刺激程度可见一斑。

在满足人们享受各种惊险与刺激需求的同时，很多游乐设备在设计中已开始注重乘坐的舒适感，部分游乐设备还设有残障人士专用座舱，当代游乐设施的人性化程度也越来越高。

2) 运动形式复合化

近年来已有大量设计将不同类型的运动方式组合在一起，"飓风飞椅"就是此类游乐设施中的典型设备之一。该设备的乘客座椅通常由环链(或其他柔性件)吊挂,运行时座椅绕回转中心转动和升降,同时伴随着类似陀螺运动的起伏,非常吸引游客。最初的"飞椅"只有简单的回转,仅抓住了游客的新鲜感,其结构安全性比较差,在经过多次迭代设计后才逐渐定型为现代飞椅。

类似地,将本来不太相关的运动类型巧妙地组合在一起的设计,往往可以人为地创造出一种具有全新体验的设备,这已然成为一种趋势。

3) 高新技术应用多样化

随着科学技术的不断发展,越来越多的高新技术正在游乐设施中得到应用。以现代传感技术、主动伺服控制技术、虚拟现实与增强现实技术、远程控制技术等为代表的前沿技术的不断融入,促使相当多的游乐设施发展成为融声、光、电于一体,兼具惊险性、娱乐性与艺术性的游乐载体,使乘客充分地互动参与,获得一种全新的体验感。

近年来,国内外有部分动感电影更是将传统游乐设施与影音系统交互融合在一起,能够极大地增强乘客的浸入感,使其获得非常好的游乐体验。

14.2 术语定义

1) 游乐设施

在特定的区域内运行,用于人们游乐的设备或设施称为游乐设施。它通常包括具有动力的游乐设备和器械、为游乐而设置的构筑物和其他附属装置,以及无动力的游乐载体。

2) 大型游乐设施

用于经营目的,承载乘客的游乐设施称为大型游乐设施。其范围规定为设计的最大运行线速度≥2 m/s,或者运行高度距地面≥2 m 的载人游乐设施。

3) 运行速度

运行速度是指游乐设施运行过程中,乘人部分所能达到的最大线速度。对于绕中心轴回转的,通常将角速度转化至乘人部分绕中心轴回转的切线方向的线速度。

4) 运行高度

运行高度是指乘客约束物支承面(如座位面)距最低运行基准面的最大垂直距离。

5) 生理加速度 G

当人体随着所乘坐游乐设施运行速度的大小和方向出现变化时,人体本身受到的惯性力与人体自身的质量之比称为生理加速度,也称为过载,用 G 表示,过载的方向始终与运动加速度的方向相反。

注:当人体承受过载时,G 值越小,人体能够承受的时间相对较长;G 值越大,人体能够承受的时间相对越短。在 G 达到一定值后,若过载的持续时间过长,可能致人视觉障碍或阻碍心血管系统的代偿,甚至出现意识丧失。因此,为使乘客不受到伤害,游乐设施的加速度应限制在一定的范围内。

14.3 分类

游乐设施的运动形式、运行方式各不相同,类型和品种很多,可以有许多种分类方法,但就本书所述的城市游乐场内的常用设备而言,通常按照结构和运动形式进行分类。具体说来,就是把结构和运动形式类似的游乐设备归为一类,并将其基本型(最有代表性)的游乐设备的名称作为设备类型。

根据现行国家标准,目前游乐设施的主要类型有 15 种,包括观览车类、滑行车类、架空游览车类、陀螺类、飞行塔类、转马类、滑道类、自控飞机类、赛车类、小火车类、碰碰车类、光电打靶类、电池车类、无动力类及水上游乐设施。

随着游乐设施的发展,其结构和运动方式等也越来越复杂,功能越来越综合,越来越多的设备已经将不同类型设备的特点结合在一起,实际上很难进行准确的归类,有时只能按其最主要的运动特征(或最主要的风险特点)进行归类。

国家对大型游乐设施实行分级管理。2003 年,原国家质检总局以 34 号文发布的《游乐设施安全技术监察规程(试行)》中,根据游乐设施的危险程度,以速度、高度、摆角和乘坐人数等技术参数作为分级原则,把大型游乐设施划分为 A、B、C 3 个等级,后来也有过调整。表 14-1 为现行的大型游乐设施分级要求。

表 14-1 大型游乐设施分级

类别	型式	主要参数		
		A 级	B 级	C 级
观览车类	观览车系列	高度≥50 m	30 m≤高度<50 m	其他
	海盗船系列	单侧摆角≥90°或乘客≥40 人	45°≤单侧摆角<90°且乘客<40 人	
	其他型式	回转直径≥20 m 或乘客≥24 人	单侧摆角≥45°且回转直径<20 m 且乘客<24 人	
滑行车类	全部型式	速度≥50 km/h 或轨道高度≥10 m	20 km/h≤速度<50 km/h 且 3 m≤轨道高度<10 m	其他
架空游览车类	全部型式	轨道高度≥10 m 或单列乘客≥40 人	3 m≤轨道高度<10 m 且单列乘客<40 人	其他
陀螺类	全部型式	倾角≥70°或回转直径≥12 m	45°≤倾角<70°且 8 m≤回转直径<12 m	其他
飞行塔类	全部型式	运行高度≥30 m 或乘客≥40 人	3 m≤运行高度<30 m 且乘客<40 人	其他
转马类、自控飞机类	全部型式	回转直径≥14 m 或乘客≥40 人	10 m≤回转直径<14 m 且运行高度≥3 m 且乘客<40 人	其他
赛车类	全部型式	无	无	全部
小火车类	全部型式	无	无	全部
碰碰车类	全部型式	无	无	全部
滑道类	全部型式	滑道长度≥800 m	滑道长度<800 m	无
水上游乐设施	全部型式	无	高度≥5 m 或速度≥30 km/h	其他
无动力类	滑索系列	滑索长度≥360 m	滑索长度<360 m	无
	其他型式	运行高度≥20 m	10 m≤运行高度<20 m	其他

按照规定,国家对 A、B 级大型游乐设施实行设计文件鉴定和产品型式试验制度,对 C 级大型游乐设施进行型式试验。A 级大型游乐设施的监督检验和定期检验由国家特种设备检验检测机构负责进行;B、C 级大型游乐设施的监督检验和定期检验由省(市)级特种设备检验检测机构负责进行。

14.4 选用的基本原则

14.4.1 合法使用

游乐设施的产品质量与安全直接关系到广大游客的人身安全,特别是少年儿童的安全健康,其社会关注度很高。为保障游乐设施的运行安全,国家对游乐设施的监管相当严格,相关法律法规、安全技术规范和国家标准对大型游乐设施的生产、安装、经营与使用都有一系列安全技术要求。在投资经营游乐场选用设备设施时,不能只考虑满足市场运营要求,应同时了解、遵守我国现行的游乐设施方面的相关法律法规、规章、安全技术规范及国家标准的要求,否则可能会面临违法处罚、时间成本、产品质量安全等多种风险,轻者造成财产损失,重者将遭到严厉的行政处罚。

借鉴国外的监管经验,游乐设施的安全是一项系统工程,贯穿于设计、制造、安装、改造、修理直至运营管理等所有环节。2003年,国务院令第373号颁布实施《特种设备安全监察条例》,将大型游乐设施纳入特种设备安全监管的范围。

2013年,全国人大常委会通过了《中华人民共和国特种设备安全法》,对特种设备安全管理进行全面规范,首次从立法上确立了企业承担安全主体责任,强调特种设备生产、经营、使用单位的安全责任是第一位的。

2013年,国家质检总局令第154号发布了《大型游乐设施安全监察规定》(2021年,国家市场监督管理总局令第38号有修改),对现行法律法规确立的基本安全监察制度做了进一步完善、补充和细化,明确了大型游乐设施的设计、制造、安装、改造、修理、运营使用单位及经营场地提供方等各单位的相关安全责任。其中运营使用单位的义务包括:

(1) 建立并且有效实施大型游乐设施的安全管理制度,以及操作规程。

(2) 采购、使用取得许可生产(包括制造、安装、改造、修理),并且经验收检验合格的设备,禁止使用国家明令淘汰和已经报废的设备。

(3) 设置安全管理机构,配备相应的安全管理人员和作业人员,建立人员管理台账,开展安全教育培训,保存人员培训记录。

(4) 办理使用登记,领取"特种设备使用登记证",设备注销时交回使用登记证。

(5) 建立大型游乐设施设备台账、技术档案。

(6) 对作业人员的作业情况进行检查,及时纠正违章作业行为。

(7) 对在用设备进行经常性维护保养和定期自行检查,及时排查和消除事故隐患,对安全附件、安全保护装置等进行定期校验、检修。

(8) 制定事故应急预案,定期进行应急演练。

(9) 发生事故及时上报,配合事故调查处理。

(10) 保证大型游乐设施安全必要的投入。

(11) 接受特种设备安全监督管理部门依法实施的监督检查。

根据相关规定,大型游乐设施的产品设计文件需要通过专业机构的鉴定,新产品投放市场前要进行型式试验。因此,在选购大型游乐设施前务必核实该款设备是否已经取得设计文件鉴定报告和型式试验报告,以及其级别、主要参数是否在设备供应商的制造许可证覆盖范围之内。未获取上述报告和许可的使用行为,将受到严厉的惩罚。

对于未纳入特种设备安全监督管理的小型游乐设施,虽不受《中华人民共和国特种设备安全法》和《特种设备安全监察条例》的约束,但其生产经营活动仍然要遵守《中华人民共和国产品质量法》的相关规定,其使用活动要遵守《中华人民共和国安全生产法》的相关规定。

14.4.2 合理选型

资金能力是游乐设施选型的决定性要素,投资一个游乐项目或者多个项目乃至整个游乐场,设备的经济性评估是非常重要的,这里面主要包括设备的购置成本预测、设备全生命周期内的运营管理成本核算、节假日天气影响和故障损失等。

在判断设备的购置成本时,应综合考虑设备本体的购置成本、基础与安装费用、站房等配套设施的建设成本,以及组建初始运维人员队伍的投入,而设备的维护保养、修理费用等可计入运营管理成本内。运营管理成本除上述日常维护保养、修理费用(含备品、备件)外,定期的强制检验费用及设备的折旧费等也要一并考虑,不能只追求节省设备购置费用而不考虑后期使用费用的投入。

任何一项投资活动都带有一定的风险,在确定投资哪些游乐项目时,在合法使用的大前提下,应对相关要素条件进行综合评估。下面列出了一些值得注意的要素以供参考。

1. 场地条件

游乐设施一般安装于公园景区或游乐园场内,所以选型要符合拟放置区域的总体规划要求,所选游乐设施的参数应尽可能反映在规划文件中,如占地、高度、外观、速度和噪声等,游乐设施的商务谈判与合同的签订工作应安排在规划设计方案得到有关部门的审批之后,以免出现所选游乐设施与设计规划不符的情况。在符合规划的前提下,还应考虑环境条件的影响,如海拔、环境温度(最高和最低)、风沙、潮湿等因素,如果环境条件不满足则应在设备采购时提出,制造商可进行针对性的设计。场地面积应与所选游乐设施相适应,多台游乐设施之间应有足够的安全空间。

2. 娱乐性能

游乐设施种类繁多,不同的设备种类、不同设备级别的游乐设施的娱乐性能是不一样的。与此同时,不同的消费人群对娱乐性能的需求也是不一样的。一般如过山车、大摆锤、探空飞梭等设备运动剧烈、相对刺激,适于青壮年游客游玩;碰碰车、转马、自控飞机等设备运动相对平缓、运行高度有限,适合绝大部分游客尤其是家庭出游的游客乘玩。在设备选型时,应根据目标人群选择那些性能参数相对较为适宜的设备,同区域内不同类型的设备应合理搭配。

3. 功能安全

游乐设施利用设备的运动,通过速度、加速度、高度和动感直接作用于游客,寻求惊险刺激的游乐体验,而这种以惊险刺激体验为目的的设备自然会伴有一定的风险,如果采取恰当的控制可以有效地降低或消除这些风险。在投资游乐项目时,应充分了解候选设备的特性、性能,对预期的使用、可合理预见的误使用中可能出现的危险源、损伤、故障和失效模式及相应的对策等要有足够的心理准备,对于曾经发生过事故的同类设备或类似设备,此方面更应予以特别关注。

4. 制造质量

游乐设施产品的制造质量对于设备设施安全的重要性是不言而喻的。因游乐设施单台或小批量生产的特点,很多加工制造过程难以按照批量要求进行,零部件(特别是重要零部件)的稳定性很难得到保证,制造企业质量保证体系的有效性就显得愈加重要了。在设备选型时,应注意了解设备制造商的生产加工能力、条件,以及其生产此类游乐设施的历史、经验与产品能力。设备供应商在行业内的口碑尤为重要,是日后使用过程中获取优质服务的有效保障,贪图价格上的优惠、忽视设备供应商的诚信,往往会导致日后大幅增加使用环节的投入。

5. 安装质量

安装调试是游乐设施形成最终产品的最后一道工序,游乐设施(特别是无法在厂内组装的,例如摩天轮和过山车等)安装质量的好坏将直接影响到游客体验,甚至是设备设施未来的运行安全。对于高大设备等对基础有要求的游乐设施,在设备购买前就要对未来的安装工作给予高度重视,必要时应通过设备供应商邀请设备安装单位共同探讨,并在合同中约定设备安装的相关要求。

6. 可维护性

游乐设施的外部通常覆有各种装饰物,对于那些内部结构紧凑的或者机器运行空间受限的,在设备选型阶段就应关注其维护性(可进入性、可抵达性)。不同类型的游乐设施的可维护性差异较大,即使同一类型的游乐设施,不同的设备供应商制造的产品也可能存在不小的差异。

14.4.3 安全运营

游乐设施之所以富于吸引力,其关键在于惊险和刺激,这也从另一方面提出了更加重要的要求——必须确保游乐设施安全运营。在游乐设施选型阶段就应对"安全是游乐设施使用环节的核心要素"有充分的理解。游乐必须安全,安全才能游乐。游乐安全是游乐行业的永恒主题。

1. 风险评价

风险与安全相对应,是伤害发生概率和伤害严重程度的组合,没有绝对的安全,通常所说的安全是指免除了不可接受的风险的状态。游乐设施利用设备的运动,通过速度、加速度、高度和动感直接作用于游客并寻求惊险刺激的游乐体验,其风险来源较其他常见机电设备有所差异。游乐设施的风险主要源于设备、人员和环境，国家标准《游乐设施风险评价　总则》(GB/T 34371—2017)对游乐设施风险评价的基本原则、程序、评价对象和因素的确定、信息收集、危险识别、风险评估和控制、重新评价、风险评价单位和人员、风险评价文件等方面的要求做了规定。

经营者应对游乐设施运营阶段的有关风险进行分析和评定，需要时应采取相应的具体的风险控制措施消除或充分降低风险。

2．安全管理

安全管理工作是游乐设施在使用环节的重中之重。我国相关法律明确了大型游乐设施使用单位的安全主体责任，经营者必须按照要求配置与运营规模相适应的安全管理人员、明确安全管理职责、落实安全管理制度。

安全管理是为了达到一个可实现的、理想的安全状况，这个理想的安全状况是由安全目标值来确定的，为此要制定事故率、设备正常运转率、设备平均故障率、游客满意率等目标。安全管理的目的就是实现安全目标，因此，应针对游乐设施运营过程中可能发生的危险，从运营安全管理着手，建立健全内部安全管理体系。安全管理工作应覆盖运营前的日常安全检查、日常运营管理、维护保养、周期性检查及应急预案和演练等各个环节。

日常安全检查与设备运营之间是强关联的，是每个运营日要开展的工作，应根据设备的运行特点和产品使用说明书的要求制定操作规程，对作业人员进行充分的培训和安全教育，在日常作业中严格执行操作规程及相关的规章制度。

维护保养的好坏直接关系到游乐设施的可靠运行，必要的维护保养投入，包括人工费用、配件与耗材成本等应予以充分保证，应避免出现因费用不足而使设备得不到良好的维护保养的情况。

对于有可能发生乘客滞留高空等意外状况的游乐设施，运营单位应当根据实际情况制定专门的应急预案，配备相应的救援人员、营救设备和急救物品。可以根据当地的实际情况，与其他运营单位或公安消防等专业应急救援力量建立应急联动机制，制定联合应急预案，并定期进行联合演练。

第15章

旋 转 木 马

15.1 概述

旋转木马(carousel)简称转马,各种形态的马匹、马车随转盘转动的同时伴随此起彼伏的上下运动,给人以置身万马奔腾的欢乐场景中的感觉。

转马是现代游乐园(场)中最为传统和经典的游乐项目。现代的旋转木马起源于欧洲和中东早期的格斗传统,图 15-1 为模拟场景。

图 15-1 骑士的格斗场景

英语中的 carousel 是由西班牙语中的 carosella 转化而来的,而这个词的本意是"战斗训练",是十字军用来描述 12 世纪时土耳其人和阿拉伯骑士们为了准备战争(图 15-2 为假想场景)而进行的一种骑术训练。

早期的装置本质上是一个骑兵训练机制:骑士们全副武装,坐在木头制作的假马上,由

图 15-2 中世纪的骑术训练(假想场景)

人力推动围绕中心轴(圆形木马环)进行运动,伴随着颠簸和起伏,一圈一圈地演练格挡、冲锋和刺杀。

就这样,整整 5 个世纪,旋转木马训练出了一代代骑士,他们为了荣耀和爱情不断地厮杀和战斗。直到 17 世纪,才有人在欧洲将这个训练方式做成游戏供儿童玩耍。早期旋转木马的乘骑,无论从外形还是设计上,都与中世纪骑士的坐骑一模一样(图 15-3)。

图 15-3 早期旋转木马的乘骑

到了18世纪早期,旋转木马在中欧和英格兰的各种集市和聚会上出现,早期的旋转木马没有平台,动物假形(乘骑)会被挂在链条上,由旋转机械产生的离心力带动其飞旋起来,旋转的动力往往是人力或者畜力。到19世纪中期,旋转木马的平台被发明,乘骑被固定在一个圆形地板上,这时依然使用人力或者畜力操作,直到1861年,托马斯·布拉德肖发明了第一台蒸汽动力的旋转木马。蒸汽机的驱动代替了人工驱动,使得游乐设备也间接成为工业革命的产物,在随后的岁月里,旋转木马的驱动方式也逐渐演变为我们目前在大多数乐园中看到的电动机驱动。到20世纪后期,随着科学技术的发展,旋转木马普遍采用了回转支承及玻璃钢等新技术和新材料,使它变得更安全、更舒适和更美观,风格更加炫酷、奇幻、绚丽。

如今,主题乐园中五彩缤纷的、伴随着悠扬的音乐起舞的旋转木马被赋予了无限的寓意。各种多彩的、白衣飘飘的年纪该发生的故事都在这里相遇和消逝,在多数人心中,旋转木马也被认为是乐园中最纯洁和梦幻的地方,像一场梦幻的爱情,有开始有结束,不用在意外面的世界。在迪士尼乐园中,旋转木马永远是每天第一个启动和最后一个停止的设备,这不仅仅是因为它广受欢迎,同时也是在向这个有着悠久历史和丰富寓意的设施致敬。

15.2 分类

15.2.1 按规模大小分类

1. 单层转马

单层转马是最为经典的转马,转盘平台只有一层(贴近地面),在转盘平台上设有若干造型各异的木马,这些木马通常以中心线为轴线呈放射状布置,有的还在转盘上设有马车,如图15-4所示。

图15-4 单层转马

设备启动后转盘匀速转动,乘客或骑在马背上,或坐在马车里,随着音乐上下起伏摇动,产生纵马扬鞭、驰骋疆场的感觉,十分开心惬意。

单层转马的占地空间较小,建造和运营成本相对较低,适用于公园游乐场、少年宫、生活广场等人口密集流动的场所。

2. 双层转马

双层转马的转盘有上、下两层,相比单层转马有更高的游客承载量,但是占地面积与空间要求较单层转马更高。

双层转马有2种型式:

(1)下层转盘内置楼梯通往上层转盘,如图15-5所示。此型式的双层转马,其上层转盘、楼梯与下层转盘是同步旋转的。

(2)通往上层转盘的楼梯位于转盘运动包络区的外侧,如图15-6所示,楼梯的上平台与上层转盘间始终保持运动间隙。此型式的双层转马通常上、下两层转盘可独立控制,即上、下两层可同向运动,也可互为逆向运动,在游客流量较少的情况下还可以开启单层运行模式,

图 15-5　内置楼梯的双层转马

图 15-6　外置楼梯的双层转马

以节约运营成本。

15.2.2　按驱动方式分类

1. 上驱动转马

这里所说的驱动方式主要是指乘骑实现上下运动（往复升降）的末端驱动单元或装置的位置特征，其影响因素主要体现在设备结构布局的差异性上，部分会影响游客的体验感。"上驱动"根据字面意思理解就是此末端驱动设置在转马的上方位置。

上驱动方式是现代转马的典型设计，其基本的传动路线见图15-7，即电动机经过减速后带动转盘平台旋转，同时通过上部的伞齿轮驱动上部的曲柄轴（见图15-8、图15-11）带动乘骑实现上下运动。

图 15-7　上驱动转马的传动路线示意图

由于主要的驱动单元在上方，上驱动转马的顶棚需要较大的安装空间，对底面（基础侧）的下方空间或基坑则没有太大要求。

2. 下驱动转马

下驱动方式的转马末端驱动单元全部位于旋转平台的下部，驱动乘骑实现上下往复运动的常见方式是：乘骑下部顶杆的底端装有滚

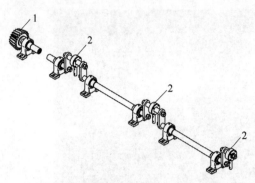

图 15-8　伞齿轮与曲柄轴结构示意图
1—伞齿轮；2—曲柄单元

轮，滚轮压在预设的高低起伏的环形轨道上，转盘启动旋转后，滚轮推动顶杆带动乘骑做上下往复运动。也有通过伞齿轮连接曲柄带动乘骑的，其原理与上驱动转马基本相同，只是驱动单元的位置在转盘下方。

由于转盘平台下方需要足够的空间来安放驱动和传动设备，因此下驱动转马需要开挖基坑，或者转盘平台会高出地面一定的高度，大部分情况下维护保养更为困难。而且，滚轮在地面高低起伏的环形轨道上行走，其所实现的上下运动相比于曲柄机构方式，乘骑的抖动情况更为明显。实践中地面轨道受施工质量的影响，轨道行走面与滚轮的配合情况普遍较差，游客的体验感不佳。

15.3　典型产品的结构

目前最为常见的固定式转马是单层、上驱动型式，本章将以此作为典型产品来介绍转马的基本组成结构（见图 15-9）。

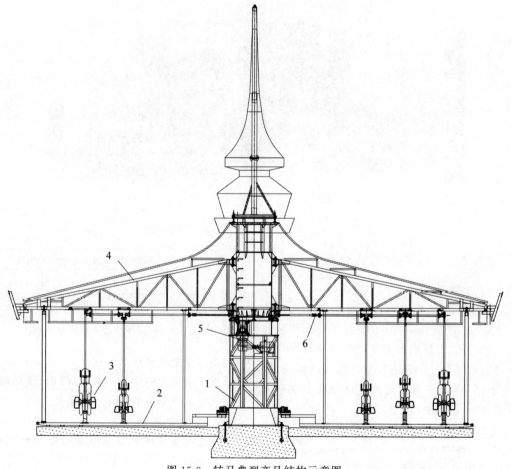

图 15-9　转马典型产品结构示意图
1—基座；2—转盘平台；3—乘骑；4—顶棚；5—动力装置；6—传动装置

转马通常由以下几部分组成:

1) 基座

基座通常通过预埋螺栓与地面基础连接,是转马最主要的承载结构,常见的结构形式为管柱焊接式钢结构(见图15-11),也有采用桁架形式或其他类型的钢结构。无论采取哪种结构,基座的几何中心就是整机的回转中心。

2) 转盘平台

转盘平台与外围桁架体钢结构连接,通过旋转装置(通常是回转支承,也有采用中心轴代替回转支承的,其抗倾覆性低于回转支承)安装于基座上并围绕其中心做360°回转。转盘平台需要承载游客体重,通常由型钢制成骨架,然后在上方安装木板或花纹板。

3) 乘骑

转马的乘骑包括游客胯下骑坐的、通过竖杆(见图15-10)与曲柄机构连接的各式马匹,部分转马还设有马车。最初的马匹都是由木头雕刻而成的,随着材料与工艺的进步,现在更多是由玻璃钢成型的。

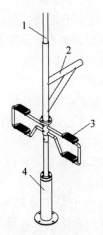

图15-10 安装马匹的竖杆与滑靴座示意图
1—竖杆;2—马匹安装架;3—防滑脚蹬;
4—竖杆滑靴座

4) 顶棚

顶棚位于转马的最上方,提供曲轴等驱动单元的安装空间,同时也是外观装饰的安装骨架,以实现遮阳、遮雨的功能,骨架部分通常采用桁架结构,外侧安装棚布或玻璃钢。顶棚通常与转盘平台同步旋转。

5) 动力装置

动力装置一般由电动机、减速机等构成(见图15-11),它提供设备运转所需要的动力,通常固定于基座上。

6) 传动装置

传动装置通常由齿轮副、曲轴、轴承和轴等构成(见图15-11),部分也有皮带传动,其作用都是把电动机提供的动力转化成所需要的运动。

7) 电气与控制系统

通常由主电控柜和操作控制台组成,主电控柜内置各种大功率电气控制元件和开关,控制电动机的启、停及调速;操作控制台面板上分布各种按钮和指示灯,内部安装中小功率控制元件和电气开关,方便操作控制设备的运转。

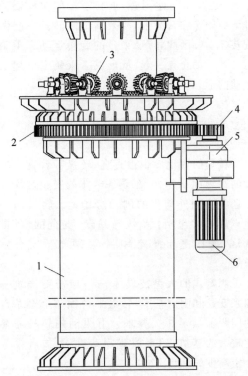

图15-11 基座、动力装置与传动装置示例
1—基座;2—大齿轮;3—伞齿轮;
4—小齿轮;5—减速机;6—电动机

8) 外饰与音响

漂亮大方的外观装饰是现代转马不可或

缺的要素,绚丽多彩的灯光配以和谐优美的音乐交相辉映,能为游客带来更加美轮美奂的体验。转盘平台中央框架的外侧设有各式造型的屏风(通常为玻璃钢)装饰,并嵌有各式灯光。

转马基本的工作过程为:启动后,首先由电动机带动减速机(例如通过皮带轮)的输入轴,减速机的输出轴则通过联轴器带动齿轮副的小齿轮转动,小齿轮通过啮合驱动安装在主轴上的大齿轮(或回转支承齿圈)运动,使主轴通过桁架内外两侧的支柱带动整个转盘(及桁架体)旋转。桁架体旋转时安装在顶部的圆锥大齿轮绕主轴一起旋转,安装在桁架上的曲轴内侧端的圆锥小齿轮通过与圆锥大齿轮啮合,带动曲柄轴旋转,曲柄轴旋转时带动拉杆上下运动。因为拉杆下面固定着乘骑,所以乘骑就做上下运动;与此同时,乘骑下端的拉杆还通过套筒固定在转盘上,故乘骑又随转盘一起做旋转运动。因此,转盘平台的旋转运动和乘骑的上下运动合在一起,就形成了乘骑上下起伏运动的形态。

15.4 场地设施

转马的占地面积很直观,转盘平台直径越大的占地面积越大,在设备本体的安装过程可能还需要额外面积的(临时)场地。转马的场地设施通常包括:基坑与站台、安全围栏、排队区、操作室与操控台、乘客须知与安全标识等。

固定式的大型旋转木马一般需要浇筑基础来安装和固定基座,转盘平台面与上客站台的间距需满足相关要求。下驱动的转马需要比较大的基坑,用来放置驱动机构,或者设置一定高度的站台。

设备本体的周围需设置安全围栏,围栏的结构尺寸应符合国家标准 GB 8408—2018《大型游乐设施安全规范》和相关安全技术规范的要求,出、入口应分开设置。上、下层可独立运动的双层转马还需要在外侧安装楼梯。

排队区通常可由栅栏、隔离墩、拉绳等物理隔离措施搭建。为了不影响游乐设备的演出效果,排队区一般不宜围绕着整个设备,可以设置在设备的一侧。

操控台通常设置在操作室内,每台游乐设施的操作室应独立设置,并配备相应的操作员来控制游乐设备的运行。为方便观察游客,操作室宜设置在出入口附近,对处于操作员视线盲区处,应设置辅助视频监控设施,或者在站台区域设辅助操控台并配备相应的操作员。

乘客须知为面向游客的文字说明,通常以告示板形式公布,设置在售票处、入口处、游客排队等候区等醒目位置。

15.5 主要参数规格及选型

15.5.1 主要参数

1. 几何参数

转马设备本体的几何参数主要包括转盘直径、设备高度等,在设备选型、规划场地时还需要充分考虑安全围栏和其他辅助设施所占的空间,对于那些占地面积或空间受限的场所或区域在选型时尤其要注意。

2. 载客参数

转马的额定承载人数是根据转盘上的马匹与马车的数量决定的。一般来说,1匹马可以乘坐1位成人或1位成人带1名儿童;马车座椅固定在转盘上,乘坐人数由座椅的宽度决定,一般是2位成人或者两大一小。需要说明的是,转马在运行中是沿圆周单向匀速运动,比较平稳,所以很多乐园允许成人站立在马匹的旁边,以便照看骑坐在木马上的儿童。这些应在乘客须知中予以明确。

3. 运行参数

转马主要的运行参数是转盘转速,马匹的跳跃(往复升降)频次与转速间接相关,而马匹的跳跃行程仅由曲柄的机械结构尺寸决定。在其他参数不变的情况下,转盘转速越高,要求电动机功率越大,选型规划时对配电容量的要求也相应更高。

15.5.2 部分厂家的产品规格和参数

这里主要以广东金马游乐股份有限公司和浙江南方文旅科技股份有限公司的部分产品为例介绍转马的产品规格和基本参数。

(1) 广东金马游乐股份有限公司部分转马产品的规格和基本参数见表15-1。

(2) 浙江南方文旅科技股份有限公司部分转马产品的规格和基本参数见表15-2。

表15-3 还列举了部分国内其他企业生产的典型转马产品的规格和主要参数。

表15-1 广东金马游乐股份有限公司部分转马产品的规格和基本参数

规格型号	转盘直径/m	设备高度/m	转盘转速/(r·min^{-1})	马匹数量/匹	马车数量/辆	额定乘员/人	占地面积/m	装机容量/(kV·A)	备注
DW-16A	φ5.2	5.1	4.0	16	0	16	φ7.0	6	
DW-38A	φ9.0	7.8	4.2	30	2	38	φ12.1	15	
DW-48A	φ16.0	10.0	3.4	40	2	48	φ18.2	20	
DW-68A	φ10.0	14.2	3.6	60	4	68	φ16.0	25	双层
DW-72B	φ15.6	9.2	3.8	60	3	72	φ19.0	44	
DW-88A	φ12.0	17.9	3.6	72	4	88	φ18.0	35	双层

注：表中的"占地面积"实际为直径，并且不包含操作室及排队区等所占的空间。

表15-2 浙江南方文旅科技股份有限公司部分转马产品的规格和基本参数

规格型号	转盘直径/m	设备高度/m	转盘转速/(r·min^{-1})	马匹数量/匹	马车数量/辆	额定乘员/人	占地面积/m	装机容量/(kV·A)	备注
PM-48	φ16.0	13.7	2.8	38	2	46	φ16.6	20	单层
DPM-72I	φ16.0	13.5	2.8	60	2	72	φ20.0	30	单层
SPM-I	φ16.0	17.8	2.7	76	4	92/98	φ20.0	35	双层

注：表中的"占地面积"实际为直径，并且不包含操作室及排队区等所占的空间。

表15-3 部分国内其他企业的典型转马产品的规格和基本参数

生产企业	典型产品规格型号	转盘直径/m	设备高度/m	转盘转速/(r·min^{-1})	额定乘员/人	占地面积/m	装机容量/(kV·A)
中山市金龙游乐设备有限公司	ZM88010	φ12.0	12.8	3.20	88	φ17.5	25.0
	ZM68013	φ10.0	14.8	3.30	68	φ16.0	18.0
	ZM36011	φ9.4	6.0	3.10	36	φ12.5	6.5
北京实宝来游乐设备有限公司	ZM-Ⅰ	φ14.0	—	3.56	40	φ16.0	8.3
	ZM-Ⅲ	φ17.3	6.1	3.6	76	φ20.0	37.6
	SZM-Ⅰ	φ16.0	17.2	2.70	92	φ19.0	55.0
中山市金信游乐设备有限公司	ZM40	φ10.0	8.5	3.30	40	φ12.2	7.0

注：表中的"占地面积"实际为直径，并且不包含操作室及排队区等所占的空间。

15.5.3 选型

转马是老少皆宜的游乐项目，设备的整体外观和乘骑造型很重要，目前国内不少企业可以提供各种不同造型与外饰的转马产品。若想长久地吸引顾客，转马的整体质量就非常重要，同时要注意对玻璃钢油漆的分析判断，油漆效果在出厂时一定要光鲜、亮丽，如果油漆效果暗淡无光、做工很粗糙，经风吹日晒后很快就会褪色。所以先期的工作没有做好，后期的效果就会很差。

选型时应满足 14.4 节的基本要求，综合考虑场地环境条件、目标消费群体构成、客流量等因素，以及作业人员配备、充分的维护保养投入等后续资源条件保障。

不同厂家的转马产品的可维护性可能会有较大差别，应特别注意作业人员进到设备内部后各维护点的可到达性。

上驱动转马的主要驱动单元在顶棚，维护工作大部分在转马的上部，所以在进行相关维护工作时可能需要一定的登高作业。

双层转马在选型时还要注意内置楼梯的双层转马，其由于不需要在外部设有额外的楼梯，美观性会更好，但楼梯的内置会导致游客承载量大幅减少，且运行时楼梯出、入口处须增派工作人员。外置楼梯的双层转马一般比较庞大，会有一种气势恢宏的感觉，但外置的楼梯及围栏会对设备的美观带来一定的影响。

15.6 安全使用规程、维护及常见故障

15.6.1 操作规程

应合理配备设备操作人员和站台服务人员。

操作人员上岗前应接受设备制造商提供（或其授权并认可）的操作培训，必须充分掌握操控台（操作面板）的各项功能及应急处置程序。

1. 运营前的准备

在设备每日投入运营之前，工作人员应按照产品使用维护手册的要求进行例行检查，并至少进行 2 次以上空载试运行，确认设备一切正常后方可接待游客。

2. 载客运行

转马在设计时通常允许一定的偏载量，载客运行时应尽可能保持载荷均匀分布，现场工作人员必要时应引导游客有序入座，避免出现严重偏载时仍强行启动运行的情况。

在游客进入转马设备后，站台服务人员应协助乘客上马，督促乘客端正坐姿、抓好扶手，有儿童乘坐时，还应确认监护措施（如系好安全带）或监护人行为已到位。在确认所有乘客已准备好后，工作人员方可退出转盘区域，将允许开机指令传送给操作人员。操作人员在接到允许开机指令后，应先开启提醒音响（或电铃），提醒游客做好心理准备，在提示音完成后再按设备启动按钮。

转马启动后开始运行，在此期间操作人员应时刻关注设备的运行情况，并注意观察游客的行为，始终保持警戒状态。如有游客在转盘上走动，应及时警告游客不要随意在设备上走动；若发现有游客出现特殊情况，如晕厥、摔落或其他不安全状况时，应立即按下"紧急停止"按钮，中止设备运行。

待转盘停下后，操作人员应疏导游客有序离开转马，并确认没有游客在安全栅栏内停留。

3. 结束运营

每天运营结束前，工作人员应按照产品使用维护手册的要求进行收工前检查，做好乘骑的卫生清洁工作，检查有无乘客遗失物品，如有，应予以妥善保管。

15.6.2 日常安全检查

日常安全检查是游乐设施在运营期间每天必须认真做好的基础性工作。

与维护保养环节中的检查不同，日常安全检查通常不需要复杂的仪器设备，主要由检查人员通过眼睛看、耳朵听、手触摸等感官判断来进行，因此并不需要耗费太多时间。也正是因为如此，此检查工作一定要认真细致，一旦

发现异常或出现疑问要及时处理,必要时应扩大检查范围。

除本节前面所述的"设备每日投入运营之前的例行检查"外,运行过程中遇到任何异常情况都应及时进行相应的检查。

日常安全检查由设备维护保养人员进行,检查项目应结合场地设施的具体情况,按照制造商提供的产品使用维护手册的要求综合确定。表 15-4 列出了部分检查内容以供参考。

表 15-4 转马的部分日常安全检查内容

部件部位	检查内容
操作室、操控台	检查操控台上的各操作按钮是否完好无损,电源指示仪表是否正常,各功能指示灯是否正常
	检查音响广播系统和/或电铃是否正常
	检查电气控制系统是否运行正常,紧急停止按钮是否灵活可靠
	检查视频监控系统是否正常
	检查手持扩音器是否能正常工作,电池电量是否充足
马匹、马车	检查安全把手有无松动、表面有无污损情况
	检查吊杆连接处等的紧固件是否有遗失、松动或者断裂的情况
	检查游客接触的座席表面有无开裂、破损或其他异常情况,有无滴落的油污(靠近吊杆处)
	检查安全带是否完好,带体有无损伤(特别是与卡扣锁舌的连接处)、与机体的连接处有无松动,卡扣组件锁紧是否牢靠、有无锈蚀等情况
	检查脚蹬有无松动,防滑踏面有无污损或其他异常情况
转盘平台	检查转盘踏面有无破损、翘起、油污、积水或其他异常情况
	检查转盘外缘立柱、中央屏风、上方顶棚的装饰物有无松脱或其他异常情况
	检查乘骑在试运行过程中是否平稳、有无异常声响
通道、围栏	检查栏杆是否稳固,与地面连接处有无明显的松动情况
	检查通道沿线布置的外露电缆有无明显的异常情况
	检查栏杆表面有无破损、锐边或其他可能伤及游客的危险突出物
	检查门铰链有无变形、脱落,门的活动间隙是否发生改变而导致可能夹手
	检查悬挂的安全标识有无破损、遗失
	检查乘客须知有无缺损、严重褪色

15.6.3 维护与保养

维护与保养属周期性的工作,不同作业项目的作业周期各不相同,有的可能为每周 1 次,有的则可能每 2 周 1 次甚至可能几个月 1 次。

正确的维护与保养是游乐设施长期保持稳定运行的必要条件,维护与保养工作若做得不到位、不及时,会对设备的稳定性、游客体验甚至安全性能造成一定的影响。

与日常安全检查以感官判断为主不同,维护与保养工作通常需要各种工具、仪器设备。应组建一支能够胜任工作的维护保养队伍,合理配备不同工种与人员数量,正确提供必要的作业装备,以及充分的物资保障。维护保养人员在上岗前应接受设备制造商提供(或其授权并认可)的培训,熟悉设备的结构、工作原理及性能,掌握相应的维护保养及故障排除技能。

不同厂家的转马产品的构造各不相同,本章挑选了部分典型的维护保养内容进行列举(见表 15-5),具体的维护保养要求应以厂商提供的维护保养作业指导文件为准。

表 15-5　转马的部分维护与保养内容

作业项目	维护与保养内容	作业周期
基础检查	检查设备基础有无沉降、地脚螺栓/螺母有无明显的锈蚀	第 1 年每周 1 次，第 2 年起每月 1 次
	检查基坑内有无积水	雨后及时，平时每周 1 次
紧固件检查	检查回转支承紧固螺栓的拧紧力矩（拧紧力矩的数值有相应的对照表，此处略，下同）	首次运行 100 h，以后每 500 h
	检查全部 M12 及以上规格的螺栓有无松动	每 2 周 1 次
	检查重要螺栓的拧紧力矩（位置分布按示意图，此处略）	每月 1 次
承载结构检查	检查马匹与马杆连接处有无松脱或其他异常情况	每周 1 次
	检查马车及其连接结构有无损坏、腐蚀和变形	每周 1 次
	检查基座钢结构、转盘平台骨架、顶棚骨架的焊缝有无开裂、锈蚀或其他异常情况	每月 1 次
	对重要的焊缝进行无损检测	每年 1 次
动力传动装置检查	检查曲柄轴有无异常磨损，曲柄轴连接处有无明显异响	每月 1 次
	检查电动机和减速箱有无异常声响、温升是否正常，检查减速箱有无漏油、渗油情况	每周 1 次
	检查转盘平台的整体状况，并核实有无振动及异响	每周 1 次
润滑与清洁	回转支承滚道加注润滑脂，并检查回转支承的密封有无损坏或脱落，一旦发现应及时更换或复位	每 100 h 1 次
	回转支承与小齿轮啮合处、伞齿轮副齿面刷涂润滑脂	每周 1 次
	齿轮减速箱更换润滑油	首次 2 周后更换，以后每半年 1 次
	至曲柄轴的传动轴调心轴承内加注润滑脂	每月 1 次
	马匹拉杆下支承轴承座加注润滑油	每月 1 次
电气与线路检查	定期打开电气柜进行清洁工作，确保电气柜的清洁和规整符合国家电气装置的相关标准	可视环境条件而定，每季度至少 1 次
	检查接线端子有无松动、氧化情况	每月 1 次
	检查变频器散热器、功率变压器等大容量功率元件的散热状况是否良好，有无异常发热、烧损情况	每月 1 次
	检查引出电缆/导线的绝缘有无破损或其他异常情况	每周 1 次
绝缘与接地检查	定期测量电动机绕组等带电回路与机壳间的绝缘电阻，检查接线盒、户外照明有无破损、老化或其他异常情况	平时每月 1 次，梅雨季、汛期及时
	定期测量接地电阻，检查接地装置的完好性	每月 1 次

注：必须使用维护保养手册指定牌号的润滑油（脂）进行添注，每次添注时油脂应充分进入需要润滑的轴承滚道、齿轮啮合面或其他运动副。在油脂添加完成后，应对溢出的油脂进行清理。

15.6.4　常见故障与处理

转马设备运行相对平稳，折算到每位乘客身上的功耗也不算高，大部分国内正规企业生产的质量过关的转马产品在维护保养到位的前提下，设备的总体故障率可保持在较低水平。

表 15-6 列出了部分可能出现的故障及处理方法。

表15-6 部分可能出现的故障及处理方法

故障现象	故障部位	故障原因	处 理 方 法
异常声响	至曲柄轴的传动轴调心轴承、马匹拉杆下支承轴承	润滑不良（如顶棚漏雨造成轴承进水等）	排除造成润滑不良的因素，保证润滑良好
		轴承损坏	更换轴承
	齿轮伞副、回转支承与小齿轮	偏啮合	对齿轮组进行调整，必要时进行更换
		润滑不当（如进水、异物进入啮合面等）	排除造成润滑不良的因素，保证润滑良好
	减速箱	齿轮副或蜗轮副啮合不良	联系转马的设备制造商请对方派人过来处理
电源指示异常	空气开关	空气开关跳闸	重新合闸测试，若再次跳闸应彻底检查，直到找到原因并排除
	保险丝	保险丝熔断	检查保险丝熔断的原因并排除，重新更换保险丝
无法启动	操控按钮	操控按钮失效	更换操控按钮
	通信故障	信号丢失	对电气模块进行检查，检查模块是否运行正常、线缆接口有无脱落或损坏等情况，对损坏的模块及线缆进行及时更换
	变频器故障指示灯亮	变频器故障	参照变频器说明书修复或联系变频器制造商/销售商
	电动机	电动机损坏	更换电动机，或联系电动机制造商/销售商委托对方修理

第16章

碰 碰 车

16.1 概述

碰碰车,顾名思义就是可以放心碰撞而不用担心损毁的车辆。据考证,碰碰车起源于20世纪20年代,与汽车安全测试有关,英文bumper car 中的 bumper 就是"保险杠"的意思,是为了测试汽车保险杠的安全性而得名的。

我们现在看到的碰碰车,四周有一圈由橡胶制成的围裙状缓冲圈(见图16-1),通常内置充气轮胎,能够有效吸收碰撞带来的冲击。

图 16-2　车场防撞拦挡

图 16-1　碰碰车

碰碰车必须在专用场地内运行,车场的四周设有防撞拦挡(见图16-2),以防止碰碰车冲出场地。防撞拦挡的高度与车体的缓冲橡胶平齐。

碰碰车一般最多坐2人,有加速用的脚踏和转向的方向盘,操控非常简单,游客在乘坐中紧握方向盘就可以随意转向、互相追逐、碰撞,有时令人防不胜防,非常有趣也不乏刺激。在与其他车辆互相竞争中,不仅能带来追逐的快感,还能增加亲子间的合作,因此是一种备受欢迎、游客参与感很强烈的游乐项目。

16.2 分类

本章介绍的碰碰车均采用电力驱动,可分为以下3种。

16.2.1 天网碰碰车

天网碰碰车是最常用也是最经典的碰碰车(见图16-3),最典型的特点就是车尾部设有"摩电弓",它是用来接通天网的集电装置。

天网碰碰车需要架设天网和地网,车场的顶棚就是天网,车场的地板则构成地网,电网的交流电经变压器隔离、降压、整流后变成直流电,正、负级分别加在天网和地网上,因而天网碰碰车也有一个名字——天地网碰碰车。

天网碰碰车的供电回路:通过车尾摩电弓从天网滑触取电(正极),电流经保险丝、负载电动机、油门踏板(实际为电气开关)后由车辆底部的钢制后轮与地网(负极)连接,形成完整回路。

图16-3 天网碰碰车

16.2.2 地网碰碰车

地网碰碰车是相对天网碰碰车而言的,其供电不需要借助天网(见图16-4),地网碰碰车的车体不像天网碰碰车那样有摩电弓,而是通过车底的两组电极与地板上的正、负极(交替分布的条状导电体)完成集电取电,即车体的供电完全通过车场的地板来实现。

图16-4 地网碰碰车

地网碰碰车相对于天网碰碰车来说不需要铺设天网,但地网的铺设相对来说就比较复杂,首先需要把地面做成一块足够大的绝缘板,然后在绝缘板上布置若干条状导电体,各条状导电体之间不仅要有足够的绝缘距离,还

要分别交替与对应的电源极性正确连接,车场的建设成本较高。

16.2.3 储能式碰碰车

储能式碰碰车是由车体内的蓄电池或其他储能元件提供电能运行的碰碰车(见图16-5)。储能式碰碰车对车场的要求非常低,只要场地平整,在普通的水泥地面上就可以运转。

图16-5 储能式碰碰车

储能式碰碰车虽然适应场地能力强,但储能元件的电量消耗后需停运充电,无法长时间高负荷连续运行,且储能元件会随充放电循环逐渐老化,其容量降低到一定程度时需要更换。

16.3 车体

车体的构成很简单,通常由底盘、座舱、车身外饰及音响等部分组成,图16-6为天网碰碰车车体结构示意图。

16.3.1 底盘

底盘由底架、动力与操纵装置、车轮等共同组成,其中底架通常为框架结构,动力与操纵装置安装在其前部中央,另有2只后车轮安装于其后部。动力与操纵装置集成了行走和转向控制功能,其核心部件是一个外转子电动机动力总成(外周覆橡胶,见图16-7),定子连接在转向机构上,经转向杆连接至方向盘,乘客操纵方向盘可实现电动机整体做360°任意转向。

车体的基本工作过程为:如前所述,碰碰

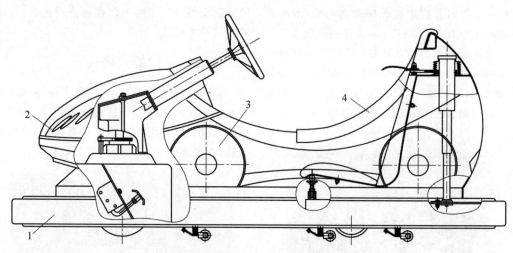

图 16-6 天网碰碰车车体结构示意图
1—底架；2—车身外饰；3—音响；4—座舱

图 16-7 专用外转子电动机动力总成

车是由电力驱动的,专用外转子电动机动力总成在设计时特别考虑了短时间堵转情况下电动机不会损坏。乘客坐在车内,通过脚踏开关(油门)控制电动机的启停,通过方向盘来控制行车方向。

车体本身不设速度控制器,也没有倒挡,当2辆车互相撞击顶死需要倒车时,只需操纵方向盘使连接在转轴下的电动机总成转180°即可。如需改变车辆的运行速度,可调节车场电压。

16.3.2 座舱

座舱为乘客乘坐部分,固定于底盘之上(镶嵌于车体之内),座舱内有油门踏板、方向盘和安全带。座舱通常最多可以容纳2名乘客,座舱内壁与乘客接触处的材质较软。

16.3.3 车身外饰及音响

车身一方面起到座舱支承和包裹车架的作用,同时也是主要的装饰结构,各厂家在车身造型时绘以绚丽多彩的图案,运行中配以和谐优美的音乐以实现差异化。目前车身大都采用玻璃钢制作,在满足强度要求的同时能够实现各种造型要求,车身形状以卡通化汽车居多,也有一些采用拟物造型。

16.4 车场

车场是碰碰车运行的专用场地,根据相关安全技术规范和国家标准的要求,车场的面积是由车辆的数量决定的。小于10辆车(含10辆车)的车场,每辆车所占面积应不小于20 m^2；大于10辆车的车场,在200 m^2的基础上,每增加1辆车应增加不小于15 m^2的面积。

车场的主要作用:一方面是为碰碰车提供运行所必需的电力(储能式除外),另一方面也为车体划出一个可以横冲直撞的安全运行空间。由于天网碰碰车与地网碰碰车的车场差异较大,本节对这两种车场分别加以介绍。

16.4.1 天网碰碰车车场

天网碰碰车的车场主要由天网(上极板)、地坪(下极板)、防撞拦挡及屋架等相关建筑结构和安全栅栏、操作室等辅助设施组成。

天网碰碰车车场的顶棚就是天网,这在16.2节中已经介绍过,其构成也很简单:极板＋吊挂装置。极板是导电体,通常采用薄钢板(镀锌板或不锈钢板)与框架结构铆接,形成连续导电的天花板,再通过绝缘件吊挂固定在屋架上,如图16-8所示。天网与低压直流电源(安全电压)的正极相连,为减少导通电阻,可采取电源线多点接入的措施。

16.4.2 地网碰碰车车场

地网碰碰车车场与天网碰碰车车场的主要差异是地坪结构(见图16-9示例),16.2节中已对地坪的铺设有过说明,此处不再赘述。由于没有天网,车场的顶棚只需承担遮风避雨的基本功能,因此也就不需要大的钢结构屋架,只要做好防水防雨措施,保证场地的绝缘即可。

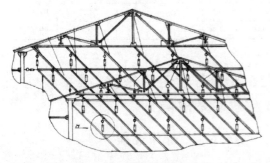

图16-8 导电天花板的固定

图16-9 地坪绝缘与电极分布示例

车场的地坪也是导电体,同时又要经受住车辆的碾压,要有足够的承载能力,其大都采用钢板(通常厚度不小于4 mm)焊接连为一体,并通过导线与直流电源的负极相连。

现行国家标准规定,天网与地网间的距离应不小于2.7 m。

车场的四周应设有防撞拦挡,防撞拦挡大都采用槽钢制作,其宽度应不小于车体的缓冲圈高度、高度应与车体的缓冲圈平齐。也正因为如此,车场与车体必须匹配,不同缓冲高度、宽度的车体也不能在同一车场内运行。

大型的天网碰碰车车场因为车场的中间没有其他支承,所以部分车场的钢结构较大,一般需要浇筑基础以搭建车场。

碰碰车车场的周围须设置安全围栏,围栏的结构尺寸应符合国家标准GB 8408—2018《大型游乐设施安全规范》和相关安全技术规范的要求,出、入口应分开设置。

乘客须知为面向游客的文字说明,通常以告示板的形式公布,设置在售票处、入口处、游客排队等候区等醒目位置。

地网碰碰车车场的辅助设施包括防撞拦挡、安全围栏、乘客须知等,与天网碰碰车的车场相同。

16.4.3 配电

与其他游乐设施中乘客基本上不可能触及主电气回路不同,无论是天网碰碰车还是地网碰碰车,乘客一旦踏上地坪,就已经触及主电气回路。也正是因此,碰碰车必须采用特低安全电压供电,其主变压器应采用双重绝缘或加强绝缘。

16.5 主要参数规格及选型

碰碰车的参数包括运行速度、额定乘员、额定电压和电动机功率等。碰碰车已经非常成熟,国内生产碰碰车的企业也很多,表16-1列出了国内部分企业碰碰车产品的规格参数。

表 16-1　部分国内企业碰碰车产品的规格参数

生产企业	典型产品的规格型号	运行速度/(km·h^{-1})	额定乘员/(人·车$^{-1}$)	额定电压/V	电动机功率/W	车辆类型
广东金马游乐股份有限公司	PPC-101X	10.0	2	90	260	天网型
	PPC-105F	9.0	2	48	230	地网型
中山市金信游乐设备有限公司	PPC101	9.7	2	48	230	地网型
广东广益游乐设备制造有限公司	PPC02001	9.5	2	48	230	地网型
中山市金龙游乐设备有限公司	PP02002	9.5	2	48	230	地网型
沈阳市创奇游乐设备有限公司	ZC-19A	10.0	2	24	600	储能式

与其他大多数游乐设施一样，为吸引更多的游客，碰碰车的外观造型、油漆效果很重要。由于长年累月相互碰撞，车辆的整体质量也要好，不然使用一段时间后会显得很破旧。

因碰碰车必须在专用车场内运行，因此选型时除应考察、对比各厂家的成品车辆外，还必须同步考虑车场的建设及后期维护。

天网碰碰车由于上极板的存在，车辆行驶区域的净空受限，不利于自然采光，往往会比较昏暗且有压抑感，且车场面积越大这种情况越明显。相比之下，地网碰碰车由于不受上极板的制约，可以充分利用地坪上方的垂直空间，能给乘客带来更好的观感和体验（见图 16-10）。

图 16-10　地网碰碰车车场示例

16.6　安全使用规程、维护及常见故障

16.6.1　操作规程

碰碰车虽然相对简单，但安全运营这根弦丝毫不能懈怠，除正常配备设备操作人员外，还应合理配备车场服务人员。操作人员上岗前应接受设备制造商提供（或其授权并认可）的操作培训，充分掌握操控台的各项功能及应急处置程序。

1. 运营前的准备

在碰碰车每日投入运营之前，工作人员应按照产品使用维护手册的要求进行例行检查，应逐辆车进行 2 次以上的试运行，确认设备一切正常后方可接待游客乘坐。

2. 载客运行

在游客进入车场后，车场服务人员应协助乘客登上座舱，督促乘客端正坐姿、抓好扶手，并协助乘客系好安全带。有儿童乘坐时，还应确认监护措施（如系好安全带）或监护人行为已到位。

在确认所有乘客已准备好后，车场服务人员方可退出车辆运行区域，将允许开机指令传送给操作人员。操作人员在接到允许开机指令后，应先开启提醒音响（或电铃），提醒游客做好准备，在提示音完成后再按启动按钮。

开机启动后乘客可以自行控制车辆运行，在此期间操作人员应时刻注意观察乘客行为，始终保持警戒状态，若发现有乘客试图解开安全带或在座舱内站起等行为，应及时发出警告,制止该行为,必要时应立即按下"紧急停止"按钮,中止设备运行。

待碰碰车全部停稳后,车场服务人员应疏导乘客有序离开车场,并确认没有其他游客在安全栅栏内停留,然后继续下一个循环。

3. 结束运营

每天运营结束前,工作人员应按照产品使用维护手册的要求进行收工前检查,做好座舱的卫生清洁工作,确保车场的整洁,检查有无乘客遗失物品并妥善保管。

16.6.2　日常安全检查

日常安全检查是碰碰车在运营期间每天必须认真做好的基础性工作。与维护保养环节中的检查不同,碰碰车的日常安全检查不需要复杂的仪器设备,主要通过眼睛看、耳朵听、手触摸等感官判断来进行,因此并不需要耗费太多时间。也正是因为如此,此检查工作一定要认真细致,一旦发现异常情况要及时处理,必要时应扩大检查范围。

日常安全检查由设备维护保养人员进行,检查项目应结合场地设施的具体情况,按照制造商提供的产品使用维护手册的要求综合确定。表 16-2 列出了部分日常安全检查内容以供参考。

表 16-2　碰碰车的部分日常安全检查内容

部件部位	检查内容
操作室	检查操控台上的各操作按钮是否完好无损,电源指示仪表是否正常,各功能指示灯是否正常
	检查音响广播系统和/或电铃是否正常
	检查电气控制系统是否运行正常,紧急停止按钮是否灵活可靠
	检查视频监控系统是否正常
	检查手持扩音器是否能正常工作,电池电量是否充足
车体、座舱	检查安全把手有无松动、表面有无污损情况
	检查座舱连接处等的紧固件是否有遗失、松动或者断裂情况
	检查脚踏是否灵活,有无费力现象
	检查转向控制装置是否动作有效、反应灵敏,转动时有无卡滞现象
	检查安全带是否完好,带体有无损伤(特别是与卡扣锁舌的连接处)、与机体的连接处有无松动,卡扣组件锁紧是否牢靠、有无锈蚀等情况
	检查缓冲轮胎有无足够的气压
	检查游客接触的座席表面有无开裂、破损或其他异常情况
车场	检查上极板有无翻起、脱落或其他异常情况
	检查地坪有无翘起、开裂、锈蚀或其他异常情况
	检查防撞拦挡有无焊缝开裂、明显变形等异常情况
	检查地坪有无油污、积水或其他垃圾
通道、围栏	检查栏杆是否稳固,与地面连接处有无明显的松动情况
	检查通道沿线布置的外露电缆有无明显的异常情况
	检查栏杆表面有无破损、锐边或其他可能伤及游客的危险突出物
	检查门铰链有无变形、脱落,门的活动间隙是否发生改变而导致可能夹手
	检查悬挂的安全标识有无破损、遗失
	检查乘客须知有无缺损、严重褪色

16.6.3　维护与保养

正确的维护与保养是碰碰车保持长期安全、稳定运行的必要条件。与日常安全检查以感官判断为主不同,维护与保养工作需要借助工具和仪器,运营单位在配备相应作业人员的同时，应正确提供必要的作业装备，以及充分的物资保障。

表 16-3 列出了碰碰车的部分维护与保养内容，具体的维护与保养要求以厂商提供的维护与保养作业指导文件为准。

表 16-3 碰碰车的部分维护与保养内容

作业项目	维护与保养内容	作业周期
基础检查	检查车场基础有无沉降，有无裂纹和破损	每月 1 次
顶棚/地坪检查	检查顶棚有无破损，上极板吊挂有无松动、变形	每周 1 次
	检查上极板、地坪的电缆接入点有无松动	每周 1 次
导电弓/集电器检查	检查电刷是否磨损过度，连接螺栓有无松动	每周 1 次
车底结构检查	检查车底结构有无锈蚀、焊缝有无开裂	每月 1 次
动力单元	检查动力单元总成有无异常声响、温升是否正常，有无漏渗油情况	每月 1 次
润滑与清洁	操纵机构、脚踏开关的轴承处滴注润滑油	每月 1 次
	导电轮、后车轮轴处滴注润滑油	每月 1 次
电气与线路检查	定期打开电气柜进行清洁工作，确保电气柜的清洁和规整符合国家电气装置的相关标准	可视环境条件而定，每季度至少 1 次
	检查变压器接线端子有无松动、氧化情况	每月 1 次
	检查引出电缆/导线的绝缘有无破损或其他异常情况	每月 1 次
绝缘与接地检查	定期测量变压器初、次级间的绝缘电阻，检查接线盒、户外照明等有无破损、老化或其他异常情况	平时每月 1 次，梅雨季、汛期及时
	定期测量接地电阻，检查接地装置的完好性	每月 1 次

16.6.4 常见故障与处理

正规企业生产的质量过关的碰碰车，在维护保养到位的前提下，很少发生故障。车辆一旦出现机械故障并且越来越频繁的话，最好尽早换新车。表 16-4 列出了部分可能出现的故障及处理方法。

表 16-4 部分可能出现的故障及处理方法

故障现象	故障部位	故障原因	处理方法
操纵车辆无反应	脚踏开关	脚踏开关触点接触不良	检查紧固接点、去除氧化层、更换弹簧
	车载保险丝	主保险丝熔断	检查保险丝熔断的原因并排除，重新更换保险丝
车场供电异常	操控按钮	操控按钮失效	更换操控按钮
	电压切换开关	变压器输出端切换开关损坏或接触器异常	更换开关或接触器

第17章

飓风飞椅

17.1 概述

飓风飞椅(flying chair)又称摇头飞椅、旋转摇摆伞,就像一把大伞,下边吊有很多靓丽、精致的吊椅,大伞边转边升并伴随着倾斜,带动吊椅在空中如波浪般起伏旋转,乘客犹如在空中飞翔(见图17-1),非常刺激。

图17-2 高空飞翔

图17-1 飓风飞椅

飓风飞椅的座舱(吊椅)通常采用环链或者钢丝绳吊挂,当伞形转盘和中间转台错位旋转、塔身徐徐上升时,吊椅在离心力的作用下被甩开,但离地高度通常不会大于8 m。

还有一种不摇头的"高空飞翔",座舱吊挂在一个环形圆盘上(见图17-2),其在绕立柱旋转的同时快速上升,可升至50余米或更高,乘客在感受刺激的同时也能一览风景。

本章仅介绍飓风飞椅,高空飞翔将在26.4节中介绍。

17.2 典型产品的结构

飓风飞椅是集旋转、升降、变倾角等多种运动形式于一体的设备(见图17-3),通常由以下几部分组成。

17.2.1 基座

基座是飓风飞椅最主要的承载结构,通常采用筒状结构(见图17-4),其底部由地脚螺栓固定在基础上,上端为逆时针旋转的转盘,安装和支撑上部结构,并随转盘转动。图17-5为基座转盘的传动装置示意图,其基本工作原理为:由电动机带动减速机,减速机输出轴端的小齿轮驱动回转支承上的大齿轮,带动上端的转盘旋转。

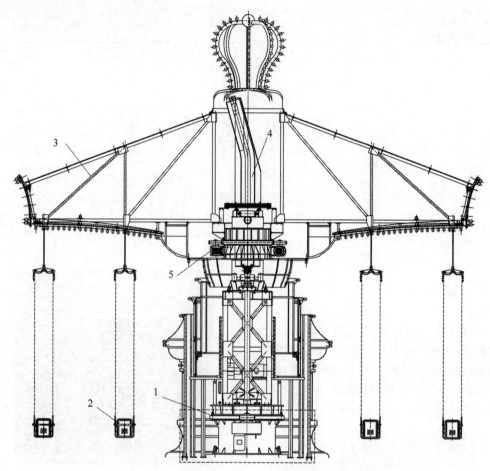

图 17-3　飓风飞椅的主要构成示意图
1—基座；2—吊椅；3—转伞骨架；4—导向柱；5—驱动装置

图 17-4　飓风飞椅基座实物图片

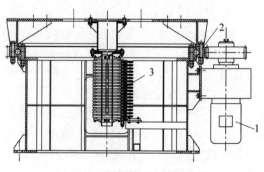

图 17-5　基座传动装置示意图
1—电动机-减速机；2—回转支承；3—导电滑环

圆筒的内部通常安装有导电滑环,为上部旋转部分提供动力。

17.2.2 转伞及吊椅悬挂装置

转伞是位于飞椅顶部的盘状旋转构件,在盘体底面的不同半径上悬吊着座椅。由于运行时转速相对较高,转伞的骨架通常采用桁架结构,使其在满足强度要求的同时尽量减少自重。

座椅(见图17-6)通常由骨架、座椅靠背、安全挡杆、锁紧装置等组成,其分为不锈钢座椅、玻璃钢座椅和编织座椅等。

(1) 不锈钢座椅方便清洁,能承受较大的荷载,尺寸精度高,切边平整,便于安装,无明显的凹凸感,运输方便,做工方便快捷,具有较长的使用寿命。

(2) 玻璃钢座椅外形可根据需要制作,表面多样化、颜色绚丽,具有易成型、质轻、耐腐蚀等特点。

(3) 编织座椅的骨架为钢管,座椅靠背的材质丰富多样,舒适柔软、摩擦力强、透气性好,集观赏性和实用性为一体。

转伞骨架吊挂轴间通过平衡杆、吊挂杆连接,并设有冗余保护(见图17-7)。

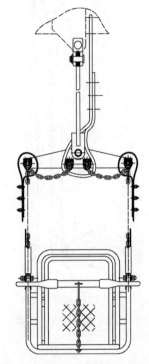

图 17-7 转伞下方的吊挂示意图

17.2.3 支撑装置

支撑装置是上部运动结构的支撑及运动导向装置,主要由立柱轨道、导轮装置和液压油缸等组成。立柱轨道通常为箱形结构,由型钢或钢板焊接而成(见图17-8),左右各配有1个顶升油缸,用于支撑系统的上下运动。导轮装置(图17-9)由油缸顶并沿轨道运动(类似叉车的门架),轨道在上段近顶部处有一折角,当油缸推动导轮上升到此处时转伞可实现倾斜旋转。

通常,给顶升油缸提供动力源的液压站大都安装在基座的上端,即全部液压系统是随转盘一起旋转的,这样可以省去中央回转接头,但不可避免地造成可维护性降低。

17.2.4 装饰及彩灯

飓风飞椅的外部通常采用各式彩绘玻璃钢装饰,图案美轮美奂、美艳华丽,具有浓烈的

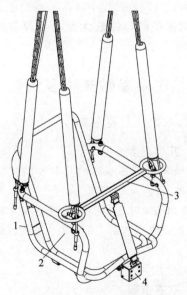

图 17-6 座椅及吊挂示意图
1—骨架;2—座椅靠背;3—安全挡杆;4—锁紧装置

座椅通常由4条环链或钢丝绳等柔性材料吊挂连接,环链(或钢丝绳等)的另一端则与

塔顶电动机开始减速运行，稍后中间转台停止旋转，同时中间转台也开始缓慢下降，整机在程序的控制下实现平稳停机，乘客离开，至此完成一个工作循环。

17.3　场地设施

与旋转木马等其他旋转类设备类似，飓风飞椅的占地面积很直观，转伞的直径越大其占地面积就越大。需要注意的是，由于吊椅为柔性吊挂，在运行过程中因离心力的作用会向外甩开，因此设置在公园等场所时，应充分考虑与树木（乔木）间的距离及树木枝叶的生长。

与旋转木马贴近地面有转动平台不同，飓风飞椅转伞的下方直接就是地坪，乘客是直接从地坪进出座舱的，因此飓风飞椅不需要基坑与站台，其他的场地设施则与旋转木马类似，通常包括预埋座、安全围栏、排队区、操作室与操控台、乘客须知与安全标识等，相关的具体内容参见15.4节，此处不再赘述。

飓风飞椅的钢结构需要由大型起重设备吊装，因此其安装过程中通常需要预留运输通道、相对平整的可停放大型起重设备的临时场地。

17.4　主要参数规格及选型

17.4.1　主要参数

1．几何参数

飓风飞椅设备本体的几何参数主要包括设备高度、设备运行高度、旋转直径等，在设备选型、规划场地时还需要充分考虑安全围栏和其他辅助设施所占的空间，对于那些占地面积或空间受限的场所或区域在选型时尤其要注意。

2．载客参数

飓风飞椅的额定承载人数是由转伞的大小及吊椅的数量决定的，应根据客流情况选择。

3．运行参数

飓风飞椅主要的运行参数是倾角、旋转速

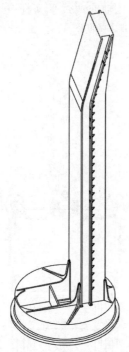

图17-8　立柱轨道示意图

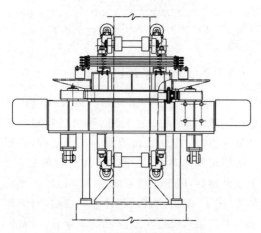

图17-9　导轮装置传动示意图

现代气息和豪华的装饰风格，若配上动感的彩灯，在夜晚各色灯光掠影中，与起伏飞旋的吊椅共同构成了一道亮丽的风景。

飓风飞椅的基本工作过程为：按下预备按钮后，设备低速旋转，以检验乘客就座情况；启动设备后，液压系统开始工作，稍后塔顶电动机拖动伞形转盘开始旋转，随后中间转台开始错位旋转，同时中间转台开始提升，设备进入整体运行阶段，达到工作周期设定的时间后，

度和运行高度。倾角和运行高度综合控制着座舱的起伏范围，给乘客一种腾云驾雾的感觉；旋转速度控制着运行速度和离心力，给乘客以遨游云端的感觉。

17.4.2 部分厂家的产品规格和参数

表 17-1 列举了部分飓风飞椅的产品规格和主要参数(倾角均为 15°~16°，表中未列出)。

表 17-1 部分飓风飞椅的产品规格和基本参数

生产企业	产品规格型号	设备高度/m	运行高度/m	旋转速度/(r·min⁻¹)	额定乘员/人	占地面积/m	装机容量/(kV·A)
广东金马游乐股份有限公司	FY-30A	8.3	5.0	10.1	30	$\phi 16$	40
	FY-48	10.4	7.5	12.4	48	$\phi 22$	90
浙江南方文旅科技股份有限公司	XZS-I	9.6	5.4	9.0	48	$\phi 22$	60
北京实宝来游乐设备有限公司	XY-I	8.7	5.3	9.5	48	$\phi 22$	50
	FY-I	8.5	5.0	8.0	32	$\phi 15$	35
广东广益游乐设备制造有限公司	FY36	10.0	5.7	10.0	36	$\phi 22$	35
上海钦龙科技设备有限公司	FX-36YF	8.2	4.9	11.0	36	$\phi 20$	30
中山市金龙游乐设备有限公司	CSFH-301	11.0	4.5	8.0	30	$\phi 16$	32

注：① 设备高度指静态；
② 参数表中的"占地面积"实际为直径，且不包含操作室及排队区等所占的空间。

17.4.3 选型

飓风飞椅集娱乐性、趣味性、惊险性和刺激性于一体，是目前几乎所有游乐场中最吸引人的游乐项目之一。乘客坐在吊椅中，体验着在空中波浪起伏般的旋转飞舞，享受着飞翔的快感。

目前，国内不同厂家的飓风飞椅产品的其内部结构各不相同，但体验感大同小异(倾角均为 15°~16°)，因此设备的整体造型、图案设计、灯光等外饰也就显得愈加重要。若想长久地吸引顾客，整体的外观质量对感官的影响很大，选型时要注意对玻璃钢油漆的分析判断，油漆效果在出厂时一定要光鲜、亮丽，如果玻璃钢外面的油漆效果暗淡，经风吹日晒后很快就会褪色。另外，选型时不能只注重豪华的外饰，更应关注设备的内部空间结构。由于飞椅的运动特征是一段外罩绕着带有滑道的立柱做公转运动，另一段沿着滑道做上、下升降同时反向旋转伴随倾斜和摇摆，因此绝大部分飞椅的维护空间不理想，不同厂家的产品，其内部结构也不同，必然会带来可维护性的差异，所以应特别注意设备内部各维护作业点的可到达性。

选型时应满足 14.4 节的基本要求，综合考虑场地环境条件、目标消费群体的构成、客流量等因素，以及作业人员配备、充分的维护保养投入等后续资源条件保障。

17.5 安全使用规程、维护及常见故障

17.5.1 操作规程

与旋转木马一样，飓风飞椅本质上也属于旋转类载人设备，且运行时乘客身在空中，固有的风险还是存在的，运营单位应按要求合理配备设备操作人员和服务人员。操作人员上岗前应接受设备制造商提供(或其授权并认可)的操作培训，充分掌握操控台的各项功能及应急处置程序。

1. 运营前的准备

飓风飞椅在每日投入运营之前，工作人员应按照产品使用维护手册的要求进行例行检查，并至少进行 2 次以上空载试运行，确认设备一切正常后方可接待游客乘坐。

2. 载客运行

飓风飞椅在运行时应尽量避免偏载，乘客乘坐时应该以转塔为中心均匀分布，现场工作人员应引导游客有序进入座舱（具体分布要求应满足设备使用维护说明书的规定）。

在游客入座后，现场工作人员应逐个检查安全挡杆的锁紧装置是否已到位，在确认所有乘客已准备就绪后，工作人员方可退出运行区域，将允许开机指令传送给操作人员。

操作人员在接到允许开机指令后，应先开启提醒音响（或电铃）提醒游客做好心理准备，在提示音完成后再按启动按钮开启设备。

飓风飞椅启动后开始运行，在此期间，操作人员应时刻关注设备的运行情况，并注意观察游客的行为，始终保持警戒状态，若发现有游客出现特殊情况，如晕厥或其他异常状况时，应立即按下"紧急停止"按钮，中止设备运行。

待飓风飞椅停下后，操作人员应疏导游客有序离开设备，并确认没有游客在安全栅栏内停留。

3. 结束运营

每天运营结束前，工作人员应按照产品使用维护手册的要求进行收工前检查，做好吊椅的卫生清洁工作，检查有无乘客遗失物品，如有，则应予以妥善保管。

17.5.2　日常安全检查

日常安全检查是飓风飞椅在运营期间每天必须认真做好的基础性工作。

与维护和保养环节中的检查不同，日常安全检查通常不需要复杂的仪器设备，主要由检查人员通过眼睛看、耳朵听、手触摸等感官判断来进行，因此并不需要耗费太多时间。也正是因为如此，此检查工作一定要认真细致，一旦发现异常或疑问要及时处理，必要时应扩大检查范围。

除本节前面所述的"设备每日投入运营之前的例行检查"外，运行过程中遇到任何异常情况，都应及时进行相应的检查。

日常安全检查由设备维护与保养人员进行，检查项目应结合场地设施的具体情况，按照制造商提供的产品使用维护手册的要求综合确定。表 17-2 列出了部分检查内容以供参考。

表 17-2　飓风飞椅的部分日常安全检查内容

部件部位	检查内容
操作室、操控台	检查操控台上的各操作按钮是否完好无损，电源指示仪表是否正常，各功能指示灯是否正常，液压系统电动机的工作电压、电流是否正常
	检查音响广播系统和/或电铃是否正常
	检查电气控制系统是否运行正常，紧急停止按钮是否灵活可靠
	检查视频监控系统是否正常
	检查手持扩音器是否能正常工作，电池电量是否充足
吊椅	检查吊椅结构有无生锈、腐蚀
	检查吊挂环链/钢丝绳、安全绳是否完好，安装固定件是否脱落
	检查座席面有无异常变形、开裂、破损或其他异常情况，有无滴落的油污
	检查安全挡杆有无变形、开裂，锁紧装置锁紧是否牢靠、有无锈蚀等情况
转塔	检查外饰灯光有无开裂、破损、缺失或其他异常情况
	检查上方顶棚的装饰物有无松脱或其他异常情况
	检查设备在试运行过程中有无异常声响、振动情况
地坪	检查地坪有无破损、翘起、油污、积水或其他异常情况
通道、围栏	检查栏杆是否稳固，与地面连接处有无明显的松动情况
	检查通道沿线布置的外露电缆有无明显的异常情况
	检查栏杆表面有无破损、锐边或其他可能伤及游客的危险突出物
	检查门铰链有无变形、脱落，门的活动间隙是否发生改变而导致可能夹手
	检查悬挂的安全标识有无破损、遗失
	检查乘客须知有无缺损、严重褪色

17.5.3 维护与保养

维护与保养属周期性的工作,不同的作业项目其作业周期各不相同,有的可能为每周1次,有的则可能每2周1次甚至可能几个月1次。

正确的维护与保养是游乐设施长期保持稳定运行的必要条件,维护与保养工作若做得不到位、不及时,会对设备的稳定性、游客体验甚至安全性能造成一定的影响。

与日常安全检查以感官判断为主不同,维护与保养工作通常需要各种工具、仪器设备,且应组建一支能够胜任工作的维护保养队伍,合理配备不同工种与人员数量,正确提供必要的作业装备,以及充分的物资保障。维护与保养人员在上岗前应接受设备制造商提供(或其授权并认可)的培训,熟悉设备的结构、工作原理及性能,掌握相应的维护保养及故障排除技能。

不同厂家的飓风飞椅产品的构造各不相同,本章挑选了部分典型的维护与保养内容列举于表17-3,具体的维护与保养要求应以厂商提供的维护保养作业指导文件为准。

表17-3 飓风飞椅的部分维护与保养内容

作业项目	维护与保养内容	作业周期
基础检查	检查设备基础有无沉降、地脚螺栓/螺母有无明显的锈蚀	第1年每周1次,第2年起每月1次
	检查基坑内有无积水	雨后及时,平时每周1次
紧固件检查	检查回转支承紧固螺栓的拧紧力矩(拧紧力矩的数值有相应的对照表,此处略,下同)	首次运行100 h,以后每500 h
	检查全部M12及以上规格的螺栓有无松动	每2周1次
	检查重要螺栓的拧紧力矩(位置分布按示意图,此处略)	每月1次
承载结构检查	检查基座、立柱有无明显变形、开裂或其他异常情况	每月1次
	检查吊挂轴的磨损情况,达到磨损限值后立即更换	每周1次
	检查转伞骨架有无明显变形、开裂或其他异常情况	每周1次
	对重要的焊缝进行无损检测	每年1次
动力传动装置检查	检查油缸拉杆及螺母是否松脱或锈蚀	每周1次
	检查电动机和减速箱有无异常声响、温升是否正常,检查减速箱有无漏油、渗油情况	每月1次
	检查基座转盘的整体状况,并核实有无振动及异响	每月1次
液压系统	检查压差指示器,按要求及时更换滤油器滤芯(或整体更换)	每月1次
	检查油泵、阀件、管路有无渗漏	每月1次
	检查胶管有无变形、破损等异常情况	每月1次
	检查和/或校对压力表、油温传感器误差是否在允许的范围内	每半年1次
	抽取油样,检测油品质量	每半年1次
	油箱全面清洗、更换新油	按需进行,滤油器经常堵塞时
润滑与清洁	回转支承滚道加注润滑脂,并检查回转支承的密封有无损坏或脱落,一旦发现应及时更换或复位	每100 h 1次
	回转支承与小齿轮啮合处刷涂润滑脂	每月1次
	立柱滑道导向面刷涂润滑脂	每周1次
	齿轮减速箱更换润滑油	首次2周后更换,以后每半年1次

续表

作业项目	维护与保养内容	作业周期
电气与线路检查	定期打开电气柜进行清洁工作,确保电气柜的清洁和规整符合国家电气装置的相关标准	视环境条件而定,每季度至少1次
	检查接线端子有无松动、氧化情况	每月1次
	检查变频器散热器、功率变压器等大容量功率元件的散热状况是否良好,有无异常发热、烧损情况	每月1次
	检查引出电缆/导线的绝缘有无破损或其他异常情况	每周1次
绝缘与接地检查	定期测量电动机绕组等带电回路与机壳间的绝缘电阻,检查接线盒、户外照明等有无破损、老化或其他异常情况	平时每月1次,梅雨季、汛期及时
	定期测量接地电阻,检查接地装置的完好性	每月1次

注:必须使用维护保养手册指定牌号的润滑油(脂)进行加注,每次加注时油脂应充分进入需要润滑的轴承滚道、齿轮啮合面或其他运动副。在油脂加注完成后,应对溢出的油脂进行清理。

17.5.4 常见故障与处理

飓风飞椅虽然座舱的运行速度较高,但座舱与承载结构之间是通过环链或钢丝绳等实现柔性吊挂,因此冲击载荷有限,且旋转机构的总功率并不太高,工况总体还算平稳,国内正规企业生产的质量过关的产品,在维护与保养到位的前提下,设备的总体故障率可保持在较低水平。表17-4 列出了部分可能出现的故障及处理方法。

表17-4　部分可能出现的故障及处理方法

故障现象	故障部位	故障原因	处理方法
异常声响	升降导轮装置	润滑不良(如顶棚漏雨造成轴承进水等)	排除造成润滑不良的因素,保证润滑良好
		轴承损坏	更换轴承
	回转支承与小齿轮	润滑不良(如进水、异物进入啮合面等)	排除造成润滑不良的因素,保证润滑良好
	减速箱	齿轮副或蜗轮副啮合不良	联系设备供应商/制造商请对方派人过来处理
	液压油泵	油泵吸空、管道振动	检查吸油管有无漏气、堵塞,进行相应的排除
上升缓慢	油缸	柱塞油缸的内泄漏过大	检查、更换密封件
	上升调速阀	上升调速阀卡阻	检查、清洗后重新调节
	滤油器	滤油器堵塞	更换滤芯或滤油器
	溢流阀	系统调定压力太低或溢流阀卡阻	重新调节压力或清洗溢流阀
下降异常	油缸通气阀	通气阀阻塞	检查、清洗通气阀,或者更换
	阀件	阀芯卡阻	清洗阀件,或者更换
电源指示异常	空气开关	空气开关跳闸	重新合闸测试,若再次跳闸应彻底检查,直到找到原因并排除
	保险丝	保险丝熔断	检查保险丝熔断的原因并排除,重新更换保险丝

续表

故障现象	故障部位	故障原因	处 理 方 法
无法启动	操控按钮	操控按钮失效	更换操控按钮
	通信故障	信号丢失	对电气模块进行检查,检查模块是否运行正常及线缆接口有无脱落或损坏等情况,对损坏的模块及线缆进行及时更换
	变频器故障指示灯亮	变频器故障	参照变频器说明书修复或联系变频器制造商/销售商
	油泵电动机 旋转塔/转伞电动机	电动机损坏（过热等）	更换电动机或联系电动机制造商/销售商,委托对方修理

第18章

自控飞机

18.1 概述

自控飞机是很多公园游乐场的传统游乐项目,最为常见的造型是飞机状座舱围绕中心火箭状的装饰物旋转,乘客在飞行中紧握操纵杆,并可随意操纵座舱的升降(见图18-1),设备运行时配以空战的声光效果,使乘客在互相追逐、射击中度过欢乐的时光。

图 18-1　经典的自控飞机

自控飞机是集旋转、升降运动于一体的机动类游乐设备,早期为简单的机械式升降飞机,后来由于气动(液压)技术的引入,使得整机的机械结构变得更为紧凑,控制也变得容易。

目前自控飞机技术已相当成熟,除经典的飞机造型外,还有诸如小蜜蜂(图18-2)、海洋动物(图18-3)等各式造型可爱、色泽鲜艳的座舱,围绕相应主题的中心装饰物旋转,配以各种优美动听的音乐,吸引不同年龄段的游客乘玩。

图 18-2　旋转小蜜蜂

图 18-3　海洋动物造型的座舱及装饰物

很多儿童有飞行梦,对他们而言,自控飞机具有高空云驾之惊险,可以体验做飞行员的惊险与刺激。因此,每逢节假日,家长可以带着孩子一起,在飞机座舱内尽享亲子时光。自控飞机尽管几十年来并没有太多创新,但仍然是各公园游乐场内最受欢迎的游乐项目之一。

18.2 典型产品的结构

自控飞机的主要运动形式为旋转和升降，其通常有若干组可绕铰接点旋转的支撑臂（即转臂，见图18-4），每组支撑臂的两端分别连接座舱和转盘座（基座的上面部分），且在拉杆的作用下构成平行四边形机构，由气缸（或油缸）支撑绕回转中心转动。

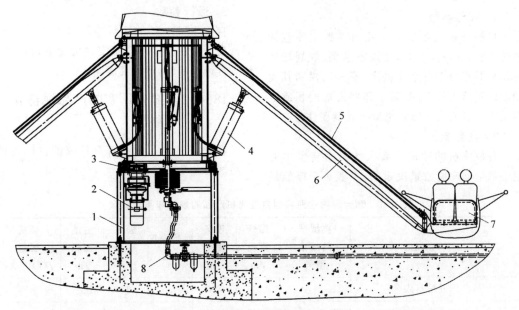

图18-4 自控飞机整机结构示意图
1—基座；2—电动机-减速机；3—回转支承；4—气缸；5—拉杆；6—支撑臂；7—座舱；8—气管路

自控飞机整机的旋转运动工作原理与转马、飓风飞椅等旋转类游乐设备基本相同：由电动机带动减速机，减速机输出轴端的小齿轮驱动回转支承上的大齿轮，带动基座上端的转盘旋转。

自控飞机的座舱设有安全带，乘客操作的升降开关通常设置在座席前方。座舱的升降运动是由气缸（或油缸）的往复运动推动支撑臂来实现的，由拉杆共同构成的平行四边形机构则保证了座舱在升降过程中始终能够保持水平姿态。

18.3 场地设施

与旋转木马等其他旋转类设备类似，自控飞机设备本体的占地面积很直观，座舱回转直径越大其占地面积就越大。需要注意的是，座舱升起时其回转直径会逐渐增大至极值（转臂水平时）后再逐渐减小，因此自控飞机设置在公园等场所时，也应充分考虑座舱运行时与树木（乔木）间的距离以及日后树木枝叶的生长。

采用气缸实现升降的自控飞机需要压缩空气作为动力源，因此还应建造配套的动力机房，以安置空气压缩机、储气罐、干燥机及其他辅助气源处理设施。

固定式的大型自控飞机一般需要浇筑基础用以安装和固定基座，为方便气源辅件的安装，基础的中央通常留有基坑，并为连接空压机房与设备本体之间的管路预留开孔或预埋管道。

为营造独特的视觉效果，有些游乐场会在对应自控飞机座舱的位置处修筑一圈登机平台，此平台在设计施工前应进行相应的安全评估。

自控飞机其他的场地设施与旋转木马类似，通常包括安全围栏、排队区、操作室与操控台、乘客须知与安全标识等，相关的具体内容参见 15.4 节，此处不再赘述。

18.4 主要参数规格及选型

18.4.1 主要参数

1. 几何参数

自控飞机设备本体的几何参数主要包括回转直径、设备高度等，在设备选型、规划场地时还需要充分考虑空压机房、安全围栏和其他辅助设施所占的空间，对于那些占地面积或空间受限的场所或区域在选型时尤其要注意。

2. 载客参数

自控飞机的额定承载人数是由转臂单元组的数量即座舱数量决定的，一般 1 个座舱最多可乘坐 1 位成人和 1 名儿童。需要说明的是，自控飞机的旋转运动是很平稳的，但其升降由乘客控制，不允许乘客在运行过程中解开安全带或站立。相关内容应在乘客须知中予以明确。

3. 运行参数

自控飞机主要的运行参数是运行速度和运行高度。在其他参数不变的情况下，转臂越长运行速度越快，运行高度越高。

18.4.2 部分厂家的产品规格和参数

表 18-1 列举了国内部分厂家的自控飞机产品规格及主要参数。

表 18-1 部分国内企业典型自控飞机产品的规格和基本参数

生产企业	典型产品规格型号	回转直径/m	设备高度/m	运行高度/m	额定乘员/人	占地面积/m	装机容量/(kV·A)
广东金马游乐股份有限公司	ZK-24A	11.5	7.0	4.5	24	φ17.5	45
中山市金龙游乐设备有限公司	ZK-24	13.8	7.5	3.5	24	φ16.5	20
北京实宝来游乐设备有限公司	BX-I	12.5	9.6	4.2	24	φ15.0	30
沈阳市创奇游乐设备有限公司	XQDZ-2	13.2	10.0	4.7	24	φ18.7	42
上海青浦游艺机玩具厂有限公司	ZKFJ-00	11.2	8.5	4.3	24	φ17.5	40

注：表中的"占地面积"实际为直径，并且不包含操作室、空压机房及排队区等所占的空间。

18.4.3 选型

自控飞机与其他旋转类游乐设备的最大不同就在于座舱的升降可由乘客自行控制，而且运行过程相对平稳，也正因为如此才能够在其他游乐项目不断求新求异的竞争中一路走过来。当然，设备的整体外观与座舱造型对于吸引顾客也是很重要的，选型时要注意对玻璃钢油漆的分析判断，油漆效果在出厂时一定要光鲜、亮丽，如果油漆效果暗淡无光、做工很粗糙，经过风吹日晒很快就会褪色。如果夜间可以运行，转臂和座舱上配以绚丽的灯光，会有令人惊喜的夜间效果，足够吸引游客的眼球。

气动与液压驱动的工作特性不同，座舱采用油缸（液压）驱动的好处是液压系统的结构可以做得很紧凑，因此在规模较小（例如旋转小蜜蜂等）的设备上有优势。气缸驱动的好处则更多体现在升降体验上：气缸的工作介质是空气，由于气体的可压缩性，座舱在升降运动特别是启停时更加平稳，这在规模较大的设备上尤其重要。

液压系统的弊端是液压油溢出的污染，以及低温环境下由于液压油变得黏稠而使升降迟缓；气动系统的缺点是需要额外增加空气压缩机、储气罐等设备，以及相应的场地条件。

采用气动系统时还应考虑空气压缩机的配置,目前最为常用的空气压缩机有活塞式和螺杆式2种,前者运行时噪声较高(有静音型,但功率小),后者低噪声、效率高、免维护、运行稳定可靠。

选型时应满足14.4节的基本要求,综合考虑场地环境条件、目标消费群体构成、客流量等因素,以及作业人员配备、充分的维护与保养投入等后续资源条件保障。

18.5 安全使用规程、维护及常见故障

18.5.1 操作规程

自控飞机属于旋转类载人设备,运行过程中乘客可自行控制升降高度,运营单位应按要求合理配备设备操作人员和服务人员。操作人员在上岗前应接受设备制造商提供(或其授权并认可)的操作培训,充分掌握操控台(操作面板)的各项功能及应急处置程序。

1. 运营前的准备

自控飞机在每日投入运营之前,工作人员应按照产品使用维护手册的要求进行例行检查,并至少进行2个工作循环以上的试运行,确认设备一切正常后方可接待游客乘坐。

2. 载客运行

自控飞机对偏载比较敏感,乘客乘坐时应尽可能对称入座,或者沿回转中心均匀分布,现场工作人员应引导和协助游客有序进入座舱(具体应按照设备使用维护说明书的要求进行),同时应提醒乘客进出时注意脚下安全,防止踏空。

在乘客进入座舱后,现场工作人员应指导乘客端正坐姿、抓好扶手,协助乘客系好安全带。有儿童乘坐时,还应检查监护人的行为是否到位。在确认所有乘客准备就绪后,工作人员方可退出设备运行区域,将允许开机指令传送给操作人员。

操作人员在接到允许开机的指令后,应先开启提醒音响(或电铃),提醒游客做好心理准备,在提示音完成后再按设备启动按钮。

自控飞机启动后开始运行,在此期间,操作人员应时刻关注设备运行情况,并注意观察舱内乘客的行为,始终保持警戒状态,如发现有乘客试图解开安全带或站起等,应及时警告游客不要随意做出危险动作;若发现有游客出现特殊情况,如晕厥或其他异常状况时,应当立即按下"紧急停止"按钮,中止设备运行。

待自控飞机停止旋转、转臂下降停稳后,操作人员应疏导游客有序离开自控飞机,并确认没有游客在安全栅栏内停留。

3. 结束运营

每天运营结束前,工作人员应按照产品使用维护手册的要求进行收工前检查,做好座舱的卫生清洁工作,检查有无乘客遗失物品,如有,则应予以妥善保管。

18.5.2 日常安全检查

日常安全检查是游乐设施在运营期间每天必须认真做好的基础性工作。

与维护和保养环节中的检查不同,日常安全检查通常不需要复杂的仪器设备,主要由检查人员通过眼睛看、耳朵听、手触摸等感官判断来进行,因此并不需要耗费太多时间。也正是因为如此,此检查工作一定要认真细致,一旦发现异常或疑问要及时处理,必要时应扩大检查范围。

除本节前面所述的"设备每日投入运营之前的例行检查"外,运行过程中遇到任何异常情况,都应及时进行相应的检查。

日常安全检查由设备维护与保养人员进行,检查项目应结合场地设施的具体情况,按照制造商提供的产品使用维护手册的要求综合确定。表18-2列出了部分日常安全检查内容以供参考。

表 18-2　自控飞机的部分日常安全检查内容

部件部位	检 查 内 容
操作室、操控台	检查操控台上的各操作按钮是否完好无损，电源指示仪表是否正常，各功能指示灯是否正常，液压系统电动机的工作电压、电流是否正常
	检查音响广播系统和/或电铃是否正常
	检查电气控制系统是否运行正常，紧急停止按钮是否灵活可靠
	检查视频监控系统是否正常
	检查手持扩音器是否能正常工作，电池电量是否充足
座舱	检查安全把手有无松动、表面有无污损情况
	检查游客接触的座席表面有无开裂、破损或其他异常情况
	检查安全带是否完好，带体有无损伤(特别是与卡扣锁舌的连接处)、与机体的连接处有无松动，卡扣组件锁紧是否牢靠、有无锈蚀等情况
	检查乘客操纵的升降控制按钮是否完好无损、工作是否正常
空气压缩机房	检查空气压缩机有无异常声音、振动、过热等情况
	检查空气压缩机和储气罐的压力表是否正常显示，安全阀是否工作正常
	检查压缩空气管路有无漏气
通道、围栏	检查栏杆是否稳固，与地面连接处有无明显的松动情况
	检查通道沿线布置的外露电缆有无明显的异常情况
	检查栏杆表面有无破损、锐边或其他可能伤及游客的危险突出物
	检查门铰链有无变形、脱落，门的活动间隙是否发生改变而导致可能夹手
	检查悬挂的安全标识有无破损、遗失
	检查乘客须知有无缺损、严重褪色

18.5.3　维护与保养

维护与保养属周期性的工作，不同的作业项目其作业周期各不相同，有的可能为每周 1 次，有的则可能 2 两周 1 次甚至可能几个月 1 次。

正确的维护与保养是游乐设施长期保持稳定运行的必要条件，维护与保养工作若做得不到位、不及时，会对设备的稳定性、游客体验甚至安全性能造成一定的影响。

与日常安全检查以感官判断为主不同，维护与保养工作通常需要各种工具、仪器设备，且应组建一支能够胜任工作的维护保养队伍，合理配备不同工种与人员数量，正确提供必要的作业装备，以及充分的物资保障。维护保养人员在上岗前应接受设备制造商提供(或其授权并认可)的培训，熟悉设备的结构、工作原理及性能，掌握相应的维护保养及故障排除技能。

不同厂家的自控飞机产品的构造各不相同，本章挑选了部分典型的维护与保养内容进行列举于表 18-3，具体的维护与保养要求应以厂商提供的维护与保养作业指导文件为准。

表 18-3　自控飞机的部分维护与保养内容

作业项目	维护与保养内容	作业周期
基础检查	检查设备基础有无沉降、地脚螺栓/螺母有无明显的锈蚀	第 1 年每周 1 次，第 2 年起每月 1 次
	检查基坑内有无积水	雨后及时 平时每周 1 次

续表

作业项目	维护与保养内容	作业周期
紧固件检查	检查回转支承紧固螺栓的拧紧力矩（拧紧力矩的数值有相应的对照表，此处略，下同）	首次运行 100 h，以后每 500 h
	检查全部 M12 及以上规格的螺栓有无松动	每 2 周 1 次
	检查重要螺栓的拧紧力矩（位置分布按示意图，此处略）	每月 1 次
承载结构检查	检查基座、转臂有无明显变形、开裂或其他异常情况	每月 1 次
	检查拉杆、座舱支架、冗余保护钢丝绳有无异常情况	每 2 周 1 次
	检查座舱与转臂连接处有无异常情况	每周 1 次
	对重要焊缝进行无损检测	每年 1 次
动力传动装置检查	检查气缸/油缸拉杆及螺母是否松脱或锈蚀，检查气缸/油缸活塞杆有无异常磨损、气缸球阀有无漏气	每月 1 次
	检查电动机和减速箱有无异常声响、温升是否正常，检查减速箱有无漏油、渗油情况	每周 1 次
	检查气缸/油缸端部铰节（滑动轴承）处有无异常声响	每周 1 次
	检查基座转盘的整体状况，并核实有无振动、有无异响	每周 1 次
液压系统	检查压差指示器，按要求及时更换滤油器滤芯（或整体更换）	每月 1 次
	检查油泵、阀件、管路有无渗漏	每月 1 次
	检查胶管有无变形、破损等异常情况	每周 1 次
	检查和/或校对压力表、油温传感器的误差是否在允许的范围内	每半年 1 次
	抽取油样，检测油品质量	每半年 1 次
	油箱全面清洗、更换新油	按需进行，滤油器经常堵塞时
气动装置	空气压缩机例行维护与保养	按空气压缩机使用手册进行
	调节气源三联体上的油雾器流量，检查油杯中的机油，确保其液面保持在 30%～90% 容积范围内	每 2 周 1 次
	检查手动应急下降开关（球阀）是否工作正常	每天 1 次
	检查、排除分水滤气器里的积水	每天 1 次
	压力表检定	每半年 1 次
	安全阀校验	每年 1 次
润滑与清洁	回转支承滚道加注润滑脂，并检查回转支承的密封有无损坏或脱落，一旦发现应及时更换或复位	每 100 h 1 次
	回转支承与小齿轮啮合处、伞齿轮副齿面刷涂润滑脂	每周 1 次
	拉杆、转臂、气缸轴套及轴承加润滑脂	每周 1 次
	齿轮减速箱更换润滑油	首次 2 周后更换，以后每半年 1 次

续表

作业项目	维护与保养内容	作业周期
电气与线路检查	定期打开电气柜进行清洁工作,确保电气柜的清洁和规整符合国家电气装置的相关标准	可视环境条件而定,每季度至少1次
	检查接线端子有无松动、氧化情况	每月1次
	检查变频器散热器、功率变压器等大容量功率元件的散热状况是否良好,有无异常发热、烧损情况	每月1次
	检查引出电缆/导线的绝缘有无破损或其他异常情况	每周1次
	检查装饰照明有无破损或其他异常情况	每周1次
	检查操作台仪器仪表是否正常	每周1次
绝缘与接地检查	定期测量电动机绕组等带电回路与机壳间的绝缘电阻,检查接线盒、户外照明等有无破损、老化或其他异常情况	平时每月1次,梅雨季、汛期及时
	定期测量接地电阻,检查接地装置的完好性	每月1次

注:必须使用维护与保养手册指定牌号的润滑油(脂)进行加注,每次加注时油脂应充分进入需要润滑的轴承滚道、齿轮啮合面或其他运动副。在油脂加注完成后,应对溢出的油脂进行清理。

18.5.4 常见故障与处理

自控飞机的机械结构比较简单,总体运行工况比较平稳,国内正规企业生产的质量过关的产品,在维护与保养到位的前提下,设备的总体故障率可保持在较低水平。表18-4列出了部分可能出现的故障及处理方法。

表18-4 部分可能出现的故障及处理方法

故障现象	故障部位	故障原因	处理方法
异常声响	转臂气缸	密封件损坏、活塞杆拉伤	更换气缸
		节流阀异常导致气缸下降有撞击	重新调校节流阀
		滑动轴承润滑不良	更换轴承
	回转支承与小齿轮	润滑不良(如进水、异物进入啮合面等)	排除造成润滑不良的因素,保证润滑良好
	减速箱	齿轮副或蜗轮副啮合不良	联系设备供应商/制造商请对方派人过来处理
	液压油泵	油泵吸空、管道振动	检查吸油管有无漏气、堵塞,进行相应的排除
上升缓慢	油缸	柱塞油缸的内泄漏过大	检查、更换密封件
	上升调速阀	上升调速阀卡阻	检查、清洗后重新调节
	滤油器	滤油器堵塞	更换滤芯或滤油器
	溢流阀	系统调定压力太低或溢流阀卡阻	重新调节压力或清洗溢流阀
下降缓慢	气缸排气阀	排气阀阻塞	清洗或更换排气阀
	液压阀件	阀芯卡阻	清洗阀件或者更换

续表

故障现象	故障部位	故障原因	处 理 方 法
电源指示异常	空气开关	空气开关跳闸	重新合闸测试,若再次跳闸应彻底检查,直到找到原因并排除
	保险丝	保险丝熔断	检查保险丝熔断的原因并排除,重新更换保险丝
无法启动	操控按钮	操控按钮失效	更换操控按钮
	通信故障	信号丢失	对电气模块进行检查,检查模块是否运行正常及线缆接口有无脱落或损坏等情况,对损坏的模块及线缆进行及时更换
	变频器故障指示灯亮	变频器故障	参照变频器说明书修复或联系变频器制造商/销售商
	空气压缩机	过热保护	保证空气压缩机房的散热通风,若还解决不了问题,联系空气压缩机制造商/销售商进行修理
	油泵电动机	电动机损坏(过热等)	更换电动机或联系电动机制造商/销售商,委托对方修理
	旋转电动机		

第19章

摩 天 轮

19.1 概述

摩天轮(Ferris wheel)又称观览车,是一种大型轮盘状的结构设施,绕着水平轴缓慢旋转,轮边缘上悬挂(或固定)可供乘客乘坐的座舱,乘客坐在座舱中,随轮盘一起慢慢竖直旋转,可以从高处俯瞰四周的景色。

摩天轮的诞生经历了较长的历史时期,是从早期的游乐转轮(pleasure wheel)逐步发展而来的,最早记载游乐转轮的文献将其起源地指向东欧或近东地区。早期的游乐转轮多数由木材制成,直径通常仅有十几米,载客量也较少,一般不超过10人,其旋转靠人力驱动。图 19-1 为 19 世纪初出现的小型双摩天轮,可乘坐 8 人,为人力驱动,动力室安于地底,由 4 人负责推动。

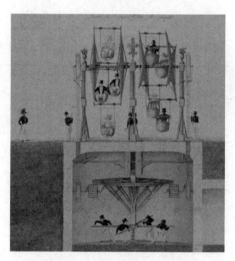

图 19-1 人力驱动的游乐转轮

再往前追溯,更早的类似游乐转轮的游乐设施出现在中国古代——过梁秋千(见图 19-2)。它先是在牢固的木架上架起一个方形大木轮,轮子四角各吊着一副小秋千,4 个人同时坐在踏板上,由其他人摇动摇盘,使大木轮转动。秋千上的人随着大木轮的转动,或高或低,自在悠荡,非常惬意。据史料记载:"唐长安城过节,造一灯轮,直径二十丈。"绝对可谓 1 000 多年前的"摩天"之轮。

现代意义上的摩天轮是由美国人乔治·法利士(George Washington Ferris)在 1893 年

图 19-2 中国古代的过梁秋千

为芝加哥博览会设计的(见图19-3),其目的是与巴黎在1889年博览会建造的巴黎铁塔一较高下。这座摩天轮高250 ft(约26层楼),重2 200 t,有36个座舱,每舱至多可乘60人。正是由于法利士的成就,日后人们皆以"法利士巨轮"(Ferris wheel)来称呼这种设施,也就是我们所熟悉的摩天轮。

图19-3 芝加哥博览会摩天轮

自摩天轮诞生以来,其在世界范围内得到了长足的发展。摩天轮的发展经历了3个阶段:

第一个阶段从19世纪末到20世纪初。由于"法利士巨轮"的成功,摩天轮几乎是19世纪末每个大型集会的必备项目,在欧美范围内掀起了建造摩天轮的第一个高潮,在数十年的时间里世界各地建造了近百台同类的摩天轮。现存的最古老的摩天轮是位于奥地利首都维也纳第二区利奥波德城的普拉特游乐场的维也纳摩天轮(见图19-4)。

图19-4 维也纳摩天轮

第二个阶段自20世纪70年代至20世纪末。自日本在神户建造的63 m高摩天轮(见图19-5)开始,业内掀起了建造摩天轮的第二次高潮,这个阶段建造的摩天轮与之前相比有一个显著的变化——座舱变小、高度增加,每舱一般乘坐4~6人,许多摩天轮的高度超百米(主要集中在日本)。

这一时期的中国,摩天轮与游乐园都处于发展的起步阶段,摩天轮建在游乐园中,是游乐园设施的一部分,这些摩天轮无论高度、直径还是载客量都比较小,高度均在40~50 m。

图19-5 神户摩天轮

第三个阶段自20世纪末至今。从为迎接千禧年而建的"伦敦眼"(见图19-6,135 m高,当时为世界上最高的摩天轮)开始,世界各国又掀起了建造摩天轮的第三次高潮,这个阶段的摩天轮,除高度不断突破外,座舱又开始向大型化回归。

图19-6 伦敦眼

伴随着世界范围内第三次建造摩天轮的高潮,我国的摩天轮事业也获得了巨大的发展。2002年5月,国内首台超百米摩天轮——

上海大转盘（见图19-7）在上海锦江乐园建成，其高度为108 m，全部由我国工程技术人员自行设计和建造。

图19-7　上海大转盘

从此之后，摩天轮在中国得到迅速发展。位于江西南昌市的"南昌之星"摩天轮（见图19-8）于2005年建成，为当时世界上最高的摩天轮。而位于天津，横跨海河的"天津之眼"摩天轮（见图19-9），则是全世界首台建在桥上的"桥轮合一"的摩天轮。建于广州塔顶端495 m高的卧式摩天轮，则是世界上安装位置最高的摩天轮。

图19-8　南昌之星

图19-9　天津之眼

摩天轮能够在世界范围内得到不断发展，与其所拥有的特性有关。

首先，摩天轮兼具游乐和观光的功能，运行平稳、老少皆宜，客观上具备吸引、接纳各阶层和各年龄段游客的条件。

其次，摩天轮载客量大而运营成本极低，带来的经济效益十分显著。例如"伦敦眼"，每年有超过370万人次乘坐，是全英国付费景点的冠军；再如"天津之眼"，年营业额近5 000万元，2年就已收回成本；还有上海大悦城的屋顶摩天轮（见图19-10），年营业额3 000多万元，不到一年就收回了全部成本。

图19-10　上海大悦城摩天轮

最后,摩天轮除具有游乐设施的功能外,还具有广泛和深远的社会效益——其中有不少已成为著名的地标性景观。如"伦敦眼"就是伦敦新的城市标志,到伦敦不上"伦敦眼"好似没有到过伦敦;再例如"天津之眼",享有"亚洲第一摩天轮"的美称,你看到"天津之眼"摩天轮,就知道来到了天津。正因为如此,这些摩天轮成为旅游景点、公众集散地和广场群众分流的极佳途径,也为周边地区的餐饮、购物等相关服务业提供了巨大的商机。

目前,摩天轮仍朝着高度更高、直径更大、造型更独特、乘坐更舒适的方向发展。从20世纪末135 m的"伦敦眼"开始,到160 m的"南昌之星"、165 m的新加坡"飞行者",再到168 m的美国拉斯维加斯"豪客"(见图19-11),摩天轮的高度不断在突破。早期的摩天轮座舱比较简单,基本没有太多的辅助设施,现代的摩天轮座舱越建越大,配套也越来越豪华(见图19-12),空调、视频音响等设备的普遍应用,提升了游客的观光体验。

图 19-11 拉斯维加斯"豪客"摩天轮

图 19-12 拉斯维加斯"豪客"摩天轮座舱

19.2 分类

19.2.1 按支撑方式分类

1. 双侧支撑型

双侧支撑型摩天轮拥有双侧立架,支撑结构稳定,主轴通过轴承座横架在两侧的立架上(见图19-13(a))。双侧支撑型摩天轮的主轴受力状况相对简单、结构稳定性好,所以大多数摩天轮采用双支撑型结构。

2. 悬臂型

悬臂型摩天轮的立架位于单侧,主轴一端与立架连接(见图19-13(b)),另一端以挑悬的方式支撑转盘、座舱、人员等的外载荷。悬臂型结构的主轴及立架的受力状况较复杂,适用于临水且支撑腿只能单侧布置或转盘悬于建筑外、支撑腿只能单侧布置的场合。

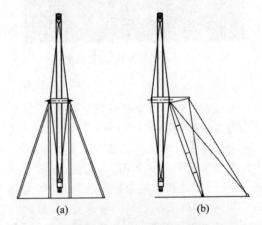

图 19-13 摩天轮的支撑方式
(a) 双侧支撑型;(b) 悬臂型

虽然悬臂型摩天轮的建造成本较双侧支撑型摩天轮更高,但却有利于设计出独特的造型。上海大悦城的屋顶摩天轮是国内首个采取悬臂式安装的摩天轮,其独特的造型被人们称之为"天空指环",也因此成为不少青年男女的甜蜜约会场所。

19.2.2 按转盘结构形式分类

1. 桁架结构型

桁架结构的转盘(见图19-15(a))在摩天轮

发展的中期曾被大量采用,此类型的结构稳定,因转盘的杆件多且交织,视觉上有凌乱的感觉,其优点是可安装大量的灯光,故现在仍广泛使用。

坐落在南昌红谷滩赣江边上的"南昌之星"采用的就是桁架结构,转盘上安装有数以千计的可编程彩色发光模组,到了夜晚可闪耀和释放出各种绚烂的灯光造型(见图19-14)。

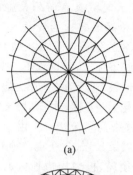

(a)

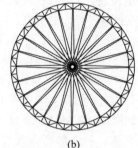

(b)

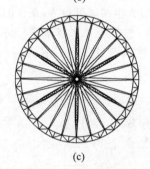

(c)

图 19-15　摩天轮转盘的结构
(a)桁架结构型;(b)全缆索型;(c)组合型

图 19-14　夜色下的"南昌之星"

2. 全缆索型

全缆索型转盘的滚道外圈为钢结构,通过钢缆与主轴连接形成转盘(见图19-15(b)),转盘的整体刚性由超强性能缆索的预紧力提供。全缆索型摩天轮的结构简洁、通透,在摩天轮越来越高、转盘直径越来越大的情况下,为建造结构更合理、质量更轻的摩天轮,大型摩天轮的转盘现在更多是采用全缆索型结构,因其可设置大型座舱。由于缆索是柔性体,全缆索型摩天轮对安装的要求很高,并且可布置彩灯的面积小,灯光效果差。美国拉斯维加斯的"豪客"摩天轮和我国的"天津之眼"摩天轮都属于全缆索型摩天轮。

3. 支撑梁＋缆索组合型

组合型结构(见图19-15(c))的转盘,将桁架结构(支撑梁)和缆索结构的优点组合在一起,质量相对较轻,灯光布置的载体也较大。上海锦江乐园的"上海大转盘"就采用了此结构,目前这种结构在中小型摩天轮上用得越来越多。

19.2.3　非传统型摩天轮

传统型摩天轮的基本特征是转盘绕主轴旋转、座舱(吊挂式轿厢)跟随转盘移动,而新近又出现了一种无轴式摩天轮,图19-16是位于山东潍坊白浪河入海口处的无轴式摩天轮。

无轴式摩天轮没有转盘,需要建造一个大型构筑物(固定不动),座舱沿着该构筑物上搭建的轨道行走(见图19-17)。

广州塔上的卧式摩天轮(见图19-18)也属于非传统型摩天轮,其座舱运动形式与无轴式摩天轮有着诸多相似之处。

无轴式摩天轮通常体量很大,其质量远超传统型摩天轮,投资也比传统型摩天轮要大。

图 19-16　潍坊"渤海之眼"无轴式摩天轮

图 19-17　无轴式摩天轮的座舱与轨道

图 19-18　广州塔顶部的卧式摩天轮

本章的后续内容主要介绍传统结构的摩天轮。

19.3　典型产品的结构

传统结构形式的摩天轮的主要结构通常包括转盘、立架、主轴、座舱、驱动装置及控制系统和灯光系统等,如图 19-19 所示。

19.3.1　转盘

转盘是摩天轮的主要运动部件,也是安装乘人座舱的承载体。

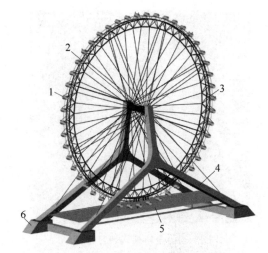

图 19-19　摩天轮主要结构组成示意图
1—座舱；2—主轴；3—转盘；
4—立架；5—驱动；6—基础

转盘通过钢构件或缆索与主轴连接,并支撑在主轴上,转盘的质量及所受外载荷通过与主轴相连的钢构件或缆索把力传递给主轴。转盘的外圈通常安装有座舱支架及滚道(驱动装置作用在滚道上推动转盘转动),因此转盘外圈除满足强度要求外还应有足够的刚度——转盘在旋转过程中应无过大的摆动,以保证滚道与驱动轮的偏差在允许的范围内。摩天轮的转盘结构通常可分为全桁架式、全缆索式、组合式(支撑梁+缆索)3 种型式,这在前面分类中已经有过说明,下面分别做简要介绍。

1. 全桁架式

全桁架式转盘通体由连杆组成。多根支撑主杆、滚道及若干连接杆、拉筋等组成桁架结构。主杆从主轴中心向外辐射,主杆间通过连接横杆、斜杆、拉筋相互连接。主杆与主轴间通过法兰、销轴或螺栓等方式连接,主杆的外端与外圈相连。典型的桁架式转盘结构见图 19-20 和图 19-21。

2. 全缆索式

全缆索式转盘的外圈是钢结构圆盘框架,圆盘框架通过钢缆与主轴相连。钢结构圆盘可以是单层结构,也可以是多层桁架结构,钢缆与主轴及转盘外圈间通过销轴或螺杆进行

图 19-20　全桁架式转盘示例一

图 19-21　全桁架式转盘示例二

生不利影响,缆索通常采用镀锌钢绞线,外层包裹 PE 保护层,两端连接可以是叉耳也可以是螺杆,其结构可见图 19-24。

图 19-22　全缆索式转盘示例一

图 19-23　全缆索式转盘示例二

连接。典型的全缆索式转盘结构见图 19-22 和图 19-23。

　　转盘的支撑和整体刚度由缆索承担,由于缆索是柔性体,为保证转盘的稳定性和足够的刚性,缆索必须有足够的张紧力,预张紧力应保证在极限工况下,缆索不出现松弛。缆索出现松弛会对转盘整体结构的稳定性及安全性产

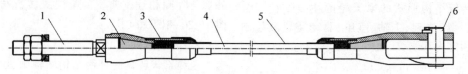

图 19-24　缆索结构示意图

1—螺杆；2—锌铜合金；3—密封料；4—索体；5—PE 包层；6—销轴

3．组合式

组合式转盘的外圈是钢结构圆盘框架,圆盘框架通过钢缆及钢结构支撑梁与主轴相连,钢结构圆盘可以是单层结构,也可以是多层桁架结构。

组合式转盘的支撑和整体刚度由支撑梁和缆索共同承担。支撑梁通常是钢结构桁架,与主轴及转盘外圈间通过销轴或法兰方式连接;为使缆索能与支撑梁共同保证转盘的稳定性和刚性,缆索必须有足够的张紧力,预张紧力应保证在极限工况下缆索不出现松弛,否则会对转盘整体结构的稳定性及安全性产生不利影响。

典型的组合式转盘示例见图19-25。

图19-26　立架顶端结构示例

图19-25　典型的组合式转盘示例

19.3.2　立架

立架是支撑整个摩天轮的建筑机械结构,转盘、座舱自重和所受的各种外力通过主轴经立架将荷载传递到设备基础上。

立架一般由主受力柱及辅助受力杆(桁架结构)组成,或由主受力杆和缆索组成混合结构,也有由箱形梁柱组成的箱梁结构。立架顶端设有与中心主轴连接的连接座(见图19-26),立架主受力柱底部有与基础连接的连接座(见图19-27)。

传统的立架大多采用三角形桁架立柱。随着现代建造理念的更新,以及建造地空间的限制,要求摩天轮的支撑结构不仅要满足空间的要求,还要造型新颖独特,与周围环境协调融合,传统结构的立架样式显然已不能满足需求,于是各种不同造型的立架形式被设计建造

图19-27　立架下端结构示例

出来,如"天津之眼"的人字形立架、"伦敦眼"的立柱加拉索组合立架、新加坡"飞行者"的单立柱加拉索组合立架等。

19.3.3　主轴

主轴既是整个摩天轮的旋转中心,也是承载转盘自重及外载荷的重要受力支撑。主轴一般由主承载结构、轴承、轴承座等组成,通常可分为主体旋转型、主体固定型及悬臂型。

1．主体旋转型

该型主轴的主体结构为单体钢结构,其两端支撑在安装于轴承座内的轴承中,通过轴承

座与立架相连接(轴承座固定在立架上),主轴绕两端的轴承中心旋转(见图19-28)。

此结构形式的主轴支撑方式为简支梁结构,受力较为均衡,为大部分摩天轮所采用。

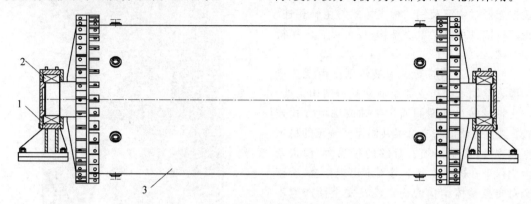

图 19-28　主体旋转型主轴结构示意图
1—主轴本体;2—轴承座;3—轴承

2. 主体固定型

该型主轴的主体结构分为内筒体和外筒体,内筒体的两端与立架固定连接(大都通过高强度螺栓组可靠连接),与立架一起形成稳定的支撑结构。外筒体两端的旋转环通过轴承支撑在内筒体上,并与转盘连接(见图19-29),两端的旋转环通过中间一段环形筒连接在一起。

此结构形式的主轴结构尺寸相对较大,重量也较重,选用的轴承尺寸也较大,通常在立架是双侧支撑且单侧立架本体不稳定时选用。

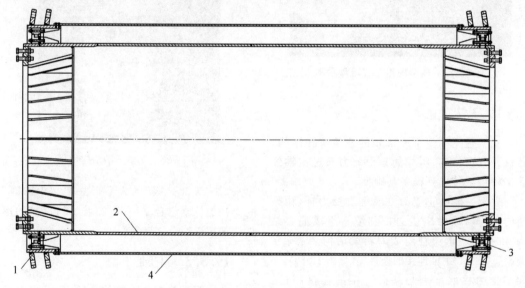

图 19-29　主体固定型主轴结构示意图
1—旋转环;2—固定内筒体;3—轴承;4—旋转外筒体

3. 悬臂型

该型主轴的主体结构也分为内筒体和外筒体,内筒体的一段与立架支撑固定相连,内筒体的另一段为悬臂,外筒体两端的旋转环通过轴承支撑在此段内筒体上,并与转盘连接(见图19-30)。由于主轴为悬臂型结构,所以其结构尺寸较大。

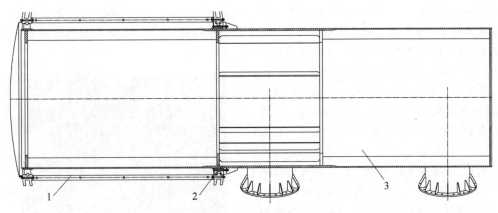

图 19-30　悬臂型主轴结构示意图
1—旋转外圈；2—轴承；3—固定内筒体

19.3.4　座舱

座舱有时也称作轿厢，是承载游客抵达高空享受观光游乐体验的重要载体。为保证乘坐过程中的安全，摩天轮座舱除应有足够的强度且通风良好外，与地面通信、警示标志和广播等基本功能及设施还应齐备，同时座舱必须设有避雷对地连接通道。

按座舱的形状划分，常见的有筒形座舱、方形座舱、球形座舱、橄榄形座舱、圆柱形座舱等；按照与转盘连接方式的不同，摩天轮的座舱又可分为悬挂式座舱、环抱式座舱和轨道观光式座舱。

图 19-31 为一款方形悬挂式座舱，其依靠座舱轴悬挂在转盘上，依靠座舱自重或机构调平。

图 19-32 为一款橄榄形环抱式座舱，座舱骨架与转盘固接，乘人平台依靠动力调平系统进行调平。

图 19-32　橄榄型环抱式座舱示例

图 19-33 为一款球形轨道观光式座舱，座舱安装于轨道小车上，轨道小车沿封闭的轨道运行。

图 19-31　方形悬挂式座舱示例

图 19-33　球形轨道观光式座舱

摩天轮座舱运行于高空，为保证安全，座舱玻璃通常会采用亚克力等冲击性能好（不易破碎）的高透光材料,座舱门也须采用有保险措施的闭锁装置（不会被意外打开）或两道闭锁装置,且不能从座舱内打开,以确保舱门在高空运行时始终处于可靠的关闭状态。

在整个运行过程中,摩天轮座舱内的站立面/乘坐面应始终保持在相对水平状态,以保障乘客的顺利观光。最简单的实现方式是通过吊挂（旋转悬挂）系统——利用轿厢的自重自然悬垂、被动地实现平衡；而那些与转盘固定安装的座舱,则必须设置自动调平装置,图19-34为某环抱座舱的动力调平机构的结构透视图。

稳定的驱动力。此外,驱动装置还应设有可靠的制停机构,以保证突发情况下能够及时将摩天轮停下。

图 19-35　摩天轮驱动装置结构示例

采用液压马达驱动的摩天轮,需要有一套单独的液压系统为其提供液压油源,执行元件通常为多组液压马达,其液压系统的复杂程度不是很高。图19-36为某摩天轮液压系统的构成示例,具备了液压驱动摩天轮所应具有的各项基本功能。

图 19-34　环抱座舱的动力调平机构透视图

动力调平系统是环抱式座舱的核心系统,通常采用回转支承将座舱抱住,以传感器和计算机控制,通过专门的驱动装置使座舱与转动中的观览车保持相同的角速度运行,从而使座舱地平面始终保持水平状态。由于驱动装置工作时与座舱始终处于内外齿啮合状态,所以乘客在座舱内走动、乘坐载荷不均引起的偏载及其他外载荷都不会使座舱平面发生摇摆。

19.3.5　驱动装置

驱动装置是摩天轮运转的动力源,现代摩天轮大都采用机械驱动方式,通过摩擦轮压紧滚道面同时驱动转盘转动,图19-35为驱动装置结构示例。摩擦轮通常由液压马达或"电动机＋减速机"带动,与滚道面间的压紧力则由压紧装置提供。由于转盘存在制造与安装偏差,驱动装置应具备一定的补偿能力,以提供

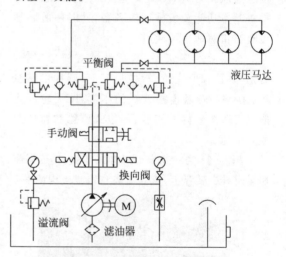

图 19-36　摩天轮液压系统原理图

相对"电动机＋减速机"的机械驱动方式,液压马达驱动因两次能量转换（能量损失）,其传动效率相对更低,且可能存在一定的泄漏现象,对维护人员的要求也更高。但液压传动稳定性好、驱动平稳,系统响应速度快、易于操作,执行元件体积小、质量轻,传动结构紧凑,易于实现载荷控制,在大型摩天轮上的应用较为普遍。

19.3.6 控制系统

摩天轮的控制系统一般采用PLC(可编程控制器)进行控制,以实现复杂的控制要求,提高系统工作的可靠性。对于采用"电动机＋减速机"机械驱动方式的摩天轮,为实现电动机的低速大扭矩启动和调速,通常采用变频器对电动机进行控制,以实现摩天轮的平稳启动、运行和停止。图19-37为某机械驱动方式摩天轮的电气控制原理图。

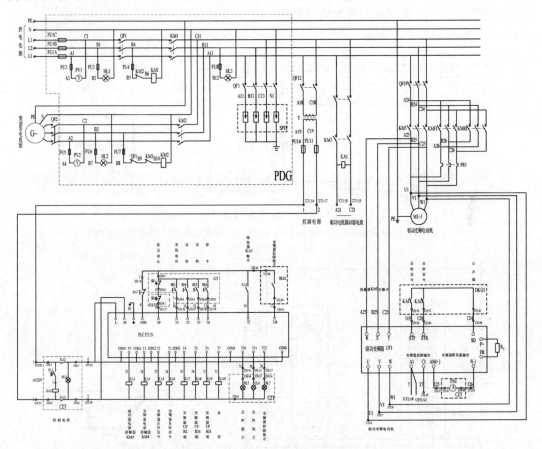

图 19-37 摩天轮电气控制原理图

摩天轮为连续运行设备,不允许出现因电网断电致乘客滞留高空的情况。国内外普遍采用城市电网和备用柴油发电机组两路电源供电方案,正常情况下由电网供电,在遇电网供电中断时切换至备用电源以保证摩天轮正常运行(两路电源彼此互锁,以避免同时供电造成设备器件损坏)。

19.4 场地设施

19.4.1 基础

由于摩天轮结构的特殊性——设备自重大、高度高、受风面积大,因此摩天轮基础不仅需考虑支撑设备的自重与外载,还要考虑承受设备因风荷载引起的倾覆力、上拔力及侧向推力。基础可以是钢筋混凝土平台,也可以是钢制平台,摩天轮较多采用的是混凝土基础。混凝土基础包括承受重力的承台(桩),与立柱柱脚连接、承受倾覆力(上拔力)的底角螺栓,承受设备侧向推力的剪力键等。

摩天轮混凝土基础的常用形式有两种:桩承台基础和满堂(筏板)基础。对于大型摩天轮,因质量大、反力大,一般采用桩承台基础(见图19-38);而小型摩天轮,因其质量相对较小、反力小,当安装地的地质条件良好时,可以采用满堂基础(见图19-39)。

摩天轮基础的设计与摩天轮的大小、结构、安装地的风荷载、地质及水文环境有关。基础设计应根据设备供应商提供的设备柱脚反力(基础条件图),以及设备安装地的地质和水文勘探报告进行。因地质条件的不同,基础也会大不相同。图19-38及图19-39就是同一规格的摩天轮,一个在地质条件较差的回填土层时采用桩承台基础,一个在地质条件较好的土层时采用了整体满堂基础。

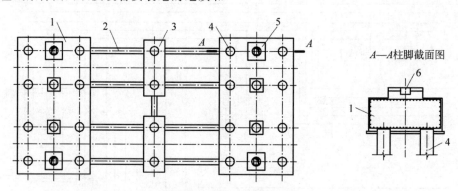

图19-38 桩承台基础示意图

1—大承台;2—联系梁;3—小承台;4—灌注桩;5—柱脚Z顶;6—柱脚Z顶预留坑

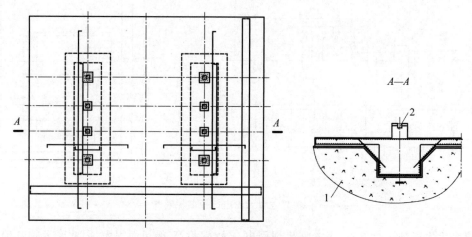

图19-39 满堂(筏板)基础示意图

1—压实地基;2—柱脚Z顶预留坑

摩天轮基础需要特别关注的几个问题:

(1)应保证基础施工后各柱脚的相对位置准确,尺寸偏差符合设计和国家有关标准,保证立柱柱脚能顺利安装在基础上。

(2)应保证各柱脚标高相对一致,高低偏差应符合设计和国家有关标准的要求,保证安装后立柱的垂直度和主轴的水平度。

(3)浇捣基础用的混凝土及钢材性能应符合设计和国家相关标准的要求。

(4)埋在基础中的钢筋、预埋件、预埋螺栓、预埋管等隐蔽工程应经有关部门检查验收。

(5)浇捣混凝土时,应保护好预埋螺栓、预埋管出口等,不得损坏。

(6)浇捣后混凝土基础的质量及强度等应达到设计要求,并由检验机构检验合格,四方签字(设计、检验、监理、业主)认可。

(7)基础检测内容包括地基及复合地基承载力静载检测、单桩的承载力检测、桩身完整性检测、锚杆抗拔承载力检测等,检测可参照GB/T 50344—2019《建筑结构检测技术标准》进行。

(8)浇捣后混凝土的养护不得少于14 d,冬季浇注混凝土必须保温保湿养护。

(9)摩天轮基础设计时应考虑防雷接地措施,接地电阻应小于10 Ω。

(10)摩天轮基础在施工及设备使用过程中,应设置基础沉降检测点,进行沉降观测并记录,防止因基础沉降而发生事故。

19.4.2 站台

摩天轮实行的是不间断上下客方式,即上下客时摩天轮不停止运转,为方便乘客上下,摩天轮的站台面与运行中的座舱地板踏面间的高低落差不得大于300 mm,因此站台面通常是一个契合座舱扫过轨迹的狭长弧面(见图19-40)。

图19-40 摩天轮站台示意图

为了保证不发生人流对冲,摩天轮上下乘客的流动线设计应分开隔离,即分别设置进、出口,站台面的一侧为上客区域,另一侧为下客区域。站台面上应设置安全栅栏,其结构与尺寸均应符合国家标准GB 8408—2018《大型游乐设施安全规范》和相关安全技术规范的要求。

除应按规定设置安全栅栏外,站台还应设置相应的安全标志和提示信息,包括进出口指引、进出座舱的提示性信息,以及必要的警示与禁止标志,标志的设立应符合国家有关标准和规范。

摩天轮的操作室应视野良好,便于观察设备运行及上下客情况,对于观察不到的部位(特别是吊挂式座舱的轿厢姿态),应设置监控辅助设施。同时站台上应设置紧急停车按钮,用于紧急情况时站台服务人员的应急操作。

19.4.3 安装

摩天轮安装的施工技术和方法应根据具体的结构形式和现场条件进行设计。目前,已建摩天轮结构的施工方法可归纳为以下3种。

1. 地面拼装、整体吊装法

摩天轮转盘的钢结构在工厂分段加工和组装,运至现场后再将轮缘组装成整体,然后连接内部的刚性桁架支撑或柔性钢缆索体系,最后进行整体吊装就位。英国的"伦敦眼"采用了该施工方法,轮盘的钢管桁架分成多段在工厂加工完成,运至现场在泰晤士河面上组装成整体,接着安装轮盘内部的钢索并进行张拉,将钢索张拉至设定预应力,最后将轮盘结构和支承塔架结构形成整体结构,再进行整体吊装。

地面拼装、整体吊装法有利于钢结构的安装,且安装精度易保证,但摩天轮轮盘结构规模和质量一般较大,所以需要较大的施工场地和较强的起吊能力。图19-41为"伦敦眼"整体吊装过程现场图。

2. 中心旋转逐圈安装法

中心旋转逐圈安装法是指支承塔架和主轴安装就位后,以塔架设置工作平台,或利用起吊系统从中心向外围逐圈安装摩天轮轮盘结构体系。此种安装方式适合于轮盘结构为桁架式的摩天轮,分圈安装使吊装构件的质量减小,可以选用较小的起重设备,但安装工期较长。例如"南昌之星"摩天轮就采用了这种安装法进行安装(图19-42)。

图 19-41　地面拼装、整体吊装法

图 19-42　"南昌之星"安装图

3. 立面旋转安装法

立面旋转安装法是指支承塔架和主轴安装就位后,采用临时刚性支撑梁带动分段轮盘和钢索旋转安装的施工方法。立面旋转安装法又分为单侧旋转安装法和两侧旋转安装法,适用于依靠钢缆索提供向心力的柔性摩天轮结构体系,例如"天津之眼"摩天轮的安装(图 19-43)。

图 19-43　"天津之眼"的安装过程图

立面旋转安装法可以避免大量的高空作业,风险性较低,但是需要较大的牵引动力系统和良好的制动系统,尤其是两侧旋转安装法还需要对摩天轮中心轮轴做特殊处理。

摩天轮安装时需要注意以下几个方面。

(1) 摩天轮主轴安装时,必须保证主轴的水平度偏差符合设计要求,对轮盘的圆度亦有要求。

(2) 摩天轮轮盘上的所有连接螺栓通常均应采用高强螺栓,螺栓应按设计装配工艺要求拧紧至规定的预紧力,并做好防松检查标记。

(3) 轮盘上的钢缆索等必须按要求预拉至

设定拉力，不能有弯曲等松弛现象出现，安装完毕，轮盘应能轻松旋转，运转无卡滞现象和异响。

摩天轮调试前，应确认所有轴承、减速机均已按要求正确加注润滑油（脂），运转时不应有不正常的晃动及异常响声，不得出现溜车现象。

19.5 主要参数规格及选型

19.5.1 主要参数

摩天轮是一种特殊的游乐设施，不是一个标准的产品，它的形式千变万化，有不同的支撑方式、结构形式、设备高度、座舱数量和配置，通过不同的组合，形成了形式多样、规格繁多、配置丰富的摩天轮。

1. 几何参数

摩天轮设备本体的几何参数主要包括转盘直径、设备高度等。转盘形式虽不是量化值，但它是影响摩天轮结构的重要特征，不能被忽视。

在规划场地时首要的是基础的占地面积，以及安装阶段的吊装作业对地面的要求，其次才是站台及其他辅助设施的占地空间。

2. 载客参数

摩天轮的额定承载人数是由座舱数量及单舱载客量决定的。对于吊挂式座舱，常见的有4人舱、6人舱、8人舱，个别的也有10人舱。

3. 运行参数

摩天轮的主要运行参数是转盘转速。与其他游乐设施需要完成载客后才能启动不同，摩天轮是边运转边完成上下客的，因此座舱的移动速度不能太快（通常应不大于0.3 m/s）。驱动方式不是量化值，但它与运营维护关系密切，甚至与应急救援相关（详见19.6.5节），故也将其列入摩天轮的运行参数中。

19.5.2 部分已建成摩天轮的技术参数

大型摩天轮大都为非标设备，没有定型产品的说法。国内已经建成（或在建）的部分摩天轮的主要技术参数分别列于表19-1～表19-5。

表19-1 上海游艺机工程有限公司部分摩天轮的基本参数

规格型号	设备高度/m	转盘直径/m	转盘形式	座舱数量/只	额定乘员/(人·舱$^{-1}$)	每圈耗时/min	驱动方式	驱动功率/(kV·A)	备注
160 m	160	ϕ153	桁架	48	8	27	液压	45	
133 m	133	ϕ110	组合	42	6	20	电动机	31	
120 m	120	ϕ110	缆索	48	8	27	液压	45	
120 m	120	ϕ97	组合	48	6	20	电动机	22	
120 m	120	ϕ110	组合	48	6	25	电动机	31	
116 m	116	ϕ103	桁架	48	8	20	液压	45	
108 m	108	ϕ98	组合	42	6	20	液压	45	
86 m	86	ϕ83	缆索	48	8	17	电动机	31	
63 m	63	ϕ58	缆索	30	6	12	电动机	18	
60 m	98	ϕ56	缆索	30	6	12	电动机	18	屋顶、悬伸式
49 m	49.8	ϕ47.5	桁架	32	4	10	电动机	10	
455 m	455	—	—	16	8	20	电动机	18	轨道观光型

表 19-2　广东金马游乐股份有限公司部分摩天轮的基本参数

规格型号	设备高度/m	转盘直径/m	转盘形式	座舱数量/只	额定乘员/(人·舱$^{-1}$)	每圈耗时/min	驱动方式	驱动功率/(kV·A)	备注
GLC-98A	98.0	—	—	24	5	24.0	—	36	轨道观光型
GLC-83A	81.7	φ79.0	缆索	36	8	19.2	电动机	24	
GLC-62A	63.0	φ59.7	缆索	36	6	15.0	电动机	18	
GLC-62B	61.8	φ59.4	缆索	36	6	15.4	电动机	18	
GLC-52A	120.0	φ49.5	桁架	30	6	11.6	电动机	12	
GLC-46A	42.5	φ43.0	桁架	24	4	7.9	电动机	9	
GLC-42C	44.5	φ38.0	桁架	28	4	7.0	电动机	9	
GLC-25A	26.5	φ22.8	桁架	16	4	6.4	电动机	3	

表 19-3　沈阳松陵游乐设备制造厂部分摩天轮的基本参数

规格型号	设备高度/m	转盘直径/m	转盘形式	座舱数量/只	额定乘员/(人·舱$^{-1}$)	每圈耗时/min	驱动方式	驱动功率/(kV·A)
120 m	120	φ112.0	桁架	60	6	20.0	液压	45
115 m	115	φ107.0	桁架	64	6	25.0	电动机	36
112 m	112	φ106.0	桁架	68	6	25.0	液压	36
112 m	112	φ105.6	组合	60	6	19.5	液压	45
104 m	104	φ99.0	桁架	60	6	17.9	液压	55
100 m	100	φ92.0	缆索	43	6	25.0	电动机	36
88 m	88	φ83.0	桁架	54	6	15.0	液压	37
88 m	88	φ83.0	组合	54	6	15.0	液压	37
80 m	80	φ58.0	桁架	28	4	12.0	液压	22
72 m	72	φ67.0	桁架	48	4	12.0	电动机	16
68 m	68	φ62.0	缆索	30	4	20.0	液压	18
65 m	65	φ62.0	桁架	36	4	13.0	液压	37
52 m	52	φ47.0	组合	36	4	8.5	液压	22
49 m	49	φ33.0	桁架	32	4	7.0	液压	11

表 19-4　浙江巨马游艺机有限公司部分摩天轮的基本参数

规格型号	设备高度/m	转盘直径/m	转盘形式	座舱数量/只	额定乘员/(人·舱$^{-1}$)	每圈耗时/min	驱动方式	驱动功率/(kV·A)	备注
145 m	145	φ125	无轴	36	10	30	电动机	105	无轴观光型
133 m	133	φ123	缆索	48	8	30	电动机	48	
128 m	128	φ122	缆索	28	25	30	电动机	192	
120 m	120	φ115	缆索	52	6	28	电动机	48	
108 m	108	φ99	缆索	56	6	23	电动机	48	
108 m	108	φ99	桁架	56	6	23	电动机	35	
102 m	102	φ97	组合	40	6	23	电动机	44	
99 m	99	φ90	缆索	36	6	21	电动机	35	

续表

规格型号	设备高度/m	转盘直径/m	转盘形式	座舱数量/只	额定乘员/(人·舱⁻¹)	每圈耗时/min	驱动方式	驱动功率/(kV·A)	备注
88 m	88	φ82	缆索	42	8	20	电动机	35	
88 m	88	φ82	组合	56	6	20	电动机	35	
82 m	82	φ79	组合	42	6	18	电动机	32	
72 m	72	φ67	桁架	42	4	15	电动机	18	
66 m	66	φ60	组合	36	6	14	电动机	24	
62 m	62	φ58	组合	32	6	13	电动机	24	
56 m	56	φ53	缆索	30	6	12	电动机	18	
52 m	52	φ49	缆索	36	4	12	电动机	18	
49 m	49	φ45	桁架	32	4	10	电动机	18	

表 19-5　国汇机械制造泰州有限公司部分摩天轮的基本参数

规格型号	设备高度/m	转盘直径/m	转盘形式	座舱数量/只	额定乘员/(人·舱⁻¹)	每圈耗时/min	驱动方式	驱动功率/(kV·A)
88 m	88.3	φ83	组合	48	6	16	液压	37
75 m	75.0	φ70	缆索	36	6	17	电动机	27
65 m	65.0	φ60	桁架	36	6	14	电动机	27
59 m	59.0	φ56	缆索	30	6	13	电动机	30
50 m	49.8	φ45	桁架	32	4	11	电动机	18
46 m	46.0	φ41	桁架	26	4	10	电动机	12
42 m	42.0	φ38	桁架	24	4	9	电动机	12
30 m	30.0	φ26	桁架	18	4	7	电动机	6

19.5.3　选型

摩天轮属非标设备，这在前面已有介绍。摩天轮各组成部分的不同选择，会对摩天轮的整体外观、适应性、舒适性、质量、造价等产生影响。摩天轮在选型时应满足本篇14.4节的基本要求，综合考虑摩天轮的定位、地理环境、经营模式等因素，以及作业人员配备、充分的维护保养投入等后续资源条件保障。

摩天轮的定位指其是属于地标建筑、商业综合体联动设备还是一般的经营项目。地标型摩天轮要求有独特的风格、鲜明的特点，投资额往往较大，需要针对性的特别设计；商业综合体联动摩天轮要能与商业综合体及商业业态完美融合，座舱配置往往较高，同样需要个性化设计；而一般经营型摩天轮其设备的个性化要求不高，高度是一个重要指标，可选用相对成熟的产品。

摩天轮所处的地形、地貌会影响摩天轮支撑方式的选择，地质结构直接关系到基础的大小、结构类型、埋深等（详见19.4节）在地质结构较复杂的区域，设备基础的投资额可能会很大，这在规划初期就应予以充分考虑。需要特别指出的是，每台设备应有单独的基础设计，对摩天轮来说，所谓的通用基础设计是不适合的，那样会对设备的使用产生不利影响。

摩天轮的经营模式影响座舱的大小、形式、配置、数量的选定，与周围环境的协调会影响摩天轮整体结构的选择。座舱的数量将影响设备消化乘客的能力（运能），与商业业态融合的运行则需要适当的大小、精致的内饰和丰富的功能性座舱。在灯光设计与配置时,还应充分考虑周边环境、定位,在城市中需要考虑灯光对周边的光污染问题。

摩天轮为露天设备,在户外常年经受风吹雨淋和日晒,产品质量对运营的影响要在设备运行一段时间后才逐渐暴露。同样大小、参数基本相同的摩天轮,因生产厂家(企业理念和文化)的不同,相应的产品结构、配置、品质和使用寿命等也会各不相同,其中座舱的产品质量对游客体验、运营安全的影响最为直接。产品本质不同,造价必然存在差异,有时还会较大。客户应根据自身的定位与需要进行定制,或者充分了解各生产厂家的信息、实地考察已建造好的在用设备,综合对比后选择适合自身需求的已有产品。

19.6 安全使用规程、维护及常见故障

19.6.1 操作规程

摩天轮的典型运行特征之一是边运转边完成上下客,站台服务人员的重要性显而易见,所以站台服务人员和操作人员的配比应合理。

站台服务人员和操作人员上岗前应接受设备制造商提供(或其授权并认可)的操作培训,必须对各项应急处置程序充分理解并熟练掌握。

1. 运营前的准备

在摩天轮每日投入运营之前,工作人员应按照产品使用维护手册的要求进行例行检查和卫生清洁工作,做好日常巡检记录,确认设备一切正常后方可投入运营。

2. 载客运行

摩天轮在运行时应尽量避免偏载,因此在每天刚开始载客运行的阶段,应特别注意按设备使用说明书规定的要求顺次上客,避免因人员偏置发生明显偏载而导致溜车。

由于其是边运转边完成上下客,运行时工作人员应提前向乘客讲解安全注意事项,引导乘客有序进入座舱。乘客入座时应按额定人数就位,严禁超员乘坐。完成上客后,工作人员须检查座舱门的闭锁装置是否已被可靠锁紧。

运行期间,工作人员应持续关注设备的运行情况及乘客行为,若发现设备有异常情况应立即按下"紧急停止"按钮,待故障排除后再恢复运行。设备运行中如突遇停电或大风(风速持续大于 15 m/s)时应根据预案有序疏导乘客撤离。

恶劣气象条件如大雨、雷暴、冰雹、大雾、沙尘暴、严重霜冻等条件下应停止运营。

3. 结束运营

在结束运营前,也应注意顺次上下客,避免因人员偏置发生明显偏载而导致溜车。

在结束运营后,工作人员应按照产品使用维护手册的要求,对座舱逐个进行检查,以免有人员滞留在轿厢内,同时检查有无乘客遗失物品,如有则应予以妥善保管,并做好卫生清洁工作,最后切断总电源。

19.6.2 日常安全检查

应按要求进行运营前、运行时的安全检查,日常安全检查是游乐设施在运营期间每天必须认真做好的基础性工作。

和维护与保养环节中的检查不同,日常安全检查通常不需要复杂的仪器设备,主要由检查人员通过眼睛看、耳朵听、手触摸等感官判断来进行,因此并不需要耗费太多时间。也正是因为如此,此检查工作一定要认真细致,一旦发现异常或疑问要及时处理,必要时应扩大检查范围。

除本节前面所述的"设备每日投入运营之前的例行检查"外,运行中若发现异常状况,应及时进行相应的检查,必要时应停机后排查。

日常安全检查由设备维护与保养人员进行,检查项目应结合场地设施的具体情况,按照制造商提供的产品使用维护手册的要求综合确定。表 19-6 列出了部分日常安全检查内容以供参考。

表 19-6　摩天轮的部分日常安全检查内容

部件部位	检 查 内 容
操作室、站台操控面板	检查操控台上的各操作按钮是否完好无损,电源指示仪表是否正常,电网电压是否正常,各功能指示灯是否正常
	检查音响广播系统和/或电铃是否正常
	检查电气控制系统是否运行正常,紧急停止按钮是否灵活可靠
	检查视频监控系统是否正常
	检查手持扩音器是否能正常工作,电池电量是否充足
机房	检查液压泵站是否运行正常,有无异常声响、振动、冲击、油温是否正常
	检查备用动力系统、应急电源状态是否良好
驱动平台	检查电动机、减速器运转是否正常,有无异常声响、振动,紧固螺栓有无松动
	检查驱动装置运转是否正常,轮胎气压是否正常,压紧装置的压紧力是否适当、有无卡阻或松脱现象
	检查转盘转动是否正常,有无目测可观察到的变形
	检查缆索端部有无松脱、严重变形等异常情况
	检查轿厢吊挂轴连接是否正常,轴承有无异常声响、卡阻,连接螺栓有无松动
座舱(轿厢)	检查轿厢在运行过程中有无不正常的现象(倾斜、抖动等)
	检查轿厢玻璃是否完好,舱内的金属栏杆是否完好,有无脱落现象
	检查轿厢门的开闭是否灵活可靠,锁扣是否完好
	检查轿厢内的空调、风扇、广播等是否完好
在座舱内检查舱外情况	检查转盘滚道有无目视可见的严重变形及紧固螺栓松动现象
	检查转盘缆索、桁架连杆有无目视可见的松动、严重变形等现象
	检查立柱在运行过程中有无异常晃动现象
上下客站台	检查站台面有无油污、积水等异常情况
通道、围栏	检查栏杆是否稳固,与地面连接处有无明显的松动情况
	检查通道沿线布置的外露电缆有无明显的异常情况
	检查栏杆表面有无破损、锐边或其他可能伤及游客的危险突出物
	检查门铰链有无变形、脱落,门的活动间隙是否发生改变而导致可能夹手
	检查悬挂的安全标识有无破损、遗失
	检查乘客须知有无缺损、严重褪色

19.6.3　维护与保养

维护与保养属周期性的工作,不同作业项目的作业周期各不相同,有的可能为每周1次,有的则可能每2周1次甚至可能几个月1次。

摩天轮为露天设备,在户外常年经受风吹雨淋和日晒,正确的维护与保养尤其重要,同时也是摩天轮长期保持稳定运行的必要条件。维护与保养工作若做得不到位、不及时,会对设备的稳定性、游客体验甚至安全性能造成一定的影响。

与日常安全检查以感官判断为主不同,维护与保养工作通常需要各种工具、仪器设备,且应组建一支能够胜任工作的维护与保养队伍,合理配备不同工种与人员数量,正确提供必要的作业装备,以及充分的物资保障。维护与保养人员在上岗前应接受设备制造商提供(或其授权并认可)的培训,熟悉设备的结构、工作原理及性能,掌握相应的维护与保养及故障排除技能。

不同厂家、不同时期、不同设计理念下所建造的摩天轮,其实际构造也各不相同,本章挑选了部分典型的维护与保养内容列举于表19-7,具体的维护与保养要求应以厂商提供的维护与保养作业指导文件为准。

表 19-7　摩天轮的部分维护与保养内容

作业项目	维护与保养内容	作业周期
立柱、基础检查	检查设备基础有无沉降、地脚螺栓/螺母有无明显的锈蚀	第 1 年每周 1 次，第 2 年起每月 1 次
	检查设备基础有无破损、破裂	每月 1 次
	检查基坑内有无积水	雨后及时，平时每周 1 次
紧固件检查	检查立柱连接螺栓的拧紧状况	第 1 年每季度 1 次，第 2 年起每年 1 次
	检查转盘螺栓的拧紧状况（检查防松标记是否错位，位置分布按示意图，此处略）	每月 1 次
座舱、转盘结构检查	检查透明件与座舱连接处有无松脱或其他异常情况	每周 1 次
	检查座舱门、铰链结构有无损坏、腐蚀和变形	每周 1 次
	检查转盘结构的焊缝有无开裂、锈蚀或其他异常情况	每月 1 次
	对座舱吊挂结构处等重要焊缝进行无损检测	每年 1 次
驱动装置检查	检查安装螺栓有无松动，压紧装置有无异常变形，驱动支架有无移位、偏斜等	首次运行 100 h，以后每 500 h
	检查电动机和减速箱有无异常声响、温升是否正常，检查减速箱有无漏油、渗油情况	每周 1 次
	检查驱动轮胎气压	每周 1 次
	检查驱动轮胎的磨损情况	每月 1 次
	检查驱动平台的整体状况，并核实有无振动及异响	每月 1 次
液压系统	检查压差指示器，按要求及时更换滤油器滤芯（或整体更换）	每月 1 次
	检查油泵、阀件、管路有无渗漏	每月 1 次
	检查胶管有无变形、破损等异常情况	每周 1 次
	检查和/或校对压力表、油温传感器误差是否在允许的范围内	每半年 1 次
	抽取油样，检测油品质量	每半年 1 次
	油箱全面清洗、更换新油	按需进行，但至少每 5 年 1 次
润滑与清洁	主轴轴承内加注润滑脂	每月 1 次
	座舱吊挂轴承内加注润滑脂	每周 1 次
	驱动轮轴承内加注润滑脂	每月 1 次
	座舱门轴（或铰链）、门锁内滴注润滑油或涂刷润滑脂	每月 2 次
	齿轮减速箱更换润滑油	首次 2 周后更换，以后每半年 1 次
电气与线路检查	定期打开电气柜进行清洁工作，确保电气柜的清洁和规整符合国家电气装置的相关标准	可视环境条件而定，每季度至少 1 次
	检查接线端子有无松动、氧化情况	每月 1 次
	检查变频器散热器、功率变压器等带大容量功率元件的散热状况是否良好，有无异常发热、烧损情况	每月 1 次
	检查引出电缆/导线的绝缘有无破损或其他异常情况	每周 1 次
绝缘与接地检查	定期测量电动机绕组等带电回路与机壳间的绝缘电阻，检查接线盒、户外照明等有无破损、老化或其他异常情况	平时每月 1 次，梅雨季、汛期及时
	定期测量接地电阻，检查接地装置的完好性	每月 1 次

注：必须使用维护与保养手册指定牌号的润滑油（脂）进行加注，每次加注时油脂应充分进入需要润滑的轴承滚道、齿轮啮合面或其他运动副。在油脂加注完成后，应对溢出的油脂进行清理。

19.6.4 常见故障与处理

摩天轮在正常气候环境下的运行工况相对比较平稳,国内能够生产、建造大型摩天轮的企业大都具有相当的实力,只要不是为了迎合低价恶性竞标而在偷工减料情况下建造的摩天轮,其质量都是可以信赖的,在维护与保养到位的前提下,设备的总体故障率通常可保持在极低的水平。表19-8列出了部分可能出现的故障及处理方法。

表 19-8 部分可能出现的故障与处理方法

故障现象	故障部位	故障原因	处 理 方 法
异常声响	座舱吊挂处	吊挂轴润滑不良	排除造成润滑不良的因素,保证润滑良好
		轴承损坏	更换轴承
		阻尼装置损坏	拆解、检查、更换损坏的阻尼装置零部件
	驱动装置	摩擦轮打滑	调整压紧装置或更换摩擦轮
	减速箱、液压马达减速器	润滑不良	加注润滑油
		齿轮副或蜗轮副啮合不良	联系摩天轮的设备制造商,请对方派人过来处理
舱门不能正常锁闭	座舱门	门变形	钣金矫正
		门铰链变形	矫正或更换门铰链
		连杆机构发生干涉	调节、矫正连杆长度或位置关系
		门锁失效	更换门锁
	门锁	门锁机构变形或损坏	调整或更换门锁机构
电源指示异常	空气开关	空气开关跳闸	重新合闸测试,若再次跳闸应彻底检查,直到找到原因并排除
	保险丝	保险丝熔断	检查保险丝熔断的原因并排除,更换保险丝
	集电器	集电器碳刷与滑环(滑触线)接触不良	调整与修整碳刷和/或滑环
无法启动	操控按钮	操控按钮失效	更换操控按钮
	可编程控制器	外部故障或可编程控制器自身故障	根据可编程控制器故障显示灯诊断故障,查找并排除,或联系摩天轮设备制造商进行修理
	通信故障	信号丢失	对电气模块进行检查,检查模块是否运行正常,检查网线接口及线缆接口是否有脱落或损坏等情况,对损坏的模块及线缆进行及时的更换
	变频器故障指示灯亮	变频器故障	参照变频器说明书修复或联系变频器制造商/销售商进行修理
	电动机	电动机损坏	更换电动机,或联系电动机制造商/销售商,委托对方修理
运转异常缓慢	液压油泵	油泵内漏严重	更换或送修油泵
	滤油器	滤油器堵塞	更换滤芯或滤油器总成
	阀件	平衡阀、溢流阀或其他阀件工作异常	检查、更换阀件,或联系摩天轮设备制造商进行修理
	液压马达	液压马达内漏严重	更换或送修液压马达

19.6.5 应急预案

应急预案是指故障、突发事件或事故发生时应采用的预防或处理方法和措施。摩天轮正常运行时非常平稳,不仔细观察有时甚至感觉不到它是在转动的,但其毕竟是一台高空设备,有可能会发生各种外部的、设备自身的,甚至乘客原因造成的突发事件而导致乘客被困高空。因此,运营单位必须结合设备特点、场地与环境条件等因素,仔细研究各种可能性,制定相关的应急预案,且这些应在安全管理制度中予以明确。

表 19-9 列出了摩天轮部分可能突发的意外。

表 19-9 摩天轮可能突发的意外

类 别	情 况 描 述
气象条件	大风、雷电、冰雹等强对流天气
地质灾害	地震
供电异常	电网断电
设备故障	座舱吊挂轴卡死
	驱动装置异常
	电气系统故障
乘客异常	舱内乘客突发疾病,须紧急救治
作业人员误操作	座舱离开站台门时未关或未锁好
	乘客进出座舱时受伤
其他	座舱发生火情

运营单位在制定摩天轮应急预案时,对其工作任务应有正确的理解,即首要的工作是将需要救援的乘客及时、安全地从空中带到地面。由于摩天轮应尽量避免偏载,这在前面已经介绍过,故在救援时,座舱抵达站台的次序须科学调度,切不可随意为之,若不能准确把握,务必咨询相应摩天轮的设计制造单位。

第20章

海 盗 船

20.1 概述

海盗船(pirate ship)是一种乘客座舱绕水平轴往复摆动的游乐项目,因其外形仿古代海盗船(图20-1)而得名。18世纪的欧洲航海业发达,海盗乘坐海盗船在海洋中自由地探险与征服,其所代表的勇敢与执着,对未知领域的探索,在现今社会中已成为一种文化和精神,艺术家们也以海盗及海盗船为题材背景创作了许多脍炙人口的经典影视作品及文学作品。

图 20-1 古欧洲的海盗船

海盗船是一项比较刺激的游乐项目,乘客们在船舱内,随船体由缓至急地往复摆动,犹如亲临惊涛骇浪的大海,感受着时而冲上浪峰、时而跌入海底的惊险刺激,挑战着人们生理承受能力的极限。

目前,海盗船已经成为国内游乐园最受欢迎的游乐项目之一,其造型各异,最为常见的是美洲印第安部落风格造型(图20-2)。

图 20-2 某游乐场海盗船示例

20.2 典型产品的结构

海盗船的结构比较简单,通常由支撑架、吊挂装置、船体、动力装置、电气系统及相关辅助设施等部分组成,见图20-3。

支撑架是由4根立柱和顶部的横梁焊接而成的人字形钢结构,其下端与地面基础连接。船体通过吊挂装置与顶部横梁下方的吊挂轴连接,船体的底部安装有动力装置(图20-4为示例照片,图20-5为其结构示意图),通过摩擦作用驱动船体底部的龙骨轨道来实现其摆动。

图20-5所示的动力装置主要由底架、驱动部分和制动部分组成。

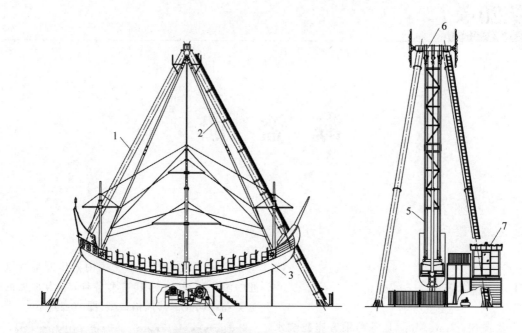

图 20-3 海盗船典型产品结构示意图
1—主支撑架；2—吊挂装置；3—船体；4—驱动装置；5—吊挂装置；6—横梁；7—站台和操作室

图 20-4 船底的动力装置

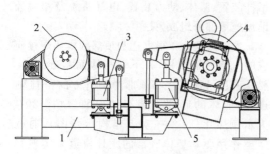

图 20-5 动力装置结构示意图
1—底架；2—制动轮；3、5—气缸；4—驱动轮

动力装置的基本工作机能为：驱动部分完成船体的往复加速摆动，并对高速摆动的船体进行电动机倒拖制动；制动部分主要完成低速摆动中船体的最终制动。不难理解，无论是驱动过程、减速过程，还是制动过程，都需要摩擦轮顶住船体底部（通过气缸伸缩来实现），而实现高效驱动与制动的关键是摩擦轮在与船底的离合过程中，其转动方向、速度与运动中的船体要准确匹配，否则摩擦轮的磨损会非常明显，甚至给船体带来明显的挫顿感。

图 20-6 为海盗船运转示意图，驱动轮和气缸活塞杆相互配合动作，驱动装置在摩擦力的作用下单向间歇推动船体做圆弧摆动，每一次比前一次推得更高，直至位置检测开关检测到已达到最大摆角（最高位置），则电动机断电停止驱动。

实际运行时，当船体在被往复加速摆动到设定的摆角、切断动力后，通常会有一段时间的自由摆动，待达到预设时间后，驱动装置再次启动对船体进行减速，待速度降至很低时制动器开始强制刹车使船体完全停摆，至此一个工作循环结束。

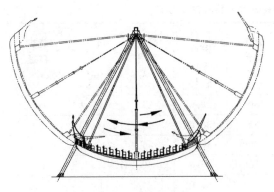

图 20-6　运转示意图

由图 20-6 也可以看到，在海盗船的整个运行过程中，乘客所受的主要约束力来自座椅和靠背（离心力和重力），因此海盗船的乘客束缚装置为压腿式安全压杠，以防止乘客在运行时站立。

目前在国内不少海盗船上经常能看到一种更为简单的动力装置——"皮带轮＋气缸"的动力装置（图 20-7），它是由电动机、皮带轮减速机构、摩擦轮构成的一个驱动单元，电动机端带制动，故其同时也是制动单元。该单元通过支架与底座轴铰接连接，支架的另一端与气缸的活塞杆端头连接，也是由气缸控制摩擦轮的升降。

图 20-7　"皮带轮＋气缸"的动力装置

20.3　场地设施

海盗船的占地形状大多为矩形，船体宽度与站台宽度共同决定了场地的宽度尺寸，场地的长度尺寸则与船的摆动半径（弦长）成正比。很多海盗船在运行时，摆动过程中所形成的空中扫掠区域，可能会大大超过设备占地面积的长度尺寸，因此设置在公园等场所时，也应充分考虑与树木（乔木）间的距离及树木枝叶的生长趋势。

基础的构造通常为整板基础或桩基础结构，基础安装基准平面区域内除 4 个柱脚外，通常还有预埋的电缆管、避雷接地等，应结合游乐园（场）的规划布局来确定。

站台可以是与基础连成一体的混凝土结构，也可以是由制造商提供的、与船体配套的钢结构。通常情况下，站台正面设置有供乘客进出的阶梯及排队引导通道围栏，台面外侧周边有安全围栏，台面上一侧拐角处设置有操作室。海盗船在工作过程中，操作室内的工作人员通常能够透过玻璃窗很好地观察到设备与乘客状况，故在操作室视线开阔的前提下，辅助视频监控设施并不是必需的。

海盗船的其他场地设施还包括地面的安全栅栏、排队区、乘客须知与安全标识等，相关具体内容参见 15.4 节，此处不再赘述。

20.4　主要参数规格及选型

20.4.1　主要参数

海盗船的主要几何参数包括船体大小、设备高度等，载客参数即额定承载人数与船舱尺寸（特别是宽度）正相关，主要的运行参数包括摆动角度、运行高度、运行速度等。由于船体在摆动过程中始终做变速运动，所以运行速度指的是船体龙骨边缘在摆动过程中的最大线速度，运行高度则为船体摆到最大摆角时，靠近船头、船尾侧的座位座席面距离设备基础安装基准面的垂直高度。

20.4.2　部分厂家的产品规格和参数

表 20-1 列举了部分国产海盗船的产品规格和主要参数，表中的占地面积为长×宽，包括设备外围安全栅栏、站台和操作室等，但不包括乘客排队引导区所占用的面积。

表 20-1　国产典型海盗船产品规格和基本参数

生产企业	规格型号	设备高度/m	单侧摆角/(°)	运行速度/(km·h^{-1})	额定乘员/人	占地面积/m^2	装机容量/(kV·A)
广东金马游乐股份有限公司	HDC-24A	9.0	60	28.0	24	11×9	50
	HDC-40A	14.5	60	36.0	40	21×11	80
	HDC-56A	20.5	60	48.9	56	24×11	110
	HDC-96A	17.9	60	46.0	96	24×11.5	250
连云港市亚桥机械制造有限公司	HDC-24	8.5	55	23.0	24	11×8	25
	HDC-32	12.0	60	32.0	32	15×9	40
	HDC-40	14.0	60	41.0	40	20×10	60
上海钦龙科技设备有限公司	GL-30HDC	8.6	55	28.3	30	11×7	20
	GL-32HDC	12.0	55	34.0	32	12×8	50
上海青浦游艺机玩具厂有限公司	HD-00	9.0	60	30.0	24	12×9	13
	JYC-00	5.5	43	14.0	12	7×6	7
中山市金龙游乐设备有限公司	GL3606	11.0	45	25.0	36	14×7.5	22

20.4.3　选型

整体外观设计新颖、造型美观、风格独特的海盗船自然会受到广大游客的喜爱,但如前所述,海盗船的结构比较简单,也正因为如此,它的制造门槛比较低。目前国内有很多企业能够提供此类设备,各家的产品除船体的造型各具风格外,整机配置也各不相同,即使参数相同或相近的产品,整体质量也可能相去甚远,相应的价格也有较大差异。在选型时,更多的还是要多方比较,选择那些在行业内口碑好的企业生产的设备,不要一味贪图低价,以免给后期运营带来不必要的麻烦。

与有些人荡完秋千后会产生呕吐相似,部分成年人在乘坐海盗船后会出现呕吐等生理反应(尤其是坐在船头、船尾时),但这在少年儿童身上很少发生。因此,在选型时应满足本篇14.4节的基本要求,应综合考虑场地环境条件、目标消费群体构成、客流量等因素,以及作业人员配备、医疗服务保障等后续资源条件。

20.5　安全使用规程、维护及常见故障

20.5.1　操作规程

海盗船为往复摆动运行的载人设备,座舱沿船体弧长方向呈梯度分布(见图20-8),乘客从站台进出座舱时的踏步高差各不相同,运营单位应按要求合理配备设备操作人员和服务人员。操作人员在上岗前应接受设备制造商提供(或其授权并认可)的操作培训,充分掌握操控台(操作面板)的各项功能及应急处置程序。

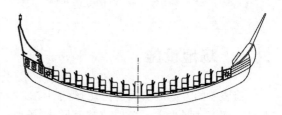

图 20-8　海盗船座舱分布示意图

1. 运营前的准备

海盗船在每日投入运营之前,工作人员应按照产品使用维护手册的要求进行例行检查,并至少进行 2 个工作循环以上的试运行,确认设备一切正常后方可接待游客乘坐。

2. 载客运行

海盗船允许一定的偏载,但建议尽量避免偏载,工作人员应提前告知乘客尽量分布均匀入座,引导乘客有序进入座舱(具体要求按照设备使用维护说明书进行),同时提醒乘客进出座舱时注意脚下安全,防止踏空。

在乘客全部入座后,工作人员应仔细检查每排座位的安全压杠是否压紧到位,确认站台内没有人员走动、乘客完全坐好后再启动设备。

在设备运行过程中,操作人员要密切注意设备和乘客状况,若发现乘客有不安全行为(例如将脚伸出舱外等)应立即予以制止,发生紧急情况时应立即按下"紧急停止"按钮,再采取其他有效措施。

每次运行结束,要等设备完全停稳后,才能打开安全压杠,疏导乘客有序离开,必要时站台服务人员应搀扶乘客安全抵达地面。

3. 结束运营

每天运营结束前,工作人员应按照产品使用维护手册的要求对设备和周围环境等进行收工前的检查,做好设备及站台的卫生清洁工作,检查有无乘客遗失物品,如有,则应予以妥善保管,做好每天的运行记录,离开前切断总电源。

20.5.2 日常安全检查

日常安全检查是海盗船在运营期间每天必须认真做好的基础性工作。

与维护和保养环节中的检查不同,日常安全检查通常不需要复杂的仪器设备,主要由检查人员通过眼睛看、耳朵听、手触摸等感官判断来进行,因此并不需要耗费太多时间。也正是因为如此,此检查工作一定要认真细致,一旦发现异常或疑问要及时处理,必要时应扩大检查范围。

除本节前面所述的"设备每日投入运营之前的例行检查"外,运行过程中遇到任何异常情况,都应及时进行相应的检查。

日常安全检查由设备与维护保养人员进行,检查项目应结合场地设施的具体情况,按照制造商提供的产品使用维护手册的要求综合确定。表 20-2 列出了部分日常安全检查内容以供参考。

表 20-2 海盗船的部分日常安全检查内容

部件部位	检查内容
操作室、操控台	检查操控台上的各操作按钮是否完好无损,电源指示仪表是否正常,各功能指示灯是否正常
	检查音响广播系统和/或电铃是否正常
	检查电气控制系统是否运行正常,紧急停止按钮是否灵活可靠
	检查视频监控系统是否正常
	检查手持扩音器是否能正常工作,电池电量是否充足
船体、座舱	检查安全把手有无松动、表面有无污损情况
	检查安全压杠有无变形、开裂,锁紧装置锁紧是否牢靠、有无锈蚀等情况
	检查游客接触的座席表面有无开裂、破损或其他异常情况
	检查船底疏水孔有无堵塞、龙骨摩擦面有无异物粘连等异常情况
动力装置及空气压缩机	检查摩擦轮有无超标磨损、龟裂等异常情况
	检查传动皮带的张紧度有无异常情况
	检查空气压缩机有无异常声音、振动、过热等情况
	检查气缸、压缩空气管路有无漏气

续表

部件部位	检查内容
站台、通道、围栏	检查栏杆是否稳固,与地面连接处有无明显的松动情况
	检查站台面有无污物、积水等异常情况
	检查通道沿线布置的外露电缆有无明显的异常情况
	检查栏杆表面有无破损、锐边或其他可能伤及游客的危险突出物
	检查门铰链有无变形、脱落,门的活动间隙是否发生改变而导致可能夹手
	检查悬挂的安全标识有无破损、遗失
	检查乘客须知有无缺损、严重褪色

20.5.3 维护与保养

正确的维护与保养是海盗船保持稳定运行的必要条件,与日常安全检查以感官判断为主不同,维护保养工作需要借助相应的工具和仪器设备。运营单位应按照使用维护说明书的要求,合理配备不同工种、数量的维护保养作业人员,正确提供必要的作业装备,以及充分的物资保障。维护保养人员在上岗前应接受设备制造商提供(或其授权并认可)的培训,熟悉设备的结构、工作原理及性能,掌握相应的维护保养及故障排除技能。

国内不同厂家的海盗船产品构造稍有差异,表20-3列出了海盗船的部分维护与保养内容,具体的维护与保养要求还应以厂商提供的维护与保养作业指导文件为准。

表20-3 海盗船的部分维护与保养内容

作业项目	维护与保养内容	作业周期
基础检查	检查设备基础有无沉降、地脚螺栓/螺母有无明显的锈蚀	第1年每周1次,第2年起每月1次
	检查基坑内有无积水	雨后及时,平时每周1次
紧固件检查	检查全部M12及以上规格的螺栓有无松动(拧紧力矩的数值有相应的对照表,此处略,下同)	每2周1次
	检查重要螺栓的拧紧力矩(位置分布按示意图,此处略)	每月1次
承载结构检查	检查支撑立柱横梁吊挂处有无明显变形、开裂或其他异常情况	每月1次
	检查船体拉杆、冗余保护钢丝绳有无异常情况	每周1次
	检查船体底板龙骨表面有无异常情况	每月1次
	对重要焊缝进行无损检测	每年1次
动力装置检查	检查电动机和减速箱有无异常声响、温升是否正常,检查减速箱有无漏油、渗油情况	每月1次
	检查摩擦轮气压是否在要求的范围内	每周1次
	检查气缸拉杆及螺母是否松脱或锈蚀,气缸活塞杆有无异常磨损	每月1次
气动装置	空气压缩机例行维护与保养	按空气压缩机使用手册进行
	调节气源三联体上的油雾器流量,检查油杯中的机油,确保其液面保持在30%~90%容积范围内	每2周1次
	检查手动应急下降开关(球阀)是否工作正常	每天1次
	检查、排除分水滤气器里的积水	每天1次
	压力表检定	每半年1次
	安全阀校验	每年1次

续表

作业项目	维护与保养内容	作业周期
润滑与清洁	吊挂轴承处加注润滑脂	每100 h 1次
	清除船体底部龙骨上的橡胶附着残余,打扫地面橡胶碎屑	每周1次
	齿轮减速箱更换润滑油	首次2周后更换,以后每半年1次
电气与线路检查	定期打开电气柜进行清洁工作,确保电气柜的清洁和规整符合国家电气装置的相关标准	可视环境条件而定,每季度至少1次
	检查接线端子有无松动、氧化情况	每月1次
	检查变频器散热器、功率变压器等大容量功率元件的散热状况是否良好,有无异常发热、烧损情况	每月1次
	检查引出电缆/导线的绝缘有无破损或其他异常情况	每周1次
	检查装饰照明有无破损或其他异常情况	每周1次
	检查操作台仪器仪表是否正常	每周1次
绝缘与接地检查	定期测量电动机绕组等带电回路与机壳间的绝缘电阻,检查接线盒、户外照明等有无破损、老化或其他异常情况	平时每月1次,梅雨季、汛期及时
	定期测量接地电阻,检查接地装置的完好性	每月1次

注：必须使用维护与保养手册指定牌号的润滑油(脂)进行加注,每次加注时油脂应充分进入需要润滑的轴承滚道。在油脂加注完成后,应对溢出的油脂进行清理。

20.5.4 常见故障与处理

海盗船的构造相对比较简单,动力装置工作时有一定的冲击但总体工况尚可,国内正规企业生产的质量过关的产品,在维护与保养到位的前提下,设备的总体故障率可保持在较低水平。表20-4列出了部分可能出现的故障及处理方法。

表20-4 部分可能出现的故障及处理方法

故障现象	故障部位	故障原因	处理方法
异常声响	顶升气缸	密封件损坏、活塞杆拉伤	更换气缸
		滑动轴承润滑不良	更换轴承
	减速箱	齿轮副或蜗轮副啮合不良	联系设备供应商/制造商请对方派人过来处理
电源指示异常	空气开关	空气开关跳闸	重新合闸测试,若再次跳闸应彻底检查,直到找到原因并排除
	保险丝	保险丝熔断	检查保险丝熔断的原因并排除,重新更换保险丝
无法启动	操控按钮	按钮失效	更换操控按钮
	操控手柄	手柄失效	修理或更换操控手柄
	通信故障	信号丢失	对电气模块进行检查,检查模块是否运行正常,线缆接口有无脱落或损坏等情况,对损坏的模块及线缆进行及时更换
	变频器故障指示灯亮	变频器故障	参照变频器说明书修复或联系变频器制造商/销售商进行修理
	旋转电动机	电动机损坏(过热等)	更换电动机或联系电动机制造商/销售商,委托对方修理

第21章

过 山 车

21.1 概述

过山车(roller coaster)又称为云霄飞车，列车在特别设计的轨道上(见图 21-1)风驰电掣、有惊无险地来回穿梭，整个过程惊险、刺激，令游客尽情感受失重、倒转和离心等感官刺激。

现代过山车成功地将速度与高度两个因素完美地结合在了一起，因而有着"游艺设备之王"的美称，尤其被追求刺激的年轻游客所喜爱。

度达 50°。法国人被俄国人这种奇特的游戏方式吸引，19 世纪初将其引进到法国。冰不可能在法国的阳光下保存，机智的法国人便在木架结构上涂了蜡，在雪橇上加了车轮，便有了世界上最原始的过山车。

1812 年，法国人开始将车轮牢固地锁定在轨道上，并安装了导轨以确保安全，这样一来，过山车就可以在安全运行的前提下设计出各种更快、更高和更花式的运行方式，大大增加了刺激感。1817 年，世界上第一座现代意义上的过山车(图 21-2)在巴黎开业，后来它的很多设计理念和构思相继被模仿。

图 21-1 过山车

图 21-2 第一座现代过山车

最古老的过山车起源于 17 世纪的俄罗斯。俄国人民长期生活在冰天雪地中，便开发了这款冰上玩乐项目，起初是在结冰的大斜坡上玩雪橇滑冰游戏，后来开始用木结构制作，由一个一个滑道构成冰山，滑道高度有 20 多米，坡

1850 年，美国宾夕法尼亚州萨米特山的一家矿业公司建造了莫赫·希克重力铁路，是一条由刹车手控制的 14 km 的下坡轨道。这条轨道最初的作用是运送煤炭，到 1872 年这条被冠以"地心引力之路"的轨道(图 21-3)作为游乐项目出售给寻求刺激的游客，铁路公司也开

始使用相似的轨道在车流量较低的日子为游客提供过山车式的游乐。

乘坐的操控员,操控员控制着列车的刹车系统。

图 21-3　地心引力之路

图 21-4　建于 1912 年、仍在持续运行的过山车

1884 年,拉马库斯·阿德纳·汤普森开始了在纽约布鲁克林区的科尼岛上建造往复式游乐火车的工作,乘客登上平台的顶部,沿着 180 m 的轨道乘坐长椅式的车厢,直达另一座塔的顶部,在该塔中车厢转辙到回程轨道,然后车辆再沿着回程轨道回到了起点。

1885 年,菲利普·欣克尔推出了第一座带有升降式斜坡的全回路过山车,成为了科尼岛上最受欢迎的景点。

1906 年,早期的环形过山车在科尼岛上完成建造,随着它的流行,过山车的动力学实验开始了,过山车开始真正地被发扬光大。

1919 年,美国人约翰·米勒研制出了第一台带有上止动轮的过山车,过山车的安全性被进一步优化,从此以后,过山车开始风靡世界各地的游乐园。

早期的过山车的支撑架大都是用木头制成的,即使是现在,在美国宾夕法尼亚洲匹兹堡附近的肯尼伍德公园和英国英格兰布莱克浦的游乐海滩等公园,许多旧的木制过山车仍可使用。澳大利亚墨尔本卢纳公园上的观光铁路建于 1912 年,是世界上最古老的仍可连续运行的过山车(图 21-4),该过山车配备了随车

随着工业的崛起,钢铁的运用也普及到了过山车上。自 20 世纪 50 年代开始,钢管轨道被引入过山车中,为过山车的安全性带来了质的飞跃。1959 年,世界上第一座钢管轨道过山车 Matterhorn Bobsleds(图 21-5)在美国加州迪士尼乐园建成,与通常使用的安装在层压木材上的钢条形成的传统木轨不同,钢管可以在任何方向上弯曲,这使得设计人员可以将环、倒挂和许多其他操作纳入设计中。

图 21-5　世界上第一座钢管轨道过山车

现代大部分过山车由钢制成,但还是有少数的木制过山车及钢木混合过山车。

在过山车的发展历史中,为了迎合极限运动主题,制造商也在过山车的速度、高度、长度上下足了功夫,设计建造出了许多过山车之最。如于 1978 年在美国加利福尼亚州六旗魔

术山乐园落成的过山车,全长 1 500 m,有约 12 层楼的垂直俯冲体验,被誉为"twisted colossus（扭曲的巨人）"。

目前世界上最快的过山车是位于阿联酋法拉利公园的 Formula Rossa(图 21-6),于 2010 年起对游客开放,最高时速高达 240 km/h。

图 21-8　世界上最长的过山车

图 21-6　世界上最快的过山车

目前世界上最高的过山车,是位于美国新泽西州六旗公园的 Kingda Ka(图 21-7),于 2005 年起对游客开放,轨道高度为 139 米,最高时速为 206 km/h。这座过山车同时也是最高跌落长度的保持者,有着 127 m 的跌落长度。

不同于动感平台类的虚拟过山车,VR 增强型过山车的乘客乘坐的是钢制过山车,在身体被固定在座位上的同时佩戴一个 VR 头显(图 21-9),随着列车在轨道上的高速滑行,乘客眼前呈现的是另一个世界的景象,可以体验到前所未有的上天入地、抵达深海甚至外太空的全新世界,数字技术为过山车带来了更进一步的刺激感受。

图 21-9　美国奥兰多海洋世界的 VR 增强过山车

未来的过山车会怎么样呢？现代过山车也许正在"变老"——在某种意义上已经或正在变成传统过山车,但它们仍然非常受欢迎,只是 VR 已经或正在成为越来越重要的补充。

图 21-7　世界上最高的过山车

目前世界上最长的过山车,是位于日本名古屋长岛游乐园的 Steel Dragon 2000(图 21-8),于 2000 年起对游客开放,其轨道长度为 2 479 m。

就在传统过山车不断追求更快、更高、更刺激的同时,近年来虚拟现实(virtual reality,VR)技术的发展也日新月异,不断有人尝试将真实世界与虚拟世界结合在一起,首台叠加 VR 的过山车于 2015 年在欧洲诞生。

21.2　分类

21.2.1　按运行方向分类

1. 循环式过山车

循环式过山车是指列车的运行方向始终不变,乘客的体验为列车始终朝前运行。循环式过山车的轨道通常为封闭成环的形式(图 21-10),即轨道的起始点与终止点为同一点。列车从站台出发后,沿轨道缓慢提升后达到提升顶端(或由弹射器发射获得初始动能),然后列车开始滑行,依靠自身的惯性沿着轨道经多次的动、势能转化后返回站台。

图 21-10　循环式过山车

新近出现了一种断轨过山车,即在轨道顶端有一段轨道是断开的(图 21-11),当列车达到此段轨道后,列车锁紧在轨道上,与轨道同步由水平转至倾斜,待与前方轨道完全对接后,列车再借由自身的惯性沿轨道滑行。但从列车运行和乘客体验来说其仍然属于循环式过山车。

图 21-11　断轨式过山车

2. 往复式过山车

往复式过山车是相对循环式过山车而言的,列车在运行过程中方向会有交替,乘客的体验为列车一会儿往前运行一会儿往后运行。往复式过山车的轨道通常为敞开式,图 21-12 是 20 世纪曾风靡全国的较为经典的往复式过山车,其轨道的起始点与终止点分别处于两端,中间有一个水滴形式的立环。列车从站台启动被提升到第一端点(最高点)后,沿原路返回,高速滑行穿过站台后冲过立环,在抵达第二端点(次高点)后往回滑行,二次冲过立环,经制动减速后回到站台。

图 21-12　经典的往复式过山车

图 21-13 是另一种形式的往复式过山车,列车从站台出发后,沿轨道被缓慢提升到一端塔顶,然后列车依靠自身的惯性下滑,经过多次动、势能转化后快要接近另一端塔顶时,提升机构同步随行、捕捉并挂接后将其再次提升至最高点,之后列车再借由自身的惯性沿轨道倒滑,再次经过多次动势能转化,经制动减速后回到站台。

图 21-13　巅峰 1 号往复式过山车

21.2.2　按轨道材料分类

1. 木制过山车

木制过山车的承载结构全部由木材构成,列车行驶的轨道为金属——由金属条用螺钉固定在木制结构上,每根金属条的宽度为 10～15 cm。这种运行轨道用胶合木板制成,十分坚固,列车的金属轮子在平坦的金属条上滚动,有一种将木头与轨道融为一体的感觉。列车轨道多以陡坡和侧旋为主(图 21-14),当车体经过连接木制轨道各部件的接头时会发出"嘎嘎"声,使运行过程产生停顿感。

图 21-14　木制过山车

2. 钢制过山车

钢制过山车是与木制轨道对应的,其轨道由一对很长的钢管(或槽钢)组成,支撑这些钢管(或槽钢)的是一个坚固的龙骨结构(图 21-15),通常是由粗壮的钢管或矩形梁焊接而成。列车车轮一般由聚氨酯或尼龙制成,除了有传统的车轮安置在钢管轨道的正上方,还有其他一些车轮,分别运行于轨道的底部和侧面,使车厢能够稳固地卡在轨道上,确保过山车不会脱离轨道。现代过山车大部分是钢制过山车,由于采用钢管(或槽钢)制作轨道,轨道的轨迹可实现平滑过渡,使得过山车沿轨道运行时能够非常平稳。

图 21-15　钢制过山车

21.2.3　按车辆姿态分类

1. 带翻滚过山车

带翻滚过山车极具刺激性,也是各游乐场或主题乐园的明星项目。这类过山车的轨道不仅落差和/或坡度较大,车辆速度通常较快或非常快,轨道部分区段还有倒立或扭曲结构,列车在运行到此区段时乘客在短时间会呈头朝下的倒挂姿态。

这类过山车中比较典型的是跌落过山车(下滑段局部坡度近 90°,见图 21-16),还有各式多环过山车(图 21-17)和悬挂过山车(图 21-18)等,此类过山车的生理加速度不仅 X 方向很大,沿 Z 方向也会有短暂的较大值,因此乘客束缚装置的防护等级也最高,必须采用压肩护胸式安全压杠(详见 21.3.5 节)。

图 21-16　跌落过山车

图 21-17　三环过山车

2. 不带翻滚过山车

不带翻滚过山车是与翻滚过山车对应的,列车在运行过程中不产生翻滚,其刺激性相对带翻滚过山车要小一些。由于轨道落差或坡度的差异,这些过山车虽然速度有快有慢,但轨道全程无一例外不带倒立或扭转,因此乘客始终不会有头朝下的情况发生,生理加速度也仅在 X 方向较大。

图 21-18　悬挂过山车

各式矿山车（图 21-19）和摩托过山车（图 21-20）是不带翻滚过山车的典型代表，虽然它们的速度比较快，但由于不带翻滚，乘客束缚装置的防护等级不需要太高，通常采用压腿式压杠（参见 21.3.5 节）或压背式压杠，同时还设有安全把手。

图 21-19　矿山车

图 21-20　摩托过山车

家庭过山车是近年来兴起的适合家长带着儿童乘坐的不带翻滚过山车（图 21-21），其运行过程相对平稳，加速度比较小，乘客束缚装置通常也采用压腿式压杠和安全把手。

图 21-21　家庭过山车

3．多次元（4D）过山车

多次元（4D）过山车轨道为双层结构（由 4 根钢管构成），座位悬挂在主车厢外侧（见图 21-22），由辅助连杆机构控制姿态并随运行轨迹单独翻转，再加上主车厢随轨道的翻转，乘客所感受到的生理加速度较前述翻滚过山车更为复杂，可以获得别样的乘坐体验。此类型过山车的乘客束缚装置也是采用压肩护胸式安全压杠，并有联动的腿部防护措施。

图 21-22　多次元（4D）过山车

21.2.4　按乘坐姿势分类

1．坐姿

过山车列车在运行过程中，乘客以坐姿置身于列车的座席内，脚部踏在座舱地板上，由乘客束缚装置约束好后（见图 21-23），全程保持正确坐姿随车辆在轨道上运行。

图 21-23　坐姿

2. 趴姿

过山车列车在运行过程中,乘客身体前倾,背部由压背式安全压杠约束,手握把手,以趴姿置身于座席上(见图 21-24),全程保持此姿势随车辆在轨道上运行。

图 21-24　趴姿

3. 悬挂姿态

过山车列车在运行过程中,乘客上半身由压肩护胸式压杠约束,腿脚部则呈自由状态(见图 21-25),感受着翻滚带来的血液在体内的涌动。

图 21-25　悬挂姿态

21.2.5　按驱动方式分类

过山车列车本身是没有动力的,在运行过程的大半段,列车要靠重力势能和/或动能运行,即其主要的运行特征是滑行。为了积蓄势能,需要将列车提升到一个坡顶部以积蓄势能,或以极大的推力将其发射出去以获得足够的初始动能。

现代过山车常用的驱动方式有:链条提升式、钢丝绳提升式、发射式、摩擦轮提升式等。

1. 链条提升式

链条提升是最为传统的过山车提升装置,它是将 1 根或多根长链条(就像自行车的链条但规格要大得多)安装在轨道下面,并沿提升坡道向上延伸,构成一个环路,链条环路在轨道的顶部和底部有传动装置,驱动一段段链节持续不断地向轨道顶部运动。

列车底部有链钩(图 21-26),当列车行进到提升坡道底部时,链钩被触发,并且牢牢卡在链节中,列车被链条拉着向坡顶行进,至最高点处锁簧松开,列车开始沿山坡向下滑行。

图 21-26　列车底部链钩示例

2. 钢丝绳提升式

钢丝绳提升的基本原理与链条提升类似,只是采用了高强度的钢丝绳来代替传统的链条作为牵引的承载件。钢丝绳也是沿着轨道在其下方布置,列车底部有与钢丝绳上固定的挂块锁紧装置,列车需要开始提升时,钢丝绳挂块卡住车辆的钩挂装置拉动列车沿斜坡向上行进,至最高点处脱开挂接后列车开始下滑。

钢丝绳提升较链条提升更平顺,亦无链条提升时链节工作所带来的噪声。

3. 发射式

在一些较新的过山车设计中，不是将列车沿斜坡向上拖动以积蓄势能，而是使列车在开始的极短时间内获得大量动能并开始运行，即列车是通过弹射发射的方法启动的。目前主要有电磁发射式、旋转惯性轮式和液压发射式等。

1) 电磁发射式

电磁发射装置是利用若干组电磁线圈在轨道上方生成若干个可变化的磁场，与列车下方安装的强磁体（通常为稀土永磁）配合，使用时电磁线圈通电，通过改变电流特性控制轨道上方的磁场，从而驱动列车以极高的加速度沿轨道移动。

电磁发射需要的瞬时电能很大，技术要求很高，其效率、耐用性、准确性和可控制性很好，实现起来的成本也很高。

2) 旋转惯性轮式

旋转惯性轮是一个将旋转动能转化为直线动能的机械能传递装置：有一个转动惯量足够大的能够储存足够机械能的飞轮，其在动力装置驱动下转速逐渐升高，并在达到设定转速后维持。另有一个带钢缆的滑块通过离合器与飞轮连接。列车需要发射时，滑块卡住列车的牵引槽钩，离合器在接合的瞬间，高速旋转的飞轮拉动滑块和列车一起冲出去，直到发射区段终点时滑块与列车脱钩，列车则依靠所得的动能冲上设定的轨道高点。

3) 液压发射式

液压发射装置（图 21-27）是一个将液压能转化为直线动能的装置：蓄能器内的液压油经二次增压，液压马达将这些高压大流量液压能在短时间内迅速转换为旋转动能，卷扬机构带着钢缆快速拉动滑块，带动列车以极高的加速度沿轨道移动。

4. 摩擦轮提升式

摩擦轮提升是使用若干组转动的轮子，利用摩擦力来推动列车，使之爬上提升段。采用摩擦轮提升的过山车，电动机驱动的摩擦轮沿着轨道排成相邻的两列（图 21-28），列车的下方中间位置设有摩擦板，运行时，摩擦轮夹紧列车的摩擦板，通过电动机的启停来控制列车的行进。

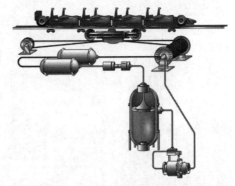

图 21-27　液压发射装置示意图

图 21-28　摩擦轮提升

摩擦轮提升机构经常用在提升段带转弯的情况下，或者在链式提升器之前为列车调整速度，使其能够与链条的速度相等。

21.3　典型产品的结构

过山车的产品类型非常丰富，相应的结构组成也各有千秋，但基本的构成要素是相同的，通常包括：轨道和立柱、列车、提升及止逆装置、制动装置和控制系统等。本节将结合相关实景照片，对钢制过山车的主要构成要素分别予以介绍（对木质过山车作简要补充）。

21.3.1　轨道和立柱

1. 轨道

过山车的轨道比较直观，图 21-29 为某大型过山车的鸟瞰实景图。从图中可以看出，该

图 21-29　某大型过山车的鸟瞰实景图

过山车的轨道在立柱支撑（或侧拉）下，构成了一条离开地面具有一定高度的封闭空间曲线。

过山车的轨道分为滑行区与非滑行区。

非滑行区通常包括提升段轨道、站台区域轨道、制动区域轨道和维修区轨道；滑行区则包括俯冲段轨道、立环轨道、弯月轨道、水平环轨道等。

滑行区的轨道构造直接决定了列车的速度、加速度（含角加速度），因此在很大程度上影响着过山车的刺激程度、安全性和乘坐的舒适度。

如图 21-30 所示，钢制过山车的轨道构成大体可分为 3 部分：

图 21-30　箱形支撑结构的轨道

1）行走轨

指与列车车轮紧密配合、直接承受列车动载荷的结构，钢制过山车的行走轨大都采用圆形截面，通常由 2 根无缝钢管加工而成。

2）龙骨

龙骨是更便于理解、比较形象的说法，更准确的描述是指行走轨的主支撑结构，通过立柱将轨道自重及列车经过时的动载荷传递给基础。

龙骨有采用钢管结构的（图 21-31），也有采用箱形结构的（图 21-30）或者桁架结构的（图 21-32）。

图 21-31　钢管支撑结构的轨道

3）轨枕

轨枕在此处指连接行走轨和龙骨的支撑件。对于钢管或箱形结构的龙骨，通常采用厚钢板切割成型，以一定间隔连续分布；而对于

图 21-32　桁架支撑结构的轨道

桁架结构的龙骨,大都以连杆形式与桁架融为一体。

轨枕与行走轨、龙骨通过焊接方式连接。成型后的轨道,在非滑行区,轨枕横倾角为零或横倾角较小,行走轨几乎处于水平状态;在滑行区,轨枕横倾角、纵倾角不断地变化,行走轨的曲率也不断地变化,由此给乘客带来跌落、失重、翻滚、侧倾、高速水平螺旋翻转等各种体验。

2. 立柱

过山车的立柱也很直观,其上端与轨道的龙骨连接,底部通过预埋螺栓与地面基础连接,是过山车最主要的承载构件。

立柱的基本形式为管柱焊接式钢结构。

早期有不少过山车的立柱普遍采用桁架结构,这些立柱大都为竖直安装,对角线间设有拉筋(图21-33),安装比较复杂,其好处是立柱结构有通用性,而且比较节省材料。

图 21-33　桁架结构的立柱

现代过山车的立柱更多采用单立柱、单门洞、单人字立柱,结构看起来也比较简单,相较桁架结构有更好的视觉效果(图21-34),而且可以根据地形随意变更立柱点,但每根立柱需要根据地形进行相应的设计计算。除强度和稳定性外,还应考虑立柱加工和运输的便利性。

图 21-34　单人字结构的立柱

以上介绍的是钢制过山车的轨道和立柱,下面介绍一下木质过山车的轨道和支撑结构。

木质过山车的轨道如图 21-35 所示,通常是先将多块木板叠加起来,再在其上表面、内侧面和底面用沉头螺钉将钢板与木材固定在一起。

图 21-35　木质过山车的轨道

木质过山车的支撑结构与轨道并没有明显的分界线,可以认为是融为一体(见图21-14),通常由经过特殊处理、具有防虫防腐性能的木料搭建而成。木质结构的连接(图21-36)广泛采用镀锌螺栓组、呈对角线交叉方式固定。

图 21-36　木质结构的螺栓连接

21.3.2　列车

过山车的列车是由多节结构相同（头车、尾车可能稍有差异）的车辆通过连接器串联而成的，每节车辆的运行轨迹基本相同，这与交通工具火车的列车编组非常相似（图 21-37），故也将其称为列车，或者用"小列车"这个词会更准确一些。

图 21-37　悬挂过山车的列车

不同种类的过山车，不仅列车的外观与造型各不相同（见图 21-16～21-25），其结构形式也有着各自的特点，但它们大都包括转向架、轮架及车轮，车梁（车架），载客装置，车辆连接器等主要组成部分。

1. 转向架、轮架及车轮

转向架是列车的重要部件，它通过半轴和轮架连在一起（图 21-38），为了减少振动，通常在半轴的上部加上聚氨酯减振块。

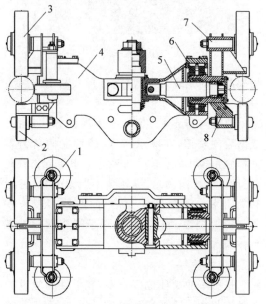

图 21-38　转向架、轮架及车轮的结构
1—侧轮；2—底轮；3—主轮；4—转向架；5—半轴；
6—减震器；7—轮轴；8—轮架

轮架为装有车轮装置的结构件，布置在转向架的两侧。为防止列车脱轨，轮架结构普遍采用两主轮（上）、一底轮（下）、两侧轮（横）的配置方案，其中主轮用于列车沿轨道的行走，侧轮用于控制列车沿轨道转弯时的行走，底轮主要用于列车沿轨道翻滚时控制行进方向，左右两组车轮分别从 3 个方向牢牢抱住行走轨。

轮架通过半轴与转向架连接，当车轮沿着行走轨运行时，轮架可在一定角度范围内摆动，因此列车可始终与轨道平面保持垂直。

车轮通过轴承及车轮轴安装于轮架上，最具代表性的车轮材料为钢、尼龙、聚氨酯，考虑到振动、冲击、噪声等因素的影响，现代过山车大多采用降噪与缓冲效果俱佳的聚氨酯车轮（轮芯采用铝合金，轮芯外圈压制聚氨酯）。聚氨酯材料的滑行阻力、耐磨损、耐热关键参数与其化学成分及环境温度、轮压、运行速度等有关。对于高速度长距离运行的过山车,聚氨酯车轮容易磨损和熔化。

木质过山车的列车大都采用钢轮,主要是为了保持木质过山车独特的古朴风格。

2. 车梁（车架）

车梁（车架）与转向架连接,可理解为列车单元的底盘,对于载客装置是吊椅的为车梁,对于载客装置是座舱的为车架。图 21-39 为某悬挂过山车列车单元的结构示意图,车梁通过立轴与转向架连接,车梁上装有制动板,当列车经过设有助推器（摩擦轮驱动,可参考图 21-28）的轨道段时,助推器的橡胶轮与制动板的摩擦力可推动列车前进;当列车经过设有制动器（可参考图 21-49 和图 21-51）的轨道段时,制动器摩擦板与列车制动板的摩擦力可使列车逐渐减速直至停止。

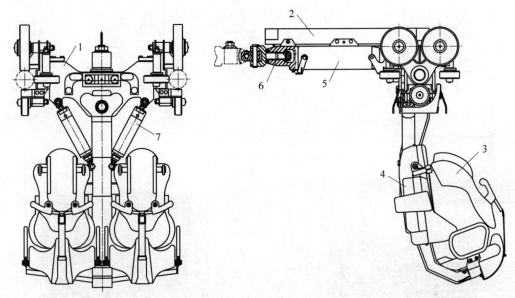

图 21-39　某悬挂过山车列车单元的结构示意图
1—转向架；2—制动板；3—安全压缸；4—吊椅；5—车梁；6—车辆连接器；7—减震器

部分悬挂过山车会将列车侧的防倒退组件设置在车梁上（图 21-40）,这些防倒退组件与轨道侧的防倒板（见图 21-44）共同构成了止逆装置。一旦列车运行至轨道提升段时发生故障,止逆装置可在第一时间作用,阻止列车倒退,避免发生事故。载客装置为座椅的车架上通常也设有止逆齿钩等类似的功能组件。

3. 载客装置

不同类型的过山车其载客装置各不相同,最常见的是箱式座舱和吊挂式座舱,这里继续以图 21-39 所示的某悬挂过山车的吊椅为例来介绍载客装置。

吊椅位于车梁的下方,主要由吊臂、玻璃钢座席、安全压杠、T 形保险带等组成。

吊臂为承载吊椅自重及乘客荷载的结构件,玻璃钢座席安装在吊臂的车卡上,吊臂通过转轴与转向架连接,为减缓列车运行时座椅的左右晃动,吊臂与转向架之间通常还安装有减振器。

安全压杠是一套能够将乘客身躯可靠约束在座席上的刚性结构机械装置,其主要作用是防止乘客在加速度作用下被甩离座席。根据各种过山车的不同防护需求,座席的安全压杠主要有护胸压肩式、压腿式和压背式3 种形式。护胸压肩式安全压杠（图 21-41）适用于座舱会发生翻滚、倒挂及上抛等运动形式,压腿式安全压杠（图 21-42）和压背式安全压杠用于座舱不带翻滚、冲击不大的运动形式。

在图 21-41 所示的座席上,安全压杠是主

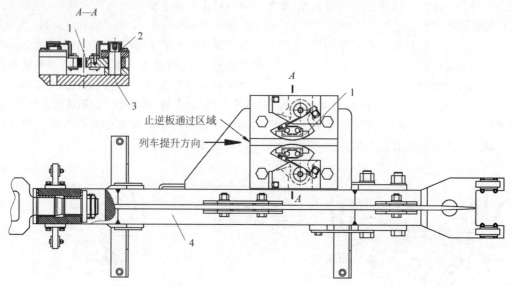

图 21-40　车梁上的防倒退组件示例
1—止逆钳；2—扭簧；3—止逆齿座；4—车梁

要的乘客约束装置，T 形保险带则起到附加防护的作用。

图 21-41　护胸压肩式安全压杠

除过山车外，我们在很多其他类型的游乐设施上也经常能够看到各式安全压杠，也正因为如此，安全压杠在某种意义上可以被视为游乐设施所独有的标志性部件。安全压杠的主要结构原理我们放在本节的最后单独予以介绍。

4. 车辆连接器

车辆连接器的作用是将多节车梁（车架）连接在一起以构成列车，它由水平轴、立销轴

图 21-42　压腿式安全压杠

和万向块等组成，如图 21-43 所示。

由于过山车轨道轨迹的特殊性，列车在高速通过小曲率的弯道时前后车梁（车架）间会不断发生大角度的扭转，因此，车辆连接器在保证强度要求的同时，还要有充分的自由度。图 21-43 所示的车辆连接器的构造类似于万向节，在两个正交方向上都能满足空间旋转角度的要求，同时在结构设计上又易于满足轴向承载力的要求，故而被绝大多数大型过山车采用。

21.3.3 提升及止逆装置

提升装置布置在轨道提升段,其主要作用是向列车赋能,21.2.5节在按驱动方式分类中对其有过介绍,这里继续以悬挂过山车为例,重点对链条提升及止逆装置的构成做进一步的介绍。

如图21-44所示,链条提升装置通常由链条、链槽、驱动主机、张紧机构、防倒板等构成,链槽沿提升坡道布置,链条在链槽内构成一个环路,按照既定的轨迹运转。为防止链槽与链条之间直接接触摩擦引起磨损,链槽内大都设有尼龙(或其他材质的)耐磨板。

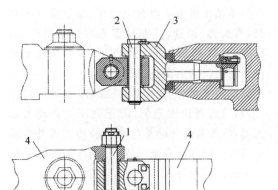

图 21-43　车辆连接器结构示意图
1—水平轴；2—立销轴；3—万向块；4—车梁

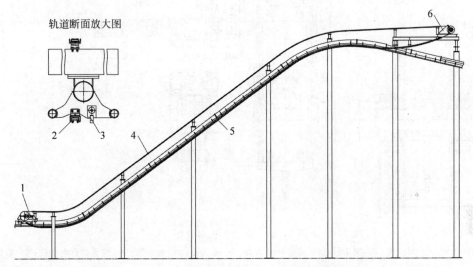

图 21-44　链条提升装置主要构成示意图
1—张紧机构；2—链槽；3—防倒板；4—链条；5—疏散走道；6—驱动主机

驱动主机一般位于提升段的顶部平台,它带动链条运转,链条与列车上的链钩(见图21-45)挂钩后拖动列车沿提升轨道行进。

不同过山车的链条挂点有所不同,直接挂到链条的滚子上是最简单、也是最普遍的方式。对于往复式过山车,则通常会在链条的特定位置加装一个特殊的连接块,该连接块高出链条,当列车被提升到最高点后,此连接块会转到轨道的下部,从而使得列车在往回运行时,链钩不会与链条干涉,以保证列车平滑通过。

为使链条能够始终保持适当的张紧度,通

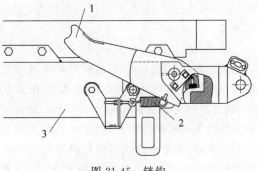

图 21-45　链钩
1—钩头；2—张紧弹簧；3—列车车梁

常在提升段轨道的下端处设置有张紧机构。与此同时,为减少列车挂上链条时产生的冲击,还需要设置缓冲机构或采取相应的措施,最常用的是直接使用张紧机构,但这种方法的效果不是很好,往往还需要配上其他多种辅助设施,目前普遍采用的是利用交流变频调速器(或直流调速器,针对直流电动机)控制链条在挂链前的运行速度,使挂链瞬间两者的相对速度基本趋同,早期也有采用液力耦合器的。

驱动主机由主提升电动机、应急提升电动机、离合器、减速机、制动器和联轴器等组成,如图21-46所示。正常情况下,主提升电动机经减速机驱动主动链轮带动链条运转;一旦发生突然断电或主提升电动机故障等异常情况时,制动器将快速抱闸,防止列车失去动力而倒退,然后通过分动箱将动力源由主提升电动机切换到应急提升电动机,使列车能够以受控的方式回到站台。

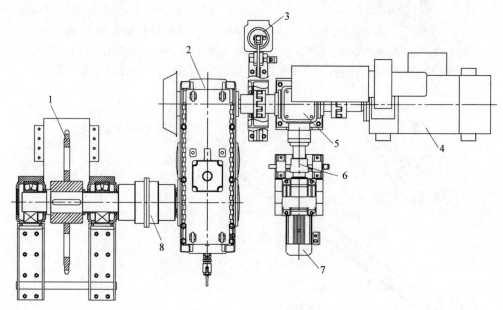

图 21-46　驱动主机布置图
1—主动链轮；2—减速机；3—制动器；4—主提升电动机；5—分动箱；6—离合器；7—应急提升电动机；8—联轴器

止逆装置是为保证列车在提升过程中遭遇断电等紧急情况时,即使驱动主机的制动器失效,列车也不能出现倒退而设置的机械结构,是大部分过山车(往复式过山车除外)上非常重要的安全部件。

止逆装置的种类有很多,前文所述的车梁防倒退组件(见图21-40)与沿提升段轨道布置的防倒板(见图21-44)共同构成钳式止逆装置,此方法普遍应用在悬挂过山车上。而对于载客装置为座椅的过山车,更多的是在车架上设有齿钩,与沿提升段轨道平行设置的止逆齿槽共同构成止逆装置,此方法简单实用、成本低,但也会带来一定的噪声。

除链条提升式外,21.2中也简单介绍过钢丝绳提升式、发射式和摩擦轮提升式,下面分别予以简要的补充说明。

钢丝绳提升大多采用卷扬机,在提升轨道上有一台提升小车,钢丝绳与小车的连接方式有开式连接和闭式连接2种。开式连接为仅在小车的一端设置钢丝绳(另一端挂小车),提升依靠卷扬,下降挂合依靠卷扬释放加小车的重力来实现,但此系统在释放前须增加小车制动装置对其进行固定。闭式连接为小车的两端都拉有钢丝绳,在小车提升方向的钢丝绳是主动钢丝绳,是在提升列车时提供动力的钢丝绳,在小车尾部的另一钢丝绳是为提升小车复位时拉着小车移动。钢丝绳提升也是在水平段挂钩,这种挂钩的方式冲击也比较小,但是该种挂钩方式仍需要有张紧装置。

采用发射式的过山车要在很短的时间内传递巨大的能量,发射时的加速度一般为 1 g 左右,列车在几秒钟的时间内即可获得足够的动能。目前最常见的是液压发射式和惯性轮发射式。对于液压发射式,由于所储存的能量要在非常短的时间内释放出来,大流量对阀的要求较高,另外当车体载重不同时,加速度不能有太大的差别,因此通常还要设置称重系统,以根据不同的质量提供不同的压力。惯性轮发射系统则对离合器的要求较高,尤其是离合器在挂载时的接合特性,要求在接合瞬间的冲击尽量小。

摩擦轮提升式一般用于小型过山车,提升高度不能太高。摩擦轮提升时的冲击比较小,但需要的电动机和减速机比较多,对安装精度的要求也较高,需要有调整摩擦轮压紧力的措施。

21.3.4 制动装置与控制系统

1. 制动装置

制动装置的主要作用是使列车减速和制停(包括定位),通常与配套设置的传感器一起分布在轨道的多个位置(图 21-47),并由控制系统根据设计要求统一控制和调度管理。在站台和维修区等需要准确定位的区域,通常还会设置助推器(见图 21-49)。助推器可用来驱动列车,也可以用来进行辅助制动,使列车停靠到指定的位置。

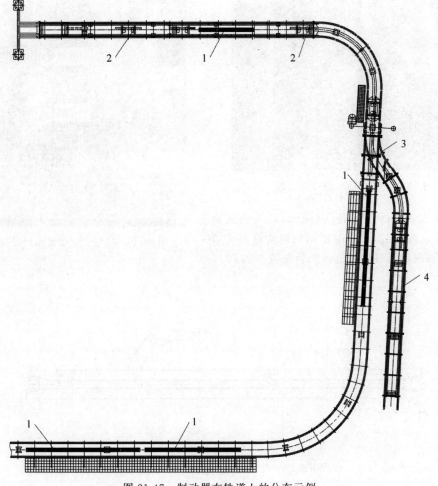

图 21-47　制动器在轨道上的分布示例

1—制动装置；2—助推器；3—换轨装置；4—维修区轨道

过山车的制动装置并非独立的封闭部件，它是由轨道上的制动器和列车车梁（或车架）上的制动板（前述已有过介绍，亦可见图 21-39）2 部分共同组成的，下面介绍轨道上的制动器。

夹板式制动器是过山车上应用最为普遍的制动器（见图 21-48 和图 21-49），其主要构造为一对沿中性面对称布置的线性开合机构，中间的开合面安装有摩擦材料（可更换）。

线段，转动板通过轴把固定板和刹车板连在一起构成开合机构，气缸伸出时推动两刹车板使其开合间隙变小，挤压列车制动板使动能转化成热能。

气囊式制动器的结构更为紧凑，气囊安放在板式弹簧和刹车板之间，通过压缩空气直接推动刹车板挤压列车制动板。传统的气囊式制动器大量采用鼓式气囊（见图 21-48，单侧有 6 只气囊），现在更多采用带式气囊（见图 21-49，单侧仅 1 条气囊），虽然成本更高，但气路简单，便于维护。

图 21-48 传统的气囊式制动器

夹板式制动器主要有气缸驱动和气囊驱动 2 种驱动方式。图 21-50 所示的制动器为气缸驱动，该制动器通过固定板安装在轨道的直

图 21-49 气带式制动器和助推器

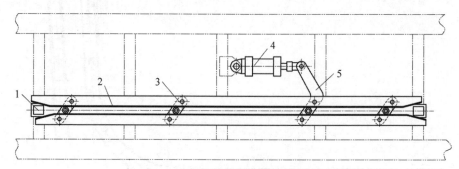

图 21-50 气缸驱动的夹板式制动器
1—固定板；2—刹车板；3—转动板；4—气缸；5—曲柄

气缸驱动的制动器可通过改变气缸模式（单作用、双作用）来改变刹车的模式（常闭或常开），气囊驱动的制动器则可通过改变板簧的方向来改变刹车的模式（常开或常闭），不同的过山车会根据设计要求选择相应的制动模式。

气缸和气囊都需要压缩空气来驱动，通常每个制动器配有单独的储气罐和安全阀，由供气管路提供所需的气源。电磁阀控制刹车板的动作，当制动器内的气压降低时，气罐储存的高压空气会迅速补充，以确保刹车板可靠工作。

在传统的夹板式制动器不断进化的同时，近年来已有越来越多的过山车开始使用磁制动器（图 21-51 和图 21-52），这是一种全新的、非接触式的刹车形式，主要依靠轨道与列车制动单元彼此间的电磁场作用力来实现减速。

图 21-51　永磁涡流制动器

图 21-52　侧向布置的永磁涡流制动器

磁制动器的核心元件是强磁体，当金属材料快速穿过强磁场（切割磁力线）时，其内部会产生涡流，这将生成一个磁场来反抗运动，在满足一定边界条件的情况下，涡流所产生的制动力可与速度的三次方成正比。正因为如此，磁制动器在高速过山车上有很高的应用价值，因为是非接触式刹车，所以冲击非常小，且具有无磨损、少维护等优点，但它在速度降下来后制动力会快速消减，因此只能用于减速而不能定点制动。

磁制动器目前有 2 种配置方式：一种是强磁体安装在轨道上方（或侧向），金属制动片安装在列车的底部（或侧面），这种配置类似于夹板式制动器布局；另一种是强磁体安装在列车的底部，金属制动片（或涡流感应线圈）安装在轨道上，这种配置能够减少强磁体的数量从而降低成本。

2．控制系统

为了获得更高的承载量，大多数过山车被设计为在同一条轨道上可运行 2 列（或更多）列车，因此需要有一套适用的系统来监测、控制这些列车的运行，尤其是要避免发生列车间的碰撞。

早期过山车的控制系统大都比较简单，随着传感技术和自动控制技术的发展，现在过山车的控制系统已逐渐趋于智能化，但其基本的控制逻辑和输入/输出架构与先前的那些传统过山车并无显著的差异。相对复杂一点的是发射式过山车，主要是其发射控制比较复杂。

多车控制系统的核心是防止任何 2 列列车之间的距离过近，绝大多数过山车采取的方法是将轨道划分为多个区间，每一个区间具有可控的起点和终点，若有列车停留在前一区间，无论什么原因，必须停止后面区间的列车，即 2 列列车永远不能同时占据同一区间，这也与铁路运输上区间闭塞控制的调度逻辑大体相同。由于过山车列车本身并无任何自主动力，因此轨道的每个区间必须包含一种完全停止列车运行的方法及使列车再次运行的方法。通过制动装置或中断提升装置的运行可以使列车停止运行，重新启动提升装置、使用助推器等则可以使列车从其停止点再次运行。

通常情况下过山车的区间数量至少要比允许同时运行列车的数量多一个，典型的过山车大都设有以下区间：站台区、提升段、中段刹车、末端刹车。

列车的实时运行位置由轨道沿线布置的传感器来检测，过山车上常用的传感器主要有接近开关、光电开关、机械式微动开关等，其中尤以电磁式接近开关的应用最为广泛。

电磁式接近开关利用电磁感应原理工作，与被检测金属在有效感应距离内可实现非接触检测，且耐候性很好（平均无故障时间有的甚至能达到几百年）。采用这种传感器的过山车，通常会在列车的转向架上安装专用的金属片，当列车经过时，这些轨道上的传感器就会发出信号，通过数据线实时传送到控制系统的计算机，计算机可根据收到的信号计算经过的列车单元的数量，并根据计数判断整列车是否已安全通过该路段。

光电开关利用被检测物对红外光束的遮挡或反射实现检测，同样也是非接触式检测，相较电磁式接近开关，其优点是与列车上的被检测体间无苛刻的距离要求，因此在选择安装位置时更为灵活，但它对气候及环境等有更高的要求。

机械式微动开关是更为传统的位置检测器件，其内部有机械触点和快动机构，须有外力作用于其驱动杆端（杠杆、滚轮等），在列车驶过的瞬间开关被推动，触点动作，列车驶过后开关在弹簧的作用下迅速复位。微动开关对安装的要求非常高。

控制系统从上述这些传感器的输入信号中不仅可以得到列车的位置信息，还可以检测速度，在某些区段可根据时序判断列车动能的储备余量是否充足，一旦发现异常则及时制停列车。

控制系统通过操作面板接收作业人员的指令，在接到各种输入信号后，根据设定的程序输出信号，驱动电磁阀（和/或压力控制阀）控制轨道上指定区段的制动器对列车进行减速或制停，通过接触器（和/或变频器）控制提升电动机的启停和调速，以及助推器的启停等。

电气线路有可能发生接触不良等故障，传感器有可能出现信号丢失等异常情况，对此，控制系统也有相应的容错设计与安全机制，体现在对列车的控制上就是在第一时间内制停列车、驱动装置停止运行，以及操作面板部分功能禁用等。

21.3.5　安全压杠

前面在过山车的载客装置中已简单介绍过安全压杠，下面对安全压杠的主要组成结构做进一步的介绍。需要说明的是，安全压杠的应用不局限于过山车，很多其他类型的游乐设施上也会根据需要配置相应的安全压杠。

如前所述，安全压杠主要有护胸压肩式、压腿式和压背式 3 种形式，其中护胸压肩式压杠是最具代表性的，除各类带翻滚过山车外，还在大摆锤、探空飞梭等座舱乘客可能会产生翻甩、倒挂或上抛动作的游乐设施上得到应用。

平时我们所看到的安全压杠，只能看到从座椅后面伸出来的压杠根部以及包覆着软橡胶（或发泡材料）的护圈，实际上隐藏在座椅后面的锁紧装置也是确保安全压杠正常工作的重要组成部分。

图 21-53 可以帮助我们更好地理解安全压杠的主要构成，虽然这是一副护胸压肩式安全压杠的内部结构，但无论是护胸压肩式、压腿式还是压背式压杠，它们的核心部分都可归纳为两部分：压杠本体结构和软包防护及锁紧装置。当然，如果从功能完整性的视角来看的话，无论哪种形式的安全压杠，压杠只是乘客束缚装置的一部分，它与锁紧装置、转轴等共同安装在座椅架上，最后和座椅一起构成完整的乘客束缚装置。

1. 压杠本体结构和软包防护

安全压杠的本体结构通常采用无缝钢管弯制而成，有足够的机械强度。

护胸压肩式压杠的管壁外与人的肩膀、胸口及脸颊等接触部位大多用软橡胶或织物等材料包覆（参考图 21-41），在设备运行过程中，当乘客的身体在惯性力作用下欲往上抬离时，软包的护肩部分可挡住肩膀，若乘客的身体要

够完成特定功能的机构(或运动副)组成,在外部推拉的作用下,实现压杠的受控开启、单向关闭和锁紧,并能在确定位置(或区段内)自动维持锁定状态,即压杠不能被乘客随意打开。

齿条锁紧是目前游乐设施上普遍应用的压杠锁紧方式之一,图 21-54 为某旋转类游乐设施压杠锁紧装置的实物照片,图中左上方与压杠摇柄连接的为齿条锁紧装置,其右侧并联着的气缸用于压杠的自动打开或关闭。

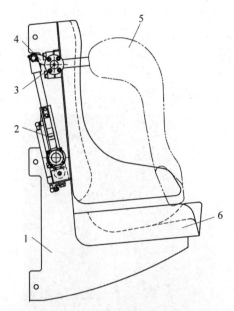

图 21-53 某护胸压肩式安全压杠的内部结构
1—座椅架;2—锁紧装置;3—转轴;4—压杠的摇柄;5—压杠的本体(外覆软包);6—座椅

往前去时,软包的护胸部分可挡住胸口,这样就将乘客限制在座位和靠背间的很小活动范围内。

压腿式压杠外表面的包覆处理相对护胸压肩式压杠更为简单,也有不做任何软包处理、金属管壁直接与乘客接触的。压腿式压杠主要用于座舱不翻滚、冲击不大的游乐设施,如海盗船、滑行龙、架空游览车等游乐设施,在设备运行过程中,压杠始终压在乘客大腿根部的上方,以防止乘客站起来离开座位后摔倒或跌落舱外。

压背式压杠大多为单悬臂结构,杆端包覆处理后通常为弧面状的压板,主要用于乘客呈趴姿运行的游乐设施,如摩托迪士高、摩托过山车等。在设备运行过程中,压板始终压住乘客的背部阻止其后仰,同时乘客还必须双手握紧安全把手。

2. 锁紧装置

从图 21-53 中可以看到,锁紧装置的前端与压杠本体结构通过销轴连接在一起,后端通过另一销轴安装在座椅架上,与压杠共同构成开合机构。锁紧装置通常由一组(或多组)能

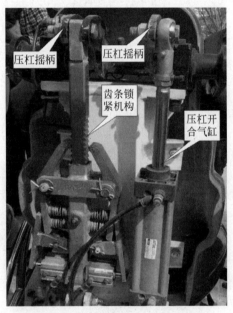

图 21-54 齿条锁紧装置示例图

上述锁紧装置的主要构成如图 21-55 所示,齿条上端与压杠摇柄通过销轴连接,齿杆腔下端通过销轴与座椅架连接,齿条沿齿杆腔做直线运动;当压杠下压时,齿条从齿杆腔内向上抽出;当压杠向上打开时,齿条由齿杆腔内向下插入。非解锁工况下,棘爪在弹簧的作用下前端紧贴齿条并插入齿槽,阻止齿条向下运动,从而阻止压杠上翻打开。由于棘爪在齿槽内为单向锁定,并不妨碍齿条向上运动,即压杠可以往下越压越紧。要打开压杠,必须在小气缸通气后,气缸推杆向外推出、推动摇杆压住棘爪后端使其克服弹簧力脱离齿槽,此时齿条可完全自由地上下运动,压杠的动作不受任何限制。

动力源来驱动做功的液压系统不同,压杠锁紧所采取的是封闭液压回路(参考图 21-58)的方式,通过控制油缸活塞两侧的油路通断来实现压杠的开合。该液压装置不需要油泵,由蓄能器向液压回路补油。

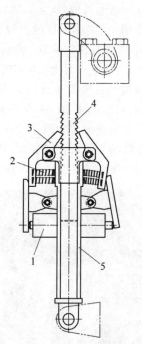

图 21-55　齿条锁紧装置结构简图
1—小气缸；2—弹簧；3—棘爪；4—齿条；5—齿杆腔

棘轮棘爪锁紧是另一种与齿条锁紧非常相似的锁紧方式(图 21-56),其锁紧机理也是棘爪在弹簧力作用下可靠地嵌入齿槽内,同样具有单向锁定的特点,但相较齿条锁紧更为紧凑。

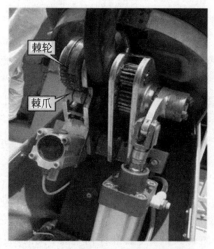

图 21-56　棘轮棘爪锁紧装置示例

液压锁紧(图 21-57)是另外一种应用非常普遍的压杠锁紧方式,与大多数以液压能作为

图 21-57　液压锁紧装置示例

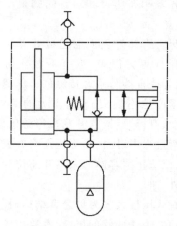

图 21-58　液压锁紧原理

液压锁紧最显著的优点是油缸可以在任意位置锁定,压杠在压紧过程中能实现无级调整,可以适应各种体型的乘客。相比之下,棘轮棘爪锁紧和齿条锁紧只能实现有级调整,且其机械结构因受到材料强度的限制,棘齿还不能设计得太小,因此压杠在压紧过程中有明显的不连续感,经常会出现要么太松要么太紧的情况。对此,国家标准 GB 8408—2018《大型游

乐设施安全规范》中的相关要求是：安全压杠的压紧程度应可调节；压杠压紧时施加给成人乘客的力应不大于 150 N（儿童应不大于 80 N）；对于有级调节的压杠，在压紧状态时端部游动量应不超过 35 mm。

除上述这些锁紧方式外，部分游乐设施上还有一些其他的压杠锁紧方法，例如摩擦杆锁紧等，它们不太常用，这里不再予以介绍，有兴趣的读者可自行查阅相关资料。

21.4 场地设施

过山车的占地面积及净空要求由轨道决定，部分过山车需要根据地形来确定立柱方案，在立柱和轨道的安装过程中还可能需要额外的（临时）场地。过山车的场地设施主要包括站台、维修区、空压站、安全围栏、排队区、操作室与操控台、乘客须知与安全标识等。

21.4.1 站台

站台是乘客上下车的区域，站台区域的轨道呈水平或有略微的倾角，除设有制动器、助推器（见图 21-47）、各种检测开关和传感器外，通常还集成了压杠供电装置。当列车停靠在站台指定位置时，列车上的取电装置在取电后，站台工作人员可集中打开全部车厢的座椅压杠。

21.4.2 维修区

维修区用于对列车进行日常保养和检修，一般设置在游客不易接近的地方。少数往复式过山车等受场地条件限制的会直接设置在站台附近（利用站台轨道），其他大都设有独立的维修间，当列车数量较多或规模足够大时可建造专业级的厂房。为方便列车快速进入维修区，维修间与正常运行轨道间设有专用转换装置（见图 21-59）。

21.4.3 空压站

空压站通过气管路为轨道上的制动器等提供压缩空气气源，空气压缩机由主控制台远程控制，通常在主供气管路的首末端各安装了

图 21-59 进入维修区的轨道转换装置示例

一个压力开关，当系统检测到气压不足时设备将停止运行。

21.4.4 安全围栏

与旋转木马等其他游乐项目相同，设备周围需设置安全围栏，安全围栏的结构尺寸应符合国家标准 GB 8408—2018《大型游乐设施安全规范》和相关安全技术规范的要求，出入口应分开设置。

21.4.5 排队区

与其他游乐项目相同，过山车也有由栅栏等物理隔离措施搭建的排队区，从地面入口处一直延续到站台的等候区。对于那些客流量非常密集的明星过山车，通常还会在站台上对齐每个座舱的入口处纵向设置 n 列排队等候区，并在其末端设置与列车进站联锁的自动门或闸机。站台排队区通常还应设置供乘客临时储存随身物品的储物柜。

21.4.6 操作室与操控台

过山车的控制室通常设置在站台区域，以方便操作人员观察游客情况，很多过山车还会在站台上设有辅助操控台，并要求配备相应的操作员。

21.4.7 乘客须知与安全标识

乘客须知为面向游客的文字说明，通常以告示板的形式公布，设置在售票处、入口处、游客排队等候区等的醒目位置。

21.5 主要参数规格及选型

21.5.1 主要参数

1. 几何参数

不同类型的过山车结构差异很大。在很多时候人们将过山车的轨道长度和设备高度视作主要参数的一部分,但从选型的角度来看,轨道长度并不能与占地面积直接关联起来,相对而言通过设备高度是能够大致估算出净空要求的。比较典型的例子是往复式过山车,部分往复式过山车的轨道可以很长但最终的占地面积非常节省,甚至只需狭长的一小块地面区域(见图21-12)。

另一个要考虑的因素是地形地貌,与大部分其他类型的游乐设施不同,过山车在选址时对地面的平整度和连续性并无要求,只要立柱有能够生根的地方即可,因此在规划时可考虑充分利用山坡、水道等各种场地,与周边景观、建筑物相得益彰。

2. 载客参数

过山车的承载人数是由列车数量、单节车厢座席数和每列列车的车厢单元数量共同决定的。根据车体单元的长度和翼展,单节车厢的座席数量为2~10人,每列列车的车厢单元数量则为3~8节。大部分过山车会对乘客的年龄和身高有一些限制,这些应在乘客须知中予以明确。

3. 运行参数

大部分过山车在产品铭牌中所标注的主要运行参数为列车的运行高度和运行速度(尤其是最大运行速度),最新的国家标准中对加速度的要求越来越具体,但大部分厂家目前尚未将加速度值作为主要的运行参数。

21.5.2 部分厂家的产品规格和参数

在求新求异的驱动下,大型过山车在建造时会有许多定制化的设计,而且大多数情况下是单件生产,难有严格意义上的定型产品。国外厂商在定制化方面有着丰富的经验,可以满足独一无二的设计需求,国内厂商则更多趋向于成品出售。国内已经建成(及在建中)的部分过山车的主要技术参数见表21-1~表21-7。

表21-1 威克玛(Vekoma)公司在国内部分过山车的基本参数

规格型号	轨道长度/m	轨道高度/m	最大速度/(km·h^{-1})	乘坐人数/(人·列$^{-1}$)	列车数量/列	理论客流/(人·h^{-1})	占地面积/m^2	装机容量/(kV·A)
家庭过山车	207	8.5	32	16	1	729	42×26	120
家庭过山车	335	13.0	46	16	2	993	55×37	—
家庭回旋过山车	208	22.8	60	20	1	750	74×28	185
矿山车	420	18.1	60	20	2	1200	70×56	—
矿山车	785	15.0	40	26	2	780	7 000	340
悬挂过山车	453	19.3	67	20	1	720	120×38	—
悬挂过山车	662	36.0	90	20	1	400	10 000	227
悬挂过山车	764	37.6	80	20	2	1 010	15 600	300
往复式过山车	285	36.1	76	28	1	710	88×30	212
弹射过山车	1 050	50.0	115	20	1/2	576/1 125	158×91	—

表 21-2 英特敏（Intamin）公司在国内部分过山车的基本参数

规格型号	轨道长度/m	轨道高度/m	最大速度/(km·h^{-1})	乘坐人数/(人·列$^{-1}$)	列车数量/列	理论客流/(人·h^{-1})	占地面积/m^2	装机容量/(kV·A)
十环过山车	850	30.0	80	28	1	1 340	9 600	520
矿山车	517	17.5	60	26	1	720	3 150	500
蓝月飞车	775	32.0	87	16	2	600	10 200	561
MEGA 过山车	793	34.0	86	16	2	810	10 000	265

表 21-3 B&M 公司在国内部分过山车的基本参数

规格型号	轨道长度/m	轨道高度/m	最大速度/(km·h^{-1})	乘坐人数/(人·列$^{-1}$)	列车数量/列	理论客流/(人·h^{-1})	占地面积/m^2	装机容量/(kV·A)
跌落过山车	969	60.0	115	30	2	1 060	17 760	300
飞行过山车	853	37.8	85	28	2	1 033	14 000	350
家庭翻转过山车	405	20.5	50	20	1	750	1 350	330
宽翼过山车	1121	50.0	103	32	2	1 280	10 860	550

表 21-4 广东金马游乐股份有限公司部分过山车产品的规格和基本参数

规格型号	轨道长度/m	轨道高度/m	最大速度/(km·h^{-1})	乘坐人数/(人·列$^{-1}$)	列车数量/列	理论客流/(人·h^{-1})	占地面积/m^2	装机容量/(kV·A)	备注
GZC-24A	820	58.3	102	24	2	860	158×88	400	垂直过山车
KSC-16A	265	9.6	38	16	2	800	48×41	160	家庭过山车
KSC-24B	756	40.1	82	24	1	700	60×110	400	断轨过山车
KSC-26D	750	15.4	45	26	2	1 000	86×74	350	矿山车
XGC-20E	670	38.9	88	20	1	500	123×107	300	悬挂过山车
XGC-16B	377	20.5	63	16	1	576	80×39	160	悬挂过山车
GSC-20A	470	28	80	24	2	720	35×92	180	六环过山车
MTC-12A	385	13.3	65	12	2	600	58×24	180	摩托过山车
ZXC-4D	392	17.1	47	4	5	276	54×30	75	超炫过山车
ZXC-24A	325	11.0	35	4	5	480	25×35	55	自旋滑车
GSC-4A	395	17.4	40	4	6	480	53×28	80	悬挂滑车
FXC-28A	890	37.0	94.5	28	2	516	115×125	420	飞行过山车

表 21-5 河北中冶冶金设备制造有限公司部分过山车产品的规格和基本参数

规格型号	轨道长度/m	轨道高度/m	最大速度/(km·h^{-1})	乘坐人数/(人·列$^{-1}$)	列车数量/列	单次循环时间/s	占地面积/m^2	装机容量/(kV·A)
往复式过山车	276	41.0	80	24	1	100	7×196	120
中型三环过山车	440	22.0	61	16	1	90	35×82	60
三环过山车	498	25.5	70	24	1	100	45×110	80
四环过山车	680	33.5	75	24	1	135	45×136	100

续表

规格型号	轨道长度/m	轨道高度/m	最大速度/(km·h⁻¹)	乘坐人数/(人·列⁻¹)	列车数量/列	单次循环时间/s	占地面积/m²	装机容量/(kV·A)
新四环过山车	612	33.0	83	24	1	135	45×105	150
悬挂过山车	780	33.0	85	20	1	135	82×141	160
飞旋过山车	580	33.0	83	24	1	85	100×50	150
穿越过山车	750	15.4	46	26	2	130	75×87	370
悬挂飞车	260	10.0	36	10	1	60	35×45	35
家庭过山车	380	17.0	44	16	1	80	70×40	80
十一环过山车	1 011	43.0	95	56	2	180	200×60	300
佛法无边过山车	770	39.0	82	24	1	120	110×75	150

表 21-6 北京实宝来游乐设备有限公司部分过山车产品的规格和基本参数

规格型号	轨道长度/m	轨道高度/m	最大速度/(km·h⁻¹)	乘坐人数/(人·列⁻¹)	列车数量/列	理论客流/(人·h⁻¹)	占地面积/m²	装机容量/(kV·A)
回飞棒过山车	285	39.0	78	28	1	420	88×30	180
悬挂过山车	858	42.0	86	40	1	600	170×100	450
悬挂过山车	800	35.0	77	20	1	400	145×80	180
发射过山车	363	13.4	62	12	2	480	52×22	130
飞行过山车	396	20.0	40	4	5	360	52×25	100
单环往复过山车	276	45.0	80	24	1	550	200×6.5	105
三环过山车	490	24.0	75	24	1	550	111×46	100
家庭过山车	815	20.0	50	20	3	600	150×45	310
自旋滑车	360	13.5	53	4	5	360	40×26	30
列式自旋滑车	180	7.9	35	16	1	400	23×11	160
矿山车	366	11.5	36	14	1	300	50×18	20
儿童矿山车	146	6.2	25	16	1	400	32×18	20

表 21-7 其他部分厂商在国内一些过山车的基本参数

制造厂商	规格型号	轨道长度/m	轨道高度/m	最大速度/(km·h⁻¹)	乘坐人数/(人·列⁻¹)	列车数量/列	占地面积/m²
美国先锋（Premier）公司	冲天火箭发射过山车	650	30.0	80	12	2	132×50
	冲天火箭Ⅱ代过山车	260	45.0	100	12	2	65×19
	水上过山车	330	25.0	65	10	3	76×57
	雅马哈赛车杯垫过山车	275	40.0	—	12	1	94×37
意大利赞培拉（Zamperla）公司	雷霆过山车	568	30.5	85	9	3	46×91
	摩托过山车	364	12.0	60	12	2	22×46
	工厂过山车	611	24.8	52	16	7	68×89

续表

制造厂商	规格型号	轨道长度/m	轨道高度/m	最大速度/(km·h^{-1})	乘坐人数/(人·列$^{-1}$)	列车数量/列	占地面积/m^2
美国三精科技（S&S）公司	弹射过山车	887	60.0	135	24	1/2	3 150/10 000
德国毛勒(Maurer)公司	弹射过山车	325	16.0	64	6	2	50×50
	环形过山车	150	46.0	105	12	2	15×65
美国/加拿大 MVR 公司	木质过山车	1 193	32.0	88	24	4	12 000
	木质过山车	1 164	33.0	90	24	2	12 350

21.5.3 选型

选型时应满足本篇 14.4 节的基本要求，综合考虑场地环境条件、目标消费群体构成、客流量等因素。有初步意向后，宜先实地考察已建造好的在用设备，综合对比后选择适合自身需求的已有产品，也可根据自身的定位与需要委托生产厂商进行定制，或者咨询专业机构，结合乐园的整体规划交由他们进行定制化配套设计，当然这样造价会更高、交货周期也会相对更长一些。

21.6 安全使用规程、维护及常见故障

21.6.1 操作规程

过山车设备的固有风险相对较高，一旦发生事故后果往往非常严重，运营单位应按要求合理配备设备操作人员和站台服务人员。

操作人员上岗前应接受设备制造商提供（或其授权并认可）的操作培训，必须对操控台（操作面板）的各项功能及应急处置程序充分掌握。

1. 运营前的准备

过山车在每日投入运营之前，工作人员应按照产品使用维护手册的要求进行例行检查，并至少完成 2 个循环以上的试运行，确认设备一切正常后方可接待游客乘坐。

2. 载客运行

部分过山车对乘客有身高、体型等方面的要求，或者有健康方面的要求，例如患有高血压、心脏病、脊椎、腰椎、背部等基础疾病的人员不应乘坐。同时，乘客在列车运行过程中应保持正确的坐姿，不要低头、弯腰、探脚等，否则轻者出现颈椎、腰椎酸痛，重者会造成严重伤害。站台服务人员应提前向乘客讲解相关的安全须知，提醒乘客在乘坐前将身上所有易脱落的物品放进站台储物柜或交由亲友保管，指导每一位乘客保持正确的坐姿。

有些过山车对偏载比较敏感，应按设备使用说明书的要求引导乘客入座，尽量避免偏载，若发车时乘客人数很少，通常应尽量将乘客安排在列车的中间部位。

在乘客入座后，现场工作人员应逐个检查安全压杠是否锁紧到位、坐姿是否正确，在确认所有乘客已准备就绪后，工作人员方可退出运行区域，将允许开机指令传送给操作人员。

操作人员在接到允许开机指令后，应先开启提醒音响（或电铃），提醒游客做好准备，在提示音完成后再按启动按钮。运行期间应持续关注设备运行情况，若发现异常应立即按"紧急停止"按钮，待故障排除后再恢复运行。

3. 结束运营

每天运营结束前，工作人员应按照产品使用维护手册的要求进行收工前检查、填写运营日志并汇报设备当天的运行情况。

21.6.2 日常安全检查

日常安全检查是游乐设施在运营期间每天必须认真做好的基础性工作。

与维护和保养环节中的检查不同，日常安全检查通常不需要复杂的仪器设备，主要由检查人员通过眼睛看、耳朵听、手触摸等感官判断来进行，因此并不需要耗费太多时间。也正是因

为如此,此检查工作一定要认真细致,一旦发现异常或疑问要及时处理,必要时应扩大检查范围。

除本节前面所述的"设备每日投入运营之前的例行检查"外,运行过程中若发现异常状况,应及时进行相应的检查,必要时应停机后排查。

日常安全检查由设备维护与保养人员进行,检查项目应结合场地设施的具体情况,按照制造商提供的产品使用维护手册的要求综合确定。表21-8列出了部分日常安全检查内容以供参考。

表21-8 过山车的部分日常安全检查内容

部件部位	检查内容
操作室、操控台	检查操控台上的各操作按钮是否完好无损,电源指示仪表是否正常,各功能指示灯是否正常,触摸屏有无异常
	检查音响广播系统和/或电铃是否正常
	检查电气控制系统是否运行正常,紧急停止按钮是否灵活可靠
	检查视频监控系统是否正常
	检查手持扩音器是否能正常工作,电池电量是否充足
列车	检查制动板有无明显的偏离或松动,以及制动面有无油污、碎屑等异常情况
	检查车梁(车架)牵引钩的复位过程是否平顺,有无明显缓滞等异常情况
	检查车梁上的防倒齿复位是否平顺,工作齿面有无被油污染等异常情况
	检查车架底部的止逆齿工作是否正常,有无卡阻、偏摆等异常情况
	检查主轮磨痕有无明显的偏磨情况,轮毂与聚氨酯轮圈间有无松动等异常情况
	检查主轮、底轮、侧轮的转动状况是否正常,有无不顺畅、异常声音等情况
	检查尾轮桥传感器感应架有无晃动、支架开裂等异常情况
	检查车辆连接器工作是否正常,万向块有无跑偏等异常情况
	检查列车运行中有无异常声响,运行的最高、最低速度有无明显变化
座席、压杠及锁紧装置	检查游客接触的玻璃钢座席表面有无开裂、破损或其他异常情况
	检查座席、靠背发泡件表面有无开裂、破损、松脱或其他异常情况
	检查安全压杠、安全把手的表面或发泡件有无松脱、开裂或破损等异常情况
	安全压杠下压后反拉压杠,检查压杠锁紧是否正常,以及压杠锁紧后虚位是否在允许的范围内
	检查使用蓄电池能否正常打开压杠
	检查安全带是否有破损、开裂或其他异常情况
	检查吊椅减震器有无漏油(渗油、滴油)等异常情况
轨道、制动器	检查行走轨钢管表面有无污物等异常情况
	检查轨道下方的地面上是否有脱落的螺栓、螺母、销轴或其他疑似零件
	检查提升轨道、驱动平台等部位是否有螺栓、维修工具等遗留下来的异物
	检查制动器刹车板(衬片)有无松动、铆钉露出等异常情况
	检查制动器气囊、气管接头有无漏气、损坏等异常情况
	检查助推器摩擦轮有无异常磨损、表面有无油污等异常情况
	检查接近开关等有无移位、行程开关有无锈蚀、安装架有无变形等异常情况
	检查换轨装置的功能是否正常
	悬挂过山车疏散用升降平台的液压油缸有无漏油等异常情况
	木质过山车沿轨道全程检查轨道板的固定螺钉有无松动、凸起等异常情况
空压站	检查空气压缩机有无异常声音、振动、过热等情况
	检查空气压缩机和储气罐的压力表是否正常显示,安全阀是否工作正常
	检查压缩空气管路有无漏气

续表

部件部位	检查内容
提升/发射装置	检查减速机、联轴器是否工作正常、运行平稳,启动时有无严重的振动、冲击
	检查制动器能否将列车有效制停、防倒溜
	检查制动轮表面有无油污、制动鼓(瓦)的磨损是否在允许的范围内
	检查张紧装置头轮有无严重偏离原位的情况
站台、通道、围栏	检查压杠供电装置工作是否正常,供电滑触线有无腐蚀、损坏等异常情况
	检查站台、等候区的栏杆是否稳固,与地面连接处有无明显的松动情况
	检查通道沿线布置的外露电缆有无明显的异常情况
	检查栏杆表面有无破损、锐边或其他可能伤及游客的危险突出物
	检查门铰链有无变形、脱落,门的活动间隙是否发生改变而导致可能夹手
	检查悬挂的安全标识有无破损、遗失
	检查乘客须知有无缺损、严重褪色

21.6.3 维护与保养

维护与保养属周期性的工作,不同的作业项目其作业周期各不相同,有的可能为每周1次,有的则可能每2周1次甚至可能几个月1次。

正确的维护与保养是游乐设施长期保持稳定运行的必要条件,维护与保养工作若做得不到位、不及时,会对设备的稳定性、游客体验感甚至安全性能造成一定的影响。

与日常安全检查以感官判断为主不同,维护与保养工作通常需要各种工具、仪器设备,且应组建一支能够胜任工作的维护保养队伍,合理配备不同工种与人员数量,正确提供必要的作业装备,以及充分的物资保障。维护保养人员在上岗前应接受设备制造商提供(或其授权并认可)的培训,熟悉设备的结构、工作原理及性能,掌握相应的维护保养及故障排除技能。

不同厂家、不同类型过山车的构造各不相同,本章挑选了部分典型的维护与保养内容进行列举(见表21-9),具体的维护与保养要求应以厂商提供的维护与保养作业指导文件为准。

表 21-9 过山车的部分维护与保养内容

作业项目	维护与保养内容	作业周期
地表和基础检查	检查地面有无不均匀沉降	第1年每周1次,第2年起每月1次
	检查基础混凝土有无裂纹、局部破损等异常情况,抹面混凝土有无剥离或大量脱落现象	
	检查地脚螺栓/螺母有无明显的锈蚀	每周1次
	检查基坑内有无积水情况	雨后及时,平时每周1次
	检查地面的砂土是否发生了明显的流失	
立柱、轨道检查维护	检查立柱、拉杆的高强度螺栓组有无局部松弛情况	每2周1次
	检查轨道的高强度螺栓组有无局部松弛情况	每月1次
	检查轨道安装部位有无明显间隙、局部松动等异常情况	每月1次
	检查焊缝处的油漆表面有无裂纹、黄水或流痕等异常情况	每月1次
	检查爬梯及维修平台有无异常情况	每周1次
	检查疏散通道踏面、扶手栏杆有无异常情况	每月1次
	对悬挂过山车救援小车应检查钢丝绳有无松弛、异常磨损等情况	每月1次
	对木质过山车循环检查木料连接螺栓有无局部松弛现象	每月1遍
	对重要焊缝进行无损检测	每年1次

续表

作业项目	维护与保养内容	作业周期
动力传动装置检查维护	检查电动机和减速箱有无异常声响、温升是否正常,检查减速箱有无漏油、渗油情况	每周1次
	检查主动链轮轮齿有无异常磨损	每月1次
	检查提升链条有无异常磨损,链板、链条销轴有无裂纹、破损等异常情况	每月1次
	检查提升钢丝绳的磨损和断丝情况是否在允许的范围内,有无锈蚀等异常情况	每周1次
	检查机座的整体状况,并核实有无振动及异响	每周1次
列车车辆检查维护	检查制动板的磨损量是否在允许的范围内	每周1次
	检查、调整转向架中心偏移量	每月1次
	检查主轮、底轮、侧轮的径向磨损量是否在允许的范围内	每月1次
	检查安全压杠机械锁紧装置上的弹性元件有无异常情况	每月1次
	对重要焊缝进行无损检测	每年1次
液压系统检查维护	检查压差指示器,按要求及时更换滤油器滤芯(或整体更换)	每月1次
	检查油泵、阀件、管路有无渗漏	每月1次
	检查胶管有无变形、破损等异常情况	每周1次
	检查和/或校对压力表、油温传感器误差是否在允许的范围内	每半年1次
	抽取油样,检测油品质量	每半年1次
	油箱全面清洗、更换新油	按需进行,滤油器经常堵塞时
气动装置检查维护	空气压缩机例行维护与保养	按空气压缩机使用手册进行
	调节气源三联体上的油雾器流量,检查油杯中的机油,确保其液面保持在30%～90%容积范围内	每2周1次
	检查手动应急下降开关(球阀)是否工作正常	每天1次
	检查、排除分水滤气器里的积水	每天1次
	压力表检定	每半年1次
	安全阀校验	每年1次
润滑与清洁	列车立轴、吊臂转轴、车轴销轴等处加注润滑脂	每100 h 1次
	车梁(车架)牵引勾销轴、车梁放倒齿销轴、车架止逆齿销轴处加注润滑脂	每月1次
	链轮、链条加注润滑脂	每周1次
	钢丝绳卷筒轴承、滑轮销轴等处加注润滑脂	每月1次
	齿轮减速箱更换润滑油	首次2周后更换,以后每半年1次
电气与线路检查	定期打开电气柜进行清洁工作,确保电气柜的清洁和规整符合国家电气装置的相关标准	可视环境条件而定,每季度至少1次
	检查接线端子有无松动、氧化情况	每月1次
	检查变频器散热器、功率变压器等大容量功率元件的散热状况是否良好,有无异常发热、烧损情况	每月1次
	检查引出电缆/导线的绝缘有无破损或其他异常情况	每周1次
	检查装饰照明有无破损或其他异常情况	每周1次
	检查操作台仪器仪表是否正常	每周1次

续表

作业项目	维护与保养内容	作业周期
绝缘与接地检查	定期测量电动机绕组等带电回路与机壳间的绝缘电阻,检查接线盒、户外照明等有无破损、老化或其他异常情况	平时每月1次,梅雨季、汛期及时
	定期测量接地电阻,检查接地装置的完好性	每月1次
避雷检查	检查避雷接地装置,委托专业防雷机构进行检测	每年1次

注:必须使用维护与保养手册中指定牌号的润滑油(脂)进行加注,每次加注时油脂应充分进入需要润滑的轴承滚道、链轮齿链条啮合面或其他运动副。在油脂加注完成后,应对溢出的油脂进行清理。

21.6.4 常见故障与处理

过山车的固有风险相较其他游乐设施更高,因此采取了更多(或更高等级)的安全措施,各种安全保护机制在提升设备安全的同时,相应地也会带来更高的故障率。但总体而言,大部分过山车在维护与保养到位的前提下,设备的总体故障率仍然可以控制在较低水平。表21-10列出了部分可能出现的故障及处理方法。

表21-10 部分可能出现的故障及处理方法

故障现象	故障部位	故障原因	处理方法
异常声响	列车车体	轮系轴承磨损	检查并更换轴承
		主轮磨损不均匀	修复或更换主轮
		弹性块磨损严重或损坏	调整或更换弹性块
		车辆连接器失油或磨损	排查原因后润滑,必要时更换磨损的零件
	驱动主机减速机、分动箱	齿轮副或蜗轮副啮合不良	联系设备供应商/制造商请对方派人过来处理
		润滑不良	加注或更换润滑油
	座舱减振器	轴承失油或磨损	重新润滑或更换轴承
		减振器冲顶或冲底	更换减振器
	轨道助推器	紧固件松脱	检查并重新紧固
		减速电动机损坏	检修或更换减速电动机
列车在站台不能发车	操控按钮	操控按钮失效	更换操控按钮
	通信故障	信号丢失	对电气模块进行检查,检查模块是否运行正常,线缆接口有无脱落或损坏等情况,对损坏的模块及线缆进行及时更换
	列车座舱	压杠锁紧信号异常	检查压杠锁紧,首先排除机械故障,若确认机械部分无异常,对电气模块和线路进行检查(同上)
	提升段轨道	提升段有异物侵入	排除异物,重启系统
	在轨制动器	制动器刹车未释放	查找原因,释放刹车
	轨道助推器	减速电动机损坏	维修或更换减速电动机
		摩擦轮磨损严重	更换摩擦轮

续表

故障现象	故障部位	故障原因	处理方法
提升异常	变频器	变频器故障	参照变频器说明书修复或联系变频器制造商/销售商进行修理
	驱动主机主电动机	电动机损坏	更换电动机,或联系电动机制造商/销售商委托对方修理
停电时列车在提升段倒退	列车车梁(车架)	车梁(车架)防倒组件严重磨损或损坏	检查更换防倒组件
	轨道防倒板	严重磨损或损坏	检查更换损坏件
	驱动主机制动器	制动衬垫磨损严重	更换制动器
列车运行时意外制停	传感器信号异常	轨道传感器与列车感应板间的距离出现异常	检查传感器和感应板的安装,重新调整相互间距
		传感器老化	更换传感器
		后续区段轨道有异物侵入被检测到,传感器触发系统应急保护	排除异物,重启系统
压杠不能锁紧	锁紧装置失效	压紧弹簧断裂、变形	更换受损的零件
		棘齿(棘爪)磨损或变形	更换受损的零件
		液压锁紧阀件内部渗漏	拆解检查或更换故障阀件
列车制动异常	在轨制动器	气囊损坏	更换气囊
		气动阀件卡阻	清洗或更换故障气动阀件
	列车车梁(车架)	车梁(车架)制动板严重磨损或损坏	检查并更换损坏件
电源指示异常	空气开关	空气开关跳闸	重新合闸测试,若再次跳闸应彻底检查,直到找到原因并排除
	保险丝	保险丝熔断	检查保险丝熔断的原因并排除,重新更换保险丝

21.6.5 应急预案

应急预案是对故障、突发事件或事故发生时应采用的预防或处理方法和措施。过山车为高速运行设备,在运营单位严格按照操作规程作业、做好日常安全检查和维护与保养充分到位的前提下,其安全运行是可以得到保证的,但还是有可能发生一些由于各种外部的、设备自身的,甚至乘客原因造成的突发事件,轻则会导致乘客被困高空,重则发生人身伤害事故。

因此,运营单位必须根据设备特点、结合场地与环境条件等因素,认真研究各种可能性,必要时咨询设备供应商后再制定详细的应急预案,且这些应在安全管理制度中予以明确。

第22章

激流勇进

22.1 概述

激流勇进是游乐园中常见的游乐项目之一，乘客坐在装有导向轮的特制船艇内，沿着设定的轨道（水道）运行。船艇在运行过程中会经历类似过山车的机械提升，并在随后的跌落过程中体验飞流直下的紧张刺激与水花四溢的愉悦。

激流勇进的英文名称是 log flume ride，之所以叫 log flume 是因为这个游乐项目的起源是从运送木材的水道演变而来的。在17世纪美国伐木业发展的初期，伐木者主要在水域附近工作，水可以很容易地将木材从森林运输到工厂和海外，伐木工需要做的就是将木头连接在木筏上并将它们推入水流中。随着水域周边的木材被砍伐得所剩无几，更多的伐木者被迫迁移至内陆，他们需要一种新的运输方式来运送木材，原木水槽（log flume，见图 22-1）也就随之产生。

到了20世纪，主题乐园的设计师们开始尝试将原木水槽的概念引入游乐设备的设计和制造过程当中，1963年，美国六旗穿越得克萨斯州主题乐园推出了世界上首个激流勇进项目（见图 22-2）。激流勇进投入运营后受到游客们的热烈欢迎，很快，乐园就决定对该设备进行改扩建以提高运载量，直到今天该设备还在对游客开放，且一直保持着较高的人气。

图 22-1　美国爱达荷州的原木水槽

图 22-2　世界上第一个激流勇进项目

经过不断的演进与发展，现在我们所看到的激流勇进游乐项目已经越来越多地融合了滑行车的元素，有些也同人造山石景观、声光电和岸船人员互动等元素进行结合，例如在随波逐流段或即将进站的水道边设有水枪，在船经过的时候，岸上的游客可通过按动按钮来对船上的乘客进行喷水（图 22-3），使得激流勇进越来越成为更有场景代入感的游乐项目。

图 22-3　水道旁的泄水枪

激流勇进与峡谷漂流同样具有水元素,但又有所不同,峡谷漂流给乘客带来的主要体验是船筏在惊涛骇浪中与水道的摩擦碰撞所带来的急速跌宕起伏,而激流勇进则更多的是聚焦于快速下滑冲浪的一瞬间,特别是在炎热的夏日,岸边的游客在等待漫天浪花水帘的那一刻,而船里的乘客则渴望着水花冲击的凉爽感觉。

22.2　分类

根据船舱结构不同,激流勇进可分为以下2种:

22.2.1　小激流勇进

小激流勇进的船舱为狭长形(类似独木舟),船体内的座席通常为单列(图22-4),每条船的承载人数大多为2~4人。

图 22-4　小激流勇进的窄船艇

小激流勇进的规模相对较小,占地小、建造和运营成本相对较低,常见于各公园的游乐场。

22.2.2　大激流勇进

大激流勇进的船舱为宽体结构,船体内的座席通常为多排多列(图22-5),一般有5~6排座椅,每排可坐4~6人。

图 22-5　大激流勇进的宽船艇

大激流勇进的规模通常较大,并且大都会在沿途设置各种配套的景观和声光电特效场景,乘客在沿途可以欣赏各种主题景观,因此相应的占地面积也较大,多见于各大型游乐场和主题乐园中。

22.3　典型产品的结构

如图22-6所示,激流勇进主要由船艇和轨道(水道)2部分组成,下面分别予以介绍。

22.3.1　船艇

船艇承载乘客在轨道(水道)内运行,大激流勇进与小激流勇进的船艇存在一些差异,但基本构成并无太大差异,通常由玻璃钢外壳与座席、钢结构底架、行走轮、导向轮等组成(图22-7),不同之处是大激流勇进船艇的每排座椅有压腿式安全压杠(相关内容可参阅21.3.5节),而小激流勇进船艇(见图22-8)则更多是在船舱的两侧内壁设有安全把手。

船艇的玻璃钢外壳构成座席和船体外表面,与底部的钢结构底架成为整体,船底装有4套行走轮和导向轮。行走轮可绕立轴摆动,以

图 22-6　国外某激流勇进的鸟瞰实景图

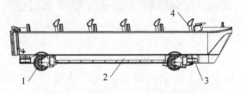

图 22-7　大激流勇进船体示意图
1—行走轮；2—钢结构底架；3—导向轮；4—安全压杠

图 22-8　小激流勇进船体实景图

便能够沿轨而行，并通过拐角位置；导向轮伸出船体的两侧，使得船体在运行时能够自动纠偏。

采用链式提升的大激流勇进，在船底的前轴附近装有与轨道提升装置相配合的挂链装置（其基本结构原理与过山车类似，可参阅 21.3 节的相关内容），以及与轨道上的止逆行装置相配合的防倒滑棘爪（或其他类似功能的部件）。

22.3.2　轨道（水道）

激流勇进的轨道（水道）主要由提升段、高架槽、下滑段、冲浪槽、漂流槽、站台等组成。从图 22-6 中可以看出，轨道（水道）的一部分在水面之上，其余部分则在水中，水面之上的轨道和水中的水道构成了一条封闭的曲线。

1. 提升段

与过山车类似，激流勇进提升段的作用也是将船体从轨道低处提升至轨道高点，同时沿线设有人行走道（见图 22-9），平时用于维修工作，应急时可用于疏导乘客。大激流勇进通常采用链条提升方式，由减速电动机驱动提升链条，并使链条挂住船体挂链装置上的挂钩来提升船体；小激流勇进则大多采用皮带提升方式，由提升电动机驱动提升皮带，船体通过摩擦力随皮带上升。

无论是链条提升还是皮带提升，激流勇进在提升段轨道上都设有止逆行装置，它们与船艇上的防倒滑棘爪（或其他类似功能组件）一起，能够防止船艇在提升过程中发生倒退滑行。

图 22-9　大激流勇进提升段

2. 高架槽

高架槽是紧接着提升段、略有坡度（通常不超过 1.5°～2°的倾角）的一段钢构轨道。当船体与提升链条脱钩（或船底与提升皮带分离）后，船体通过底部的行走轮沿高架槽内的轨道面自行滚动前进，在经过一个圆弧轨道（见图 22-6）的大角度转弯后，继续前行至下滑段。

3. 下滑段

下滑段为连接高架槽、具有较大倾角的曲线状钢构轨道（图 22-10），船艇进入该段轨道后，自重产生的下滑分力促使船艇具有很大的加速度，飞速下冲至冲浪槽水池。为营造船艇随湍急水流飞驰而下的气氛，通常会在下滑段轨道的顶部安装瀑布水泵。

图 22-10　激流勇进的下滑段

4. 冲浪槽

冲浪槽是指一系列部分浸入水中的、由钢材制成的轨道导槽段，由左右护栏和导轨组成（见图 22-11）。当船艇快速下冲至冲浪槽水池时，立即击起冲天飞浪，继而猛扑向前，充分显示激流勇进的震撼效果；之后船艇慢慢减速漂浮前行，在水流的推动下进入漂流槽。

图 22-11　激流勇进的冲浪槽

冲浪槽与俯冲下坡段坡底下弯接合处的轨道平面上的水面高度必须严格监控，因其必须确保船艇俯冲下来后有足够的水位来减慢速度；但水位又不能太高，以免船艇下冲减速过快，引起乘客不适。

5. 漂流槽

漂流槽是位于冲浪槽下游直至站台、有导向槽的水沟。该导向槽通常由水泥构筑，船艇在漂流槽中由水泵产生的水流带动前行，水流涌出时可进入缓冲池，船艇缓缓漂浮至站台区。

6. 站台

站台是乘客上下船艇的区域，也是轨道（水道）的一部分。站台中央的水道内通常设置有进站传送和出站传送（发船）两组动力单元，电动机减速后经链条传动机构驱动输送摩擦轮组（见图 22-12），利用摩擦力带动船艇前行。大激流勇进在站台水平轨道的一侧设有气动压杠开锁机构，用于开启船艇的压杠。

图 22-12 大激流勇进的站台

22.4 场地设施

激流勇进的占地面积主要由轨道（水道）及冲浪池决定，轨道的空中部分（提升段、高架槽、下滑段）影响净空。激流勇进的场地设施除前面已经介绍过的站台外通常还包括：冲浪池、水泵及水处理设施、观景台、维修区、安全围栏、排队区、操作室与操控台、乘客须知与安全标识等。

22.4.1 冲浪池

冲浪池非常直观（图 22-6），为保证船艇的安全运行，冲浪槽的工作水位必须保持在一定的范围内（由水泵来调节），通常在冲浪槽的起始段附近设有水位检测井，井内有一高一低两组水位传感器监测水位。

22.4.2 水泵及水处理设施

根据激流勇进的规模不同，通常有 1 台或 2 台主水泵和 1 台瀑布泵，主水泵的功能是将水从贮水池抽到水道中来，确保冲浪槽的水位、维持水道的循环流动，保证船艇安全漂流。由于激流勇进在冲浪过程中，水道的水花会飞溅到游客身上，所以水质的要求也很重要。水处理系统大都安装在漂流槽附近，通过对水质的过滤、循环、添加化学消毒物质确保水质的安全。

22.4.3 观景台

观景台通常横跨水道且正对着冲浪槽，船艇入水时激起的"水墙"直冲向观景台，游客可在观景台上欣赏此壮观画面（图 21-13）。

图 22-13 激流勇进的观景台

22.4.4 维修区

维修区一般设置在站台入口附近、游客不易接近的区域。维修区兼有蓄船与检修的功能，也是备品配件的储存和管理场所。维修区的场地大小应与设备的总体规模匹配，规模较小的激流勇进可以简单设置一个维修平台，规模很大的激流勇进可以根据需求修建一座维修厂房。维修厂房的建立有助于对船体的整体维护与维修，并且可以防止游客在运行过程中看到维修区，以保证游客的最佳体验。

22.4.5 安全围栏

激流勇进除围绕设备本体的栅栏外，观景台和岸船人员互动区均需设置安全围栏（图 22-14），围栏的结构尺寸应符合国家标准 GB 8408—2018《大型游乐设施安全规范》和相关安全技术规范的要求。

图 22-14 安全围栏

22.4.6 排队区

与其他游乐项目相同,激流勇进也有由栅栏等物理隔离措施搭建的排队区,从室外入口处一直延续到室内站台的等候区。

22.4.7 操控台

激流勇进的控制室通常设置在站台区域,以方便操作人员观察游客情况,部分大激流勇进还会在站台上设置辅助操控台,并配备相应的操作员。

22.4.8 乘客须知

乘客须知为面向游客的文字说明,通常以告示板的形式公布,设置在售票处、入口处、游客排队等候区等醒目的位置。

22.5 主要参数规格及选型

22.5.1 主要参数

1. 几何参数

激流勇进的几何参数主要包括占地面积、设备高度、轨道高度等。冲浪池的规模对占地面积的影响很大,配套的景观设施对此也有一定的影响,对于规模较大的激流勇进,其轨道(水道)长度也是很有参考价值的参数,轨道(水道)长度越长,所需的占地面积通常就越大。

2. 载客参数

激流勇进的承载人数是由单船额定载客量和船艇数量共同决定的,小激流勇进的单船载客数通常为2~4人,大激流勇进的单船载客数为20~30人。激流勇进属于有一定刺激性的游乐项目,因此会对游客的年龄和身高等有一些限制,这些应在乘客须知中予以明确。

3. 运行参数

激流勇进最主要的运行参数是下滑时的最大运行速度,由于船艇是靠重力下滑的,一般情况下,轨道高度越高,下滑段的倾角越大,最大运行速度就越大。

22.5.2 部分厂家的产品规格和参数

国内外部分企业生产的一些激流勇进的产品规格和主要参数见表22-1。

表22-1 部分激流勇进产品的规格和基本参数

企业名称	规格型号	轨道高度/m	最大速度/(km·h^{-1})	承载人数/(人·船$^{-1}$)	理论客流/(人·h^{-1})	占地面积/m^2	装机容量/(kV·A)
浙江南方文旅科技股份有限公司	JL-12 I	12.6	56.0	4	300	80×36	70
	FZ- I	15.0	55.0	20	800	93×40	175
	FZ- II	17.0	55.0	20	800	96×64	175
	FZ-V	20.0	70.0	20	700	121×52	200
	FZ-26 II	26.0	80.0	20	700	155×100	235
	FZ-26 III	26.0	80.0	20	600	248×84	340
	FZ-26 V	26.0	80.0	20	800	153×120	283
	FZ-28 I	26.0	80.0	20	800	145×62	305
广东金马游乐股份有限公司	JL-2A	12.0	11.0	2	120	40×32	35
	JL-14B	14.0	56.2	2	160	80×43	65
	JL-15F	17.8	60.0	20	600	110×98	200
	JL-15B	15.0	60.0	20	600	12×41	200
	JL-18A	18.0	62.0	20	600	107×71	250
	JL-26D	26.0	80.0	20	600	120×100	280
	JL-30D	30.0	90.0	20	600	140×64	280

续表

企业名称	规格型号	轨道高度/m	最大速度/(km·h^{-1})	承载人数/(人·船$^{-1}$)	理论客流/(人·h^{-1})	占地面积/m^2	装机容量/(kV·A)
加拿大白水(White Water West)公司	Log Flume	15.0	54.0	4	900	4 320/可定制	145
	Super Flume	22.0	62.0	8	1 440	9 000/可定制	250
	Shoot the Chute	26.0	77.0	20	1 400	5 700/可定制	190
北京实宝来游乐设备有限公司	JJ-Ⅲ	20.0	65.0	8	800	65×110	440
	JJ-Ⅱ	11.8	38.0	4	400	40×110	76
	JJ-Ⅴ	15.0	49.8	4	280	45×135	184

22.5.3 选型

小激流勇进的占地面积较小，配套的景观设施通常也比较简单，因此其建造和运营成本较低，但其载客量也相对有限。大激流勇因其水花四溅而更具观赏性，载客量也较小激流勇进有大幅提升，但对占地面积有很大的要求，如果要让游客在紧张刺激的同时有更好的情景化体验，还应根据园区的整体规划对设备进行定制化包装，建造各种配套的景观设施，加入各种声、光、电及其他特效，因此建造和运营成本会更高。

在选型时应满足本篇 14.4 节的基本要求，综合考虑场地环境条件、目标消费群体构成、客流量等因素，以及作业人员配备、充分的维护与保养投入等后续资源条件保障。

激流勇进的运行条件受气候影响较大，在炎炎夏日很受欢迎，因为游客在游玩时身上往往会淋上很多水，但在寒冷天气下就不受欢迎了，因此在选型规划时还应综合考虑当地的气候条件。

22.6 安全使用规程、维护及常见故障

22.6.1 操作规程

激流勇进的站台为涉水区域，运营单位应按要求合理配备设备操作人员和站台服务人员。站台服务人员和操作人员在上岗前应接受设备制造商提供(或其授权并认可)的操作培训，熟练掌握操控室和站台的各项操作，对各项应急处置程序充分理解并熟练掌握。

1. 运营前的准备

在设备每日投入运营之前，工作人员应按照产品使用维护手册的要求进行例行检查，并至少进行 2 次以上空载试运行，确认设备一切正常后方可接待游客乘坐。

2. 载客运行

激流勇进允许一定的偏载，但建议尽量避免偏载，工作人员应提前告知乘客尽量分布均匀入座，引导游客有序进入座舱(具体要求按照设备使用维护说明书进行)，同时提醒乘客进出座舱时注意脚下安全，防止踏空落水。

在乘客全部入座后，对大激流勇进，工作人员应仔细检查每排座位的安全压杠是否压紧到位；对小激流勇进，应指导乘客抓牢安全把手。若乘客中有儿童，则必须有成人陪伴监护乘坐，切不可因为人数少而将他们分开乘坐。在确认所有乘客已准备就绪、站台内没有人员走动后，服务人员才能将允许发船的指令传送给操作人员。

操作人员在接到允许发船的指令后，应先开启提醒音响(或电铃)，提醒游客做好心理准备，在提示音完成后再按设备启动按钮。

开始运行后，操作人员应时刻关注设备运行情况，并注意观察游客的行为，始终保持警

戒状态。若发现设备异常情况或游客有不安全行为时应立即按下"紧急停止"按钮,中止设备运行,待异常情况排除后再恢复运行。

3. 结束运营

每天运营结束前,工作人员应按照产品使用维护手册的要求对设备和周围环境等进行收工前的检查,做好设备及站台的卫生清洁工作,检查有无乘客遗失物品,如有则应予以妥善保管。做好每天的运行记录,离开前切断总电源。

22.6.2 日常安全检查

日常安全检查是游乐设施在运营期间每天必须认真做好的基础性工作。

与维护保养环节中的检查不同,日常安全检查通常不需要复杂的仪器设备,主要由检查人员通过眼睛看、耳朵听、手触摸等感官判断来进行,因此并不需要耗费太多时间。也正是因为如此,此检查工作一定要认真细致,一旦发现异常或疑问要及时处理,必要时应扩大检查范围。

除本节前面所述的"设备每日投入运营之前的例行检查"外,运行过程中遇到任何异常情况,都应及时进行相应的检查。

日常安全检查由设备维护保养人员进行,检查项目应结合场地设施的具体情况,按照制造商提供的产品使用维护手册的要求综合确定。表 22-2 列出了部分日常安全检查内容以供参考。

表 22-2 激流勇进的部分日常安全检查内容

部件部位	检查内容
操作室、操控台	检查操控台上的各操作按钮是否完好无损,电源指示仪表是否正常,各功能指示灯是否正常
	检查音响广播系统和/或电铃是否正常
	检查电气控制系统是否运行正常,紧急停止按钮是否灵活可靠
	检查视频监控系统是否正常
	检查手持扩音器是否能正常工作,电池电量是否充足
船艇	检查安全把手有无松动、表面有无污损情况
	检查游客接触的座席表面有无开裂、破损或其他异常情况
	检查安全压杠的表面或发泡件有无松脱、开裂或破损等异常情况
	安全压杠下压后反拉压杠,检查压杠锁紧是否正常,以及压杠锁紧后虚位是否在允许的范围内
	检查行走轮、导向轮转动是否正常,有无异常磨损、脱胶、开裂等情况
站台	检查站台有无破损、翘起、油污、积水或其他异常情况
	检查站台驱动装置是否运行正常、有无异常声响
	检查站台气动压杠开锁机构是否工作正常
空压站	检查空气压缩机有无异常声音、振动、过热等情况
	检查空气压缩机和储气罐的压力表是否正常显示,安全阀是否工作正常
	检查压缩空气管路有无漏气
轨道	检查高架槽有无污物等异常情况
	检查轨道下方的地面上是否有脱落的螺栓、螺母、销轴或其他疑似零件
	检查提升装置的减速机、联轴器是否工作正常、运行平稳,启动时有无严重的振动、冲击
	检查光电开关等有无异物遮挡,安装架有无变形等异常情况
	检查提升链条有无明显的锈蚀、皮带辊轮有无卡滞等异常情况
	检查提升皮带橡胶有无开裂、缺损、异常磨损等情况
	检查提升段防倒滑机构是否运行正常、有无损坏、超标磨损等情况

续表

部件部位	检查内容
水道、水池	检查水位是否符合要求,有无水位过低或超过警戒线的情况
	检查冲浪槽有无紧固件脱落、遗失等情况
	检查漂流槽有无水泥脱落、开裂等异常情况
	检查水泵拦污网上是否有杂物
	检查水道和池水有无油污和其他垃圾,否则进行水质处理或更换池水
站台、通道、围栏	检查栏杆是否稳固,与地面连接处有无明显的松动情况
	检查通道沿线布置的外露电缆有无明显的异常情况
	检查栏杆表面有无破损、锐边或其他可能伤及游客的危险突出物
	检查门铰链有无变形、脱落,门的活动间隙是否发生改变而导致可能夹手
	检查悬挂的安全标识有无破损、遗失
	检查乘客须知有无缺损、严重褪色

22.6.3 维护与保养

维护与保养属周期性的工作,不同的作业项目其作业周期各不相同,有的可能为每周1次,有的则可能每2周1次甚至可能几个月1次。

正确的维护与保养是游乐设施长期保持稳定运行的必要条件,维护与保养工作若做得不到位、不及时,会对设备的稳定性、游客体验感甚至安全性能造成一定的影响。

与日常安全检查以感官判断为主不同,维护与保养工作通常需要各种工具、仪器设备,且应组建一支能够胜任工作的维护保养队伍,合理配备不同工种与人员数量,正确提供必要的作业装备,以及充分的物资保障。维护与保养人员在上岗前应接受设备制造商提供(或其授权并认可)的培训,熟悉设备的结构、工作原理及性能,掌握相应的维护与保养及故障排除技能。

不同厂家的激流勇进的构造规模各不相同,本章挑选了部分典型的维护与保养内容列举于表22-3,具体的维护与保养要求应以厂商提供的维护与保养作业指导文件为准。

表22-3 激流勇进的部分维护与保养内容

作业项目	维护与保养内容	作业周期
基础检查	检查地面有无不均匀沉降	第1年每周1次,第2年起每月1次
	检查基础混凝土有无裂纹、局部破损等异常情况,抹面混凝土有无剥离或大量脱落现象	
	检查地脚螺栓/螺母有无明显的锈蚀	每周1次
	检查基坑内有无积水情况	雨后及时,平时每周1次
	检查地面的砂土是否发生了明显流失	
立柱、轨道检查维护	检查立柱、拉杆的高强度螺栓组有无局部松弛情况	每周1次
	检查立柱斜撑等有无锈蚀,连接螺栓和/或焊缝有无腐蚀或开裂等异常情况	每月1次
	检查高架槽对接口有无高低起伏(错位)、开裂、破损等异常情况	每周1次
	检查疏散通道踏面、扶手栏杆有无异常情况	每周1次
	对重要焊缝进行无损检测	每年1次

续表

作业项目	维护与保养内容	作业周期
动力传动装置检查维护	检查电动机和减速箱有无异常声响、温升是否正常，检查减速箱有无漏油、渗油情况	每周1次
	检查主动链轮轮齿有无异常磨损	每月1次
	检查提升链条有无异常磨损、链板、链条销轴有无裂纹、破损等异常情况	每月1次
	检查机座的整体状况，并核实有无振动及异响	每周1次
船艇检查	检查玻璃钢船体表面是否有开裂、破损情况	每周1次
	检查防倒钩有无摆动不顺、卡顿等异常情况	每周1次
	检查行走轮、导向轮的径向磨损量是否在允许范围内	每周1次
	检查安全压杠机械锁紧装置上的弹性元件有无异常情况	每周1次
	对轮架结构的重要焊缝、轮轴进行无损检测	每年1次
气动装置检查维护	空气压缩机例行维护与保养	按空气压缩机使用手册进行
	调节气源三联体上的油雾器流量，检查油杯中的机油，确保其液面保持在30%~90%容积范围内	每2周1次
	检查、排除分水滤气器里的积水	每天1次
	压力表检定	每半年1次
	安全阀校验	每年1次
水处理、维护	检查循环水泵是否工作正常，及时补充消毒剂、絮凝剂	每周1次
	人工取样检测水质，定期修正自动连续采样检测数据	每周2次
	检查水过滤器是否工作正常，定期更换过滤介质	每周1次
	按操作规程清洗水过滤器	每年1次
润滑与清洁	提升链条导槽涂刷润滑脂	每周1次
	提升装置主驱动轮轴承加注润滑脂	每月1次
	齿轮减速箱更换润滑油	首次2周后更换，以后每半年1次
电气与线路检查	定期打开电气柜进行清洁工作，确保电气柜的清洁和规整符合国家电气装置的相关标准	可视环境条件而定，每季度至少1次
	检查接线端子有无松动、氧化情况	每月1次
	检查变频器散热器、功率变压器等大容量功率元件的散热状况是否良好，有无异常发热、烧损情况	每月1次
	检查引出电缆/导线的绝缘有无破损或其他异常情况	每周1次
	检查操作台仪器仪表是否正常	每周1次
	检查漏电保护装置是否正常	每周1次
绝缘与接地检查	定期测量电动机绕组等带电回路与机壳间的绝缘电阻，检查接线盒、户外照明等有无破损、老化或其他异常情况	平时每月1次，梅雨季、汛期及时
	定期测量接地电阻，检查接地装置的完好性	每月1次

注：必须使用维护与保养手册中指定牌号的润滑油(脂)进行加注，每次加注时油脂应充分进入需要润滑的轴承滚道、链节滑动面或其他运动副。在油脂加注完成后，应对溢出的油脂进行清理。

22.6.4 常见故障与处理

激流勇进运行相对平稳，大部分国内正规企业生产的质量过关的产品只要按照设备制造商的要求进行保质保量的维护与保养，设备的总体故障率大都可保持在较低的水平。表22-4列出了部分可能出现的故障及处理方法。

表 22-4　部分可能出现的故障及处理方法

故障现象	故障部位	故障原因	处理方法
异常声响	船艇轮系	轴承损坏	检查并更换轴承
		行走轮磨损不均匀	修复或更换行走轮
		轮架变形	修复或更换轮架
	提升减速机	齿轮副或蜗轮副啮合不良	联系设备供应商/制造商请对方派人过来处理
		润滑不良	加注或更换润滑油
	水泵	水泵架或水泵紧固螺栓松动	紧固水泵架及水泵螺栓
		水泵叶片或水泵管道内有杂物	清洁水池、清理水泵叶片及水泵管道内的杂物
水泵吸不上水	水泵	注入泵的水不够	拧开放气旋塞,补灌水,排除泵内的空气并关上放气旋塞
		吸入管路漏气或底阀漏水	检查各连接部位,重新密封,修复底阀
冲浪槽水位异常	水位检测传感器	传感器损坏	更换传感器
		传感器信号线损坏	检查并更换线缆
		冲浪池水位异常	检查水泵运行情况,调整冲浪池的蓄水量
船艇在站台无法发船	操控按钮	操控按钮失效	更换操控按钮
	通信故障	信号丢失	对电气模块进行检查,检查模块是否运行正常、线缆接口有无脱落或损坏等情况,对损坏的模块及线缆进行及时更换
	传感器信号异常	传感器被异物遮挡	清除异物,重启系统
		光电开关发射端与接收端未对齐	调整方向使之对齐
		传感器老化	更换传感器
压杠不能锁紧	锁紧装置失效	压紧弹簧断裂、变形	更换受损的零件
		棘齿(棘爪)磨损或变形	更换受损的零件
提升异常	变频器	变频器故障	参照变频器说明书修复或联系变频器制造商/销售商进行修理
	驱动主机主电动机	电动机损坏	更换电动机,或联系电动机制造商/销售商委托对方修理
	提升皮带	提升皮带磨损严重	更换皮带
船艇在提升段倒退	轨道防倒滑机构	轨道防倒滑机构严重磨损或损坏	检查并更换损坏件
	船艇防倒钩	防倒钩严重磨损或损坏	检查并更换损坏件
电源指示异常	空气开关	空气开关跳闸	重新合闸测试,若再次跳闸应彻底检查,直到找到原因并排除
	保险丝	保险丝熔断	检查保险丝熔断的原因并排除,重新更换保险丝

第23章

峡 谷 漂 流

23.1 概述

峡谷漂流是一种水上游乐项目,乘客坐在漂流筏上,从一定高度沿固定水道顺水而下,在水流的作用下漂流泛舟,伴随着尖叫声,在不断冲撞、沉浮漂流的过程中体验惊恐、失重等刺激感受,其乐无穷。

峡谷漂流最初起源于美国的漂流泛舟运动,在1811年,美国的探险者计划在怀俄明州首次尝试蛇河漂流(图23-1),由于没有进行训练且缺少适当的漂流设备,探险者发现这条河漂流起来太困难和危险,开始不断尝试制作各种漂流设备,在经过多次试验和改进后,第一艘有记录的橡胶漂流筏于1840年诞生,探险家们在征服大自然的同时也尽享大自然的壮丽美景。

随着时间的推移,越来越多的人开始尝试漂流这项运动。到了20世纪中期,这项运动不断地商业化,有专业的受训人士来带领着游客体验漂流泛舟。随着漂流泛舟运动在全世界的普及,主题乐园也从中发现了商机。1980年,由美国 Astro World 主题乐园和 Intamin 游乐设备公司共同研发的世界上首座套峡谷漂流游乐设备——雷霆河(见图23-2)诞生,此设备一投入运营立即成为乐园内最受欢迎的景点之一。

由于是第一台设备,设计师们在各方面的经验不足,因此在运营初期,他们根据各方的反馈对设备进行了很多调整,比如重新设计了船形保险杠,宽阔河道的一部分被缩小,局部河道增设障碍物以防止船只被卡住或陷入逆流,原计划的旋涡效果也被废弃。

图23-1 美国怀俄明州的蛇河漂流

图23-2 世界上首座峡谷漂流游乐设备

随着科技的进步和技术的不断成熟,峡谷漂流设备越做越好,也越来越受到游客喜爱,更高、更快、更刺激的要求同样适用于峡谷漂流。主题乐园为迎合游客的喜好也纷纷建造了落差更高、下滑段更陡的峡谷漂流,图 23-3 是美国佛罗里达州海洋世界的峡谷漂流,它是目前世界上跌落段最高的峡谷漂流设备,落差高达 12 m。

图 23-3 美国佛罗里达州海洋世界的峡谷漂流

现在,越来越多的峡谷漂流被赋予了新的主题和体验,乘客不仅能经历惊涛骇浪、急流旋转等瞬息万变的惊险场面,亦能欣赏到峡谷两岸群山重叠、山洞深邃、人造烟雾缭绕、银河飞瀑化作烟雨清风、涓涓流水等大自然的无限风光,感受到回归大自然的无穷乐趣。

23.2 分类

23.2.1 上站台峡谷漂流

上站台峡谷漂流,顾名思义就是站台设立在整个游乐设备的高点(见图 23-4)。由于峡谷漂流是利用重力势能向下运动的,上站台峡谷漂流的筏体在出站后就直接进入水道进行下滑,站台入口处一般为提升段的终点,站台区完成上下客。图 23-4 所示的峡谷漂流为双提升段站台。

上站台峡谷漂流由于站台在高处,在对周围建筑设备的效果和造型进行规划时,需要考虑由于站台位置过高可能给游客带来的影响,即游客在进入站台前若要耗费大量体力爬楼会影响体验。也正是由于这一原因,上站台峡谷漂流的整体落差通常不会很大,也就不太可能有类似激流勇进那种快速、惊险的跌落段。

图 23-4 美国六旗公园的上站台峡谷漂流

23.2.2 下站台峡谷漂流

下站台峡谷漂流的站台设置在低处,一般情况下漂流筏从站台进入水道之后会先进入提升段,爬升到最高点后通过重力沿着水道下滑,游玩结束后再回到站台,如图 23-5 所示。

图 23-5 下站台峡谷漂流

下站台峡谷漂流相较上站台可以有更高的整体落差,游客体验更加惊险、刺激,下站台峡谷漂流的站台一般设计为转台,以方便站台区上下客并使得漂流过程具有更高的观赏性。

23.3 主要组成部分

峡谷漂流主要由船筏和水道系统构成。延绵数百米的水道,沿途配以各式人造的山石景观(见图 23-6),通过各个运转机构串联,构成一条闭环漂流路径,如图 23-7 所示。凭借大流量水泵的供水,水道内的水流波涛汹涌、飞流直下,使乘客宛如探险于峡谷之中。下面分别介绍船筏和水道系统。

图 23-6 峡谷漂流实景

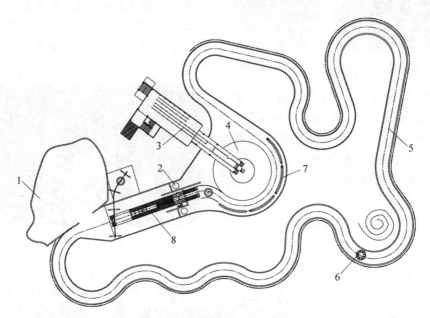

图 23-7 峡谷漂流平面示意图

1—贮水池；2—主水泵；3—候船区(排队区)；4—旋转站台；5—漂流水道；6—漂流筏；7—船控机构；8—提升装置

23.3.1 船筏

船筏通常由筏体、座席、充气胎等组成(见图23-8)，每艘船筏本身的运动相对独立，运行时沉入水下的深度为150～250 mm。

筏体通常由玻璃钢材料制成，座席在阀体上沿圆周分布，在每个座椅旁边配有安全扶手，以对乘客提供支撑。筏体下方配有充气胎，内置多只独立气囊(通常为6～8只)，在漂流过程中即使有个别气囊漏气也不会有大的影响。气囊的气压一般会随着季节变化，须按厂商使用维护手册的要求进行充气和保养。

为防止船筏在水道运行过程中由于摩擦而导致气囊损坏，皮胎的外侧与水道能接触的位置通常设有耐磨条以起保护作用。

部分船筏的底部设有排水口，使筏中的水能够重新流回水道内。筏体的底部设有止回阀，止回阀与筏体地板内的排水管连接，止回阀可防止水从底部流进，但允许溅入筏体的水排出。

水道施工时须保证其内壁及底部光滑,以保证不扎破船筏胎,并使其能顺流而下。

2. 贮水池

贮水池为峡谷漂流的贮水装置。由于贮水池底部各部分承载能力不同,为了防止产生不均匀沉陷而使水池底部开裂,施工时需处理好底部的基础工程。贮水池的贮水量是确定运行水面和非运行水面之间高度差的重要因素。

非运行水面是指未运行前设定的水面标高或当水泵停止工作后,水道上的水全部回落到贮水池时的水面标高。

运行水面是指泵进入运行状态并保持稳定时,贮水池的水面标高,该水面还要满足水泵保持正常工作状态所必需的液面高度。

通常站台附近设有水位检测装置。

3. 主水泵站

主水泵站通常由泵井、钢泵筒及潜水电泵等组成,图23-10为某泵站的剖面示意图,其中泵井为钢筋混凝土结构,用于支承钢制泵筒,承受水泵、泵筒和运行时水的质量。水泵的功能是确保水道的水循环流动,保证船筏能够安全地漂流运行。主水泵站通常有多台水泵,每台水泵安装在独立的升流泵井内,若不是处于运行状态,其相应的防回流阀会被关闭,以防止水通过管道回流。

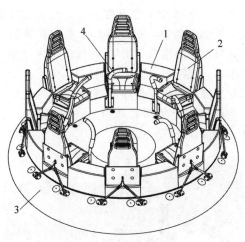

图23-8 船筏的常见结构
1—筏体;2—座席;3—充气胎;4—安全扶手

23.3.2 水道系统

峡谷漂流的水道系统主要由水道、贮水池、主水泵站、提升段、下滑段、拦船机构等组成。

1. 水道

水道是峡谷漂流的重要组成部分,水道通常为钢筋混凝土结构,不同区段的水位高度不同,水道高度也随之变化。水道的形状千变万化,其形式和规模决定了峡谷漂流设备的整体体验。

湍流设备(见图23-9)是水道中的一个重要组成部分,根据其形式、坡度及大小可以制造出模拟自然河道那种波涛汹涌、水流湍急的自然形态。

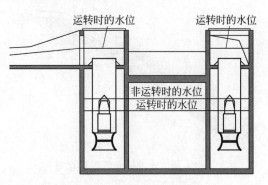

图23-10 主水泵站剖面图

4. 提升段

提升段的作用是将船筏提升至水道高点,通常是通过摩擦力来实现提升。如图23-11所示,提升段上有木板条,每个木板条与提升机

图23-9 峡谷漂流的湍流设备

构的链条相连构成环形输送带,船筏的橡胶底盘与木板间产生摩擦力,在提升过程中可以防止船筏向后滑动。提升段通常配有防倒滑装置,在提升马达失去动力时,链条会与防倒滑装置作用,使得链条和提升机构不会因为重力而向下运动。

图 23-11　峡谷漂流的提升装置

除木板输送带外,还有通过皮带进行提升的。图 23-12 为皮带提升装置示意图,输送皮带由若干组托辊托持,每组输送带均有涨紧机构,电动机经减速机减速后通过联轴器驱动主动轮带动输送带,船筏在摩擦力的作用下随着输送带实现提升。与木板条提升段相同,皮带提升段也设有棘齿止逆装置,以防止因滚筒倒转而导致的船筏向下运动。下站台漂流的提升段通常在侧边设有疏散走道。

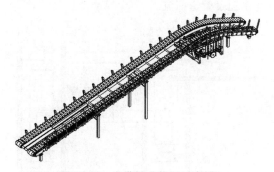

图 23-12　皮带提升装置示意图

5. 下滑段

有些峡谷漂流设备为了给予游客更加刺激惊险的体验,会在水道中设立多个提升段和下滑段。下滑段的设置也类似于激流勇进等设备,让游客在重力的作用下,体验飞流直下的感觉。下滑段通常为高出水道的装配式曲线下滑钢构轨道(见图 23-13),船筏在该坡段靠其自重沿轨道自行滑下,迅速向下俯冲至低位水道,使游客倍感刺激和惊险。为了减少由于摩擦导致的船筏损坏,一般在下滑段的滑轨上覆以超高分子聚乙烯材料,不仅以减少摩擦,还可以减少静电。

图 23-13　峡谷漂流的下滑段

6. 拦船机构

顾名思义,拦船机构(见图 23-14)主要用于阻挡船筏的运行以确保安全,拦船机构遍布整条水道,以控制船筏在关键水道段的移动。每道拦船闸均可独立运行,通常由控制系统操纵拦船闸以控制船筏的流动和船筏进入下一段水道的时间,以及保持船筏之间的距离。例如,船筏一旦进入了下滑段,其行进过程将会变得无法控制,所以控制系统应确保前一艘船筏已经安全行驶出下滑段、进入缓冲区之后,才允许后方的船筏通过拦船机构进入下滑段。当控制台接到紧急停止的信号后,所有的拦船机构会启动,以确保船筏在每个拦船区域停止。

图 23-14　拦船机构示例

23.4 站台及辅助设施

峡谷漂流的站台通常是旋转站台(图23-15),这与绝大多数游乐项目不同。旋转站台在某种意义上也是水道的一部分,但我们还是围绕其服务于上下客的核心功能,将它与其他辅助设施一起介绍。

图 23-15 旋转站台实景

旋转站台主要由旋转平台、外弧形轨道及驱动装置等组成(见图23-16)。

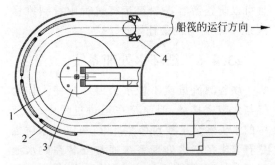

图 23-16 旋转站台平面示意图
1—旋转平台;2—外弧形轨道;3—固定站台;4—拦船机构

旋转平台的骨架大多由钢制框架组成,框架的外周沿垂直方向安装有夹船木条(与船筏接触,如图23-17所示),上平面则铺设木板条作为踏面供乘客上下船。

旋转站台的底部通常安装有驱动装置,由电动机带动减速机,通过摩擦轮驱动平台转动,若干托轮均匀分布在内、外轨道的下方,托住整个平台(图23-18),定位轮均匀布置在平台内侧的圆周上,紧靠预埋钢圈,起定位作用,

图 23-17 旋转站台局部

图 23-18 旋转站台底部的驱动/支撑装置

以防止平台转动过程中偏离中心。

除平台底部外,外侧的弧形轨道上通常也设有立式传动驱动装置(图23-19),大都采用链传动机构。电动机、减速机直接带动主动轴和主动链轮转动,通过链条使活套在被动轴上的上、下从动链轮转动。上、下链条之间用夹船木条连接,当链条工作时,筏被木条侧压着前进。为减少链条运动时的摩擦和便于运动定位,在链条外侧机架上装有尼龙托板,内侧

图 23-19 弧形轨道驱动装置

安装有尼龙压轮。

旋转站台的特点：转台周边夹船木条转动的线速度与外侧弧形导轨夹船木条保持基本同步，因此转台夹带船筏转动时，平台与筏相对静止，从而实现了边运行边上、下游客，在保证乘客安全的同时极大地提升了运行效率和乘客体验。

辅助设施通常包括景观设施、站台桥、安全围栏、等候区、维修、循环水处理系统、控制室与操控台、乘客须知与安全标识等。

23.4.1 景观设施

为了营造漂流的特效，在峡谷漂流的转弯处通常会建设一处旋涡景观（见图 23-20），仿照大自然在溪水中天然形成的旋涡，与水道相邻，游客可以在船筏上很直观地观察到旋涡。

图 23-20 峡谷漂流的旋涡

为了体现峡谷漂流中的模拟场景，瀑布也是经常采用的景观。一般人工瀑布会根据整体规划进行设计，瀑布对设备的整体美观有很大的提升，瀑布的水可以和漂流设备共用一个贮水池。

23.4.2 站台桥

站台桥用于连接排队区和站台，横跨在水道的上方。有一部分峡谷漂流的站台设计在相对中心的位置，使得游客无法从排队入口处直接进入，这种情况下站台桥就起到了桥梁的作用，游客在进入站台前可以在站台桥上俯瞰水道和船筏的运行。

23.4.3 安全围栏

与旋转木马等其他游乐项目相同，设备周围须按要求设置安全围栏，安全围栏的结构尺寸应符合国家标准 GB 8408—2018《大型游乐设施安全规范》和相关安全技术规范的要求，出、入口应分开设置。

23.4.4 等候区

与其他游乐项目相同，峡谷漂流也有由栅栏等物理隔离措施搭建的排队区，对于有站台桥的峡谷漂流，横跨在水道上方的站台桥既是候船区，也是俯瞰水道、欣赏景观的好地方。

23.4.5 维修区

峡谷漂流的维修区一般设置在站台入口附近、游客不易接近的地方，维修区通常兼有蓄船与检修的功能。维修区设置的大小需要跟设备整体的构造相一致，如果是规模较小的峡谷漂流，可以简单设置一个维修平台，吊装设备设置在平台边缘；如果是大型的峡谷漂流，也可以根据需要建造一座维修厂房。大型维修厂房的建立有助于对船筏的整体维护与维修，为备品配件的储藏和管理提供场地，并且可以防止游客在船筏运行过程中看到维修区，以保证游客的最佳体验。

23.4.6 循环水处理系统

峡谷漂流虽然不像水公园那样使人体始终与水亲密接触，但船筏在运行过程中，水道中的水仍然会飞溅到乘客身上，所以对水质也是有要求的。水处理系统通常安装在贮水池附近，通过对循环水的过滤、添加消毒剂（或臭氧）消毒使水质达标后方可不断重复使用。

23.4.7 控制室与操控台

峡谷漂流的控制室通常设置在出入口附近，以方便观察游客情况，站台区域设有辅助操控台并配备相应的操作员。采用旋转站台形式的，控制室大都位于站台中央。相较其他游乐项目，峡谷漂流的水道蜿蜒曲折，船筏运行于假山树丛之中，工作人员在控制室和站台区域只能观察到就近情况，因此需要在水道沿途设置若干辅助视频监控装置，各监控点的视频信号在控制室能够被实时显示。

23.4.8 乘客须知和安全标识

乘客须知为面向游客的文字说明,通常以告示板的形式公布,设置在售票处、入口处、乘客排队等候区等醒目的位置。应在水道沿线、提升区等区域设置醒目的警示标识和辅助文字说明,提醒乘客在漂流过程中不得擅自离开漂流筏。

23.5 主要参数规格及选型

23.5.1 主要参数

1. 几何参数

峡谷漂流的水道长度是最主要的几何参数,一般情况下,水道越长,所需的占地面积就越大。相对于其他游乐项目,峡谷漂流与水道匹配的景观设施的规模和体量非常大,与水道的长度、落差(运行高度)密切相关。

与此同时,设计的乘客流量大小也与占地面积有一定的关系,同时上下船的乘客数量越多,站台上就需要更多的船筏,站台面积(旋转站台的直径)就要求更大。维修区也需要占用一定的面积。

2. 载客参数

峡谷漂流的承载人数是由单船额定载客量和船筏数量共同决定的,根据船筏座席的大小,座位数量为6~8人。峡谷漂流属于刺激性较强的游乐项目,所以一般会对游客的年龄和身高等有一些限制,这些应在乘客须知中予以明确。

3. 运行参数

峡谷漂流最主要的运行参数是水流速度,水流速度决定着船筏沿水道漂流的运行速度,直接影响游客在峡谷漂流中的体验感。水流速度是由水道设计决定的,与水道长度、落差间接相关,一般情况下,水道落差越高,下滑倾角就越大,水流速度也越高。落差越高,越需要更大功率的水泵和提升段驱动电动机,在选型、规划时对配电容量的要求也相应更高。

23.5.2 部分厂家的产品规格和参数

国内外部分企业生产的一些峡谷漂流产品的规格和主要参数见表23-1。

表 23-1 部分峡谷漂流产品的规格和基本参数

企业名称	规格型号	水道长度/m	最大速度/(km·h^{-1})	承载人数/(人·筏$^{-1}$)	理论客流/(人·h^{-1})	占地面积/m^2	装机容量/(kV·A)
广东金马游乐股份有限公司	FL-6B	240	36.0	6	720	52×35	300
	FL-8B	383	12.5	8	960	140×100	400
	FL-8C	定制	32.0	8	960	定制	900
浙江南方文旅科技股份有限公司	PL-Ⅱ	450	11.0	6	720	140×90	410
	PL-Ⅲ	590	23.0	6	1 440	155×95	555
加拿大白水(Water Water West)公司	漂流	410	15.0	8	1 440	12 772/可定制	530

23.5.3 选型

峡谷漂流是备受年轻人喜爱的游乐项目,兼具刺激性和观赏性,乘客既能得情感刺激之乐趣,又能抒触景生情之胸臆,很多游客愿意驻足在设备周围拍照,嬉戏游玩。与旋转木马这种安排在乐园中心区的设备不同,峡谷漂流的总体设计一般会建立在乐园边上,这样的好处是可以在很多游客无法观察到的位置设立维修区、蓄水池等设施。

目前国内不少制造企业能够提供各种不同造型与主题的峡谷漂流,要根据主题乐园的片区设置来定制峡谷漂流的整体外观和造型,以便更贴近乐园的整体效果和氛围,从而更好地吸引游客。站台的规模也要根据乐园的客流量进行选择,在设备选型时尽可能考虑采用旋转站台。

由于在运行环节需要大功率水泵持续工作,峡谷漂流的耗电量相对较大,较一般游乐项目的使用成本相对更高。为了更好的体验和游客的安全,很多峡谷漂流设有水处理系统,这套系统对成本和场地有额外的需求,在选型时也需要关注。

在选型时应满足本篇 14.4 节的基本要求,综合考虑场地环境条件、目标消费群体构成、客流量等因素,以及作业人员配备、充分的维护保养投入等后续资源条件保障。

由于峡谷漂流属于户外景点,对气候的要求比较高,特别是天气和温度。一般游客在峡谷漂流游玩过程中会被水淋湿,所以在寒冷的天气里其受欢迎的程度会下降,在调研时应根据不同地区的气候条件予以充分考虑。

23.6 安全使用规程、维护及常见故障

23.6.1 操作规程

峡谷漂流属涉水游乐项目,应合理配备设备操作人员和站台服务人员。

站台服务人员和操作人员上岗前应接受设备制造商提供(或其授权并认可)的操作培训,熟练掌握操控室和站台的各项操作,对各项应急处置程序充分理解并熟练掌握。

1. 运营前的准备

在设备每日投入运营之前,工作人员应按照产品使用维护手册的要求进行例行检查,并至少进行 2 次以上试运行,确认设备一切正常后方可接待游客乘坐。

2. 载客运行

在游客进入站台区后,站台服务人员应协助其上船,告知其乘坐时的安全注意事项,督促乘客端正坐姿、抓好扶手并系好安全带。船筏在设计时通常允许少量偏载,工作人员在引导游客有序入座时应避免发生严重偏载。若乘客中有儿童,则必须有成人陪伴监护乘坐,切不可因为人数少而将他们分开乘坐,其他必须有监护人陪坐的也应服从这一原则。

在船筏离开站台进入水道后,操作人员在操作设备的同时,应通过电视监控显示屏时刻关注船筏在水道中的运行情况,同时注意观察游客的行为,始终保持警戒状态。若发现有船筏或乘客出现特殊情况,如跳筏、乘客晕厥或其他异常状况时应立即按下"紧急停止"按钮,中止设备运行。

注意:严禁乘客在提升机上行走,严禁工作人员在运行的提升机上行走。设备运行期间,严禁采用启停提升机的方式控制漂流筏,以免造成乘客误解,致使乘客在提升区上下客。

待船筏回到站台区后,服务人员应疏导游客有序离开,并确认没有游客在上下客区停留。

当天气恶劣、设备发生故障及停电或有可能发生上述情况时,操作人员应采取应急安全措施,并及时报告主管人员,由主管人员对故障做出判断,并采取措施解决。

3. 结束运营

每天运营结束前,工作人员应按照产品使用维护手册的要求进行收工前检查,做好船筏的卫生清洁工作,检查有无乘客遗失物品,如有,则应予以妥善保管。

23.6.2 日常安全检查

日常安全检查是游乐设施在运营期间每天必须认真做好的基础性工作。

与维护和保养环节中的检查不同,日常安全检查通常不需要复杂的仪器设备,主要由检查人员通过眼睛看、耳朵听、手触摸等感官判断来进行,因此并不需要耗费太多时间。也正是因为如此,此检查工作一定要认真细致,一旦发现异常或疑问要及时处理,必要时应扩大检查范围。

除本节前面所述的"设备每日投入运营之前的例行检查"外,运行过程中遇到任何异常情况,都应及时进行相应的检查。

日常安全检查由设备维护与保养人员进行,检查项目应结合场地设施的具体情况,按照制造商提供的产品使用维护手册的要求综合确定。表23-2列出了部分日常安全检查内容以供参考。

表23-2 峡谷漂流的部分日常安全检查内容

部件部位	检查内容
操作室、操控台	检查操控台上的各操作按钮是否完好无损,电源指示仪表是否正常,各功能指示灯是否正常
	检查音响广播系统和/或电铃是否正常
	检查电气控制系统是否运行正常,紧急停止按钮是否灵活可靠
	检查视频监控系统是否正常
	检查手持扩音器是否能正常工作,电池电量是否充足
船筏	检查安全把手有无松动、表面有无污损情况
	检查游客接触的座席表面有无开裂、破损或其他异常情况
	检查筏胎气压是否正常、有无漏气等现象
	检查排水阀整体状况,并清理异物
	检查安全带是否有破损、开裂或其他异常情况
站台	检查站台地面有无破损、翘起、油污、积水或其他异常情况
	检查站台驱动电动机是否运行正常、有无异常声响
	检查站台拦船闸是否工作正常、有无异常声响
水道	检查水道沿线的山石景观有无显见的开裂、碎石脱落等异常情况
	检查池水有无油污和其他垃圾,否则进行水质处理或更换池水
	检查水位是否符合要求、有无水位超过警戒线的情况
	检查水泵拦污网上是否有杂物
提升段	检查输送带、木板条有无开裂、损坏、遗失紧固件等异常情况
	检查提升机构是否工作正常、运行平稳、有无异响
通道、围栏	检查栏杆是否稳固,与地面连接处有无明显的松动情况
	检查通道沿线布置的外露电缆有无明显的异常情况
	检查栏杆表面有无破损、锐边或其他可能伤及游客的危险突出物
	检查门铰链有无变形、脱落,门的活动间隙是否发生改变而导致可能夹手
	检查悬挂的安全标识有无破损、遗失
	检查乘客须知有无缺损、严重褪色

23.6.3 维护与保养

维护与保养属周期性的工作,不同的作业项目其作业周期各不相同,有的可能为每周1次,有的则可能每2周1次甚至可能几个月1次。

正确的维护与保养是游乐设施长期保持稳定运行的必要条件,维护与保养工作若做得不到位、不及时,会对设备的稳定性、游客体验感甚至安全性能造成一定的影响。

与日常安全检查以感官判断为主不同,维护与保养工作通常需要各种工具、仪器设备,且应组建一支能够胜任工作的维护与保养队伍,合理配备不同工种与人员数量,正确提供必要的作业装备，以及充分的物资保障。维护与保养人员在上岗前应接受设备制造商提供（或其授权并认可）的培训，熟悉设备的结构、工作原理及性能，掌握相应的维护与保养及故障排除技能。

不同厂家、不同规模的峡谷漂流的构造各不相同，本章挑选了部分典型的维护与保养内容列举于表23-3，具体的维护与保养要求应以厂商提供的维护与保养作业指导文件为准。

表23-3 峡谷漂流的部分维护与保养内容

作业项目	维护与保养内容	作业周期
基础检查	检查设备基础有无沉降、地脚螺栓/螺母有无明显的锈蚀	第1年每周1次，第2年起每月1次
紧固件检查	检查阀体座椅扶手与玻璃钢的螺栓连接	每周1次
	检查水中立柱与立柱、立柱与轨道连接螺栓与螺母的防松标记，螺栓有无腐蚀、松动等异常现象	每周1次
	检查全部M12及以上规格的螺栓有无松动	每2周1次
	检查重要螺栓的拧紧力矩（位置分布按示意图，此处略）	每月1次
旋转平台结构检查	检查轨道焊缝是否有裂纹	每月1次
	检查轨道周围护栏有无损坏、腐蚀和变形	每周1次
	检查轨道对接口是否有高低起伏或错位现象	每月1次
	对重要焊缝进行无损检测	每年1次
动力传动装置检查	检查链传动部分及链轮是否有异常	每月1次
	检查电动机和减速箱有无异常声响、温升是否正常，检查减速箱有无漏油、渗油情况	每周1次
	检查传动机构，并核实有无振动及异响	每周1次
船筏	检查各气囊有无开裂等情况，以及其老化情况	每周1次
	检查玻璃钢船体表面是否有开裂、破损情况	每周1次
	检查皮胎耐磨条的磨损情况，按要求及时更换	每周1次
水处理、维护	检查循环水泵是否工作正常，及时补充消毒剂、絮凝剂	每周1次
	人工取样检测水质，定期修正自动连续采样检测数据	每周2次
	检查水过滤器是否工作正常，定期更换过滤介质	每周1次
	按操作规程清洗水过滤器	每年1次
润滑与清洁	提升链条涂刷润滑脂	每周1次
	驱动平台侧轮、底轮轴承加注润滑脂	每月1次
	齿轮减速箱更换润滑油	首次2周后更换，以后每半年1次
电气与线路检查	定期打开电气柜进行清洁工作，确保电气柜的清洁和规整符合国家电气装置的相关标准	可视环境条件而定，每季度至少1次
	检查接线端子有无松动、氧化情况	每月1次
	检查变频器散热器、功率变压器等大容量功率元件的散热状况是否良好，有无异常发热、烧损情况	每月1次
	检查引出电缆/导线的绝缘有无破损或其他异常情况	每周1次
绝缘与接地检查	定期测量电动机绕组等带电回路与机壳间的绝缘电阻，检查接线盒、户外照明等有无破损、老化或其他异常情况	每月1次
	定期测量接地电阻，检查接地装置的完好性	每月1次

注：必须使用维护与保养手册中指定牌号的润滑油（脂）进行加注，每次加注时油脂应充分进入需要润滑的轴承滚道、链节滑动面或其他运动副。在油脂加注完成后，应对溢出的油脂进行清理。

23.6.4 常见故障与处理

峡谷漂流虽然规模较大，但运行相对平稳，大部分国内正规企业生产的质量过关的产品只要按照设备制造商的要求进行保质保量的维护与保养，设备的总体故障率大都保持在较低的水平。表23-4列出了部分可能出现的故障及处理方法。

表 23-4 部分可能出现的故障及处理方法

故障现象	故障部位	故障原因	处 理 方 法
异常声响	船筏在提升段有跳动、振动噪声	滚轮磨损不均	修复或更换滚轮
		轴承损坏	更换轴承
		滚轮支架变形	修复或更换滚轮支架
	水泵振动	水泵支撑架或水泵紧固螺栓松动	紧固水泵架及水泵螺栓
		吸水管漏气	堵塞漏气处
		叶轮产生汽蚀	增加进口压力,更换损坏的叶轮
		水泵内或水泵管道内有杂物	清洁水池、清理水泵叶片及水泵管道内的杂物
	旋转站台振动	转台框架结构局部变形	修整变形处,必要时进行大修更换
		支撑轮轴承损坏	更换轴承
水泵吸不上水	水泵	注入泵的水不够	拧开放气旋塞,补灌水,排除泵内的空气并关上放气旋塞
		吸入管路漏气或底阀漏水	检查各连接部位,重新密封,修复底阀
电源指示异常	空气开关	空气开关跳闸	重新合闸测试,若再次跳闸应彻底检查,直到找到原因并排除
	保险丝	保险丝熔断	检查保险丝熔断的原因并排除,重新更换保险丝
无法启动	操控按钮	操控按钮失效	更换操控按钮
	通信故障	信号丢失	对电气模块进行检查,检查模块是否运行正常,检查线缆接口有无脱落或损坏等情况,对损坏的模块及线缆进行及时更换
	变频器故障指示灯亮	变频器故障	参照变频器说明书修复或联系变频器制造商/销售商进行修理
	电动机	电动机损坏	更换电动机,或联系电动机制造商/销售商委托对方修理

第24章

水 滑 梯

24.1 概述

水滑梯由旱滑梯演变而来,游玩者通过阶梯行走或攀爬到达滑梯顶部后,身体呈特定姿势(或乘垫滑具)从高处沿滑道顺势下滑,如图24-1所示。水的作用主要是减少滑行时的阻力,通过热传导也能抵消身体(或泳衣、滑具等)与滑梯表面相互摩擦所产生的部分热量,起到一定的降温效果。

图24-1 不锈钢宽体水滑梯

早期的水滑梯大都设在游泳场所,随着都市旅游产业的不断发展,城市居民有了更多的休闲消费需求,水上乐园(水公园)逐渐成为大家戏水嬉戏的好去处,水滑梯也因其趣味性和刺激性成为水上乐园中最受游客青睐的游乐设施之一。

现代意义的水上乐园起源于西方,海洋世界的创始人乔治·米莱于1977年在美国奥兰多建造了潮野水上乐园(图24-2),园内有大型水滑道、造浪池等游乐设施。潮野水上乐园是世界水乐园协会正式承认的美国第一个水上乐园,乔治·米莱也在2004年被世界水乐园协会授予"水上乐园之父"的称号。

图24-2 奥兰多潮野水上乐园

国内第一座水上乐园——广州东方乐园水上世界于1985年建成。从20世纪90年代中后期开始,水上乐园在国内各大城市逐渐普及。

进入21世纪后,国际知名水滑梯企业加拿大白水(White Water)、宝澜(ProSlide)、德国威岗(Wiegand)等公司也陆续推出了大滑板(图24-3)、大喇叭(图24-4)、水上过山车、疾驰竞速等一批极具代表性的水滑梯产品,外观更加震撼、玩法更加多变,给游客带来了更加刺激的游玩体验,从根本上将水上乐园和游泳场所区分开来。

随着科学技术的进步,近年来水滑梯也一直在不断地发展和创新,最新的成就是2018年

图 24-3 大滑板

图 24-4 大喇叭

4月在广州长隆水上乐园建成的"摇滚巨轮"（见图 24-5）。该"摇滚巨轮"是全球首台可自动旋转的水滑梯，由德国威岗公司设计制造，其最高处达 26 m，3 条巨型滑道（为特殊的透光材料）像洗衣机般地自动旋转，配以炫酷的灯光，为戏水玩家们带来了全新的感官上和身体上的双重体验。

图 24-5 摇滚巨轮

24.2 分类

24.2.1 按滑具分类

1. 身体滑梯

身体滑梯是指游玩者以身体直接接触滑道表面滑行的水滑梯，可以自由落体、可以蜿蜒下滑，也可以在空中做大轨迹的曲线运动（见图 24-6），充分感受戏水的乐趣。典型的此类滑梯有太空盆、大回环、速降滑梯（见图 24-7）、敞开滑梯、彩虹滑梯等。

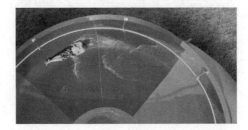

图 24-6 太空盆滑梯

图 24-7 速降滑梯（中、右道）

2. 乘垫滑梯

乘垫滑梯是指游玩者使用专用乘垫滑行的水滑梯，乘员单人一组、以趴姿推着滑毯（见图 24-8）从单条水滑道往下滑。典型的此类滑梯为疾驰竞速滑梯（见图 24-9），从空中俯瞰其外观多为管道并列式。

图 24-8 推着滑毯下滑

3. 皮筏滑梯

皮筏滑梯是指游玩者使用水滑梯皮筏滑行的水滑梯，乘员身体尽量展开以降低重

图 24-9 疾驰竞速滑梯

心——仰躺在皮筏内(见图 24-10)顺水前行。

图 24-10 双人皮筏

皮筏滑梯一般占地较大,成本较高,但也是最适合游玩者成群结队挑战的设施,一般也是水上乐园的明星项目,尤其适合家庭和情侣。典型的皮筏滑梯有大喇叭、大滑板、巨兽碗(见图 24-11)、合家欢、水上过山车等。

图 24-11 巨兽碗滑梯

24.2.2 其他分类

1. 按滑道形状分类

水滑梯按滑道纵向中心线的水平投影,可分为直线滑梯和曲线滑梯,图 24-12 所示的滑梯左道为曲线滑梯,中、右道均为直线滑梯。

水滑梯按滑道截面是否为封闭曲线又可分为敞开式滑梯和封闭式滑梯,图 24-12 所示的滑梯左道为封闭式滑梯,中、右道为敞开式滑梯(中道出发平台的起始段有一小段为封闭式)。

图 24-12 不同形状的滑梯

2. 按滑行速度分类

根据滑行速度的不同,水滑梯可分为高速滑梯和中速滑梯,最大滑行速度大于 16 m/s 的水滑梯通常认为是高速滑梯,速度介于 8～16 m/s 的为中速滑梯,此外还有仅供儿童使用的水滑梯。

大水寨(见图 24-13)将各种树屋结构与儿童滑梯、水枪水炮、喷泉、冲淋等各种互动戏水设施组合在一起,非常适合家庭成员亲子嬉戏。

图 24-13 大水寨

3. 按滑行动能来源分类

大部分水滑梯的滑行动能来源于人体自身势能的直接转化,游玩者攀登至滑梯出发平台,利用高位势能的能量、经起始段加速后按照一定的下滑角度向下滑行,使人体速度逐渐加大后改变人体的下滑角度,沿滑槽滑入截留区(或溅落区)中停止。

大回环滑梯(见图24-14)能将势能转化为动能做到极致,如图24-15所示,游玩者站立在发射舱内,在脚底踏板打开的瞬间,人体呈近90°垂直下降,势能迅速转化为动能。在水的润滑作用下,乘员在最低点获得最快的速度,然后继续克服重力及摩擦力做功,并以一定的速度通过最高点,再经过重力势能转换为动能高速下滑,在透明管道中划出一道惊心动魄的弧线,经缓冲段减速直至停止,具有强烈的视觉冲击力及观赏性,让观望者也胆战心惊。

云中穿梭的感受。

图 24-16 水上过山车

24.3 主要组成部分

水滑梯的构成比较直观,主体为滑道本体与结构支撑、循环供水系统,其他还包括起滑平台、溅落池、滑具输送装置、电气与控制系统等。

24.3.1 滑道本体与结构支撑

滑道本体为供游玩者滑行的槽、管等,其内表面要求光滑平顺,大多由玻璃钢(或特殊的亚克力等材料)制作、多段接续而成(见图24-17)。玻璃钢受热胀冷缩的影响较大,因此,玻璃钢滑道分段间需要采用一种富有弹性的收缝处理,并且需要定期维护,目前广泛使用弹性聚亚胺酯密封剂进行填缝。必须确保各段滑道间接口顺滑,否则会极大地影响游客的体验。

图 24-14 大回环滑梯

图 24-15 乘员在舱内等待出发

水上过山车(图24-16)采用的是水力加电磁助推方式,游玩者乘坐专用皮筏从平台开始下滑,经过一段时间加速后在滑道凹段低点获得最大速度,再在惯性及推流泵/直线电动机的共同作用下,使皮筏爬升至凸段高点。如此循环多次,乘员可体验到速度由慢到快,再由快至慢,在滑道中体验跌宕起伏、宛如飞龙在

图 24-17 滑道本体与结构支撑

玻璃钢滑道每隔几段会有支撑板与结构支撑的斜撑悬臂梁相连(见图24-17),结构支撑的主立柱则通过预埋螺栓与地面基础连接。

由于经常接触水且循环水中的消毒剂呈氧化性,结构支撑必须做很好的防锈处理。目前,大多数采用碳钢的结构选用整体热镀锌处理措施,即全部焊接工作完成后再进行热镀锌至规定镀层厚度。现场安装时只进行装配施工,不允许再有焊接。

滑道本体也有采用不锈钢制作的(见图 24-18),其最大的好处是可通过焊接和打磨,使滑道完全成为一体。优质不锈钢滑道的耐候性非常好,因此其维护工作量也大为减少,其成型难度相对玻璃钢要高不少,成本也较高。目前国内不锈钢材质的水滑梯很少见到,德国威岗公司可提供高质量的不锈钢材质水滑梯系列产品。

循环供水系统一般安装在机房内,通常由供水水泵、控制阀门、毛发收集器、过滤单元(图 24-19)和供水管道等组成,循环水在经过滤、消毒重新达到卫生标准要求后方可不断重复使用。

图 24-19 复合过滤器示例

24.3.3 起滑平台

起滑平台即游玩者下滑的出发层,有采用传统钢筋混凝土建筑结构的,也有全部由钢结构搭建的,如图 24-20 所示,起滑平台可根据需求设置主题包装,使平台与设备有机地连接成整体。

图 24-18 不锈钢滑梯

24.3.2 循环供水系统

循环供水系统通过水泵为滑道供水,滑道内始终保持规定流量的润滑水、滑道截留区(或溅落池)维持正常水位是保证每一位游玩者能够安全下滑的2个必要条件。为确保供水水量适量,通常配套设置流量显示装置及远程流量报警装置,便于流量异常时及时提醒工作人员检查。

因需水量巨大,为节约水资源,滑道内的润滑水、截留区(或溅落池)内的水是循环使用的,而由于游玩者在下滑过程中身体始终与水接触,水的卫生状况将直接影响游玩者的健康,因此要求循环供水系统必须有相应的净化处理能力。

图 24-20 起滑平台

24.3.4 溅落池

溅落池为供游玩者从滑道末端滑落后缓冲、停止滑行的水池,如图24-21所示。溅落池在设计建造时,除水深及水线标识等应符合相关国家标准和安全技术规范的要求外,还应合理规划回水和溢水口的位置与防护形式,有条件的应设置平衡池,以避免发生游玩者脚下被吸的情况。

图24-22 皮筏输送装置(图左)

图24-21 溅落池

部分身体滑梯和乘垫滑梯不设溅落池,而是在水滑道的末端设有足够长度的截留区,通过水槽内水的阻力使游玩者停止滑行(见图24-7)。

24.3.5 滑具输送装置

部分皮筏滑梯设有皮筏输送装置,把载人皮筏从溅落池提升至起滑平台(见图24-22),避免游玩者搬运皮筏。输送装置通常由专用输送带、输送带机架、驱动装置、护栏及防护布等组成,也有部分输送装置采用链条传输。

24.3.6 电气与控制系统

电气系统包括主电控柜和各种控制台。

主电控柜内置各种大功率电气元件和开关,控制水泵电动机的启、停及调速,使滑道内的润滑水量适宜、溅落池水位达到设定要求。

控制台的操纵面板上分布各种按钮和指示灯,内部安装各种控制元件和电气开关,方便操作控制设备运转。除皮筏输送装置和个别需要人机交互的项目(图24-15)为现场控制外,控制台更多时候是对主电控柜进行远程控制。大部分水滑梯设备一旦启动,水泵就处于连续工作状态,直到接到新的指令。

24.3.7 场地设施

通常情况下,游玩者在进入水滑梯向游客开放的区域前必须光着脚,因此以下区域(包括但不限于):赤脚行走的地面、楼梯踏面、溅落池底面、上岸台阶踏面等,必须满足赤脚条件下的防滑要求,且由于脚趾长期浸泡在水中,人体皮肤的角质层防护能力下降,这些防滑表面还不能粗糙。

不同的水滑梯对下滑姿势(或如何乘坐皮筏)有各自的要求,应在起滑平台上通过醒目、易懂的形式告知游玩者正确的下滑姿势,或如何正确乘坐皮筏,通常采用图片/图形标识的方式,配以相关的文字说明。

部分水滑梯还有身高、体重要求,这些设备的入口处应设置相应的称量设施和器具。

安全围栏、排队区等场地设施的其他基本要求则与旋转木马、碰碰车等游乐项目类似,相关的具体内容请参见15.4节,此处不再赘述。

另外需要补充的是,国内水滑梯场所大都参照游泳场所的卫生要求进行管理,因此在进入设备区的通道上通常还应设有浸脚消毒池,有条件的也可以增设喷淋设施。

24.4 主要参数规格与选型

24.4.1 主要参数

1. 几何参数

水滑梯的滑道长度、滑道数量、管道直径和设备高度是主要的几何参数，但从选型的角度来看，滑道长度并不能与占地面积直接关联起来，相对而言通过设备高度是能够大致估算出净空要求的。

2. 载客参数

水滑梯能够同时游玩的人员数量主要由滑道数量决定，为保证安全，对身体滑梯和乘垫滑梯，每条滑道内只能同时有一人下滑，对皮筏滑梯，每条滑道内通常只能有一只皮筏下滑，且每只皮筏有额定载客量要求。

3. 运行参数

水滑梯最主要的运行参数是下滑速度，下滑速度主要由运行高度（起滑点与终点间的落差）和滑道倾角决定，当然游玩者的体型也有一定的影响，故有些水滑梯对游玩者的身高、体重有一定的限制。

在其他参数不变的情况下，运行高度越高、滑具越大，则供水系统的水泵功率要求越大，规划时对配电容量的要求也更高。

24.4.2 部分常见的水滑梯产品规格和参数

大部分水滑梯建在水上乐园内，国外厂商大多会提供一些主要的可选项供用户选择，然后根据用户的要求与场地条件进行配套设计，国内厂商则更多趋向于成品出售。部分水滑梯的一些基本参数列于表24-1～表24-7。

表24-1 德国威岗（Wiegand Maelzer Gmbh）公司部分水滑梯产品的基本参数

产品名称	滑道材质	滑具类型	承载人数/(人·筏$^{-1}$)	最大客流量/(人·h^{-1})	水量约/(m^3·h^{-1})	备注
大滑板	不锈钢	皮筏	1/2	360	320	
大喇叭	玻璃钢	皮筏	4	720	1 100	
大水环	玻璃钢	身体	1	180	90	
大轮轴	玻璃钢	皮筏	3/4	720	350	
U形槽滑道	不锈钢	皮筏	1	120	240	
发射炮	不锈钢	身体	1	120	120	特殊调试
浮毯竞速滑道	不锈钢/玻璃钢	滑毯	—	720	360	
管状滑道 900	玻璃钢	身体	1	180	90	
管状滑道 1 200	玻璃钢	身体	1	180	120	
管状滑道 1 400	不锈钢/玻璃钢	身体/皮筏	1/2	360	240 △370～400	上滑坡段
管状滑道 2 700	玻璃钢	皮筏	2～4	720	650	
涡轮滑道 900	玻璃钢	身体	1	180	90	
雪橇滑道	不锈钢	皮筏	1	180	60	
家庭龙卷风	玻璃钢	皮筏	1～3	720	450 △370～400	上滑坡段
宽体滑道	不锈钢/玻璃钢	身体	—	1 000	60～120	
小喇叭	玻璃钢	身体/皮筏	1	240	240	
莲花滑道	玻璃钢	皮筏	2/4	720	600	

续表

产品名称	滑道材质	滑具类型	承载人数/(人·筏$^{-1}$)	最大客流量/(人·h^{-1})	水量约/(m^3·h^{-1})	备注
漂浮大碗	玻璃钢	皮筏	1～3	360	500 △370～400	上滑坡段
漂流河	玻璃钢	身体	—	1 000	1 200～2 800	
双人滑筏竞速滑道	不锈钢/玻璃钢	皮筏	2～4	720	480	
双人身体竞速滑道	不锈钢/玻璃钢	身体	1/2	360	240	
曲线水滑道	不锈钢/玻璃钢	身体	1	180	120	
自由落体	不锈钢/玻璃钢	身体	1	180	90	
人体巨碗	玻璃钢	身体	1	180	120	
懒人河	不锈钢/玻璃钢	皮筏	1/2	1 000	600	
宇宙大爆炸	不锈钢/玻璃钢	皮筏	2～4	720	750	

注：△表示上滑坡段需要额外增加润滑水。

表 24-2 加拿大白水（White Water West）公司部分水滑梯产品的基本参数

产品名称	滑具类型	承载人数/(人·筏$^{-1}$)	最大客流量/(人·h^{-1})	水量约/(m^3·h^{-1})	备注
水上俯冲	身体	—	120	80	
大水环	身体	—	120	160	
平线水环	身体	—	120	110	
自由落体	身体	—	180	70	
高速管状滑道	身体	—	180	100	
高速滑道	身体	—	180	70	
管状滑道	身体	—	180	90	
麻花辫式滑道	身体	—	180	90	
旋风滑道	身体	—	180	20	
跳跃滑道	身体	—	180	50	
巨型滑道	身体	—	180	280	
池边滑道	身体	—	180	180	
坡形滑道	身体	—	180	20	
合家欢深渊 55	圆筏	3/6	540/1 080	820/1 200	
合家欢深渊 71	圆筏	6	1 080	1 200	
亚马逊蛇王滑道	圆筏	6	1 080	1 200	
霹雳旋风球	圆筏	3/4/6	540/720/1 080	800/1 200	
大滑板	浮圈/圆筏	2/3/6	360/540/1 080	300/1 100	
游蛇	浮圈/圆筏	1/2/3/4/6	360/540/720/1 080	400/800/1 100	
魔鬼鱼 55	圆筏	3/4/6	540/720/1 080	1 400	

续表

产品名称	滑具类型	承载人数/(人·筏$^{-1}$)	最大客流量/(人·h^{-1})	水量约/(m^3·h^{-1})	备注
魔鬼鱼71	圆筏	6	1 080	1 400	
巨蟒	圆筏	3/4/6	540/720/1 080	800/1 100	
响尾蛇	浮圈/圆筏	1/2/3	360/540	400/800	
加速滑道	直排筏	3/4	540/720	340	
一波三折滑道	圆筏	3/6	540/1 080	800/1 100	
科罗拉多俯冲	浮圈	2	360	340	
巨型管状滑道	浮圈	1/2	360	280	
敞开式滑道	浮圈	1/2	360	280	
合家欢泛筏游戏	圆筏	3/4/6	540/720/1 000	800/1 100	
卫星轨道	圆筏	4/6	720/1 080	2 000	
龙尾盘旋	浮圈/圆筏	1/2/3/4	360/540/720	400/900/1 000	
摇滚巨轮	圆筏	4	480	800	
香槟碗/太空碗	身体	—	180	100	
巨碗30	浮圈	1/2	360	800	
巨碗50	圆筏	3/4	540/720	600/1 800	
银河碗	圆筏	6	1 080	700	
合家欢过山车	圆筏	6	1 080	800/每组喷嘴	总水量需根据喷嘴数量计算
水上过山车	浮圈	2	360	450/每组喷嘴	
竞赛过山车	滑垫	1	150/每道	460	
多道竞速滑道	滑垫	1	150/每道	20~90	
管状竞速滑道	滑垫	1	150/每道	90	
麻花辫竞速滑道	滑垫	1	150/每道	180~700	
疾驰竞赛	滑垫	1	150/每道	180~700	
激光穿梭	滑板	1	120	400	
儿童霹雳旋风球	浮圈	1/2	480	400	
儿童滑板	浮圈	2	480	300	
儿童敞开式滑道	浮圈	1/2	480	300	
儿童响尾蛇	浮圈	1/2	480	400	
儿童坡形滑道	身体	—	240	20	
迷你身体滑道	身体	—	240	90	
迷你多道滑道	身体	—	240	20	

表24-3 加拿大宝澜公司(ProSlide Technology Inc)部分水滑梯产品的基本参数

产品类别	规格型号	滑具类型	承载人数/(人·筏$^{-1}$)	最大客流量/(人·h^{-1})
水上过山车	水磁巨人过山车	浮筏	6	1 080
水上过山车	水磁火箭过山车	直排浮筏	4	720
水上过山车	贴地激流火箭过山车	直排浮圈	2~4	720
大喇叭	大喇叭60	浮筏	4~6	1 080
大喇叭	大喇叭18	浮圈	1/2	360
大浪板	旋风大浪板45	浮圈	1/2	360

续表

产品类别	规格型号	滑具类型	承载人数/(人·筏$^{-1}$)	最大客流量/(人·h^{-1})
大浪板	旋风大浪板60	浮筏	4~6	1 080
飞碟	飞碟30	浮圈	2~4	720
飞碟	飞碟60	浮筏	6	1 440
大碗	巨兽碗40	浮圈	4/5	900
大碗	专业碗30	身体	1	120
混合滑道	大喇叭24与大浪板60组合	旋转浮筏	2~4	720
混合滑道	激流火箭过山车与飞碟30组合	直排浮筏	3	540
混合滑道	水磁巨人过山车与大喇叭60组合	浮筏	6	1 080
混合滑道	3个连环大喇叭24组合	旋转浮筏/浮筏	2~4	720
蛇形滑道	龙卷风滑道	身体	—	180
蛇形滑道	巨人滑道	浮筏和浮圈	4~6	1 440
蛇形滑道	双管滑道	浮圈	1/2	1 200
高速滑道	涡轮巨人滑道	浮筏	4~6	900
高速滑道	超级大水环	身体	—	180
高速滑道	自由落体滑道	身体	—	180
竞技滑道	章鱼竞技滑道	滑毯	1	150
竞技滑道	麻花辫竞技滑道	滑毯	1	150
儿童滑道	喇叭12与喇叭24组合	儿童浮圈	1~2	360
儿童滑道	儿童龙卷风滑道	身体	—	360
儿童滑道	专业儿童竞技滑道	身体	—	600
漂流河	空中漂流河	浮筏	5	1 200

表24-4 广东大浪水上乐园设备有限公司部分水滑梯产品的基本参数

产品名称	滑具类型	承载人数/(人·筏$^{-1}$)	最大客流量/(人·h^{-1})	下滑速度/(m·s^{-1})	水量约/(m^3·h^{-1})	装机容量/(kV·A)
大喇叭滑梯	皮筏	4~6	240	14.0	860	100
巨兽碗滑梯	皮筏	4	240	12.0	1 200	110
水上过山车	皮筏	2	120	8.5	1 360	163
大滑板	皮筏	4	240	13.8	760	75
巨蟒滑梯	皮筏	4	240	8.8	660	82
双环大回环	身体	—	360	15.0	216	18
皮筏螺旋滑梯	皮筏	2	240	6.5	160	15
太空飞毯滑梯	皮筏	4	240	13.5	800	75
合家欢滑梯	皮筏	4	240	6.4	600	55
高速滑梯	身体	—	180	18.0	50	5.5
星际穿梭滑梯	皮筏	4	240	7.0	1 160	99
六彩竞赛滑梯	乘垫		720	12.0	320	30
太空盆滑梯	身体	—	180	11.0	160	15
蛟龙滑梯	身体	—	360	8.5	180	15
小喇叭滑梯	皮筏	2	360	5.0	280	22

续表

产品名称	滑具类型	承载人数 /(人·筏$^{-1}$)	最大客流量 /(人·h^{-1})	下滑速度 /(m·s^{-1})	水量约 /(m^3·h^{-1})	装机容量 /(kV·A)
直线滑梯	身体	—	720	10.0	180	15
敞开螺旋滑梯	身体	—	180	11.0	90	11
冲天回旋滑梯	皮筏	4	240	12.6	520	60
封闭滑梯	身体	—	120	11.0	60	7.5
家庭滑梯	身体	—	120	7.3	160	15
章鱼竞速滑梯	乘垫	—	480	10.2	320	30
眼镜蛇滑梯	皮筏	2	240	12.5	450	52
双人巨兽碗滑梯	皮筏	2	120	11.0	480	40
雪橇滑梯	身体	—	240	11.0	50	4
炮筒滑梯	身体	—	240	11.0	50	4
双人星际穿梭滑梯	皮筏	2	120	7.0	360	35
U形滑板滑梯	皮筏	2	120	12.5	250	22
魔法隧道滑梯	皮筏	4	480	12.5	600	55
峰回路转滑梯	皮筏	2	240	12.0	720	111
黑洞皮筏滑梯	皮筏	2	240	11.0	200	18
游蛇滑梯	皮筏	2	240	8.0	200	18
飞艇滑梯	皮筏	3	180	7.5	480	40
封闭皮筏滑梯	皮筏	2	180	9.0	200	18
魔鬼鱼滑梯	皮筏	4	240	12.0	960	100
幻影方舟滑梯	皮筏	2	720	13.0	1 440	133
太极碗滑梯	皮筏	4	480	11.0	1 760	154
竞赛组合滑梯	身体	—	720	13.5	300	30

表24-5 中国船舶重工集团公司第七〇二研究所部分水滑梯产品的基本参数

产品名称	滑具类型	承载人数 /(人·筏$^{-1}$)	最大客流量 /(人·h^{-1})	下滑速度 /(m·s^{-1})	水量约 /(m^3·h^{-1})
家庭宽体滑道	皮筏	4	1 000	15.0	350
旋转漂流滑道	皮筏	3~6	1 080	9.0	1 400
大喇叭滑道	皮筏	2~4	720	14.0	950
家庭泛筏滑道	皮筏	3~6	1 080	11.0	850
冲天回旋滑道	皮筏	3~6	1 080	14.0	800
巨碗滑道	皮筏	2~4	720	14.0	1 450
三漏斗滑道	皮筏	2~4	720	7.1	1 150
飞毯滑道	皮筏	2~4	720	13.0	750
封闭型家庭泛筏滑道	皮筏	3~6	1 080	7.0	850
双人三漏斗滑道	皮筏	2	360	5.1	350
小喇叭滑道	皮筏	1/2	360	7.0	220
过山车滑道	皮筏	2	360	11.0	1 700
双人碗滑道	皮筏	2	360	13.0	1 050
越坡滑道	皮筏	1/2	360	12.5	330

续表

产品名称	滑具类型	承载人数/(人·筏$^{-1}$)	最大客流量/(人·h^{-1})	下滑速度/(m·s^{-1})	水量约/(m^3·h^{-1})
浪板滑道	皮筏	1	180	10.0	220
翻江倒海滑道	皮筏	1/2	360	7.0	400
封闭皮艇曲滑道	皮筏	1/2	360	12.0	300
皮艇曲滑道	皮筏	2	180	6.0	300
皮艇直滑道	皮筏	2	180	12.0	200
竞技滑道1道	滑毯	1	180	15.0	60
麻花滑道1道	滑毯	1	180	13.0	60
章鱼滑道1道	滑毯	1	180	15.0	60
敞开式曲滑道	身体	—	180	7.5	80
封闭曲滑道	身体	—	180	7.0	80
高速滑道	身体	—	180	17.8	100
高速滑道Ⅱ	身体	—	180	21.0	100
封闭螺筒曲滑道	身体	—	180	12.3	100
水平环滑道	身体	—	180	14.0	150
单人碗滑道	身体	—	180	8.5	100
彩虹滑道	身体	—	180	8.5	60
家庭宽体滑道	身体	—	360	6.0	200

表24-6 广州海山游乐科技股份有限公司部分水滑梯产品的基本参数

产品名称	滑具类型	承载人数/(人·筏$^{-1}$)	最大客流量/(人·h^{-1})	下滑速度/(m·s^{-1})	水量约/(m^3·h^{-1})	装机容量/(kV·A)
旋涡滑道	皮筏	4	400	12.5	1 050	100
水上飞龙滑道	皮筏	2	120	9.5	2 280	352
大回环滑道	身体	—	180	16.0	130	18
巨蟒滑道	皮筏	4~6	360	9.4	1 080	111
旋风滑道	皮筏	4	420	12.5	1 000	92
冲天回旋滑道	皮筏	4	420	12.9	1 000	185
时光穿梭滑道	皮筏	4	360	6.4	950	101
超级龙卷风滑道	皮筏	4~6	420	11.7	1 350	108
超级漂流滑道	皮筏	4~6	500	7.7	360	37
巨浪滑道	皮筏	4	360	13.0	800	78
游龙戏水滑道	皮筏	4	360	13.2	1 400	90
飞瀑漂流滑道	皮筏	4~6	360	11.4	1 900	141
天旋地转滑道	皮筏	4	360	11.6	640	52
水上飞艇4道	皮筏	2	800	11.5	150	22
章鱼滑道6道	滑毯	1	600	13.0	600	74
游龙滑道	皮筏	4	360	10.2	550	45
星空穿梭滑道	皮筏	4	360	5.5	750	65
巨龙传奇滑道	皮筏	4	360	6.9	600	45
高速滑道	身体	—	150	19.4	90	18
螺旋滑道	皮筏	2	280	10.0	180	18

表 24-7 广州绿智游乐科技有限公司部分水滑梯产品的基本参数

产品名称	滑具类型	承载人数/(人·筏$^{-1}$)	最大客流量/(人·h^{-1})	下滑速度/(m·s^{-1})	水量/(m^3·h^{-1})	装机容量/(kV·A)
大喇叭滑梯	皮筏	4	480	11.9	1 040	111.0
龙卷风滑梯	皮筏	4	480	11.05	930	101.0
水上过山车	皮筏	2	200	8.9	1 100~1 300	396.0
太空飞梭(巨碗+浪摆组合滑梯)	皮筏	4	360	12.0	1 190	140.0
大型冲天回旋滑梯	皮筏	4~6	480	11.5	610	70.0
二人天回旋滑梯	皮筏	2	360	11.3	290	22.0
超级碗滑梯	皮筏	4	480	10.3	1 269	116.0
巨兽碗滑梯	皮筏	2	360	9.1	550~750	95.0
眼镜蛇滑梯	皮筏	4~6	360	10.6	700~800	96.0
翻江倒海滑梯(暴风谷滑梯)	皮筏	4	480	6.8	640	62.0
巨蟒滑梯	皮筏	4~6	360	8.6	630	89.0
巨蟒小滑梯	皮筏	4~6	480	8.0	530	89.0
合家欢滑梯(家庭漂流滑梯)	皮筏	4~6	360	9.8	560	74.0
合家欢滑梯(家庭漂流小滑梯)	皮筏	4~6	480	8.5	530	74.0
大回环滑梯	身体	—	180	14.0	90~110	13.0
太空盆滑梯	身体	—	120	10.4	170	15.0
章鱼滑梯	滑毯	1	360	14.2	480	44.0
彩虹竞赛滑梯 18 m	滑毯	1	400	13.6	280	37.0
彩虹竞赛滑梯 8 m	滑毯	1	360	8.9	190	15.0
高速滑梯	身体	—	180	16.1	90	11.0
高速变坡滑梯	身体	—	180	15.8	90	11.0
驼峰滑梯	身体	—	180	8.5	500	50.0
螺旋组合敞开滑梯	身体	—	180	7.4	90	7.5
螺旋组合封闭滑梯	身体	—	180	8.0	90	7.5
螺旋组合皮筏滑梯	皮筏	2	240	7.5	150	15.0
蛟龙滑梯	身体	—	360	8.0	180	15.0
U形浪摆滑梯	皮筏	2	360	9.0	200	22.0
小喇叭滑梯	皮筏	2	240	3.8	90	3.0
小冲天滑梯	皮筏	2	240	3.8	90	3.0
炮筒滑梯	身体	—	300	8.4	90	7.5
雪橇滑梯	身体	—	300	8.3	90	7.5
儿童组合滑梯 3 道	身体	—	720	3.0	90	7.5

24.4.3 选型

水滑梯的品种众多,选型时应满足本篇14.4节的基本要求,综合考虑场地环境条件、目标消费群体构成、客流量等因素,成年人喜欢惊险刺激的设备,儿童则比较喜欢参与性强的互动性设备。另外还要注意,露天环境的水滑梯大都为季节性运营,服务人员配备、救生员训练管理、医疗保障等后续资源的投入相较其他陆地游乐设施有一定的差异。

由表24-1～24-7可看到,不少厂家的水滑梯产品的名称大同小异,实际上,各个厂家的产品无论是结构形式、材质和工艺,还是产品质量各不相同,应尽量到制造单位进行实地考察,对制造单位的规模、生产工艺、生产设备有初步的了解。选择一款质量好的水滑梯设备,对以后的维修保养、安全管理有着重要的意义。

经过30余年发展,国内领先的水滑梯制造企业的研发体系和产品已和国际接轨,但在相关流体运动研究与分析计算方面目前尚存差距,因此国内厂家新开发的首台设备往往需要通过试验数据的积累来验证和改进设计,运营使用单位对此应做好充分的思想准备,随时与设备制造单位进行技术交流并提出合理化建议和意见,确保设备的正常使用和安全性能及各项技术指标的完善。

24.5 安全使用规程、维护及常见故障

24.5.1 基本安全要求

身体滑梯对游玩者的着装有要求——泳衣不能有任何金属部件,否则可能导致滑道划伤甚至造成人身伤害。与此同时,很多水滑梯的下滑速度很快,因此下滑时身体姿势要正确,并且要避免高速下滑过程中出现相互冲撞的情况。

应合理配备服务人员和救生员,提示游玩者们遵循游客须知的要求,指导每一位游玩者采取正确的姿态、有序进入滑道并及时离开。

1. 运营前的准备

在设备每日投入运营之前,工作人员应按照产品使用维护手册的要求进行例行检查,并进行若干次数的试滑,确认一切正常后方可开放。

2. 运行监护

在游玩者到达起滑平台后,对身体滑梯,服务人员在检查确认泳衣符合要求后,指导游玩者采取正确姿势并协助其下滑,或启动机械放行装置;对乘垫滑梯,服务人员应指导游玩者采取正确姿势使用滑具下滑;对皮筏滑梯,服务人员应指导和协助游玩者进入皮筏并按规定姿势抓好扶手,确认所有游玩者已准备就绪后,松开皮筏使其沿滑道下滑。

当游玩者开始滑行后,起滑平台的服务人员应密切关注游玩者的下滑情况,直至游玩者到达溅落池或截留区并离开(应以收到地面人员的确认信号为准),期间如有异常情况,工作人员应立即启动应急处置程序。

身体滑梯或乘垫滑梯的游玩者到达截留区后,地面服务人员应协助游玩者站起来并疏导其迅速离开滑道;皮筏滑梯(或身体滑梯)的游玩者抵达溅落池后,救生员应第一时间协助游玩者站起来并安全回到地面。待游玩者完全离开滑道后,地面人员方可向起滑平台发送确认信号允许再次下滑。

3. 结束运营

每天运营结束前,工作人员应按照使用维护手册的要求检查修补滑道的受损表面,维修和更换受损部件,做好滑道的卫生清洁工作。

24.5.2 日常安全检查

日常安全检查是水滑梯在运营期间每天必须认真做好的基础性工作。与维护和保养环节中的检查不同,日常安全检查不需要复杂的仪器设备,主要由检查人员通过眼睛看、耳朵听、手触摸等感官判断来进行,日常安全检查工作一定要认真细致,一旦发现异常或疑问要及时处理,必要时应扩大检查范围。

日常安全检查由设备维护与保养人员进

行,检查项目应结合场地设施的具体情况,按照制造商提供的产品使用维护手册的要求综合确定。表 24-8 列出了部分日常安全检查内容以供参考。

表 24-8 水滑梯的部分日常安全检查内容

部件部位	检 查 内 容
楼梯、起滑平台、通道、围栏	检查通道地面、楼梯踏面等有无开裂、破损、危险突出物、散落的尖锐碎片等可能伤及游客的异常情况
	检查乘客须知、身高标尺、下滑标识等有无缺损、严重褪色
	检查体重计是否工作正常,电池电量是否充足
	检查视频监控系统是否正常,以及信号灯、对讲机是否工作正常
	检查门铰链有无变形、脱落,门的活动间隙是否发生改变而导致可能夹手
	检查栏杆表面有无破损、锐边或其他可能伤及游客的危险突出物
	检查通道沿线布置的外露电缆有无明显的异常情况
	检查栏杆是否稳固,与楼梯底面连接处有无明显的松动情况
	检查悬挂的安全标识有无破损、遗失
玻璃钢滑道	检查滑道内表面有无玻璃纤维布头显露,有无裂缝、碎片或气泡等异常情况
	检查滑道沿途安全距离范围内有无障碍物侵入,包括树木的枝叶等
	检查滑道接口密封处有无渗漏,表面有无破损、凸出或松动等异常情况
	检查滑道连接法兰接缝有无凸出、转角处立板有无松动情况
	检查步行登入滑道时有无异常晃动情况
	检查滑道内水流的流量是否正常
发射舱	检查活动底板的锁紧功能是否牢靠、有无松动等异常情况
	检查活动底板的开启过程是否工作正常,有无动作迟缓、卡阻、不能完全到位等异常情况
	检查舱门启闭与活动底板之间的安全联锁功能是否正常
皮筏、输送装置	检查皮筏充气是否正常,有无异常磨损,其把手有无松脱、变形等情况
	检查输送框架有无开裂、损坏等异常情况
	检查隔离栅栏有无松动、变形、缺损等异常情况
	检查提升机构是否工作正常、运行平稳、有无异响
溅落池、截留区	检查池底回水格栅有无变形、移位等异常情况,回水区隔离游客的安全栅栏有无松动、变形、缺损等异常情况
	检查池底、出水台阶有无破损,池底有无砂石、尖锐碎片等异物
	检查溢水槽有无异物阻塞,水池内的水深是否处于正常范围内
	检查滑道截留区底部的衬垫设施有无异常情况,槽内水位是否处于正常范围内
	检查地面信号装置、控制面板是否工作正常
	检查救生器具、设备和相关的急救器材有无缺损

24.5.3 维护与保养

正确的维护与保养是水滑梯保持安全运行的必要条件,玻璃钢滑道的维护需要专业技能,维护与保养工作若做得到位,可以获得较高的滑道性能和更长的使用寿命。运营单位应组建一支能够胜任工作的维护与保养队伍,合理配置人员和装备,以及充分的物资保障。

表 24-9 列出了水滑梯的部分维护与保养内容,具体的维护与保养要求以厂商提供的维护与保养作业指导文件为准。

表 24-9　水滑梯的部分维护与保养内容

作业项目	维护与保养内容	作业周期
结构支撑、基础检查	检查设备基础有无沉降、地脚螺栓/螺母有无明显的锈蚀	每月 1 次
	检查设备基础有无破损、破裂，立柱根部有无锈蚀	每月 1 次
	检查斜撑悬臂、支撑竖板等有无锈蚀、开裂等异常情况	每月 2 次
	对重要焊缝进行无损检测	每年 1 次
紧固件检查	检查滑道连接法兰处的螺栓组有无松动或其他异常情况	每月 2 次
	检查发射舱底板的连接螺栓有无松动，必要时应对其拧紧力矩进行校核	每天 1 次
	检查皮筏输送装置的紧固件有无松动、缺损等情况	每周 1 次
起滑平台结构检查	检查平台、转角、楼梯周围的护栏有无损坏、腐蚀和变形	每月 1 次
	检查螺栓有无腐蚀、松动等异常现象	每月 1 次
	检查起滑平台栏杆有无异常变形、开裂等情况	每月 1 次
滑道修补	使用专用填缝剂、按专用工艺对玻璃钢滑道的接口收缝异常情况进行处理	按需
	使用专用修补套件按工艺步骤对玻璃钢滑道内表面的破损和表面裂缝进行修补，并重新打蜡、抛光	按需
	对玻璃钢滑道接口的毛糙处进行打磨、清除原凝胶保护层，使用专用凝胶保护层重新涂抹，并重新打蜡、抛光	按需
	对玻璃钢滑道法兰周围的裂缝进行打磨，使用专用凝胶保护层重新涂抹	按需
滑道集中清洁与打蜡	使用软质毛刷和中性清洁剂清除玻璃钢滑道表面的污渍、油脂和防晒油	运营季开始前
	使用指定牌号的玻璃钢专用修复蜡对玻璃钢滑道表面进行打蜡和抛光处理	运营季开始前，运营季结束后
水泵检查	检查电动机、水泵有无异常声响、温升是否正常	每周 1 次
	测量水泵供水量是否正常	每月 1 次
	检查引出电缆/导线的绝缘有无破损或其他异常情况	每月 1 次
	测量电动机绕组与机壳间的绝缘电阻是否符合要求	每月 1 次
水处理、维护	检查毛发收集器是否正常工作，清理杂质	每天 1 次
	检查循环水泵是否工作正常，及时补充消毒剂、絮凝剂	每周 2 次
	人工取样检测水质，定期修正自动连续采样检测数据	每天 2 次
	检查水过滤器是否工作正常，定期更换过滤介质	每月 2 次
	按操作规程清洗水过滤器	每季 1 次
电气与线路检查	定期打开电气柜进行清洁工作，确保电气柜的清洁和规整符合国家电气装置的相关标准	视环境条件而定，每季度至少 1 次
	检查接线盒、户外照明等有无破损、老化或其他异常情况	每月 1 次
	测量电气柜带电回路的接地电阻，检查接地装置的完好性	每月 1 次
	检查漏电保护装置是否正常	每周 1 次
避雷设施检查	检查避雷接地装置，委托专业的防雷机构进行检测	每年 1 次

24.5.4 常见故障与处理

国内正规企业生产的质量过关的水滑梯产品,在维护与保养到位的前提下,设备的总体故障率大都保持在较低水平。不同类型、品种的水滑梯的结构特点各有不同,表 24-10 列举了部分可能出现的故障及处理方法以供参考。

表 24-10 部分可能出现的故障及处理方法

故障现象	故障原因	处理方法
水泵振动或有异常声响	吸水管漏气	堵塞漏气处
	叶轮产生汽蚀	增加进口压力,并更换损坏的叶轮
	水泵支撑架或水泵紧固螺栓松动	紧固水泵架及水泵螺栓,加固水泵法兰处的支承部位
	水泵内或水泵管道内有杂物	清理水泵叶片及水泵管道内的杂物
水泵吸不上水	注入泵的水不够	拧开放气旋塞,补灌水,排除泵内的空气并关上放气旋塞
	吸入管路漏气或底阀漏水	检查各连接部位,重新密封,修复底阀
压力表显示异常	导压管上的切断阀未打开	打开切断阀
	导压管堵塞	拆下导压管,用钢丝疏通,并用压缩空气或蒸汽吹洗干净
流量计显示异常	电缆线接触不良	检查连接面板上的电缆线是否接触良好
	流量计损坏	更换流量计
电源指示异常	空气开关跳闸	重新合闸测试,若再次跳闸应彻底检查,直到找到原因并排除
	保险丝熔断	检查保险丝熔断的原因并排除,重新更换保险丝
电动机无法启动	操控按钮失效	更换操控按钮
	信号丢失	对电气模块进行检查,检查模块是否运行正常,检查网线接口及线缆接口是否有脱落或损坏等情况,对损坏的模块及线缆进行及时更换
	电动机损坏	更换电动机,或联系电动机制造商/销售商委托对方修理

第25章

观光车辆

25.1 概述

本章所讲的观光车辆,是指在主题公园、游乐场、旅游景区等场所内按照规定路线运行、兼具观光和代步功能的车辆,主要包括轨道观光列车和非公路用旅游观光车辆两大类。

25.1.1 轨道观光列车

根据轨道的结构类型,轨道观光列车可分为地面轨道小火车和架空观光列车。

1. 地面轨道小火车

地面轨道小火车(见图25-1)是为迎合人们对火车的情愫而生,虽然绝大多数已采用电力或内燃机作为动力源,但毫无例外地保留了钢轮和钢轨的结构,车头造型则模仿蒸汽机火车头(缩小版)的外形,车厢座席也按照传统的布局,以此来吸引游客体验、感受蒸汽机车的特有魅力。

2. 架空观光列车

架空观光列车(见图25-2)运行在高架轨道上,相比地面轨道,既可以避开与地面行走人群的干涉,车内也拥有更好的视野,乘客可以得到更好的观光体验。

架空观光列车的轨道大多采用单轨系统,其梁柱结构比双轨系统的体量要小得多,具有占用空间小的特点。1959年,首款采用单轨系统的架空观光列车在美国加利福尼亚州迪士

图25-1 景区小火车

图25-2 单轨架空列车

尼乐园亮相,迅速成为园内的明星项目。半个多世纪后的今天,该系统仍在运行,期间经过几次升级改造,在车辆控制、人机工程学、轨道系统建设等多个领域为后来的景区单轨架空列车提供了大量借鉴。

近年来,随着国内轨道交通设备设施的快速全面发展,架空观光列车与城市轨道交通开始出现交集,架空观光列车的速度等级不断提升、线路信号系统更加趋于完善。

25.1.2 非公路用旅游观光车辆

非公路用旅游观光车辆包括非公路用旅游观光车(单辆车)和非公路用旅游观光列车(牵引车头＋多节车厢),其中"非公路"的概念是指其行驶区域被限定在特定场所,一般不允许开上公路。

1. 非公路用旅游观光车

大部分非公路用旅游观光车采用电力驱动,由蓄电池供电。世界上首辆电动车辆于1881年在法国诞生,是我们今天观光车的雏形和基础。1962年,美国人发明了第一辆用于观光的三轮电动高尔夫球车,1970年制造出第一台四轮观光车(见图25-3),其车身采用了整体焊接钢结构,没有前挡风玻璃和顶棚,造型粗犷。

图25-3 国外早期的观光车

我国的非公路用旅游观光车起步于20世纪90年代,早期的产品分为有顶棚和无顶棚设计2种,前挡风玻璃也是选装配置(见图25-4),其专业化和集成化程度都比较低。

图25-4 国产的早期非公路用旅游观光车

随着旅游业的发展,非公路用旅游观光车的需求不断加大,经过多年的发展,如今其关键零部件和主要零部件的设计制造已相对成熟,整车也已达到一定的专业化和规模化水平。

2. 非公路用旅游观光列车

非公路用旅游观光列车是由观光车发展演变而来的,早期采用小型客车(或轻型卡车)的底盘改造成牵引车,拖挂一节或者多节车厢,经过数年的发展,如今的牵引车大都进行了专业化设计,列车车厢的外观设计也更加考究,最为常见的是仿古蒸汽火车形式,如图25-5所示。

图25-5 仿古蒸汽火车形式的非公路用旅游观光列车

25.2 典型产品的结构

25.2.1 轨道观光列车

1. 地面轨道小火车

在地面轨道上运行的小火车,大都采用内燃机驱动,部分采用电力驱动(蓄电池或轨道/滑储线供电),列车编组形式一般由"1节机车＋1节水煤车＋多节车厢"或"1节机车＋多节车厢"组成。图25-6为小火车的机车/水煤车示意图。小火车的轨道通常沿用铁道线路的双轨结构,其轨距可从600 mm、762 mm、900 mm、1100 mm、1435 mm等标准系列中选取,路基、道床和枕木等亦可参照国家窄轨铁路的标准执行,在易积水路段应设排水沟。

2. 架空观光列车

采用单轨系统的架空观光列车大部分采用电力驱动(沿轨道布置滑触线供电),其编组形式一般由"头车＋中间车厢＋尾车"组成,列车外观装饰通常也更具时代感,参见图25-7。

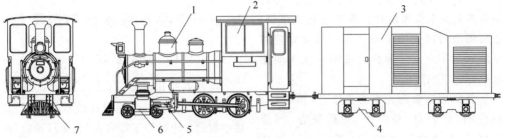

图 25-6 小火车的机车/水煤车示意图
1—锅炉装饰;2—驾驶舱;3—水煤车装饰;4—煤车转向架;5—拉杆活塞装饰;6—导轮转向架;7—排障器

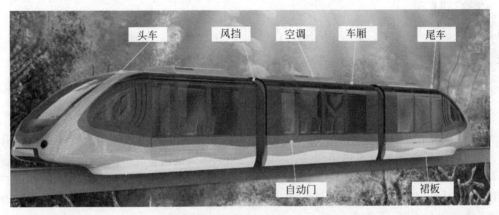

图 25-7 单轨架空观光列车的外观

单轨架空列车的轨道系统较地面轨道小火车的更为复杂,通常由专用的轨道梁、立柱,以及疏散平台和爬梯等组成。其中,轨道梁通常为箱形结构(截面形式见图 25-8),车体通过跨座式转向架骑在轨道梁上,转向架两侧的导向(水平)轮组紧扣于轨道梁上,并通过局部加强的机械限位结构设计使得列车具有足够的抗倾覆能力。

25.2.2 非公路用旅游观光车辆

1. 非公路用旅游观光车

非公路用旅游观光车大量采用了汽车零部件,除车身外饰件外,其主要构成要素与汽车的构成大同小异,通常包括车架部分、转向系统、悬挂系统、动力与传动系统、制动系统、电气系统等,搭配铅酸蓄电池或锂电池。

非公路用旅游观光车的车身包括前挡、前立柱、座椅扶手、后立柱、顶棚、安全带、防护链

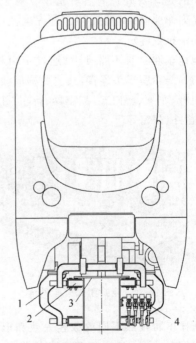

图 25-8 轨道梁及转向架示意图
1—转向架;2—水平轮;3—轨道梁;4—滑触线

等,如图 25-9 所示。为与道路车辆区分,非公路用旅游观光车应为敞开式或半敞开式车身,禁止采用全封闭式的车身结构。部分非公路用旅游观光车会安装卷缩式遮阳帘或透明塑料软帘等来遮风挡雨。

非公路用旅游观光车的外饰件(覆盖件)包括前围、仪表台、座椅桶、地板革等,部分覆盖件采用玻璃钢和塑料,部分采用钣金冲压。

图 25-9 非公路用旅游观光车车身

2. 非公路用旅游观光列车

非公路用旅游观光列车由牵引车头和拖挂车厢组成。牵引车头的主要构成要素包括车架、转向系统、悬挂系统、制动系统、动力与传动系统和电气系统,基本与轻型卡车无异,所不同的是车身外饰有各种造型。对于蓄电池观光列车来说,储能元件首选锂电池(也有的采用法拉电容)。

拖挂车厢自身不带动力,通过牵引杆(见图 25-10)与牵引车头连接,其主要构成要素包括牵引杆、车架、转向架、减震器、行车/驻车制动、覆盖件、门窗等。

图 25-10 半封闭式拖挂车厢

拖挂车厢按照不同的载客人数和形态可以有不同的结构,按车厢形态可以分为开放式、半封闭式和封闭式几种。

25.3 主要参数规格与选型

25.3.1 主要参数

除基本的几何参数长、宽、高外,无论是轨道观光列车还是非公路用旅游观光车辆,其主要参数通常包括额定载客人数、运行速度、制动距离、转弯半径等。采用蓄电池或其他储能元件的,工作电压、续航里程等也是重要的参数。

对于地面轨道小火车,还有轨道轨距、轨道坡度等相关参数;对于非公路用旅游观光车辆,还有最小离地间隙、最大爬坡度、通过角/离去角等相关参数。

25.3.2 部分厂家的产品规格和参数

这里主要以株洲中车特种装备科技有限公司、连云港长和游乐设备有限公司、杭州俊士铁路设备有限公司、苏州益高电动车辆制造有限公司、柳州五菱汽车工业有限公司和天津市博瑞特旅游观光火车有限公司等企业的部分产品为例,介绍观光车辆的产品规格和基本参数。

(1)株洲中车特种装备科技有限公司部分单轨架空列车产品的规格和基本参数见表 25-1。

(2)杭州俊士铁路设备有限公司部分双轨小火车产品的规格和基本参数见表 25-2。

(3)株洲中车特种装备科技有限公司部分双轨小火车产品的规格和基本参数见表 25-3。

(4)连云港瑞鑫动励观光车有限公司部分双轨小火车产品的规格和基本参数见表 25-4。

(5)天津市博瑞特旅游观光火车有限公司部分双轨小火车产品的规格和基本参数见表 25-5。

(6)苏州益高电动车辆制造有限公司部分非公路用旅游观光车产品的规格和基本参数见表 25-6。

(7)柳州五菱汽车工业有限公司部分非公路用旅游观光车产品的规格和基本参数见表 25-7。

(8)连云港长和游乐设备有限公司部分非

公路用旅游观光列车产品的规格和基本参数见表25-8。

(9)天津市博瑞特旅游观光火车有限公司部分非公路用旅游观光列车产品的规格和基本参数见表25-9。

表25-10还列举了国内其他观光车辆制造企业部分非公路用旅游观光车产品的规格和基本参数。

表25-1 株洲中车特种装备科技有限公司部分单轨架空列车产品的规格和基本参数

规格型号	外形尺寸（长×宽×高）/(m×m×m)	编组形式（车头+车厢+车头）	座位数量/人	最大速度/(km·h^{-1})	轨道最小半径/m	轨道最大坡度/%	牵引功率/kW
P6系列	16.8×1.32×1.78	1+5+0	36	10	20	8	36
	18.6×1.5×2.11	1+5+0	34	10	20	8	36
	24.9×1.5×2.3	1+7+1	48	10	20	8	48
	18.5×1.5×2	1+5+0	31	10	20	8	36
P8系列	17×2×2.5	1+2+1	36	25	20	8	74
	33×2×2.65	1+7+0	60	15	20	8	210
P12系列	22×1.6×3.1	1+3+0	46	10	20	3	45
P18系列	46×2.4×3.2	1+5+0	90	30	30	3	440
	47×2.3×3.3	1+4+1	90	15	30	5	220

表25-2 杭州俊士铁路设备有限公司部分双轨小火车产品的规格和基本参数

规格型号	外形尺寸（长×宽×高）/(m×m×m)	轨距/mm	座位数量/人	最大速度/(km·h^{-1})	轨道最小半径/m	轨道最大坡度/%	牵引功率/kW
ZDC/X-04-3-12F	21×1.1×1.8	406	36	10	10	3	3.4
ZDC/X-06-3-32F	27×2×2.8	609	96	10	15	3	22.5
ZDC-10-3-40F	42.5×2.3×3.1	1 000	120	10	50	3	44.0

表25-3 株洲中车特种装备科技有限公司部分双轨小火车产品的规格和基本参数

规格型号	外形尺寸（长×宽×高）/(m×m×m)	轨距/mm	座位数量/人	最大速度/(km·h^{-1})	轨道最小半径/m	轨道最大坡度/%	牵引功率/kW
762系列	34.3×1.8×26.7	762	120	10	30	4	66
	38.9×2×26.7	762	118	10	30	4	66
	42×2.1×3.5	762	120	10	30	4	66
1000系列	52×2.6×3.5	1 000	120	10	30	5	80

表25-4 连云港瑞鑫动励观光车有限公司部分双轨小火车产品的规格和基本参数

规格型号	外形尺寸（长×宽×高）/(m×m×m)	轨距/mm	座位数量/人	最大速度/(km·h^{-1})	轨道最小半径/m	轨道最大坡度/%	牵引功率/kW
RXHC-36	20×1.38×2.2	600	36	7	12	3	11
RXHC-60	30×1.65×2.6	600	60	7	18	3	25

续表

规格型号	外形尺寸 (长×宽×高) /(m×m×m)	轨距 /mm	座位 数量 /人	最大 速度 /(km·h^{-1})	轨道最 小半径 /m	轨道最 大坡度 /%	牵引 功率 /kW
RXHC-72	32×1.75×2.85	600	72	7	30	3	25
RXHC-96	34×1.9×2.9	762	96	7	35	3	30
RXHC-120	40×2.1×3.0	762	120	7	45	3	35
RXHC-160	48×2.1×3.0	762	160	7	45	3	40
RXHC-180	56×2.4×3.2	900	180	7	60	3	50
RXHC-200	58×2.1×3.0	900	200	7	45	3	60
RXHC-240	76×2.1×3.0	900	240	7	45	3	80
RXHC-300	80×2.4×3.2	900	300	7	60	3	80
RXDC-64	18×3.0×3.0	1 000	64	7	60	1	60
RXHC-240	76×3.2×3.3	1 435	240	7	80	1	120

表 25-5 天津市博瑞特旅游观光火车有限公司部分双轨小火车产品的规格和基本参数

规格型号	外形尺寸 (长×宽×高) /(m×m×m)	轨距 /mm	座位 数量 /人	最大 速度 /(km·h^{-1})	轨道最 小半径 /m	轨道最 大坡度 /%	整机 质量 /t
GD1-7(9)-3×K58C3	49.5×2.6×3.3	762/900	176	10	50/70	3	44.5
GD1-7(9)-3×K64C1	44.5×2.4×2.3	762/900	194	10	50/70	3	42.0
GD2-7(9)-3×K64C1	53.8×2.1×2.9	762/900	194	10	60/80	3	52.0
GD2-7(9)-3×K60C1	45.9×2.4×3.3	762/900	182	10	60/80	3	48.0
GD3-6-3×K12B1	16.2×1.6×2.6	600	38	7	10	3	18.0
GD4-6(7)-3×K24D1	27.5×2×2.9	600/762	74	10	30/50	3	24.5
GD4-6(7)-3×K28B2	29.7×2×2.85	600/762	86	10	30/50	3	31.0
GD5-7(6)-3×K24D1	26.6×2×2.9	762/600	74	10	50/30	3	25.8
GD5-7(6)-3-K32C1	31.3×2×2.9	762/600	98	10	50/30	3	31.0
GD5-9-3-K58C3	47×2.6×3.3	900	176	10	70	3	43.5
GD6-6(7)-3-K24D1	28.1×1.8×2.9	600/762	74	10	18	3	22.0
GD6-6(7)-3-K28B2	29.6×2×2.9	600/762	86	10	18	3	23.5

表 25-6 苏州益高电动车辆制造有限公司部分非公路用旅游观光车产品的规格和基本参数

规格型号	座位 数量 /人	最大 速度 /(km·h^{-1})	制动 距离 /m	转弯 半径 /m	续航 里程 /km	最小离 地间隙 /mm	通过角/ 离去角 /(°)	驱动 功率 /kW
EGAK	6	30	3.7	5.90	90	130	18/28	5.0
	8	30	4.0	5.10	130	133	26/18	5.0
	11	30	4.2	6.50	130	120	26/18	5.0
	14	30	4.3	6.50	120	120	26/18	7.5
	23	30	4.5	8.25	80	135	18/24	10.0
EGBK	8	30	4.1	6.10	N/A	110	20/18	65.0
	11	30	4.3	6.70	N/A	110	20/18	65.0
	14	30	4.3	6.70	N/A	110	20/18	65.0
	23	30	4.8	8.50	N/A	135	23/22	76.0

表 25-7　柳州五菱汽车工业有限公司部分非公路用旅游观光车产品的规格和基本参数

规格型号	座位数量/人	最大速度/(km·h^{-1})	制动距离/m	转弯半径/m	最大爬坡度/%	最小离地间隙/mm	通过角/离去角/(°)
WLQ5080	8	30	2.3	5.80	23.5	130	14/28
WLQ5110	11	30	2.2	7.00	18.5	130	11/25
WLQ5140	14	30	2.3	6.85	15.0	130	11/14
WLQ9140	14	30	2.2	6.85	25.5	130	10/18
WLQ9140	11	30	2.9	6.85	20.0	130	11/32.3
WLQM	11	30	3.5	7.30	20.0	115	12/39

表 25-8　连云港长和游乐设备有限公司部分非公路用旅游观光列车产品的规格和基本参数

规格型号	外形尺寸（长×宽×高）/(m×m×m)	座位数量/人	最大速度/(km·h^{-1})	满载制动距离/m	最小转弯半径/m	最小离地间隙/mm	允许坡度/%	牵引功率/kW
CHC-30 系列	21.3×1.9×2.6	72	20	4.5	7.0	150	4	96/30
	17.2×2.4×2.5	72	20	4.5	7.0	150	4	96/30
	16.8×2.2×2.5	58	20	4.5	7.0	150	4	96/30
CHC-20 系列	19.4×1.9×2.6	62	20	4.5	7.0	150	4	96/12
	15.8×1.9×2.6	50	20	4.5	7.0	150	4	96/12
	13.9×1.9×2.6	42	20	4.5	7.0	150	4	96/12
CHC-10 系列	10.5×1.2×1.9	24	7	2.5	3.5	80	4	4

表 25-9　天津市博瑞特旅游观光火车有限公司部分非公路用旅游观光列车产品的规格和基本参数

规格型号	座位数量/人	最大速度/(km·h^{-1})	满载制动距离/m	最小转弯半径/m	续航里程/km	最小离地间隙/mm	允许坡度/%	牵引功率/kW	备注
GLCH	42	20	4.5	7.5	N/A	110	4	92	燃油车
	50	20	4.5	7.5	N/A	130	4	96	燃油车
	58	20	4.5	8.5	N/A	130	4	96	燃油车
	62	20	4.5	8.5	N/A	130	4	96	燃油车
	72	20	4.5	9.5	N/A	150	4	105	燃油车
GLDH	42	20	4.5	7.5	56	110	4	15	充电式
	50	20	4.5	7.5	85	130	4	30	充电式
	58	20	4.5	8.5	85	130	4	30	充电式
	62	20	4.5	8.5	130	130	4	30	充电式
	72	20	4.5	8.5	130	150	4	50	充电式

表 25-10　国内其他观光车辆制造企业部分非公路用旅游观光车产品的规格和基本参数

制造单位	规格型号	座位数量/人	最大速度/(km·h^{-1})	最小转弯半径/m	最大爬坡度/%	驱动功率/kW
上海东明玛西尔电动车有限公司	DN-11F	14	30	6.5	30	5.0
福田雷沃国际重工股份有限公司福田五星车辆厂	FT6082A	8	30	5.0	20	4.0
广州朗晴电动车有限公司	LQY081A	8	28	4.5	18	3.0
广东绿通新能源电动车科技股份有限公司	LT-S11	11	30	—	20	7.5
郑州宇通客车股份公司	ZKGDT6	6～23	30	8.7	20	25.0

25.3.3　选型

轨道观光列车的选型不仅涉及车辆的设计，还要综合考虑相应的轨道系统的建设，应结合景区规划，综合考虑周边建筑、人流等各方面因素确定。单轨架空列车相较地面双轨小火车，其轨道系统受到的地形限制更少，但需要设置疏散平台及上、下楼梯，以在突发情况下能够及时疏散乘客。

非公路用旅游观光车辆无须架设专用轨道，对使用环境要求较低，但需要规划停车场、充电桩（或加油设施）和维修场地。观光列车相较观光车的载客人数大为提高，可大幅提高运营效率，但运营安全要求更高，特别是对运行速度和坡度的限制。此外，若选用燃油车，选型时还应考虑排放标准的要求。应根据区域内的客流量、线路及道路情况从整体上进行选型与规划。

另外需注意，按照现行的特种设备安全监督管理要求，地面双轨小火车和架空观光列车都属于大型游乐设施范畴（参数不到的除外），但非公路用旅游观光车辆属于"场（厂）内专用机动车辆"而不属于游乐设施范畴。因此，非公路用旅游观光车辆在选型前，还应注意是否符合场（厂）内专用机动车辆的相关要求，现行安全技术规范的要求是观光车的额定载客人数不得超过 23 人，观光列车的额定载客人数（包括驾驶员和安全员）要求不得超过 72 人，且车厢总节数不超过 3 节。

25.4　安全使用规程、维护及常见故障

25.4.1　操作规程

无论是轨道观光列车还是非公路用旅游观光车辆的驾驶员，在上岗前都应接受相应的操作培训，充分掌握操控/驾驶技能和应急处置程序。

在轨道观光列车的站台、非公路用旅游观光车辆的候车区域应合理配备服务人员。

1．运营前的准备

在每日投入运营之前，工作人员应按照产品使用维护手册的要求进行例行检查，并至少进行一个完整工作循环的空车试运行，确认设备一切正常后方可接待乘客。

2．载客运行

服务人员应引导乘客有序入座，同时提醒乘客进出车厢时注意脚下安全、防止踏空，驾驶员在确认乘客全部坐好后方可起步。

在行驶过程中，驾驶员要密切注意乘客的状况，若发现乘客有身体探出车外等不安全行为时应及时予以制止，若遇紧急情况应立即停车处置，尽量避免紧急制动。

地面轨道小火车、非公路用旅游观光车辆在通过路口、视线受阻地段或其他危险场合时，应降低车速、鸣笛示警通过。

非公路用旅游观光列车严禁倒车行驶。

到达站点后，应等车辆完全停稳后再疏导乘客有序离开。

3．运行结束

每天运营结束前，工作人员应按照产品使用维护手册的要求对车辆和相关设施等进行收工前的检查，做好卫生清洁工作。

25.4.2 日常安全检查

日常安全检查是观光车辆在运营期间每天必须认真做好的基础性工作。日常安全检查主要通过眼睛看、耳朵听、手触摸等感官判断来进行，因此并不需要耗费太多时间。也正是因为如此，此检查工作一定要认真细致，一旦发现异常情况要及时处理，必要时应扩大检查范围。

日常安全检查的项目应结合场地环境条件等具体情况，按照制造商提供的产品使用维护手册的要求综合确定。表 25-11 列出了架空观光列车的部分日常安全检查内容，表 25-12 列出了非公路用旅游观光车/列车的部分日常安全检查内容，谨供参考。

表 25-11 架空观光列车的部分日常安全检查内容

部件部位	检 查 内 容
驾驶舱内	检查操控台上的各操作按钮是否完好无损，电源指示仪表是否正常，各功能指示灯是否正常
	检查车门控制功能是否正常、雨刮器是否正常工作
	检查电气控制系统工作是否运行正常
	检查音响广播系统是否正常
客舱内	检查车门锁/拦挡链有无异常，紧急解锁装置是否工作正常
	检查座席表面有无开裂、破损或其他异常情况
	检查安全锤、灭火器等有无缺损
	检查应急按钮有无缺损、功能是否正常
车厢外部	检查车厢与牵引梁的连接有无异常情况
	检查裙板、装饰物等的连接有无松动或其他异常情况
	检查车窗玻璃是否干净整洁、有无裂缝等异常情况
	检查车顶是否有积水、垃圾或其他杂物
	检查车厢间的连接电缆、插头、插座有无异常情况
驱动/行走轮系	检查行走轮胎有无裂缝、鼓包或者划伤等异常情况
	检查行走轮、导向轮等有无异常声响，以及行走轮表面、轮缘是否有异常磨损或破损等情况
	检查导向轮的安全螺母有无松动等异常情况
轨道、道岔	检查固定端轨道梁与道岔轨道梁的间隙是否正常
	检查沿线布置的电缆有无异常情况、滑触线喇叭口有无变形等异常情况
	检查道岔平台电缆是否完好、信号灯是否正常、感应器及感应板是否正常
	检查应急疏散平台有无翘起、断裂或其他异常情况
站台、通道、围栏	检查栏杆是否稳固，与地面连接处有无明显的松动情况
	检查栏杆表面有无破损、锐边或其他可能伤及游客的危险突出物
	检查门铰链有无变形、脱落，门的活动间隙是否发生改变而导致可能夹手
	检查悬挂的安全标识有无破损、遗失
	检查乘客须知有无缺损、严重褪色

表 25-12 非公路用旅游观光车/列车的部分日常安全检查内容

部件部位	检 查 内 容
牵引车/驾驶舱	检查操控台上的各操作按钮是否完好无损,以及各指示仪表和指示灯是否正常
	检查并调整后视镜,检查雨刮器是否正常工作
	检查油门踏板、制动踏板是否工作正常,转向机构是否工作正常,换挡手柄/挡位开关有无异常
	检查灯光、喇叭和音响广播系统等是否正常
	检查装饰物等的连接有无松动或其他异常情况
车厢	检查车门锁/拦挡链是否正常
	检查座席表面有无开裂、破损或其他异常情况,座席扶手有无松动等异常情况
	检查乘客的安全带是否完好,带体有无损伤(特别是与卡扣锁舌的连接处)、与机体的连接处有无松动,卡扣组件锁紧是否牢靠、有无锈蚀等情况
	检查车窗玻璃是否干净整洁、有无裂缝等异常情况
	检查安全锤、灭火器等有无缺损
车厢连接	检查连接牵引车与拖挂车厢及拖挂车厢间的牵引器、保险链有无异常情况
	检查牵引车与拖挂车厢及拖挂车厢间的连接电缆、气管路和电、气管路接头等有无异常情况
轮胎	检查轮胎胎压有无异常,轮胎外观有无裂缝、鼓包或者划伤等异常情况
	检查轮辋螺母有无松动等异常情况
候车区、通道、围栏	检查栏杆是否稳固,与地面连接处有无明显的松动情况
	检查栏杆表面有无破损、锐边或其他可能伤及游客的危险突出物
	检查悬挂的安全标识有无破损、遗失
	检查乘客须知有无缺损、严重褪色

25.4.3 维护与保养

正确的维护与保养是观光车辆保持长期安全、稳定运行的必要条件。与日常安全检查以感官判断为主不同,维护与保养工作需要借助工具和仪器,运营单位在配备相应作业人员的同时,应正确提供必要的作业装备,以及充分的物资保障。

表 25-13 列出了架空观光列车的部分维护与保养内容,表 25-14 列出了非公路用蓄电池旅游观光车的部分维护与保养内容,具体的维护与保养要求应以厂商提供的维护与保养作业指导文件为准。

表 25-13 架空观光列车的部分维护与保养内容

作业项目	维护与保养内容	作业周期
车辆清洁	使用中性清洁剂对车体外表面进行冲洗,使用专用清洁剂对车体与裙板、装饰物的胶缝进行清理	视环境条件而定
	使用塑料专用去污剂对车辆的塑料内饰件进行擦洗	按需求
	检查车体外表面的油漆、镀锌镀镍层,对局部生锈区域进行除锈和防锈处理,以防止生锈区扩散	按需求
动力装置检查	检查电动机和减速机有无异常运转噪声和/或振动、温升是否正常,以及减速箱有无漏油、渗油情况	每天1次
	检查制动器的制动与释放是否正常	每天1次
	检查减速机的油位是否正常,测量电磁制动器的间隙是否在允许值的范围内	每月1次
	测量电动机制动器的制动力矩是否在允许值的范围内	每年1次

续表

作业项目	维护与保养内容	作业周期
轮系检查	测量驱动轮胎的气压是否在允许值范围内	每天1次
	检查导向轮和安全轮的预紧弹簧有无松动情况	每天1次
	测量导向轮和安全轮的磨损量是否在允许值范围内	每周1次
润滑与清洁	使用指定牌号的润滑脂对行走轮、导向轮轴承加注润滑脂,加注完成后清理溢出的油脂	每季度1次
	清理轨道油污,确保行走轮踏面无腐蚀性物质、尖锐物质,以免对行走轮踏面造成非正常磨损或损伤	每周1次
电气与线路检查	定期打开电气柜进行清洁工作,确保电气柜的清洁和规整符合国家电气装置的相关标准	可视环境条件而定,每季度至少1次
	检查接线端子有无松动、氧化情况	每月1次
	检查变频器散热器、功率变压器等大容量功率元件的散热状况是否良好,有无异常发热、烧损情况	每月1次
	检查引出电缆/导线的绝缘有无破损或其他异常情况	每月1次
绝缘与接地检查	定期测量电动机绕组等带电回路与机壳间的绝缘电阻,检查接线盒、户外照明等有无破损、老化或其他异常情况	平时每月1次,梅雨季、汛期及时
	定期测量接地电阻,检查接地装置的完好性	每月1次

表25-14 非公路用蓄电池旅游观光车的部分维护与保养内容

作业项目	维护与保养内容	作业周期
车辆清洁	使用中性清洁剂对车体外表面进行擦洗	视环境条件而定
	使用塑料专用去污剂对车辆的塑料内饰件进行擦洗	按需求
	检查车体外表面,对破损生锈的区域进行除锈和防锈处理	按需求
底盘与动力装置检查	检查制动鼓、摩擦片的磨损情况	每月1次
	调整手制动器	每季度1次
	检查电动机接线端子有无氧化等异常情况	每月1次
	检查电动机碳刷的磨损情况	每季度1次
	测量电动机制动器的制动力矩是否在允许值范围内	每年1次
	检查车架钢结构有无异常变形、裂纹、锈蚀等异常情况	每季度1次
	检查车架钢结构焊缝、铆钉、螺栓连接有无异常情况	每季度1次
铅蓄电池维护	检查液面高度,若低于规定值,则添加蒸馏水	每周1次
	检查、紧固蓄电池的极柱螺母	每周1次
	擦拭蓄电池表面,清除表面上的污物	每周1次
	测量电解液的相对密度	每周1次
充电桩/机	清理外部灰尘,检查大容量功率元件的散热状况是否良好	可视环境条件而定,每季度至少1次
	检查电缆/导线的绝缘有无破损或其他异常情况	每月1次
	检查接线端子有无氧化等异常情况,查看插接处的发热情况	每天1次

25.4.4 常见故障与处理

轨道观光列车在安装完成、正式交付前需要经过多轮调试和运行试验,运行工况也相对平稳,在维护与保养到位的前提下,设备的总体故障率可保持在较低水平。表25-15列出了某型号架空观光列车可能出现的部分故障及处理方法。

表 25-15　某型号架空观光列车可能出现的部分故障及处理方法

故障现象	故障部位	故障原因	处理方法
轨道供电端无法上电	供电系统	滑触线有漏电、短路	检查滑触线是否有对地短路或者相间短路，并维修处理
车辆无法上电	车辆上电回路	上电钥匙开关故障	修复钥匙开关或更换钥匙开关
		主断路器或主接触器或者熔断器损坏	对主断路器、主接触器、熔断器进行检查，更换损坏件
		车厢连接器接触不良或连接线缆断裂、破皮	对照原理图查上电回路的通断情况，检查连接器是否接触不良，以及连接线缆有无断裂、破皮现象，更换损坏件
车辆变频器无法上电	车辆急停回路	急停开关呈保持状态或急停开关损坏	恢复急停开关或更换急停开关
		进电源的相序不对或相序继电器故障	更换进电源的相序或更换相序继电器
		断路器跳闸	断路器故障或线路短路
		车厢接触器损坏	更换车厢接触器
运行中掉电	受流器	碳刷掉出滑线	① 检查偏磨：检查集电器安装支架是否调整到位，两边刷臂是否在同一水平面上；检查刷头部位是否可以灵活转动；检查是否达到磨损线；检查集电器安装支架是否调整不当导致刷臂弹簧力过大，进而加速磨损刷片； ② 如有损坏进行更换； ③ 将碳刷重新放好位置
制动器未打开	对应的制动控制回路	制动断路器跳闸或制动器损坏	检查线路后重合闸；退出运行，进维修间更换损坏的制动器
制动器报警	制动器	整流器不能正常输出电压，或制动器线圈烧毁	使车辆固定，保证车辆不会溜车后，强制电控回路打开所有制动器，检查整流器输出电压：若整流器没有输出电压则是整流器损坏，若整流器有输出电压而制动器不工作，则是制动线圈损坏。根据测试结果更换器件
热继电器断开	电动机电源回路	电动机过载	检查线路后复位热继电器
		电动机短路	退出运行，进维修间检查电动机线路和电动机，若有损坏则更换电动机
变频器报警	变频器	变频器过电流或过电压、欠电压等	复位变频器，若无法复位则退出运行，根据变频器报警代码及变频器使用维护说明书进行维修
自动门报警	自动门	安装螺栓松动	重新紧固螺栓

非公路用旅游观光车辆在使用中受人为因素的影响较多,相对来说故障率要更高一些,且往往具有突发性,表 25-16 列出了非公路用旅游观光车辆可能出现的部分故障及处理方法。

表 25-16　非公路用旅游观光车辆可能出现的部分故障及处理方法

故障现象	故障部位	故障原因	处 理 方 法
车辆不能行驶	保险丝	保险丝熔断	检查、排除短路,更换保险丝
	方向开关	无法接合或动作	更换方向开关或者连线
	接触器	触头损坏或接触器损坏	修复触头或更换接触器
	行驶电动机	线路接触不良或电动机烧坏	检查电动机连接线路或更换电动机
车速缓慢	加速器	故障或损坏	检查连接线路或更换加速器
	控制器	信号输入故障或损坏	联系厂家检查、修理或更换
	行驶电动机	行驶电动机故障或损坏	联系厂家检查、修理或更换
车辆异响	电动机轴承、离合器轴承、车轮轴承等	轴承损坏或者严重磨损	更换轴承或修复
	传动轴、万向节	变形、磨损、卡滞或损坏	修复或更换
	减速器、变速箱	齿轮磨损、损坏	修复或更换
	主离合器、变速箱、制动器摩擦片	摩擦片严重磨损或损坏	更换摩擦片
换挡困难	换挡杆	变形或磨损	修复、调整或者更换
	同步器	咬死、磨损或弹簧故障	调整、修复或者更换
	离合器	踏板自由行程过大	查阅使用说明,根据要求调整
		摩擦片有油污、磨损	清洗、修复或者更换
自动脱挡	变速器	挡位自锁钢球磨损或损坏	更换
		中间轴变形或断裂	修复或者更换
		齿轮磨损或断裂	检查并更换
漏油	桥壳	密封垫损坏	修复或更换
		润滑油加注过多	按照要求加注
		放油螺栓磨损、缺失	更换或补充

第26章

其 他

26.1 转转杯

26.1.1 概述

转转杯,顾名思义就是一种以旋转为运行轨迹的杯状游乐设施,座舱的外形通常为茶杯、咖啡杯(或其他类似形状)等,图 26-1 为某转转杯示例。

转转杯通常由大转盘、小转盘和转杯组成,大转盘上有若干个小转盘,每个小转盘上又有数个转杯。转杯是承载乘客的座舱,除绕自身旋转外,还绕小转盘转动,同时各小转盘又绕大转盘转动,乘客坐在转杯中,可以体验多重复合旋转运动所带来的乐趣和刺激。

图 26-1 咖啡杯造型的转转杯

26.1.2 基本结构与场地设施

转转杯通常由底座、大盘、小盘、机械承载结构与传动装置、座舱(转杯)、电气控制系统及相关辅助设施等部分组成,见图 26-2。

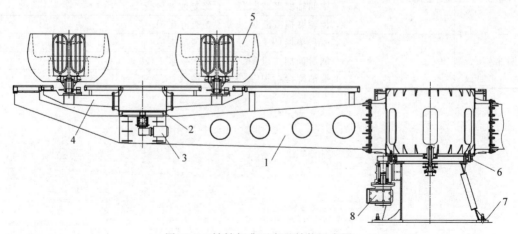

图 26-2 转转杯典型产品结构示意图

1—大臂;2—小盘回转支承;3—小盘电动机-减速机;4—大臂;5—座舱;
6—大盘回转支承;7—底座;8—大盘电动机-减速机

底座是转转杯的基础承载结构,大盘和大臂通过回转支承与底座连接,在大盘电动机、减速机的驱动下实现旋转;小盘通过回转支承与大臂连接,在小盘电动机、减速机的驱动下实现旋转。

座舱主要由座舱骨架、门组件、扶手组件、玻璃钢、旋转组件和气动阻尼器等组成。座舱本身没有动力,其回转中心与小盘的回转中心平行,可在离心力作用下自由回转,如果座舱的转速超出一定范围,设置在座舱底部的阻尼系统就会产生作用,使转速不超过设定速度。每个座舱中央均有一个扶手,此扶手固定在小臂上,乘客可通过用手握住和放开扶手两种操作使座舱的旋转速度产生变化,乘客的人工干预结束后,在离心力的作用下,座舱会有更多的无规则变向,使得乘客可以感受到进一步的欢快和刺激。

电气控制系统主要包括两个方面:一方面是对大盘、小盘运动的控制,另一方面是对音乐和灯光显示系统的控制。

运动控制系统通常由控制柜、PLC 主机及相应的操控面板、状态显示面板等组成,操控面板上设有紧急停止按钮,在运行过程中如有异常情况可按急停按钮提前结束,以确保乘客安全。

转转杯的占地面积很直观,转盘平台直径越大的占地面积越大。转转杯的大盘大多为水平面,由于驱动装置、传动装置、承载装置都位于转盘下面,因此安装时需要一个较大的基坑,或者设置一定高度的站台,为方便转盘下方设备的维护保养,在土建施工时还应合理设置检修通道。其他的场地设施包括安全围栏、排队区、操作室与操控台、乘客须知与安全标识等,这些基本上与旋转木马类似,相关具体内容参见 15.4 节。

26.1.3 主要技术参数

转转杯的主要几何参数为大、小转盘的直径,额定承载人数由座舱数量及单个座舱的座席数量共同决定,主要的运行参数为大、小转盘的转速。表 26-1 列出了部分转转杯产品的规格和基本参数。

表 26-1 部分转转杯产品的规格和基本参数

生产企业	规格型号	大盘直径 /m	小盘直径 /m	大盘转速 /(r·min^{-1})	小盘转速 /(r·min^{-1})	座舱数量 /只	额定乘员 /(人·舱$^{-1}$)	装机容量 /(kV·A)
浙江南方文旅股份科技有限公司	ZB-72I	16.0	3.9	3.5	7.1	24	3	37
	ZB-Ⅱ	22.0	6.3	3.8	12.3	19	5	175
广东金马游乐股份有限公司	ZB-24A	5.8	—	8.0		6	4	8
	ZB-36A	10.5	2.6	6.1	9.5	24	4	15
	ZB-72B	15.3	5.5	4.6	7.7	18	4	65
意大利赞培拉(Zamperla)公司	Tea Cup 12	14.5	5.4	6.5	16.5	12	5	40
北京实宝来游乐设备有限公司	KFB-Ⅱ	16.0	—	3.7	7.3	18	4	35

26.2 高架脚踏车

26.2.1 概述

高架脚踏车是沿架空轨道运行、具有脚踏前进功能的游览车,乘客可通过控制板上的按键选择喜欢的乐曲,在音乐中高空漫步,心旷神怡。

早期的高架脚踏车结构比较简单,图 26-3 所示的为某飞碟车造型的高架脚踏车,座舱不能旋转。后来发展为座舱可旋转的结构形式,车辆在行进过程中,乘客可通过旋转方向盘,使座舱进行360°水平旋转,欣赏四周的美景(见图26-4)。若乘客脚踏累了,也可换到自动模式,车辆改为电动前行。为了保证车辆安全,车上大都设有无线防撞系统,当后车接近前车时,前车的电动机会自动启动前行。

图26-3 飞碟车造型的高架脚踏车

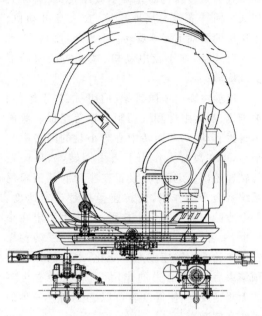

图26-5 座舱可旋转的高架脚踏车

线等组成,立柱和轨道支撑车辆行走,滑触线向车辆供电(直流24~36 V),车辆通过导电滑块取电。

高架脚踏车的占地面积由轨道决定,通常整圈架空轨道无坡度(轨道面处于同一水平面),在选址时对地面的平整度并无要求,只要立柱能够生根即可,因此在规划时可考虑充分利用山坡、水道等各种场地,与周边景观、建筑物相得益彰。

站台是乘客上、下车,车辆存放及检修的场所,其他的场地设施包括安全围栏、排队区、操作室与操控台、乘客须知与安全标识等,这些基本与旋转木马类似,相关具体内容参见15.4节。

图26-4 座舱可旋转的高架脚踏车

26.2.2 基本结构与场地设施

高架脚踏车主要由车辆和轨道系统构成。

不同厂家不同时期生产的高架脚踏车的结构虽略有差异,但通常包括轮架及车轮、车架、动力传动装置、座席及顶棚等部分,有些还有座舱旋转机构,如图26-5所示。

轮架及车轮是实现车辆在轨道上安全运行的重要结构,伞齿轮带动行走轮,通过与轨道间的摩擦力驱动车辆行走,护轮机构引导车辆沿轨道前行并调整与轨道的间隙。

轨道系统通常由立柱、管轨、轨枕及滑触

26.2.3 主要技术参数

高架脚踏车的主要技术参数包括轨道高度、最小转弯半径等,额定承载人数通常为每辆车2人,主要的运行参数为车辆的行驶速度。

表26-2列出了部分高架脚踏车产品的规格和基本参数。

表 26-2 部分高架脚踏车产品的规格和基本参数

生产企业	规格型号	最小转弯半径/m	轨道高度/m	运行速度/(km·h⁻¹)	额定乘员/(人·车⁻¹)	驱动功率/(W·车⁻¹)
沈阳创奇游乐设备有限公司	TKMB-1	6	4.9	5	2	300
	JG1	5	8.0	5	2	450
广东金马游乐股份有限公司	JTC-2A	6	3.2	10	2	450

26.3 大摆锤

26.3.1 概述

大摆锤(giant frisbee)又名流星锤,因其座舱的外观为锤状(见图26-6)而得名,锤状座舱极具震撼感,整体气势磅礴,是各大游乐场内最具吸引力的游乐项目之一。

图 26-7 大摆锤座椅上的乘客

图 26-6 "挑战者之旅"大摆锤

大摆锤的座舱在运行时绕中心做圆周运动(自转),同时摆臂带动座舱往复摆动,越摆越高,乘客坐在座椅上,两脚悬空脸朝外(见图26-7),在一次次的往复摆荡中,不停地感受失重与超重的反复刺激,时而感觉冲上云霄,时而感觉被甩入谷底,目眩神迷,仿佛置身于茫茫宇宙,强大的刺激使得游客不断惊呼尖叫。

26.3.2 基本结构与场地设施

大摆锤主要由立柱、摆动座、吊臂、转盘与座椅(含压杠及锁紧装置)、电气控制系统、升降站台及相关辅助设施等组成,如图26-8所示。

立柱是大摆锤的主要承载构件,通常为圆管结构或箱形梁结构,立柱一端固定在基础上,另一端与摆动座连接,支撑整个设备的质量。

摆动座位于立柱的顶端,其中间段筒体与吊臂体通过法兰连接为一体,中间段筒体的两侧各有一套驱动机构,两组(或更多)电动机经减速后通过齿轮驱动回转支承,带动中间段筒体和吊臂一起做摆动运动。吊臂的另一端与转盘及座椅连接,是大摆锤重要的承载构件,目前大多采用圆管结构或钢板焊接而成的箱体结构。

转盘通过悬臂及回转支承与吊臂连接,座椅固定于转盘之上,其随吊臂绕摆动座中心摆动的同时绕转盘的中心线转动。由于大摆锤在运行过程中会产生翻甩、上抛等动作,为保证乘客的安全,座椅通常采用护胸压肩式安全压杠(详情可参见21.3.5节)。

大摆锤对主电动机的正反转控制、启停控制、转速控制、加减速时间调节及多电动机同

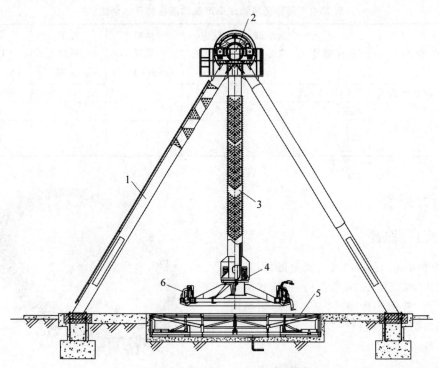

图 26-8 大摆锤主要构成示意图

1—立柱；2—动力头；3—吊臂体；4—转盘；5—升降站台；6—座椅

步控制等的要求较高,目前大多由 PLC 实现多电动机联合控制。

大摆锤的占地面积很直观(由立柱决定),通常情况下转盘直径越大占地面积越大。为解决乘客完成上下客所需的平台对转盘摆动轨迹的干涉,站台的中央要能够升降(通常由气动实现),乘客上下时平台自动升起,平台下降后转盘才能启动,转盘和平台互锁。这与其他游乐项目不同,需要在规划时提前予以考虑。

其他的场地设施包括安全围栏、排队区、操作室与操控台、乘客须知与安全标识等,这些基本与旋转木马类似,相关具体内容参见 15.4 节。

26.3.3 主要技术参数

大摆锤的主要参数包括设备高度、转盘直径、摆角等,额定承载人数与转盘直径正相关,通常为 24～60 人。表 26-3 列出了部分大摆锤产品的规格和基本参数。

表 26-3 部分大摆锤产品的规格和基本参数

生产企业	规格型号	设备高度/m	往复摆角/(°)	转盘直径/m	额定乘员/人	占地面积/m²	装机容量/(kV·A)
德国虎士(Huss)公司	大摆锤	26.0	±120	7.9	40	687	470
	大摆锤	29.0	±120	8.0	50	700	550
瑞士英特敏(Intamin)公司	大摆锤	27.0	±120	8.9	40	430	764
浙江南方文旅科技股份有限公司	TZ-Ⅰ	14.7	±110	6.7	30	20×19	180
	TZ-360Ⅰ	22.5	360	7.0	30	20×20	250
	TZ-Ⅳ	18.8	±110	9.4	42	25×19	310

续表

生产企业	规格型号	设备高度/m	往复摆角/(°)	转盘直径/m	额定乘员/人	占地面积/m²	装机容量/(kV·A)
广东金马游乐股份有限公司	DBC-30A	16.0	±120	6.2	30	21×19	250
意大利赞培拉(Zamperla)公司	大摆锤	21.5	±120	5.2	30	224	143
	360°摆锤	22.7	360	6.5	30	20×15	210
淄博华龙游乐设备有限公司	DBC-30A/B	18.0	±100	6.3	30	24×18	150
	BC-23B	13.8	±100	5.4	23	14×15	80
上海钦龙科技设备有限公司	GL-30XQ	14.6	±120	6.5	30	16×15	150
	GL-24XQB	10.6	±120	5.5	23	14×13	90

26.4 高空飞翔

26.4.1 概述

高空飞翔是一种飞行塔类游乐设施，塔柱外套有可提升、下降的转盘，若干组悬臂由转盘伸出，乘客座舱通过环链(或钢丝绳)吊挂在悬臂的端部。当转盘由慢而快地旋转、沿塔柱徐徐上升时，座舱在半空中会向外飘散(见图26-9)，乘客可充分享受高速飞行带来的畅快，并能在高空中饱览周边的景色。

图26-9 高空飞翔

相较飓风飞椅(见第17章)，高空飞翔少了起伏飘荡，但多了高空体验，高高矗立的塔身也可以成为一方地标。当夜幕降临时，在五彩缤纷的灯光点缀下，高耸的塔身会非常醒目，伴随座舱旋转产生的一道道光晕会更加绚丽夺目。

26.4.2 基本结构与场地设施

高空飞翔通常由塔柱、提升装置、滑轮、提升架与转盘、悬臂、保险装置、座舱及电气控制系统等组成，图26-10所示。

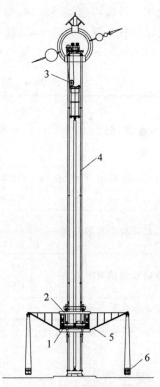

图26-10 高空飞翔结构示意图
1—转盘；2—提升架；3—提升装置；
4—塔柱；5—悬臂；6—座舱

塔柱是整个设备的支撑结构,也是提升架上下运动的导轨,其基本结构与塔式起重机类似,但各塔节间的连接方式更简单,先由螺栓定位最后通过焊接连接。塔柱的最下面一节用地脚螺栓固定在钢筋混凝土基础上,在距地面一定位置处通常还设有缓冲油缸,在转盘下降时起到缓冲作用。塔柱内部通常还设有维修工作梯。

提升装置是带动提升架上升和下降的运动执行机构,主要有 3 种驱动方式:液压油缸顶升+动滑轮驱动、曳引机摩擦驱动和卷扬驱动,通过安装在塔柱顶端的滑轮装置和钢丝绳与提升架连接。这 3 种驱动方式的基本构成与电梯中对应的驱动方式非常类似,这里不对其结构原理做具体介绍,有兴趣的读者可查阅电梯相关文献。

提升架与转盘均为框架结构,提升架通过若干滚轮沿塔柱外侧上升或下降,提升架的外侧通过回转支承与转盘连接,转盘由电动机经减速后驱动。转盘的外圈沿周向安装若干组桁架结构的悬臂,座舱通过挂链(或钢丝绳)吊挂在悬臂外端。

高空飞翔的占地面积很直观,悬臂的半径越大其占地面积就越大,座舱在旋转时其运行半径会进一步甩开,因此在其扫掠半径(尤其是空中)范围内不得有任何障碍物。

高空飞翔可以不需要基坑与站台,但塔柱对地面基础的要求较高,因此在选址时宜提前进行地勘检测与分析。其他的场地设施则与旋转木马类似,通常包括预埋座、安全围栏、排队区、操作室与操控台、乘客须知与安全标识等,相关具体内容请参见 15.4 节。

26.4.3 主要技术参数

高空飞翔的主要参数包括设备高度、回转直径等,额定承载人数由座舱数量和每个座舱的座席数量决定。表 26-4 列出了部分高空飞翔产品的规格和基本参数。

表 26-4 部分高空飞翔产品的规格和基本参数

生产企业	规格型号	设备高度/m	运行高度/m	回转直径/m	额定乘员/人	占地面积/m²	装机容量/(kV·A)
浙江南方文旅科技股份有限公司	GF-66I	66	58	16.0	36	38×28	110
	GF-48I	48	34	16.0	36	35×27	87
广东金马游乐股份有限公司	FXT-42A	58	46	14.5	42	773	120
	FXT-36A	38	27	14.0	36	φ28	110
淄博华龙游乐设备有限公司	GF-36A	56	37	15.0	36	φ30	82
	GF-32B	44	29	12.0	32	φ24	67
北京实宝来游乐设备有限公司	GX-I	53	38.5	15.7	36	φ31	65

注:表中的"占地面积"后面 4 项实际为直径。

26.5 探空飞梭

26.5.1 概述

探空飞梭是一种快速的、上下垂直运行的塔式游乐设施(见图 26-11),乘客坐上座椅后先是缓缓离开地面,数秒钟后突然被发射升空,在极短的时间内到达最高点,随即又以自由落体的方式向下跌落,接着再次向上弹射,最后按预定程序慢慢向下滑行,安全返回地面。

探空飞梭模拟了航天飞机发射升空和降

图 26-11 探空飞梭

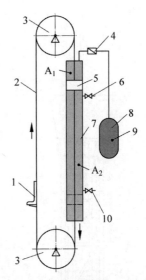

图 26-12 探空飞梭的运动原理图
1—座舱座椅；2—钢丝绳；3—改向轮；4—蝶阀；
5—活塞；6—上排气阀；7—发射气缸；8—发射
罐；9—压缩空气；10—下排气阀

落回收的 2 种极限状态，乘客可以沿着垂直的轨道体验到近 $4g$ 加速度的发射升空感受，以及从高空重返地面时失重状态下的自由跌落感受，尽管与真实的航天飞机发射与降落不完全一样，但着实满足了部分追求自由跌落刺激的人们的好奇心。

探空飞梭由美国人斯坦·恰克兹发明，最早由美国三精科技（S&S）公司于 1994 年推出，后来逐渐演化为产品系列，其中以发射升空运动为主的设备称为"探空飞梭"，以把乘客缓慢提升至最高点后突然进行跌落运动为主的设备称为"跳楼机"，将两者组合在一起的则被称为"天地双雄"。

26.5.2 基本结构与场地设施

探空飞梭是利用气体的压缩及高压气体的瞬间释放来完成运动过程的，图 26-12 为探空飞梭的运动原理图。

座舱座椅 3 由牵引钢丝绳 2 经改向轮 1 与发射气缸 8 中的活塞 5 相连，空气通过空气压缩机压缩并经干燥器干燥后输入储气罐。

探空飞梭的基本工作过程为：①当计算机完成载客的称重和发射压力的计算后，开启蝶阀 4，发射罐 7 中的压缩空气瞬间进入发射气缸 8 的 A_1 腔，高压气体推动活塞向下快速运动，从而带动座舱座椅以 $4g$ 左右的加速度向上运动；②当活塞越过下排气阀 9 后，气缸下部的空气被活塞压缩形成气垫，活塞的运动被减速停止，同时压缩的气体反向推动活塞向上运动，座舱座椅以 $1g$ 左右的加速度反向向下跌落；③当活塞越过上排气阀 6 后，气缸上腔的空气被压缩形成气垫，活塞的运动被减速停止；④以此反复数次震荡，把气缸中压缩空气的能量耗尽后，座舱缓缓下降，最后平稳地回到站台。

探空飞梭的主要包括塔架、气动提升与控制系统、座舱（升降车）、缓冲器等部分，如图 26-13 所示。

塔架是整个设备的支撑结构，也是座舱（升降车）上下运动的导轨，通常是由方管组焊而成的方形桁架结构，其底部由地脚螺栓固定在钢筋混凝土基础上。塔架的底部安装有 4 组气液缓冲器，通过 PLC 的程序控制联动，可实现座舱（升降车）的平稳软着陆。塔架上通常设有维修工作梯。

气动提升装置由专用气缸、发射罐、空气压缩机、干燥机、储气罐、各种气动元件、钢缆、滑轮组等组成。专用气缸具有超长的缸体，气缸活塞的两端通过钢缆与升降车相连，是座舱运动的执行机构；发射罐是发射所需压缩空气的临时储存处，所储蓄能量的多少根据乘客的体重由 PLC 自动控制；储气罐是压缩空气的储能处，在等待发射和上、下乘客时，空气压缩机产生的压缩空气储存在此罐中。专用气缸和储气罐、发射罐都安装在塔架内，滑轮组则分别位于塔架的底部和顶端。

座舱（升降车）由车架、导向轮、座椅及安全压杠等构成，车架是包在塔架外的框架也是安装座椅的承载结构，通常由矩形型钢组成。车架的上下方向均通过连接座与牵引钢缆连接，朝向塔架的内侧面则安装有多组导向轮，使得车架能够沿着塔架上的导轨上下运行。座椅固定在车架上，由于探空飞梭在运动过程中会产生上抛动作，为保证乘客的安全，座椅通常采用护胸压肩式安全压杠（详情可参见 21.3.5 节）。

探空飞梭对地面空间的要求很小，可以不需要基坑与站台，但塔架对地面基础的要求较高，因此在选址时宜提前进行地勘检测与分析。其他的场地设施则与旋转木马类似，通常包括预埋座、安全围栏、排队区、操作室与操控台、乘客须知与安全标识等，相关具体内容参见 15.4 节。

26.5.3 主要技术参数

探空飞梭的主要参数包括设备高度、运行高度等，额定承载人数由座舱的座席数量决定。表 26-5 列出了部分探空飞梭产品的规格和基本参数。

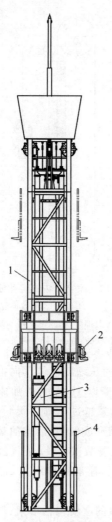

图 26-13 探空飞梭结构示意图
1—塔架；2—座舱（升降车）；3—发射气缸；4—缓冲器

表 26-5 部分探空飞梭产品的规格和基本参数

生产企业	规格型号	设备高度/m	运行高度/m	最大客流量/(人·h^{-1})	额定乘员/人	占地面积/m^2	装机容量/(kV·A)
美国三精科技（S&S）公司	太空梭	58.0	47.2	180	12	40	120
	坠落塔	56.4	48.5	360	12	40	110
	跳楼机	60.0	56.3	480	24	80	230
上海游艺机工程有限公司	1TS	55.0	37.0	240	16	φ6.5	110
广东金马游乐股份有限公司	TKS-20A	47.5	40.0	400	20	283	160
	TKS-32A	57.0	44.0	640	32	296	225

注：表中的"占地面积"中第 4 项实际为直径。

26.6 弹射蹦极

26.6.1 概述

蹦极（bungee）运动最早出现于牛津大学极限运动俱乐部，是一项非常刺激的户外休闲活动，跳跃者从大桥、塔顶，甚至热气球等高处，利用一根弹性绳索飞身跳下。跳跃者在空中享受几秒钟的"自由落体"后，在距地面一定距离时，弹力绳被拉开绷紧，阻止人体继续下落，当到达最低点时人再次被拉起，随后又落下，这样反复多次直到弹力绳的弹性能消失为止，这就是高空蹦极的全过程。

与高空蹦极不同，本节介绍的弹射蹦极是游客乘坐在座舱内，随座舱依靠弹力绳（或其他弹性储能件）的预张力，从地面或平台瞬间弹射至高空，达到最高点后开始下落（图26-14），在距地面一定高度时又被拉起，随后又落下，反复多次，直至弹性能全部消失，最后随座舱缓慢返回地面。

图 26-14　弹射蹦极发射场景

26.6.2 基本结构与场地设施

采用弹力绳的弹射蹦极的结构比较简单，但专用弹力绳的成本较高、安全使用次数有限，而且在阳光辐射下（主要是紫外线）会老化，因此本文对采用弹力绳的弹射蹦极不做展开。

国内有一种"弹簧阵列＋滑轮组"的弹性蓄能装置已用在弹射蹦极上，它可以替代传统弹射蹦极上的专用弹力绳，且安全性能相对更高，运行成本较低，维护也较为简单。这里以淄博华龙游乐设备有限公司的"火箭蹦极"为例，对弹射蹦极的结构特点进行介绍。

弹射蹦极主要由塔杆、钢缆、座舱、牵引钢丝绳、蓄能装置、液压站、电磁吸盘（平台内）和控制系统等组成，见图26-15。

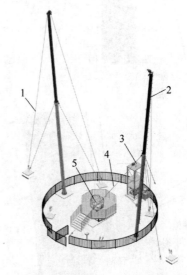

图 26-15　弹射蹦极结构组成示意图
1—锚固钢绞线；2—塔杆；3—蓄能装置；
4—牵引钢丝绳；5—座舱

1. 塔杆与钢缆

塔杆由左、右2组构成，每组由2根不等径的钢管经法兰盘和变径连接而成，底部通过法兰盘与基础连接，并通过中部和顶端2组拉紧的钢绞线分别与地基多点锚固。为了维护方便，塔杆上设有爬梯及攀爬止逆器。

上塔杆的顶部和下塔杆腰部（距离地面约2 m处）分别设有滑轮座，牵引钢丝绳的一端通过顶部滑轮（见图26-16）与座舱连接，另一端则通过腰部的滑轮（见图26-17）与蓄能装置连接。

2. 座舱

座舱整体呈球笼状，本体由框架、座椅、安

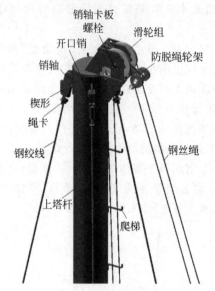

图 26-16　上塔杆顶部结构

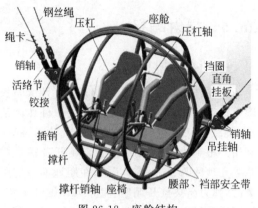

图 26-18　座舱结构

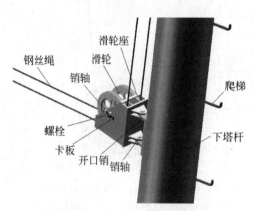

图 26-17　下塔杆腰部结构

全压杠、安全带、压杠冗余锁紧装置等组成，左右两侧腰部设有吊挂结构，通过活络节与牵引钢丝绳连接，见图 26-18。

3. 蓄能装置与液压站

蓄能装置由弹簧阵列，滑轮阵列，导向柱，液压油缸，上、下挂簧板，上、下固定板及导向滑轮组件等构成，见图 26-19。

弹簧阵列由排列为矩阵的若干拉簧组成，拉簧的两端分别拴挂在上、下挂簧板上。下挂簧板背离弹簧阵列的一侧及下固定板的上方分别固定有 2 组并联的滑轮阵列，上、下滑轮阵列之间通过牵引钢丝绳绕接，并从上固定板的导向滑轮输出至座舱。

液压站（见图 26-20）为液压油缸提供动力；液压油缸缸体的底端铰接在下固定板上，

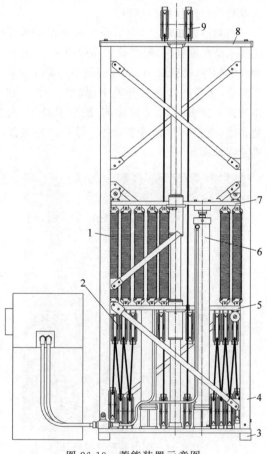

图 26-19　蓄能装置示意图

1—弹簧阵列；2—滑轮阵列；3—下固定板；4—导向柱；5—下挂簧板；6—液压油缸；7—上挂簧板；8—上固定板；9—导向滑轮

油缸的活塞杆顶部铰接在上挂簧板上；上、下固定板的四角分别用导向柱固定，挂簧板的四角分别设有尼龙导向轮，与蓄能器的4根导向柱相配合；上、下挂簧板中心设有导向套，在升降过程中沿导向柱移动，以使上、下挂簧板的上下运动平稳且定位准确。

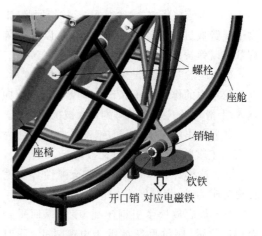

图 26-21　座舱底端的电磁吸盘

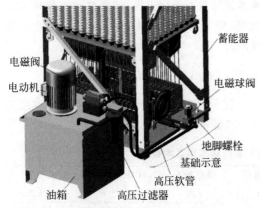

图 26-20　蓄能装置与液压站

弹簧阵列的蓄能与释放原理：

能量积蓄过程——下挂簧板保持静止，液压油缸驱动上挂簧板沿导向柱上升，上挂簧板拉紧弹簧阵列，弹簧在拉伸过程中逐渐积蓄弹性能，顶部输出端钢丝绳的自由端锁定，钢丝绳处张紧态。

能量释放过程——顶部输出端钢丝绳自由端解除锁定，钢丝绳回缩，拉簧回弹，带动下挂簧板上升，进而带动上滑轮组上移，钢丝绳自由端带动座舱抛向空中。钢丝绳的瞬时拉升量为

$$S = An/1\,000\ (\mathrm{m}) \qquad (26\text{-}1)$$

式中　A——弹簧的预拉伸距离，mm；
　　　n——滑轮阵数。

4. 电磁吸盘

电磁吸盘是锁定和释放座舱的装置，由上、下2部分及检测控制部分构成。上部分吸力盘固定于座舱底端（见图 26-21），下部分电磁铁设置在平台上（见图 26-22），通过平台结构与基础牢固连接。平台上还设置有电插销，用于座舱锁定的二次保护装置及检测其锁定情况的接近开关，以防座舱意外释放。

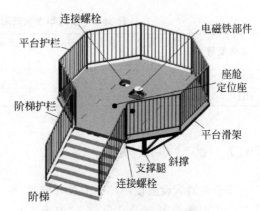

图 26-22　平台结构示意图

5. 控制系统

控制系统是整套设备的控制枢纽，牵引钢丝绳的张紧放松、电磁吸盘的吸合与释放等动作由其控制，其主要工作过程和原理为：

(1) 牵引钢丝绳呈放松状态，将座舱吸于电磁铁上，同时电插销保险亦锁定座舱。

(2) 乘客进入座舱，按规定系好安全带、压紧安全压杠。

(3) 根据乘客不同的体重范围确定上升位置，使蓄能装置的液压油缸带动上挂簧板沿导向柱上升至适当位置（此时座舱保持不动，下挂簧板静止、上挂簧板带动拉簧阵列拉伸并储备巨大的弹性能，钢丝绳张紧）。

(4) 再次对上升位置与上升最低位标尺进行确认后，发出弹射指令，电插销被解锁、吸力盘电磁铁释放。

(5) 座舱被释放,钢丝绳回缩,拉簧回弹,带动下挂簧板进而带动上滑轮组上移,以滑轮阵列数乘以弹簧的预拉伸量带动座舱抛向空中。

(6) 座舱达到预设定的最大弹射高度后,在座舱重力的作用下开始下落,向蓄能装置反向输入,上滑轮组下移,弹簧阵列再次被拉伸蓄能。

(7) 当作用在座舱上的钢丝绳向上的合力再次大于座舱重力时,座舱又被抛起。

(8) 这样经若干次循环,直至弹性势能消耗变为阻力功,座舱停止上下运动。

(9) 最后放松牵引钢丝绳,座舱返回平台至初始位置,座舱重新被吸于电磁铁上,同时电插销保险亦锁定座舱,乘客解除安全束缚装置依次离开座舱。服务人员继续迎接新的乘客,开始下一个工作循环。

弹射蹦极对场地设施有一项特别的要求:上方净空应不小于塔杆高度的2倍,且前后方向的安全距离应各不小于10 m。其他的场地设施包括安全围栏、排队区、操作室与操控台、乘客须知与安全标识等,这些基本与旋转木马类似,相关具体内容参见15.4节,此处不再赘述。

26.6.3 主要技术参数

表26-6列出了淄博华龙游乐设备有限公司火箭蹦极的产品规格和基本参数。

表26-6 淄博华龙火箭蹦极产品的规格和基本参数

规格型号	塔杆高度/m	左右塔杆中心距/m	弹射高度/m	额定乘员/人	占地面积/m²	装机容量/(kV·A)
BJH24-2A	24	12	32	2	15×25	15
BJH28-2A	28	14.5	36	2	15×28	15

26.7 部分事故案例

安全是游乐设施使用环节的核心要素,经营者必须时刻绷紧安全这根弦。"前事不忘,后事之师",下面选择了几个有代表性的事故案例,以警示经营者更加重视安全,避免悲剧重演。

26.7.1 案例一

1. 事故概况

某年秋天,江南某游乐场内的"峡谷漂流"游乐项目正在运行,当时1名妇女和2名男孩乘坐一漂流船(见图26-23),在船到达提升机下端处时传输带暂时停了下来,2名男孩以为到达终点了,就从漂流船上下来,并沿提升机木制传输带往上走。

不久之后,操作室内的作业人员从监控器中看到漂流船已到达传输带下端,又启动了提升机,此时在传输带上行走的2名男孩已到达最高点附近,传输带的突然启动致其中1名男孩反应不及,因惯性跌倒后被卷入提升机下受

图26-23 涉事的峡谷漂流

挤压后不幸死亡,另1名男孩因及时跳下并未受伤。

2. 事故原因分析

此次事故的直接原因是当值操作人员严重违反操作规程:①在待客放筏前未提前启动提升机;②当载客漂流筏到达提升机下面后,仍未及时启动提升机;③在开启提升机前,未查看漂流船上的游客状况以及漂流船周围的情况,未确认游客是否处于安全状态。

与此同时,当值的站台服务人员也未严格按照操作规程的要求向游客讲解安全注意事

项,在发现有游客沿传送带往上行走后既没有及时干预,也未提醒操作人员不要启动提升机。

此次事故也暴露了运营使用单位在安全管理上的问题:作业人员的安全责任意识欠缺,管理方对员工的安全责任教育与职业技能培训欠缺,现场安全管理存在制度性缺陷,未根据项目需要专设监视屏监护人员,以致该岗位人员长期缺失。安全管理人员对作业人员现场操作的监督不力,对工作任务分配中存在的缺陷失于查究也是重要的因素。

事故调查组最后认定,该事故是一起因操作人员违反操作规程而造成的责任事故。

对相关责任方的处理情况:事故设备的运营使用单位被处以行政罚款,当值操作人员被移送司法机关处理,当值站台服务人员予以开除处理,运营使用单位的相关部门经理、董事长助理、法定代表人在公司内也分别被处分。

3. 预防同类事故的措施

(1) 运营使用单位立即组织、全面开展针对全体操作人员及现场服务人员的安全培训和教育,切实提高员工的安全与责任意识,并在日常运营中加大监督抽查力度,督促相关作业人员严格按照操作规程作业,杜绝违章违规行为。

(2) 加强对游客的教育,充分告知其乘坐注意事项与相关安全常识,切实防范游客在河道中以及尚未完全到达下船站台前的不安全行为。

(3) 加强对视觉盲区的监控,并可在河道沿线以及船体提升传输带附近增设更多禁止游客站起和离船的警示标志。

26.7.2 案例二

1. 事故概况

金秋时节,西南某动物园的"挑战者之旅"游乐项目(即大摆锤)正在运行中,当值操作人员在起落平台正在升起、尚未回位至正常位置时,上前对乘客进行安全带解除操作,在其走到地面与升降平台钢板的交界边缘时,不慎滑倒,并掉入2块平台钢板之间的间隙,头颈被收拢运动中的钢板夹住,顷刻被活活挤死。

2. 事故原因分析

据了解,事发当日该动物园游客很多,打算乘坐"挑战者之旅"游乐项目的游客排起了队伍。也许是为了减少游客的等待时间,当值操作人员(死者本人)在大摆锤刚停下、升降平台尚未完全升到位——钢板正处于合拢过程中时,就提前踏上钢板为游客解除安全带以加速游客离座。但很不巧,其刚好踩中了尚未清理的呕吐物,瞬间滑倒并被夹入2块钢板缝隙中挤死。

图 26-24 为事发后的现场照片。

图 26-24　事发后的现场照片

该事故的直接原因是操作人员自我安全保护意识淡薄,未按照操作规程作业导致的,但更深层次的原因是运营使用单位的安全管理问题:

(1) 运营使用单位的安全管理责任并未得到有效落实,安全管理人员未经过专项安全培训,未取得安全管理资格证书。

(2) 运营使用单位制定的操作规程有瑕疵,对操作人员进入升降平台的时间点未进行严格限定。

(3) 运营使用单位疏于现场安全管理,未及时发现和制止操作人员的不安全行为。

作为场地提供方的动物园管理处,在平日的安全教育时着重对游客的安全防护,缺少对工作人员自身的安全防护意识培养。

3. 预防同类事故的措施

(1) 运营使用单位应严格规范对作业人员

的管理,强化对员工的各项安全(包括自身安全)知识教育。

(2) 运营使用单位应对操作规程中各种可能引发意外的细节进行审慎评估,重新修订操作规程,并对相关作业人员重新进行作业技能培训,使他们不仅要了解、熟悉相关的操作规程,还要能够真正理解其中的各项具体要求。

(3) 运营使用单位应加强对作业人员的抽查力度,督促作业人员严格遵守操作规程。

作为场地提供方的公园管理处,也应切实履行其安全管理义务,严格审查承租的运营使用单位的资质和安全管理能力,督促承租运营使用单位将安全管理制度落到实处。

26.7.3 案例三

1. 事故概况

某年9月,西北某游乐场的"极速风车"游乐项目(见图26-25)正在运行,设备启动后不久,有一排座舱先后有2名男孩从空中掉下来,工作人员反应过来后立即按下急停按钮,设备渐渐停了下来但此时座舱已上升至六七米的空中,这一排剩下的3名游客依然保持着倒立姿势,没等大家缓过神,坐在中间的女生也重重地摔在设备围栏外。医护人员不久后赶到现场将受伤的游客紧急送往医院救治。

图 26-25 涉事的极速风车

2. 事故原因分析

该"极速风车"游乐设施有多个自由度,6组呈辐射状分布的座舱可绕与平衡臂连接处的回转中心以较高的速度旋转,每组座舱可分别绕各自的中心轴自由翻滚,平衡臂(后端设

有平衡重)带动座舱绕平衡臂中点的回转支承中心轴以较低的速度旋转。游客在乘玩该设备时,身体可能会不时地呈倒挂姿势(可见图26-26),故其在设计时采用了压肩护胸式压杠,并且每个压杠均设有检测及安全联锁控制机能,在正常情况下,任何一副压杠未压到位或未有效锁紧时设备都是无法启动的。

图 26-26 正常运行中的极速风车

不难判断,事发前该设备有一组座舱(3名游客先后坠落是同一排座位)的压杠安全联锁控制机能已失效,怀疑其被有意短接。至于为什么要短接,不排除由于之前此排座椅的压杠锁紧控制信号不时会发生误报(压杠实际已锁紧,但检测得到的信号为未锁紧),导致操作人员经常无法一次性正常启动设备。维修人员无法彻底排除问题,索性将其联锁控制信号短接,暂时停用这排座椅。因缺乏实证资料,无从判断事发前运营使用单位是否曾劝阻游客不要登上这排座椅,但可以确认事发前这排座椅坐满了5名游客,而且很有可能他们在入座前并未遇到任何形式的劝阻,坐好后也没有人来为他们检查压杠是否有效锁紧。

事故调查也证实,事发前操作人员对游客安全保护装置的检查确认存在疏漏。由此可以更为完整地还原本次事故的前因后果:

(1) 维修人员在之前的检修过程中已解除了其中一排座舱的压杠安全联锁控制机能,运营使用单位对这排座舱不能载客也是知情的。

(2) 平时乘坐该游乐项目的人不多,站台服务人员引导游客入座时会有意避开这一排座位。

(3) 这排座位上并未设置有效的提醒,即不能乘坐的文字和警示标识。

(4) 事发当天游客较多,等候乘坐的游客队伍排得很长,站台服务人员在忙于接待游客时忘记了还有一排座椅是不能乘坐的,但5名不知情的游客顺利登上了这一排座舱。

(5) 操作人员启动设备前并未对全部座舱的安全压杠逐一进行检查确认,而安全联锁控制系统并未报任何异常,操作室内的人员认为一切就绪后按下了启动开关。

3. 预防同类事故的措施

(1) 运营使用单位在设备运行时发现故障,应及时联系制造厂家解决,故障或问题涉及联锁控制或其他安全机制时,绝不允许维修人员擅自屏蔽,或改变控制逻辑。

(2) 运营使用单位因故确实需要临时停用个别座舱时,应在该座舱处逐个设置不易移除的、醒目的提醒文字和警示标识,避免不知情的乘客误入座舱。

(3) 运营使用单位应加强员工安全教育,切实提高员工的安全与责任意识,并在日常工作中加大监督抽查力度,督促相关作业人员严格按照操作规程作业,杜绝违章违规行为。

(4) 制造厂家应努力提高产品质量,保证主要控制回路的可靠性,尤其是直接涉及乘客安全的联锁控制等与安全机制相关的电路的可靠性。

26.8 相关标准

标准是安全技术规范的技术支撑,近年来涉及游乐设施的国家标准正在不断调整与修订。以下列出了现行的大部分相关标准,有需要的读者可查阅相关的正式出版物。

GB 8408—2018《大型游乐设施安全规范》

GB/T 18158—2019《转马类游乐设施通用技术条件》

GB/T 18159—2019《滑行车类游乐设施通用技术条件》

GB/T 18160—2008《陀螺类游艺机通用技术条件》

GB/T 18161—2020《飞行塔类游乐设施通用技术条件》

GB/T 18162—2008《赛车类游艺机通用技术条件》

GB/T 18163—2020《自控飞机类游乐设施通用技术条件》

GB/T 18164—2020《观览车类游乐设施通用技术条件》

GB/T 18165—2019《小火车类游乐设施通用技术条件》

GB/T 18166—2008《架空游览车类游艺机通用技术条件》

GB/T 18167—2008《光电打靶类游艺机通用技术条件》

GB/T 18168—2017《水上游乐设施通用技术条件》

GB/T 18169—2008《碰碰车类游艺机通用技术条件》

GB/T 18170—2008《电池车类游艺机通用技术条件》

GB/T 20306—2017《游乐设施术语》

GB/T 20050—2020《大型游乐设施检验检测通用要求》

GB/T 20051—2006《无动力类游乐设施通用技术条件》

GB/T 27689—2011《无动力类游乐设施儿童滑梯》

GB/T 28265—2012《游乐设施安全防护装置通用技术条件》

GB/T 28622—2012《无动力类游乐设施术语》

GB/T 28711—2012《无动力类游乐设施秋千》

GB/T 30220—2013《游乐设施安全使用管理》

GB/T 31257—2014《蹦极通用技术条件》

GB/T 31258—2014《滑索通用技术条件》

GB/T 34021—2017《小型游乐设施 摇马和跷跷板》

GB/T 34022—2017《小型游乐设施 立体攀网》

GB/T 34272—2017《小型游乐设施安全规范》

GB/T 37219—2018《充气式游乐设施安全规范》

GB/T 34370.1—2017《游乐设施无损检测 第1部分：总则》

GB/T 34370.2—2017《游乐设施无损检测 第2部分：目视检测》

GB/T 34370.3—2017《游乐设施无损检测 第3部分：磁粉检测》

GB/T 34370.4—2017《游乐设施无损检测 第4部分：渗透检测》

GB/T 34370.5—2017《游乐设施无损检测 第5部分：超声检测》

GB/T 34370.6—2017《游乐设施无损检测 第6部分：射线检测》

GB/T 34370.7—2022《游乐设施无损检测 第7部分：涡流检测》

GB/T 34370.8—2020《游乐设施无损检测 第8部分：声发射检测》

GB/T 34370.9—2020《游乐设施无损检测 第9部分：漏磁检测》

GB/T 34370.10—2021《游乐设施无损检测 第10部分：磁记忆检测》

GB/T 34370.11—2021《游乐设施无损检测 第11部分：超声导波检测》

GB/T 34371—2017《游乐设施风险评价总则》

GB/T 34519—2017《摇摆类游艺机技术条件》

GB/T 36668.1—2018《游乐设施状态监测与故障诊断 第1部分：总则》

GB/T 36668.2—2018《游乐设施状态监测与故障诊断 第2部分：声发射监测方法》

GB/T 36668.3—2018《游乐设施状态监测与故障诊断 第3部分：红外热成像监测方法》

GB/T 36668.4—2020《游乐设施状态监测与故障诊断 第4部分：振动监测方法》

GB/T 36668.5—2020《游乐设施状态监测与故障诊断 第5部分：应力检测/监测方法》

GB/T 36668.6—2019《游乐设施状态监测与故障诊断 第6部分：运行参数监测方法》

GB/T 37219—2018《充气式游乐设施安全规范》

GB/T 37600.4—2019《全国主要产品分类产品类别核心元数据 第4部分：公共游乐场的游乐设施》

GB/T 39043—2020《游乐设施风险评价危险源》

GB/T 39079—2020《大型游乐设施检验检测加速度测试》

GB/T 39080—2020《游乐设施虚拟体验系统通用技术条件》

GB/T 39417—2020《大型游乐设施健康管理》

GB/T 41106.1—2021《大型游乐设施检查、维护保养与修理 第1部分：总则》

GB/T 41106.2—2021《大型游乐设施检查、维护保养与修理 第2部分：轨道类》

GB/T 41106.3—2021《大型游乐设施检查、维护保养与修理 第3部分：旋转类》

GB/T 41106.4—2021《大型游乐设施检查、维护保养与修理 第4部分：升降类》

GB/T 41106.5—2021《大型游乐设施检查、维护保养与修理 第5部分：水上类》

GB/T 41106.6—2021《大型游乐设施检查、维护保养与修理 第6部分：虚拟体验类》

第3篇

洗车修车设备

第27章

洗车设备概述

27.1 洗车设备的概念及分类

27.1.1 概念

洗车设备是能够实现清洗车辆表面、风干、打蜡等工作的机器设备。

洗车设备适用于汽车类等箱式车辆,并可根据客户提出的要求另行配置底盘清洗及高压喷水系统。

洗车设备整机根据国家标准制成,主要由控制系统、电路、气压管路、水压管路、液压管路和机械部件等部分构成,经过防锈处理及表面喷涂处理,达到质量标准,能够实现洗车功能。

27.1.2 分类

1. 按设备的结构形式分类

1) 移动式洗车设备

常见的移动式洗车设备有喷头式低压洗车机、移动式高压清洗机及移动式蒸汽清洗机等,如图 27-1 所示。其可以将车辆表面与灰尘、污垢分离,最后人为进行擦洗,实现洗车的目的,适用于固定地点的单位及家庭单辆次洗车。

2) 无刷式洗车设备

《汽车外部清洗设备》(JT/T 1050—2016)中对无刷式洗车设备的定义为:"采用高压喷

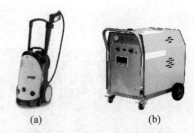

图 27-1 移动式洗车设备
(a) 移动式高压清洗机;(b) 移动式蒸汽清洗机

淋和/或吹风装置,对汽车外部表面进行清洗工作的设备",类别代号为 B。

无刷式洗车设备是采用固定的底座机架,将移动横梁系统、喷淋系统、红外测量系统融为一体的自动化洗车设备,如图 27-2 所示。其具有自动化程度较高、清洗效果好、无须人为干预的特点。无须过多的人为干预,可以满足

图 27-2 无刷式洗车设备

追求效率与档次的洗车消费者的要求,适用于固定地点的高效、批量洗车任务的固定洗车店。

3) 往复式洗车设备

《汽车外部清洗设备》(JT/T 1050—2016)中对往复式洗车设备的定义为:"框架立式洗车装置沿轨道前后往返移动,对汽车外部表面进行清洗工作的设备",类别代号为 R。往复式汽车清洗设备是指汽车停在指定的区域,利用洗车机上的横刷,对车辆进行来回清洗和吹干,洗车机按照一定的程序在导轨上往复移动洗车,同时执行洗车指令的工作方式,如图 27-3 所示。

图 27-4 隧道式洗车设备

图 27-3 往复式洗车设备

4) 隧道式洗车设备

《汽车外部清洗设备》(JT/T 1050—2016)中对隧道式洗车设备的定义为:"由输送装置带动被清洗汽车,通过洗车设备内部的各种装置,对汽车外部表面进行清洗工作的设备",类别代号为 T。隧道式洗车设备工作时,洗车机不动,汽车在机器的拖动下,缓慢通过洗车机的工作区域,洗车机按照相应的指令程序清洗汽车的工作方式,如图 27-4 所示。例如隧道式连续洗车机、大型隧道式(无轨电车、大巴、地铁、旅客列车)清洗机。

5) 通道式洗车设备

《汽车外部清洗设备》(JT/T 1050—2016)中对通道式洗车设备的定义为:"汽车以不高于 5 km/h 的速度驶过洗车通道,通过洗车设备内部的各种装置,对汽车外部表面进行清洗工作的设备",类别代号为 C。通道式洗车设备与隧道式洗车设备有相似之处,其区别在于通道式洗车设备是车辆自行通过洗车机,完成清洗工作。而隧道式洗车设备是车辆被输送带拖带通过洗车机,完成清洗工作。因此通道式洗车设备适合大型车辆的清洗作业,隧道式洗车设备适合小型车辆的清洗作业。因通道式洗车设备与隧道式洗车设备相似,主机部分基本相同,可以参考隧道式洗车设备,故本书未单独加以介绍。

2. 按洗车技术分类

按洗车技术分类,主要有无接触的喷射法和有接触的刷毛法两大类。

1) 无接触的喷射法洗车设备

无接触的喷射法洗车设备主要包括 2 种类型,即高压蒸汽洗车设备和高压常温水洗车设备。高压蒸汽洗车设备多是小型,而高压常温水洗车设备既有小型移动的,又有大型的。图 27-5 所示为无接触的喷射法洗车设备,主要

图 27-5 无接触的喷射法洗车设备

由电动机、离心水泵、喷头及清洗台组成。在专用的汽车外部清洗台上,顶部设有可旋转的L形喷头支架,用以清洗汽车顶部和两侧。在清洗台的侧面设有离心水泵,将水增压至0.2~0.4 MPa,经清洗管路送至各喷头。

2) 有接触的刷毛法洗车设备

有接触的刷毛法洗车设备是目前比较常用的设备,主要由电动机、低压水泵、管路、喷头、滚刷等部件组成,如图27-6所示。

图27-6 有接触的刷毛法洗车设备

3. 按使用场景分类

1) 商用洗车设备

商用洗车设备主要用于传统洗车店、4S店、加油站等经常洗车的场景,如图27-7所示。

图27-7 商用洗车设备

2) 家用洗车设备

家用洗车设备主要用于日常家用简单清洗车辆,不仅节省了出门和等待洗车的宝贵时间,也大大降低了洗车的成本。图27-8所示为家用洗车设备。

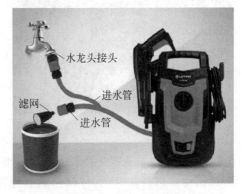

图27-8 家用洗车设备

3) 自助洗车设备

(1) 小型自助洗车设备。小型自助洗车设备一般安装在小区,采用微信支付、支付宝等支付方式。车主自行洗车的小型洗车设备,是集成了高压清洗和自动收款设备的新型智能化洗车设备。一般清洗的是小型家用汽车,因为需要车主自己进行洗车,对设备也有较高的要求,可满足一般的清洗要求。图27-9所示为小型自助洗车设备。

图27-9 小型自助洗车设备

(2) 大型自助洗车设备。大型自助洗车设备是集成了往复式洗车机和自动收款设备的大型智能化洗车设备。它可以对不同类型的小型车辆表面及底盘进行全方位高压冲洗、仿形刷洗、固定风干、打蜡、镀膜。图27-10所示为大型自助洗车设备。

大型自助洗车设备的操作界面采用全中文显示,可实施人机对话,实现无人操控、智能洗车;采取多重安全保护,确保设备能长期正常运转。

图 27-10　大型自助洗车设备

无人值守的洗车流程为：车辆停车到位，扫码支付，洗车机自动启动，付款完成后设备自动洗车，3～5 min 洗车完成，自动风干，完成洗车。

27.2　洗车设备的发展

27.2.1　国外洗车设备的发展

欧洲是汽车产业的发源地，也是洗车行业的先驱。在汽车工业的发展过程中，洗车行业成为必不可少的汽车延伸服务领域。

随着汽车数量的急剧增加，洗车需求应运而生。为缓解劳动力匮乏的影响，提高工作效率，从 20 世纪 30 年代开始，自动洗车服务逐渐发展起来，洗车机技术已较成熟。尤其近年来，欧美自动洗车设备的技术已达到了很高的水平，无论是技术、工艺方面，还是清洗洁净度方面，保持着自动洗车行业的领先地位。

德国为节约洗车用水，动用了价格杠杆调高水价。近来德国的水价几乎翻了 1 倍，现在居民惜水如金；澳大利亚为了节水，规定无回收二次利用水资源的商业洗车业一律关闭，大大减少了洗车用水量。

美国通过限制排污来鼓励企业和公民节约用水。企业排污许可证实施额度限制，节余的排污量可以在纽约证券交易所进行交易，从而刺激企业自发地控制排污量。促使洗车业的污水几乎零排放，大都采用高气雾洗车机，每台车洗车用水量仅需 3 L，且配备污水设备，处理后排放，以减少环境污染。美国自助洗车已成为生活的一部分，车主到自助式便捷洗车站，通过刷卡、投币、第三方支付系统完成支付，自己动手洗车。目前自助式洗车设备遍布各个加油站、高速服务区、大型停车场、城镇及乡村社区等场所，普及了自助洗车方式，在节约社会资源的同时也把自助洗车当成了锻炼身体的方式。

日本是洗车设备发展最快的国家，也是洗车机生产大国，这得益于其汽车业的快速发展及汽车市场的成熟。日本的智能洗车设备带动了洗车业的发展，形成了洗车连锁店的业态。

27.2.2　国内洗车设备的发展

随着我国人民生活水平的日益提高，小型轿车迅速进入了千家万户。根据公安部发布的汽车统计数据，中国汽车保有量的变化趋势见图 27-11，期间年平均增长率达到了 11.9%。

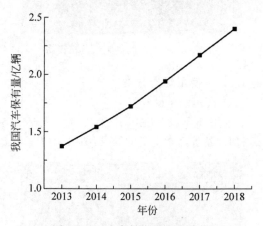

图 27-11　汽车保有量变化趋势

随着我国汽车产业的大发展和社会汽车保有量的快速增长，以汽车清洗美容保养为主的"汽车后市场"服务行业也得到快速发展。成千上万的汽车清洗美容服务店铺如雨后春笋般发展起来。参照美国的洗车市场经验，按平均每 3 000 辆汽车配置一个洗车行计算，我国的汽车清洗行业发展前景不可估量。现在国内汽车清洗行业对洗车设备、技术、工艺的"节能、环保、效率"要求越来越高，竞争愈加激烈。

由于起步较晚,洗车业经营模式主要是以洗车店(点)为车主提供洗车服务,其中以人工服务为主,自动化洗车服务为辅。与国外的洗车设备相比,我国全自动洗车机业处在产业快速发展阶段。从以前的路边人工擦车发展到现在的全自动电脑洗车机、蒸汽洗车机,整个洗车机设备行业发生了巨大的变化。

现在国内的大型洗车机主要以仿形洗车机为主,品牌与样式繁多,洗车机整体水平有了很大提高。

仿形机与智能机的工作原理有很大的不同。仿形机技术是按照刷毛电动机电流的变化控制刷毛上升或下降、前进或后退,达到仿形清洗的目的。采用仿形机技术,可实现多种类型车辆表面清洗的要求,并且在洗车过程中起到保护车体的效果。但因使用的传感器少、控制算法等问题,基本上使用根据电流传感器反馈刷毛电动机的电流变化来控制刷毛的运动,使控制效果大打折扣,导致清洗效率低、安全性能差。这些问题影响了传统洗车业的进一步发展。

随着社会劳动力成本的上升以及蓬勃发展的汽车工业对"高效、节能、环保"清洗行业的追求,在洗车市场巨大的需求牵引下,先进的自动化洗车设备的需求高潮已经到来。人工智能技术的导入,预示着新一代"更高效、更环保、更安全"的全自动洗车机正逐步投放市场。因此,作为替代传统手工洗车的自动洗车设备越来越受市场的欢迎,同时对洗车设备的自动化及可靠性要求也将越来越高。

27.2.3 洗车设备技术的发展趋势

随着我国环保政策日益趋严,洗车行业将逐步向标准化、规范化方向发展,洗车机可以满足降低运营成本、缓解管理难度、节约水资源、提升行业效率等多方面要求,新技术的发展又为洗车机的发展注入了活力,将成为行业未来的发展趋势。

1. 智能洗车

随着人工智能技术的不断发展,智能洗车模式可同时满足企业运营、消费者需求、环境保护等多方面的要求,成为洗车行业新的发展趋势。

在智能洗车模式下,有洗车需求的车主,可根据车载操作系统的引导,驶入就近的智能洗车站。在语音提示下于指定位置停好车辆,扫码付款后,便开始全自动智能洗车,如图27-12所示。

图 27-12 智能洗车——无人值守洗车机

智能洗车可实现全自动无人操作,解决了传统人工洗车和普通自动化洗车效率低下、污染环境、价格高等诸多问题,深受消费者喜爱。随着汽车保有量的增加,洗车需求也增加,未来的智能洗车市场潜力巨大。

2. 蒸汽洗车

蒸汽洗车是汽车清洗美容馆的护理服务项目。高压蒸汽既可消毒,又可除污,有独特的热分解功能,能迅速化解泥沙和污渍的粘黏性质,使其脱离车辆表面以达到清洗的目的。

众所周知,蒸汽有很强的热降解物理特性,当其对车辆表面喷射时,在热降解的同时,蒸汽喷射出来的低温蒸汽压力冲击波近于行车速度时的90~100 km/h,将黏在车辆表面的污染物一扫而光;然后进行抹擦,所以对车漆伤害较小,同时中性蒸汽清洗蜡水会在车漆表面迅速凝固,形成蜡膜保护漆面。

蒸汽洗车不是单纯的高压加冷水的冲洗过程,而是通过蒸汽干燥的特性,以适当的压力和温度对汽车的每个细微部位进行清洁、杀菌、消毒、除味,从而达到更好的洗车清洁度。其可对汽车的各个部位进行清洗,将简单的清洗提高为精洗,更密切地关注车主的健康。

3. 微水洗车

微水洗车主要起源于较缺水的国家,如新加坡。较大的汽车保有量让新加坡洗车业所用的水资源倍感压力,当地政府提倡环保和科学的洗车方法,促进了微水洗车技术的繁荣发展。

微水洗车是通过在清水中加入特殊的洗车物质,可以加快车辆表面与灰尘、污垢的分离,用清洁的毛巾蘸少量清水进行擦洗,就可以达到洗车的目的。同时在微水洗车的过程中,无须额外用清水冲洗。

清水中加入的特殊洗车物质,包括活性剂、浮化剂、悬浮剂等,不仅可以快速地清洁车辆,还可以起到打蜡、上光的作用。

微水洗车对环境友好,既可减少对环境的污染,又可达到节约用水的目的。微水洗车可用不同的养护剂对车辆的不同部位进行保养,从而使车身外漆、车窗玻璃、前后保险杠、全车轮胎、内部皮革等部位得到有效保养。如通过在清水中加入特殊清洗剂洗车时,汽车车漆上会形成一层保护膜,可起到抗静电、防紫外线、防酸碱性雨水侵蚀等作用,有效地降低雨、雪、风、沙等对车辆的伤害。

微水洗车是一项新复合技术,随着汽车市场的发展,对微水洗车的需求将会越来越大。

通过上述综合分析,在可以预见的未来,我国洗车机设备发展空间巨大,洗车机将朝着"环保化、智能化、节水型"方向发展。

第28章

洗 车 原 理

自动化洗车设备常用的洗车方法是无接触的喷射法和有接触的刷毛法,两种方法各有优、缺点,本章对这两种常用的方法加以讨论。

28.1 无接触的喷射法

28.1.1 喷头

1. 喷头的种类及工作原理

喷头是洗车机的重要组成部分,如图 28-1 所示。其作用是把有压水流喷射到空中,散成细小的水滴,并均匀喷洒在汽车表面上,将污物清除。因此喷头的性能、结构形式及制造质量的好坏直接影响洗车的质量。

图 28-1 喷头

喷头是高压水射流发生装置的最终执行元件,其性能好坏直接影响车辆清洗的结果。喷头按形状可分为圆柱形喷头、扇形喷头、异形喷头等,按孔数可分为单孔喷头、多孔喷头,按压力可分为低压喷头、高压喷头、超高压喷头等。下面按形状分类介绍喷头的类型。

1) 圆柱形喷头

此类喷头是在圆锥收敛形喷头的基础上发展起来的,是目前最常用的一种连续水射流喷头。图 28-2 所示为 3 种常见的圆柱形喷头:(a)为典型的高压圆柱形喷头,其压力最高可达 200 MPa,由喷头套与喷管相连接,一般用于喷枪,其收敛段长度和角度保证了射流集束性。(b)为微型圆柱形喷头,此类喷头可以制作得很小,属于超高压喷头,为了保证喷头的定位与密封,常附以喷头套和喷头体做成的组件,然后再与喷管连接。(c)为组合式圆柱形喷

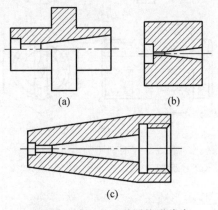

图 28-2 常见的 3 种圆柱形喷头
(a) 典型的圆柱形喷头;(b) 微型圆柱形喷头;
(c) 组合式圆柱形喷头

头，其自带螺纹，可直接与喷管连接。

2) 扇形喷头

扇形喷头直接由喷头形状产生平坦均匀的扁平射流，其射流致密性好，扩散角也可在较大范围内变化，其应用依据流量、流速、射流覆盖面的不同而不同。扇形喷头的清洗面积比圆柱形喷头大得多，因而成功应用于清洗与保洁类作业中。由于其射流的极度扩散，射流的能量及打击压力损失很大，因此在实际使用中常常需要较高的压力。

典型的扇形喷头的结构如图 28-3 所示。图中给出的是 GPZ 系列 2 种典型的扇形喷头，其内镶嵌扇形芯体，工作压力范围在 2～50 MPa 之间，在不同的压力下，具有不同的流量、喷射角及打击力。其中，(a)普遍扇形喷头通过轴套与管道接口连接，可以通过改变喷头连接时的旋向来实现其喷射方位的调节；(b)螺纹连接的扇形喷头通过自身螺纹与管道接口连接，自带连接螺纹的缺点是不利于扇形射流位置的调整，因考虑到扇形喷头射流的方向性，喷头仅靠连接件控制。这两种喷头属于组合型扇形喷头，加工虽复杂，但成型可靠、适应面广、便于系列化。

面，可以防止空气卷裹射流。其结构是将不同形状的喷头芯置于外螺纹喷头体内与喷管连接。

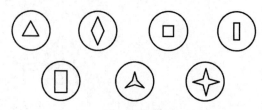

图 28-4 异形高压喷头

采用异形喷头的射流比传统的圆柱形喷头的性能有较大提高，更主要的是异形喷头降低了水射流的压力和功率。

4) 高压旋转喷头

一般将由喷头和喷头体等多个零件组成的喷射设备部件叫作喷头组件，喷头组件仅为喷头的一个部件，喷头组件除具有喷头的功能外，还具有旋转、多束等功能。

一般的旋转射流是指在射流喷头不旋转的条件下产生的具有三维速度的、射流质点沿螺旋线轨迹运动而形成的扩散式射流，其特点在于外形呈明显扩张的喇叭状，具有较强的扩散能力和卷吸周围介质参与流动的能力，并能够形成较大的冲击面积，产生良好的雾化效果，常用于清洗工作。

旋转喷头则是喷头本身旋转，使得从喷头口喷出的射流除了具有一定的旋转射流的性能，更具有其特有的旋转特性。旋转喷头按照其驱动方式的不同，可以分为自动旋转喷头和强制旋转喷头。

(1) 自动旋转喷头。自动旋转喷头是依靠偏心喷头在自身射流作用下产生的反推力来驱动的旋转喷头，其清洗效果好、效率高，因此在高压水清洗技术中得到了广泛应用，如图 28-5 所示。

自动旋转喷头是在喷头上布置有与喷头轴心线不同轴且具有倾角的喷孔，利用射流产生的旋转力矩使喷头上的回转接头高速旋转，带动喷头在管道内做直线运动的具有旋转运动。其缺点是损失部分高压水能量，并且旋转速度不容易控制，被清洗的表面可能形成螺旋

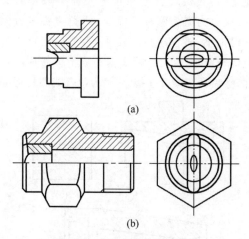

图 28-3 2 种典型的扇形喷头
(a) 普通扇形喷头；(b) 螺纹连接的扇形喷头

3) 异形喷头

为了提高水射流的集束性能，各种形式的异形喷头应运而生。图 28-4 所示为外国公司研制的异形喷头，其产生的射流具有锐边的平

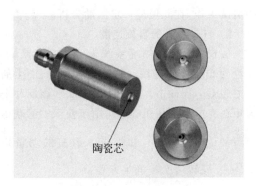

图 28-5 自动旋转喷头

状残留物。

(2) 强制旋转喷头

随着水射流技术的发展,强制旋转喷头可以靠自身连着的喷头软管驱动旋转,由于强制旋转喷头的转速可调,水射流能量损耗少,因而日益受到关注。

2. 喷头的基本参数、性能指标和影响因素

按喷头的工作压力和射程的大小,可以将其分为低压喷头(或称近射程喷头)、中压喷头(或称中射程喷头)和高压喷头(或称高射程喷头),其性能参数值的范围见表 28-1。目前用得最多的是中、近射程喷头,其特点是消耗的能量较小,且比较容易得到较好的喷射质量。

表 28-1 不同类别喷头的性能数值

性能	喷头类别		
	低压喷头	中压喷头	高压喷头
工作压力/(kgf·cm^{-2})	1～3	3～5	>5
喷水量/(mm^3·h^{-1})	<10	10～40	>40
射程/m	<20	20～40	>40

注:1 kgf/cm^2=0.098 MPa,下同。

性能好的喷头,既要求其机械性能好、结构简单、工作可靠,又要求其水力性能好,满足清洗的主要技术要求。如水滴直径小及水量分布均匀,同时在相同的压力和同样流量条件下射程最远。这些要求即相互矛盾又互相制约,所以在设计和使用喷头时应全面考虑各方面的要求。为了能正确使用和设计喷头,需要了解影响射程、喷洒均匀度和水滴直径等水力参数的因素,以便在实践中根据需要调节或选择这些参数,使之符合产品的要求。

1) 喷水量

喷水量(或称喷头流量)是指喷头在单位时间内喷射出来的水的体积。一般用 q 表示,其常用单位为 m^3/h,有时也用 L/s 其换算关系为 1 L/s=3.6 m^3/h。常采用体积法,一般用水表测定:

$$q = AC_d d^2 \sqrt{H} \tag{28-1}$$

式中 q——喷头流量,L/h;
C_d——流量系数,0.9～0.96;
d——喷头直径,mm;
H——喷头进口压力,m;
A——单位换算系数,采用上述单位时 A=12.5。

2) 工作压力

喷头必须在一定的水压力下才能正常工作,喷头正常工作时,所要求的喷头进口处的水压力称为工作压力,一般用符号 H 表示。水压力一般由水泵或利用天然水头供给,常用单位为 mH$_2$O 或 kgf/cm^2,其换算关系为 1 kgf/cm^2=10 mH$_2$O=98.07 kPa。一般用压力表进行测定:

$$H_d = K_d \sqrt{d} \tag{28-2}$$

式中 H_d——工作压力,m;
d——喷头直径,mm;
K_d——水滴粉碎系数,一般喷头 K_d=10～17,较好喷头 K_d=11～14。

3) 射程

射程是指在无风条件下喷头喷射的水流所能达到的最远距离。其表示符号为 L,常用单位为 m。一般将规定喷射强度等于各点喷射强度平均值 5% 的那一点,至喷头的距离作为喷头的射程。射程的大小主要决定于工作压力和喷水量,但也受喷头结构等因素的影响。计算公式如下:

$$L = B\sqrt{dh} \tag{28-3}$$

式中 L——射程,m;

d——喷头直径，mm；
h——压力水头，m；
B——单位换算系数，当角度为 32°时，$B=1.4$；当角度为 21°或 24°时射程分别减少 2%和 4%。

3. 影响射流喷头的因素

1) 喷射仰角

固体在真空中抛射，以仰角 45°时射程最远，但水在空气中喷射时，仰角与射程的关系有所不同。由实验结果得知，当其他因素相同时，喷射仰角为 28°~32°时的射程最远。

2) 转速

当喷头以 1~3 r/min 的速度旋转时，比喷头在静止状态的射程减少 10%~15%，射程越大减少的百分数越大，转速越大减少的百分数也越大。

自由出流喷头的流量可按式(28-4)计算：

$$Q = \mu AF\sqrt{2gh} \quad (28-4)$$

式中 μ——喷头的流量系数，一般取 0.9~0.95；
A——喷头的过水断面积，m^2；
F——喷头的出口压力，等于喷头的工作压力减去喷头内的水头损失，m。

由公式(28-4)可以看出：在喷头大小相同时，流量与压力水头的二次方根成正比。

为了争取更大的射程，就必须力求从喷头射出的水密实透明（即掺气少），表面光滑，水舌内的水流紊动小。为达到这些要求，除了喷头加工应尽量光滑之外，更重要的是进入喷头的水流应经过整直，使水流平稳达到大部分流线平行于轴线。

需要注意的是，清洗车身时应该使用分散水流喷射，切勿用高压水流冲洗，水压过大会损伤车身漆面。如车身上有坚硬的尘泥，先用水浸润，而后用水冲去，以免油漆表面留下擦伤痕迹。

4. 自旋喷头运动及性能分析

因自旋喷头具有较强的扩散能力和卷吸周围介质参与流动的能力，并能够形成较大的冲击面积，产生良好的雾化效果，常用于特殊的清洗工作，在此做进一步运动分析。

1) 自旋喷头的自旋速度

假设自动旋转喷嘴系统为一双喷嘴系统。流量为 Q 的水以速度 v 从喷嘴喷出时，产生的反力为 Qv，反冲击力矩为 $QvR\sin\alpha$。该反冲击力矩在克服摩擦扭矩 M 后，用于使双喷嘴获得旋转动量矩 $J=\dfrac{d\omega}{dt}$，并提供水射流的动量矩 $QR^2\omega$。旋转速度 ω 满足方程：

$$J\frac{d\omega}{dt} - QR^2\omega = Qv\sin\alpha \cdot R - M$$

$$(28-5)$$

式中 J——旋转套的转动惯量，$N \cdot m^2$；
M——旋转密封的总摩擦扭矩，$N \cdot m$；
α——喷嘴倾角，rad。

摩擦扭矩由两部分构成：一部分是支撑件的固体摩擦扭矩 M_0，与旋转速度无关；另一部分是密封件内的流体黏性产生的摩擦扭矩 M_s，与工作压力、环境温度和旋转速度等有关系。

密封流体的黏性摩擦力矩表示为 $M_s = C_1\omega$，其中 C_1 为常数，则可推导出旋转速度公式：

$$\omega = \frac{QvR\sin\alpha - M_0}{QR^2 + C_1}\left[1 - \exp\left(-\frac{QR^2 + C_1}{J}\right)\right]$$

$$(28-6)$$

式中 t——喷嘴从启动算起的旋转时间，s。

当 $t \to \infty$ 时，旋转角速度趋于稳定值：

$$\omega \to \Omega = \frac{QvR\sin\alpha - M_0}{QR^2 + C_1} \quad (28-7)$$

水射流相对于工件的移动速度：

$$U = \Omega R$$

$$= \frac{1}{1+\dfrac{C_1}{QR^2}}\left(v\sin\alpha - \frac{M_0}{QR}\right) \quad (28-8)$$

经过推导可得层流时 C_1 的关系式为

$$C_1 = -\frac{1}{144}\frac{\pi^2 d_2^4}{kq}[(kp - k_0)^3 - k_0^3]$$

$$(28-9)$$

当密封间隙内的流动呈紊流或泰勒涡流时，系数 C_1 应为 $C_1 C_M$，其中 C_M 为实验修正系数。此外,间隙内的液体温度和偏心度对系数C_1的影响应由实验确定。

2) 旋转喷头的清洗性能分析

水射流对车辆表面的清洗机理就是水射流对车辆表面垢层破坏和清除的结果,当高压水射流以一定的角度冲击被清洗表面的污垢时,高压水射流具有的冲击作用、动压力作用、空化作用、脉冲负荷疲劳作用、水楔作用、磨削作用等对车辆表面垢层将产生冲蚀、渗透、剪切、压缩、剥离、破碎,并产生裂纹扩散和水楔等效果。这些作用对清洗效果的影响,在不同条件时可能同时起作用,也可能其中一项或几项起作用,这里仅对旋转喷头的旋转对清洗性能的影响与非旋转喷头加以比较。

与非旋转喷头相比,旋转喷头具有更大、更均匀的射流覆盖面,对垢物的破坏清洗能力也更强,能够更快、更高效地完成清洗工作。

(1) 旋转喷头的喷射面积及清洗效率分析

图28-6所示是一个6孔平面非旋转喷头与一个平面旋转喷头的射流覆盖面示意图,其中阴影部分代表射流覆盖面,空白区域为射流非覆盖区域,可见旋转喷头的射流覆盖面比非旋转喷头的覆盖面积大,分布也更均匀,利于清洗。旋转喷头的转速小到每分钟几转大到每分钟几千转,目前平面清洗机喷头的旋转速度通常可达3 000 r/min,以双孔旋转喷头转速$\omega = 300$ r/min计算,则每秒钟旋转喷头在图28-6(b)中环形阴影区域的每一点循环喷射了10次,这样既避免了非旋转喷头连续喷射造成的"水垫作用",也使得旋转喷头在单位时间内对污垢进行更大范围的多次冲刷,同一清洗

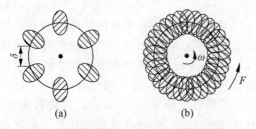

图28-6 旋转与非旋转喷头的覆盖面积
(a) 非旋转喷头覆盖面积;(b) 旋转喷头覆盖面积

工作所需要的时间相对减少,可以在保证清洗效果的同时提高效率,可见旋转喷头相比非旋转喷头具有更大、更均匀的射流覆盖面,清洗效率也更高。

旋转速度对于覆盖面积的大小也有一定的影响,如图28-7所示。

图28-7 旋转速度对于覆盖面积的影响示意图

图28-7中R_1为旋转喷头喷射环形覆盖面的中心半径,R_2为考虑旋转切向速度之后的环形覆盖面的中心半径,如果射流垂直入射时圆形入射面的半径为a,即环形覆盖面的环宽为$2a$,则旋转喷头的环形覆盖面积分别为$4\pi R_1 a$和$4\pi R_2 a$,可见环形面积之比为$R_1 : R_2$,则有:

$$\frac{S_2}{S_1} = \frac{R_2}{R_1} = \frac{\sqrt{R_1^2 + L^2}}{R_1}$$

$$= \sqrt{1 + \frac{v^2 t^2}{R_1^2}} \quad (28\text{-}10)$$

式中 t——射流从喷头喷出到冲击工件所用的时间,$t = 0.001$ s;

v——射流从喷头喷出的初速度,取$v = 300$ m/s;

R_1——旋转喷头喷射环形覆盖面的中心半径,一般取0.1 m。

面积比和切向转速的影响曲线如图28-8所示。

由图28-8可知,在式(28-10)的取值条件下,旋转喷头的环形覆盖面积甚至可以提高到3倍。由于便于定性观察,在取值时有所放大,一般情况下,旋转速度引起的覆盖面积增加量不大。

(2) 旋转速度参数分析

喷头旋转的目的之一是通过增加水射流的移动速度提高清洗效率。可见,喷头的旋转

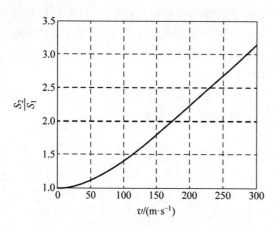

图 28-8 旋转速度对于射流覆盖面积的影响

速度也是提高工作成效的一个因素。因此影响旋转速度的相关因素一直是人们关注和探索的问题。

以双喷嘴旋转喷头为例,其旋转速度方程为

$$\omega = \frac{QvR\sin\alpha - M}{QR^2}\left[1 - \exp\left(-\frac{QR^2}{J}t\right)\right] \quad (28\text{-}11)$$

式中 ω——喷嘴旋转角速度,rad/s;
Q——水流量,L/h;
J——旋转部分的转动惯量,N·m²;
v——水射流在喷嘴出口处的速度,m/s;
t——时间,s;
R——旋转半径,即水射流出口到旋转轴的距离,mm;
α——偏转角,即水射流轴心线与双喷嘴所在平面的夹角,rad;
M——摩擦扭矩,由 O 形圈、轴承等与旋转轴之间的摩擦产生,N·m。

当 $t\to\infty$ 时,旋转角速度趋于稳定值,即

$$\omega \to \Omega = \frac{QvR\sin\alpha - M_0}{QR^2} \quad (28\text{-}12)$$

又有 $v = 44.77\sqrt{p}$,$Q = 2.1D^2\sqrt{p}$,v、Q 都可以转化为 p 和 D 的式子,即

$$\Omega = \frac{44.77\sqrt{p}\sin\alpha}{R} - \frac{M_0}{2.1D^2\sqrt{p}R^2} \quad (28\text{-}13)$$

所以旋转速度主要与喷射压力 p、喷嘴直径 D、偏转角 α、旋转半径 R 及摩擦扭矩相关。推导可知,转速随 p、D 与 α 的增大而增大,转速随 R 的增大先增大后减小,其极值为 $\dfrac{44.77\sqrt{p}\sin\alpha}{R^2} + \dfrac{0.95M_0}{D^2\sqrt{p}R^3}$,转速随摩擦扭矩的增大而减小。

(3) 旋转喷头的打击作用力分析

与非旋转喷头相比,旋转喷头除了具有非旋转喷头一般的如冲击作用、动压力作用、水楔作用等清洗性能之外,更具有明显的疲劳和剪切效应。

材料力学认为,在足够大的交变应力下,材料中较为脆弱的颗粒或晶体沿着最大剪应力作用形成滑移带,滑移带开裂成微观裂纹,分散的微观裂纹经过集结构通,将形成宏观裂纹,已形成的宏观裂纹将在交变应力下逐渐扩展直至断裂,这就是疲劳效应。旋转喷头由于旋转作用使高压水射流循环喷射在污垢层的各个点上,如每秒钟喷射 10 次则射流在污垢层上形成的应力实际上是一种频率为 10 Hz 的交变应力,就能产生疲劳效应加快污垢层的裂纹扩散及扩张,加快其剥落,从而更快地完成清洗任务。而对于旋转喷头来说,射流喷射反推力产生的扭矩使得喷头旋转,反过来射流喷射的冲击力也必然在污垢层整体上产生一个扭矩,这个扭矩将对污垢层产生剪应力,加速其破碎剥落,所以与非旋转喷头相比,旋转喷头具有更强的清洗破碎能力,清洗效果更好。

当高压水射流以入射角 β 喷射被清洗物时,其打击力为

$$F = \rho Qv\cos\beta \quad (28\text{-}14)$$

如式(28-14)不计摩擦扭矩,则有旋转角速度 $\Omega = v\sin\alpha / R$,由此可得喷口处的旋转线速度 $v_{旋} = v_{喷}\sin\alpha$。在不计摩擦的条件下,为了维持喷头的匀速旋转,射流的绝对速度 $v_{绝}$ 的方向一定通过旋转轴心,即不会产生旋转扭矩,这样会有 $v_{绝} = \cot\alpha v_{旋}$,而射流打击力的理论值为

$$F = \rho Qv_{绝}\cos\beta$$
$$= \cot\alpha \rho Qv_{旋}\cdot\cos\beta \quad (28\text{-}15)$$

可见流量、偏转角、密度、入射角不变时，射流打击力的理论值 F 随着旋转速度的增大而增大。

非旋转喷头和旋转喷头整体效果上的不同也会影响打击力的大小，如在某一管道清洗工作中，压力为 70 MPa、流量为 70 L/min，如使用非旋转喷头，为了使射流覆盖面趋近于旋转喷头的效果必然要采用多喷嘴喷头，如采用 6 孔喷头，而旋转喷头采用常用的双喷嘴喷头。根据喷嘴直径经验公式：

$$D = 0.7 \sqrt{\frac{Q}{n\sqrt{p}}} \quad (28\text{-}16)$$

式中　p——压力，MPa；
　　　D——喷嘴直径，mm；
　　　Q——水流量 L/min；
　　　n——喷嘴数量，个。

将式（28-16）代入数据，可求得非旋转喷头每个喷嘴的直径 $D=0.9$ mm，旋转喷头每个喷嘴的直径 $D=1.5$ mm。

可求得非旋转喷头的最大打击力为 66 N，而旋转喷头的最大打击力为 161 N，是非旋转喷头的 2.44 倍，可见其清洗效果比非旋转喷头好。

28.1.2 主要参数的确定

1. 水泵的选型

高压水泵是实现高压清洗必需的核心设备，决定着清洗的效果。水泵选型主要由是泵的压力和流量两个核心参数决定。水泵产生的高压水通过喷头对车辆表面进行冲击，理论上称为最大水射流打击力。不同的倾角表现出的作用差别很大，如图 28-9 所示。

最大水射流打击力 F 可由公式（28-17）计算：

$$F = 0.745 q \sqrt{p} \sin\alpha \quad (28\text{-}17)$$

式中　q——水射流的体积流量，L/min；
　　　p——水射流的压力，MPa；
　　　α——水射流与清洗地面之间的夹角，rad。

由式（28-17）可知，最大理论打击力 F 与

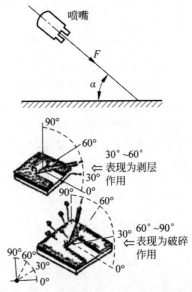

图 28-9　水射流作用力示意图

水射流体积流量 q 成正比，与水射流压力 p 的二次方根成正比。若要提高对车辆表面的清洗效果，增加流量比提高系统压力的作用会更大；同时水射流清洗与车辆表面的夹角 α 越大，打击力越大。目前市场上洗车机水泵的工作流量范围为 150～200 L/min，工作压力范围为 0.5～1 MPa。

2. 管路设计

当高压水从高压泵经过高压管路达到喷头时会有压力损失，因此在管路设计时应当重点考虑高压管路的内径、长度及管内粗糙度等。管路的长度越长，管路变径（由大变小）、弯头（或者转弯的弧度）过多，管内粗糙度越大，造成的压力损失也越大。高压水在管路中的压力损失 Δp 可按公式（28-18）计算：

$$\Delta p = \frac{\lambda \rho L v_m^2}{2d} \quad (28\text{-}18)$$

式中　Δp——压力损失，N/m²；
　　　λ——管子内壁的摩擦系数；
　　　L——管子长度，m；
　　　d——管子内径，m；
　　　ρ——水的密度，kg/m³；
　　　v_m——水的平均速度，m/s。

因此，高压管子内径 d 越大，长度 L 越小，

压力损失 Δp 就越小。在管路设计中,管子内径的选择非常重要,并应尽可能减少管路长度。一般来说,流量为 40 L/min 时,可以选择内径 8 mm 的管路;流量为 40~80 L/min 时,可以选择内径 13 mm 的管路;而流量大于 80 L/min 的系统可以选择内径 16 mm 的管路。为了防止作业时管路中的杂质堵塞喷头,整个高压管路要求采用不锈钢管或者高压胶管,并且安装调试时需要先冲洗管路后再安装喷头。

28.2 有接触的刷毛法

28.2.1 刷毛

有接触的刷毛法的洗车机具有上部和两侧多组刷毛,如图 28-10 所示。未工作时刷毛垂下,工作时刷毛垂直于旋转轴旋转工作。清洗作业时不能损伤车辆表面,非清洗作业待机时刷毛具有安全锁止功能,且刷毛离车辆表面的间隙一般应不小于 150~180 mm。图 28-11 所示为侧刷毛未工作时的状态。

图 28-10 有接触的刷毛法的往复式洗车设备

洗车机刷毛材质需要柔软,常见的有尼龙丝、无纺布、仿鹿皮、EV 泡棉、EVA 泡棉等多种材料。尼龙丝刷毛主要应用于大型车的清洗;无纺布刷和仿鹿皮刷毛多用在进口洗车机上,其优点是亲水性好、清洗比较干净,但缺点是自洁性差,需要经常性清洁,并且需要使用软化处理后的纯水;EV 泡棉刷毛具有材质比较软、清洁性好、延伸性好、价钱便宜的优点,但缺点是拉伸后不易恢复原状;EVA 泡棉因

图 28-11 洗车机侧刷毛未工作时的状态

具有空心结构,故储水性好,且拉伸后易恢复原状,近来得到快速应用。

28.2.2 运动分析

洗车机刷毛清洗作业时的运动如图 28-12 所示。在刷毛离心力的作用下,刷毛张开变形,其旋转运动区域与车辆运动方向产生重叠区域 AC 段。在运动初始阶段,刷毛未与车辆表面接触时,刷毛随刷毛轴旋转运动;当刷毛接触车辆表面时,开始发生变形,类似鞭子抽打车辆表面,并在 AC 段实现滑移,其中在 B 点时滑移段最长,清洁效果最好;最后,刷毛在离心力作用下,再次伸直离开车辆表面,以一定的速度将污物抛出后恢复原始状态。

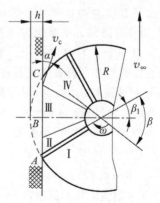

图 28-12 刷毛清洗运动分析

1. 刷毛转速计算

设刷毛在清洗过程中,转过角度 β 所用的时间为

$$t = \frac{30\beta}{\pi n} \quad (28\text{-}19)$$

式中 t——刷毛转过 β 角所用的时间，s；

β——刷毛与车表面的接触角，约为 $2\beta_1$，其中 β_1 为刷毛与车辆表面刚接触时，刷毛与竖直线的夹角；

n——刷毛轴的转速，r/min。

刷毛随着车辆表面运动的距离为

$$s = v_m t = \frac{30\beta}{\pi n} v_m \quad (28\text{-}20)$$

式中 v_m——刷毛与车辆的相对速度，m/s。

由图 28-12 中对刷毛清洗运动的分析可得

$$\beta_1 = \arccos \frac{R-h}{R} \quad (28\text{-}21)$$

式中 R——刷毛半径，m；

h——刷毛的变形量，一般情况下 h 为 $50\sim100$ mm；

β_1——在运动初始阶段，刷毛与车辆表面刚接触时，刷毛与竖直线的夹角。

一般情况下有

$$\beta = 2\beta_1 = 2\arccos \frac{R-h}{R} \quad (28\text{-}22)$$

$$\begin{aligned} s &= AB + AC \\ &= \sqrt{R^2 - (R-h)^2} + \\ &\quad (R-h)\tan\alpha \end{aligned} \quad (28\text{-}23)$$

因此

$$\sqrt{R^2 - (R-h)^2} + (R-h)\tan\alpha > \frac{30}{\pi n} \times$$

$$2\arccos \frac{R-h}{R} \times v_0 \quad (28\text{-}24)$$

推导出转速的计算公式：

$$n > \frac{19v_0}{\sqrt{2Rh - h^2} + (R+h)\tan\alpha} \times$$

$$\arccos \frac{R-h}{R} \quad (28\text{-}25)$$

一般情况下，圆周旋转的线速度在洗车机与车辆相对速度的 $1.5\sim2$ 倍以上时，清洗效果比较理想。

2. 刷毛所消耗的功率计算

刷毛所消耗的功率主要为刷毛克服车辆表面摩擦所损耗的功率 P，故刷毛所消耗的总功率为

$$P = \frac{F(v_m + v_r)}{1\,000\eta} \quad (28\text{-}26)$$

式中 F——摩擦力，$F = Nf_B$，N；

N——刷毛与车辆表面的作用力，N；

v_m——刷毛与车辆的相对速度，m/s；

v_r——刷毛最外缘的圆周线速度，m/s；

η——刷毛的机械效率。

28.3 水路系统

水路系统分为高压清洗喷射系统和低压雾化喷水系统。

28.3.1 高压清洗喷水系统

1. 高压清洗喷水系统的组成

高压清洗喷水系统的主要功能是利用高压激流水从喷头喷出后对车辆的污浊表面进行冲洗，从而实现车辆清洗功能。

高压清洗喷水系统主要由高压水泵、水过滤器、高压球阀、溢流阀、高压喷头、可移动的洗车枪、钢管、高压软管等组成，其主要结构组成和原理见图 28-13。

2. 高压水泵动力计算

高压水泵是高压喷水系统中最关键的部件，其由柱塞在柱塞套内的往复运动来完成供水。当柱塞位于下部位置时，柱塞套上的两个水孔被打开，柱塞套内腔与泵体内的水道相通，水迅速注满水室。当凸轮顶到滚轮体的滚轮上时，柱塞便升起，在从柱塞开始向上运动到水孔被柱塞上端面挡住前为止的这一段时间内，由于柱塞的运动，水从水室被挤出，流向水道，所以这段升程称为预行程。当柱塞将水孔挡住时，便开始了压水过程。柱塞上行，水室内的水压急剧升高。当压力超过出水阀的弹力和上部水压时，便顶开出水阀将水压入水管送至喷水器。

柱塞套上的进水孔被柱塞上端面完全挡住的时刻称为理论供水始点。柱塞继续向上运动时，供水也一直继续着，压水过程一直持续到柱塞上的螺旋斜边让开柱塞套回水孔时

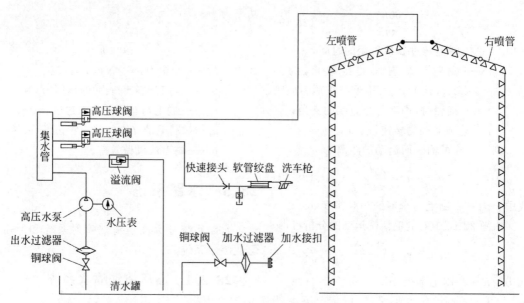

图 28-13 高压清洗喷水系统

为止,此时高压水从水室经柱塞上的纵向槽和柱塞套上的回水孔流回泵体内的水道。而柱塞套水室的水压迅速降低,柱塞套在水压的作用下落回阀座,喷头立即停止喷水。这时虽然柱塞仍继续上行,但供水已终止。柱塞套上的回水孔被柱塞斜边打开的时刻称为理论供水终点。在柱塞向上运动的整个过程中,只是中间一段行程才是压水过程,这一行程称为柱塞的有效行程。

高压水泵应使用较为洁净的水并严禁缺水运转。高压清洗喷水系统的水压一般取 $0.5\sim 1$ MPa,流量一般选取 $150\sim 200$ L/min。高压水泵一般选用三缸柱塞泵。

高压水泵电动机所需功率 N_g(kW) 为

$$N_g = 60 \frac{Qp}{\eta_H} \qquad (28\text{-}27)$$

式中 Q——高压水泵的流量,L/min;
　　　p——高压水泵建立的压力,Pa;
　　　η_H——高压水泵的效率,%。

3. 其他零部件

(1) 溢流阀可手动调节工作时的喷水压力,该压力在整机出厂时已调定好。

(2) 出水过滤器的主要作用是对高压水泵进行保护性过滤,如图 28-14 所示,一般采用 SUS304 不锈钢滤网褶皱结构,过滤面积大,安装尺寸小。过滤网的精度一般为 $80\sim 200$ 目。出水过滤器的滤网较为细密,应定期用专用工具拆出滤芯进行清洗,以确保出水通畅。

图 28-14 出水过滤器结构图

(3) 在高压喷头前的接管内装有小滤网,其主要功能是防止喷头堵塞,此滤网脏时可进行更换或予以拆除。

(4) 高压喷头选用扇形喷射结构,一般选取扇形的夹角为 65°,高压喷头的外形如图 28-15 所示。

图 28-15 高压喷头的外形图

28.3.2 低压雾化喷水系统

1. 低压雾化喷水系统的组成

低压雾化喷水系统的主要功能是利用雾化水对车辆表面的污物进行浸润,保护车辆表面油漆并有利于清洗。

低压雾化喷水系统主要由电动水泵、电磁水阀、喷头、输水管等组成。该系统通过PLC程序控制,在刷毛旋转的同时雾化喷水开启工作。其主要结构组成和原理见图28-16。

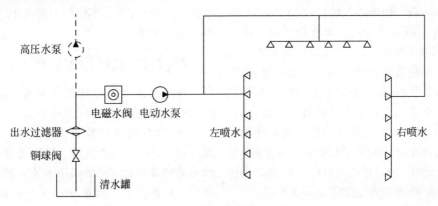

图 28-16 低压雾化喷水系统

低压雾化喷水系统的水压一般为 2 bar,流量一般为 10~20 L/min。

2. 低压水泵所需功率

低压水泵电动机所需功率 N_d(kW):

$$N_d = 60 \frac{Qp}{\eta_H} \qquad (28\text{-}28)$$

式中 Q——低压水泵的流量,L/min;
　　　p——低压水泵建立的压力,Pa;
　　　η_H——水泵的效率,%。

28.4 洗车液的选择

洗车最根本的目的是清洗掉汽车表面的污渍,因此洗车液的选择很有讲究。根据车身的不同部位选用不同的清洗液精洗,可以达到最专业的洗车效果。

28.4.1 车体表面洗车液

一般洗车时推荐使用专用洗车液。专用洗车液是中性的,不易损害车辆表面的油漆。

洗车最忌用碱性强的洗涤剂或肥皂粉,虽然去污力强,但损伤性也大,经常用这类洗涤剂洗车,车辆表面的油漆亮光很快就会被侵蚀,还会加速车身橡胶件、轮胎、车窗等老化。

正确的洗车液应选用专用洗车液,并以含水蜡成分的洗车液为最佳。专业洗车液 pH 为中性,不会侵蚀车辆表面,如含有水蜡成分,还可以在洗车的同时给予车体一种滋润保养的功效,即便经常洗车,也不会损伤车漆,反而越洗越亮。

28.4.2 其他清洗液

精洗车辆时,不同部位可以选用不同的清洗液,如车窗要用专业的风挡清洗液细洗风挡玻璃,轮胎要用专业的轮胎上光液翻新轮胎,铝合金的轮圈要用专业的轮圈清洗液精洗,用专业的皮革精洗剂清洗内厢等。所以精洗的效果还是极具吸引力的。

28.5 污水循环系统

洗车废水中含有泥沙、乳化油、有机物和洗涤剂等污染物。从社会效益和经济效益来看,洗车废水回用是必然趋势。目前处理洗车废水的方法主要有简易回用法及膜法处理。

废水处理的原则是将污废水中所含的各种污染物质与水分分离或加以分解,使其变质而失去污染物质的特性。因此了解废水处理方法的概况，须先搞清楚的污染物质是以何种形态在水中存在及其物理化学性质。

废水中一般的污染物质可分3种形态，即悬浮物质、胶体物质、溶解性物质。事实上严格划分很困难，通常根据污染物质粒径的大小来划分，即悬浮物的粒径为 $1\sim100~\mu m$；胶体的粒径为 $1~nm\sim1~\mu m$，溶解性物质粒径小于 $1~nm$。污废水处理时，污染物质粒径大小的差异对处理难易有很大的影响。一般来说，悬浮物比较容易处理，但粒径较小的胶体和溶解性物质比较难处理。悬浮物可以通过沉淀、过滤来实现与水的分离，但胶体物质和溶解性物质必须利用特殊的方法使之凝聚，或者通过化学反应使其粒径增大至悬浮物的粒径程度，再利用生物或特殊的膜，经吸附、过滤将其与水分离。

目前各地协调各部门加强对洗车场的管理，因此提高节水环保意识，需要做好处理洗车水的污染问题。洗车污水膜法处理是采用先进的污水循环净化系统，将洗车污水经沉淀、脱脂、过滤、消毒后回用，实现污水零排放；循环水洗车技术成熟，一般节水率高达80%，要加强宣传，做好示范推广工作。针对洗车行业的用水现状，大力推广洗车新技术、新工艺，减少废水排放。

28.5.1　传统污水处理方法

洗车污水经汇流槽流入格栅，滤出垃圾后，进入调节池；在进行厌氧消化后，进入一、二、三级生化处理后经滤网流入二次沉沙池，再次沉淀后，经水泵抽入污水处理设备，由污水处理设备处理后的回用水流入回用水池，可作为预冲洗及前段刷洗用水。而后段清洗及最后的水蜡喷淋需要使用清水池中的清水，如图28-17所示。

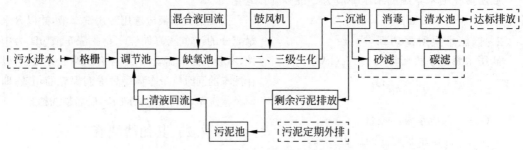

图 28-17　传统污水处理方法工艺流程

过滤网的位置设在平常水位以下处，接下水道的出水口设置在污水流入口相同高处，也就是说过滤网设在水面以下，这样可以阻挡水面漂浮物，多余废水流入下水道。由二次沉沙池中的水位控制器控制污水处理器水泵的启、停工作。水位控制上水位点深度设置在下水道出口下端，下水位点调整在离上水位点 200 mm 处。

1．结构部分

整体框架选用超强耐腐蚀的材料，有防护设备。运行轨道等配套配件也要符合整机的防腐设计要求。

2．控制系统

采用全程电脑自动化智能控制。智能控制系统中所采用的控制器及各种电器元件均是相关专业品牌产品，有相关的质量保证，符合系统使用要求。

3．可循环利用系统

早期的水循环系统采用了活性炭过滤网，通过多层过滤，再添加消泡剂进行消泡处理，经这种水循环系统处理过的水不能更多次反复循环使用，还要经常撤换过滤网、添加消泡剂，使用复杂且达不到理想的处理净化效果；当前常见的水循环系统采用密封式过滤罐分层填充多种不同粒径的石英砂滤料及颗粒状活性炭滤料，深层过滤带杂质的污水，再通过消泡密封罐进行消泡处理，有正洗行程和反洗行程，处理过的废水达到国家1级排污标准，pH 为 $6\sim9$。

4．污水排放

结合我国《城市污水处理及污染防治技术

政策》，排入城镇的污水应达到《污水综合排放标准》（GB 8978—2017）及相关行业的国家排放标准、地方排放标准的相应限值规定，同时还有地方总量控制。居民小区和工业企业内独立的生活污水处理设施的污染物排放管理，也按该标准执行。

5. 循环水过滤方式

（1）水从过滤缸顶部流至底部，所有的杂质颗粒沉淀在石英砂缸内。

（2）过滤后的水流入储存罐。

（3）设备会以倒流的方式进行自我清理，水通过泵由过滤缸的底部到达顶部，回流的水和之前的滤液一起流入沉淀缸进行沉淀。

（4）废水流入储存罐后会进行废气处理，以免产生异味气体。

（5）净化后的水通过水泵流入过滤缸。

（6）在过滤操作中，水流经粗砂砾及细小颗粒过滤网。

（7）净化后的水流入水处理缸。

（8）在存储罐中，水被泵抽出开始洗车过程。

（9）没用的水将回流至循环管道，多余的水被排放至排水管。

28.5.2　MBR洗车污水处理

1. MBR膜污水循环系统简介

一般的工业废水要经过很多道工艺处理，目的是达到国家规定的排放标准，然后外排或者进一步净化后再利用。行业不同，废水处理工艺也不同。洗车行业的废水是比较难深度处理的，一般规模的洗车行和4S店具有与生产线匹配的污水处理系统。MBR（membrane bioreactor）膜污水处理设备采用膜生物反应器技术，是一种生物处理技术与膜分离技术相结合的新设备，取代了传统工艺中的二沉池，可进行固液分离而得到直接使用的稳定中水。还可在生物池内维持高浓度的微生物量，产生的污泥少，可有效地去除氨氮、悬浮物，处理后的出水浊度接近于零，细菌和病毒被大幅度去除，具有能耗低、占地面积小的优点。如图28-18所示。

2. MBR膜污水循环系统工作流程

洗车污水处理设备的废水处理流程一般

图28-18　MBR膜污水循环系统

为预处理、生化处理、深度处理。一体化MBR的废水通过一级格栅处理，过滤粗大污染物；进入调节池，进行初沉；再进入二级生化处理，去除油污等化学物质；最后是三级处理，实现混凝、沉淀、消毒等。新型复合碳纤维MBR膜不但解决了使用年限问题，而且净水能力明显提升，每个洗车网点每年可节水千余吨。因为有较强的去污能力，所以复合碳纤维MBR膜数量不需要多，占地面积相对也比较小，只有传统方法的60%～70%。在洗车过程中产生的污水经处理后，一路可以中水回用，另一路可以通过排水管进入污水井。

新型复合碳纤维MBR膜水循环系统包括污水井、智能水箱、循环组件、监控组件及控制组件。其中，关键的是复合碳纤维MBR膜组件。

MBR膜污水处理流程为：原水→格栅→调节池→提升泵→生物反应器→循环泵→MBR膜组件→消毒装置→中水储水池→中水用水系统或污水井。如图28-19所示。

污水经格栅进入调节池后经提升泵进入生物反应器，通过PLC控制器开启曝气机充氧，生物反应器出水经循环泵进入膜分离处理单元，浓水返回调节池，MBR膜分离的水经过快速混合法氯化消毒（次氯酸钠、漂白粉、氯片）后，进入中水储水池。反冲洗泵利用清洗池中的处理水对膜处理设备进行反冲洗，反冲污水返回调节池。通过生物反应器内的水位控制提升泵的启闭。膜单元的过滤操作与反冲洗操作可自动或手动控制。当膜单元需要化学清洗操作时，关闭进水阀和污水循环阀，打开药洗阀和药剂循环阀，启动药液循环泵，进行化学清洗操作。

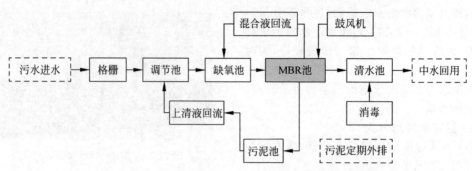

图 28-19 MBR 膜污水循环系统工艺简图

3. MBR 膜污水循环系统的特点

(1) 活性污泥处理与 MBR 膜过滤高效结合，工艺先进。

(2) MBR 膜高效拦截悬浮物和大分子污染物，出水水质更优，且稳定可靠。

(3) MBR 膜处理组件浸于生物反应器内，无须二沉池，占地面积大幅减少。

(4) 消毒剂消耗量少，杀菌效率高，运行费用低。

(5) 系统设备可靠，运行管理简便，可编程自动控制，MBR 膜处理效果稳定，可连续自动运行。

(6) 污泥产量少，每年排泥 2 次。

28.6 洗车质量检测指标

28.6.1 车身洗净率与车身吹干率

洗车机质量检测指标常用车身洗净率与车身吹干率来衡量。根据 JT/T 1050—2016《汽车外部清洗设备》的规定，车身洗净率与车身吹干率是衡量汽车清洗效果的重要指标，见表 28-2。下面对车身洗净率及车身吹干率的计算加以简单说明。

表 28-2 《汽车外部清洗设备》(JT/T 1050—2016)的车身清洗质量

类别	指标	
	乘用车	客车、厢式货车
车身洗净率/%	≥95	≥90
车身吹干率/%	≥85	≥75

1. 车身洗净率

车身洗净率是指汽车外部可视表面采用人为污染后，经洗车设备清洗，洗净面积与污染面积的百分比值(%)。

2. 车身吹干率

车身吹干率是指汽车外部可视表面喷淋水后，经洗车设备吹干，按计格法评价，未残留水珠格与计算格的百分比值。

28.6.2 车身洗净率与车身吹干率的试验方法

1. 车身洗净率的试验方法

车身洗净率的试验方法采用腻子作为污染介质，将其涂装在汽车车身表面，经洗车机清洗后，测定车身表面腻子的残留面积，计算车身洗净率。

污染介质为符合 JG/T 298—2010《建筑室内用腻子》中一般型规定的腻子，洗车喷淋用不添加任何洗涤剂、上光蜡等材料的常温清水，应符合 CJ/T 206—2005《城市供水水质标准》的规定。所用仪器为入射角为 20°的光泽度仪，分度值为 1 mm 的钢板尺和钢卷尺，钢制带橡胶刀头的刮板或刮刀，刀头宽度为 50～100 mm。

型板为厚度 0.5 mm 的软质橡胶板制成，中间剪出 4 个 30 mm×30 mm 的型框，如图 28-20 所示。

试验应在风速不大于 2 m/s，环境温度 20～30℃，晴天、蔽阳的环境下进行。试验汽车车身为黑色或深色，油漆光泽度在入射角 20°时不应小于 80%，试验前采用光泽度仪进

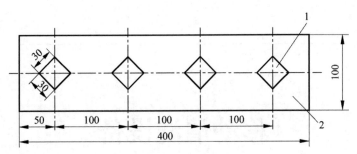

图 28-20　型板样式
1—30×30方孔；2—软质橡胶板

行测量。

整车涂装腻子，并计算腻子涂装总面积 S，采用自然方式进行干燥，当表面干燥后即可进行测试。按照洗车设备设定的程序，完成汽车洗车的工作过程。

清洗完毕，使用钢板尺或钢卷尺测量车身表面残留的腻子及模糊状刷痕的面积 S_1。计算车身洗净率 C：

$$C = \frac{S - S_1}{S} \times 100\% \quad (28\text{-}29)$$

式中　C——车身洗净率，%；

S_1——清洁后车身表面残留的腻子及模糊状刷痕的总面积，mm^2；

S——腻子涂装的总表面积，mm^2。

2. 车身吹干率的试验方法

车身吹干率的试验方法采用在汽车车身表面画格，经吹干工作后，测量车身表面残留水珠的格子数量，计算车身吹干率。

将试验汽车清洗干净后，停放在洁净的水平地面上，门窗全部关闭到位。将型板贴合在汽车车身表面，将画格笔按型框格子的形状在车身上画格。小心移开型板，进行下一部位画格。画格位置包括除轮胎以外的外露车身覆盖件，含玻璃窗、灯具、保险杠等。单件覆盖件的面积小于型板尺寸时，该覆盖件不画格。画格时型板沿覆盖件边缘开始排列，应充满整个覆盖件表面。为了保证驾驶员的视野，前风窗驾驶员位置处视野不画格。

整车画格完毕，计算格子的总数量 N（每道型板格子的数量为4个），当画格线无法用湿布擦掉后即可进行测试。按照洗车设备设定的程序，完成对汽车清洗的全工作过程。

吹风工作过程结束后，在 10 min 内，用画格笔对残留水珠的格子进行标识，记录残留水珠格子的总数量 N_1。计算车身吹干率 D：

$$D = \frac{N - N_1}{N} \times 100\% \quad (28\text{-}30)$$

式中　D——车身吹干率，%；

N_1——吹干车身后表面残留水珠的总格数，个；

N——车身所画格子的总数量，个。

第29章

移动清洗设备

移动式洗车清洗机可分为喷头式低压洗车机、移动式高压清洗机及移动式蒸汽清洗机等,本章主要介绍喷头式低压洗车机、移动式高压清洗机,移动式蒸汽清洗机将在第33章蒸汽清洗设备中加以介绍。

29.1 总体结构和工作原理

29.1.1 总体结构

1. 喷头式低压洗车机的结构

喷头式低压洗车机由刷罩、刷毛、喷头、软管套、连接口、喷管、手柄、软管、水龙头、锁紧螺母、O形密封圈、锁紧螺管等组成。下面以一种传统喷头式低压洗车机为例进行介绍,其总体结构如图29-1所示。

喷管6从刷罩1的中心孔插入毛刷内,喷头3置于刷毛2中;毛刷在喷管6上用设置在其上的连接口5和从喷头3套到喷管6上的软管套4限位;喷管6靠喷头3端有一个角度为α($90°<\alpha<180°$)的弯;接头由锁紧螺母10、锁紧螺管12和O形密封圈11组成,锁紧螺母10内和锁紧螺管12的端面各设一个凹锥环,且两锥环方向相反,O形密封圈11置于以两锥环为端面组成的管状空间内,水龙头9经锁紧螺母10插入O形密封圈11内,调节锁紧螺母10和锁紧螺管12的螺纹配合长度,可改变O形密封圈11所处空间的体积;O形密封圈11所处空间体积的极小值小于O形密封圈11的体积。

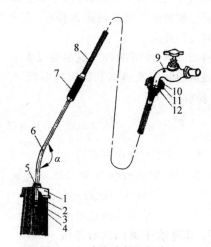

图 29-1 喷头式低压洗车机

1—刷罩;2—刷毛;3—喷头;4—软管套;5—连接口;6—喷管;7—手柄;8—软管;9—水龙头;10—锁紧螺母;11—O形密封圈;12—锁紧螺管

2. 移动式高压清洗机的结构

移动式高压清洗机直接利用水泵产生高压水将所清洗设备表面的污垢冲走,体积小,操作简单,使用便捷,目前市场上有许多移动式高压清洗机。

下面以凯驰 HD 5/11C 为例进行简单介绍,其结构示意图如图29-2所示。移动式高压清洗机的总体结构包括喷头支座、手柄、进水连接器管、设备开关、高压水输出口、机身盖、机身盖固定螺丝、软管托架、枪柄支架、喷头、喷枪杆、喷枪柄、高压软管、带过滤器的洗涤器吸入管、洗涤剂计量阀等。

定水压的水龙头的任何洗车场所,因此方便携带,适用于一些便携式洗车地点。喷头式低压洗车机受制于自来水压力,自来水压力偏低或水压力不稳的地区不适用这种设备。另外不建议用水高峰时段使用喷头式低压洗车机,以免影响邻近的其他居民生活用水。

喷头式低压洗车机结构简单,维修方便,价格低廉,适用于一些经济条件较差但是又有洗车需求的场所。该设备耗水量较低,需要人为干预,因此针对性较强,适用于一些需节约用水的场所。

2. 移动式高压清洗机的工作原理

移动式高压清洗机利用水泵产生压力在 0.1~0.5 MPa 的中高压水进行清洗,水的冲击力大于污垢与车辆表面的附着力时,高压水就会将污垢剥离、冲走,从而达到清洗物体表面的目的。因其使用高压水柱清理污垢,顽固的油渍需要加入清洁剂,正常情况下强力水压所产生的泡沫就足以将一般污垢带走。

影响移动式高压清洗机清洗效果的因素有:

(1) 压力。要实现良好的清洗效果,就要有足够的清除强度去破坏污垢结构,清洗水的压力代表清洗强度和能力,污垢越坚硬,要求清洗水的压力越大,压力在 0.1~0.5 MPa 的中高压水清洗,可满足大部分车辆表面的清洗要求。

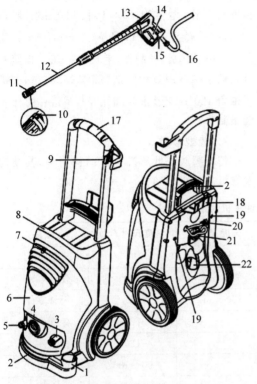

图 29-2 移动式高压清洗机结构示意图
1—喷头支座;2—底座;3—进水连接器管;4—设备开关;5—高压水输出口;6—机身盖;7—机身盖固定螺丝;8—软管托架;9—枪柄支架;10—喷头标志;11—喷头;12—喷枪杆;13—喷枪柄;14—喷枪开关;15—喷枪安全开关;16—高压软管;17—推拉手柄;18—电缆收纳架;19—推拉手柄固定螺钉;20—带过滤器的洗涤器吸入管;21—洗涤剂计量阀;22—附件箱

29.1.2 工作原理

1. 喷头式低压洗车机的工作原理

喷头式低压洗车机直接利用自来水的水压将车辆表面污垢冲走,是一种能利用具有较小压力的水源(如自来水)清洗摩托车、汽车、拖拉机等车辆外表泥土、灰尘等污染物,兼具清洗墙壁、地面、门窗,以及给庭院植物浇水功能的器具。它具有体积小、操作简单、使用便捷等特点,目前市场上有许多不同类型的移动式低压洗车机。

喷头式低压洗车机使用灵活,无须特定的专业机构,不需要庞大的底座,可以用在有一

(2) 流量。冲刷能力和打击频率要素对清洗效果有影响,流量越大清洗效率越高。

(3) 时间。时间越长,清洗频率越高,清洗效率也就越好。

(4) 温度。温度可以熔化和疏散车辆表面油脂类污垢的结构,使其松散,具有流体特征便于清除。一般温度下,移动式高压清洗机喷射冷水清洗问题不大。但在环境温度 0~15℃的条件下,使用冷水清洗车辆表面油脂类污垢有困难,在 0℃以下的环境下,使用冷水已不可能。一般情况下,温度在 15℃以下,进行清洗车辆表面油脂类污垢作业时,宜将水温加热保持在 15~20℃以上。

29.2 主要参数

29.2.1 喷头式低压洗车机的结构参数

1. 结构参数

尺寸参数主要包括各部件材料、直径尺寸、长度尺寸、角度尺寸及零件类型。软管用输水胶管,型号为 $\phi 5 \sim 8$,长 10 m;喷管用拉制黄铜管制作,型号为 $\phi 9 \times 1$,长 600 mm,弯角 $\alpha = 120°$;喷头出水口径 $\phi 2.5$ mm;刷毛用 $\phi 0.5$ mm 的塑料丝制作,毛长 70 mm;锁紧螺母和锁紧螺管用黄铜制造,螺纹 M30×1,凹锥环锥角 120°;O 形密封圈用 $\phi 4.5$ mm 的橡胶圆条制作。

2. 选型参数

传统喷头式低压洗车机结构简单,其结构参数汇总见表 29-1。

表 29-1 喷头式低压洗车机的结构参数

示例	材料	直径尺寸/mm	长度尺寸	角度尺寸/(°)	备注
软管	输水胶管	$\phi 5 \sim 8$	10 m	—	常用件
喷管	拉制黄铜管	$\phi 9 \times 1$	600 mm	120	设计零件
刷毛	塑料丝	$\phi 0.5$	70 mm	—	设计零件
锁紧螺母	黄铜	M30×1	—	120	标准件
锁紧螺管	黄铜	M30×1	—	120	标准件
喷管喷头角 α	—	—	—	90~180	设计角度
O 形密封圈	橡胶圆条	$\phi 4.5$	—	—	标准件

29.2.2 移动式高压清洗机的结构参数

1. 结构参数

移动式高压清洗机的总体结构包括动力装置、水泵、喷嘴、软管及附件。

2. 选型参数

1) 动力装置

移动式高压清洗机射流装置的动力源常用电动机作为动力源,可直接采用交流电源。装置的电源有 380 V、220 V 和 12 V,可以采用工业用电、蓄电池供电或太阳能供电。

2) 水泵

移动式高压清洗机射流清洗是用水泵加压的水,经管道送达喷嘴,再由喷嘴把一定压力的水转换为射流,冲击被清洗件的表面。因此水泵是射流清洗的动力,是水射流装置中最重要的部件,因其压力不太高,通常可选用离心式水泵。

水泵选型的主要参数有流量、扬程、转速、效率、轴效率等。

(1) 流量。流量是指单位时间内泵提供的液体数量,一般有体积流量 Q_v,单位为 m^3/s;质量流量 Q_m,单位为 kg/s。

泵的流量取决于泵的结构尺寸,主要为叶轮的直径与叶片的宽度和转速等。操作时,泵实际所能输送的水流量还与管路阻力及所需压力有关。

(2) 扬程。离心泵的扬程又称为泵的压头,是指单体质量的流体经泵所获得的能量。泵的扬程大小取决于泵的结构,如叶轮直径的大小、叶片的弯曲情况等。

泵的扬程可用实验测定,即在泵进口处装真空表,出口处装压力表,若不计两表截面上的动能差(即 $\Delta u^2 / 2g = 0$),以及两表截面间的能量损失,则泵的扬程可用式(29-1)计算:

$$H = h_0 + \frac{p_2 - p_1}{\rho g} \qquad (29\text{-}1)$$

式中 h_0——水泵出水口到喷头之间的垂直高差,m;

p_2——泵出口压力表的读数,Pa;
p_1——泵进口处真空表的读数(负表压值),Pa;
ρ——流体的密度,kg/m³;
g——重力加速度,9.8 m/s²。

(3) 转速。转速为泵每分钟的转数;用 n 表示,单位为 r/min。

(4) 效率。泵的效率指泵的有用功率与轴功率的比值,用 η 表示。它是衡量泵的机械能与水力转化效率的指标。

泵在输送清洗水的过程中,轴功率大于排送到管道中的水从叶轮处获得的功率,因为容积损失、水力损失及机械损失都要消耗掉一部分功率,而离心泵的效率则反映了泵对外加能量的利用程度。

泵的效率值与泵的类型、大小、结构、制造精度和输送液体的性质有关。大型泵的效率值高些,小型泵的效率值低些。

(5) 轴功率。轴功率为电动机传给泵轴上的功率,用 N 表示,单位为 kW。

泵的轴功率即泵轴所需的功率,其值可依泵的有效功率 N_e 和效率 η 计算:

$$N = \frac{N_e}{\eta} = \frac{QH\rho g}{\eta} = \frac{QH\rho}{102\eta} \quad (29\text{-}2)$$

式中 N_e——泵的有效功率,kW;
η——泵的效率,%;
Q——泵的体积流量,m³/s;
H——泵的扬程,m;
ρ——流体的密度,kg/m³;
g——重力加速度,9.8 m/s²。

3) 高压水射流清洗技术参数

水射流工作系统中的压力、射流速度、流量和喷嘴直径是 4 个重要的参数,这些参数均与水泵参数有关,且受其控制。这 4 个参数间关系如下:

$$p = \sigma v^2 / 2 \quad (29\text{-}3)$$

式中 p——工作压力,MPa;
v——射流喷头的速度,m/s;

$$Q = (\pi D^2 / 4) v \quad (29\text{-}4)$$

式中 Q——工作流量,L/min;
D——喷头直径,mm。

由此可以看出,喷头直径的变化对水射流清洗技术参数有直接的影响,根据计算得出,喷头直径对水射流的工作压力和流量的影响曲线如图 29-3 所示。

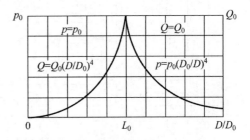

图 29-3 喷嘴直径与工作压力、流量的关系曲线

工作压力随着喷嘴直径的增大而减小,流量则随着喷嘴直径的增大而增大。水射流工作系统中的压力、流量和喷嘴直径之间的关系可由式(29-5)给出:

$$D = 0.69 \sqrt{\frac{Q}{\mu \sqrt{p}}} \quad (29\text{-}5)$$

式中 D——喷嘴直径,mm;
Q——喷嘴流量,L/min;
μ——流量系数;
p——工作压力,MPa。

以上参数在合理匹配的同时,还要考虑压力、流量对管路系统参数的匹配以及水射流流动特性等的影响,才能充分发挥高压水射流的清洗特性。

29.3 移动式高压清洗机的控制系统

29.3.1 电气系统

下面以 FS 15/35 移动式高压冷水清洗机为例加以介绍。图 29-4 为 FS 15/35 移动式高压冷水清洗机的线路图。

该设备具有 TSI 智能控制功能,具体为延时停机、1 h 切断设备电源、管路漏水断电、缺水保护、电动机过热保护功能等。

延时停机功能:当使用者松开手柄 15 s 后,设备自动停机。

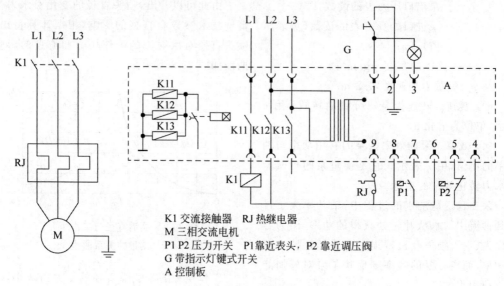

图 29-4　FS 15/35 移动式高压冷水清洗机线路图

1 h 切断设备电源功能：在使用者停止工作，但未关闭设备电源开关的情况下，1 h 后，设备自动切断电源，电控箱上的指示灯按每次闪动 1 下的频率闪烁，提示使用者设备已断电。

管路漏水断电功能：电控箱上的指示灯按每次闪动 2 下的频率闪烁，设备不能工作。

缺水保护功能：电控箱上的指示灯按每次闪动 3 下的频率闪烁，提示使用者设备由于水量不足以断电。

电动机过热保护：电控箱上的指示灯按每次 4 次的频率闪烁，提示设备由于电动机过热已断电。

29.3.2　清洗控制

高压水射流清洗的原理是用高压泵打出高压水，并使其经软管到达喷嘴再把高压力流速的水转换为低压高流速的射流，然后射流以很高的冲击动能，连续不断地作用在被清洗物表面，从而使垢物脱落，达到清洗的目的。

1. 清洗部分的组成及清洗流程

清洗部分包括水泵、软管、喷杆、喷头、过滤网等结构。以一款移动式高压清洗机为例，清洗过程如下：接软管到出水口，并连接喷枪到软管的另一头，连接喷头和喷杆，查看过滤网是否有障碍物，连接供水软管，检查是否连接好，尝试检查是否漏水，压下扳机，通过抽水机和软管去除空气，然后锁上扳机。插上本机电源，按"O"开启开关，解开枪锁，使用高压清洗机。

清洗系统可以把高压力的水输入高压水泵或从储水箱中直接抽水，通过高压水泵把水压入喷头，再通过喷头末端的喷嘴形成高压水柱。

2. 水源的连接/吸水操作

使用供水软管连接设备与水源，打开进水阀，从敞开水箱中吸水，在吸水软管进水口处安装过滤器，在使用之前排尽空气。为了排除设备内的空气，可卸掉喷嘴，让机器继续运行，一直到喷出的水中没气泡为止。假如条件允许，让机器运行 10 s，然后关闭开关，重复这样操作几次，再关闭设备，装上喷嘴。

3. 可调节喷头

水可以从喷头喷出直线或扇形，首先开启压力机然后调整喷头。

4. 带有扳机的喷头

只有当握住安全扳机时，设备才会工作。握住操纵杆，启动喷枪，液体就会进入喷嘴。喷射压力随之升高并快速达到选定的工作压力。

当松开扳机时，扳机关闭，喷头停止喷射

液体。扳机关闭后,压力的升高会导致调压阀打开。即使在减压状态下,水泵仍然保持接通,持续抽入液体。扳机打开后,调压阀关闭,高压水泵恢复到从喷头中喷射液体的压力。

扳机是一种安全设备,修理扳机只能由有资质的人员完成。如果需要更换零件,仅可使用制造商认可的零件。

5. 进水口网筛

进水口过滤网在洗车机清洗使用之前,将输入水源过滤,这在清洗过程中是非常重要的一步。进水口过滤网要定时检查,以避免阻塞而限制抽水机供水。

6. 调压阀

调压阀用来保护机器,在实际操作中为避免产生过高的压力,将其设计成不允许选择过高的压力,即手柄上的限位螺母用喷涂的方法进行了密封。

7. 清洁剂的操作

拉出清洁机吸管,将清洁剂过滤器芯放入清洁剂容器内,把喷嘴清洁模式调到合适的位置,再将清洁剂的浓度通过计量阀调到合适的浓度。

29.4 辅助系统

29.4.1 软水机滤芯

在温度超过 70℃ 的水中,Ca^{2+}、Mg^{2+} 会钙化变为水垢,影响换热效率,造成蒸汽压力、汽量的下降,加装软水机滤芯可有效地解决这一问题。

常见的软水机滤芯有活性炭滤芯、陶瓷滤芯、树脂滤芯和 PP 滤芯等。

1. 活性炭滤芯

压缩型活性炭滤芯采用高吸附值的煤质活性炭和椰壳活性炭作为过滤料,加以食品级的黏合剂烧结压缩成形。压缩活性炭滤芯内外分别包裹着一层有过滤作用的无纺布,以确保炭芯本身不会掉落炭粉,炭芯两端装有柔软的丁腈橡胶密封垫,使炭芯装入滤筒后具有良好的密封性。

2. 陶瓷滤芯

陶瓷滤芯是新型环保滤芯,以硅藻土泥为原料,利用特殊技术成型方法制备而成。其平均孔径仅为 0.1 μm,是目前过滤精度最高的滤芯。

3. 树脂滤芯

软水机中的树脂滤芯内装有千百万颗微细的树脂球(珠),所有小球上有许多吸收正离子的负电荷交换位置。

4. PP 滤芯

PP 滤芯由聚丙烯超细纤维热熔缠结制成,纤维在空间随机形成三维微孔结构,微孔的孔径沿滤液流向呈梯度分布,集表面、深层、精过滤于一体,可截留不同粒径的杂质。

29.4.2 防冻

温度在 0℃ 以下时,为了防止移动式高压洗车机内部结冰,应特别注意防冻,机器使用完毕应排空管内部存留的水。

29.5 安全保障措施

为保障工作人员使用移动清洗设备时的生命财产安全,设备在生产设计时考虑诸多安全问题,以下是常见的安全保障措施及使用保养规则。

29.5.1 常见的安全保障措施

1. 电动机保护开关

电动机保护开关用来防止电动机产生超负荷现象,即一旦发生超负荷,保护开关会自动切断电动机电源。如果开关被频繁触发,应查明故障原因并进行调整。

2. 漏电保护

在设备发生漏电故障时以及有可能导致人身触电的致命危险时,漏电保护具有过载和短路保护功能,可用来保护线路或电动机的过载和短路,也可在正常情况下作为线路的不频繁转换启动之用。

3. 过压保护

过压保护也叫过电压保护,是当电压超过

预定的最大值时,使电源断开或使受控设备电压降低。过压保护器装在设备内部或电源侧。

4. 超温报警

在锅炉温度超过允许值时,可自动发出警告信号。锅炉运行过程中出现超温和过热时,温度过高往往会导致爆管或爆破事故,装设超温报警装置可及时提醒工作人员合理控制锅炉的温度,避免发生事故。

5. 缺水报警

当清洗设备检测到水位低于工作状态阈值时,可自动发出缺水报警,提醒工作人员检查水箱或者水源设备。

29.5.2 移动式高压清洗机的日常使用与保养

1. 设备运作前的附件安装

(1) 将带喷头螺纹管接头的喷头装在喷管上。

(2) 将喷射管连接到手持喷枪上。

(3) 把高压软管固定到高压接头上。

2. 电气接口

(1) 设备必须用插头连接到电网。禁止和电网不可分离地直接连接。

(2) 用于和电网分离的插头和延长线缆的连接器必须确保防水。

(3) 延长电缆和保护接地线(保护等级为1)必须使用足够大的截面(参见29.2节),并且从电缆轴上完全展开(不能缠绕好的)。关于连接值,可参见铭牌参数。

(4) 展开电源线并将其放置在地上。

(5) 将电源插头插入插座里。

3. 日常使用

(1) 假如手动喷枪的扳机松动,压力开关会关闭水泵;假如手动喷枪的扳机收紧,压力开关会再次打开水泵。

(2) 流量阀将控制操作压力不超出范围。流量阀和压力开关将由生产厂商启动,并且在出厂前封漆,如果需要调节,只能由专业调试售后服务人员提供调试。

(3) 进水口过滤网要定时检查,以避免阻塞而限制抽水机供水。

4. 长期存放

(1) 移动式高压清洗机应存放在无霜冻的环境。

(2) 长时期不使用的机器可能形成水垢,使机器很难开启。在这种情况下,应关掉本机,用手旋转电动机数圈,以避免电流过大,致使开关损坏。

(3) 按照规定更换一次机油,正确使用机油对保证机器的使用寿命非常重要。

(4) 如遇结冰天气或长期不用时,应将机内的剩水排尽。方法是使进水管离开供水系统,开机脱水运转 1 min 左右,同时拆下进水管与出水管以排尽管中的剩水。移动式高压清洗机内部积水结冰后会引起电动机堵转,造成电动机烧机等严重后果。

5. 安全用电的注意事项

1) 安全检查

经常检查电动机引接线是否牢固可靠、完好无损,如用 500 V 兆欧表检测引线与机壳的绝缘电阻一般应大于 20 MΩ。

2) 电源与控制电器

确认电源是否符合铭牌要求,电源输入端必须装控制电器,如漏电断路器、过载、短路单相电动机保护器等(用户自备),其规格应符合电动机铭牌的要求。

注:漏电保护器安装或运行一定时间后(一般每隔一个月)需要在合闸通电状态下,按动试验按钮,检查漏电保护性能是否可靠(每按一次试验按钮,保护器均应动作一次)。

3) 电缆

(1) 电缆线长度一般不超过 10 m。

(2) 电缆线从漏电断路器到移动式高压清洗机中间必须用单根电缆线接入。

(3) 电动机通过电缆线应可靠接地(电动机接线盒内有接地标记)。

(4) 移动式高压清洗机必须放置在干燥的地方,不能有雨水浸入,以防漏电。

6. 操作注意事项

(1) 操作移动式高压清洗机时必须戴绝缘手套、穿绝缘鞋。

(2) 操作移动式高压清洗机时必须安装漏

电保护装置。

(3) 操作移动式高压清洗机时必须做好安全接地保护。

(4) 在没有安装合适的过滤网时禁止运行移动式高压清洗机。

(5) 输入电路电源线承载电流：单相电动机电流不小于 25 A，三相电动机电流不小于 20 A。

(6) 因工作场地限制，在使用移动拖线板的状态下，拖线板电源线的距离不得大于 50 m，电源线线径必须大于 3 mm^2，移动式高压清洗机电动机的进线电压不得低于 220 V。

7．规避危险

(1) 警惕射流、喷雾产生的危险。

(2) 警惕对人喷射和电击的危险。

(3) 警惕高温烧伤和烫伤的危险。

(4) 警惕不符合安全规范的危险。

8．操作安全

(1) 在进行移动式高压清洗机作业时，必须戴绝缘手套、穿绝缘鞋，双手一定要握住水枪枪柄。

(2) 不要把机器的电源线置于路口，以免电线损坏而发生危险。

(3) 机器的维修一定要在切断电源的情况下进行。

(4) 机器配用单相电动机时，输电电路承载的电流不应小于 25 A。不符合国家标准的电线会引起电动机堵转，造成电动机烧机等严重后果。

29.6 常见故障及排除方法

在机器正常使用过程中，会由于温度、水压、设备损坏等原因出现一些常见的故障，表 29-2 列出了移动式高压清洗机的常见故障及排除方法。

表 29-2 移动式高压清洗机的常见故障及排除方法

故　　障	原　　因	故障排除
机器开启却不能运转	插头没有连接好或电源插座有问题	检查插头、插座及保险丝
	线路电压不足，低于最小电压	检查电压并调至合适水平
	抽水机被粘住	检查抽水机
	热保护开关分离	关掉机器，检查电压是否规范，关机数分钟，待其冷却后再打开长枪
	设备过热	让设备冷却至少 15 min
	电缆线磨损	检查电缆线
设备压力不足	抽水机吸进了空气	检查软管和连接口是否密封
	水阀门损坏	清洗并更换
	喷头不符合	更换喷头
	接口滤网堵塞	清洗滤网
	进水口压力不足	检查进水口
	吸水管道密封	敲打水泵
	调压阀位置错误	将喷嘴调到高压
	喷嘴堵塞	清洁或更换喷嘴
	移动式高压清洗机内有空气	排除设备内的空气
	供水软管堵塞或泄漏	清洁或更换供水软管
抽水机漏水	密封圈已损坏	检查并更换
不能吸入清洁剂	过滤器芯堵塞或泄漏	清洁或更换过滤器芯
	计量阀堵塞	检查计量阀

续表

故　　障	原　　因	故　障　排　除
发动机突然停止	热安全开关分离	切断电源,检查线路电压是否规范,关机几分钟待其冷却
抽水机没达到要求的气压	进水口过滤网堵塞	清洗进水口过滤网
	抽水机从接口或软管处吸入空气	检查所有供给接口是否已紧密
	进、出水阀堵塞或损坏	清洗或更换水阀
	卸荷阀被粘住	松开和重新旋紧常规螺丝
	喷头不合适或损坏	检查或更换

第30章

无刷式洗车设备

无刷式洗车设备在《汽车外部清洗设备》(JT/T 1050—2016)中的定义为:"采用高压喷淋和/或吹风装置,对汽车外部表面进行清洗工作的设备。"

30.1 总体结构、工作原理及主要参数

30.1.1 总体结构

1. 无刷式洗车设备的总体结构

无刷式洗车设备主要包括上部纵向导轨、移动横梁、L形喷液架、喷淋喷头、洗涤液喷头、红外电子对射探头及其安装架、喷液架横向移动装置、PLC可编程控制器、喷液架旋转电动机及其输液管等部分。总体包括横梁移动系统、喷淋系统、红外测量系统。其现场作业图如图30-1所示,结构示意图如图30-2所示。

(1) 横梁移动系统。移动横梁可在上部纵向导轨上纵向移动,由顶部喷液架和侧向喷液架组成的L形喷液架可在PLC可编程控制器的控制下,做360°的旋转;L形喷液架还能沿移动横梁做横向移动,配合喷淋清洗作业。

图30-1 无刷式洗车设备现场作业图

(2) 喷淋系统。在L形喷液架上设置有喷淋喷头,在移动横梁下端的红外电子探头安装支架上安装有洗涤液喷头。喷淋喷头通过水管与水泵连接,洗涤液喷头与输水管及压力泵连接,对汽车进行喷淋水和洗涤液,以完成清洗作业。

(3) 红外测量系统。在移动横梁两端部有向下悬垂的两根悬挂架,悬挂架的下端分别设置有红外电子对射探头,在其中一支悬挂架上还安装有洗涤液喷头。红外电子对射探头的发射头与接收头对射形成探测线,以测量车辆的头部或尾部是否还在水喷头和洗涤液喷头的喷射范围内,若不在探测范围内,即当车身不再遮挡探测线时,则PLC可编程控制器控制

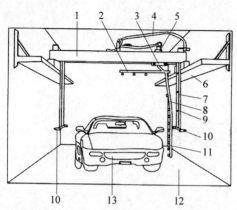

图 30-2 无刷式洗车设备结构示意图
1—移动横梁；2—顶部喷液架；3—喷液架横向移动台车；4—输液管；5—喷液架旋转电动机；6—纵向导轨；7—红外电子探头安装支架；8—侧向喷液架；9—洗涤液喷头；10—红外电子对射探头；11—清洗喷头；12—洗车房；13—车辆

喷液架旋转 90°～180°，以清洗车辆的前后端。

无刷式洗车设备是应用高压清洗工作原理，采用了固定的底座机架，集移动横梁系统、喷淋系统、红外测量系统为一体的自动化洗车设备。布置多个低压喷口、移动式自动化红外检测控制，以及液压机构。其结构比较复杂，不能随意移动，具有自动化程度较高、清洗效果好、无须人为干预的特点。可以满足追求效率与档次的洗车消费者，适用于地点固定的高效、批量洗车任务的洗车店。但因设备复杂，洗车成本较高，适用于环境要求高、经济能力较强的地方。同时因设备复杂，运行及养护成本高，需要拥有高水平的专业维保人员。

30.1.2 工作原理

无刷式洗车设备融合了高压喷头洗车的特点，其本质属于喷头式高压洗车专用设备。通过安装在横梁两端下悬垂悬挂架上的两对红外电子对射探头感知车辆表面，由弓形喷液架上的水喷头进行环绕自动清洗车辆。环绕型无接触免擦拭洗车机自动化程度较高，是较先进的洗车设备。

无刷式洗车设备在洗车时，车辆驶入洗车房的过程中，在 PLC 可编程控制器的控制下，由设置在进门处下方的水喷嘴首先对车体底盘及其下表面进行喷射清洗。

车辆停放在洗车位后（可任意停放），在 PLC 可编程控制器的控制下，喷液架先绕车身旋转一圈向车身喷洒洗涤液，再绕车身旋转一圈向车身喷射清洗水，以将车身清洗干净。在上述喷洒洗涤液和清洗水的过程中，两对红外电子对射探头形成了两条平行且倾斜设置的探测线，通过 PLC 可编程控制器的控制，使喷液架的移动始终保持有一条探测线被车体挡住，即喷液架在移动或转动的过程中，始终使清洗水喷头和洗涤液喷头与车身保持最佳的喷射距离。由于红外电子对射探头与 PLC 可编程控制器之间用由碳刷和导电滑块组成的导电转接滑环进行转接，液体转换阀门将通水导管和通洗涤剂的导管进行转接，导线、导管不受喷液架旋转圈数的影响，允许喷液架做 360°以上的连续转动，节省了复位时间。在喷液架前后移动的过程中，安装在移动横梁两端部悬垂的两根悬挂架上的两对红外电子对射探头所形成的探测线和安装在顶部喷液杆和喷液测杆两端部的一对红外电子对射探头所形成的探测线对车头和车尾探测，并将探测信号发送给 PLC 可编程控制器。当车身不再遮挡探测线时，PLC 可编程控制器便控制喷液架旋转并对车头和车尾进行喷液清洗。

无刷式洗车设备喷液位置定位准确，采用多通道喷液，喷液架可连续转圈，洗车效果好，适宜在各种规格型号的全自动洗车机上推广应用。

30.1.3 主要参数

某型号无刷式洗车设备的主要参数指标见表 30-1。

表 30-1 某型号无刷式洗车设备的主要参数指标

项 目	参 数
外形尺寸（长×宽×高）/(mm×mm×mm)	2 800×900×660
安装要求（长×宽×高）/(mm×mm×mm)	6 200×3 400×3 000
最大洗车尺寸（长×宽×高)/(mm×mm×mm)	5 900×2 600×2 000
电源要求（电压/装机功率）	380 V/16 kW

续表

项 目	参 数
洗车速度/(s·辆$^{-1}$)	90
轨道/根	2(6 m)
耗水量/(L·车$^{-1}$)	180
耗电量/(kW·h·辆$^{-1}$)	1
洗车液用量/(mL·车$^{-1}$)	25~60
驱动系统	无级变频调速+数字步进驱动系统
检测系统	超声波车身长度检测系统
中央处理器	嵌入式中央处理器+PLC双核系统

30.2 自动化洗车系统

30.2.1 探测系统

无刷式洗车设备上的一对红外电子对射探头形成一组探测线对车头和车尾进行探测，以探明车身的位置，并将探测信号发送给PLC可编程控制器以确定是否旋转。如到车头和车尾，则L形喷液架旋转90°~180°并对车头和车尾进行喷液清洗。

1. 红外对射探测器的工作原理

通常采用主动红外入侵探测器，其主要优点是体积小、交直流均可使用。主动红外入侵探测器多数采用互补型自激多谐振荡电路作为驱动电源，直接加在红外发光二极管两端，使其发出经脉冲调制的、占空比很高的红外光束，这既降低了电源的功耗，又增强了主动红外入侵探测器的抗干扰能力。GB 10408.4—2000《入侵探测器 第4部分：主动红外对射入侵探测器》中规定："探测器在制造厂商规定的探测距离工作时，辐射信号被完全或按给定百分比遮光的持续时间大于40 ms时，探测器应产生报警状态。"给出一个范围的原因是不同的使用部位可以设定(调节)不同的最短遮光时间，这有益于减少系统的误报警。主动红外对射发射机所发红外光束定发散角，在GB 10408.4—2000标准中还规定："室内使用时，发射机与接收机经正确安装和对准，并工作在制造厂商规定的探测距离内，辐射能量有75%被持久地遮挡时，接收机不应产生报警状态。"室外使用时受温度和太阳光的影响，红外光束的灵敏度会有所降低。为了减少由此引起的误报警，安装使用中应让发射机与接收机轴线重合。红外电子对射探头的接线图如图30-3所示。

2. 侦测范围

红外光1 s发射1 000光束，所以是脉动式红外光束。利用光束遮断方式的探测器当有物体在探测区时，会因其遮断不可见的红外线光

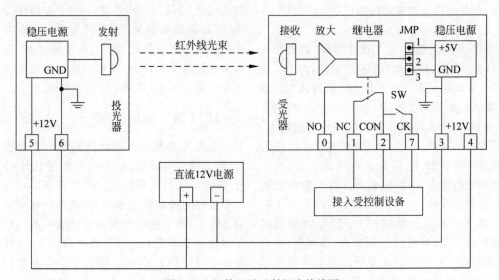

图30-3 红外电子对射探头接线图

束而引发指令。常见的主动红外入侵探测器有两光束、三光束、四光束，距离为30～300 m不等。在洗车设备中，最多使用的是百米以下的产品，在这个距离内选用红外对射探测器较好。在选择时，一般选择大于实际探测距离的产品。

3. 安装方式

比较流行的红外电子探头安装架支柱是方形不锈钢或铝合金型材，探测器安装在方形支柱上，不易转动。同时还将探测器线在管内实现暗敷，使线路不裸露。

4. 日常维护

探测器在日常工作中，由于长期工作在潮湿的洗车区域，不可避免地受到洗车过程中污垢的影响，容易在探测器的外壁上堆积污垢，阻碍红外射线的发射和接收，造成误测量，需要加强保养和维护。

（1）每日检查。通常是每班作业交接班时对设备进行一次保洁。

（2）每月检查。每月用专用清洁剂对红外电子探头探测器做一次彻底清洗；每月对红外电子探头做一次测试，检验探测系统的作业性能，确保洗车设备的正常作业。

30.2.2 控制系统

控制系统的核心部件是可编程逻辑控制器（programmable logic controller，PLC），简称可编程控制器，主要用来代替继电器实现逻辑控制，在各类自动控制中应用广泛。

1. 使用特点

该系统可靠性高，抗干扰能力强；硬件配套齐全，功能完善，适用性强；易学易用，深受工程技术人员欢迎。系统的设计、安装、调试工作量小，维护方便，容易改造，体积小，质量轻，能耗低。

PLC由于采用现代大规模集成电路技术，以及严格的生产工艺制造，内部电路又采用了先进的抗干扰技术，因而具有可靠性高、抗干扰能力强的特点。其中，高可靠性是电气控制设备的关键性能。

目前PLC已经形成了大、中、小各种规模的系列化产品，并且已经标准化、系列化、模块化，配备有品种齐全的各种硬件装置供用户选用，用户能灵活方便地进行系统配置，组成不同功能、不同规模的系统。

无刷式洗车设备上的PLC多采用小型PLC，所以开关柜体积小、质量轻、功耗低，很方便安装在设备上，实现机电一体化控制。

2. 应用控制

（1）逻辑控制。PLC最基本、最广泛的应用就是实现逻辑控制、顺序控制。当红外电子对射探头检测到车头部进入洗车设备、车身部位及车尾通过时，PLC逻辑控制由待机状态进入工作状态，开始做好洗车准备。

（2）运动控制。红外电子对射探头形成的两条平行的探测线倾斜设置，在喷液洗车的过程中，当离车辆最近的一条探测线被车身挡住，而另外一条未被挡住时为最佳洗车距离。在移动洗车时，两条探测线均被车身挡住，说明喷液测杆距离车身太近，PLC可编程控制器控制电动机工作，使喷液测杆做纵向或横向移动，以便远离车身；在移动洗车时，两条探测线均未被车身挡住，说明喷液测杆距离车身太远，PLC可编程控制器控制电动机工作，使喷液测杆做纵向或横向移动，以便靠近车身，使得喷液测杆与车身始终保持最佳距离。利用PLC控制驱动移动横梁系统做直线运动，对车身侧面喷洒清洗剂和清洗水并控制L形喷液架伺服电动机做90°～180°旋转运动，实现对车头和车尾面喷洒清洗剂和清洗水。

（3）数据处理。因PLC还具有数学运算、数据传送、数据转换、排序、查表、位操作等功能，可完成数据的采集、分析及处理。这些数据可以与存储在存储器中的参考值比较，较好地完成控制操作，也可以利用通信功能传送到洗车店服务器上，实现全店的智能化。

30.2.3 喷射控制

无刷式洗车设备喷淋控制是一个过程控制，而过程控制是指对清洗剂和清洗水的压力、流量等实行闭环控制。PLC编制适应各种车型清洗的控制算法程序，完成闭环控制。清洗过程中，将清洗水喷头和洗涤液喷头均排列安装在符合车体形状的L形喷液架上，并在红外电子对射探头及PLC可编程控制器的控制下，使清洗水喷头和洗涤液喷头与车身的距离始终保持在最佳喷射距离内。在顶部喷液架、侧向喷液架上的洗涤液喷头与洗涤液导管连接,对全车表面喷洒洗涤液;顶部喷液架、侧向喷液架上安装的水喷头与低压水管连接,对车身中上部位使用低压水喷洗;在侧向喷液架的下部安装的水喷头与高压水管连接;对车身、车头、车尾侧面中下部的较脏部位进行清洗,从而实现了多通道、程序化、功能化洗车。

30.2.4 辅助系统

1. 步进电动机的选型

(1) 驱动器的电流。电流是判断驱动器能力大小的依据,是选择驱动器的重要指标之一,通常驱动器的最大额定电流要略大于电动机的额定电流,常用的为 2.0 A、3.5 A、6.0 A 和 8.0 A。

(2) 驱动器的供电电压。供电电压是判断驱动器升速能力的标志,常规电压供给有 24 V(DC)、40 V(DC)、60 V(DC)、80 V(DC)、110 V(AC)、220 V(AC)等。

(3) 驱动器的细分。细分是控制精度的标志,通过增大细分能改善精度。步进电动机有低频振荡的特点,如果电动机需要在低频共振区工作,细分驱动器便是很好的选择。驱动器控制精度提高,输出转矩对各种电动机都有不同程度的提升。

2. 步进电动机驱动器

系统中采用某型细分型两相混合式步进电动机驱动器,其外形如图 30-4 所示,端子说明见表 30-2。

3. 光栅尺

光栅尺是用来检测位移的元件,下面以某型光栅尺为例介绍光栅尺的使用。该光栅尺输出信号为脉冲信号,通过 PLC 对该高速脉冲进行高速计数即可实现位移的检测。

该光栅尺在物理位置上有 3 个 Z 相脉冲输出点,相邻两点的距离为 50 mm,Z 相每发出一个脉冲,A 相或 B 相就发出 2 500 个脉冲。可通过 A 相与 B 相的超前与滞后来分析物体运行的方向。通过 PLC 对 A 相或 B 相的脉冲计数就可以计算出物体所在的位置。

光栅尺与 PLC 按图 30-5 所示进行连接。

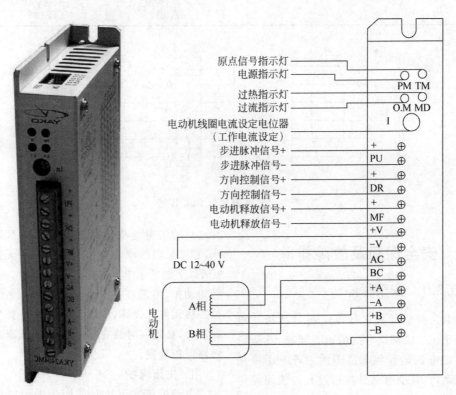

图 30-4 某型细分型两相混合式步进电动机驱动器外形图

表 30-2 某型步进电动机驱动器端子说明

标记符号	功能		注释
+	输入信号光电隔离正端		接+5 V 供电电源,+5～+24 V 均可驱动,高于+5 V 须接限流电阻
PU	D2=OFF 时为步进脉冲信号		下降沿有效,每当脉冲由高变低时电动机走一步。输入电阻 220 Ω,要求:低电平 0～0.5 V,高电平 4～5 V,脉冲宽度>2.5 μs
	D2=ON 时为正向步进脉冲信号		
+	输入信号光电隔离正端		接+5 V 供电电源,+5～+24 V 均可驱动,高于+5 V 须接限流电阻
DR	D2=OFF 时为方向控制信号		用于改变电动机转向。输入电阻 220 Ω,要求:低电平 0～0.5 V,高电平 4～5 V,脉冲宽度>2.5 μs
	D2=ON 时为反向步进脉冲信号		
+	输入信号光电隔离正端		接+5 V 供电电源,+5～+24 V 均可驱动,高于+5 V 须接限流电阻
MF	电动机释放信号		有效(低电平)时关断电动机线圈电流,驱动器停止工作,电动机处于自由状态
+V	电源正极		DC 12～40V
−V	电源负极		
AC,BC +A,−A +B,−B	电动机接线		六出线 八出线

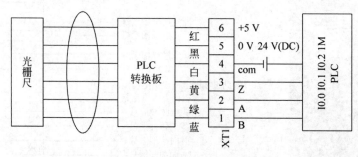

图 30-5 光栅尺与 PLC 连接

30.3 安全保障及故障排除

30.3.1 安全保障

过载是指电动机运行电流超过其额定电流但小于 1.5 倍额定电流的运行状态,此运行状态在过电流运行状态范围内。若电动机长期过载运行,其绕组温升将超过允许值而使绝缘老化或损坏。过载保护要求不受电动机短时过载冲击电流或短路电流的影响而瞬时动作,通常采用热继电器作为过载保护元件。当 6 倍以上的额定电流通过热继电器时,须经 5 s 后才动作,可能在热继电器动作前,热继电器的加热元件已烧坏,所以使用热继电器做过载保护时,必须同时装有熔断器或低压断路器等短路保护装置。

1. 失压保护

电动机正常运转时如因为电源电压突然

消失,电动机将停转。一旦电源电压恢复正常,可能自行启动,从而造成机械设备损坏,甚至造成人身事故。失压保护是为防止电压恢复时电动机自行启动或电器元件自行投入工作而设置的保护环节。采用接触器和按钮控制的启动、停止控制线路就具有失压保护作用。因为当电源电压突然消失时,接触器线圈就会断电而自动释放,从而切断电动机电源。当电源电压恢复时,由于接触器自锁触头已断开,所以不会自行启动。但在采用不能自动复位的手动开关、行程开关控制接触器的线路中,就需要采用专门的零电压继电器,一旦断电,零电压继电器释放,其自锁电路断开,电源恢复时,就不会自行启动。

2. 欠电压保护

当电源电压降至60%~80%额定电压时,将电动机电源切断而停止工作的环节称为欠电压保护环节。除了采用接触器有按钮控制方式本身的欠电压保护作用外,还可采用欠电压继电器进行欠电压保护。将欠电压继电器的吸合电压整定为$(0.8\sim0.85)U_N$、释放电压整定为$(0.5\sim0.7)U_N$。欠电压继电器跨接在电源上,其常开触头串接在接触器线圈电路中,当电源电压低于释放值时,欠电压继电器动作使接触器释放,接触器主触头断开,电动机电源实现欠电压保护。

30.3.2 故障排除

在机器正常使用过程中,会由于温度、水压、设备损坏等原因而出现一些常见的故障,表30-3列出了环绕型无接触免擦拭洗车机的常见故障及排除方法。

表30-3 无接触免擦拭洗车机的常见故障及排除方法

常见故障	故障原因分析	故障排除方法
机器无法启动	机器未开机	将插头插入插座,开启机器
	微动开关损坏	更换微动开关
	保险丝熔断	断开其他机器,更换保险丝
机器启动工作无法调节	溢流阀组件不工作	更换溢流阀组件
	变压器损坏	更换变压器
	温控器损坏	更换温控器
出水压力不稳	溢流阀中有异物、堵塞或卡住	清洁或更换溢流阀
	泵的密封圈有损坏	清洁或更换密封圈
机器运行时停止	进出水单向阀堵塞	更换进出水单向阀
	不确定的电源电压	检查电源电压是否符合标签要求
	激活了热敏保护原件	停用5 min,使其冷却
	喷嘴部分堵塞	清洁喷嘴
机器振动	供水不足	检查供水系统是否符合规定要求
	喷嘴部分堵塞	清洁喷嘴
	过滤嘴堵塞	清洁过滤嘴
	进出水单向阀堵塞	更换进出水单向阀
	进水口管/泵中有空气	让机器在扳机打开的情况下运行直到恢复正常工作压力
机器启动后无水喷出	泵、软管或附件冻住	等待泵、软管或附件回暖
	无水供给	连接进水
	过滤器堵塞	清洁过滤器
	喷嘴堵塞	清洁喷嘴

第31章

往复式汽车清洗设备

往复式洗车设备在《汽车外部清洗设备》(JT/T 1050—2016)中的定义为:"框架立式洗车装置沿轨道前后往返移动,对汽车外部表面进行清洗工作的设备。"一般是指洗车机主要工作部件的载体——龙门架沿轨道前后往返移动,对汽车外部表面进行清洗工作的设备。

31.1 总体结构和工作原理

31.1.1 总体结构

1. 往复式洗车机

往复式洗车机的机械结构主要包括龙门架、裙刷、立刷、横刷、减速器、气压系统等。其通过 PLC 控制气压系统驱动裙刷、立刷、横刷上下、左右移动,通过 PLC 控制电动机、减速器驱动裙刷、立刷、横刷旋转,对汽车进行清洗工作。往复式洗车机的总体布置如图 31-1 所示。

往复式洗车机是一种较为常用的洗车设备,其具体结构如图 31-2 所示。当车开进相应的位置后,汽车固定不动,由清洗机本身往复移动,完成清水喷洒、泡沫喷洒、毛刷清洗、清水冲洗、蜡水洗车、强力风干等操作。

往复式洗车机的优点是价格适中,约为隧道式洗车机的 1/2;工作时的占地面积小,可

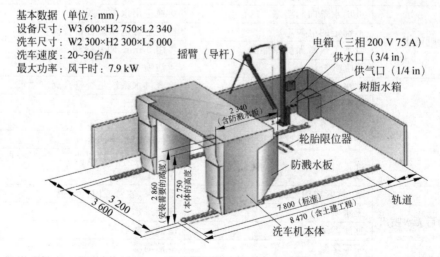

图 31-1 往复式洗车机的总体布置图

以在一个较大的房间里洗车。但存在噪声较大、使用洗车蜡和水较多、洗车成本稍高及洗车时间较长等缺点。

2. 往复式全自动洗车机

往复式全自动洗车机是在往复式洗车机的基础上增加了自动测量与程序管理组件。这是一种能够在轨道上往复移动，按照设定程序对静止的车辆进行检测，从而自动完成仿形刷洗和风干过程的洗车机。该机型可实现高度自动化控制，完全替代人工对车辆外表进行清洗、上蜡、风干，如图31-3所示。

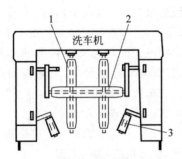

图 31-2　往复式洗车机的总体结构
1—立刷；2—横刷；3—裙刷

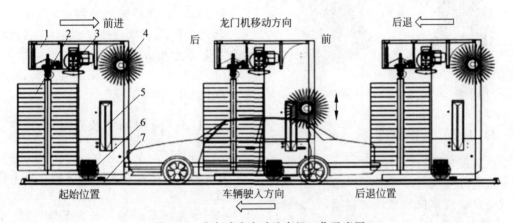

图 31-3　往复式全自动洗车机工作示意图
1—龙门架；2—侧刷；3—顶部仿形风干；4—顶刷；5—侧部固定风干；6—输送机导向轮；7—轨道

往复式全自动洗车机的结构部分一般由行走龙门架、刷洗系统和风干系统组成。刷洗系统通常包括1个清洗车辆顶部的顶刷和2个清洗四周的侧刷，所有洗车刷均由电动机减速机驱动，顶刷可进行旋转和垂直升降运动；侧刷可进行旋转和水平开合运动；风干系统包括1组顶部仿形风干和2组侧部固定风干；刷洗及风干系统安装在可移动的龙门架上，龙门架通过电动机减速机驱动，可沿轨道进行多段速度的前进、后退运动，配合顶刷的升降运动、侧刷的开合运动、顶风口的升降运动最终完成车辆的仿形刷洗及风干。另一种主流的往复式全自动洗车机的结构如图31-4所示，它主要由横风筒、拖链支架、机架、横刷、横风筒顶梁、侧刷顶梁、侧刷、挡水罩、轮刷、侧风筒组成。

随着我国装备制造业的快速发展及通信

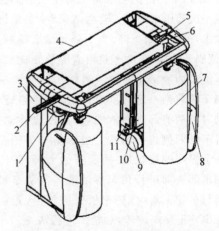

图 31-4　往复式全自动洗车机的总体结构
1—横风筒；2—拖链支架；3—机架；4—横刷；5—横风筒顶梁；6—侧刷顶梁；7—侧刷；8—挡水罩；9—轮刷；10—侧风筒；11—红外电子对射探头

技术的不断进步,目前国内已有多款无人管理的、智能化的往复式全自动洗车机。如图31-5所示的智能化往复式全自动洗车机具有无人值守系统,可实现无人操控、智能洗车。其无人值守洗车流程是车辆停车到位,扫码支付洗车机自动启动,付款完成设备自动洗车,3~5 min即可完成清洗车辆、自动风干工作。

图31-5　智能化往复式全自动洗车机

31.1.2　工作原理

往复式全自动洗车机主要由洗车和风干2部分组成,其主要洗车原理为:车辆不动,由往复式全自动洗车机本身往复移动,以完成清洗、上蜡和自动风干等工作程序,往复多次、一举完成洗车工作。选择洗车程序后,按下启动按钮,龙门上的清洗喷射系统对车辆表面进行往返一次低压水喷洒;喷洒结束,喷水系统继续喷水,横刷开始下降,当下降到最底端时,横刷、侧刷开始旋转,洗车机沿着导轨正向移动,对车辆表面喷洒洗车液。当洗车机的侧刷接触到车辆前面一定程度时,洗车机暂停行走,侧刷对车辆前部进行清洗后,向两边移动,并沿着车辆两侧进行清洗。当横刷与车辆表面有一定程度的接触后,横刷开始上升,并沿着车辆顶部表面进行仿车形清洗。当洗车机的轮刷与车轮正对时,洗车机暂停行走,轮刷自动伸出并正反向旋转,对轮辋进行清洗。当清洗到车辆后表面时,侧刷开始向中央合拢,横刷开始下降。

正向清洗结束后,喷洒水蜡,侧刷、横刷均开始反转,对车辆进行又一次反向清洗。侧刷在反向清洗的同时向两边倾斜,以扩大清洗面积。

清洗结束后,开始风干,风筒下降到最低点,风机开始工作,洗车机正向行走,对车辆进行仿车形吹风。正向吹风结束后,洗车机开始反向行走吹风到起始点,使车辆表面迅速干燥,至此,洗车全过程结束。

一般实际的洗车流程如下:

(1) 安全驶入。车辆进入指定位置,停车,拉好手刹,收反光镜,关闭天窗。

(2) 全面清洗。

① 启动侧刷清洗车头。

② 用高压水预冲洗、喷洒泡沫。

③ 启动轮刷、横刷、侧刷,对整体车身及轮毂全方位、无死角清洗。

(3) 固定风干。启动固定风干系统,对整体车身全方位方风干。

31.1.3　应用场所及选址

1. 应用场所

往复式全自动洗车机主要应用于以下两类场所:

(1) 专业洗车店铺。车辆维修厂、洗车美容店、加油站、运输公司等的专业洗车场所可以选择智能无人值守的往复式全自动洗车机。

(2) 附属配套设施。购物中心、星级酒店、写字楼、车站、码头、机场等各类停车场的附属配套设施可以选择智能无人值守的往复式全自动洗车机,如图31-6所示。

图31-6　车站附属智能无人值守的
往复式全自动洗车机

2. 选址要求

往复式全自动洗车机的应用地点要求如下:

(1) 适用场所为日清洗量 100 台左右的洗车店。

(2) 场地要求为宽度不小于 4 m,高度不小于 3 m,长度不小于 10 m,车辆可以退出或直行离开清洗区域。

(3) 清洗模块包括水洗、超柔刷洗、喷洒清洗剂、喷洒上光蜡、高压风干。

(4) 适用于对轿车、吉普车、小型面包车等厢式车型的车辆进行清洗、打蜡和风干。

31.2 主要参数

31.2.1 结构参数

往复式全自动洗车机的结构参数主要包含设备尺寸(设备的长、宽、高)、最大洗车尺寸(车辆的长、宽、高)、作业行进速度、装机电压及功率、导轨长度、安装尺寸。

1. 结构尺寸参数

往复式全自动洗车机的结构参数包括洗车占地面积、机器外形尺寸、导轨长度、清洗车型等,表 31-1 为某型往复式全自动洗车机的结构参数。

表 31-1 某型往复式全自动洗车机的结构参数

项 目	参 数
适用车型	各种小型车辆
洗车尺寸/m	长不限,宽≤2,高≤2
机器尺寸(长×宽×高)/(m×m×m)	2.1×3.6×3
安装尺寸(长×宽×高)/(m×m×m)	12×4×3.2
装机功率/kW	32(固定风干)、10(不带风干)
电压	380 V/50 Hz,三相五线
刷子数/个	横刷1、侧刷2、裙刷2
平均水量消耗/(L·辆$^{-1}$)	80~120
洗车时间/(min·辆$^{-1}$)	2.5~3
压缩空气的压力/MPa	0.8
耗电量/(kW·h·辆$^{-1}$)	0.6
控制系统	可编程控制器,变频调试控制、液晶面板双控制
风干配置	固定风干
洗车方式	地面轨道,往复式洗车系统
制造材料	设备整体板式结构,热镀锌喷塑或烤漆面板

2. 选型参数

1) 电动机

选择适合的电动机主要依据负载的性质(如转矩、惯量、转速、精度、加减速等)要求、供电电源是直流还是交流、电压范围。

在选用电动机时,应考虑电动机的几个主要参数:

(1) 电动机的额定功率。电动机的输出功率不大于实际负载的总功率,同时电动机的输出功率不能过小,否则会造成电动机长期过载。

(2) 电动机的电流种类。根据实际的需要和经济等方面的要求选择电流种类。

(3) 电动机的额定电压。依据控制的基本要求选择额定电压。

(4) 电动机的结构形式和防护形式。根据生产实际对电动机的安装位置要求和周围环境情况进行选择。

由系统控制的对象可知,洗车机的电动机主要控制各刷的进位和退位及毛刷的旋转等,安装环境要求不高。此外,在控制过程中电动机的功率问题依据实际要求也不高,据此再根据选型的依据,一般可选用三相交流异步电动机,该电动机价格便宜、结构简单、维护较方便,目前广泛应用于一般的工业生产环节中。

(1) 电动机形式的选择。在三相交流异步电动机中,电动机形式有卧式和立式 2 种。在选择电动机的额定电压时,所有电动机均确定为 380 V 额定工作电压。

(2) 电动机功率的选择。各电动机的工作状态负荷要求不高,根据选型依据及网络资料,选择各刷毛电动机的功率为 1.1 kW,对于吹干系统电动机和导轨电动机则选择功率为 3 kW。

（3）电动机转速的确定 系统对电动机的实际要求不高，各刷的移动速度比较慢，刷毛旋转洗车时要求的速度也不高，所以选择转速为 1 450 r/min 即可。

2）水泵

往复式全自动洗车机的喷淋系统在洗车前进行湿润喷水。对于水泵的选择，考虑到经济成本和生产工艺上的要求，要求可靠性高、噪声较低、振动较小。根据系统对水泵的要求，可选用不同的水泵。在此情况下，可选用 FB 型不锈钢耐腐蚀泵。

FB 型泵是单吸悬臂式耐腐蚀离心泵，采用先进的水力模型与高强度组合式双端面机械密封，具有高效节能、结构紧凑、性能稳定等优点。其适用于输送不含固体颗粒、无腐蚀性的液体，输送介质的温度为 20～105℃；泵的进口压力小于 0.2 MPa，广泛应用于供水、排水系统。

水泵的选型参数包括流量（m^3/h）、扬程（m）、功率（kW）、转速（r/min）、效率、排出口径和吸入口径等参数。

（1）流量（抽水量）——水泵在单位时间内所输送的液体数量，用字母 Q 表示。常用的体积流量单位是 m^3/h（或 L/s），常用的质量流量单位是 t/h。

（2）扬程（总扬程）——泵对单位质量（1 kg）的液体所做的功，即单位质量液体通过水泵后其能量的增值，用字母 H 表示。其单位为 m，也可折算成被抽送液体的液柱高度（m），工程中用国际单位帕斯卡（Pa）表示。

泵的扬程可由实验测定，即在泵进口处装上真空表，出口处装上压力表，若不计两表截面上的动能差（即 $\Delta u^2/2g=0$），不计两表截面间的能量损失（即 $\sum f_{1-2}=0$），则泵的扬程可用式（31-1）计算：

$$H = h_0 + \frac{p_2 - p_1}{\rho g} \qquad (31\text{-}1)$$

式中　p_2——泵出口压力表的读数，Pa；
　　　p_1——泵进口处真空表的读数（负表压值），Pa；
　　　ρ——水的密度，kg/m^3。

（3）轴功率——泵轴得自原动机传递来的功率称为轴功率，以 N 表示。原动机为电动机时，轴功率的单位以 kW 表示。

（4）有效功率——单位时间内通过水泵的液体得到的能量叫作有效功率，以字母 N_e 表示。泵的有效功率为

$$N_e = \rho g Q H \omega \qquad (31\text{-}2)$$

式中　ρ——水的密度，取值 1 000 kg/m^3；
　　　g——重力加速度，取值 9.8 m/s^2；
　　　Q——流量，m^3/h；
　　　H——扬程，m；
　　　ω——角速度，rad/s。

（5）效率——水泵的有效功率与轴功率之比值以 η 表示：

$$\eta = \frac{N_e}{N} \Rightarrow N = \frac{N_e}{\eta} = \frac{\rho g Q H}{\eta} \qquad (31\text{-}3)$$

（6）转速——水泵叶轮的转动速度，通常以每分钟转动的次数来表示，以字母 n 表示常用单位为 r/min。在往复泵中转速通常以活塞往复的次数来表示（次/min）。

3）电磁阀

电磁阀是用来控制流体的自动化基础元件，是液压传动、气压传动、输水管路常用的执行器。

电磁阀在选型时应注意电磁阀的适用性、可靠性、安全性和经济性，管路中的流体必须和选用的电磁阀系列型号中标定的介质一致，洗车机要选用防水型输水用电磁阀；每次工作时间很短，使用频率较高时，一般选取直动式大口径、快速系列、全不锈钢型电磁阀。见表 31-2。

表 31-2　不锈钢电磁阀的通用参数

项　　目	参　　数
适用介质	气、水、油、蒸汽、制冷剂、腐蚀性流体
适用压力/MPa	－0.1～160
介质温度/℃	－200～＋350
介质黏度/($mm^2 \cdot s^{-1}$)	小于 50（大于时需定制）
附加功能	手动、止回
控制方式	常开、常闭
电源电压/V	DC：3～127，AC：24～380

常闭：当线圈通电时，电磁铁芯吸合，泄压孔打开，主活塞由水压力推动，打开主阀口，水

流通；当线圈断电时，主阀口关闭，水流截止。

常开：当线圈通电时，电磁铁芯吸合，泄压孔关闭，主活塞由水压力推动，关闭主阀口，水截止；当线圈断电时，主阀口打开，水流流通。

4）熔断器

熔断器又称保险器（或保险丝），是利用熔化作用来切断电路的一种保护电器。当通过熔断器的电流大于规定值时，以其自身产生的热量使熔体熔化而自动分断电路。

熔断器的选择有3个技术参数：额定电压、额定电流、极限分段能力。

一套简单的电动机线路通常由熔断器、接触器、热继电器、电动机组成。根据生产实际，选择熔断器的额定电流为电动机额定电流的1.2～1.5倍。熔断器的额定分断能力应大于线路可能出现的最大短路电流，而用于保护照明线路和电动机的熔断器则一般考虑它们的过载保护，这时，熔断器的熔化系数要适当小些。

选择熔断器时，首先考虑到整个电路系统的额定总功率及电路设备的额定总电流。

5）热继电器

热继电器是由流入元件的电流产生热量，使有不同膨胀系数的双金属片发生形变，当形变达到一定距离时，就推动连杆动作，使控制电路断开，从而使接触器失电、主电路断开，实现电动机的过载保护。鉴于双金属片在受热弯曲过程中热量的传递需要较长的时间，热继电器不能用作短路保护，只能用作过载保护。

6）交流接触器

交流接触器是广泛用于电力的开断和控制电路。一般三相接触器有8个点，即3路输入，3路输出，2个控制点，利用主接点来开闭电路，用辅助接点来执行控制指令。主接点一般只有常开接点，而辅助接点有2对常开和常闭功能的接点。

7）传感器

传感器是一种检测装置，能感受到被测量的信息，并能将检测感受到的信息，按一定规律变换成电信号或其他所需形式的信息输出，以供控制使用，是实现自动控制的首要环节。

洗车机使用到的传感器主要有2种，分别是红外传感器和超声波传感器，其作用分别是作为光电开关和对滚筒刷定位。下面依次介绍传感器的设计与选型依据。

（1）红外线传感器

红外线传感器分为热释电红外线传感器、量子型红外线传感器两大类。红外传感器具有一对红外信号发射与接收二极管，发射管发射特定频的红外信号，接收管接收这种频率的红外信号，当红外信号在检测方向上遇到障碍物时，红外信号反射回来被接收管接收，经过处理之后，将信号送到控制器。当车辆进入红外检测区域时，红外传感器随即将信号传送到PLC，启动整个洗车程序。红外线传感器的具体参数见表31-3。

表31-3 红外线传感器的具体参数

项 目	参 数
测量范围/m	0.05～200
典型精度/mm	±1
供电电压(DC)/V	5～12
使用环境温度/℃	-20～40

（2）超声传感器

超声波是一种振动频率高于声波的机械波，是由换能晶片在电压的激励下发生振动产生的。它具有频率高、波长短、绕射现象小，特别是方向性好、能够成为射线而定向传播等特点。超声传感器使用于检测垂直、坚硬并且表面平整的物体。采用超声波回波测距原理，运用精确的时差测量技术可检测传感器与目标物之间的距离。

超声传感器的种类很多，分别为漫射式、反射式、对射式。这里选用反射式超声波传感器，其具体参数见表31-4。

表31-4 超声波传感器的具体参数

项 目	参数
工作温度/℃	-40～70
最大检测距离/m	1/2/3
发散角/(°)	30
不受灰尘和雨水影响的最小距离/m	100
IITBF时间/h	$10×10^4$
开关量和模拟量型号	可选

31.2.2 清洗参数及其设定

1. 清洗参数

往复式全自动洗车机的清洗参数包括平均耗水量、平均用电量、用电功率、平均洗车量、平均出车时间、水源要求、气源要求及电源要求等。往复式全自动洗车机的清洗参数见表31-5。

表31-5 往复式全自动洗车机的清洗参数

项目	参数	单位	备注
电压	380/50	V/Hz	三相五线
装机功率	烘干为32	kW	不带烘干为10
洗车速度	2.5~3	min/辆	不同模式的速度不同
洗车耗水量	80~120	L/辆	不同车型的平均值
洗车耗电量	0.6	kW·h/辆	不同车型的平均值
最大洗车高度	2 000	mm	小型乘用车
最大洗车宽度	2 000	mm	小型乘用车
最大洗车长度	不限	mm	轨道12 m
压缩空气的压力	0.8	MPa	气泵供应
行走速度	0~10	m/min	变频调速

2. 清洗机构的参数设定

下面以某型清洗机构的设定为例讨论参数的设定。

设定其专门对长×宽×高在5.5 m× 2 m×2 m以下的小型乘用车等进行清洗,既可进行高压摆动喷水、洗车液喷淋、水蜡漂洗,又可进行高压仿形风干。一般使用高压水泵、离心风机、减速电动机作为动力。

1) 摆动喷淋机构的参数设定

采用连杆作用的三联动摆动喷淋机构,选用扭矩为21.5 N·m、速比为1∶25的减速电动机,配套电动机的功率为180 W、转速为1 400 r/min作为摆动动力;旋转臂中心长为35 mm,摆动臂中心长为70 mm;摆动角度为60°,摆动频率约1次/s,其摆动幅度能够照顾到车辆全身。

2) 升降顶吹风机构的参数设定

采用2×2.2 kW升降顶吹风装置,质量约90 kg,选用扭矩为213.4 N·m、速比为1∶60的减速电动机,配套电动机功率为750 W、转速为1 400 r/min作为升降动力;转动轴直径为25 mm,卷带轮直径为130 mm。升降顶吹风装置升降速度设定为约9.5 m/min,实现升降既迅速又平稳。

3) 行走机构的参数设定

往复移动的龙门架总成的质量约为1 000 kg,选择扭矩为82.4 N·m、速比为1∶20的减速电动机,配套电动机功率为750 W、转速为1 400 r/min作为行走驱动动力;设计主动链轮齿数为15齿、被动链轮齿数为27齿,滚轮直径为80 mm,前后行走速度约10 m/min。既缩短了摆动喷淋水流前后行走时覆盖所需的时间与顶吹风升降反应时间,又提高了洗车效率。

31.3 金属结构

31.3.1 机架、刷辊及传动结构

为保证往复式全自动洗车机运转时,行走路线的水平要求,必须对洗车机的龙门机架提出严格的设计要求。

1. 机架

龙门机架是洗车机的主体,其框架采用碳钢冷压板材,经折弯、焊接、钻孔后,再进行整体热镀锌防锈处理,进行喷塑处理后,最后进行装配而成。

左右箱体、横风筒大梁及侧刷大梁均采用不锈钢螺栓安装在龙门机架上。在左右箱体及横风筒大梁上分别装有横刷、轮刷、风筒、喷射系统、气动系统及电气控制系统等零部件。

龙门机架的底部分别装有主动蜗杆、从动蜗轮,主动蜗轮通过减速器驱动运行。

2. 横刷及传动总成

横刷及传动总成的结构如图31-7所示。横刷7的左端与横刷减速机9相连接,减速机与横刷升降左滑块10相连接;横刷7右端与横刷法兰6连接,再与横刷升降右滑块相连接。横刷的升降是由横刷升降电动机经减速机1进行驱动的,横刷的左、右滑块分别通过横刷升降主动链轮2和横刷升降从动链轮4及横刷升降导向链轮5而上下运动。横刷升降主动链轮2和横刷升降从动链轮4通过横刷升降传动轴3相连,确保两侧升降的同步性。在横刷升降主动链轮2内部装有一个单向轴承,可以有效防止横刷过快下降。在横刷升降导向链轮5的内侧链条上有一根弹簧,当横刷降到最低位置时可以进行有效减振,还设有一个保险扣,以防止弹簧脱落。

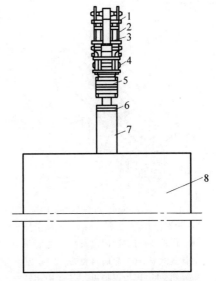

图31-8　侧刷及传动总成结构简图
1—侧滑轮;2—侧安装板;3—侧刷大梁;
4—减速机安装法兰;5—减速器电动机;
6—法兰;7—销轴;8—刷毛

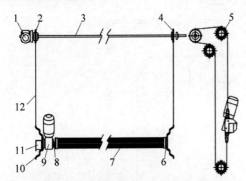

图31-7　横刷及传动总成结构简图
1—横刷升降减速机;2—横刷升降主动链轮;3—横刷升降传动轴;4—横刷升降从动链轮;5—横刷升降导向链轮;6—横刷法兰;7—横刷;8—横刷旋转减速机轴;9—横刷减速机;10—横刷升降滑块;11—接近开关挡板;12—链条

3. 侧刷及传动总成

侧刷及传动总成结构安装在侧刷大梁上,由侧刷的旋转装置、侧刷小车行走系统、检测系统组成,其结构如图31-8所示。

1) 侧刷的旋转装置

侧刷的旋转装置是侧刷的主体,减速器电动机5安装在法兰4上,并用螺栓连成一体。减速器的下端由法兰盘连接侧刷并带动其旋转。减速机安装法兰4通过一根销轴与侧刷行走小车相连,而侧刷行走小车则通过上下4个尼龙行走轮和前后各4个限位轮安装在侧刷大梁3上,这样小车通过4个滚轮在导轨上滑动,带动侧刷可以左右扩张和合拢。

2) 侧刷小车行走系统

侧刷小车行走系统由安装在侧刷小车上方的2台减速机、行走主动链轮、从动链轮和链条组成,通过减速机的正反转,再经过链条的传动来实现侧刷的左右扩张和合拢。

4. 轮刷及传动总成

轮刷及传动总成的结构组成如图31-9所示。轮刷通过螺栓与轮刷旋转法兰9固定,法兰盘轴套的内孔与减速器的轴芯配合,为防止轴向窜动,在法兰盘轴套端用螺栓与电动机轴固定。轮刷的伸出、缩回由气缸2来实现,气缸的尾座与轮刷上导轨3相连,气缸的活塞杆通过销轴与轮刷下导轨11相连,整个轮刷及传动系统可单独拆卸。轮刷上导轨3、轮刷下导轨11上分别装有导向轮1和行走滚轮12,并由气缸带动下导轨11进行伸缩运动,以实现轮刷的横向伸缩清洗。

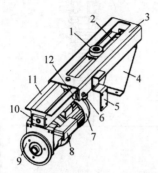

图 31-9　轮刷及传动总成结构简图
1—轮刷导向轮；2—气缸；3—轮刷上导轨；4—轮刷与底脚固定板；5—轮刷与箱体连接板；6—轮刷限位轮；7—驱动电动机；8—侧边保护板；9—轮刷旋转法兰；10—接近传感器；11—轮刷下导轨；12—行走滚轮

31.3.2　清洗结构

1. 喷射系统

喷射系统用于实现对车辆清洗、上蜡的全过程。清洗可根据用户提出的要求，结合车辆情况进行，清洗过程由喷射系统结合完成。图 31-10 是喷射系统结构示意图。镀锌水管 2 固定在龙门机架的箱体上。用户根据需要自备水箱或水池，水箱里的水通过水泵抽出。蜡液箱和洗涤剂箱可合二为一，中间隔开，蜡泵及洗涤剂泵固定在洗车机的箱体内。

当洗车机开始工作时，水泵将清水从水箱或水池里抽出，经管路、通过喷头对车辆的周边及顶面进行冲洗。当洗车机从车头到车尾正向清洗车辆时，侧刷前面板上的喷头可实现对车辆喷淋清洗剂，而当洗车机反向清洗车辆时，前面板上的喷头可实现对车辆喷淋水蜡。

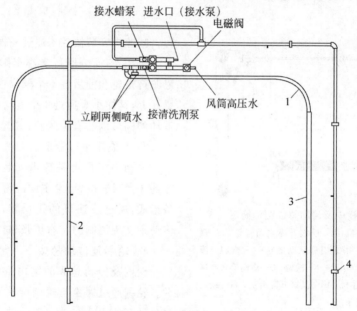

图 31-10　喷射系统结构简图
1—橡胶水管；2—镀锌水管；3—喷嘴；4—抱箍

2. 风干系统

风干系统用于洗车后对车辆表面的快速风干工作。吹风系统由侧吹风及上部横吹风组成。侧吹风安装在龙门机架的两侧，风机通过风道向车辆表面垂直吹风；上部横吹风采用风筒结构形式，从水平方向沿着车表面吹风。横风筒的结构如图 31-11 所示。风干系统主要由横风筒传动减速机、横风筒传动轴、横风筒及横风筒传动机组成。

3. 横刷

横刷的结构如图 31-12 所示，其作用是对车辆头部、顶部及尾部进行仿形刷洗。其运动

尾部进行仿形刷洗,其运动包括自身绕中心轴的回转运动和沿水平轨道进行的左右开合运动,通过龙门架前进或后退运动与侧刷左右开合运动的组合,旋转的左右侧刷可围绕车辆四周形成曲线运动轨迹。

侧刷的仿形刷洗控制与顶刷相似,PLC 会根据负载电流与设定的低限、中限和高限值比较,来判断接触压力的大小,控制侧刷和龙门架的运动,完成仿形清洗。只是车头、车尾部分一般依靠龙门架上的光电开关来检测位置而进行清洗,车头、车尾部分清洗时的触压值主要起到保护作用,并配合检测侧刷倾斜度的接近开关保护装置,确保洗车过程的安全可靠。因左右 2 个侧刷在清洗车头、车尾时,中间会有部分区域因刷毛干涉无法清洗,设计时采用左右侧刷到达合拢限位后,同时向左移动再向右移动的控制方式来完成中间部位的清洗。

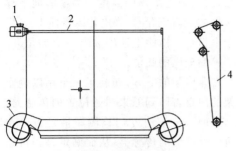

图 31-11 风筒结构简图
1—横风筒传动减速机;2—横风筒传动轴;
3—横风筒;4—横风筒传动机

包括自身绕中心轴的回转运动和沿升降轨道进行的上下运动,通过龙门框架前进或后退运动与横刷升降运动的组合,旋转的横刷可形成曲线运动轨迹。

4. 侧刷

2 个大侧刷的作用是对汽车头部、两侧及

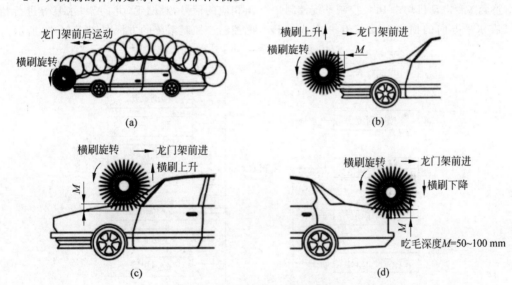

图 31-12 横刷仿形清洗示意图
(a) 横刷仿形清洗全过程;(b) 横刷仿形清洗车头部分;
(c) 横刷仿形清洗车身部分;(d) 横刷仿形清洗车尾部分

31.4 控制系统

往复式全自动洗车机的控制系统主要分为两大类:一类是 PLC 技术,另一类是单片机技术。PLC 自有 CPU 模块,主要依靠的是电流传感技术,配合光电感应开关,将刷毛的压力转化成电信号传递给 CPU 来感知车身的形状;而单片机技术主要依靠光电传感技术,将识别到的障碍物信息转化成电信号传递给 CPU。PLC 控制系统的优点是易维护、研发速度快、抗干扰能力强,缺点是价格高、所占空间大；而单片机的优点是占用空间小、价格便宜，缺点是研发周期长、抗干扰能力差。

目前国际上的高端洗车机均采用 PLC 或单片机控制系统。对于车辆位置固定、可以进行往返式运动的往复式全自动洗车机，随着通信技术的发展，支付方式的变化，很适合运用 PLC 编程技术，快速迭代，开发短周期，适销对路的产品，对整套洗车机设备进行控制。因此下面以 PLC 控制系统为例加以介绍。

31.4.1 电气系统

1. 控制方案及原理

往复式全自动洗车机龙门架上的主要运动部件由横刷电动机、横刷升降电动机、垂直方向的左右侧刷电动机、下部的 2 台侧刷电动机、左右轮毂刷电动机及横向移动电动机驱动，龙门架由可以向前和向后旋转的双向电动机来驱动；整套多台电动机均由 PLC 控制系统控制。

在水平方向的横刷上安装有一个光电传感器，用以确定车辆的高度。当横刷向下移动到车辆的最高位置时，光电传感器向 PLC 发送一个电信号。横刷上还安装有一个归位开关，用于控制横刷的归位。

在龙门架的下方，安装了一个用以确定龙门架的门是否回到原来初始位置的传感器，在龙门架前方安装有专门检测车辆是否停在洗车机工作区域的传感器，从而确定是否可以开始清洗。在龙门架的尾部还有用于判断车辆尾部是否已清洗的传感器，可以实现对车辆的往复清洗。当需要清洗的车辆被送到清洗区域时，按下启动命令按钮后，龙门架上的工作装置就会按照 PLC 程序对车辆实施自动清洗。

通过对洗车机的运行过程进行分析，按照 PLC 程序，龙门架的移动和刷毛的运动、水泵的工作使得洗车过程能够正常有序地运行。

PLC 通过对洗车系统信息的采集对应输出相应的信号，对刷毛、龙门架、水泵等进行精确控制。控制系统的方框图如图 31-13 所示。

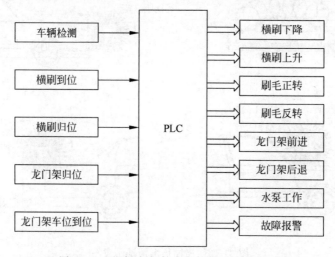

图 31-13 往复式全自动洗车机 PLC 控制图

2. 往复式全自动洗车机控制系统的要求

往复式全自动洗车机以 PLC 为控制核心，抗干扰能力强，设计上可采用多重安全保护措施，自动化程度高、可靠性高、操作简单。其主要要求如下：

（1）工作稳定安全可靠。

（2）在自动运行中增加了必要的手动控制辅助功能，使其在清洗中操作灵活。

（3）具有紧急停机功能。

（4）具有多个传感器的自诊断功能。

（5）电控箱结构具有防水、防腐、抗振动等性能。

（6）在安装工艺、电路设计、器件选型方面符合 IEC 及 CCC 标准，绝缘性良好。

(7) 在安装方面,采用强弱电分开,信号线采用优质屏蔽线并可靠接地,确保系统具有较强的抗干扰能力。

(8) 各驱动电动机均采用可靠接地,具有过电流、过电压、欠电压及缺相等多项保护功能,确保设备及人员运行安全。

(9) 系统具有较完善的安全保护装置,当设备出现异常时,立即停机等待处理。

(10) 具有多项声光报警功能,并有报警原因提示,便于故障查找及处理。

(11) 系统计数功能是洗车数量及累计洗车数量功能,可为用户提供参考。

(13) 为用户使用方便,整个系统的运行参数可在人机界面(HMI)中进行调整。

(14) 为防止非操作人员误操作,系统设有多级别权限及密码保护功能。

(15) 设备的启动和停机采用3种控制方式,即触摸屏启停、控制面板上的按钮启停及遥控启停等方式,方便用户操作。

(16) 安全性方面充分考虑了系统的冗余性,可根据需要增减其功能。

3. 往复式全自动洗车机电气系统程序设计流程图

为了满足洗车设备应有的控制功能和洗车要求,洗车机在其主电路中配备了驱动电动机,分别由电动机实现刷毛的升降、刷毛的旋转、龙门架的前后移动、清洗水的喷射。图 31-14 是一种往复式全自动洗车机的主电路控制图。

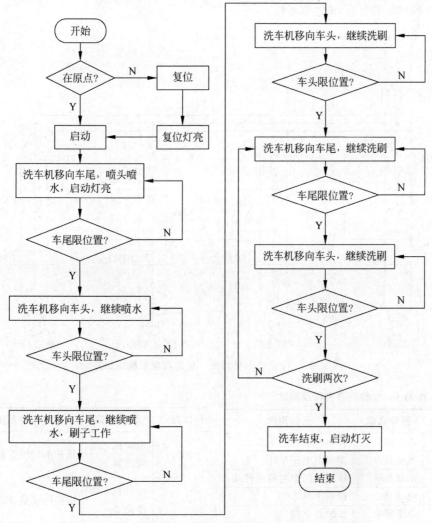

图 31-14　一种往复式全自动洗车机的电气系统程序设计流程图

4. 往复式全自动洗车机控制系统主回路

一种往复式全自动洗车机的控制系统主回路如图31-15所示。

(1) 按下开始按钮后,清洗机往前(向车尾方向)行走,清洗喷头动作开始进行预清洗,同时清洗刷开始转动。

(2) 洗车电动机开始往前行走直至撞到限位开关后,随即往后行走,清洗喷头移动。

(3) 洗车电动机往后行走直至撞到限位开关后,随即往前行走,清洗喷头移动,同时清洗刷转动,开始喷洒洗涤剂。

(4) 洗车电动机往前行走抵达到行程开关后,随即往后行走,同时喷洒洗涤剂。

(5) 洗车电动机往后行走直至撞到限位开关后,随即,同时清洗刷转动,洗涤剂投入,电动机往前行走3 s后暂停,清洗刷动作。

(6) 清洗刷转动5 s后暂停,电动机往前行走3 s后暂停,清洗刷立即动作洗刷并移动5 s后暂停,清洗机应往前行走,直至碰到右限位开关后暂停,随即反方向移动。

(7) 清洗机向后行走3 s后暂停,清洗刷随即启动并转动5 s后暂停,洗车电动机往后行走3 s后暂停,刷子随即启动并转动5 s后暂停,洗车电动机往后行走直至撞到限位开关后,随即往前移动。

(8) 清洗机开始向前移动,直至接触到限位开关后暂停,此时,风机开始动作,直至接触到限位开关,随即完成整个清洗过程,启动指示灯熄灭。

图31-15中各元件符号的名称及用途见表31-6。

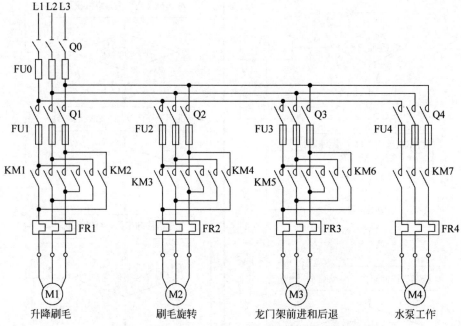

图 31-15　往复式全自动洗车机的控制系统主回路

表 31-6　元件符号名称及用途

元件符号	器件名称	元件用途
M1	电动机1	控制横刷的上下移动
M2	电动机2	控制刷毛正反转
M3	电动机3	控制龙门架的前后移动
M4	电动机4	控制水泵工作
FU0	总断路器	保护总电路

续表

元件符号	器件名称	元件用途
FU1	电动机1的断路器	保护电动机1的电路
FU2	电动机2的断路器	保护电动机2的电路

续表

元件符号	器件名称	元件用途
FU3	电动机3的断路器	保护电动机3的电路
FU4	电动机4的断路器	保护电动机4的电路
Q0	总电路开关	闭合、断开总电路
Q1	电动机1的开关	闭合、断开电动机1的电路
Q2	电动机2的开关	闭合、断开电动机2的电路
Q3	电动机3的开关	闭合、断开电动机3的电路
Q4	电动机4的开关	闭合、断开电动机4的电路
KM1	继电器1	闭合、断开电动机1的正转
KM2	继电器2	闭合、断开电动机1的反转
KM3	继电器3	闭合、断开电动机2的正转
KM4	继电器4	闭合、断开电动机2的反转
KM5	继电器5	闭合、断开电动机3的正转
KM6	继电器6	闭合、断开电动机3的反转
KM7	继电器7	闭合、断开电动机4的正转
FR1	热继电器1	保护电动机1
FR2	热继电器2	保护电动机2
FR3	热继电器3	保护电动机3
FR4	热继电器4	保护电动机4

默认初始条件：龙门架处在车辆的前部位置（龙门框到位开关合上），车辆出现在洗车区域（检测车辆的检测传感器闭合）。在满足了初始条件时，就可以按下启动冲洗按钮，开始冲洗了。

锁存按钮的功能是可以在任何想停止的时候，停止循环，此时所有的电动机会被同时停止工作。只有执行相应的操作才能开始新的循环：按下手动升起横刷按钮后，横刷就升至上限位位置（至横刷归位开关）；只有按下手动控制龙门架的后退按钮，龙门架才会退回到初始设置的位置（到门框到位开关）。

报警保护功能：当系统出错或突遇无法自我修复的问题时，蜂鸣报警器会持续不断地发出报警声，同时点亮报警指示灯。直到人为按下关闭蜂鸣报警器的按钮，报警声才会停止。但是报警指示灯只有在系统问题得到解决后才会熄灭。

5. 控制系统的硬件设计

（1）以某型号往复式全自动洗车机为例，对控制系统的硬件设计加以介绍，其电气设备配置见表31-7。

表31-7 电气设备配置表示例

名　　称	型　　号
可编程控制器（PLC）	TM200C60R
触摸显示屏	HM1GXU3500
控制系统	PLC编程
变频器	ATV310 H075N4A
电动机保护器	LR-D系列
交流接触器	LC1-D系列
电流检测器	JYCS-AP2A-23323
热继电器	LR-D系列
空气开关	DZ471253P 100A
泡棉刷	P45
防水减速电动机	YS8024-X
减压阀	AFR2000
刷气缸	MAL40-125CA/SC50*50/SC63*400
三位三通阀	4V210-08DC-24V
水路电磁阀	YCD11-15 DC24V
风干配置	风机涡轮 BR-25
风干电动机	YS100L-2/YS120M-2
主框架配置	4.5 mm镀锌钢板
光电传感器	S18系列
接近传感器	CONTRINE DW-AD-611-M12
高压不锈钢离心泵	LUS4-12

(2) 气动系统

气动系统是实现洗车自动化的另一个重要组成部分。全机气动系统由轮刷系统组成。如图31-16所示,由压缩空气源出来的压缩空气通过管路分成两路,分别通到两侧的轮刷里,通过电磁阀实现气路的换向来完成洗车的全自动过程。

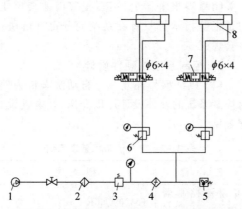

图 31-16　往复式全自动洗车机的气动原理图
1—压缩空气源；2—空气过滤器；3—减压阀；
4—油雾器；5—压力开关；6—调压阀；7—电磁阀；8—气缸

压缩空气经滑动开关、空气过滤器、减压阀、油雾器将压缩空气分配给2个位移气缸。空气过滤器、减压阀、油雾器结合在一起简称气动三联件。

全机控制系统的核心部分是PLC可编程控制器。洗车机气缸的气动控制系统采用电磁阀,经光电传感器及接近开关的检测,由程序来实现对轮刷位移的控制。

31.4.2　运动控制

1. 自动控制

往复式全自动洗车机的运动控制主要是控制龙门架的前后运动,龙门架的前进和后退是由PLC的程序控制的。当车辆检测信号和启动信号发出后,开始自动执行龙门架的前进动作;而车尾检测信号的发出则是龙门架往后移动的前提。龙门架往前不断运动,只有碰到了龙门架车尾的限位开关时,龙门架才不再向前运动,全部电动机均会停转。同时龙门架会自动往后退回,与此同时横刷和2个侧刷开始反向旋转。而龙门架后退的时候,触碰到了归位开关就会停止,这时横刷立即停止旋转,同时会发出升起横刷的命令,直到横刷归位,本次洗车循环结束。

2. 手动控制

往复式全自动洗车机PLC的手动控制可以人为地控制洗车设备,还能专门对准难以清洗的部位进行精细清洗,有时甚至可以解决一些我们想不到的原因造成的小故障。

31.4.3　清洗控制

采用往复式全自动洗车机相比其他方式洗车机的好处在于占用的空间比较少、清洗干净,可以反复操作。同时洗车用水可以在洗完后,经电动泵抽至水池中沉淀、净化后再次使用,以节约用水。

1. 横刷的控制

横刷的高度需要根据车辆的高度来确定,是通过光电传感器传给PLC的信号来实现调节的。当横刷接近车顶时,PLC会控制横刷停止向下移动,当横刷完成循环后,PLC会控制其回归到初始位置。

当洗车机正式工作时,其工作指示灯点亮,一定时间以后,横刷就会向下移动,直到横刷移动到预定的位置停止运行数秒钟;当有2个旋转刷毛同时激活时,就会开始正向旋转,即横刷和侧刷,同时还有向前运动的龙门架。在这个例子中,同时被激活的是水泵和旋转刷毛的电动机。

2. 刷毛旋转

刷毛的旋转和停止是事先由程序设计好的,值得强调的是电动机在停止转动时,会有3~5 s的延迟,其好处是可以防止瞬间的反向电流烧坏电动机。

3. 轮刷控制

在洗车机正向清洗车辆并检测到轮辋时,洗车机停止行走,轮刷在气缸的推动下,自动横向伸出,并进行正、反转及旋转清洗;轮辆清洗完毕,轮刷缩回,当接近传感器检测到轮刷已完全缩回时,洗车机开始继续向前行走,并继续对车辆进行清洗。

4. 风筒控制

在洗车状态下,吹风系统不工作,此时横风筒处于最高点。

洗车工作结束,转入风干工作,横风筒开始下降,风筒左右的导向轮在导向槽中滑行,并到达最低点。随着洗车机的移动,光电传感器检测到车辆的前(或后)表面时,风筒开始上升。通过光电传感器的检测,控制风筒与车辆表面保持最佳的吹风距离。当低于或高于最佳距离时,风筒会自动升降调整,保护环有保护车辆表面的作用。在非正常工作状态下,如果保护环碰到车辆表面,接近开关与保护环间的距离就会加大,这时整个洗车机暂停行走,风筒会立即上升,直到风筒恢复到与车辆表面之间的最佳距离为止。

31.5 辅助系统

31.5.1 洗刷防冻系统

洗刷防冻系统包括竖板和2个固定块,每个固定块的一端与竖板固定相连,2个固定块之间共同转动连接有转动杆,转动杆上固定套接有擦洗刷,且擦洗刷的一侧与竖板之间设有电加热壳体,电加热壳体的内壁上固定连接有电加热片,且电加热壳体的一端罩住擦洗刷的一侧,电加热壳体的顶部中间位置和底部中间位置分别开设弧形孔,如图31-17所示。在寒冷的冬季,尤其是夜晚洗车量少时,该系统能够防止洗车机的洗刷上结冰。

31.5.2 泡沫混合系统

洗车机的泡沫混合器包括洗车机内底座,洗车机内底座上端通过减振装置设有支撑板,支撑板上端设有混合箱,混合箱的左侧设有泡沫原液存储箱,泡沫原液存储箱连接有输液

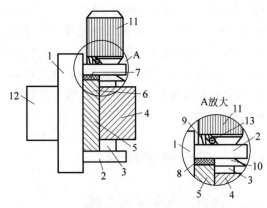

图31-17 往复式全自动洗车机的洗刷防冻系统
1—竖板;2—固定块;3—转动杆;4—擦洗刷;5—电加热壳体;6—电加热片;7—弧形孔;8—第一漏斗;9—导管;10—第二漏斗;11—电动机;12—控制器;13—阀门

管,输液管通过第一计量泵通向混合箱,混合箱右侧设有进水管,进水管上设有第二计量泵,混合箱内设有第一液位传感器和第二液位传感器,混合箱左侧设有电动机,电动机的输出端设有转轴,转轴伸入混合箱内,转轴表面设有搅拌叶片。泡沫混合系统的结构如图31-18所示。

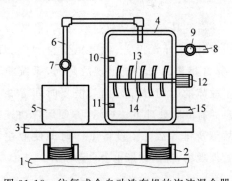

图31-18 往复式全自动洗车机的泡沫混合器
1—底座;2—减振装置;3—支撑板;4—混合箱;5—泡沫原液存储箱;6—输液管;7—第一计量泵;8—进水管;9—第二计量泵;10—第一液位传感器;11—第二液位传感器;12—电动机;13—转轴;14—搅拌叶片;15—出水管

通过电动机的工作,带动搅拌叶片转动,对泡沫原液和清水进行充分混合,通过第一计量泵和第二计量泵的设置,方便调节泡沫原液

和清水流入混合箱内的流量,使用者方便根据需要配比的混合液的浓度进行调节。通过第一液位传感器的设置,在溶液到达此位置时,第一液位传感器将信号传递给PLC控制器,PLC控制器控制第一计量泵、第二计量泵和电动机关闭。

31.6 安全保障措施

31.6.1 安全保护系统

各电动机均有过载保护功能,电动机、电控箱、PLC、变频器等具有可靠接地。电控箱采取特殊的设计结构防水、防腐、抗震;在安装工艺、控制电路设计、元器件选型方面符合 IEC 及 CCC 标准;在安装接线方面采用强弱电分开,所有电线全部采用优质高柔线材,信号线采用优质的屏蔽线,确保了系统具有较强的抗干扰能力。

31.6.2 故障自动检测、记录、报警及自动计数系统

该系统具有各电动机过载报警、急停及缺相报警、输送异常报警、各传感器自动检测故障、异常报警。当系统出现故障时,系统将记录下故障的时间、故障内容、恢复时间等相关信息并有故障处理方法提示,方便用户快速查找故障及排除故障。设备工作时即使业主不在管理现场,洗车数量也会自动统计。

31.6.3 远程信息报警系统

洗车机可以应客户需要加装远程信息报警系统,主要用于洗车机运行过程中出现非正常情况时,以手机短信的形式及时让厂家收取洗车机的非正常报警信号,根据要求随时获取洗车机的安全运行数据,及时查询、分析数据并提供解决方法。

31.6.4 往复式汽车清洗设备安装与日常检查

(1) 检查导轨间接头是否连接牢固,连接后的导轨必须在同一条直线上,导轨与地面的高度应该相等。

(2) 检查横刷、侧刷、轮刷、传动件,使其回转灵活,升降灵活,无卡死现象。

(3) 检查链条的松紧程度。

(4) 检查机架左右2个立柱,使其互相平行,机架的内开档上、下尺寸应保持适宜。

(5) 检查设备各部件的水平度、垂直度,可借助于调整导轨立柱等措施来解决。

(6) 检查链轮、链条,使其松紧合适。

(7) 检查行走滚轮,使其处于导轨中间,在导轨上行走灵活,无卡死现象。

(8) 检查洗车机的电相序,保证相序正确。

(9) 检查侧刷、横刷、行走链条的松紧程度,必要时进行调整。

(10) 检查各传动部件连接是否牢靠、运转是否灵活。

(11) 检查水路使其畅通无阻,进行定期保养。

(12) 清除底盘周围及底部的污泥等杂物。

(13) 检查横刷、侧刷、轮刷与减速机的连接,防止松动。

(14) 检查导向轮、张紧轮及相配合的轴的磨损情况,必要时进行更换。

(15) 检查链条、链轮的磨损情况,必要时进行更换,其接头搭销616要紧固牢靠。链条、轴承、减速器、电动机轴承及其他润滑部位需要定期按设备规定使用润滑油或润滑脂润滑。换油时,必须清洗相关的零部件及轴承,使设备处于良好的润滑状态。

31.7 常见故障及排除方法

往复式汽车清洗设备的常见故障及排除方法见表31-8。

表 31-8　往复式汽车清洗设备的常见故障及排除方法

故 障 现 象	原 因 分 析	故 障 排 除
侧刷张开、收缩时的振动	滚轮在导轨中被卡住	校正导轨
		调整导轨内开档的宽度
		调整链条的松紧
侧刷张开、收缩偏离位置太大	传感器的定位圈位置不正确	调整侧刷支架上端限位挡圈上的螺钉的位置
	传感器太脏	擦干净传感器表面的灰尘
	传感器损坏	更换传感器
横刷上升、下降时振动	机架内开档与横刷导向槽宽度不一致	检查机架内开档的宽度,使其上、下内开档的尺寸一致
		检查导轨,使其左、右导轨在同一平面内
		修正装在导向槽内的滚轮
横刷升降到两端点时产生冲击力	接近开关的位置不正确	调整接近开关碰块的上下位置
	接近开关接触不到碰块	调整接近开关碰块的左右位置
	接近开关触头太脏	调整接近开关上弹簧片的位置
		擦干净接近开关触头表面的灰尘
	接近开关损坏	更换接近开关
横刷升降时速度不均匀,有快慢现象	减速机与电动机间的链条太松	调整横刷上端减速机与电动机的位置,使其松紧合适
	键磨损	更换电动机轴与减速机轴上的键
行走时,左右机架速度不一致	链条问题	调整左右两组链条,使其链条节数一致,调整链条的松紧合适
	链轮问题	调整减速机上链轮与滚轮轴上的链轮,使其在同一平面上
	键及键槽问题	键磨损大,应更换键;轴上的键槽磨损,则更换链轮轴
行走时,洗车机前后位置未对齐	接近开关碰不到限位	调整接近开关的上下位置,使其接触到限位块
	接近开关太脏	擦干净接近开关触头表面的灰尘
	接近开关损坏	更换接近开关
	限位块接触不到接近开关	调整限位块与导轨间的距离,使其接触到接近开关
横刷不能上升,和车辆接触太深或太浅	电流传感器的工作点不在位置上	调节电流传感器
侧刷和车辆接触太深或太浅	电流传感器的工作点不在位置上	调节电流传感器

第32章

隧道式汽车清洗设备

隧道式洗车设备在《汽车外部清洗设备》(JT/T 1050—2016)中的定义为:"由输送装置带动被清洗汽车,通过洗车设备内部的各种装置,对汽车外部表面进行清洗工作的设备。"它是一种由计算机控制的,利用刷毛和高压水清洗车辆的机器。

32.1 总体结构和工作原理

隧道连续式全自动洗车机采用输送机拖动车辆,以单向前进运动的方式,可同时将多台车辆连续地送入洗车机进行高压预冲洗、刷洗、风干等过程的洗车机。设备采用PLC控制系统,按照设定的程序对运动的车辆进行检测及清洗,可自动完成仿形刷洗和风干过程。

32.1.1 总体结构

隧道式汽车清洗机主要由机体、控制箱、输送机系统、高压喷水系统、前除尘刷、泡沫喷洒系统、滚刷系统、亮光蜡喷洒系统、风干系统和擦干系统等组成,其结构如图32-1所示。

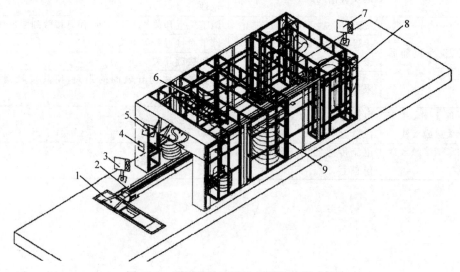

图 32-1 隧道式汽车清洗机的结构示意图

1—导正器;2—输送机;3—进车指示;4—操作面板;5—广角镜;6—顶刷;7—出车指示;8—风机;9—立刷

1. 总体结构

（1）控制操作箱主要由控制箱和操作控制台组成。有些具有触摸显示屏，可实时反映洗车机的状态，操作简便。对于一些操作控制系统，还具备故障自检测功能，当设备发生故障时，显示屏会显示出相应的故障原因和解决方法。

（2）汽车进入洗车隧道时，轮胎的导正系统可使汽车停在输送机的停车轨道上。输送机系统可使待清洗的汽车通过隧道完成清洗。

（3）高压喷水系统采用强力电动机和水泵产生高压水，对车身表面进行冲洗，除去车身上的微小沙粒和灰尘，以便进行安全刷洗。1对前小刷可对汽车的下部外表进行刷洗，以除去侧面污垢。

（4）高泡沫喷洒系统对车身喷洒泡沫洗车液，以增强除污能力。

（5）无障碍滚刷系统由1对前侧大刷、1个前顶刷、1个后顶刷、1对轮刷和1对后小刷组成。

（6）车辆刷洗之后，亮光蜡喷洒系统对清洁后的车身进行上蜡护理，使车身漆面更加靓丽。

（7）强力吹风系统由前风机和后风机组成，用清洁的高压空气将车身吹干。

（8）擦干系统由特殊的绒毛布条组成，配合清洁的高压空气将车身吹干，以提高吹风系统的风干效果。

2. 模块化整机结构

下面以某型隧道式14刷洗车设备系列为例来介绍隧道式汽车清洗设备的模块化整机结构。如图32-2所示，模块化整机结构包括地喷总成、顶刷总成、左侧玻璃、右侧玻璃、顶棚泡棉板、前裙刷总成、后裙刷总成、大立刷总成、框架总成、隧道顶风、隧道侧风。

某型隧道式汽车清洗设备的模块化设计涵盖了板式、框架式、嵌入式、固定式多种设计，并采用了激光切割榫卯结构，该结构运用了古建筑榫卯结构手法，连接件误差小于

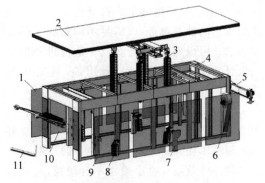

图 32-2　全自动隧道式汽车清洗设备的模块化整机结构

1—左侧玻璃；2—顶棚泡棉板；3—大立刷总成；4—框架总成；5—隧道顶风；6—隧道侧风；7—后裙刷总成；8—前裙刷总成；9—右侧玻璃；10—顶刷总成；11—地喷总成

1 mm，加工精度高。大力刷采用过渡连轴装置，增加减速机使用寿命。仿形风干系统随车身高度智能升降，进行仿形风干。

32.1.2　工作原理

隧道式汽车清洗设备的工作原理为：洗车机不动，汽车在机器的拖动下，缓慢通过洗车机的工作区域。洗车机按照相应的指令程序清洗汽车的工作方式。常见的有隧道式连续洗车机（见图32-3）、大型隧道式（无轨电车、大巴、地铁、旅客列车）清洗机。

图 32-3　隧道式连续洗车机

32.1.3　应用场所

在实际生产和使用过程中，隧道式汽车清洗设备生产商也根据实际应用的不同进行开发设计。现在的市面上，隧道式洗车机的种类繁多，如适合清洗大型公交车的自动隧道洗车

机、适合清洗火车的隧道式自动洗车机及其他类型机车的洗车机等,以满足不同情况下的洗车要求。可以看出,隧道式汽车清洗设备的生产设计有很大的灵活性、通用性,且适用性很强。

隧道式汽车清洗设备自动控制洗车安全、可靠、便捷、经济,实现了资源可循环,其良好的控制技术使其将来的发展会更加广阔,它所带来的经济效益和社会效益不容忽视,自动洗车将是现代行业发展的一个风向标。

32.2 主要参数

32.2.1 结构参数

隧道式汽车清洗设备的结构参数包括洗车占地面积、机器外形尺寸、导轨长度、清洗车型等,表 32-1 列出了几款隧道式汽车清洗设备的结构参数。

隧道式汽车清洗设备的选型参数同 31.2.1 节的相关内容。

表 32-1 几款隧道式汽车清洗设备的结构参数

序号	洗车机尺寸(长×宽×高)/(mm×mm×mm)	机器外形尺寸(长×宽×高)/(mm×mm×mm)	导轨/mm	清洗尺寸(长×宽×高)/(mm×mm×mm)
1	12 000×4 000×3 500	10 300×3 660×3 000	11 150	高度低于 2 100
2	2 950×4 200×3 200	17 500×4 000×3 000	11 400	2 200(宽)×1 900(高)
3	12 000×3 900×3 200	8 500×3 800×2 860	11 800	5 200×2 150×2 200

32.2.2 清洗参数及其设定

1. 清洗参数

隧道式汽车清洗设备的清洗参数包括平均耗水量、平均用电量、用电功率、平均洗车量、平均出车时间、水源要求、气源要求及电源要求等。隧道式汽车清洗设备的清洗参数见表 32-2 和表 32-3。

表 32-2 隧道式汽车清洗设备清洗参数(1)

示例	平均耗水量/(L·辆$^{-1}$)	平均用电量/(kW·h·辆$^{-1}$)	用电功率	平均洗车量/(辆·h^{-1})	平均出车时间/(s·辆$^{-1}$)	蜡水对比度
1	180(不回收),15(回收)	0.6~0.8	35 kW/380 V	45~60	45~90	1:150(水稀释) 20kg/桶/2 600 辆
2	90	0.28	20 kW/380 V	25~30	60~90	1:150(水稀释) 20 kg/桶/2 000 辆

表 32-3 隧道式汽车清洗设备清洗参数(2)

示例	洗车时间/(s·辆$^{-1}$)	水源要求	气源要求/MPa	电源要求	备注
1	60	蓄水量 3 t	0.36~0.9	30 kW/380 V 三相五线	进口区留 5 m,出口拐弯区留 7 m,直通留 4 m
2	60	DN25,流量≥120 L/min	0.75~0.9	35 kW/380 V 三相五线	进口区留 5 m,出口拐弯区留 7 m,直通留 4 m

2. 清洗机构的参数设定

下面以某种清洗机构的设定为例来讨论其参数的设定。

设定为专门对长×宽×高为 5.5 m×2 m×2 m 以下的小型车辆等进行清洗,既可高压摆动喷水、洗车液喷淋、水蜡漂洗,又可高压仿形风干。使用高压水泵、离心风机、减速电动机作为动力来源。

1) 摆动喷淋机构的参数设定示例

采用连杆作用的三联动摆动喷淋机构,选用扭力为 21.5 N·m、速比为 1∶25 的减速电动机,配套电动机功率为 180 W、转速为 1 400 r/min 作为摆动动力源,旋转臂中心长为 35 mm,摆动臂中心长为 70 mm,使摆动角度为 60°,摆动频率约 1 次/秒,使摆动幅度能够照顾到车辆全身。

2) 升降顶吹风机构的参数设定示例

由于 2×2.2 kW 升降顶吹风装置质量约 90 kg,选用扭力为 213.4 N·m、速比为 1∶60 的减速电动机,配套电动机功率为 750 W、转速为 1 400 r/min 作为升降动力源,转动轴直径为 25 mm,卷带轮直径为 130 mm。使升降顶吹风装置升降速度设定约 9.5 m/min。这样,使升降既迅速又平稳。

32.3 金属结构

32.3.1 支承结构

1. 组成及功能

结构支承是隧道式汽车清洗设备结构系统的主要元素之一,结构受外力(或荷重)作用时,透过结构构件将力量传递到结构支承,再传递至基础;基础亦透过支承将反力传至构件,形成稳定状态。隧道式汽车清洗设备的支承结构包括地台、矩形基板、引导轨道、龙门架。

地台包括矩形基板及两围板,两围板各设于矩形基板的两长边上,矩形基板上沿长度方向设有至少一对平行的引导轨道,每对引导轨道背向的一侧均匀设有多个安装块,引导轨道通过安装块固定于矩形基板上,矩形基板上的每对引导轨道之间均设有一条排水槽,排水槽与引导轨道平行,矩形基板上表面位于排水槽和引导轨道之间的部分为一斜面。

2. 输送机导向机构

在隧道式汽车清洗设备中,输送机导向机构即输送机导向台是不可或缺的。目前大部分洗车输送机的导向台是单边或者双边滚轴式。

图 32-4 所示是一种输送机导向机构结构示意图,此输送机导向机构的技术方案的特征在于包括导向固定框,导向固定框中设置活动导向框,导向固定框与活动导向框之间设置尼龙滚轮,活动导向框上设置防滑盖板,在导向固定框的两头各设置两根拉簧,拉簧连接活动导向框。

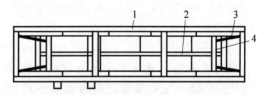

图 32-4 隧道式汽车清洗设备的输送机
导向机构结构示意图
1—导向固定框;2—活动导向框;
3—拉簧;4—拉杆

交通运输行业标准《汽车外部清洗设备》(JT/T 1050—2016)中对隧道式汽车清洗设备行走部分的要求为:

(1) 输送轨道安装应平直,载轮面与行车地面应处于同一水平面上。

(2) 输送轨道载车时的最大运行速度不应大于 7 m/min,运行时应平稳、顺畅,无伤车、脱轨等现象。

32.3.2 清洗结构

1. 结构组成及作用

洗车刷均由电动机减速机驱动,顶刷可进行旋转和上下运动;短刷和侧刷可进行旋转和开合运动;风干系统包括顶部风干和侧部风干;高压预洗、刷洗及风干系统均安装在固定的框架上,输送机通过电动机减速机驱动输送机链条,由固定在链条上的滚轴拖动车辆的一个车轮,沿输送机车道前进,配合顶刷的升降运动及短刷、侧刷的开合运动,最终完成车辆的刷洗及风干。

2. 高压预洗系统

高压喷淋设计成龙门框架形式,既有顶

喷,又有左右侧喷;既可以是高压水力喷射形式,也可以是摆动喷射形式。其主要目的是将车身上的微小沙粒和灰尘冲走,以便安全地进行刷洗,同时起到预湿的作用。

3. 刷洗系统

刷洗系统通常包括1个清洗车辆顶部的顶刷、4个清洗裙边的短刷、4个清洗侧面和四周的大侧刷,根据需要,配置可以增加或减少。连续清洗时,由信号灯指示后车进入,前后两车的间距一般控制在2 m左右,以保证刷洗空间及安全性。

1) 毛刷类型

洗车毛刷是自动洗车中最为重要的组成部分,也是唯一与车漆面进行直接接触的部件。毛刷质量的好坏直接影响到洗车质量,劣质毛刷在连续使用一段时间以后,会使车辆的光泽度大大降低,该问题短期内用户不会察觉。

现在市场上用的刷毛主要有尼龙刷、棉布刷和泡棉刷3种。

(1) 尼龙刷。尼龙刷为第一代洗车机用刷,其耐用性较好,但其浸水后,刷毛会越用越硬,对车漆有轻微的伤害,现已基本淘汰。

(2) 棉布刷。棉布刷为第二代洗车机用刷,其吸水量大,柔软性较好,目前市场上大都采用此种刷。其缺点为:棉布浸水后可能会裹住沙粒,洗车时可能对车体造成伤害,并且寿命较短。

(3) 泡棉刷。泡棉刷为第三代洗车机用刷,其刷毛柔软,吸水量大,使用寿命长,不会裹沙粒或杂物,也不伤车体,使用较为广泛。

以上3种毛刷中,棉布刷洗净度较好,但使用寿命短,易裹带沙粒;泡棉洗净度非常高,含水量大,但是无纺棉的材质在吸附大量水以后,会造成毛刷的质量成倍增加,在小型洗车机的使用过程中容易发生意外情况。纤维则采用特殊的高分子材料,柔软且不易拉断,可加工成不同颜色,使用过程中色彩非常炫目。目前市场上有丝形和片形2种,其中丝形为国产,材质的耐久度和柔软度较差,长期使用会损伤车漆的光亮度。泡棉刷轻盈,洗净度高,脱水性好,相比而言,泡棉刷更好。

2) 重力式侧刷

图32-5所示是一种隧道式汽车清洗设备的重力式侧刷机构,包括左方侧刷、右方侧刷、侧刷行走横梁与供侧刷行走横梁前后往复移动的纵向导轨。左、右方侧刷分别通过左、右方侧刷摆臂悬挂在侧刷行走横梁的对应段梁体上,侧刷行走横梁上设置有左方摆臂轨道与右方摆臂轨道,特征是左方摆臂轨道与右方摆臂轨道均采取处于侧刷行走横梁外端的轨道部分高而处于中央段的轨道部分低的倾斜结构,左方侧刷摆臂与右方侧刷摆臂在各自侧刷重力的作用下,能够分别沿左方摆臂轨道与右方摆臂轨道向侧刷行走横梁的中间方向移动,以实现闭合。

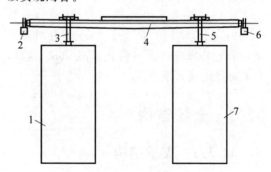

图32-5 隧道式汽车清洗设备的重力式侧刷机构

1—左方侧刷;2—左方纵向导轨;3—左方侧刷摆臂;4—侧刷行走横梁;5—右方侧刷摆臂;6—右方纵向导轨;7—右方侧刷

3) 行走式大侧刷

如图32-6所示为隧道式汽车清洗设备的行走大侧刷装置,包括安装在主框架上的旋转电动机,以及与旋转电动机连接的行走大侧刷、缓冲装置,在主框架上还安装有行走机构、横移机构,行走机构包括行走框架和行走驱动机构,行走框架与主框架为活动连接,行走大侧刷安装在行走框架上,横移机构安装在行走框架上,行走大侧刷与横移机构联动连接,该装置通过对左、右行走大侧刷实现前、后移动及摆动和左、右移动及摆动等动作,再加上本身的旋转运动,以及快速的电气反应速度,不仅能够达到清洗各种车辆的目的,还能有效地避免特种车辆顶刷的可能性,是一种比较科学的、先进的行走大侧刷装置。

4）横刷（顶刷）

如图32-7所示，这种隧道式汽车清洗设备的横刷包括左、右两个转动臂和横刷，横刷装在两个转动臂的出口端，在两个转动臂的进口端均装有配重块，横刷与其中一个转动臂之间通过轴承相连，横刷与另一个转动臂之间装有横刷驱动电动机，在两个转动臂的中部设有连接管，连接管内设有转动轴，转动轴的两端与设在隧道内的左、右机架铰接，在转动轴下方的左右机架内侧对称装有平衡缸，转动轴与横刷之间的转动臂与同侧平衡缸的活塞杆相连。该装置通过在转动臂中部设置连接管，且连接管内设转动轴，使得横刷和旋转臂安装方便，也使得横刷转动性良好，结构简单，实用性强，提高了工作效率。

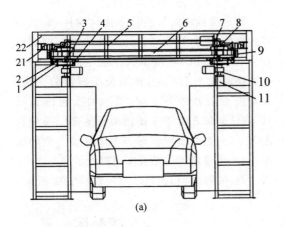
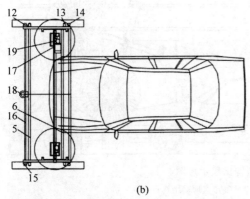
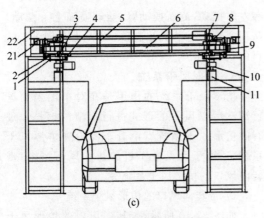

图32-6 行走式大侧刷示意图

1—缓冲块；2—长螺杆；3—感应件；4—铰链轴；5—行走框架；6—摆动架；7—横移电动机；8—张紧链轮；9—轴承；10—旋转电动机；11—行走大侧刷；12—端面轴承；13—限位块；14—导轮；15—滚轮；16—传动轴；17—链条；18—行走电动机；19—主链轮；20—拉伸弹簧；21—导轨；22—主框架

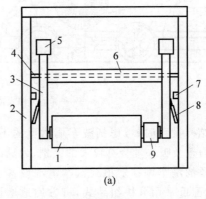
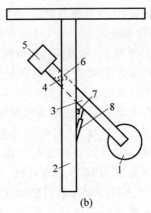

图32-7 横刷

1—横刷；2—左右机架；3—转动臂；4—转动轴；5、6—连接管；7—限位块；8—平衡缸；9—横刷驱动电动机

5）顶刷

顶刷的作用是对汽车前盖、顶部及尾箱等上表面进行仿形刷洗,老式隧道汽车清洗设备的顶刷结构通常采用垂直升降式,顶刷可沿左、右垂直的轨道进行升降运动,当旋转的顶刷刷毛接触到车体时,通过检测顶刷旋转电动机的负载电流,即触压检测,实时控制顶刷的上升和下降,达到仿形清洗的目的。因为仿形清洗的需要,顶刷的升降速度一般控制在 8 m/min 左右,否则运动速度过快将造成跳动加大,无法完成仿形清洗。

改进型顶刷结构进行了优化设计,采用摆臂式平衡结构,其运动包括自身绕中心轴的回转运动和绕固定在洗车机框架上的回转轴进行的摆动式上下运动,顶刷位于刷臂的一端,配重位于刷臂的另一端,顶刷的抬起依靠气缸,清洗时依靠配重平衡掉顶刷的部分重量自由落下,通过顶刷旋转时与车体接触产生的反作用力,使顶刷始终贴合车身进行清洗。

两种顶刷结构比较示意图如图 32-8 所示。

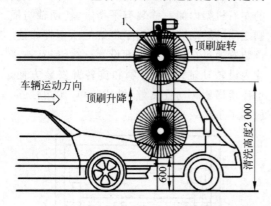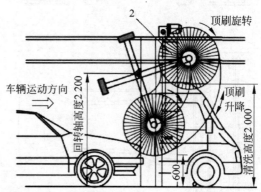

图 32-8　两种顶刷结构比较示意图
1—垂直升降式顶刷结构；2—摆臂式顶刷结构

结构设计时,考虑到洗车刷材质的不同,刷毛自重及吸水量会有较大的差别,为满足不同材质的洗车刷在隧道式汽车清洗设备上的应用,配重采用分块组装式,可方便地增加或减小配重数量,适应各种需要。

4. 喷淋系统

如图 32-9 所示,隧道式汽车清洗设备的喷淋系统包括呈左右对立设置的两根立柱及安装于立柱上的横梁组成的框架,其特征在于横梁上安装有驱动装置和顶摆动喷淋装置,在两根立柱上分别安装有左、右侧摆动喷淋装置,顶摆动喷淋装置与驱动装置联动连接,左、右侧摆动喷淋装置分别通过竖连杆、中间摆动臂、横连杆及连杆与驱动装置联动连接。该设备的高压水源通过三处进水接头分别流入顶部摆动管及侧摆动管,再通过摆动喷嘴实现顶喷及侧喷。通过减速电动机的转动使旋转臂旋转,由于连杆的作用,使顶部摆动臂、摆动嘴左右摆动,侧面摆动臂、摆动喷嘴上下摆动。从而实现单电动机控制顶、侧摆动喷淋洗车的目的。

5. 仿形风干系统

仿形风干系统的作用是在对车辆表面进行清洗后以风干的形式进行水渍的擦拭。现有的仿形风干系统有沿着车身轮廓仿形风干系统、适用于无人洗车机的仿形风干系统、带转向风口的仿形风干系统等。

1）带转向风口的仿形风干系统

如图 32-10 所示,带转向风口的仿形风干系统包括吹风系统、吹风吊架、提升轴、电动机系统、提升系统和配重系统。在提升轴的两端分别设置有一个提升系统,提升系统的外侧分别设置有一个配重系统,至少在其中一侧的配重系统外侧安装有电动机系统,提升轴通过提升吊带连接有吹风吊架,在吹风吊架上连接有吹风系统。

吹风吊架的两端分别安装有转向座,转向座是通过转向轴承运动的。安装有风机,两个风机之间通过风嘴连接。在转向座的内侧安装有转向气缸座,转向气缸座上活动连接有转向气缸,转向气缸的另一端活动连接在转向轴承上,在转向座上还设置有多个转向滚轮。风嘴下部开设有用于出风的条状风口。在风嘴的中部设置有用于保护风嘴的风嘴保护环。

2) 一种自动洗车机用风干系统

如图32-11所示自动洗车机用风干系统包括横梁、风机组和摆动装置;在横梁上安装有风机组,风机组由中间的中间风机和分别位于两侧的左侧风机和右侧风机组成,中间风机活动安装在横梁上,其中间风机的边上设置有摆动装置,摆动装置固定在横梁上,在使用时通过摆动装置能够控制中间风机左右摆动,进而扩大中间风机的出风范围。顶吹风口两侧安装有三对传感器,能精确感应车型,吹干时可根据汽车形状自动调整风机的位置,既提高了风机的工作效率,又保障了汽车的安全。

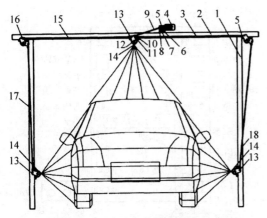

图 32-9 一种汽车机喷淋装置

1—立柱;2—横梁;3—右横连杆;4—减速电动机;5—鱼眼接头;6—旋转轴;7—旋转臂;8—喷淋电动机底板;9—连杆;10—喷淋轴承座底板;11—立式轴承座;12—顶部摆动管;13—摆动臂;14—摆动喷嘴;15—左横连杆;16—中间摆动臂;17—左竖连杆;18—右竖连杆

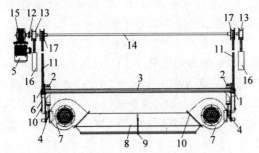

图 32-10 带转向风口的仿形风干系统

1—转向座;2—转向缸;3—吹风吊架;4—转向轴承;5—电动机;6—转向滚轮;7—风机;8—风嘴;9—风嘴保护环;10—转向座;11—提升吊带;12—联轴器;13—平衡卷筒;14—提升轴;15—减速机;16—配重块;17—提升卷筒

提升系统包括提升卷筒和提升吊带,提升卷筒套在提升轴上并固定,提升轴上绕有提升吊带。

配重系统由平衡卷筒和配重块组成,平衡卷筒套在提升轴的末端并固定,在平衡卷筒上绕有吊带,吊带的末端连接有配重块。电动机系统包括电动机、减速机和联轴器,电动机和减速机连接,减速机和联轴器连接,联轴器和提升轴的尾端连接。

吹风系统包括转向座、转向气缸、转向气缸座、转向轴承、风机、风嘴和转向滚轮。在

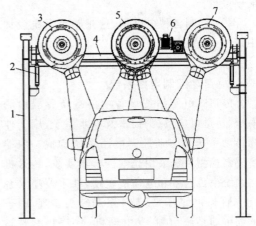

图 32-11 一种自动洗车机用风干系统的结构示意图

1—支架;2—翻转气缸;3—左侧鼓风机;4—横梁;5—中间风机;6—摆动装置;7—右侧鼓风机

横梁活动安装在支架上,在支架上设置有翻转气缸,翻转气缸的另一端连接在横梁或横梁的风机组上;翻转气缸上还连接有控制装

置,控制装置通过驱动翻转气缸来控制横梁相对于支架的摆动角度,进而控制风机组相对于支架的角度,以适应不同尺寸的车辆及车辆不同部位的风干。

32.4 控制系统

32.4.1 电气系统

1. PLC 软件系统

PLC 软件系统设计是根据控制系统的硬件结构和工艺要求,使用 PLC 编程语言来编制用户控制程序,最后形成相应的文件。

PLC 控制编程常见的方法有梯形图形法、逻辑流程图法、时序流程图法和步进顺控法。

梯形图法是一种用梯形图语言编制程序,类似继电器控制系统的编程方法。PLC 梯形图语言是一种较为简单方便的编程语言。

PLC 软件系统设计的一般步骤为:

(1) 将系统任务进行分块,分成多个简单的小任务。

(2) 编制控制系统的逻辑关系图,反映控制过程中控制作用于被控对象的活动和输入/输出关系。

(3) 绘制各种电路图,这是整个系统设计中最为关键的一步。

(4) 编制 PLC 程序并进行模拟调试。

2. 自动控制电路系统

隧道式汽车清洗设备由前端传感器检测系统、传送机构系统、抽水及喷水系统、刷子伸缩传动系统和自动控制电路系统构成。前端传感器检测系统采用光电传感器实现,传送机构系统由传送带和电动机实现,抽水及喷水系统由抽水泵、增压泵、泡沫泵和喷头实现,刷子伸缩传动系统由刷子、电动机、气缸和电磁阀实现,自动控制电路系统主要由 PLC、触摸屏、接触器实现。图 32-12 给出了 PLC 全自动隧道式洗车机的电气平面设计图。

3. 全自动隧道洗车机电气系统主回路设计

如图 32-13 所示,全自动隧道洗车机控制系统主回路由总漏电开关、分漏电开关、交流接触器、中间继电器、热继电器、电动机构成。

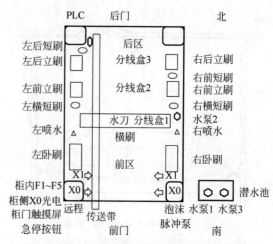

图 32-12 全自动隧道式洗车机电气平面设计图

其中,M1 是增压水泵 2 号电动机,M2 为车辆传送电动机,M3 为卧刷电动机,M4 为横刷电动机,M5 为前立刷电动机,M6 为后立刷电动机,M7 为储水池水泵 3,M8 为储水池水泵 1,M9 为清洁剂泡沫脉冲计量泵。

主回路中,总空开漏电开关:32 A(3+1) 40 A;水泵 2(增压泵):3 kW(6.6 A) AC380 V;卧刷:0.37 kW(1.12 A),左、右 2 个;横刷:0.37 kW(1.12 A);前立刷:0.37 kW(1.12 A),左、右 2 个;后立刷:0.37 kW(1.12 A),左、右 2 个;水泵 3:1.8 kW(12.5 A) AC220 V(单相);水泵 1:1.8 kW(12.5 A) AC220 V(单相);泡沫泵:电磁计量泵;传送机:2.2 kW(5.6 A);其他刷子:横刷下方左、右有 2 个小短刷与横刷一起动作,横梁上装 1 个分线盒(1 主线入 3 分线出),前立刷下方右边有 1 个小短刷与前立刷一起动作,横梁上装 1 个分线盒(1 主线入 3 分线出),前立刷下方左边有 1 个小短刷与前立刷一起动作,横梁上装 1 个分线盒(1 主线入 3 分线出)。

4. 全自动隧道式洗车机电气系统控制回路

如图 32-14 所示,全自动隧道式洗车机电气系统控制回路电路,主要由 PLC,触摸屏,启动、停止、急停按钮,光电开关常开触点,热继电器常开触点,接触器线圈,电磁阀线圈构成。PLC 采用的是中达电通产品,即台达 DVP-

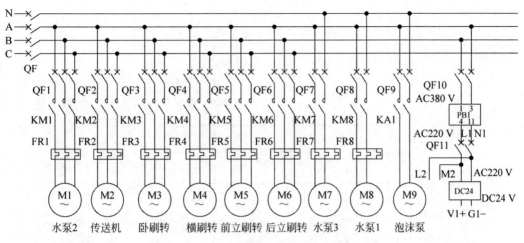

图 32-13　全自动隧道式洗车机控制系统主回路

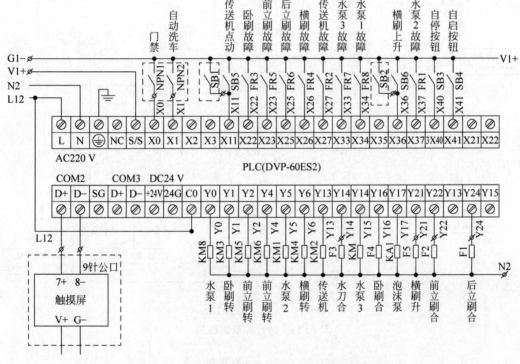

图 32-14　全自动隧道式洗车机电气系统控制回路

60ES2 型,共 60 个点,其中 36 个输入点,24 个输出点;该系列是基础顺序控制主机的代表,可提供经济、提升效率、高功能的小型 PLC。

触摸屏采用 MCGS TPC7062TX 型,是一套以先进的 Cortex-A8 CPU 为核心(主频 600 MHz)的高性能嵌入式一体化触摸屏。该产品设计采用了 7 in 高亮度 TFT 液晶显示屏(分辨率为 800×480),四线电阻式触摸屏(分辨率为 4 096×4 096),同时还预装了 MCGS 嵌入式组态软件(运行版),具备强大的图像显示和数据处理功能。

5. 电气系统运行图

电气系统运行控制流程图如图 32-15 所示。

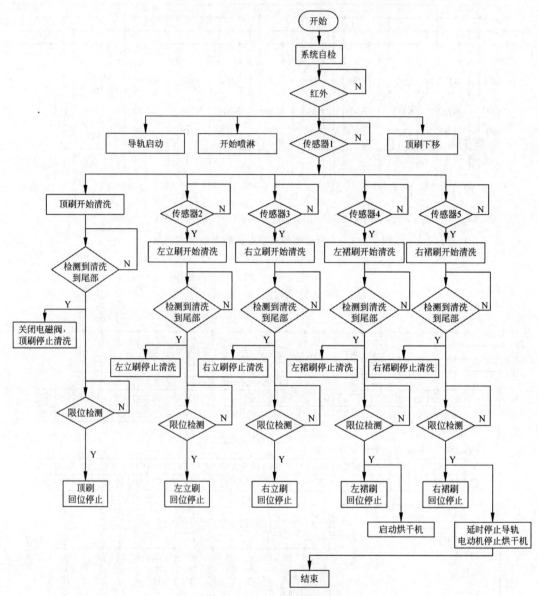

图 32-15 运行控制流程图

32.4.2 运动控制

1. 行走部分要求

导轨应确保框架立式洗车装置行走的安全性,导轨安装应平直,平面度偏差不应大于 10 mm,两导轨平行度偏差不应大于 10 mm,对角线差不应大于 20 mm。

以一台隧道式汽车清洗设备为例,将其运行参数列于表 32-4。

2. 输送机运动控制

当被洗车辆的前轮驶入输送机导向固定框上时,如果此时车身不是垂直进入,轮胎在导向固定框上会受阻,由于反作用,且在拉簧的作用下,活动导向框就会被推动向左或者向右滑动,这样车头就会被矫正,使车身能垂直驶入隧道机中进行洗车作业。

表 32-4　运行参数

启动方式	空气压力 /(kgf·cm^{-2})	冲洗时间 /(min·辆$^{-1}$)	耗水量 /(L·min^{-1})	设备总功率 /kW	控制选择	电源标准
电子感应式	1.5	1.5	100	17	自动/手动	380 V/50 Hz

与现有的技术相比,通过拉簧实现活动导向框向左或向右调节,即使滚筒生锈滚动滞缓,也能顺利导向,从而获得较好的车辆驶入体验和安全保障。导向固定框的外侧设置防撞尼龙柱,防止碰撞。导向固定框上设置防车轮翻越滚筒,防止车轮滚动翻越。导向固定框的两头设置挡板,挡拉簧用,防止拉簧暴露与车轮接触,以延长拉簧的使用寿命。活动导向框上设置拉杆,拉簧连接拉杆,拉杆便于拉簧连接。隧道连续式洗车机的结构如图 32-16 所示。

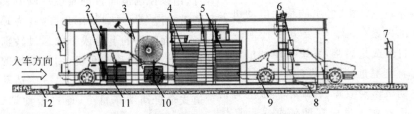

图 32-16　隧道连续式洗车机结构示意图

1—入车信号灯；2—高压预洗；3—顶刷；4—悬臂侧刷；5—环绕侧刷；6—风干机组；7—出车信号灯；8—输送机；9—输送机液轴；10—裙刷(后)；11—裙刷(前)；12—入车导向台

汽车进入洗车隧道时,轮胎的导正系统可使汽车停在输送机的停车轨道上。驾驶员收好天线,放空挡、关闭雨刷,输送机系统可使待清洗的汽车通过隧道完成清洗。

车辆输送线的作用是把被洗车辆缓缓带入洗车通道；车轮导正器的作用是纠正被洗车辆的进车位置,使其正确导入洗车通道。

32.4.3　清洗控制

1. 清洗过程

隧道式汽车清洗设备的清洗结构通常包括高压预洗系统、刷洗系统、泡沫喷淋系统、仿形风干系统。车辆由输送机输送至工作区域,首先由高压预洗系统进行预清洗,然后进入刷洗系统进行清洗工作,同时泡沫喷淋系统将泡沫均匀喷满车身,以增强清洗除污能力；最后进入仿形风干系统对车辆表面进行清洗后以风干的形式进行水渍擦拭。

2. PLC 运行程序进行清洗控制

系统上电后,红外传感器开始检测,车辆到达红外检测范围内后,红外传感器开始向 PLC 输入信号,PLC 输出控制导轨电动机启动,打开电磁阀,顶刷下移,同时顶刷超声传感器也开始检测,向 PLC 输入信号,开始清洗,并延时数秒使顶刷上移,随着导轨的移动,左右立刷检测到车身,并边移动边清洗车辆的两侧,此时顶刷传感器检测信号使 PLC 输出控制顶刷延时数秒再次下移,随着检测的进行,洗到车尾时,PLC 输出控制顶刷开始再次上移,停止清洗并关闭电磁阀,顶刷限位开关等待检测触碰后控制顶刷停止运行。

伴随着导轨的移动,左、右立刷检测到洗完车身,左、右立刷传感器将信号输入 PLC,使输出控制左右立刷停止清洗并复位,触碰各自限位开关停止运行,左、右裙刷检测车身,检测到信号后输入 PLC,使输出控制左、右裙刷开始清洗,等待清洗到车尾,依次停止清洗,传感器将检测到的信号输入 PLC,使输出控制左、右裙刷均开始回位,当左裙刷触碰左裙刷限位开关时,PLC 输出控制左裙刷停止运行并开启吹干电动机,当右裙刷触碰到右裙刷限位开关后,PLC输出控制右裙刷停止运行并开始延时约15s停止烘干机及导轨电动机,至此整个洗车过程结束。

在整个控制系统运行过程中,超声波传感器检测回的模拟量信号是通过模拟量扩展输入模块输入PLC的。根据检测回的电流信号与设定值比较,去控制各电动机的输出,以达到精确定位车身的目的。

在洗车中遇到超负荷工作或是其他机械故障时,系统将自动启动报警。该系统的主要报警位置在导轨电动机、各刷的移动电动机及吹干电动机的关键位置。只要其中任何一台电动机发生过载或是短路,系统检测到信号输出使时警灯将会亮起,同时警铃响起,具体的是哪一台电动机出现故障,在显示面板上有精确显示,此时,操作人员应立即依据显示具体记录是哪一台电动机出现事故,随即按下停止报警开关SB1,警铃停响。操作人员按下复位开关时,各刷离开车身并回位,开始排除故障。

3. 洗刷系统流程

清洗过程中,当车头接近侧刷时,侧刷旋转并合拢,当车头接触侧刷后,通过气缸推力使侧刷贴合车体进行清洗,车辆前进时,通过侧刷旋转时与车体接触产生的反作用力,使侧刷向外打开;此时侧刷安装座的向前摆动功能可弥补车辆快速前进时,侧刷打开过程回转半径的不足,以保证安全清洗;当侧刷清洗侧面时,因侧刷安装座具有向外摆动的功能,在气缸推力的作用下,侧刷可贴合车体下宽上窄的形状进行清洗;当侧刷由侧面清洗到车尾拐角时,在刷洗作用力下,侧刷安装座会向后倾斜,当侧刷转入车尾刷洗后,安装座在重力作用下会迅速复原,以保证侧刷贴近车尾清洗。

当输送机速度加快时,侧刷的打开速度也相应加快。为保险起见,在侧刷安装座上增加了保护装置,当侧刷向前倾斜超过允许的范围时,通过PLC控制,可立即停止输送机,同时通过气缸迅速打开侧刷,需要时可停机报警。

32.5 辅助系统

32.5.1 辅助投影装置

下面介绍一种适用于隧道式全自动洗车机的投影设备。

如图32-17所示,隧道式全自动洗车机用辅助投影装置包括镜面板、镜面板框和调节装置。其中,镜面板框为矩形,在镜面板框内镶嵌有镜面板,在镜面板框的后侧设置有调节装置,用以控制镜面板的角度。调节装置安装在隧道式洗车机进口处的顶端,其为螺杆调节装置,镜面板框的上缘或下缘通过转轴活动连接在隧道式全自动洗车机上,螺旋扣的一端活动连接在镜面板框的背面,另一端活动连接在隧道式全自动洗车机上,通过扳动螺旋扣,能够调整螺旋扣内螺杆的位置,进而调整镜面板框的角度。

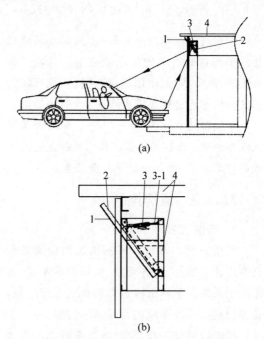

图 32-17 一种辅助投影装置
1—镜面板;2—镜面板框;3—UU 螺旋扣;
3-1—内螺旋;4—横梁

调节装置还可通过信号线与控制设备连接,通过控制设备来调整镜面板的角度,这里的控制设备为计算机或可编程控制器。

另外,调节装置还能够采用电动机控制,在采用电动机控制时,镜面板框通过转轴活动连接在隧道式全自动洗车机上,在隧道式全自动洗车机上还固定连接有电动机,直接与转轴刚性连接,或在传动轴上设置传动齿轮,电动机上设置有与传动齿轮啮合的输出齿轮。

32.5.2　自动防冻系统(自动排水装置)

现在市面上不少 CPU 微电脑控制的电脑洗车机设备本身带有自动防冻装置,当室内温度低于系统设定的温度值时(可根据需要自行设定温度),洗车设备就会自动进行防冻处理。

1. 自限温电热带、发热橡胶片的使用

电热带用于将电能转化成为热能,对操作系统进行伴热保温。因此,将电热带缠在电脑洗车机的水管、水泵、阀门等易液化、固化、结晶的位置,便可以轻松实现保温、防堵等作用。同时,针对有轨道的洗车设备,在轨道处加装发热橡胶片可有效地对轨道进行防冻保护。

电脑洗车机使用电热带进行保温处理,主要是利用了电热带的以下优势:电热带装置简单、发热均匀、控温准确,可进行远控、遥控;具有防爆、全天候工作性能,可靠性高,使用寿命长;无泄漏,有利于环境保护;节省保温材料;节约水资源;电伴热设计工作量小,施工方便简单,维护工作量小;效率高,能大大降低能耗;等等。

2. 水箱加热装置

水循环加热器采用电脑触摸式控制,通过发热管对水温进行加热,升降温速度快,温度精确稳定。电脑洗车机可使用水循环加热器对水箱中的水进行循环加热,以防水箱中的水冻住而妨碍洗车工作。

水加热器使用水作为媒体有其优势,如热传导效率高、污染少、水资源容易取得等。

3. 室内注意保持在零摄氏度以上或者加装玻璃幕墙

换季期间,洗车店内应该注意室内温度的控制,确保室内温度在零摄氏度以上;针对在户外进行洗车的店家,应该注意为设备加装玻璃幕墙,以确保洗车用水不会冻住。

32.6　安全保障措施

32.6.1　安装及使用的注意事项

(1) 安装时,用 8 t 以上的吊车将洗车机缓慢、水平地放入基坑。

(2) 连接电源线(确保有足够的容量)。

(3) 合上电源开关,如果相序保护器红灯亮,说明连线正确,可以进行下一步操作。

(4) 向冲洗机和基坑中注水,直到基坑内注满水。

(5) 先进行手动操作,无异常时,再进行自动程序操作,一切正常后,方可让车辆驶入自行清洗。

(6) 清洗前,应告知司机洗车的步骤。

(7) 每日工作完毕,切断总电源,冲洗冲洗机表面的泥土,将冲洗机内防护网上的大石块等杂物拣出,以便第二天正常使用。

(8) 冲洗机基坑内始终处于充满水状态;绝对禁止缺水洗车,以免水泵损坏。

(9) 冬季应向洗车机内添加防冻液,以防冻坏机器水泵及管路。或者当日完工时排净池中水,使用时加足使用水量。

(10) 在装配过程中不是螺丝越紧越好,不同大小、不同强调的螺丝有不同的力矩要求,在装配时要按照要求使用力矩扳手进行紧定。

(11) 在紧定时还要根据不同的技术要求,使用各种化学助剂防止松动。

(12) 螺丝紧定后,要再次检查,并按照图纸要求进行标记。

32.6.2　出厂前 4 h 运行检测

(1) 查看机电是否接线正常,正反转是否正常。

(2) 检测传感器工作是否正常。

(3) 水压测试,以 200 kgf 水压测试 15 min,测试高压水管和高压接头是否正常。

(4) 气路测试,通过压力测试检验是否漏气。

(5) 全部流程运行测试 24 h。

(6) 测试完成后封箱包装。

32.6.3　安全保护系统

首先要检查电控元器件的安全保护是否全面,即漏电保护是否得当。主框架的材料质量是否经过防锈处理也要考虑,如处理不当将影响到整体的美观及使用寿命。

洗车机启动后,红外线感应器可自动感应车型,无须人工选择,可自动判定车型并洗刷车辆,各项自动洗车程序运行的同时均可人工参与控制,以确保洗车安全。

32.6.4　水泵维护

(1) 使用洗车机第一个月后,需要更换水泵齿轮油,之后每季度更换一次,具体可以根据洗车数量确定。

(2) 水泵电动机皮带需要每周检查,如发现宽松,需要调紧,否则容易发生异响。

(3) 水泵箱内各个水管接头需要每周检查,以保持水泵箱干净,否则容易出现漏水现象。

32.6.5　洗车机维护

(1) 同步带检查。按规定时长检测松紧,如发现同步带松动,需要对同步带进行拉紧调整,不然运行时间久了容易出现异响,会加速同步带的老化。整个洗车机有 2 根同步带,即前后移动和左右移动同步带。

(2) 螺丝检查。整个洗车机的螺丝每个月需要检看,如发现螺丝松动应马上旋紧。

(3) 管路检查。每个星期需要查看管路,洗车机在运行时会产生很强的振动,如果管路和金属发生摩擦容易造成管路破损。超高压水管有保护套保护,需要人员定期检看保护套有没有移位。气管和水管应查看没有和金属表层接触的地方,如有,可以在水管和气管上包一层布,以防摩擦发生破损。

(4) 喷水杆出现移位。需要重新调整,不可往松的方向旋转,只可往紧的方向调整。

(5) 配电箱定期检看电线是否有松动。定期检查电线有无破损的地方,在转角处电线有没有和金属表层发生摩擦。

(6) 红外传感器检查。每 3 天需要对传感器进行检查,洗车时冲到传感器上的泥沙和洗车液要定期擦拭,不然时间久了容易造成红外线失灵。

(7) 以 3 个月为 1 个周期,每个周期需要对水管接头进行检查和紧固,防止其松动漏水。

(8) 水泵按规定时间更换机油。

(9) 每 3 个月需要对整机螺丝进行查看固定。

(10) 减速电动机,每 6 个月或 1 年需要更换机油 1 次,并看使用情况。

(11) 全自动 PLC 配电箱每 2 个月需要除尘 1 次,以保证设备的使用寿命。

(12) 随机配送一些密封圈,如发现水管有漏水现象,可更换密封圈。

(13) 定期进行故障自检,确保传感器工作正常。

32.6.6　整机保养与维修

1. 保养

(1) 每日班前检查冲洗机内的水位,捞除车辆自动冲洗机挡石网上及水池中漂浮的杂物,为冲洗机供电,补水至池满。

(2) 手动操作,检查装置的运行情况,若发现异常,及时解决。

(3) 若发现部分喷嘴不出水,说明喷嘴被堵塞,应及时清理。

(4) 每周检查各连接处的紧固情况,发现松动应及时紧固。

(5) 每半个月给减速机传动链条涂油,并检查链条的松紧度。

2. 维修

(1) 当进入自动状态后,冲洗机上的红灯闪烁,说明出现故障报警。

(2) 在待机状态下,车轮压住感应杆时,机器没启动,应检查机械挡块是否挡住了接近开关,或者接近开关是否损坏,调整挡块位置或更换接近开关即可。

(3) 在待机状态下,没有车辆时机器自行启动,应检查复位弹簧是否损坏,导致机械挡块未能挡住接近开关,或者接近开关是否损坏,更换弹簧或接近开关即可。

32.7　常见故障及排除方法

隧道式汽车清洗设备的常见故障及排除方法见表 32-5。

表 32-5　隧道式汽车清洗设备的常见故障及排除方法

故　　障	原　　因	排　除　故　障
洗车机无法启动	左、右接近开关松动	手动将感应开关重新固定
	急停按钮启动	释放急停按钮
	暂停按钮启动	释放暂停按钮
	手动模式开启	启动自动模式
	控制电路未通电	查看 PLC 和开关电源
启动按钮没有反应	急停按钮未释放	释放急停按钮
	启动按钮损坏	维修或更换启动按钮
车牌识别率下降	摄像头位置移动	通过电脑打开车牌识别摄像头内部软件,将摄像头调回原来的位置
超高压不锈钢水管接头漏水	密封圈老化	更换密封圈
	焊接部分漏水	重新焊接
	接头处松动	紧固接头处
显示屏出现花屏	密封条老化,显示屏受潮	更换显示屏
	内部电线松动	人工调试
水压不够	水管损坏或堵塞	更换或清洗水管
	水泵漏水	检查水泵固定件,旋紧
	皮带松掉	拉紧皮带
	水箱处堵塞	清理进水口
	调压阀松动	调节压力阀
	油路松动	加固油路
出泡沫不理想	空气压力过大或过小	调节空气压力装置
	泡沫溶剂浓度异常	重新调整洗涤剂配比
	泡沫管道渗漏	检查是否有松脱
旋转器停止转动	喷嘴堵塞	清理喷嘴
	旋转器损坏	更换旋转器
	喷嘴角度不当	将喷嘴角度调节适当
泵出现异常声音	吸入空气	排出水泵中的空气
	过滤芯堵塞	清理过滤芯
	润滑剂变质	更换润滑剂
洗车机行走轮打滑	轨道进入沙粒或者石子	清除沙石影响
	轴承损坏	更换轴承
	链条过紧	调整链条

第33章

蒸汽清洗设备

蒸汽洗车是指利用设备产生高压蒸汽对汽车进行清洗消毒,高压蒸汽既可消毒,又可除污,有独特的热分解功能,能迅速化解泥沙和污渍的粘黏性质,让其脱离附沾的汽车表面而达到清洗的目的。蒸汽可用于清除汽车驾驶室及车厢内的各种污渍,可以清洗丝绒、化纤、塑料、皮革等不同材料,还可去除车身外部塑料件表面的蜡迹。

33.1 工作原理和总体结构

33.1.1 工作原理

1. 分类

1) 按加热方式分类

蒸汽洗车机按加热方式可分为三类:

第一类是电加热式,采用 220 V/380 V 电源,其中 220 V 常适合家庭车库内的车辆清洗,380 V 常适用于特殊环境如酒店配套车库内的车辆清洗及施工设备车库内车辆的维修清洗。如图 33-1 所示是某型电加热挂壁式蒸汽洗车机。

第二类是柴油加热式蒸汽洗车机,其优点是出水量大、蒸汽压力大,适用于比较严重的污染,如工程机械车辆设备的清洗及保养使用,如图 33-2 所示。

第三类是燃气加热式蒸汽洗车机,其优点是压力大、设备成本低、运行稳定、易于操作;

图 33-1 电加热挂壁式蒸汽洗车机

图 33-2 柴油加热式蒸汽洗车机

采用直流安全电压,无外接电源,移动方便。其对于汽车、内饰、发动机舱、空调风道等的清洗有很好的效果,如图 33-3 所示。

2) 按工作地点分类

蒸汽洗车机按工作地点可分为固定点工作蒸汽洗车机和流动工作的蒸汽洗车机,其实两者的核心技术相同,核心蒸汽洗车部件类似,差别在于流动的范围大小。图 33-1 ~ 图 33-3 所示的蒸汽洗车机一般用于固定点工

图 33-3　燃气加热式蒸汽洗车机

作；而为满足更大范围流动作业的需要，产生了流动蒸汽洗车机，它是一种集成了电动三轮车和柴油加热式蒸汽洗车机及其他洗车工具的洗车机，如图 33-4 所示。它可以流动为不同用户服务。

图 33-4　流动蒸汽洗车机

2．工作原理

1）蒸汽清洗原理

蒸汽洗车的原理是以蒸汽为柔性清洗介质，利用蒸汽可较好地降解含油类污物的原理，用柔和的蒸汽将附着在车辆表面的污渍软化、膨胀并除之。当高压蒸汽接触到车辆表面的污渍时，蒸汽在自身的压力作用下就会撞击这些污渍，钻进污物的中间，在后续持续的蒸汽进入作用下，污渍膨胀并分解，其黏度大幅度下降，在连续高压蒸汽的清洗下，车辆表面的污渍就被清洗下来，达到了清洗车辆的目的。最后用干净的抹布将车辆表面的水珠擦拭干净即可。

蒸汽清洗有助于车辆表面油漆面的保护、缝隙的清洗，并因其含水量少而不损伤电路，可以有效清洗汽车发动机、仪表盘、空调口等常规保洁难以清洗的部位。蒸汽冲洗和擦干同时进行，操作更加简单、快捷有效。通过系统研究，现在梳理一下蒸汽洗车的特点：

（1）热分解功能。利用蒸汽的温度可以将常温水无法洗干净的顽固污渍分解，日常生活中，我们知道，在不使用洗洁精的情况下，热水洗碗的效果要远远好于冷水就是这个道理。蒸汽洗车就是利用蒸汽可迅速化解泥沙和污渍来达到彻底清洗汽车表面的目的的。

（2）清洗消毒功能。通过控制蒸汽喷头与清洁部位的距离，可以实现调节蒸汽清洗的温度，在清洁密封条、轮胎、坐垫等部位时，采用远距离蒸汽喷射清洁，可以保护这些部位不受高温损伤；而在清洁车门把手、方向盘、安全带等细菌较多的部位时，可以近距离喷射清洁，可以杀菌、除螨、去除异味。这相当于实现一次高压杀菌，其安全性、整洁性是传统水洗方式无法比拟的。

（3）热降解特性。当对车辆表面喷射蒸汽时，蒸汽喷射出来的冲击波等同于车辆 90～100 km/h 的速度，使沾黏在车辆表面的污染一扫而光，同时中性蒸汽清洗蜡水会在车辆表面迅速凝固，形成蜡膜保护漆面，等于添加了一份安全保障。最后进行抹擦，对车漆有保护作用。

（4）高压汽非高温汽。蒸汽洗车所用的蒸汽是高压蒸汽而非高温蒸汽。水在洗车机内被瞬间加热雾化，形成温度可达 200℃ 的高压蒸汽，不过经过耐压输送管道输送段的冷却，抵达喷枪喷头前，温度会骤降至 105℃ 左右，随后喷出喷头的蒸汽在距离喷头 20 cm 的空气中还会骤降温度。夏季会降至 40～50℃，冬季会更低，为 30～40℃。一般情况下，60～70℃ 以下的温度不会对车漆造成损伤。蒸汽洗车时还会出现蒸汽干燥和湿度调节作用，但仍然含有少量具有一定的温度水分，清洗后很快被蒸发。

（5）干湿调节的作用。蒸汽洗车是利用饱和蒸汽的高压清洗零件表面的油污，并将其汽化的清洗方法，能清洗任何小间隙和小孔，剥离和去除油污和残留物，不受寒冷气候的影响，洗车后干燥、不结冰，全季清洗。耗水量低，较传统洗车节水 80%，满足了高效、节水、清洁、干燥和低成本的要求。

综上所述，蒸汽洗车不但对车辆表面不会

造成损伤,还能在细节处更好地达到清洁、杀菌的效果,可以放心尝试。

2) 蒸汽洗车机的工作原理

蒸汽洗车机的工作方式就是以高压蒸汽为介质对车辆进行清洗,所以高压蒸汽是主要的清洗介质。蒸汽洗车机内部设有高压水泵和蒸汽发生器。开机后,设备内部各个系统进入待机状态;打开喷枪后,蒸汽发生器立即开始工作,其中的加热器产生热能加热水使之产生蒸汽,随后产生的蒸汽通过高压输送管道输送到高压泵内,将高温蒸汽混合空气压缩喷出,蒸汽由输送管送至喷枪,从喷头喷出,喷射到车辆表面,对其进行清洗。

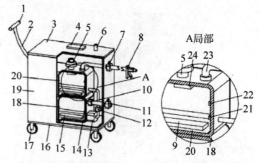

图 33-5 固定式蒸汽式洗车机结构示意图
1—握把;2—弯拉杆;3—上盖;4—PLC 控制器;5—安全阀;6—指示灯;7—第一控制阀;8—洗车枪;9—第一电加热片;10—第一单向阀;11—第二控制阀;12—第二单向阀;13—液泵;14—第一液位传感器;15—第二加热片;16—机底板;17—万向轮;18—下水箱;19—外侧板;20—上水箱;21—第二液位传感器;22—第三液位传感器;23—导气管;24—气压传感器

33.1.2 总体结构

1. 固定式蒸汽洗车机的总体结构

蒸汽洗车机的总体结构由加热部分、动力部分、柱塞泵及蒸汽软管和喷枪等组成。

加热部分由热源和加热盘管共同组成,实现对水的加热。

动力部分采用燃气、燃油或电力加热,将自来水变成高压蒸汽。

柱塞泵是蒸汽洗车机的主要组成部分,高压柱塞泵是高压水射流清洗装置中最主要的部件。

蒸汽软管和喷枪部分一般配置适宜长度的输送软管,高压蒸汽经过输送软管到达蒸汽喷枪喷头处,打开蒸汽枪开关,即可释放高压蒸汽。

下面以某型固定式蒸汽洗车机为例加以说明,其总体结构如图 33-5 所示。

蒸汽洗车机配备 4 个减震脚轮,可避免推动时损伤机器;其可以在场地范围内方便地进行洗车,热源、高压泵及控制系统部件全部集成于机体内部,方便移动的同时增加了安全性能。因蒸汽洗车机采用高效蒸汽发生器特有的汽化技术,在使用蒸汽洗车时,只需 1 min 便可喷出蒸汽,无须长时间等待。蒸汽洗车机还集成了控制装置和自动报警功能等多项综合预警装置,当缺水或压力、温度超过设定的安全阈值时,将自动停止设备运行,并及时提醒使用者。蒸汽洗车机启动快、少排污、效果好,保护车漆,减少了污水循环的环保压力。

2. 流动式蒸汽洗车机的总体结构

如图 33-6 所示,流动式蒸汽洗车机集电动三轮车、燃气加热式蒸汽洗车机及其他常用洗车工具于一体,内置电源、水箱、燃气罐及燃气加热式蒸汽洗车机,配备蒸汽软管,耐高温、高

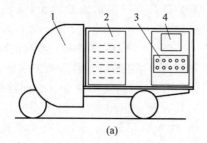
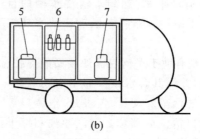

(a) (b)

图 33-6 流动式蒸汽洗车机结构示意图
(a) 左侧布局图;(b) 右侧布局图
1—电动三轮车;2—燃气加热式蒸汽洗车机;3—控制键盘;4—液晶显示器;5—吸尘器;6—洗车用具;7—燃气罐

压,使用寿命长久;功能上配备微水系统,用于打湿表面,打蜡、泡沫等。内置汽车点烟器电源插座,可外接车载吸尘器、打蜡抛光机、充气泵等小型洗车工具,形成一个小型流动洗车店。

流动式蒸汽洗车机方便在城市一定区域内流动,作业质量更高,使其使用范围大幅增加,不仅可以进行流动蒸汽洗车,还可以上门清洗墙体广告、清洗饭店排油烟机、为环卫收集设施消毒等工作,涵盖洗车、餐饮、环卫等多个行业,具有较广阔的应用前景。

33.1.3 应用场所

1. 固定式蒸汽洗车机的应用场所

因蒸汽洗车机可以进行车辆及发动机表面清洗,不影响电路,基本无废水,无须污水处理系统;车辆内部干洗,具有去异味、灭菌消毒的功能。其主要应用场所是:

(1)专业洗车店铺,包括车辆维修厂、洗车美容店、加油站、运输公司等专业洗车场所。

(2)附属配套设施,在购物中心、星级酒店、写字楼、车站、码头、机场等各类停车场所作为附属配套设施使用。

(3)别墅住宅区业主自家使用。

2. 流动式蒸汽洗车机的应用场所

流动式蒸汽洗车机是一种可快速移动的蒸汽洗车设备。现在许多城市开始逐步淘汰水洗车,传统的洗车店须去污水处理系统,这要花费很多钱,且浪费水资源。蒸汽洗车机本身洗车效果好,可以代替目前的水洗,并能清洁发动机和车辆内部,效果显著,且不损坏车漆。同时,由于蒸汽洗车具有微水、节水、环保等优点,所以很受欢迎。

流动式蒸汽洗车机随叫随到,方便人们的生活。其配备蒸汽-冷水-微水一体化洗车机、大容量水箱、充气泵、吸尘器、抛光蜡机等汽车清洗美容工具。这些内部配置不是固定的,制造商可以根据用户的需要配置用户想要的设备组合,这样用户就可以买到一台实用的三轮车移动洗车机了。

蒸汽冷水一体上门洗车机拥有先进的智能控制系统,可以帮助车主轻松完成高难度的上门洗车任务,干燥蒸汽相比传统锅炉产生的蒸汽,更容易渗透到难以达到的角落和隐蔽点,并且能够有效去除污垢,保护漆面,降低成本,提高洗车效率。

33.2 主要参数

33.2.1 结构参数

蒸汽洗车机的结构参数见表33-1。

表33-1 高压蒸汽清洗机结构参数

名称	项目	数据	备注
机器参数	电源电压	内置48 V免维护电瓶	易于管理
	燃气量	15 kg 大燃气罐	气量足,持续工作
	产气量	持续放气20 kg	无须连续加热,热损耗小
	高压泵功率/W	500	压力高,清洗效果好
	蒸汽工作温度/℃	50~230	适应不同部位清洗
	蒸汽干湿度	可调节	车外湿蒸汽,车内干蒸汽
	作业时间	24 h 持续不间断	一次注水,压力稳定
	启动时间/s	55	无须预热,效率高
	可洗车辆/辆	80~100	效率高
	移动方式	4个减震脚轮	移动方便
	蒸汽管长度/m	10	
	蒸汽喷枪/把	1	
	尺寸/质量	100 cm×45 cm×100 cm/75 kg	体积小
	机体材质	不锈钢	防腐
选配部件	吸尘器	选配	
	抛光打蜡机	选配	

33.2.2 选型参数

1. 动力装置

蒸汽式洗车机射流装置的动力源通常为电动机或柴油机。小型的射流清洗装置常用电动机作为动力源。不具备大功率电源的工厂或车间则使用柴油机作为动力源。高压式清洗机射流装置的动力源常用电动机作为动力源,可直接采用交流电源。

装置的电源有 380 V、220 V 和 12 V,可以采用工业用电、民用电、蓄电池供电或太阳能供电。

2. 水泵

射流清洗是用水泵加压的水,经管道送达喷嘴,再用喷嘴把一定压力的水转换为射流,冲击被清洗件的表面。因此水泵是射流清洗的动力,是水射流装置中最重要的部件,通常选用离心泵。

水泵的选型主要参数有流量、扬程、转速、效率、轴效率等。

33.3 控制系统

33.3.1 电气系统

电气系统的组成以 FS 15135 冷水高压清洗机为例,图 33-7 为 FS 15135 冷水高压清洗机线路图。

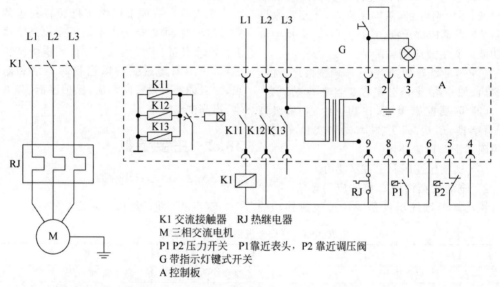

K1 交流接触器　RJ 热继电器
M 三相交流电机
P1 P2 压力开关　P1靠近表头,P2靠近调压阀
G 带指示灯键式开关
A 控制板

图 33-7　FS 15135 冷水高压清洗机线路图

此设备具有 TSI 智能控制功能,具体为延时停机、1 h 切断设备电源、管路漏水断电、缺水保护、电动机过热保护功能等。

(1) 延时停机功能:当使用者松开手柄 15 s 后,设备自动停机。

(2) 1 h 切断设备电源功能:在使用者停止工作,但未关闭设备电源开关的情况下,1 h 后,设备自动切断电源,电控箱上的指示灯按每次闪动 1 下的频率闪烁,提示使用者设备已断电。

(3) 管路漏水断电功能:电控箱上的指示灯按每次闪动 2 下的频率闪烁,设备不能工作。

(4) 缺水保护功能:电控箱上的指示灯按每次闪动 3 下的频率闪烁,提示使用者设备由于水量不足以断电。

(5) 电动机过热保护:电控箱上的指示灯按每次闪动 4 下的频率闪烁,提示使用者设备由于电动机过热已断电。

33.3.2 清洗控制

1. 高压清洗机设备

高压水射流清洗原理是用高压泵打出高压水,并使其经软管到达喷嘴再把高压力流速的水转换为低压高流速的射流,射流以很高的冲击动能,连续不断地作用在被清洗表面,从而使垢物脱落,达到清洗目的。如图33-8所示为水射流作用力示意图。

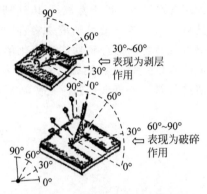

图 33-8 水射流作用力示意图

1) 清洗控制组成及清洗流程

清洗部分包括水泵、软管、喷杆、喷头、过滤网等结构。以一款高压清洗机为例,清洗过程如下:接软管到出水口,并连接喷枪到软管另一头,连接喷头和喷杆,查看过滤网是否有障碍物,连接供水软管,检查是否连接好,尝试,检查是否漏水,压下扳机,通过抽水机和软管去除空气,然后锁上扳机。插上本机电源,按"O"开启开关,解开枪锁,使用高压清洗机。

清洗系统可以把高压力的水输入到高压水泵或从储水箱中直接抽水。通过高压水泵把水压入喷头。高压水柱是通过喷头末端的喷嘴形成的。

2) 水源的连接/吸水操作

使用供水软管连接设备与水源,打开进水阀,从敞开水箱中吸水,在吸水软管进水口处安装过滤器,在使用之前排尽空气。为了排除设备里面的空气,卸掉喷嘴,让机器继续运行,一直到喷出的水中没气泡为止,假如条件允许,让机器运行10 s,然后关闭开关,重复这样的操作几次。关闭设备,装上喷嘴。

3) 可调节喷头

水可以从喷头喷出直线或扇形,首先开启压力机然后调整喷头。

4) 带有扳机的喷头

只有当握住安全扳机时,设备才会工作。握住操纵杆,喷枪启动,液体就会进入喷嘴。喷射压力随之升高并快速达到选定的工作压力。

当松开扳机时,扳机关闭,喷头停止喷射液体。扳机关闭后,压力的升高会导致调压阀打开。即使在减压状态下,水泵仍然保持接通,持续抽入液体。扳机打开后,调压阀关闭,高压水泵恢复到从喷头中喷射液体的压力。

扳机是一种安全设备,修理扳机只能由有资格的人员完成。如果需要更换零件,仅可使用由制造商认可的零件。

5) 进水口网筛

进水口过滤网在洗车机清洗使用之前,将输入水源过滤,这在清洗过程中是非常重要的一步。进水口过滤网要定时检查,以避免阻塞而限制抽水机供水。

6) 调压阀

调压阀用来保护机器。在实际操作中以免产生过高的压力,并设计成不允许选择过高的压力。手柄上的限位螺母用喷涂的方法进行了密封。

7) 清洁剂的操作

拉出清洁剂吸管,将清洁剂过滤器芯放入清洁剂容器内。将喷嘴清洁模式调到合适的位置。将清洁剂的浓度通过计量阀调到合适的浓度。

2. 蒸汽洗车机清洗控制

1) 蒸汽洗车机清洗流程及控制

(1) 首先确认设备有足够的供电能力。

(2) 确认优质供水源(严禁使用地下水),连接好设备自动进水阀,如无自动进水,应确认手动加水口,添加足够的水。

(3) 确认有充足的燃气或者电源设备正常。

(4) 使用辅助工具把蒸汽管与设备连接好。

(5) 首次使用设备,打开电源开关,观察各仪表是否正常;仪表正常时,将旋钮旋到冷水位置,有冷水喷出时,内部空气即排尽,再将旋钮旋到蒸汽位置,约50 s后蒸汽喷出,1 min左右蒸汽压力上升,可以开始洗车了。

(6) 根据需要调节蒸汽干湿度。

(7) 不使用蒸汽时,将旋钮旋到冷水位置,排除蒸汽管内的废气,排除废气后将旋钮旋到空挡位;长时间待机会消耗电量,缩短水泵的寿命。工作完成时,应先关闭燃气阀门,然后关闭蒸汽启动开关,关闭电源开关,整理好设备以备再次使用。

(8) 天气寒冷时,工作之后,水箱中的水要排空,以防结冰,严禁将设备放置在0℃以下的环境中。

2)节水技巧

清洗车身时,调节成中低蒸汽压力模式,消耗的蒸汽就会减少,也可以达到较好的清洗效果。

3)节燃气技巧

清洗发动机舱、空调及车内饰等部位时,必须使用含水量极少的干蒸汽,可以达到较好的干洗效果。干蒸汽既可消菌杀毒、除异味,又能够以其独特的热分解功能迅速化解泥沙和污渍的粘黏性质,使污渍脱离表面而达到较好的清洗效果。干蒸汽可同时避免造成车辆损坏。

第34章

车辆清洗配套设备

34.1 吸尘设备

车辆清洗保洁时,吸尘器是经常使用的工具,其能将灰尘和垃圾吸走,极大地节省清理时间,且可以避免灰尘对车内环境的影响,降低人们患呼吸道疾病的概率。汽车的空间相对狭小,又有许多缝隙、暗角,车里的灰尘、沙粒、烟灰等垃圾,人工打扫起来比较麻烦,这时候吸尘器就派上了用场。一般车辆的清洗保洁使用干湿两用吸尘器。

34.1.1 工作原理

1. 干湿两用吸尘器

干湿两用吸尘器和普通家用吸尘器最大的区别是多一个离心室,可吸收加工过程中产生的油、水等液体。干湿两用吸尘器的工作原理就是当灰尘、空气、水被吸入离心室的时候,质量较大的水经高速旋转后,会甩向离心室内壁然后流入下面的集水桶;较轻的灰尘和空气经过离心室后会进入过滤袋内滤去灰尘。干湿两用吸尘器如图34-1所示。

干湿两用吸尘器的优、缺点为:

(1) 干湿两用吸尘器吸力很大,圆形桶身的垃圾容量非常惊人,内装电动机,可以产生强劲吸力,吸尘效果非常好。

(2) 干湿两用吸尘器组合方便、耐用,可以提供不同的排水方式,操作起来非常方便。

图 34-1 干湿两用吸尘器

(3) 先进的设计让干湿两用吸尘器的电动机提高了寿命,可以连续 24 h 工作。

(4) 干湿两用吸尘器因增加了固液分离装置,动力消耗较大,且会聚积污水和污泥,清洗时比较麻烦。

(5) 在寒冷的地方使用干湿两用吸尘器,需要增加防冻措施,以免结冰导致吸尘器堵塞。

2. 吸尘器的工作原理

使用吸尘器的最终目的是清除车体表面、车体内部座位及家具织物表面的污垢或灰尘。吸尘器的工作原理是使用电动机作为原动力,当接通电源时,吸尘器的风机叶轮在电动机的驱动下得到一定的能量,将叶轮中的空气高速排出风机,气流源源不断地补充到风叶轮中,在吸尘器内部形成了瞬时真空,同时使吸尘部分的空气不断地补充进风机。使得外界和吸尘器内部产生了极高的负压差,即形成了一定的空气吸力。这样就与外界形成了较高的压差。此时灰尘、沙粒、烟灰等垃圾随空气被吸入吸嘴部分,经过滤器过滤,将尘埃、垃圾收集在尘筒内,过滤后的洁净空气流经风叶轮,由后壳的电动机出口排出,重新进入大气中,从而达到对车内环境进行净化的目的。干湿两用吸尘器的工作原理示意图如图34-2所示。

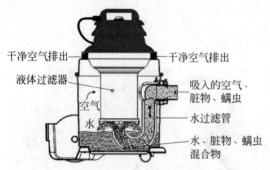

图34-2 干湿两用吸尘器的工作原理示意图

3. 选择参数

1) 吸力强劲

吸力是由真空度体现的,真空度越大,吸力越大。真空度的单位一般用Pa(帕)表示,通常取15~25 kPa比较好,过低吸力不够,过高则浪费。小型手持车载式吸尘器一般达到16 kPa就可以了。

2) 杜绝二次污染

被吸入的灰尘如果得不到有效过滤,排出的不洁气体容易造成二次污染,这是吸尘器的隐形杀手。

3) 空气净化灭菌技术

较好的除尘器具有高压静电捕尘、HEPA微尘净化、活性炭吸附、光触媒(需阳光照射才可再生)、冷触媒(自然再生)等空气净化灭菌技术。

4) 多吸嘴配件配备

吸尘器所配备的多个吸嘴可以适合不同的部位、适用场合的清洁需要。

5) 其他细节

(1) 吸尘器外壳材料采用不锈钢、ABS工程塑料,均有耐磨、抗冲击、不易老化的优点。

(2) 尘袋的材料推荐用无纺布;最新的吸尘器技术是无尘袋设计,即通过空气动力学原理,把吸入集尘桶的灰尘通过强劲的离心力甩在集尘桶内,实现尘与气的彻底分离,有效地解决了二次污染问题,吸尘效率比普通吸尘器高25%。

(3) 吸尘器控制。吸尘器应具有尘满显示器、无级变速调控、橡胶滚轮等功能。

(4) 机身防撞条设计,可以保护被清洗的车辆。

34.1.2 总体结构

吸尘器主要是由吸嘴、集尘分离装置、负压装置3部分组成,一般包括串激整流子电动机、离心式风机、滤尘网和吸尘附件。吸尘器的主要组成如图34-3所示。

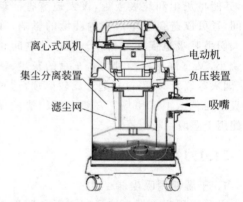

图34-3 吸尘器的主要组成

1) 吸嘴

根据使用的场合,吸嘴有多种:电动吸头、磨光吸头、扁吸嘴。电动吸头一般用于清除毛毯污物,分为粗毛刷、细毛刷、转动毛刷;磨光吸头则用于清洁表面光滑的物体,可以避免使用吸尘器的过程中留下划痕;扁吸嘴常用于一些难操作的除尘死角。常见的无动力吸嘴如图34-4所示。

2) 负压装置

负压装置是通过电动机提供动力,离心风机叶轮的高速旋转而产生负压的。

图 34-4 常见的无动力吸嘴

3) 集尘分离装置

常用的集尘分离装置有 2 种,即空气过滤集尘分离和尘仓式集尘分离。

(1) 空气过滤集尘分离常用的空气过滤材料如图 34-5 所示。

① 海绵过滤的过滤性最差,可以清洗重复使用,一般放在最后一道过滤,兼作消音棉。

② 活性炭过滤网可以增加对灰尘的吸附力,但因孔较大过滤性一般,通常也是放在较厚的部位。

③ 百洁布质地比较细密,是一种经济实惠的材料,性能好过前两种,可以作为初级过滤材料。

④ HEPA 过滤材料,即高精度过滤网,具有强的吸附力,是目前最好的过滤材料,冲洗后可以重复利用、成本较低。

⑤ 复合纸质尘袋具有双层过滤,可有效提高灰尘过滤率,方便使用,尘满扔掉,其缺点是不能重复利用、成本较高。

图 34-5 空气过滤集尘分离常用的空气过滤材料
(a) 海绵过滤材料; (b) 活性炭过滤材料;
(c) 百洁布过滤材料; (d) HEPA 过滤材料;
(e) 复合纸质过滤材料

(2) 尘仓式集尘分离。尘仓式集尘分离吸尘器近些年开始在国内应用,尘仓式集尘分离的工作示意图如图 34-6 所示。该类吸尘器把灰尘、垃圾收集到集尘筒内,使用后只需要把集尘筒拆卸下来用水清洗即可,操作极其方便、应用成本低。这种方法减少了清洗过滤集尘袋的麻烦。此类吸尘器采用了旋风分离器的旋风除尘原理,即在集尘的过程中,灰尘等垃圾随着强大的旋风贴合集尘筒内壁旋转,逐步减速并降落到桶底,而较轻的空气则进入空气过滤器经过滤后排出。

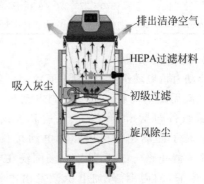

图 34-6 尘仓式集尘分离示意图

4) 排气消音装置

排气消音装置是通过消音棉、网孔让气体顺畅流出的。

水过滤吸尘器是一款新型的吸尘器,它代替了旧款的干吸吸尘器。水过滤吸尘器就是用水做过滤媒介,通过对吸尘器中的粉尘等垃圾进行湿润、溶解、沉淀而除去的一种新型吸尘器。我们一般家用的吸尘器就是普通的干吸吸尘器,相比较而言,水过滤吸尘器可以更加方便、快捷地保持室内空间环境。所以现在很多消费者对水过滤吸尘器赞不绝口。

34.1.3 吸尘设备的技术参数

1. 吸尘器的性能参数

(1) 吸尘器的功率。吸尘器的功率一般为 400~2 000 W,吸尘器的性能主要取决于功率。

(2) 噪声系数。吸尘器的噪声主要包括 3 部分:空气噪声、机械噪声和电磁噪声。电动机在高速旋转时,会产生较大的噪声,其噪声一般在 50 dB(A) 以下。

某型吸尘器的性能参数见表 34-1。

表 34-1 某型吸尘器的性能参数

项目名称	参 数		
容量/L	20	35	60
电压/V	220		
功率/W	1 600		
噪声/dB(A)	75		
过滤系统	四层		
真空度/kPa	19		
净重/kg	7.6	9.5	11.8
外形尺寸(长×宽×高)/(mm×mm×mm)	370×370×490	370×370×700	370×370×800

2. 驱动电动机

驱动直流电动机分为两类：直流有刷电动机和直流无刷电动机。直流有刷电动机的基本构造组件包括定子、转子、电刷和换向器。定子和转子磁场相互作用驱动电动机旋转。定子产生静止磁场，这一静止磁场围绕在电枢（或称转子）的周围，外加电源激发出电枢磁场。直流有刷电动机轴上还有2块圆弧形的铜片，称为换向片。电动机转动时，碳质的电刷在换向器上滑动，如图 34-7 所示。直流有刷电动机具有良好的启动和调速性能，常应用于对启动和调速有较高要求的场合。缺点是电刷和换向器之间的火花易造成换向器和电刷磨损。在使用吸尘器时，经过滤后的废气中仍含有碳粉尘磨损的微小颗粒。此外，换向器还可导致电气噪声。

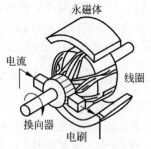

图 34-7 直流有刷电动机

直流无刷电动机是指无电刷和换向器（或集电环）的电动机，又称无换向器电动机。电动机转子中包含一块永久磁铁，对转子的永久磁铁安装在电动机的外壳上，这个外壳是转子，如图 34-8 所示。直流无刷电动机由电子换向来代替传统的机械换向，性能可靠、永无磨损、故障率低，寿命比直流有刷电动机提高了约 6 倍。缺点是低速启动时有轻微振动，但速度加大、换相频率增大，就感觉不到振动了。某种车载吸尘器的电动机参数见表 34-2。

图 34-8 直流无刷电动机

表 34-2 某种型号车载吸尘器的电动机参数

项 目	参 数
功率/W	80
额定电压/V(DC)	24
额定转速/(r·min^{-1})	8 000
额定转矩/N·m	0.095
额定电流/A	6.2
最大电流/A	12.4
极对数	5
质量/kg	0.8
适配驱动器	BL-0804 V1.5

3. 旋风分离器

旋风分离器是目前应用最广泛的气固分离装置之一。如图 34-9(a) 所示，旋风分离器的原理如下。

(1) 含尘气体从圆筒上部的长方形切线进口进入，沿圆筒内壁做旋转流动。

(2) 颗粒的离心力较大，被甩向外层，气流在内层，气、固得以分离。

(3) 在圆锥部分，旋转半径缩小而切向速度增大，气流与颗粒做下螺旋运动。

(4) 在圆锥的底部附近,气流转为上升旋转运动,最后由上部出口管排出。

(5) 固相沿内壁落入灰斗。

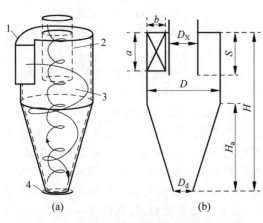

图 34-9　车载吸尘器的旋风分离器示意图
1—入口；2—气体出口或芯管；3—分离空间或分离器本体；4—排尘口

如图 34-9(b)所示,切流式旋风分离器的几何尺寸主要有:

(1) 旋风分离器的本体直径(指分离器筒体截面的直径) D。

(2) 旋风分离器总高(从分离器顶板到排尘口的高度) H。

(3) 升气管直径 D_x。

(4) 升气管插入深度(从分离空间顶板算起) S。

(5) 入口截面的高度和宽度,分别为 a 和 b。

(6) 锥体段高度 H_a。

(7) 排尘口直径 D_d。

下面对旋风分离器的参数指标进行介绍。

1) 分离性能

分离性能的好坏常用理论上可以完全分离下来的最小颗粒尺寸——临界粒径 d_c 及分离效率 η 表示。

(1) 临界粒径 d_c 是指旋风分离器能完全除去的最小颗粒的直径。

在吸尘器内,颗粒与气流相对运动为层流,颗粒在分离器内的切线速度恒定且等于进气处的气速 u_i,颗粒沉降所穿过的最大距离为进口宽度 B,由此导出临界粒径 d_c 的估算式:

$$d_c = (9\mu B / \pi N_e \rho_s u_i) 1/2 \quad (34\text{-}1)$$

式中　B——旋风分离器进口管的宽度,标准型 $B = D/4$；

N_e——气流的有效旋转圈数,一般为 $0.5 \sim 3$,标准型为 $3 \sim 5$,通常取 5；

u_i——进口气体的速度,m/s；

μ——气体的黏度,Pa·s；

ρ_s——固相的密度,kg/m³。

(2) 分离效率

总效率是工程上最常用的,也是最易测定的分离效率,其缺点是不能表明旋风分离器对不同粒子的不同分离效果。总效率是指被除去的颗粒占气体进入旋风分离器时代入的全部颗粒的质量百分数,即

$$\eta_0 = (C_1 - C_2)/C_1 \times 100\% \quad (34\text{-}2)$$

式中　C_1——旋风分离器入口气体的含尘浓度；

C_2——旋风分离器出口气体的含尘浓度。

粒级效率指按颗粒大小分别表示出被分离颗粒的质量分数。

含尘气体中的颗粒通常是大小不均的,通过旋风分离器后,各种尺寸的颗粒被分离下来的百分率也不相同。通常把气流中所含颗粒的尺寸范围等分成几个小段,则其中平均粒径为 d_i 的第 i 小段范围颗粒的粒级效率定义为

$$\eta_{pi} = (C_{1i} - C_{2i})/C_{1i} \times 100\% \quad (34\text{-}3)$$

不同粒径颗粒的粒级效率是不同的。根据临界粒径的定义,粒径大于或等于临界粒径 d_c 的颗粒,$\eta_p = 100\%$。粒级效率为 50% 的颗粒直径称为分割直径:

$$d_{50} = 0.27[\mu D / u_i (\rho_s - \rho)] 1/2 \quad (34\text{-}4)$$

对于同一形式且尺寸比例相同的旋风分离器,无论大小,皆可通用同一条粒级曲线。标准旋风分离器的 η_p 与 d/d_{50} 的关系为

$$\eta_0 = \Sigma x_i \eta_{pi}, \quad (34\text{-}5)$$

式中　x_i——进口处第 i 段颗粒占全部颗粒的质量分率。

2) 旋风分离器的压力降

压力降可表示为进口气体动能的倍数:

$$\Delta p = \xi \rho u_{i2}/2 \quad (34\text{-}6)$$

式中 ξ——阻力系数,对于同一形式及相同尺寸比例的旋风分离器,ξ 为常数,标准型旋风分离器的 $\xi=8$。

3) 影响旋风分离器性能的因素

气流在旋风分离器内的分离机理与流动情况均非常复杂,因此对旋风分离器性能影响的因素比较多,其中最重要的是操作条件和物系性质。一般说来,颗粒粒径大、密度大、进口气速度高和粉尘浓度高等情况均对分离有利。如气体含尘浓度高则有利于粉尘颗粒的聚结,不仅可以提高分离效率,还可以抑制气体涡流或湍流,从而使阻力下降,所以较高的气体含尘浓度对分离效率和压力两个方面是有利的。但是有些因素对分离效率和压力的影响是相互对立的,如进口气流速度稍高有利于分离,但过高会导致涡流加剧,而压力下降比较厉害也不利于分离。因此,旋风分离器进气口的气流速度以控制在 10~25 m/s 范围内为宜。

4. 风叶轮的参数

1) 风叶轮分类

按叶片结构可以将风叶轮分为前向式风机叶片、径向式风机叶片及后向式风机叶片。

(1) 前向式风机叶片朝向叶轮旋转方向弯曲,叶片的出口安装角 $\beta_1 > 90°$。在相同的风量下,其风压最高。

(2) 径向式风机叶片朝径向伸出,叶片的出口安装角 $\beta_2 = 90°$,其性能介于前向式风机叶片和后向式风机叶片之间。

(3) 后向式叶片的弯曲方向与叶轮的旋转方向相反,叶片的出口安装角 $\beta_2 < 90°$ 与前两种风机叶片相比,在同样的流量下,它的风压最低,效率最高,噪声小。

2) 风叶轮的转速与吸力

风叶轮是风机的主要部件,风机能否获得所需要的真空度和风量,与叶轮的设计有极大关系。叶轮的设计还要考虑电动机的转速、输入功率(影响规格要求)及寿命等因素。

根据空气动力学的欧拉方程,无限多叶片叶轮的理论真空度为

$$H_{T_\infty} = \rho(u_2 C_{2u} - u_1 C_{1u}) \quad (34-7)$$

式中 ρ——空气的密度,标准时 $\rho = 1.2$, kg/m³;
u_2——叶轮出口圆周速度,m/s;
u_1——叶轮入口圆周速度,m/s;
C_{2u}——叶轮出口的绝对圆周分速度, m/s;
C_{1u}——叶轮入口的绝对圆周分速度, m/s。

5. 集尘筒盖弹射开关

由于集尘筒盖内设置有密封圈,在开启的时候,若不设计特殊装置,则需要人工开启,给操作者在使用吸尘器过程中带来了极大的不便。现有的吸尘器大部分采用弹簧卡口式开关,此开关安装方便,操作性能一般,缺陷是:在按下开关的同时需要对集尘仓或集尘盖施加辅助的力,才能完全开启,以达到清除垃圾的目的。也有一部分开关属于电子开关,但此类开关结构安装上麻烦且使整个吸尘器的成本升高,不利于制造。因此,设计出一种新的开关结构,安装方便,无须耗电能,操作简单,三维模型如图 34-10 所示。该开关装置内在纵向和横向都设置有弹簧,按钮的复位通过横向弹簧实现,纵向弹簧则实现对集尘筒盖的卡口弹射。其功能实现机理如下:按下开关按钮,前 Z 形导杆横向移动,卡口脱离 Z 形导杆的支撑有向下滑落的趋势,此时纵向弹簧从压缩状态对卡口有一定的向下的压力,卡口被弹出,纵向和横向弹簧复位。

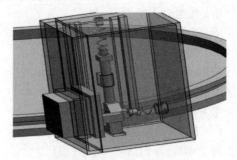

图 34-10 集尘筒开关示意图

6. 过滤网罩

吸尘器采用两级过滤的方式,第一级的粗过滤设计也是尤为重要的,其过滤效果好坏对

第二级有着极大的影响。然而,由于整体结构的设计需要,第一级的过滤结构不再像传统旋风分离器结构,而是旋风分离器的一种演变,其结构图如图34-10和图34-11所示。整个一级旋风分离器采用了倒置结构,集尘筒与过滤网之间的间距在小端入口的上方。

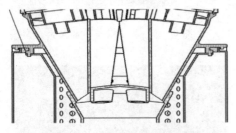

图34-10 过滤网结构剖面图

图34-11 第一级过滤结构

由于上方的间距要求,过滤网罩上方的倾斜角度设计为110°,在倾斜部分不对其打网孔,这样可以避免产生气流紊乱或湍流现象。过滤网罩中部的网孔直径为5 mm。过滤网罩的关键设计部分在其下方的凸缘,其结构如图34-12所示。

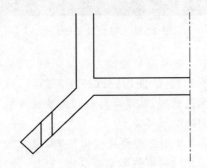

图34-12 凸缘向外伸出

凸缘向网罩外部突出,内侧封闭,气流从外侧斜凸缘的网孔通过,再经过网罩中部的网孔。其优点是:对一级集尘效果很好,气流

稳定。

7. 螺旋进风口

螺旋进风口的难点是螺旋上升的斜板设计,因为其螺距在上升过程中是不断变化的,通过对风量的计算和模拟,不断地修正螺距变化的参数,最后得出了螺距变化参数是:螺旋上升比为0~30%;螺距为0~5 mm;螺旋上升比为30%~35%;螺距为5~18 mm;螺旋上升比为35%~100%;螺距为18 mm。但考虑到加工成本及其加工工艺,对其螺距变化做了调整,发现当设计螺距为18 mm不变时,与前面的螺旋曲线所建立的模型仿真效果的出风量值相差不大,因此最终采用了螺距为18 mm。其三维结构图如图34-13所示。

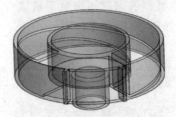

图34-13 螺旋进风口示意图

34.1.4 吸尘设备的应用场所

吸尘器一般分为3种,即桶式吸尘器、卧式吸尘器、手持式吸尘器。吸尘设备主要应用在以下场所。

(1) 车辆外部清洗(无废水、无须污水处理系统)。

(2) 车内干洗(去异味、灭菌、抗菌、消毒清洗)和发动机清洗工作。

(3) 车辆维修厂、洗车房、汽车美容店、加油站、运输公司等。

(4) 保洁公司、家政服务(室内蒸汽消毒、床垫清洗、沙发清洗、地毯清洗等)。

(5) 购物中心、社区、酒店、写字楼、车站、码头、机场等各类大中型停车场所，无噪声污染，可在夜间或早上作业。

34.1.5 吸尘设备的使用方法

吸尘设备的正确使用方法如下。

(1) 注意用电。如图34-14所示，当汽车吸尘器使用时间较短时，可以将汽车钥匙拧到打开位置并将其插入点烟器插孔。如果使用时间长，超过5 min，为了保护汽车电瓶，最好发动汽车，再次使用吸尘器。

图34-14　吸尘设备连接电源

(2) 点烟器插孔应轻轻插入和取出。汽车上的点烟器插孔通常用来给手机或行车记录仪充电，如图34-15所示。因此，在插入和拆卸时要小心，不要用力过大。

图34-15　点烟器插孔

(3) 在使用真空吸尘器之前，应注意安装前部。如图34-16所示，新车吸尘器一般需要安装前吸头来吸取比较小的东西，所以不能用吸尘器吸太多的东西，以免堵塞吸尘器。

(4) 经常将垃圾倒出吸尘器。吸尘器多次使用时，应尽快将垃圾倾倒在室内，以免堆积过多，影响吸尘器的吸力。如图34-17所示，把垃圾倒出去时，应小心关掉吸尘器。

图34-16　吸尘设备前部安装

图34-17　倾倒垃圾

(5) 减少吸尘次数。如果汽车不是很脏，不建议经常使用汽车吸尘器，吸尘器耗电很大，对于老化的车辆，有必要减少使用。其使用如图34-18所示。

图34-18　吸尘设备的使用

(6) 电源控制键前方有前壳装置键，向下压可拆卸前壳，使用完或必须清扫时，拆开前壳清洁过滤网，以延长寿命。清洁过滤网时务必远离眼睛及耳朵。

(7) 使用干湿两用吸尘器时，应注意吸水及潮湿物时前罩的阻水管高度(容量)，吸入高度不可超过阻水管(须关机打开前罩倒出水或湿液再装回，方可再使用)。

(8) 对于那些无法用吸尘器吸走的灰尘，可用掸子拍打出车外。例如，绒布制的座椅，可以先将钻进坐垫中的灰尘掸出来,然后使用吸尘器,这样效果比较好。需要注意的是,掸灰尘时力度不能太大,不然被掸的物体会很容易坏掉。另外,在掸灰尘时,由于车内有大量的灰尘飞舞,所以车门一定要完全敞开,而且空调也要开到最大,以便把灰尘吹到车外。

34.1.6 吸尘设备的注意事项

吸尘设备在使用的过程中主要应注意以下事项。

(1) 在使用吸尘器之前应先检查电源的保险丝是否能够承载吸尘器的启动和工作电流,产品说明书上有这方面的说明。

(2) 关闭吸尘器电源开关,将电源插头插入汽车点烟器插孔(应先启动汽车),再启动吸尘器电源开关,开始操作。

(3) 当灰尘达到一定程度时或使用完毕须做清理,按压尘罩上的卡子打开尘罩清除脏物。

(4) 在使用车载吸尘器吸尘的时候最好戴上口罩,因为使用车载吸尘器容易导致灰尘扬起,人比较容易吸入扬起的尘埃。使用时严禁将手或脚放在吸口下,以免发生危险。

(5) 在使用吸尘器的过程中应注意是否有异物堵住吸管或有异常噪声、冒烟等情况,遇到以上情况应该立刻停止使用。待清除异物后继续使用,否则会烧毁吸尘器的电动机。

(6) 新的车载吸尘器一般需要自己安装前面的吸头,用来吸取比较细小的东西,所以不能用吸尘器随便吸太大的东西,以免堵塞吸尘器。

34.2 高压水枪

34.2.1 工作原理

高压水枪又称高压清洗机、高压水射流清洗机,是通过动力装置使高压柱塞泵产生高压水来冲洗物体表面的,水的冲击力大于污垢与物体表面的附着力,高压水就会将污垢剥离并冲走,达到清洗物体表面的一种清洗设备。因为是使用高压水柱清理污垢,除非是很顽固的油渍才需要加入一点清洁剂,否则强力水压所产生的泡沫足以将一般的污垢带走,所以高压清洗是世界上公认的最科学、经济、环保的清洁方式之一。

高压清洗机分为冷水高压清洗机和热水高压清洗机两大类。

一般我们常用的热水高压清洗机的压力不高于 250 bar,主要用来清理难洗的污垢。热水高压清洗机是用膨管进行加热的,在水经过膨管时,膨管的压力会比较大,如果膨管的承受力没有增加,那么热水高压清洗机的压力也不会增大。但是如果膨管的受压力加大,那么成本也会增大。所以热水高压清洗机的工作压力会在 200 bar 左右,要用大压力时,一般会用高压冷水清洗机靠其工作压力来达到清洗的效果,在需要清洗油污和各种顽固污渍时,需要使用热水高压清洗机或者饱和蒸汽清洗机。冷水高压清洗机和热水高压清洗机两者最大的区别在于,冷水高压清洗机里没有加热装置,使用热水清洗能迅速冲洗净大量冷水不容易冲洗的污垢和油渍,使清洁效率得到大幅度提高。但是往往因为热水清洗机价格偏高且运行成本高(因为要用柴油),大部分用户会选择普通的冷水高压清洗机。

在现实生活中,洗车用的高压水枪配置为:高压空气压缩机、水泵、水管、高压水枪。使用过程中,水通过水泵吸入经压缩后流经水管,最后经水枪射出,水枪通过控制出水嘴的流量来控制水的分散大小,这样就构成了水的喷射。洗车用高压水枪的压力不超过 8 MPa,一般在 5~6 MPa。

34.2.2 总体结构

1. 高压水枪的总体结构

高压水枪由于其介质水来源容易,无污染,技术经济性合理,故在国内外的工业清洗、市政工程清洗和民用管道清洗等领域获得了空前广泛的应用。高压水射流清洗系统主要包括高压水发生系统(柱塞式高压水泵)、执行机构(喷射枪具)、输送系统(高压胶管)、控制系统(控制阀组)等部分。其中,高压水泵、高压胶管在我国已有很多专业厂家专门供应,至于其动力机械——柴油机和电动机更有成熟的厂家专门生产。清洗系统的核心技术是喷射枪具,即清洗系统的执行机构。

喷射枪具主要包括喷嘴、喷头和喷枪3部分。

1) 喷嘴

由于喷嘴具有特定的孔形、孔径和孔向,故进入喷嘴之前的水称为高压水。它保持了泵特有的静压力,通过喷嘴之后的水静压力完全转变成水射流的动压力,或水射流的高速动能。喷嘴的孔形设计必须保证高压水能量的高效转换,使达到喷嘴出口处的水射流流束密集、流速最高。对高压和超高压水泵而言,喷嘴出口速度通常在声波的传送速度之上(即大于334 m/s),故水射流才可能有打击和粉碎各种垢物,特别是坚硬结垢物的能力。

喷嘴是具有一定孔径和孔形并将高压水转变成水射流的单元体,也是将柱塞泵的压力能转变成水射流高速动能的基本元件。一个高质量、高技术水准的喷嘴必须具备以下3个条件。

(1) 保证水泵发出的能量被充分利用,即高压泵的压力能在额定状态下工作,高压泵的额定水量基本上从喷嘴里流出。如喷嘴设计不合理,不是水泵压力达不到额定值,就是高压水旁路溢流,不通过喷嘴流出,会造成巨大的能量损失。

(2) 保证从喷嘴射出的水射流流束高度密集,在较长的喷射距离之后才发散,这样才能保证射流的打击质量和喷射效果。同样的喷嘴打击效果相差悬殊的原因就在于此。

(3) 喷嘴必须具有较长的使用寿命,即喷嘴要选用优质不锈钢材,通过精密机床进行高精度加工,然后再用高耐磨损的热处理工艺处理,以保证较长的使用寿命。

2) 喷头

喷射枪的喷头是用多个喷嘴(或嘴孔)和喷嘴座相配合来完成特定喷射功能的组合体。喷头有以下特点。

(1) 它利用喷嘴能量转换原理来工作。
(2) 多个喷嘴和座体构成组合体。
(3) 它能完成很多特定的打击功能,如多方位喷射功能、自动推进功能、旋转功能等。

3) 喷枪

喷枪是由喷嘴(或喷头)、喷杆及控制柄体组成的手持式喷射工具。喷枪有以下结构特点。

(1) 由喷嘴(或喷头)、喷杆及控制柄体(或尾部连接体)3部分组成。
(2) 有扳机式(或脚控阀)控制机构。
(3) 为手持式操作。

2. 常见的高压清洗机介绍

1) 高温高压清洗机的总体结构

如图34-19所示,高温高压清洗机包括水箱、加热装置、增压泵、高压管路组件、喷枪和清洗剂箱。其中,加热装置为燃油热水锅炉,燃油热水锅炉所需的燃油盛装在油箱内;增压泵为双联泵,其结构包括电动机、泵头A和泵头B,电动机驱动2个泵头旋转,2个泵头的旋转轴串联,泵头A的进液端通过管路与水箱连接,泵头B的进液端通过管路与清洗剂箱相连,2个泵头的出液端通过管路汇聚在一起后通过高压软管与喷枪连接;燃油热水锅炉的进水口直接与自来水管连接。

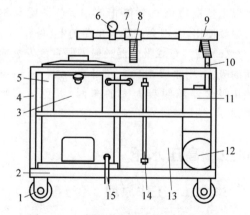

图34-19 高温高压清洗机的总体结构
1—滚轮;2—底板;3—油箱;4—框架;5—燃油热水锅炉;6—压力表;7—调压阀;8—辅助手柄;9—喷枪;10—高压软管;11—清洗剂箱;12—电动机;13—水箱;14—液位计;15—自来水管

高压柱塞泵是高温高压清洗机的重要组件，是形成高压的动力源泉。

加热组件能够使冷水充分获得加热，从而达到150℃的恒定水温。

动力组件是高温高压清洗机正常工作的前提，因为它可以保证设备正常运转。高温高压清洗机的动力源通常是11 kW的电动机。

高压管路组件是输送高压水射流的通道，是高温高压清洗机的重要组成部件。

高压水经过高压管路组件，最后到达高压水枪、高压喷嘴及工作附件。在其他条件不变的情况下，清洗效果的好坏主要取决于高压清洗机的附件及喷嘴。

2）冷水高压清洗机的总体结构

冷水高压清洗机包括推手、循环泵、电动机装置、软管、操作箱和水箱等。其中，推手焊接在机体的左侧，且机体下侧安装有车轮，同时散热风扇通过支架安装在机体的内部；循环泵通过管道与循环出口相连通，且循环出口与循环套管相连通，同时循环套管上安装有循环进口；电动机装置通过电动机座固定在机体的底部，且电动机装置的转子通过联轴器与柱塞泵的转轴相连接，同时柱塞泵与清洗进口管相连通。如图34-20所示。

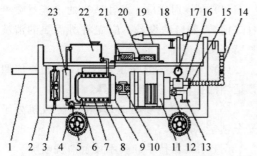

图34-20　冷水高压清洗机的总体结构
1—推手；2—机体；3—散热风扇；4—车轮；5—循环泵；6—循环出口；7—循环套管；8—电动机座；9—电动机装置；10—联轴器；11—柱塞泵；12—电磁阀；13—连接法兰；14—软管；15—清洗进口管；16—清洗出口管；17—压力表；18—喷枪；19—操作箱；20—锂电池；21—PLC控制器；22—水箱；23—冷却装置；24—冷却管

冷水高压清洗机和热水高压清洗机最大的区别在于冷水高压清洗机中没有加热装置。

34.2.3　技术参数

1．高温高压清洗机的技术参数

常见的高温高压清洗机的技术参数见表34-3。

表34-3　高温高压清洗机的技术参数

名　　称	参　　数
工作压力/bar	200
出水量/(L·h^{-1})	900
热水温度/℃	95
柴油箱容量/L	18
清洗剂箱容量/L	18
阻垢剂箱容量/L	3
电压/(V/Hz)	380/50
功率/kW	7
油耗/(kg·h^{-1})	4

2．冷水高压清洗机的技术参数

常见的冷水高压清洗机的技术参数见表34-4。

表34-4　冷水高压清洗机的技术参数

名　　称	参　　数
最大压力/(bar/MPa/psi)	0～270/0～27/0～3 195
最大流量/(L·h^{-1})	900
驱动/(V/相/Hz)	400/3/50
功率/kW	7.5
最大进水温度/℃	60
转速/(r·min^{-1})	1 450
质量/kg	180

注：1 psi=6.95 kPa。

34.2.4　功能特点

高压清洗机以水为工作介质，通过高压水发射装置把普通压力的水转换成高压水，使其增压至一定压力后，再经过高压管路达到控制装置（高压水枪），最后由高压喷嘴将高压水转换成高压水射流来冲洗物体表面，将污垢剥离、冲走，从而达到清洗物体的目的。高压清洗机可以去除人工清洗方法和化学清洗方法等难以清洗的特殊覆层，主要用于水垢、油垢、颜料、锈蚀、各种涂层、混凝土、结焦、微生物污

泥等的清除。高压清洗机与传统的人工、机械、化学清洗方法相比,具有无污染、效率高、费用低、节能等优点。具体优势如下:

(1) 无污染。目前全世界对环保的重视日益提高,高压清洗机以自来水为介质,对环境没有任何污染,喷射的水流雾化后还可以降低清洗作业区的粉尘浓度,不需要再做处理,属于环保型产品。

(2) 不腐蚀。高压水中无任何的酸碱药剂,不会腐蚀金属,也不会损失被清洗的水是无孔不入的,所以能在窄的场合进行作业,能清洗形状结构复杂的物件。

(3) 成本低。以水为工作介质,节省了大量的清洗剂,降低了洗涤成本。该清洗方法喷嘴直径小,所经热水高压清洗机清洗过后的零部件,不需要再做特别的清洁处理,并且清洗作业易于实现机械化、自动化。

34.2.5 使用方法

1. 高温高压清洗机的使用方法

(1) 启动高温高压清洗机前应仔细阅读使用手册。

(2) 连接水源,最好选择大型的水管(建议使用钢丝软管)连接到机器进水。

(3) 接通电源,打开电磁阀,机器自动补水(无论机器是否运转)。

(4) 启动机器前握紧喷射喷枪和手柄。

(5) 接通电源,按动绿色启动按钮,启动电动机,驱动高压柱塞泵运转,机器工作在冷水状态。如果电动机不启动,则参照使用手册的检修部分检修。如果电动机启动而无水流流出,应立即停机,参照使用手册的检修部分检修。

(6) 保持泵运转 1 min。

(7) 按动红色停止按钮。

(8) 压动并扣动喷枪,将机器内的压力释放掉。

(9) 断开设备的水及电源。

2. 冷水高压清洗机的使用方法

(1) 把主机安放于通风良好且平坦的表面上,固定安装枪杆到枪柄上。

(2) 安装枪头到枪杆上。

(3) 连接枪柄和高压软管。

(4) 将高压软管接到主机高压泵头的出水口端,拧紧水管接头,须避免车辆过高压管。

(5) 供应自来水至主机,把进水管连接到进水口。

(6) 连接电源线到三相电源。在连接电源之前,检查电源电压和频率,并与铭牌相对照。如果电源合适,则可以插上插头。冷水高压清洗机必须接在有确实地线的插座上加装一个另外的安全断路器(30 mA)将增加使用者的安全性。

(7) 按下主机电源,经过 2~3 s 的自动运行时间,便可进行操作,用双手紧握枪把和枪杆把手,按下扳机开始作业(初次使用前须将喷嘴除下并喷水 2~3 min 以除去系统内的异物)。

(8) 将水龙头完全打开。

(9) 扣动扳机几秒钟让空气排出以释放管路内的气压。

(10) 保持扣压扳机,按动开关,启动电动机。

34.2.6 注意事项

1. 高温高压清洗机的注意事项

(1) 在接通供应水并让适当的水流过喷枪杆之前,不要启动设备。应先将所需要的清洗喷嘴连接到喷枪杆上。

(2) 当操作高温高压清洗机时,始终应佩戴适当的护目镜、手套和面具。

(3) 当未使用喷枪时,须使设置扳机处于安全锁定状态。

(4) 始终保持手和脚不接触清洗喷嘴。

(5) 经常检查所有的电源接头。

(6) 在检查所有软管接头已在原位锁定之前,决不要启动设备。

(7) 每次使用后总是要排干净软管里的水。

(8) 在断开软管连接之前,总是要先释放掉清洗机里的压力。

(9) 总是尽可能地使用最低压力来工作,但这个压力要能足以完成工作。

(10) 不要将喷枪对着自己或其他人。
(11) 经常检查软管是否有裂缝和泄漏。
(12) 经常检查所有的液体。

特别需要注意的是,不要让高温高压清洗机在运转过程中处于无人监管状态。每次释放扳机时,泵将运转在旁路模式下。如果一台泵已经在旁路模式下运转了较长时间,泵中循环水的过高温度将缩短泵的使用寿命,甚至损坏泵。因此,应避免设备长时间运行在旁路模式下。

2. 冷水高压清洗机的注意事项

(1) 开机前检查冷水高压清洗机各部位的螺钉、螺母是否有松动迹象。

(2) 检查管接头和低压胶管是否有破损,如有损伤应立即更换,以免发生突然爆裂而造成危险。

(3) 连接进水管,将进水胶管套在泵体的进水口接头上,然后套上喉卡,拧紧喉卡上的螺钉,保证连接牢固且不漏气。然后按水源的情况将另一端套在自来水龙头上或放入供水池中(进水口必须完全浸入水中),进水管要求安装过滤器,以免吸入的杂质损坏增压泵。

(4) 连接出水管,把低压胶管的插入接头端与机具出水口的端接头相连,另一端与喷枪扳机阀上的螺纹接头相连。

(5) 用束状力射流进行清洗作业时,喷头和被清洁面的距离不宜太近,以免因压力过高而导致被清洗物体损坏。

(6) 间款光阴过长时(超过 10 min),应关闭电源开关,打开喷枪,将压力完全释放掉。

(7) 清洗泵出厂时事先压力已调好,用户不应随意将压力调高,以免清洗机因事情状态改变受到损害或发生意外事故。

(8) 不要用喷枪对着任何人或身体的任何部位。低压液体从喷枪或软管泄漏,破碎的配件、小的物体会刺入皮肤造成伤害,所以不要把手放在喷枪的前端。

34.3 汽车打蜡抛光机

在汽车美容的过程中,经常在打蜡、封釉或镀膜时首先为汽车做一次抛光。抛光可将漆面老化的漆膜研磨掉,产生新的漆膜,使车恢复靓丽。

34.3.1 打蜡抛光

汽车表面漆的基本结构为:面漆—底漆—磷化层(烤漆底漆)—铁板。

1. 打蜡抛光作业

抛光作业分为:漆面氧化翻新抛光,多为整车做;漆面划痕修复作业,多为局部进行。

抛光是通过研磨蜡及抛光机去除车漆表面划痕及粗糙不平部位的一种方法,抛光之后打蜡或封釉能获得更理想的效果。抛光是通过研磨来实现的。一般研磨有以下3种。

1) 物理研磨

物理研磨是主流研磨抛光技术,研磨颗粒呈不规则的菱形,粗、中、细级别均有,去除氧化和划痕效果不错;带棱角的粗研磨剂往往造成二次细微划痕,需要更细一级的研磨剂进行两次以上研磨,程序复杂,同时不可避免地伤及漆面。经常使用研磨产品和技术,漆面就会依赖抛光、打蜡,使清漆层越抛越薄,久之原车漆光亮度便黯然失色。

2) 物理+覆盖研磨

刚抛完时,粗中划痕消失,有光亮效果,但在太阳光下有明显的细微划痕和旋光。其原因是:部分划痕被蜡或树脂的油性成分填补,而非真正去除;油性过大,抛光毛球行走纹路产生的旋光。该抛光方式在洗2~3次车后,划痕容易重现。

3) 顶级研磨

延时破碎抛光技术。该研磨剂呈玻珠圆状,不会造成二次研磨划痕,同时漆面的温度较低;当抛光毛球高速运转,与研磨剂产生一定的温度时,可使研磨颗粒瞬间破碎,形成更细的颗粒,能有效对细微深层抛光,且越抛越亮。该抛光技术既保证了效果,也最大限度地减少了对漆面的伤害,同时这类研磨剂不含蜡或树脂油性成分,抛出的光泽是漆面深邃的原漆光泽。

2. 打蜡抛光机

打蜡抛光机一般是指汽车打蜡抛光机。

打蜡抛光机主要用于汽车表面光亮抛光、镜面抛光等。

打蜡抛光机分为两种类型：立式打蜡抛光机、卧式打蜡抛光机。

抛光机最大优点是：抛光后不改变工件尺寸的精度，外观及手感显著提高，是手工抛光无法达到的抛光效果，经抛光后工件表面可达镜面光亮度。

某型卧式打蜡抛光机的结构如图34-21所示。其参数见表34-5。

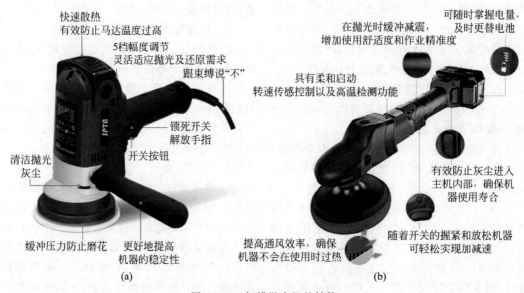

图 34-21　打蜡抛光机的结构
(a) 立式打蜡抛光机；(b) 卧式打蜡抛光机

表 34-5　打蜡抛光机的技术参数

项目名称	产品参数	
	立式打蜡抛光机	卧式打蜡抛光机
最大背板尺寸/mm	150	150
最大抛光盘尺寸/mm	160	160
偏心距/mm	8	14
转速/(r·min^{-1})	3 200～9 600	150～1 450
额定电压/V	220/110	18
电池容量/(A·h)	—	5
充电时间/min	—	45
尺寸(长×宽×高)/(mm×mm×mm)	350×353×350	442×357×253
质量/kg	2.6	2.2

34.3.2　打蜡抛光对车的保养作用

抛光可以消除漆面的细微划痕（发丝划痕），治理汽车漆面的轻微损伤及各种斑迹，进而达到光亮无瑕的漆面效果；同时抛光之所以能产生光亮无瑕的漆面艺术效果，是与其艺术实质密不可分的。

打蜡具有防水和防酸雨的作用，由于车蜡的保护，降低了车身的水滴附着性，效果十分明显；打蜡还具有防高温和紫外线的作用，汽车常年在外行驶或存放在野外，很容易因光照而导致车漆老化褪色，而打蜡形成的薄膜可以将部分光线反射，有效地避免车漆老化；车蜡可以防静电，当然同时也防尘。汽车在行驶时与空气摩擦会产生静电，而车蜡可以有效地隔断车身与空气、尘埃的摩擦。少了静电，车自然少了灰尘的吸附，而且车蜡还能起到上光的作用，使汽车显得更新、更好看。

要达到上述效果，一般说来有以下3条途径。

(1) 依靠研磨，即靠磨控材料把细微的划痕去除。

(2) 依靠车蜡，抛光剂中大多含有车蜡成分,抛光到一定程度后,可依靠蜡质的光泽来弥补漆面残存的缺陷。

(3) 依靠化学反应,靠抛光机转速的调整使抛光剂产生化学反应。

34.3.3 打蜡抛光的操作流程

1. 抛光

(1) 洗车,去铁粉与杂质。

(2) 检查全部漆面,确认漆面上的划痕、氧化层、酸雨斑痕、尘点、橘皮等缺陷的程度。

(3) 对需要进行漆面处理的区域周围做遮蔽处理。

(4) 研磨,使用研磨剂来解决漆面氧化层、条纹、污染、褪色等影响漆面外观的深层问题。

(5) 抛光,是研磨之后的一道工序其在研磨后进一步平整漆面,除去研磨残余的条纹,使抛光剂中的滋润成分深入漆面,展现漆面柔和的自身光泽。抛光剂也可以单独使用,以去除轻微的氧化和污垢。

(6) 发丝划痕的处理方法。

① 首先用洗车液清洁车体,无须擦干。

② 用湿润的抛光盘将抛光剂均匀涂抹于漆面。

③ 开机后轻下慢放于操作表面,调整转数为 1 800~2 200 r/min,抛光一遍,而后喷水抛光一遍即可。

④ 中度抛光完用清水清洗漆面,清除残留的抛光剂。

⑤ 用抛光盘将镜面抛光剂均匀涂抹于漆面。

⑥ 开机后轻下慢放于操作表面,调整转数为 1 800~2 200 r/min,抛光一遍。

⑦ 最后用洗车液清洁车体,擦干后准备封釉或打蜡。

(7) 浅度划痕的处理方法。

① 首先用洗车液清洁车体,无须擦干。用美容砂纸 1 500~2 000 对划痕部位打磨至漆面无光泽。

② 用湿润的研磨盘将深度研磨剂均匀涂抹于漆面。

③ 开机后轻下慢放于漆面,调整转数为 1 000~1 400 r/min,研磨一遍,而后喷水研磨一遍即可。

④ 深度研磨完后,用清洁剂清洗漆面,清除残留的深度研磨剂。

⑤ 用湿润的抛光盘将抛光剂均匀涂抹于漆面。

⑥ 开机后轻下慢放于操作表面,调整转数为 1 800~2 200 r/min,抛光一遍,然后喷水抛光一遍即可。

⑦ 中度抛光完后,用清水清洗漆面,清除残留的抛光剂。

⑧ 用抛光盘将镜面抛光剂均匀涂抹于漆面;

⑨ 开机后轻下慢放于操作表面,调整转数为 1 800~2 200 r/min,抛光一遍。

⑩ 最后用洗车液清洁车体,擦干后准备封釉或打蜡。

2. 打蜡

1) 涂抹车蜡

(1) 用打蜡海绵蘸适量车蜡,以划小圆圈旋转的方式均匀涂蜡;圆圈的大小以圆圈内无遗漏漆面为准,每圈盖前一圈的 1/3,圆圈轨迹沿车身前后的直线方向。

(2) 全车打蜡顺序:把漆面分成几部分,按右前机盖—左前机盖—右前翼子板—右前车门—右后车门—右后翼子板—后备厢盖的顺序研磨右半车身,按相反的顺序研磨左半车身。直到所有漆面无遗漏地打蜡。

(3) 在全部漆面上均匀涂一薄层车蜡,以漆面明显覆盖一层车蜡为准,喷漆的前后塑料保险杠也要涂蜡。

2) 擦蜡和提光

(1) 上蜡后 5~10 min,蜡的表面开始发白,用手背抹一下,手背上有粉末,抹过的漆面有满意的光亮,说明蜡已经干燥。用柔软干燥的毛巾抛蜡,直到整个车表面没有残蜡。

(2) 打蜡后彻底清洁玻璃、保险杠、饰条、轮胎、钢圈等,顺序与涂抹蜡时一样。用纯棉毛巾把蜡擦掉并用合成鹿皮摩擦漆面,以漆面的倒影清晰可见为佳。

3) 清理

清理的顺序与涂抹蜡一样,将残留在汽车表面缝隙里的车蜡清理干净,让车保持彻底干净。

34.3.4 注意事项

对汽车抛光,也存在争议,因为车漆的保护层非常薄,一般只有 0.5 mm,每次抛光会在去除车漆上的划痕或粗糙的同时,也会将这层车漆保护层越磨越薄。抛光的次数越多,对保护层的伤害就越大,因此,做抛光之前要仔细衡量,除非表面漆层已被氧化得较为厉害或是有明显的划痕及不平,否则不建议做抛光。

(1) 新车不要随便打蜡。因为新车本身的漆层上已有一层保护蜡,过早打蜡反而会把新车表面的原装蜡去掉,造成不必要的浪费,一般新车购回 6 个月内不必急于打蜡。

(2) 要掌握好打蜡的频率。由于车辆行驶的环境、停放场所不同,打蜡的时间间隔也应有所不同。一般有车库停放、多在良好道路上行驶的车辆,每 3~4 个月打一次蜡;露天停放的车辆,由于风吹雨淋,最好每 2~3 个月打一次蜡。当然,这并非是硬性规定,一般用手触摸车身感觉不光滑、色泽不鲜艳时,就可以再次打蜡。

(3) 打蜡前最好用洗车液清洗车身外表的泥土和灰尘。切记不能盲目使用洗洁精和肥皂水,因其中含有的氯化钠成分会腐蚀车身的漆层、蜡膜和橡胶件,使车漆失去光泽、橡胶件老化。如无专用的洗车液,可用清水清洗车辆,将车体擦干后再上蜡。

(4) 应在阴凉处给汽车打蜡,以保证车体不致发热。因为随着温度的升高,车蜡中的蜡素会挥发,从而影响打蜡的质量。

(5) 上蜡时,应用海绵块涂上适量的车蜡,在车体上直线往复涂抹,不可把蜡液倒在车上乱涂或做圆圈式涂抹(注意:在室外打蜡最好采用直线涂抹,室内则采用圆圈式涂抹);一次作业要连续完成,不可涂涂停停;一般蜡层涂匀后 5~10 min 用新毛巾擦亮,但快速车蜡应边涂边擦。

(6) 车身打蜡后,在车灯、车牌、车门和行李箱等处的缝隙中会残留一些车蜡,使车身显得很不美观。这些地方的蜡垢若不及时擦干净,还可能产生腐蚀。因此,打完蜡后一定要将蜡垢彻底清除干净,这样才能得到完美的打蜡效果。

34.4 悬挂式组合鼓

34.4.1 悬挂式组合鼓简介

悬挂式组合鼓如图 34-22 所示,是将洗车行中常见的气、液体材料供给集成于一体,具备供给高压气、电源、高压水、自来水、泡沫、蜡水、泥沙松懈剂等功能,可根据工位的不同工艺需求进行任意组合,使产品更加符合使用需求,改善工作环境,提高工作效率。

悬挂式组合鼓管路接线图如图 34-23 所示。

悬挂式组合鼓安置于洗车间上部,使用方便

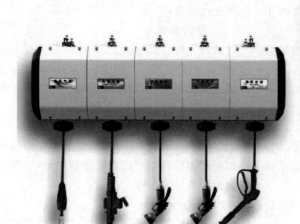

图 34-22 悬挂式组合鼓

第34章 车辆清洗配套设备

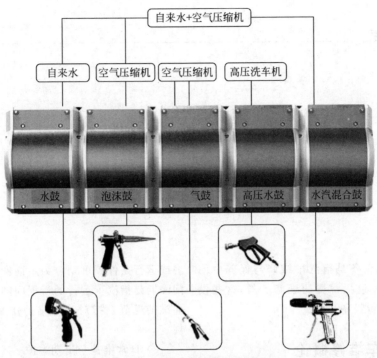

图 34-23 悬挂式组合鼓管路接线图

34.4.2 悬挂式组合鼓管件接口汇总

悬挂式组合鼓由于将气、液体材料供给集成于一体,因此管件种类较多,既有管件输入接口,又有管件输出接口,现将其管件接口汇总于表 34-6。

表 34-6 悬挂式组合鼓管件接口汇总表

结合部位	管件种类					
	高压水水鼓	水气混合鼓	泡沫鼓	气鼓	水鼓	电鼓
输入接口	标配公制 18×1.5 mm 22×1.5 mm 3/8 in 接口	水:英制 1/4 in 内丝 气:国际通用快接	水:英制 1/4 in 内丝 气:国际通用快接	国际通用快接公头	英制 1/4 in 内丝接口	三线头插口
输出接口	标配公制 18×1.5 mm 22×1.5 mm 3/8 in 接口	裸管	裸管	国际通用快接口	国际通用快接口	两个三线插座,一个两线插座
管径	8×17 mm 钢丝管	水:8×12 mm 气:6.5×10 mm	水:8×12 mm 气:6.5×10 mm	6.5×10 mm	水:8×12 mm	2×1.5 mm
枪类	高压水枪	水气混合枪	水气泡沫枪	气枪、吹尘枪、清洗枪、龙卷风	水枪、花洒	吸尘器、抛光机

第35章

汽车维修设备概论

汽车维修设备是指汽车维修与保养中使用的各类设备,包括常用的维修工具,这些设备也被称为汽保设备。

35.1 汽车维修概论

35.1.1 汽车维修术语

1. 一般概念

1) 汽车耗损、维修及维修性

汽车耗损是汽车各种损坏和磨损现象的总称;汽车维修是汽车维护和修理的泛称;汽车维修性是指按技术文件规定所进行的维修的适应能力。

2) 汽车技术状况、汽车检测及汽车诊断

汽车技术状况是定量测得的表征某一时刻汽车外观和性能的参数的总和;汽车检测是确定汽车技术状况或工作能力的检查;汽车诊断是指在不解体(或仅卸下个别零件)的条件下,确定汽车技术状况,查明故障部位及原因的检查。

2. 汽车维护

1) 汽车保养与维护

汽车保养是为维持汽车完好的技术状况或工作能力而进行的作业;汽车维护是指按维护工艺中的技术操作,实现恢复性能的作业。

2) 汽车维护类别与维护规范

汽车维护按汽车运行间隔期、维护作业内容或运行条件等可划分为不同的类别或等级。间隔期是指汽车运行的行程间隔或时间间隔,而维护规范是指对汽车维护作业技术要求的规定。

3) 日常维护与定期维护

日常维护是以汽车可以清洁、补给和安全性能检视为中心内容的维护作业;定期维护是指按技术文件规定的运行间隔期实施的维护。

4) 一级维护、二级维护及季节性维护

一级维护是指除日常维护作业外,以润滑、紧固为作业中心内容,并检查有关制动、操纵等系统中的安全部件的维护作业;二级维护是指除一级维护作业外,以检查、调整制动系、转向操纵系、悬架等安全部件,拆检轮胎,进行轮胎换位,检查调整发动机工作状况和汽车排放相关系统等为主的维护作业;季节性维护是指为使汽车适应季节变化而实施的维护。

5) 汽车走合维护及维护方法

汽车走合维护是指汽车在走合期满实施的维护;维护方法是指进行汽车维护作业的工艺和组织规则的总和。

6) 汽车维护流水作业法与定位作业法

汽车维护流水作业法是指汽车在维护生产线的各个工位上按确定的工艺顺序和节拍进行作业的方法;汽车定位作业法是指在全能工位上进行维护作业的方法。

7）汽车维护设备与维护周期

汽车维护设备是指完成汽车维护作业的器械；汽车维护周期是指进行同级维护之间的间隔。

3. 汽车修理

1）汽车修理及修理作业

汽车修理是指为恢复汽车完好技术状况（或工作能力）和寿命而进行的作业；汽车修理作业是指修理工艺中的技术操作，实现恢复其性能的作业。

2）汽车修理规范及修理类别

汽车修理规范是指对汽车修理作业技术要求的规定；修理类别是指按汽车修理时的作业对象、作业深度、执行作业的方式或组织形式等划分的不同修理等级。

3）汽车大修与小修

汽车大修是指通过修复或更换汽车零部件（包括基础件），恢复汽车完好技术状况和完全（或接近完全）恢复汽车寿命的修理；汽车小修是指通过修理或更换个别零件，消除车辆在运行过程或维护过程中发生或发现的故障或隐患，恢复汽车工作能力的作业。

4）总成修理、零件修理

总成修理是指为恢复汽车总成完好技术状况（或工作能力）和寿命而进行的作业；零件修理是指恢复汽车零件性能和寿命的作业。

5）发动机检修与大修

发动机检修是指通过检测、试验、调整、清洁、修理或更换某些零部件，恢复发动机性能（动力性、经济性、运转平稳性、排放水平等）的作业；发动机大修是指通过修理或更换零件，恢复发动机完好技术状况和完全恢复发动机寿命的修理。

6）检视及视情修理

检视是指主要凭感官或使用简单的工具，对汽车、总成及零部件的技术状况所实施的检查；视情修理是指按技术文件规定对汽车技术状况进行检测或诊断后，决定作业内容和实施时间的修理。

7）零件检验分类及技术检验

零件检验分类是指根据修理技术条件，将零件按技术状况分为可用、可修和报废等类别；技术检验是指按规定的技术要求确定汽车、总成及零部件技术状况所实施的检查。

8）走合与磨合

汽车运行初期，改善零件摩擦表面几何形状和表面层物理机械性能的过程称为走合；汽车总成或机构组装后，改善零件摩擦表面几何形状和表面层物理机械性能的运转过程称为磨合。

9）冷磨合与热磨合

由外部动力驱动总成或机构的磨合称为冷磨合；由发动机自行运转的磨合称为热磨合。

10）修理尺寸、允许间隙与极限间隙

修理尺寸是指零件磨损表面通过修理，形成符合技术文件规定的大于或小于原设计基本尺寸的修复基本尺寸；允许间隙是指小于极限间隙，尚能保持技术文件规定的工作能力，并受经济因素制约的配合副间隙值；极限间隙是指达到技术文件规定的极限状况的配合副间隙值。

11）汽车修理指标与修理方法

汽车修理指标是指综合反映汽车修理行业总体数量特征的概念和数值；进行汽车修理作业的工艺和组织规则的总和称为修理方法。

12）汽车修理流水作业法与定位作业法

汽车在修理生产线的各个工位上按确定的工艺顺序和节拍进行作业的方法称为修理流水作业法；在全能工位上进行修理作业的方法称为定位作业法。

13）周转总成与总成互换修理法

周转总成是指预先储备的汽车总成，用来替换维修中不可用的总成；用储备的完好总成替换汽车上的不可用总成的修理方法称为总成互换修理法。

14）混装修理法与就车修理法

混装修理法是指进行修理作业时，不要求被修复零件和总成装回原车的修理方法；进行修理作业时，要求被修复的主要零件和总成装回原车的修理方法称为就车修理法。

15）汽车小修频率、大修返修率与大修间隔里程

报告期内，单位行程的汽车小修辆次称为汽车小修频率；报告期内，大修汽车回厂返修辆次与大修出厂汽车总数的比值称为大修返修率；新汽车或大修修竣汽车从投入使用到需大修时的行驶里程称为大修间隔里程。

16）汽车修理设备与汽车维修企业

汽车修理设备是指完成汽车修理作业的器械；从事汽车维护和修理生产的经济实体称为汽车维修企业。

4．汽车耗损

1）汽车磨损过程与零件磨损

汽车磨损过程是指相对运动零件的表面物质不断损耗的过程；汽车零件磨损是指汽车零件工作表面的物质由于相对运动而不断损耗的现象。

2）允许磨损与极限磨损

允许磨损是指小于极限磨损，尚能保持技术文件规定的工作能力，并受经济因素制约的汽车零件磨损量；极限磨损是指导致配合副进入极限状况，又不能保持技术文件规定的工作能力的汽车零件磨损量。

3）磨损率、正常磨损与异常磨损

磨损量与产生磨损的行程或时间之比称为磨损率；正常磨损是指汽车零件磨损率在设计允许或技术文件规定的范围内；异常磨损是指汽车零件磨损率超出设计允许或技术文件规定的范围。

4）擦伤与刮伤

擦伤是指表面沿滑动方向形成细小擦痕的现象；摩擦表面沿滑动方向形成宽而深的刮痕的现象称为刮伤。

5）烧伤、点蚀与穴蚀

烧伤是指在氧化介质中的滑动接触表面因局部受热而氧化的现象；点蚀是指摩擦表面的材料由于疲劳脱落，在摩擦表面形成凹坑的现象；相对于液体运动的固体表面因气泡破裂产生局部冲击高压或局部高温引起表面凹坑的现象称为穴蚀。

6）黏附与咬黏

黏附是指两摩擦表面由于分子作用导致局部吸附的现象；两摩擦表面因黏附和材料转移发生损坏，进而导致相对运动中止的现象称为咬黏。

7）老化、疲劳与变形

老化是指汽车零件材料的性能随着使用时间的增长而逐渐衰退的现象；汽车零件在较长时间内由于交变载荷的作用，性能变差，甚至产生断裂的现象称为疲劳；汽车零件在使用过程中零件要素的形状和位置发生变化而不能自行恢复的现象称为变形。

8）缺陷与损伤

汽车零件的任一参数不符合技术文件要求的状况称为缺陷；损伤是指在超过技术文件规定的外因作用下，使汽车或其零件的完好技术状况遭到破坏的现象。

5．汽车检测

1）汽车检测参数

汽车检测参数是指检测用的汽车技术状况参数。

2）汽车的主要检测参数

（1）动力性检测参数是指汽车动力系统的技术状况参数。

（2）安全性检测参数是指检测用的有关汽车运行安全的系统、机构的技术状况参数。

（3）燃油经济性检测参数是指检测用的有关汽车运行燃油消耗的系统、机构的技术状况参数。

（4）排放性能检测参数是指检测用的有关汽车排放系统、装置的技术状况参数。

3）汽车检测作业与汽车检测技术规范

汽车检测作业是指汽车检测过程中的技术操作；对汽车检测作业技术要求的规定称为汽车检测技术规范。

4）汽车检测站与汽车检测设备

汽车检测站是指从事汽车检测作业的企业；完成汽车检测作业的器械称为汽车检测设备。

6．汽车诊断

1）汽车诊断作业与技术规范

汽车诊断过程中的技术操作称为汽车诊断作业；技术规范是指对汽车诊断作业技术要

求的规定。

2) 汽车故障、局部故障与完全故障

汽车故障是指汽车部分或完全失去工作能力的现象;局部故障是指汽车部分丧失工作能力,即降低了使用性能的故障;汽车完全丧失工作能力,不能行驶的故障称为完全故障。

3) 一般故障、严重故障与致命故障

一般故障是指汽车运行中能及时排除的故障或不能排除的局部故障;严重故障是指汽车运行中无法排除的完全故障;导致汽车或总成重大损坏的故障称为致命故障。

4) 故障率与故障树

故障率是指使用到某行程的汽车,在该行程后单位行程内发生故障的概率。汽车故障率是用以表示汽车总体可靠性的数量指标,是表示汽车发生故障概率的瞬时变化率的指标;故障树是表示故障因果关系的逻辑分析图。

5) 故障代码与随车诊断

汽车诊断中用以显示故障特征的数字符号称为故障代码;随车诊断(on-board diagnostics, OBD)是指汽车电控系统的自诊断系统,具有实时监视、储存故障码及交互式通信功能。

6) 振抖与异响

汽车工作中产生技术文件所不允许的自身抖动的现象称为振抖;异响是指汽车总成或机构在工作中产生的超过技术文件规定的不正常的响声。

7) 乏力与费油

乏力是指汽车运行过程中,动力明显不足的现象;费油是指汽车燃料、润滑油(脂)消耗超过技术文件规定的现象。

8) 泄漏与污染超标

汽车上的密封部位漏气(液)量超过技术文件规定的现象称为泄漏;污染超标是指汽车运行过程中产生的有害排放物和噪声超过技术法规或标准规定的现象。

9) 过热与失控

过热是指汽车总成或机构的工作温度超过技术文件规定的现象;汽车总成或机构工作时,出现操纵失灵,无法控制的现象称为失控。

35.1.2 汽车维修基础

1. 零件、合件、组件及总成

1) 零件与合件

零件是汽车最基本的组成单元,它是由一块材料制成的不可拆卸的整体,如活塞、气门等。在装配中,有的零件是装配的基础,具有配合基准面,可以保证装配在其上的零件具有正确的相对位置,这种零件称为基础零件,如气缸体、水泵体等;合件是由两个或两个以上零件装合成一体,起着单一零件的作用,如带盖的连杆、成对的轴瓦等。

2) 组件与总成

组件是由若干个零件或合件组装成一体,零件与零件之间有一定的运动关系,但尚不能起单独完整机构作用的装配单元,如活塞连杆组、气门组件等;总成是由若干零件、合件或组件装合成一体,能单独起一定机构作用的装配单元,如发动机总成、离合器总成、变速器总成。

2. 零件故障及其原因

组成汽车的各零件、合件、组件、总成之间有着一定的相互关系,在其工作过程中,这种关系会发生变化、使其技术状况变坏,使用性能下降。产生此种现象的原因主要有人为使用、调整不当,零件的自然恶化等多种因素。

1) 故障的概念

汽车零件的技术状况,在工作一定的时间后会发生变化,当这种变化超出了允许的技术范围而影响其工作性能时,即称为故障。如发动机动力下降,油耗增加,启动困难,漏油、漏水、漏气,离合器打滑,变速器乱挡,制动失灵等,都是汽车故障的表征。

2) 故障形成的原因

汽车产生故障的原因是多方面的,但零件、合件、组件、总成之间的正常配合关系受到破坏和零件产生缺陷则是主要的。

(1) 零件配合关系的破坏

零件配合关系的破坏主要是指间隙或过盈配合关系的破坏。如缸壁与活塞配合间隙增大,会引起窜机油和气缸压力降低;轴颈与轴瓦间隙增大，会产生冲击负荷，引起振动和敲击声；滚动轴承外圈在变速器、后桥壳体孔内松动，会引起零件磨损，产生冲击响声等。

(2) 零件间相互位置关系的破坏

零件间相互位置关系的破坏主要是指结构复杂的零件或基础件，如发动机体、变速器和后桥壳体变形，轴承孔沿受力方向偏磨等，都会造成有关零件间的同轴度、平行度、垂直度等超过允许值，从而产生故障。

(3) 零件、机构间相互协调性关系的破坏

汽油机点火时间过早或过晚，柴油机各缸供油量不均匀，气门开、闭时间过早或过晚，制动跑偏等，都属于协调性关系的破坏。

(4) 零件间连接松动和脱开

零件间连接松动和脱开主要是指螺纹连接及焊、铆连接松动和脱开。如螺纹连接件松脱，焊缝开裂，铆钉松动和铆钉的剪断等，都会造成故障。

(5) 零件的缺陷

零件的缺陷主要是指零件磨损、腐蚀、破裂、变形引起的尺寸、形状及外表质量的变化。如活塞、缸壁的磨损，缸体、缸盖的裂纹，连杆的扭弯，气门弹簧弹力的减弱，电气设备绝缘被击穿和油封橡胶材料的老化等。

(6) 使用、调整不当

汽车由于结构、材质等特点，对其使用、调整、维修应按规定进行。否则，将造成零件的早期磨损，破坏正常的配合关系，导致损坏。

综上所述，不难得出产生故障的原因：一是使用、调整、维修不当造成的故障，这是经过努力可以完全避免的人为故障。二是在正常使用中零件缺陷产生的故障。这种故障到目前为止，人们尚不能从根本上消除，是零件的一种自然恶化过程。此类故障虽不可避免，但掌握其规律，是能设法减少其危害的。

3. 零件的磨损

汽车在正常使用过程中，随着行驶里程的增加，其技术状况会逐渐变坏，表现出功率下降，燃料消耗增加，发出不正常的响声，甚至操纵装置失灵等。产生这些现象的原因很多，主要是由汽车各部分动配合的零件在相对运动中表面相互摩擦，造成接触面磨损，破坏了正常的配合间隙，导致车辆技术性能的变坏。

零件的磨损是指配合件在工作过程中相互摩擦而使其表面尺寸、形状和表面质量发生变化。

在动配合件中，相对运动的两零件表面间存在着摩擦。摩擦产生的摩擦力就是配合件运动的阻力。这个阻力所做的功，可以使运动件间发热、发响、发光，破坏零件的表面状况而使零件产生磨损。很显然，零件的磨损是摩擦的结果，也就是说零件磨损的直接原因是摩擦力对其表面的破坏。

1) 摩擦

(1) 摩擦的概念及其影响

两个相互配合的零件，在外力作用下发生相对运动或具有相对运动的趋势时，在其配合面间产生切向阻力的现象叫作摩擦。这个切向阻力叫作摩擦力。

摩擦的影响主要有3个方面因素：

① 摩擦消耗大量能量。据统计，世界能源的1/3左右消耗在各种形式的摩擦上。实践证明，现代汽车、拖拉机用的发动机有效功率进一步提高是困难的，但从减少摩擦消耗的能量入手，潜力却是很大的。

② 摩擦产生磨损，使机器一批一批报废，造成经济上的严重损失。如在工业中，大约有80%的设备是由于磨损而报废的。

③ 利用摩擦传递动力或使物体保持稳定。汽车上有些零部件是靠摩擦力来工作的，如离合器、制动器等。

(2) 摩擦的种类

① 摩擦按运动形式可分为滑动摩擦和滚动摩擦。

滑动摩擦是指两零件接触面相对滑动时的摩擦；滚动摩擦是指两物体的接触表面相对滚动时的摩擦。两种摩擦相比较，滑动摩擦的摩擦阻力大于滚动摩擦时的摩擦阻力。滑动摩擦在机械运中是普遍存在的，而纯滚动摩擦严格来讲是不存在的。因为在机械零件中没有绝对的刚体，如滚珠和滚柱在工作时不可避免地产生变形而引起某些滑动，即滚动摩擦和

滑动摩擦同时产生的混合摩擦。又如在齿轮传动件中，轮齿间既有相对滚动，又有相对移动，因此轮齿间的摩擦也是混合摩擦。

② 摩擦按润滑情况分为干摩擦、液体摩擦、边界摩擦和混合摩擦。

干摩擦是指在摩擦表面之间完全没有润滑剂的摩擦。在汽车机件中有的是需要干摩擦的，如制动鼓与制动蹄之间、离合器从动盘与压盘同飞轮之间的摩擦，这种摩擦件之间不允许沾有润滑剂。液体摩擦是指在摩擦表面之间隔有一层润滑油膜，零件的表面彼此不直接接触的摩擦。这种摩擦的阻力很小，磨损也很小。其摩擦件之间必须经常保持有足够数量和具有标准质量的润滑油。对需要减摩润滑的机件来说，液体摩擦是理想的摩擦。但在机械实际工作过程中，由于高负荷、高温等的影响，使得润滑油变稀，机械表面的凸起部分只有极薄的一层油膜干，这种摩擦叫作边界摩擦。这种摩擦在高温和高压条件下，极易产生摩擦面凸点的机械咬合。混合摩擦是指干摩擦、液体摩擦和边界摩擦经常会同时存在，彼此会随一定的外界条件转化。

2) 磨损

汽车零件的磨损不是孤立的，是和它周围的其他事物互相联系和互相影响着，零件的磨损除与摩擦的类型有关外，还与零件的材料、零件相对运动的速度和承受的压力、润滑油的质量及温度等条件有关。磨损的形式一般有以下5种。

(1) 机械磨损

汽车上许多动配合的零件表面经过加工处理，看起来十分光滑，但实际上仍然是比较粗糙的。如果将零件局部放大，则可清楚地看到加工后零件的表面还是凹凸不平的。当摩擦表面直接接触并受到压力时，表面的凸起部分会互相嵌入，在相对运动中，凸起部分便发生变形，最后形成金属微粒脱落（见图35-1）。这实质上就形成了零件的磨损，这种磨损即为机械磨损。

(2) 磨料磨损

磨料磨损是由机械磨损下来的金属微粒

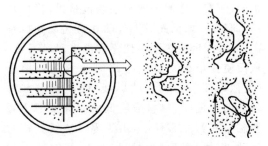

图 35-1 摩擦表面凸出尖点的脱落

和空气中的尘土、炭渣颗粒等混合，在摩擦件表面上形成硬质磨料。这些硬质磨料使金属表面产生刮伤、刮削和研磨作用，进而加速零件表面的磨损。图35-2所示为磨料磨损的基本情形。

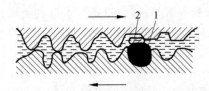

图 35-2 磨料磨损
1—硬质磨料；2—磨下金属

磨料磨损在零件磨损中是很普遍的，如在发动机中，气缸壁与活塞环、曲轴轴颈与轴承等都有磨料磨损的存在。图35-3所示是磨料嵌入软质轴承后对轴颈的刮削情况。

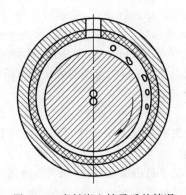

图 35-3 磨料嵌入轴承后的情况

(3) 黏附磨损

汽车零件产生黏附磨损的因素是多方面的，它取决于材料质量、表面粗糙程度及所处的工作条件等。如表面比较粗糙的零件在滑动摩擦过程中，就会造成接触部分的单位压力很大,使零件之间的润滑油膜被挤破,形成局部干摩擦。如果此时零件的相对运动速度很高,摩擦产生的热量会使零件温度显著升高,从而使接触处局部发生瞬间的熔化和熔合(类似焊接)现象。当"焊接"强度超过零件材料的强度时,材料强度低的零件表面金属便黏附在另一零件上,由于零件继续做相对运动,促使"焊接"处扯开,造成零件表面的剧烈破坏。当黏附严重时,还会发生配合件的"咬死"现象。

汽车上的锥形齿轮和滑动轴承缺油时,最易产生黏附磨损现象。

(4) 腐蚀磨损

在摩擦零件表面上,由于存在的化学腐蚀介质(酸和氧等)逐渐渗透并扩散到金属内部形成氧化膜,这些薄膜又由于表面间的摩擦脱落而造成腐蚀磨损。

(5) 疲劳磨损

有些做相对运动的零件,如齿轮和滚(滑)动轴承等,由于长期受大小、方向不断变化的外力(交变负荷)的作用,在零件表面下一定深度处形成裂纹并逐渐加深扩大,最后从零件表面剥落下来,使零件表面出现许多浅坑。这种现象通常叫作疲劳磨损。

4. 零件的清洗

汽车和总成拆散后,应进行清洗,以便检查、修理和保存。由于零件上的污垢(油污、积炭、锈蚀和水垢)和材料(钢铁件、铝质件、皮质件和橡胶件等)不同,清洗的方法也不同。

1) 清洗油污

(1) 金属零件的清洗

金属零件的油污清洗可采用冷洗法和热洗法。

冷洗法是用煤油、柴油和工业汽油作为清洗剂。这种清洗方法简单、方便、迅速,但不安全且成本高。热洗法是用碱溶液加温后作为清洗剂。碱溶液的加热温度一般为70~90℃。加热可加速溶液的流动和降低油膜黏度,加速去油。如能对溶液加以搅拌,会加速油污从金属表面分离,从而加速清洗过程。

一般情况下,将零件放入碱溶液中浸煮10~15 min后取出,用清水将碱液冲洗干净,再用压缩空气吹干。为防止铝合金被腐蚀,应注意,铝合金件的清洗剂与钢铁件的清洗剂不同。

(2) 非金属零件的清洗

橡胶件(如制动皮碗、皮圈等)应用酒精或制动液清洗,不得用油类或碱水清洗,以防零件发胀、变质;皮质件应先用肥皂水洗后,再用清水冲洗,最后用干布擦干;离合器、制动蹄摩擦片的清洗一般是用少许汽油擦洗。

2) 清除积炭

在发动机工作过程中,在缸盖燃烧室、活塞、气门头和火花塞等与燃气接触的表面会产生积炭。积炭不仅能减小燃烧室容积,改变压缩比,还会形成炽热点,破坏发动机的正常工作。

清除积炭可用机械法和化学法。机械法除炭是利用专用金属丝刷装在手电钻上进行刷洗,或用刮刀、铲刀进行刮除。方法简单,但清除不够彻底,还容易在零件表面上留下伤痕。化学法除炭是利用化学溶剂与积炭层发生化学和物理作用,使炭层软化,但积炭不会脱落,须配以机械作用,方能将积炭清除。

用化学溶剂除炭时,将零件放入配好的溶剂内,在室温下浸泡2~3 h,取出后用毛刷蘸汽油刷去炭层。该方法除炭效果好,对钢铁件、铝质件无腐蚀作用,但对铜质件有腐蚀作用。

3) 清除水垢

在发动机冷却系统中,如长期加注硬水(未经软化的河水、泉水),将使气缸体和气缸盖水套及散热器壁上积有由硬水中析出的矿物盐水垢。水垢层不仅会使冷却水容量减少,还会使散热器的散热性能下降,导致发动机过热而工作不正常。由于水质不同,通常水垢有碳酸盐、硫酸盐和硅酸盐等种类。清除水垢多是采用酸洗法和碱洗法。通过酸、碱的作用,使水垢由不溶性物质变为可溶性物质,以利清除。

(1) 散热器的清洗

将散热器置于2%~3%的苛性钠溶液中,

浸泡 8～10 h,然后用热水冲洗几次即可。近年来采用酸洗法渐多,因它比用碱洗效率高,且对铜管及焊缝腐蚀较小。

(2) 铸铁件的清洗

清洗铸铁缸体、缸盖水套时,将缸盖装在缸体上,用8%～10%的盐酸溶液加 2～3 g 缓蚀剂六亚甲基四胺,从缸盖出水口注入,封闭进水口,将缸体置于水槽中加热至 60～70℃,浸洗 1 h。放出清洗溶液,用清水逆冷却水流方向冲掉脏物,再用 2%～3%的苛性钠溶液注入水套内,以中和残留的酸液,最后再用清水冲洗。

(3) 铝合金件的清洗

清洗铝质缸体、缸盖水套时,在每升水中加入 100 g 磷酸和 50 g 铬酐,仔细搅拌后加热到 30℃,将零件浸泡 30～60 min,取出后先用清水冲洗,再用加热到 80～100℃含有 0.3%重铬酸钾的溶液清洗(防锈),最后用压缩空气吹干。

采用盐酸作为清洗剂时,应加入缓蚀剂。常用的缓蚀剂有六亚甲基四胺,一般用量为盐酸用量的 0.5%～8%;用 02 缓蚀剂(高效钢铁缓蚀剂)时,用量为盐酸的 0.8%。

(4) 除锈

锈是金属表面与空气中的氧、水分及酸类物质接触而生成的各种氧化物。其清除方法有机械法和酸蚀法两种。机械法除锈是用刮刀、砂纸和金属刷等进行,也有的用喷砂的方法;酸蚀法是通过锈与酸之间的化学作用,使之生成易去除或易溶的物质。常用的主要有硫酸、盐酸,其次是磷酸、硝酸。用硫酸时,质量分数为 5%～10%,温度为 50～60℃;盐酸质量分数为 15%,温度为 30～40℃。

5. 零件检验的基本方法与分类

1) 零件检验的基本方法

零件的检验是汽车修理过程中的重要工作之一。通过检验,弄清零件的技术状况,以决定取舍,确定修理方案。所以,它对汽车的修理质量、物资消耗、工作效率和修理成本等,都有决定性的影响。零件检验的基本方法有经验法、测量法和探测法等。

(1) 经验法

经验法是通过观察、敲和感觉,也就是凭眼看、手摸和耳听来检验和判断零件技术状况的方法。这种方法虽然简单易行,但它要求技术人员具有对各种尺寸、间隙、紧度、转矩和声响的感觉经验。此法对较明显的缺陷较为有效,对稍微复杂的故障就难于精确判断。因此它的可靠性和准确性是有限的。必须创造条件,尽量减少采用此方法或只将其作为一种辅助的检验法。

① 目测法。零件表面有毛糙、沟槽、刮伤、剥落(脱皮)、明显裂纹和折断、缺口、破洞,以及零件严重变形、磨损和橡胶零件材料的变质等,都可以通过眼看、手摸或借助放大镜观察检查确定出来。

② 敲击法。汽车上部分壳体、盘形零件有无裂纹,用螺钉连接的零件有无松动,轴承合金与底板结合是否紧密,都可用敲击听音的方法进行检验。当用小锤轻击零件时,如发出清脆的金属响声,说明技术状况是好的;如发出的声音沙哑,则可断定零件有裂纹、松动或结合不紧密。

③ 比较法。用新的标准零件与被检验零件相比,从中鉴别被检验零件的技术状况。用此方法可检验弹簧的自由长度和负荷下的长度、滚动轴承的质量等。

(2) 测量法

零件因磨损或变形会引起尺寸和几何形状的变化,或因长期使用会引起技术性能(如弹性)的下降等。这些改变,通常是采用各种量具和仪器测量来确定的。

用量具和仪器检验零件,一般能获得较准确的数据。但要使用得当,同时在测量前必须认真检查量具本身的精确度,测量部位的选择及读数等要正确。

(3) 探测法

对零件隐蔽缺陷的检验,特别是对汽车的曲轴、转向节等重要零件细微裂纹的检验,对保证修车质量和行车安全具有重要意义,必须认真进行。检验的方法随着实践经验的积累和科学技术的发展而日益增多。目前,汽车上常用浸油敲击检验和磁力探伤检验两种方法。

① 浸油敲击检验。浸油敲击检验是一种探测隐蔽缺陷的简便方法。检验时,先将零件浸入煤油或柴油中片刻,取出后将表面擦干,撒上一层白粉,然后用小铁锤轻轻敲击零件的非工作面,如果零件有裂纹时,由于振动,浸入裂纹的煤油(柴油)渗出,使裂纹处的白粉呈黄色线痕。根据线痕即可判断裂纹的位置。图 35-4 所示即为用浸油敲击法检验转向节。

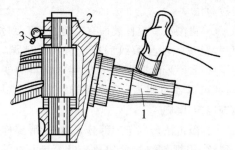

图 35-4 浸油敲击检验转向节
1—转向节；2—主销；3—黄油嘴

② 磁力探伤检验。磁力探伤的原理是用磁力探伤仪将零件磁化,即使磁力线通过被检测的零件,如果表面有裂纹,在裂纹部位磁力线会偏移或中断而形成磁极,建立自己的磁场(见图 35-5)。若在零件表面撒上颗粒很细的铁粉,铁粉即被磁化并附在裂纹处,从而显现出裂纹的位置和大小。

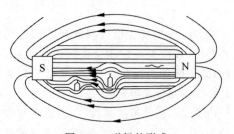

图 35-5 磁场的形成

磁力探伤采用的铁粉,一般为 $2\sim5~\mu m$ 的氧化铁粉末。铁粉可以干用,但通常采用氧化铁粉液,在 1 L 变压器油或低黏度机油中掺入煤油,加入 $20\sim30$ g 氧化铁粉。

零件经磁力探伤后,会留下一部分剩磁,必须彻底退掉。否则,在使用中会吸附铁屑,加速零件磨损。采用直流电磁化的零件,只要将电流方向改变并逐渐减小到零,即可退磁。

磁力探伤只能检验钢铁件裂纹等缺陷的部位和大小,检验不出深度。此外,由于有色金属件、硬质合金件等不受磁化,故不能应用磁力探伤的方法。

2) 零件的分类

零件经检验后,应根据"汽车修理技术标准"的要求,结合修理单位的具体情况,将零件分为堪用、待修、报废三类。

堪用零件是符合大修技术标准要求,不需要修理,而能继续使用的零件;待修零件是经修理后能达到大修技术标准要求的零件;报废零件是已损坏不能修复、条件缺乏无法修复或没有修理价值的零件。

零件经检验分类后,在承修车辆较多的情况下,可填写"零件检验登记表",作为分类和备料的依据,同时还应在零件表面涂以不同颜色的油漆,并做适当的处理。如对待修零件的损坏部位可用黄漆做出各种修理方法的符号,送去修理。将报废零件涂以红色,作为废品处理。

在进行零件检验与分类工作中,要注意处理好"需要与可能""质量与节约"的关系。对于"堪用零件"应严格符合修理技术要求,对于确定零件要修理或报废时,应结合修理单位的实际,如生产能力、技术水平、设备条件和零件、材料的供应情况等,实事求是地处理。以做到使合乎技术要求的旧件不更换,经过修复后还能使用的旧件不报废,同时又要避免不符合技术要求的旧件装车使用。在保证质量的前提下,做到既节约利废,物尽其用,降低成本消耗,又能高质量地修好汽车。

35.2 汽车维修设备分类

汽车维修设备一般可以分为汽车诊断设备、检测分析设备、养护清洗设备、钣金烤漆设备、保养用品、维修工具、轮胎设备、机械设备等。

(1) 汽车诊断设备,主要包括汽车解码器、读码卡、数据流分析、专用电脑等。

(2) 检测分析设备，主要包括试验台、检测线、定位仪、检测仪、检漏仪、检测台、制动台、分析仪、内窥镜、传感器、示波器、烟度计及其他检测设备。

(3) 养护清洗设备，主要包括自动变速箱清洗换油机、动力转向换油机、黄油加注机、冷媒回收加注机、喷油嘴清洗检测设备、抛光机、打蜡机、吸尘机、吸水机等。

(4) 钣金烤漆设备，主要包括烤漆房、烤漆灯、调漆房、大梁校正、地八卦、喷枪等。

(5) 轮胎设备，主要指平衡机、拆胎机、充氮机、补胎机等。

(6) 维修工具，主要指用于手工操作的各类维修工具，如扳手、螺丝批、组套、工具车、工具箱、工作台等。

(7) 机械设备，主要指不在上述之列又符合机械设备属性，特归纳为此类，如举升机、千斤顶、吊机、吊车等。

第36章

发动机检修及维修设备

36.1 发动机检修设备

发动机检修设备是发动机检查和维修时需要用到的设备的概括,是发动机检修时不可或缺的。

36.1.1 喷油器清洗检测仪

喷油器清洗检测仪是用于检查喷油器喷射情况的设备,如图36-1所示。喷油器工作不良通常是喷油器有滴漏、堵塞、迟滞等情况,从而导致混合气过稀或过浓使得发动机工作不良,所以需要对喷油器的工作状态进行检查。

喷油器清洗检测仪的操作步骤如下。
(1)拆卸喷油器。
(2)把喷油器装到喷油器清洗检测仪上。
(3)连接喷油器清洗检测仪电源,打开电源开关。
(4)启动开始开关,观察喷油器的喷射角度和喷射状态。
(5)持续喷射 1 min,观察 1 min 的喷射量,应符合维修手册的要求,否则应更换喷油器。
(6)观察各缸喷油器的喷油量最大差值,应符合维修手册的要求,否则应更换喷油器。

36.1.2 视频内窥镜及点火示波器

1. 视频内窥镜

如图36-2所示,视频内窥镜是可视化设备,通过该设备能够在不拆卸发动机的前提

图 36-1 喷油器清洗检测仪

图 36-2 视频内窥镜

下,判断发动机内是否存在刮痕、裂纹、积炭等现象,大大节省了维修时间,提高了维修效率。

视频内窥镜的操作步骤如下。

(1) 组装视频内窥镜各组件。

(2) 打开电源,将内窥镜探头伸入需要探测的部位。

(3) 观察显示屏,查看是否存在刮痕、裂纹、积炭等现象。

2. 点火示波器

点火示波器是读取传感器、执行器等电控元件波形的设备,如图36-3所示。当发动机出现电控部件故障但通过诊断仪读取故障码、数据流无法明确判断时,可以通过点火示波器读取电控部件的波形,从而判断波形是否正常,如不正常需要进一步维修或更换。点火示波器的优点是模拟信号通过图形可视化输出,比较直观,容易判断被测部件的工作情况;缺点是价格高。

图 36-3 示波器

点火示波器的操作步骤如下。

(1) 连接点火示波器的测试线,并把测试线连接到被测元件的信号线。

(2) 点火示波器的负极线连接蓄电池负极。

36.1.3 吊机及翻转台架

1. 发动机吊机

发动机吊机是用于从发动机舱拆卸和装入发动机总成件的设备,如图36-4所示。当发动机大修时,需要通过吊机吊出或吊入发动机总成。发动机吊机可以调节起吊质量,一般有1 t、2 t、3 t可调,所以在起吊时需要对被吊物进行质量评估,从而调整起吊吨位。

图 36-4 发动机吊机

发动机吊机的操作步骤如下。

(1) 发动机吊机的吊钩分别钩住发动机的吊环。

(2) 调节3个吊钩的水平高度,使其在同一个水平面上。

(3) 操作千斤顶,使其吊钩升高,吊起发动机总成,高度超过发动机舱的高度。

(4) 向后移出吊机,缓慢放下吊钩,使发动机平稳地放置在工作台上。

(5) 拆除吊钩,移出发动机吊机。

2. 发动机翻转台架

发动机翻转台架是安装发动机总成的设备,如图36-5所示。发动翻转台架一般分为手

图 36-5 发动机翻转台架

动操作和电动操作两类,底座有4个滚轮,可以制动,其上有接油盆。当发动机大修或用于教学时,需要把发动机总成安装到翻转台架上,以便于拆装。

36.1.4 发动机听诊器及分析仪

1. 发动机听诊器

发动机听诊器是用于判断发动机异响的设备,如图36-6所示。当发动机出现异响时,用听诊器触碰发动机的怀疑部位,可以判断异响发出的位置。

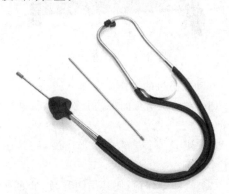

图36-6 发动机听诊器

发动机听诊器的操作步骤如下。

(1) 组装听诊器各组件。

(2) 戴上听诊器,用探测头触碰异响怀疑部位。

(3) 如有异响,则应进一步维修。

2. 发动机分析仪

发动机分析仪又称发动机综合分析仪,是用于发动机综合故障诊断的设备,如图36-7所示。它是通过传感器采集信号,经前端预处理器处理后输入计算机进行处理,以不同的形式输出,可以直观、方便地对发动机进行故障检测、分析与诊断的仪器。发动机分析仪还可以和检测线主机以不同方式进行数据通信交换信息,以便对车辆及用户信息和检测数据进行集中监控与管理,可用于发动机实验室、检测线、汽车修理厂等。

发动机分析仪具有以下功能。

(1) 汽车万用表功能,主要应用于汽柴油机的电路检测。

图36-7 发动机分析仪

(2) 汽车示波器功能,主要应用于目前电子控制燃油喷射车型的各种传感器及执行器和点火波形的测量。该示波器为双通道,具有波形存储、记忆、回放功能。

(3) 发动机进气歧管真空度的检测,通过该项目的检测可以知道发动机在不同转速下真空度的数值大小反映的发动机工作情况。

(4) 发动机的温度性能检测包括冷却液温度、机油、变速箱油温度的检测等。

(5) 汽柴油机的启动系测量包括启动电压、启动电流、绝对缸压、相对缸压、电瓶压降、启动转速、启动电压波形、电流波形、缸压波形的测量等。

(6) 汽油机点火系测量。

① 点火线圈初级波形测试。

② 点火线圈次级波形测试。

③ 缸压法点火提前角测试。

④ 单缸动力性能测试。

(7) 汽、柴油机的动力系测量,包括加速时间、减速时间、加速功率、平均功率,而且可以显示功率波形。

(8) 柴油机的供油系测量。

① 外卡传感器测试,可在发动机不拆卸喷

油器的情况下测试发动机各缸的喷油情况并进行波形比较。

② 喷油压力测试,可测发动机各缸的喷油压力大小及喷油波形。

③ 缸压法供油提前角测试,解决了其他测试仪不能测量供油提前角的难题,并能够通过波形显示,既直观又方便。

(9) 汽、柴油机的充电系测量,包括充电转速、充电电压、电流,并具有动态波形。

(10) 汽、柴油机的油耗检测,可以测量发动机在各种状态下的燃油消耗情况。

(11) 电喷发动机解码功能检测,可以为各种电喷发动机进行电脑故障解码。

36.1.5 发动机尾气分析仪

发动机尾气分析仪是检测和分析汽车尾气成分的专用设备。发动机尾气分析仪通过采样,经过泵将样气传输至气体处理系统和检测器进行分析,发出被测组分体积分数的相关信号,测定汽车排气污染物的体积分数和过量空气系数 λ 值。

1. 发动机尾气分析仪的结构

发动机尾气分析仪的主要部件包括:

(1) 取样管,其取样探头应能插入机动车排气管至少 400 mm,并有插深定位装置。

(2) 软管,同取样探头连接,作为测量系统样气的进入通道。

(3) 泵,用于将气体传输至仪器。

(4) 水分离器,用于分离样气中的水分,是防止冷凝水在仪器中积聚的装置。水蒸气达到饱和时,应能保证自动脱离或自动停止测量操作。

(5) 过滤器,用于除去导致仪器各种敏感部件污染的颗粒物。过滤器应能除去直径大于 5 μm 的颗粒,无须取出即能观察其污染程度,并易于更换。当测量碳氢化合物体积分数约为 800×10^{-6} 的气体时,能保证使用时间不少于 30 min。

(6) 零气端口和校准端口,位于水分离器及过滤器下游位置,包括用于引入测量仪器零点调节的纯净环境气体端口和校准气体端口。

(7) 探测元件,其作用是按体积分数分析气体样品中的组分。

(8) 数据系统和显示器件,其中数据系统处理信号,显示器件显示测量结果。

(9) 控制调整装置,其作用是完成仪器初始化及开机检查,通过手动、半自动或全自动调节装置将仪器参数调整至设定的范围内。

2. 发动机尾气分析仪的应用

发动机尾气分析仪用双怠速法测量尾气成分,其操作步骤如下。

1) 仪器准备

(1) 按仪器使用说明书的要求,做好各项检查工作。图 36-8 所示为南华 502 发动机尾气分析仪。

图 36-8　发动机尾气分析仪示意图

(2) 仪器校准

① 接通电源,将废气分析仪预热 30 min。

② 用校准气样校准。

③ 简易校准。先接通简易校准开关。对于有校准位置线的仪器,可用标准调整旋钮,把仪表指针调整到标准刻度线位置。对于没有标准刻度线的仪器,要在标准气样校准后,立即进行简易校准,使仪表指针与标准气样校准后的指示值重合。

④ 把取样探头和取样导管安装到分析仪上,检查取样探头和导管内是否有残留的碳氢化合物。如果管内壁吸附残留的碳氢化合物过多,仪表指针大大超过零点以上时,要用压缩空气或布条等清洁取样探头和导管仪器经过上述检查和校准后投入使用。

2) 车辆准备

(1) 进气系统应装有空气滤清器,排气系统应装有排气消声器,不得有泄漏。

(2) 应保证取样探头插入排气管的深度不小于 400 mm,否则排气管应加接管,但应保证接口不漏气。

(3) 发动机冷却液和润滑油温度应达到规定的热状态。

3) 测量步骤

(1) 图 36-9 所示是在发动机分缸线上安装转速夹,应注意方向性。

图 36-9　安装转速夹示意图

(2) 图 36-10 所示为启动发动机,按下尾气分析仪上的"测量"键,如图 36-11 所示。

图 36-10　启动发动机示意图

图 36-11　"测量"键示意图

(3) 发动机从怠速状态加速到 70% 额定转速,运转 30 s 后降至高怠速状态。

(4) 如图 36-12 所示,将测量仪器取样探头插入汽车排气管中,插入深度不小于 400 mm,并固定在排气管上。

(5) 发动机转速降至 50% 额定转速时,维持 15 s 后,由具有平均值功能的仪器读取 30 s 内的平均值,或者人工读取 30 s 内的最高值和最低值,其平均值即为高怠速污染物测量结果。对于使用闭环控制电子燃油喷射系统和三元催化转化器技术的汽车,还应同时读取过量空气系数 λ 的数值。

图 36-12　插入取样探头

(6) 发动机从高怠速降至怠速状态 15 s 后,由具有平均值功能的仪器读取 30 s 内的平均值,或者人工读取 30 s 内的最高值和最低值,其平均值即为怠速污染物的测量结果,如图 36-13 所示。

图 36-13　测量结果示意图

(7) 如图 36-14 所示按"退出"键,取出尾气取样探头并清洁,关闭发动机,取下转速夹,结束尾气检测程序。

图 36-14 "退出"键示意图

36.1.6 发动机气缸漏气检测仪及曲轴箱窜气量测量仪

1. 发动机气缸漏气检测仪

发动机气缸漏气检测仪是检测气缸漏气率的设备,如图 36-15 所示。当发动机因为气门、气缸垫、活塞环密封不严导致气缸压力下降,从而使得发动机出现动力性下降、加速性变差、油耗增大等故障现象,所以此时需要对气缸压力和漏气率进行检测,以判断是否符合维修手册的要求。

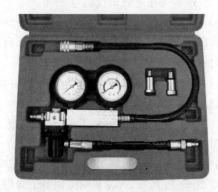

图 36-15 发动机气缸漏气检测仪

发动机气缸漏气检测仪的使用方法如下。
(1) 关闭点火开关,拆卸蓄电池的负极桩。
(2) 清洁各点火线圈附近。
(3) 拆除各缸点火线圈插接器,拆卸各缸点火线圈。
(4) 拆除各缸喷油器插接器。
(5) 用火花塞拆卸工具拆卸 1 缸火花塞。
(6) 组装气缸漏气检测仪各组件。
(7) 安装仪器到 1 缸火花塞孔处。
(8) 装上蓄电池负极桩,踩下加速踏板,启动发动机 3～5 s。
(9) 观察表上的数据并记录。
(10) 用同样的方法测量其余各缸的漏气率并记录。
(11) 全部测好后,装复火花塞、点火线圈,插入点火线圈、喷油器插接器。
(12) 各缸的气缸漏气率数据应符合维修手册的要求,否则需要进一步维修。

2. 发动机曲轴箱窜气量测量仪

发动机曲轴箱窜气量测量仪是检测曲轴箱窜气量的仪器,如图 36-16 所示。若活塞环密封不严会导致曲轴箱窜气量加剧,使机油品质下降、润滑性能变差,也会导致曲轴箱压力上升使曲轴前后油封泄漏,所以需要对曲轴箱窜气量进行检测。

图 36-16 发动机曲轴箱窜气量测量仪

发动机曲轴箱窜气量检测仪的操作步骤如下。
(1) 堵死发动机曲轴通风孔与油尺孔。
(2) 启动发动机,待其运转平稳后,将导气管带快装接头的一端与测量仪器输入接口相接,带锥形橡胶头的一端插入机油加注孔,如加注孔过大,可将锥形头插入橡胶圆盘孔内,再将圆盘压在机油加注孔上。
(3) 打开流量计阀门,使气路畅通,这时曲轴箱的窜气量通过浮子流量计可以观察,即流量计浮子所指刻度为发动机曲轴箱在该转速下的窜气量。
(4) 发动机曲轴箱窜气量检测仪还有在静

态下检查曲轴箱密封效果的功能,具体操作如下。

① 堵死发动机曲轴箱通风孔及油尺孔。

② 将导气管带快装接头的一端同测量仪器输出接头相接,带锥形橡胶头的一端插入机油加注孔。

③ 将空气压缩机与测量仪输入口相接,并向其中充气,但充气压力不超过 0.1 MPa,关闭压缩机,观察压力表的变化,如果表针不动或回落较慢,说明曲轴箱密封较好,如回落过快则证明曲轴箱密封不严。

36.2 发动机维修设备

36.2.1 火花塞套维修设备

1. 火花塞套筒工具

火花塞扳手用于拆卸及更换火花塞。火花塞扳手有两种型号,其尺寸分别是 16 mm 和 21 mm,如图 36-17 所示。选择与使用火花塞扳手时,首先要检查它的尺寸。

入火花塞孔内。

(3) 逆时针旋转拧松火花塞并将其拧出。

(4) 安装时,用同样的方法顺时针拧入火花塞,并拧紧到规定力矩。

2. 火花塞测试仪

火花塞测试仪是测试火花塞跳火性能的设备,如图 36-18 所示。

图 36-18 火花塞测试仪

火花塞测试仪的操作步骤如下。

(1) 把火花塞插入火花塞测试仪的测试孔内。

(2) 连接火花塞测试仪的电源线。

(3) 旋转测试旋钮到 1 000 r/min,观察火花塞的跳火情况,火花应呈现蓝色火焰,而且跳火时差均匀。

(4) 旋转测试旋钮到 2 000 r/min 或更高,跳火频率应逐渐加快,否则不正常。

(5) 旋转测试旋钮到关闭位置,拔下测试仪电源线,取下火花塞。

3. 火花塞间隙调节工具

如图 36-19 所示,火花塞间隙调节工具用于调整火花塞间隙,使其符合维修手册的要求。一般火花塞正、负电极的间隙为 0.9~1.2 mm,

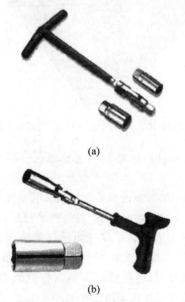

图 36-17 火花塞扳手
(a) 16 mm 的火花塞扳手;(b) 21 mm 的火花塞扳手

火花塞套筒工具的操作步骤如下。

(1) 拆卸点火线圈或分缸线。

(2) 选取合适尺寸的火花塞套筒工具并装

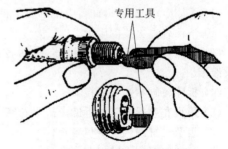

图 36-19 火花塞间隙调节工具

间隙过大会导致不能点火,间隙过小会导致点火火花弱。

火花塞间隙调节的步骤如下。

(1) 清洁火花塞电极处。

(2) 清洁火花塞间隙调节工具。

(3) 将火花塞间隙调节工具插入火花塞电极中,撬动侧电极调节两电极的间隙。

(4) 用厚薄规测量火花塞电极的间隙应符合标准值。

36.2.2 气门维修设备

1. 气门弹簧压缩器

气门弹簧压缩器用于拆卸与安装发动机配气机构气门组,其外形如图 36-20 所示。当发动机大修时,需要测量气门、气门弹簧、气门座、气门导管的间隙等,并对气门进行研磨和测漏,所以需要用气门弹簧压缩器对气门组进行拆卸与安装。

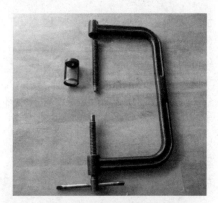

图 36-20　气门弹簧压缩器

气门弹簧压缩器的操作步骤如下。

(1) 发动机大修时,拆卸气缸盖。

(2) 将木块放置于工作台上,并使木块相隔 20 cm 左右。

(3) 使气缸盖放置于左右木块上。

(4) 装配气门弹簧压缩器的各部分。

(5) 使气门弹簧压缩器一端顶住所需拆卸气门的大头,另一端顶住气门弹簧上座。

(6) 旋转 T 形把手压缩气门弹簧使得气门锁片能够放松。

(7) 用吸棒吸出气门锁片,放置于工作台上。

(8) 反向拧出 T 形把手,拆卸气门弹簧压缩器。

(9) 同时取下气门弹簧上座、气门弹簧、气门、气门油封。

(10) 反序安装气门组。

2. 气门油封拆卸钳

气门油封拆卸钳是取出气门油封的专用工具,如图 36-21 所示。发动机大修拆卸配气机构时,需要拆卸气门油封,此时需要用到气门油封拆卸钳取出气门油封。

图 36-21　气门油封拆卸钳

气门油封拆卸钳的操作方法如下。

(1) 拆卸气门组。

(2) 取出气门弹簧上座、气门弹簧。

(3) 用气门油封拆卸钳夹住气门油封,向上拉出气门油封。

3. 气门座铰刀

气门座铰刀是用于铰磨气门座的工具,如图 36-22 所示。发动机大修时,需要对气门漏气率进行检查,此时可以用气门座铰刀对漏气率不符合要求的气门进行修整,从而使得气门漏气率达到维修手册所要求的标准值范围。

气门座铰刀的操作步骤如下。

(1) 拆卸气门组。

(2) 放置气缸盖,使得气门座侧朝上。

(3) 装配气门座铰刀和手柄。

(4) 将铰刀手柄插入气门导管,起到导向作用。

图 36-22　气门座铰刀

(5) 用手压紧铰刀,使其贴合气门座。
(6) 顺时针旋转铰刀手柄,观察工作情况。
(7) 检查切屑表面是否平整。
(8) 反复修整,取下气门座铰刀。
(9) 研磨气门。

4. 气门导管铰刀

气门导管铰刀是修整气门导管的工具,用于调整气门导管间隙,如图 36-23 所示。发动机大修时,如气门导管间隙不符合要求,需要对气门导管进行修整,使得气门导管间隙最终符合维修手册的标准范围。

图 36-23　气门导管铰刀

气门导管铰刀的操作步骤如下。
(1) 拆卸气门组。
(2) 清洁气门导管。
(3) 装配气门导管铰刀组件。
(4) 选择合适的气门导管铰刀,将其插入气门导管内。
(5) 顺时针旋转气门导管铰刀,修整气门导管内壁。

(6) 取出气门导管铰刀。
(7) 测量气门导管间隙,如不符合要求,进行再次维修。

36.2.3　活塞维修设备

1. 活塞环拆装钳

活塞环拆装钳是用于拆卸活塞环的工具,如图 36-24 所示。发动机大修时,需要用活塞环拆装钳对活塞环进行拆卸,以测量活塞直径、活塞环三隙等。

图 36-24　活塞环拆装钳

活塞环拆装钳的操作步骤如下。
(1) 拆卸活塞。
(2) 用活塞环拆装钳拆卸第一道气环,放置于工作台上。
(3) 用活塞环拆装钳拆卸第二道气环,放置于工作台上。
(4) 反序安装。

2. 活塞环压缩器

活塞环压缩器用于压缩活塞环,如图 36-25

图 36-25　活塞环压缩器

所示。当安装活塞到气缸内时,需要用活塞环压缩器先包住活塞,使得活塞环充分压入环槽中,便于安装活塞到气缸内。

活塞环压缩器的操作步骤如下。

（1）清洁并润滑活塞和活塞环压缩器内壁。

（2）放松压缩器。

（3）将活塞放入压缩器中。

（4）用工具抱紧压缩器,使其内壁完全贴合活塞外侧。

（5）将活塞装入气缸并压平压缩器,使其与气缸体上平面贴合。

（6）用橡胶锤将活塞推入气缸。

3. 气缸压力表

发动机气缸压力表是测量气缸压缩压力的设备,如图 36-26 所示。发动机气缸压缩压力过低会导致动力下降、加速不良的故障现象,此时需要用气缸压力表测量启动时的气缸压缩压力,从而判断气缸是否有漏气现象。漏气时主要通过气门、活塞环、气缸垫漏气。

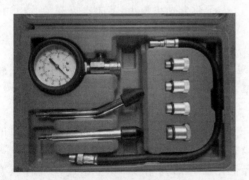

图 36-26　发动机气缸压力表

气缸压力表的使用方法如下。

（1）关闭点火开关,拆卸蓄电池的负极桩。

（2）清洁各点火线圈附近。

（3）拆除各缸点火线圈插接器,拆卸各缸点火线圈。

（4）拆除各缸喷油器插接器。

（5）用火花塞拆卸工具拆卸 1 缸火花塞。

（6）组装气缸压力表。

（7）安装气缸压力表到 1 缸火花塞孔处,并用手往下按压。

（8）装上蓄电池负极桩,踩下加速踏板,启动发动机 3～5 s。

（9）观察 1 缸的最大压缩压力并记录。

（10）用同样的方法测量其余各缸的压缩压力并记录。

（11）全部测好后,装复火花塞、点火线圈,插入点火线圈、喷油器插接器。

（12）各缸中最小的压缩压力应符合维修手册的要求,各缸中最大值与最小值的差值应符合维修手册的要求,否则应大修发动机。

36.2.4　点火正时维修设备

点火正时测试灯是用于检查点火正时角度的设备,如图 36-27 所示。在发动机因点火正时错误出现发动机抖动、加速不良等故障现象时,需要对发动机点火正时进行检查,以判断点火正时是否正确,从而进一步维修。现代的发动机可以利用发动机诊断仪读取数据流的方式读取点火正时数据,简单方便,而以往的老式发动机因为电控系统运用比较简单、功能比较少,所以需要运用点火正时测试灯等另外的专用设备进行检查。

图 36-27　点火正时测试灯

点火正时测试灯的操作方法如下。

（1）关闭发动机,拆下发动机正时皮带前盖。

（2）启动发动机,怠速运转。

（3）连接测试灯的电源线。

（4）连接测试夹到 1 缸分缸线。

（5）打开测试灯,照射正时皮带处,观察测试灯显示屏,读取点火正时数据。

36.2.5 进排气系统维修设备

1. 空气滤清器测试器

发动机空气滤清器测试器是检查空气滤清器是否堵塞的设备,空气滤清器使用时间过长,会引起进气道堵塞,进气不顺畅,此时会导致发动机进气量减少,喷油量也相应地减少,动力性、加速性下降,所以可以使用空气滤清器测试器检查发动机空气滤清器是否堵塞,如过脏则需要清洁或更换。

空气滤清器测试器的使用方法如下。

1)试验过程及步骤

首先按要求调试粉尘供给装置,使其能按要求的粉尘供给速率送粉。其次,称重试验前被测空气滤清器的质量并记录。再次,称量试验前绝对滤清滤芯的质量。最后,安装绝对滤清器滤芯,并将空气滤清器安装到测试设备上。

2)进气阻力测试

启动真空泵,调节空气流量调节机构,使空气流量达到被测空气滤清器的额定流量。通过差压变送器测量被测空气滤清器进、出口两端的压差并记录。再次调节空气流量调节机构,使空气流量达到被测空气滤清器额定流量的50%。接下来,再次测量被测空气滤清器进、出口两端的压差并记录。

3)滤清效率测试

开启真空泵,向粉尘供给装置中加入所需的试验灰。启动粉尘供给装置,将试验用灰喷入被测空气滤清器,在达到要求量后即停止试验,关闭粉尘供给装置。关闭真空泵,卸下被测空气滤清器,称量试验后的质量并做记录。最后,称量试验后绝对滤清器滤芯的质量,进行滤清效率计算。此外,对于湿式滤清器来说,还应对其进行失油率试验。

2. 真空表

真空表是测量发动机进气歧管内真空度的设备,如图36-28所示。发动机进气歧管的真空度不正常会导致混合气配置不正常,从而使发动机运转不正常。进气管漏气、气缸压力不正常均会导致进气歧管真空度不正常。

真空表的使用方法如下。

图 36-28 真空表

(1)关闭点火开关,拆卸进气歧管处的真空管。

(2)组装真空表组件。

(3)把真空表的测试管接到进气歧管的真空管口。

(4)启动发动机,怠速运转,读取真空表的压力数据,应符合维修手册的要求,否则应进一步检修。

(5)提高发动机转速,读取真空表的压力数据,应符合维修手册的要求,否则应进一步检修。

(6)将发动机熄火,关闭点火开关。

(7)拆卸真空表。

(8)接上进气歧管真空管。

(9)启动发动机,观察发动机启动和运转是否正常。

3. 排气背压测试表

排气背压测试表是检测排气管处压力的设备,如图36-29所示。当排气管的消音器、三元催化器等部件堵塞时,会导致排气背压升高,使排气不顺畅,从而影响发动机的动力性和加速性,并导致排气管温度过高。

排气背压测试表的操作步骤如下。

(1)关闭点火开关。

(2)举升车辆,拆下三元催化器上游的氧传感器插接器。

(3)拆下上游氧传感器。

(4)装配排气背压测试表各组件。

(5)把排气背压测试表测试接头装到氧传感器孔上。

(6)启动发动机怠速运转,观察测试表的排气背压数据并记录,应符合维修手册的要求,否则需要进一步测试下游氧传感器处的排

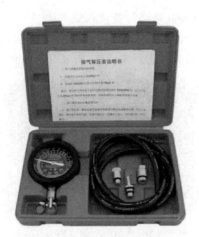

图 36-29　排气背压测试表

气背压。如果上游氧传感器处压力值过高,下游氧传感器压力值过低,说明三元催化器堵塞;如果上、下游氧传感器处的压力值都过高,说明消音器堵塞,应更换。

36.2.6　燃油机油系统维修设备

1. 燃油压力表

燃油压力表是测量发动机燃油系统压力的设备,如图 36-30 所示。燃油系统压力过低会导致混合气过稀,从而导致发动机动力性下降、加速不良等故障现象,所以需要用燃油压力表进行燃油压力测试,从而判断在发动机不启动时、怠速时、加速时的燃油压力数据是否符合维修手册标准范围。

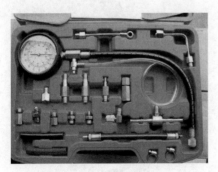

图 36-30　燃油压力表

燃油压力表的使用方法如下。

(1) 燃油系统泄压,具体方法参照各品牌的维修手册。

(2) 关闭点火开关,拆卸蓄电池负极桩。

(3) 拆卸燃油分配管处的进油软管,并做好清洁。

(4) 组装燃油压力表各组件。

(5) 把燃油压力表安装到燃油分配管和进油软管处。

(6) 装上蓄电池负极桩,打开点火开关,观察燃油压力表数据应符合维修手册要求。

(7) 启动发动机怠速运转,观察燃油压力表数据应符合维修手册要求。

(8) 提高发动机转速,观察燃油压力表数据应符合维修手册要求。

(9) 发动机熄火,关闭点火开关,等待一定时间,具体时间参照各车型维修手册,观察燃油压力表数据应符合维修手册要求。

(10) 如压力不符合要求应进一步检查和维修。

(11) 燃油系统泄压,拆卸燃油压力表,安装进油软管到燃油分配管上。

(12) 启动发动机,观察启动是否顺畅,怠速是否正常。

2. 机油压力表

机油压力表是检测发动机润滑系统内的机油压力的设备,如图 36-31 所示。发动机润滑系统内的机油压力过低或过高时,都会使润滑系统工作不正常,导致发动机内的机械部件摩擦加剧,降低发动机的使用寿命,提前进行大修。所以检测机油压力可以判断润滑系统的压力是否正常,以判断是否需要进一步检修。

图 36-31　机油压力表

机油压力表的操作步骤如下。

(1) 关闭点火开关。

(2) 拆卸发动机机油压力检测螺栓。
(3) 组装机油压力表各组件。
(4) 把机油压力表检测接头装到发动机机油测试口处,并用扳手拧紧。
(5) 启动发动机,怠速运转。
(6) 观察机油压力表,读取压力值并记录,压力值应符合维修手册的要求,否则应进一步检修。
(7) 提高发动机转速,观察机油压力表,读取压力值并记录,压力值应符合维修手册的要求,否则应进一步检修。
(8) 将发动机熄火,关闭点火开关。
(9) 拆下机油压力表,分解表组件并放回盒内。
(10) 拧入发动机机油压力测试口螺栓并清洁测试口处。

3. 机油滤清器扳手

机油滤清器扳手用于拆卸机油滤清器,如图 36-32 所示。发动机保养时,需要用机油滤清器扳手拧出机油滤清器,更换新件后再次用机油滤清器扳手拧紧机油滤清器。

图 36-32　机油滤清器扳手

机油滤清器扳手的操作步骤如下。
(1) 选择合适尺寸的机油滤清器扳手,安装到机油滤清器壳体上。
(2) 逆时针拧松机油滤清器。
(3) 拧出机油滤清器,更换新件,并再次用机油滤清器扳手拧紧到规定力矩。

36.2.7　其他维修设备

1. 手动式真空泵

手动真空泵是测试真空阀是否正常的设备,如图 36-33 所示。发动机上装有真空阀,如果真空阀故障会导致该系统不能正常工作,手动真空泵可以在真空阀拆卸状态下测试其工作情况,如不能正常工作,则应更换真空阀。

图 36-33　手动真空泵

手动真空泵的操作步骤如下。
(1) 关闭点火开关,拆卸真空阀。
(2) 组装手动真空泵,并把真空阀连接到真空泵上。
(3) 用手连续按压手动真空泵到规定的真空度,观察真空阀是否正常开启或关闭。

2. 皮带张力测试器

皮带张紧力测试器是测试皮带张紧度的设备,如图 36-34 所示。皮带使用时间过长会导致张紧过松,从而导致发动机附件皮带轮打滑,使发动机不能正常运转,所以应对皮带张紧力进行测试,以判断皮带是否工作正常,如有必要必须更换。

图 36-34　皮带张力测试器

皮带张紧力测试器的测试步骤如下。
(1) 发动机不启动。

(2) 把皮带张紧力测试器安装到两带轮跨度最大的皮带处。

(3) 用力握紧测试器把手,观察测试器上的数值,应符合维修手册的要求,如不符合要求,则需要更换。

3. 散热器水箱盖测试器

散热器水箱盖测试器是检测散热器水箱盖是否正常的设备,如图 36-35 所示。当散热器水箱盖出现故障时,冷却系统的压力不能通过水箱盖处的泄压阀排出,使得冷却系统压力过高而导致冷却系统泄漏,所以应用散热器水箱盖测试器进行检查。

散热器水箱盖测试器的操作步骤如下。
(1) 发动机不启动。
(2) 拧下散热器水箱盖。
(3) 选择水箱盖测试器的测试口。
(4) 将散热器水箱盖装到测试器测试口上。
(5) 反复推动测试器后部手柄,观察压力表达到规定的压力值。
(6) 观察水箱盖处的泄压阀是否能正常打开。
(7) 复位测试器、水箱盖。

4. 部件清洗、加热工具

部件清洗、加热工具拥有清洗和加热两种功能,是汽车零部件清洗和加热的必要设备,如图 36-36 所示。

图 36-35　散热器水箱盖测试器

图 36-36　部件清洗、加热工具

第37章

底盘故障检修设备

37.1 底盘系统检测设备

37.1.1 转角仪

转角仪的基本结构由机械台架和控制系统组成,如图37-1所示。机械台架部分由两个基本测试单元组成,每个测试单元能在台架轨道上借助电动机的正反转独立地左右移动,以适应不同的汽车轮距和不同的行驶路线。每个测试单元有一个可以转动的圆盘,圆盘的下方连接一个角度传感器,用来记录车轮转动的角度,从而实现对转向轮转角的监测。

图 37-1 转角仪

不用型号的转角仪的检测方法也不同,下面以全自动转角仪为例说明其检测方法。

(1) 设备准备。

(2) 车辆准备。

(3) 测试。根据提示向左打转向盘到极限位置,系统采样,测得左、右车轮的外、内转角。同样根据提示向右打转向盘到极限位置,系统采样,测得左、右车轮的外、内转角。将转向盘回到中间位置,测试完毕。

37.1.2 前束尺

前束尺用于测量各种汽车前轮前束的尺寸,如图37-2所示。汽车前束尺由滑尺、尺身等部件组成,滑尺一端与螺旋套筒连接,另一端装于滑尺座和尺身中。滑尺能在滑尺座和尺身中自由滑动,以调整测量汽车前轮的基本尺寸,测量范围在 1.1~1.9 m 可调,完全适于各种汽车前轮前束尺寸的测量。

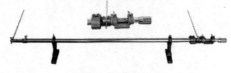

图 37-2 前束尺

37.1.3 四轮定位仪

四轮定位仪是用于检测汽车车轮定位参数,并与原厂设计参数进行对比,对车轮定位参数进行相应的调整,使其符合原设计要求,以实现理想的汽车行驶性能,即达到操纵轻便、行驶稳定可靠、减少轮胎偏磨损效果的精密测量仪器。

在汽车维修保养作业中,四轮定位仪的使用类型比较多,如美国的战车、德国百斯巴特等。下面对我们较熟悉的百斯巴特 E8 系列四轮定位仪进行介绍。

百斯巴特 E8 系列定位仪包括 E8 和 E8R 两种类型。其中,E8R 为无线测量方式,E8 为有线测量方式。E8R 所测量的数据经由无线电通信的方式发送到主机的接收器,再传输到计算机进行处理。E8 所测量的数据经由与传感器相连接的通信电缆传输到计算机进行处理。

如果在打开定位仪包装后立刻开始测试定位系统的话,应确保各传感器之间至少相距 1.5 m,如图 37-3 所示。

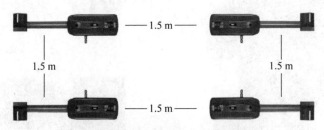

图 37-3 四轮定位仪传感器的间隔距离

确认各镜头之间没有障碍物阻挡红外测量光线,每个传感器装备有两个 CCD 镜头使用红外线进行测量。相对应镜头之间的光线不能被遮挡。

四轮定位对配套使用的举升器的水平具有严格要求,可参照下面的调整和测量要求对举升器进行精确水平调整,如图 37-4 所示。

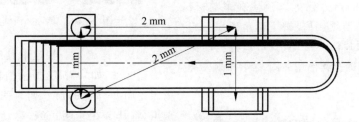

图 37-4 四轮定位配套举升机的水平要求

支撑车轮所有的点(转角盘、后滑板)在同一水平面上是非常重要的,必须使用专用水准仪进行检查。

允许的高度偏差如下:

左右之间最大为 ±0.5 mm;
前后之间最大为 ±1 mm;
对角线(左前和右后)最大为 ±1 mm;
对角线(右前和左后)最大为 ±1 mm。

注意:当与举升器配合使用该设备时,应在举升器位于地面(测量工作面)和升起(调整工作面)的情况下保证举升器的水平。转角盘必须用销子固定在举升器平板上,不需要对其进行润滑,但要保持表面清洁。配套使用的四轮定位专用四柱举升器和四轮定位仪主机分别如图 37-5 和图 37-6 所示。

图 37-5 配套使用的四轮定位专用四柱举升器

图 37-6　四轮定位仪主机

四轮定位仪的基本组件如下。

（1）刹车锁。安装刹车锁时，按下弯角顶片上的按钮，将制动器锁的顶部顶在刹车踏板上，并将弯角顶片用力顶在座椅上，然后松开按钮，依靠座椅的弹力就可以顶住刹车踏板；如果要取下制动器锁，只要按下弯角顶片上的按钮并将弯角顶片向下滑动，就可以将制动器锁拿下了。刹车锁及其使用如图 37-7 和图 37-8 所示。

图 37-7　刹车锁

图 37-8　刹车锁的使用

（2）方向盘锁。方向盘锁在锁紧方向盘时，应确保不会松脱，否则会使定位参数测量失准，增大误差。方向盘锁及其使用如图 37-9 和图 37-10 所示。

图 37-9　方向盘锁

图 37-10　方向盘锁的使用

（3）快速卡具。快速卡具安装时，将车轮装饰盖卸下，如果需要，应清洁轮胎卡紧衬套。依照轮胎所标记的尺寸调节两个较低位置的卡爪，将其卡在轮圈边缘，移动顶部的卡爪到轮圈边缘并用星形手柄锁紧，将可调整的夹紧臂放在轮胎上，用力向车轮方向压下两侧夹紧用的杠杆，把夹紧臂移到胎纹中，在松开夹紧臂之前确信两端已调好。多用快速卡具及其传感器如图 37-11 和图 37-12 所示。

图 37-11　有线或无线传感器（4 只）

图 37-12　多用快速卡具(4 只)

（4）机械转角盘。可自由转动的机械转角盘能够消除车轮在转动时所产生的压力，其外形与使用如图 37-13 和图 37-14 所示。

图 37-13　机械转角盘

图 37-14　前转向轮停在转角盘中间位置

（5）短后滑板。短后滑板长 450 mm，可转动±10°，这样在调整独立悬挂的后轮时，后轮可以自由转动。其外观如图 37-15 所示。

（6）长后滑板。长后滑板的长×宽×高为 1 050 mm×460 mm×50 mm，最大承载为 1 000 kg，转动范围为±2.5°。这样在调整独立悬挂的后轮时，后轮可以自由转动。其外观如图 37-16 所示。

注意：车辆驶上时，应保证转角盘和后滑

图 37-15　短后滑板

图 37-16　长后滑板

板的销子销到位，当车辆在转角盘和后滑板上停好之后，才可移去销子。

（7）扰流板适配器。扰流板适配器适用于带有低扰流板车辆的定位。使用时把两个适配器分别垂直安装在左前和右前卡具的传感器安装孔上，再把传感器装在适配器的安装孔上（适配器上的安装孔在卡具安装孔的正下方），这样就可以使两个前部传感器的前镜头的测量红外线避开低绕流板的遮挡，使定位测量能正常进行，如图 37-17 所示。

图 37-17　扰流板适配器

（8）标定装置。标定装置包括标定杆和 T 形标定架，它是用来对传感器进行前束和外倾角标定的，如图 37-18 所示。

（9）遥控器。使用遥控器上的 4 个键就可

图 37-18　标定装置

以调出完整的检测步骤,并在计算机屏幕上显示出测量步骤。遥控器使用红外线传输遥控信息,其外观如图 37-19 所示。

图 37-19　遥控器

(10) A4 彩色喷墨打印机。打印机可以将最终检测结果打印出来,其外观如图 37-20 所示。

图 37-20　彩色喷墨打印机

(11) 传感器。传感器说明如图 37-21～图 37-23 所示。

传感器的安装:

① 把 4 个传感器安装到卡具上。前轴车轮上的传感器小端指向车头前进方向,后轴车

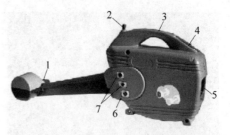

图 37-21　四轮定位仪传感器的结构

1,5—CCD 镜头;2—天线;3—水平气泡;4—小键盘;
6—转角盘电缆插口(选装);7—通信电缆插口

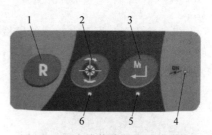

图 37-22　有线传感器按钮的功能

1—复位激活键;2—钢圈偏位补偿键;
3—偏位补偿计算键;4—电源指示灯;
5—计算键指示灯;6—偏位补偿指示灯

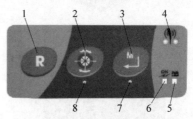

图 37-23　无线传感器按钮的功能

1—复位激活键;2—钢圈偏位补偿键;3—偏位补偿计算键;4—无线电收/发指示灯;5—电池指示灯(关闭——电池电量正常,闪烁——电池电量低;点亮——电池正在充电);6—电源指示灯;7—计算键指示灯;8—偏位补偿指示灯

轮上的传感器小端指向车尾前进的反方向,如图 37-24 所示。(注意:4 个传感器不要装错,检查传感器上的标记是否正确。)

② 依照水平气泡的指示调整传感器水平,并拧紧卡具上的固定螺钉,如图 37-25 中的箭头所示。

③ 连接好通信电缆,检查 4 个传感器的连线是否连接牢靠,然后连接 220 V 电源到定位仪。分别按下 4 个传感器上的"R"键以激活传

图 37-24 传感器的安装

图 37-25 传感器水平调整

图 37-26 传感器的连接

④ 连接定位仪到 220V 电源,打开定位仪开关(在机柜的后面),Windows 操作系统自动启动。Windows 启动之后,系统自动引导进入定位程序初始状态,开始进行车辆四轮定位作业。

图 37-27 激活传感器

37.2 底盘系统维修常用的设备

底盘系统维修常用的设备包括轮胎压力表、轮胎花纹深度尺、十字扳手、平衡块拆装钳、球头拆卸器、减振器弹簧压缩器、转角仪、前束尺、轮胎拆装机、轮胎扩胎机、轮胎充氮机、车轮动平衡机、四轮定位仪等。

37.2.1 轮胎维修设备

1. 轮胎压力表

轮胎压力表是测量和矫正轮胎气压的设备,如图 37-28 所示。轮胎气压过高或过低不但会影响车辆的行驶性能,而且会引起轮胎花纹磨损异常,胎压过高时轮胎会磨中间,胎压过低时会磨两边,而且会影响车辆的加速性和油耗。所以在车辆进行维护操作时,轮胎气压的测量和矫正是必不可少的项目。轮胎压力表一般分为机械式和电子式两类。

图 37-28 轮胎压力表

轮胎压力表的使用方法如下。

(1) 车辆静止停放。

(2) 拧下轮胎气门芯盖。

(3) 将轮胎压力表的检测口安装到气门芯上,读取压力表数据,压力标准数值可以查看车辆加油口盖或B柱处的标识,也可以查阅维修手册。

(4) 如果气压不符合标准,则需要矫正,按动手柄开关降低气压,如需要充气则需要连接压缩空气管路到轮胎气压表上。

(5) 矫正气压后,进行气门芯漏气测试。

(6) 旋紧气门芯盖。

2. 轮胎花纹深度尺

轮胎花纹深度尺是测量轮胎花纹深度的专用工具,如图37-29所示。轮胎花纹深度过浅会导致轮胎与地面的附着力下降,使得行驶性、制动性和转向性能下降,所以在车辆维护时,需要用轮胎花纹深度尺测量胎纹深度,如不符合要求,则需要更换轮胎。轮胎花纹深度尺一般分为机械式和电子式两类。

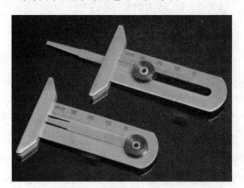

图 37-29 轮胎花纹深度尺

轮胎花纹深度尺的使用方法如下。

(1) 拆卸轮胎或举升车辆。

(2) 用轮胎深度尺测量轴向3处与径向3处,共9处测量点,最小测量值应符合维修手册中要求的极限值。一般轮胎胎纹的极限值为0.6 mm,小于极限值则必须更换新轮胎。

3. 轮胎拆装机

轮胎拆装机是拆卸和安装轮胎的专用设备,如图37-30所示。当轮胎由于泄漏、磨损过度、破损、起包等原因需要更换时,需要用轮胎拆装机把旧轮胎从轮辋上拆下来,再把新轮胎装到轮辋上。轮胎拆装机的品牌和种类很多,一般功能齐全的轮胎拆装机操作比较方便。

图 37-30 轮胎拆装机

轮胎拆装机的使用方法如下。

(1) 从车辆上拆下轮胎。

(2) 对轮胎进行放气。

(3) 将轮胎垂直放在分离铲与机座橡胶垫之间,把分离铲移向轮胎,踩下分离铲踏板,分离铲在气体的作用下使轮胎松动。

(4) 将轮辋固定在工作台上。

(5) 在轮辋边缘涂少许润滑剂,按下升降杆,使拆装器接触轮辋边缘。

(6) 以拆卸器的一端为支点,用杠杆撬起轮胎外缘,踩下工作盘旋转踏板,使工作盘和轮胎一起旋转,并使轮胎上缘脱离轮辋。

(7) 用同样的方法把轮胎下边缘也拆下,使轮胎与轮辋彻底脱离。

(8) 安装时,将轮辋放到工作盘上卡紧。

(9) 在轮胎唇边涂少许润滑剂,将轮胎下缘一部分套装在轮辋上,踩下立柱操作踏板后按下升降杆,使升降杆靠近轮辋边缘,用手按住轮胎,踩下工作盘旋转踏板转动轮胎,将轮胎下缘安装在轮辋上。

（10）用同样的方法把轮胎上缘也安装到轮辋上。特别是在装轮胎上边缘时，应注意边转边压。

（11）安装完毕对轮胎进行动平衡。

注意事项：

（1）操作人员必须经过培训合格后方能操作轮胎拆装机。

（2）操作时应使用合适的设备和工具，穿着防护工作服，配备合适的安装保护设施，如护目镜、耳塞、安全鞋等。

（3）安装和拆卸轮胎时为了不损伤轮辋，特别是铝合金轮辋，必须使用专用的轮胎撬杆。

（4）为了方便轮胎的拆卸和保护轮胎及轮辋，在轮胎和轮辋之间，务必使用工业润滑剂或浓肥皂水进行润滑。

（5）对于某些类型的轮胎，要注意轮胎外侧壁上的凸缘和轮胎上标出的转动方向。

（6）所安装的轮胎尺寸应与轮辋尺寸相一致。

4．轮胎扩胎机

轮胎扩胎机以气压为动力，使用时将气源与箱体后方的三通一端相连，另一端与气动砂轮相连或者堵住，待气泵压力达到 0.6～1 MPa 时，将轮胎放置在托板上，靠两边支承轮可以转动轮胎，将轮胎受损部分转到托板上方，并将扩胎架压入轮胎两侧边缘，脚踏进气阀门，使气缸活塞上升到顶点，打开轮胎，开始用气动砂轮操作，待操作完毕，脚踏排气阀，使活塞下降，回到原位，至此工作完成。轮胎扩胎机如图 37-31 所示。

轮胎扩胎机的使用注意事项如下：

（1）开机前检查设备安装装置是否正常，认真检查设备上方、上、下托辊及周围有无人或其他物品，确认安全可靠后方可开机。

（2）设备运行时手不要放在滑道上，以免撑胎爪伸缩时被挤伤。

（3）检胎时移动台灯不能用力过猛，移动时要稳，以免碰碎台灯造成伤害。台灯照明电源必须是安全电源，且有灯罩。

图 37-31　轮胎扩胎机

（4）扩胎机运行时，手、头部不得伸入胎内观察，需要观察时必须停止轮胎转动。

（5）检测过程中若发现异常响声，应立即停机，并通知维修人员修复，严禁带故障运行。

（6）严禁非专业人员维修设备，出现故障应立即与维修人员联系，并做好安全防护措施，进行停机、断电、挂警示牌、设立监护人、开具作业票。

（7）清扫卫生时必须停机、断电、挂警示牌、设立监护人，非专业人员严禁维修设备。

（8）检测完毕，切断电源打扫现场后方可离开。

（9）轮部位未停稳的轮胎不得进行外观检查操作，以防止砸伤人。

（10）待检外观的轮胎必须放稳。

（11）轮胎外观检查后运往 X 光检查时，多余的未检轮胎应存放于防护栏旁，推一条，检一条，运胎时要保持站位得当。

（12）使用照明灯检查时，要经常检查电源是否有松动情况，确认无误后方可进行检查，检查完成后要关闭电源，做到人走灯灭。

（13）移动电器电源线应符合规定，必须配备漏电保护器，每次使用时必须检验其可靠性，如发现问题应及时联系电工进行检修。

5. 轮胎充氮机

轮胎充氮机是使轮胎充入氮气的专用设备,如图37-32所示。

图37-32 轮胎充氮机

轮胎充氮机的使用方法如下。

1) 轮胎原地(车辆驻停)充氮

(1) 首先请驾驶人员将车辆停在平坦的路面或举升机指定的工位并要求驾驶人员熄火后将手刹拉好。

(2) 使用千斤顶(建议使用三层气囊式千斤顶)或举升机二次举升小滑车将需要充氮的轮胎支起。

(3) 取掉轮胎气门芯,放掉轮胎内部的所有压缩空气,并将卸掉的气门芯放在指定的工具盒内。

(4) 检查气门芯及气门嘴的老化程度,当确认无安全隐患时将抽真空打气枪的连接到气门嘴处,将抽真空打气枪的功能按钮置于抽真空工作状态后,将轮胎里剩余的空气抽掉。

(5) 充氮至 2 kgf/cm^2(0.2 MPa)后,停止充氮,放掉胎内的氮气。装上气门芯,最终充至汽车设定的胎压为止。

(6) 使用试漏液喷壶检查所充氮气轮胎气门嘴部位是否漏气,检查完毕,将气门嘴帽安装在气门嘴处并旋紧(若无气门嘴帽,协助车主将缺帽气门嘴安装好),协助车主检查其他轮胎(包括备胎)气压是否正常。

(7) 若经检查无其他安全隐患,将交工的车辆交付车主并引导司机倒车离店。

2) 轮胎拆装充氮

(1) 首先请驾驶人员将车辆停在平坦的路面上并要求其将手刹拉好。

(2) 使用千斤顶将需要充氮的轮胎支起。

(3) 使用十字扳手或风动扳手卸掉轮胎螺丝,将拆掉的螺丝放置在指定的工具盒里,防止螺丝丢失。

(4) 取下轮胎气门芯,放掉轮胎内的所有压缩空气。

(5) 检查气门芯及气门嘴的老化程度,当确认无安全隐患时将抽真空打气枪连接到气门嘴处,将抽真空打气枪的功能按钮置于抽真空工作状态后,将轮胎里剩余的空气抽掉。

(6) 充氮至 2 kgf/cm^2(0.2 MPa)后,停止充氮,放掉胎内的氮气。装上气门芯,最终充至汽车设定的胎压为止。

(7) 使用试漏液喷壶检查所充氮气轮胎气门嘴部位是否漏气,检查完毕,将气门嘴帽安装在气门嘴处并旋紧(若无气门嘴帽,协助车主将缺帽气门嘴安装好),协助车主检查其他轮胎(包括备胎)气压是否正常。

(8) 将充氮结束后的轮胎安装在车辆上,旋紧螺丝后将轮圈上的相关备件安装牢靠。

(9) 若经检查无其他安全隐患,将交工的车辆交付车主并引导司机倒车离店。

37.2.2 车轮总成维修设备

1. 车轮动平衡机

车轮动平衡机是一种测量汽车车轮不平衡量,并指示不平衡量位置的设备,维修工再通过相应质量的平衡块将其补偿在指定位置,使车轮平衡。它是汽车修理厂、汽车轮胎店和汽车装胎厂等必备的设备。按照车轮的平衡方式车轮动平衡机可分为离车式车轮平衡机和就车式车轮平衡机。

如图37-33所示,车轮动平衡机一般由车轮驱动系统、测量系统、车轮定位系统和控制显示系统组成。在安置车轮动平衡机时要确保机体平稳,最好用地脚螺栓固定。

图 37-33　车轮动平衡机

车轮动平衡机的测量原理为:首先启动电动机带动轮胎旋转,由于轮胎不平衡参量的存在,使得轮胎各方向上施加于支撑轴上的压电传感器的离心力被转换成电信号,通过对该信号的连续测量,传感器把振动倾斜信号输送到操纵箱放大、滤波,再由单片机运算反馈到显示面板上显示出来。

车轮动平衡机的操作方法如下。

(1) 清除被测车轮上的泥土、石子和旧平衡块。

(2) 检查轮胎气压,视必要充至规定值。

(3) 根据轮辋中心孔的大小选择锥体,仔细装上车轮,用大螺距螺母上紧。

(4) 打开车轮平衡机电源开关,检查指示与控制装置的面板是否指示正确。

(5) 用卡尺测量轮辋的宽度 L、轮辋直径 D(也可从胎侧读出),用平衡机上的标尺测量轮辋边缘至机箱的距离 A,再用键入或选择器旋钮对准测量值的方法,将 A、D、L 值键入指示与控制装置。

(6) 放下车轮防护罩,按下启动键,车轮旋转,平衡测试开始,自动采集数据。

(7) 车轮自动停转或听到"嘀"声后,按下停止键并操纵制动装置使车轮停转后,从指示装置读取车轮内、外不平衡量和不平衡位置。

(8) 抬起车轮防护罩,用手慢慢转动车轮。当指示装置发出指示(音响:指示灯亮;制动:显示点阵或检测数据等)时,停止转动。在轮辋的内侧或外侧上部(时钟 12 点的位置)加装指示装置显示该侧平衡块的质量。内、外侧要分别进行加装,平衡块装卡要牢固。

(9) 安装平衡块后可能产生新的不平衡,应重新进行平衡,直到不平衡量<5 g(0.3 oz),指示装置显示"00"时为止。当不平衡量相差 10 g 左右时,如能沿轮辋边缘前后移动平衡块一定的角度,则可获得满意的效果。

(10) 测试结束,关闭电源开关。

2. 平衡块拆装钳

平衡块拆装钳是拆卸安装轮辋处平衡块的专用工具,如图 37-34 所示。当车轮需要做动平衡时,应先除去原先旧的平衡块,检测完后再装上新的平衡块,这时就需要用到平衡块拆装钳。

图 37-34　平衡块拆装钳

3. 球头拆卸器

球头拆卸器是拆卸底盘球头的专用工具,如图 37-35 所示。当拆卸球头时,一般不能顺利取出球头,需要用球头拆卸器进行拆卸。

图 37-35　球头拆卸器

球头拆卸器的使用方法如下。

(1) 拧松球头固定螺栓,并与螺杆顶面平齐。

(2) 安装球头拆卸器到球头处。

(3) 用扳手旋转拆卸器的调节螺栓,直到球头从托架上分离。

(4) 取下球头拆卸器。

37.2.3　减振器弹簧压缩器

减振器弹簧压缩器是用于更换弹簧或减振器的专用设备,如图 37-36 所示。

减振器弹簧压缩器的操作步骤如下。

(1) 拆卸带弹簧的减振器。

(2) 组装弹簧压缩器各部件。

(3) 把带弹簧的减振器放入压缩器的上、下座圈内。

图 37-36　减振器弹簧压缩器

(4) 压缩压紧弹簧,拧松开槽螺母,放松弹簧。可以用扳手固定活塞杆以使螺母松开。

(5) 拆卸减振器。

第38章

其他系统维修常用工具和设备

38.1 空调系统维修常用设备

38.1.1 空调系统高、低压力表组

空调系统高、低压力表组又称为歧管压力计,由高、低压力表,表座和管路等部件组成,如图38-1所示。空调系统高低压力表组是空调制冷系统维修必不可少的工具,可用于空调系统制冷剂的回收与加注、空调制冷系统抽真空、添加冷冻油及空调系统故障的排除等。

空调系统高、低压力表组的操作步骤如下。

(1) 完全关闭高、低压力表组低压侧和高压侧的阀门,如图38-2所示。

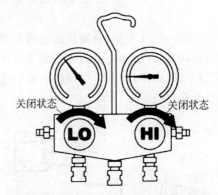

图38-2 关闭压力表低压侧和高压侧的阀门

注意:连接时用手而不用任何工具紧固加注软管;高、低压软管不要装反。

(2) 将加注软管的一端与空调系统高、低压力表相连,另一端与车辆的维修阀门相连,如图38-3所示。注意:蓝色软管为低压侧,红色软管为高压侧。

(3) 启动车辆,打开空调制冷功能,读取高、低压力。低压侧的压力一般在0.15~0.25 MPa(1.5~2.5 kgf/cm^2,21~36 psi)范围内;高压侧的压力一般在1.37~1.57 MPa(14~16 kgf/cm^2,199~228 psi)范围内。

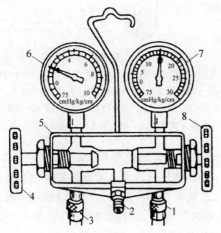

图38-1 空调系统高、低压力表组
1—高压工作阀接口;2—加注、抽真空接口;3—低压工作阀接口;4—低压手动阀;5—阀体;6—低压表;7—高压表;8—高压手动阀

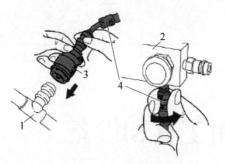

图 38-3　连接空调系统高、低压力表组
1—维修阀门（车辆侧）；2—空调系统高、低压力表组；3—快速接头；4—加注软管

38.1.2　真空泵及空调系统检漏仪

1. 真空泵

真空泵在空调维修中主要用于抽真空，其具体操作步骤如下。

（1）关闭点火开关，拔下压缩机上的电源接头。

（2）如图 38-4 所示，将高压表连接至储液罐的维修阀上，低压表连接到蒸发器至压缩机之间低压管路的维修阀上，中间注入软管连接到真空泵接口上。

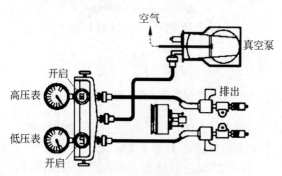

图 38-4　空调管路抽真空

（3）启动真空泵，缓慢打开高、低压表两侧的手动阀。

（4）开始抽真空，使低压表指示的真空度达到 100 kPa。抽空时间为 5～10 min。如真空度达不到 100 kPa，应关闭高、低压压力表两侧的手动阀，停止抽真空，检查泄漏处。

（5）当低压表指示的真空度达到 100 kPa 后，关闭高、低压压力表的手动阀，静置 5 min 后，观察压力表的指示情况。如真空度发生变化，说明有泄漏故障，可用检漏仪检查排除；如真空度不变，说明系统正常，可继续进行操作。

（6）继续抽真空 20～25 min。

（7）关闭高、低压压力表的两个手动阀，停止抽真空。从真空泵接口上拆下中间注入软管，抽真空完毕，准备充注制冷剂。

2. 空调系统检漏仪

空调系统检漏仪有卤素检漏灯、电子检漏仪等类型。

（1）卤素检漏灯是一种丙烷（或酒精）气燃烧灯，利用制冷剂气体进入喷灯的吸入管使喷灯火焰颜色发生改变这一特性判断空调系统有无泄漏及其泄漏的程度。其结构如图 38-5 所示。

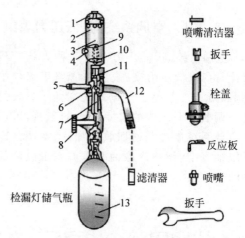

图 38-5　卤素检漏灯的结构
1—燃烧筒盖；2—燃烧筒；3—反应板；4—反应板螺丝；5—燃烧筒支架；6—喷嘴；7—捡漏灯主体；8—调节把手；9—火焰长度（上限）；10—火焰长度（下限）；11—火焰分离器；12—吸气管；13—检漏灯储气瓶

卤素检漏灯的使用方法如下。

① 向储气瓶内注入液态丙烷或无水酒精。

② 将点燃的火柴插入检漏灯的点火孔内，然后逆时针慢慢旋转调节把手，让丙烷（或酒精）气体溢出。

③ 将燃烧的火焰调到尽量小，火焰越小，对制冷剂泄漏越灵敏。

④ 将吸入管末端靠近可能的泄漏部位。

⑤ 观察火焰颜色的变化，判断方法见

表 38-1。

表 38-1 卤素检漏灯故障诊断表

燃烧工质	火焰颜色	故障诊断
酒精	变成浅绿色	有少量泄漏
	变成深绿色	有大量泄漏
丙烷	变成浅蓝色	有较少量泄漏
	变成蓝色	有较多量泄漏
	变成紫色	有大量泄漏

(2) 电子检漏仪有手握式和箱式两种类型，图 38-6 所示为手握式电子检漏仪的结构。注意，不同的制冷剂应使用相应的电子检漏仪。

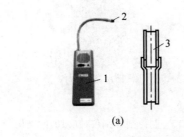
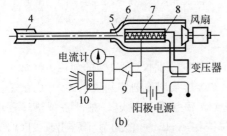

图 38-6 电子检漏仪的结构
(a) 检漏仪外形；(b) 检漏仪结构
1—探测器；2—探测头；3—管道；4—吸嘴；
5—电热器；6—外壳；7—阴极；8—阳极；
9—放大器；10—音程振荡器

将电子检漏仪的吸嘴靠近可能的泄漏部位，如电子检漏仪的蜂鸣器发出警告声，则说明此处有泄漏，蜂鸣器的声音频率会随泄漏量的变化而变化。

38.1.3 制冷剂注入阀

若使用小罐制冷剂为车辆加注，须配合使用制冷剂注入阀，其结构如图 38-7 所示。

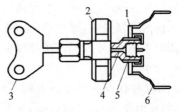

图 38-7 制冷剂注入阀的结构
1—板状螺母；2—软管接头；3—手柄；
4—阀针；5—衬垫；6—制冷剂罐

1. 制冷剂罐注入阀的安装方法

(1) 将制冷剂罐注入阀的手柄沿逆时针方向旋转，直到阀针完全缩回为止。

(2) 沿逆时针方向转动制冷剂罐注入阀的圆盘，使其上升到最高位置。

(3) 将注入阀的圆盘与制冷剂罐螺栓连接，并顺时针方向拧紧注入阀的圆盘，使其固定在制冷剂罐上。

(4) 沿顺时针方向转动制冷剂罐注入阀的手柄，使注入阀的阀针在制冷剂罐上顶开小孔。

(5) 将高、低压压力表的中间注入软管连接到注入阀的连接头上。

2. 制冷剂的加注方法

(1) 确认制冷系统没有泄漏之后，将注入阀连接到制冷剂罐上，如图 38-8 所示。

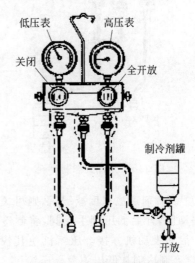

图 38-8 加注液态制冷剂

(2) 将高、低压压力表的中间注入软管连接到注入阀的接头上，然后沿顺时针方向拧紧注入阀的手柄，使注入阀的阀针在制冷剂罐上顶开一个小孔。

(3) 沿逆时针方向拧松注入阀手柄，使阀针退出，制冷剂便注入中间的注入软管，此时，不能打开高、低压压力表两侧的手动阀。

(4) 拧松连接在高、低压压力表一边的中间注入软管螺母，当看到白色制冷剂气体外溢、听到"嘶嘶"声时，拧紧螺母。

(5) 拧松高压表一侧的手动阀，如图38-8所示，将制冷剂罐倒立，使制冷剂以液态注入制冷系统。注意：以液体形式从制冷系统高压端注入制冷剂时，切勿启动发动机并接通空调系统，以免制冷剂倒罐。

(6) 拧松低压表一侧的手动阀，将制冷剂以气体形式从低气压侧注入制冷系统，如图38-9所示。注意：在低压侧充注制冷剂时，一定要将制冷剂罐正立以气态形式注入。

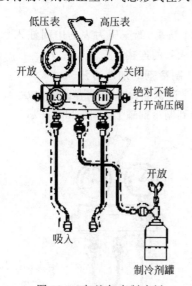

图38-9 加注气态制冷剂

(7) 制冷剂罐注速度减缓后，则可关闭高压侧手动阀，开启低压侧手动阀，将制冷剂罐正立。启动发动机并接合压缩机使其快速运转，让气态制冷剂从低压侧吸入压缩机。此时可用开关低压阀门的方法，控制低压表压力在250 kPa以下。

(8) 向制冷系统注入规定数量的制冷剂后，应按以下方法拆下压力表：关闭高、低压压力表的两个手动阀，关闭制冷剂罐上的注入阀，先拆下低压维修阀软管，停止发动机工作，断开空调系统开关，待高压侧压力下降后，可从高压维修阀上拆下高压软管。

38.1.4 制冷剂鉴别仪

制冷剂鉴别仪的功用是检验制冷剂的类型、纯度、非凝性气体及其他杂质，图38-10所示为制冷剂鉴别仪(16910)的结构。

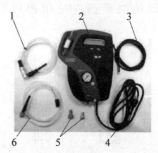

图38-10 制冷剂鉴别仪(16910)的结构
1—R134a样品软管；2—主机；3—净化排放软管；4—电源线；5—适配接头；6—R12样品软管

制冷剂鉴别仪(16910)的使用方法如下。

(1) 连接制冷剂鉴别仪电源，开机预热。

(2) 海拔高度设定。在设备预热过程中，同时按住A、B键，直到显示器出现"TO SET ELEVATION"，如图38-11所示。出厂设置海拔400 ft，相当于120 m。然后，通过【A】【B】键调整海拔高度，【A】键每按一次海拔升高100 ft，【B】键每按一次海拔降低100 ft。

图38-11 设置海拔高度

(3) 预热完成后,系统将自动进行标定,时间为 1 min。

(4) 通过快速接头连接管路。

(5) 按下【A】键,制冷剂流向仪器,如图 38-12 所示。大约 1 min 后,检验完成,显示器显示结果,如图 38-13 所示。

图 38-12　按下【A】键开始鉴别

图 38-13　显示器显示结果

检验结果说明:

(1) PASS——制冷剂纯度达到 98% 或更高。

(2) FAIL——R12 或 R134a 的混合物,任一种纯度达不到 98%,混合物太多。

(3) FAIL CONTAMINATED——未知制冷剂,如 R22 或 HC 含量为 4% 或更多。

(4) NO REFRIGERANT-CHK HOSE CONN——空气含量达到 90% 或更高,没有制冷剂。

38.1.5　制冷剂回收加注机

制冷剂回收加注机的功用有检测制冷系统的压力、抽真空、回收和定量加注制冷剂、添加冷冻油,图 38-14 为百斯巴特 A/C2500 制冷剂回收加注机。

百斯巴特 A/C2500 制冷剂回收加注机的

图 38-14　百斯巴特 A/C2500 制冷剂回收加注机

使用方法如下。

(1) 启动车辆,打开空调制冷功能,以减少冷冻油的回收量。

(2) 车辆熄火,将制冷剂回收加注机的高、低压接头与车辆空调维修接口连接,红色接头为高压侧,蓝色接头为低压侧,如图 38-15 所示。

图 38-15　连接制冷剂回收加注机的高、低压接头

(3) 选择"车辆空调功能"选项,进入手动模式,然后选择"回收"功能,按下【OK】键后,制冷剂回收加注机开始回收制冷剂,如图 38-16 所示。

(4) 制冷剂回收完成后,可对空调系统进行维修。

(5) 空调系统维修工作结束后,对空调系统重新加注制冷剂。选择"抽真空""加注机油"和"加注 R134a"功能,然后输入制冷剂的加注量,如图 38-17 所示。

图 38-16　制冷剂回收

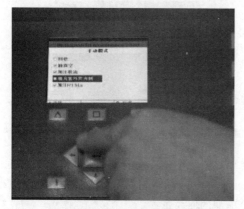

图 38-17　加注制冷剂

（6）制冷剂加注完成后，须进行空调系统检测，断开高、低压接头和软管排水，如图 38-18 所示。

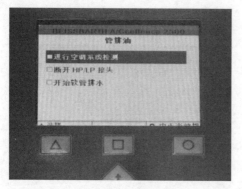

图 38-18　管排油

38.2　车辆支撑和举升常用工具和设备

38.2.1　千斤顶与安全支架

1. 千斤顶

汽车维修中，常用千斤顶顶起车辆的一端，按照工作原理可将千斤顶分为液压式千斤顶、气压式千斤顶和机械式千斤顶等，按照其形状又可将其分为立式千斤顶、卧式千斤顶和剪式千斤顶等，如图 38-19 所示。

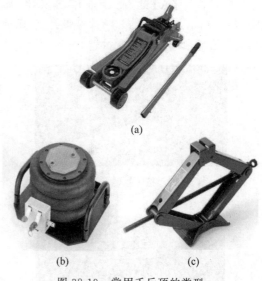

图 38-19　常用千斤顶的类型
(a) 卧式液压千斤顶；(b) 立式气压千斤顶；
(c) 机械剪式千斤顶

（1）用千斤顶举升车辆（以卧式千斤顶为例）。

① 将释放手把拧紧。

② 把修车千斤顶放在规定位置，再提升车辆，同时注意车辆对面的方向，如图 38-20 所示。

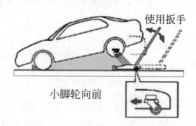

图 38-20　用千斤顶举升车辆

（2）用千斤顶下降车辆，如图 38-21 所示。

① 把千斤顶放在规定位置，举起车辆，注意其方向。

② 拆下安全支架。

③ 缓慢松开释放把手并轻轻地放下手柄。

④ 当轮胎已经完全落地时，使用车轮挡块。

（3）千斤顶使用时的注意事项。

① 应在平整的地面上修车，车辆中的所有

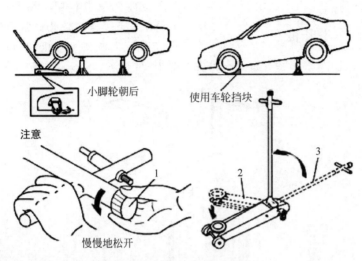

图 38-21 千斤顶下降操作
1—释放把手；2—臂；3—把手

行李要取出。

② 车辆顶升后，必须装好车轴架才能进入车下作业。

③ 一次切勿使用多个千斤顶，如图 38-22 所示。

图 38-22 不允许同时使用两个千斤顶

④ 切勿顶升超过千斤顶最大允许荷载的任何车辆。

⑤ 在顶升或拆除车轴架时切勿进入车下。

⑥ 在升降车辆前须进行安全检查，并告知其他人即将开始作业。在降下车辆前须检查车下有无东西。

⑦ 慢慢松开释放把手并轻轻放下手柄。

⑧ 修车千斤顶不使用时，须将其降下臂，并升起手柄。

2．安全支架

安全支架的作用是支撑车辆，并保持一定的高度，以方便维修人员进行车下作业，其结如图 38-23 所示。

安全支架的使用方法如下。

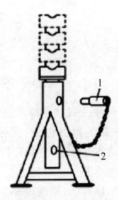

图 38-23 安全支架
1—销子；2—定位孔

（1）安全支架使用之前，须仔细检查以下内容：①检查鞍座是否有裂纹和变形；②检查安全支架是否平稳，机座和支腿有无变形；③检查安全支架上的螺纹、齿条或销子是否运转良好、锁定可靠，并确保支撑质量不超过最大安全工作载荷。

（2）将安全支架调整至预期高度，两边安全支架的高度应相等，以确保车辆处于水平位置。

（3）将待支撑车辆举升到略高于要求的高度。

（4）将安全支架放至加强梁下面，并确保安全支架不能损坏任何部件。

（5）轻轻降下车辆，落实安全支架，检查车辆是否可靠地支撑在安全支架的鞍座上。

(6) 移走千斤顶。

38.2.2 汽车举升机

在汽车维修作业中,汽车举升机是一件尤其重要的工具,其作用是举升车辆,便于维修人员在车下工作。举升机常用的类型有两柱式举升机、四柱式举升机和地藏式举升机,如图 38-24 所示。

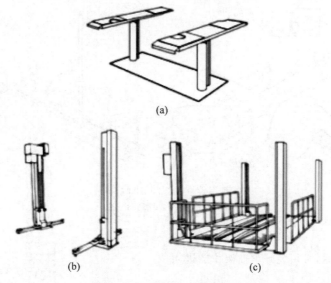

图 38-24 举升机的类型
(a) 地藏式举升机;(b) 两柱式举升机;(c) 四柱式举升机

举升机的使用及其注意事项:

1. 设置车辆的举升位置(见图 38-25)

(1) 缓慢地将车辆停在举升机正中,确保提起力的中心与车辆重心一致。

(2) 防止车辆移动,使用驻车制动器。

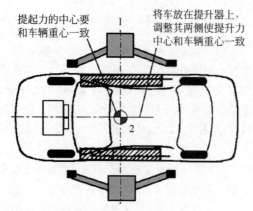

图 38-25 车辆摆放位置

2. 上、下升降

将举升机举升平台放在车辆支撑点下面,在举升和降下举升机前要进行安全检查,并向其他人发出举升器即将升起的信号,如图 38-26 所示。

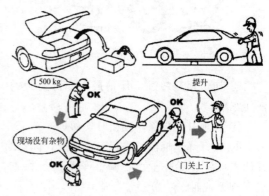

图 38-26 车辆举升前的准备

轮胎稍离地后,检查举升平台与支撑点的相互位置是否正确,如不正确,应降下举升机重新定位。

3. 注意事项

(1) 将所有行李从车上搬出后再举升空车。

(2) 除支承部件外,应无其他部件在现场。

(3) 切勿提升超过举升器最大极限的

车辆。

(4) 在举升车辆时切勿移动车辆。

(5) 切勿打开车门举升车辆。

(6) 在拆除和更换大部件时要小心,因为汽车的重心发生了改变。

(7) 如果一段时间内未完成作业,则应把车放低一些。

(8) 有人作业时严禁升降举升机。

38.3 汽车电子检测设备

38.3.1 基本仪器

1. 专用数字式万用表

数字式万用表是汽车电气故障排除工作中必不可少的量具,可测量直流电压、交流电压、电流、电阻、二极管判断、频率、转速等,图 38-27 为某品牌的数字式万用表。

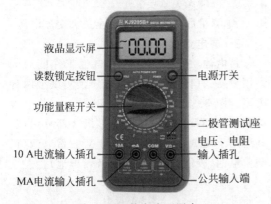

图 38-27 数字式万用表

1) 电压的测量方法及注意事项

(1) 电压的测量方法

① 将黑表笔插入 COM 插孔,红表笔插入 V/Ω 插孔。

② 选择交、直流选项及量程,如图 38-28 所示。

③ 将测试表笔并联到被测负载或信号源上,在显示电压读数的同时会指示出红表笔所接电源的极性,如图 38-29 所示。

(2) 电压测量的注意事项

① 测量直流电压时应注意极性。

② 如果不知道被测电压的范围,则首先将

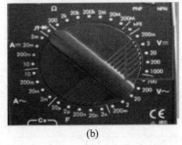

图 38-28 交、直流选项及量程

(a) 交流电压及量程;(b) 直流电压及量程

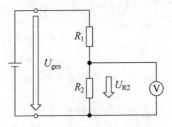

图 38-29 电压表的连接方式

功能开关置于自动或者最大量程,后视情况降至合适的量程。电压表一般有几个可供选择的挡位,仪表各挡的量程可能不同,所选择的量程挡应以得到最精确的读数为准。当液晶显示屏只在最高位显示"1"或者"OL"时,说明已超量程,须调高量程。

③ 测量时电压表必须始终与待测量的对象并联。

④ 测量电压时注意电缆或导体的横截面,对电气系统进行变动,例如使用大功率电气负载时,必须改变电缆的横截面积以适应更高的电流。

⑤ 因电缆芯破损而减小横截面积时,可能会增大电压降。通过测量电阻无法发现该故障,只有通过测量闭合电路中的电压降才能

发现。

⑥ 测量高电压时,应格外注意,以避免触电,同时不要输入高于仪表量程的电压,因为有损坏仪表内部线路的危险。

⑦ 测量后要将电压表调到最大的交流电压量程。

2) 电流的测量方法及注意事项

(1) 电流的测量方法

① 将黑表笔插入 COM 插孔,红表笔插入 A/mA 等插孔。

② 选择交、直流选项及量程。

③ 将测试表笔串联到被测负载上,在显示电流读数的同时会指示出红表笔所接电源的极性,如图 38-30 所示。

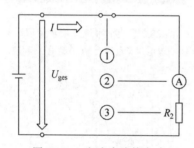

图 38-30　电流表连接方式

(2) 电流测量的注意事项

① 注意电流的类型,即电路中流过的是交流电流还是直流电流(AC/DC)。

② 开始时应选择尽可能大的量程,若不知被测电流值的范围,应将量程开关置于自动或高量程挡,根据读数需要逐步调低量程。

③ 注意直流电流的极性。

④ 电流表始终与用电器串联在一起。为此必须断开电路导线,以将电流表加入电路中。测量时电流必须流经电流表。

⑤ 当开路电压与地之间的电压超过安全电压时,切勿尝试进行电流测量,以避免仪表或被测设备损坏,以及伤害到自身。因为这类电压会有电击的危险。

⑥ 在测量前一定要切断被测电源,认真检查输入端子及量程开关的位置是否正确,确认无误后,方可通电测量。

⑦ 若输入过载,内装保险丝会熔断,须予

以更换。

⑧ 大电流测试时,为了安全使用仪表,应根据仪表说明书的要求限定每次测量的时间。

⑨ 测量后要将电流表调至最大交流电压。

3) 电阻的测量方法及注意事项

(1) 电阻的测量方法

① 将黑表笔插入 COM 插孔,红表笔插入 V/Ω 插孔。

② 选择合适的量程。

③ 将车辆蓄电池的负极断开,并将被测对象从电路中断开,然后测量被测对象的电阻。

(2) 电阻测量的注意事项

① 测量期间不得将待测部件连接在电源上,因为欧姆表使用本身的电源并通过电压或电流确定电阻值。

② 待测部件必须至少有一侧与电路分离,否则并联的部件会影响测量结果。

③ 极性无关紧要。

④ 测量后要将电流表调至最大交流电压。

2. 蓄电池检测仪

蓄电池检测仪是检测蓄电池工作能力的专用设备,有传统测试型和电导仪测试型两种类型。图 38-31 所示为博世 BAT 131 蓄电池检测仪,由测试线、电流钳和主机 3 部分组成,其适用于测试 6 V、12 V 和 48 V 的蓄电池(铅酸蓄电池、胶体蓄电池和 AGM 蓄电池)。

图 38-31　博世 BAT 131 蓄电池检测仪

1) 蓄电池性能的检测方法

(1) 将 BAT 131 蓄电池检测仪连接到车辆上,红色夹钳连接蓄电池的正极,黑色夹钳连接蓄电池的负极。

(2) 选择测试环境。将蓄电池安装在车上,选择"车内";蓄电池未安装在车上时,选择"车外"。

(3) 选择端子类型。按检测对象选择顶端子、侧端子或跨接启动端子。

(4) 选择蓄电池类型。BAT 131 蓄电池检测仪可测试铅酸蓄电池、胶体蓄电池和 AGM 蓄电池。

(5) 选择电池标准。

(6) 按确认键进行检测,检测结果分为"电池良好""良好-需充电""充电后再测试"和"更换电池"4 种。

(7) 按下打印键,可打印检测结果。

2) 负载条件下检测蓄电池

通过在负载条件下检测蓄电池的装车工作状态,可以更为全面地评估蓄电池和发电机的健康状况,但是这一检测方法需要双人操作,其检测方法如下。

(1) 一人进入车内操作车辆,另一人将 BAT 131 蓄电池检测仪连接到车辆上,并选择相应的"检测启动系统"程序。

(2) 启动发动机,屏幕显示启动正常。然后在关闭负载的状态下,加大油门。

(3) 待仪器读条结束后,松开油门踏板,使发动机怠速运转,检测发动机。

(4) 在怠速状态下,打开大灯和空调,并将空调风速调至最大。

(5) 在以上负载状态下,加大油门,然后按照仪器提示松开油门,关闭发动机,完成检测。

(6) 按下打印键,可以一次全部打印出 3 种检测结果。

3. 测试灯

1) 12 V 无源测试灯

12 V 无源测试灯由试灯、导线、各种型号的端头组成,如图 38-32 所示。其主要是用来检查系统电源电路是否为电气部件提供电源。

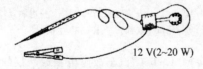

图 38-32 12 V 无源测试灯

将 12 V 无源测试灯一端搭铁,另一端接电气部件的电源接头。如灯亮,说明电气部件的电源电路无故障;如灯不亮,再测接近电源方向的第二个接线点,如灯亮,则故障在第一接点与第二接点之间,电路出现断路故障。如灯仍不亮,再去接第三接点……直到灯亮为止,且故障在最后被测接头与上一个被测接点之间的电路上,大多为断路故障。

2) 有源测试灯

有源测试灯与 12 V 无源测试灯基本相同,如图 38-33 所示。它只是在手柄内加装 2 节 1.5 V 干电池,用来检查电气电路断路和短路故障。

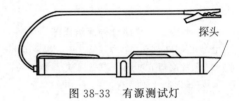

图 38-33 有源测试灯

(1) 断路检查。首先断开与电气部件相连接的电源线,将测试灯一端搭铁,另一端依次接电路各接点(从电路首端开始)。如果灯不亮,则断路出现在被测点与搭铁之间;如灯亮,断路出现在此被测点与上一个被测点之间。

(2) 短路检查。首先断开电气部件电路的电源线和搭铁线,测试灯一端搭铁,一端与余下电气部件的电路相连接。如灯亮,表示有短路故障(搭铁)存在,然后逐步将电路中的插接器脱开,打开开关,拆除部件等,直到灯灭为止,则短路出现在最后的开路部件与上一个开路部件之间。

4. 声级计

在汽车噪声的测量方法中,国家标准规定使用的仪器是声级计。声级计是一种能以近似于人耳听觉的特性测定噪声声级的仪器,可以用来检测机动车的行驶噪声、排气噪声和喇叭声音响度级。

普通声级计外部由电源开关、显示器、量程开关、传声器、灵敏度调节电位计、读数/保持开关、复位按钮、时间计权开关等组成,详见图 38-34。

安全检测中的喇叭噪声检测流程如下。

(1) 轮胎气压应符合汽车制造厂的规定,

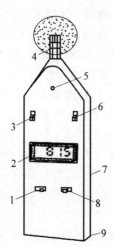

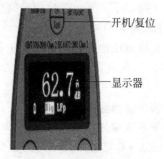

图 38-36　喇叭噪声分贝

图 38-34　声级计外部结构图

1—电源开关；2—显示器；3—量程开关；4—传声器；5—灵敏度调节电位计；6—读数/保持开关；7—复位按钮；8—时间计权开关；9—电池盖板

38.3.2　通用型汽车故障电脑诊断仪

通用型汽车故障电脑诊断仪可使用于各种车型，如国产的"电眼睛""修车王"和金德"KT660"等，可以读取故障码、查看数据流、部件控制等。

金德"KT660"汽车故障诊断仪由各种诊断接头、测试延长线、电源延长线、蓄电池夹供电线、点烟器供电线及 KT660 主机组成，如图 38-37 所示。

汽车各系统处于正常状态。

（2）车辆停在检测工位上，关闭发动机，拉起手制动。

（3）测量汽车喇叭声级时，应将声级计置于距汽车前 2 m，离地高 1.2 m 处，其话筒朝向汽车，轴线与汽车纵轴线平行，如图 38-35 所示。

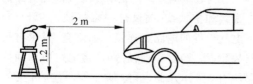

图 38-35　喇叭声级计的安装

（4）打开电池盖板，按正、负电极正确放入电池，扣好电池盖板。

（5）拨"开关"按键到"开"的位置、接通电源，检查电池电压，如显示屏显示电压充足，则仪器可用于测量，否则应更换电池。

（6）当检测线 LED 显示屏出现"喇叭检测"指令时，被检车辆沿地面引车线缓慢向前行驶，调整车辆停车的位置。

（7）待 LED 显示屏显示"按下喇叭 3 秒钟"指令时，检验员按下汽车喇叭，持续约 5 s。一般可以检测 2 次，2 次的数值均不能超过上限。

（8）LED 显示屏显示的喇叭声级检测结果见图 38-36，检测结束。

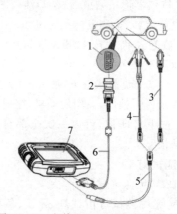

图 38-37　金德"KT660"汽车故障电脑诊断仪的组成

1—汽车上的诊断座；2—各种诊断接头；3—点烟器供电线；4—蓄电池夹供电线；5—电源延长线；6—测试延长线；7—KT660 主机

金德"KT660"汽车故障电脑诊断仪的使用方法如下。

（1）打开点火开关，使用诊断接头与测试延长线连接车辆 OBD 接口和 KT660 主机，使用蓄电池夹供电线或点烟器供电线给 KT660

主机供电。

（2）进入汽车诊断主界面，如图 38-38 所示。图中①为导航栏，所有车型品牌可以按区域分类显示，也可以按品牌首字母 A～Z 的顺序显示，还可以通过 VIN 识别码直接识别；图中②为折叠按钮，显示或隐藏导航栏；图中③为区域显示或首字母区间显示；图中④为上下翻页按钮。

（3）识别车辆，可通过品牌识别或 VIN 识别码识别，如图 38-39 所示。

（4）车辆识别后，点击确认按钮，进入汽车诊断功能界面，如图 38-40 所示。

图 38-38　KT660 汽车诊断主界面

图 38-39　使用 VIN 识别码识别车辆

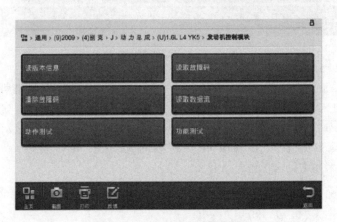

图 38-40　汽车诊断功能界面

(5) 读取故障码。点击图 38-40 中的"读取故障码"按钮,进入读取故障码界面,如图 38-41 所示。该界面包括故障码的内容、是否有冻结帧和帮助信息。冻结帧的功能是发动机管理系统对故障码功能的补充,主要用于冻结发动机故障触发时发动机的相关工况,帮助维修人员了解故障发生时的整车工况。

(6) 清除故障码,点击图 38-40 中的"清除故障码"按钮。读取/清除故障码的操作流程为:首先读取故障码并记录,然后清除故障码;试车、再次读取故障码进行验证,维修车辆,清除故障码;最后再次试车确认故障排除、故障码不再出现。

图 38-41 读取故障码界面

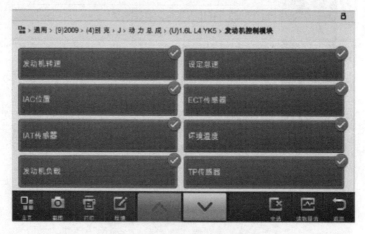

图 38-42 读取数据流界面

(7) 读取数据流。点击图 38-40 中的"读取数据流"按钮,进入读取数据流界面,选择需要读取的数据流,如图 38-42 所示。然后点击图 38-42 右下角"读数据流"按钮,界面将显示数据流的名称、结果和单位,如图 38-43 所示。

(8) 动作测试。该功能可以测试电控系统中的执行器能否正常工作。点击图 38-40 中的"动作测试"按钮,界面将显示所有可操作的动作测试,如图 38-44 所示。

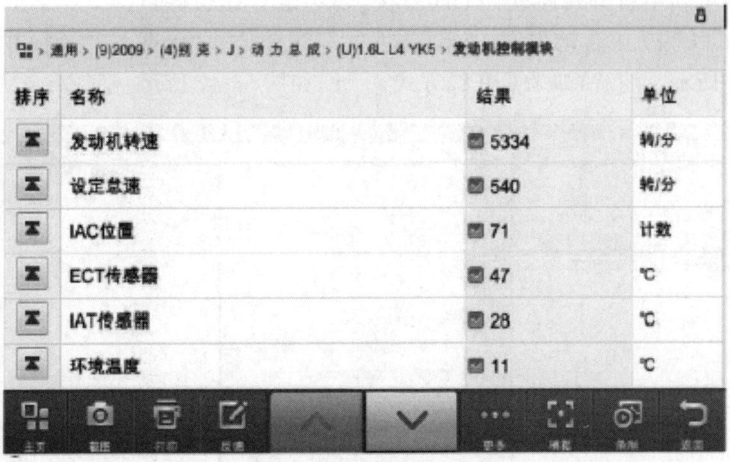

图 38-43 数据流显示界面

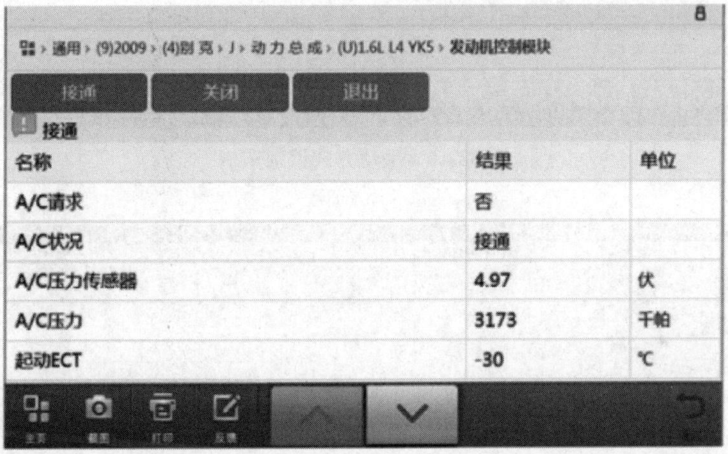

图 38-44 动作测试界面

38.3.3 专用诊断仪

专用型电脑诊断仪适用于特定品牌车型，如大众的 VAG1551/1552 故障阅读仪、宝马的 ISID NEXT 综合信息显示屏、通用的 TECH2 等。

VAS 6150 诊断仪主要由松下笔记本、扩展坞、电源、无线诊断单元 VAS 5054、VAS 5054 的 USB 连接线等组成，如图 38-45 所示。

大众 VAS 6150 汽车诊断仪的使用方法如下。

(1) 将无线诊断单元 VAS 5054A 一段与车辆诊断接口连接，然后通过蓝牙或 USB 连接线与诊断电脑连接。

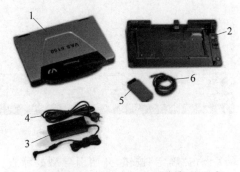

图 38-45 VAS 6150 诊断仪的组成
1—松下笔记本；2—扩展坞；3—电源；4—国家/地区特定电缆；5—无线诊断单元 VAS 5054；6—VAS 5054 的 USB 连接线

(2)在诊断电脑中打开诊断软件 ODIS 系统,ODIS 系统可以手动或自动识别车辆,手动方式如图 38-46 所示。注意,如果是在线方式,需登录 GEKO 账户。

(3)点击"无任务"按钮,开始识别控制单元,如图 38-47 所示。

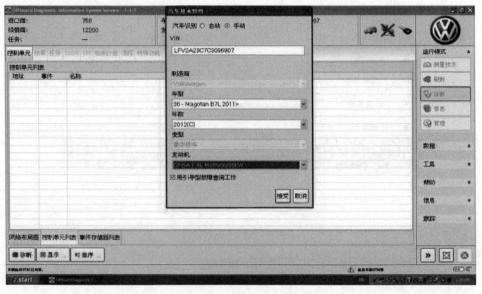

图 38-46　手动方式识别车辆

图 38-47　识别控制单元

(4)点击"确定"按钮,开始引导型故障查询,如图 38-48 所示。

(5)查询中如弹出选择类型对话框,则按实车装置选择,点击"设置类型"按钮,如图 38-49 所示。

(6)点击"诊断"按钮,故障存储如图 38-50 所示。

(7)点击"网络布局图"按钮,网络布局如图 38-51 所示。

第38章 其他系统维修常用工具和设备

图 38-48 引导型故障查询

图 38-49 设置类型

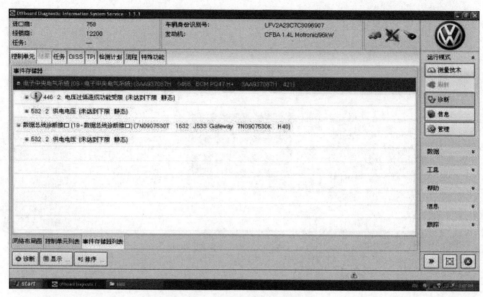

图 38-50 故障存储

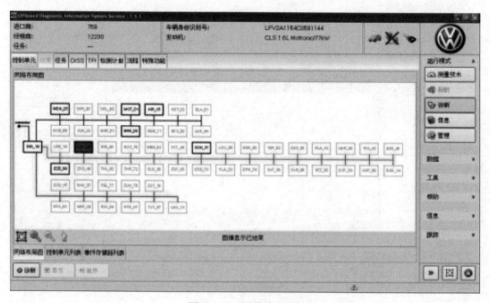

图 38-51 网络布局图

(8) 对控制单元右键单击或左键单击 1 s 以上,弹出功能菜单,如图 38-52 所示。

(9) 点击左下角的"诊断"按钮,退出诊断会话。然后点击"是"按钮,确认结束诊断会话。

(10) 如果点击"否"按钮,则删除诊断数据,如图 38-53 所示。

(11) 点击"完成/继续"按钮,如图 38-54 所示。

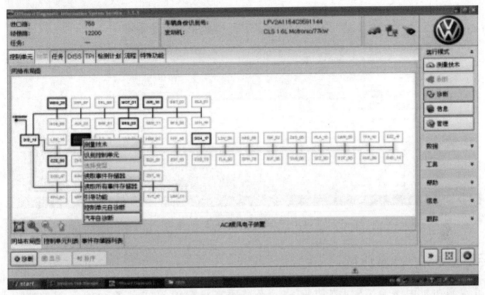

图 38-52　弹出功能菜单

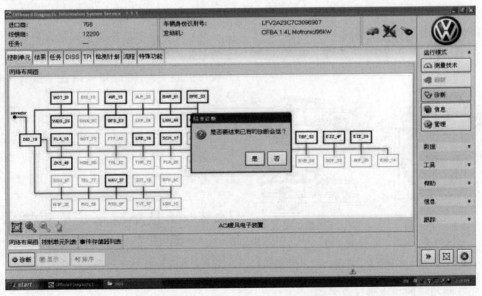

图 38-53　退出诊断回话

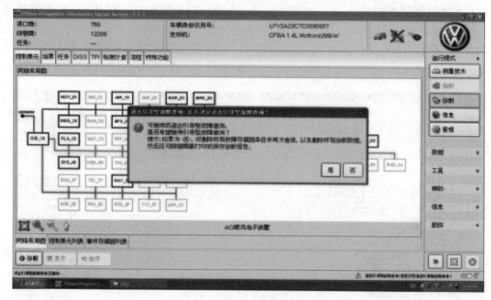

图 38-54　点击"完成/继续"按钮

38.3.4　底盘测功机

底盘测功机由滚筒装置、测功装置、飞轮机构、测速装置、控制与指示装置等构成。其功能包括底盘输出功率测试、最高车速测试、加速、滑行测试，车速、里程表校验，油耗测试等。滚筒式底盘测功机有大直径单滚筒、前后轮双滚筒和后轮双滚筒等类型，如图 38-55 所示。

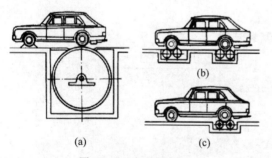

图 38-55　底盘测功机
(a) 大直径单滚筒；(b) 前后轮双滚筒；(c) 后轮双滚筒

底盘测功机的功率测试流程如下。

(1) 接通测功机电源，并根据被检车辆驱动轮输出功率的大小，将功率指示表转换开关置于低挡或高挡位置。

(2) 操纵手柄（或按钮），举起举升器的托板。

(3) 将被检车辆的驱动轮尽可能与滚筒呈垂直状态停放在试验台滚筒间的举升器托板上。

(4) 操纵手柄，降下举升器托板，直到轮胎与举升器托板完全脱离。

(5) 用三脚架抵住位于试验台滚筒之外的一对车轮的前方，以防止车辆在检测过程中从试验台上滑下去，将冷却风扇置于被检车辆正前方，并接通电源。

(6) 检测发动机的输出功率或驱动力。

(7) 全部检测结束，待驱动轮停止转动后，移开风扇，去掉车轮前的三脚架，操纵手柄举起举升器的托板，将被检车辆驶离试验台。

38.4　车身系统常用的维修工具和设备

车身系统常用的维修工具可分为手动工具和动力工具两类。

正确的工具是汽车车身修理技师做好准备的标志，知道如何使用工具是一名有经验的技师的特征。知识和经验来自学习和实践，但没有正确的工具，即使最好的车身技师也不能完成出优质的车身修理工作。车身修理的工具包括通用的工具、金属加工工具和车身表面加工工具。

38.4.1 基本工装

1. 划针

如图 38-56 所示,划针像一把锥子,用钢制材料制作,尖头淬火,其钢柄较重。它用来在金属板上划出要切割、钻孔或紧固的标志,可以用锤轻敲划针穿过较厚的金属板。当不需要特定尺寸的孔时,可以用划针在金属板上戳穿一个孔。划针需要保持锐利才能在各项作业中有效而安全地使用。

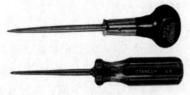

图 38-56 划针

2. 钳子

车身修理必须准备几种类型的钳子,包括用于普通零件和钢丝的标准钳,用于小零件的尖嘴钳和用于重型工作包括弯曲薄钢板的大型可调钳。

1) 组合钳

组合钳是最普通的钳子,经常用于任何种类的汽车修理工作,其钳爪的表面既有平的也有弯曲的,用于握持平的或圆形的工件。组合钳也称为滑动支点钳(见图 38-57),有两个张开的爪,一个爪可以在装于另一个爪上的销钉上移上或者移下,以调节开口的大小。

图 38-57 滑动支点组合钳

2) 可调钳

可调钳通常称为管锁,具有多位滑动支点,即允许有多种钳口张开尺寸。例如,一把 16 in 的可调钳有最大 4.5 in 的爪钳口张开量,所以可调钳对抓握和转动大的工件是有用的。这种钳把手较长,能提供充分的转动杠杆作用。可调钳的钳口有平面和曲面两种,见图 38-58。

图 38-58 可调钳

3) 尖嘴钳

每位汽车车身修理技师应至少有一把 6 in 或 8 in 的尖嘴钳。尖嘴钳有具锥形的夹爪(见图 38-59),是夹持小零件或是伸入狭窄空间的必不可少的工具。许多尖嘴钳还能做导线切头和导线剥皮器用。在车身修理厂经常用它进行一般的电气连接作业(例如车头灯),非常方便。尖嘴钳的爪有的制成 90°弯角,能在障碍物后边或绕过它进行操作。

图 38-59 尖嘴钳

4) 锁钳

锁钳通常称作虎钳夹,除了能以非常大的夹紧力夹紧物体外,其与标准型钳子相似,如图 38-60 所示。它对于将两零件夹持在一起特别有用,例如,为了点焊,用几副锁钳来夹持定位的面板就很方便;在严重打滑的紧固件上,扳手和套筒已不起作用的情况下,可用锁钳来夹紧。在车身修理工作中,锁钳有几种常用的尺寸和爪形,如图 38-61 所示的 C 形夹钳、焊接夹钳和鸭嘴形夹钳等是经常用到的。

图 38-60　尖嘴虎钳夹

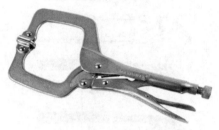

图 38-61　C 形夹钳

C 形夹钳夹持带法兰或轮缘的零件很方便；焊接夹钳有专门形状的爪，以便在气焊操作中夹持和定位焊点；鸭嘴形夹钳有宽爪，用来夹持和弯曲薄板。

3．金属剪

多数车身修理技师应至少有一套金属剪，用来修整面板。几种常用的金属剪有：

1) 铁皮剪刀

铁皮剪刀或许是最通用的金属剪切工具，可用来剪切钢板的直线或曲线形状。

2) 金属切割剪

金属切割剪（图 38-62）用来切开硬金属，如不锈钢。这种剪的刀爪窄小，可使其在所切金属之间移动，其爪是锯齿形的，用来剪切坚韧的金属。

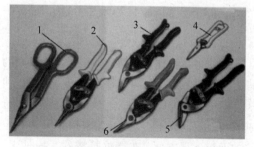

图 38-62　金属切割剪
1—铁皮剪；2—直杯剪；3—右向剪；
4—小型剪；5—航空剪；6—左向剪

3) 面板切割剪

面板切割剪（图 38-63）是一种特殊的铁皮剪刀，用来切断车身钣金件。这种切割剪常在板上做直线或曲线切割，被切除的部分是需要修理、腐蚀或损坏的部位。它可使切口清洁、准直，容易焊接。

图 38-63　面板切割剪

4．钣金锤

车身修理工具包括一些非常熟悉的普通金属加工工具及专用于汽车车身修理的专用工具。车身修理厂要应用许多不同的锤，不少是专门为金属成形作业而做成特殊形状的。

1) 球头锤

球头锤（图 38-64）是一种对所有钣金作业有用的多用途工具。它较车身锤重，用于校正弯曲的基础结构，修平重规格部件和在未开始用车身锤和手顶铁作业之前粗成形的车身部件。一把好的球头锤的质量应在 284~454 g，这种锤在车身修理厂被大量使用。

图 38-64　球头锤

2) 橡皮锤

橡皮锤（图 38-65）用于柔和的锤击薄钢板，不会损坏喷漆表面。它经常与吸杯配合用于对"塌陷型"凹陷的修复。当用吸杯将凹陷拉上来时，用橡皮锤围绕着高起的点按圆周状轻打。

钢锤带有橡皮端部是另一种在车身修理作业中使用的锤子。此种锤如图 38-66 所示，兼有硬面和可更换橡片头的软面，有时称为软面锤。它可用于铬钢修理或其他精密部件的作业而不损伤其表面光洁度。

第38章 其他系统维修常用工具和设备

图 38-65　橡皮锤　　　　图 38-66　软面锤

3）铁锤

轻铁锤（图 38-67）是复原损毁的钣金件第一阶段所必需的工具，它的质量是 3～5 lb（1 lb≈0.45 kg），并有一个短把柄，因此能在紧凑的地方使用。铁锤能用以敲打损毁的金属板使其大致回到原形，在更换金属板时则用于清理损坏的金属板。

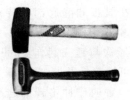

图 38-67　轻铁锤

5. 车身锤

车身锤是连续敲打钣金件恢复其形状的基本工具。它有许多不同的设计，如图 38-68 所示，有方头、单头、圆头以及尖头的，每种形式是为专门用途而设计的。

图 38-68　各类车身锤

1—宽嘴锤；2—镐锤；3—长点锤；4—点锤；5—宽嘴横锤；6—收缩横锤；7—收缩锤；8—长镐；9—收缩锤；10—宽面冲击锤；11—反向曲面轻冲击锤；12—短曲面横锤

1）镐锤

镐锤能维修许多小凹陷，其尖顶用于将凹陷从内部锤出，对中心进行柔和地轻打即可；其平顶端与顶铁配合作业可以去除高的点和波纹如图 38-69 所示。镐锤有多种形状和尺寸。使用镐锤时要小心，若抡得过猛，尖顶端可能戳穿汽车上的薄钢板，所以只能在修复小的凹陷处用镐锤轻敲。

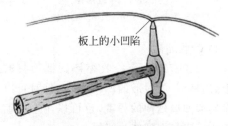

图 38-69　用镐锤修复小突起

2）冲击锤

较大的凹陷维修需要使用冲击锤。冲击锤的顶角有方的和圆的两种，其另一顶面接近平面（见图 38-70），因此打击面比较大，打击力分散在较大的面积上。冲击锤用于凹陷板面的粗整形，或校正内部强度较高的结构件。使用冲击锤的凸面进行维修时，需要注意，锤子曲面外形的曲率必须小于金属板的曲率，以免造成金属过度延展。

图 38-70　冲击锤

3）精修锤

精修锤用于对车身板件进行精整形修复。如图 38-71 所示，精修锤的锤体比较小，一般使用木质手柄，质量也较轻，锤面较冲击锤小。锤面为曲率较大的球面，在击打时，可以使力集中于较小的面积。精修锤的另一端为针形，使打击力集中于一点，可以用来维修板面上较小的高点。

图 38-71 精修锤
1—收缩锤；2—精整锤；3—横向精修锤

4）冷收缩锤

如图 38-72 所示，冷收缩锤的锤面具有锯齿形、网格形、放射形的凹槽，在击打时可以降低金属向四周延伸的程度，也可以用来收缩那些被过度击打而延伸的部位。

图 38-72 冷收缩锤
1—光面锤头；2—缩面锤头

6. 顶铁

顶铁的作用类似于铁砧或模具，其作用是在背面顶起凹陷的金属板面，配合锤子进行"顶凹打凸"或局部实敲整形、整平作业。顶铁一般为铸铁材质或钢锭材质，被做成不同的形状以适合车身板面不同部位的维修需求。顶铁要适合握持，且有些面需要打磨精细，使曲面光滑或平整。

顶铁有多种不同的形状，如图 38-73 所示，每种形状用于特定的凹陷形式和车身板面外形——高隆起、低隆起、凸缘及其他部位。顶铁与面板外形的配合非常重要，假如在高隆起的面板上使用平面或低隆起的顶铁，结果将增加凹陷。通用的顶铁有许多种外形，可以在多种情况下使用。轻型顶铁是另一种常用的顶铁，也有许多形状。铁尖式和足根式顶铁用于在狭窄的部位进行敲击，其平面直角边用以矫正凸缘。

图 38-73 各种形状的顶铁

7. 匙形铁

匙形铁（图 38-74）是另一类车身修理工具，有时用作锤，有时用作顶铁。它有许多种形状和尺寸，可与不同的面板形状匹配使用。平直表面的匙形铁把敲打力分布在宽的面上（图 38-75），在皱折和隆起部位特别有用。当面板后面的空间有限时，匙形铁可当作顶铁用。敲击匙形铁与锤一起作业，可降下隆起。内边匙形铁可撬起低凹处，或与锤一起敲击来拉起凹陷。一种叫作冲击锉的匙形铁有锯齿状的表面，用来拍打隆起或里边的折皱，可使金属板恢复原来的形状。

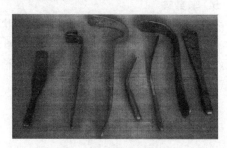

图 38-74 各类匙形铁

图 38-75 用锤和匙形铁下降突起

8. 撬镐

撬镐（图 38-76）类似于匙形铁，可以伸进有限的空间。撬镐只用作撬起凹点,它们有不同的形状和长度,大多数有 U 形末端把手。撬镐通常用来升起门后顶侧板和其他气密的车身部位上的凹陷如图 38-77 所示。撬镐通常较滑锤和拉杆好用,因为它们不需要在钣金件上钻孔。

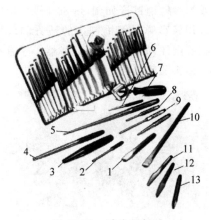

图 38-78 冲头和錾子
1—平錾;2—直圆销钉冲;3—短锥形冲;4—长锥形冲;5—錾规;6—长中心冲;7—冲头錾握持器;8—销钉冲;9—长销钉冲;10—长平錾;11—圆嘴角錾;12—角錾;13—金刚石头錾

图 38-76 各类撬镐

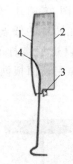

图 38-77 用撬镐撬起凹陷
1—外侧车门板;2—内侧车门板;3—车门密封条;4—凹陷

9. 冲头和錾子

整套的冲头和錾子(图 38-78)是车身维修工具箱中必备的工具。中心冲用于部件拆卸之前对它们的定位打标记,作为钻孔冲击标点(标点可保持钻头不偏移)。铆钉冲的冲头为锥形,顶端是平的,用来顶出较小的铆钉、销钉和螺栓。销钉冲和铆钉冲相似,但是冲头不是锥形的,这样它可以冲击出更小的铆钉或螺栓。长中心冲是一个长锥形冲头,用来在焊接时对车身面板或其他车身部件(如翼板螺栓孔和保险杠)等定位。

錾子是通过凿、刻、旋、削加工材料的工具,具有短金属,在一端有锐刀。

10. 铆枪

弹射铆钉为车身修理作业提供了极大的方便,其使用方法为:先将两片金属片插入车身面板的盲孔中,然后用铆接工具拉出,把金属面板锁定在一起,如图 38-79 所示。这种工具无须在铆钉的背后做加工孔,并有相当高的强度,如果使用了足够的铆钉,形成的接点是非常牢固的。对于任何种类的钣金件更换,如锈蚀孔修理,弹射铆钉是最简易、费用最低的连接方法。事实上大多数修理厂广泛地使用铆钉,不论是作为永久性的修理或是作为暂时的紧固件。在将更换的钣金件焊接到位置上之前,可用铆钉做暂时的固定,因为在那些部位,过度的热量可能使金属变形或发生安全事故(如油箱附近)。在车身作业中最通用的铆枪是 1/8 in 和 3/16 in 规格的。其他各种规格尺寸的铆枪适用于特种作业。

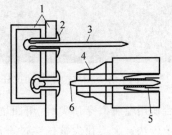

图 38-79 铆接示意图
1—工件;2—铆钉;3—铆紧钉;4—铆钉枪;5—爪拉回;6—钉子断开落下

重型弹射铆钉枪如图 38-80 所示,用来铆接难以用轻型弹射铆枪铆接的地方和较厚重的机械装配件,如风窗玻璃升降器。它有长手柄和长锥头及整套的 1/4～3/6 in 铆钉。

图 38-80　重型弹射铆钉枪

38.4.2　凹坑修复设备

1. 凹坑拉出器和拉杆

凹坑拉出器为钢制拉杆,底端有把手。中段安装有大约 1 kg 的钢制滑锤,顶端有拉出装置。

当皱折位于密封车身或面板部段上时,从背面即使用最长的匙形铁也够不到,此时可以用凹坑拉出器或拉杆。使用这两者中任何一种工具时,都要在皱折中钻或冲几个孔。

凹坑拉出器一般有螺纹顶端和钩形顶端(图 38-81),其顶端插入所钻的孔后,可使锤在金属杆上滑动并冲击把手,冲击锤轻打把手,慢慢拉起凹点如图 38-82 所示。

图 38-81　各类凹坑拉出器和拉杆

配合使用金属戳穿顶尖时,用凹坑拉出器进行作业较快。金属顶尖被压穿过金属板时,螺纹环夹住金属板,用滑锤轻打把手。金属板被拉回至原来的形状后,以反时针方向旋转拉出器,从孔中退出顶尖。

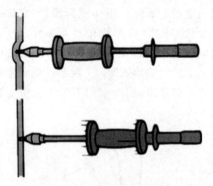

图 38-82　用拉出器拉出凹陷

也可以用拉杆来修复凹坑。将拉杆的弯曲端插入钻孔,小的凹坑或皱折可以用 1 根拉杆拉平(图 38-83),3 根或 4 根拉杆可以同时使用来拉平大的凹坑(图 38-84)。车身锤也可以与拉杆同时使用。在凹坑的低点拉上来的同时,其隆起的部分可以用锤敲打下去(图 38-85)。同时进行敲打和拉引使面板恢复原形,可以减少金属延伸的危险。

图 38-83　拉起小凹坑

图 38-84　用几根拉杆拉出大凹坑

使用凹坑拉出器和拉杆而产生的孔要用气焊或锡焊封起来,这一点很重要。

2. 凹坑吸盘

凹坑吸盘(图 38-86)是一种简单的工具,它可以拉起浅的凹坑,只要凹坑不是处在皱折

第38章 其他系统维修常用工具和设备

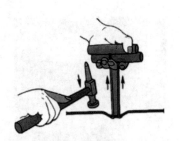

图 38-85 配合敲击拉出凹坑

的金属板上。作业时用吸杯附着在凹坑的中心并拉起,凹坑就可能恢复正常形状而不损伤油漆(图 38-87),也不需要再做表面整修。这是一种使用简便的工具,然而,有时凹坑定位后,还需要用锤和顶铁来整平金属板。即使如此,吸杯的方法还是值得一试。

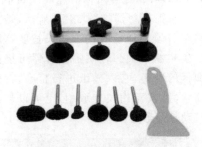

图 38-86 凹坑吸盘

图 38-87 使用凹坑吸盘进行无损漆面修复

38.4.3 装饰件及门手柄修复设备

1. 装饰件修复设备

任何需要拆去内部装饰件的修理工作均可方便地使用这类工具(图 38-88)。这种尖叉形的撬起工具可以撬起装潢小钉、弹簧、夹子、卡子和其他紧固件。

2. 门手柄设备

门内手柄通常是以钢丝弹簧夹夹在门板上。这些夹子的形状如马蹄铁,配合在手柄轴上,并将手柄紧紧固定在内板凸缘上。夹子拉出器或门手柄工具(图 38-89)需要伸到门内取出弹簧夹。有些门手柄工具可以拉出夹子,有些则是推动夹子离开轴。

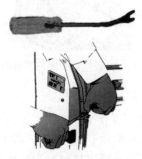

图 38-88 装饰件修理工具

图 38-89 门手柄工具

38.4.4 车身表面加工及维修气动设备

1. 车身表面加工设备

许多表面加工工具用来对最后的形状和外形进行修整,有些用于将修理好的金属板成形,有些则用于塑料车身填料和腻子的涂敷和成形。

1) 金属锉

对损毁的面板进行加工使之恢复到近似其原来的外形之后,常常用金属锉来去掉余留的突出点。下面两种专用锉适用于大多数车身加工。

(1) 侧面锉

侧面锉(图 38-90)是一种小锉刀,适用于许多形状。它的曲线形状适合于紧密配合凸起面积,如围绕风窗、轮口和其面板边缘。侧面锉在使用时是拉动而不是推进。推进锉会引起锉的振动,结果会在板面上形成刻痕和不平的表面。

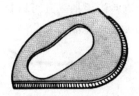

图 38-90　侧面挫用于成形严格的曲线

(2) 车身锉

车身锉用于锉平大的表面。在凹坑已经敲击或拉回成形后,车身锉可以磨去高点而显露出任何可能需要再加以敲击的低点,但是加工过程中要小心,这种锉可能锉穿薄金属板。

车身锉的锉片安装在把柄上。图 38-91 是一种带转动拉紧套筒的挠性手柄车身锉,转动拉紧套可以调整锉片的弯曲,挠性手柄可让锉的形状更好地配合面板的外形。刚性手柄车身锉(图 38-92)也适合锉平面或轻度凸圆形状。

图 38-91　挠性手柄车身锉

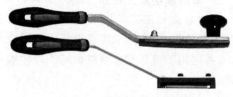

图 38-92　刚性手柄车身锉

2) 表面成形锉

用表面成形锉(图 38-93)可锉平面板交界处的填料。表面成形锉用来成形半硬时的填料,在填料硬化之前将其锉平成形,可以缩短等待的时间,同时在以后的修理工序中可以消除或减少对填料进行喷砂的作业。

一旦车身填料硬化,可用快速锉来成形和锉平(图 38-94)。快速锉有一个刚性把柄,大

图 38-93　表面成形锉及可更换的锉片

约 17 in 长、2.5 in 宽。快速锉以长和平的行程快速打磨修理面,这样可以清除波纹和不平的表面。轻质铝打磨器如图 38-95 所示,是为快速平整车身填料而设计的。加长长度有助于避免产生蜡状表面。轻质铝打磨器可挠曲以匹配面板的外形,它以砂纸进行打磨,将砂纸卷成筒状,可按需用长度取用,也可以装到直线形气动打磨器上。

图 38-94　快速锉

图 38-95　铝质挠性打磨器及锉刀片

2. 车身维修气动设备

车身修理工和油漆工有许多动力工具可用,从而使其作业更简易。这些工具的动力是压缩空气、电或液压流体。本章所叙述的大多

数工具是普通用途的工具,专用的工具在其相应的章节中叙述。

虽然电钻、扳手、磨轮、抛光机、台钻等工具在车身修理厂有应用,但是气动工具的使用更大量而普遍。在汽车修理厂,气动工具有4个主要优点超过了电动设备。

(1) 灵活性。气动工具运转时不发热,速度和力矩可变化,不会因超负荷或失速而造成损坏,亦可安装在紧凑的空间中。

(2) 气动工具的质量轻,有助于提高生产效率。

(3) 安全。气动设备在有些环境中可减少火灾的危险,而电动工具的火花或将出问题。

(4) 操作和维修费用低。由于零件较少,故气动工具需要的预防性维修也较少。而且气动工具的售价低于与之等效的电动工具。

实际上,任何气动工具工作不正常的普遍原因如下。

(1) 缺少适当地润滑。

(2) 气体压力不够或过大。

(3) 管道中湿度过大或灰尘过多。

安装一套空气调压器和润滑器将使气动工具的这些不正常工作的原因大大减少。利用这套装置可以保证空气清洁、内部易磨零件的适当润滑及适应不同工具所需的压力控制。

几乎所有的电动工具有其等效的气动工具,从砂轮机、钻、磨轮、机动扳手到螺钉旋具都是如此。然而有些气动工具没有等效的电动工具,特别是气动的针状定标器、旋转式冲击密封器、气动錾子、棘轮扳手、油脂枪及各种汽车工具。

提升机、升降机和车架与面板校正机可以连同压缩空气系统使用,然而在大多数情况下,这些设备是以液压油为动力的。

汽车修理业已充分注意到气动工具的优点,因此气动工具通常被称为"汽车车身修理和喷漆专业技师的工具"。

1) 气动扳手

涉及螺纹紧固件的任何作业,用气动扳手可以进行得更快、更方便。气动扳手有两种基本的形式,即机动扳手和棘轮扳手。

警告:本章所叙述任何气动工具的使用都需要戴上安全镜或面罩。在危险作业中,两者都要戴上。切勿穿戴宽松的衣服,因为它会钩住工具。

(1) 机动扳手

机动扳手是一种手提式可反转扳手。启动时,装有机动套筒的输出轴以 2 000～14 000 r/min 的转速自由旋转,转速大小因牌号和型号而不同。当机动扳手遇到阻力时,靠近工作面一端的一个小弹簧锤触击拖动轴的支块,驱动轴上装有套筒,于是每次触击推动套筒微转,直到力矩达到平衡,则气动扳手离开紧固件或者扳机脱开。

使用机动扳手时,只有机动套筒和接合器能与之配用(图 38-96)。如果使用其他类型的套筒和接合器,可能会破裂或飞出,危害操作者和近处其他人的安全。所以,在使用这种气动工具时,应查明套筒和接合器是否清楚地标明"为机动扳手配用"或"机动"等字样。机动扳手有英制和米制两种。

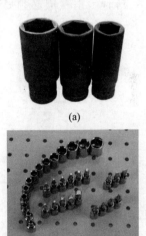

图 38-96 机动套筒和正常套筒
(a) 机动套筒;(b) 正常套筒

将套筒和接合器连接到机动扳手上时,只需要把它们在输出轴上推压到底为止。实际的机动扳手输出轴有两种类型(图 38-97):制动滚珠式输出轴和保持环式输出轴。对大多数作业,任何一种把套筒和接合器接到输出轴上的方法都工作得很好。工具和套筒的连接要尽可能选择最简单的方法。任何多余的连接装置都要吸收能量并降低动力。

图 38-97　制动滚球式输出轴和保持环式输出轴
(a) 制动滚球式输出轴；(b) 保持环式输出轴

可调空气调节器是大多数机动扳手（图 38-98）的组成部件。它能控制空气的流量以调节工具的转速和力矩，使工具在空气压力为 90～125 lbf/in^2 的范围内使用时没有过度的磨损。一般来说，空气调节器不是很精确的，因而不能保证紧固件的最后力矩。在进行重要作业时，最后的紧固力矩需要用力矩扳手来操作。不言而喻，空气罐必须要有空气调节器。

图 38-98　机动扳手

机动扳手对松开和上紧作业同样好用。旋转的方向通常以开关或双向扳机控制。

注意：当扳机处于启动位置时，不要改变旋转的方向。

拆卸紧固件时，将开关置于左转方向。将套筒放在螺母或紧固件的头上，压下扳机时向前用力压扳手。一旦螺母或紧固件松开，就松开扳手上向前的压力，让其把螺母或紧固件自由旋下。

安装紧固件时，将开关置于右转方向，用手将螺母旋在螺栓上面或者将螺栓旋入螺纹内，这样有助于避免螺扣错位，以及损坏紧固件。将套筒放在螺母或紧固件的头上，压下扳机开关拖动螺母或螺栓直到停止在所要紧固的零件上，然后向前用力压扳手，带动锤进行工作，使螺母和紧固件牢固地上紧。柔性套筒可以达到对不在同一直线上的紧固件，无须花费时间进行套筒和延伸件的更换。在松开紧固件时，螺栓落入套筒中。

注意：在车轮上使用机动扳手时，当心不要使轮辐板翘曲，最后上紧最好用手进行。

使用机动扳手时，应注意如下要点：

① 一定要查清机动扳手是否正确地制动着。启用机动扳手，注意防止人身伤害。假如机动扳手有销钉制动器，不要用弯曲的钉或金属丝代替。

② 假如气动扳手在 3～5 s 不能松开螺栓，要换用一个较大的扳手。在使用扳手之前，用渗透油浸泡生锈的大螺母。

③ 定期检查离合器润滑脂，典型的 1/2 in 气动扳手在离合器机构中应有 1/2 oz 的润滑脂。对照说明书指出的润滑脂需要量和牌号，只能按规定的数量和牌号加注润滑脂。

（2）气动棘轮扳手

气动棘轮扳手像手动棘轮一样，具有可在难以达到的位置作业的特别功能。它成直角的施力方式使其可深入空间狭小的部位松开或上紧紧固体，在那些部位用其他的手动或气动扳手是不能作业的。气动棘轮扳手看似普通棘轮，但有粗大的把手，其中装有气动叶轮马达和拖动机构，如图 38-99 所示。

图 38-99　气动棘轮扳手

气动棘轮扳手输出轴上方的正反向杠杆用于改变工具的旋转方向，当其处于正向的位置时，则工具顺时针旋转，上紧螺母和螺栓；反之，逆时针旋转，则松开螺母和螺栓。

在拉动气动棘轮扳手松开紧固件之后，可以用动力很容易地把螺母或螺栓退出，当上紧时,在动力驱动下可将螺母或螺栓旋入,然后用手拉动使之紧定。

棘轮气动扳手的旋转力矩不论多大,实际上没有反冲力,很容易握持,因而容易使人误解。其实通过套筒吸入的气流非常强,应当紧握把手。

注意:任何气动扳手都没有始终可靠的力矩调节器。如需要精确地预先选定力矩,则需要使用标准力矩扳手。气动扳手上的空气调节器可以用来调整力矩使之达到近似紧度。大于 5 ft·lb 的力矩把柄即可应付大多数汽车修理作业。

提示:紧固件的实际紧固力矩直接与接触点的硬度、扳手的速度、套筒的状况及允许工具被冲击的时间有关。

2) 气动钻

气动钻通常选用的孔径范围为 1/4 in、3/8 in 和 1/2 in,其操作状况与电动钻几乎一样,但它体积小、质量轻,见图 38-100,这使其在汽车修理作业的钻孔作业中更易于使用。用气动钻钻入任何材料时,应注意如下通用程序:

图 38-100 气动钻

(1) 准确地对所钻的孔定位。用冲头或锥尖清楚地标明钻孔的位置,施加压力时保持钻头不滑离标记点。

(2) 要弄清另外一边的情况不要钻坏电气配线或钻通装饰面板。

(3) 除非工件是不动的或是很大的,却要把它固定在台钳上或压板上。如用手握着小零件,当它突然被钻头卡位并急速旋转离开手握时,就会造成危险。这种情况在钻头刚要钻通工件底面的孔之前极有可能发生。

(4) 小心地将钻头置入卡爪的中心,上紧卡盘。避免将钻头插偏心,否则旋转时钻头将摆动并可能断裂。定中心后将钻头尖端放置在准确的钻孔位置上,而后用扳机开关启动(切勿把正在旋转的钻头压向工件)。

(5) 除去希望钻一个具有角度的孔外,应保持钻头垂直于工作面。

(6) 钻头和轴的方向与孔的去向应对准成一条直线,且只能沿此线用力,而不要有偏向或弯曲。改变此压力方向将改变孔的尺寸,且可能卡断小的钻头。

(7) 对钻头施加的压力应以达到平稳钻孔为标准,不要过大。压力太大会使钻头断裂或过热,压力太小会使钻头离开钻孔。

(8) 加工深孔时要用扭力钻,并要多次抽出钻头来清理钻屑。把钻头拉出钻孔时要使其保持旋转,这样有助于防止钻头卡住。

(9) 在钻头即将钻透之前,应及时降低气动钻的压力。

专用于去除焊点的气动钻和附件用作切开点焊件。切开点焊件时,钻机可以用夹钳紧固在焊接的地方,这样易于进行操作。钻孔时,工具不要从焊接点中心离开。

有以下两种焊点切割器,可以安装在气动钻内切割掉点焊点。

(1) 钻头型切割器。这种类型不损坏底板,也不会在底面板上留下尖孔,故整修方便。

(2) 孔锯型切割器(图 38-101)。此类型切割器切割深度可调整,所以不会损坏底板,但需要磨掉残余的焊接部分。

图 38-101 孔锯型切割器

在进行任何气动钻操作时,应注意如下维护和安全要点。

(1) 要及时清理卡盘爪,这样可延长其保持同心度的时间。要使用锐利的钻头,这样在钻孔时用力很小,其内应力也小。

(2) 防止由于突然增大的钻透力矩而造成钻头断裂的危险,应使用合适的、锐利的麻花钻和扩孔钻,并选定合适的钻孔速度。

(3) 开始钻孔时用低速,并逐渐提高速度。防止在钻透时压力松弛而造成逆转。

3) 气动旋具

与电动旋具不同的是,气动旋具始终在冷态下运转,即使经常使用也不会烧坏。气动旋具可用于各种各样的螺钉,包括一般的机制螺钉、塑料件自攻螺钉、板金属螺钉、复合金属板自钻孔螺钉、精密装配件上的精密螺钉、合金压铸孔中的螺钉等。气动螺钉旋具有直柄和枪把式把柄两种。

4) 气动打磨机

气动打磨机一般用于喷漆车间。气动打磨机有两种基本类型的:盘式打磨机和轨道式精磨打磨机。大多数粗打磨用盘式打磨机(图 38-102(a))或与之相似的复式作用轨道式打磨机(图 38-102(b))。轨道式打磨机旋转时会产生振荡,这样就形成一种特殊的磨光形式,与盘式打磨机形成的旋涡形磨痕不同。

精磨轨道式打磨机也称作"缓冲式"或"跳动式"打磨机(图 38-102(c))是为精细打磨设计的,它较其他任何类型的动力打磨机可使用的打磨纸品种更为广泛,通常用较精细的打磨纸作业最好。精密打磨机也有专为难以达到的部位和狭窄的拐角而设计的类型。

在车身修理厂可以看到的另一种打磨机是板式打磨机,它以圆形运动形式或是以直线

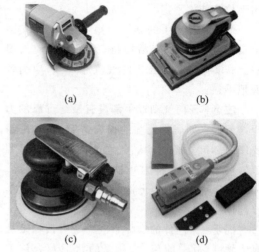

图 38-102 气动打磨机
(a) 圆盘式打磨机;(b) 轨道式打磨机;
(c) 精磨轨道式打磨机;(d) 直线打磨机

运动形式进行作业,每分钟可以打磨 40 in^2 的面积。

气动打磨机有 4 种类型:①圆盘打磨机,又称砂轮机;②轨道打磨机,又称摆动式打磨机;③精磨轨道式打磨机;④直线打磨机,又称平板打磨机(图 38-102(d))。

这 4 种打磨机由压缩空气或电力驱动,它们各有不同的用途见表 38-2。以圆盘打磨机为例,其磨盘转速高达 2 000~6 000 r/min,磨盘的直径为 5~9 in,可用于清除原有的漆层。重型圆盘打磨机上的磨盘直径通常为 9 in,出于安全方面的考虑,往往装有两个手柄(后面和侧面),以便更好地进行控制。

表 38-2 各种打磨机的用途及选择

类型	应用范围	一般用途						
		清除油漆	打磨薄边	粗磨钎焊表面	粗磨金属油灰面	粗磨聚乙烯油灰层	打磨金属油灰层	打磨聚乙烯油灰层
圆盘打磨机	狭小的部位	A	C	B	C	C	C	C
双向打磨机		B	A	C	A	A	A	A
轨道打磨机		B	B	C	A	A	A	A
直线打磨机	宽敞的部位	B	C	C	A	B	A	B
长行程边缘打磨机		B	C	C	A	B	A	B

注:A—优先选用;B—可以选用;C—不建议选用。

使用圆盘打磨机时，一定要让磨盘稍有倾斜，使磨盘只在边缘上大约 1 in 的范围内与表面相接触。不可将磨盘平放在表面上，以免打磨机扭转，甚至会从操作者的手中飞走。磨盘平放在打磨表面上还会产生许多难以消除的圆形磨痕。也不可将磨盘倾斜很大的角度，以免磨盘只以边缘接触打磨面，在打磨面上划出很深的槽。正确地操纵圆盘打磨机时，磨痕几乎是直线的。

轨道打磨机受到离心力的作用，既可用来进行局部的环形打磨（双向型），又可用来进行往复摆动式的直线打磨（直线型）。与圆盘打磨机不同，使用轨道打磨机打磨时，必须将它压平在打磨面上，这样就不会留下痕迹。轨道打磨机和平板打磨机都能够进行干磨或湿磨。

在进行每种类型的打磨时，应该选择合适的打磨机和砂纸，操纵打磨机时，一定要佩戴面罩或使用吸尘器。

操纵气动打磨机时，应将气压调整到 65～70 lbf。对于右旋型的气动打磨机，可用右手握住打磨机的手柄，同时用左手施加一个较小的压力并控制打磨机的运动。

为了不损坏镀铬层，不可打磨距装饰物或嵌条 12.2 mm 以内的部位。打磨前，应将附近的装饰物、图案、玻璃、手柄和标志掩盖起来，防止金属火花损伤这些表面。最好将所有的嵌条和装饰物贴上两层防护带。

使用任何一种机械打磨机，特别是圆盘打磨机时，应始终使打磨机在打磨面上移动，以免产生很深的磨痕、槽或烧穿。除了裸露的金属外，不可采用动力打磨设备打磨车身外表的棱边，因为这种打磨会迅速地损坏棱边。

警示：打磨时，一定要戴上防尘口罩。抛光时，要同时戴上防尘口罩和面罩。

在动力打磨过程中，当漆渣开始在砂纸上结块或起球时，应更换砂纸，否则漆渣堆积在砂纸上会划伤表面并降低磨盘的打磨效果。减慢打磨机的速度也有助于防止漆渣的堆积并延长砂纸的使用寿命。将一般汽车上有漆渣和划痕的地方打磨成薄边时，通常需要 6～8 块圆盘砂纸或支撑板。

5）气动砂轮机

在车身修理和喷漆厂，最常用的手提式砂轮机是圆盘式砂轮机。它和圆盘式打磨机的操作方法是一样的。

注意：避免过于靠近装饰物、保险杠或任何其他凸出部分进行打磨，否则会阻碍或碰着圆盘的研磨纸的边缘。在砂轮机接触工作面时不能让砂轮机停转。启动砂轮机作业的最好时机是刚好在它接触工作表面之前。

当然，在车身修理厂还有几种其他类型的砂轮机，比较通用的包括：

（1）水平砂轮机（图 38-103（a）），用于重负荷研磨。

（2）垂直砂轮机（图 38-103（b）），是大型号的圆盘式砂轮机。换上打磨垫，这种砂轮机可转换为圆盘打磨机。大多数垂直砂轮机可以兼有直轮和杯形轮。

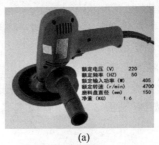

(a)

(b)

图 38-103　砂轮机
(a) 水平砂轮机；(b) 垂直砂轮机

（3）角砂轮机主要用于打磨、清理倒角和倒圆焊点。

（4）小轮砂轮机除可直接研磨外，还可以与锥形轮、钢丝刷或弹簧卡盘和小圆锯一起使用。

（5）成形砂轮机带有镶嵌刀尖和硬质合金

小圆锯,用于清理点焊点,去毛刺、倒圆和磨光。有直头和斜角头两种设计。

(6) 切断砂轮机可以轻易地切通消声器夹子和挂钩,也可以将金属板及散热器软管夹切开。

6) 抛光/打磨机

抛光/打磨机(图38-104)用于抛光、研磨和最后抛光。当操作抛光/打磨机时,一个最重要的考虑是选择合适的抛光垫,选择时要考虑以下几点:

(1) 抛光垫要与作业需要相匹配。小厚度抛光垫(1~1.25 in)对研磨和抛光工作早期阶段最好,大厚度抛光垫(1.5~2 in)对轻度抛光、修饰和倒圆等关键作业效果较好,在这种场合,有凸出的车身线,因此要求垫子较软。最后的抛光和上蜡用清洁的羔羊毛套或有厚软垫的抛光盘进行。这样抛光温度低,抛光效果好。为更进一步保护车身,可考虑使用带圆边的抛光垫。

(2) 要充分利用各种抛光垫的特点,不同的抛光阶段要用不同的抛光垫。

(3) 对抛光垫加载不要太猛,用前检查抛光垫有没有烧毁(圆周边有助于防止边缘烧毁)。抛光垫(见图38-105)应构造紧密,防止羊毛飞出。

图38-104 抛光机　　图38-105 羊毛抛光垫

(4) 用100%的羊毛抛光垫对汽车进行表面抛光效果最好。羊毛垫运转时较凉,更有缓冲性,较人造毛使用时间更长,这是因为羊毛透气性好,其纤维保持自然弹性的时间较长。

(5) 将抛光机和砂轮机混同使用是很不好的做法。抛光机只能用于抛光,否则车身表面的伤痕将依然存在。

7) 气动錾

在所有的气动工具中,气动錾(图38-106)的附件最多。气动錾是用来做錾切割的工具,它的附件具有以下功用。

图38-106 气动錾(冲击錾)

(1) 万向接头和连接杆工具。它借助振动松开牢固连接的万向接头和连接杆。

(2) 光整锤。它是金属板再加工的最好附件。

(3) 球接头分离器。以它楔子作用分裂开结死的球形接头。

(4) 面板卷边器。它能在面板上已去除损坏的部位成形一个台阶,然后用填充的面板与之配合,形成一个牢固而且平整的连接。

(5) 振动缓冲錾。它能快速进行最粗糙的作业,且不会给修理技师带来通常的关节损伤,并能节约大量时间。它还易于破开咬死的减振器螺母。

(6) 排气尾管切断器。它用于切断消声器和排气尾管。

(7) 刮削器。除表面涂层外还要去除底漆时用此附件很有效。

(8) 锥形冲头。松动咬死的螺栓、安装销钉、冲孔或冲定位孔是这种附件许多用途中的几种。

(9) 修整边角工具(钩形粗齿锯)。它用于切断薄板并能保持光滑。

(10) 橡胶衬套分裂器。老化的橡胶衬套可以裂开,便于拆卸。

(11) 衬套取出器。这种附件是为拆去所有类型的衬套而设计的。拆卸时用其钝边推,而不要切割。

(12) 衬套安装器。此安装器可推动所有类型的衬套到正确的深度,并去除焊接溅出物和破碎焊点。

8) 其他气动工具

还有几种别的气动工具可以在有些汽车车身修理厂见到,主要包括:

(1) 针状除垢器。其用作对金属和硬化焊接点的除锈和清理。

(2) 金属剪切器。其用于切断、修整和剪外形,还可以剪切塑料、白铁皮、铝和其他金属,包括 18 种规格的轧制钢扳。

(3) 气动下料器。它可以把 16 种规格的薄钢板切成任何形状,也可以切小到直径为 1 in 的各种孔。

(4) 板锯。其主要锯切低碳钢板(达到 16 种规格)、塑料板(板厚可至 3/8 in)和铝板(板厚可至 1/4 in)。

(5) 动力铆钉机。它可为 3/16 in 的钢板安装铆钉或是封闭头铆钉,并提供了一种有效的、高强度的紧固方法。

(6) 气动钢锯。它具有对许多金属的锯切功能,可在任何车间使用。

(7) 往复式锯/锉。它是双重作用工具,用以修整或成形金属板和塑料。

(8) 空气喷射枪。它可能是车间中最小的气动工具,也是最有用的一种工具,可以吹去任何难以达到的地方的灰尘和污物。

此外,在车身修理行业还有一些专用的气动工具,包括散热器试验器、气缸拉拔器、火花塞清洁器、空气滤清器清洁器、车身打光器、发动机清洁器等。但这些工具在一般的车身修理厂很少见到。

9) 气动工具的维护

气动工具很少需要维护。但是,如果这些少量的维护没有做好也容易引起大的问题。例如:湿气集聚在空气管道中,则在使用工具时会进入工具中。假如水分存留在工具中,将产生锈蚀,使工具的效率降低并将非常快地磨损。为防止这种情况发生,大多数的气动工具马达须每天用优质的气动马达油进行润滑。假如空气管道上没有管道加油器或润滑器,可

注入一匙润滑油到工具中。润滑油可以注入工具的空气入口或喷入最靠近空气源接头处的软管中,而后开动工具。大多气动工具制造厂家推荐专用油脂,但如果买不到这些润滑油时,也可用标准的汽车传动装置润滑油。

所有气动工具有建议的空气压力。假如工具超载工作将很快磨损。假如工具工作不正常,应立即停下来。如不立即停止,将发生连锁反应,导致其他部件损坏。例如:齿轮传动装置必须进行更换,不论以什么方式再使用,其结果是转子和末端平板将很快损坏。有损伤零件的气动工具必将耗用更大的空气压力。空气压缩机将随之形成超负载工作,将不清洁和不干燥的空气送入工具中。

38.5 汽车车身修复工艺及设备

复杂损伤修复是指车辆发生事故后外板件受到了较重的撞击,产生大凹陷、绞折、筋线损伤等变形,根据损伤的位置与面积,车身整形修复工应选择合适的方式进行维修(拉拔组合工具或者介子机整形维修)。该典型工作任务包括复杂板面的修复、铰折损伤修复、大面积和筋线损伤修复等代表性工作任务。此项工作是由维修企业取得汽车车身整形修复工(国家职业资格三级)资质的操作工完成。

38.5.1 车身外表件及附件拆装

座椅拆装是汽车钣金件维修工作中较常见的作业项目之一,完成该项工作须对座椅拆装部位进行分析,按照维修手册规定的拆装要求对座椅进行更换、检查等工作。

汽车维修钣金工按作业操作规范要求,正确穿戴好个人防护用品,在整个工作过程中严格遵循现场工作管理规范,注重生产安全及企业"7S"工作要求,在规定时间内完成座椅拆装作业。

该项工作的过程是:汽车维修钣金工接收并阅读工单,查看拆卸座椅情况并查阅维修手册;根据情况确定拆装要求,选用并领取专用的工具、设备、耗材;完成工作后进行工单记录

并交接、存档。

1. 车身外表件及附件拆装基础知识

1) 座椅分类及座椅结构

（1）座椅分类

按座椅覆盖材料不同,可以将其分为皮革座椅和织物座椅。

按座椅调节驱动形式不同,可以将其分为电动座椅和手动调节座椅。

按座椅结构形式不同,可以将其分为斗式座椅和长条式座椅。

（2）座椅的组成

座椅由头枕、安全带扣、座骨架、背靠骨架、调角器、升高器、滑轨等组成,见图38-107。

图38-107 座椅的组成

1—座骨架；2—座发泡；3—面套；4—安全带扣；5—头枕；6—发泡；7—靠背骨架；8—腰托调节；9—调角器；10—升高器；11—滑轨

2) 座椅的拆装

（1）前座椅的拆装

座椅调节滑轨一般由4颗高强度的螺栓固定在地板上,螺栓上有塑料装饰件卡扣。将座椅向前或向后滑动,拆卸座椅前部和后部的固定螺栓可卸下座椅。

安装前座椅时,先将座椅抬入车内(在抬的过程中应避免划伤内饰及车面油漆),重新连接所有的电动线路。用套管工具将4颗固定螺栓拧紧并用扭力扳手打上规定的力矩。螺栓拧得过松、过紧或不用扭力扳手拧紧座椅固定螺栓,则在碰撞中会发生断裂。

（2）后排座椅的拆装

后排座椅通常用螺钉或弹簧夹箍固定。拆下后部座椅螺钉后,向后推座椅,然后向上抬出座椅。

拆卸使用弹性夹箍固定座椅时,用手向下和向前压座椅,使座椅脱开弹性夹箍。安装时先将座椅装到位,然后向下和向后推动座椅,啮合好弹性夹箍。

2. 前座椅拆装作业

（1）安全与防护。拆装车身外表件及附件时,须佩戴工作帽、工作服、安全鞋,以及棉手套。

（2）准备车身维修手册(见图38-108)以供查阅。

图38-108 车身维修手册

（3）查阅车身维修手册,准备工具,包括中号扳手、接杆、12号套筒、扭力扳手等,如图38-109和图38-110所示。

图38-109 套筒工具　　图38-110 扭力扳手

（4）依据车身维修手册制定维修方案。

（5）拆卸座椅塑料装饰件。向前移动座椅,使用螺丝刀或硬塑料撬板拆下座椅底部的塑料装饰件如图38-111和图38-112所示。

图38-111 座椅底部塑料装饰件的位置

图 38-112　塑料装饰件

（6）使用螺丝刀或小型扳手拆下座椅连接在车厢地板上的固定螺栓，如图 38-113 和图 38-114 所示。

图 38-113　座椅固定螺栓的位置

图 38-114　座椅固定螺栓

（7）拔下座椅底部线束，该线束的作用是连接座椅调节驱动电动机，如图 38-115 所示。

图 38-115　电动调节线束的连接

（8）从副驾驶位取下座椅并妥善放置如图 38-116 所示。

图 38-116　座椅

3. 前保险杠拆装作业

前保险杠拆装是汽车钣金维修工作中较常见的作业项目之一，要完成该项工作须对前保险杠部位进行分析，按照维修手册规定的拆装要求对前保险杠进行拆装。

汽车维修钣金工按作业操作规范要求，正确穿戴好个人防护用品，在整个工作过程中严格遵循现场工作管理规范，注重生产安全及企业"7S"工作要求，在规定的时间内完成前保险杠拆装作业。

该项工作的过程是：汽车维修钣金工接收并阅读工单，查看拆卸座椅情况并查阅维修手册；根据具体情况确定拆装要求，选用并领取专用的工具、设备、耗材；完成工作后进行工单记录并交接、存档。

许多年以前，汽车前、后保险杠以金属材料为主，用厚度为 3 mm 以上的钢板冲压成 U 形槽钢，表面镀铬处理，与车架纵梁铆接或焊接在一起，与车身有一段较大的间隙，好像是一件附加上去的部件看上去十分不美观。随着汽车工业的发展和工程塑料在汽车工业的大量应用，汽车保险杠作为一种重要的安全装置也走上了革新的道路。目前汽车前、后保险杠除了保留原有的保护功能外，还追求与车体造型的和谐与统一，追求本身的轻量化。轿车的前、后保险杠都是塑料制成的，人们称为塑料保险杠。

1）保险杠的组成

保险杠的外板和缓冲材料用塑料制成，横梁厚度为 1.5 mm 左右的冷轧薄板冲压成 U 形槽；外板和缓冲材料附着在横梁上，横梁与车架纵梁螺丝连接，可以随时拆卸下来。这种塑料保险杠使用的塑料大体上为聚酯系和聚丙烯系两种材料,采用注射成型法制成。例如标致 405 轿车的保险杠采用了聚酯系材料并用反应注射模成型法做成。而大众的奥迪 100、高尔夫,上海的桑塔纳,天津的夏利等型号的轿车的保险杠采用了聚丙烯系材料用注射成型法制成。国外还有一种称为聚碳酯系的塑料,渗进合金成分,采用合金注射成型的方法加工出来的保险杠不但具有高强度的刚性,还具有可以焊接的优点,且涂装性能好,在轿车上的用量越来越大。

汽车保险杠的几何形状既要考虑其与整车造型的一致,保证美观,也要符合力学特性和吸能特性,确保撞击时的吸能与缓振,保险杠的组成见图 38-117。

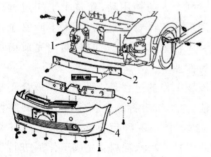

图 38-117 汽车保险杠的组成
1—连接板与易溃缩纵梁;2—铝合金保险杠;
3—吸能缓冲材料;4—塑料保险杠壳体

2) 汽车保险杠的作用

保险杠具有安全保护、装饰车辆及改善车辆的空气动力学特性等作用。从安全上看,汽车发生低速碰撞事故时能起到缓冲作用,保护前后车体;在与行人发生事故时可以起到一定的保护行人的作用。从外观上看,具有装饰性,成为装饰轿车外形的重要部件;同时,汽车保险杠还有一定的空气动力学作用。

3) 相关行业标准

《汽车防护杠》行业标准满足国家强制性法律及标准的要求,例如,对产品的碰撞性能,该标准符合 GB 17352—2010 的相关要求等。同时,该标准在满足国家保障产品安全的强制性规定的基础上,对汽车防护杠的材料、工艺、性能等方面提供了衡量标准,并提出试验方法科学检测。比如,针对"汽车防护杠掉漆"的问题,规定了镀层附着力试验的方法;由于汽车用品的特性,针对劣质产品容易产生脱落、松动问题,标准规定了耐振动性能条款,明确规定安装支架、安装加强板及防护杠应不出现断裂、脱焊和明显松动;视情况也可适用该标准规定结构设计通用要求条款,即应考虑整车的空气动力特性,防护杠安装后不应明显增加整车的空气阻力等。

《汽车防护杠》行业标准对汽车防护杠的功能定位、材料运用、性能标准、检测方法、生产技术和安装规范等各个方面进行了详细说明,并提出了严格要求。

前保险杠拆装作业步骤如下。

(1) 安全与防护。拆装车身外表件及附件时须佩戴工作帽、工作服、安全鞋,以及棉手套。

(2) 准备车身维修手册,以供查阅。

(3) 查阅车身维修手册,准备工具,包括中号扳手、小号扳手、接杆、8 号套筒、10 号套筒、十字套筒等,如图 38-118 所示。

图 38-118 拆装工具

(4) 制定维修方案。

(5) 根据车身维修手册找出进气格栅固定螺栓及卡扣,见图 38-119。

图 38-119 进气格栅固定螺栓及卡扣

（6）取下卡扣及螺栓并妥善保存，以便安装时使用；取下进气格栅，并安全放置，如图38-120所示。

图38-120　进气格栅、固定卡扣及螺栓

（7）拆除进气格栅以后，可以查找保险杠上端的螺丝并拆卸（共4颗），见图38-121。因为进气格栅遮挡了保险杠外板的固定卡扣及螺栓，因此必须先拆除格栅，才能拆除保险杠外板。另外，在拆卸保险杠外板的过程中，不同的车型可能涉及转向灯及其前照灯的线束或者安装，所以需要按照维修手册的指导，合理安排拆卸顺序，以免造成经济损失。

图38-121　前保险杠外板上部的固定螺栓

（8）拆卸保险杠外板左右两翼的固定螺栓。前保险杠左右两翼是与前轮眉相连接的，所以必须先拆卸轮眉，见图38-122。

图38-122　拆卸前轮眉

注意：前轮眉是通过多颗塑料卡扣固定在翼子板上面，在拆卸的过程中，要使用专用工具（撬板），配合左右晃动轮眉进行拆卸，否则极易造成轮眉或者翼子板上卡口连接孔洞破损。

（9）拆卸轮眉，并拆卸保险杠外板左右两翼的固定螺栓（左、右共2颗），见图38-123。

图38-123　保险杠外板左右两翼的固定螺栓

（10）拆卸保险杠外板同前轮罩的连接螺栓，左、右各2颗，见图38-124。

图38-124　轮罩连接螺栓

（11）查找并拆卸保险杠外板下部的固定螺栓及卡扣（共7颗），见图38-125。

图38-125　保险杠外板下部的固定螺栓及卡扣

注意：在查找固定螺栓的过程中，可以借用探照灯寻找，有条件的话，借用整车升降平台将车辆略微抬起更为合适。螺栓及卡扣拆卸以后，不要急于取下保险杠外板，而应注意查找雾灯或转向灯的连接线束。

（12）断开雾灯线束插头，取下保险杠外板，妥善防置，完成保险杠外板的拆卸任务，见图38-126。

图 38-126　线束插头

注意：安装的流程与拆卸相反，此处不再赘述。

4. 发动机舱盖拆装及调整作业

发动机舱盖拆装是汽车钣金维修工作中较常见的作业项目之一，完成该项工作需对发动机舱盖拆装部位进行分析，按照维修手册规定的拆装要求对发动机舱盖进行拆装、调整等工作。

汽车维修钣金工按作业操作规范要求，正确穿戴好个人防护用品，在整个工作过程中严格遵循现场工作管理规范，注重生产安全及企业"7S"工作要求，在规定的时间内完成座椅拆装作业。

该项工作的过程是：汽车维修钣金工接收并阅读工单，查看拆卸发动机舱盖、调整间隙情况并查阅维修手册；根据具体情况确定拆装要求，选用并领取专用的工具、设备、耗材；完成工作后进行工单记录并交接、存档。

1) 发动机舱盖的组成

发动机舱盖主要由舱盖锁、雨刮线路、隔音棉、舱盖撑杆、冲压板组成。

2) 发动机舱盖的作用

(1) 对整车美观有一定的影响。

(2) 发动机舱盖的造型对风阻系数有一定的影响，流线型的风阻系数小。

(3) 对行人的被动防护功能。

(4) 保护发动机舱。

(5) 降低发动机室的噪声。

3) 发动机舱盖的拆装及调整步骤

(1) 安全与防护。拆装车身外表件及附件时须佩戴工作帽、工作服、安全鞋，以及棉手套。

(2) 准备维修手册，以供查阅。

(3) 查阅维修手册，准备工具，包括中号扳手、小号扳手、接杆、14号套筒、十字套筒。

(4) 制定维修方案。

(5) 查找发动机舱盖板安装铰链的位置。发动机舱盖铰链的安装位置一般为盖板后两侧，通过螺栓连接，如图 38-127 所示。

图 38-127　发动机舱盖板安装铰链的位置

(6) 断开雨刮器的线束。

(7) 拆卸铰链连接螺栓并取下发动机舱盖板，妥善放置。在拆卸前要用卡尺测量发动机舱盖四周的间隙并记录。

(8) 安装发动机盖板。安装的顺序同拆卸时相反，需要注意的是，发动机舱盖安装时的间隙调整，如图 38-128 和图 38-129 所示。配合间隙须调整到符合厂家配套维修说明书的要求，且关于车身纵向轴线对称。

图 38-128　舱盖同翼子板的配合间隙

图 38-129　舱盖同前照灯的配合间隙

5. 车门内饰板拆装作业

车门内饰板拆装是汽车钣金维修工作中较常见的作业项目之一，要完成该项工作须对车门内饰部位进行分析，按照维修手册规定的拆装要求对内饰进行拆装。

汽车维修钣金工按作业操作规范要求，正确穿戴好个人防护用品，在整个工作过程中严格遵循现场工作管理规范，注重生产安全及企业"7S"工作要求，在规定时间内完成内饰的拆装作业。

该项工作的过程是：汽车维修钣金工接收并阅读工单，查看拆卸座椅的情况并查阅维修手册；根据具体情况确定拆装要求，选用并领取专用的工具、设备、耗材；完成工作后进行工单记录并交接、存档。

汽车车门内饰是一种装饰车门的板式结构，包括车门内饰板和三角装饰板。三角装饰板背面直接注塑成型，有至少2个圆形柱子，在车门内饰板上与三角装饰板背面的柱子对应的位置开有安装孔，在安装孔上套有尼龙护环，通过柱子与尼龙护环过盈配合实现三角装饰板在车门内饰板上的安装。

汽车车门内饰由迎宾灯、车门板、车门储物盒、电动车窗开关等部分组成，见图38-130。

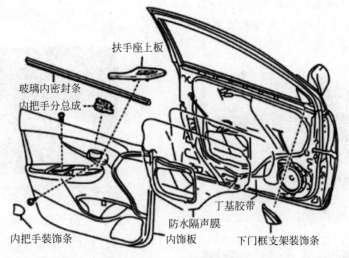

图38-130 车门内饰板的结构

车门内饰板的拆装及调整步骤如下。

（1）安全与防护。

拆装车身外表件及附件时须佩戴工作帽、工作服、安全鞋，以及棉手套。

（2）准备维修手册，以供查阅。

（3）准备工具，包括内饰拆装工具、中号扳手、接杆、十字套筒、平头螺丝刀，见图38-131。

（4）制定维修方案。根据维修手册制定拆装车门内饰板的维修方案，明确拆检的步骤。

（5）拆检实施。

① 拆卸车内门把手内饰盖板，按照维修手册的拆卸步骤进行拆卸。该饰板一般由卡扣连接在门把手的塑料框上，不同的汽车车型或许还有螺丝固定，应注意检查。拆卸卡扣时，

图38-131 内饰拆装工具

不能用蛮力，要注意左右或者上下晃动，找到卡扣拆卸的方式，巧妙地取下盖板，避免将卡扣损坏，如图38-132所示。

② 拆卸车内门把手支架总成，见图38-133。车内门把手支架一般是通过自攻螺丝或者螺

图38-132 车内门把手内饰盖板拆检

栓同门框连接,门把手还起到固定车门内饰盖板的作用,因此,拆检车门内饰盖板时需要先拆除门把手。在拆卸门把手的过程中,要找到所有的固定螺丝或者螺栓并移除,注意分类放置,以便安装时使用,固定用的螺丝或者螺栓位置见图38-134。

图38-133 拆卸车内门把手支架总成

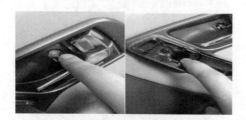

图38-134 门把手固定螺丝的位置

③ 拆卸车门内饰板的其他螺栓、卡扣固定等连接,见图38-135。

图38-135 车门内饰板的固定卡扣

④ 断开电动车窗玻璃升降器控制连接线束插头。该过程首先要使用塑料撬板撬起内饰盖板边缘,使内饰盖板四周脱离门框,见图38-136。找到电动车窗玻璃升降器控制连接线束插头并拔出,断开连接,见图38-137。

图38-136 内饰盖板边缘

图38-137 车窗玻璃控制线束

⑤ 取下车门内饰盖板并妥善放置,见图38-138。

图38-138 车门内饰盖板

⑥ 安装车门内饰盖板及门把手。安装的顺序同拆卸时相反。

38.5.2 车身测量及校正

车身测量是汽车维修钣金工在事故车维修中较为重要的工作,要完成该项工作须对车辆进行举升、测量、记录、判断损伤等工作。

汽车维修钣金工按作业操作规范要求,正确穿戴好个人防护用品,在整个工作过程中严格遵循现场工作管理规范,注重生产安全及企业"7S"工作要求,在规定的时间内,保证数据准确、完整的前提下完成车身测量作业。

该项工作的过程是:汽车钣金维修工首先接收工单,查看车身的损伤部位与程度,选用合适的工具与设备,拆除相关附件;然后,选用合适的测量设备,对车身进行数据测量、记录;最后,将实测数据与标准数据进行核对。

1. 车身测量及校正基本知识

1) 车身测量的重要性

车身测量工作是顺利完成各种车身修复所必需的程序之一。对整体式车身来说,测量对于成功修复损伤更为重要,因为转向系和悬架大都装在车身上,而有的悬架则是依据装配要求设计的。汽车主销后倾角和车轮外倾角是一个固定不可调的值,这样车架损伤就会严重影响到悬架结构。齿轮齿条式转向器通常装配在钢梁上,形成与转向臂固定的联系,而机械零件、发动机、变速器、差速器等也被直接装配在由车身构件支撑的支架上。这些测定元件的变形会使转向器或悬架变形,使机械元件错位,导致转向失灵,传动系的振动和噪声,连杆端头、轮胎、齿轮齿条、常用接头或其他转向装置的过度磨损。

2) 常用的测量法方法

(1) 常规测量工具的二维测量

钢尺和卷尺可以测量两个测量点之间的距离,将卷尺的前端进行加工后,在插入控制孔测量时,会使测量结果更为准确,见图38-139。

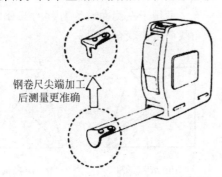

图 38-139 用卷尺测量

(2) 轨道式量规的二维测量

如果两个测量点之间有障碍则会使测量不准确,这就需要使用轨道式量规,见图38-140。轨道式量规又称伸缩卡尺,可以精确地对测量孔进行定位,相对于卷尺,其精确度更高。它适用于:①车辆变形的检测;②受损车辆的估价;③协助新零件的定位;④减少活动钣金零件重复调整、配合的次数及时间;⑤轨道式量规测量距离时,通常为直线距离,而非投影距离。

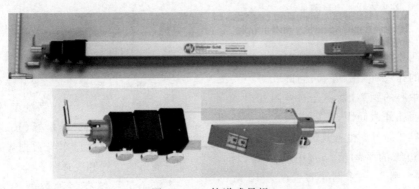

图 38-140 轨道式量规

用轨道式量规进行点对点测量。在车身构造中,大多数的控制点实际上是孔、洞,而测量尺寸一般是孔中心至孔中心的距离。如图 38-141 所示,用轨道式量规对孔进行测量时,一般测量孔的直径比轨道式量规的锥头要小,测量头的锥头起到自定心的作用。

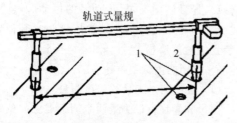

图 38-141　用轨道式量规测量孔与孔的距离
1—测量孔；2—测量头

当测量孔直径大于测量头直径时,为了用轨道式量规进行精确测量,在两测量孔的直径相同时,就需要用同缘测量法,这是因为两个孔中心的距离等于两个孔同侧边缘的距离,见图 38-142。

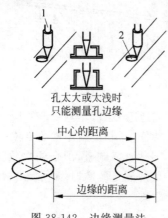

图 38-142　边缘测量法
1—轨道式量规测量头；2—孔边缘

如果测量孔的直径不相同,有时甚至不是同一类型的孔,如圆孔、方孔、椭圆孔等。要测出两个孔中心的距离,就要先测得两孔内缘间距后测得两孔外缘间距,然后将两次测量结果相加再除以 2 即可。也就是说,孔径不同时,内边缘和外边缘的平均值与孔中心距离相同。例如,有两个圆孔,一个圆孔的直径为 10 mm,另一个的直径为 26 mm,测得其内缘间距为 300 mm,外缘间距为 336 mm,则孔中心距为 (300+336)÷2 mm = 318 mm,即轨道式量规测得的两个测量孔的尺寸为 318 mm。

进行点与点的距离测量时,经常要利用车身的对称性。运用对角线测量法可检测出车身的翘曲,在发动机室及下部车身数据遗失、车身尺寸表上没有可提供的数据或汽车在倾翻中受到严重创伤时,都可以使用对角线对比测量方法。在检测汽车两侧受损或扭转的情况时,不能仅仅使用对角线测量法,因为测量不出这两条对角线间的差异。如果汽车左侧和右侧的变形相同,对角线长度相等,此方法更不宜使用。

如图 38-143 所示,通过长度 Ab/aB 的测定和比较,可对损坏情况做出很好的判断,这一方法适用于左侧和右侧对称的部分,还应与对角线测量法联合使用。

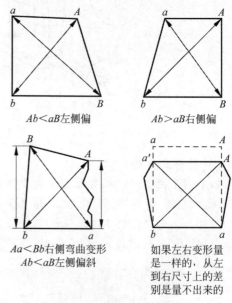

图 38-143　对角线测量判断变形

3) 三维测量系统

三维测量的原理:利用系统工具和设备测量车身尺寸标记点的三维坐标(长、宽、高),在同一坐标体系下与原厂车身数据做对比,以判定车身变形的位置和变形量。

三维测量系统有多种类型:专用测量系统、通用测量系统、电子测量系统。其中,电子测量系统又可以细分为半机械半电子测量系统、半自动电子测量系统、全自动激光测量系统、全自动超声波测量系统。

(1) 车身测量三维坐标体系的设置

车身每个重要部位的控制点有长、宽、高3个方向的尺寸,测量时必须知道长、宽、高3个尺寸的基准。所谓的基准就是尺寸测量的零点,每种尺寸测量需要有基准,在车身修复中一般将基准面作为高度方向上的基准,中心面作为宽度方向上的基准,零平面作为长度方向的基准,坐标设置以3个面为体现,即中心面、零平面、基准面。

① 高度基准面

水平基准面是车身高度尺寸基准面,它与车身底板平行并与之有固定的距离,高度尺寸是以它为基准得来的,见图38-144。

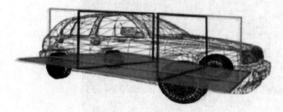

图38-144 高度基准面

② 宽度基准面

宽度基准面将汽车分成对等的两部分,所有宽度尺寸是以中心面为基准测得的,零平面是车身长度的基准,见图38-145。

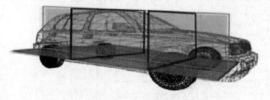

图38-145 宽度基准面

③ 长度基准面

长度的基准不在平台或测量尺上,而是在车身上,一般是以前轴中心为零平面,见图38-146。

(2) 超声波测量系统

全自动超声波测量系统(见图38-147)包

图38-146 长度基准面

括反射靶、一个激光发射接收器和一台计算机。激光发射器发射的激光投射到标靶上,激光接收器接收光栅反射的激光束,测量出数据传输到计算机,可以实现多点实时测量。测量精度可以达到±1 mm以下,测量稳定、准确,可以瞬时测量,操作简便、高效,适合车辆的预检、修理中测量和修理后检验等工作。

图38-147 全自动超声波测量系统

超声波测量原理:将发射器测量头及测量头转接器等安装到车身某一构件的测量孔上,接收器装置在测量横梁发射器上发送超声波,接收器可快速精确地测量声波在车辆上不同基准点之间传播所用的时间,计算机再根据每个接收器的接收情况自动计算出每个测量点的三维数据。

2. 全自动超声波车身测量作业

1) 作业要求

汽车维修钣金工按作业操作规范要求,正确穿戴好个人防护用品,在整个工作过程中严格遵循现场工作管理规范,注重生产安全及企业"7S"工作要求,在规定的时间内且充分考虑经济性的前提下完成车身测量作业。

2) 技术标准

在40 min内完成基准标定和6组车身数据的测量,测量误差在±3 mm以内。

3) 工具、设备及辅料

SHARK超声波测量系统,白车身1部。

4)任务实施

车身测量的重点是测量系统的操作和测量数据的识读,下面将逐一介绍超声波测量系统的操作流程。

(1)测量系统启动并完成初始设置。操作方法:双击程序图标,选择系统语言,按【F1】键进入系统,如图38-148和图38-149所示。

(2)进入系统提示界面,注意按照提示操作,见图38-150。

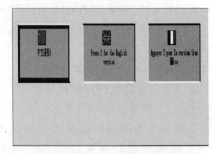

图38-148 系统语言选择界面

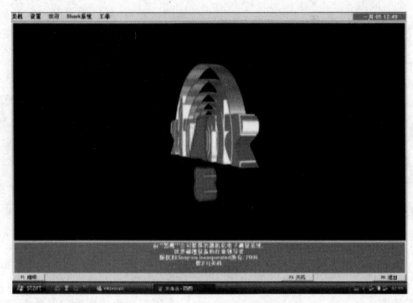

图38-149 系统启动界面

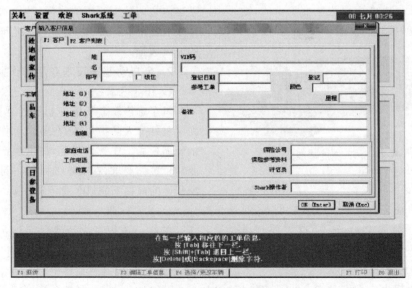

图38-150 操作提示界面

(3) 按照操作提示进入工单设置界面,见图 38-151。工单是记录修复的重要载体,里面有客户身份、车辆 VIN 码、车辆保险等重要信息,在实际的工作中,工单的填写必须详尽和准确。模拟工单的填写,则可以采用简化模式。

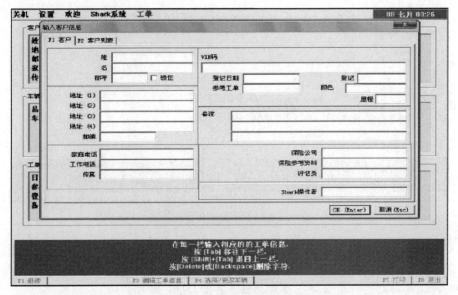

图 38-151 工单设置界面

(4) 车款选择,点击【F2】键选择车型,根据平台上的车型进行选择,车型的选择有提示设置,要注意选择年款,选择后点击【OK】键,见图 38-152。

图 38-152 车型选择界面

(5) 工单修改界面,如果工单中的客户信息有误,则通过按键【F3】修改;如果车型有误,则通过按键【F4】修改。无误后点击【F1】键进入下一界面,见图 38-153。

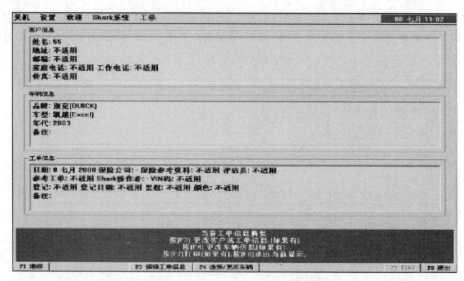

图 38-153　工单显示和修改界面

(6) 车辆模式选择,根据车辆是否拆卸发动机的情况选择车辆模式。点击"Page Up"或"Page Down",或通过左右箭头键选择有无悬架。按【F4】键选择横梁方向,一般要求横梁方向和车头方向一致,准备好后按【F1】键入下一界面,见图 38-154。

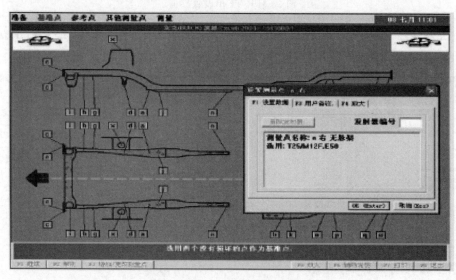

图 38-154　车辆模式设置界面

(7) 选择测量基准点,首先选择 4 个基准点,一般选择 A 和 B 作为测量的基准点,如 A 或 B 出现损坏,需选用没受损的点作为基准。根据弹出的提示对话框选用测量附件,在车辆相应的点上挂上附件及发射器,见图 38-155。

基准点的选择操作说明:

① 直接使用鼠标选择界面上测量点对应的矩形字母框,左键点击以后会出现图 38-154 所示的小对话框。

② 对话框第一行显示选中的测量点的名称和左右位置,第二行显示了进一步操作的提示按钮,F1 为设置数据,F3 为用户备注,F4 为放大。如果点击【F4】,则会显示出选中测量点的放大照片(见图 38-156),可以协助操作者确

第38章 其他系统维修常用工具和设备

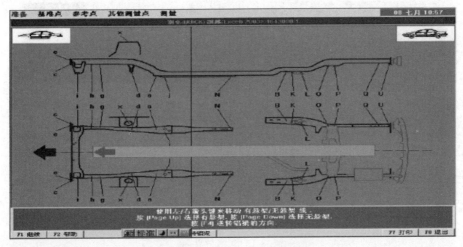

图 38-155　测量基准点选择界面

定测量头的安装位置。

图 38-156　测量点放大显示

③ 对话框第三行为发射器信息，安装发射器以后，系统会自动识别安装的发射器插孔编号（见图38-157）并显示出来。

图 38-157　发射器插孔

1—接收器；2—发射器插孔

④ 主对话框中显示了测量点名称，车辆是否安装悬架，以及进行车身测量所需的测量头和相关测量附件的编号。

⑤ 根据附件编号在设备箱中选择测量头及附件（见图38-158），并组合安装。

(8) 测量。选择其他要测量的点进行测量，设备配备了6对测量探头，基准点和参考点

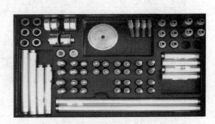

图 38-158　测量头及附件箱

在整个测量中不能移动，因此每次只能测量一对点。选择正确的测量点及附件，挂上测量探头，点击【F1】进入下一步，见图38-159。

(9) 测量数据显示。测量界面中左侧为每一点的标准值、测量值和差值，右侧为各点的差值。如要测量其他点，可点击【F8】退回其他测量界面，见图38-160。

(10) 更换测量点位，继续测量。点击之前测量（为白色框）的点，在弹出的对话框中选择"删除发射器"，该点将变成蓝色，然后再选择要测量的其他点进行测量，见图38-161。

(11) 所有测量数据显示。如果需要测量的点较多，则重复步骤(10)。最后，可以点击测量显示所有测量过的数据结果，见图38-162，测量界面中左侧为每一点的标准值、测量值和差值，右侧为各点的差值。如要测量其他点，可点击【F8】退回其他测量界面。

电子测量的目的是判断车身变形的方向和变形量。测量数据可以明确车身变形的方

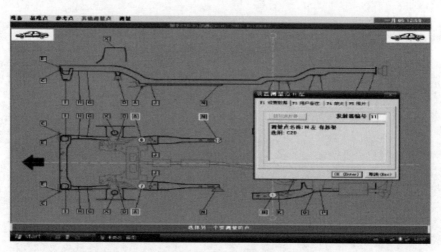

图 38-159　测量界面

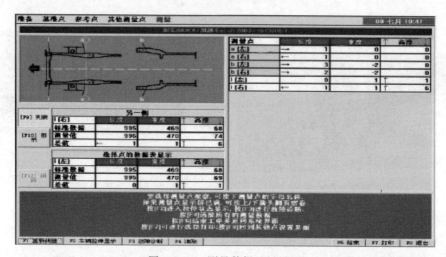

图 38-160　测量数据显示界面

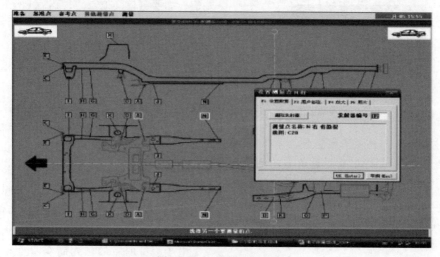

图 38-161　继续测量界面

向和变形量,根据此数据,可判断车身校正的必要性和校正的方向和量。

(12)拉伸校正。在测量界面点击【F2】键会进入拉伸界面。发射器会不间断地测量,实时对车身进行监控。黄绿色圆圈代表高度方向的误差。红白相间的线代表长度和宽度方向的误差,起始点代表目前变形车身的位置,终止点代表正确位置。如要对每点进行放大点击【F1】键,见图38-163。

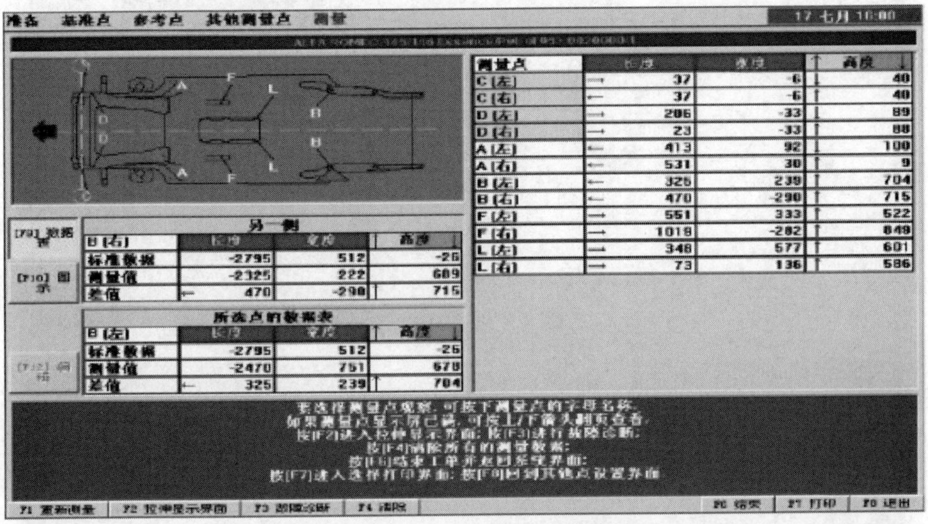

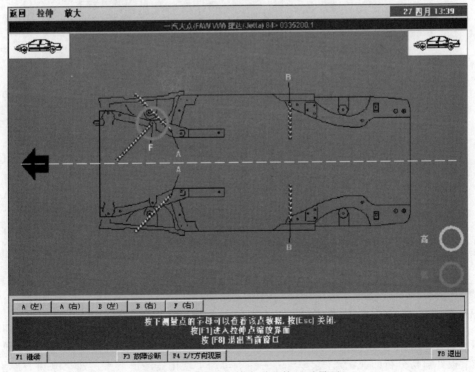

图 38-162　所有测量数据显示界面

图 38-163　校正拉伸实时监控显示界面

(13) 各点实时监控。拉伸界面的放大显示能够更醒目地显示车辆测量点的变形与修复情况,见图 38-164。

(14) 数据打印。退回测量界面后,按【F7】键进入打印界面,可根据需要打印相应的结果,见图 38-165。

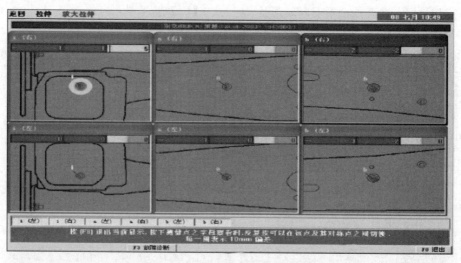

图 38-164 拉伸放大实时显示界面

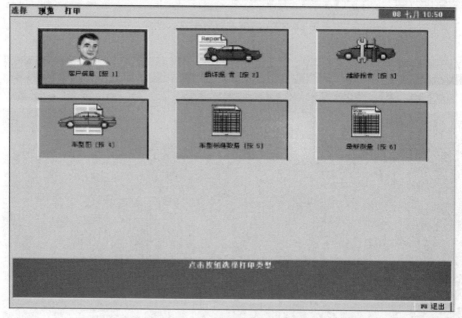

图 38-165 数据打印命令界面

38.5.3 车身板件损伤修复

1. 板件损伤修复概述

1) 板件损伤分析的前置条件

在板件损坏发生之前,金属内部已经存在压缩和拉伸。所有隆起的部位受到压缩,这里的压缩并不是指发生损坏时产生的力,而是指金属被挤压的部位受到压力的作用,该压力通过加工硬化被保留下来。通俗来讲,就是汽车外覆盖件上的圆滑的凸面,它的金属内部存在压力,而这些压力被筋线等硬化部位固定在金属内部。如果该压力突然消失,金属将返回它原来的状态。

2) 板件损坏区域的受力分析

(1) 压缩区和拉伸区

金属损伤后,一般用"拉伸"和"压缩"来形容其受损后的状况。金属板面受损后,和原表面相比较,隆起部位称为"压缩区",凹陷的部位称为"拉伸区"。隆起很高的金属板称为"高隆起",接近平坦的金属板称为"低隆起",见图38-166。

图 38-166　拉伸区与压缩区
1—压缩区；2—拉伸区；3—压缩区

(2) 修复施力原则

先要确定受损部位受到的是拉伸还是压缩,然后才能确定修理的方法和使用的工具。绝不可用锤子敲打拉伸区,也不可用垫铁敲打压缩区的内侧。要根据压力的方向决定需要施加的力。当损坏部位存在压缩区时,不可使用塑料填充剂。

3) 车身板件损伤的修复程序

首先要找到损坏的方向,碰撞损坏的方向应该和碰撞的方向完全相反。一般通过目测检查即可找出损坏的方向。

在修理时,基本的原则是最后的损伤要最先修复,最先的损伤要最后修复。

4) 外形修复机简介

外形修复机也叫介子机(图38-167),是一种在汽车钣金领域应用广泛的、便捷的车身修复电动工具,有效地提高了工作效率。具有电流调整性能的外形修复机可以很轻松地把板件上的凹陷拉出来。外形修复机可以焊接垫圈、焊钉、螺柱、星形焊片等拉伸操作,还可以使用铜触头和碳棒进行收缩操作。

外形修复机的焊接原理：外形修复机的电源电压是 220 V,通过内部变压器转换成 10 V

图 38-167　外形修复机

左右的直流电。主机上有 2 条输出电缆线,一条为焊枪电缆,另一条为搭铁电缆,在工作时 2 条电缆形成一个回路。把搭铁连接到工件上,焊枪通过垫圈等介子把电流导通到面板的某一部分上,由于电流达到 3 500 A 左右,在垫圈接触面板的部位产生了巨大的电阻热,该温度能够熔化钢铁,如此熔化的垫圈就焊接到面板上了。

修理板件时,凹陷损伤在密封结构段,从内部使用最长的匙形铁也够不到,此时可以用图 38-168 所示的凹陷拉出器或拉杆修复。

图 38-168　凹陷拉出器和拉杆

2. 用外形修复机修整板件凹陷变形

1) 作业要求

汽车维修钣金工按作业操作规范要求,正确穿戴好个人防护用品,在整个工作过程中严格遵循现场工作管理规范,注重生产安全及企业"7S"工作要求,在规定的时间内且充分考虑经济性的前提下完成复杂损伤的修复作业。

2) 技术要求

修复工作完成后,板面按压无绷弹、无高点,板面高度等同原表面或低点小于等于 1 mm,无破损及收火痕迹,维修区打磨、清理整洁。

3) 工具、设备及辅料

(1) 手工具:横向钣金锤、纵向钣金锤、收缩锤、钢板尺、车身锉、锉刀、记号笔等。

(2) 气动工具:吹尘枪、原盘打磨机、尼龙磨削盘、砂轮机、砂带机等。

(3) 电动工具:外形修复机及拉拔器。

(4) 安全防护用具:工作服、工作帽、护目镜、耳罩、防尘口罩。

4) 任务实施

任务实施参照表38-3。

表38-3 汽车维修钣金作业规范

序号	操作示范	说　明
1	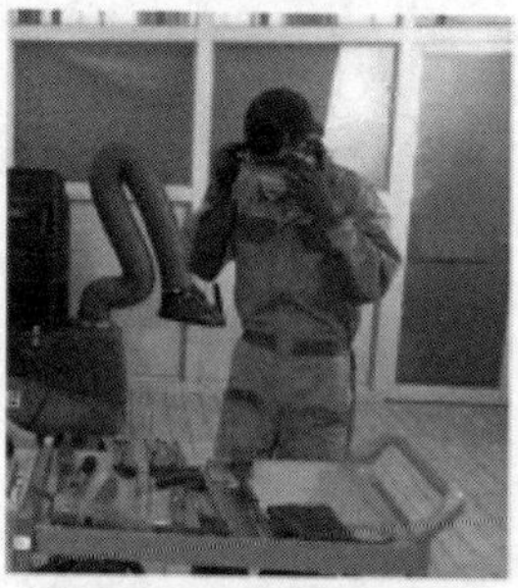	安全与防护,自上至下依次为: ① 护目镜; ② 耳塞; ③ 防尘口罩; ④ 棉纱手套; ⑤ 工作服; ⑥ 安全鞋
2	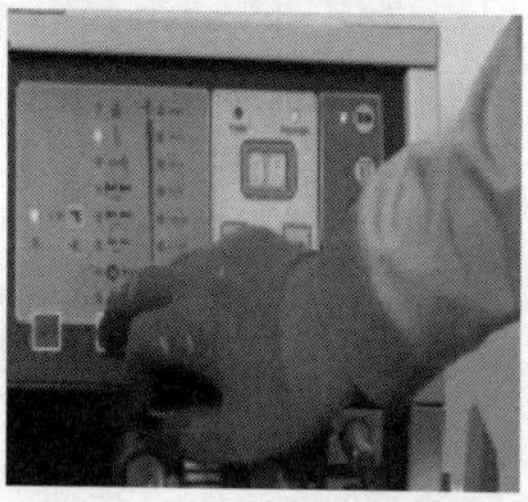	接通外形修复机电路,检视主机各旋钮的功能是否正常
3		连接搭铁形成回路。 注意: ① 搭铁连接点距离维修区域要近。 ② 搭铁连接处需要打磨漆层至裸露金属,以利于导电。 ③ 尽量不要影响后面的涂装作业
4	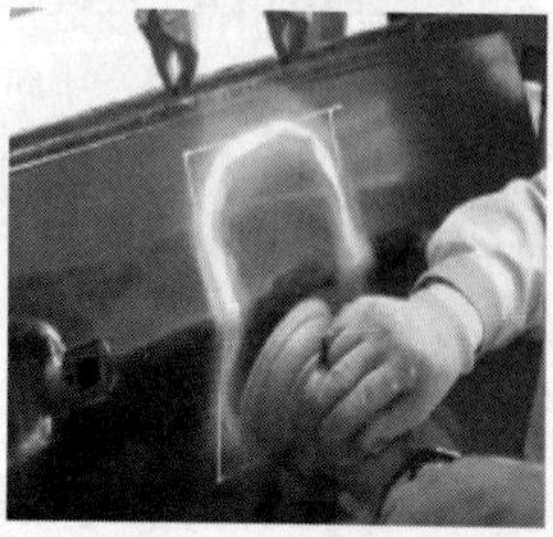	打磨干净要焊接介子损伤的部位。 要求:金属裸露有光泽,打磨区域边界形成羽状边。 注意:实际维修打磨要在实际受损的位置进行,尽量少打磨,打磨越多油漆施工越麻烦。此处区域打磨的目的是练习打磨的操作

续表

序号	操 作 示 范	说　　明
5		试焊及参数调节。用介子焊接及拆除进行试验,焊接功率过小则介子焊接不牢,容易脱落;功率过大则介子很难拆除。 ① 夹持电阻焊试片; ② 调节机器参数; ③ 焊接试验
6		焊接介子到板件的目标位置。 注意: ① 在焊接介子时,要确保介子同焊枪接触牢固,以及介子同板件垂直并接触牢固; ② 对于筋线等位置,最好先画好辅助线
7		使用拉杆拉拔凹陷区域: ① 用金属横杆穿入介子中孔; ② 用拉杆拉住金属横杆; ③ 拉拔,同时用手锤敲击突起区域,配合进行整形; ④ 遵循"拉低打高相结合"的修复原则
8		筋线精修: ① 用钢尺检测筋线的平直度; ② 根据检测结果进行精整形; ③ 筋线具有一定的弧度,在修复时,要围绕筋线在两侧均匀敲击,以保证筋线的弧度
9		修复周围的间接损坏区域: ① 使用钢尺或者曲线规测量板面平整度; ② 对凹凸不平进行修复,可以使用手锤配合垫铁修复,也可以使用拉杆配合滑锤进行修复; ③ 反复检验以确保修复质量

续表

序号	操作示范	说 明
10		收火,放松应力: ① 精修完成后,手指按压修复区域是否存在"绷弹"现象,如果出现,则为应力不均,需要进行"面收火",以放松应力; ② 对于修复后有突起的区域,也可以使用碳棒进行收火来消除高点,或使用铜电极消除高点
11	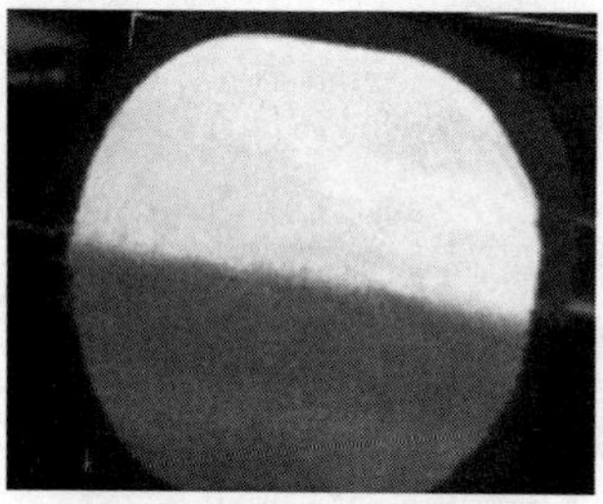	修复区域打磨清洁: ① 对修复区域进行打磨清理,要消除焊接及收火碳化痕迹; ② 使用角磨机打磨修复区,边缘须打磨出羽状边,以便于油漆施工; ③ 打磨完成后需要对板面进行清洁,并对板后喷防锈底漆或者空腔防腐蜡进行防锈处理
12	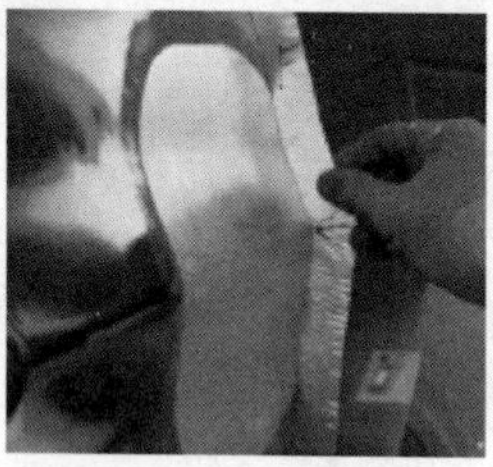	再次确认板面平整度:使用曲面量规或者钢尺仔细检验修复的结果。 注意: ① 损伤及损伤波及区域修复后允许低于原板 1 mm 以内,低于 1 mm 以上则需要重新修复; ② 不得存在高点
13	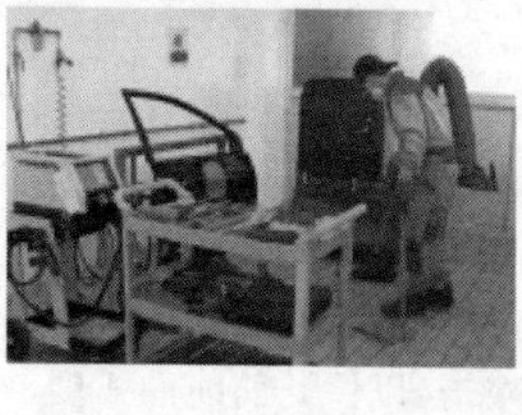	"7S"整理: ① 设备参数归零,并整理好电缆和搭铁; ② 工具整理; ③ 工位清洁

特别提醒:

(1) 检查外形修复机的电线接地良好,电线没有破损、松动。

(2) 焊接的焊钉、焊片、铆钉等,不要用手去拿,以免烫伤。

(3) 焊接介子前要去除板面的油污,保持清洁。

(4) 焊接介子时,介子要先接触金属,然后启动开关,避免产生火花。

5) 收火的原理及操作

(1) 收火的原理

① 碳棒收火原理。使用碳棒加热收火区域,使该区域膨胀,金属内部纠结的应力被消除,而使得应力分布均匀。此时,使用冷空气进行速冷,可以使热胀区域产生冷缩,从而达到降低板面高度和消除应力集中的目的,简而言之,收火的原理就是"热胀冷缩"。

② 铜极头收缩原理。使用铜极头进行点

收缩,用加热的方法使金属软化,再施力使其平整。

(2) 碳棒收火操作。碳棒的收火是针对大面积的金属延展,建议收火操作由外到内,从小的延展到大的延展的顺序进行收缩,每次加热的面积尽量不要太大。

3. 使用车身快速维修组合工具修正板件凹陷变形

1) 作业要求

汽车维修钣金工按作业操作规范要求,正确穿戴好个人防护用品,在整个工作过程中严格遵循现场工作管理规范,注重生产安全及企业"7S"工作要求,在规定时间内且充分考虑经济性的前提下使用车身修复快速组合工具(图38-169)完成复杂损伤的修复作业。

图 38-169　快速修复组合工具的应用

2) 技术要求

修复工作完成后,板面按压无绷弹、无高点,板面高度等同于原表面或低点小于等于1 mm,无破损及收火痕迹,维修区打磨、清理整洁。

3) 工具、设备及辅料

(1) 手工具:横向钣金锤、纵向钣金锤、收缩锤、钢板尺、车身锉、锉刀、记号笔等。

(2) 气动工具:吹尘枪、原盘打磨机、尼龙磨削盘、砂轮机、砂带机等。

(3) 电动工具:外形修复机。

(4) 安全防护用具:工作服、工作帽、护目镜、耳罩、防尘口罩。

4) 车身快速维修组合工具

根据板件整形要求把多种工具组合在一起形成车身外板快速维修组合工具(见图38-170)。整套设备配备专业焊机及组合工具,可以完成熔植焊片、收火、强力拉拔、棱线拉拔等作业,快速、省力地解决钣金维修工作。它主要由以下几部分组成:

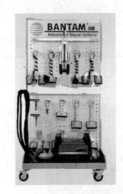 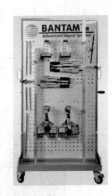

图 38-170　快速维修组合工具

(1) 外形修复机。

(2) 各种拉拔组合工具(见图38-171),实施强力拉拔整形。

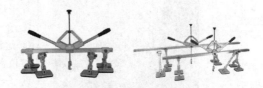

图 38-171　快速拉拔组合工具

(3) 各种附件(见图38-172),可配合完成车身各部位的损伤修复。

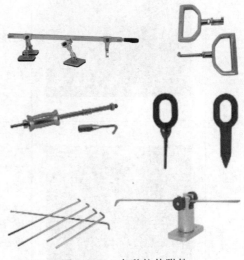

图 38-172　各种拉伸附件

车身快速维修组合工具的原理是"杠杆原理",体现出了产业工人对维修作业一线经验与知识的积累,该组合工具所采用的材料为铝合金,使用轻便,操作简单,可以显著提高生产效率。

5）任务实施

任务实施参照表38-4。

表38-4　车身快速维修组合工具应用

序号	操作示范	说　　明
1	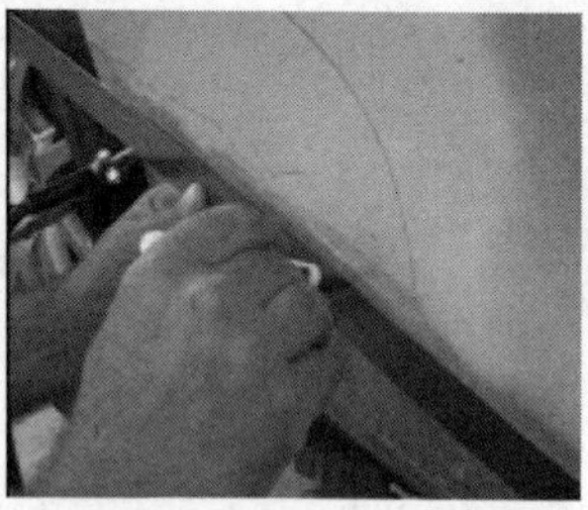	凹陷区域打磨： ① 使用80目砂纸打磨损坏区域,把最深的凹陷区域涂层打磨干净； ② 如果凹陷区域不易打磨到,则可使用砂带机打磨； ③ 使用记号笔标记介子熔植参考线
2	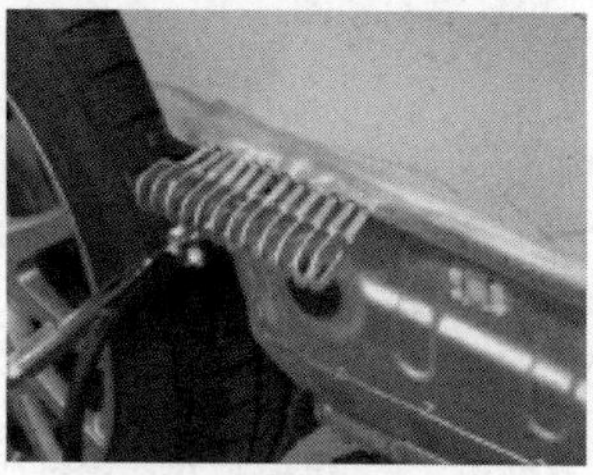	介子熔植： ① 介子熔植要对准凹陷中心； ② 熔植密度：约10 mm间隔熔植一个介子,可视情况变动熔植密度； ③ 介子熔植时,注意焊片孔的朝向和对齐
3		选择合适的拉杆插入焊片孔
4		安装拉拔器。 要求：选择合适的支腿,调整拉伸螺杆长度。把螺杆的拉钩安装在需要拉伸部位的拉杆上,选好支持位置并做好支撑,注意支撑位置要具有刚性和强度,一般是筋线两侧或者板件其他加工硬化的部位

续表

序号	操 作 示 范	说　　明
5		拉拔作业：开始拉拔，不要试图一次把凹陷部位拉出，要多次缓冲拉拔，每次拉出一定程度的变形，同时把手柄锁死，用钣金锤敲打周边的板件或高点，放松变形部位的应力
6		使用小吸盘挂住拉拔器，以减轻劳动强度；使用一些辅助工具，例如硬塑料錾子来协助修复间接损伤
7		取下介子并打磨检验修复效果： ① 用扭转的方法取下介子； ② 使用砂轮机或者砂带机打磨焊接痕迹； ③ 反复精修并检测质量合格
8	—	"7S"整理

38.5.4　车身结构件更换

车身结构件更换是指汽车在发生严重碰撞后，一般会造成结构件变形，结构件使用的材料较特殊，一般会使用高强度或超高强度钢等。根据生产厂家的要求，变形的结构件需要更换。该典型工作任务包括前纵梁更换、B柱更换、A柱更换、前减震器座更换等。

1. 车身结构件更换基本知识

1) 电阻焊

(1) 焊机

如图38-173所示，电阻焊机主要由主机箱、点焊枪、钣金焊枪、搭铁、控制面板组成。电阻焊机适用于焊接整体式车身上的薄型零部件，焊接强度好，不变形。常见的应用范围包括车顶、窗洞和门洞、门槛板及外部金属壁板。

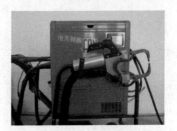

图38-173　电阻焊机

(2) 焊枪

焊枪通过电极臂向被焊金属施加挤压力，

并流入焊接电流。电阻点焊机带有一个加力机构,可以产生很大的电极压力来稳定焊接质量,如图38-174所示。

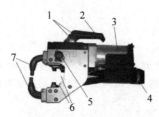

图38-174 电阻焊枪

1—焊接启动按钮;2—把手;3—气缸;4—电缆线;5—把手;6—焊臂调节螺钉;7—焊臂

(3)电阻焊机控制面板的功能

电阻焊机控制面板示意图如图38-175所示。

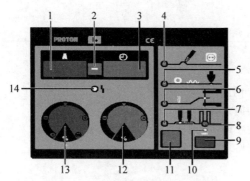

图38-175 电阻焊机控制面板示意图

1—电流显示;2—存储取回按钮(取回和存储参数);3—焊接时间显示;4—碳棒模式;5—U形片模式;6—焊钳模式;7—点焊模式;8—点焊双脉冲模式;9—设备状态的显示;10—复位按钮;11—模式选择按钮;12—焊接时间调节钮;13—电流大小调节钮;14—错误指示(设备过热时亮)

2)气动锯

气动锯如图38-176所示,适用于金属板件的切割。

气动锯的参数大致如下:切割能力为1.6 m/min,冲程为6.5 mm,往复数为9 500 bpm,长度为220 mm,质量为540 g。

气动锯的锯条参数:钢锰合金锯条,齿数根据切割对象选取,切割铝制件一般选用18齿,钢制品可选用24齿或32齿。

图38-176 气动锯

3)限位钻

限位钻如图38-177所示,适用于金属制品的钻孔,可调节钻孔深度和孔径。

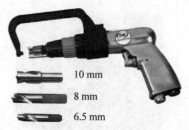

图38-177 限位钻

2. 车身结构件更换作业

1)作业要求

汽车维修钣金工按作业操作规范要求,正确穿戴好个人防护用品,在整个工作过程中严格遵循现场工作管理规范,注重生产安全及企业"7S"工作要求,在规定时间内且充分考虑经济性的前提下完成板件更换作业。

2)技术要求

组合件分离与结合作业须满足测量、划线精度1 mm的要求,切割误差±1 mm的要求,电阻焊及气体保护焊的相关技术要求。

3)工具、设备及辅料

(1)手工具:钣金锤、钢板尺、划针、锉刀、记号笔等。

(2)气动工具:气动锯、气动钻、尼龙磨削盘、砂轮机、砂带机等。

(3)电动工具:电阻焊机及气体保护焊机。

(4)安全防护用具:面纱、手套、工作服、工作帽、护目镜、耳罩、防尘口罩及焊接套装。

4)任务实施

在进行任何工作以前的第一步是对安全的防护,进入车间必须养成良好的安全习惯,任务参照表38-5实施。

表 38-5　连续点焊和塞焊操作

序号	操 作 示 范	说　　明
1		安全与防护： ① 护目镜； ② 降噪耳塞； ③ 防尘口罩； ④ 棉手套； ⑤ 工作服； ⑥ 工作鞋
2		组合板件清理：为后续工作做准备。 注：油污等会影响焊接质量
3		划线：标记电阻焊的位置，通过测量和划线来确定焊接位置，并做标记。车身设计中对焊点的分布有着严格的要求，以保证结合的强度，一般而言，焊点间距为 40 mm 左右
4		板件预装：用夹钳将上、下两个板件组装在一起，检查边缘对齐度及板面平整度，使用钣金锤敲击调整，保证结合误差在 2 mm 范围内。注意：板件的结合面要喷涂锌粉底漆来做防腐处理
5		电阻焊焊前准备：调试电阻点焊机，准备焊接。进行电阻点焊以前，必须对电阻点焊机进行调整和准备，以保证在焊接以后焊疤的强度可以达到车身所需要的强度标准

续表

序号	操作示范	说　　明
6		电阻点焊作业：对板件上划线标记的焊接位置，采用跳焊顺序进行电阻点焊作业，作业中注意电极头与标记点对准，以保证板件结合的整体强度
7		电阻焊焊点分离作业：焊点分离作业是"插入性"训练项目，为模拟从事故车身上分离下受损板件的程序。使用气动钻钻除电阻点焊点，进行分离。 注：白车身上的大部分结合采用电阻点焊的方式
8		板件切割作业：模拟将受损部位从车身上切除的程序。使用气动锯，按照划线痕迹进行切割，切口宽度以不大于 2 mm 为宜
9		分离面打磨清理作业：进行电阻焊点分离和切割作业以后，将旧板件拆除，此时，需要使用砂带机清理分离面，并喷涂锌粉底漆做防腐，以保证新板件组装的紧密性和抗腐蚀能力
10		分离板件修整：在打磨好板件以后，需要使用钣金锤和垫铁等工具对板件的一些变形区域进行整修，以达到更好的结合效果

续表

序号	操作示范	说　　明
11		新件预装作业：对应旧件去除的长度截取新件，或者手工制作相同形状和尺寸的新件。利用夹钳和手锤进行新件的预装，要求同步骤 4
12		气体保护焊作业准备：新件预装以后，下一步是使用气体保护焊的方法将新旧件结合在一起，在焊接前，要进行气体保护焊作业准备
13		板件结合焊接定位：利用气体保护焊对结合部位进行焊接定位，定位点多选择筋线及折弯位置，以确保后面进行焊接作业时板件不会走形，定位焊的间距一般 30～50 mm 一处
14		塞孔焊：塞孔焊可替代电阻焊点。定位焊作业以后，首先是对电阻焊点的去除位置进行塞孔焊填充，此亦起到定位保障作用。 **注意**：塞孔焊时，需用夹钳夹紧焊接位置，确保结合部位的紧密程度，避免结合部位因热量影响变形，而造成焊液外泄
15		新、旧件对接位置焊接：使用气体保护焊对新、旧件对接位置进行焊接，可以使用连续焊或者连续电焊的方式进行

续表

序号	操作示范	说明
16		结束工作： ① 对焊接部位进行清理并使用锌粉底漆进行防腐处理； ② 工位做好"7S"工作，这是职业工人需要养成的一个良好的工作习惯

电阻焊操作的注意事项：

(1) 安全防护。操作者佩戴防护面罩，并设置提醒牌"心脏起搏器装配者请勿靠近！"。

(2) 正式焊接前需要做试焊并做焊点撕裂的破坏性试验，检验焊点强度。

气体保护焊的注意事项：

(1) 安全防护。操作者佩戴焊接面罩、焊接工装、焊接手套、护腿及防尘口罩，并检查操作环境，以避免焊接飞溅的火星造成损坏。

(2) 试焊。需要进行塞孔焊及对接焊的试焊操作，调整焊接参数达到作业要求。

(3) 正式焊接前要对焊接部位进行清理，以保证焊接质量。

38.6 汽车涂装工具设备

汽车油漆是指涂装在轿车等各类车辆车身及零部件上的涂料，一般指新车的涂料及辅助材料和车辆修补用涂料。

汽车油漆与其他油漆不同，由于汽车本身价格昂贵，加之要经历四季的历练，对汽车油漆的性能要求极高，不仅要做到漆膜具有良好的机械性能、丰满度好、光泽高，还要做到附着力好、硬度高、抗划伤能力强，同时更要具备极好的耐候性、耐刮、耐磨性，光泽持续性、优良的耐汽油、耐酒精、耐酸、耐碱、耐盐雾等性能。

汽车经过涂装后，除使汽车具有优美的外观外，还使汽车车身耐腐蚀，从而提高了汽车的商品价值和使用价值。汽车涂装的主要功能有：

(1) 保护的作用。汽车用途广泛，活动范围大，运动环境复杂，经常会受到水分、微生物、紫外线和其他酸碱气体、液体等的侵蚀，有时会因磨、刮而造成损伤。如果在它的表面涂上涂料，就能保护汽车免受损坏，延长其使用寿命。

(2) 美观的作用。现代汽车不但是实用的交通运输工具，而且是一种美术品，具有艺术性。汽车的色彩一般根据汽车的类型、车身结构和流行色等来选择，使其展现出立体及色彩美感，以符合人们的审美观。

(3) 识别的作用。在汽车上涂装不同的颜色和图案以便区别不同用途的汽车，例如救护车、消防车、巡逻车、出租车等，也可以让自己的爱车更显个性化。

38.6.1 汽车涂装安全防护用具

在汽车喷涂的整个过程中，会产生许多影响人体健康的不利因素，如涂装使用的除锈剂、除油剂、除漆剂、喷砂尘雾、打磨粉尘、涂料溶剂、稀释剂、固化剂或各种添加剂等，有的具有较强的腐蚀性，有的则会产生有害气体或粉尘，直接侵害涂装操作人员的身体健康或对自然环境造成污染。这就要求做好卫生与防护工作，改善工作条件，避免有害物质危害操作人员的身体健康和防止职业病。

涂料内的颜料可能含有铅、铬、镉、铁等重金属，其中铅对神经系统、血液系统、肾脏系统、生殖系统有危害；铬对呼吸道、消化道、皮肤溃疡、鼻中隔穿孔有影响；镉会影响呼吸道病变、肾脏系统；有机溶剂可能含有或包括甲苯、二甲苯有机溶剂，对中枢神经、皮肤、肝脏等有影响；树脂可能是合成的物质，会造成呼吸道过敏、皮肤过敏；二液型烤漆的硬化剂可能含有异氰酸盐，会刺激皮肤、黏膜，以及造成呼吸器官障碍。

在涂装施工中，还会遇到粉尘、漆雾等有害物质，所以在工作中一定要做好安全防护。涂装作业中如果长期不注意防护，很容易导致身体不适，严重的还会危及生命。但是如果施工人员能正确规范地进行防护，危害是可以避免的。

汽车修补涂装作业中常用的个人防护用品见表38-6。

表38-6 涂装作业中常用的个人防护用品

图 示	个人防护用品的用途
	护目镜：为了工作方便，防护镜片是透明的，可防止稀释剂、硬化剂或油漆飞溅，以及磨灰对人的眼睛造成伤害
	防尘口罩：可防止吸入喷砂灰尘，仅用于喷砂作业时佩戴。喷漆时，不能用它代替防毒面具使用
	过滤式防毒面具：喷涂磁漆、硝基漆及其他非氰化物的油漆时，可以佩戴过滤式防毒面具。过滤式防毒面具的维护主要是：保持清洁，定期更换过滤器和滤筒；当出现呼吸困难时应更换前置过滤器；每周更换一次滤筒；定期检查面罩保持良好的密封性能
	供气式面罩：为可防护吸入氰酸盐漆蒸气和喷雾引起过敏的装置。供气式呼吸面罩由一台小型无油空气泵供给帽盔式呼吸保护器空气
	棉纱手套：具有止滑、耐磨损、耐戴、抗割功能，佩戴舒适，可避免双手受到伤害
	耐溶剂手套：为防止溶液、底漆及外层涂料对手的伤害，应佩戴安全手套进行操作。洗手时选用适合的清洁剂，千万别用稀料洗手
	棉质工作服：保护操作人员免受粉尘、漆雾的侵害，防护擦伤、磨伤等，在除喷涂之外的一般工作时选用

续表

图　　示	个人防护用品的用途
	防静电喷漆服：为了保证喷漆时产生的大量漆雾和挥发溶剂不会穿透工作服而刺激皮肤或者经过人体毛孔、汗腺进入身体，喷漆时须穿着能够防止溶剂、漆雾渗透，同时不会产生静电，不会吸附灰尘，也不会脱落纤维，在保证喷涂质量的同时也保护身体免受伤害
	安全鞋：带有金属脚尖衬垫及防滑的安全工作鞋。金属脚尖衬垫可以保护脚趾不被落下的物体砸伤
	耳塞：保护听力。在打磨等噪声较大的操作中佩戴

1. 防毒面具的使用方法

1) 防毒面具使用前的检查

(1) 使用前须检查面具是否有裂痕、破口，确保面具与脸部贴合的密封性。

(2) 查呼气阀片有无变形、破裂及裂缝。

(3) 查头带是否有弹性。

(4) 检查滤毒盒座的密封圈是否完好。

(5) 检查滤毒盒是否在使用期内。

2) 防毒面具佩戴说明

(1) 将面具盖住口鼻，然后将头带框套拉至头顶。

(2) 用双手将下面的头带拉向颈后，然后扣住。

(3) 使用完后将面具放于洁净的地方以便下次使用。

(4) 清洗时不要用有机溶液清洗剂进行清洗，否则会降低使用效果。

3) 防毒面具佩戴的密合性测试

方法一：正压密闭性检测。

方法：用掌心将防毒面具的呼吸阀盖住，并向外缓缓吹气如图38-178所示。

判定标准：如果吹气后防毒面具轻轻膨胀，则表示其密闭性完好。若防毒面具本体无变化，且人为感觉有气体从面部或面具间漏出，则需要继续调整防毒面具的位置。首先可以轻微调节头带的松紧度，然后再次测试，直

图38-178　正压密闭性检测方法

到密闭性完好方可进入有毒物质区域。

方法二：负压密闭性检测。

方法：手指抵住过滤棉的中心凹凸部位或者用手掌完全覆盖住滤毒盒表面，然后缓缓吸气，如图38-179所示。

图38-179　负压密闭性检测方法

判定标准：如防毒面具有轻微的凹陷，且面具紧贴面部，则表示面具密闭性完好。若人为感觉有气体从面具或面部漏出，则要重新调整面具的位置，轻微调整头带的松紧度，重新测试，直到确认密闭性完好后再进行作业。

注：负压密闭性测试主要是针对防毒面具

过滤棉或滤毒盒的。

4) 滤毒盒的更换及装配方法

(1) 按照滤毒盒的有效防毒时间更换或感觉有异味时更换。

(2) 将滤毒盒的密封层去掉,并将滤毒盒螺口对准滤毒盒座,顺时针方向拧紧,压扣滤线盒对准盒座压紧。

5) 防毒面具的更换条件

(1) 佩戴时如闻到毒气微弱的气味,应立即离开有毒区域。

(2) 有毒区域的氧气含量在18%以下、有毒气体的含量在2%以上的地方,各型滤毒罐都不能起到防护作用。

2. 防护用品的选择

在不同的施工工艺中,防护用品的选择是不相同的,具体见表38-7。

表38-7 依据施工工艺选择防护用品

施工工艺	清洁除油	打磨	刮涂原子灰	喷漆	清洗喷枪	抛光
护目镜	•	•	•	•	•	•
防尘口罩	—	•	—	—	—	•
过滤式防毒面具	•	—	•	•	•	—
供气式面罩	—	—	—	•	—	—
棉纱手套	—	•	—	—	—	•
耐溶剂手套	•	—	•	•	•	—
棉质工作服	•	•	•	—	•	•
防静电喷漆服	—	—	—	•	—	—
安全鞋	•	•	•	•	•	•
耳塞	—	•	—	•	—	•

注:表中"•"表示在该施工工艺中用到该防护用品。

3. 紧急事件处理

1) 皮肤沾染油漆

如果因没有戴手套或不慎皮肤上沾染了汽车油漆,千万不要用布沾溶剂、稀释剂擦拭皮肤,因为这样会导致更多溶剂接触皮肤,并经皮肤的毛孔及汗腺进入人体,对身体造成危害。正确的方法是使用专门用于清洗皮肤上沾染涂料的洗手膏进行清洗,这样才不会对身体造成伤害。

2) 油漆进入眼睛

如果有汽车油漆进入眼睛,须马上使用洗眼器冲洗15 min,然后送医院检查治疗。

3) 油漆溅洒到身体上

如果有大量汽车油漆溅洒到身体上,须立即使用紧急喷淋装置冲淋,以快速冲掉身体上的油漆,已经沾染到皮肤上的,用洗手膏清洗掉。需注意由于冲淋下来的水带有油漆,不能直接排入市政污水管道,故紧急喷淋装置不能连接市政污水管道的排水管,冲淋下来的带有涂料的水只能收集后作为危险废弃物处理。

38.6.2 干磨设备

打磨是汽车涂装维修中花费时间最多的作业,去除旧漆、打磨原子灰、中涂漆、旧漆面,加上抛光前打磨,所需花费的工时通常达到60%左右,所以打磨的速度对涂装维修的效率有至关重要的影响。

涂装维修行业中比较传统的打磨方式是手工水磨。其打磨效率低,但能够随时用水冲去打磨粉尘,易于借助水在工件表面上的反光亮度检查缺陷、判断平整度,也易于通过手感判断打磨的平整度。但手工水磨存在很多缺点,具体如下。

(1) 易造成质量缺陷。打磨裸金属容易造成生锈;打磨原子灰时,原子灰会吸收一定的水分,易造成起包、生锈等缺陷。

(2) 效率低。手工水磨的工作效率较低,目前汽车原厂漆和维修使用的双组分面漆硬度较高,质量较好的原子灰往往打磨难度较高,使得工人的劳动强度较大,打磨完成后工件表面需要用水冲洗干净后再用压缩空气吹干,清洁工作也需要花费很多时间和成本。

(3) 工作环境差,对操作人员身体不利。操作人员的双手长期接触水,车间地面比较湿滑,防水的鞋子透气性又比较差,这些会对身体健康造成危害。冬季气温低时更不利于进行水磨,如果提供热水给技术人员水磨用,不仅不能解决上述问题,还给企业增加了成本。

正是由于存在以上问题,在汽车涂装维修行业,采用干磨已是必然的趋势,因为它更有利于环保,更有利于操作人员的健康,且效率高,打磨速度能达到手工水磨的2倍左右。

1. 干磨系统

按照吸尘系统的区别,干磨系统可分为移动式打磨系统、悬臂式打磨系统和中央集尘打磨系统3种常见的类型。高质量的干磨系统配以合适的砂纸及工艺,可将90%以上的打磨灰尘吸进吸尘桶里,操作人员只要在干磨时佩戴防尘口罩,即可完全避免打磨粉尘的危害。

1) 移动式打磨系统

移动式打磨系统可连接使用气动或电动打磨机及干磨手刨。移动方便,使用时要连接电源和气管,使用位置会受到电源、气管位置的影响,一旦较远,地面上的电源线、气管就会影响车辆及人员的移动,如图38-180所示。

图 38-180　移动式打磨系统

2) 悬臂式打磨系统

悬臂式打磨系统的特点是电源线和气管都从空中的悬臂走,经悬臂下垂到打磨终端,延伸距离一般可达6 m,操作人员及车辆不会受到地面上的电源线及压缩气管的影响,如图38-181所示。

3) 中央集尘打磨系统

该系统使用中央集尘主机集尘,一般每个中央集尘主机可连接4~8个打磨终端,每个打磨终端可同时接2个电动或气动打磨机及干磨手刨,如图38-182所示。

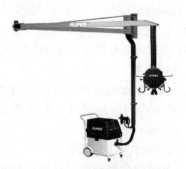

图 38-181　悬臂式打磨系统

图 38-182　中央集尘式打磨系统

2. 打磨机

1) 打磨机的分类及常用类型

打磨机根据动力分为电动打磨机和气动打磨机,根据形状分为圆形打磨机和方形打磨机,根据运动模式可分为单动作打磨机和双动作打磨机。在汽车涂装维修行业中,较常使用的是气动打磨机,其优点是连接供气软管方便、安全,只要压缩空气气压和供气量充足,即可保证打磨速度和打磨效果。

2) 单动作打磨机与双动作打磨机的区别

单动作打磨机的打磨盘做单向圆周运动,特点是切削力强,非常适合于除锈、除漆,可用于车身钣金修复及涂装前处理工位使用。打磨盘的中心和边缘存在转速差,使用该打磨机时不能把它平放在打磨面上,而要轻微倾斜,一般与工件表面应成15°~30°的角度较为合适。

圆形双动作打磨机的旋转轴为偏心轴,打

磨盘沿偏心轴旋转时打磨盘会同时有双重运动,故称为"双动作",研磨效果比较均匀。双动作打磨机偏心距的大小有很多种,偏心距越大,就越适合于粗磨,常见的偏心距有 1.5 mm、2 mm、2.5 mm、3 mm、4 mm、5 mm、6 mm、7 mm、9 mm、11 mm 和 12 mm 等。

单、双动作打磨机的运动轨迹区别如图 38-183 所示。

动方式为沿着椭圆轨迹往复运动,如图 38-184 所示。直线偏心运动打磨机各个部位的研磨力和切削力都比较均匀,不易产生打磨不均匀的缺陷,但由于研磨盘面积大,比较难以磨出较大的弧度,故一般用于较大面积平面部位的原子灰整平。

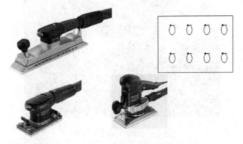

图 38-184　方形打磨机的运动轨迹

无论使用何种打磨机,为了避免打磨机高速运转状态下突然接触工件表面产生过大的冲击力造成较重的打磨痕迹,最好将打磨机放在工件表面上以后再启动。

4)托盘、托盘保护垫及中间软垫

安装在圆形打磨机上粘连砂纸的打磨垫通常称为托盘。一般为尼龙搭扣式,能快速、方便地装卸砂纸。根据打磨机托盘硬度的不同,可将其分为以下几种:

(1)硬托盘,用于相对较粗的打磨,如除漆、原子灰粗磨、羽状边打磨。

(2)半硬托盘,用于相对较细的打磨,如原子灰细磨、中涂漆前打磨、中涂漆后粗磨。

(3)软托盘,配合偏心距 3 mm 的双动作打磨机使用,用于相对较细的打磨,如中涂漆后、面漆前的细磨。

为了保护托盘,延长其使用寿命,可以使用打磨保护垫,如图 38-185 所示。

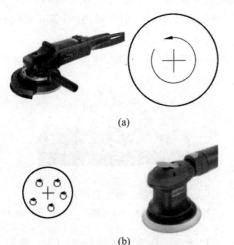

图 38-183　单、双动作打磨机运动轨迹的区别
(a)单动作打磨机的运动轨迹;(b)双动作打磨机的运动轨迹

不同偏心距的打磨机所适用的打磨作业范围见表 38-8。

表 38-8　打磨机的偏心距与适用的打磨作业范围

偏心距/mm	适用打磨
9～12	除锈、除旧漆
7～9	除漆,打磨羽状边,粗磨原子灰
4～6	细磨原子灰,原子灰周围区域打磨,喷涂中涂漆前打磨电泳底漆、旧漆
3～5	面漆前打磨中涂漆、旧漆
1.5～3	抛光前打磨

3)方形打磨机

方形打磨机常见的尺寸是宽度 70 mm、长度 198 mm 或 400 mm,也有 115 mm×208 mm 的规格,可根据打磨工件的尺寸选择合适的方形打磨机。其偏心距常见的有 3 mm、4 mm、4.8 mm 和 5 mm。

方形打磨机属于直线偏心运动打磨机,其运

图 38-185　打磨保护垫

此外，还有一种在托盘上通过尼龙搭扣粘连使用的中间软垫，比软托盘更软一些，可用于面漆前打磨弧度、线条等位置，避免对工件表面造成不必要的过度打磨，同时还可以保护打磨机托盘，如图38-186所示。

图 38-186　中间软垫

3. 打磨手刨

车身很多部位有一定的弧度及线条，还有一些边角部位，手工打磨更易于根据需要从不同角度打磨，打磨平整的同时可以打磨出需要的形状。故干磨实际上包括机器打磨和手工打磨两种形式，不要误解为干磨只是用干磨机磨，而是根据打磨工件的不同和涂装维修人员熟练度的不同，使用两种打磨方式的比重有所不同。

打磨垫板有很多种，通常把水磨用打磨垫板称为磨板；而干磨用打磨垫板配有吸尘管及尼龙搭扣以粘连砂纸，通常称为手刨，如图38-187所示。

图 38-187　手刨

手刨往往还用于喷涂中涂漆之后的粗磨。原因也是因为弧度、线条及边角部位用手刨或者打磨软垫比较容易打磨；另外，原子灰部位、划痕打磨羽状边部位喷涂中涂漆后，需要用打磨原子灰的类似方法，把中涂漆填充后的较高部位针对性地磨下去，这样才能使整个表面平整。

手刨常见的尺寸是宽度 70 mm，长度有 125 mm、198 mm 或 420 mm，也有 115 mm×230 mm 的规格，可根据常见打磨工件的尺寸选择。手刨虽然与有些方形打磨机的尺寸类似，但二者的作用完全不同，并不能互相代替。

4. 砂纸

砂纸通常是由磨料、底胶、面胶、背材等组成，如图38-188所示。

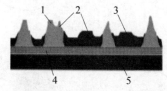

图 38-188　砂纸分层示意图

1—磨料；2—超涂层；3—面胶；4—底胶；5—背材

(1) 磨料，分为天然与合成（人造）磨料，可提供硬度、尖锐性和韧性。

(2) 底胶，磨料与背材的黏胶。

(3) 面胶，磨料间的黏胶。

(4) 背材，研磨材料（砂粒）的承载体，通常有纸、布、纤维、薄膜、复合体。

(5) 超涂层，在研磨介质表面的一种特殊涂层，按作用分为防堵塞涂层和冷切削涂层等，这是高等级干磨砂纸特有的一种技术。

在研磨时要根据不同的研磨工序选择合适的砂纸，砂纸的选择原则如下。

(1) 根据打磨规则从粗到细，以相差不超过 100 号的砂纸循序渐进。

(2) 根据涂料的填充力选择砂纸，应保证砂纸痕可以被该涂料填充或遮盖。

(3) 喷涂前处理的砂纸一般选择 P80～P500 号，面漆缺陷处理的砂纸一般选择 P800～P3000 号。

不同的研磨工序选用的打磨工具及配套砂纸可参考表38-9。

表 38-9 砂纸选择标准参考

干磨工具	干磨工序				
	清除旧涂层	研磨羽状边	研磨小面积原子灰	研磨大面积原子灰	研磨中涂漆
7号、5号干磨机	P80	P120	P80,P120,P180	—	—
3号干磨机	—	—	—	—	P320,P400,P500
手刨	—	—	P120,P180	P120,P180	—
轨迹式	—	—	—	P80,P120,P180	—

38.6.3 喷漆烤房及其设备

1. 喷枪

1) 喷枪的分类

(1) 上壶喷枪及下壶喷枪的特点及应用

喷枪的类型和规格较多,使用压缩空气进行喷涂的喷枪称为空气喷枪,根据涂料的供给方法可分为重力式、吸力式和压送式3种,汽车涂装维修常用的喷枪有重力式和吸力式2种。重力式喷枪的枪壶安装在喷枪上部,所以通常称为上壶喷枪;吸力式喷枪的枪壶安装在下部,所以通常称为下壶喷枪,如图 38-189 所示。

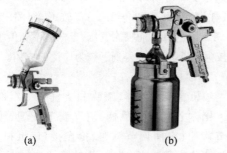

图 38-189 重力式喷枪和吸力式喷枪
(a) 重力式喷枪;(b) 吸力式喷枪

上壶喷枪在喷涂时,压缩空气会在空气帽处产生负压,涂料在负压和自身重力的作用下进入喷枪,在空气帽处得到雾化,并从喷嘴处喷出。枪壶的容量一般为 600 mL 左右。底漆喷枪的口径一般为 1.6~2.0 mm,面漆喷枪的口径一般为 1.2~1.5 mm。上壶喷枪适合于轿车涂装维修作业等油漆用量较少的情况,而

且可以使用免洗枪壶(见图 38-190),以提高效率、节约油漆,故在汽车维修行业得到了广泛的使用。

图 38-190 免洗枪壶

下壶喷枪的枪壶容量一般为 1 L 左右,可喷涂的面积大,一般用于商用车及 10 座左右及以上部件面积比较大的乘用车。吸力式喷枪是利用压缩空气气流使喷枪中产生真空吸力,把油漆从壶中吸到喷嘴雾化喷出,涂料的喷出量即出漆量与涂料的黏度和喷嘴口径有密切关系,黏度较高时出漆量会降低。下壶喷枪喷涂相同涂料的喷嘴口径一般应大于上壶喷枪,喷底漆时下壶喷枪口径一般为 1.8~2.0 mm,喷面漆时下壶喷枪口径一般为 1.5~1.7 mm。

(2) 底漆喷枪和面漆喷枪的特点及区别

喷枪椭圆形的喷幅一般有 3 层:最里面是湿润区,中间是雾化区,最外面是过度雾化区。底漆喷枪用于喷涂防锈底漆、中涂漆,重点是要保证良好的填充性,故底漆喷枪的喷幅较为集中,喷幅的中心湿润区相对较大而周边的雾化区较小,面漆喷枪喷幅周边的雾化区比湿润区更宽大且雾化精细度较高,如图 38-191 所示。

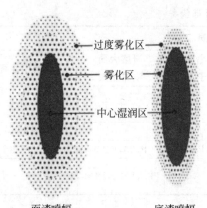

图 38-191 面漆、底漆喷枪喷幅比较

面漆喷枪主要用于单工序面漆、双工序色漆、清漆的喷涂。面漆喷涂的重点是要保证颜色喷涂均匀,并且要求流平性好,所以面漆喷枪的雾化精细度、雾化效果比较好。面漆喷枪的喷幅相对于底漆喷枪,雾化层比湿润层要更宽大。重力式(上壶)面漆喷枪的口径一般为 1.3~1.4 mm。由于面漆喷枪口径小,雾化精细度高,使用不太好的面漆喷枪喷涂防锈底漆或中涂漆,会导致底漆漆膜薄、填充性不够,如果因此而增加喷涂遍数,则又会降低工作效率,扩大喷涂面积,增加表面漆尘和表面打磨的工作量。出于小修补的需要,喷枪生产厂家还开发了专门用于小修补的喷枪,这种喷枪质量轻,一般只有 500 g,比上壶喷枪轻 150~300 g,口径小,一般为 0.8~1.4 mm,所需气压较小,易于喷出较薄涂层及有效控制喷涂区域,对于银粉漆、珍珠漆的修补不容易出现修补"黑圈"。

出于挥发性有机物(VOC)环保法规的要求及对提高油漆传递效率的要求,从 20 世纪 90 年代开始,一些喷枪厂商开始推出环保型喷枪,称为 HVLP(high volume low pressure)喷枪,HVLP 是高流量低气压的缩写。高流量是指用较大流量的空气来进行涂料雾化,耗气量为 350~450 L/min;低气压是指喷涂时枪尾的进气气压为 1.2~2.0 bar,而传统喷枪枪尾的进气气压为 3.0~4.0 bar。环保型喷枪的主要优点是涂料传递效率高,传统喷枪的涂料传递效率为 30%~40%,而 HVLP 环保型喷枪的涂料传递效率高达 65%以上。涂料传递效率高意味着涂料浪费少,节约成本,污染少,有利于工作环境和涂装操作人员的身体健康,同时也降低了更换烤漆房底部过滤棉和排风口过滤棉的成本,提高了生产效率。因此,HVLP 环保型喷枪逐渐得到广泛使用。使用 HVLP 喷枪时要注意以下几点。

① HVLP 喷枪对空气压缩机及压缩空气供气系统的要求比较高,如果压缩空气供气量不足,供气压力不稳定,则对喷枪雾化及喷涂质量的影响比较大。使用 HVLP 喷枪时,一般情况下压缩空气主管路的内径要达到 50 mm,支管路的内径要达到 25 mm,橡胶软管的内径要达到 10 mm。

② HVLP 喷枪的喷涂速度比传统喷枪的速度快 5%~10%,离工件的距离是 13~17 cm,而传统喷枪的距离是 20~25 cm。如果使用 HVLP 喷枪时仍旧按照传统喷枪的操作方法操作,就达不到好的喷涂效果。鉴于以上两个原因,一些喷枪厂商同时推出了介于传统喷枪和 HVLP 环保型喷枪之间的低流量中气压高效(RP)喷枪,较传统喷枪能省漆 15%~20%,耗气量较 HVLP 喷枪低(HVLP 喷枪的耗气量为 430 L/min),在推荐气压 2.0 bar 下喷涂时,耗气量不到 300 L/min,较传统喷枪的 370 L/min 更低,而喷涂气压、走枪速度和传统喷枪较为接近,目前也得到了较为广泛的应用。

2) 喷枪的结构

喷枪主要由枪体、喷嘴和空气帽等组件组成。枪体上有枪体手柄、空气调节旋钮、漆量调节旋钮、扇面调节旋钮、枪壶接口、扳机等,喷嘴部位有空气帽、喷嘴、枪针等。

扣下喷枪扳机时,空气阀先开放,压缩空气经由压缩空气通道到达空气帽的各个气孔并高速喷出,再向下进一步扣下扳机时,喷嘴打开,涂料沿管道由喷嘴处喷出并雾化。空气帽的作用是使压缩空气将涂料雾化成一定形状的漆雾。空气帽上有 3 种不同的孔,最中间为中心雾化孔,中心孔两侧为辅助雾化孔,犄角伸出部位的侧孔为扇幅控制孔,如图 38-192 所示。

图 38-192 空气帽
1—辅助雾化孔；2—中心雾化孔；3—扇幅控制孔

中心雾化孔是位于喷嘴外侧的环形孔，当压缩空气喷出时，会产生负压吸出涂料；辅助雾化孔可以促进涂料的雾化，喷枪雾化性能的强弱主要由辅助雾化孔决定。扇幅控制孔的作用是控制漆雾的形状，当扇面调节旋钮关上时，喷雾的形状是圆形的；当扇面调节旋钮打开时，喷雾的形状则变成长椭圆形的。

漆量调节旋钮和枪针在一条直线上，它调整枪针和喷嘴的开口距离，从而控制出漆量。将漆量调节旋钮完全关闭时，枪针即完全顶到喷嘴，这时即使扣下扳机，也不会有涂料喷出。喷嘴有各种口径，以满足不同的喷涂需要，喷嘴的口径越大，涂料的喷出量越大，因中涂漆需要较厚的厚度以保证填充性，故底漆喷枪多使用口径较大的喷嘴，一般为 1.6～2.0 mm，面漆喷枪的口径小于底漆喷枪的，做局部修补的喷枪口径一般为 0.8～1.6 mm。

3）喷枪的调整

(1) 喷枪压力的调整

喷枪压力过大或过小都会影响雾化的效果及喷涂质量，喷涂不同类型的涂料或喷涂不同大小的工件，都需要参照产品要求或技术要求调节喷枪气压。最佳的喷涂压力是保证喷涂所需要的喷幅宽度和最佳雾化效果所需的最低压力。气压过高会导致过度雾化从而产生过多的喷雾，使涂料用量增加，同时，还会导致涂料到达喷涂表面之前已有大量的溶剂挥发掉，涂料到达工件表面时涂层流动性降低，产生橘皮等缺陷。但如果气压过低，会使雾化颗粒较粗，涂膜过厚，可能导致流挂、溶剂泡、橘皮等缺陷。大多数喷枪本身不带有气压表，

可以使用外接数字式气压表或机械压力表。有些喷枪本身就带有内置数字气压表，体积较小且易于读取气压值，近年来开始得到广泛应用。

(2) 扇面的调整

通过扇面调节旋钮可以调节喷幅（扇面）大小。将扇面调节旋钮旋紧到最小，可使漆雾的直径变小、形状变圆；将扇面调节旋钮完全打开，可使漆雾形状变成较宽的椭圆形。较窄的扇面（10～15 cm）可用于局部维修，而较宽的扇面（20～25 cm）则用于整板喷涂、整车喷涂等大面积喷涂。

(3) 出漆量的调整

通过漆量调节旋钮可以调节出所需的涂料流量，逆时针转动漆量调节旋钮会增大出漆量，顺时针转动漆量调节旋钮会减小出漆量。

(4) 喷枪调节测试

为了确定喷枪的调整是否合理，可以在遮盖纸上进行测试。以整板喷涂喷枪调节为例，使用 HVLP 喷枪时，喷枪与测试纸相距 13～17 cm，而使用 RP 喷枪时则相距 15～20 cm。

① 将空气帽的"犄角"调整成与地面垂直，按下喷枪扳机，在固定位置停留 1～2 s，看到涂料开始往下流即可以松开，根据流下来的涂料长度可判断喷枪调节是否合适，如图 38-193 所示。

图 38-193 水平喷幅的测试方法

② 检查涂料分布均匀度，可能会出现 3 种情况，如图 38-194 所示。

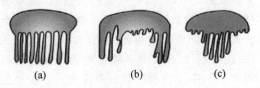

图 38-194 喷枪测试——流痕长度

a. 如图 38-194(a) 所示，流痕长度接近，说明涂料分布均匀。

b. 如图 38-194(b)所示，涂料分布呈中间少、两端多，说明喷束太宽或出漆量太小，可减小扇幅或增大出漆量。

c. 如图 38-194(c)所示，涂料分布呈中间多、两边少，说明喷束太窄或出漆量太大，可增大扇幅或减小出漆量。

③ 将空气帽的"犄角"调整成与地面平行，按照喷涂要求，喷出垂直雾束，检查雾化区的雾化效果是否符合工艺要求。

若喷雾效果未达到最佳状态，须继续调节喷涂压力、出漆量、扇面等各参数，再试枪，直至喷涂效果符合工艺要求。

4) 喷涂操作的要领

(1) 常用的持枪方法

常用的持枪方法是用手掌、拇指、小指及无名指握住喷枪，中指和食指用以扣动扳机，也可用拇指、手掌配合小指、无名指握枪，中指用来扣扳机，食指用于稳定喷枪，如图 38-195 所示。

图 38-195 持枪方法

(2) 枪距

喷枪要与工件表面保持垂直并保持合理的距离，工件表面往往有各种弧度，整板喷涂的要点是移动的同时保持喷枪与工作表面成 90°，并以与表面保持相同的距离和稳定一致的速度移动。只是距离正确，未做到垂直，同样会导致涂层不均匀，喷枪离得太近时，漆膜会过厚，容易导致流挂。如果喷枪离得太远，会使飞漆增多，漆膜较薄而粗糙，光泽过低，流平性、亮度不佳，橘皮重。喷涂距离与喷涂面积的大小有关，工件整喷时一般在 15～20 cm 范围内，大致相当于手掌张开，拇指尖至小指尖的距离，如图 38-196 所示。

(3) 枪速

喷枪的移动速度在工件整喷时通常为

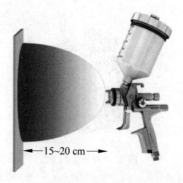

图 38-196 喷涂距离

70～110 cm/s，这取决于涂料的种类及喷涂要求，还与喷幅重叠有关。喷枪的移动速度要适中、稳定一致，移动速度过快会使漆膜表面显得过干，流平性、光泽度、清晰度较差；移动速度过慢会使涂膜过厚而发生流挂。

(4) 重叠

在喷涂操作中，每道喷涂的扇幅应与前一道喷涂的扇幅重叠 1/2～3/4，常用的重叠幅度有 1/2 重叠、2/3 重叠和 3/4 重叠。

1/2 重叠指每一道喷涂时，枪嘴都对着上一枪喷涂的最下边缘，每次下移 1/2 个扇幅的宽度，即每个位置重复喷涂了 2 次；2/3 重叠相当于每次下移 1/3 个喷幅的宽度，即每个位置重复喷涂了 3 次；3/4 重叠相当于每次下移 1/4 个喷幅的宽度，即每个位置重复喷涂了 4 次。

在实际喷涂操作时，一般情况下，第 1 遍喷涂时可采用 1/2 重叠，第 2 遍、第 3 遍喷涂时可采用 3/4 或 2/3 重叠。另外，1/2 重叠常用于底色漆效果层的雾喷、高难度银粉漆喷涂及三工序珍珠的珍珠层喷涂，以保证喷涂涂层的均匀度，避免产生起云、发花等缺陷。

由于喷枪是手工操作，很难准确量化四要素中的每个要素，所以提升喷涂技巧的要点在于首先保证上述四要素在合理的范围内，其次是能够通过喷涂在工件上的漆膜纹理表现随时判断喷涂四要素是否需要调整。

5) 喷枪的清洁及维护

要保证喷枪的使用寿命及喷涂质量，必须对喷枪进行良好的清洁和维护。喷枪清洗应在使用完毕后立即进行,尤其对于双组分涂料,如果不及时清洗,涂料就会干涸在喷枪中,导致喷枪损坏甚至报废。喷枪的清洗方法有两种:一种是手工清洗,另一种是使用洗枪机清洗。无论采用哪种清洗方法,清洗喷枪的关键在于将枪杯、涂料通道、空气帽及喷嘴清洗干净。

(1) 手工清洗喷枪

手工清洗喷枪的方法如下。

① 将剩余的涂料倒入专用废弃物收集容器中,加入少量洗枪溶剂,用毛刷洗净枪杯。按下扳机,使溶剂流出,冲洗涂料通道及喷嘴。

② 洗净空气帽内部沾染的涂料,把空气帽卸下,使用毛刷蘸清洗剂清洗空气帽。清洗枪针,旋下内置弹簧的漆量调节旋钮,抽出弹簧及不锈钢枪针,用毛刷小心地清洗枪针,防止枪针受损、弯曲变形。

③ 清洗喷嘴,可以用专用扳手小心卸下喷嘴,防止喷嘴受损、变形,用毛刷蘸清洗剂清洁。

④ 如果喷嘴、空气帽、枪针等金属构件上面有较难以清洗的涂料,可以将它们在溶剂中浸泡一下,但绝对不允许将喷枪其他部位及枪身整体浸泡在溶剂中,因为这会使喷枪内部的密封件硬化受损,影响喷枪的雾化及喷涂质量。喷枪喷涂溶剂性油漆时使用溶剂清洗,喷枪喷涂水性漆时使用水性稀释剂或洗枪水清洗。

⑤ 清洗喷嘴和空气帽上面的孔时,可以使用专用的柔性清洗针和软毛刷清洁,绝对不允许用钢丝或其他金属硬物清洁,以免导致喷嘴或雾化孔变形。

⑥ 清洗完毕,先安装喷嘴,安装时要注意松紧度和原来一致,不能过紧也不能过松,再安装枪针、弹簧、漆量调节旋钮、空气帽及枪壶。安装好后加入少量溶剂,在具有抽排风的工位用压缩空气喷出并完全吹干净喷枪中的溶剂。

(2) 使用洗枪机清洗喷枪

使用洗枪机的好处是清洗效率较高,洗枪后的废溶剂可以集中收集、储存、处理,有利于环保。清洗过程中产生的挥发物也较手工清洗喷枪少。

2. 压缩空气供气系

1) 空气压缩机的种类

在汽车维修钣喷车间,空气压缩机是所有气动工具的动力来源,是必不可少的设备。目前汽车维修行业通常使用的空气压缩机有2种,即往复活塞式空气压缩机和螺杆式空气压缩机。

(1) 往复活塞式空气压缩机

往复活塞式空气压缩机利用活塞的往复运动来压缩空气,其特点为:

① 气量中等。

② 性能随使用时间而较快减退。

③ 机油或油蒸气可能会进入压缩空气管路。

(2) 螺杆式空气压缩机

螺杆式空气压缩机通过两个凹凸不平的转子的高速运动产生压力,其主要优点为:风压、风量恒定,噪声小,气量大,空气清洁,节能高效。螺杆式空气压缩机的工作效率和可靠性很高,故近年来已在汽车维修行业得到普及,并逐步取代了往复活塞式空气压缩机。螺杆式空气压缩机还具备以下优点:

① 配备计算机控制系统,操作简单。排气温度、排气压力、电气故障、空气滤清器阻塞、油气分离器阻塞等都能自动显示在控制面板的仪表板上。

② 具有机组安全保护功能。螺杆式空气压缩机在高压状态不能开机,能对电动机短路、堵转、缺相、错相、过载、不平衡、逆转等情况提供全方位的保护。

③ 新型的滤清材料。螺杆式空气压缩机采用双层W形尼龙进气过滤网,扩大过滤面积,高温不易变形,能捕获微小颗粒、粉尘和油污,避免冷却器阻塞及机油炭化,减少机械损耗及故障,延长使用寿命。

④ 噪声低。螺杆式空气压缩机采用低转速、高角度排热风扇,内衬消音材料,辅以迂回隔离进气防音与栅排式进气消音箱设计,防止机械运转噪声外传。

⑤ 最佳散热效果。散热片具有强热交换能力与加大型散热材质,可提高散热气流的静压,降低气流噪声;采用轻量化及耐热设计,可减轻电动机的负荷;散热风扇角度可变,能够根据不同频率调整风扇角度,达到最佳散热效果。

⑥ 油气分离器。螺杆式空气压缩机采用四合一油气分离系统,结合保压系统、机油过滤系统、节温系统控制压缩空气的含油量,出气含油量小 3 mg/m³。

⑦ 主机超温保护。主机温度达到 104℃ 时控制器发出报警声音信号,面板显示主机温度,但不停机;当主机温度达到 109℃ 时报警并停机。

⑧ 排气超温保护。当排气温度超过 110℃ 时,温度开关断开,控制器报警停机。

2) 空气压缩机的配套设备

(1) 储气罐

储气罐相当于一个蓄能装置,空气压缩机输出的压缩空气要先进入储气罐暂时储存,随着气动工具的使用,储气罐内的压缩空气不断被消耗,当储气罐内的压力降到一定值时,空气压缩机就会重新启动并向储气罐供气。所以储气罐能起到稳定压力和保证气量的作用,能减少压缩机的运转时间,从而延长压缩机的使用寿命。一般汽车维修企业所使用的储气罐为 1 m³ 或 2 m³,工作压力为 1 MPa(10 bar),具体选择与气动工具的数量,即压缩空气的用气量有关。

(2) 冷冻干燥机

经空气压缩机压缩的空气,温度高达 100～150℃,只有压缩空气降温到露点以下,混合在压缩空气中的油和水才能变成水滴和油滴,从而容易过滤并排放。以每月钣金喷漆维修在 400 台左右的汽车维修企业为例,可使用的冷冻干燥机的规格为:处理量 4 m³/min,工作压力 1.3 MPa(13 bar),自重 60～70 kg。具体选择与气动工具的数量,即压缩空气的用气量有关,可由专业设备厂商根据使用需要进行配置。

由于储气罐能够起到一定的散热作用,因此空气压缩机可先连接储气罐,然后连接冷冻干燥机以除去压缩空气中的油分及水分。

(3) 精密过滤器

精密过滤器有各种不同的等级。粗过滤器一般可除尘至 1 μm,除油至 $1×10^{-6}$。精过滤器一般可除尘至 0.01 μm,除油至 $0.01×10^{-6}$。超精过滤器可除油至 $0.003×10^{-6}$。除了过滤精度外,空气处理量也需要和空气压缩机及冷冻干燥机相匹配,一般的汽车维修企业使用的精密过滤器的处理量需达到 4 m³/min。

(4) 油水分离器

虽然经过空气压缩机、储气罐、冷冻干燥机及精密过滤器的过滤和分离后,压缩空气中只含有非常少量的水、油及微粒,但这些水分、油分及微粒还是有可能在喷涂时导致涂膜产生质量问题。为确保获得高质量的喷涂效果,必须在支供气管及橡胶软管之间,喷枪、打磨机等气动工具使用前安装油水分离器。压缩空气通过油水分离器的引流板、离心器、膨胀室、振动片和过滤器的作用,将油、水和微粒从高压气体中分离出来,并通过自动或手动排水阀排出,以确保压缩空气清洁、干燥,从而保证打磨、喷涂质量。

通常供打磨、除尘的普通工位可安装单节油水分离器;供喷漆的工位可安装双节油水分离器(图 38-197)或三节油水分离器(图 38-198)。

图 38-197 双节油水分离器　　图 38-198 三节油水分离器

双节油水分离器的第 1 节使用黄铜滤芯,可以过滤大于 5 μm 的杂质、水分和油分,黄铜滤芯需要每 6 个月更换 1 次;第 2 节使用纤维滤芯,可以过滤大于 0.01 μm 的杂质、水分和油分,纤维滤芯需要每 6 个月更换 1 次,质量好的双节油水分离器,整体过滤效能可达到

99.998%。三节油水分离器较双节油水分离器增加了一个装有活性炭滤芯的过滤瓶,其剖面图如图 38-199 所示,它可滤除 0.003×10^{-6} 的油雾颗粒,过滤效能可达 100%,第 3 节所使用的活性炭滤芯每 3 个月需要更换 1 次。

图 38-199 三节油水分离器剖面图

选择油水分离器的时候,一方面是要考虑过滤精度的要求,另外一方面要考虑其空气流量是否能够满足要求,否则,有可能因为油水分离器的空气流量过小,导致气动工具或者喷枪的空气流量不足。可以根据一个油水分离器要供几个气动工具或者喷枪来计算所需的空气流量,举例来说,如果一间烤漆房内的油水分离器要同时供 1 把 HVLP 喷枪和 2 把水性漆吹风筒使用,那么所需的空气流量是 430 L+270 L×2=970 L。如果要供 4 把 HVLP 喷枪同时喷涂,则所需的空气流量是 430 L×4=1 720 L,这种情况下使用 2 m³/min 以上的油水分离器才能保证喷涂所需。

对于具有自动排水功能的油水分离器,可在底端排水阀处连接软管,使排出的油水流入收集容器。对于没有自动排水功能的油水分离器,每日需打开排水阀 1~2 次,将分离在杯中的油、水放掉。

3)压缩空气供气系统

压缩空气供气系统是指从空气压缩机到车间各工位压缩空气供气点的设备和各种装置及管路的组合,除了包括上述设备,还包括固定管道、橡胶软管、接头、阀门等。压缩空气供气系统要能确保耐压,不泄漏,不会导致大的、不必要的压降浪费成本,还要确保压缩机空气的纯净、干燥,故设备配置及管路布置非常重要,需要专业的公司进行配置及设计。下面是压缩空气供气管道的设置要点:

(1)供气主管

① 供气主管应在车间上方设置成环形,以保证各处的压力均衡稳定;管径需要根据压缩空气用量计算确定,一般应达到公称直径 DN50~DN80(内径 2~3 in);供气主管应采用能耐压 1.2~1.6 MPa(12~16 bar)及耐温 60℃的镀锌钢管、不锈钢管、改良 PVC 管或铝合金管。

② 供气主管应逐步向排水端倾斜,倾斜度为 1/100,并在排水端设自动排水阀,以利于管道内分离、积累的油和水的排放。排水端供气支管与主管的连接方式如图 38-200 所示。

③ 供气管路应尽量走直线,减少弯通、阀门,因为弯通、阀门会造成压力损耗。

(2)供气支管

① 供气支管应从供气主管上方以倒 U 形分出、下垂至工位所需的高度,这样可防止主管中的水分进入供气支管;管的内径同样需要根据压缩空气用量计算确定,一般应达到公称直径 DN25~DN50(内径 1~2 in)。不同工位支管与主管、支管与橡胶软管的连接方式不同,喷涂工位,即通往烤漆房内的供气支管与供气主管的连接方式如图 38-201 所示。上方要采用倒 U 形或称为鹅颈管的方式相连,喷涂软管不从最下方出口连接,而是从另外一个横向支路连接,以便管路中万一有水分时,能通过最下方出口排水。

 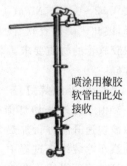

图 38-200 排水端供气支管与主管的连接方式   图 38-201 喷涂工位供气支管与供气主管的连接方式

使用打磨机、抛光机的工位,供气支管与供气主管的连接方式如图 38-202 所示,上方供气支管仍然采用倒 U 形或称为鹅颈管的方式与供气主管相连,压缩空气软管可以从最下方出口连接。

图 38-202　打磨、抛光工位供气支管与供气主管的连接方式

② 供气支管及橡胶软管之间应安装油水分离器,以再次进行油水分离,从而保证打磨、喷涂的质量。通常供打磨、除尘的普通工位可安装单节油水分离器;供喷漆的工位可安装双节或三节油水分离器。

(3) 橡胶软管

橡胶软管的内径应达到 8～10 mm,对于使用 HVLP 喷枪并使用较多气动工具的汽车维修企业,建议使用 10 mm 内径的橡胶软管以确保压缩空气的供气量能够保证 HVLP 喷枪的需要。橡胶软管的长度每增加 5 m,就会导致 0.02～0.035 MPa(0.2～0.35 bar)的压力降,因此建议橡胶软管的长度不要超过 10 m,橡胶软管的材质要求柔软易弯曲、防静电和不含硅。

3. 红外线烤灯

由于红外线烤灯能够通过辐射红外线电磁波快速升温进行加热、烤干,且使用方便,故在汽车涂装维修过程中,常使用移动式红外线烤灯加速干燥原子灰、底漆和面漆。由于短波(即近红外)红外线烤灯的电能辐射转换效率高达 96% 以上,而长波(即远红外)红外线烤灯通常为 60%～75%,且短波红外线烤灯升温更快,故汽车涂装维修行业较常使用的为移动式短波红外线烤灯,如图 38-203 所示。

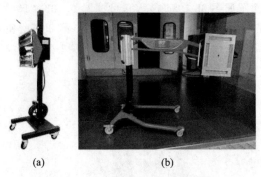

(a)　　　　　　(b)

图 38-203　移动式短波红外线烤灯
(a) 小型烤灯;(b) 大型烤灯

大型短波红外线烤灯的灯头高度最大可以升至 2 m 左右,可以烘烤车顶,最低可降至 0.2 m 左右,可以烘烤车门、保险杠下面的位置。一般装有 2～3 个灯头,可根据烘烤面积需要选择开启灯头的数量。小型短波红外线烤灯则主要用于小面积维修时烘烤原子灰、底漆等,移动方便。

1) 移动式短波红外线烤灯的使用方法

(1) 连接电源。

(2) 设置合适的烘烤距离。红外线烤灯使用时应保持灯头与被烤工件的表面平行,灯头与被烤物表面的距离一般在 60～80 cm。有些红外线烤灯的烘烤距离可以近达 25 cm,具体需要参照产品使用说明书。距离过近可能使工件升温过快、过高而导致溶剂泡或针孔,但距离过远则会降低烘干速度,导致辐射能源浪费。

(3) 打开电源开关,使用中不能触碰灯头,也绝对不能用手或金属物体通过灯头表面的格栅去接触红外线烤灯灯管,以免触电。

(4) 选择烘烤模式。大型的红外线烤灯可根据待烤涂料的类型选择烘烤模式,一般会提供原子灰、底漆、面漆、清漆及塑料件等多种类型的产品烘烤模式,先选择需要烘烤的产品类型,再选择系统中设置好的产品型号,就能按照系统中设置的烘烤时间和温度自动完成烘烤,方便快捷。具体需要参考设备使用说明书进行操作。

(5) 检测距离是否正确。有些红外线烤灯配备了激光感应测距功能,能检测烘烤距离是否合适。按下"定位光栅"键,调整烤灯灯面位置,使激光红点位于待烤工件的正中,烤灯会自动感应烘烤距离,屏幕上会显示"正确""太远"或"太近",可根据提示调节烘烤距离,直至屏幕上显示"正确"为止。

(6) 开始烘烤。再次点按电源按钮,烤灯灯管亮起,为了控制工件的升温速度,防止因升温过快造成的漆膜缺陷,红外线烤灯一般具备2种烘烤模式:一种是半功率烘烤模式,另一种是全功率烘烤模式,或采用双段式升温烘烤模式。红外线烤灯预设的烘烤模式也同样包含这2种烘烤模式,烤灯会先进行一段设定时间(通常为3 min左右)的脉冲烘烤,此时灯管以闪亮状态进行半功率烘烤,温度一般设定为45~50℃。脉冲烘烤时间结束后,烤灯会自动进入全功率常规烘烤模式,此时烤灯将按照设置时间让工件始终保持设置的烘烤温度直至完成烘烤。有些红外线烤灯具备温控探头,工件温度处于烘烤温度时,烤灯也会自动调整为半功率烘烤,温度低于烘烤温度时,再恢复至全功率烘烤,以节约能源并防止烘烤温度过高导致溶剂泡及针孔。

2) 红外线烤灯的维护要点

(1) 更换、安装灯管时,必须确保红外线烤灯断开电源。

(2) 石英管上的污染物有可能引起石英管局部过热,这会导致石英管损坏乃至爆裂。清理灯管时首先要确保断开电源,其次因为手上的汗液、脂肪会污染石英管,故应佩戴乳胶手套,用干净的软布和酒精擦除污染物。

4. 喷漆烤房

汽车喷漆烤房是进行汽车漆喷涂、烘烤作业的专用设备,一般简称为烤漆房。不同类型的汽车涂装选择的烤漆房类型也不相同,汽车制造厂生产线上所使用的原厂高温漆,烘烤温度要达到120~180℃,烤漆房须将车身表面加热到这个温度范围;而在汽车维修企业采用的是低温汽车修补漆,烤漆房的烘烤温度只需达到60~80℃即可。本小节主要介绍使用低温修补漆时所使用的烤漆房。

目前使用的烤漆房一般采用气流下行式,即空气从上部进入,经过车顶向下从车身两侧的排气地沟排出。经过滤后,干净、干燥、适温的空气在流过车身时不会带入灰尘,并连同飞扬的漆雾一同向下吸走,防止飞漆污染新涂的漆面。气流下行式烤漆房减少了喷涂操作人员可能吸入的飞漆和溶剂蒸气,有利于喷漆工的身体健康。

1) 烤漆房的类型

(1) 按尺寸分类

烤漆房按尺寸可分为小型、中型、大型、特大型4种类型,可根据车间或车辆特殊要求定制。

① 小型房体长度在8 000 mm以内。

② 中型房体长度为8 000~12 000 mm。

③ 大型房体长度为12 000~16 000 mm。

④ 特大型房体长度一般大于16 000 mm。

汽车维修企业常用的小型标准烤漆房房体的外部长度、宽度、高度分别为7 124 mm、5 566 mm、3 408 mm,内部长度、宽度、高度分别为7 000 mm、3 890 mm、2 650 mm。

(2) 按车辆进、出方式分类

烤漆房按车辆进、出方式分为室式烤漆房和通道式烤漆房。

① 室式烤漆房是指车辆进、出在同一侧,由同一扇大门进出,是目前汽车维修企业中最常见的一种烤漆房。

② 通道式烤漆房是指车辆是由两侧2扇不同的门进、出,由一侧进入,完成施工后由另外一侧出。它主要适用于喷、烤分开的流水作业,是目前汽车维修企业流水线生产方式中常采用的烤漆房。

(3) 按使用的能源类型分类

烤漆房按使用的能源类型分为燃油型烤漆房、燃气型烤漆房、电加热型烤漆房及混合型烤漆房。

① 燃油型烤漆房以燃烧油料(一般为柴油)产生的热量间接加热空气,使热空气由风机送入烤漆房以在其中进行升温喷漆、烘烤,

故也属于对流型或者称为空气干燥型烤漆房，其中以柴油型烤漆房最为常见。

② 燃气型烤漆房以气态燃料，如天然气、城市煤气、液化气等作为能源燃烧间接加热空气，通过风机将热空气送入烤漆房以升温喷漆、烘烤，也属于对流型或者空气干燥型烤漆房，其中以天然气型烤漆房最为常见。

③ 电加热型烤漆房是以电能直接加热空气送入烤漆房，以完成升温喷漆、烘烤作业。

a. 老式的电加热型烤漆房通过电热丝加热空气，同样属于对流型或者空气干燥型烤漆房。

b. 新型的电加热型烤漆房将电能转换成其他形式的热能来实现加温、烘烤。比如目前常见的红外线辐射干燥型烤漆房，其将电能转换成红外线辐射来加热，属于红外线辐射型烤漆房。由于其具有低能耗、高效率的特点，越来越受到客户青睐。此外，量子烤漆房也属于电热型烤漆房的范畴。

④ 为了实现更高效、更节能的喷漆及烘烤作业，将对流式烤漆房和辐射式烤漆房结合在一起的烤漆房，称为混合型烤漆房。它是喷涂时采用柴油燃烧加热空气，以对流的方式升温，在烘烤时采用红外线辐射加温模式的烤漆房。混合型烤漆房的优点有：

a. 在北方地区，冬天温度较低，仅仅采用红外线辐射式烤漆房，不便于涂装时升温施工，而混合式烤漆房可以解决这个问题。

b. 在烘干油漆时，为了达到更高的干燥效率，采用红外线加热模式的同时还可以采用热风循环，以加快油漆的干燥。

2) 柴油型烤漆房的基本结构

(1) 室体

室体主要由房体和底座两大部分组成如图 38-204 所示。在烤漆房四周纵向均匀布置有由镀锌板折弯而成的多道加固梁，室体顶部也采用加固梁，从而保证房的刚度和强度。底座由底座围体、格栅、防滑地板和支撑柱等组成，以保证整个室体的性能。

室体墙板一般采用轻型复合保温材料（EPS 板或岩棉材料）。保温板的内外板采用

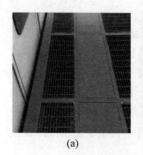 

(a) (b)

图 38-204 烤漆房室体
(a) 烤漆房底座；(b) 烤漆房房体

镀锌板，中间填保温材料，内外板与保温材料压制成一体，如图 38-205 所示。

图 38-205 烤漆房的室体墙板

室体为非通过式，喷烤漆房设置 2 扇或 3 扇大门，如图 38-206 所示。每扇大门均装配钢化玻璃观察窗，玻璃四周采用橡胶压条密封，每扇大门之间采用铰链连接，开启灵活，内侧配有大门插销总成，操作方便。

图 38-206 烤漆房的大门及附件

室体一侧设置有一扇安全门，以方便工作人员进出。安全门带机械压力锁，当房内压力超过 120 Pa 时，安全门自动打开泄压，如图 38-207 所示。

(2) 照明系统

在室体的顶部或侧部安装有照明装置，一般情况下顶侧灯呈 45° 安装，布置方式为 8 组

定时间内的升温要求。

烤漆房内空气的清洁度是衡量烤漆房品质的重要指标,这一指标由空气净化系统保证。

烤漆房空气过滤为 2 级过滤,即初效过滤及高效过滤(顶棉过滤)相结合的形式,具有多层结构,整个过滤系统具有容尘量大、阻力小、寿命长等优点。

初效过滤棉主要用于原始空气的初次过滤,能有效捕捉直径大于 10 μm 的尘粒,其更换周期一般为 100 h 左右,也可视具体情况而定,如图 38-209 所示。

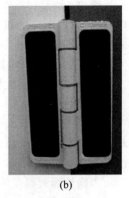

图 38-207　烤漆房的侧门及压力锁
(a) 侧门；(b) 压力锁

4×36 W 的灯。腰灯安装于墙板内,布置方式为 8 组 4×36 W 的灯,照明应确保光照强度不小于 800 lx。室体内的照明选用安装在密封罩壳内的荧光灯具,灯管应采用防爆型高效光源,并采用专用整流器。耐高温导线装在绝缘护管内并固定,如图 38-208 所示。

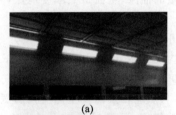

(a)

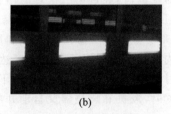

(b)

图 38-208　照明系统
(a) 顶灯；(b) 腰灯

(3) 送、排风系统

送风机选用具有噪声低、风量大、能耗低等优点的风机,将过滤后的新鲜空气送入室内；排风机采用非轴流式风机,将喷漆产生的废气及时通过净化系统进行处理和排出,保证汽车烤漆房内风量平衡,维持室体在喷漆时处于正压状态,从而保证喷涂质量。配置的风阀可用于调节进风量及循环风量,从而满足在规

图 38-209　烤漆房的初效过滤

高效过滤材料设置在室体顶部,用网格支撑,可自由拆卸、轻松更换顶棉,更换时不会有纤维或颗粒落下,能有效捕捉直径大于 4 μm 的尘粒,其更换周期一般为 400 h 左右,如图 38-210 所示。

图 38-210　烤漆房的高效过滤

(4) 空气净化系统

漆烤漆作业产生的废气经过处理,才能达到大气污染物综合排放标准。通常烤漆房设有两道玻璃纤维毡,用于废气中有机物的收集。室体底部托网上铺设第 1 道玻璃纤维毡以吸附大的喷漆颗粒,如图 38-211 所示。排风机下面设置第 2 道玻璃纤维毡以吸附小的喷漆颗粒,其更换周期一般为 80~120 h。

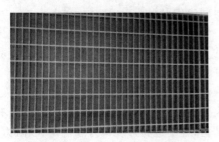

图 38-211　第 1 道玻璃纤维毡

干式处理法是在排风机下面设置 M 形活性炭,用于吸附漆雾中的油漆废气,应每隔 7 d 检查活性炭过滤网,若活性炭表面粘满油漆影响排风时,应及时更换活性炭,确保排风顺畅。

烤漆房多处使用橡胶密封件,以保证房内空间的密封性。由于烤漆房在作业时,其内部的气体多有腐蚀性,而橡胶件的抗腐蚀性较差,因此,在使用的过程中,必须视实际情况对其密封件进行更换。同时,各部件连接处的密封胶因长期使用会出现老化现象,此时应视实际情况对旧的密封胶进行清理,重新使用密封胶进行密封处理,以保证作业时房内的空气洁净。

(5) 电控系统

电控系统是烤漆房的"大脑",它直接指挥烤漆房完成各项操作,因此,保证其控制元器件的性能稳定相当重要。在使用过程中,须定期检测其元器件的性能,以保证其能准确无误地执行各项指令,顺利完成作业,如图 38-212 所示。

图 38-212　电控系统

提示:所有检修和维护工作必须由有资质的人员进行,在检修和维护过程中必须保证做到以下几点。

① 烤漆房内不得摆放任何工件。
② 关掉烤漆房总电源,并在总电源处设置警告标志。
③ 所有更换下来的过滤棉要进行特定处理,不得像处理普通垃圾一样处理旧的过滤棉。

当操控面板调至喷漆挡时,外部空气经过初级过滤网过滤后由风机送到房顶,再经过顶部过滤网二次过滤净化后进入房内。房内空气采用全降式,以 0.2~0.6 m/s 的速度向下流动,使喷漆后的漆雾微粒不能在空气中停留,而是直接通过底部出风口排出房外。

这样不断地循环转换,可使喷漆时房内的空气清洁度达 98% 以上,且送入的空气具有一定的压力,可在车的四周形成一恒定的气流以去除过量的油漆,从而最大限度地保证喷漆的质量。

打开烤漆与燃烧机开关,热风开始循环,烤漆房内的温度迅速升高到预定的干燥温度 (60~80℃)。风机将外部的新鲜空气进行初过滤后,与热能转换器发生热交换后送至烤漆房顶部的气室,再经过第二次过滤净化,热风经过风门的内循环作用,除吸进少量新鲜空气外,绝大部分热空气又被继续加热利用,使得烤漆房内的温度逐步升高。当温度达到设定的温度时,燃烧器自动停止;当温度下降到设置的温度时,风机和燃烧器又自动开启,使烤漆房内的温度保持相对恒定。最后当烤漆时间达到设定的时间时,烤漆房自动关机,烤漆结束。

烤漆房除了常温喷涂和烘烤之外,还可进行升温喷涂。当环境温度过低时,可打开燃烧机,通过燃烧机燃烧油或天然气对空气进行加热,以提高室内的温度,并通过升温温度设定器将温度恒定在 20~25℃。

3) 油型烤漆房的特点

(1) 根据喷涂状态和烘烤状态的需要可调节排气管和进气管,使喷涂状态时排出废气,烘烤时则不断循环空气并将热空气反复使用，以保持温度，节约能源。

(2) 国内的烤漆房一般采用正压送风，其送风气压一般保持在室内高于室外 4~12 Pa，压力大小可通过调风门调节，正压送风可保证室外空气不能进入烤漆房，以保持烤漆房内清洁。而在有些国家，法规要求烤漆房必须采用负压送风，送风气压保持室内低于室外，以保证烤漆房内的漆雾不能溢出，避免污染外部环境。

(3) 在对汽车加温烘烤时，汽车修补涂料的烘烤温度一般以被烘烤物体表面温度达到 60~80℃ 为宜，若温度达到 80℃ 以上会造成仪表、塑料件变形等，若温度达到 90℃ 以上有可能使燃油起火、爆炸等。柴油型烤漆房烘干时最高可升温至 80℃。室内温度相对比较均匀，每一点的温度变化范围为 ±2℃，一般从室温 20℃ 升高至 60℃ 不超过 15 min。

(4) 由于油漆喷涂及烘烤时的通风方式不同，喷涂时与烘烤时的空气流速是有差别的，一般喷涂时的空气流速在 0.2~0.6 m/s。对涂膜进行加温烘烤时的空气流速一般在 0.05 m/s 左右。

4) 新型的电加热型烤漆房

新型的电加热型烤漆房包括红外线烤漆房和量子加热型烤漆房（以下简称"电加热型烤漆房"）。如今电加热型烤漆房愈来愈多地被汽车修理行业所使用，如将其细分应属于电热辐射型烤漆房。电加热型烤漆房具有高效、节能、环保、安全、烘烤效果好、经济实用等特点，可替代燃油、燃煤、燃气及电热管供热等传统的热风型烤漆房。

(1) 电加热型烤漆房的结构特点

① 电加热型烤漆房与柴油烤漆房在结构上的差异并不大，主要区别在于加热系统。电加热型喷烤漆房取消了原柴油烤漆房的柴油燃烧器，通过在烤漆房室内墙面上安装红外线烤灯或量子加热器来达到加热的目的，如图 38-213 所示。

图 38-213 新型的电加热型烤漆房

② 电加热型烤漆房可由柴油烤漆房改装而成，即拆除原来的柴油燃烧器，在烤漆房内壁上加装红外线烤灯即可。

(2) 电加热型烤漆房的缺点

① 电加热型烤漆房不能进行升温喷涂，只能先打开加热器烘烤车体或板件进行预热，达到温度后再关闭加热器进行喷涂。对于北方寒冷地区，冬天室温很低，降温很快，会影响喷涂效果。因此在北方寒冷地区，最好使用混合型烤漆房，以保证可进行升温喷涂作业。

② 电加热器打开后禁止人员暴露在辐射区域内，并且不能将任何物体直接贴在电加热器表面。

5) 烤漆房的使用要点

无论何种类型的烤漆房，其使用要点主要有以下几点。

(1) 车辆进入烤漆房前必须清洗干净。

(2) 不得在烤漆房内打磨车辆。

(3) 严禁在烤漆房内吸烟和使用明火。

(4) 定期对墙板上的污垢和漆渣进行清洁。为了高效保护墙板、高效清洁，可喷涂可剥型保护膜，照明灯罩和玻璃视窗上喷涂透明、可视型保护膜，墙壁上喷涂白色保护膜。

烤漆房一般在使用半年后，保护膜上黏附漆尘比较多时，即可剥除后再次喷涂。与普通的贴保护膜的方法相比较，贴护保护膜无法总是保持紧贴墙板，比较蓬松，漆尘容易再次飞落在喷涂的漆面上，导致脏点多而加大抛光工作量，从而花费更多的时间和成本。

第4篇

停车设备

第39章

停车设备概述

随着我国社会经济的快速发展,汽车工业异军突起,特别是自2004年起小型汽车走入家庭之后,我国城市机动车保有量迅速增加,很多城市的停车供求矛盾日益凸显,成为影响城市交通的重要因素。可以预测城市停车问题将成为国家实施汽车产业政策和城市道路交通政策的瓶颈,城市停车问题逐渐成为城市政府和社会各界关注的热点和焦点。

39.1 停车设备的发展及分类

39.1.1 概念

要解决城市停车问题,增加停车设施供给是解决供需矛盾的有效途径之一,然而目前停车问题严重的地区,通常已经开发得比较成熟,土地资源相对紧张或地价昂贵,再次进行大规模停车设施建设的可行性较小。如何在现有区域内既能有效增加停车供给,同时又不过多地占用地面资源、节约投资是迫切需要解决的问题,因此出现了立体停车设备技术。

停车场(库)分为自走式和机械式两种方式。

1. 自走式停车场(库)

自走式停车场(库)即驾驶员可驾驶汽车直接出入停车泊位的停车场(库),例如路边停车、地下停车场平面停车和地上停车场平面停车等。

2. 机械式停车场(库)

机械式停车场(库)即应用停车设备将汽车存放到立体化的停车位或从停车位取出的停车场(库)。

与自走式停车场(库)相比,机械式停车场(库)通过应用立体停车设备升降机、行走台车及横移装置输送载车板实现车辆的存取,同时工作人员还可通过监控视频实时观察停车设备内部的运行情况,安全可靠。

机械式停车场(库)由于单个车位占地面积小,土地利用率高,非常适用于城市中心区、地价昂贵地段或是基地面积狭小的情况。与自走式停车场(库)相比,机械式停车场(库)可更加有效地保证人身和车辆的安全,从管理上可以做到彻底的人车分流,而且施工期短。但机械式停车场(库)由于受到机械运转条件的限制,进车或出车需要间隔一定的时间,因而在交通高峰时间可能出现等候现象,这是其局限性。

机械式停车场(库)的设备系统通常称为停车设备,是指搬运汽车存放至泊车位时使用的机械设备的总称。

39.1.2 发展

1. 国外停车设备的发展

立体停车设备发源于美国。1932年,世界上首座简易升降式停车设备在美国建成,虽然该停车设备操作复杂,需要人工协助完成,但还是在繁华拥挤的都市里为解决"停车难"的问题提供了一种方案。20世纪50年代以后,伴随着私人小汽车的普及,立体停车设备在西欧、日韩、东南亚得到了广泛的应用,形成了一个包括制造、安装、使用和维修的行业体系。

常见的停车设备形式有升降横移式、巷道堆垛式、垂直升降式、垂直循环式、平面移动式及多层循环式等。

在亚洲地区,包括我国、韩国、日本等国家,因为土地资源较少而人口较多,"停车难"问题就显得比较突出。日本是亚洲地区最先开发并使用停车设备的国家,从20世纪60年代就开始研究和开发机械停车设备,首先引进西欧技术建成了40余座不同形式的机械式立体停车场,到现在已经有50多年的历史。据统计,日本目前的机械式停车设备主要以升降横移类为主,直接从事机械式停车设备研究和制造的企业有200多家,以新明和、三菱重工、日精等大型公司为代表。韩国机械停车设备技术研究从20世纪70年代开始,其核心技术由日本引进,到了20世纪90年代韩国的机械停车设备技术开始本土化,并迅速得到发展和壮大。在韩国,机械停车设备技术之所以能得到迅猛发展,很大一部分原因是政府对于该项目的重视,这一点很值得我国借鉴,近几年来韩国停车产品的数量保持两位数字的增长。

2. 国内停车设备的发展

我国停车设备的发展始于20世纪80年代,90年代迅速兴起,步入了引进、开发、制造和使用的快车道。国内停车设备市场正以直线上升的态势飞速发展。我国立体停车设备的产品经引进技术和自主研究开发,生产技术水平有了很大的提高,许多设备采用了当前机械、电子、液压、光学、磁控和计算机等领域的先进技术。

目前,投入使用最多的停车设备是升降横移类,在商圈、写字楼及医院等场所有所应用。但国内仍以自走式停车场为主,停车设备没有大量普及。

停车设备占地面积少,车位数量比同样面积的平面停车场更多,应用停车设备对于提升土地利用率具有显著优势。在国土面积小、汽车数量多的日本,其立体停车设备已经占70%,相比之下,可以看出我国在停车设备上的发展具有很大的潜力。

39.1.3 分类及工作原理

我国现行的国家标准《机械式停车设备分类》(GB/T 26559—2021)将常见的停车设备按其工作原理分为9种类型,分别为升降横移类、垂直循环类、水平循环类、多层循环类、平面移动类、巷道堆垛类、垂直升降类、简易升降类、汽车升降机类。这9类停车设备的特点是工程竣工后,主要结构(如钢结构)与地面、建构筑物地面固定,形成永久结构,不可轻易移动。近年来,随着控制、导航等技术的发展,自动化汽车搬运设备应运而生,该停车设备应用于停车场(库)内,可算作停车设备的一种新类型。

1. 升降横移类(代号为SH)停车设备

升降横移类停车设备是以载车板升降或横移存取车辆的机械式停车设备,是目前使用最广泛的机械式停车设备。其设备简图及实况图分别如图39-1和图39-2所示。

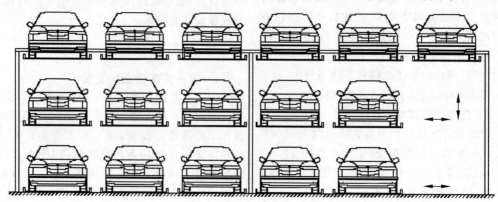

图 39-1 升降横移类停车设备简图

图 39-2　升降横移类停车设备实况图

升降横移类停车设备工作原理详见 41.1.1 节,因此不再赘述。

2. 垂直循环类(代号为 CX)停车设备

垂直循环类停车设备是采用垂直方向做循环运动的停车设备系统存取车辆的停车设备。其设备简图如图 39-3 所示。

垂直循环类停车设备的工作原理是:电动机通过减速机带动传动机构,在牵引构件链条上每隔一定的距离安装一块载车板,当电动机启动时,载车板随链条一起做循环运动,以达到存取车的目的。存车时,司机将车开至停车设备载车板的准确位置后,关好车门离开停车设备,按动操作按键,电动机启动,载车板随之运动,另一载车板转动到进口位置即停,则可进行下一个存车操作;取车时,按动操作台上的存车编号按键,电动机启动,在可编程序控制器的作用下使其按最短路程运行至出口,司机进入载车板,将车开出。

垂直循环式停车设备由单一大型电动机驱动,电气控制系统简单,但其平动机构也存在导轨易磨损的问题。停车数量受驱动电动机功率及结构等因素限制,一般一组垂直循环式停车设备可停 8～34 辆车。

3. 水平循环类(代号为 SX)停车设备

水平循环类停车设备是通过一个水平循环的车位系统来存取停放车辆的停车设备。其设备简图如图 39-4 所示。

水平循环类停车设备的工作原理是:存取停放车辆的车位系统在水平面上做循环移动,将所需存取车辆的载车板移到出、入口处,驾驶员再将汽车存入或取出。按载车板的运动

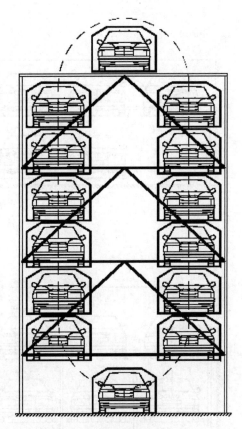

图 39-3　垂直循环类停车设备简图

形式可将其分为圆形循环和矩形循环 2 种。

圆形循环式载车板的移动形态呈圆弧状,矩形循环式载车板的移动形态为直线运动。按出、入口布置方式可分为上部乘入式和下部乘入式 2 种。上部乘入式汽车出、入口在设备的最上方,下部乘入式汽车出、入口在设备的最下方。

4. 多层循环类(代号为 DX)停车设备

多层循环类停车设备是通过载车板做上下循环运动,实现车辆多层停放的停车设备。其设备简图如图 39-5 所示。

多层循环类停车设备的运动形式有 2 种:一种是载车板在上、下层交换时,按圆形轨迹运动,称为圆形循环式停车设备;另一种是在上、下层交换时,沿直线上下升降,称为箱形循环式停车设备。

圆形多层循环类停车设备的工作原理是:升降机将载车板和所载车辆放置在水平循环系统的链条上,当水平传动系统带动水平循环

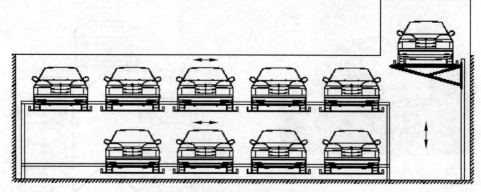

图 39-4 水平循环类停车设备简图

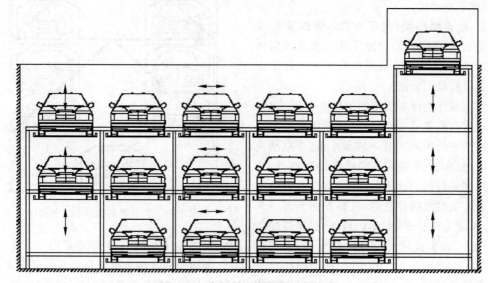

图 39-5 多层循环类停车设备简图

系统的主链条转动时,与链条相连的上、下层载车板也开始向不同方向移动(即如上层向左移动,则下层向右移动);左、右端部的载车板则随着链条的回转沿着圆形轨迹做平动,从而实现上、下层的转换。这样,水平循环系统上的每一个车位可移动到位于系统端部的升降通道位置处,以便由升降机将其升降。当一个新的空车位(或所调车位)移动到升降通道处后,升降机开始升起,将通道处的载车板抬起,提升到出、入口处,至此完成了一个工作循环。

箱形多层循环类停车设备的工作原理是:升降机将载车板和所载车辆搬运至停放层,同时停车设备另一端的升降机升降到与该层相邻的水平层;此后这两层的水平传动系统转动,使两层的载车板分别向相反的方向移动(即如上层向左移动,则下层向右移动),将端部的载车板移动到升降机上;然后左、右2台升降机再同时升降将载车板由原层升降到另一层,至此完成了一个车位的移动。

5. 平面移动类(代号为 PY)停车设备

平面移动类停车设备是在同一层上用搬运台车或起重机平面移动车辆,或使载车板平面横移实现存取停放车辆,也可用搬运台车和升降机配合实现多层平面移动存取停放车辆的停车设备。平面移动类停车设备可细分为单层平面横移停车设备、单层(多层)平面往返停车设备及门式起重机多层平移停车设备,其设备简图如图39-6所示。

第39章 停车设备概述

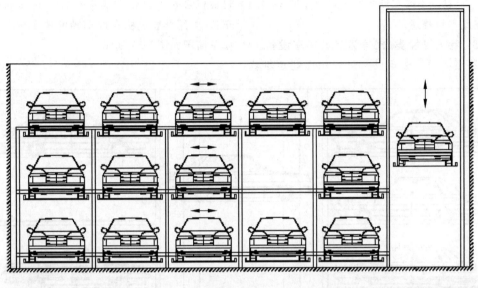
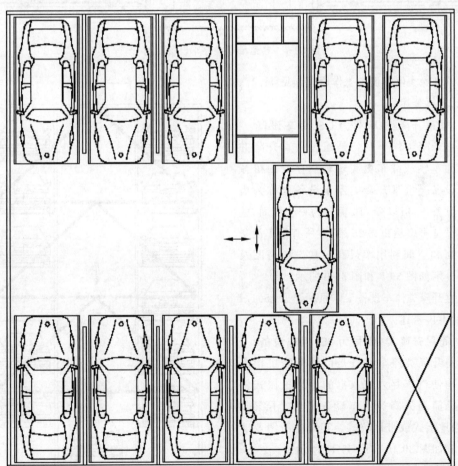

图 39-6 平面移动类停车设备简图

平面移动类停车设备工作原理详见43.1.1节,在此不再赘述。

6. 巷道堆垛类(代号为XD)停车设备

巷道堆垛类停车设备是采用以巷道堆垛机或桥式起重机将车辆水平且垂直移动到存车位,并用存取机构存取车辆的停车设备。其设备简图如图39-7所示。

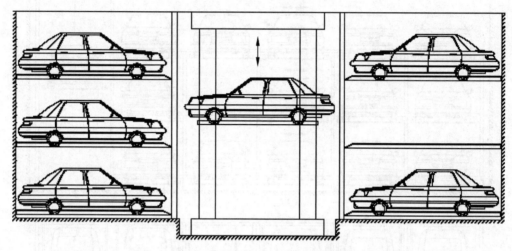

图39-7 巷道堆垛类停车设备简图

巷道堆垛类停车设备工作原理详见41.1.1节,在此不再赘述。

7. 垂直升降类(代号为CS)停车设备

垂直升降类停车设备是通过垂直升降并横向移动车辆或载车板实现车辆存取的机械式停车设备。垂直升降类停车设备也称为塔式停车设备,一般以2~10辆车为一个层面,整个停车设备可多达20~25层,在所有停车设备中其平面和空间利用率最高。其设备简图及实况图分别如图39-8和图39-9所示。

垂直升降类停车设备工作原理详见45.1.1节,在此不再赘述。

8. 简易升降类(代号为JS)停车设备

简易升降类停车设备是借助升降机构或俯仰机构使汽车存入或取出的简易机械式停车设备。简易升降类停车设备可为2层或3层,可为地上式或带地坑式。其设备简图及实况图分别如图39-10和图39-11所示。

简易升降类停车设备工作原理详见42.1.1节,在此不再赘述。

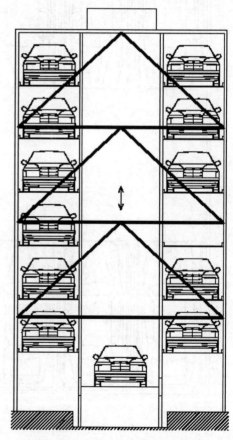

图39-8 垂直升降类停车设备简图

第39章 停车设备概述

图 39-11 简易升降类停车设备实况图

9. 汽车升降机类（代号为 Q）停车设备

汽车升降机类停车设备是用作不同平层的汽车搬运升降机，它只起搬运作用，无直接存取的作用，相当于自走式停车设备中的坡道。其设备简图如图 39-12 所示。

图 39-9 垂直升降类停车设备实况图

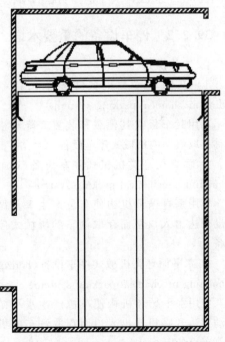

图 39-12 汽车升降机类停车设备简图

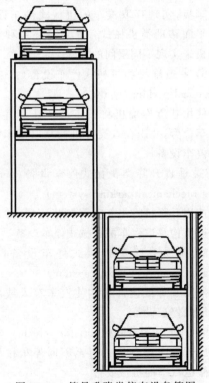

图 39-10 简易升降类停车设备简图

汽车升降机类停车设备的工作原理因运行方式不同各异，可分为升降式、升降回转式和升降横移式。升降式汽车升降机的载车板只做升、降运动；升降回转式汽车升降机的载车板除做升、降运动外，还能做回转运动；升降横移式汽车升降机的载车板除做升、降运动外,还能做水平横向移动。

10. 设备选型

上述 9 种类型的停车设备在汽车出入方式、机械设备运行原理、停放车辆数量、适用场地等方面有各自的适用范围,可以依据不同的情况使用不同的设备,以解决停车的问题。详细的设备选型内容参见第 40 章。

39.2 停车设备的适停车辆与重要术语

39.2.1 适停车辆

以上 9 大类停车设备主要用于停放小型车和轻型车,其适停车型的最大外廓尺寸及最大质量见表 39-1。

表 39-1 适停车辆尺寸及质量

适停车型	组别代号	最大外轮廓尺寸(长×宽×高)/(mm×mm×mm)	最大质量/kg
小型车	X	4 400×1 750×1 450	1 300
	Z	4 700×1 800×1 450	1 500
轻型车	D	5 000×1 850×1 550	1 700
	T	5 300×1 900×1 550	2 350
	C	5 600×2 050×1 550	2 550
	K	5 000×1 850×2 050	1 850

注:超出上述规定时,应注明具体的适用参数。

39.2.2 停车设备的重要术语

1. 工作原理

1) 升降横移类机械式停车设备(lift-sliding mechanical parking system)

利用载车板或其他载车装置升降和横向平移存取汽车的机械式停车设备。

2) 垂直循环类机械式停车设备(vertical circulating mechanical parking system)

使用垂直循环机构使车位产生垂直循环运动到达出入口层而存取汽车的机械式停车设备。

3) 水平循环类机械式停车设备(horizontal circulating mechanical parking system)

使用水平循环机构使车位产生水平循环运动到达升降机或出入口而存取汽车的机械式停车设备。

4) 多层循环类机械式停车设备(multilayer circulating mechanical parking system)

使用上下循环机构或升降机将汽车在不同层的车位之间进行循环换位来实现汽车存取的机械式停车设备。

5) 平面移动类机械式停车设备(horizontal shifting mechanical parking system)

在同一水平层上用搬运器平面移动汽车或载车板,实现存取汽车的机械式停车设备,多层平面移动类机械式停车设备还需要使用升降机来实现不同层间的升降。

6) 巷道堆垛类机械式停车设备(stacking mechanical parking system)

使用巷道堆垛机将汽车水平且垂直移动到停车位旁,并用存取交接机构存取汽车的机械式停车设备。

7) 垂直升降类机械式停车设备(vertical lifting mechanical parking system)

使用升降机将汽车升降到指定层,并用存取交换机构存取汽车的机械式停车设备。

8) 简易升降类机械式停车设备(easy lifting mechanical parking system)

使用升降或俯仰机构使汽车存入或取出的机械式停车设备。

9) 汽车专用升降机(lift for vehicle)

用于停车设备出入口至不同停车楼层间升降搬运汽车的机械设备。

2. 系统

停车设备使用的系统主要有钢结构系统、

载车板系统、传动系统、控制系统、安全防护系统等。

3．机构和部件

1) 起升机构(lifting mechanism)

停车设备中用以提升搬运器的升降机构。

2) 纵移机构(longitudinal mechanism)

停车设备中沿巷道方向水平移动载车板的机构。

3) 横移机构(traverse mechanism)

停车设备中垂直于巷道方向移动载车板的机构。

4) 水平循环机构(horizontal circulation transfer mechanism)

在水平方向上使停车设备载车板循环移动的机构。

5) 垂直循环机构(vertical circulation transfer mechanism)

在垂直方向上使停车设备载车板循环移动的机构。

6) 存取交接机构(accessing outfit)

在停车设备中用于将汽车或载车板在汽车出入口、升降设备、搬运器停车位之间交换的机构。

7) 搬运器(load carrier)

运送汽车的装置,具有独立的动力驱动装置。

8) 升降机(lift)

具有升降功能,可将汽车升降至所需位置的装置。

9) 升降搬运器(lifting transport apparatus)

升降机中承载汽车的平台。

10) 有轨巷道堆垛机(rail mounted aisle-stacking machine)

沿着多层停车位停车设备巷道内的轨道运行,向单元车位存取汽车,完成出入库作业的起重机。

11) 搬运台车(shuttle)

在巷道轨道上运行,用于运送汽车使之到达预定停车位置的搬运器。

12) 回转盘(rotary)

在机械式停车设备中,可将汽车水平回转一定的角度以改变汽车方向的机械装置。

13) 载车板(pallet)

在停车设备中,用于存放汽车的托板。

14) 梳齿架(comb finger frame)

在停车设备中,用于承载汽车的梳齿形支撑架。

15) 导轨(rail)

供升降平台、对重、平衡重等升降用,不主要用来承受载荷的导向部件。

16) 轨道(track)

供有轨堆垛机或搬运器水平方向运行时,承载重力并为其导向的部件。

17) 平衡重(counterpoise weight)

为节能而设置的平衡全部或部分升降质量的装置。

18) 对重(counterweight)

由曳引绳经曳引轮与升降平台相连接,在运行过程中起平衡作用的装置。

19) 出入库台(entrance platform)

在机械式停车设备出入口处设置的用于汽车出入库用的停车平台。

20) 平层(leveling)

升降搬运器升降至汽车出入口及各停车层时,实现在垂直方向搬运器与停车层平面平齐的一种运动。

4．安全装置

1) 防坠装置(anti-dropping device)

防止搬运器或载车板运行到位后处于空中静态位置时坠落的装置。

2) 自动门防夹装置(anti-clamp device of automatic operated door)

当自动门在关闭的过程中有汽车或障碍物出入门时而自动停止或自动开启的安全保护装置。

3) 安全钳(safety gear)

搬运器在超速下降时,制动并控制搬运器使其停止运行的机械装置。

4) 限速器(speed limit device)

当搬运器的运行速度超过额定速度一定值时,其动作能导致安全钳起作用的安全装置。

5) 阻车装置(vehicle-block device)

在搬运器或载车板上沿汽车行进方向设置的起阻挡车轮作用的装置。

6) 人车误入检测装置(error-entering protection device)

在机械式停车设备出入口处，设置的用于设备运行时检测人员或汽车误入停车设备的保护装置。

7) 缓冲器(buffer)

位于行程端部，用于吸收搬运器、平衡重、对重等动能的一种缓冲安全装置。

8) 紧急停止开关(emergency stop switch)

停车设备运行过程中能断开动力及控制电源使设备停止运行的开关。

5. 驱动

1) 强制驱动(positive drive)

用链条或钢丝绳等悬吊的非摩擦方式的驱动。

2) 曳引驱动(traction drive)

提升绳靠主机驱动轮绳槽的摩擦力的驱动。

3) 液压驱动(hydraulic drive)

依靠液压系统产生的动力的驱动。

6. 通道及区域

1) 出入口(access)

进出停车设备转换区或工作区最外部的出入口。

2) 人员出入口(personnel access)

仅供人员进出停车设备而设置的出入口。

3) 汽车出入口(vehicle access)

仅供汽车进出停车设备而设置的出入口。

4) 人车共用出入口(personnel and vehicle access)

供人员或汽车共同使用的进出停车设备的出入口。

5) 安全出口(pass exit)

为保证不把人关在停车设备内而设置的出口。

6) 应急出口(emergency exit)

用于在紧急情况下人员撤离危险区域的逃生口。

7) 大门(main door)

外部通道与停车设备之间的门。

8) 工作区域门(working area door)

司机上下车的转换区与停车设备工作区之间的门。

9) 侧门(side door)

非工作区与转换区之间的门。

10) 检修门(service door)

专为维修人员出入工作区所设的门。

11) 通行门(pass door)

大门的一部分，仅用于步行者通过。

12) 自动门(power operated door)

用动力开启或关闭的停车设备门。

13) 水平滑动门(horizontal sliding door)

沿门导轨和地坎槽水平滑动开启或关闭的门。

14) 垂直滑动门(vertical sliding door)

沿门两侧的垂直门轨滑动开启或关闭的门。

15) 人行通道(walk way)

停车设备内仅供人员通行的通道。

16) 汽车通道(drive way)

汽车自行驶入的供汽车通行的道路。

17) 库前等待区域(waiting area)

停车设备出入口前面供汽车暂时停放或通行的空地。

18) 转换区(transfer area)

存取汽车时，由人员驾驶状态转换为停车设备控制状态或由停车设备控制状态转换为人员驾驶状态的区域。

19) 工作区(working area)

停车设备运行、存放汽车的区域。对无人方式的停车设备，该区域不允许驾乘人员进入。

20) 井道壁(well enclosure)

用来隔开井道和其他场所的结构。

21) 底坑(pit)

机械式停车设备底层地面以下的井道。

7. 车位

1) 停车位(parking space)

在停车设备中，用于最终停放汽车的空间。

2) 混凝土结构停车位（concrete parking space）

用钢筋混凝土建筑结构体的停车位。

3) 钢结构停车位（steel structure parking space）

用钢结构体存放汽车的停车位。

4) 车位高度（parking space height）

停车设备中停放适停汽车所需车位的净空高度。

5) 车位宽度（parking space width）

两相邻停车位中心线之间的距离，或停车位两侧能够保证车辆安全的有效宽度。

8. 参数

1) 停车设备高度（overall height）

停车设备在高度方向上所占用的总空间，包含停车设备本身和停放汽车的所有高度。

2) 存容量（parking capacity）

套控制系统内机械式停车设备最大存容的汽车数量。

3) 汽车宽度（vehicle width）

分别过车辆两侧固定突出部位（不包括后视镜、侧面标志灯、示位灯、转向指示灯、扰性挡泥板折叠式踏板、防滑链以及轮胎与地面接触变形部分）最外侧点且平行于 Y 平面的两平面之间的距离。（注：Y 平面为沿车长方向且垂直于地面的平面。）

4) 汽车全宽（overall width of car）

汽车的最大宽度，包括后视镜处于正常位置的宽度。

5) 适停汽车尺寸（dimensions of vehicle suitable for parking）

停车设备或停车设备所能容纳的汽车的最大外形尺寸（不含车外两侧后视镜）。

6) 适停汽车质量（concessional vehicle mass）

停车设备中准许停放汽车的最大质量，它等于准许停放汽车整车整备质量加 50 kg 物品的质量。

7) 层高（distance between floors）

停车设备中停车位层与层之间的高度，一般情况下，它是车位高度和相应层停车设备设施所占高度之和，当其他设施（如消防、通风等）侵入停车位高度方向位置时，也应包括其他设施的高度。

8) 轨距（wheel track width）

有轨巷道堆垛机或搬运器同一车轴上车轮的中心距。

9) 轴距（wheelbase）

搬运器前后车轴上轮轴的中心距。

10) 额定速度（rated speed）

在额定电压、额定频率和额定载荷状态下，搬运器的最大起升或运行速度。

11) 单车最大进（出）车时间（maximum storage (or retrieval) time of single vehicle）

从给出一个进车（或出车）指令开始将车从出入口停放到该机械式停车设备的最不利位置（或将汽车从最不利的位置取出至出入口），直至该停车设备能进行下一个进车（或出车）指令为止所需的时间（不包括辅助时间）。

12) 井道宽度（well width）

平行于轿厢宽度方向的井道壁内表面之间的水平距离。

13) 井道深度（well depth）

垂直于井道宽度方向的井道壁内表面之间的距离。

14) 平层精度（leveling precision）

平层后确定测量基准实际停止的位置与理论停止的位置在垂直方向上的误差。

15) 停准精度（stay precision）

水平运行的搬运器移动到位后，实际停止的位置与理论停止位置在水平方向上的误差。

16) 空载（no load）

搬运器上无汽车时的工况。

17) 额定载荷（rated load）

搬运器上最大适停汽车的质量。

18) 满载（full load）

每个停车位或搬运器上有额定载荷时的工况。

19) 最大偏载（maximum eccentric load）

对称设置的停车设备中，一侧的每个停车位均为额定载荷，而另一侧的停车位均为空载时的工况。

20) 静载荷(static load)

机械式停车设备搬运器处于静止状态时,搬运器或停车位所承受的载荷。

21) 动载荷(dynamic load)

机械式停车设备搬运器处于运动状态时,搬运器或停车位所承受的载荷。

9．其他

1) 适停汽车(vehicle suitable for parking)

停车设备允许停放的汽车。

2) 机房(machine room)

安装曳引机或其他驱动机构和相应附属设备的专用房间。

3) 层站(landing)

各停车楼层用于出入升降运器的地点。

4) 辅助设备(auxiliary equipment)

协助停车设备共同完成存取、储存汽车的设备,例如大门及其联锁装置、工作区域门侧门、检修门、紧急出口、通行门等。

5) 电源设备(power supply)

给机械式停车设备及相关附属设备提供电源的设施。

6) 警示装置(alarm device)

停车设备中为提示人与车的安全而设置的设施。

39.3 停车设备的标准体系与发展趋势

39.3.1 标准体系

据统计,我国已制定停车设备行业标准15项,主要分为3个类型,即基础通用标准、管理标准和产品标准。我国现行停车设备行业标准体系见表39-2。

表39-2 我国现行停车设备行业标准体系

序号	标准名称	标准编号	层次	类型
1	机械式停车设备术语	GB/T 26476—2021	国标	基础通用标准
2	机械式停车设备分类	GB/T 26559—2021	国标	
3	机械式停车设备设计规范	GB/T 39980—2021	国标	
4	机械式停车设备 通用安全要求	GB 17907—2010	国标	
5	起重机械检查与维护规程 第1部分：总则	GB/T 31052.1—2014	国标	管理标准
6	起重机械检查与维护规程 第11部分：机械式停车设备	GB/T 31052.11—2015	国标	
7	机械式停车设备 使用与操作安全要求	GB/T 33082—2016	国标	
8	升降横移类机械式停车设备	JB/T 8910—2013(2017年复审)	行标	产品标准
9	垂直循环类机械式停车设备	JB/T 10215—2000	行标	
10	水平循环类机械式停车设备	GB/T 27545—2011	国标	
11	多层循环类机械式停车设备	JB/T 11455—2013(2017年复审)	行标	
12	平面移动类机械式停车设备	JB/T 10545—2016(2017年复审)	行标	
13	巷道堆垛类机械式停车设备	JB/T 10474—2015(2017年复审)	行标	
14	垂直升降类机械式停车设备	JB/T 10475—2015(2017年复审)	行标	
15	简易升降类机械式停车设备	JB/T 8909—2013(2017年复审)	行标	
16	汽车专用升降机	JB/T 10546—2014(2017年复审)	行标	

39.3.2 发展趋势

1. 技术完善与成熟趋势

停车设备的可靠性和技术的成熟及其应对突发状况时的有效应急措施是停车设备发展的必然条件。如停车设备内某位置发生火灾、某驾驶员未按照规定要求关闭车窗或拉上手刹、控制系统出现故障导致不能取车等，都是停车设备设计人员需要考虑的问题。在对地面停车位和停车设备进行选择时，只有当停车设备比平面停车位更安全、更便捷、更实惠时，停车设备才有继续发展的余地。

2. 提高空间利用率和工作效率

停车设备应积极提高空间利用率及存取车的效率。相比平面停车场，停车设备在空间利用方面有突出的优势，但仍有提升的空间，在针对不同车型高度和长度及停车位布置上还有较大的改善余地，应积极将工业仓储技术应用到停车设备领域。存取车时，在保证停车设备可靠稳定的同时缩短时间是一大难点，目前停车设备大多采用PLC控制系统进行控制，但受PLC本身运行速度的制约，很大程度上不能满足停车设备的需求，影响了停车设备存取车的效率，在技术层面可以尝试采用DSP外扩CPLD。

3. 自动化与智能化的趋势

停车设备的智能化十分重要。目前在工业领域强调向自动化、智能化方向发展，国务院印发的《新一代人工智能发展规划》明确了我国将智能化作为改善民生的重要部分，所以停车设备更应向智能化方向迈进。将停车设备的各种设备设施、车位定位系统、收费系统、安全监管系统、监控系统、管理系统联系在一起，配备专家系统进行数据分析，形成从存车时车辆驶入至指定区域到取车时车辆开出指定区域过程的全程自动化。停车设备设有多个出入口，每个出入口配套自助服务机进行停车费的缴纳、车位的查询等，以实现无人管理全自动智能化运行。

4. 完善拓展服务的趋势

在停车设备内可以增加一些与汽车相配套的拓展服务，如自动清洗车辆、自助加油、为汽车充电等。在选择洗车服务后，车辆自动进入电脑洗车房洗车，然后再由系统分配到指定位置停放。这样可充分利用停车时车辆闲置的时间，为车主节约等待洗车的时间。

5. 无人值守停车趋势

泊车机器人是一种自动化的汽车搬运装备，由自动化调度系统发布指令，统一调度，可实现汽车的自动化、集约化停放。泊车机器人停车设备在国内外已有一定应用，是未来发展智能无人值守停车设备技术的主要方向之一。泊车机器人停车设备具有空间利用率高、存取效率高等特征，与传统停车设备及应用传统停车设备的停车设备相比优势明显。

第40章

停车设备选型简述

停车设备的选型,看似是针对机械设备的选型与设计,然而其本质是尽可能提高停车场(库)的服务水平,主要体现在较高的空间利用率、较短的存取车时间、较高的设备可靠性、优化用户体验等方面。停车设备选型的主要步骤可概括为:需求分析(确定配建指标、确定规模)、场地适用性分析、经济性分析。停车设备的选型技术路线图如图40-1所示。

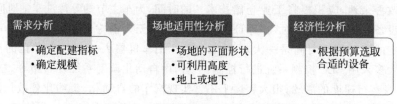

图 40-1　停车设备的选型技术路线图

40.1　需求分析

停车场(库)建设规模的选择与停车需求有着密切关系。为了合理选择城市停车场的建设规模,需要在对如何做好市场停车需求预测分析的基础上,着重对配建停车场、公共停车场和路内停车场3种形式的建设规模加以系统的优化分析。

城市停车场(库)需求分析是根据现状调查和停车场发展战略来预测城市停车场发展需求的一种方法,是城市停车场规划的基本依据之一。

在城市停车场(库)发展战略的指导下,以机动车发展水平、城市用地及人口规模、城市就业作为总量预测依据,以城市用地布局、城市就业分布、城市机动车运行等规律为参数,通过数学模型分析预测停车场(库)需求的总量及其分布。在做好城市停车场(库)总量需求和区域需求的基础上,提出配建停车场、公共停车场、路内停车场的具体停车规模,以确保停车场的有效运营。

40.1.1　需求分析的方法及特点

停车场(库)需求分析方法主要有出行产生 OD 法("O"来源于英文 origin,指出行的出发地;"D"来源于英文 destination,指出行的目的地)、土地吸引率法、类比分析法、趋势分析法等,各城市可根据具体情况选用。选用的依据是规划目标、现有条件、预测精度等。

1. 出行产生 OD 法

出行产生 OD 法是指通过交通出行产生分布量求得停车需求及分布,可用于近期和远期停车需求预测,有交通规划的城市,其计算较为简便。

2．土地吸引率法

土地吸引率法是指以现有城市土地情况下的停车吸引率作为基础,在分析调整后进行需求分析预测。由于城市用地和建筑物分类多,其调查工作量大,数据处理量大,但该方法用于近期预测精度较高。

3．类比分析法

类比分析法是指参照同类城市或地区,预测分析所在城市或地区的停车需求量。该方法主要用于缺乏停车调查资料的城市或地区,预测分析方法简单,但仅能求得需求总量,且准确率较低。

4．趋势分析法

趋势分析法是指对城市或预测地区的历年停车资料,以及经济、人口、用地、交通等资料进行回归分析,推测停车增长的趋势。预测分析方法简单,适用于近期,但仅能求得需求总量及构成。

40.1.2　配建停车场的停车位指标

根据我国城市的实际情况和以往配建停车场的停车位指标使用结果,可将建筑物分为住宅、办公、商业、工业、文教、餐饮、娱乐、医院、旅馆等类别。大型交通枢纽和对外交通设施应根据其规模、性质、交通组织方式进行专项研究,不宜规定统一的配建停车位指标。

配建停车场的停车位指标的确定方法可通过现状调查和停车相关因素分析预测得到。同时要根据城市不同地区交通需求管理的要求,采用不同的配建停车场指标作为交通需求控制的手段。配建停车场的停车位指标应根据建筑物或住宅区的实际需求和城市发展需要不断地修订完善。

确定建筑物、住宅区配建停车场的停车位指标的方法主要有类型分析法和静态交通发生率法。类型分析法是指对各类建筑物进行分门别类的详细调查,再进行统计和回归分析;静态交通发生率法是指单位用地开发强度所产生的停车需求量。其定义为某种用地功能单位容量(如100个就业岗位)所产生的停车吸引量(每日累计停车吸引次数)。其基本出发点是:综合性功能区的停车需求是土地、人口、就业岗位和交通OD分布等诸多因素交互影响的结果。

40.1.3　确定规模

配建停车场是城市停车场的主体,通常可通过一定方法确定的配建停车场指标来选择配建停车场的具体建设规模。配建停车场类型的选择与指标的确定,直接影响着城市停车场的建设与交通发展。因此,每个城市应根据自身的规模、性质、特点和城市交通发展水平,确定其配建停车场的类型选择与指标,不可以盲目照搬硬套。

40.2　场地适用性分析

《机械式停车设备分类》(GB/T 26559—2021)中所涵盖的9种类型停车设备,在汽车出入方式及机械设备运行原理等方面有各自的适用范围。

40.2.1　升降横移类停车设备

升降横移类机械式停车设备的形式比较多,是9种类型停车设备中市场使用量最多的,可根据不同情况进行选择。该类停车设备对场地的适应性较强,对土建要求较低。其场地可设置在露天场所,也可设置在地下空间。也可根据不同的地形和空间对该类停车设备进行任意组合、排列,规模可大可小,可以有十几个车位,也可建成成百上千个车位。因此须根据场地大小、车位数量要求、周围环境及允许高度等确定层数。从经济性及使用方便性上考虑,一般建议建6层及以下。

40.2.2　垂直循环类停车设备

该类停车设备运动关系和电器控制简单,

可以对其进行灵活布置,不仅可以单独在室外建造,还可以将其设置在建筑主体的内部,适用于零散地块及土地空间有限的停车场(2.5个平面泊位的面积可停8~34辆车)。

垂直循环类停车设备一般设置在地面上或建筑主体内部,不设置在地下室中。

40.2.3　水平循环类停车设备

水平循环类停车设备可实现车辆的自动存取,不需要行车道,可充分利用车道空间,省去了原平面停车的进出车道,提高了土地利用率。该类停车设备一般用于面积受到一定限制的地下停车设备改造,较适合于地形狭长又只允许设置一个出入口且无法做汽车斜坡道的场所,如建筑物的地下室、广场、便道的地下及高架桥的下面等。

40.2.4　多层循环类停车设备

该类停车设备最适宜建于地形狭长、宽度只有6~7 m且地面只允许设置一个出入口的场所,如建筑物的地下室、广场、便道的地下,以及高架桥的下面等。但因只能设置一个出入口,运行速度不高,所以设备的存容量不能太大。

40.2.5　平面移动类停车设备

为确保进出车辆顺畅、高效、可靠,建议每套平面移动类停车设备至少配套2个出入口或2台升降机,同时每台升降机负责35~50辆车为宜。该类停车设备可以在一定程度上提高停车场的存车能力,具有维护及保养费用相对较低,存取车安全可靠等优点。

平面移动类停车设备可设置于地上或地下,适合空间较大的场地。

40.2.6　巷道堆垛类停车设备

巷道堆垛类停车设备一般为全封闭式,具有空间利用率高的优点,适用于对车位数要求较高的客户,一般可以布置层数较多。

巷道堆垛类停车设备是一种全自动化停车设备,可采用全钢独立结构,也可以设计在建筑物内,根据场地情况可以选择横向搬运方式或纵向搬运方式。一般为全封闭形式应根据所能利用的平面和空间,确定停车设备的层数与每层的车位数,从清库能力、存取车时间及安全性考虑,建议此类停车设备建造层数在10层以下,5层左右比较好。巷道堆垛类停车设备可设置于地上或地下,适合空间狭长且停车需求量大的场地。

40.2.7　垂直升降类停车设备

垂直升降类停车设备具有占地面积小、空间利用率高、实施深度深(高度高)的特点。该类设备每层平面可设计为矩形,也可以设计为圆形。

垂直升降类停车设备出入口布置灵活,可以从底部、中部或上部进出车辆,进出车方向可以90°回转,也可以180°回转。设备可以在室外独立设置,也可以设置在建筑物内。根据场地情况,可以单塔布置,也可以多个塔并列布置或纵列布置,甚至混合布置。

标准的矩形垂直升降类停车设备一般以2辆车为一个层面,整个停车设备可达20~25层(目前行业内最高为50层),即可停放40~50辆车,占地面积50 m² 左右,平均每辆车占地面积只有1 m² 左右。圆形的垂直升降类停车设备的外径可根据场地大小及车位需求情况,设计10~18 m,多用于地下,其深度也可以根据场地地质、施工工艺的不同确定,目前最深的达60 m。

40.2.8　简易升降类停车设备

简易升降类停车设备具有充分利用空间、节省场地的特点。建造时布局灵活,组合方便。可设置于地上或地下,适合空间较小的场地。

上述8类停车设备主要用于解决停车场地空间不足的问题,通过将平面停车变为立体停车,大幅度提高了空间使用率,达到了在相同占地面积的情况下,大幅度增加停车位的目的。

40.2.9 汽车升降机类停车设备

汽车升降机类停车设备采用垂直升降设备来搬运车辆,适用于场地空间受限,无法设置车辆进出坡道的情况。

40.3 经济性分析

GB/T 26559—2021 中涵盖的 9 种常见的停车设备的参考价格(截至 2018 年底)见表 40-1。

表 40-1 典型停车设备的参考单价(截至 2018 年底)

设备类型	层数	参考价格/(万元·车位$^{-1}$)	备注
升降横移类	2	1.7	
	3	2.2	
垂直循环类	5	6.0	
水平循环类	2	8.0	
多层循环类	2	6.0	
平面移动类	2	每套 500 万元,5 万元/车位	2 个出入口、2 个搬运器、100 个车位左右
	3	每套 700 万元,4.6 万元/车位	3 个出入口、3 个搬运器、150 个车位左右
	4	每套 850 万元,4.3 万元/车位	4 个出入口、4 个搬运器、200 个车位左右
巷道堆垛类	3~5	每套 400 万元,4 万元/车位	2 个出入口、1 台堆垛机、1 个搬运器、100 个车位左右
	5~7	每套 450 万元,4.5 万元/车位	2 个出入口、1 台堆垛机、1 个搬运器、100 个车位左右
垂直升降类	25(钢)	6(车台板),7(梳齿架)	矩形平面,每层 2 个车位
	25(混凝土)	5(车台板),6(梳齿架)	
简易升降类	2	1.9	
汽车升降机类	2	每套 30 万元	

注:表中数据仅供参考,实际价格以各厂商提供的数据为准。

40.4 设备选型小结

在《机械式停车设备分类》所涵盖的 9 种类型的停车设备中,升降横移类、简易升降类、平面移动类、巷道堆垛类和垂直升降类使用较为广泛,其技术也在不断发展;而垂直循环类、水平循环类、多层循环类和汽车升降机类近年来由于使用不便、维保费用高等原因,逐渐被市场淘汰。因此,本篇后续章节主要围绕升降横移类、简易升降类、平面移动类、巷道堆垛类和垂直升降类 5 大类停车设备及较新的泊车机器人展开介绍。

第41章

升降横移类停车设备

41.1 概述

41.1.1 系统组成及工作原理

1. 系统组成

升降横移类停车设备主要由钢结构系统、载车板系统、传动系统、控制系统、安全防护系统5大部分组成。

1) 钢结构系统

停车设备一般以钢结构和钢筋混凝土为主,在升降横移类停车设备中选用钢结构,如图 41-1 所示。钢结构具有可靠性高、材料强度高、自重小、材料的塑性和韧性好等特点。钢架主要采用热轧 H 形钢、槽钢、角钢、钢板焊接成型,用高强度螺栓连接成框架结构,具有较好的强度和刚度,且拆装方便,便于运输。

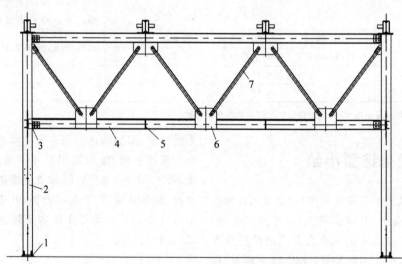

图 41-1 升降横移类停车设备的钢结构示意图
1—地脚;2—立柱;3—缀板;4—横梁;5—加劲肋;6—节点板;7—斜撑

2) 载车板系统

如图 41-2 所示,载车板用来承载库存车辆,按结构形式分为框架式和拼板式 2 种。框架式载车板用型钢和钢板焊接成承载框架,且多数采用中间凸起结构,在两侧停车通道和中间凸起的顶面铺设不同厚度的钢板,或直接用 2 块钢板折弯拼焊而成。这种载车板的优点是可按需设置行车通道的宽度,并具有较好的导入功能,适合车型变化较多的小批量生产。拼板式载车板用镀锌钢板(钢板)一次冲压或滚压成组装件,采用咬合拼装,用螺栓紧固连接,拼装前可以先对组件进行各类表面处理(如电镀、喷漆、烤漆等),使载车板轻巧、美观,拼板式载车板运输方便,通用性、互换性好,适合批量生产。

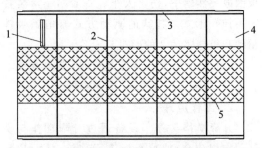

图 41-2　升降横移类停车设备的载车板示意图
1—阻车器；2—焊缝；3—侧边；4—载车板；5—凸起

3) 传动系统

升降横移式传动系统分为升降传动系统和横移传动系统。在升降横移式停车设备中,传动系统是其核心部分,传动系统的好坏直接关系着整个停车设备的安全,尽管升降横移式停车设备的种类形式很多,其工作原理都大致相同,均是每一个车位都有一载车板,所需存取车辆的载车板通过升降、横移运动到达预定位置,进行车辆存取,完成存取全过程。也就是停泊在地面层的车辆只作横移,不必升降,上层车位或下层车位需要通过中间层横移出空位,将载车板降到地面层,驾驶员才可进入停车设备内取回车辆。

传动动力系统即主机,一般有电动机减速机、链条链轮或卷筒钢丝绳等组成。电动机减速机用于沿轨道水平横移或升降,且制动系统采用常闭式制动器,对控制升降运动的制动器其制动力矩不小于 1.75 倍额定载荷的制动力矩。油缸液压马达必须设有防止因漏油或瞬间油管破裂而使载车板下坠的装置,如防爆阀等。

4) 控制系统

控制系统主要由驱动回路和控制回路组成。驱动回路主要控制载车板的升降、横移,其设备有电动机减速机、液压系统等。控制回路主要是针对人、车的安全设计的各种控制回路。

控制系统的主要控制方式有手动、半自动和全自动 3 种。手动方式是在现场用操作器对每个托盘进行点动控制；半自动方式为 PLC 控制面板上的按钮由 PLC 实现自动逻辑控制；全自动方式是由计算机给出存取命令,PLC 执行(要求配备"操作器")。手动方式主要用于维修调试或异常情况处理,为最高优先级；半自动或全自动方式用于正常进出车处理,其中半自动方式的优先级高于全自动方式。在计算机脱机的情况下,PLC 控制面板可以完成所有存取车操作。手动、半自动、全自动之间必须能够互锁。

5) 安全防护系统

停车设备承载的是价格昂贵的汽车,为此设计时充分考虑了设备各种运行状态下的安全保障措施,如紧急停止开关、防止超限运行装置、汽车超长超高限制装置、阻车装置、人车误入安全保护、防坠落保护(见图 41-3)、运行安全保护、电路安全保护、控制联锁保护等安全保护措施。

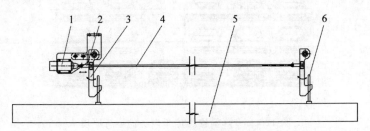

图 41-3　防坠落保护装置
1—电磁铁；2—连杆；3—挂钩；4—连杆；5—载车板；6—挂环

根据 GB 17907—2010《机械式停车设备 通用安全要求》中附录 A 的要求，升降横移类机械式停车设备一般装有以下（但不限于）安全防护装置。

（1）紧急停止开关。在发生异常情况时，它能使停车设备立即停止运转。一般紧急停止开关设置在操作盒上，且为红色，以示醒目。

（2）防止超限运行装置。停车设备在升降过程中，在定位开关上方装有限位开关，当定位开关出现故障时，由限位开关使设备停止工作，起超程保护作用。

（3）汽车车长、车高检出装置。超过适停车长、车高时，设备不动作或报警，一般为光电开关。

（4）阻车装置。沿进入汽车的方向，在载车板的适当位置上装有高度在 25 mm 以上的阻车装置或其他有效阻车装置。

（5）人车误入检出装置。设备运行时，必须装有防止人车误入检出装置，以确保安全，一般采用光电开关或栅栏。

（6）防止载车板坠落装置。当载车板升至定位后，须设置启动防坠落装置，以防止载车板因故突然落下，伤害人车。一般防坠落装置采用挂钩形式。挂钩的驱动方式有电磁吸铁驱动和机械驱动 2 种形式。

（7）警示装置。设备运行时，必须有警示装置，以提醒人员注意，一般为警灯。

2．工作原理

升降横移类停车设备通过升降动作与横移动作相结合，使载车板进行移位，从而达到存取车的目的。

升降横移类停车设备的运行方式见图 41-4。

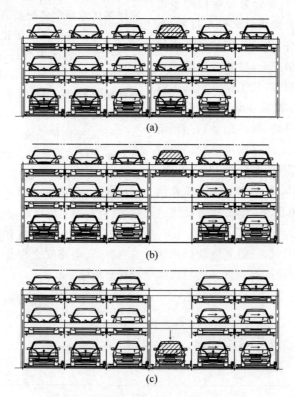

图 41-4　升降横移类停车设备的运行原理
(a) 第三层阴影车位出车过程；(b) 下层车位横移；(c) 完成出车

41.1.2 应用场所

升降横移类停车设备的形式比较多,对场地的适应性较强,对土建要求较低,空间利用率高。规模可大可小,可根据不同的场地和空间任意组合、排列,可广泛应用于企事业单位、医院、商业广场等处。

41.1.3 国内外发展现状

升降横移类停车设备是目前市场上技术最成熟的停车设备之一,也是国内外应用最为广泛的停车设备。该类停车设备的建设成本以及运营成本,相对其他类型的停车设备均有一定的优势,而且设备经久耐用、安全性高,因此受到市场的广泛青睐。据统计,国内机械式停车设备中升降横移类停车设备占据了超过80%的市场份额。

近年来,国内针对该类停车设备的技术研发仍在不断开展,主要集中在提高升降速度、缩短存取车时间及进一步提高安全性等方面。目前国内最先进的升降横移类停车设备的升降速度可达 60 m/min,使平均存取车时间缩短到 1 min 以内(6 层),很大程度地提高了设备的运转效率,优化了用户的使用体验。同时,诸多厂商在防坠落装置、钢结构防火、优化调度等方面申请了发明专利、实用新型专利等,使升降横移类停车设备更安全、更智能。

41.2 典型构造

常见的升降横移类停车设备的构造,根据分类方法不同,可分为单列式和重列式、地面式和半地下式以及四柱式和二柱式。

41.2.1 单列式和重列式

升降横移类停车设备按平面布置形式可分为单列式和重列式,如图 41-5 所示。重列式空间利用率高,但存取车辆所需时间较长。

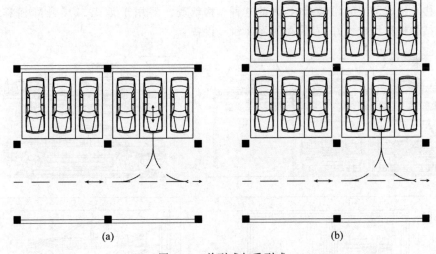

图 41-5 单列式与重列式
(a) 单列式;(b) 重列式

41.2.2 地面式和半地下式

升降横移类停车设备按剖面布置形式可分为地面式和半地下式,如图 41-6 所示。其布置形式及使用特点如下。

地面式通常采用地上 2~5 层,层数越高存取车辆所需的时间越长,但空间利用率更高。

半地下式通常是地下布置 1 层或 2 层,地上布置 1~3 层,比地面式能多布置车位,空间

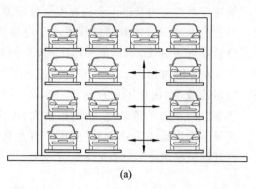
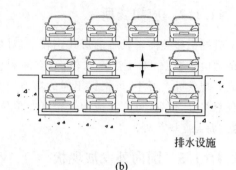

图 41-6 地面式与半地下式
(a) 地面式；(b) 半地下式

利用率更高，但由于需建造地坑并配备相应的排水设施，以防止地坑中积水而损坏车辆，所以半地下式相较地面式土建投资大。

41.2.3 四柱式和二柱式

升降横移类停车设备按停车架的结构形式可分为四柱式和二柱式（后悬臂式），如图 41-7 所示。其使用特点如下。

四柱式：升降横移类停车设备平面 4 个角上的钢结构柱构成了空间门架结构，因此这种形式的钢结构框架稳定性好，有较高的强度和刚度，特别适用于多层或重列式的升降横移类停车设备。

二柱式（后悬臂式）升降横移类停车设备平面上仅在车辆尾部的 2 个角设置钢结构柱，因此在立面上属于悬臂结构。这种形式的优点是视野宽阔，停车位出入口无立柱，倒车入库空间大，存取车辆方便。缺点是对设备运行的稳定性和结构框架的强度、刚度、设计要求较严，有时设备和汽车的倾翻力矩要由土建结构承受。多用于地上二层升降横移类停车设备。

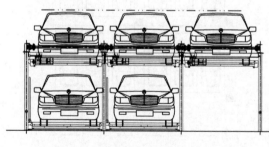
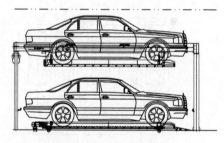
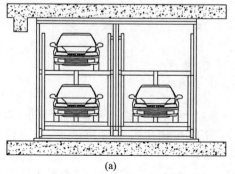
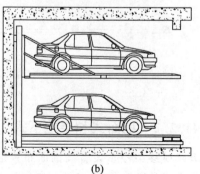

图 41-7 四柱式与二柱式
(a) 四栓式；(b) 二柱式

41.3 主要参数及型号

41.3.1 主要参数

《升降横移类机械式停车设备》(JB/T 8910—2013)中对升降横移类停车设备的主要参数描述见表41-1。

41.3.2 型号表示方法

《升降横移类机械式停车设备》(JB/T 8910—2013)中规定,升降横移类停车设备型号由停车设备总代号、类别代号、特征代号、制造商特定代号等组成,其表示方法如下。

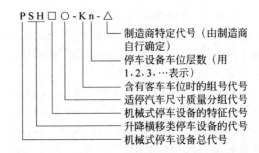

不要求停放客车时,横线后的 K 可省略,制造商特定代号由制造商确定并标记。停车设备的适停汽车尺寸、质量及组别代号见《机械式停车设备分类》(GB/T 26559—2021)中的表2。机械式停车设备的特征代号见《机械式停车设备分类》(GB/T 26559—2021)中的表1。

表 41-1 升降横移类停车设备的主要参数

项　　目		参　　数
设备名称		PSH 型升降横移停车设备
结构		框架式
泊车数量		实际停车数
车台板尺寸/mm		≈中心距列宽≥容车宽度+500
容车质量/kg		≤2 000~2 350
容车尺寸/(mm×mm×mm)		常规大型车要求 ≤5 300×1 900×1 550
柱间净尺寸		满足规范要求
前方通道预留/mm		≥6 000
最小回转半径/mm		6 000
入库方式		倒车入库,前进出库
操作方式		自动/手动切换开关、刷卡等
控制方式		PLC 自动控制回路系统
驱动方式		减速电动机+钢丝绳式(安全系数≥7)
升降速度/(m·min^{-1})		4.5~6
横移速度/(m·min^{-1})		7.5~8
运行噪声/dB(A)		≤60
最长取车时间/s		≤120
上升时间/s		35
下降时间	零载/s	35
	满载/s	35
升降电动机功率	升降电动机/kW	
	减速电动机(带电磁刹车)/kW	2.2,3.7
	减速箱/kW	
横移电动机功率	横移电动机/kW	
	减速电动机(带电磁刹车)/kW	0.2,0.4
	减速箱/kW	

示例1：升降横移类停车设备，链条起升，适停汽车尺寸及质量为D组大型以下轿车，没有客车车位，车位层数为3层，制造厂商特定代号为A，标记为：PSHLD-3-A。

示例2：升降横移类停车设备，液压起升，适停汽车尺寸及质量为T组特大型以下轿车，没有客车车位，车位层数为4层，制造厂商特定代号为W，标记为：PSHYT-4-W。

示例3：升降横移类停车设备，地上为钢丝绳起升，地坑内为链条起升，适停汽车尺寸及质量为D组大型以下轿车，车位层数为7层，制造厂商特定代号为X，标记为：PSHSLD-7-X。

41.4 金属结构

41.4.1 金属结构的设计原则

1. 总体原则

（1）金属结构的设计应符合《起重机设计规范》(GB/T 3811—2008)以及《机械式停车设备设计规范》(GB/T 39980—2021)的规定。

（2）独立式全钢结构设备的外框架设计应符合《钢结构设计规范》(GB 50017—2017)的规定。

（3）钢结构须设计合理，具有足够的强度、刚度和稳定性，且满足抗疲劳要求。停车设备的金属构件上容易产生积水的地方均应设有水孔，确保无积水。结构件的外形应便于维修、保养、除锈和油漆，并在适当的位置设有维修吊耳；用于停车设备运输和现场安装的临时加固件须精心设计，且不得损坏主要钢结构的表面。另外，加固件应便于现场拆卸和打磨。

2. 金属结构材料

停车设备的所有材料和部件均应质量优良，选材合理。主要钢结构和重要构件的材料要选用不低于《GB/T 700—2006》中表2的Q235钢，且采购时须有质量保证书、检验报告、检验记录和合格证书，以证明主要结构所用钢材符合标准。钢材经预处理后表面无锈蚀斑点、夹层等缺陷。重要部位的材料按技术要求进行相应的化学成分和机械性能试验，并进行材料跟踪，以保证专料专用。各零部件的材料在使用中确保不挥发或产生出物理的、化学的对人体有害的物质。材料和部件无任何形式的缺陷。所有铸件确保平滑、轮廓明显、圆角充分、形式端正、没有气孔、气泡、缩孔和夹渣。

3. 金属结构的制作

（1）金属结构件（如立柱、梁）材料的力学性能应满足设计要求。

（2）金属结构的焊接应符合相关标准的规定。

（3）金属结构应连接牢固，不应有影响强度的缺陷存在。

（4）主要受力结构件的连接采用高强度螺栓时，高强度螺栓、螺母和垫圈应符合GB/T 1228—2006、GB/T 1229—2006、GB/T 1230—2006、GB/T 1231—2006的规定。

（5）主要受力结构件的连接采用扭剪型高强度螺栓连接副时，扭剪型高强度螺栓连接副应符合GB/T 3632—2008的规定。

（6）主要受力结构件，如立柱、横梁、纵梁等，其表面除锈处理应达到GB/T 8923.1—2011规定的Sa2½级，其余结构件材料表面的除锈处理应达到Sa2级或St2级（手工除锈）。

4. 制造工艺

原材料至成品的加工须严格按照规范制定先进的工艺流程，并遵照执行。

（1）钢材加工前，轧平进行喷丸、喷砂预处理或冲砂处理，并涂底漆。

（2）钢板（材）下料尽量采用数控切割，如需手工切割，必须消除切割痕迹。

（3）钢板、型材的矫直与弯曲成型均采用压力加工，不得采用锤击与烘烤。

（4）主结构件为焊接非气密结构，不能焊接的部位用高强度螺栓连接。

5. 焊接

主要受力构件（如立柱、横梁、纵梁等）的焊接要求如下：

（1）焊缝的外观检查不得有目测可见的明显缺陷，这按《金属熔化焊接头缺欠分类及说明》(GB/T 6417.1—2005)的缺陷分类，可分为裂纹、气孔、固体夹渣、未熔合、未焊透等缺陷，并符合《钢的弧焊接头 缺陷质量分级指南》(GB/T 19418—2003)中B级质量的要求。

(2) 应对其受拉区域的接焊缝进行无损检测,射线检测时,应不低于 GB/T 3323—2019 中规定的 Ⅱ 级,超声波检测时不低于 GB/T 11345—2013 中规定的 Ⅰ 级。

6. 表面涂装

(1) 设备表面采用镀锌防护层时,热镀锌材料表面应符合 GB/T 13912—2020 的规定,电镀锌材料表面应符合 GB/T 9799—2011 的规定。

(2) 设备表面采用油漆涂层时,涂层表面应均匀、色泽一致,不应有漏漆、皱纹、针孔、起泡、脱落、开裂、外来杂质、流挂及其他降低保护与装饰性的缺陷。漆膜厚度应根据设备工作环境确定,漆膜附着力应符合 GB 9286—2021 中规定的 2 级质量要求。

41.4.2 主框架设计

钢结构常用于升降横移类停车设备的建造,它的主要优点是可靠性高、强度高、材料的塑性和韧性好、钢结构建造周期快且效率高,但是钢材存在耐锈蚀性差的缺点。

升降横移类停车设备的钢结构部分采用型材制造,例如 H 形钢、角钢、槽钢与钢板等,制造、安装方便,施工时间短,外观精巧,并且改造、拆装方便。

41.4.3 载车板设计

升降横移式停车设备是通过载车板的升降或横移动作带动车辆的升降或横移,来实现车辆的存取的。载车板是车辆的载体,与车辆直接接触,所以载车板的设计对停车设备来说是非常重要的。框架式载车板和拼板式载车板是常见的 2 种载车板形式,下面具体对这 2 种形式进行说明。

框架式载车板主要是由钢板和型钢通过焊接构成的,载车板的中间做成突起的形式,行车通道用具有防滑作用的钢板,这样车辆存取或载车动作时可避免由于摩擦力不足导致车辆滑动而发生危险。行车通道的宽度可根据实际车辆的需要来设计,突起结构为司机提供参照,使车辆存取方便。这种载车板形式对于车型较多的停车设备非常适用,可根据实际需要进行小批量生产。

拼板式载车板的材料通常用镀锌钢板,经过一次滚压或冲压后,钢板形成所需形状的组件,再通过连接件螺栓的连接即可形成载车板,其横截面如图 41-8 所示。根据实际需要可以对载车板表面进行处理,例如为了使载车板更美观,可对表面进行烤漆、电镀等处理。由于这种载车板是拼接起来的,拆装和运输方便,液压、冲压以及折弯增大了载车板的刚度,使其具有较大的承载力,且制作工艺简单,便于批量化生产,经济性高。

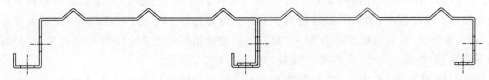

图 41-8 拼接式载车板横截面

41.5 电气控制系统

41.5.1 基本介绍

停车设备的电气控制系统由远程监控、逻辑控制和传动系统(单列小结重点介绍)组成,图 41-9 为该系统的结构图。

远程监控系统主要由上位工控机、网络通信设备等构成,可选配打印机等辅助设备。其主要作用是采集现场停车设备的数据,实现远程管理与监控。

逻辑控制系统主要是由检测部分与控制部分构成。检测部分是指光、电等传感器,限位开关,操作面板等,可选配 IC 卡读卡器、人脸识别机、指纹识别机;控制部分是指 PLC、电动机、安全装置、继电器、接触器等,可选配 LED 引导屏、红绿指示灯等辅助提示设备。

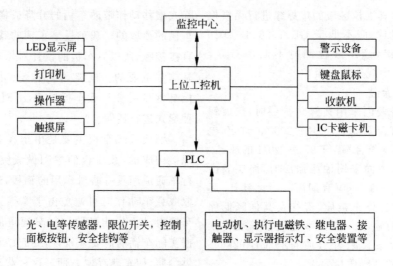

图 41-9 控制系统的结构图

41.5.2 控制系统功能概述

升降横移式停车设备的基本工况是：每个车位均有独立的驱动机构，通过 PLC 控制每个车位，可实现相应的托盘在电动机的带动下，移动一个车位，为上层托盘下移留出通道。

以地上 6 层 6 列升降横移停车设备为例，详细说明控制系统工作原理。在该停车设备的第一层，即地面层，完成用户存车登记后，车主直接将车驶入，完成驻车，不需要其他层托盘的横移和升降。如果将车停于非一层的位置，需通过人机界面选择合适的车位。在车主所选的托盘下降过程中，如果下层对应列上有托盘，则需要 PLC 对其进行平移控制，留出托盘的下降通道，待所选车位落至第一层后，车主才能将车辆驶入，完成驻车，驻车完毕车主即可离开，控制系统操控传动机构工作，在运行过程中，引导系统工作，伴有绿灯闪烁，如果停车设备发生故障，则红灯亮起，提醒维保人员进行故障处理。

41.5.3 传动系统设计

升降横移式停车设备的传动系统由升降传动系统和横移传动系统 2 部分构成。虽然升降横移式停车设备形式多种多样，但它们的存车和取车过程基本相似。传动系统的动力来自电动机，电动机输出的力是高速小转矩，经过减速器作用后，转化为所需要的低速大转矩来驱动载车板横移或升降，以实现存取车辆的功能。

1. 升降传动系统

升降横移式停车设备与传统平面式停车设备的区别主要体现在升降传动系统。它将车辆提升至不同平面，从而把平面上升为立体，实现停车设备的功能和效益。目前的传动方式有链条式、钢丝绳式和液压式等。具体分析如下。

链条式传动方式成本低、传动可靠、结构简单、便于后期维护。但是链条不可避免的缺点就是传动不平稳、动载荷较大，如果安装不慎或使用时间较长会出现咬链现象，并且对提升高度有限制。

钢丝绳式传动与链条式传动相比，钢丝绳式传动对提升高度没有限制，且成本较低，但是这种形式需要配备卷筒和刹车盘，结构比较复杂。

液压式传动的一个显著，优势是无级调速，此外，在相同体积、质量的前提下其功率较高，低速平稳性较好、结构紧凑。但是这种形式的造价较高，对油液的防污染要求高。

鉴于经济效益和方案可行性方面的考虑，下面重点介绍链条式和钢丝绳两种传动方式。

1）钢丝绳式传动

钢丝绳式传动的升降系统主要由减速电

动机、滑轮、钢丝绳、卷筒等组成,如图 41-10 所示。工作过程主要是减速电动机提供驱动力,通过卷筒的转动带动钢丝绳运动,从而实现载车板的升降,完成车辆的存取。钢丝绳式升降系统根据定滑轮设置位置的不同,可以进一步细分为以下 2 种形式:

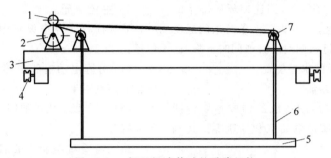

图 41-10　钢丝绳式传动的升降机构
1—电动机;2—钢丝绳滚筒卷筒;3—支撑架;4—横移行走轮;5—载车板;6—钢丝绳;7—定滑轮

(1) 双绳式钢丝绳传动。电动机同时拉动 2 条钢丝绳,实现载车板的上下运动,如图 41-11 所示。其工作原理为:钢丝绳通过 2 个定滑轮与载车板连在一起,钢丝绳的另一端缠绕在卷筒上,电动机为钢丝绳卷筒提供动力,电动机的正反转使卷筒可以正反转,随着卷筒的转动,钢丝绳的长度伸长或缩短,载车板会相应地升高或降低。由于 2 条钢丝绳被缠绕在同一卷筒上,所以 2 条钢丝绳的长度变化量是一致的,这样就可以使载车板保持水平。

绳卷筒提供动力,电动机的正反转使卷筒可以正反转,随着卷筒的转动,钢丝绳的长度伸长或缩短,载车板会相应地升高或降低。载车板是通过滑轮由 1 条钢丝绳承载的,在重力作用下,载车板可保持水平位置。

2) 链条式传动

链条式传动升降机构的工作原理与钢丝绳式传动升降机构的大体相同,只是在结构方面略有不同,图 41-12 为链条式传动升降机构的一种形式。主动链轮由内置减速机的电动机驱动,通过环形链条带动从动轮转动,从而使得环形链条在主动轮与从动轮之间循环运动。在环形链条的上、下两侧分别与另一条链条固连起来,这 2 条链条的另一端通过惰链轮和惰链轮固连在载车板上。这样,主动链轮运

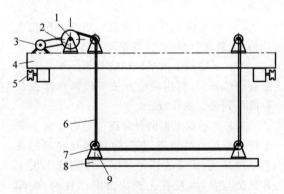

图 41-11　双绳式钢丝绳传动的升降机构
1—钢丝绳卷筒;2—卷筒支架;3—电动机;
4—横移支撑架;5—横移行走轮;6—钢丝绳;
7—动滑轮;8—载车板;9—滑轮支架

(2) 单绳式钢丝绳传动。电动机仅拉动 1 条钢丝绳,实现载车板的上下运动。其工作原理为:钢丝绳一端固定,另一端缠绕在卷筒上,中间通过滑轮连在载车板上。电动机为钢丝

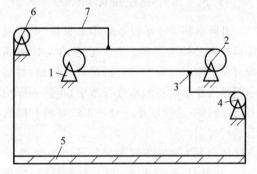

图 41-12　链条式传动机构示例
1—内置减速机的电动机及主动链轮;2—从动链轮;3—非标准链节;4—惰链轮;5—上层载车板;6—惰链轮;7—链条

动带动环形链条运动,环形链条再带动固连的2条链条运动,从而带动载车板运动。电动机的正反转使载车板达到上升或下降的目的。与载车板相连的2条链条,固连在环形链条的上、下两侧,环形链条运动时这2条链条的运动方向相同,即2条链条同时上升或同时下降,这样就保持了载车板的水平位置。

2. 横移传动系统

停车设备横移传动系统的构成主要包括驱动轮和从动轮、减速电动机和导轨等。其机构形式如图41-13所示。

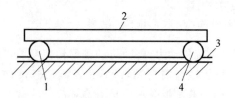

图41-13 横移传动系统的机构图
1—减速电动机及主动行走轮; 2—载车板;
3—导轨; 4—从动行走轮

升降传动系统将载车板运送至所需停车的对应层,然后由横移传动系统将载车板进行平移,完成存取车辆的过程。其运动原理如图41-13所示,减速电动机带动链传动来驱使行走轮滚动,从而带动载车板平移。在结构的设计中,为化繁为简,减少不必要的工作量,充分利用现有的条件,轨道的材料选用H形钢便达到要求。

41.5.4 控制系统原理

升降横移类停车设备技术是机械、电子及通信技术的综合产物。停车设备自动控制系统对整个停车设备的运行情况进行监控,对每一辆进入停车设备的车进行指引,车辆入库检测,并通过下达控制指令对停车设备的升降台等进行控制。

PLC具有编程方法多样且易于掌握、性价比高、可靠性强、体积小、能耗低的特点,应用于国内外很多智能化升降横移式停车设备中。PLC控制器是控制系统的控制核心,负责采集、处理现场信号,同时根据要求对停车设备的运行过程进行调控。根据应用要求,PLC及相关设备应是标准、集成件,易于扩充且成熟可靠的,应与停车设备的控制要求相匹配。

1. 主控单元

升降横移式停车设备中需要控制的设备包括:

(1) 升降电动机和横移电动机,这是系统的主要控制对象。

(2) 停车设备内的照明装置、指示装置、报警装置等。

系统需要对电动机的启停和正反转进行控制,从而实现托盘的升降(或横移)。主控单元中采用限位开关来保证托盘能够移动至规定位置,采用光电开关来检测载车板的承载状态。

2. 检测点

系统需要检测的点如下:

(1) 汽车在载车板上的停放是否已经到位。使用光电开关,通过扫描进行检测,载车板上设置有光源发送器和接收器。当有车辆停放不到位时,会挡住光源发射器,接收器接收不到光,电动机便不能运行。只有在车辆停放到位后,载车板才能在电动机的驱动下运动。

(2) 载车板上有无车检测。通常采用光电开关,安装在对角线上,其原理和(1)相同。

(3) 下层载车板平移到位与否。车位都分配有限位开关,利用限位开关可检测载车板是否横移到规定的位置。

(4) 上层载车板的升降到位与否。对于载车板垂直运行的轨道,其轨道顶部及底部配备了限位开关,顶部的开关是用来检测载车板上升到位与否,以及有无到达指定位置的,底部的开关是用来检测载车板下降到位与否,以及有无到达指定位置的。

3. 控制点

(1) 一层载车板的左右平移控制。采用2台异步电动机控制载车板的左右平移。

(2) 二层载车板升降横移运动控制。二层载车板不仅需要左右平移,还需要上下移动,需要通过4台异步电动机来控制。

(3) 三层载车板的升降运动控制。同样采用2台异步电动机控制载车板的升降运动。

(4) 吊钩动作控制。上层载车板通过吊钩悬挂,利用电磁铁控制。

以上介绍了电动机的横移和升降是如何进行的,在此特别强调:在这个系统中,升降电动机正转时载车板下降,反之上升;当横移电动机正转时载车板左移,反之右移。

41.6 辅助系统

41.6.1 自动存取车系统

升降横移类停车设备的每个车位均有载车板,所需存取车辆的载车板通过升降、横移运动到达地面层,驾驶员进入停车设备存取车辆,完成存取过程。停泊在停车设备内地面上的车辆只做横移,不必升降,上层车位或下层车位需要通过中间层横移出空位,将载车板升或降到地面层,驾驶员才可以进入停车设备内将汽车开进或开出停车设备,升降由电动机驱动,通过钢丝绳拖动载车板,利用一台电动机便可以实现车位的移动。一套完整的自动存取车系统工作原理如下。

1. **存车操作**

司机驾驶车辆从停车设备入口处进入,通过入口的车辆检测仪器,栏杆自动升起,司机开车进入停车设备。车辆进入后,栅栏自动关闭。通过触摸屏点击"存车",控制器读取车位号,司机停车到位后,PLC控制停车设备托盘进行升降横移操作,自动完成存车过程。

2. **取车操作**

司机在入口处的触摸屏上点击"取车",屏幕上出现取车画面,点击所要取的车位,控制器自动读取车位号,PLC进行相关操作,待车辆降至地面一层,司机便可将车开出,由电脑自动记录停车时间、停车费用,出场交费后,完成取车操作。

41.6.2 远程诊断系统

现场控制器可以通过汇聚交换机、核心交换机、防火墙等网络设备与控制中心的局域网相连接,可以利用5G网络实现远程管理,监测现场运行情况。当现场出现故障时,在控制中心即可进行解决,方便管理人员、安保人员异地办公。大大缩短了设备停机时间,提高了设备使用效率,减少了维护成本。

41.6.3 车辆识别系统

1. **自动道闸系统**

在停车设备出入口处各设非接触式读卡器、感应线圈及道闸,用户在停车设备出入口处刷卡后,系统自动判别该卡是否有效。若有效,则道闸自动开启,通过感应线圈后,自动栅栏自动关闭;若无效,则道闸不开启,同时发出声光报警。

2. **车牌识别系统**

停车设备前配有牌照识别一体机时,当车辆行驶到停车设备前,车体前部通过地磁感应线圈时,触发牌照识别系统的主摄像机和辅摄像机抓取牌照信息,主摄像机或辅摄像机抓取到的牌照信息,与系统中录入牌照信息对比。如果是系统录入牌照,即授权车辆牌照,系统允许车辆进入;如果是系统中没有的牌照,即未授权牌照,系统识别当前车辆为未授权车辆,系统不允许此车进入或可按访客登记。

41.7 安全保障措施

41.7.1 停车位置保护

停车设备前立柱的适当位置上设置有一对光电开关,可实现泊车位置前端越界检测。在每个载车板上设置有可调整的机械阻车装置,可实现泊车位置后端越界检测。将光电开关的信号与声光电报警装置相连,当泊车过程中发生位置前端越界时,设备上的报警指示灯闪烁,蜂鸣器鸣叫,提示司机修正位置,确保设备安全运行。当有超长车辆误入库时,也会触发超长报警装置,提醒管理人员处理,待超长车辆离开后,声光报警装置停止工作。

41.7.2 机构联锁措施

当载车装置未升降到正确位置时,横移机构不能移动;当横移机构未到达正确位置时,升降机构不能动作。停车设备的汽车存取由几个控制点启动时,这些控制点应互相联锁,以使得仅能从所选择的控制点操作。

41.7.3 防坠落装置

在上部载车板设置自锁型的防坠落挂钩装置,用于防止上部载车板坠落。其工作原理为:防坠落装置由电磁铁、吊钩、支架、开关等零件组成。电磁铁自身带有整流装置及复位机构,当接通电源时电磁铁产生磁力,使衔铁吸合,同时将吊钩推出保护区域,微动开关接通并发出信号,载车板方能上下移动。当电磁铁断电时,衔铁自动复位,吊钩靠自身重量回到起始位置的同时,微动开关断开,从而起到防坠落的保护作用。

41.7.4 松绳检测装置

钢丝绳在停车设备中主要用于提升载车板,为此钢丝绳在提升或停止时,如果出现松弛或断裂很容易发生危险,如设备损坏影响正常运行,严重的会发生车毁现象,甚至危及人身安全。因此,在停车设备中对于钢丝绳的检测尤为重要。停车设备的松绳检测装置包括挂块、连杆、重锤、固定架及微动开关,固定架安装于停车设备,固定架的上部设一定位板,下部安装微动开关,停车设备的钢丝绳活动式地横向穿伸过挂块,且常态下,钢丝绳利用张力悬挂挂块,挂块通过连杆连接重锤,连杆活动式地穿过定位板,重锤下方正对微动开关,所以重锤下落后能触发微动开关。

41.7.5 紧急停止开关

在便于操作的位置应设置紧急停止开关,以便在发生异常情况时能使停车设备立即停止运转。若停车设备由若干独立供电的部分组成,则每个部分应分别设置紧急停止开关。若停车设备由转换区、工作区组成,则每个区域应配备单独的紧急停止开关。紧急停止开关的设计应符合 GB/T 16754—2008 的要求。

在紧急情况下能迅速切断动力回路的总电源,但不应切断电源插座、照明、通风、消防和警报电路的电源。

紧急停止开关的复位应是非自动复位,复位不得引发或重新启动任何危险状况。

41.7.6 液压系统保护

液压系统应设过压保护装置,当工作压力达到额定压力的 1.25 倍时,能自动动作。液压升降系统还应设置安全保护装置,防止因液压系统失压致使载车板坠落。液压系统应有良好的过滤器或其他防止油污染的装置。

41.8 运营管理与维修指南

因为升降横移类停车设备属于特种设备,其运营管理与维护需要接受过培训的专人进行,正确恰当地管理、使用与维护对安全十分重要,需进行特别强调。现对运营管理、维修保养等做具体阐述。

41.8.1 运营管理

1. 日常流程

停车设备的日常运营主要由项目现场的停车设备操作人员进行管控,一般流程和停车场内部经营管理类似,但不同的停车设备类型对应不同的停车设备进出操作流程,升降横移类立体停车设备的一般日常运营流程如下:

(1)岗位交班复查。
(2)使用情况登记。
(3)停车设备进车操作。
(4)停车设备出车操作。
(5)停车设备隐患排查。
(6)停车设备故障报修。

2. 岗位交班复查

由于停车设备属于特种设备,为防止发生意外事故,日常停车设备操作需要由专业人员进行,因此一般停车设备的管理是 24 h 制,而停车设备操作人员一般采用 8 h 或 12 h 工作制,在一天的运营管理过程中通常有 1 次或 2 次的交接班事项,整个交接班工作主要针对:

(1) 停车设备在停车数量核实。
(2) 停车设备使用安全情况核实。
(3) 异常情况反馈记录。

3. 使用情况登记

为了让停车设备在使用年限内性能始终保持良好的状态,同时也为了避免使用过程中出现异常情况,停车设备的日常使用过程中应该进行使用情况登记,一方面是确保设备的使用性能,另一方面是为后期日常的维护保养做好依据。一般登记内容包括:

(1) 设备日常运行状态。
(2) 主要部件运行状态。
(3) 是否存在异常状态。
(4) 日常故障及事故记录。
(5) 相关操作系统的运营状态。
(6) 停车设备日常停放车辆记录。
(7) 应急联系人的联系方式记录。

4. 停车设备进车操作

日常停车设备运营管理过程中最主要的两个业务流程就是进车和出车操作,停车设备现场操作人员在进行设备操作的过程中,也应做到车辆的引导、提示、监督、阻止等服务工作。一般升降横移类停车设备的进车流程如下:

(1) 确认车辆是否满足停放要求,对于特殊车辆进行提示,并阻止其停放,以避免发生事故。
(2) 确认车辆停放车位,如停车设备进出口层无空余车位,则通过操作系统将空闲车位移至进出口层。
(3) 引导车主将车辆停放至空闲车位。
(4) 提醒车主拉上手刹,将车内重要物品取走,收起车辆反光镜,关闭车窗。
(5) 引导车主安全离开车辆停放区,根据停车场管理要求做好停车记录工作。

5. 停车设备出车操作

停车设备出车操作由经过培训的专业人员进行,一般人员不得进行操作,以防误操作造成车辆及人员事故。一般升降横移类停车设备的出车流程如下。

(1) 确认车主取车位置,同时确认停车区域无其他人员,如有人员在内,必须先劝其离场,再行进行停车设备操作。
(2) 通过操作系统将指定车辆移至底层位置,确认停车设备操作完全停止后,安排车主入内取车。
(3) 车主取车过程中,在停车设备外部进行引导,如有其他取车车主则安排其等候,而其他进入停放车辆安排其在车位出口后 2 m 处等候,待车辆驶离后再行引导停放。
(4) 车辆驶离过程中按照停车场管理规范进行收费或通知其他管理人员进行后续服务跟进。
(5) 待车辆离开停放区域后,根据停车场管理要求做好停车记录工作。

6. 停车设备隐患排查

停车设备操作人员在日常操作过程中,通过现场的停放情况会察觉到一些异样情况,例如:车位移放过程中突然出现卡顿、移动时间过长、异样声响、停车设备操作系统突然无响应等现象时,一般操作人员需要进行状态记录,同时通过现场一些应急操作办法进行确认,确保停车设备正常运行,且事后都要及时通知维保人员进行现场隐患排查。如现场情况比较严重,应及时进行清库,通知有关车主前来配合,并将单组停车设备进行封闭,禁止车辆进入,通知主管领导,及时安排维护人员尽快进行维修。

7. 停车设备故障报修

停车设备日常运行过程中,不可避免地会出现意外情况或设备故障,例如出现车辆碰撞、摩擦等事故,不影响设备正常运行的,现场操作人员应正常进行停放管理,做好事故记录,并及时上报,同时安排维保人员进行复核和检修。如出现车辆与车辆碰撞情况则按停车场事故及应急办法进行处理;如出现车辆与停车设备严重碰撞情况,则按停车设备应急处理办法,第一时间进行清库,通知有关车主前来配合取车,封闭发生事故的单组停车设备,禁止车辆进出,通知主管领导。现场事故,事后按故障进行报修并安排维保人员进行修复。如因设备故障等原因出现停车设备无法使用的情况,第一时间进行上报,并协调维保人员至现场进行评估及排修。是否需要封闭停车设备,则在维保人员现场评估后进行协调操作。

8. 其他安全方面的要求

(1) 除规定的操作者外,其他人员不得擅自进行操作。

(2) 无论操作者是否专职,主管负责人都应进行设备运转时的安全管理,以及运转前和运转结束后的例行检查。

(3) 操作者应遵守的事项:

① 不允许酒后操作。

② 设备运转前,应事先确认安全。

③ 明确告知存车人在安全方面应立遵守的注意事项。

9. 紧急状况时的处理方法

(1) 在紧急状况时,应以存车人的安全为第一,随后采取恰当的处理方法。

(2) 场内发生人身事故时,必须立即采取应急措施,与消防部门、医院、伤者家属、专职技术人员及有关政府部门联络。

10. 火灾、地震等灾害发生时的处理方法

(1) 停车场内发生火灾、地震等灾害时,必须立即停止停车设备运行,进行灭火,并与消防部门、专职技术人员及有关政府部门联络。

(2) 停车设备重新运转时,应进行检查和试运行。

11. 人、汽车及设备安全

(1) 存放汽车种类的标志。应在设备出入口附近的明显位置标出可存放汽车的种类、尺寸、质量及其他注意事项。

(2) 入库限制。停车场管理人员应禁止不符合入库规定的汽车入库。

(3) 安全标志及注意事项。应在明显位置标出存车人应遵守的注意事项,必要时,应以口头方式传达给存车人。

(4) 限制进入的标志。对无人方式停车设备,应在出入口附近设置"禁止存车人入内"的标志;对准无人方式停车设备,应在操作位置附近设置"确认安全后运行"等标志。

(5) 使用操作说明标志。允许存车人自行操作的停车设备,应在存车人易见的位置设置操作说明。

(6) 保养及定期检查。应根据使用说明书规定的保养和检查项目,由专职人员进行定期保养和检查,并做检查记录。

12. 其他事项

(1) 进出停车场的管理。为防止停车场内混乱,阻碍相邻道路的交通,并确保停车场内外安全,应切实做好各种情况的人、出停车场管理。

(2) 主机房的管理。主机房的管理必须特别注重安全和防火工作,如注意主机房出入门的锁闭和道路通畅,设置"严禁烟火""非工作人员严禁入内"的标志等。

41.8.2 维修与保养

1. 电磁铁联动式安全钩

(1) 电磁铁通电时吸合牢固,断电时复位正确。在持续通电 2 min 内,工作正常,无异常声音、无发热等现象。

(2) 安全钩活动灵活,无卡阻。

(3) 工作时无异常声音。

(4) 联动关系正确,无误动作或干涉等现象。若有异常应及时调整。

2. 各类限位

各类限位感应正常。

3. 光电管

(1) 安装位置牢固,无松动或错位。

(2) 阻光测试时,光电管工作正常。

4. 升降系统

1) 钢丝绳升降式

(1) 电动机座连接牢固;无明显变形;电动机工作正常,无异常音。

(2) 钢丝绳张力状态良好,断面收缩率10%以下,断丝率在10%以下,无锈蚀。

(3) 连接端连接可靠,无异常。

(4) 滑轮转动灵活,固定可靠。

(5) 拉力传感器滑动灵活,基座固定牢固。检查感应滑块紧固情况,标定拉力设定位置,检查接近开关与感应块间隙(1~2 mm)是否符合要求,检查接近开关与固定板紧固情况。

(6) 弹簧表面无锈蚀、无裂纹,检测弹簧长度并记录。

(7) 转动部位,滑动部位润滑良好。

2) 链条升降式

(1) 电动机安装牢固,安装支座无明显的形变或开裂;电动机工作正常,无异常声音。

(2) 链条、链轮啮合良好,无卡阻、颤抖或异常声音。

(3) 链轮、链条应定期润滑,链条外观正常。

(4) 链条张力状态良好,无不良摩擦。

(5) 链条末端紧固可靠,无松动。

(6) 链条禁止受不良冲击或损伤,否则应考虑予以更换。

(7) 链条四处吊点调平后不应有明显变化,否则应查明原因。

(8) 升降限位器安装牢固,齿轮啮合正常,限位可靠。

(9) 重点检查链条上的固定点。每月检查链条防跳齿装置,各处轴承(滚动、滑动)润滑正常、磨损正常。

5．横移系统

(1) 运行平稳,止动、定位可靠。

(2) 横移框架连接牢固,运行时无明显的扭曲变形;横台板平整,无明显的翘曲变形。

(3) 传动轮转动灵活,轴承部位润滑良好,运行时与导轨接触良好,无滑行、卡阻等现象。

(4) 限位支架安装牢固,无松动或错位现象;行程开关(或接触开关)与撞铁位置准确,发现错位应及时调整。

(5) 横移电动机工作正常,无异常声音,齿轮(或链轮)啮合正常。

(6) 相邻两台板(或框架)应基本保持平行,最大误差不超过15 mm,否则应予以调整。

(7) 各台板(框架)的横移速度应基本相同,不应有相互碰撞现象。

(8) 横移检查是否有地面异物影响横移限位开关和光电。

(9) 检查横移轴座顶丝。

6．升降台板

(1) 升降时应平稳,无明显的颤动和异常声音。

(2) 上升到上限位置时,水平状态或等高性良好。

(3) 驱动部分(升降架、滑轮架、联轴等)传动灵活,无明显的变形或卡阻。

(4) 限位装置、防坠落装置安全可靠。

7．平衡装置(平衡拉杆或平衡链条)

(1) 平衡拉杆两端的固定螺母应固定牢固,不应松动,不应有锈迹或裂纹。

(2) 平衡链条张紧度良好,链条、链轮啮合良好,链条无锈蚀、无损伤。

(3) 链条末端固定可靠,无松动。

(4) 链轮、碟簧润滑良好,无多余物。

8．钢结构及导轨

(1) 钢结构整体刚性良好,加载运行时无明显的变形或振动。

(2) 抽检高强螺栓,其拧紧力矩:M16 螺栓不低于 260 N·m,M20 螺栓不低于 400 N·m。

(3) 后柱间距尺寸误差≤3 mm,弯曲度误差≤2 mm。

(4) 悬臂柱倾覆度≤10 mm。

(5) 柱底预埋螺栓不应松动或锈蚀。

(6) 钢结构受力节点不能出现永久变形或焊缝开裂等现象。

(7) 固定导轨直线性良好,变形量≤6 mm,接缝均匀,无明显的凸凹点。

(8) 活动导轨直线性良好,弯曲变形≤5 mm,回位准确,无干涉,支承部位无多余物。

9．轴承

各部位轴承应润滑良好,严禁出现任何形式的破损,否则应立即停止使用。

10．地基

(1) 地基基础无下沉、开裂等现象,混凝土无过量的缺陷和破损。

(2) 地基周围应保持清洁,不应堆积杂物或垃圾;严禁使杂物掉入传动部位。

(3) 地基面应保持清洁,不应有杂物或积水(结冰),雨后应及时排水,雪后应及时清扫。

11. 电气部分

(1) 操作盘的按钮无破损,指示灯正常,无失灵、失控,端子压线紧固。

(2) 电控柜内清洁,每3个月除尘1次,保持干燥。继电器、接触器、电源、PLC工作正常,端子压线紧固,柜门防水性良好。

(3) 电线、电缆接头及保护管不应破损。

(4) 各处行程开关、接近开关工作正常,紧固可靠,不应有松动或错位现象。

(5) 电动机控制装置的接地电阻和绝缘电阻符合安全用电要求。

12. 运行及保养

(1) 每次定期检查,每个车位至少运行2次以上。

(2) 每次定期检查,各运动部位擦拭干净,然后加注适量润滑油(脂)。

(3) 每次定期检查与保养,必须排除所有不合格项,否则应停止使用,直至停车设备正常运行。

13. 外观及涂装

(1) 外观整齐、干净,无污迹、油迹。

(2) 车台板面应经常清扫、清洗,始终保持干净。

(3) 涂装层无明显划痕、脱落及其他损伤。

(4) 各种标识、护栏齐全,无损坏。

(5) 各处缓冲垫安装牢固,发现撕裂或老化应及时更换。

14. 记录

机械式停车设备检查应有检查记录,内容至少包含 GB/T 31052.11—2015 中附录 A 和附录 B 的检查项目,并应符合 GB/T 31052.1—2014 中 5.5 的规定。

对定期检查发现的不合格项及特殊检查均应出具检查报告,格式参见 GB/T 31052.11—2015 中附录 C,内容至少应包括 GB/T 31052.1—2014 中附录 B 的规定。

15. 检查期限

(1) 商品停车设备自交付用户3个月内,每2周检查保养1次;3个月后至保修期(或委托管理期内),每月检查保养1次,保修期或委托管理期过后,正式移交用户使用。在正式移交前3个月,应对用户停车设备管理人员进行检查、保养、维护等方面的培训。

(2) 样品停车设备调试完成后,3个月内每2周检查保养1次,之后每月保养1次。

16. 其他注意事项

停车设备的所有传动部位(如电动机、钢丝绳、链条、轴承等)、安全防坠落装置、传感限位装置、主要承载部位是决定停车设备能否安全运行的关键,每次检查时必须严格认真。检查维护中若发现上述部位损坏或其他异常,应及时处理,并做详细记录,现场无法解决的,应报主管领导。

41.8.3 常见故障及排除方法

升降横移类停车设备由于人为操作失误或设备零部件失灵而造成的故障一般可通过表41-2中的方法进行排除。如仍无法排除,须联系管理人员或维保人员解决。

表41-2 升降横移类停车设备的常见故障及排除方法

代号	故障名称	故障描述	故障排除方法
100	极限故障	有极限动作	检查刚运行的车板的上、下限位是否完好
101	××号上限故障	该车位上限位动作	检查该车位上限位是否完好
102	下限故障	有下限位动作	检查所有下限位是否完好
103	××号横移限故障	该车位横移限动作	检查该横移车板上的限位是否完好
104	××号防坠落故障	该车位防落动作	检查该车位防落限位是否完好
105	有人闯入	设备运行中有人进入设备范围	设备运行时禁止人员进入设备范围

续表

代号	故障名称	故障描述	故障排除方法
106	超长	车位停放车辆的前端遮挡超长光电	将车辆停放到位或禁止该车停放
107	横移超时	横移车板横移时间过长	检查该车板的横移限位,车盘是否有阻碍。拍下急停,按清除键可解除
108	升降超时	升降车板升降时间过长	检查该车板上、下限位,车盘是否有阻碍。拍下急停,按清除键可解除
109	急停、相序、热保护故障	按下了急停按钮;电源缺相、错相、欠压或过压;设备过载	检查急停按钮是否松开;电源是否有缺相、错相、欠压或过压
110	车位设备不能升降	该升降车位防坠落微动开关未动作	检查该升降车位的防坠落装置是否动作,防坠落微动开关是否完好
111	车位号错误	该设备无此车位号	按清除键清除
112	松链故障	钢丝绳松弛,触发限位动作	停放车辆是否超过限定质量;车板运行是否有阻碍;钢丝绳是否处于松链状态

第42章

简易升降类停车设备

42.1 概述

42.1.1 系统组成及工作原理

1. 系统组成

简易升降类停车设备主要由钢结构系统、载车板系统、传动系统、控制系统、安全防护系统5大部分组成。

1) 钢结构系统

停车设备一般以钢结构和钢筋混凝土为主,在简易升降类停车设备中选用钢结构,如图42-1所示。钢结构具有可靠性高、材料强度高、钢结构自重小、材料的塑性和韧性好等特点。钢架主要采用热轧H形钢、槽钢、角钢、钢板焊接成型,用高强度螺栓连接成框架结构,具有较好的强度和刚度。

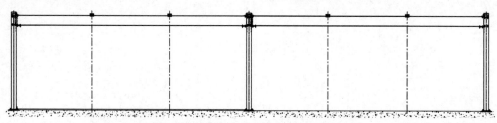

图42-1 简易升降类停车设备的钢结构示意图

2) 载车板系统

如图42-2所示,载车板用来承载库存车辆,按结构形式分为框架式和拼板式2种。

框架式载车板用型材和钢板焊接成承载框架,且多数采用中间凸起结构,在两侧停车通道和中间凸起的顶面铺设钢板,或直接用2块钢板折弯拼焊而成。这种载车板的优点是可按需设置行车通道的宽度,并具有较好的导入功能,适合车型变化较多的小批量生产。

拼板式载车板用镀锌钢板(钢板)一次折弯或滚压成组装件,采用咬合拼装,用螺栓紧固连接。拼装前可以先对组件进行各类表面处理(如电镀、喷漆、烤漆等),使载车板轻巧、美观、运输方便、通用性及互换性好,适合批量生产。

3) 传动系统

简易升降类停车设备的传动系统一般为升降传动机构,该机构有四点吊挂式、二点吊挂附平衡机构式、后悬二点吊挂式、直顶式及俯仰式等。简易升降的另一种形式,无避让停车设备,除了升降传动系统外还有纵移传动机构及旋转机构。纵移传动机构一般由电动机减速机、驱动轮和从动轮、地面铺设导轨组成。旋转机构则由螺杆、齿轮、链轮、链条等机构组成。升降机构中的提升方式选择链条、钢丝绳

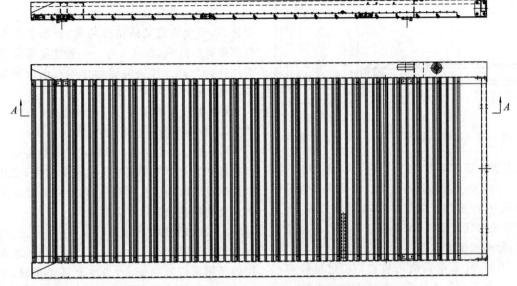

图 42-2 简易升降类停车设备的拼板式载车板示意图

组合提升形式。

传动动力系统即主机,一般有电动机减速机、液压系统等。电动机减速机必须设有制动系统。制动系统采用常闭式制动器,对控制升降运动的制动器,其制动力矩不小于1.75倍额定载荷的制动力矩。液压系统必须设有防止因漏油或瞬间油管破裂而使载车板下坠的装置,如防爆阀等。

4) 控制系统

控制系统主要由主回路和控制回路组成。主回路主要控制载车板的升降、纵移、旋转,其设备有电动机减速机、液压系统等。控制回路主要是针对人、车的安全设计的各种控制回路。

控制系统的控制形式有 PLC 控制、微电脑控制、总线控制等,这些硬件通过软件来控制各类继电器、接触器的动作,完成设备的升降、旋转动作。

控制系统的主要控制方式分为 3 种——手动、半自动和全自动。手动方式是在现场用操作器对每个托盘进行点动控制;半自动方式为 PLC 控制面板上的按钮由 PLC 实现自动逻辑控制;全自动方式是由计算机给出存取命令,PLC 执行(要求配备"操作器")。手动方式主要用于维修调试或异常情况处理,为最高优先级;半自动或全自动方式用于正常进出车处理,其中半自动方式的优先级高于全自动方式。在计算机脱机的情况下,PLC 控制面板可以完成所有存取车操作。手动、半自动、全自动之间必须能够互锁。

5) 安全防护系统

停车设备承载的是价格昂贵的汽车,为此设计时充分考虑了设备各种运行状态下的安全保障措施,如紧急停止开关、防止超限运行装置、汽车超长超高限制装置、阻车装置、防坠落保护、控制联锁保护等安全保护措施。

无避让停车设备的载车板或搬运器存取车时,工作区域在设备围栏外面的公共区域(车辆通道、人行通道)上,如图 42-3 所示。因此在设备工作区域范围内要加装人车误入检出装置、生物检测等保护,以免发生安全事故。

根据 GB 17907—2010《机械式停车设备通用安全要求》附录 A 的要求,建议简易升降类机械式停车设备一般装有以下(但不限于此)安全防护装置。

(1) 紧急停止开关。在发生异常情况时能使停车设备立即停止运转。一般紧急停止开

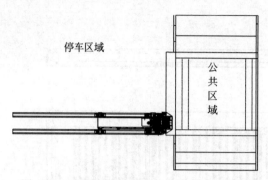

图 42-3　无避让停车设备上、下车状态示意图

关设置在操作盒上,且为红色,以示醒目。

(2) 防止超限运行装置。停车设备在升降过程中,在定位开关上方装有限位开关,当定位开关出现故障时,由限位开关使设备停止工作,起超程保护作用。

(3) 汽车车长检出装置。超过适停车长时,设备不动作或报警。一般为光电开关。

(4) 阻车装置。沿进入汽车的方向,在载车板的适当位置上装有高度在 25 mm 以上的阻车装置或其他有效阻车装置。

(5) 防止载车板坠落装置。当载车板升至定位后,须设置启动防坠落装置,以防止载车板因故突然落下,伤害人车。一般防坠落装置采用挂钩形式。挂钩的驱动方式有电磁吸铁驱动和机械驱动两种形式。

(6) 警示装置。设备运行时,必须有警示装置,以提醒人员注意,一般为警灯。

(7) 控制联锁功能。机械式停车设备的汽车存取依靠几个控制点进行启动的时候,这几个控制点之间必须互相联锁,以保障其只能从所选择的控制点进行对应的操作。

2．工作原理

简易升降类停车设备的工作原理是,地面层的车辆可以直接进出,当地面层无车时,上层车辆通过升降或俯仰机构进行上下运动,实现存取车。动作示意见表 42-1。

表 42-1　简易升降停车设备动作示意

1. 简易升降地上 2 层	2. 简易半地下 2 层
3. 俯仰升降地上 2 层	4. 简易半地下 3 层

42.1.2 应用场所

简易升降类停车设备对场地的适应性较强,对土建要求较低。规模一般不大,但可根据不同的场地和空间进行任意组合、排列,设备安全可靠,存取车辆快捷,使用、维护简便,价格较低。

简易升降类停车设备的形式一般有单一车板的垂直升降式与俯仰升降式,以及底坑二层、底坑三层、底坑四层同升降式。这几种形式的设备主要以减速电动机加链条升降传动和液压泵加液压缸升降传动两种传动形式为主。该类停车设备产品比较成熟,投入成本不高、操作简单、维护方便。现在市场上刚推出的无避让设备,也属于简易升降类停车设备。

单一车板的垂直升降式有多种形式,最普遍的形式有二柱式与四柱式,二柱式一般是一套为一个独立的系统,如图42-4所示,很适合于家庭使用;四柱式可以使1~3个车位任意组合,装置尺寸较二柱式小,如图42-5所示,主要用于家庭、企事业单位及医院项目。

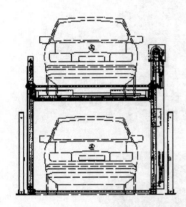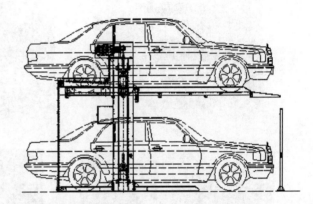

图42-4 二柱式简易升降类停车设备

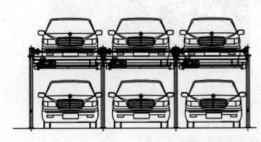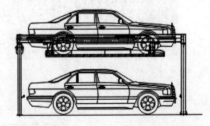

图42-5 四柱式简易升降类停车设备

单一车板的俯仰升降式主要用于层高不高的地方,一般只要梁下净高达到2 800 mm以上即可设置,这类设备一般采用液压升降方式,也有部分采用链条升降形式。

底坑同升降设备一般安装于室外对景观或视线有一定要求的地方,在室外选用此类设备时,一定要做好底坑排水工作,同时建议选择表面全镀锌形式的设备,底坑同升降二层也可设置于地下室。

无避让停车设备是近几年兴起的一种产品形式,其带有升降、回转功能或车辆外送功能,现在推出的形式非常多,因为其安全性、可靠性还有待进一步完善与验证,所以用户在选用此类设备时要慎重。

42.1.3 国内外发展现状

传统的简易升降类停车设备因具有运动简单可靠、安装费用低等优点,因此在实际中应用广泛。由于传统的简易升降类停车设备存取车辆复杂且须避让，所以对其进行了改良，衍生出不同形式的无避让简易升降类停车设备。其具有使用方便、存取效率高、适用范围广等优点，在停车设备领域有较大的发展前景。由于无避让简易升降类停车设备与传统的简易升降类停车设备相比，运动形式和主体结构等存在较大差异，因此国内外针对其可靠性、主体结构设计、动力学振动分析、提升装置、电气控制系统等开展了较多研究，并形成了大量的发明专利。

42.2 典型构造

简易升降类停车设备的形式有垂直升降地上 2 层、垂直升降半地下 2 层、垂直升降半地下 3 层、俯仰升降地上 2 层、无避让等，如图 42-6 所示。

图 42-6　简易升降类停车设备的形式
(a) 垂直升降地上 2 层；(b) 垂直升降半地下 2 层和 3 层；
(c) 2 层无避让停车设备；(d) 2 层简易升降倾斜式设备

(1) 垂直升降地上 2 层。如图 42-7 所示，这种设备比较简单，但由于存取上层车时，须将下层车开出，上层存取完后再将下层车开回原来的停车位，存取车比较麻烦，最适合于有 2 辆汽车以上的家庭或企事业单位使用。

(2) 垂直升降半地下 3 层。如图 42-8 所示，这种设备结构较简单，操作方便，无须交换钥匙，但需开挖 1 层或 2 层地坑，并采取一些有效的防雨措施，以防地坑大量积水。此形式较适用于对整体景观(静态时停车设备露出地面不能太高)有要求的场所，且可配合停车设备顶部绿化。

(3) 俯仰升降地上 2 层，也称倾斜式升降。如图 42-9 所示，这种设备一般使用液压系统操纵载车板的升降，存取方式与垂直升降地上 2 层相同。其特点是结构较简单，操作容易，较适合于楼层高度不够的地方，一般设备净高达 2 800 mm 以上即可设置。

(4) 无避让停车设备可分为双轨类、单边类、2 层横移式、多层横移式、空中停车楼类、上方旋转式、下方旋转式、桥式（侧移式）、履带式、路边（绿化带上）等。该设备的主要特点是设备围栏内的存车位在上层存取车时下层存车位无须做避让动作，如图42-10所示。

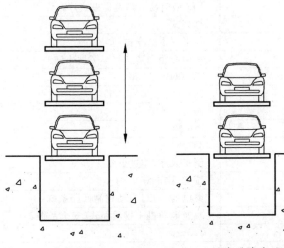

图42-7 垂直升降地上2层　　图42-8 垂直升降半地下3层　　图42-9 俯仰升降地上2层

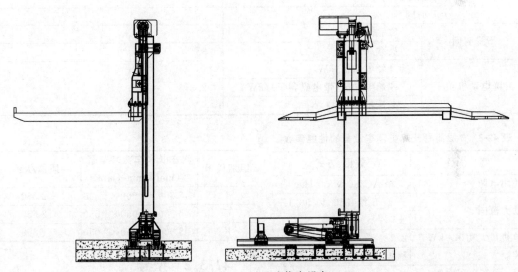

图42-10 无避让停车设备

42.3 主要参数及型号

42.3.1 主要参数

简易升降类机械式停车设备的主要参数见表42-2，2层简易升降类停车设备的性能参数见表42-3。

简易升降类机械式停车设备的抗台风、抗积雪、抗震能力要求如下：

（1）风载。12级台风，以最大迎风面积计算载荷增加约170 kg，小于额定载荷的10%。

（2）雪载。30cm厚积雪，以最大积雪面积计算载荷增加约300 kg，小于额定载荷的15%。

（3）抗震。满足当地抗震设防要求。

GB/T 26559—2021中对简易升降类停车设备的适停汽车尺寸、质量及组别代号做了规定，见表42-4。

表 42-2 简易升降类机械式停车设备的主要参数

项目		参数
设备名称		PJS 型简易升降类机械式停车设备
结构		框架式
泊车数量		一上一下 2 车位/套
车台板尺寸/mm		≈中心距列宽≥容车宽度+500
容车质量/kg		≤2 000～2 350
容车尺寸/(mm×mm×mm)		5 300×1 900×1 550
柱间净尺寸		满足规范要求
前方通道预留/mm		≥6 000
最小回转半径/mm		6 000
入库方式		倒车入库，前进出库
操作方式		按键、刷卡等
控制方式		继电器、PLC 自动控制回路系统
驱动方式		减速电动机+钢丝绳式(安全系数≥7)
升降速度/(m·min^{-1})		4.5～6
运行噪声/dB(A)		≤60
最长取车时间/s		≤90
上升时间/s		35
下降时间	零载/s	35
	满载/s	35
升降电动机功率	升降电动机/kW	
	减速电动机(带电磁刹车)/kW	2.2、3.7
	减速箱/kW	

表 42-3 2 层简易升降类停车设备的性能参数

项目	数据、方式
使用电源	三相 AC380 V/50 Hz
动力范围	三相五线/380 V，50 Hz，±5%
单机最大功率/kW	2.2
控制方式	遥控、按键、刷卡、集成管理
存、取车单程时间/s	≤60
噪声/dB(A)	≤70
一次存取车耗电量/(kW·h)	≤0.07

表 42-4 简易升降类停车设备的适停汽车尺寸、质量及组别代号

组别代号	汽车长×车宽×车高/(mm×mm×mm)	质量/kg
X	≤4 400×1 750×1 450	≤1 300
Z	≤4 700×1 800×1 450	≤1 500
D	≤5 000×1 850×1 550	≤1 700

续表

组别代号	汽车长×车宽×车高/(mm×mm×mm)	质量/kg
T	≤5 300×1 900×1 550	≤2 350
C	≤5 600×2 050×1 550	≤2 550
K	≤5 000×1 850×2 050	≤1 850

42.3.2 型号

简易升降类停车设备的型号由停车设备总代号、类别代号、特征代号、制造商特定代号等组成，表示方法如下。

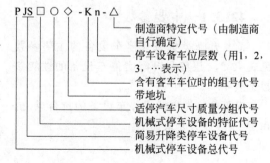

在不要求停放微型及轻型客车时，斜线及其后面的两个符号不用标出。

示例1：简易升降类停车设备，最多停放3辆中型以下轿车，其中最多停放1辆轻型以下客车，标记为：PJS3Z-1K。

示例2：简易升降类停车设备，最多停放3辆大型以下轿车，不能停放客车，标记为：PJS3D。

示例3：简易升降类停车设备，带一层地坑，最多能停放3辆中型以下轿车，不能停放客车，标记为：PJS3Z。

42.4　金属结构

有关简易升降类停车设备的金属结构可参见41.4节升降横移类停车设备的相关内容。

42.5　电气控制系统

42.5.1　基本介绍

操作者（人）要通过人机交互系统（界面把操作信息传送给控制系统）来完成停车设备现场的运作。控制系统中主控单元的主要控制对象首先是停车设备内的横移电动机和升降电动机，控制系统就是使它们在不同的时间内实现正反转；其次是停车设备内的各种辅助装置，如指示灯及各种安全设施等。

为了保证载车板能横移到预定位置及载车板能上升或下降到指定位置，设置了行程开关。为了判断载车板上有无车辆，设置了光电开关。

42.5.2　控制系统功能概述

简单升降式停车设备控制系统主要由传动系统和电控系统组成。

1. 传动系统

每块载车板配有一套独立的由电动机减速机与钢丝绳传动组合的传动系统。根据载车板及车重设计钢丝绳条所需的传动力，根据传动力及载车板的移动速度设计电动机功率，根据车身高度设计上下载车板间的距离，根据上下载车板间的距离设计钢丝绳条的长度，最后根据传动力设计链轮大小、链节形状及大小。

大多数停车设备车板的升降牵引通常有3种方式：钢丝绳＋滑轮式、套筒滚子链（片式关节链）＋链轮式、起重专用环形链条＋链轮式。

钢丝绳＋滑轮式的优点：安装比较方便，不需要考虑链式安装过程中的链扭转或链缠绕。钢丝绳＋滑轮式对于滑轮出现倾斜现象的适应性强。从成本的角度看，钢丝绳＋滑轮式成本最低。

钢丝绳＋滑轮式的缺点：钢丝绳靠本身的表面细绳纹路和滑轮间的摩擦确保车板提升和降落时不打滑。但随着时间的推移，纹路的磨损和导轮转动的不灵活，会发生滑动摩擦现象。此外，钢丝绳本身会产生拉长现象，会导致车板倾斜，由此会产生一系列安全问题。

2. 电控系统

停车设备的运行是采用先进的PLC控制，利用预先编好的程序，可以实现自动运行，并可以根据使用要求，方便地调整运行参数。在电气控制方面，对电动机设置了过载保护功能。当电动机发生过载或过热时，安全保护开关自动跳起，避免电动机长时间处在过载或过热状态，从而保护了电动机。

在操作面板上装有一个红色急停开关，设备运行中，如果出现不安全因素，只要按下红色急停开关，整个设备会立即停止运动。故障排除后，释放急停开关，设备即可恢复正常运行。在设备入口处，安装有一对光电开关用于人车误入的保护。在机架上装有警示灯和蜂鸣器，当车辆入库时，警示灯发出闪光，蜂鸣器伴随运行发出蜂鸣信号，提醒过往行人及车辆注意安全。汽车入库时，如果车辆没有停到位或车身超长，警示灯和蜂鸣器会同时示警，提醒司机注意安全。

42.5.3　自动存取车控制系统

简易升降类停车设备的每个上层车位均有载车板，所需存取车辆的载车板通过升降运动到达地面层，驾驶员进入停车设备存取车辆，完成存取过程。升降由电动机驱动，通过钢丝绳拖动载车板，利用一台电动机便可以实现车位的移动。一套完整的自动存取车系统，可以通过存取车操作来体现：

1. 存车操作

司机驾驶车辆从停车设备入口处进入，通过入口的车辆检测仪器，栏杆自动升起，司机开车进入停车设备。车辆进入后，栅栏自动关闭。通过触摸屏点击"存车"，控制器读取车位号，司机停车到位后，PLC控制停车设备托盘进行升降横移操作，自动完成存车过程。

2. 取车操作

司机在入口处的触摸屏上点击"取车"，屏幕上出现取车画面，点击所要取的车位，控制器自动读取车位号，PLC进行相关操作，待车辆降至地面一层，司机便可将车开出，由计算机自动记录停车时间、停车费用、出场交费后，完成取车操作。

42.5.4 控制系统原理

停车位分为上、下2层或2层以上，借助升降机构或俯仰机构使汽车存入或取出。车位只做升降运动，不做横移运动。俯仰式和简易升降地上二层式停车设备的第一层无车板，如要存取上面车位上的车辆，须先将下面车位的车辆移开。

1. 主控单元

简易升降类停车设备中需要控制的设备包括：

（1）升降电动机是系统的主要控制对象。

（2）停车设备内的照明装置、指示装置、报警装置等。

系统需要对电动机的启停和正反转进行控制，从而实现托盘的升降。主控单元中采用限位开关，以保证托盘能够移动至规定位置；采用光电开关，以检测载车板的承载状态。

2. 检测点

系统需要检测的点如下。

（1）车轮到位检测。用于检测车辆在载车板上的停放是否已经到位。使用光电开关，线性扫描检测，在载车板上设置有光源发送器和接收器。当有车辆停放不到位时，会挡住光源发射器，接收器接收不到光，电动机便不能运行。只有在车辆停放到位后，载车板才能在电动机的驱动下运动。

（2）载车板上有无车检测。通常采用光电开关，安装在对角线上，其原理和（1）相同。

（3）下层有无车检测。用于检测下层是否有车，通常采用光电开关，其原理和（1）相同。

（4）上层载车板的升降到位与否。在载板垂直运行的轨道中，顶部及底部都配备了限位开关，顶部的开关是用来检测载车板上升到位与否，以及有无到达指定位置的，底部的开关是用来检测载车板下降到位与否，有无到达指定位置的。

3. 控制点

（1）二层载车板的升降运动控制。采用1台异步电动机控制载车板的升降运动。

（2）吊钩动作控制。上层载车板通过吊钩悬挂用于防止载车板坠落，利用电磁铁控制。

42.6 辅助系统

42.6.1 自动收费管理系统

收费采用具有移动支付操作终端和IC卡刷卡支付两种模式。移动支付通过手机扫描二维码，系统自动根据停车时间和计费方式结算停车费用。IC卡分长期卡与储值卡两种。对固定用户发行长期卡，费用可在固定用户交纳管理费用时一并交纳；对临时用户发行储值卡，即用户交纳的费用存在卡内，每次停车读卡自动从卡中扣除费用。

42.6.2 照明控制系统

停车设备可配备照明控制系统，通过感应室外光线的强弱自动控制照明的打开与关闭，引导司机正确停车取车，防止事故发生，提供更加舒适的停车环境。

42.6.3 语音及信息辅助系统

停车设备可配备具有智能化、人性化的语音及显示信息的辅助系统，为用户在存取车过程中，提供引导和提醒服务，给用户更多的人性化设计体验,确保存取车过程顺利完成。比如:引导司机如何存取车,如何确认车是否停好,停车的安全注意事项,附近的相关服务设施等。

42.6.4 远程诊断系统

现场控制器可以通过交换机等网络设备与控制中心的局域网相连接,可以通过网络终端实现远程管理,监测现场运行情况。当现场出现故障时,在控制中心即可进行解决,方便管理人员、安保人员异地办公。

42.6.5 自动道闸

在停车设备出入口处各设非接触式读卡器、感应线圈及道闸,用户在停车设备出入口处刷卡后,系统自动判别该卡是否有效,若有效,则道闸自动开启,通过感应线圈后,自动栅栏自动关闭;若无效,则道闸不开启,同时发出声光报警。

42.6.6 监控安保系统

监控安保系统是指在中央控制室进行监视控制停车设备现场的运行状况。它具有运动检测、车牌识别、网络连接、各种类型的报警系统实现联动等功能,可以实现无人看守。

1. 视频监控功能

在停车设备各出入口、值班室和停车设备内主要区段安装定焦摄像机,在大范围车位区安装球形云台,以便实现对停车设备全方位的实时监控。如果在停车设备光照条件不好的情况下,可选用黑白摄像机。

2. 运动检测功能

可以在夜间设置停车设备的运动检测区域,当检测区有移动目标时,运动检测功能发出报警信号,提醒值班人员。

3. 车牌识别功能

它能够设置停车设备参照车辆的车牌、车型。当参照车辆进入停车设备监视区域时,系统自动对比参照车辆图像,若有异常情况,则发出报警信号,并自动切换和记录相关图像。

4. 报警联动功能

可以联动各类报警主机,如启动继电器发出声光报警通知安保人员自动放下道闸拦截车辆出入。

5. 数字录像功能

可连续记录停车设备发生事件,可同步回放多个录像,可选择任意图像进行整体放大或局部放大,记录、回放以及备份可同步进行。

42.7 安全保障措施

停车设备承载的是价值昂贵的汽车,为此设计时充分考虑了设备各种运行状态下的安全保障措施。

42.7.1 阻车装置

载车板应采用非燃烧体材料制造,并应具有足够的强度和刚度,以保证停放汽车的安全和存取车动作的正常进行。载车板底板应能防止滴油。当载车装置沿所停汽车行进方向或以倾斜状态启动时,载车板上应设阻车装置。

42.7.2 防坠落挂钩装置

上层载车板设置自锁型的防坠落挂钩装置,用于防止上层载车板坠落。其工作原理为:保护装置由电磁铁、吊钩、支架、开关等组成。电磁铁自身带有整流装置及复位机构,当接通电源时,电磁铁产生磁力,使衔铁吸合,同时将吊钩推出保护区域,微动开关接通并发出信号,载车板方能上下移动。当电磁铁断电时,衔铁自动复位,吊钩靠自身重量回到起始位置的同时微动开关断开,从而对车板起到防坠落保护作用。

42.7.3 紧急停止开关

操作紧急停止开关,检查设备是否立即停止运行。检查紧急停止开关的复位是否为非自动复位,复位是否会引发或重新启动任何危险状况。

42.7.4 无避让停车设备专有保护

(1) 断电自锁保护机构。运行过程中若出现断电,电动机立刻制动,设备停止动作。

(2) 声、光报警提示。设备运行过程中,会有语音提示、警示灯闪烁提示,以保证设备安全运行。

(3) 电力过载保护。承载车辆的质量超过额定要求或者运行受阻时,电流保护开关动作,以保证电动机运行安全。

(4) 欠压相序保护。电源电压不足或相序错误时,设备不动作,以保护电气设备。

(5) 双保险限位传感器。运行动作设置到位和极限双重保护。

(6) 相邻及对面互锁保护。保证车位运行时不相互干涉。

(7) 人机误入保护装置。设备前方设置光电传感器,人员、车辆误入时,设备会自动停车,以保证运行安全。

(8) 车辆止挡、自动定位装置。载车板中间高、两侧低,驶入车辆松开手刹后,车辆自动完成前后定位,同时保证车辆不会滑动。

(9) 结构设计合理,稳定性强。不需要桩基础或筏基础,施工方便。

(10) 车辆超高报警保护装置。入库车辆超高时,设备会发出提示,以保证不损坏车辆。

42.8 运营管理与维修指南

42.8.1 运营管理

简易升降类停车设备的运营管理可参见41.8.1 节升降横移类停车设备的相关内容。

42.8.2 维修与保养

1. 总体描述

维护与检测停车设备有利于停车设备的正常工作并预防事故的发生。

用户需特别注意检测结果,并实施必要的维修与更换,防止事故的发生。

除了日常检测与定期检测,暴风预警和地震预报等自然灾害预报后的防护措施是必要的。

2. 暴风雨等过后的检测

暴风雨雪或大地震之后,预想不到的损坏可能会发生,因此操作者需对停车设备进行彻底检查。

3. 检查标准

检查标准意味着超过了使用限度是不被容许的,因为超过限度后将会给停车设备各项功能造成风险。

因此操作者在对停车设备进行常规检查时需检测其磨损情况,判断在下次常规检查前是否会达到极限状态。如果判断为在下次常规检查前其会达到极限状态,有问题的部分需要被修改或更换。其他可参见当地相关规范或条例执行检查。

1) 日常检查

应根据各类机械式停车设备的具体特点和使用频繁程度确定日常检查项目和检查要求,且不应低于 GB/T 31052.11—2015 中附录 A 表 A.1 的规定。

2) 定期检查

根据机械式停车设备的使用特点,定期检测可分为月检、季检和年检,检查项目、检查要求和检查周期不应低于 GB/T 31052.11—2015 中附录 A 中表 A.1 的规定。

3) 特殊检查

机械式停车设备在发生下列情况时应进行特殊检查。

(1) 当设备发生下列变化时:

① 更换新的安全防护装置。

② 额定载荷发生变化。

③ 更换机构。

④ 承受载荷的机械或结构部件改变。

⑤ 控制系统改变,包括改变控制位置和方式(含控制程序的改变)。

⑥ 设备或人为原因造成重大损车事故并损坏设备。

(2) 外界环境发生下列变化时:

① 极端天气条件(如暴风雨等)。

② Ⅵ度烈度及以上的地震。

③ 发生超载、撞击等非正常情况。

④ 基础发生变化。
⑤ 火灾、水灾。
(3) 停用 1 年后再次启动使用前。
特殊检查的条件、检查项目、方法、内容及要求应按 GB/T 31052.11—2015 中附录 B 的规定。

4) 检查记录及检查报告
机械式停车设备检查应有检查记录,内容至少包含 GB/T 31052.11—2015 中附录 A 和附录 B 的检查项目,并应符合 GB/T 31052.1—2014 中 5.5 的规定。
对定期检查发现的不合格项及特殊检查均应出具检查报告,格式参见 GB/T 31052.11—2015 中附录 C,内容至少应包括 GB/T 31052.1—2014 中附录 B 的规定。

5) 维护
(1) 计划性维护
应根据简易升降类机械式停车设备的特点确定计划性维护内容,包括清洁、润滑、紧固、调整、防腐以及易损件的更换等,至少应包括如下内容:
① 减速箱润滑油的更换。
② 制动器的检查与调整。
③ 钢丝绳、链条等的更换。
④ 滑轮、链轮等润滑与更换。
⑤ 导轮的调整与更换。
⑥ 各轴承的润滑与更换。
⑦ 各连接件的紧固。
⑧ 液压系统的维护。
⑨ 安全防护装置、电气保护装置的调整或更换。

(2) 非计划性维护
非计划性维护应在发生故障后或依据日常检查、定期检查、特殊检查的结果,确定需要维修、保养的内容和要求,并加以实施。

(3) 维护结果验证
对机械式停车设备完成维护的项目,在恢复使用前,应进行相应的验证。

(4) 维护记录
机械式停车设备维护应有维护记录,维护记录参见 GB/T 31052.11—2015 中附录 D,内容至少应包含 GB/T 31052.1—2014 中的 6.4 的规定。

(5) 检查与维护的安全预防措施
机械式停车设备在检查和维护时的安全预防措施,应符合 GB/T 31052.1—2014 中第 7 章的相关规定。

42.8.3 常见故障及排除方法

简易升降类停车设备由于人为操作失误或设备零部件失灵而造成的故障一般可通过表 42-5 中的方法进行排除。如仍无法排除,可联系管理人员或维保人员解决。

表 42-5 简易升降类停车设备的常见故障及排除方法

代号	故障名称	故障描述	故障排除方法
100	紧停或相序故障	紧停开关动作	检查各部位的紧停开关,若已被拍下,则拔出紧停按钮并按下复位按钮后,按控合开关,给系统上电
101		相序保护继电器动作	检查电控柜内的相序检测器:绿灯亮则有电源,绿灯灭则无电源,黄灯亮为无故障,黄灯灭为有故障;检查电网侧相序及其是否缺相,可用相序检测仪测试
102	起升变频器故障	起升变频器发生故障	检查起升变频器面板故障代码并查变频器手册,详见《××技术手册》的"故障诊断"篇
103	起升制动器故障	起升制动器打开限位动作时,闭合限位无动作	联系维修人员处理

续表

代号	故障名称	故障描述	故障排除方法
104	电动机开关故障	电控柜内Q××跳电,开关未合	检查电控柜内Q××开关是否合上,如果未合,则将Q××开关合上
105	前超长动作	关门状态下,前超长光电已动作	① 检查前超长光电是否误动作; ② 车辆越过前超长光电,则退后重试; ③ 确属超长车辆,则退出停车设备
106	后超长动作	关门状态下,后超长光电已动作	① 检查后超长光电是否误动作; ② 车辆未越过后超长光电,则前行重试; ③ 确属超长车辆,则退出停车设备
107	超高检测××动作	关门状态下,超高检测××已动作	超出限高,车辆退出停车设备
108	到达目标层超时故障	PLC计算出到达目标层所需的时间,实际运行超时	检查设备位置,停止停车设备运行,联系停车设备维修人员处理

第43章

平面移动类停车设备

43.1 概述

43.1.1 构造及工作原理

平面移动类停车设备采用与立体仓库类似的原理和结构,在停车设备的每一层有横移搬运台车负责本层车辆的存取,由升降机将不同的停车层与出入口相连,车辆只需停到出入口的指定位置,存取车的全过程均由该设备自动完成。

平面移动类立体停车设备可以满足地上及地下停车设备的使用要求,实现自动化快速安全存取车辆。升降机从入口处搬运车辆做垂直升降运动至不同层;搬运台车搬运车辆沿巷道在固定轨道上高速运行至不同泊车位附近,由搬运台车上的存取交换机构将车辆在搬运台车与泊位之间进行位置交换,反之亦然,即可实现存取车的全过程。

平面移动类停车设备的主要特点:

(1) 自动化程度高,快速处理,连续出入库,停车效率高,可实现多人同时存取车辆。

(2) 整体结构设计紧凑,层高低,空间利用率高,可实现百辆到上千辆规模的大容量停车。

(3) 可以用于地上及地下停车设备,存取车速度快且均向前开,无须倒车、掉头等动作。

(4) 全封闭式建造,存取车安全性好,效率高,噪声小。

(5) 节省空间、设计灵活、造型多样、投资少、成本及保养费用低,控制操作方便等。

(6) 设有多重安全防护措施,确保人车安全。

(7) 操作简便,既可集中管理,又可由用户自己操作。

(8) 不会排出汽车废气,清洁环保。

43.1.2 应用场所

该类停车设备是一种自动化程度很高、停车方式比较舒适、停车密度较大、存取车快捷的停车设备,是目前全自动停车设备领域中使用最广泛的一种停车设备。司机存车时,不必具备专业技能,只需将车开到入口处平台上的指定位置,确认车辆熄火并下车后确认存车,控制系统将自动发出指令,起升系统及搬运台车自动将车辆存至指定位置,司机自行离开即可。取车时,司机可以提前预约取车时间,也可到达取车口处,确认取车,等待几分钟,车便被送到出口处,自行驾车离开即可。因平面移动类停车设备的形式不同,其工作原理、适用范围、主要组成、停车设备选型、配置设计也不尽相同。

平面移动类停车设备由于升降机、出入口及横移车数量的配比不同,相应的停车数量可多可少。为确保进出车辆顺畅、高效、可靠,建议每个停车设备至少配套2个出入口及2台升降机,同时每台升降机负责 35~50 辆车为宜。一个搬运器理论应只负责其所在层的搬运工作,尽量不要设置搬运器随升降机升降的换层型平面移动类停车设备。

多层平面移动类停车设备属于全自动智能停车设备。为保障人员、车辆、设备的安全,方便停车设备管理,提高设备的使用寿命,一般设置为封闭或半封闭形式。在规划设计、建造停车设备时,往往要与建筑、结构、照明、消防、通风、排水等工种配合或协调,因此,停车设备厂家、建筑设计单位、业主等须先进行技术交底与技术沟通,保证土建有效尺寸、升降机井道尺寸、巷道尺寸等与停车设备要求的安装空间相一致,以达到最大限度地增加容车数量、安全可靠、布置经济合理、运行高效的目的。

由于不同厂家设计生产的停车设备尺寸大小并不一致,因此,必须根据具体厂家提供的停车设备布置尺寸进行机械式停车设备的土建规划设计等。

43.1.3 系统组成

因为平面移动类停车设备上的部件较多,国内不同厂家对这些部件的称呼有所差异,为避免误解,首先把本章将涉及的几个主要部件的名称做简要解释。

(1) 升降机,安装在升降井道内的升降机构。

(2) 横移台车,安装在每层的横移巷道内,带着搬运小车做横向运动的横移机构。

(3) 搬运台车,随着横移台车运动,到达目标车位所在的位置后,可以纵向移动到汽车底部,将汽车搬运到横移台车上的纵向搬运机构。

(4) 载车板,用于存放车辆的托板。

平面移动类停车设备主要由升降机(可内置回转盘)、搬运台车、存取车机构、钢结构、电气控制系统和其他系统等组成。

虽然目前国内的平面移动类停车设备类型繁多,但总的来说可以分为无独立搬运小车和有独立搬运小车两大类。

1. 升降机

如图 43-1 所示,此类型升降机的结构与叉车类似,相对简单、合理,维修保养更方便、快捷。升降机的提升框架装有导向轮,升降过程中,提升框架及车辆在导向轮的作用下平衡、平稳地做垂直运动。升降机构具有配重装置,使得设备提升过程中大大降低了电能消耗。驱动电动机采用变频调压电源,并设有光电传感器,用以控制平层的准确度。上、下越层和上、下极限各设限位开关,以起到安全保护作用。

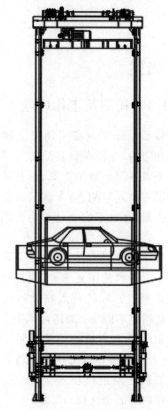

图 43-1 升降机

井道基坑底部设置缓冲器,可对升降平台和对重组件进行安全保护。

升降机设计合理,运行平稳度高,能耗低,定位精确,安全保护措施到位,且主要结构紧凑、刚度和强度较也高,抗冲击和振动能力强。

2. 回转盘

按停车设备的布置及使用要求,可在转换区或升降机上设置回转盘。有定位装置的回转盘,在升降或回转位置应有定位装置或相应的措施。设有定位装置的回转盘可不设此装置。

回转盘应运转平稳、可靠。回转盘上停放的汽车,其回转轨迹与周围障碍物之间的间隙最小为 50 mm,如图 43-2 所示。

3. 搬运台车

搬运台车在巷道内往复运动,自动将车辆搬运至指定位置,其工作位置如图 43-3 所示。

搬运台车配备有导向装置,保证其运动平稳、平滑。搬运台车设置多组光电传感器,用于检测车辆状态,设置横移运动极限位置限位开关,可以起到安全保护作用。

4. 存取车机构

存取车机构主要功能是从库内将堆垛机上的车辆送至所需停车位。根据输送方法不同,目前存取车机构主要分为有搬运小车的存取车机构、无搬运小车的存取车机构。

1)有搬运小车的存取车机构

有搬运小车的存取车机构指的是横移台车上有梳齿式或抱夹臂搬运小车,通过搬运小车实现车辆从横移台车到车位上的移动。

(1)梳齿式搬运小车

梳齿式搬运小车由梳齿装置和行走装置组成,如图 43-4 所示。搬运小车运用梳齿错位交叉动作,首先将梳齿式停车台上的汽车提取到搬运小车上,然后,再次运用梳齿错位交叉动作,将搬运小车上的汽车转移到另外一个梳齿式停车台上。

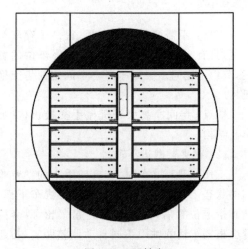

图 43-2 回转盘

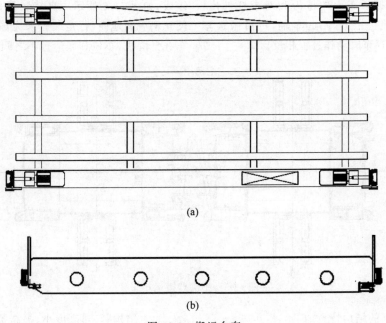

图 43-3 搬运台车
(a)俯视图;(b)侧视图

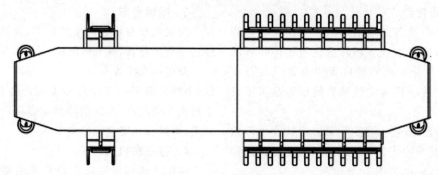

图 43-4 梳齿式搬运小车

梳齿式搬运小车有固定梳齿交换形式和伸缩梳齿交换形式。

① 固定梳齿交换形式

工作原理:取车时,梳齿搬运车开到车位梳齿架下面,搬运车上的梳齿上升,抬起车辆,搬运车上的对中杆伸出顶住车轮,梳齿搬运车从车位开回搬运台车,存车时动作过程相反。

优点:不需要回送空车板,提高了存取车速度,具有自动对中机构,减少了停车位的宽度,节约了空间。

缺点:占据的空间高度较大。

② 伸缩梳齿交换形式

工作原理:取车时,梳齿搬运车开到车位梳齿架中间,搬运车上的梳齿和对中杆伸出,搬运车上的梳齿上升,抬起车辆,梳齿搬运车从车位开回,存车时动作过程相反。

优点:不需要回送空车板,提高了存取车速度,具有自动对中机构,减少了停车位的宽度,节约了空间。层间净高小于固定梳齿交换机构。

缺点:层间净高大于机械手交换机构(夹车轮结构)。

(2) 抱夹臂搬运小车

工作原理:取车时,在机械手上的摆臂收回的状态下,机械手开到停车位的汽车下面,达到指定位置后,张开摆臂夹起车轮,两套摆臂会根据车辆的轴距不同自动调整距离,抬起车辆后开回。存车时,动作过程相反。

抱夹臂搬运小车由夹持装置和行走装置组成,如图 43-5 所示。夹持装置抱夹住轮胎,使车辆脱离地面,行走装置来完成智能搬运小车在升降机、车位和搬运台车之间的出入。

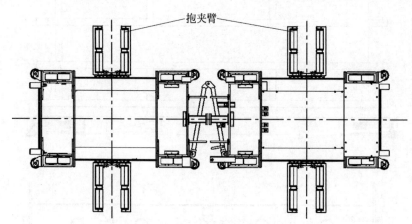

图 43-5 抱夹臂搬运小车

搬运小车的结构特点如下。
(1) 纵向运输设备。

(2) 结构紧凑,高度小,提高了立体停车设备的容车密度,运行速度快,噪声小。

(3) 自诊断识别,变频调速,动作柔顺,定位精度高。

优点:不需要回送空车板,提高了存取车速度,在出入口设备上配有自动对中机构,减少了停车位的宽度,节约了空间。

缺点:机构内部空间小,对零件的加工精度要求较高,机构自身没有对中能力,需在出入口设备上进行对中;对停车位的平面度要求较高。

2) 无搬运小车的存取车机构

无搬运小车存取车机构指的是横移台车上没有搬运小车,而是通过横移台车自身的横移机构来实现载车板或者车辆从横移台车到车位上的移动,从而达到存取车的目的。

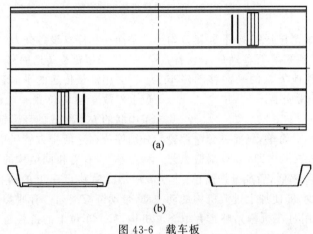

图 43-6　载车板
(a)俯视图;(b)侧视图

这类产品可以分为有载车板和无载车板两类,下面分别加以介绍。

(1) 有载车板类

车辆停放在载车板上,其横移台车上安装有存取车板的动力机构,通过载车板的存取来达到车辆存取的目的。常见的存取车动力机构主要有如下 2 种:

① 摩擦轮挤压机构

带摩擦轮挤压机构的横移台车在取车时,横移台车上的过渡机构会先将摩擦轮机构向载车板方向移动,直到摩擦轮机构上的 2 个主动摩擦轮夹住载车板底部的摩擦夹持杆,然后摩擦轮的动力机构开始转动,2 个主动摩擦轮夹持住载车板底部的摩擦夹持杆向横移台车移动,从而带动载车板移至横移台车上,完成取车动作,存车过程反之。

摩擦轮挤压机构的结构如图 43-7 所示。

② 旋转勾拉机构

带旋转勾拉机构的平面移动停车设备的横移台车上安装有旋转勾拉机构,载车板上设

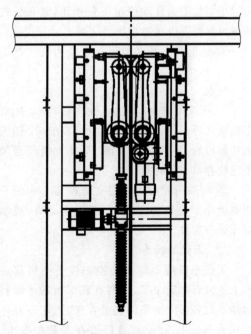

图 43-7　摩擦轮挤压机构的结构

置有勾拉槽,取车时,横移台车上的旋转机构会驱动勾拉臂由里向外旋转,当勾拉臂旋转到

载车板的勾拉槽内后,旋转机构会反转,带动载车板移到横移台车上,完成取车动作,存车过程反之。

旋转勾拉机构的结构如图43-8所示。

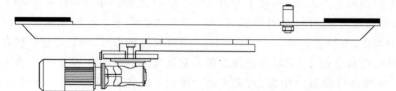

图43-8 旋转勾拉机构的结构

无论是采用摩擦轮挤压机构还是旋转勾拉机构,带载车板交换的平面移动停车设备,与后面将要提到的其他类型的平面移动停车设备相比,优、缺点非常明显。

优点

① 存取车机构相对简单,只要一套摩擦轮挤压机构或者旋转勾拉机构即可,对制造工艺要求也相对较低,故障率低,后期维护简单。

② 存取车动作少,即使加上过渡机构的动作(旋转勾拉可以不用过渡机构),整个存取车动作流程也仅3步,单次存取车时间短。

③ 横移台车可以做到纵走横送,与其他带搬运小车的平面移动停车设备相比,载车板式的平面移动可以建造在狭长区域。

④ 载车板上可以加装充电桩为电动汽车充电,长远来看,符合市场需求。

缺点

① 连续取车时,每次取完车后,需要把空车板送回停车位,送空车板回原位是一个做无用功的过程,不仅消耗能源,而且大幅度增加了连续存取车的时间。

② 与采用梳齿式或抱夹臂搬运小车的平面移动停车设备相比,载车板成本太高,成本对比处于劣势。

(2) 无载车板类

无载车板的平面移动停车设备的横移台车上也没有搬运小车,它与有载车板的平面移动停车设备最大的不同之处在于,汽车不是停放在载车板上,而是直接停放在车位的履带、皮带甚至辊子(滚轮)上。通过横移台车上的滚动机构与车位上的滚动机构联动,来达到存取车辆的目的。根据停车位上的结构不同,此类平面移动停车设备分为如下3种。

① 采用链板传送的存取车机构

采用链板传送的平面移动停车设备,其车位上停放车辆的位置一般情况下是两排由链条串联的方管组成的环形链板,汽车的前后轮分别停放在这两排方管组成的链板上,而在横移台车上,有着相同结构的两排链板,如图43-9所示。横移台车上的两排链板由电动机驱动,带动链板滚动。有些类型的车位自带动力机构,每个车位上的链板由电动机驱动做循环滚动,也有些类型的车位自身并没有动力机构,而是要依靠横移台车上的动力机构通过机械齿轮的啮合传动来带动车位链板的滚动。

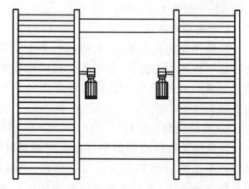

图43-9 链板/辊子类传送机构

取车时,横移台车上的链板和车位上的链板同时向横移台车出车方向滚动,停放在链板上的车辆随着链板的移动而移动(车轮和链板之间没有相对运动),直至车辆被移到横移台车,链板停止滚动,存车过程反之。

② 采用皮带传送的存取车机构

采用皮带传送的存取车机构和采用链板传送的存取车机构的动作原理和结构相似,不同点是停放车辆的介质不同。

③ 采用辊子(滚轮)传送的存取车机构

采用辊子传送与滚轮传送的平面移动停车设备,虽然传动的介质不同,但是原理基本相似。只是其车位上停放汽车的位置分别是由一组辊子或是一组滚轮组成,汽车的前后轮分别停放在这两组辊子(滚轮)上,而在横移台车上有着同样结构的两组辊子(滚轮)。横移台车上的这两组辊子(滚轮)由电动机驱动,带动辊子(滚轮)滚动。有些类型的车位自带动力机构,每个车位由电动机驱动辊子(滚轮)原地滚动,也有些类型的车位自身并没有动力机构,而是要依靠横移台车上的动力机构通过机械齿轮的啮合传动来带动车位上的辊子(滚轮)滚动。

取车时,横移台车上的辊子(滚轮)和车位上的辊子(滚轮)同时向横移台车的出车方向滚动,停放在皮带上的车辆随着辊子(滚轮)的滚动而转动,直至车辆被移到横移台车,停止滚动,存车过程反之。

与前面介绍的链板传动或者皮带传动不同的是,采用辊子(滚轮)传送的停车设备,在传送车辆的过程中,辊子(滚轮)自身的位置是不发生变化的,只是在原地滚动,而车轮通过与辊子(滚轮)之间的摩擦产生滑动,也就是说车辆的车轮和辊子(滚轮)之间是有相对摩擦运动的。从这个角度上来说,辊子(滚轮)传送的平面移动停车设备,在存取车过程中,对车轮的磨损比链板传动或皮带传动要大一些,当然,无论是辊子还是滚轮,由于其自身做圆形回转滚动动作,因此对车轮的磨损有限。

5. 钢结构

钢结构的设计应符合 GB/T 3811—2008 的规定。

独立式全钢结构的设备,其外框架设计应符合 GB 50017—2017 的规定。

钢结构安装是整个项目的关键部分,它的安装质量对设备能否平稳运行影响很大,因此在安装之前要对安装工人进行技术交底,使安装工人明确安装的质量要求,以保证施工质量。

6. 电气控制系统

平面移动类停车设备的停车设备实行无人化全自动模式运行,正常情况下由管理系统、PLC控制系统、执行设备层组成整个自动化系统。主系统PLC连接每个子系统的PLC,通过网络连接升降机的PLC,用无线网络连接横移车及搬运机器人的PLC,形成整个控制网络的基本机构。

当管理系统出现故障时,系统可以直接切换成半自动模式,即由PLC控制系统直接发送指令给设备执行层,设备根据PLC指令将车辆安全移出。

系统还配置了人工操作功能,是为了在设备维修等情况下使用。全自动、半自动、人工操作系统之间互相进行电气软硬件互锁,即保证系统只能运行在一种操作模式下,并设置权限密码,以保证设备在运行过程中的安全或者超过权限的人员使用设备的情况。

7. 其他系统

1) 出入口

(1) 出入口尺寸

停车设备出入口的宽度应大于适停汽车宽度加 500 mm(不含后视镜宽度),但总宽度不小于 2 250 mm。

存容轿车的准无人和人车共乘方式的停车设备出入口高度不应小于 1 800 mm;无人方式的停车设备工作区出入口的高度不应小于 1 600 mm;存容客车的停车设备出入口的高度不应小于适停客车的高度加 100 mm。

(2) 搬运器(或载车板)停车表面与出入口地面之间的距离

对汽车自行驶入的停车设备,搬运器(或载车板)停车表面端部与出入口地面接合处的水平距离不应大于 40 mm,垂直高度差应大于 50 mm。

2) 人行通道尺寸

停车设备内如果设置人行通道,人行通道的宽度不应小于 500 mm,高度不应小于 1 800 mm。

3) 停车位尺寸

(1) 宽度。若用搬运器将汽车送入停车位,停车位的宽度不应小于适停汽车全宽加

150 mm(含后视镜宽度),带有对中装置的,不应小于适停汽车全宽加 50 mm;对于汽车自行驶入停车位的,不应小于适停汽车宽度加 500 mm(不含后视镜宽度)。

(2) 长度。长度不应小于适停汽车的全长加 200 mm。

(3) 高度。高度不应小于适停汽车的高度与存取车时微升、微降等动作要求的高度之和加 50 mm。

4) 停车位障碍物尺寸

在设有检测措施等能够保证存入车辆安全的条件下,停车位允许存在图 43-10 所示的障碍物,障碍物的尺寸应符合以下要求:

(1) 车辆侧面方向障碍物的横截面用矩形包容时,矩形两边尺寸为 $a \leqslant 600$ mm、$b \leqslant 600$ mm,且 $a+b \leqslant 600$ mm。

(2) 车辆侧面方向障碍物的横截面用三角形包容时,三角形直角边的尺寸 $c \leqslant 600$ mm,$d \leqslant 600$ mm。

(3) 车辆正面方向障碍物的横截面只允许用三角形包容时,三角形直角边的尺寸 $e \leqslant 300$ mm、$f \leqslant 300$ mm。

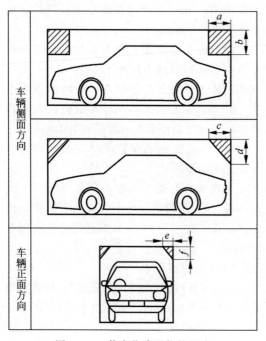

图 43-10 停车位障碍物的尺寸

43.1.4 国内外发展现状

平面移动类停车设备是目前市场上技术最成熟的停车设备之一,也是应用较为广泛的停车设备之一,近年来该类停车设备的市场占有率呈逐年上升的趋势。平面移动类停车设备符合停车设备未来大型化、高度智能化和家庭化的发展趋势。未来的单组平面移动类停车设备就能够提供上百乃至数百个车位,为用户提供足够的停车空间,以适应未来对停车设备停车位数量的高要求。

随着车位数量的增加,对停车设备的存取车时间、运行安全性、对周边环境影响等提出了更高的要求。目前国内存取车最快的平面移动类停车设备可以将平均存取车时间控制在 1 min 以内,有效地减少了车位数量增加后驾驶员在停车设备外等待出车的时间。在运行安全性方面,近年来出现了自动对中、滑移保护、防坠落保护等安全保障措施,以确保设备运行时车辆的稳定安全。同时,考虑到平面移动类停车设备规模较大,国内该类停车设备的生产厂商在减少设备运行噪声方面也进行了大量优化工作。

平面移动类停车设备的工作原理决定了其具有高度的自动化。随着信息技术的发展,为方便用户取车、减少不必要的等候,增加了利用手机软件进行预约取车的功能,进一步提高了该类停车设备的智能化。

随着国内电动汽车和混合动力汽车的普及,可实现为停放车辆充电的平面移动类停车设备也在市场上崭露头角。

43.2 典型构造

平面移动类停车设备主要由升降机、搬运台车、存取车机构和控制系统组成。通过升降机的垂直运动升降至相应层,之后由搬运台车做平面往复运动将车辆自动送至停车区域。

按照搬运器搬运车辆运动的方向,可分为纵向和横向两种基本类型,分别如图 43-11 和图 43-12 所示。

第43章 平面移动类停车设备

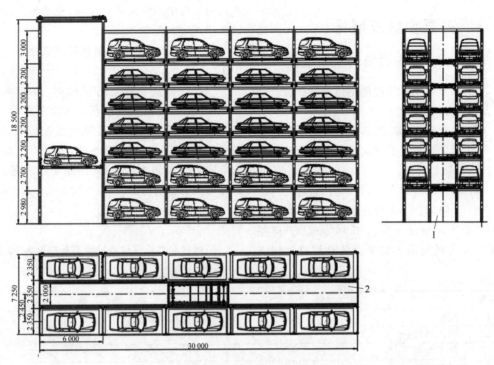

图 43-11 平面移动(纵向)总装图
1—平面轨道侧视图；2—平面轨道俯视图

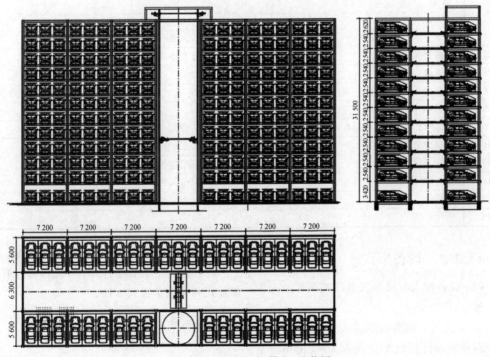

图 43-12 平面移动(横向)总装图

43.3 主要参数及型号

43.3.1 停车设备的整机性能

(1) 设备运动机构的额定速度应符合设计值,允许偏差为±8%。

(2) 各运动机构应运转正常,无异响。

(3) 运动中滚轮及导向装置应无影响使用的啃轨、卡轨等现象。

(4) 设备应运行平稳,制动后无移位。

(5) 升降搬运小车停车表面与横移台车停车表面的平层精度不应大于 10 mm。升降搬运器停车表面与出入口平面的平层精度在无人式的设备中不应大于 10 mm,在准无人式的设备中不应大于 50 mm。

(6) 搬运台车存取车时的停准精度不应大于 10 mm。

(7) 设备做超载运行试验时,应能承受 1.1 倍额定载荷的试验载荷。试验过程中,设备应能正常工作,制动器等安全装置动作应灵敏可靠。试验后进行目测检查,各受力金属结构件应无裂纹和永久变形、无涂装层剥落,各连接处应无松动现象。

43.3.2 主要参数

平面移动类停车设备的典型参数见表 43-1。

表 43-1 平面移动类停车设备的典型参数

序号	项目		参数
1	型号		平面移动类 PPY
2	出入口数量		××
3	停车数量		车位××个
	设备层数/层		×
	场地限高(根据场地实际要求)/m		≤24
4	停车规格	长/mm	≤5 300
		宽/mm	≤1 900
		高/mm	1~4 层≤1 550,5~8 层≤2 050
		容车质量/kg	≤2 350
5	车辆交换方式		抱夹小车/梳齿小车/载车板
6	升降机的最大提升速度/(m·min^{-1})		80
7	搬运台车的最大行走速度/(m·min^{-1})		80
8	智能小车的最大行走速度(若有)/(m·min^{-1})		55
9	设备平均存取车时间/(s·次$^{-1}$)		≤120
10	控制方式		PLC+人机界面
11	操作方式		采用触摸屏+IC卡操作方式
12	出入库方式		正车入库,正车出库
13	电源		三相交流 380 V,50 Hz
14	设计年限/a		≥50

43.3.3 设备形式

(1) 设备按人与停车设备的关系可分为如下 2 种。

① 无人式。驾驶员不进入工作区,而由停车设备将转换区的汽车自动存入/取出至汽车停放位置。

② 准无人式。驾驶员将汽车开进工作区,人离开后,由停车设备完成存车/取车功能。

(2) 设备按停车位的载车方式可分为有载车板式和无载车板式 2 种。

43.3.4 适停汽车的组别、尺寸及质量

平面移动类停车设备适停汽车的组别、尺寸及质量应符合 GB/T 26559—2021 的规定,

见表 43-2。

表 43-2 平面移动类停车设备适停汽车的尺寸、质量及组别代号

组别代号	汽车长×车宽×车高 /(mm×mm×mm)	质量/kg
X	≤4 400×1 750×1 450	≤1 300
Z	≤4 700×1 800×1 450	≤1 500
D	≤5 000×1 850×1 550	≤1 700
T	≤5 300×1 900×1 550	≤2 350
C	≤5 600×2 050×1 550	≤2 550
K	≤5 000×1 850×2 050	≤1 850

43.3.5 型号表示方法

平面移动类停车设备的型号由停车设备总代号、类别代号、特征代号、制造商特定代号等组成，表示方法如下：

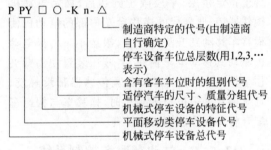

不要求停放客车时，横线后的"K"省略，制造商特定代号由制造商确定并标记。

机械式停车设备的特征代号符合 GB/T 26559—2021 的规定，见表 43-3。

表 43-3 机械式停车设备的特征代号

起升方式	钢丝绳	链条	丝杠	液压
特征代号	S	L	G	Y
起升方式	齿轮齿条	齿形带	其他	
特征代号	C	D	Q	

示例 1：使用链条起升，停放大型及以下轿车，并且车位不能停放客车，车位层数为 5 层，制造商特定代号为 A 的平面移动类停车设备的型号为：PPYLD-5-A。

示例 2：使用钢丝绳起升，停放特大型车及以下轿车，车位层数为 7 层，并且部分车位可以停放客车，制造商特定代号为 W 的平面移动类停车设备的型号为：PPYST-K7-W。

43.4 金属结构

关于平面移动类停车设备的金属结构设计、材料、制作、制造工艺、焊接、表面涂装可参见 41.4.1 节的升降横移类停车设备的相关内容。

43.5 电气控制系统

43.5.1 基本介绍

电气控制部分是停车设备运行的核心部分，平面移动类停车设备控制系统的完善程度直接决定了平面移动类停车设备程度和自动化水平的高低，也决定了平面移动类停车设备的综合竞争力。停车设备控制系统协调各机械结构联动运行，使整个停车设备系统正常运作。

平面移动类停车设备在设计中要体现出智能化、人性化和自动化的特点。因此，控制系统的基本要求有：

（1）采用车牌识别系统，车辆入库前，牌照识别摄像头自动识别车牌（无牌车绑定手机号），通过上位机绑定车位号，可做到车牌/手机号跟车位对应，减少误操作。

（2）采用上位机，在控制室内进行存取车过程的控制和监控。

（3）当控制系统发生故障或车辆超高、超重、超长时，能够发出报警提示，并在 LED 屏幕等显示装置上进行显示。

（4）控制系统应有自动和手动两套策略，以保证在无法自动存取车的情况下，能够手动存取，确保整体系统正常工作。

43.5.2 控制系统功能概述

在平面移动类停车设备中，中置主升降机、横移台车、梳齿式搬运小车或者抱夹轮搬运小车构成三位一体结构。上述组成结构均

由控制系统主导完成相应的动作,以实现存取车的动作。存车时,用户通过车牌或手机号等信息录入系统,完成用户存车登记后,将车驶入,控制系统控制中置主升降机载运车辆到达目标停车层后,横移台车由中置主升降机位置搬运车辆横向移动至目标停车位,由梳齿式搬运小车或者抱夹轮搬运小车存入车辆后回到中置主升降机位置;取车时,中置主升降机到达目标停车层后,横移台车由中置主升降机位置横向移动至目标停车位,由梳齿式搬运小车或者抱夹轮搬运小车取出车辆后回到中置主升降机位置,将车辆移动到升降机上,中置主升降机载着车辆升降到出入口。控制系统控制传动机构工作,在运行过程中,引导系统工作,伴有绿灯闪烁,如果停车设备发生故障,红灯亮起,提醒维保人员处理。

下面主要对横移台车、搬运小车、中置主升降机、辅助升降机的功能加以说明。

1. 横移台车

横移台车在导轨上做水平运动,用于精确定位到车位的正前方,为下一步搬运小车存取车提供依据。横移台车上安装有行走的读址器或者绝对值编码器等位置检测元器件,用于测量和定位横移台车的水平行走位置。横移台车控制分为手动和半自动控制,同时,采用PLC程序的调速方法减少横移台车减速及停机时的冲击,缩短了横移台车启动、停止的缓冲距离,提高了运行效率。

2. 搬运小车

搬运小车是在横移台车移动到车位前方后时,进行伸缩运行,实现存取车的动作。搬运小车伸缩运行的行程控制是通过绝对值编码器实现的。梳齿式搬运小车与抱夹轮搬运小车的控制方式不同。

3. 中置主升降机

中置主升降机是承载车辆从辅助升降机到指定停车层垂直升降的装置。通过中置主升降机升降,并载运横移台车和梳齿式搬运小车或抱夹轮搬运小车。在平面移动类停车设备中采用中置主升降机可以使存取车时间更短,容车密度更大,空间利用率更高,使用成本更低。中置主升降机将升降机布置在多层停车平面的通道中间,由升降机、搬运装置、升降轨道、电气控制系统等组成。采用中置升降机技术,中置主升降机的安全系统对载荷平台起到超速保护和坠落保护的作用,以保证整个运动过程快速而平稳。

4. 辅助升降机

辅助升降机表面有存车架,与梳齿式搬运小车的叉形结构对应。辅助升降机连接地面存取车出入口或地下停车设备,存取车时,由辅助升降机将车辆降至地下或将车辆升至地面存取车口。

电气控制方面,当车辆驶入停车区域,出入口传感器确认车辆在席,底部的质量传感器将数据传输给PLC,转盘按照质量分配自动调整车辆位置,主升降机顶部电机提升车辆与平台至指定楼层,平层限位到达后,插销电动机锁住插销,此楼层的横移台车内部的电动机使横移车移动到升降机位置,搬运小车内部电动机驱动其移动至车辆底部,液压装置使夹臂夹住车轮,在横移车超长超宽传感器都没触发,且车辆在席限位检测到车时,横移车与搬运车配合将车辆停放到指定位置。

43.5.3 自动存取车控制系统

存取车模式可以分为无人方式和准无人方式。

无人方式的存取车模式包括:

(1)驾驶员将汽车驶入转换区后离开,位于转换区的生物监测系统感应到人已离开车库,此时停车设备关闭安全门,自动存放汽车入库。

(2)由停车设备自动取出汽车到转换区,安全门打开,驾驶员进入转换区将汽车开出。

准无人方式的存取车模式包括:

(1)驾驶员将汽车驶入工作区后离开,由停车设备自动存放汽车到停车位;

(2)由停车设备取出汽车,驾驶员进入工作区将汽车开出。

1)存车过程

首先,驾驶员驾驶车辆在地面存取车出入

口按显示屏引导正确停车,停车完毕,将车辆熄火制动,驾驶员下车锁好车,在操作设备上确认车辆牌照或个人信息,待存车辆由辅助升降机降至负一层。此时,中置主升降机已在负一层初始位置就位,中置主升降机上的梳齿式搬运小车进入辅助升降机将车辆抬起,回到中置主升降机,然后辅助升降机升至地面。中置主升降机降至停车位所在停车层,横移台车载运车辆移出中置主升降机移动到目标停车位处,梳齿式搬运小车进入停车位将车辆放下,回到横移台车,最后横移台车回到中置主升降机,中置主升降机等待下一条指令,存车完毕。

2）取车过程

车主在操作设备上输入车牌或个人信息,确认取车后,辅助升降机降至负一层等待,中置主升降机升降至目标停车位所在的停车层,横移台车从中置主升降机处移出,到达目标停车位后,横移台车上的梳齿式搬运小车进入停车位将车辆取出,梳齿式搬运小车搬运车辆回到横移台车,横移台车回到中置主升降机,中置主升降机升到初始位置,梳齿式搬运小车将车送到辅助升降机放下后,回到中置主升降机,最后辅助升降机升至地面,取车完毕。

43.5.4 控制系统原理

1. 主控单元

梳齿式平面移动类停车设备中需要控制的设备包括:1台中置主升降机上2台11 kW电动机,1台1.1 kW锁紧电动机;2台辅助升降机上4台5.5 kW电动机,1台0.18 kW前轮止挡电动机;1台横移台车上2台1.5 kW电动机;1台梳齿式搬运小车上2台0.75 kW搬运小车行走电动机,1台0.75 kW搬运小车升降电动机,1台0.25 kW搬运器前对中电动机,1台0.37 kW搬运小车后对中电动机。其中,搬运小车上的电动机控制全部集成在搬运小车系统里,不用单独控制;中置主升降机和辅助升降机上的电动机需要变频器控制,其他电动机只需要控制开闭,无须变频器控制。

2. 限位开关功能

停车设备控制系统选用的行程开关主要用在地面出入口出入两端的自动卷帘门处及中置主升降机到达每一停车层的平层处。其中,在地面出入口出入两面的自动卷帘门处,当车辆在辅助升降机上停放完成后,车主下车,进行存车操作指令后,进出两端自动卷帘门会自动落下,此时的行程开关会限制自动卷帘门的落下的位置。存车完毕,进出两端自动卷帘门又自动升起,此时行程开关会限制自动卷帘门升起的位置;取车时,停车设备接到取车指令后,两端自动卷帘门又会自动落下,行程开关限制自动卷帘门落下的位置,车辆取出至地面,两端自动卷帘门又自动升起,行程开关限制自动卷帘门升起的位置。在中置主升降机到达每一停车层平层时,由行程开关限制中置主升降机的停止位置,以达到与每一层停车层平层的目的,平层后横移台车方可横向移动出中置主升降机。

停车设备使用的接近开关有2种:一种是镜反射式光电开关,一种是对式红外光电开关,均是红外传感器。镜反射式光电开关主要用在初始位置(停车设备负一层横移台车、梳齿式搬运小车与辅助升降机对应的位置)的界定,以及搬运小车与存车台的位置界定;对式红外光电开关用于地面出入口对来车、去车及车辆长、宽、高的检测,以及横移平台在除负一层以外的停车层与中置主升降机的位置界定。

镜反射式光电开关需要与反光板结合使用,镜反射式光电开关发射光线,在接收到由反射板反射来的光线后,才处于动作状态,在界定原始位置时,安装在横移台车上的镜反射式光电开关接收到辅助升降机上的反光板反射的光线时,才能确定原始位置,即横移台车与辅助升降机位置对应准确,搬运小车才会进入辅助升降机搬运车辆;同理,在搬运器与存车台的位置界定时,安装在搬运器上的接近开关接收到来自存车台上的反光板反射的光线,由此确定存车台的位置。对式红外光电开关由一对开关组合工作,一对开关同时发射光线,中间有无物体阻挡可使开关处于开闭状态,因此,在地面出入口处,接近开关能够对来车、去车及车辆的长、宽、高进行检测。在除负一层以外的停车层,横移台车也依此原理与中置主升降机进行位置确定。

3. 主要设备功能

绝对编码器光码盘上有许多道刻线,每道刻线依次以 2 线、4 线、8 线、16 线等编排。这样,在编码器的每一个位置,通过读取每道刻线的通、暗,获得一组 $2^0 \sim 2^{n-1}$ 的唯一的二进制编码(格雷码),这就称为 n 位绝对编码器。这样的编码器是由码盘的机械位置决定的,它不受停电、干扰的影响。

绝对值旋转编码器是用来为停车设备停车位标定位置坐标的,利用绝对值旋转编码器确定每层中每个停车位的坐标,把停车位的坐标写入数据库,停车设备控制系统寻找停车位时使用。绝对值旋转编码器在标定停车位的坐标时,规定中置主升降机处的坐标为 0,横移台车从中置主升降机开始向两侧横向移动,一侧坐标为正,一侧坐标为负。由于绝对值旋转编码器的线圈使用时间越长,越容易产生误差,所以为了防止线圈的误差带来车位坐标的不准确,需要定期更新停车位的坐标值。

变频器能够通过改变电动机工作电源频率的方式来改变交流电动机的转速。停车设备中使用变频器的目的主要是控制调整中置主升降机和辅助升降机的电动机频率,以到达控制调整电动机转速的目的。无论是中置主升降机还是辅助升降机,都是靠电动机实现上升或者下降的,而在上升或者下降的过程中又必须调整电动机的转速以使中置主升降机或辅助升降机平稳上升或者下降,这样停车设备的存取车过程才会安全稳定。

停车设备中使用激光测距仪是为了标定中置主升降机的垂直坐标,以确定中置主升降机升降时的位置。将激光测距仪安装在中置主升降机升降通道的最底部,在中置主升降机底侧安装反光板,通过激光测距仪发射激光线束和接收反射回来的激光线束,便可测量出中置主升降机的位置,将这些位置记录在停车设备控制系统中,就能够实现不同停车层的车辆存取了。

43.6 辅助系统

43.6.1 自动存取车系统

自动存取车系统一般由小型可编程控制器 PLC 控制,包括卡号识别与移动载车盘 2 个过程。用户进入停车设备时,在门口刷卡进入,读卡机自动把数据传送到 PLC 控制系统,PLC 系统通过判断卡号,自动把对应的载车盘移动到人车交接的位置,开启停车设备门,以缩短存取车的时间。存车时,司机按照指示灯信号的指引入库,只有当车辆停放在安全位置后,停车正常指示灯才会亮起。存取车完成后,停车设备门自动关闭。移动载车盘时,系统严格按照各种检测信号的状态进行移动,检测信号包括超长检测、到位检测、极限位置检测、人员误入检测、急停信号检测等。若有载车盘运行不到位或车辆长度超出停车设备允许的长度,所有载车盘将不动作;若检测到急停信号,将停止一切动作,直至急停信号消失。以上信号均为硬件信号,除此之外,还可从控制软件中设置保护信号,比如时间保护,以保证在因硬件损坏而导致信号失灵时主体设备及车辆的安全。

PLC 控制系统与收费管理系统实时通信,数据互联,确保存取车顺利可靠地进行。存车时,车辆进入待存车区域时,停车设备安全门自动打开;待存车辆进入搬运小车停好后,停车人员可通过移动支付操作终端手机扫码确认停车,或刷 IC 卡取卡停车。当车辆停放至安全位置后,停车正常指示灯亮起,取车时,可在移动支付操作终端输入存车时的取车密码,输入正确后,系统自动计算停车费用并弹出支付金额,通过手机扫描二维码支付完成后,系统自动完成取车,取车完成后,停车设备安全门自动关闭。

43.6.2 远程诊断系统

现场控制器可以通过交换机等网络设备与控制中心的局域网相连接,可以通过网络终端实现远程管理,监测现场运行情况,当现场出现故障时,在控制中心即可进行解决,方便管理人员、安保人员异地办公。

43.6.3 自动道闸

在停车设备出入口处各设非接触式读卡器、感应线圈及道闸,用户在停车设备出入口处刷卡后,系统自动判别该卡是否有效,若有效,则道闸自动开启,通过感应线圈后,自动栅栏自动关闭;若无效,则道闸不开启,同时声光报警。

43.6.4 监控安保系统

监控安保系统是指在中央控制室进行监视控制停车设备现场的运行状况。它具有运动检测、车牌识别、网络连接、各种类型的报警系统实现联动等功能,可以实现无人看守。

1) 视频监控功能

在停车设备各出入口,值班室和停车设备内主要区段安装定焦摄像机,在大范围车位区安装球形云台,以便实现对停车设备全方位的实时监控。如果在停车设备光照条件不好的情况下,可选用黑白摄像机。

2) 运动检测功能

可以在夜间设置停车设备的运动检测区域,当检测区有移动目标时,运动检测功能发出报警信号,提醒值班人员。

3) 车牌识别功能

它能够设置停车设备参照车辆的车牌、车型。当参照车辆进入停车设备监视区域,系统自动对比参照车辆图像,有异常情况,发出报警信号,并自动切换和记录相关图像。

4) 报警连动功能

可以连动各类报警主机,如启动继电器发出声光报警通知安保人员自动放下道闸拦截车辆出入。

5) 数字录像功能

可连续记录停车设备发生事件,可同步回放多个录像,可选择任意图像进行整体放大和局部放大,记录、回放以及备份可同步进行。

43.7 安全保障措施

43.7.1 设备安全装置及要求

1. 安全标志

设备安全标志的设置应按 GB 17907—2010 中 5.1 的规定执行。

在停车设备的出入口、操作室、检修场所、电气柜等明显可见处应设置相应的安全标志(包括禁止标志、警告标志和提示标志),并应符合 GB 2894—2008 的规定。

2. 紧急停止开关

在便于操作的位置应设置紧急停止开关,以便在发生异常情况时能使停车设备立即停止运转。若停车设备由若干独立供电的部分组成,则每个部分应分别设置紧急停止开关。若停车设备由转换区、工作区组成,则每个区域应配备单独的紧急停止开关。紧急停止开关的设计应符合 GB 16754—2008 的要求。

在紧急情况下,紧急停止开关应能迅速切断动力回路的总电源,但不应切断电源插座、照明、通风、消防和警报电路的电源。

紧急停止开关的复位应是非自动复位,复位不得引发或重新启动产生任何危险状况。

3. 防止超限运行装置

当升降限位开关出现故障时,防止超限运行装置应使设备停止工作。

4. 汽车长、宽、高限制装置

对进入停车设备的汽车进行车长、车宽、车高检测,超过适停汽车的尺寸时,机械不得动作并应报警。

5. 阻车装置

当出现下列情况时,应在汽车车轮停止的位置上设置阻车装置。

(1) 若搬运器沿汽车前进和后退方向运动,有可能出现汽车跑到预定的停车范围之外时。

(2) 对于准无人方式,驾驶员将汽车停放到搬运器或载车板上可能导致汽车停到预定的停车范围之外时。

（3）当汽车直接停在回转盘上时，阻车装置的高度不应低于 25 mm。当采用其他有效措施阻车时，可不再设置此阻车装置。

6．人、车误入检测装置

不设库门或开门运转的停车设备应设人、车误入检测装置，在设备运行过程中，如有其他汽车或人员进入时，应使设备立即停止动作。

7．汽车位置检测装置

应设置汽车位置检测装置，当汽车未停在搬运器或载车板上的正确位置时，停车设备不能运行。但在操作人员确认安全的场合不受此限制。

8．出入口门（栅栏门）联锁保护装置

对出入口有门或围栏的停车设备应设置联锁保护装置，当搬运小车没有停放到准确位置时，车位出入口的门等不能开启；而门处于开启状态时，搬运小车不能运行。

9．自动门防夹装置

为防止汽车出入停车设备时自动门将汽车意外夹坏，应设置防夹装置。

10．防重叠自动检测装置

为避免在已停放汽车的车位再存进汽车，应设置对车位状况（有无汽车）进行检测的装置，或采取其他防重叠措施。

11．防坠落装置

搬运器（或载车板）运行到位后，若出现意外，有可能使搬运小车或载车板从高处坠落时，应设置防坠落装置，即使发生钢丝绳、链条等关键部件断裂的严重情况，防坠落装置必须保证搬运小车（或载车板）不坠落。

12．警示装置

停车设备应设有能发出声或光报警信号的警示装置，在停车设备运转时该警示装置应起作用。

13．轨道端部止挡装置

为防止运行机构脱轨，在水平运行轨道的端部，应设置止挡装置，并能承受运行机构在额定载荷、额定速度下运行时产生的撞击。

14．缓冲器

搬运小车垂直升降的下端或水平运行的两端应装设置缓冲器。

15．松绳（链）检测装置或载车板倾斜检测装置

为防止驱动绳（链）部分松动导致载车板（搬运小车）倾斜或钢丝绳跳槽，应设置松绳（链）检测装置或载车板倾斜检测装置，当载车板（搬运小车）运动过程中发生松绳（链）情况时，应立即使设备停止运行。

16．安全钳

安全钳的选用与安装应符合 GB 7588—2016 的规定，无人方式、准无人方式、液压直顶式除外。

搬运小车在运行过程中，达到限速器的动作速度时，甚至在悬挂装置断裂的情况下，安全钳应能夹紧导轨，使装有额定载荷的搬运小车制动停止并保持静止状态。

停车设备的安全钳释放应由专业人员操纵。禁止将安全钳的夹爪或钳体充当导靴使用。

17．限速器

限速器的选用与安装应符合 GB 7588—2016 的规定，无人方式、准无人方式、液压直顶方式除外。

限速器的动作点应大于或等于额定速度的 115%。

18．紧急联络装置

对于人车共乘式的停车设备，在搬运器内必须设置紧急联络装置，以便在发生停电、设备故障等紧急情况时，与外部进行联络。

19．运转限制装置

人员未出设备，设备不得启动。可通过激光扫描器、灵敏光电装置等自动检测转换区里有无人员出入，在有管理人员确认安全的情况下，可不设置此装置。

20．控制联锁功能

停车设备的汽车存取由几个控制点启动时，这些控制点应相互联锁，以使得仅能从所选择的控制点操作。

21. 超载限制器

当停车设备的实际载荷超过额定载荷的95％时，超载限制器应发出报警信号。

当停车设备实际载荷超过额定载荷的100％～110％时，超载限制器动作，应能自动切断起升动力电源。

22. 载车板锁定装置

为防止意外情况下，载车板从停车位中滑出，应设置载车板锁定装置，在采取有效措施的情况下，可不设此装置。

43.7.2 转换区的安全要求

1. 安全布置

转换区应设置在封闭的区域，能防止无关人员进入。对于有专人值守的非公共停车设备且数量不超过两组时，如简易升降类机械式停车设备，可不对转换区进行封闭，但不应设置在公共行车通道上。

2. 安全要求

转换区应具备以下安全装置或功能。

（1）应有汽车引导的标识。

（2）应有足够的照明。

（3）应有汽车尺寸的检测装置。

（4）应有运转限制装置，当有管理人员确认转换区无人时可不设。

（5）转换区的设计应避免人员在无停车设备帮助的情况下登上2m以上的高处。在紧急情况或停电时，设有车库门的停车设备，应具备人员从转换区撤离的措施。若没有设置紧急门或侧门，则应设置能够开启车库门的紧急操纵装置。此装置一旦启动，转换区内各机构应停止运转。

3. 紧急出口操作装置

在紧急情况或停电时，未配备下库门的停车设备，应具备人员从转换区撤出的功能，若没有设置紧急门或侧门，则应设置能够开启停车设备门的紧急操作装置。此装置一旦启动，转换区内各机构应停止运转。

4. 控制装置的设置

所有控制装置的用途或功能应清晰并用符号予以标记，或用中文加以标注。控制装置的设置位置应清晰可见，并可直接或间接观察停车设备的运行状况。

5. 出入口安全措施

出入口部分是驾驶员与停车设备系统的交接位置。存车时，驾驶员按照停车指示灯和语音提示系统的提示，停好车辆。在停车过程中，系统对车辆尺寸和停车位置进行检测，主要包括前后是否超长，是否超宽和超高，前轮定位是否准确，在设备动作前，是否有人或动物留在车中。一切检测合格后，通过系统发出存车指令，设备进行存车动作。当驾驶员取车时，通过出入口的读卡系统发出取车指令，在确保出入口处没有人或物体的前提下，停车设备门关闭，升降机下降进行取车。

6. 出入口移动探测

为了保证人员安全，系统能够自动检出有没有人或者动物在设备中，如果检出人员或动物，设备不能动作。

7. 车辆引导系统

在停车设备出入口处有电子提示板和语音提示装置，显示停车设备当前的工作状态，并有明确的车辆行驶方向指引标志，方便司机迅速将车停放在出入口的停车台上。

43.7.3 控制互锁的保护

1. 起升机构停层保护

针对起升机构，每层均设置了停层插销和传感器，检测每个插销伸出或者缩回到位，以及平层插销安全传感器。升降前，若插销没有到位，则系统会提示报警。

2. 转盘对中机构保护

转盘机构对中后，即转盘电机在零位时，会将电动推杆式插销插入转盘对中机构中，若转盘电机回到零位后，对中插销不能到位（升降会造成设备损坏危险），则系统会提示报警。

3. 出入口安全保护

针对无托盘式升降平台配合的出入口，做了出入口开关门安全检测和升降机插销安全检测（传感器安全等级均为2级）。当升降机到达地面层,插销安全传感器检测到时,出入口才可以开门,否则系统会提示报警;当出入口关门安全传感器检测到时,升降平台才可以下降,否则系统会提示报警。出入口设置了声波检测安全保护。当出入口关门后,升降平台会下降存车,此时,如果声波检测到信号,标志着有物体正在移动,此时升降机会立即停止,系统会提示报警。

4. 横移车存取动作与升降机联锁保护

横移车设有挡住搬运器前进后退的挡销。当横移车处于升降机区域并参与存取车时,升降机没有到此层时,横移车挡销不下降,强行下降时,系统联锁保护不动作,且系统会提示报警。当横移车挡销没有升起时,升降机不能上升或下降,强行动作时,系统联锁保护不动作,且系统会提示报警。

5. 车位在席检测保护

横移车设有对车位内有无物体检测的 2D 平面扫码传感器。当车位上有车/物体时,横移车得到存车指令时,系统联锁保护不动作,且系统会提示报警。

6. 横移车侧墙防撞保护

横移车设有对侧墙的距离传感器,运行时,实时反馈距离侧墙的距离。当距离侧墙达到减速距离时,横移车自动调速为低速,当距离过近时,横移车停止运行,系统会提示报警。当两台横移车在同一层运行时,同原理限制两台横移车的保持最小安全距离。

7. 横移车安全光栅保护

横移车设有检测车头/尾的安全光栅。若车头/尾超过安全光栅,则系统联锁保护横移车不横移动作,且系统会提示报警。

43.8 运营管理与维修指南

因为平面移动类停车设备属于特种设备,其运营管理与维护需要接受过培训的专人进行,正确与恰当地管理、使用与维护对安全十分重要,需进行特别强调,现对运营管理、维修保养等做具体阐述。

43.8.1 运营管理

平面移动类停车设备的运营管理可参见 41.8.1 节的相关内容。

43.8.2 维修与保养

平面移动类停车设备的维修与保养可参见 42.8.2 节的简易升降类停车设备的相关内容。

43.8.3 常见故障及排除方法

平面移动类停车设备由于人为操作失误或设备零部件失灵而造成的故障一般可通过表 43-4 中的方法进行排除。如仍无法排除,须联系管理人员或维保人员解决。

表 43-4 平面移动类停车设备的常见故障及排除方法

代号	故障名称	故障描述	故障排除方法
100	紧停或相序故障	紧停开关动作	检查出入口紧停按钮、各机柜紧停开关或操作站紧停开关,若已被拍下,则旋转并拔出紧停按钮
		相序保护继电器动作	检查进线柜内的相序检测器,检查电网侧相序及其是否缺相,还可用相序检测仪测试
101	升降变频器故障	升降变频器发生故障	检查升降变频器面板故障代码并查变频器手册
102	搬运器控制器故障	搬运器控制器发生故障	检查搬运器控制器故障代码并查变频器手册

续表

代号	故障名称	故障描述	故障排除方法
103	横移车变频器故障	横移车变频器发生故障	检查横移车变频器面板故障代码并查变频器手册
104	升降制动器限位故障	升降制动器打开限位动作时,闭合限位无动作	检查升降制动器闭合限位,制动器打开则闭合限位灯灭,制动器闭合则闭合限位灯亮
		升降制动器无动作,打开限位误感应	检查升降制动器打开限位,制动器打开则打开限位灯亮,制动器闭合则打开限位灯灭
105	升降制动器打开故障	升降制动器接触器吸合后,打开限位无动作	检查升降制动器打开限位,制动器打开则打开限位灯亮,制动器闭合则打开限位灯灭
		升降制动器无动作时,接触器误吸合	检查柜内接触器的触点是否黏连或线圈是否被强制,如果黏连则更换接触器,如果被强制,则联系维修人员处理
106	质量传感器过载故障	当质量传感器检测到总质量大于1.25倍额定载荷时,则报过载故障	检查PLC程序中的质量传感器读数是否有误
			若确实超重,为确保安全,应退出车辆
107	同步带断绳故障	同步带断绳检测限位动作	检查限位是否误动作,如确实有问题,立即停止运行并联系维修人员处理
108	超高检测故障	高于设定高度的车辆进入车设备	退出超高车辆
109	前超长限位动作报警	关门状态下,前超长光栅已动作	若检查前超长光栅是否误动作
			若车辆越过前超长光栅,则退后重试
			确属超长车辆,则退出停车设备
110	后超长限位动作报警	关门状态下,后超长光栅已动作	检查后超长光栅是否误动作
			若车辆未越过后超长光栅,则前行重试
			确属超长车辆,则退出停车设备
111	超宽检测动作报警	车辆已超过宽度设定的区域	让车辆左移或右移,如还是报警,则退出停车设备

第44章

巷道堆垛类停车设备

44.1 概述

44.1.1 构造及工作原理

1. 概念及工作原理

巷道堆垛类停车设备指的是采用堆垛机或者起重机,将停车平台上的汽车水平垂直移动到汽车停车位,然后用存取机构来存取车辆的机械式立体停车设备。它的主要的工作原理是通过堆垛机或起重机的垂直和水平移动来确定存取车位,然后用巷道堆垛机或桥式起重机上的横移装置来存取停放车辆。

巷道堆垛式停车设备主要适用于面积较大但是高度受限制的场合。每套该类停车设备的容车量以100辆左右较合适。巷道堆垛式停车设备的巷道约占停车设备面积的1/3,在平面面积较小的条件下,可以考虑通过增加停车设备层数的方法来满足停车需求,以提高土地资源的利用效率。在对停车设备层数有严格要求,但停车设备平面面积的限制条件较为宽松的情况下,可以考虑增加每层停放车辆的数目来满足停车需求。为了提高存取车的效率,缩短存取车时间,可以在一个巷道里安装两套堆垛机。

2. 性能特点

综合考虑巷道堆垛式停车设备的自身结构,并与其他类型的停车设备相比较可知,该类型的停车设备具有以下特点。

(1) 由于堆垛机仅做水平垂直运动,无须设置缓冲坡,因此可大大节省占地面积;容车密度的增大提高了土地利用率。

(2) 由于采用全自动化停车设备,存取车速度较快,且实行全封闭式管理,避免人员进入,可有效确保人员安全。

(3) 由于巷道堆垛机的提升量程可以很大,故其适用于对建筑面积限制较为严格但对层数的限制较为宽松的大型停车设备。

(4) 由于停车设备配备有安全保护装置,可使其使用安全可靠,避免各种意外的发生。

44.1.2 应用场所

巷道堆垛类停车设备是一种全自动化停车设备,可以采用全钢独立结构,也可以设计在建筑物内,根据场地情况可以选择横向搬运方式或纵向搬运方式,一般建成全封闭形式,存(取)车速度快,安全可靠,容积率高。这种停车设备的特点是:运行机构少,出入口设置方便;停车数量大,存取车辆方便,效率高;全自动化控制,集中监控,运行可靠,成本较低。

根据场地、高度要求不同,巷道堆垛类停车设备既可做成地下停车设备,也可做成地上停车设备,此类停车设备比较适合空间十分有限的狭长地带,且需要比较多停车数量需求的场地。由于堆垛机的特性(1台设备完成了在巷道内的行走与升降功能,甚至有些还完成了存取车功能),一般建议每台堆垛机承担 40~60 辆车的存取工作比较理想,太少可能会提高单车位的成本,太多则影响清库时间。当单个库停车数量超过 100 辆时或巷道特别长时,建议用 2 台堆垛机协同作业。应根据所能利用的平面和空间,确定停车设备的层数与每层的车位数,从清库能力、存取车时间及安全性考虑,建议此类停车设备建造层数在 10 层以下,以 5 层左右为宜。

由于不同厂家设计生产的巷道堆垛类停车设备尺寸并不相同,特别是升降机尺寸及基坑深度、堆垛机尺寸、库位各层层高等,因此,必须根据具体厂家提供的停车设备布置尺寸进行停车设备的土建规划设计等。

44.1.3 系统组成

巷道堆垛类停车设备主要由出入口设备、堆垛机、存取车机构、电气控制系统、安全检测装置、车辆存放设施等组成。

1. 出入口设备

1) 出入口自动对位技术

出入口平台配备了一套高度集成的定位测量系统,用于检测车辆的停放位置,通过机械机构实现车辆的自动对位。

2) 内部空间

出入口内部空间宽敞舒适,方便司机出入。

(1) 设备在运行时,出入口门保持关闭状态,确保无人员入内。

(2) 自动门。出入口设自动门,采用高速自动滑升门或自动对开门。自动门与设备有联动控制系统,控制系统给出信号,自动门及时响应。自动门采用专用工业门系统,不仅速度高,还安全可靠。

自动门处于常闭状态,进口处设有自动感应线圈,通过地感线圈自动感应开关门,同时具备防夹保护功能:

① 运转中警告装置。停车设备运转时,即启动红色旋转指示灯,警告使用者、行人及来车注意。

② 相关联锁装置。自动门处于开启状态时,相应的设备不动作。自动门是停车设备中不可分割的一部分,自动门可以独立运行,但

是正常情况下完全由控制系统控制。

③ 防夹装置。为防止车辆进出时将车夹坏,设置了多重防夹检测,包括软件记忆系统、红外光电开关检测系统、压力波开关监测系统等。

④ 自动门能够实现手动控制,当管理人员需要人为强行开门时,可以设置为手动开启。

⑤ 自动门具有手动解锁功能,在停电状态下,可以人为将门打开。

(3) 车辆外廓尺寸及质量检测装置。

出入口系统是驾驶员与管理系统的交接位置。存车时,驾驶员按照 LED 显示屏和语音系统的提示,停好车辆。在停车过程中,系统对车辆的尺寸和质量进行检测,主要包括前后是否超长、超宽、超高,以及是否超重。对于超过容车规格的车辆,设备不予运行,并报警提示要求退出,以确保车辆和设备的安全。一切检测合格后,通过系统发出存车指令,设备开始进行存车动作。

(4) 出入口配备液晶显示引导屏,具备完整的声、光提示功能,指导和引导驾驶员存车。

(5) 出入口系统设置 LED 显示屏,能够显示停车设备内部的停车情况,显示空余小轿车和空余 SUV 停车位的信息。

3) 回转盘

按停车设备的布置及使用要求,可在转换区设置回转盘。有定位功能的回转盘,在回转位置应有定位装置或相应的措施。没有定位功能的回转盘可不设此装置。

回转盘应运转平稳、可靠。回转盘上停放的汽车,其回转轨迹与周围障碍物之间的间隙最小为 50 mm。

2. 堆垛机

堆垛机可以在轨道上水平运动,同时堆垛机上有可以升降的平台,整套系统通过水平和垂直运动的组合来存取指定位置的车辆,车辆只需停到出入口,存取车的全过程均由系统自动完成。

堆垛机由主体框架、输送平台、行走系统及提升系统组成,如图 44-1 所示。它可通过行走系统在巷道内的平移和输送平台的升降将车辆搬运到库内任一停车位。升降平台设有轨道,以保证升降平台升降过程中平稳、安全、可靠。

堆垛机主要零部件(如车轮、齿轮、滑轮、

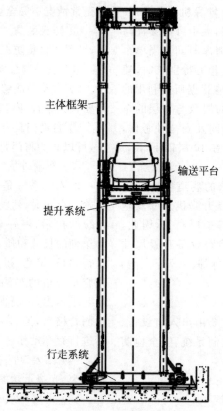

图 44-1 堆垛机

链轮、卷筒等)的材质应按其功能求确定。选用原则如下：铸铁件的力学性能不应低于 GB/T 9439—2010 中规定的 HT200 的要求,铸钢件的力学性能不应低于 GB/T 11352—2009 中规定的 ZG230-450 的要求,锻件的力学性能不应低于 GB/T 699—2015 中规定的 45 钢的要求。

堆垛机上的主要受力部件所用螺栓的性能等级不应低于 8.8 级,螺母的性能等级不应低于 8 级；高强度螺栓的性能等级不应低于 10.9 级,高强度螺母的性能等级不应低于 10 级。

3. 存取车机构

存取车机构的主要功能是从库内将堆垛机上的车辆送至停车位。根据输送方法不同,目前堆垛机存取车机构主要分为搬运器输送、载车板输送、有动力辊道式交换机构及履带式交换机构等存取车方式。

1) 搬运器输送

搬运器包括梳齿式搬运小车抱夹臂搬运小车,通过搬运小车实现车辆在堆垛机和停车位之间的移动。

(1) 梳齿式搬运小车(见图 44-2)

梳齿式搬运小车由梳齿装置和行走装置组成,搬运小车运用梳齿错位交叉动作,首先将梳齿式停车台上的汽车提取到搬运器上,然后,再次运用梳齿错位交叉动作,将搬运小车上的汽车转移到另外一个梳齿式停车台上。

梳齿式搬运小车有固定梳齿交换形式和伸缩梳齿交换形式。

① 固定梳齿交换形式

工作原理：取车时,梳齿式搬运小车开到车位梳齿架下面,搬运小车上的梳齿上升,抬起车辆,搬运小车上的对中杆伸出顶住车轮,梳齿搬运小车从车位开回,存车时动作过程相反。

优点：不需要送回空车板,提高了存取车速度,具有自动对中机构,减少了停车位的宽度,节约了空间。

缺点：占据的空间高度较大。

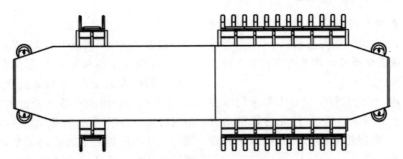

图 44-2 梳齿式搬运小车

② 伸缩梳齿交换形式

工作原理：取车时，梳齿搬运车开到车位梳齿架中间，搬运车上的梳齿和对中杆伸出，搬运车上的梳齿上升，抬起车辆，梳齿搬运车从车位开回，存车时动作过程相反。

优点：不需要送回空车板，提高了存取车速度，具有自动对中机构，减少了停车位的宽度，节约了空间。层间净高小于固定梳齿交换机构。

缺点：层间净高大于机械手交换机构（夹车轮结构）。

(2) 抱夹臂搬运小车（见图 44-3）

工作原理：取车时，在机械手上的摆臂收回的状态下，机械手开到停车位的汽车下面，达到指定位置后，张开摆臂夹起车轮，两套摆臂会根据车辆的轴距不同自动调整距离，抬起车辆后开回。存车时，动作过程相反。

抱夹搬运小车由夹持装置和行走装置组成。夹持装置抱持着轮胎，使车辆脱离地面，行走装置来完成智能小车在堆垛机和车位之间的出入。

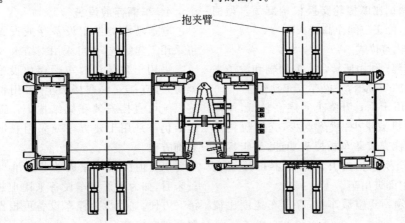

图 44-3 抱夹臂搬运小车

搬运小车的结构特点如下。
(1) 纵向运输设备。
(2) 结构紧凑，高度小，提高立体停车设备容车密度，运行速度快，噪声小。
(3) 自诊断识别，变频调速，动作柔顺，定位精度高。

优点：不需要送回空车板，提高了存取车速度，在出入口设备上配有自动对中机构，减少了停车位的宽度，节约了空间。

缺点：机构内部空间小，对零件的加工精度要求较高，机构自身没有对中能力，需在出入口设备上进行对中；对停车位的平面度要求较高。

2) 载车板输送

该类型设备是每个车位均有一块载车板供存放车辆，载车极的结构如图 43-6 所示。停车设备平常有一空板放在进出口处，入库车辆停入载车板后停车系统自动将载车板与所载车辆存入原载车板所在位置，然后取出一块空载车板放在进出口处。其优点是结构紧凑。

不足之处是在取车时需将空载车板放回原位后才能取车,取车时间相对较长。

有载车板的交换技术常见的有以下几种。

(1) 摩擦轮交换

工作原理:国内的停车设备大都采用摩擦轮夹紧载车板下的驱动条,摩擦轮旋转带动载车板进出车位,摩擦轮上的正压力可以用弹簧或调节螺钉来调整。

优点:运行平稳,安装调试方便。

缺点:对摩擦轮外层的橡胶要求较高,是主要易损件;须送回空载车板,停车空间净高较大。

(2) 链条勾拉式

工作原理:利用2根链条之间的销轴勾拉载车板下的钩子,来存取载车板。可以用2套装置同时工作(双边同步勾拉),也可以只用1套装置。

优点:结构简单。

缺点:对载车板和交换机构间的配合要求较高,安装调试比摩擦轮交换机构麻烦。须回送空载车板,停车空间净高较大。

(3) 回转勾拉式

工作原理:利用回转台上的销轴和滚子来勾拉车板上的勾拉槽,完成存取车动作。

优点:用于垂直升降类时层高较低,库内使用的电动机数量少,故障点少,交换机构除存取车外还能完成载车板掉头功能,易于标准化,采用该交换机构的升降搬运器可用于底部、上部或中部进出车。

缺点:须回送空载车板,存取车速度比梳齿式慢。

3) 有动力辊道式交换机构

如图43-9所示,有动力辊道式交换机构属于连续运动的交换机构,即交换机构不需要开到车位内。

工作原理:当搬运器到达指定车位时,搬运器上的辊子和车位内的辊子在各自的电动机驱动下,同时启动,将车辆由车位送到搬运器上。

优点:连续运动,存取车速度高。

缺点:车位内需要有电动机,使故障点增加,由于车辆的移动在辊子上进行,存取车过程中车辆始终在摇摆。

4) 履带式交换机构

履带式交换机构属于连续运动的交换机构。

工作原理:在搬运器和车位内装有履带,车位内的履带无动力,当搬运器到达指定车位时,一个推动器使搬运器上的过渡齿轮绕主动齿轮转动,直到与车位履带上的从动齿轮啮合,同时打开车位履带上的止动棘爪,然后搬运器履带驱动电动机启动,使2条履带同时运动,将车辆从车位送到搬运器上,并收回过渡齿轮。

优点:存取车速度快,车辆移动较辊子式平稳。

缺点:制造成本高,过渡齿轮与车位内的从动齿轮难以准确啮合,当取车时,主动齿轮和从动齿轮会产生向下的力,将过渡齿轮向下拉,从而产生较大的侧向推力,因此对设备的刚性要求较高;存车时,过渡齿轮的受力方向相反,会将过渡齿轮向上推,使其产生脱离倾向,推动器必须保持足够的推力,才能使之稳定啮合。

4. 车辆存放设施

巷道堆垛类停车设备存放设施的主结构可采用土建结构,也可采用钢结构。

采用土建结构时车辆存放设施(导轨、梳架等)可直接安装在楼板上,采用钢结构时这些设施可直接安装在钢结构上。钢结构的外包装仍可采用土建方法或采用彩钢板封装等装饰方法。

以目前国内外建成的巷道堆垛类停车设备来看,如为地下停车设备采用土建结构既经济又方便,如为地上停车设备可根据具体情况对两种结构进行选择。

5. 电气控制系统

停车设备的所有机械动作均由电气控制系统控制。电气控制系统主要由配电柜、控制柜、调速系统、工控机、执行单元监控系统、显示部分组成,根据不同要求还配备有停车设备管理系统和远程诊断功能。停车设备操作系统由库前全自动操作、控制室半自动操作、分布操作或维修面板操作三大部分组成。

在巷道堆垛式停车设备的组成中,升降驱动机构是非常重要的一部分,它的设置形式非常重要,其结构布置与技术含量直接影响停车设备的安全性和可靠性。在选定提升方式时，应以安全可靠为第一原则，同时结合用户需求、经济性等因素考虑。目前巷道堆垛式停车设备的升降驱动形式主要有曳引驱动和强制驱动两种，强制驱动形式又分为钢丝绳式（卷扬式）和链轮链条式两种。

钢丝绳卷扬驱动机构在起重机械上广泛应用，是使用上较为成熟的技术。它布置灵活，起吊用的钢丝绳可在空间内变向设置。起吊钢丝绳的失效状况可用肉眼观察到，预防性好。但是它的结构尺寸较大，占用空间大，对提升高度有一定的限制，并且钢丝绳使用伸长量大，平层时会引起升降搬运器上浮或者下沉现象。由于它自身结构的限制，钢丝绳式（卷扬式）驱动在巷道堆垛式停车设备中没有得到更广泛应用。

链轮链条式驱动具有结构简单、价格低等优点，在低速电梯和低层的停车设备（垂直升降或平面移动式）中都有应用。用于巷道堆垛式停车设备时，在停车设备的层数不多、提升速度要求不高时可以选用。

曳引式驱动是一种被广泛应用于电梯上的提升方式。与钢丝绳式（卷扬式）驱动相比，它不仅具有卷筒驱动的一些优点，还克服了卷筒驱动机构的不利因素，例如，与卷筒驱动相比，它的尺寸大大减小，同时提升高度要比卷筒驱动高很多，可用于高层的停车设备。为了提高停车设备的运行效率，停车设备要求升降系统具有较高的提升速度，并具有良好的可靠性，因而广泛选用该驱动方式。

6. 安全检测装置

巷道堆垛类停车设备是一种自动化程度极高的无人停车设备，所以安全检测对停车设备的正常运行起着重要作用。该类停车设备在进出口和库内均设有多种安全检测装置。如进出口处设有车辆尺寸、质量及停放位置检测装置，有无移动物检测装置；库内的车位设有有无车辆检测、车辆到位检测、设备运行闭路电视监测。如果安全检测装置任意环节检测出了故障，设备将停止运行并显示出故障位置，使操作维修人员能准确快速地排除故障，从而保证停车设备的安全运行。

44.1.4 国内外发展现状

巷道堆垛类停车设备作为较新型的机械式停车设备，具有场地的平面和纵向空间位置利用率高的特点，可根据实际的现场条件来设计，既可独立布置又可以根据周围的建筑物来协调布置。存放车辆的数量最多可达200辆，但是存放车辆越多，意味着成本增加和设备性能的要求越高，所以市场上的这类设备存放的汽车大多为100辆。巷道堆垛类停车设备同时具有智能化程度高的特点。

目前国内先进的巷道堆垛类停车设备的高度超过90 m，平均存取车时间为80 s。在运行稳定性和运行精度方面获得了突破，才使得超高停车设备成功投入运行。同时，高度智能化的控制系统也为该设备的安全和高效运行提供了保障。随着信息技术的发展，为方便用户取车、减少不必要的等候，增加了利用手机App进行预约存取车的功能，进一步提高了该类停车设备的智能化。

44.2 典型构造

巷道堆垛式停车设备主要适用于大面积、高度受限制的场所。由于巷道堆垛式停车设备每套系统停车量以100辆较为合适，所以一般每层停车数量应在20辆以上。由于巷道堆垛式停车设备的巷道占平面面积的1/3，所以每层面积确定后停车数量即已确定。对于平面面积较小的停车设备，可增加层数来满足存车量而提高单位面积的停车率，而对于层高要求较严格但平面面积较大的停车设备，每层可停放50～100辆车。为解决出车速度问题，可在一个巷道里安装2套堆垛机，出入口根据条件可设置多个。

巷道堆垛类自动停车系统采用堆垛仓储技术，堆垛机在巷道内水平运动并完成垂直升降动作，一套堆垛机可覆盖不同停车层的每一个车位。车主只需要将车辆停放在停车平台，巷道堆垛机将停车平台的车辆水平且垂直移动到存车位，并用存取机构安全地把车停放在立体停车位上。

按照停车位的布置方式，可分为纵向和横向两种基本类型分别如图44-4和图44-5所示。

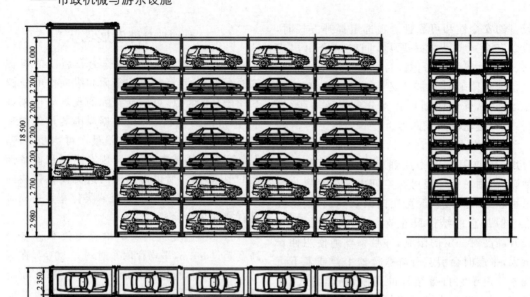

图 44-4　巷道堆垛(纵向)总装图

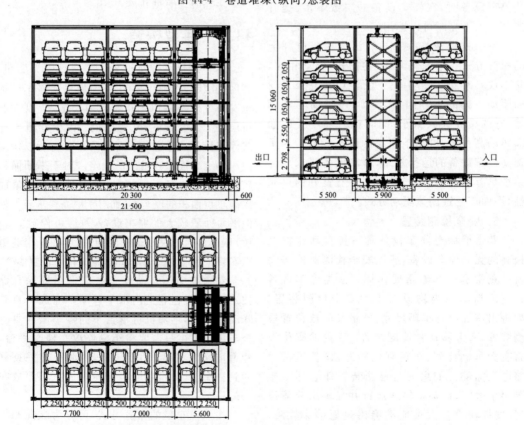

图 44-5　巷道堆垛(横向)总装图

44.3 主要参数及型号

44.3.1 整机性能

(1) 设备运动机构的额定速度应符合设计值,允许偏差为±8%。
(2) 各运动机构应运转正常,无异响。
(3) 运动中滚轮及导向装置应无影响使用的啃轨、卡轨等现象。
(4) 设备应运行平稳,制动后无移位。
(5) 堆垛机运行停准误差不应超过±10 mm,堆垛机上的升降搬运器平层误差不应超过±10 mm。
(6) 设备做动载试验时,应能承受1.1倍额定载荷的试验载荷。试验过程中,设备应能正常工作,制动器等安全装置动作应灵敏可靠。试验后进行目测检查,各受力金属结构件应无裂纹和永久变形、无涂装层剥落,各连接处应无松动现象。

44.3.2 主要参数

巷道堆垛类停车设备的典型参数见表44-1。

表44-1 巷道堆垛类停车设备的典型参数

序号	项目		参数
1	型号		巷道堆垛类 PXD
2	出入口数量		××
3	停车数量		车位××个
	设备层数/层		×
	场地限高(根据场地实际要求)/m		≤24
4	停车规格	长/mm	≤5 300
		宽/mm	≤1 900
		高/mm	1~4层≤1 550,5~8层≤2 050
		容车质量/kg	≤2 350
5	车辆交换方式		抱夹小车/梳齿小车/载车板
6	堆垛机的最大提升速度/(m·min^{-1})		80
7	堆垛最大行走速度/(m·min^{-1})		80
8	智能小车最大行走速度(若有)/(m·min^{-1})		55
9	设备平均存取车时间/(s·次$^{-1}$)		≤120
10	控制方式		PLC+人机界面
11	操作方式		采用触摸屏+IC卡操作方式
12	出入库方式		正车入库,正车出库
13	电源		三相交流 380 V,50 Hz
14	设计年限/a		≥50

44.3.3 适停汽车的组别、尺寸及质量

巷道堆垛类停车设备适停汽车的组别、尺寸及质量应符合 GB/T 26559—2021 的规定,见表44-2。

表44-2 巷道堆垛类停车设备适停汽车的尺寸、质量及组别代号

组别代号	汽车长×车宽×车高/(mm×mm×mm)	质量/kg
X	≤4 400×1 750×1 450	≤1 300
Z	≤4 700×1 800×1 450	≤1 500
D	≤5 000×1 850×1 550	≤1 700
T	≤5 300×1 900×1 550	≤2 350
C	≤5 600×2 050×1 550	≤2 550
K	≤5 000×1 850×2 050	≤1 850

44.3.4 型号表示方法

巷道堆垛类停车设备的型号由停车设备总代号、类别代号、特征代号、制造商特定代号等组成，表示方法如下：

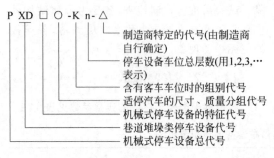

不要求停放客车时，横线后的"K"省略，制造商特定代号由制造商确定并标记。设备适停汽车的尺寸、质量及组别代号按表44-2的规定。机械式停车设备的特征代号符合GB/T 26559—2021的规定，见表44-3。

示例1：使用链条起升，停放大型及以下轿车，并且车位不能停放客车，车位层数为5层，制造厂商特定代号为A的巷道堆垛类停车设备标记为：PXDLD-5-A。

示例2：使用钢丝绳起升，停放特大型车及以下轿车，并且部分车位可以停放客车，车位层数为3层，制造厂商特定代号为W的巷道堆垛类停车设备标记为：PXDST-K3-W。

表44-3 机械式停车设备的特征代号

起升方式	钢丝绳	链条	丝杠	液压	齿轮齿条	齿形带	其他
特征代号	S	L	G	Y	C	D	Q

44.4 金属结构

关于巷道堆垛类停车设备的金属结构设计、材料、制作、制造工艺、焊接、表面涂装可参见41.4.1节升降横移类停车设备的相关内容。

44.5 电气控制系统

44.5.1 基本介绍

巷道堆垛类停车设备的电气控制系统主要由传动驱动系统、可编程逻辑控制器、安全保护、照明系统等组成。

44.5.2 控制系统功能概述

1. 传动驱动系统

在巷道堆垛类停车设备中，调速性能较好的驱动系统，主要分为伺服驱动调速系统和交流变频调速系统。

2. 电源及控制部分

(1) 电源部分，包括进线电源、动力电源、控制电源及辅助电源。

① 进线电源

对于容量较小的停车设备电气驱动系统，整机进线电压为380V，由业主侧三相五线AC380V电源经预埋后送入驱动系统电源箱，经过柜中的电源总开关引出，再经电源分开关送入电气房中的低压控制柜。

② 动力电源

动力电源为停车设备上的电动机提供电源。动力电源送入工作机构控制柜，该动力电源经过各机构对应的断路器送入变频器或接触器控制电动机，其中动力断路器和动力接触器安装在机构控制柜内。

③ 控制电源

控制电源为控制回路及PLC提供电源。进线电源送入电源柜后，在总断路器的下端头将控制电源引入控制电源单相断路器。该控制电源一部分提供给各个机构的控制回路，另一部分提供给PLC或变频器。

④ 辅助电源

进线电源送入电源柜后，在总断路器的下端头将辅助电源引入辅助断路器。设备上所有照明、插座、空调（部分）及柜内风机、加热器的电源全部由辅助电源提供。

(2) 控制部分。巷道堆垛类停车设备电气控制系统的PLC主要由以下功能模块组成。

① 中央处理单元

中央处理单元（central processing unit，CPU）是PLC的控制中枢。它按照PLC系统程序赋予的功能接收并存储从编程器键入的用户程序和数据。

② 通信模块

目前停车设备的电控系统多采用Profinet通信。PLC和变频器利用该通信协议交换数据，PLC向变频器发送控制字，给变频器启动、停止信号；PLC向变频器发送速度字，给变频器速度指令，PLC也可以通过状态字从变频器读取实际速度、转矩、电流、功率等电动机参数。停车设备还配置以太网交换机，用于远程通信、闭路监控系统（CCTV）等设备的连接。

③ 数字量输入模块

数字量输入模块用来采集外围的一些开关量信号，包括各种限位器、断路器反馈点、接触器反馈点，各种按钮及变频器的继电器输出（运行、故障信号）等。

④ 模拟量输入模块

PLC模拟量输入模块主要用来采集一些模拟量信号，如温度信号、质量信号等。该模块的功能是将这些4~20 mA或0~10 V的电信号转换成数字量信号，参与PLC的逻辑控制。

⑤ 数字量输出模块

PLC的数字量输出模块用来驱动中间继电器、各种指示灯等。输出类型一般为继电器输出。继电器输出模块可以看作一个开关，它可以通过通断来控制对应的输出中继，不同的是这个开关需要通过PLC逻辑程序来控制其通断。

⑥ 操作站

人机界面是驾乘人员与停车设备传递、交换信息的媒介和对话接口。通过人机界面，驾乘人员不仅可以给停车设备下达简单的控制命令，还能从人机界面设备中获取重要的停车信息。

44.5.3 自动存取车控制系统

PLC工作时，首先开机自检，确认无故障报警后，判断当前是手动模式还是自动模式。手动模式是用于设备调试或者故障处理情况。自动模式则由PLC中的程序控制车辆的存取。以下是存取车模式相关过程介绍。

1. 无人方式的存取车模式

无人方式的存取车模式包括：

（1）驾驶员将汽车驶入转换区后离开，停车设备自动存放汽车入库。

（2）由停车设备自动取出汽车出库，驾驶员进入转换区将汽车开出。

2. 准无人方式的存取车模式

准无人方式的存取车模式包括：

（1）驾驶员将汽车驶入工作区后离开，由停车设备自动存放汽车到停车位。

（2）由停车设备取出汽车，驾驶员进入工作区将汽车开出。

44.5.4 控制系统原理

巷道堆垛式停车设备的控制系统有两层：管理层和控制层。

管理层负责一些日常管理工作，如计时收费、打印单据等，同时还和控制层实现通信管理。它以台式电脑为核心，配备有打印机、通信模块等外部设备。

控制层则负责停车设备存取车控制、位置检测、安全检测等底层操作，因而需要高度的工作可靠性和快速响应性。所以控制层选用可编程控制器（PLC）作为控制系统的主控机。PLC有以下优点。

（1）可靠性高，它采取了光电隔离、滤波、稳压保护、故障诊断等多种手段，在工业现场中平均无故障时间达5万~10万。

（2）响应快。

（3）小型，并采用模块化的结构、因而安装容易。

另外，除了通用的模块外，还选用了高速计数模块、多点I/O模块、通讯模块等。

巷道堆垛式停车设备控制系统的完善程度直接决定了停车设备自动化水平的高低，它能够协调各机械结构联动运行，保证整个系统的正常运作。停车设备控制系统的运动模块主要包括升降机控制子系统、旋转台控制子系统、堆垛机控制子系统(升降机构、行走机构)和搬运器(或载车板、有动力辊道式交换机构、履带式交换机构)控制子系统。控制系统的结构如图 44-6 所示。

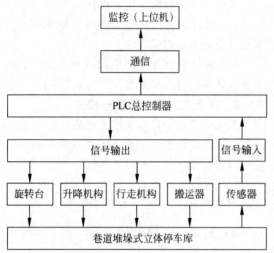

图 44-6 控制系统的结构

1. 主控单元

巷道堆垛类停车设备中需要控制的设备包括：

(1) 升降电动机、旋转电动机、行走电动机和横移电动机,这是系统的主要控制对象。

(2) 停车设备内的操控装置、照明装置、指示装置、报警装置等。

系统需要对电动机的启停和正反转进行控制,从而实现四大机构的升降、旋转、行走和横移。主控单元中采用了激光测距或绝对值编码器以保证载车架能移动至规定位置,采用光电开关以检测载车架的承载状态。

2. 检测点

巷道堆垛式停车设备的监控层是一个涉及通信、信息管理、智能控制的综合管理系统。界面显示部分主要用 WinCC 组态软件进行监控和操作,WinCC 监控画面主要由以下 8 个部分组成。

(1) 主页,显示车位、堆垛机、升降机等设备的工作状态。

(2) 进出口,显示进出口处各传感器的工作状态。

(3) 升降机构,显示升降机处各传感器的工作状态。

(4) 行走机构,显示行走机构处各传感器的工作状态。

(5) 搬运机构,显示搬运机构上设置的各传感器的工作状态。

(6) 存取信息,显示所存车辆的基本信息。

(7) 报警,显示出错的报警点及出错信息的类型。

(8) 操作,用于手动/自动/半自动模式的切换,显示手动模式时的操作按钮。

WinCC 监控系统的主要功能如下：

(1) 实现对停车设备各设备状态的监控。实时显示行走机构、升降机构、搬运器、旋转平台等设备的工作状态。

(2) 实现对停车设备各设备传感器的监控。实时显示停车设备中各传感器的工作情况,并以约定形式显示其工作状态,主要监控车辆进出口、行走机构、升降机构、搬运器的传感器。

(3) 车位状态显示。实时显示各泊车位有无车辆存放,剩余空车位的位置,统计剩余泊车位数。

(4) 车辆管理,登记存取信息。以表格的形式登记存入车辆的信息,主要内容包括存入时间、车辆编号、存入位置、是否取车、取车时间等。

(5) 出错报警。以表格的形式对报警传感器的出错点予以提示,主要内容包括日期、时间、编号、报警点、报警原因等。

(6) 手动操作。利用 WinCC 的按钮功能对整个系统的功能予以手动分解操作。

3. 控制点

① 控制层：控制层主要由安装在主控室的 PLC 和分布在各区的远程 I/O 工作站构成,通过 ProfiBus 现场总线连接构成主从式多点链路。PLC 为各子站分配网络地址并分配工作指令。各个远程 I/O 工作站负责采集现场信息和执行控制指令,并负责向 PLC 主站反馈指令的执行情况和各设备的工作情况。

② 执行层：执行层主要包括行走机构、升

降机构、旋转台、搬运器及各种传感装置,如检测光电开关、行程开关、红外通信器、制动器、读址器、接触器、变频器、信号输入设备、电动机等。

PLC根据编写好的程序,按照预先设定的工作顺序发出相应的控制指令,控制相应的执行机构做出预定的动作。下面简单介绍一下巷道堆垛式停车设备控制系统对各机构的控制过程。

首先,进行故障检测,确定无故障后,进行以下步骤。

1) 旋转台

存车:车辆驶入旋转台后,旋转台及升降台上各传感装置开始工作,完成车辆在升降台的定位、对中、夹紧。

取车:车辆被抬升至旋转台,金属检测传感器和行程开关工作,电动机驱动旋转台旋转180°,待车主取车完毕,旋转台复位。

2) 堆垛机

(1) 升降机构。在升降平台中部安装有停止行程开关,平台升降经过时触发该行程开关,表示升降机正常运行的最大行程。还装有极限行程开关,以起到保护升降机,防止超限运行的作用。在升降机的升降平台底部安装有旋转编码器,用于检测升降的位置,以便对升降平台进行平层定位。

(2) 行走机构。同升降机类似,在行走机构行程两端安装有停止行程开关,当行走机构经过时触发该行程开关,表示行走机构正常运行的最大行程。还装有极限行程开关,以起到保护行走机构,防止超限运行的作用。在行走机构平台处安装有旋转编码器或激光测距仪,用于检测堆垛机的位置,以便对堆垛机进行库位定位。当升降机构和行走机构移动到正确库位时,搬运器才能伸出。

3) 搬运器

升降机构和行走机构运行到库位后对正,PLC主控收到反馈信号,发出指令,此时搬运器(或载车板、有动力辊道式交换机构、履带式交换机构)才能将车辆取出,返回至堆垛机。PLC主控收到反馈信号,再次发出指令,堆垛机运行,将车辆送到指定的泊车位。

44.6 辅助系统

44.6.1 安全门

安全门位于巷道堆垛类停车设备的入口处,用来隔离其内部区域和外围的人、机动车辆或者其他动物,起物理阻拦作用。安全门主要由控制箱、门框、帘布、传动设备组成。

安全门的控制分为自动与手动2种模式。

安全设置:在自动模式下,安全门处于开门状态时,驱动控制系统不允许运行,由PLC进行联锁保护;在手动模式下,安全门处于任何状态,驱动控制系统允许专业维修或操作人员进行操作。

自动模式功能说明:正常运行时,安全门应处于自动模式下。

(1) 存车时,当系统(地磁与牌照识别系统)检测到停车设备外有车辆待驶入时,同时托盘已放置于进出口处,安全门会自动打开,允许车辆驶入泊车位。

(2) 取车时,当系统(驱动控制系统)将车辆搬运到进出口时,托盘到位检测与搬取动作完成,两个条件同时满足后,安全门会自动打开,驾驶员可以进入并驾驶车辆驶离。

44.6.2 超高、超长、超宽检测装置

在停车设备的进出口停车区域,分别设置了超高、超长、超宽装置。在自动与手动模式下,都会进行检测,以确保车辆尺寸符合停车设备的要求。

超高检测由2对红外线光电组成,分别安装在进出口的对角上,检测高度分为普通轿车和SUV 2种车型。

超长检测由2对光栅组成,分别安装在泊车位前后处。

超宽检测由2台激光扫描仪(或光栅)组成,安装在泊车位前上方。

安全设置:如果出现不符合要求的车型或

者泊车偏移太多,触发了上述限位,驱动控制系统将不会继续进行,安全门也不会关闭,同时人机界面和LED屏会同时提示故障或警告信息,以便司机及时将车辆驶离或调整车辆的泊车位置。

44.6.3 人机界面

人机界面是驾乘人员与停车设备传递、交换信息的媒介和对话接口。通过人机界面,驾乘人员不仅可以给停车设备下达简单的控制命令,还能从人机界面设备中获取重要的停车信息。

44.6.4 闭路电视(CCTV)监控系统

巷道堆垛类立体停车设备内外安装一套智能化的CCTV监控系统,可实现全方位的监控,系统设计时运用先进的技术手段,在一定区域范围警戒可能发生的入侵行为,保障停车设备的安全性,为用户提供安全、便捷、温馨的停车环境,同时也为管理员管理提供了高效、优质的技术手段,以有效地进行停车设备的综合管理。

44.6.5 智能充电桩系统

停车设备配备智能直流充电桩,直流充电桩的额定功率为7~150 kW,能实现远程通信和人机交互功能。整个充电系统由放置在入口处的人机交互一体机(内置触摸屏)控制,可实现远程启动、停止和监控充电桩的功能。

44.6.6 LED引导屏

在停车设备入口区域配置了室外全彩色LED电子显示屏,主要用于提供整个停车设备车辆的进出、引导、状态信息,并且可以播放宣传片,还可以根据用户需要定制各种图案、信息。LED屏安装在进口安全门外侧上面或其他醒目位置。它是P4室外全彩色LED电子显示屏,特点:日亚,密度:62 500 点/m^2;显示面积:1.92×0.576=1.11 m^2;亮度>6 000 cd/m^2。

44.6.7 牌照识别系统

牌照识别系统须具备以下功能。

(1) 牌照识别系统包含地感触发和视频触发。其中,地感触发信号输入继电器,由继电器输出到PLC,再由PLC输出控制牌照识别摄像机抓拍牌照;视频触发直接由牌照识别摄像机软件设置,并抓拍牌照,不涉及PLC控制。无论哪种触发方式,牌照识别摄像机抓拍完成的信号均需要发给PLC或HMI。所以,牌照识别摄像机须自带输入点,能由PLC控制摄像机触发识别功能;自带输出点能由摄像机发送信号给PLC。

(2) 识别牌照要求除正常车牌外,还支持新能源车牌、两行车牌的识别,车牌颜色不受限制,如黑、白车牌,蓝车牌,黄车牌等。

(3) 牌照识别系统软件的数据库类型必须支持SQL Server2008、MYSQL。

(4) 远程数据交互方面,停车管理软件将车牌存入数据库后,远程数据中心能由牌照识别软件访问所需要的信息,包括但不限于车牌信息、车辆进出时间、车辆费用等。PLC或触摸屏也可以访问并提取这些信息。

44.7 安全保障措施

巷道堆垛类停车设备是一种自动化程度极高的无人停车设备,所以停车设备的安全保障措施对停车设备正常运行起着重要作用。该类停车设备在进出口和库内均设有多种安全检测装置,如进出口处设有车辆检测、停放位置检测、有无移动物检测;库内的车位设有有无车辆检测、车辆到位检测、各运行监控检测。这些安全检测装置每个环节检测出现故障,设备将停止运行并显示出故障位置,使操作维修人员能准确快速地排除故障,从而保证停车设备的安全运行。

44.7.1 设备安全装置及要求

1. 安全标志

设备安全标志的设置应按GB 17907—

2010 中 5.1 的规定。

在停车设备的出入口、操作室、检修场所、电气柜等明显可见处应设置相应的安全标志（包括禁止标志、警告标志和提示标志），并应符合 GB 2894—2008 的规定。

2. 紧急停止开关

在便于操作的显眼位置应设置紧急停止开关，以便在发生异常情况时能使停车设备立即停止运转。若停车设备由若干独立供电的部分组成，则每个部分都应分别设置紧急停止开关。若停车设备由转换区、工作区组成，则每个区域都应配备单独的紧急停止开关。紧急停止开关的设计应符合 GB 16754 的要求。

在紧急情况下能迅速切断动力回路总电源，但不应切断电源插座、照明、通风、消防和警报电路的电源。

紧急停止开关的复位应是非自动复位，复位不得引起任何危险状况。

3. 防止超限运行装置

当升降限位开关出现故障时，防止超限运行装置应使设备停止工作。

4. 汽车长、宽、高限制装置

对进入停车设备的汽车进行车长、车宽、车高的检测，超过适停汽车尺寸时，机械不得动作并应报警。

5. 阻车装置

当出现以下情况时应在汽车车轮停止的位置上设置阻车装置。

（1）当搬运器沿汽车前进和后退方向运动时，有可能出现汽车跑到预定的停车范围之外时。

（2）对于准无人方式，驾驶员在将汽车停放到搬运器或载车板上，可能导致汽车停到预定的停车范围之外时。

（3）当汽车直接停在回转盘上时。

阻车装置的高度不应低于 25 mm，当采用其他有效措施阻车时，也可不再设置此阻车装置。

6. 人、车误入检测装置

不设库门或开门运转的停车设备应设人车误入检测装置，当设备运行过程中，如有其他汽车或人员进入时，应使机械立即停止动作。

7. 汽车位置检测装置

应设置检测装置，当汽车未停在搬运器或载车板上的正确位置时，停车设备不能运行。但操作人员确认安全的场合则不受本条限制。

8. 出入口门（栅栏门）联锁保护装置

对出入口有门或围栏的停车设备应设置联锁保护装置，当搬运器没有停放到准确位置时，车位出入口的门等不能开启；当门处于开启状态时，搬运器不能运行。

9. 自动门防夹装置

为防止汽车出入停车设备时自动门将汽车意外夹坏，应设置自动门防夹装置。

10. 防重叠自动检测装置

为避免向已停放汽车的车位再存进汽车，应设置对车位状况（有无汽车）进行检测的装置，或采取其他防重叠措施。

11. 防坠落装置

搬运器（或载车板）运行到位后，若出现意外，有可能使搬运器或载车板从高处坠落时，应设置防坠落装置，即使发生钢丝绳、链条等关键部件断裂的严重情况，防坠落装置必须保证搬运器（或载车板）不坠落。

对准无人方式的汽车专用升降机应安装防坠落装置，但可不安装安全钳、限速器。对人车共乘式的汽车专用升降机可不装防坠落装置，但必须安装安全钳、限速器。

12. 警示装置

停车设备应设有能发出声或光报警信号的警示装置，在停车设备运转时该警示装置应起作用。

13. 轨道端部止挡装置

为防止运行机构脱轨，在水平运行轨道的端部，应设置止挡装置，并能承受运行机构以额定载荷、额定速度下运行产生的撞击。

14. 缓冲器

搬运器在其垂直升降的下端或水平运行的两端，应装设缓冲器。

15. 松绳（链）检测装置或载车板倾斜检测装置

为防止驱动绳（链）部分松动导致载车板

(搬运器)倾斜或钢丝绳跳槽,应设置松绳(链)检测装置或载车板倾斜检测装置,当载车板(搬运器)运动过程中发生松绳(链)情况时,应立即使设备停止运行。

16．运转限制装置

人员未出设备,设备不得启动。可通过激光扫描器、灵敏光电装置等自动检测在转换区里有无人员出入,当有管理人员确认安全的情况下,可不设置此装置。

17．控制联锁功能

停车设备的汽车存取由几个控制点启动时,这些控制点应实现相互联锁,以使得仅能从所选择的控制点操作。

18．载车板锁定装置

为防止意外情况下,载车板从停车位中滑出,应设置载车板锁定装置,在采取有效措施的情况下,可不设此装置。

44.7.2 转换区的安全要求

转换区应设置在封闭的区域,能防止无关人员进入。安全区的要求体现在:紧急出口操作装置、控制装置的设置、出入口移动探测等方面,具体表现如下。

1．紧急出口操作装置

在紧急情况或停电时,设有自动门的停车设备,应具备人员从转换区撤出的手段,若没有设置紧急门或侧门,则应设置能够开启停车设备门的紧急操纵装置。此装置一旦启动,转换区内各机构应停止运转。

2．控制装置的设置

所有控制装置的用途或功能应清晰并用符号予以标记,或用中文加以标注。

控制装置的设置位置应清晰可见,并可直接或间接观察停车设备的运行状况。

3．出入口安全措施

出入口部分是驾驶员与停车设备系统的交接位置。存车时,驾驶员按照停车指示灯和语音提示系统的提示,停好车辆。在停车过程中,系统对车辆尺寸和停车位置进行检测,主要包括前后是否超长、是否超宽和超高,前轮定位是否准确,在设备动作前,是否有人或动物留在车中。一切检测合格后,通过系统发出存车指令,设备开始进行存车动作。当驾驶员取车时,通过出入口的读卡系统发出取车指令,在确保出入口处没有人或物体的前提下,停车设备门关闭,升降机下降进行取车。

4．出入口移动探测

为了保证人员安全,系统能够自动检出有没有人或者动物存在设备中,如果检出有人员或者动物存在,设备不能动作。

5．车辆引导系统

在停车设备出入口处有电子提示板和语音提示装置,显示停车设备当前的工作状态,并有明确的车辆行驶方向指引标志,方便司机迅速将车停放在出入口的停车台上。

44.7.3 控制互锁的保护

1．托盘检测保护

针对每个车位托盘的存放情况,结构上设有检测装置。若车位托盘已取出,但进出口托盘检测并没有出现,则系统会提示报警。

任意一个车位托盘已放置在进出口处,但进出口托盘检测限位未检测到,系统则会提示报警。

2．货叉不在零位保护

正常自动运行时,货叉机构运行到中间位置,零位限位未感应到,且不在编码器零位区间,起升机构不允许运行,同时系统会提示报警。

3．起升机构停层保护

正常自动运行时,起升机构通过激光测距仪停层,若未停在设定位置时,起升会自动运行停止,且不会继续运行货叉机构,并伴随着故障提示。

4．报警装置

系统设置了声光报警,其运行时,会发出清晰的报警音响并伴有闪烁信号。

5．电动机的保护

电动机具有如下的保护功能。

(1)瞬时或反时限动作的过电流保护,其瞬时动作电流整定值约为电动机最大起动电流的1.25倍。

(2) 电动机内设置热传感器元件。

(3) 热过载保护

以上保护动作,整个驱动机构将会停止动作,直到恢复正常后,才可运行。

(4) 线路保护

所有外部线路都具有短路或接地引起的过电流保护功能,在线路发生短路或接地时,瞬时保护装置(断路器或微动开关)能分断线路。对于导线截面积较小,外部线路较长的控制线路或辅助线路,当预计接地电流达不到瞬时脱扣电流时,增设有热脱扣功能,以保证导线不会因接地而引起绝缘烧损。

(5) 错相和缺相保护

停车设备中进线开关二次侧设置有相序保护,可以检测电源错相与缺相,及时切断电源回路,并提供报警信息。

(6) 失压或欠压、电动机定子异常失点保护

当供电电源中断后,变频器装置设置有欠压保护,能及时切断驱动回路,确保机构安全。

(7) 接地保护

停车设备本体的金属结构与供电线路的地线可靠连接。所有电器设备的金属外壳,金属导线管,金属支架及金属线槽等均可靠接地,采用专门设置的接地线,保证电气设备可靠接地。

接地线及用作接地设施的导线应不小于本线路中最大的相导线横截面积的1/2,并严禁用接地线作为载流零线。

(8) 其他保护

立体停车设备电气控制设备中可能触及的带电裸露部分,设有防止触电的防护措施、警示铭牌。

44.8 运营管理与维修指南

因为巷道堆垛类停车设备属于特种设备,其运营管理与维护需要接受过培训的专人进行,正确与恰当地管理、使用与维护对安全十分重要,需进行特别强调,现对运营管理、维修保养等做具体阐述。

44.8.1 运营管理

巷道堆垛类停车设备的运营管理可参见41.8.1节的升降横移类停车设备的相关内容。

44.8.2 维修与保养

巷道堆垛类停车设备的维护与保养可参见42.8.2节简易升降类停车设备的相关内容。

44.8.3 常见故障及排除方法

巷道堆垛类停车设备由于人为操作失误或设备零部件失灵而造成的故障一般可通过表44-4中的方法进行排除。如仍无法排除,须联系管理人员或维保人员解决。

表44-4 巷道堆垛类停车设备的常见故障及排除方法

代号	故障名称	故障描述	故障排除方法
100	紧停或相序故障	紧停开关动作	检查出入口紧停开关、各机柜紧停开关或操作站紧停开关,若已被拍下,则旋转并拔出紧停按钮
		相序保护继电器动作	检查进线柜内的相序检测器,检查电网侧相序及其是否缺相,还可用相序检测仪测试
101	升降变频器故障	升降变频器发生故障	检查升降变频器面板故障代码并查变频器手册
102	超高检测故障	高于设定高度的车辆进入停车设备	退出超高车辆

续表

代号	故障名称	故障描述	故障排除方法
103	前超长限位动作报警	关门状态下,前超长光电已动作	检查前超长光电是否误动作 车辆越过前超长光电,则退后重试 确属超长车辆,退出停车设备
104	后超长限位动作报警	关门状态下,后超长光电已动作	检查后超长光电是否误动作 车辆未越过后超长光电,则前行重试 确属超长车辆,退出停车设备
105	超宽检测动作报警	车辆已超过宽度设定的区域	让车辆左移或右移,如还是报警,则退出停车设备
106	通信故障	通信发生故障	检查控制柜内的CPU端口接线 检查控制柜内的通信模块 检查路由器接线
107	码盘电动机过温故障	升降电动机温度过高	检查电动机是否过温,如确实过温,则立即停止运行并联系维修人员
108	移载电动机过温故障	升降电动机温度过高	检查电动机是否过温,如确实过温,则立即停止运行并联系维修人员
109	堆垛电动机过温故障	升降电动机温度过高	检查电动机是否过温,如确实过温,则立即停止运行并联系维修人员
110	输送电动机过温故障	横移车电动机温度过高	检查电动机是否过温,如确实过温,则立即停止运行并联系维修人员
111	制动电阻报警	制动电阻箱温度过高	检查电阻箱,如确实过温,则立即停止运行并联系维修人员
112	电动机变频器开关故障	升降变频器侧主开关未闭合或跳闸	检查升降变频器侧主开关是否未打开 检查升降变频器侧主开关是否存在过电流情况,如是,则立即停止运行并联系维修人员
113	电动机故障	电动机无法启动	检查电动机接线是否正常 检查电源电压及相位是否正常

第45章

垂直升降类停车设备

45.1 概述

45.1.1 构造及工作原理

垂直升降类停车设备又称塔库,主要由钢结构、传动系统(升降系统、横移系统、回转系统)、电气控制系统、安全保护装置、自动消防系统等组成。

垂直升降类停车设备的工作原理:存车时,利用提升机构将车辆或载车板升降到指定停放层,之后利用横移机构或搬运器将车辆或载车板送入指定存车位;取车时,利用横移机构或搬运器将指定存车位上的车辆或载车板送入提升机构,之后利用提升机构降到车辆出入口处,打开库门,驾驶员将车辆开走。

垂直升降类停车设备的特点如下:
(1)占地少,空间利用率高。
(2)采用变频调速技术,运行速度快,可达120 m/min,运行平稳,安全性高,存取车方便快捷(90 s以内),操作简单,维护方便。
(3)自动化程度高、耗电低、噪声小。
(4)车辆出入库方便,可根据需要设置车辆回转机构,不用倒车即可实现车辆的出入库,体验感好。
(5)全封闭管理,安全、防盗,为车辆提供最佳防护。
(6)可采用钢结构或混凝土外墙设计,外观新颖、大方。

45.1.2 应用场所

垂直升降类停车设备是一种自动化程度较高,且存取车快捷、停车舒适度高的停车设备,是目前全自动停车设备领域中使用最广泛的一种停车设备。因垂直升降类停车设备的形式不同,其工作原理、适用范围、主要组成、停车设备选型、配置设计也不尽相同。

垂直升降类停车设备根据停车区域可单座或多座布置。单座设计时,设备占地仅约3个地面停车位的面积,停车楼高度一般不超过50 m(25层),即可停放50辆汽车,但是由于单座设备只有一个出入口,因此单座设备不适用于医院、上下班集中的办公楼等存取车密集的场合;而多座设计方式,有多个出入口,可以满足上述场景的使用需求。

45.1.3 系统组成

垂直升降类停车设备主要由钢结构系统、升降系统、回转系统、回转升降系统、横移系统、搬运器、电气控制系统(计算机控制系统、停车检测系统等)、安全保护系统等组成。

1. 钢结构系统

垂直升降式停车设备的钢结构骨架主要由外框架、内框架、升降导轨、配重导轨、载车板等构件组成,实际上是座高层钢结构构筑物。它主要的作用是能内置若干个停车泊位及可安装机械传动、电气控制、安全装置、消防系统等设备,停车设备外部可装饰彩钢板和避雷装置。典型的钢结构如图 45-1 所示。

的工作方式不同,主要分为以下 3 类。

1) 梳齿载车式升降系统

梳齿载车式升降系统主要由变频减速电机、驱动轴、链轮、升降链条、应急减速机、升降梳齿架等组成,如图 45-2 所示,是一种垂直封闭的环式传动系统。主要靠升降梳齿架与回转梳齿架实现车辆的运载和交换。

升降梳齿架:由梳齿架部分和提升叉臂部分构成,如图 45-3 所示。梳齿架的布置应与横移、回转梳齿架错开;提升叉臂处上下导轮的布置应根据导轨间隙进行对称设计,不能在一条直线上,避免升降梳齿架倾覆角过大而影响设备运行。

梳齿载车式停车设备运行速度快,存取车效率较同类型高,空间要求低。

2) 车盘载车式升降系统

车盘载车式升降系统主要由变频减速电机、卷筒、升降钢丝绳、滑轮、车盘、升降机、配重及配重导轨等组成,是一种垂直封闭的环式传动系统。主要靠车盘和升降机实现对车辆在存取过程中的运载功能。系统的升降机类似电梯里的轿厢,主要功能为承载车盘及车辆。此机构中安装有防坠装置、车辆检测、取车机构等。

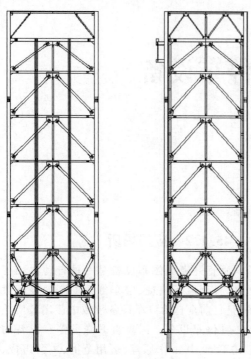

图 45-1 典型钢结构示意图

2. 升降系统

垂直升降类停车设备的升降系统按设备

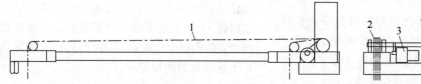
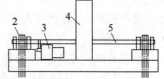

图 45-2 梳齿载车式升降系统示意图

1—升降链条;2—链轮;3—应急减速机;4—变频减速电机;5—驱动轴

系统的配重主要由配重吊点、配重导向轮、配重框架、配重块组成。配重导轨由型钢及连接支架组成。

车盘载车式停车设备运行速度快,额定载重可做到同类型最大,取车方式多样化,对应新能源车可安装充电桩。

3) 搬运器载车式升降系统

搬运器载车式升降系统由曳引机、导向滑轮、钢丝绳、钢丝绳吊点、升降机、配重及配重导轨等组成,如图 45-4 所示。

搬运器载车式升降系统主要依靠搬运器实现存取车时车辆的转移。曳引机是起升机构的驱动装置,通过导向滑轮,一边连接载车台,一边连接配重系统。配重系统可以平衡载车台的质量,降低驱动装置选型功率,减少能耗。系统的配重与上述系统相同,这里不做

第45章 垂直升降类停车设备

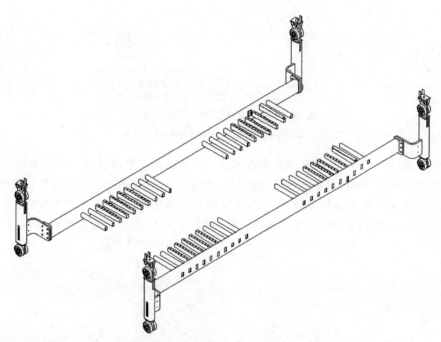

图 45-3 梳齿载车式升降梳齿架示意图

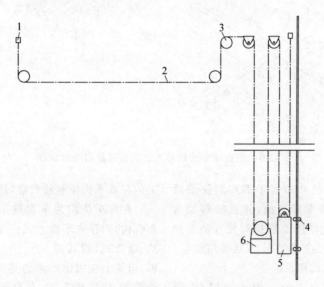

图 45-4 搬运器载车式升降系统示意图
1—钢丝绳吊点；2—钢丝绳；3—导向滑轮；4—配重导轨及导轮；5—配重；6—曳引机

赘述。

3. 横移系统

垂直升降类停车设备的横移系统按设备的工作方式不同，主要分为以下3类。

1) 梳齿载车式横移系统

梳齿载车式横移系统主要由减速机、链轮、链条、横移梳齿架、横移导轨及导轨滚轮等组成，如图45-5所示。

梳齿载车式横移系统的工作原理：存车时，待升降梳齿架停放至指定泊车层后，横移电动机驱动横移梳齿架移入井道，升降梳齿架下降与横移梳齿架交换，横移电动机驱动横移

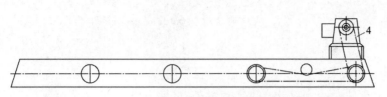

图 45-5　梳齿载车式横移系统示意图
1—减速机；2—链轮；3—横移导轮；4—链条

梳齿架(载车)归位；取车时,横移系统驱动横移梳齿架(载车)移入井道,升降梳齿架提升至指定泊位层,待以上两个动作完成后,升降梳齿架提升与横移梳齿架交换,横移梳齿架归位。

横移梳齿架由梳齿架部分和横移导向机构成,如图 45-6 所示。梳齿架布置须与升降梳齿架错开；横移导向机构与导轮接触面须保证其直线度,轴向间隙须严格控制,以使此机构运行更加稳定安全。

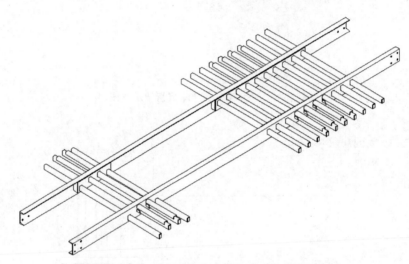

图 45-6　梳齿载车式横移系统的横移梳齿架示意图

由于横移驱动机构布置于横移泊位前后梁上,因此每层要布置减速机,并且横移梳齿架横移行程短,因此使用价格相对便宜的非变频减速电机,既可满足工作要求,又可节约成本。

2) 车盘载车式横移系统

车盘载车式横移系统主要由减速机、链轮、循环链条、车盘、存取车机构、横移导轨及导轨滚轮、浮动插头等组成。

车盘载车式横移系统的工作原理：存车时,升降机构停放至指定泊车层后,存取车机构驱动车盘向泊车位移动,横移电动机驱动滚轮旋转,接住车盘(载车)后移入泊车位；取车时,升降机构停放至指定泊车层后,横移系统驱动滚轮旋转,移出车盘(载车),同时升降机上的存取车机构驱动车盘(载车)移入升降机。

存取车机构为车盘载车式停车设备的核心机构,因存取车盘方式的不同可分为摩擦轮式、链条式、旋转拨叉式、三级滑叉式等近 10 种,市场上应用比较多的是滑叉式、摩擦轮式、链条式、旋转拨叉式,车盘载车式设备的不同主要集中于此机构。

停放轿车的车盘一般采用花纹板焊接后的整车盘,车盘行驶带有定位与辅助对中功能。

充电连接插座一般布置于车盘载车式横移系统中,此机构有浮动功能,因此称为浮动插头。它不会因为定位误差而损坏。

3) 搬运器载车式横移系统

搬运器载车式横移系统又称为"搬运机器

人",搬运机器人为汽车的搬运载体,由2个独立的搬运单元组成,搬运方式为夹持轮胎形式。由于对结构尺寸的严格控制、机构组件的高度集成,搬运机器人的高度仅在100 mm左右,可以轻松钻入汽车底部,通过夹持汽车的4个车轮,取走车辆。夹持动作通过夹臂来实现,前后夹臂距离可根据车辆轴距自动调节,覆盖的轴距范围为1 850~4 500 mm。

搬运器适用于圆形地下垂直升降式停车设备与大轿箱式垂直升降停车设备,其工作模式类似平面移动类停车设备,工作方式也基本相同。

搬运器的工作原理:存车时,车辆停车完毕,搬运机器人驶离载车台,来到入口平台并夹持汽车后回到载车台,升降机提升或下降到指定泊车位后,搬运机器人将汽车搬运至主体钢结构的停车架上并放下汽车后,回到载车台;取车时,升降机提升或下降到指定泊车位后,搬运机器人驶离载车台,来到泊车位并夹持汽车后回到载车台,升降机提升或下降至出入口。

4. 回转系统

垂直升降类停车设备的回转系统按设备的工作方式不同,主要分为以下3类。

1) 梳齿载车式回转系统

梳齿载车式回转系统主要由减速机、链轮、循环链条、回转梳齿架、回转滚轮、回转轨道等组成。

梳齿载车式回转系统的工作原理:存车时,回转梳齿架的上表面会与升降梳齿架的上表面平齐,保证车辆可以平稳驶入指定位置,升降梳齿架微降至脱离回转梳齿架后,回转梳齿架进行180°回转动作,动作完成后,由升降梳齿架与回转梳齿架交换车辆;取车时,由升降梳齿架将车下降至回转梳齿架,保证回转梳齿架与升降梳齿架的上表面平齐。

梳齿载车式回转系统由两点驱动,由于运行过程会出现短时一端驱动无法工作的情况,因此须满足1台电动机可驱动整体机构的功能。

如图45-7所示,回转盘采用梳齿形式,可以旋转±180°,实现车辆掉头,保证车辆的正进、正出,方便司机操作,提升了停车设备的使用效率。

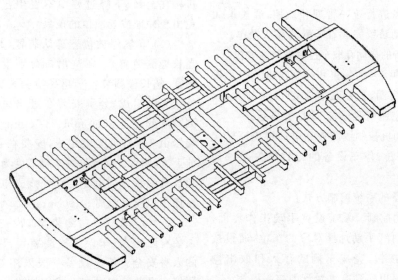

图45-7 梳齿载车式回转系统的回转梳齿架示意图

回转盘底部滚轮与地面导轨接触,回转盘的刚度需要严格校核,以便重载情况下,回转盘能正常工作。

2) 车盘载车式回转系统

车盘载车式回转系统主要由减速机、回支承、齿轮等组成。如有顶升装置,还应有顶升减速机、齿条、导轮、导轨等。

车盘载车式回转系统的工作原理:存车时,车辆驶入车盘的指定位置,顶升装置使车盘微升离开定位销后,回转机构旋转,升降机开始工作；取车时，升降机升降至出入口层后，回转机构旋转，到位后顶升装置使车盘微降进入定位销。

3) 搬运器载车式回转系统

搬运器载车式回转系统主要由减速机、回转支承、齿轮、载车台等组成。

搬运器载车式回转系统的工作原理：存车时，搬运机器人将车从出入口处搬运至载车台后，起升系统和回转系统同步动作，保证载车台到达指定层和指定角度；取车时，搬运机器人将车从泊位处搬运至载车台后，起升系统和回转系统同步动作，保证载车台到达出入口层。

回转支撑可以实现起升、回转 2 个机构的同步动作。载车台上部为回转上部平台，为转动部分。作业时，载车台整体升降，与此同时，回转上部平台可以实现回转。

减速机可以合理配比起升机构和回转机构的运行速度，以提高存/取车的效率。

5. 电气控制系统

停车设备的电气控制系统由 1 台 PLC 对整个停车设备进行统一管理和监控，通过 PLC 控制平台传动装置完成对车辆的存取操作。

停车设备的自动存取车控制系统主要包括：

(1) 各种信号的采集和控制输出。PLC 输出的接触器线圈，控制接触器的接通与关断，同时将车位空闲情况通过 LED 屏显示。

(2) 电动机控制线路控制电动机正反转接触器、到位限位、停车设备的行程限位及减速限位光电。

停车设备的系统控制方式：

(1) 手动控制。系统设置手动操作界面，通过"车位选择"手动选择对应的车位，通过按下"存""取"按钮，完成车辆的存入和取出操作。该功能可以实现有人看管的控制模式。

(2) 手动应急操作。系统设置手动操作面板，手动选择对应的电动机，通过按下"应急正转""应急反转"按钮，实现对电动机的控制。该功能可以实现设备的调试和维修。

(3) 自动控制。通过工控机的监控和管理软件实现无人值守，软件功能可以无限扩充。

6. 安全保护系统

停车设备的安全防护非常重要，在众多的停车设备中，车辆的高价性与停车设备自身的价值相差很大，并与客户对停车设备的信任度有着密切联系，对于垂直升降式停车设备，它的安全措施要做到以下几点，并配有相应的防护装置：

(1) 防火措施。在停车设备中安装有温烟感应器，可对停车设备的火情实行实时监控，并把监控信号传给中央控制系统。

(2) 急停措施。在发生异常情况时能使停车设备立即停止运转，在控制柜和操作面板上安装有急停开关，设为红色，以示醒目。

(3) 阻车装置。阻车装置位于提升梳齿的前端，有高起的梳齿和下降的梳齿，固定车辆前轮，在停车设备运行过程中防止车辆在载车板上滑动，甚至发生坠落事故。

(4) 运行超限控制（上、下极限）。提升机构在上升、下降的过程中，在上停止限位上方和下停止限位下方均设有极限限位，确保提升机构在上升、下降过程中不发生行程危险，避免出现冲地或者冲顶的现象。

(5) 车辆停放位置确认装置（超高、超宽、超长检测装置）。在进出口分别设置了超高、超宽、超长检测装置。超高检测装置由 2 对红外线光电组成，分别安装在进出口的对角，检测高度分别为 1 550 mm、2 050 mm。超宽检测装置由 2 对红外光电组成，安装在旋转区域的前上方，两者之间允许的车辆宽度为 2 150 mm。超长检测装置也由 2 对红外线光电组成，分别在停车位前后距离 5 400 mm 处。

(6) 人、车误入检测装置。设备运行时，必须装有防止人、车误入检测装置，以确保车主的人身安全。停车设备一般采用红外装置检测停车设备运作时有人或物体进入，一旦出现误入情况，停车设备就会停止停车设备运行。

(7) 安全门。自动模式下，当安全门处于开门状态时，设备有 PLC 联锁保护，驱动控制系统是不允许运行的。正常运行时，安全门应处于自动模式下。车辆准备存车时，当牌照识别系统检测到有车辆待驶入时，安全门自动打开允许车辆驶入,停入待存区域;车辆准备取出时,车辆由提升机构下降到旋转台,此时PLC程序自动给安全门信号使其打开,允许车辆驶出。

45.1.4 国内外发展现状

20世纪80～90年代,随着计算机、可编程控制器及变频调速技术的不断更新,垂直升降式停车设备已经成为机械式停车设备的一大主流,并开始在欧洲各国、日本、美国、韩国等地大量涌现。

德国是最早研发停车设备,并广泛应用的国家。为配合2000年在汉诺威举办的世界博览会,德国沃尔夫斯堡建设了一组停车塔楼,如图45-8所示,其采用的就是垂直升降类停车设备。沃尔夫斯堡的停车塔楼是德国乃至全世界最为先进的立体停车设备,体现了德国在停车设备领域的国际领先地位。

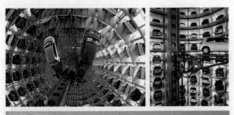

图45-8 德国沃尔夫斯堡停车塔楼

国内较为常见的垂直升降类停车设备为位于地面上的矩形垂直升降类停车设备,其特点为设备层数多(最多可达50层),存取车速度最快可达1 min。随着地下土建技术的发展,地下机械式停车设备的成功案例越来越多,而在场地面积较小的情况下(地下结构直径16～18 m),圆筒形垂直升降类停车设备可以提供较多的停车位(最多100个)。近年来,石家庄、厦门等地建设了地下圆筒形机械停车设备,采用垂直升降类停车设备,仅需在地面设置一个车辆出入口,既不大量占用地面土地,又可以与周边景观较好地协调,这是机械式停车设备发展的新方向。

45.2 典型分类

按不同的分类方法,垂直升降类停车设备可以有不同的形式:

1.按停车位分布状态分类

(1)电梯式,包括单列式和重列式。

(2)升降机+平面移动型,即载车板做平面纵向移动操作,与升降机连接完成存取车作业。

(3)升降机+平面回转型,即载车板做平面回转,与升降机连接完成存取车作业。

(4)十字型,即中间是提升机,可回转,停车架以十字形布置,可纵列亦可横列,升降并回转与停车架连接完成存取车作业。

2.按对地面的相对位置分类

(1)下部出入式,即车辆出入口在停车设备整个停车位的最下层,所有停车室在出入通道上方。

(2)中部出入式,即车辆出入口在停车设备整个停车位的中间层,出入通道上下方各有部分停车室。

(3)上部出入式,即车辆出入口在停车设备整个停车位的最上层,所有停车室在出入通道下方。

3.按与其他主体建筑物的相对关系分类

(1)独立式,即整个垂直升降式停车设备自成一个独立构筑物,用钢架结构构成停车室、电梯井道及外框架,外表面有装饰板。

(2)内置式,即整个高层停车设备建造在大楼附侧或内部的钢筋混凝土井道内,也用钢架结构构成停车室等。

4.按停车设备的相互间关系分类

(1)独立式,即每座停车设备单独建造的

形式。根据回转角度又分为180°型独立式,即汽车出入通道和停车室长度方向平行的形式;90°型独立式,即汽车出入通道和停车室长度方向垂直的形式。

(2) 并列式,即两座独立式停车设备并列组合,其出入口面向同一方向的形式。

(3) 纵列式,即两座独立式停车设备背对组合,其出入口面向相反方向的形式。

(4) 混合式,即两座以上,例如4座停车设备组合的形式。

5. 按有无水平回转台分类

(1) 无水平回转台式,即车辆只能入车前进(后退)、出车后退(前进),且停车室的长度方向与出入通道平行。

(2) 有内置水平回转台式,即出入库的车辆通过内置水平回转台使车辆能与停车室平行,且能前进入库、前进出库。

(3) 有外置水平回转台式,即由于停车设备所处的位置使车辆出入库转弯半径太小,通过外置水平回转台使车辆能顺利出入停车设备。

6. 按进车口和出车口的相对关系分类

(1) 直通式,即该停车设备设有前后2扇门,能使车辆方便地前门进、后门出的形式。

(2) 折返式,即车辆只能从1扇门出入库的停车设备的形式。

7. 按内部结构分类

(1) 滑叉载车式,即车辆通过提升装置与载车板一起提升,且与载车板一起由三级滑叉平移入停车室的形式。

(2) 链传动载车式,即车辆通过提升装置与载车板一起提升,且与载车板一起通过链传动平移入停车室的形式。

(3) 梳叉载车式,即车辆通过提升装置上的梳叉提升,且由梳叉平移将车辆放在停车室相错叉齿上的形式。

8. 按驱动方式分类

(1) 上驱动式,即主传动机构,包括电动机、减速机等在停车设备顶部的形式。

(2) 下驱动式,即主传动机构,包括电动机、减速机等在停车设备底部的形式。

9. 按传动方式分类

(1) 链条传动式,即由链条完成提升装置等的升降动作的形式。

(2) 钢丝绳传动式,即由钢丝绳完成提升装置等的升降动作的形式。

45.3 主要参数及型号

梳齿载车式垂直升降类停车设备的参数及型号见表45-1,车盘载车式(滑叉式)垂直升降类停车设备的参数及型号见表45-2。

表45-1 25层梳齿载车式垂直升降类停车设备的参数及型号

项 目		参 数
型式		PCS
类型		垂直升降类
停车层数		26层/50车位
容车规格	车长/mm	5 200
	车宽(含后视镜宽)/mm	2 150
	轮胎外宽/mm	1 900
	车高/mm	1 550(7~26F)/2 050(2~6F)
	车质量/kg	2 200
起升功率/kW		30~37
起升额定速度/(m·min^{-1})		60~120
回转功率/kW		1.5
回转额定速度/(r·min^{-1})		2~3
横移功率/kW		0.2
横移额定速度/(m·min^{-1})		12
电源容量		380 V,50 Hz,三相

表45-2 车盘载车式(滑叉式)垂直升降类停车设备的参数及型号

项 目		参 数
型式		PCSS
类型		垂直升降类
停车层数		9层/18车位
容车规格	车长/mm	5 200
	车宽/mm	1 900
	车高/mm	1 750
	车质量/kg	2 350

续表

项　　目	参　　数
起升功率/kW	37
起升额定速度/(m·min^{-1})	90
横移功率/kW	3
横移额定速度/(m·min^{-1})	30～60
电源容量	380 V,50 Hz,三相

45.4　金属结构

45.4.1　材料

停车设备所用材料和部件要求质量优良,选材合理。主要结构和重要构件的材料均要有质量保证书、检验报告、检验记录和合格证书,以证明主要结构所用钢材符合标准。钢材经预处理后表面无锈蚀斑点、夹层等缺陷。重要部位的材料按技术要求进行相应的化学成分和机械性能试验,并进行材料跟踪,以保证专料专用。

各零部件的材料在使用中确保不挥发出或产生出物理、化学的对人体有害的物质。材料和部件无任何形式的缺陷。所有铸件确保平滑,轮廓明显,圆角充分,形式端正,没有气孔、气泡、缩孔和夹渣。

轻合金材料原则上不得用于主结构。

45.4.2　金属结构制造工艺

原材料至成品的加工须严格按照规范制定先进的工艺流程,并严格遵照执行。

(1) 钢材加工前,轧平进行喷丸、喷砂预处理或冲砂处理,并涂底漆。

(2) 钢板(材)下料尽量采用数控切割,如需手工切割,必须消除切割痕迹。

(3) 钢板、型材的矫直与弯曲成型均采用压力加工,不采用锤击与烘烤。

(4) 主结构件为焊接非气密结构,不能焊接的部位,用高强度螺栓连接。高强度螺栓、螺母、垫圈应符合GB/T 1231—2006的规定。螺栓连接面的接缝间隙用耐老化的填料填充,以防渗水。

45.4.3　设计要求

起升机构使用等级为T5～T7,载荷状态级别为L3,机构工作级别为M6～M8。

结构确保设计合理,具有足够的强度、刚度、抗疲劳和稳定性要求。停车设备金属构件上容易产生积水的地方均设有水孔,确保无积水。结构件外形应便于维修、保养、除锈和油漆,并在适当位置设有专用于维修目的的吊耳。

用于停车设备运输和现场安装的临时加固件应进行精心设计,且不得损坏主要结构的表面。另外加固件应便于现场的拆卸和打磨工作。

45.4.4　表面涂装

(1) 设备表面采用镀锌防护层时,热镀锌材料表面应符合GB/T 13912—2020的规定,电镀锌材料表面应符合GB/T 9799—2011的规定。

(2) 设备表面采用油漆涂层时,涂层表面应均匀和色泽一致,不应有漏漆、皱纹、针孔、起泡、脱落、开裂、外来杂质、流挂及其他降低保护与装饰性的缺陷。漆膜厚度应根据设备工作环境确定,漆膜附着力应符合GB/T 9286—2021规定的2级质量要求。

45.5　电气控制系统

45.5.1　基本介绍

停车设备电气控制系统主要用于实现停入车辆的自动搬运功能,并存储进出车辆牌照信息、车位信息、起升位置数据、存取时间与运行时间等信息,为停车设备信息系统的建设提供了基础数据。

电气控制方式主要有:

(1) 操作柜面板操作。设置有控制合、断、上升、下降等按钮,以及迅速断开总动力电源的红色急停按钮,急停按钮为非自动复位式的,并设置在操作方便的地方。

(2) 移动操作。可以将手机、iPad等移动设备,连接到停车设备,进行远程操作。此操作方式应在具有操作权限的专业人员指导下进行。

(3) 触摸屏 HMI 操作。人机交互系统,控制停入车辆的存取。

(4) 多点控制。以上各控制点间设有相互联锁,任一时刻只允许一个控制点进行,且每个控制点均设置紧急断电装置。

45.5.2 控制系统功能概述

垂直升降停车设备主要有三大运动机构:起升机构、旋转机构和横移机构。三大运动机构由电动机与减速箱驱动,在固定的空间内做上下、左右、旋转运动。三大运动机构有序安全地传递车辆至目标位置,实现搬运、存取车辆的功能。

1. 梳齿载车式控制系统

梳齿载车式起升机构是用带动梳齿架状的载车板实现上升、下降的一系列动作,使得车辆可以准确到达或者离开停放的车位。

旋转平台是由旋转机构控制的梳齿架状载车板组成的。梳齿架状载车板用于停放刚驶入停车设备内或将要离开停车设备的车辆,旋转机构能够带动梳齿架载车板在水平平面内做180°旋转动作,以避免驾乘人员在存取车辆时进行倒车操作。

横移机构由带有梳齿状的载车板通过电动机带动,实现车板的左右横移,使得车辆可以存放到指定的车位。

2. 车盘载车式控制系统

车盘载车式起升机构类似电梯里的轿厢,主要功能为承载车盘及车辆。起升机构还包含防坠装置、车辆检测、取车机构等,以确保机构运行时的安全。

回转机构主要由减速机、回转支承、齿轮等组成。平台上放有载车盘,车辆进入停车设备时停放在载车盘内,回转机构带动车盘和车辆在水平面内做180°旋转动作,省去了司机出库时倒车的麻烦。

存取车机构应用比较多有滑叉式、摩擦轮式、链条式、旋转拨叉式,通过这些方式可使车盘能顺利移入或移出泊车位。

3. 搬运器载车式控制系统

搬运器载车式控制系统支持起升、回转两个机构的同步动作,节约用户的存取车时间。载车台上部为回转上部平台,为转动部分。作业时,载车台整体升降,与此同时,回转上部平台可实现回转。

搬运器载车式横移系统由两个独立的搬运单元组成,受结构限制,搬运器高度一般在100 mm 左右,可以轻松钻入汽车底部,通过夹持汽车的4个车轮,取走车辆。

电气控制方面,以梳齿式机构为例,当车辆停放进入停车区域时,起升机构电机驱动提升车辆,当车辆提升至指定层数,横移电机将梳齿移动到车辆下方,起升机构电机下降,使车辆停稳在下方的梳齿上,横移电机将车辆移动到车位。取车过程也基本相同,最后回转机构电机会使车辆旋转180°,方便司机开出停车设备。

45.5.3 自动存取车控制系统

自动存取车控制系统由小型可编程控制器 PLC 控制,包括触摸屏控制和运行机构,还有其他辅助设备如卡号识别或车牌识别、引导屏系统等。用户进入停车设备时,在门口刷卡或通过地磁感应、摄像头拍照来读取车牌信息,读取的信息自动将数据传送到 PLC 控制系统,PLC 系统通过判断卡号或车牌号,控制自动门打开,用户按照指示灯信号或引导系统指引进入停车设备,经过一系列超长检测、超高检测、超宽检测和到位检测等信号确认后,车辆停放在安全位置,停车正常指示灯才会亮起。

1. 存取车模式

存取车模式可以分为无人方式和准无人方式:

1) 无人方式

无人方式的存取车模式包括:

(1) 驾驶员将汽车驶入转换区后离开,由停车设备自动存放汽车入库。

(2) 由停车设备自动取出汽车出库,驾驶员进入转换区将汽车开出。

2) 准无人方式

准无人方式的存取车模式包括:

(1) 驾驶员将汽车驶入工作区后离开,由停车设备自动存放汽车到停车位。

(2) 由停车设备取出汽车,驾驶员进入工作区将汽车开出。

2. 存取车流程

按结构不同,存取车流程可分为以下3种。

1) 梳齿载车式控制系统存取车流程

存车时,回转梳齿架上表面会与升降梳齿架上表面平齐,保证车辆可以平稳驶入指定位置,升降梳齿架微降脱离回转梳齿架后,回转梳齿架进行180°回转动作,动作完成后,由升降梳齿架与回转梳齿架交换车辆。升降梳齿架(载车)提升,到达指定泊车层上端后停止,横移电动机驱动横移梳齿架移入井道,升降梳齿架(载车)下降,横移电动机驱动横移梳齿架归位,升降梳齿架归位。

取车时,横移系统驱动横移梳齿架(载车)移入井道,升降梳齿架提升至指定泊位层,待以上两个动作完成后,升降梳齿架提升与横移梳齿架交换,横移梳齿架归位,升降梳齿架将车下降至回转梳齿架,保证回转梳齿架与升降梳齿架上表面平齐。

2) 车盘载车式控制系统存取车流程

存车时,车辆驶入车盘指定位置,顶升装置使车盘微升离开定位销后,回转机构旋转,升降机及车盘(载车)提升至指定泊车层后,存取车机构驱动车盘向泊车位移动,横移电动机驱动滚轮旋转,接住车盘(载车)后移入泊车位,待存取车机构归位后,系统开始寻找其他空车盘,通过以上相同步骤最终载空车盘下降归位,存车完毕。

取车时,升降机载空车盘提升至对应位置,存取车机构驱动空车盘移入泊车位,待存车机构归位后,升降机提升或下降至取车泊位层,横移系统驱动滚轮旋转,移出车盘(载车),同时升降机上的存取车机构驱动车盘(载车)移入升降机,之后升降机载车盘(载车)升降至出入口层后,回转机构旋转,到位后顶升装置使车盘微降进入定位销,取车完毕。

3) 搬运器载车式控制系统存取车流程

存车时,车辆停车完毕,搬运机器人驶离载车台,来到入口平台并夹持汽车后回到载车台,起升系统和回转系统同步动作,升降机提升或下降至指定停车泊位层,由搬运器把车移至指定泊车位并归位后,升降机提升或下降至出入口层。

取车时,升降机提升或下降至指定取车泊位层,搬运机器人驶离载车台,来到泊车位并夹持汽车后回到载车台,起升系统和回转系统同步动作,保证载车台到达出入口层角度,升降机提升或下降到出入口。

45.5.4 控制系统原理

1. 主控单元

垂直升降类停车设备中需要控制的设备包括:

(1) 升降电动机、旋转电动机和横移电动机,这是系统的主要控制对象。

(2) 停车设备内的照明装置、指示装置、报警装置等。

系统需要对电动机的启停和正反转进行控制,从而实现三大运动机构的升降(横移、旋转)。主控单元中采用了激光测距或绝对值编码器以保证测量载车架能移动至规定位置,采用光电开关以检测载车架的承载状态。

2. 检测点

系统需要检测的点如下:

(1) 汽车在载车架上的停放是否已经到位。检测使用光电开关通过扫描进行检测,停车设备立柱及所在车位上设置有光源发送器和接收器。当有车辆停放不到位时会挡住光源发射器,使接收器接收不到光,电动机不能运行。只有在车辆停放到位后,载车板才能在电动机的驱动下运动。

(2) 载车板上有无车检测。通常采用光电开关,安装在对角线上,其原理和(1)相同。

(3) 横移载车架平移到位与否。车位分配有限位开关,利用限位开关可检测载车板是否横移到规定位置。

(4) 起升机构的升降到位与否。对于起升架垂直运行的轨道,其轨道顶部及底部配备了限位开关,其中,顶部的开关用来检测起升架上升到位与否,有无到达指定位置;底部的开关用来检测载车板下降到位与否,有无到达指定位置。同时在每个楼层附近设有接近开关作为减速点,用以检测起升架的楼层到位情况。

(5) 旋转机构的旋转到位与否。对于旋转平台的旋转机构,在其正前方及正后方配有槽形限位,分别用来检测旋转机盘有无到达指定位置,以及旋转是否到达减速区域。

3. 控制点

(1) 横移机构载车架的左右平移控制。采用2台异步电动机控制载车板的左右平移。

(2) 旋转机构旋转盘的180°旋转控制。采用异步电动机+变频器控制旋转盘的旋转。

(3) 起升机构的上下升降控制。采用异步电动机+变频器控制起升架的上下移动。

以上介绍了电动机的横移、旋转和升降是如何进行的,在此特别强调在这个系统中:升降电动机正转时载车板上升,反之下降;当横移电动机正转时载车板左移,反之右移。

45.6　辅助系统

垂直升降类停车设备的辅助系统由多个子系统构成,包含车牌识别、引导、充电桩、视频监控、远程监控、数据库交互等子系统。智能辅助系统旨在提高停车设备的使用体验,车主可凭借完善的引导设施快速进场、离场及一键式存取车。停车设备信息系统可随时查看车辆位置,实现预约取车,而且保留了系统接口,可随时接入市政交通停车信息平台,实现大数据平台的统一调度管理。

45.6.1　车辆识别系统

1. 自动道闸系统

在停车设备出入口处各设非接触式读卡器、感应线圈及道闸,用户在停车设备出入口处刷卡后,系统自动判别该卡是否有效,若有效,则道闸自动开启,通过感应线圈后,自动栅栏自动关闭;若无效,则道闸不开启,同时声光报警。

2. 车牌识别系统

停车设备前配有自动门和牌照识别一体机时,当车辆行驶到停车设备自动门前,车体前部通过地磁感应线圈时,触发牌照识别系统的主摄像机和辅摄像机抓取牌照信息,主摄像机或辅摄像机抓取到的牌照信息与系统中录入的牌照信息对比。如果是系统录入牌照,即授权车辆牌照,系统允许车辆进入,向控制器发送允许自动门打开信号;如果是系统中没有的牌照,即未授权牌照,系统识别当前车辆为未授权车辆,不允许此车进入,不会向控制器发送开门信号。

45.6.2　LED屏幕播报系统

LED屏幕播报显示器是向车主展示当前停车设备状态的窗口。LED屏幕播报显示器位于停车设备自动门正上方,通过显示器,车主可以知道当前停车设备的状态及停车设备中空余的车位。

存车过程中,车辆行驶到停车设备自动门前,牌照识别系统确认车辆为授权牌照后,LED屏幕播报显示器上显示当前车辆牌照。车辆驶入停车设备,车主在人机交互界面确认存车时,LED屏幕播报显示器提示当前停车设备正在工作,以防止下一辆准备停入的车辆输入。取车过程中,车主在人机交互界面确认所取车辆后,同样会在LED屏幕播报显示器上显示当前所取车辆的车牌、停车设备运行等信息。

45.6.3 车姿检测系统

车主驾车进入停车设备后,激光扫描仪检测进入停车设备的车辆运行轨迹,通过高清显示器将当前车辆的前后距离、左右位置一一展现,方便车主及时掌握当前车辆在停车设备中的位置,并通过有效调整将车辆按照要求正确停放到位。

45.6.4 扫码收费系统

平面停车场是由收费人员或安保来管理出入口,现在这种方式依旧普遍,但是弊端也不少,如人力成本增加、收费人员舞弊停车费等。随着技术的发展,出现了吐卡机、吐票机,由中央收费处来完成收费,这种场景使用于大型的停车场,但是车主的体验不高,必须到中央收费处去交款。互联网计算技术的盛行使得手机端支付逐渐受到车主的认可。

停车收费系统是针对停车场管理的局限性研发出的一种基于视频检测与车牌自动识别技术的自动收费管理系统。该系统可实现停车场的自助缴费、智能计时和多种交费方式的功能。不仅减少了人工管理的成本、杜绝了人工收费漏洞,还大大满足了外地车辆的停车需求。

平面停车场的人机交互系统是整个收费系统中前端的窗口,与其他系统交叉密切,其适用的场景见表45-3。

表45-3 交互模式适用的场景

序号	交互模式	推荐等级	推荐的场景
1	收费人员	低	应急情况、小型私人停车场
2	自助缴费机	中	大型停车场
3	移动端	优	任何类型的停车场

45.6.5 人机交互系统

人机交互系统可以实现的数据交互有:

(1) 本地数据交互。牌照识别系统读取到牌照信息后,向人机交互(HMI)系统传送牌照信息(输入数据);同时,HMI系统向牌照识别系统传送现场设备的设定值(输出数据)。在牌照识别系统中,确保车牌号和车位号与实际一一对应,具有实效性。

(2) 本地数据交互。二维码显示屏实现本地支付功能,支付数据来自本地一体机牌照识别系统,并可将支付的历史数据存储备份,以供查询。

(3) 本地数据交互。刷卡系统作为牌照识别系统的补充功能,其数据库关系为一个卡号对应一个停车位(变化/固定)、一个牌照。车主刷卡时,刷卡系统自动对比,把车主对应的牌照信息传送给HMI系统,同时,HMI系统把车位号传输给刷卡系统,确保车牌和车位对应。

(4) 远程数据交互。开放系统接口提供包括但不限于车牌信息、车辆进出时间、车辆费用等数据。本地车位信息管理包含车位及牌照搜索、停车记录表和状态监控,可实现停车位数量、占用车位的车牌号码、车辆入库/出库时间信息的查询。

45.6.6 充电桩管理系统

1. 停车设备充电桩管理系统

停车设备充电桩管理系统可实现新能源车停泊过程中方便、快捷地充电。充电桩系统由本地设备、移动端应用和远程监控部分组成,可实现充电桩的全方位、立体、智能管理。

2. 充电桩本地集中管理子系统

直流充电桩系统由充电设备本体、控制器、充电枪、浮动插头与线缆组成。停车设备选用直流充电桩。新能源车在停车设备底层停放到位后,司机将充电枪插入车体充电接口,即可到停车设备人机交互系统上操作,选择需要的充电模式,车被搬运到位后,便自动开始充电。

3. 充电桩管理系统移动端的应用

充电桩管理系统移动端提供充电桩管理定制开发服务，随时掌握充电桩的实时信息、运行状况、告警信息等，提供会员充值、计费及多维度的统计报表等功能。

4. 充电桩管理系统远程监控

充电桩远程监控系统由充电监控、配电监控组成，可对充电桩的电量变送器、断路器、控制器、传感器等进行实时监控。

45.6.7 闭路电视监控系统

为实现停车设备监控的全方位，系统运用先进的技术手段，在一定区域范围警戒可能发生的入侵行为，满足停车设备的安全性，为用户提供安全、便捷、温馨的停车环境，同时也为管理员管理提供高效、优质的技术手段，以有效地进行停车设备的综合管理。

闭路电视（CCTV）监控系统一般由前端摄像机、视频传输、控制设备、视频记录和视频显示5个主要部分组成。

场内依据交通组织流线、重要设备和场所，分别布局监控摄像头，实现场区内监控系统的全覆盖。

45.6.8 停车设备远程监控系统

停车设备远程监控系统包含实时监控和个性化功能两部分。实时监控停车设备不同数据以及工作状态，是停车设备信息系统建设中的一个数据汇总中心，也是停车设备信息系统对外展示的"眼睛"，可以随时对停车设备的不同数据以及工作状态进行监控。

远程监控系统的基本功能是通过网络监控停车设备现场的运行状态，停车设备内各电动机、保护开关的工作状态，并通过画面对应点位指示灯颜色的变化了解现场设备的工作状态。该系统还可采集停车设备运动机构的起升高度、载质量等信息，根据采集到信息，设计动画，再现停车设备的工作流程。

45.6.9 车位管理系统

车位信息管理由本地车位信息管理、远程监控系统车位信息管理和数据平台车位信息管理3部分组成，可实现不同环境下查看停车设备车位信息的使用情况。

1. 本地车位信息管理

本地车位信息管理包含车位牌照搜索、停车记录表和状态监控，可实现停车车位数量、占用车位的车牌号码、车辆入库/出库时间信息的查询。

2. 远程监控系统车位信息管理

远程监控系统车位信息管理包含停车设备总车位数、剩余车位数、占用车位数，以及对应车位充电桩设备的运行状况和工作状态。远程监控系统车位信息管理可以使监控中心人员了解停车设备车位的利用情况。

3. 数据平台车位信息管理

数据平台车位信息管理由停车设备停车管理、车位管理及停车数据分析图表组成，可实现用户任意时间、地点登录网络平台，并通过车位编号、时间、车牌号、用户名等条件进行查询。

45.7 安全保障措施

45.7.1 安全防护装置及要求

1. 紧急停止开关

在垂直升降类停车设备便于操作的位置应设置紧急停止开关，以便在发生异常情况时能使停车设备立即停止运转。若停车设备由若干独立供电的部分组成，则每个部分都应分别设置紧急停止开关。若停车设备由转换区、工作区组成，则每个区域都应配备单独的紧急停止开关。紧急停止开关的设计应符合 GB 16754—2021 的要求。

在紧急情况下能迅速切断动力回路总电源，但不应切断电源插座、照明、通风、消防和警报电路的电源。

紧急停止开关的复位应是非自动复位,复位不得引发或重新启动任何危险状况。

2. 防止超限运行装置

当升降限位开关出现故障时,防止超限运行装置应使设备停止工作。

3. 汽车长、宽、高限制装置

对进入停车设备的汽车进行车长、车宽、车高的检测,超过适停汽车尺寸时,机械不得动作并报警。

4. 阻车装置

当出现以下情况时应在汽车车轮停止的位置上设置阻车装置。

(1) 当搬运器沿汽车前进和后退方向运动时,有可能出现汽车跑到预定的停车范围之外时。

(2) 对于准无人方式,驾驶员在将汽车停放到搬运器或载车板上,可能导致汽车停到预定的停车范围之外时。

(3) 当汽车直接停在回转盘上时。

阻车装置的高度不应低于 25 mm,当采用其他有效措施阻车时,也可不再设置此阻车装置。

1) 汽车位置检测装置

应设置检测装置,当汽车未停在搬运器或载车板上的正确位置时,停车设备不能运行。但操作人员确认安全的场合则不受本条限制。

2) 出入口门(栅栏门)联锁保护装置

对出入口有门或围栏的停车设备应设置联锁保护装置,当搬运器没有停放到准确位置时,车位出入口的门等不能开启;当门处于开启状态时,搬运器不能运行。

3) 自动门防夹装置

为防止汽车出入停车设备时自动门将汽车意外夹坏,应设置防夹装置。

4) 防重叠自动检测装置

为避免向已停放汽车的车位再存进汽车,应设置对车位状况(有无汽车)进行检测的装置,或采取其他防重叠措施。

5) 防坠落装置

搬运器(或载车板)运行到位后,若出现意外,有可能使搬运器或载车板从高处坠落时,应设置防坠落装置,即使发生钢丝绳、链条等关键部件断裂的严重情况,防坠落装置必须保证搬运器(或载车板)不坠落。

6) 警示装置

停车设备应设有能发出声或光报警信号的警示装置,在停车设备运转时该警示装置应起作用。

7) 缓冲器

搬运器在其垂直升降的下端或水平运行的两端,应装设缓冲器。

8) 运转限制装置

人员未出设备,设备不得启动。可通过激光扫描器、灵敏光电装置等,自动检测在转换区里有无人员出入,当有管理人员确认安全的情况下,可不设置此装置。

9) 载车板锁定装置

为防止意外情况下,载车板从停车位中滑出,应设置载车板锁定装置,在采取有效措施的情况下,可不设此装置。

45.7.2 转换区的安全要求

1. 安全布置

转换区应设置在封闭的区域,能防止无关人员进入。对于有专人值守的非公共停车设备且数量不超过两组时,可不对转换区进行封闭,但不应设置在公共行车通道上。

2. 安全要求

转换区应具备以下安全装置或功能。

(1) 应有汽车引导的标识。

(2) 应有足够的照明。

(3) 应有汽车尺寸的检测装置。

(4) 应有运转限制装置,当有管理人员确认转换区无人时可不设。

(5) 转换区的设计应避免人员在无停车设备帮助的情况下登上 2 m 以上的高处。

3. 安全装置

1) 紧急出口操作装置

在紧急情况或停电时,设有自动门的停车

设备,应具备人员从转换区撤出的手段,若没有设置紧急门或侧门,则应设置能够开启停车设备门的紧急操作装置。此装置一旦启动,转换区内各机构应停止运转。

2) 控制装置的设置

所有控制装置的用途或功能应清晰并用符号予以标记,或用中文加以标注。

控制装置的设置位置应清晰可见,并可直接或间接观察停车设备的运行状况。

3) 出入口安全措施

出入口部分是驾驶员与停车设备系统的交接位置。存车时,驾驶员按照停车指示灯和语音提示系统的提示,停好车辆。在停车过程中,系统对车辆尺寸和停车位置进行检测,主要包括前后是否超长,是否超宽和超高,前轮定位是否准确,在设备动作前,是否有人或动物留在车中。一切检测合格后,通过系统发出存车指令,设备开始进行存车动作。当驾驶员取车时,通过出入口的读卡系统发出取车指令,在确保出入口处没有人或物体的前提下,停车设备门关闭,升降机下降进行取车。

4) 出入口移动探测

为了保证人员安全,系统能够自动检出有没有人或者动物存在设备中,如果检出人员或者动物存在,设备不能动作。

5) 车辆引导系统

在停车设备出入口处有电子提示板和语音提示装置。显示停车设备当前的工作状态,并有明确的车辆行驶方向指引标志,方便司机迅速将车停放在出入口的停车台上。

45.7.3 控制互锁的保护

1. 托盘检测保护

针对每个车位托盘的存放情况,结构上设有检测装置。若车位托盘已取出,但进出口托盘检测并没有出现,则系统会提示报警。

任意一个车位托盘已放置在进出口处,但进出口托盘检测限位未检测到,系统则会提示报警。

2. 货叉不在零位保护

正常自动运行时,货叉机构运行到中间位置,零位限位未感应到,且不在编码器零位区间,起升机构不允许运行,同时系统会提示报警。

3. 起升机构停层保护

正常自动运行时,起升机构通过激光测距仪停层,若未停在设定位置时,起升机构会自动运行停止,且不会继续运行货叉机构,并伴随着故障提示。

4. 货叉伸出,起升高度保护

正常自动或手动运行时,若货叉伸出并到达设计位置,则设置了起升机构上下运行高度区间保护,对应存车位置、取车位置。若起升机构超出行程,系统会自动停止运行,并伴随故障提示。

5. 报警装置

系统设置了声光报警,其运行时,会发出清晰的报警音响并伴有闪烁信号。

6. 电动机的保护

电动机具有如下的保护功能。

(1) 瞬时或反时限动作的过电流保护,其瞬时动作电流整定值约为电动机最大启动电流的1.25倍。

(2) 电动机内设置热传感器元件,进行热载保护。

若以上保护动作,整个驱动机构会停止动作,直到恢复正常方可运行。

1) 线路保护

所有外部线路具有短路或接地引起的过电流保护功能,在线路发生短路或接地时,瞬时保护装置(断路器或微动开关)能分断线路。对于导线截面积较小,外部线路较长的控制线路或辅助线路,当预计接地电流达不到瞬时脱扣电流时,增设有热脱扣功能,以保证导线不会因接地而造成绝缘烧损。

2) 错相和缺相保护

停车设备的进线开关二次侧设置有相序保护,可以检测电源错相与缺相,以及时切断电源回路,并提供报警信息。

3) 失压或欠压、电动机定子异常失电保护

当供电电源中断后,变频器装置设置有欠压保护,能及时切断驱动回路,确保机构安全。

4) 超速保护

在起升驱动机构中,设置有电子式或机械式的超速保护,超速开关的整定值范围为额定下降速度的1.15倍。超速开关动作时,会自动切断动力源。

5) 超载保护

在起升传动机构中,设置有质量传感器,根据质量传感器实时采集的数值,与实际工况相结合,分别设置有松绳保护、单角偏载保护、单侧偏载保护、超载保护4种情况。单角偏载保护、单侧偏载保护、超载保护均设为对应额定值的120%,低于对应额定值的50%时,即松绳保护,发生以上情况时系统会自动切断动力源。

6) 接地保护

停车设备本体的金属结构与供电线路的地线可靠连接。所有电器设备的金属外壳、金属导线管、金属支架及金属线槽等均可靠接地,采用专门设置的接地线,以保证电气设备可靠接地。

接地线及用作接地设施的导线不小于本线路中最大的相导线横截面积的1/2,并严禁用接地线作为载流零线。

7) 其他保护

停车设备电气控制设备中可能触及的带电裸露部分设有防止触电的防护措施、警示铭牌。

45.8 运营管理与维修指南

因为垂直升降类停车设备属于特种设备,其运营管理与维护需要接受过培训的专人进行,正确与恰当地管理、使用与维护对安全十分重要,需进行特别强调,现对运营管理、维修保养等做具体阐述。

45.8.1 运营管理

升降类停车设备的运营管理可参见41.8.1节升降横移类停车设备的相关内容。

45.8.2 维修与保养

1. 提升机构

1) 检查起升电动机的固定螺栓

方法:用扳手检查固定螺栓,如果螺栓不动则为正常;再用检查锤检查声音。

2) 检查应急电动机的固定螺栓

方法:用扳手检查固定螺栓,如果螺栓不动则为正常;再用检查锤检查声音。

3) 检查提升机构链轮

方法一:用扳手检查链轮上的螺栓,如果螺栓不动则为正常。

方法二:目视检查链轮接触的结构是否处于良好的润滑状态。

4) 检查传动链条伸长

方法:目视检查传动链条伸长,如伸长,则可调整电动机的位置使链条松紧正常。

5) 检查轴承座的固定螺栓

方法:用扳手检查固定螺栓,如果螺栓不动则为正常。

6) 检查滑轮的变形与磨损情况

方法:目视检查滑轮的变形及测量磨耗情况;目视检查滑轮轴上的挡板,未松动则正常。滑轮出现下列情况之一时应报废。

(1) 裂纹、破口。

(2) 轮槽不均匀磨损3 mm。

(3) 轮槽的壁厚磨损达原厚度的20%。

7) 检查电动机的杂音和温度

方法:开启电动机,检查电动机的声音是否有异常;在电动机侧面贴上温度封条,如果声音突然变大或者温度超过80℃应停止机器,仔细检查各部分。

8) 检查梳齿架水平程度

方法:目视检查梳齿架水平程度,检查车板是否变形,车板应保持平直、表面良好,之后在手动模式下上下动作,提升机构,确保提升

梳齿架平稳运作。

2．旋转机构

1）检查旋转电动机的固定螺栓

方法：用扳手检查固定螺栓，如果螺栓不动，则为正常；再用检查锤检查声音。

2）检查轴承座的固定螺栓

方法：用扳手检查固定螺栓，如果螺栓不动，则为正常。

3）检查滚轮的连接与磨损情况

方法：用扳手检查固定螺栓，如果螺栓不动，则为正常；目视检查滚轮的磨损情况，若滚轮出现下列情况之一时应报废。

（1）裂纹、破口。

（2）轮槽不均匀磨损 3 mm。

（3）轮槽的壁厚磨损达原厚度的 20%。

4）检查电动机的杂音和温度

方法：开启电动机，检查电动机的声音是否有异常；在电动机侧面贴上温度封条，如果声音突然变大或者温度超过 80℃ 应停机，仔细检查各部分。

3．横移机构

1）检查横移电动机的固定螺栓

方法：用扳手检查固定螺栓，如果螺栓不动，则为正常；再用检查锤检查声音。

2）检查传动链条伸长和磨损

方法：目视检查传动链条伸长，如伸长，则可调整电动机的位置使链条松紧正常；目视检查链条是否磨损。

3）检查行程开关限位的固定和工作情况

方法：目测检查开关限位情况。

4）检查电动机的杂音和温度

方法：开启电动机，检查电动机的声音是否异常；在电动机侧面贴上温度封条，如果声音突然变大或者温度超过 80℃ 应停机，仔细检查各部分。

5）检查横移梳齿架水平程度

方法：目视检查梳齿架水平程度；检查车板是否变形，车板应保持平直、表面良好，之后在手动模式下左右动作横移机构，确保横移车架平稳运作。

6）辅助设备检查

7）安全门的功能检查

方法：检查开关门机械限位的固定位置，来回测试限位的响应情况。

8）CCTV、一体机牌照识别摄像头检查

方法：检查每个摄像头的防水、画面通信情况及支架的紧固情况，如有异常及时更换。

9）触摸屏、LED屏检查

方法：检查网路通信、密封防水情况。

10）电控柜、网络柜检查

方法：检查电控柜、网络柜是否有锈蚀、灰尘，如有应及时除锈、除尘。

45.8.3　常见故障及排除方法

垂直升降类停车设备由于人为操作失误或设备零部件失灵而造成的故障一般可通过表 45-4 中的方法进行排除。如仍无法排除，须联系管理人员或维保人员解决。

表 45-4　垂直升降类停车设备常见故障及故障排除方法

代号	故障名称	故障描述	故障排除方法
100	紧停或相序故障	紧停开关动作	检查各部位紧停开关，若已被拍下，则旋转并拔出紧停按钮
		相序保护继电器动作	检查电控柜内的相序检测器，绿灯亮为有电源，绿灯灭为无电源，黄灯亮为无故障，黄灯灭为有故障；检查电网侧相序及其是否缺相，可用相序检测仪测试
		超速开关动作	检查超速开关是否得电，若无法消除，应立即停止运行并联系维修人员

续表

代号	故障名称	故障描述	故障排除方法
101	起升变频器故障	起升变频器发生故障	检查起升变频器面板故障代码并查变频器手册
102	质量传感器偏载故障/质量传感器过载故障	若质量传感器检测到总质量大于38 t,则报过载故障	① 检查电控柜门上的质量传感器显示屏度数是否有误； ② 若确实超重,为确保安全,应退出车辆
102	质量传感器偏载故障/质量传感器过载故障	若××个质量传感器有任意一个检测到质量小于××t或大于××t,则报偏载故障	① 检查电控柜门上质量传感器显示屏度数是否有误； ② 若确实偏载,为确保安全,应退出车辆； ③ 若发生钢丝绳勾住结构等危险情况,应立即联系维修人员
102	质量传感器偏载故障/质量传感器过载故障	起升运行时,横移或货叉机构在零位	立即联系维修人员进行手动操作
103	激光测距数据丢失故障	起升高度检测到有误或高度信号丢失	① 检查激光测距仪是否损坏； ② 检查激光测距仪通信是否异常； ③ 检查反光板是否被污染,如污染,应擦拭干净
104	超高检测故障	高于××m的车辆进入停车设备	应退出超高车辆
105	EtherCat 通信故障	EtherCat 通信发生故障	① 检查电控柜内的CPU、EtherCAT端口接线； ② 检查电控柜内的耦合器模块、EtherCAT端口接线； ③ 检查货叉绝对值编码器接线； ④ 检查 EtherCAT 路由去接线
106	EIP 通信故障	以太网通信发生故障	检查与以太网交换机接线的所有设备,包括CPU、车姿检测、一体机、激光测距、LED引导屏和充电桩的网络接线
107	××层停层故障	自动运行下,起升机构在一层停车时位置有误	立即停止运行并联系维修人员
108	××电动机过温故障	控制合时,起升电动机温度过高	检查电动机是否过温,如确实过温,立即停止运行并联系维修人员
109	××电动机过温故障	货叉电动机温度过高	检查电动机是否过温,如确实过温,立即停止运行并联系维修人员
110	制动电阻报警	制动电阻箱温度过高	检查电阻箱,如确实过温,立即停止运行并联系维修人员
111	起升变频器开关故障	起升变频器侧主开关未闭合或跳闸	① 检查起升变频器侧主开关是否未打开； ② 检查起升变频器侧主开关是否存在过电流情况,如存在,立即停止运行并联系维修人员

续表

代号	故障名称	故障描述	故障排除方法
112	前超长限位动作报警	关门状态下,前超长光栅已动作	① 检查前超长光栅是否误动作; ② 车辆越过前超长光栅,应退后重试; ③ 确属超长车辆,应退出停车设备
113	后超长限位动作报警	关门状态下,后超长光栅已动作	① 检查后超长光栅是否误动作; ② 车辆未越过后超长光栅,则前行重试; ③ 确属超长车辆,则退出停车设备
114	××入口左超宽检测动作报警	车辆已超过左超宽设定的区域	车辆右移,如果还是报警,则退出停车设备
115	××入口右超宽检测动作报警	车辆已超过右超宽设定的区域	车辆左移,如果还是报警,则退出停车设备

第46章

车库光伏发电系统

随着全球能源多元化的发展及我国"碳达峰""碳中和"目标的提出,为了响应全球减少碳排放的号召,国家大力鼓励以太阳能、水电、风电等清洁能源发电,清洁能源得到了快速发展。在太阳能应用领域亦是如此,早在2006年国家"光伏金太阳"项目之后,就兴起了光伏电站建设的一股浪潮。太阳能光伏发电对于环境的要求最低,任何有光照面积的地方,都可以建设一个光伏发电小单元。

46.1 光伏的发展及分类

46.1.1 光伏的概念及分类

光伏(photovoltaic)是太阳能光伏发电系统(solar power system)的简称,是一种利用太阳电池半导体材料的光伏效应,将太阳光的辐射能直接转换为电能的新型发电系统,有离网独立运行和并网运行2种方式。

太阳能光伏发电系统按照其装机容量大小分类,可以分为集中式和分布式。其中,集中式即大型地面光伏发电系统;分布式(一般以6 MW为分界)包括工商企业厂房屋顶的光伏发电系统、家庭居民屋顶光伏发电系统等。

车库光伏属于后一种,即小型分布式光伏发电系统,其原理如图46-1所示。

46.1.2 光伏的发展

法国科学家Edmond Becquerel于1839年首次发现光生伏打效应。1873年,英国电气工程师Willoughby Smith发现了硒的光电导率,这意味着它在吸收光线后会导电。3年后,威廉·格里尔斯·亚当斯和理查德·埃文斯日了解到,硒可以在没有热量的情况下由光线产生电力,或者可以轻易地将部件移动。这一发现证明了太阳能很容易收获和维护,比其他能源(如燃煤电厂)所需的部件更少。1887年,德国物理学家Heinrich Hertz首先观察到了光电效应,其中光被用来从固体表面(通常是金属)释放电子以产生能量。与预期的结果相反,赫兹发现这种过程在暴露于紫外线时会产生更多的能量,而不是更强烈的可见光。阿尔伯特·爱因斯坦后来因进一步解释其效果,获得了诺贝尔奖。现代太阳能电池依靠光电效应将太阳光转化为电能。1953年,贝尔实验室的物理学家发现硅比硒更有效,创造了第一块实用的太阳能电池——效率高达6%。这一发现直接使太阳能电池能够为电气设备供电。1956年,Western Electric开始出售其硅光伏技术的商业许可证,但硅太阳能电池的高昂成本使其无法在市场上普遍饱和。随着20世纪70年代石油价格的上涨,对太阳能的需求增加。埃克森公司资助研究开发由低等级硅和更便宜的材料制成的太阳能电池,成本从每瓦100美元降至每瓦20~40美元。联邦政府还通过了几项太阳能法案和倡议,并于1977年创建了国家可再生能源实验室(NREL)。1994年,国家可再

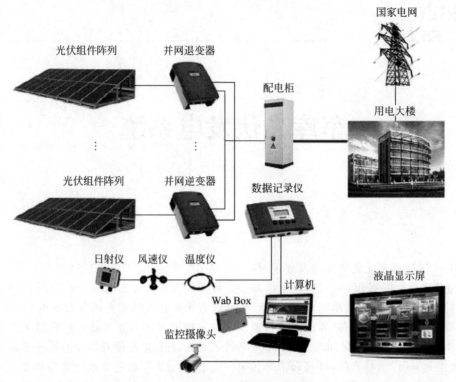

图 46-1　分布式光伏发电系统原理图

生能源实验室开发出一种新的太阳能电池,由铟的磷化物和砷化镓制成,转换效率超过 30%。到 1999 年,该实验室创造了薄膜太阳能电池,将其收集的 32% 的阳光转化为可用能量。随着太阳能电池技术和效率的提高,住宅太阳能发电越来越受欢迎。DIY 太阳能电池板于 2005 年开始进入市场,并且变得越来越普遍。像纸一样薄的太阳能电池现在可以使用工业打印机制造并可制成诸如屋顶瓦或屋顶板的产品。它们具有 20% 的功率转换效率,单个条带每平方米可产生高达 50 W 的功率,使住宅太阳能的成本比以往更低。

中国光伏发电产业于 20 世纪 70 年代起步,90 年代中期进入稳步发展时期。经过 30 多年的努力,迎来了快速发展的新阶段。

2010 年以后,在欧洲经历光伏产业需求放缓的背景下,中国光伏产业迅速崛起,成为全球光伏产业发展的主要动力,累计光伏装机并网容量 16 GW。2018 年,全国新增光伏并网装机容量达到 44 GW,累计光伏装机并网容量超过 174 GW。新增和累计装机容量均为全球第一。全年光伏发电量约为 $1\,800 \times 10^8$ kW·h,约占全国全年总发电量的 2.6%。经过多年发展,中国已建立起由原材料生产到光伏系统建设等多个环节的完整产业链。

2019 年,我国光伏新增装机和累计光伏装机容量继续保持全球第一。在光伏产业制造端环节,受益于海外市场增长,我国光伏各环节产业规模依旧保持快速增长的势头。光伏产业出口表现亮眼,实现出口额、出口量"双升"。光伏产业出口额超过 200 亿美元,创下"双反"以来的新高。其中,组件出口增长最为突出,出口量超过 65 GW,出口额 173.1 亿美元,超过 2018 年全年光伏产品的出口总额。2019 年,我国新增光伏并网装机容量达到 30.1 GW;截至 2019 年年底,累计光伏并网装机量达到 204.3 GW,同比增长 17.1%;全年光伏发电量 $2\,242.6 \times 10^8$ kW·h,同比增长 26.3%,占我国全年总发电量的 3.1%,同比提高了 0.5%。

46.2 车库光伏设计概述

46.2.1 设计原则

车库光伏设计的原则为：稳定性、先进性、高效性、展示性。

(1) 稳定性。太阳能发电运行的成熟稳定性至关重要，系统将采用先进成熟的技术与设备，结合完善的保护措施，保证系统稳定运行。

(2) 先进性。光伏发电是新兴高新技术，在进行项目系统设计过程中，将通过优化系统配置、选择先进的关键设备，实现智能控制，保证系统的先进性。

(3) 高效性。选用高效的电气设备，降低设备损耗；光伏组件到逆变器及从逆变器到并网点的电力电缆应尽可能保持在最短距离，以减小线路损失，提高系统的输出能量。

(4) 展示性。太阳能光伏发电是新能源的重要部分，项目不仅体现光伏系统的设计和应用技术水平，还将体现国家对可再生能源的重视，因此系统的展示性不可忽视。车库光伏将起到良好的展示效果，向市民直观地展示清洁能源的有效利用，宣扬环保理念，同时还可作为新能源的展示平台。

46.2.2 光伏车库发电系统设计概述

近年来，随着我国社会经济的快速发展和人民生活水平的不断提高，汽车化进程不断加快，国内私家车迅速增长，停车难的问题越来越严重。为了解决城市停车空间的紧张和狭窄问题，各式各样的立体停车库应运而生。它们在汽车的搬运形式和仓储方式上各不相同，其中立体停车库是集各种技术为一体的智能化、立体化汽车储运系统，能够快速、可靠地完成汽车的存取及相关信息的管理，如停车位、停车时间记录、停车费收取等。

1. 光伏车库

光伏车库就是在传统停车库的基础上安装光伏组件，这样不仅具有普通停车库所具有的功能，光伏组件在光照下还可产生一定的电能，无论是采用屋顶光伏系统（BAPV）还是光伏建筑一体化（BIPV）的形式，光伏组件均可有效减少停车库接收的太阳能辐射量，减少光线对车辆的辐射，降低热量的传递。通过合理的结构设计，也可以增加停车库的美观性、科技感。

2. 光伏与停车库结合的两种形式

光伏与建筑的结合有 2 种形式：一种是光伏系统简单附着在建筑之上的形式，即 BAPV (building attached PV)。建筑作为光伏阵列的载体，起支撑作用。BAPV 建筑中采用的是普通光伏组件，太阳能光伏组件通过支架安装在屋顶上，光伏产品并不属于建筑物的一部分，如图 46-2 所示。

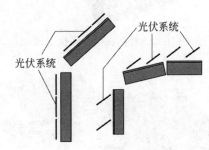

图 46-2 光伏附着在建筑上

另一种是建筑与光伏组件相结合，将光伏系统集成到建筑上的技术，即 BIPV (building integrated PV)。BIPV 是光伏建筑一体化的一种高级形式，它对光伏组件的要求较高。光伏组件不仅要满足光伏发电的功能要求，还要兼顾建筑的基本功能要求。光伏组件可代替部分建材，即用光伏组件来做建筑物的屋顶、外墙、玻璃幕墙和窗户等，这样既可用作建材又可发电，可谓物尽其用，如图 46-3 所示。

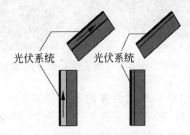

图 46-3 光伏集成在建筑上

46.2.3 光伏车库的结构设计

1. BAPV 光伏组件的安装形式

BAPV 形式的光伏组件是一般的光伏组件，不需要特制。BAPV 形式的光伏组件采用光伏支架安装固定在屋顶上，根据屋顶类型不同主要有 2 种形式，分别如图 46-4 和图 46-5 所示；两种形式的实际应用分别如图 46-6 和图 46-7 所示。

图 46-7 混凝土屋顶光伏发电系统实景

图 46-8 所示。

图 46-4 彩钢瓦屋顶光伏支架

图 46-5 混凝土屋顶光伏支架

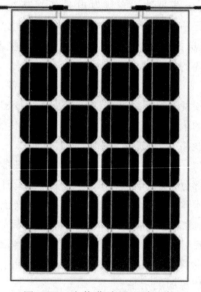

图 46-8 光伏幕墙用双玻组件

光伏幕墙主要有隐框幕墙结构、明框幕墙结构、半隐框结构和点支式幕墙结构、无边框组件外墙干挂法等。

下面以明框幕墙结构为例加以说明。明框光伏幕墙的安装节点及实景图分别如图 46-9～图 46-11 所示。其结构特点如下：

（1）横向和竖向框架均显露于幕墙玻璃外表面，玻璃分格间可以看到骨格和窗框，幕墙平面表现为矩形分格。

（2）全玻组件的安装固定主要靠结构胶的粘接和构件压接实现。

（3）幕墙整体表现出明显的层次感，太阳能电池组件与龙骨型材互为装饰，表现出一种建筑美学。

图 46-6 彩钢瓦屋顶光伏发电系统实景

2. BIPV 光伏组件的安装形式

BIPV 形式的光伏组件一般需要特别定制，适用于光伏幕墙的光伏双玻组件实物如

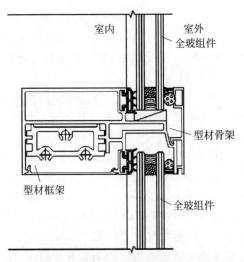

图 46-9　明框光伏幕墙安装节点图

图 46-10　明框光伏幕墙实景

图 46-11　明框光伏组件作为建筑屋顶的实景

46.3　光伏车库的基本电气系统

多块光伏组件根据直流电压等级及组件最高电压的数据不同,以不同块数组件用直流电缆连接成组串,再根据逆变器的功率大小以不同数量的组串接入逆变器,经逆变器将光伏发电产生的直流电转化为交流电,再经逆变器交流输出侧的交流电缆以交流电输出到停车库配电系统(配电柜),从而实现对停车库的供电。

电气系统主要包括发电侧、变电侧、配电侧。

46.3.1　发电侧

光伏系统发电侧的主要设备是光伏组件,停车库光伏应用组件以普通组件和 BIPV 组件为主。

(1)普通组件,是指具有封装及内部连接的、能单独提供直流电输出的光伏电池组合设备。其安装在停车库彩钢瓦上,以支架及夹具固定。

(2)BIPV 组件,其发电性能和普通组件相似,但不需要彩钢瓦作为安装基础,也不需要支架及夹具,直接可融入停车库顶部或墙面作为其一部分一起安装。

46.3.2　变电侧

变电侧的主要设备是逆变器。逆变器是能将输入的直流电转化为交流电输出的设备,安装在停车库配电系统(配电柜)附近。

46.3.3　配电侧

配电侧设备主要有两类:配电柜/箱、交/直流电缆。

46.4　光伏与停车设备结合的优点

从建筑学、光伏技术和经济效益方面来看,光伏发电技术和停车库相结合的光伏建筑一体化有如下优点。

(1)可以有效利用停车设备的屋顶和幕墙,无须占用宝贵的土地资源,这对于土地珍贵的城市尤为重要,也可以在人口稠密的闹市区安装使用。

(2)停车设备光伏发电不需要安装额外的基础设施。

(3)能有效减少停车设备能耗,实现建筑节能。并网光伏发电系统在白天阳光照射时,亦即用电高峰期发电,可以舒缓高峰电力需求,并将多余的电力并入电网。

(4) 即发即用,在一定距离范围内可以节省电站送电网的输配电投资。

(5) 光伏组件阵列一般安装在屋顶或墙的南立面上直接吸收太阳能。因此,停车设备集成光伏发电系统不仅提供了电力,还降低了墙面及屋顶的温升,从而降低建筑物室内的冷负荷。

(6) 光伏组件既可以发电,又可以用作建筑材料,可起到双重作用。

(7) 停车设备光伏发电可以提供创新方式,改善停车库的外观审美。

(8) 并网光伏发电系统没有噪声、没有污染物排放、不消耗燃料,绿色环保,可以增加停车库的综合品质。

当前国际能源形势相对严峻,各国在极力寻找可以替代常规化石能源的新型能源。太阳能作为取之不尽、用之不竭的清洁能源备受关注。随着全球大型地面、屋顶光伏发电系统的广泛推广和应用,太阳能成为电力供应中必不可少的发电能源之一。太阳能光伏组件与停车设备结合,安装在停车设备顶部及侧面,真正实现了太阳能发电与建筑的一体化,在未来的光伏发电应用中具有良好的前景。

46.5 执行的相关标准

Q/GDW 617—2011 光伏电站接入电网技术规定;

IEC 60904：2017 SERPhotovoltaic devices—All parts(中文译名：光电器件);

IEC 61173：1992 Overvoltage protection for photovoltaic (PV) power generating systems-Guide(中文译名：光伏发电系统过压保护导则);

IEC 61215：2005 Crystalline silicon terrestrial photovoltaic(PV) modules. Design qualification and type approval(中文译名：晶体硅地面光伏电池组件设计鉴定和定型);

IEC 61204：1993/AMD1：2001 Amendment 1—Low-voltage power supply devices, d. c. output—Performance characteristics[中文译名：直流输出低压供电装置 特性和安全要求（第一修订版）];

GB/T 17626.30—2012/IEC 61000-4-30：2008 电磁兼容试验和测量技术电能质量测量方法;

IEC 60364-7-712 ED2.0 2017 Low voltage electrical installations-Part 7-712：Requirements for special installations or locations-Solar photovoltaic(PV) power supply systems[中文译名：建筑物电气装置 第7～712部分：特殊装置或场所的要求 太阳能光伏(PV)发电系统];

IEC 60269-1 ed4.1 Consol. with am1—2009 Low-voltage fuses-Part 1：General requirements[中文译名：低压熔断器(2009修订版)第1部分：总则];

GB/T 191—2008 包装储运图示标志;

GB/T 19939—2005 光伏系统并网技术要求;

GB/T 50866—2013 光伏发电站接入电力系统设计规范;

JGJ/T 264—2012 光伏建筑一体化系统运行与维护规范;

GB/T 12325—2008 电能质量 供电电压偏差;

GB/T 12326—2008 电能质量 电压波动和闪变;

GB/T 14549—93 电能质量 公用电网谐波;

GB/T 15543—2008 电能质量 三相电压不平衡;

DL/T 448—2016 电能计量装置技术管理规程;

DL/T 5202—2004 电能量计量系统设计技术规程;

GB/T 29551—2013 建筑用太阳能光伏夹层玻璃;

GB 50797—2012 光伏发电站设计规范。

第47章

停车机器人

47.1 概述

47.1.1 系统组成及工作原理

停车机器人又称自动导引车（automated guided vehicle，AGV），指装备有电磁或光学等自动导引装置，能够沿规定的导引路径行驶，具有安全保护及各种移载功能的运输小车，用于搬运、存放汽车。

停车机器人主要由导航、车架、驱动及车辆交换四大系统组成。

(1) 导航系统，主要包括安装在车体上的传感器、陀螺仪及安装或敷设在停车库地面或墙面上的参考物（例如磁钉、磁性胶带、激光反光板、色带等），用来判别停车机器人的运行方向和运行状态，是停车机器人的"眼睛"。

(2) 车架系统，主要包括车体承重骨架、车轮安装架、举升机构安装架、充电装置安装架、控制系统安装架及相关传感器安装架等，是停车机器人受力的关键承重部件，可以说是停车机器人的"骨骼"。

(3) 驱动系统，主要包括驱动电动机、转向轮等相关元器件，主要为停车机器人提供动力，确保停车机器人能够正常工作，实现全方位运动，可以说是停车机器人的"双腿"。

(4) 车辆交换系统，主要包括举升电动机、电动机驱动器、举升机构、传动机构及相关传感器等，用以实现停车机器人对汽车（或车台板）的举升移载过程，进而实现停车机器人与停车库的车辆交换，可以说是停车机器人的"双手"。

停车机器人是机械式停车设备部件中自动化与智能化程度很高的设备，其工作原理为：在计算机的控制下，按路径规划和作业要求，使小车较为精确地行走并停靠到指定地点，完成汽车的搬运动作。

47.1.2 应用场所

停车机器人主要面向老旧停车场的改造和新建停车场，可大幅度降低停车库层高、对土建改动量小，空间利用率集约化，且基本不存在停放机动车掉落、倾覆的风险，非常适合机场、商业区等停车需求大、停车空间紧张的场所。

47.1.3 国内外发展现状

停车机器人的原型是仓储物流行业中的AGV。停车机器人首先在德国出现，并在杜塞尔多夫机场应用。该停车库大约有260个车位，设置6个中转站和3个泊车服务机器人。乘客存放汽车时，将汽车停放在中转站，随后中转站的激光扫描器扫描汽车的外形尺寸和轴距等参数，并传输给停车机器人。停车机器人根据测量的数据自动调整叉臂位置，将汽车抬起并运送至指定车位。随后，法国、美国等国家也研发出了类似的停车机器人系统，并在法国巴黎戴高乐机场及美国多地应用。

2015年以后,国内停车机器人技术发展迅速,目前已有多家企业研发出了相关产品,并在北京、南京、杭州等地应用。然而,受制于停车库的建设周期普遍偏长以及前期市场需求较少等,国内停车机器人大都停留在样机和模型阶段,而且大都是车台板方案,在车辆交换技术、调度及导航技术方面仍与国际领先水平存在一定的差距。

47.1.4 停车机器人的技术特点

与传统的九大类停车设备相比,停车机器人的活动区域无须铺设轨道、支座架等固定装置,且不受场地、道路和空间的限制,其具有以下特点。

(1) 灵活高效。停车机器人可以根据现场实时情况智能规划最佳路径与调度最近的停车机器人去搬运,因此其具有灵活、智能、高效的特点。

(2) 场地适应性强。停车机器人可以原地180°掉头,也可以任意角度转弯,解决了不规则场地或狭窄场地停车少或无法停车的困扰。

(3) 对场地要求高。停车机器人对地面坡度及平整度要求比较高,一般要求地面为水平面,并且平整度在±5 mm内。

(4) 对维护人员素质要求高。因为停车机器人是自动化程度很高的设备,内部电器元件多、线路复杂,所以需要具备一定专业素质的专业人员进行日常维护、保养与检修。

47.2 停车机器人设计方法简述

47.2.1 导航系统

停车机器人常见的导航方式有电磁感应式、惯性导航式、激光感应式、视觉导航式和混合导航式等。

(1) 电磁感应式。通过在地面粘贴磁性胶带或埋设磁钉,停车机器人经过时,车底部的电磁传感器会感应到地面磁条地标,从而实现自动行驶运输货物,站点定义则是依靠磁条极性的不同排列组合设置。电磁感应式导航成本较低,实现较为简单。但该导航方式灵活性差,停车机器人只能沿磁条行走,更改路径时需重新铺设磁条,无法通过控制系统实时更改任务,且磁条容易损坏,后期维护成本较高。

(2) 惯性导航式。在停车机器人上安装陀螺仪,在行驶区域的地面上安装定位块,停车机器人可通过对陀螺仪偏差信号的计算及对地面定位块信号的采集来确定自身的位置和方向,经过积分和运算得到速度和位置,从而达到对运载体导航定位的目的。其主要优点是技术先进、定位准确性高、灵活性强,便于组合和兼容,适用领域广;缺点是制造成本较高,导引的精度和可靠性与陀螺仪的制造精度及使用寿命密切相关。

(3) 激光感应式。在停车机器人行驶路径的周围安装位置精确的激光反射板,停车机器人通过发射激光束,同时采集由反射板反射的激光束来确定其当前的位置和方向,并通过连续的三角几何运算来实现停车机器人的运行,把车辆运送到预定的停车位。其主要优点是停车机器人定位精度高,可以高速行驶,行驶速度最高可达 1.5 m/s,地面不需要其他定位设施,行驶路径灵活多变,能够适合多种现场环境,是目前国外许多停车机器人生产厂家优先采用的先进导航方式;缺点是制造成本高,对环境要求(外界光线、地面、能见度等)较相对苛刻。

(4) 视觉导航式。通过在停车机器人的行驶路径上涂刷与地面颜色反差大的油漆或粘贴颜色反差大的色带,利用停车机器人上安装的摄图传感器将不断拍摄的图片与存储图片进行对比,偏移量信号输出给驱动控制系统,控制系统经过计算纠正停车机器人的行走方向,实现对停车机器人的导航。其主要优点是定位精确、灵活性好,改变或扩充路径容易,路径铺设也相对简单,导引原理同样简单而可靠,便于控制和通信,对声光无干扰,投资成本比激光感应式导航低很多,但比电磁感应式导航稍贵;缺点是路径同样需要维护,目前基于无固定参照的视觉导航停车机器人,其定位精度往往不高。

(5) 混合导航式。为了确保定位精准,停车机器人一般会采用混合导航方式。例如"激光导航＋惯性导航"的导航模式,在运行过程中,用激光导航作为主导航,用惯性导航来校验与修正停车机器人的行走轨迹,同时用磁钉来精确定位,可以使定位精准度误差小于5 mm。混合导航式停车机器人是目前市场上常见的形式。

47.2.2 驱动系统

1. 驱动电动机

停车机器人常见的驱动电动机类型主要有直流有刷电动机、直流无刷电动机、交流感应电动机和步进电动机。

(1) 直流有刷电动机。直流有刷电动机具有结构简单、控制容易、造价低等优点,但是由于换向器的存在,碳刷会不断磨损,需要定期维护,同时换向时会存在电磁干扰。

(2) 直流无刷电动机。直流无刷电动机以电子换向方式代替传统的机械换向方式,具有电磁辐射小、稳定性好、噪声小、维护简单、寿命长等优点,同时还具有低速输出转矩大、功率密度大、质量轻、体积小等优点。此外,直流无刷电动机的控制方式比较复杂,但随着微电子技术和控制技术的日益成熟,已经广泛应用于各种伺服系统。

(3) 交流感应电动机。交流感应电动机具有转速高、运行可靠、成本低、可实现四象限运行等优点,但是其驱动电源为交流电,考虑到停车机器人的车载供电来源为蓄电池,则需要引入逆变装置。

(4) 步进电动机。步进电动机具有结构简单、价格便宜、良好的启停和反转响应等优点,但是具有能源利用率低、容易产生共振、高性能闭环控制比较困难等缺点。

2. 转向轮

由于立体停车库中通道狭窄、空间有限,作业环境有局限性,因此要求停车机器人能够具有全方位移动的能力,因此驱动模块的选择至关重要。在现有的移动机构中,可以实现全方位转向功能的主要以差速驱动轮、麦克纳姆轮及舵轮为主。

(1) 差速驱动轮。差速驱动轮由左右对称布置的2个驱动轮组成,每个驱动轮单独安装驱动电动机,通过控制两轮的差动来实现转向,驱动模块通过承重回转支撑与车体连接,如图47-1所示。这种结构完全靠两轮之间的速度差实现转向,对控制精度要求较高,且控制过程比较复杂。

图 47-1 差速驱动轮

(2) 麦克纳姆轮。麦克纳姆轮是瑞典麦克纳姆公司的专利。麦克纳姆轮在轮子外缘按45°方向均匀分布多个被动的辊子,辊子的轴线与车轮的圆周相切。其基本原理是依靠辊子运动产生的速度与主轮滚动速度进行矢量叠加,最后实现平台在任意方向上自由移动,如前行、横移、斜行、旋转等。麦克纳姆轮根据辊子与车轮固定轴的旋转角度,可细分为左旋轮与右旋轮,其实物图如图47-2所示。麦克纳姆轮通常4个一组使用,有2个左旋轮和2个右旋轮。其优点是可以在较小的空间内实现前

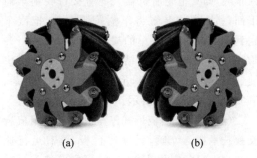

图 47-2 麦克纳姆轮
(a) 左旋轮;(b) 右旋轮

行、横移、斜行、旋转及其组合等运动方式；缺点是承载力较小。对于重载的停车机器人，若采用麦克纳姆轮，需要验算轮子的承载力。

（3）舵轮。舵轮同时兼有方位驱动和回转驱动作用，通过驱动电动机实现前后方向的车轮驱动，同时车轮上又装有转向电动机，可以实现车轮的回转运动。停车机器人运动过程中通过齿轮传动装置实现舵轮的全方位运动，其集成度高、适配性强。由于转向电动机与驱动电动机互相独立，控制过程不需要考虑电动机配合问题，从而大大降低了控制难度。若使用舵轮作为停车机器人的驱动轮，则可以实现车体沿任意方向的运动，大大提高了停车机器人的运动灵活性。舵轮实物图如图 47-3 所示。

图 47-3　舵轮

47.2.3　车辆交换系统

停车机器人常见的车辆交换系统可分为夹抱式、梳齿式及车抬板式等。

（1）夹抱式。单机配备 4 条夹持臂，用于夹抱轮胎。其特点为整车高度较低，可直接进入车底，即夹抱轮胎机器人能直接行驶到车辆下面，利用夹抱装置将车辆轮胎夹起，把汽车送到停车位，实现汽车的夹抱举升和运输。夹抱式停车机器人具有结构简单、安装方便快捷、运行效率高等优点，但控制相对比较复杂。其实物图如图 47-4 所示。

（2）梳齿式。梳齿式停车机器人利用梳齿交换技术搬运车辆，无须车台板，具有运行速度快、效率高、定位精准、运行可靠等特点。其实物图如图 47-5 所示。

图 47-4　夹抱式停车机器人

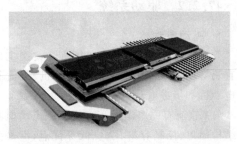

图 47-5　梳齿式停车机器人

（3）车台板式。此类型的停车机器人须与车台板一同使用。车台板下面有一定的高度，带举升功能的停车机器人行驶到车台板下面，通过停车机器人的举升机构抬起车台板后行走，实现车辆的搬运。其实物图如图 47-6 所示。此交换技术简单，使用效果尚可，但占用空间大，效率低，层高要求高。

图 47-6　车台板式停车机器人

47.2.4　车架系统

停车机器人的车架系统作为主要承重基体，安装有驱动系统、导航系统及车辆交换系统等重要部件，其所受重力施加在车架系统上。因此，停车机器人车体的强度、刚度能否满足设计要求,在停车机器人车架系统结构设计中至关重要。

停车机器人车架系统的设计与校核主要进行静力学分析和动力学分析。

1. 静力学分析

停车机器人能否正常工作最重要的前提就是车架系统结构是否满足静强度要求。在正常工作中,停车机器人的车架系统不能出现裂纹甚至结构断裂、塑性变形等意外情况。因此静力学分析针对所设计的停车机器人车架系统结构,分析其应力应变及变形量,判断其是否满足设计要求。

(1) 分析方法。停车机器人车架系统的静力学分析方法为有限元分析。由在建立有限元模型时为了提高分析效率,在不影响整体结构受力的情况下可对车架系统模型进行必要的简化处理,在简化时主要针对车架系统几何结构中对力学性能影响较小、导致网格划分困难的几何因素和结构进行简化和剔除,例如,可针对结构中受力较小或者不受力的零件及由加工工艺决定的非危险零件的倒角、圆角、小孔进行简化处理。

(2) 网格划分。网格划分是有限元建模过程中最重要的部分,其工作量相对最大。所划网格的质量和数量对计算速度、精度及结果的精确度有着直接的影响。有限元中网格的形状、大小、疏密程度是影响有限元分析结果的重要因素,因此网格划分一般遵循拓扑正确性、几何保形、特性一致性、单元形状优良、密度可控五大原则。

(3) 工况。停车机器人在实际工作过程中主要有 3 种状态:无负载、负载为载车板的(针对车台板式)和负载为汽车加载车板。在给车体施加约束及载荷时应考虑 3 种不同工况下的受力情况。无负载情况时车架仅受自身重力,且受力最小;负载为载车板时,由于载车板存在自重,因此车体受力较无负载情况时大;当负载为汽车加载车板时,停车机器人车体的受力最大,包括车体自身质量、载车板质量及汽车质量。对比 3 种情况,满负载(负载为汽车加载车板)为最不利工况,因此对停车机器人车体施加约束与载荷时主要考虑满负载工况。

(4) 荷载及边界条件。停车机器人车体工作时的荷载主要包括 5 部分:①车体自重,通过添加重力实现;②汽车及车辆交换系统对车体向下的压力,以集中力的形式作用在车体底盘的车辆交换系统处;③电气元件及锂电池等组成的电控箱对车体产生的向下压力,以等效均布力作用在支撑位置;④车头及车尾总成对车体前后大梁产生的向下压力,以等效均布力作用在支撑位置;⑤停车机器人的上盖板以及侧盖板等其他组件对车体产生的压力,以等效均布力作用在支撑位置。车体约束力主要施加在车轮安装板及前车轮平衡装置转轴处。

(5) 计算结果分析。使用计算机求解车架系统静力状态下的挠度和最大等效应力。停车机器人车架系统的主要结构为钢材,可使用第四强度理论(von Mises 理论)校核。

车架系统的最大挠度应不大于构件长度的 1%,von Mises 等效应力应小于材料的许用应力。材料许用应力的计算式为

$$[\sigma] = \frac{\sigma_s}{n} \quad (47\text{-}1)$$

式中 $[\sigma]$——许用应力,MPa;
σ_s——钢材的屈服强度,MPa;
n——安全系数,一般取 1.2~1.5。

算例:某停车机器人车架系统采用 Q345 结构钢。经有限元分析,最不利工况下的最大挠度为 0.879 mm(车辆交换系统等效荷载作用点附近,该构件长度为 1.8 m),最大等效应力为 192.68 MPa。

挠度校核:0.879 mm < 1.8 m/100 = 18 mm,挠度校核通过。

强度校核(安全系数 n 取 1.5):192.68 MPa < $\frac{345 \text{MPa}}{1.5}$ = 230 MPa,强度校核通过。

因此,通过对该停车机器人车架系统结构进行静力学分析,可以得到,在最不利工况下车体的挠度及强度均在设计允许的范围内,满足设计要求。

2. 动力学分析

停车机器人属于多自由度的振动系统,在

运行过程中会受到内部电动机的驱动激励及外界环境的地面不平度等各种激励的影响而产生振动,因此进一步判断这些外部激励对应的频率是否接近停车机器人的固有频率,进而会引起的共振现象。停车机器人车体一旦产生共振会造成车架系统材料疲劳,引发结构件损坏,降低使用寿命,造成的后果不堪设想。因此,动力学分析在车架系统结构设计的过程中是不可缺少的环节。

模态分析是动力学分析的一种方法,在工程振动领域应用广泛。其中,模态是指机械结构的固有振动特性,每个模态有特定的固有频率、阻尼比和模态振型。

分析车架系统在运行状态下的振动特性时,可将静力学分析的结果直接导入进行模态分析。由于在静力学分析过程中已经施加载荷及约束等边界条件,因此在计算时不需要重新添加边界条件。为满足停车机器人的设计使用要求,一般分析车架系统的前8阶模态,分析得到车体各阶模态的固有频率、振型特征及最大变形位置。

为避免停车机器人车架系统结构产生共振现象,应针对可能引起共振的激励情况进行分析讨论。可能引起停车机器人产生共振的激励主要包括内部电动机的驱动激励和外部地面的激励。

(1) 内部电动机激励。停车机器人包含有驱动电动机、转向电动机及举升电动机,这些电动机的激励频率可由电动机的额定转速确定,例如,驱动电动机的额定转速 $\omega = 1\,500$ r/min,则电动机的频率为 25 Hz。比较电动机频率与停车机器人车架系统各模态的固有频率,若电动机频率与车体各阶固有频率有一定的差距,则不会造成车架系统共振。

(2) 外部地面激励。外部地面激励的频率大小主要受停车机器人运动速度及地面不平度的影响。外部地面激励频率 f_t 的计算式为:

$$f_t = \frac{v}{\Delta} \qquad (47-2)$$

式中 v——停车机器人运行速度,m/s;
Δ——地面不平度波长(见表 47-1)。

表 47-1 地面不平度波长

地面状况	波长/m
平坦地面	4.2~90.9
石块地面	0.8~6.7
搓板路	0.5~1.1

由于停车机器人对运行场地地面平整度要求较高,一般在平坦地面行驶。停车机器人运行速度取 1.5 m/s,此时若地面不平度波长取 90.9 m,则外部激励频率为 0.017 Hz;若地面不平度波长取 4.2 m,则外部激励频率为 0.35 Hz,因此停车机器人车体各阶固有频率只要避开 0.017~0.35 Hz 的范围,则在平坦地面行驶时不会发生车架系统共振。

47.3 技术标准及规范

GB/T 33262—2016《工业机器人模块化设计规范》;

GB/T 30030—2013《自动导引车(AGV)术语》;

GB/T 20721—2006《自动导引车(AGV)通用技术条件》;

GB/T 30029—2013《自动导引车(AGV)设计通则》;

GB/T 10827.1—2014《工业车辆安全要求和验证 第1部分:自行式工业车辆(除无人驾驶车辆、伸缩臂式叉车和载运车)》;

GB 50017—2017《钢结构设计规范》。

第5篇

园林机械

第48章

园林机械概述

48.1 园林机械的概念及分类

48.1.1 概念

园林,指特定培养的自然环境和游憩境域,即在一定的地域运用工程技术和艺术手段,通过改造地形、种植树木花草、营造建筑和布置园路等途径创作而成的美的自然环境和游憩境域。

园林机械是指用于园林种植、园林养护和园林废弃物处理的机械设备。

48.1.2 重要术语

(1)草坪机械,即用于草坪建植和草坪建植以后的一系列养护的设备。

(2)草坪播种和移植机械,即在经过整地处理的地面上播撒草坪种子和铺植草皮的设备。

(3)起草皮机,即将草皮按一定的宽度和地表面下的深度与地面分离的设备。

(4)草坪养护机械,即草坪建植以后,在其使用期内保持草坪功能而对其进行一系列养护所用的设备。

(5)草坪修剪机械,即根据草坪的使用要求,按一定高度修剪草坪的设备。

(6)绿篱修剪机,即工作装置以剪切或切割掉部分枝权的方式对绿篱、树墙、树木进行整形的机器。

(7)动力链锯,即由动力机驱动具有切割刀具的专用链条,沿一个导向板做循环运动来分离木材的机器。

(8)枝丫削片粉碎机,即将树木枝丫送入一个具有高速旋转的切割刀片或冲锤的切割装置中,将其切割或撞击成小块木片的机器。

48.1.3 分类

(1)按园林机械的功能可以分为:园林绿化树木培育与养护机械、花卉培育与养护机械、草坪建植与养护机械、园林绿化灌溉设备、园林绿化病虫害防治机械、园林绿化废弃物收集与消纳机械。

(2)按园林机械与动力配套的方式分类,可分为人力式和动力式2类。

① 人力式园林机械是以人力作为动力的机械,如手推式剪草机、手摇式撒播机、手动喷雾器、手推式撒布机、手推草坪滚等。

② 机动式园林机械是以内燃机、电动机等动力机械作为动力的机械,有便携式、拖拉机挂结式、自行式和手扶式等形式。

本篇重点介绍园林种植与施肥机械、园林病虫害防治机械、草坪机械、园林绿化灌溉机械及园林绿化树木修剪和枝丫粉碎机械。

48.2 园林机械的发展趋势

48.2.1 国外园林机械的发展

园林机械行业发展至今已有百余年的历史。世界上第一台割草机于1830年问世,拉开了园林机械行业发展的序幕,此后多种不同类型的用于园林绿化和养护的机械设备相继出现。随着人们生活水平的不断提高,小型园林绿化和养护机械开始进入欧美等发达国家和地区的家庭,逐渐成为家庭常备机具。20世纪末,国外主要城市的绿地建设和养护作业基本实现了机械化。进入21世纪以后,随着世界经济持续增长,同时伴随着机械制造技术的不断进步,园林机械行业进入了快速发展时期。从市场分布来看,目前欧美等发达国家和地区是园林机械产品的主要消费区域。对于大部分发展中国家而言,园林机械行业正处于持续发展阶段。

目前美国是世界范围内最大的园林机械产品消费国,其需求主要来自庭院绿化建设、公共绿化建设及高尔夫球场等商业绿地建设。美国经济发达,居住环境优美,高尔夫运动较为普及,并且居民庭院拥有率相对较高,花园、草坪维护作业频繁,如修整草坪和绿篱等,园林机械的市场需求较大。同时美国的园艺爱好者人数众多,他们在自家庭院中不仅投入了大量时间和精力,还添置了众多园林机械产品,从而带动了该地区园林机械市场的发展。

欧洲各国自然环境保护较好、城市化进程起步较早,是园林机械的发源地,也是主要的消费市场之一。欧洲发达国家的私家花园、别墅普及率较高,大约有70%的居民有打理花园的爱好。德国是欧洲最大的园艺用品市场。德国近4000万户家庭中有超过40%的家庭拥有自己的花园,超过60%的德国居民在空闲时间不同程度地参与园艺活动,70%的德国家庭拥有园艺用品。

在亚洲,日本的城市化进程开始于1920年,目前城市化率已经超过90%。绿化覆盖率已经达到国土总面积的70%左右,绿化覆盖区的养护作业对园林机械产品的需求较大。

亚洲其他大多数国家为发展中国家,收入水平相对较低,在园林机械方面的投入相对较少。但整个亚洲地区的绿化面积、人口数量及GDP绝对数量较大,近年来随着经济的不断发展,人均收入水平不断提高,人们对于改善生活环境、增加绿化面积的需求也在不断上升,亚洲正逐渐成为园林机械行业的一大新兴市场。

从园林机械产品的发展看,在20世纪80年代的西方发达国家,当草坪修剪机进入家庭庭院时,产品以步行操纵推行式为主导,到了20世纪90年代,步行操纵自走式草坪修剪机已逐步取代了步行操纵推行式草坪修剪机,虽然无驱动轮的步行操纵推行式草坪修剪机价格很便宜,但在欧美国家已很少有人问津。进入21世纪,小型乘坐操纵坐骑式草坪修剪机又开始逐步取代步行操纵自走式草坪修剪机。特别是能实现原地转弯、机动性能好、一机多用的全液压草坪拖拉机的问世,受到了广大用户的普遍欢迎,预计不久的将来,还会有自动化程度更高、操作更舒适的草坪机械出现。园林绿化机械应积极发展一机多用和联合作业功能。一机多用是指一种机器能配备多种工作装置或附件,更换不同的装置就能完成不同的作业,以提高机器的利用率。联合作业机是指一种机器上能同时安装多种工作装置,同时完成多项需要按顺序连续进行的作业,以提高机器的作业效率和劳动生产率。一机多用主要适用于家庭或企事业单位庭院及一些小型公园。21世纪是更加关注环境保护的世纪,所以对于主要用于城市露天作业的园林绿化机械设备在环保方面的要求也越来越严。譬如美国很多州已经各自立法,规定了所有机器必须达到一定的排放标准和噪声标准。不少大型园林绿化机械设备制造企业已经或正在采取措施,研制生产低污染甚至无污染的"绿色"园林绿化机械产品。以前在小型园林绿化机械上普遍采用的二行程汽油机,虽然结构简单、质量轻,但由于噪声大、排放污染严重,已逐步被四行程汽油机所代替。手持式园林机械,如手持式绿篱修剪机的二行程汽油机也在被小型电动机代替。由此可见,机械产品的环保性能必将成为评价其质量的重要指标之一。

48.2.2　国内园林机械的发展

国内园林绿化机械设备的发展起始于20世纪70年代后期,20世纪90年代开始进入了快速发展时期,其主要标志是:除了园林机械厂、林业机械厂生产园林绿化机械设备以外,一批实力较强的通用机械厂、机床厂也开始生产不同品种的园林绿化机械,部分小型园林绿化机械已开始出口国外。我国对于先进的园林绿化机械设备的进口大幅度上升,英国、德国、瑞典、日本等国一些大公司的园林绿化机械纷纷进入国内市场。大型园林绿化工程中机械化作业的比重明显提高,一批机械化施工队伍已经出现。园林绿化机械开始进入企事业单位的庭院和住宅小区。

近些年来,我国园林绿化机械化得到了长足发展,在园林绿化作业中发挥了重要作用,主要表现在以下方面。

(1) 园林绿化机械制造业已有一定的规模。许多大中城市有园林机械制造厂或维修点。特别是近年来,在机械行业中有一些经济实力雄厚、技术力量很强的工厂投入园林绿化机械生产,使我国园林绿化机械的生产规模、数量、品种迅速得以扩大和提高,为园林绿化机械化增添了生力军,使园林绿化机械国产化水平有了一定的提高。

(2) 园林绿化机械的研究队伍已经形成,一批高等院校及研究单位投入大批人力、物力、财力,取得了一批具有较高水平的科研成果,正在转化为生产力,应用于园林绿化作业中。园林绿化机械的人才培养体系已经完善,初、中、高级技术工人等各层次技术力量正在按市场经济的需求源源不断地培养出来。

(3) 近些年来,从国外引进了一批适于我国国情的园林绿化机械设备,在园林绿化多项作业中试验、推广、使用,为促进我国园林绿化机械的发展起到了积极的推动作用。

我国园林绿化机械发展的现阶段应该研究以小型为主、一机多用、经济耐用的作业机具;选用或研发低噪声、低振动、低污染的小型发动机作为园林机具的动力,以满足城乡园林作业的需要;同时应继续引进国外的先进技术,并通过自主创新推动我国园林绿化机械国产化,制定有关产品质量验收标准,提高产品质量,增加品种,形成国产园林绿化机械系列,满足多种作业要求。此外还要加强大小型多功能联合作业机的研究力度。

48.2.3　园林机械的发展方向

园林机械行业的发展过程也是产品自动化程度不断提高的过程。以草坪修剪机为例,当草坪修剪机首次进入家庭庭院时,为步行操纵推行式产品,此后逐渐被步行操纵自走式产品所替代,以后产品自动化程度更高的小型坐骑式草坪修剪机开始出现并逐步得到市场的广泛认可;草坪修剪机具备的功能也在不断多样化,除基本的除草功能外,逐步加入了碎草、收集、清洗、行走调速等功能,为使用者提供了更大的便利。因此,随着经济社会的不断发展、科学技术的日益进步及人民对生活质量的要求不断提高,未来人们对园林机械产品的自动化和多功能化要求也将不断上升。

随着环保要求的持续加强,企业必须大力改善园林绿化机械的环保性能,特别是减少发动机尾气排放和降低噪声,今后大量园林机械会采用新能源技术。所以多功能、自动化、智能化、低污染、低能耗和轻量化是今后园林机械的长期发展方向。

第49章

园林种植与施肥机械

49.1 园林场地清理平整机械

49.1.1 场地清理平整机械的用途

园林绿化树木（乔、灌木）是园林绿地的重要组成部分，园林绿化树木建植地的清理和整地，是为园林乔、灌木种植提供良好的环境和土壤条件。清理和整地机械是对建植地的障碍物及杂物等进行清理，并对土壤按树木种植技术要求进行耕翻、整地的机械。可用来进行园林树木建植地清理和整地的机械种类很多，选用时除与乔、灌木树种有关外，还与种植地的情况有很大关系。

园林树木建植地的条件、环境差异很大，如按建植时间先后可以分为新建种植地与已建种植地；按面积大小可以分为成片、大块地与零星、小块地；对与市政建设有关的种植地的情况和条件就更加复杂了，如道路改建或扩建，需在原沥青路面或混凝土路面上种植树木等，这些条件对清理及整地机械的选择有很大不同。

下面按园林树木建植地清理和整地的主要作业内容，介绍不同的机械设备。

49.1.2 割灌机

割灌机是割除灌木、杂草的便携式机械，有背负式、侧挂式及手持式。割灌机主要由动力、离合器、传动系统、工作装置、操纵控制系统及背挂部分组成。

割灌机根据动力不同，分为电动割灌机和内燃割灌机。在庭院或电源方便的地方可以使用电动割灌机。而多数场合均使用以二冲程汽油机为动力的割灌机，汽油机与传动系统之间是离心式离合器，离合器主动体与汽油机曲轴连接，离合器被动体与传动系统（传动轴）连接，当汽油机的转速达到离合器接合转速时，主动体的离合块克服弹簧力向外甩，与被动体（离合碟）接合，汽油机的动力由传动系统传出，而驱动工作装置完成割灌或去除杂草工作。离心式离合器的结构如图49-1所示，包括主动体和被动体两部分，如图49-1(a)所示，主动体（图49-1(b)）由离合器座、离合器块及离合器弹簧组成，离合器座与发动机曲轴的输出端用螺纹连接，离合器块用弹簧连接在离合器座上（该图为3根弹簧，也有的用1根长弹簧包围在离合器块外表面），离合器被动体，即离合碟以花键与传动系统减速箱的主动轴相连。发动机转速低时，离合块的离心力小于弹簧张力，这时离合块与离合碟处于分离状态；当发动机转速高时，离合块的离心力大于弹簧的张力，离合器甩块与离合碟紧贴，靠离心力的作用使发动机带动工作部件做功。离合器的接合转速一般为2 800 r/min左右，所以控制发动机的油门大小，改变转速就控制了离合器的结合与脱开。

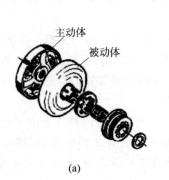

图 49-1 离心式离合器
(a) 组成；(b) 主动体

传动系统由传动轴和一对圆锥齿轮减速组成。传动轴随工作需要选定，有硬轴割灌机和软轴割灌机。

硬轴割灌机杆长，工作范围大，适于在较开阔的区域内去除灌木、树木间地面的杂草或修枝等；软轴割灌机的工作范围较硬轴割灌机要小，但使用方便，操作者可在任意范围使用，特别适于在坡地或工作区域较小的场地使用。

如图 49-2 所示，割灌机的工作装置有多种形式，有尼龙绳、活络刀片、二齿刀片、三齿刀片、四齿刀片、多齿圆锯片等。在锯除灌木和修打枝杈时，应使用多齿圆锯片，而在草坪坪面上修剪或切边时，则可选用尼龙绳的工作装置。

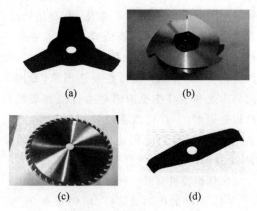

图 49-2 不同的工作装置

割灌机品牌很多，国内外均有生产，国内部分割灌机的主要参数见表 49-1。

表 49-1 背负式割灌机的主要技术参数

项 目	参 数		
	DG2 型割灌机	DG3 型割灌机	FBG-13 型软轴割灌机
外形尺寸（长×宽×高）/(mm×mm×mm)	6 000×540×600	1 600×525×580	250×270×120（背负部分）
质量/kg	12.2	10.65	10.4
操作人数/人	1	1	1
形式	侧挂式	侧挂式	背负式
减速比	1.21	1.31	1.36
发动机型号	IE40F 型汽油机	IE40FA 型汽油机	IE40F-1 型汽油机
允许切割的林木直径/cm	18	18	12
锯片的额定转速/(r·min^{-1})	4 132	5 343	4 400

49.1.3 园林拖拉机

园林拖拉机是用于园林绿化各项作业中与作业机具配套使用的动力机械。作业机具由拖拉机以牵引、悬挂等形式挂接作业,也可以在挂接作业的同时输出动力(机械动力与液压动力)驱动各种园林绿化作业机具进行作业,如剪草机、打药机、撒肥机、喷灌机等。

1. 园林拖拉机的特点

园林业发展早期,农业拖拉机被用于园林作业,如绿地建植时的推土、整地、挖沟、挖掘、打药、灌溉等。由于运动业、旅游业的发展,园林绿地的观赏价值及其产业化、商业化特点,对建植和养护提出了更高的要求,而农业拖拉机从性能、功能及造型上都不能满足园林绿化作业的要求。因此,在一些发达国家,专用于园林作业和草坪作业的园林拖拉机和草坪拖拉机应运而生,并得以迅速发展。高新技术、新工艺、新材料的应用使园林拖拉机日臻完善,并逐渐形成独立的分支。

园林拖拉机有以下特点。

(1) 高度的机动灵活性,结构紧凑、轻便,有极小的转弯半径甚至零转弯半径。有极灵活的转弯能力,甚至原地旋转、进退自如。可在树木、灌木、篱笆、围墙周围周旋、精细作业。

(2) 有良好的视野,可准确作业。

(3) 操纵系统采用集中控制,更加方便舒适。

(4) 转向系统更加灵活、精细,便于操作,四轮转向机构的采用可大大减轻对绿地的旋压。

(5) 设计更加符合人机工程学的要求。除强调机器的实用性、经济性、安全性、可靠性外,还特别重视驾驶的舒适性及对振动、噪声的控制。

(6) 为了适应园林作业的多种要求,园林拖拉机往往设置 2 种或 3 种(前置、轴间和后置)动力输出轴和液压输出接头及前后悬挂装置。

(7) 重视环境保护,控制尾气排放。

(8) 追求完美的造型及与园林环境的协调性。

(9) 有较高的越野性和较小的接地压力。

(10) 轮胎设计更加有利于对草坪、绿地的保护。

(11) 高档园林拖拉机采用机、电、液一体化,可实现自动控制。

2. 园林拖拉机的形式

园林拖拉机有轮式、履带式和手扶式等形式。

轮式拖拉机是园林作业中使用最多的拖拉机,其适应性强、综合利用广、操纵轻便;但与履带式拖拉机相比其牵引附着性较差,在坡地、黏重土壤、潮湿及沙地作业时受到一定限制。园林作业,特别是养护作业一般条件较好,因此,广泛使用轮式拖拉机。

轮式拖拉机有四轮、三轮和两轮等。国内公司生产的系列园林拖拉机如图 49-3 所示。

图 49-3 园林拖拉机

履带式拖拉机的优点是附着性能好、单位机宽的牵引力大、接地比压低、越野性强、稳定性好,在潮湿、土质黏重地上作业时,履带式拖拉机比轮式拖拉机有更好的使用性能。在园林作业中,一般耕地、推土、开沟、平地等作业选用履带式拖拉机,公路护坡、杂草修剪也可选用履带式拖拉机。

手扶式拖拉机是一种两轮的轮式拖拉机(或手扶履带式)。工作时,驾驶人员手扶扶手随机步行。手扶拖拉机由发动机、传动箱、机架、扶手、行走装置等组成,如图49-4所示。手扶拖拉机一般以小型单缸四冲程柴油机为动力,草坪用手扶拖拉机或手扶式机械常采用小型单缸四冲程汽油机。手扶拖拉机分为大、小两类,小手扶拖拉机的功率一般为2.2～4.4 kW,发动机常用风冷式四冲程单缸柴油机,大手扶拖拉机的功率一般为7.4～8.8 kW,发动机为水冷四冲程单缸柴油机。手扶拖拉机的传动方式基本相似。发动机的动力经装在飞轮上的皮带轮通过三角皮带传给离合器,然后传入传动箱。传动箱内设有变速器、中央传动、最终传动,在中央传动的两侧装有牙嵌式转向离合机构以取代一般的差速器。转向时,扳动转向手柄使牙嵌式离合器切断动力,切断左侧动力时向左转向。两驱动轮装在最终传动的大齿轮轴上。在手扶架的两个扶手上,装有操纵发动机的调速器油门和拖拉机的变速、停车、制动和转向等各种手柄和手把。

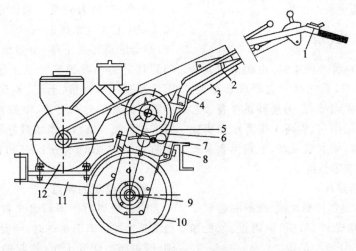

图49-4 小型手扶拖拉机

1—油门控制总成;2—扶手架总成;3—罩壳焊合;4—离合器、制动器拉杆组合;5—离合器总成;6—变速箱总成;7—三角胶带;8—牵引架;9—驱动方轴;10—驱动轮或旋耕刀组;11—机架焊合;12—发动机

3. 园林拖拉机的组成及构造

园林拖拉机一般由发动机、传动系、转向系、制动系、行走系和工作装置组成。

发动机是园林拖拉机的动力,园林拖拉机大多以多缸水冷四冲程柴油机或汽油机为动力,较小型的可用单缸汽油机或柴油机。发动机功率一般为7.36～22 kW。传动系的功用是将发动机的动力传递给拖拉机的驱动轮和驱动工作部件,使拖拉机获得行驶速度和牵引力并实现停车。传动系由离合器、变速器、驱动桥三大部分组成。转向系用来改变或恢复拖拉机的行驶方向。轮式拖拉机转向系分为机械式、全液压式和液压助力式3类。机械式转向系以人力作为转向能源,由差速器和转向操纵机构组成。转向操纵机构包括转向器和转向传动机构。在全液压转向系中,由液压转向器代替机械式转向器。园林拖拉机主要采用这2种形式。履带式拖拉机转向系一般采用转向离合器来实现转向。园林用轮式拖拉机转向有前轮转向、后轮转向、四轮转向和折腰转向等方式。制动器的功用是制约拖拉机的运动;对正在行驶的拖拉机作用一个与其行驶方向相反的外力,以消耗动能;及时减速直至停车;制动停放着的拖拉机以保持原位、防止滑坡。具有良好可靠的制动系统可以保证拖拉机按较高的速度安全行驶。制动系由制动器和制动操纵机构组成。行走系的功用是将发动机经传动系传来的扭矩转变为拖拉机工作所需的驱动力和牵引力;支承拖拉机的质量,保证拖拉机平稳行驶。

农、林、园林拖拉机一般设有液压悬挂装置、牵引装置、动力输出轴等工作装置。如YARD MAN 999型园林拖拉机设有三点式"O"类液压悬挂装置,可悬挂各种机具进行作业,在其前端还设有动力输出轴。美国JACOBSEN TRI-KING果岭皇配有液压输出快速接头,可快速更换工作头。

49.1.4 铧式犁

铧式犁是一种耕地的工具,由横梁和其端部厚重的刀刃构成,系在牵引它的机动车上,用于破碎土块并耕出槽沟,为播种做准备。它具有恢复土壤耕层结构、提高土壤蓄水保墒能力、消灭部分杂草、减少病虫害、平整地表及提高机械化作业标准等作用。

1. 铧式犁的结构

(1)主犁体,其作用是切割、破碎和翻转土垡和杂草,主要由犁铧、犁壁、犁侧板、犁托和犁柱等部分组成。

犁壁又叫犁镜,可分为整体式、组合式和栅条式3种。

犁铧又称犁铲,按结构可分为三角铧、梯形铧、凿形铧(也可分为三角犁铧、等宽犁铧、不等宽犁铧、带侧舷犁铧)。

犁壁和犁铧组成犁体曲面,根据犁体耕翻时土垡的运动特点分为滚垡型、窜垡型和滚窜垡型三大类。滚垡型根据其翻土和碎土作用不同又可以分为碎土型、通用型和翻土型。

(2)犁刀,安装在主犁体和小前犁的前方,其功能是垂直切开土壤和杂草残渣,减轻阻力,以减少主犁体胫刃的磨损,保证沟壁整齐,改善覆盖质量。犁刀又分为直犁刀和圆犁刀。圆犁刀主要由圆盘刀片、盘毂、刀柄、刀架和刀轴组成。

(3)心土铲又称深松铲,安装在主犁体的后下方,用以疏松耕层以下的心土,实现上翻下松。心土铲又分为单翼铲和双翼铲2种,在悬挂犁上,心土铲与主犁体固定连接。

2. 铧式犁的结构

按与拖拉机挂接的形式,可将铧式犁分为牵引式、悬挂式、半悬挂式3种。

49.1.5 圆盘犁

圆盘犁是以圆盘犁体为工作部件的耕地机械。圆盘通常为空心球面的一部分,其边缘磨出刃口以利切草和入土,圆盘单独支承在犁柱的轴承上,圆盘面分别与前进方向和铅垂方向成一角度,称为偏角 α 和倾角 β。一般标准圆盘犁上有圆盘犁体3~6个。工作时,机组前进,圆盘滚动切入土壤,土垡沿圆盘凹面上升的同时靠刮土板的配合使土垡翻转和破碎。圆盘犁适用于黏重、干硬、多石、多根的土壤;不需要经常磨刃和更换、维修费用低、不形成坚实的沟底。虽然其覆盖残茬不够完全,但对于防止干旱地的水分流失和盐碱地的返盐有利。

1. 圆盘犁的特点

圆盘犁利用凹面圆盘来耕翻土壤。当圆盘犁被拖拉机牵引前进时,圆盘绕其中心轴转动,圆盘周边切开土壤,耕起的土垡沿转动的圆盘凹面上升并向侧后方翻转,耕后留有犁沟。其耕翻效果与铧式犁相同,但耕翻质量不如铧式犁。在绿肥田、草根地、多石地和黏湿地耕作时,它比铧式犁切断能力强、入土性好,易于脱土且不易堵塞。圆盘犁大约是19世纪末发明的,随后有了较大的发展,至1962年,全世界圆盘犁产量已占犁总数的10%~16%,以美国南部、大洋洲中部使用较多。中国从20世纪50年代末开始使用圆盘犁,60年代中期开始生产悬挂式、牵引式及与手扶拖拉机配套的小型圆盘犁。

圆盘犁与拖拉机三点悬挂连接配套,作业时犁片旋转运动,对土壤进行耕翻作业,适用于旱作区熟地、生荒地的杂草丛生,茎秆直立、土壤比阻较大,土壤中有砖石、碎块等复杂农田的耕翻作业。具有不缠草、不阻塞、不壅土、能够切断作物茎秆和克服土壤的砖石、碎块,工作效率高,作业质量好,调整方便,简易耐用等特点。

2. 圆盘犁的结构

圆盘犁包括左臂壳体、左支臂、齿轮箱、传动齿轮、啮合套、操纵杆、链轮箱、圆盘轴、圆盘片、左箱体、主动轴、右箱体、从动轴、主动锥齿轮和被动锥齿轮。其中,操纵杆安装在齿轮箱上,并与啮合套连接,传动齿轮套装在主动轴上,啮合套套装在主动轴上,主动锥齿轮固定在主动轴的输出端,并与被动锥齿轮啮合,被动锥齿轮固定在从动轴的输入端,链轮箱内安装有主动链轮和从动链轮,主动链轮和从动链轮均为双链轮,主动链轮和从动链轮通过双链条连接,主动链轮与从动轴的输出端固定连接,从动链轮与圆盘轴固定连接。图49-5 为悬挂式圆盘犁结构示意图。

切取土垡并使之升起后翻转。圆盘犁一般在圆盘凹面的后上方安装刮土器,以防止土壤黏附,刮土器曲面还有协助翻垡的作用。

垂直圆盘犁的圆盘回转面垂直于地表面,只有偏角而无倾角。垂直圆盘犁的圆盘较小,一台犁上圆盘的数量较多(大型垂直圆盘犁的圆盘数可达30~40片),主要用于浅耕和灭茬。圆盘犁上也可以配装种子箱和施肥箱,进行耕、播和施肥联合作业。

普通圆盘犁有可以向左或向右翻转的双向圆盘犁。安装犁柱的犁梁相对于犁架可以左右水平摆动,以适应圆盘的换向。换向操纵机构为机械式或液压式。双向圆盘犁可使土垡始终向田块的一边翻转,耕后地表平整,不留沟埂。

驱动式圆盘犁于20世纪80年代在一些国家得到发展,由拖拉机动力输出轴驱动成组的圆盘,使之以大约120 r/min 的速度旋转,翻垡和碎土效果较好,用于耕潮湿地、稻茬地时能较好地发挥拖拉机的作用。

49.1.6 圆盘耙

圆盘耙是以固定在一根水平轴上的多个凹面圆盘组成的耙组作为工作部件的耕作机具。它主要用于犁耕后松碎土壤,达到播前整地的农艺要求,也可用来除草或在收获后的茬地上进行浅耕和灭茬。重型圆盘耙还可用于耕地作业。

19世纪70年代各国开始制造和使用圆盘耙。中国圆盘耙的生产和使用是于20世纪50年代初从推广畜力圆盘耙开始发展起来的。60年代先后制造了机力41片轻型圆盘耙、20片缺口圆盘耙和24片偏置圆盘耙等产品。70年代研制了为18~55 kW拖拉机配套的圆盘耙系列,有牵引式、悬挂和半悬挂式等十几种机型。常见的凹面圆盘如图49-6所示。

1. 圆盘耙的工作部件

圆盘耙是由凹面圆盘定距离串装在轴上的耙组。圆盘的凹面一般为球面,有些国家也采用锥面。圆盘有全缘刃和缺口刃2种,前者制造简单、磨刃方便;后者入土能力强,有利于

图49-5 悬挂式圆盘犁
1—尾轮;2—圆盘犁体;3—翻土板;
4—犁架;5—悬挂架;6—悬挂轴

3. 圆盘犁的分类

圆盘犁按圆盘的安装方式可分为普通型和垂直型两大类。普通圆盘犁和垂直圆盘犁的圆盘回转平面与前进方向之间有一个10°~30°的偏角,起推移土壤和增强圆盘入土能力的作用。普通圆盘犁的回转平面不与地面垂直,而是略微倾斜,回转平面与地面铅垂线之间有一个夹角称为倾角,一般为30°~45°。具有倾角的普通圆盘犁的偏角由圆盘的水平直径与前进方向线所夹的锐角表示,它能使圆盘易于

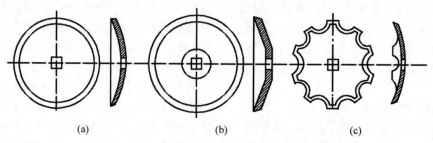

图 49-6 凹面圆盘
(a) 球面圆；(b) 锥面圆盘；(c) 缺口圆盘

切碎土块和残茬杂草，多用于进行黏重土壤耕作的重型耙上。各国的耙片尺寸均已标准化，并有国际标准。耙片的材料一般采用耐磨的 65Mn 钢，也可采用低碳马氏体 B5 钢。美国从 20 世纪 40 年代开始用交叉辊轧的钢板制造耙片。圆盘耙片的中心孔一般为方孔，由间管隔开，耙片与间管一起套在方轴上用螺帽锁紧即成为耙组。工作时，圆盘刃口平面垂直于地面，并与前进方向成一偏角，各个耙组均由机架上的轴承支承。作业时，在拖拉机牵引力和土壤反作用力的作用下，耙组的各个耙片随同方轴整组滚动。在耙自身重力的作用下耙片刃口切入土壤，切断草根或作物残茬，切碎耕翻后的垡条，并使土垡沿耙片凹面略微上升，然后翻落，具有一定的翻土和覆盖作用。耙组的偏角可以调节，调节范围一般为 0°～30°，常用偏角为 10°～25°。增大偏角可以增加耙片的入土深度和翻土、碎土效果，阻力也随之增加。

2. 耙组的配置形式

常用的圆盘耙有以下几种配置形式：单列对置式耙组分左、右两边排成单列横排，左、右排各由 1 个或多个凹面相背的耙组组成，用于灌溉地的平地、收获后的灭茬和休闲地的浅耕。双列对置式耙组有前、后两列，每列由左、右两排耙组对称配置。前列两排耙组圆盘的凹面相背，后列两排耙组的圆盘正处于前列耙组的两个圆盘之间且与之凹面相反。为了避免在对置耙的左右耙组交界处留下漏耕带，有些对置耙将左、右耙组交错排列。偏置式耙组由前、后两列圆盘凹面相反的耙组组成。由于前、后列耙组所受的侧向力与牵引力相平衡，

作业时耙的幅宽中心线能较远地偏离拖拉机的纵轴线，故称偏置耙。宽幅偏置耙的偏置量可达 3 m 多。用于果园时，偏置耙可以伸到拖拉机不能进去的树冠下作业；由于偏置耙没有漏耕带，也广泛应用于大田作业中。

3. 整机结构

圆盘耙由耙架、耙组、牵引或悬挂装置、偏角调节机构等组成。为了增加入土深度，有的轻、小型耙在耙架上装有配重箱。20 世纪 80 年代生产使用的圆盘耙，在每片圆盘上分配的质量较大，有足够的入土能力，故不必加配重和调整偏角，耙组安装时即将其偏角固定在最佳位置。在需要浅耕时，由液压缸控制的轮子来限制其深度。

宽幅耙前后列耙组的数目可有 8 组，耙片数目达 104 个。重型耙的单片机重达 75 kg。轻型耙的幅宽达 9 m 左右。幅宽超过 4 m 的耙在道路运输时，两翼耙组可折叠起来或将两列并拢，横向牵引。

牵引式耙通常在牵引装置上设有运输状态自动调节、工作状态手动微调节装置，借助轮子的升降，通过联动杆件，始终保持耙架水平。

49.1.7 旋耕机

旋耕机是与拖拉机配套完成耕、耙作业的耕耘机械。因其具有碎土能力强、耕后地表平坦等特点，而得到了广泛的应用；同时其能够切碎埋在地表以下的根茬，便于播种机作业，为后期播种提供了良好的种床。

按旋耕机旋耕刀轴的配置方式可分为横

轴式、立轴式和斜置式3类。正确使用和调整旋耕机,对保持其良好的技术状态,确保耕作质量是很重要的。

旋耕机具有打破犁底层、恢复土壤耕层结构、提高土壤蓄水保墒能力、消灭部分杂草、减少病虫害、平整地表及提高农业机械化作业标准等作用。

以旋转刀齿为工作部件的驱动型土壤耕作机械,又称为旋转耕耘机。以刀轴水平横置的横轴式旋耕机应用较多。横轴式旋耕机有较强的碎土能力,一次作业即能使土壤细碎,土肥掺和均匀,地面平整,达到旱地播种或水田栽插的要求,有利于争取农时,提高工效,并能充分利用拖拉机的功率。但对残茬、杂草的覆盖能力较差,耕深较浅(旱耕12～16 cm,水耕14～18 cm),能量消耗较大。其主要用于水稻田和蔬菜地,也用于果园中耕。重型横轴式旋耕机的耕深可达20～25 cm,多用于开垦灌木地、沼泽地和草荒地。

1. 横轴式旋耕机

横轴式旋耕机有较强的碎土能力,多用于灌木地、沼泽地和草荒地的耕作。工作部件包括旋耕刀辊和按多头螺线均匀配置的若干把切土刀片,由拖拉机动力输出轴通过传动装置驱动,常用转速为190～280 r/min。刀辊的旋转方向通常与拖拉机轮子的转动方向一致。切土刀片由前向后切削土层,并将土块向后上方抛到罩壳和拖板上,使之进一步破碎。刀辊切土和抛土时,土壤对刀辊的反作用力有助于推动机组前进,因而卧式旋耕机作业时所需牵引力很小,有时甚至可以由刀辊推动机组前进。切土刀片可分为凿形刀、弯刀、直角刀和弧形刀。凿形刀前端较窄,有较好的入土能力,能量消耗小,但易缠草,多用于杂草少的菜园和庭院。弯刀的弯曲刃口有滑切作用,易切断草根而不缠草,适于水稻田耕作。直角刀具有垂直和水平切刃,刀身较宽,刚性好,容易制造,但入土性能较差。弧形刀的强度大、刚性好、滑切作用好,通常用于重型旋耕机上。在与15 kW以下的拖拉机配套时,一般采用直接连接,不用万向节传动;与15 kW以上的拖拉机配套时,则采用三点悬挂式、万向节传动。耕深由拖板或限深轮控制和调节。拖板设在刀辊的后面,兼起碎土和平整作用;限深轮则设在刀辊的前方。刀辊最后一级传动装置的配置方式有侧边传动和中央传动2种。侧边传动多用于耕幅较小的偏置式旋耕机。中央传动用于耕幅较大的旋耕机,机器的对称性好,整机受力均匀;但传动箱下面的一条地带会由于切土刀片达不到而形成漏耕,须另设消除漏耕的装置。

2. 立轴旋耕机

立轴式旋耕机的工作部件为装有2～3个螺线形切刀的旋耕器。作业时旋耕器绕立轴旋转,切刀将土切碎。其适用于稻田水耕,有较强的碎土、起浆作用,但覆盖性能差,在日本使用较多。

为增强旋耕机的耕作效果,有些国家的旋耕机上加装了各种附加装置,如在旋耕机后面挂接钉齿耙以增强碎土作用、加装松土铲以加深耕层等。

3. 斜置式旋耕机

斜置式旋耕机的旋耕工作部件在水平面内斜置,旋耕刀回转平面与机器的前进方向成一定角度——斜置角,旋耕刀切土时有一沿轴向的相对运动。单列旋耕刀片在刀轴上的排列与机组的前进速度、刀辊回转速度、刀刃宽度有关。同一螺旋线上相邻2片旋耕刀之间存在一定的相位差。斜置式旋耕机工作时不重耕,解除了土壤约束,从而减少了功率消耗,降低了耕作阻力。

49.1.8 拔根机

拔根机有杠杆式液压拔根机、推齿式拔根机和钳式拔根机等多种类型。图49-7所示为杠杆式液压拔根机。拔根机的拔根架连接在拖拉机上,由油缸控制其升降,架上装有4个工作齿,两侧2个齿固定在机架上,中间2个齿可由油缸控制绕轴转动。工作时,两侧油缸控制拔根架下降,4个齿同时插入地下,中间的挖根齿油缸推动中间2个转动齿转动,利用杠杆原理将伐根拔出。

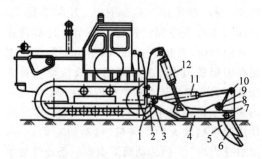

图 49-7　杠杆式液压式拔根机

1—钢板；2—支柱；3,7—轴；4—支架；5—转动齿；6—固定齿；8—挖根齿轴；9,10—孔；11—挖根齿油缸；12—升降油缸

钳式拔根机是利用夹钳将树根夹紧，然后利用拖拉机的牵引力将树根拔出。推齿式拔根机是利用固结在升降支架上的 4 个推齿，依靠拖拉机的推力，将树根推出。这 2 种机型是利用拖拉机的牵引力或推力直接将树根拔出的，其主要技术参数见表 49-2。

表 49-2　拔根机的主要技术参数

项　　目	参　　数
型号	BGJ-350 型机引钳式拔根机
外形尺寸（长×宽×高）/(mm×mm×mm)	3 000×1 140×2 380
铲刀形式	钳式夹紧拔根器
最大根径/cm	20～35
生产率/(只·班$^{-1}$)	625
质量/kg	≈700
配套动力	红旗—100（带绞盘）

49.1.9　开沟机

1. 开沟机的用途与分类

（1）用途。开沟机是一种开挖沟渠一次成形的施工机械。它一般直接安装在小型园林拖拉机上，主要用于开沟埋设地下灌溉管道及排水沟，同时可用于果园开沟施基肥。

（2）分类。按作业方式不同可将其分为手扶式和车载式；按产品结构不同可将其分为链式和圆盘式。

2. 开沟机的结构与工作过程

（1）结构。在园林施工中，一般常选用圆盘式开沟机，如图 49-8 所示。其结构一般由机架、齿轮箱、刀盘、限深轮、分土板、操纵机构和带轮防护装置等组成。

图 49-8　圆盘式开沟机

（2）工作过程。直连式单盘开沟机是由发动机带动的，通过操纵机构使刀盘缓慢入土，待限深轮着地后，再结合拖拉机传动系统的离合器，加大油门继续向前作业。此时，刀盘入土将切削的土壤分开抛出在沟附近的地面上，其开挖成形的沟平整且直顺。开沟机的深度由限深轮调节，操作简单方便。

3. 开沟机的技术参数

部分开沟机的主要技术参数见表 49-3。

表 49-3　部分开沟机的主要技术参数

项　目	参　　　数		
	1K40	1K60	1K80
输出功率/kW	22～29	30～44	45～49
转速/(r·min^{-1})	540	540	540
最大作业深度/mm	300	400	500
最大作业宽度/mm	400	600	800
机器质量/kg	130	190	300
长度/mm	1 235	1 765	1 785
宽度/mm	925	1 125	1 325
高度/mm	1 245	1 305	1 675

4. 开沟机的正确使用

（1）开沟机操作人员必须持有农田拖拉机驾驶执照，并经过专门的技术培训，熟悉和掌握开沟机的结构性能、操作使用、维护保养等知识，方可操作使用。未经专门培训的人员不准操作。

(2) 使用前必须对开沟机进行检查,离合器工作应可靠,各紧固件应无松动,各转动件应转动灵活,刀片安装方向正确。

(3) 严禁在离合器结合不可靠或不彻底的情况下使用,以免损坏机件。刀片安装方向相反时不得使用,否则不仅不能工作,还会损坏机件或造成事故。

(4) 开沟机在道路上行驶时,应切断刀具动力,使刀尖离地面 15 cm 以上,而且行驶速度不得过快,以免因振动过大而损坏机件。

(5) 开沟机在田头转弯时,应先切断行走动力,然后再切断开沟机的动力,并用力抬起扶手架使刀尖离开地面后,再接合行走动力,以低挡中小油门进行田间转弯。

(6) 开沟作业时应采用拉绳指行法或标杆指行法来保证开沟的直线性,开沟中若出现弯曲,可通过推动扶手架缓慢纠正,但用力不能过猛,更禁止使用转向手柄来调整,以免打坏机件或造成事故。

(7) 开沟机作业时,一般应在距田坎 1 m 左右处开第一沟。然后,根据农艺、机械及排水要求,选择合适的幅宽依次逐条开沟。开沟时分土区内不得站人,以防碎石、碎木伤人。应选择无碎石、木棒等杂物的地块作业,要求土壤干燥,以保证作业质量。

(8) 在田间作业时,如需检查、调整机件,必须停机操作,严禁一边进行开沟作业,一边进行清除积土和检查调整等操作。

5. 开沟机的维护与保养

(1) 作业前,应检查开沟机各连接件是否松动、传动机件是否卡滞、刀片安装是否正确,发现问题应及时排除。

(2) 作业中,如发现刀片有损坏,分土板积土严重,影响开沟机的削土和分土性能时,应停机检修并清除积土。

(3) 作业后,清除开沟机的泥土和缠草,刀片损坏要更换;对润滑点加注润滑油;发现空气滤清器吸尘较多时,应拆下来清洗,清洗后可用纱布将其包扎,以减少尘土吸入量,但要经常清洗纱布,以保持其清洁通风。

49.1.10 常见故障及排除方法

园林平整机械的数量不断增多,在使用过程中会遇到一些故障使用户感到困扰。下面对一些可以自我处理的常见故障进行分析。

1. 发动机不能启动或启动困难

首先应检查一下以下操作是否正确:汽油混合比是否正确,油是否太脏,油开关是否打开,阻风门是否关闭,油门控制开关是否打开,停车开关是否卡死短路。操作无误以后,再按电、油、密封性的顺序进行检查排除。"电"常见的原因有:火花塞积炭,火花塞绝缘损坏,高压线松脱,火花塞松脱。以上原因可以用肉眼观察并加以排除。

2. 机具不转动或转动困难

机具不转动或转动困难的原因主要是传动系统有问题,其检查方法如下:卸下离合器壳和动力相连接的 4 个螺钉。第一步,先观察离合器飞块及弹簧是否磨损严重,若是,则更换;如弹簧断裂则更换。第二步,轻轻转动被动盘焊合,观察刀片是否随着转动。如转动则传动系统正常;如不转动,则继续检查。第三步,对于背负式机,观察软轴两端方头是否磨圆,是否插入离合器被动盘焊合、工作杆转动轴联轴节;卸下齿轮箱体和硬轴连接的 2 个螺钉,观察硬轴的方头是否磨圆,如果磨圆则更换。检查方法是:转动离合器被动焊合,观察工作杆硬轴是否转动,如果不能转动则转轴没有连接上。侧挂式机无弯曲软轴,可以用类似的方法进行判断。

49.2 园林种植机械

49.2.1 园林种植机械的用途与分类

(1) 用途。园林种植机械主要用于城乡园林绿化地和风景区种植园林植物(林果花草),并在一定范围内的不同地形地貌上进行机械和人工合理配置、栽培、养护,以达到现代文明城市生态绿化、景致优美、环境宜人之目的;在农村通过使用园林机械的种植,为新农村的林农、果农、花农增产、增收服务等。

(2) 分类。园林种植机械主要有草本花卉播种机、苗木播种机、挖坑机、起苗机、大苗植树机等。

49.2.2 草木花卉播种机

草木花卉宜播的花种有菊花、兰花、鸡冠花、牵牛花、芍药、一串红等。草木花卉播种多在春季,分为人工播种和机械播种。下面介绍机械播种中工厂化穴盘育苗播种机的使用与维护技术。

1. 穴盘育苗播种机的用途与结构

(1) 用途。穴盘育苗播种机是将园艺与农机相结合,在人工控制花卉种子的土、肥、温、湿、气等条件下,给种子、育苗以最适宜的生长条件。它具有省种、省工、省肥等特点,培育出来的花卉苗均匀、健壮、整齐,深受园林绿化部门和花卉种植户的青睐。

(2) 结构。穴盘育苗播种机主要由机架、电动机、输送带、床土箱、刷土滚、喷水箱、播种箱、覆土箱、刮土器等组成。其播种作业流水线如图49-9所示。

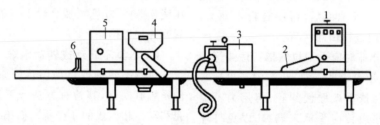

图 49-9 播种作业流水线
1—床土箱;2—刷土滚;3—喷水箱;4—播种箱;5—覆土箱;6—刮土器

2. 穴盘育苗播种机的技术性能

(1) 2BQ-D型气吸式穴盘育苗精量播种机的技术性能。该播种机采用负压吸种,整盘对穴盘播种的工作原理,可方便地完成穴盘育苗的基质(土壤)压坑和播种两道工序,通过更换不同形式和不同规格的吸种板,与不同规格的育苗穴相适应,能满足不同花卉种子精量播种的要求。该播种机的优点是负压吸种,窝眼引导充种,充种率高,整盘对穴播种,一穴一粒,性能稳定,工作效率为120~180盘/h。

(2) BZ200型针式精量播种机的技术性能。该播种机是一种由计算机控制的机电气一体化现代园艺设备,采用负压吸种、正压吹种的工作方式,可精确控制穴盘的排距、排数和播种数量,每穴播种数量在1~6粒内,可由用户自己编程确定,使打孔、播种全部实现自动化,并自带9种不同规格型号的针头,适合播种各类裸种子,还适合播极小种子,如秋海棠种子,适用于大部分型号和规格的穴盘,播种速度为200盘/h。

(3) SF小型针式穴盘播种机的技术性能。该播种机由北京某灌溉设备有限公司研制,为台式结构,体积小,方便移动到现场作业,配有专用的气动装置,具备自动行播功能,适用于播种各种裸种或丸粒化种子,其工作效率是40孔穴盘为200盘/h,160孔穴盘为100盘/h。

3. 穴盘育苗播种机的工作过程

1) 播种前的准备

(1) 床土配制。床土也称培养基质,是指为了满足幼苗生长发育而专门配制的含有多种矿物质营养的基质,由多种成分根据需求配制不同的比例混合拌成,各地配比不尽相同,但对基质要求较严,应满足以下条件:土质疏松、颗粒细碎,一般在2 mm左右,能抓牢根系,持水保肥性好,透气、透水性好,利于根系生长发育,不带碎石块、病虫害等有害物质,经消毒、培肥、调酸处理,pH控制在5~7,含水量不超过10%。配制好的床土可装入床土箱。

(2) 穴盘准备。穴盘是培育花卉苗的载体,其种类较多,有泥质料穴盘、硬塑料穴盘、纸质料穴盘等。选择时可按照穴盘特点、育苗习性合理选择。在装播作业前,应将穴盘冲洗消毒备用,装播作业时,由人工依次均匀摆放在装播生产线的输送带上。

(3) 种子处理。种子质量的好坏直接影响到育苗的成败。种子在购买后,经选种、清洗、消毒、发芽试验合格后,才能在生产线上使用。为实现种子的精密播种,必须经丸粒化(裹衣)处理,并按直径大小分选,以满足精密播种装置的需求,实现精密播种。经分选符合要求的丸粒化种子可装入播种箱。

(4) 覆土准备。覆土材料是指预先准备好的松软基质,在种子播出在穴盘后,向其上覆盖一定厚度的覆土。覆土必须经筛选、消毒后装入覆土箱中备用。

2) 工作过程

穴盘育苗装播生产线是不间断的连续生产过程,具体工作过程如下。

(1) 穴盘上机。操作人员将穴盘均匀地、平整连续不断地放到装播线胶带输送机的起始处。

(2) 填土。穴盘在胶带输送机上匀速传送到床土箱下,自动向穴盘填装营养床土。

(3) 刷土。穴盘中的营养床土在传送过程中填实,使土表面与穴盘上平面形成间隙,为播种后的覆土留出空隙。

(4) 喷水。穴盘进入喷水箱后,均匀地向穴盘喷洒适量的清洁水源。

(5) 播种。穴盘传送到播种箱,经过精量播种装置的控制,准确地向穴盘上的每个育苗孔穴播下1粒或2粒种子。

(6) 覆土。进入覆土箱后,向已播下种子的穴盘均匀撒下薄薄一层松散表土覆盖种子。

(7) 刮土。穴盘传送到刮土器时,将穴盘上方多余的营养土刮去,平整表面。

(8) 穴盘卸下。穴盘脱离刮土器继续传送时,由人工将穴盘放到车辆上,准备移至温室或育苗大棚内,进入苗期管理。

4. 穴盘育苗播种机的维护与保养

(1) 作业前,应对床土、喷水、播种、覆土、刮土装置等主要机件进行检查、调节、校验,保证其工作正常,发现故障应及时排除。

(2) 作业中,应仔细观看各工件的运转状况,如发现输送带运转异常、喷水装置不喷水、播种装置不播种、覆土装置不覆土、刮土器不工作,应及时停机,查找原因并排除故障。

(3) 作业后,对全机主要工作部件进行清洗、检查、保养,使各工作部件处于良好状态。

(4) 季后长期不用时,应按产品说明书的规定,对机器进行一次全面保养、维修后,放置在通风干燥的室内保存。

49.2.3 苗木播种机

1. 苗木播种机的用途与选择

(1) 用途。播种是苗木栽培的重要环节之一。良好的播种质量是保证出苗齐、壮的基础。播种机在田间播种作业时,一次可完成开沟、排种、覆土3道工序,不仅可以减轻劳动强度,提高工作效率,还能为苗木机械化管理创造良好的生长条件。

(2) 选择。苗木播种可选择农作物播种机,如条播机、点播机和精密播种机。园林苗木种植大户可根据苗木品种、种子丸粒大小、因地制宜地选择适用的播种机。播种机适宜播种的园林树木种子有樟、棕、桑、柏、梨、橘、梧桐、石榴、葡萄、山楂、栀子、月季、紫薇、女贞子等;不适宜播种机播种的树木种子有松、槐、柚、柿、杏、桃、棣等。

2. 播种机的结构与工作过程

(1) 结构。播种机一般由种子箱(肥料箱)、排种器(排肥器)、输种管(输肥管)、开沟器、覆土器、机架、划行器、深度调节机构、松土铲等组成。2B-16型谷物播种机的结构如图49-10所示。

(2) 工作过程。播种机在拖拉机的牵引下,工作时松土铲疏松土壤,开沟器在地面开出种沟,由行走轮通过传动装置带动排种器旋转,盛放在种子箱内的种子由排种器连续均匀地排出,通过输种管落入种沟内,由覆土器覆盖土。有的播种机还同时进行施肥作业。谷物条播种机的工作过程如图49-11所示。

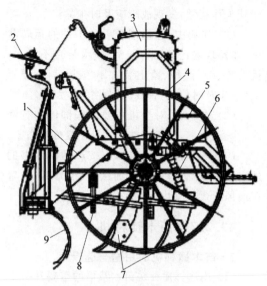

图 49-10　2B-16 型谷物播种机的结构
1—机架；2—划行器；3—种子箱；4—地轮；5—工具箱；6—输种管；7—开沟器；8—深度调节杆；9—松土铲

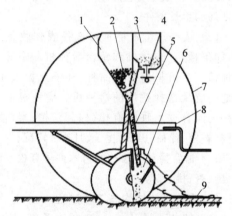

图 49-11　谷物条播机的工作过程
1—种子箱；2—排种器；3—肥料箱；4—排肥器；5—输种输肥管；6—开沟器；7—地轮；8—机架；9—覆土器

3．播种机的技术参数

(1) 2BJ-4 型气吸式精密播种机。该播种机与 20～37 kW 轮式拖拉机配套使用，播种行数 4 行，可一次完成开沟、播种、施肥、覆土、镇压等工序，能单粒精密播种类似玉米、高粱、豆类等苗木的丸粒树种。

(2) 2BZ 4/6 型播种中耕通用机。该机可与轮式拖拉机配套使用。通过换装不同的专用工作部件，可进行 4 行或 6 行的播种、中耕、追肥和起垄作业，也可用于穴播或条播类似玉米、棉花、高粱、豆类、谷子、小麦等苗木种子。

4．园艺对机械播种的要求

(1) 播种前应根据苗木的品种、地温、墒情因地制宜地确定播种期。一般树种主要采用春播，也有些树种可秋、冬播，如柏类树种。

(2) 播种量的确定因树种的不同而不同。例如，播种生长速度快、叶子较大的树种，如梧桐、泡桐树种可达 1～2 万株/亩；生长速度慢、叶较小的树种，如月季、紫薇可适当每亩多播一些。

(3) 播种深度应根据树种、土质、墒情来确定，还要视树种的大小和幼苗拱土能力来定。大粒树种一般播种深度在 3～5 cm，小粒树种可播浅一些。覆土是夹沙土，有利于幼苗萌发和出土。

(4) 播种带施肥时，施肥量不能超过规定数量，并做到施肥均匀，肥料和种子保持适当距离，以防化肥腐蚀树种。

(5) 播种机在苗圃基地播种时，作业地块应平整。播种前地块施基肥充足，以利于树种萌发和幼苗正常生长。播种后的地块应开挖排水沟。

5．播种机的正确使用

(1) 播种前，应保养好播种机，使机器处于良好的工作状态。

(2) 按播种要求调整好播量、行距、播深、给种、肥箱，装好树种和肥料。树种必须干净干燥、无杂质，并调整好划行器的长度，以保证邻接行距。

(3) 播种前，应检查地块情况，在地头两端划出清晰的地头线，作为开沟器起落的标志。作业时，行程要直，特别是第一行，最好插上标杆。当土壤相对含水率≥70%时，应停止作业。

(4) 严禁开沟器和划行器入土时转弯或倒退。当播种机驶出地头线时，应先将播种机升起，再平稳转弯。

(5) 严禁在播种机提升状态下调整或排除

故障,或添加种子和肥料。

(6) 及时检查播种质量是否符合园艺要求,检查种、肥箱内的种、肥是否达到容积的 1/4。

(7) 作业前,如遇到石块、树根等障碍物,应及时停机排除,不得强行通过。

(8) 作业过程中,尽量避免停机,以免在停机、起步地段播量忽多忽少。如因故障被迫停机,再次播种前,应将播种机后退一段距离播种,以免漏播。

(9) 转移地块播种时,必须将播种机提升到运输状态,并用锁固定。停止作业后,播种机应着地。

6. 播种机的维护与保养

(1) 播种前,检查播种机与拖拉机连接是否牢固,种肥箱、排种器内是否有杂物,开沟器、覆土器、镇压轮是否完好,发现问题及时解决。

(2) 作业中,机手应仔细观察播种机的工作情况,是否符合园艺要求。机具应匀速前进,保持每小时播 1~3 hm² 的速度,播种深度 3~5 cm,施肥深度 8~10 cm。作业中如排种器不排种,输种管出现堵塞,开沟器、覆土器工作出现异常,应及时停机,排除故障后,再继续作业。

(3) 作业后,要及时清除开沟器、镇压器、地轮上的泥土和缠草;清理种箱内剩余的种子,以免再播种时因种子不同而造成排种器出现故障;检查机具的紧固件连接情况,如有松动应固牢;向各轴承注油嘴、链条加注润滑油(脂)。

(4) 季后不用时,应对机器进行全面保养,并更换已损坏的机件,保养合格后放置在库房内保管。

7. 播种机的常见故障及排除方法

1) 播种器不排种(肥)

(1) 故障原因:种(肥)箱内缺种(肥),传动机构不工作或地轮不转动,排种(肥)轮卡箍、键销松脱转动,输种(肥)管或排种(肥)器口堵塞。

(2) 排除方法:加足种(肥),检修传动机构和地轮,重新紧固好排种(肥)轮,清除输种(肥)管或排种(肥)器口的堵塞物。

2) 播种(排肥)量不均匀

(1) 故障原因:排种(肥)舌磨损严重;外槽轮卡箍松动,有效工作长度发生变化。

(2) 排除方法:更换排种(肥)舌;调整好外槽轮的有效工作长度,固定好卡箍。

3) 种子破碎率高

(1) 故障原因:作业速度过快,传动速度高;排种装置损坏;排种轮尺寸、形状不适或排种舌距排种轮太近。

(2) 排除方法:降低作业速度并匀速作业;更换排种装置;换用合适的排种轮,调整好排种舌与排种轮的距离。

4) 播种深度不够

(1) 故障原因:开沟器弹簧压力不足;开沟器拉杆变形,使入土角变小。

(2) 排除方法:应调紧弹簧,增大开沟器的压力;校正开沟器拉杆,增大入土角。

5) 开沟器堵塞

(1) 故障原因:播种机落地过猛、土壤太湿,开沟器入土后倒车。

(2) 排除方法:机器落地应缓慢,注意适墒播种,作业中严禁倒车。

6) 覆土不严

(1) 故障原因:覆土板角度不对,开沟器弹簧压力不足,土壤太硬。

(2) 排除方法:应将覆土板的角度调正确,调紧弹簧增加开沟器的压力,适当增加播种机配重。

49.2.4 挖坑机

1. 小型植树挖坑机

1) 小型植树挖坑机的用途与结构

(1) 用途。小型植树挖坑机主要用于城乡绿化地小树移植时进行挖坑与追肥。使用该机每小时可挖植树坑 40~60 个,既减轻了劳动强度,又提高了工作效率。

(2) 结构。小型植树挖坑机由油箱、操纵部分、发动机、离合器、减速器、钻杆等组成。1ZB5 型手提式挖坑机如图 49-12 所示。

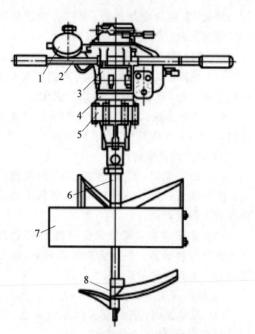

图 49-12　1ZB5 型手提式挖坑机
1—油箱；2—操纵部分；3—发动机；4—离合器；5—减速器；6—钻杆；7—保护罩；8—工作头

(2) 变速器齿轮采用纯紫铜制作,大大提高了转矩,增加了齿轮的耐磨性。

(3) 钻杆采用双刀片焊接技术,加强了挖坑效果,出土率达 90% 以上,并配备了定心钻头。

(4) 钻头采用锰钢合成,对硬土质、黏土、冻土等能有效实施作业,并能达到最佳工作效果。

(5) 该挖坑机体积小、质量轻、便于携带、操作方便、维护简单、耗油省、噪声低、易启动、成孔效率高、运行费用低、价格便宜,深受广大用户欢迎。

(6) 按汽油与二冲程机油的比例 25∶1(新机比例为 20∶1),配好燃油并加入燃油箱,燃油要现配现用。

(7) 启动发动机试运转,观察发动机、减速器、操作部分和工作部分运转正常,方可投入使用。

(8) 根据树种的大小不同,选配适用的钻头并安装牢固。

2) 小型植树挖坑机的技术参数

下面以山东省济宁市生产的环保型植树挖坑机为例加以说明。

发动机型号:WQ1E43F、单缸、二冲程。

汽油箱容积:1 200 mL。

发动机功率:1.51 kW/7 000 r/min。

发动机排量:4.4 mL。

钻头转速:170~200 r/min。

钻头直径:80 mm,100 mm,150 mm,200 mm,250 mm,300 mm。

钻坑直径:80~300 mm。

钻坑深度:200~600 mm。

生产效率:20~40 坑/h。

机器质量:4 kg。

外形尺寸(长×宽×高):590 mm×365 mm×315 mm。

3) 小型植树挖坑机的正确使用

(1) 该挖坑机由小型汽油机及特殊设计的钻具组成,适合在土地、冻土、冰层上打孔,广泛用于园林种植、植树等挖坑、追肥作业。

(9) 作业前,应将植树坑用标记明显标示出来,以方便作业。

(10) 该挖坑机可单人操作,也可双人操作(土质较硬时)。操作者应头戴安全帽、眼戴防护镜、身穿工作服、双手提起握紧操作手柄,将工作钻头对准待钻坑位,用力往下钻,即可将土壤排出坑外,直至钻到所要求的坑径和坑深为止。钻完一个坑后,再提机钻邻近的另一个植树坑。

4) 小型植树挖坑机的维护与保养

(1) 作业前,检查燃油箱中的燃油,不足时应添加;检查发动机、离合器、减速器和工作部件运转是否正常,发现故障应及时排除。

(2) 作业中,发动机因钻硬质土坑负荷大而发热或熄火,钻头因长时间工作磨钝使效率降低,要停机进行检修或更换新件。

(3) 每班作业后,应清除机器上的尘土或缠草,向润滑注油点加注润滑油(脂),并用机油将钻杆、钻头、保护罩擦拭干净,以防锈蚀。

(4) 长期不用时,应将机器全面保养后存入通风处。

2. 挖坑机

1) 挖坑机的用途

挖坑机主要用于地形平缓的平原、丘陵地区或拖拉机可以通行的地区，进行园林植树绿化、果树栽培或追肥及城乡埋立桩柱、电线杆等挖坑的土方作业。

2) 挖坑机的结构

挖坑机因型号不同其结构略有不同，现以华南热带作物机械研究所生产的 W45D 型悬挂式挖坑机为例加以介绍。W45D 型悬挂挖坑机主要由机架、传动轴、减速箱、钻头等组成，其结构如图 49-13 所示。

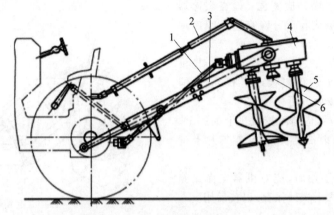

图 49-13　W45D 型悬挂式挖坑机
1—传动轴；2—上拉杆；3—机架；4—减速箱；5—小钻头；6—接大钻头的接盘

3) 挖坑机的技术参数

下面以南昌旋耕机厂生产的 1 W 系列挖坑机为例加以说明。

配套动力：13.2～55.2 kW 轮式拖拉机。
机器质量：189～196 kg。
挖坑直径：20 cm，30 cm，50 cm，60 cm，70 cm。
生产效率：60 坑/h。
外形尺寸（长×宽×高）：220 cm×52(62.7) cm×128 cm。

4) 挖坑机的选用

应根据植树作业的要求、土壤性质、动力机的功率选用适用的挖坑机。

（1）若用于普通沙壤土的山区、坡地种植幼树挖坑，坑直径不大于 30 cm、坑深不大于 40 cm，可选小型挖坑机。

（2）若用于较硬的土壤挖坑，坑的直径为 30～50 cm，坑深为 40～60 cm，可选用中型挖坑机。

（3）若用于黏重土壤挖坑，坑的直径为 50～65 cm，坑深在 60 cm 以上，则应选用大型挖坑机。

5) 挖坑机的正确使用

（1）挖坑机悬挂安装在拖拉机上。使用前，应先将拖拉机动力输出轴与挖坑机连接好，并检查传动部件、工作部件和减速机件工作是否运转正常。若试运转工作正常，方可投入作业。

（2）驾驶员将拖拉机的操纵杆置于"浮动"状态，让挖坑机钻头对准所挖坑位标记的中心并依靠自重下落，使钻头边旋转边入土。严禁钻头先入土后接合动力。

（3）钻头入土后，螺旋叶片切下的土在离心力作用下被抛向坑壁，并在摩擦力的作用下沿螺旋叶片上升到地面，抛向坑四周。当钻头达到预定的入土深度后，扳动液压操纵杆，让钻头边旋转边提升到地面，再挖邻近的另一个树坑。

（4）使用中，若遇到土质较坚硬或待挖坑直径过大时，可分次挖掘，先用小直径的钻头开挖，再用直径较大的钻头将小坑铣大，直至铣到要求的坑径和坑深为止。

（5）使用 W45D 型挖坑机，可使用两种规格的钻头：直径为 750 mm 的单个大钻头，可挖直径为 750 mm、坑深为 750 mm 的圆形坑；

直径为450 mm的2个小钻头,可挖800 mm×450 mm×450 mm(长×宽×深)的长方形坑。如安装不同规格的钻头,可进行不同要求的挖坑植树和穴状整地作业。

6) 挖坑机的维护与保养

(1) 作业前,检查拖拉机与挖坑机的连接情况,如有螺栓连接松动应紧固;检查减速器运转情况,如有异响应排除;检查钻头螺旋片的质量情况,如有缺损应修复或更换。

(2) 作业中,若钻头转速突然下降,拖拉机冒黑烟,可能是钻头遇到树根或岩石,应立即提升钻头,排除故障后方可再挖。

(3) 作业结束后,应清除挖坑机上的泥土,对各润滑点加注润滑油(脂),钻头螺旋片上可适当涂以机油防锈。

(4) 季后长期不用时,应对机器全面保养一次后,放置在室内干燥处保存,以备后用。

49.2.5 起苗机

1. 起苗机的用途与结构

(1) 用途。起苗是苗木在苗圃中培育终结的作业,包括挖苗、拔苗、清除根部土壤、分级和捆包等作业。其中挖苗是比较繁重的作业,使用起苗机能很好地完成起苗工序。

(2) 结构。悬挂式起苗机由犁刀、碎土板、机架、悬挂架等组成。挖苗铲呈U形,由主铲刃和2个侧铲刃组成。铲刃可拆卸,便于刃磨和更换。挖苗时,3个铲刃沿水平方向和垂直方向同时切开土壤,为使苗木根部土壤松碎便于拔苗,在挖苗铲后部装有碎土板或碎土轮;侧置式挖苗铲的内侧装有较长的侧板,工作时可承受沟壁的反力,以平衡因偏牵引引起的侧向压力。悬挂式起苗机的结构如图49-14所示。

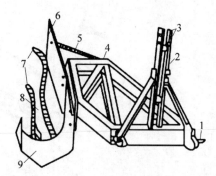

图49-14 悬挂式起苗机的结构
1—下悬挂点;2—悬挂架;3—上悬挂点;4—机架;
5—侧板调节板;6—侧板;7—碎土板;8—犁底;
9—犁刀

2. 起苗机的技术参数

起苗机有垄作和床作两种。床作和小苗垄作起苗机的起苗铲为后置式,而大苗起苗机的起苗铲为后侧置式。常用的起苗机多为悬挂式。国产部分起苗机的主要技术参数见表49-4。

表49-4 国产部分起苗机的主要技术参数

项 目	参 数		
	XML-1-126型 CXML-2-46悬挂式起苗机	ZML-126型 振动式起苗机	CXL-56S型 大苗起苗机
外形尺寸(长×宽×高)/(mm×mm×mm)	1 550×790×1 400	1 550×790×1 400	2 100×1 960×1 400
犁刀幅宽/cm	垄46,床126	126	56
起苗深度/cm	32	32	35
犁刀入土角/(°)	11~13	13	11~13
起苗行距/cm	—	—	70
抖土器的形式	—	链杆式	滚轮式
振幅/cm	—	3.2	—
频率/(次·s^{-1})	—	15~20	—
速度/(m·s^{-1})	—	1.8~2.5	—

续表

项 目	参　数		
	XML-1-126型 CXML-2-46悬挂式起苗机	ZML-126型 振动式起苗机	CXL-56S型 大苗起苗机
生产率/(hm²·班⁻¹)	0.4	—	2.133
质量/kg	160	—	450
配套动力	东方红拖拉机-28型,丰收拖拉机-35型	东方红拖拉机-28型	东方红拖拉机-75型,东方红拖拉机-28型(沙土)

3. 起苗机的工作过程

1) 悬挂式起苗机的工作过程

悬挂式起苗机工作时,通过1个上悬挂点、2个下悬挂点挂接在拖挖机后右侧,当操纵悬挂液压手柄在"下降"位置时,挖苗犁刀切入土壤,随着拖拉机向前行进而切断苗根,随之碎土板将苗根部的土壤抖落。

2) 振动式起苗机的工作过程

振动式起苗机有4个支承轮,除水平起苗刀外,还有垂直切根器,当操纵手柄在"下降"位置时,起苗铲刀自动入土,拖拉机边前进,边振动铲刀往复运动,振动筛随后把苗根上的土壤完全振落。

4. 起苗机的维护与保养

(1) 作业前,检查起苗机与拖拉机挂接装置和其他工作机件是否紧固,如有松动应固牢。

(2) 作业中,犁刀、碎土板、侧板等工作部件如有松动或损缺不能工作,应停机检修,排除故障后,再继续作业。

(3) 作业后,应清除机器上的泥土和缠草,并向注油点加注润滑油或润滑脂。

(4) 季后不用时,应对机器全面保养后入库保存。

49.2.6　大苗植树机

大苗植树机能在平原、丘陵、沙丘、黏土地等不同土壤、未经整地条件下,一次性完成开沟、植苗、覆土、镇压和注水等多项作业,可栽植1~3年生大苗(如杨树苗),也可栽植灌木(如沙棘、沙柳、枸杞、柠条等),同时也可栽植梨、枣、柚、橘、桃、李和杏等果树大苗。大苗植树机具有省工、省力、工效高、苗木成活率高等特点。

1. 大苗植树机的结构

因植树机型号不同,其结构略有差异。现以内蒙古通辽林业机械厂生产的4ZA-60B型沙丘植树机为例加以介绍。4ZA-60B型沙丘植树机主要由机架、苗箱、开沟器、覆土器、镇压轮、限深轮、座位等组成,如图49-15所示。

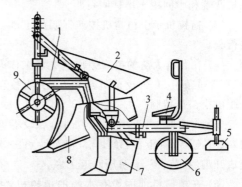

图49-15　4ZA-60B型沙丘植树机
1—前机架；2—苗箱；3—后机架；4—座位；5—覆土器；6—镇压轮；7—后开沟器；8—前开沟犁；9—限深轮

2. 大苗植树机的技术参数

下面介绍3种大苗植树机的技术参数。

1) 内蒙古通辽林业机械厂生产的4ZA-60B型沙丘植树机

(1) 配套动力：东方红-75型轮式拖拉机。

(2) 植苗深度：55~65 cm。

(3) 工作效率：0.8~1 hm²/h。

2) 内蒙古赤峰市赤田农林机械厂生产的YTZ-15型大苗植树机

(1) 配套动力：47.8 kW 以上轮式拖拉机。

(2) 植苗深度：45～60 cm。

(3) 工作效率：150～200 亩/(台·班)。

(4) 整机质量：1 450 kg。

(5) 外形尺寸(长×宽×高)：5 400 mm×1 627 mm×1 455 mm。

3) 广西桂林林业机械厂生产的 4ZD-30 型大苗植树机

(1) 配套动力：东方红-75 型或铁牛-55 型轮式拖拉机。

(2) 植苗深度：32 cm。

(3) 植苗高度：1～3.5 m。

(4) 植苗根盘直径：18 cm。

(5) 工作效率：0.8～1 hm²/h。

3．大苗植树机的正确使用

(1) 大苗植树机和拖拉机连接后，工作运转应处于良好、正常状态。

(2) 植苗前，先规划定点，即在准备植苗的地块两端和中间用土堆标明行距。

(3) 拖拉机牵引植树机按照标明的土堆直线行驶。

(4) 在装有大苗的苗箱旁乘坐 2 名工作人员(1 名递苗员、1 名投苗员)，相互配合，投苗株距由投苗员控制。

(5) 作业时，由于植树机下部前后设有开沟犁、开沟器、覆土器、镇压轮，植苗时可一次完成开沟、投苗、覆土、镇压四道工序。

(6) 在植树机前面设有水箱的植树机，可边植树边浇水，大大提高了苗木的成活率。

4．大苗植树机的维护与保养

(1) 作业前，检查拖拉机与植树机的连接部位，如有松动应紧固；检查开沟犁、开沟器、覆土器、镇压轮和限深轮等机件是否完整，如有缺损应修复或更换。

(2) 作业中，如出现开沟犁、开沟器遇坚硬石块而损坏，使液压油管破裂而漏油的机器故障时，应及时停机检修。

(3) 作业结束后，应清除机器上的尘土和缠草，对各润滑点加注润滑油(脂)，并检修各工作部件，使机器处于良好的工作状态。

(4) 季后长期不用时，应对机器进行全面保养，对机架、苗箱的脱漆部位涂刷同色漆后放在室内通风干燥处保存。

49.2.7　常见故障及排除方法

播种机械的出现极大地提高了生产效率，播种机械要保证作物的播种量，种子在田间分布均匀合理，保证行距、株距要求，种子播在湿土层中且用湿土覆盖，播深一致，种子损伤率低，然而在实际作业中常会出现一些故障，影响机械的播种质量。

1．漏播

漏播使单位面积植株数不达标准，降低土地利用率，影响作物产量。机械播种产生漏播的具体原因如下：

(1) 种子。种子去杂清洁度低，含有颖芒、碎石块、碎秸秆等杂物，堵塞了排种器、分种叉和输种管；经浸泡的种子未晾干就进行机械播种，使种子粘连在一起无法排种；催芽过度出现了明显的根和芽，会影响排种器的正常排种。

(2) 播种机。排种传动机构的离合器自动滑挡从"合位"滑到"离位"，从而导致所有排种器不工作；升降起落机构工作不可靠，作业中自动将开沟器升起；作业时振动导致活动插销滑脱，致使排种器停止工作；开沟器早升晚降；划印器左、右臂长度或安装不准确。

2．重播

重播既浪费种子，使苗株过密，影响作物生长，又会使产量减少。具体原因有：

(1) "补漏"引起的重播。在播种作业过程中，发现漏播退回补播时，倒车时未将排种离合器切断，退经路线就会发生重播现象。

(2) 驾驶员技术水平低或精力不集中，机组作业路线不直，不仅会造成漏播，还会造成重播。

(3) 在已播的田块移动机车时，排种离合器没有切断动力；起落开沟器不及时，升起过晚，降落过早。

(4) 机组作业区宽度不是机组幅宽的整数倍，划印器左、右臂长度偏小，或安装调整不当而偏短，或因固定、连接不牢作业中自动缩短。

(5) 作业过程中因故停车或换挡频繁,使机组行驶速度不均匀。

49.3 园林移植机械

树木移植是根据园林规划的需要,将已选定的树木,从其生长地移植到园林绿地的不同位置,以增强景观效应,如居民区、风景区、公园或街头园林小品等需要树木移入,以及市政建设、道路改造时,将改造范围内的珍贵树木移出,另择地种植或暂时保存。这些情况都需要将已成活的树木移植,为提高成活率,必须带土球移植,这是一项劳动强度很大的作业。

树木移植机是用于树木带土移植的机械。它可以完成挖穴、起树、运输、栽植、浇水等全部(或部分)作业。树木移植机在大苗出圃及园林树木移植时使用,生产率高,作业成本相对较低,成活率高,适应性强,应用范围广泛,能减轻工人的劳动强度,提高作业的安全性。

树木移植机可分为自行式、牵引式和悬挂式3类。

自行式一般以载重汽车为底盘,如图 49-16(a) 所示,一般为大型机,可挖土球直径达 160 cm;牵引式和悬挂式可以选用前翻斗车、轮式拖拉机或自装式集材拖拉机为底盘,如图 49-16(b)、(c)、(d) 所示,一般为中、小型机。其中,中型机可挖土球直径为 100 cm(树木径级为 10～12 cm),小型机可挖土球直径为 80 cm(树木径级一般为 6 cm 左右)。国内外有多种机型。

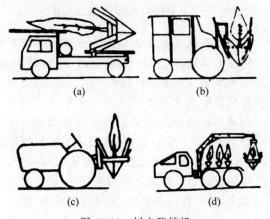

图 49-16　树木移植机

49.3.1　Bobcat 树木移植机

图 49-17 所示为美国生产的 Bobcat 树木移植机,该机采用履链式轮胎,可以在恶劣的路况中工作,工作装置由树铲机构、升降机构、对中微调机构、压实调整机构、润水机构及机架 6 部分组成。除树铲开闭外全部动作均为液压操作驱动,所起苗木带土球,呈曲面圆锥体。该机结构紧凑、体型小、工作平稳、操作方便、生产效率较高、劳动强度低,起出的苗木根系完整、成活率高,可以轻松移除和移植中小型树木。

图 49-17　Bobcat 树木移植机

1. 机架

机架是支撑工作装置主要机构的基础部件,是圆环形的钢板焊接体,底部由 3 个组件组成,由旋转销轴连接成一体;3 个组件分别支承一组树铲机构,前面 2 个组件带动 2 组树铲机构绕旋转销轴张开与闭合,闭合后用开闭锁锁上,以防树铲张开。为减小体积,开闭由人工完成。

2. 树铲机构

树铲机构是完成起苗动作的主要部件。它由 3 组树铲组成,分别安装在机架的各组件上。各组树铲包括树铲总成、树铲导轨总成和树铲油缸。树铲油缸的缸体耳环支座与树铲导轨总成都焊接在机架各组件上,树铲总成由树铲油缸的活塞杆耳环带动,通过滑轮沿树铲导轨上下做弧形移动。当每组树铲总成分别向下移动到极限位置时,3 组树铲便组成中空的曲面圆锥体。

3. 压实调整机构

压实调整机构是增加土球密度，调节土球尺寸的机构。它由2个油缸和2副压实板构成。压实调整油缸的一端与焊在树铲导轨总成的限位板上的支座铰接，油缸的另一端铰接压实板。在起苗动作完成后，当油缸带动压实板下移时，便把土壤向下挤压，而使土球密度增加，保证土球不易松散。

压实板是可以更换的，更换压实板的大小，即可获得同样大小的土球。在起小土球时，它还起着支撑树铲机构的作用，因为此时是靠机重压实土球。压实土球力的大小视土壤情况而定。

4. 升降机构

升降机构是使机架及其安装在机架上的树铲机构和压实调整机构的工作装置一起做上下运动，实现在起苗前先将工作装置下降放置在苗床上，起苗后将工作装置和苗木一起提升。该机构主要由2个升降油缸、门框式升降导轨及支臂总成组成。门框式升降导轨固定在旋转横梁上，靠销轴轴承与底盘的前横梁相连，油缸的缸体耳环安装在升降导轨上悬臂的支座上。升降油缸的活塞杆与机架销轴螺纹连接，支臂的下部用螺栓固定在机架销轴套耳板上，支臂上部焊在滑轮支板上，用螺栓连接的两组滑轮安装在升降导轨的滑槽内，通过油缸的带动和滑轮的导向，可以实现机器的上下运动。

5. 对中微调机构

对中微调机构是调整工作装置与苗木位置在横向不同心的微调机构。它主要由2个微调油缸、旋转横梁、支架组成。微调油缸的活塞耳环安装在旋转横梁的支座上，油缸的缸体耳环安装在与底盘固结的支架上的支座内。旋转横梁通过销轴和轴承与底盘前横梁连接，微调油缸的伸缩，带动旋转横梁上的升降导轨及起苗工作装置绕前横梁上的销轴转动，从而实现±10°的微调。

6. 润水装置

润水装置包括水箱和水管总成。水箱装水不仅可以作为起苗时的配重用，还可以在起苗时作为润滑水用，一方面可以减少铲与土壤间的阻力，另一方面可以使土球不易松散，亦可提高苗木成活率。工作时，打开阀门，水通过水管流到铲内表面。

Bobcat树木移植机的主要技术参数是：树木直径50～90 mm，所挖土球直径700～900 mm，土球质量达175～365 kg，整机质量为744 kg。整机外形尺寸(长×宽×高)为2 223 mm×2 428 mm×1 631 mm。

49.3.2 2ZS-150型树木移植机

2ZS-150型树木移植机是我国生产的车载四铲式树木移植机，如图49-18所示，其树木移植工作装置平放在汽车底板上，工作时直立于车尾部。该机可完成挖掘、起吊、搬运、栽种和浇灌等树木移植的多道工序作业，效率高、成活率高，特别适用于城市道路、住宅小区、庭院及绿地移植大中型树木，树根土球直径(上部)达1 300～1 500 mm，土球深度达1 000～1 050 mm。

图49-18 2ZS-150型树木移植机

49.3.3 前置式树木移植机

前置式树木移植机是作为一种工作装置挂结在多功能作业主机前面，如图49-19所示。其主要组成与前述移植机有相似之处，而挖树机构机架的整体起落是由多功能作业主机大臂起落油缸活塞杆的伸出和缩回完成的。工作时，对中树木中心后，大臂起落油缸活塞杆缩回，使挖树机构的支腿支承于地面并调平，挖树铲在树铲升降油缸作用下，沿树铲升降导轨入土，直至到达下极点，完成挖树作业，再用多功能作业主机大臂起落油缸将机构连同挖出的树木一起抬起,转移运送到栽植地。图49-19所示为已完成挖树作业大臂抬起的情况。

图 49-19　前置式树木移植机

49.3.4　U形铲式树木挖掘机

图49-20是一种U形铲式树木挖掘机,挖掘机构设置在拖拉机前方,由液压马达通过减速装置带动U形刀转动,切入土壤完成树木挖掘工作。该机的型号是YDM-50,功率为48.34 kW/2 400 r/min,挖掘土球直径为500 mm,正常条件下1 min挖掘1棵。该机外形尺寸小、结构紧凑、行动方便,适于在狭小场所和地域内行走,在树间穿行自如。

图 49-20　U形铲式树木挖掘机

49.4　园林施肥机械

49.4.1　园林施肥机械的用途

1. 用途

施肥机械能按当地园艺要求,将化肥用撒播、条播、穴施的不同方式施入园林种植场地,以满足园林植物或花卉苗木在生长期或结果期对化肥的需求。使用机械施肥既可减轻劳动强度,又可提高工作效率,促进园林植物生长。

2. 种类

（1）按施肥方式不同,可将其分为撒施机、条施机和穴施机。

（2）按施用肥料的类型不同,可将其分为固态化肥施肥机、液态化肥施肥机、厩肥撒施机和厩液洒施机。

（3）按园林植物不同生长期所需的施肥要求,可将其分为专用基肥撒施机、施肥播种联合作业机、球肥深施机和中耕追肥机等。

49.4.2　施肥机的结构与工作过程

1. 结构

下面以陕西省生产的2BF-24A型施肥播种机为例加以说明。该机可以与36.8~44.1 kW轮式拖拉机配套使用,是牵引式施肥播种联合作业机,主要由肥料箱、排肥器、排肥量调节活门、播深调节机构、脚踏板、刮泥刀、输种(肥)管、覆土器、开沟器、开沟器升降机构、牵引装置、传动装置、机架、地轮、种子箱和排种器等组成。2BF-24A型施肥播种机如图49-21所示。

2. 工作过程

这里以河南省生产的2FLD-2G型化肥深施机为例加以说明。该机的施肥器与悬挂双铧犁配套,机引犁地轮带动拨爪传动机构运动,拨爪即沿肥箱排肥口做前后或弧形摆动,将化肥从排肥口排出,实现化肥深施。

49.4.3　施肥机的技术参数

1. 2FLD-2G型化肥深施机

该机可施碳酸氢铵、硝酸铵、尿素等化肥,其主要技术参数如下:

外形尺寸(长×宽×高)为 900 mm×840 mm×880 mm。

整机质量为 72 kg。

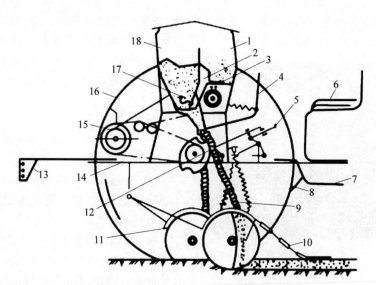

图 49-21 2BF-24A 型施肥播种机的结构

1—肥料箱；2—排肥量调节活门；3—排肥器；4—升降手柄；5—播深调节机构；6—座位；7—脚踏板；8—刮泥刀；9—输种(肥)管；10—覆土器；11—开沟器；12—开沟器升降机构；13—牵引装置；14—机架；15—传动装置；16—地轮；17—排种器；18—种子箱

肥箱容积为 25 L。

配套动力为 8.8~11 kW 小四轮拖拉机。

施肥深度为 8~10 cm。

施肥行数为 2 行。

排肥器形式为拨爪式。

最大施肥(碳酸氢铵)量为 75 kg。

2. 1G-175 型旋耕化肥深施机

该机与 36.75 kW 中型轮式拖拉机配套使用，以 1G-175 型旋耕机为基础，配上地轮传动装置、空间螺旋排肥部件、肥料容器和输肥管道，利用旋耕机的正常作业，将化肥旋入耕松的土层中。该机的技术参数如下：

配套动力为 36.8 kW 轮式拖拉机。

旋耕机型号为 1G-175 型。

排肥器形式为空间螺旋式。

工作幅度为 1 750 mm。

施肥行数为 5 行。

施肥行距为 350 mm。

施肥深度≥60 mm。

施肥(碳酸氢铵)量为 450~900 kg/hm²。

生产效率为 0.27~0.4 hm²/h。

3. 2FLD-2 型化肥深施机

该机与小四轮拖拉机配套使用，一人操作可同时完成耕地、施肥作业，主要用于撒施碳酸氢铵和各种颗粒肥料。其排肥装置的搅拌齿由地轮驱动做往复摆动，从而防止了肥料在排肥过程中的架空现象。随着拖拉机悬挂机构的升降，肥料箱底盖能自动将出口关闭和开启，无须人员辅助。其技术参数如下：

外形尺寸(长×宽×高)为 676 mm×400 mm×595 mm。

配套动力为 8.8~11 kW 小四轮拖拉机。

整机质量为 145 kg。

排肥器形式为拨爪式。

施肥量为 0~645 kg/hm²(可调)。

施肥幅度为 0.5 m。

施肥深度为 80~100 mm。

肥箱容积为 26 L。

适应肥料为碳酸氢铵、颗粒肥料等。

生产效率为 0.067~0.2 hm²/h。

49.4.4 化肥深施机械化操作

化肥深施机械化操作就是通过机械将化肥按当地园艺要求，施于 6~15 cm 深的土层中，适用于旱、水田农作物和园林植物施肥。

1. 化肥深施机械化的操作要点

1) 底肥深施

底肥深施机械化与土壤耕翻结合的操作目前有两种方法:一种是边耕翻边将化肥施于犁沟内;另一种是先撒肥后耕翻,在耕翻过程中,将地面化肥翻于犁沟底面。

2) 种肥深施

种肥深施机械化操作是在播种的同时完成施肥作业,主要是通过安装在播种机上的肥料箱和排肥装置来完成。

3) 追肥深施

追肥深施机械化操作是按照园林植物生产和农艺要求,使用追肥作业机具完成开沟、排肥、覆土、镇压等多道工序的作业。追肥的用量和次数要根据土质来确定,较黏性的土壤保肥能力强,可一次追入;沙质土壤漏水漏肥,应采用少量多次追肥的方法。

2. 化肥深施机械化操作的注意事项

1) 注意施肥深度

施肥过深影响肥效,过浅易挥发,最佳深度为 10 cm。据测定,施肥深度小于 5 cm 时,化肥从土壤气隙中的挥发损失达 60%;施肥深度 5～10 cm 时,挥发损失约为 30%;施肥深度在 15 cm 以上时才没有损失,但施肥过深则不利于园林花卉植物的吸收。

2) 注意施肥位置

种肥深施时,化肥与种子应保持 3～5 cm 的距离,以免伤害种子;追肥深施时,化肥与植物侧保持 10～12 cm 的距离。

3) 注意施肥计量

一般可采用两个档次:一档每亩施碳酸氢铵 25 kg 左右,另一档每亩施碳酸氢铵 40 kg 左右。施肥机手应根据园林场地"肥"与"瘦"的具体情况确定施肥量。

4) 注意施肥均匀

施肥机手要计算好,把肥料均匀深施到地里的每一处,不能出现一处多施一处少施的现象。

5) 注意协调秸秆还田与化肥深施两项技术

两项技术不可顾此失彼,应做到秸秆还田与化肥深施互相结合。

6) 注意水的管理

对水生花卉(如荷花)进行化肥深施时,最好是翻耕前两天把水排尽,翻耕施肥后管好水,防止化肥流失。

3. 化肥深施的作用

1) 节本增效

使用机械深施化肥能节约化肥用量,并能使化肥对农作物和园林植物的作用增效。据测试,机械深施化肥比人工表面施肥每亩(667 m^2)可节约化肥 8～20 kg,而小麦、玉米每亩可增产 15～30 kg,大豆每亩可增产 15～20 kg,园林植物增效 5%～10%。

2) 提高化肥利用率

化肥深施可以减少挥发,提高肥料的利用率。碳酸氢铵、尿素深施与表施相比,其利用率分别由表施的 27% 和 37% 提高到 58% 和 50%。此外,磷肥、钾肥深施也可以减少风蚀和雨水流失,大大提高了化肥的利用率。

3) 肥效持久,能促进作物稳健生长

据测试,水稻禾苗表面施肥,肥效快、猛、短,肥效一般维持 20 d;化肥深施时,肥效可长达 60 d,而且水稻根系健壮,生理机能活跃,早衰减少,有利于增产。

4) 有利于改善生态环境

化肥表施,肥料易在空气中挥发并随水流失,而且污染了空气和水源;化肥深施可减轻污染,有利于生态环境的保护。

4. 施肥机的维护与保养

(1) 作业前,检查拖拉机与施肥机的各部连接是否紧固,开机试运转,查看其是否正常,若有故障应及时检修排除。

(2) 作业中,开沟器、播种施肥器、覆土器等工作部件若有损坏,应停机修复。机器不能带"病"作业,否则影响作业质量。

(3) 作业后,应清除机器上的泥土和杂物,使种肥箱、输肥管、排肥器等机件处于良好状态,并按规定给传动和行走部件的润滑点加注润滑油或润滑脂。

(4) 季后机器长期不用时,应对机器进行一次全面保养后,将机器放置在通风干燥的室内保存。

49.4.5 常见故障及排除方法

1. 施肥器不排肥的原因及解决方法

施肥机在使用时可能出现施肥器不排肥的现象，产生这种问题的原因是地轮没有工作，出现了不转动现象。地轮之所以不转动，主要是因为地轮没有着地，传动链条出现了问题，可能是在工作过程中链条掉链或断链，从而使施肥器不排肥，针对这种问题，农机手或维修人员首先要找到产生问题的原因，对症下药。如果是传动链条出了问题，就要及时进行修理或者更换，使地轮着地，从而使施肥器正常工作。

2. 个别排肥器不排肥的原因及处理方法

施肥机在工作时，整体的排肥量很正常，但是个别排肥器会出现问题而不排肥，产生这种现象的原因可能是排肥口被田地里的杂物堵塞，只需将不排肥的排肥口用工具通开即可。但是在进行维修时，农机手一定要将农机熄火再进行修理，以免发生其他故障。需要注意的是，农机手不要使用手指或木棍进行维修，否则可能伤到自己。除了此原因，也有可能是排肥星轮或小锥齿轮销子断裂或脱落，从而引起个别排肥器不排肥，如果是这种原因，农机手首先要检查零件能否维修，如果不能维修就要考虑更换新的零部件，以使施肥机能正常工作。

3. 各行播深不一致的原因及处理方法

施肥机在工作时，如果一些零部件出现了问题，也会导致各行播深不一致，究其原因，可能是施肥机机架的左右没有处在同一个平面上，左右出现严重不平现象，只是左右边的开沟器不处在同一个平面上，结果入土深度自然也就不一致，解决办法是农机手或维修人员要将机架的左右维修，使其处在同一平面上，开沟器的入土深度一致了，播深也就一致了。除了此种原因，还可能是农机手在施肥机工作之前，没有对农机进行彻底检查，各个开沟器伸出的长度不同导致开沟器入土深度不一致。还有可能是开沟器在工作时被土块垫起，与其他开沟器不在同一平面上，导致播深不一致，如果是这种原因，农机手就要及时对各开沟器进行调整，使其处在同一个平面上，从而保证各行播深一致。

第50章

园林病虫害防治机械

50.1 概述

园林绿地中的园林树木、草坪、灌木、花卉等常常因遭受病虫害而影响生长，降低质量。因此，做好植物保护工作，消灭病虫害，对于保护绿色植被、改善生态环境具有重要的意义。

病虫害防治机械在农业上称为植物保护机械（简称植保机械），园林上也可称为打药机械。防治病虫害的方法包括生物防治法、物理防治法和化学防治法等，但到目前为止，化学防治法仍是最主要、最有效的防治方法。因此，利用喷洒各种化学药剂的机械进行化学防治得到了广泛应用。

50.2 园林病虫害防治机械分类

按施药方法可分为喷雾机、喷粉机、喷烟机、撒粒机、弥雾机等。

按动力不同可分为手动式和机动式2类。

按机器配置形式可分为手持式、肩挂式、背负式、担架式、悬挂式、牵引式和自走式等。

此外，还有航空喷洒装置，它具有经济性、高喷洒效率，且不会受到地面各种条件限制等优点，适用于广阔的平原和林区。

50.3 手动喷雾器

由于手动喷雾器具有质量轻、携带方便、使用维护方便等优点，其在温室、小块绿地、花房等处得到了广泛应用。

手动喷雾器主要分为液泵式和气泵式2种。

50.3.1 手动液泵式喷雾器

1. 构造

手动液泵式喷雾器主要由药液桶、手动活塞泵和喷洒部件组成，其结构如图50-1所示。

工农-16型喷雾器的药桶由塑料制成，截面呈腰子形。喷洒部件包括胶管、开关、喷杆和喷头等，其中喷头是喷雾器的主要部件，它是一种切向进液喷头（即空心圆锥喷头）。

2. 工作原理

使用者扳动摇杆或手柄时，通过连杆机构使活塞杆在泵筒内做上下往复移动。当活塞杆上行时，活塞下空腔的容积不断增大，形成了局部真空，药桶的药液在液面和腔体内的压力差的作用下冲开进水球阀进入泵筒，完成吸液过程。当活塞杆下行时，活塞由上向下运动，泵筒内的药液被挤压，使药液压力升高，导致进水阀被关闭，出水阀被压开，药液通过出水阀进入空气室。空气室内的空气被压缩，当药液达到安全水位线时，打开喷洒开关，空气对药液产生的稳定压力使药液通过喷杆从喷头均匀连续地喷洒出去。

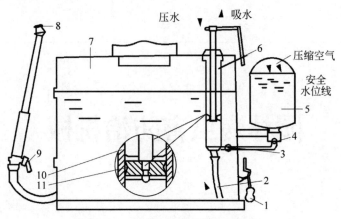

图 50-1 手动液泵式喷雾器的结构

1—摇杆；2—吸水管；3—进水球阀；4—出水球阀；5—空气室；
6—泵筒；7—药液桶；8—喷头；9—开关；10—塞杆；11—皮碗

50.3.2 手动气泵式喷雾器

手动气泵式喷雾器是通过药液桶中的气泵将空气打入药液桶上部,利用压缩空气对液面的压力将药液桶中的药液从喷头压出。

我国生产的手动气泵式喷雾器主要是552丙型(3WS-7),图50-2所示为手压式喷雾器(4~10 L)。552丙型气泵式喷雾器结构简单,价格较低,目前仍是气泵式喷雾器的主要品种。下面主要以552丙型气泵式喷雾器为例进行介绍。

图 50-2 手压式喷雾器(4~10 L)

1. 构造

手动气泵式喷雾器主要由气泵、药液桶和喷洒部件组成,其中喷洒部件与工农-16型喷雾器相同,药液桶除了贮存药液外还起到了空气室的作用,所以需要承受一定的压力且密封性好。

2. 工作原理

手动气泵式喷雾器将空气打入药液桶液面上方,对药液施加一定的压力使其从喷洒部件雾化喷出。握住塞杆上拉时,出气阀因吸力作用关闭,下方压力小,此时空气通过活塞周围的缝隙从上方流入下方。当塞杆下压时,下方压力增大,使活塞紧抵着大垫圈,空气压开出气阀的阀球进入药液桶。当药液桶上方的空气增多,达到一定压力时,打开开关,药液就会从喷头呈雾状喷出。

手动气泵式喷雾器需要操作人员一只手不断上下摇动摇杆,另一只手持喷洒部件进行喷雾,容易疲劳。虽然气泵式喷雾器喷药后药液桶的压力会迅速降低,但是每充一次气基本可以喷完半桶药液,操作者只需专心对准目标喷药即可。

50.3.3 安全使用规程

1. 操作前

(1) 操作者应穿工作服,并佩戴口罩进行安全防护。

(2) 首先,检查手动喷雾器各连接是否紧固,有无松动现象。

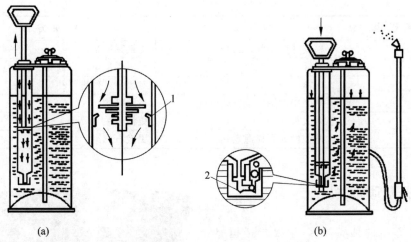

图 50-3 手动气泵式喷雾器的工作原理
(a) 手杆上提；(b) 手杆下压
1—皮碗；2—出气阀

(3) 先装清水试喷，检查是否有漏水、漏气等现象，并按要求调节好喷雾状态。

2．操作中

(1) 依据提供的药液说明进行配比稀释，先将原液倒入喷雾器，再放入清水。

(2) 所加药液不得超过安全水位线。

(3) 手动液泵式喷雾器需要操作者在操作过程中不断上下摇动摇杆进行增压，手动气泵式喷雾器须在正式喷药前上下拉动塞杆进行增压，当喷雾器内气压不足时，可再次按上述要求给罐内增压。

(4) 喷药时，将喷雾嘴向下成30°斜度对准所喷部位，压下增压开关，进行喷雾。

(5) 喷药过程中手应匀速摆动，不易过快或过慢，喷头不要距离物体太近或太远，一般以20～35 cm 为宜。

3．操作后

(1) 工作完毕，应及时倒出罐内残留的药液，并用清水洗净。

(2) 将喷雾罐放置到干燥、安全的环境中保管。

50.3.4 常见故障及排除方法

手动喷雾器的常见故障、原因及解决方法见表50-1。

表 50-1 手动喷雾器常见故障及解决方法

故障现象	故障原因	解决方法
喷不出雾且滴水	① 套管内的滤网堵塞；② 喷头内的斜孔堵塞	卸下喷头，清除堵塞物
喷雾时水和气同时喷出	桶内的输液管焊缝脱焊	对输液管进行焊补
	输液管被药液腐蚀	更换新的输液管
喷出的雾很零散	喷孔形状不正	拧下喷头帽调整
	喷孔被脏物堵塞	清除喷孔内的脏物
气筒打不进气	皮碗干缩硬化	卸下干缩的皮碗放在机油或动物油中浸泡，待其膨胀后再安装
	皮碗底部螺钉脱落	更换新的皮碗

续表

故障现象	故障原因	解决方法
加水漏气	检查橡胶垫圈是否损坏	更换橡胶垫圈
	凸缘与气筒脱焊	对脱焊部位进行补焊
塞杆和压盖冒水	气筒壁与气筒底脱焊	对脱焊部位进行补焊
	阀壳中的钢球被脏物卡住	清除脏物
开关漏水	开关损坏	更换开关
	开关帽的石棉绳老化	更换石棉绳

50.4 机动喷雾机

机动喷雾机的种类较多,主要包括担架式、手推式、牵引式、手扶式、驾乘式等,其中牵引式喷雾机一般以中型拖拉机为动力进行牵引作业。

50.4.1 担架式机动喷雾机

担架式机动喷雾机的液泵、动力部件、喷洒部件等安装在像担架一样的机架上,作业时由人抬着担架进行转移,如图50-4所示。

担架式机动喷雾机按配用泵的种类可分为担架式离心泵喷雾机和担架式往复泵喷雾机。离心泵流量大、结构简单、使用维护方便,以前是机动喷雾机的主要液泵,但是因离心泵压力较低(一般为0.4~0.6 MPa)。因此喷雾雾滴较大,目前基本不再使用。

图50-4 东方红3WZ-34型担架式机动喷雾机

现在担架式机动喷雾机主要配置往复式容积泵,其特点是压力可以在一定范围内进行调节,并且排出的液量基本保持稳定不变。常用的往复泵包括三缸活塞泵、三缸柱塞泵和隔膜泵等。

图50-4所示的东方红3WZ-34型担架式机动喷雾机的技术参数见表50-2。

表50-2 东方红3WZ-34型机动喷雾机的技术参数

型号	结构类型	整机质量/kg	工作压力/MPa	液泵	配套动力
3WZ-34	担架式机动	46	1.0~3.5	柱塞泵	单缸四冲程汽油机

喷洒部件是担架式机动喷雾机的重要工作部件,其工作质量的好坏除了影响喷雾机性能的发挥外,还会影响病虫害的防治成本及防治效果。目前国产担架式机动喷雾机的喷洒部件配套种类比较少,主要有喷杆和喷枪两大类。

1. 喷枪

喷枪有两种:一种用于远程喷洒,射程一般在20 m以上,主要适用于水稻田,其从田内直接吸水并配合自动混药器进行远程喷洒,出口孔径一般为3~5 mm。另一种为可调喷枪,又称果园喷枪,其射程、喷雾角、喷幅等可以进行调节,主要用于果园喷洒高大的果树。向后调节螺旋芯时,喷雾角变小,雾滴增大,射程变远,从而喷洒到树的顶部;向前调节螺旋芯时,喷雾角增大,雾滴变细,射程减小,可喷洒树木的低处。

常用的喷枪为圆锥孔式,如图50-5所示。当高压药液通过锥形腔时,流速逐渐增高,形成高速射流液柱喷出,与相对静止的空气撞击和摩擦而破碎成雾滴散落。

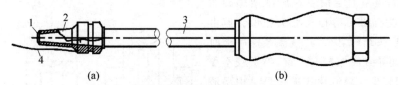

图 50-5 圆锥孔式喷枪

1—喷孔；2—喷嘴；3—枪管；4—扩散片

2．喷杆

担架式机动喷雾机的喷杆与手动喷雾器的喷杆类似，甚至有些零件可以相互借用。喷杆一般由喷头、套管滤网、喷雾胶管及开关等组成。

喷头的作用是使药液雾化并使雾滴能够均匀喷洒，因此其工作质量的好坏直接影响病虫害的防治效果。按照喷头结构的不同，主要将其分为涡流式、扇形雾式和气力式3种。

1) 涡流式喷头

按照结构不同，涡流式喷头又可分为切向离心式、涡流芯式和涡流片式等类型。切向离心式的结构如图 50-6 所示，它主要由喷头体、喷头帽、垫圈、旋水套等部分组成，喷头体加工成锥体芯的内腔，同时输液斜道与内腔相切，中心位置带有喷孔的喷头片安装在前端，孔径有 1.3 mm、1.6 mm 两种规格。喷头片与内腔之间构成了锥体芯涡流室，改变垫圈的厚度即可调整涡流室的深浅。

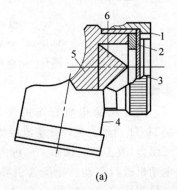
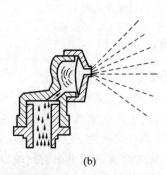

图 50-6 切向离心式喷头

(a) 结构图；(b) 喷雾过程

1—喷头帽；2—垫圈；3—喷头片；4—喷头体；5—输液斜道；6—锥体芯

涡流芯式喷头的结构如图 50-7 所示，当压力药液进入输液斜道时，由于通道的横截面积变小，使流速迅速增加，药液沿切线方向进入涡流室并绕着锥体芯做高速螺旋运动，高速旋转的药液从喷孔喷出时便向四周飞散成一空心雾锥，在空气阻力的作用下雾化形成细小的雾滴。改变喷孔大小、涡流室深浅、药液压力等可以调节射程远近。

涡流芯式喷头和涡流片式喷头的结构类似，前者在其喷头芯上开有螺旋槽，工作时高

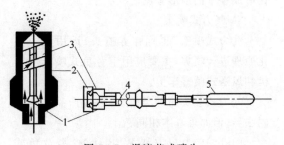

图 50-7 涡流芯式喷头

1—喷头体；2—喷头帽；3—涡流芯；
4—推进杆；5—手柄

压药液进入涡流室时会沿着螺旋槽做螺旋运动。雾化原理与切向离心式喷头相似。但由于涡流芯式喷头结构复杂,药液流经螺旋槽时阻力较大从而导致摩擦损失严重,喷量较不稳定,因此使用较少。涡流片式喷头只是用涡流片代替了涡流芯,高压药液流入喷头后会在2个贝壳形斜孔引导下做高速螺旋运动,再从喷孔喷出,如图 50-8 所示。

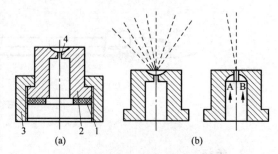

图 50-9 扇形雾喷头及其雾化原理
(a)喷头结构;(b)雾化原理
1—垫圈;2—喷嘴;3—压紧螺母;4—喷孔

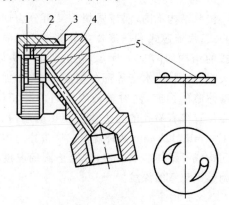

图 50-8 涡流片式喷头
1—喷流片;2—垫圈;3—喷头帽;
4—喷头体;5—旋水片

2)扇形雾式喷头

如图 50-9 所示,扇形雾式喷头的喷嘴上面开有两个相互垂直的半月形槽 A 和 B,药液在一定压力的作用下通过喷孔后,受内半月槽 A 底部的导流作用,液流沿 A 的两半弧流到喷口处汇合,发生撞击和破碎,然后又沿着半月形槽 B 的内壁进一步破碎,受半圆弧的导向和约束作用,向两侧扩散,与静止的空气撞击而雾化形成扁平的扇形雾流。

3)气力式喷头

气力式喷头(也称弥雾喷头)运用气力雾化原理进行喷雾,主要应用于背负式喷雾喷粉机和风送式喷雾车上。

气力式喷头的种类繁多,各种产品结构大同小异,但原理基本相同。

图 50-10 为东方红 WFB-18AC 型背负式喷雾喷粉机的气力喷雾喷头。工作时,压力药液从喷孔喷出后,与高速气流在喷口的喉管处相遇,气流冲击药滴,进一步雾化成细小的雾滴吹出。

风送式绿化喷雾车的喷射雾化装置如图 50-11 所示。进口处集流器的作用是减小进气阻力,改善进气状态。风机由装在进口处的电动机进行驱动。导流管引导风机产生的高速气流稳定均匀地轴向流动。呈圆锥形的喷筒进一步减少气流紊动并提高风速。高压药液经过输液管到达喷头组,在高速气流的作用下进行气力雾化,并吹向目标物。

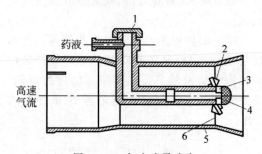

图 50-10 气力喷雾喷头
1—压盖;2—叶片;3—喷嘴喷孔;
4—喷嘴;5—喷口;6—喉管

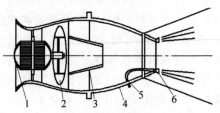

图 50-11 风送式绿化喷雾车的
喷射雾化装置
1—集流器;2—轴流风机;3—导流管;
4—喷筒;5—输液管;6—喷头组

喷射雾化装置可以安装在一可回转的装置上，绕水平轴在垂直平面上向四周进行喷洒。

50.4.2 手推式机动喷雾机

若将液泵、动力装置、喷洒部件及药箱安装在手推车上，则称其为手推车式喷雾机。图 50-12 为 HD-60L 型手推车式机动喷雾机，其具体的性能参数见表 50-3。

图 50-12　HD-60L 型手推车式机动喷雾机

表 50-3　HD-60L 型手推车式喷雾机的性能参数

型号	质量 /kg	流量 /(L·min^{-1})	射程 /m	工作压力 /MPa	发动机转速 /(r·min^{-1})	柱塞泵型号
HD-60L	38	10～50	10	2.0～3.5	3 600	TU-26

50.4.3 牵引式机动喷雾机

牵引式机动喷雾机一般由中型拖拉机为动力牵引作业。喷药机的样式大致分为几种，主要有牵引式机动喷雾机、悬挂式机动喷雾机、自走式喷杆动喷雾机。

牵引式机动喷雾机的主要特点有：药液箱容量大，喷药时间长，作业效率高；喷药机的液泵采用多缸隔膜泵，排量大，工作可靠；喷杆采用单点吊挂平衡机构和采用拉杆转盘式折叠机构，不但平衡效果好，而且喷杆的升降、展开及折叠可在驾驶室内通过操作液压油缸进行控制，操作方便、省力；可直接利用机具上的喷雾液泵给药液箱加水，加水管路与喷雾机采用快速接头连接，装拆方便、快捷；喷药管路系统具有多级过滤，确保作业过程中不会堵塞喷嘴；药液箱中的药液采用回水射流搅拌，可保证喷雾作业过程中药液的浓度一致。鉴于这些特点，牵引式机动喷雾机喷雾性能好、作业效率高，广泛应用于草地、园林树木等。

国产 3WPQ-2000 型、东方红 3WQ 型牵引式机动喷雾机分别如图 50-13 和图 50-14 所示。

图 50-13　3WPQ-2000 型牵引式机动喷雾机

图 50-14　东方红 3WQ 型牵引式机动喷雾机

50.4.4 手扶自行式和驾乘式机动喷雾机

手扶自行式和驾乘式机动喷雾机主要应于比较低矮的果树、灌木及绿篱等乔灌木的喷药，是一种操作轻便、灵活，作业效率高，节水、节药的多功能机械。

图 50-15 为国内生产的 JC-189 系列手扶自行式机动喷雾机，其性能参数见表 50-4。

表 50-4　JC-189 系列手扶自行式机动喷雾机的性能参数

型号	质量/kg	药箱容积/L	喷头/个	喷洒宽度/m	喷洒高度/m	行走速度/(km·h^{-1})
JC-189	180～300	200～300	6～8	6～16	4～8	1.5～3

图 50-15　JC-189 系列手扶自行式机动喷雾机

能施药。风送喷雾技术使喷出的气流可以强效二次雾化,气流使叶子来回翻动,叶子正反面都能着药,且能将药物吹送到树冠内部,不留死角,所以有良好的防治效果。

图 50-16 为 3WJP-12 型驾乘式机动喷雾机,其性能参数见表 50-5。

驾乘式机动喷雾机无须其他配套动力,只需操纵方向杆控制方向即可轻轻松松喷药,速度和喷雾量均可调节,设置 3 个开关阀门可以分别控制左、中、右 3 个喷头区,喷幅呈扇面扩散,只需在果树行间行走,左面、右面、上面均

图 50-16　3WJP-12 型驾乘式机动喷雾机

表 50-5　3WJP-12 型驾乘式机动喷雾机的性能参数

型号	动力	喷头数量/个	药箱容积/L	叶轮直径/mm	前轮直径/mm	前轮宽度/mm	后轮直径/mm	后轮宽度/mm
3WJP-12	12 hp 柴油机	10	200	500	400	100	400	200

型号	转弯形式	喷洒高度/m	喷洒宽度/m	后轮轮距/m	工作压力/kPa	行走速度/(km·h^{-1})	机器尺寸(长×宽×高)/(m×m×m)	机器净重/kg
3WJP-12	双驱差速	3～5	8～15	1	0.5～1.5	0～3	2.6×1.05×1.1	300

50.4.5　安全使用规程

(1) 操作者应穿工作服,并佩戴口罩进行安全防护。

(2) 依据说明书安装机动喷雾器零部件,安装完成后,先用清水试喷,检查是否有漏水、漏气现象。

(3) 在使用时,将配制好的药液倒入药液箱,但液面不得超过安全水位线。

(4) 在初次使用时,须先将喷杆内的清水喷出,再正式开始喷洒。

(5) 机动喷雾器的汽油机在加油时必须停机,在启动后和停机前必须空载低速运转 3～5 min,严禁空载大油门高速运转和急速停机。

(6) 工作完毕,应及时倒出药液箱内残留的药液,用清水清洗干净。

(7) 若短期内不使用机动喷雾器，应将燃油及润滑油倒净，并及时清洗油路，同时将机具外部擦干装好，置于阴凉干燥处存放。若长期不用，应润滑活动部件，防止生锈，并及时封存。

50.4.6　常见故障及排除方法

机动喷雾器的常见故障、原因及解决方法见表50-6。

表50-6　机动喷雾器常见故障及解决方法

故障现象	故障原因	解决方法
不能启动或启动困难	油箱无油	加燃油
	各油路不畅通	清理油路
	火花塞不跳火	积炭过多或绝缘体被击穿，应清除积炭或更新绝缘体
	火花塞、白金间隙调整不当	重新调整火花塞、白金间隙
	电容器击穿、高压导线破损或脱节、高压线圈击穿等	修复更新电容器
能启动但功率不足	供油不足，主供油孔堵塞	清洗疏通油孔堵塞
	白金间隙过小或点火时间过早	调整白金间隙或点火时间
	燃烧室积炭过多，使混合气出现预燃现象	清除燃烧室内的积炭
	气缸套、活塞、活塞环等磨损严重	更换气缸套、活塞、活塞环等
发动机运转不平稳	主要部件磨损严重	更换部件
	点火时间过早，有回火现象	调整点火时间
	白金磨损或松动	更新或紧固白金
	浮子室有水或沉积了机油，造成发动机运转不平稳	清洗浮子室
运转中熄火	燃油烧完	加油
	高压线脱落	接好高压线
	油门操纵机构脱解	修复油门操纵机构
	火花塞被击穿	更换火花塞
农药喷射不雾化	转速低	加速
	喷头中有杂物或严重磨损	清除杂物或更换喷头

50.5　背负式喷雾喷粉机

早在20世纪60年代中期，我国有少数植保机械生产企业参考日本样机，开始自行研制生产我国第一代背负式喷雾喷粉机——WFB-18AC型背负式喷雾喷粉机。到70年代末，国内又相继出现了三四家背负式喷雾喷粉机生产厂，各自研制背负式喷雾喷粉机产品而全国年产销量一直维持在几万台。进入90年代后，在国家政策的扶持下，1991—1992年出现了第一个背负式喷雾喷粉机需求高峰年。生产厂家由五六家迅速发展到十多家。后发展的企业主要为乡镇集体企业，产品以WBF-18AC型背负式喷雾喷粉机为主。在良好的发展形势下，科研院所积极与生产企业合作，从减轻操作者劳动强度的角度出发，对WFB-18AC型背负式喷雾喷粉机的风机结构和材质加以改进，研制生产了新一代18型背负式喷雾喷粉机——以前弯式风机取代后弯式风机，以工程塑料取代部分铁质材料，减小结构尺寸，减轻整机质量，提高了耐腐性能。另外，一些规模较大的背负式喷雾喷粉机生产厂在稳步提高产品质量和产量的同时，不断引进、开发新型背负式喷雾喷粉机产品。目前，全国背负式喷雾喷粉机生产厂有20家左右，品种有十多种，年产量达几十万台。

背负式喷雾喷粉机由于具有操纵轻便、灵活、生产效率高等特点，广泛用于较大面积的农林作物的病虫害防治工作，以及化学除草、叶面施肥、喷洒植物生长调节剂、城市卫生防疫、消灭仓储害虫及家畜体外寄生虫、喷洒颗粒等工作。它不受地理条件限制,在山区、丘陵地区及零散地块上都很适用。

背负式喷雾喷粉机的主要结构包括机架、风机、发动机、药箱、喷洒部件及操纵机构等。机架总成是安装汽油机、风机、药箱等部件的基础部件,主要包括机架、操纵机构、减振装置、背带和背垫等。机架一般由钢管弯制而成。目前也有工程塑料机架,以减轻整机质量。机架的结构形式及其刚度、强度直接影响背负式喷雾喷粉机整机的可靠性、振动性等指标。风机是背负式喷雾喷粉机的重要部件之一,它的功用是产生高速气流,将药液破碎雾化或将药粉吹散,并将之送向远处。风机出口装有蛇形管和直喷管,当直喷管上安装弥雾喷头时,可以进行弥雾喷射;装上离心喷头时,可以进行超低量喷雾。喷粉时则直接由直喷管喷洒。

背负式喷雾喷粉机是由发动机带动离心风机高速旋转,产生高速气流,从而实现气流输粉、气压输液和气力雾化。背负式喷雾喷粉机种类较多,虽然结构略有不同,但其工作原理基本相似。下面以产量较多的 WFB-18AC 型背负式喷雾喷粉机为例,介绍其工作原理。

工作时,离心风机与发动机的输出轴直连,发动机带动风机叶轮高速旋转,风机产生的大量气流从出风口流出,经蛇形管、直喷管后从喷头喷出;少量气流经上风管进入药箱,使药箱中形成一定的气压,药液在压力的作用下,经输液管到弥雾喷头,从喷头喷嘴周围的小孔喷出,先与喷嘴叶片相撞,初步雾化,再与高速气流在喷口中冲击、破碎,进一步雾化,弥散成细小的雾粒,并随气流吹到前方。

WFB-18AC 型背负式喷雾喷粉机如图 50-17 所示,其性能参数见表 50-7。

图 50-17　WFB-18AC 型背负式喷雾喷粉机

表 50-7　WFB-18AC 型背负式喷雾喷粉机性能参数

型号	质量/kg	药箱容积/L	叶轮转速/(r·min^{-1})	雾滴平均直径/μm	喷荷量/(kg·min^{-1})	点火方式
WFB-18AC	10.2	11	5 000	<120	≥1.7	电子点火(CDI)

50.5.1　安全使用规程

1. 喷雾作业方法

(1) 操作者应穿工作服,并佩戴口罩进行安全防护。

(2) 依据说明书组装有关部件,使整机处于喷雾作业状态。

(3) 加药液前,用清水试喷一次,检查各处有无漏水现象;加药液不要过急、过满,不得超过安全水位线;所加药液必须干净,以免喷嘴堵塞。

(4) 加药液后药箱盖一定要盖紧,加药液可以不停车,但发动机要处于低转速运转状态。

(5) 背机后,调整手油门开关使发动机稳定在额定转速,先稳定运转片刻,再开启药液开关手柄进行喷施。

(6) 喷药液时应注意:

① 开关开启后,随即用手摆动喷管,严禁停留在一处喷洒,以防引起药害。在喷药液时应以均匀的速度按规定的路线进行作业。

② 喷洒过程中,左右摆动喷管,以增大喷幅,前进速度与摆动速度应适当配合,以防漏喷而影响作业质量。

2. 喷粉作业方法

(1) 操作者应穿工作服,并佩戴口罩进行安全防护。

(2) 依据说明书的规定调整机具,使药箱装置处于喷粉状态。

(3) 粉剂应干燥,不得有杂草、杂物和结块。

(4) 不停车加药时,汽油机应处于低速运转,关闭挡风板及粉门操纵手把,加药粉后,旋紧药箱盖,并把风门打开。

(5) 背机后,调整手油门开关使发动机稳定在额定转速,先稳定运转片刻,再开启粉门开关手柄进行喷施。

3. 停止运转

先将药液或粉门开关闭合,再减小油门,使汽油机低速运转 3~5 min 后关闭油门,然后放下机器并关闭燃油阀。

50.5.2 常见故障及排除方法

背负式喷雾喷粉机的常见故障、原因及解决方法见表 50-8。

表 50-8 背负式喷雾喷粉机的常见故障及解决方法

故障现象	故障原因	解决方法
不出粉	粉门打不开	调整粉门拉杆
	粉剂中混有异物	清除粉剂中的异物
	粉剂结块、潮湿	砸碎、晒干粉剂
粉门操纵不灵	粉门关不上	调整粉门拉杆
	喷粉盖板被异物垫住	清除异物
漏粉	药箱底部的夹紧板松开	旋紧药箱底部的夹紧板
	粉盖密封垫损坏	更换粉盖密封垫
不能调节喷粉量	粉门调节机构失灵	修理粉门调节机构

50.6 喷雾车

喷雾车分为液力喷雾车和气力喷雾车 2 种,其中液力喷雾车是以液力喷雾法进行喷雾的多功能喷洒车辆,以汽车为动力和承载体,车上装有药泵、水箱和喷洒部件等,其作用除了喷药外还有冲洗街道达到除尘降温效果、自流灌溉、应急消防等功能;气力喷雾车同样以汽车为动力和承载体,不同之处是除了车上安装加压泵、水箱、喷洒部件外还有轴流式风机。其主要作用是喷雾抑尘,同时具备洒水和道路冲洗功能,可以有效地抑制扬尘的产生。

50.6.1 液力喷雾车

液力喷雾车一般以汽车为动力输出驱动液泵工作,采用远射程喷枪进行喷洒。虽然液力喷雾车的产品类型多种多样,但是它们的结构和工作原理基本是一样的,一般借助皮带传动将汽车动力传给活塞泵或者隔膜泵,液泵对药液进行加压后使其获得了压能和动能,获得了能量的高压药液便经过输液管道及阀门,从喷嘴喷出,药液与空气撞击形成细小的雾滴。

国内生产的绿化喷洒车产品很多,图 50-18 为 JYJ5250GSSA 型绿化喷洒车,其罐体有效容积达 18.5 m³,矩形罐体的截面积为 2.66 m²,罐体外形尺寸(长×宽×宽)为 7 000 mm×2 110 mm×1 410 mm,除了绿化洒水外,它还具有喷药、消防、防疫等多种功能。JYJ5250GSSA 型绿化喷洒车的性能参数见表 50-9。

图 50-18 JYJ5250GSSA 型绿化喷洒车

表 50-9　JYJ5250GSSA 型绿化喷洒车的性能参数

型号	总质量/kg	尺寸(长×宽×高)/(mm×mm×mm)	额定质量/kg	最高车速/(km·h^{-1})	功率/kW	罐体有效容积/m^3
JYJ5250GSSA	25 000	10 000×2 495×3 070	12 570	90	213	18.5

型号	轴距/mm	轮胎数/个	前轮距/mm	后轮距/mm	弹簧片数/根	发动机排量/mL	矩形罐体截面积/m^2
JYJ5250GSSA	4 550+1 350	10	1 995	1 850	12/12	9 726	2.66

50.6.2 气力喷雾车

气力喷雾车跟液力喷雾车一样,将汽车作为动力和承载体进行工作,车上除了安装的气泵、水箱和喷洒部件外,还安装了轴流式风机。气泵和风机一般由发电机驱动,发电机动力来自汽车动力输出轴,或设置内燃机发电机组供电。这种喷雾车主要用于抑制扬尘,故也称为抑尘车或雾炮车。

工作时,高压泵把储水箱中的水吸出来,并进行加压,再输送到喷头处。导流筒和强风导流装置把风机的强风气流集合定向并强力喷出,目的是把水滴进一步雾化并吹送到远处。相比普通的洒水车,雾炮车喷出的水雾颗粒更加细小,在风机的作用下可将水雾精准抛射至目标,这种水雾对空气中的尘埃有较强的穿透力,与尘埃接触可形成一种潮湿的雾状体,使自身重力增大而沉降,达到了降尘的目的。

另外,由于风机的参与,雾化程度较高,使流失量大为降低,提高了药剂的利用率,工作效率也大大提高,并减少了污染。

图 50-19 为国产的 CLW5160TDYE5 型雾炮车,罐体有效容积为 9.77 m^3,洒水宽度为 18 m,水炮扬程达 35 m,有的型号还可配置多台风机,以便多方位进行喷洒。CLW5160TDYE5 型雾炮车的性能参数见表 50-10。

图 50-19　CLW5160TDYE5 型雾炮车

表 50-10　CLW5160TDYE5 型雾炮车的性能参数

型号	质量/kg	罐体的有效容积/m^3	最高车速/(km·h^{-1})	额定载质量/kg	喷雾流量/(L·min^{-1})	射程/m
CLW5160TDYE5	16 000	9.77	90	9 370	6~18	水平30~35,垂直20~25

50.6.3 安全使用规程

(1) 操作者应穿工作服,并佩戴口罩进行安全防护,顺风隔行喷洒,以防喷雾水飘逸飞溅而污染人身。在喷洒作业时,严禁吸烟和饮食。

(2) 喷雾车配用的喷雾水必须清洁。喷雾水应通过箱体口过滤网注入喷雾水箱内,注入的喷雾水不能超过安全水位线,加注喷雾水后必须把箱体盖旋紧,箱体盖上的进气阀小孔应畅通。

(3) 使用后将喷雾水箱内剩余的喷雾水从加水口中倒出,然后扳动摇杆尽量使气室及管路内的余液随气排出。

(4) 向喷雾水箱注入适量的清水,拧紧箱体盖并摇动机具,继续喷洒数分钟,倒出余水,然后将气室和喷射部件中的余液喷净,按上述方法至少清洗 2 次,擦干后置于阴凉通风处。

(5) 在操作完毕,操作者应及时用肥皂洗手和洗脸。

第51章

草 坪 机 械

51.1 概述

草坪机械起源于农业和林业机械,但又具有独特的性能。草坪从建植到各阶段的养护管理,需要各种相应配套功能的草坪机械。如草坪的种植、铺设、施肥、病虫害防治、浇灌、梳理、修剪、更新等作业都需要有相应的机械设备来实现。

51.2 分类

通常来讲,草坪机械可分为草坪建植机械和草坪养护管理机械两大类。

草坪建植机械通常指所有与建植草坪有关的机械设备,包括地面整理机械和播种与移植机械两类。地面整理机械有整地机械、耕作机械和清理机械等;播种与移植机械有播种机、草皮移植机、喷播机等。

草坪养护管理机械指用于草坪养护、管理的机械设备的总和。包括草坪修剪、补植、修边、液压机械和草坪灌溉、施肥、打药机械等。

51.3 草坪建植机械

51.3.1 地面整理机械

大片草坪建植前的整地作业,首先可选择工程机械的挖土机、推土机将地面整平,然后选用农、林业整地机械,比如铧式犁、刮耙机、旋耕机、镇压器等进行翻土、耙碎和平整。

铧式犁是一种耕地的农具,为全悬挂式铧式犁,由悬挂于一根横梁端部的厚重的刃构成,通常系在一组牵引它的牲畜或机动车上,用来破碎土块并耕出槽沟为播种做好准备。它具有打破犁底层、恢复土壤耕层结构、提高土壤蓄水保墒能力、消灭部分杂草、平整地表及提高农业机械化作业标准等作用。

图 51-1 为东方红 1L-525 型铧式犁,其犁架采用超高强度矩形管刚性结构,可靠性强;犁柱、犁铧等关键零部件均由合金钢经特殊热处理工艺制成,同时能够适应市场上各种品牌的拖拉机;下悬挂新设计了多孔加宽结构,具有翻垡、碎土、覆盖性好,耕后地表平整及入土行程短等优点。其性能参数见表 51-1。

图 51-1 东方红 1L-525 型铧式犁

表 51-1　东方红 1L-525 型铧式犁的性能参数

型号	质量/kg	与拖拉机配套连接方式	犁体工作幅宽/mm	最大耕深/cm	犁铧类型	犁轮类型
东方红 1L-525	340	三点悬挂	1 250	22	凿形铧	限深轮

镇压器的主要作用是使播种后的土壤平整和保证种子与土壤接触。镇压器包括拖架、主轴和镇压部分,拖架上设有挂环,拖架通过螺栓与主轴相连接;主轴上穿装有镇压器,如图 51-2 所示。它对起垅地的压实、保墒、保苗具有良好效果,特别是能使喷洒的封闭农药得以完全吸收。

减轻机件的磨损。装在刀轴上的刀片一边旋转切削土壤,一边随机器前进,刀片切下的碎土向后方抛出,与罩壳相撞后进一步破碎,落回地面。每次作业后,应对旋耕机进行保养。除了清除刀片上的泥土和杂草,检查各连接件的紧固情况外,还需向各润滑油点加注润滑油,以防加重磨损。

国内外生产的手扶式旋耕机产品很多。图 51-3 为国产 HY-186 型旋耕机,其功率有 8 hp 和 9 hp 两种,其技术参数见表 51-2。这是一款多用途耕地整理机,除旋耕作业外,更换刀具配置还可以实现大葱、大姜、土豆、甘蔗、花卉、辣椒等经济作物的开沟培土、起垅作业,同时也适合在大棚、山地、丘陵等多种地形环境作业。

图 51-2　镇压器

草坪修复整地可采用小型手扶式旋耕机。手扶式旋耕机主要由发动机、传动装置、行走装置、工作装置、扶手及操纵机构组成。

工作开始时,应使旋耕机处于提升状态,发动机的动力经离合器、传动装置驱动刀轴旋转,当刀轴转速增至额定转速后,下降旋耕机,使刀片逐渐入土至所需深度,为防止刀片弯曲或折断及加重拖拉机的负荷,禁止刀片入土后再启动刀轴或急剧下降旋耕机。工作中,须低速慢行,这样可以保证作业质量,使土块细碎并

图 51-3　HY-186 型旋耕机

表 51-2　HY-186 型旋耕机的技术参数

型号	质量/kg	开沟宽度/cm	开沟深度/cm	起垅高度/cm	起垅宽度/cm	旋耕深度/cm	旋耕宽度/cm
HY-186	150	11～40	5～40	10～30	30～70	5～40	40～60

图51-4为国外公司生产的TF230型微耕机,采用可折叠手柄及标配运输轮,在机器后方还设有深浅调节棒,用来控制耕深和前进速度。压下手柄时,调节棒入土深度增大,前进阻力加大,前进速度减小,手柄上提时则相反。其技术参数见表51-3。

图51-5为日本某公司生产的AR703型多功能旋耕机,功率可达5.1 kW,深浅调节轮设置在前方,耕作宽度60 cm,其他技术参数见表51-4。除旋耕作业外,两侧旋耕器可分别相对于水平面调节一定的角度,进行挖沟、松土、培土及除草等一系列作业。

图51-4　TF230型微耕机

图51-5　AR703型多功能旋耕机

表51-3　TF230型微耕机的技术参数

型号	质量/kg	工作深度/cm	工作宽度/cm	功率/kW	耕刀直径/mm	耕刀数量/个	变速箱类型
TF230	66.5	30	75	3.45	320	6	链条/手动

表51-4　AR703型多功能旋耕机的技术参数

型号	质量/kg	工作深度/cm	工作宽度/cm	行走速度/(km·h^{-1})	轮子直径/mm	动力离合装置	转向离合装置
AR703	96	>10	60	0~3	350	皮带控制	左右切换式

旋耕机刀片按照固定方式可以分为刀座式(T型又称宽型刀)、刀座式(S型又称窄型刀)和刀盘式。宽型刀主要有IT245、IT225、IT260、IT195,窄型刀主要有IS245、IS225、IS260、IS195、IS165、IS195;按弯向可以分为左弯刀和右弯刀,刀片安装时要注意其正确安装方法与排列;按使用要求可以分为Ⅰ型(水旱田刀)、Ⅱ型(水田刀)、Ⅲ型(浅耕刀);按外形分类可以分为凿形刀、直角刀(大小灭茬、犁刀)、弯刀(旋耕刀系列)和圆刀(圆盘耙、旋犁叶片)。

51.3.2　播种与移植机械

1. 播种机械

草坪播种按照种子下落的形式可分为点播机和撒播机。点播机是指靠种子或化肥颗粒的自重下落来实现播种,也叫跌落式撒播机,这种机械适用于小面积的补播。撒播机是指靠星式转盘的离心力将种子向四周抛撒而实现播种的机械。抛撒的量通过料斗底部落料口开度的大小调节,抛撒距离取决于转盘的转速。

点播机一般分为推行式和牵引式。图51-6为国产的42H16型手推式播种机,由行走轮直接驱动种子箱底部拨料辊的转动将种子播出,播量由底部的间隙进行调节,其技术参数见表51-5。牵引式点播机如1010T型拖挂式播种机(图51-7),首先通过自带的打孔器进行开孔,种子可直接落入打好的孔中。1010T型拖挂式播种机的技术参数见表51-6。

图51-6　42H16型手推式播种机

图51-7　1010T型拖挂式播种机

表51-5　42H16型手推式播种机技术参数

型号	质量/kg	工作方式	工作宽度/mm	容量/kg	轮子直径/mm
42H16	43	手推式	1 070	102	16

表51-6　1010T拖挂式播种机技术参数

型号	料斗容量/m³	工作宽度/mm	尺寸(长×宽×高)/(mm×mm×mm)	驱动	轮子直径/mm	拖挂方式
1010T	0.43	3 000	3 073.4×368.3×571.5	电动/液压	381	拖拉机

撒播机一般是靠星形转盘的离心力将种子或肥料向四周抛撒播种。图51-8为国外生产的2050P型播种施肥机,适用于中型或大面积的草坪、地形复杂的区域,使用灵活方便。其技术参数见表51-7。

喷播机主要用于高速公路(铁路)两旁的边坡绿化与防护、矿山复绿、农田复耕、垃圾填埋场植被覆盖等工程。其工作原理是将土、有机肥、黏合剂、草种、保水剂等有机基材喷射到坡面上,有机材在压力的作用下与坡面紧密结合,形成一层可供植物生长发育的基质层,草种在基质层上发芽生长,其根系具有边坡防护作用。喷播机包括客土喷播机、液力喷播机等。

图51-8　2050P型播种施肥机

表 51-7　2050P 型播种施肥机的技术参数

型号	质量/kg	容积/L	燃油箱容积/L	播种方式	轮子直径/mm
2050P	7	31.1	0.5	离心式	250

客土喷播机主要由柴油机、喷播泵、装载罐、喷播装置、控制系统等组成，柴油机功率较大，一般为六缸柴油机。客土喷播机一般用于石质、杂石等土质不好的边坡喷播。图 51-9 为国内某公司生产的 HKP-125 型客土喷播机，其罐体容积达 8 000 L，泥浆泵出口压力为 2.4 MPa，直喷高度 50 m，配合多级增压输送平台，输送距离可达到 300 m，详细的技术参数见表 51-8。搅拌方式为卧轴斜桨叶片机械搅拌及循环射流搅拌，可进行正反双向搅拌，0～100 r/min 内无级变速，发动机采用东方红涡轮增压中冷柴油机，功率可达 125 kW，结合喷枪与管枪，可实现远程大面积覆盖及延伸精准作业，喷枪射程可以调节，利用泵的转速变化来实现压力和流量的改变，喷射系统中有安全阀，在喷枪停止喷射后，浆液从安全阀回到装载罐，并起到安全作用。喷枪有长嘴、鸭嘴、短嘴等多种类型，可根据不同的作业对象和地貌特征来选用。

图 51-9　HKP-125 型客土喷播机

表 51-8　HKP-125 型客土喷播机技术参数

型号	罐体容积/L	筛分方式	搅拌方式	搅拌方向	搅拌轴转速/(r·min^{-1})	流量/(m^3·h^{-1})	出口压力/MPa
HKP-125	8 000	振动筛分	卧轴斜桨叶片机械搅拌及循环射流搅拌	正反双向	0～100	60	2.4

型号	最大扬程/m	传动方式	最大固体含量/%	尺寸(长×宽×高)/(mm×mm×mm)	喷头射程/m	净重/kg	最大颗粒/mm	单罐喷播面积/m^2
HKP-125	125	机械离合	70	6 100×2 000×2 400	45～50	4 800	20	350

液力喷播机（水力喷播机）由柴油机、机架、喷播泵、装载罐、喷播装置、控制系统等组成。图 51-10 为国产的 HYP-5 型液力喷播机，适用于对土质边坡、土夹石边坡、覆盖三维网等坡度较缓、坡高较低的坡面进行人工复绿，在施工时可根据坡面情况适量加土，减少草纤维、木纤维的用量，大量降低施工成本，加快施工速度并有效提高草种的发芽率和成活率。罐体容积 5 000 L，搅拌方式为卧轴斜桨叶片机械搅拌及循环射流搅拌，可进行正反双向搅拌，0～70 r/min 内无级变速，结合喷枪与管枪，同样可实现远程大面积覆盖及延伸精准作业。

HYP-5 型液力喷播机的技术参数见表 51-9。

图 51-10　HYP-5 型液力喷播机

表 51-9 HYP-5 型液力喷播机的技术参数

型号	几何容积/L	工作体积/L	搅拌方式	搅拌方向	搅拌轴转速/(r·min^{-1})	流量/(m^3·h^{-1})	出口压力/MPa
HYP-5	5 000	4 200	卧轴斜桨叶片机械搅拌及循环射流搅拌	正反双向	0～70	40	0.6

型号	最大扬程/m	传动方式	最大固体含量/%	外形尺寸(长×宽×高)/(mm×mm×mm)	最大射程/m	净重/kg	最大颗粒物/mm	单罐喷播面积/m^2
HYP-5	60	机械离合	15	4 200×2 000×2 200	20	2 400	5	1 000

2. 草皮移植机械

将生长状况良好的草皮从草圃地起下,移植到需要铺设的地方,进行镇压、浇水等后便可以很快成坪,这是一种比较快速的建坪、成坪方法。手工操作一般使用铁铲,这种方法不仅十分费时费力,并且起下的草皮大小不一、很不规则,利用起草皮机可以将草皮切成一定长度、宽度及厚度的草皮块,切下来的草皮尺寸规范统一、成坪快、效果好,方便进行运输与移植。一般 50×10^4 m^2 以下的草坪面积可以选择手扶随进式草皮移植机,50×10^4 m^2 以上的草坪面积需选用牵引式或自行式大型草坪移植机。

作业时,操纵草坪移植机手扶把上的离合器使发动机的动力通过离合器的接合传递给布满花纹或者直齿形花纹的驱动轮,使驱动机器向前运动。操纵 U 形刀手柄放下起草皮刀使其进行起草皮作业,U 形铲刀的两侧刃垂直切割形成起下草皮的宽,底刃切割草皮的根,形成草皮的底部,如图 51-11 所示。完成起草皮作业后,再操纵 U 形刀手柄,抬高起草皮刀完成起草皮作业。图 51-12 为国产的 TJ668 型内燃式草坪移植机,配备 9.0HP 本田发动机,利用调节手柄可以调节起草高度,起草深度最大可达 55 mm,底刀规格为 355～405 mm,万向轮转向方便,不损坏草坪。其详细的技术参数见表 51-10。

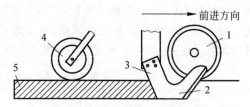

图 51-11 起草皮机工作原理
1—前轮驱动;2—水平刀;3—垂直刀;4—后轮;5—起下的草皮

图 51-12 TJ668 型内燃式草坪移植机

表 51-10 TJ668 型内燃式草坪移植机的技术参数

型号	质量/kg	工作效率/(m^2·h^{-1})	底刀规格/mm	起草深度/mm	工作方式	外形尺寸(长×宽×高)/(mm×mm×mm)
TJ668	225	1 500	355～405	最大 55	手扶随进式	1 800×800×920

51.3.3 安全使用规程

1. 地面整理机械安全使用规程

每次在操作机器之前和之后,应检查以下项目。

(1) 按照服务和维护部分列出的时间表润滑机器。

(2) 仅使用功率和质量适当的拖拉机牵引机器。

(3) 检查机器是否正确地安装在拖拉机上,确保固定销上使用了固定器。

(4) 检查变速箱油位,根据需要添油。

(5) 检查取力器(PTO)传动系统护罩是否转动自如,传动系统是否容易收卷。根据需要,对其进行清洁和润滑。

(6) 检查叶片,确保它们没有被破坏或损坏,并用螺栓安全连接到转子上,应根据需要进行修理或更换。

(7) 清除旋转部件上的缠绕物。

(8) 启动前安装好所有防护罩、门和盖。

(9) 取力器离合器组件内部的内六角固定螺钉必须向内旋出,以使其与离合器啮合。

2. 播种与移植机械安全使用规程

(1) 检查油底壳中的油位是否正确并合理添油,检查油水混合情况。

(2) 检查油箱中的冷却液液位。

(3) 拧紧柴油机各部位的紧固螺钉,以消除漏油、漏水、漏气。

(4) 清洁空气过滤器。

① 空气过滤器的连接部件必须可靠,若发生损坏,则禁止工作。

② 空气过滤器的集尘板应用刷子清洁干净。

③ 清洁滤芯时,轻敲上下端盖,附着在滤芯上的灰尘应用刷子清理干净。

(5) 检查风扇皮带的松紧度。在该过程中,用手按压水泵和发电机之间的皮带,按压距离为 10~20 mm。张力过紧时,通过改变发电机的位置来调节。

(6) 进行技术维护时,需要更换机油,清洗油底壳和机油滤清器,检查主螺栓、螺母的拧紧情况,看是否符合规定的扭矩。检查调节阀间隙和燃料供给提前角。

3. 播种与移植机械安全使用规程

1) 启动发动机

(1) 启动前在发动机中加油。

(2) 检查和加油时,发动机必须保持水平。发动机转速应是固定的。

2) 搬运和运输

(1) 使用装料坡道将设备移入卡车或拖车进行运输。

(2) 装载时禁止操作刀片。

(3) 切勿用手装载机械。

3) 切割作业

当地面潮湿时,机械性能最佳。如果可能的话,在开始工作前几个小时用水喷洒一下工作区域。

4) 通用操作

(1) 选择切割深度。注意:草皮应切掉,并在根部留下最少的污垢(1/4~3/8)。这样可以最大限度地减少其去除的质量,并鼓励在重新使用时更快地生长。

(2) 握住两个手柄,将操作员左手侧的刀片离合器杆完全接合。向后摇动手柄,使刀片将草皮切成选择的深度。切割时,始终保持刀片离合器杆完全接合。

(3) 在地面条件允许的情况下,通过较大程度(增大速度)或较小程度(较慢的速度)地挤压驱动杆来增加或减小地面速度。如果发动机转速显著下降,则降低前进速度,直到发动机恢复速度为止。

(4) 到达要切割的条带末端时,松开离合器杆和速度控制器,直到装置停止。使用刀片深度调节手柄将刀片升高到最大可能的高度,然后将其锁定到位。

(5) 完全接合刀片驱动杆和前部地面驱动杆,装置将向前驱动并完成带材的切割。

(6) 松开刀片杆并继续将装置向前驱动到下一次切割的位置,然后根据需要重复上述过程。

51.3.4 常见故障及排除方法

旋耕机的常见故障、原因及解决方法见表 51-11。

表 51-11 旋耕机的常见故障及解决方法

故障现象	故障原因	解决方法
转子不运转	滑动离合器打滑或更换摩擦片	检查离合器是否啮合或更换摩擦片
	取力器离合器打滑	设置取力器离合器
	驱动链断裂	维修或更换链条
耕地失效	未设置三点悬挂系统	设置三点悬挂
	行驶速度过快	降低速度
	土面过硬	降低行驶速度并二次作业
	机器未调平	调节三点臂上的螺丝千斤顶并调节深度尺
苗床结块	行驶速度过快	降低行驶速度并二次作业
苗床不均匀	机器未调平	调节机器水平

喷播机的常见故障、原因及解决方法见表 51-12。

草坪移植机的常见故障、原因及解决方法见表 51-13。

表 51-12 喷播机的常见故障及解决方法

故障现象	故障原因	解决方法
柴油机无法启动	电瓶电压不正常	检查电瓶电压
	油路中存有空气	排除油路中的空气
	气门未打开	按下单缸柴油机减压,同时按下启动按钮进行启动
离心泵漏水	密封圈和密封盘根磨损	重新加入新的盘根用以密封,防止漏水
喷洒作业无力、扬程小	泵叶轮磨损	更换泵叶轮
	管道和喷头内有异物	清洗管道和喷头内的异物
	皮带磨损	更换皮带
喷洒不均匀	油门大小不合适	调整油门的大小以控制喷洒扬程,轻轻打开一点回流阀或者关闭一点喷料阀
大轴前后盘漏水	大轴内的油封有磨损	更换油封
	轴承磨损严重	更换轴承,重新加入钙基黄油润滑
液压搅拌系统运转不正常	液压控制阀块部分堵塞	检查溢流阀、电液阀、节流阀是否堵塞,并进行必要的清洗
	液压油不干净	更换液压油,并清理液压油箱及管路

表 51-13　草坪移植机的常见故障及解决方法

故障现象	故障原因	解决方法
发动机无法启动	阻塞	检查发动机
	没有汽油或汽油变质	检查汽油
	火花塞线断开	用认可的测试仪检查火花
	空气滤清器不干净	清洁或更换空气滤清器
	叶片离合器已啮合	松开叶片离合器杆
发动机运行不佳	化油器故障	调整化油器
	火花塞损坏,有故障或间隙错误	复位间隙或更换火花塞
皮带打滑	离合电缆失去调节	调整离合器电缆
	皮带磨损	更换皮带
	考虑土壤条件,试图挖得太深	更换叶片或灌溉土壤
异常振动	刀片松散	检查刀片安装螺栓,并更换损坏或弯曲的叶片
	车把振动安装陈旧或磨损	检查车把振动安装支架
	发动机螺栓松动	检查发动机悬置
切割性能较差	刀片变钝或损坏	锐化或更换刀片
	碎屑把刀片锁死	清除碎屑
	发动机转速过低	检查发动机转速
	草皮太干了	灌溉割草区域
驱动器无法啮合	变速箱旁通杆处于空挡位置	松开变速箱旁通杆
	驱动器电缆失调	调整驱动器电缆
	驱动器电缆损坏	更换新电缆
	皮带磨损或断裂	更换皮带
驱动器不能释放	RTN 机制失调	调整 RTN 机制
	驱动器电缆失调	调整驱动器电缆
	驱动杆损坏	更换驱动杆
发动机被锁住,无法停车	发动机的机头向下倾斜时间过长	卸下火花塞,然后翻转发动机以清除机油

51.4　草坪养护管理机械

51.4.1　草坪修剪机

草坪修剪机又称割草机、除草机、剪草机等,从最初的人力到今日的内燃机驱动、电动、电脑控制及太阳能为能源的全自动、低噪声高智能剪草机的问世,已有 200 多年历史。

我国的草坪机械也经历了从无到有、从小到大的发展历程,但同国外先进国家相比,我国自己生产的草坪养护机械相对滞后,不但品种单一,而且数量少,远远不能满足人们的需求,质量上同国外相比还有很大的差距。虽然我们目前比较依赖国外产品,但随着我国经济技术的飞速发展,这种局面将会逐渐被扭转。

草坪修剪机的切割装置按照刀片的运动方式分为往复式和旋转式两类。

1. 往复式割草机

往复式割草机的割刀做往复运动,一般用于切割粗茎草。其特点是割茬整齐,单位割幅所需功率较小,但对牧草不同生长状态的适应性差,易堵塞,适用于平坦的天然草场和一般产量的人工草场。由于往复式割草机的切割器作业时振动大,限制了作业速度的提高。切割速度一般低于 3 m/s，作业前进速度一般为 6～8 km/h。

往复式割草机有单动刀和双动刀两种形式。单动刀是定刀固定不动，动刀相对定刀做往复运动。双动刀无定刀，上下均为动刀。双动刀式往复运动的惯性力能相互平衡，切割质量好、消耗功率小，但传动较为复杂，不易保证刀片间隙。

图 51-13 为国内公司生产的 9GB 系列往复式割草机，割幅宽度可达 1.4～2.1 m，采用标准三点悬挂的连接方式，转速可达 2400 r/min。其技术参数见表 15-14。

图 51-13 达普 9GB-1.6 型往复式割草机

表 51-14 9GB 系列往复式割草机的技术参数

型 号	参 数			
	9GB-1.4	9GB-1.6	9GB-1.8	9GB-2.1
割幅/m	1.4	1.6	1.8	2.1
割茬高度/cm	5～6	5～6	5～6	5～6
整机质量/kg	180	190	200	220
配套动力/hp	15	18	20	25
挂接形式	标准三点悬挂			

2．旋转式割草机

旋转式割草机工作较为平稳，作业前进速度可达 15 km/h 以上。割草机刀片的选择非常重要，它决定着除草机的好坏。使用割草机除草时，以草长到 10～13 cm 时效果较好。如果草长得过高，应该分两步进行，即先割上部分，再割下部分。开中速油门，匀速前进，可节省油耗。当阻力过大或遇到障碍时，刀片立即回摆，避免损坏。刀片一边刃口磨损后可以换边使用，其更换刀片也较往复式割草机方便。在旋转式割草机上，除装有与往复式割草机相似的安全装置外，在切割器上方还加设防护罩，以保证人身安全。其特点是对牧草的适应性强，适用于高产草场，但切割不够整齐，重割较多，单位割幅所需功率较大。旋转式割草机主要有滚筒式和转盘式 2 种。

1) 滚筒式割草机

滚筒式割草机的传动装置位于切割器上方，因而又称为上传动旋转式割草机。一台滚筒式割草机一般装有并列的 1～4 个立式圆柱形或圆锥形滚筒。每个滚筒下方装有铰接 2～6 个刀片的刀盘，相邻刀盘上刀片的回转轨迹有一定的重叠量，以避免漏割。滚筒由胶带或锥齿轮传动，相邻两滚筒相对旋转，割下的牧草在一对滚筒的拨送下，向后铺放成整齐的小草条。滚筒式割草机能满足低割要求，但结构不够紧凑。

滚筒式割草机适用于地面平坦、修剪质量要求高、修剪量小的商用型草坪。

图 51-14 为滚筒式割草机的结构图。

国内滚刀式割草机多见于高尔夫球场，其他场合的应用较少。图 51-15 为 450001ZL 型滚刀式草坪修剪机，具有 55 L 高强度塑料集草箱及 6 刃合金刀片，可保证草坪修剪得平整顺滑，自走速度 0～1.2 km/h；修剪宽幅 660 mm，留草高度 4～30 mm，采用本田 GX160 型发动机。450001ZL 型滚刀式草坪修剪机的技术参数见表 51-15。

2) 转盘式割草机

转盘式割草机的传动装置位于刀盘的下方，但刀盘因下方有传动装置而位置较高。为保证低割和减少重割，刀盘通常向前倾斜一定

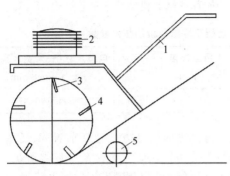

图 51-14　滚筒式割草机的结构

1—把手；2—发动机；3—刀盘；4—滚筒；5—行走轮

图 51-15　450001ZL 型滚刀式草坪修剪机

表 51-15　450001ZL 型滚刀式草坪修剪机的技术参数

型号	质量/kg	修剪宽幅/mm	发动机	留草高度/mm	刀片规格/刃	包装尺寸（长×宽×高）/（mm×mm×mm）
450001ZL	74	660	本田 GX160	4～30	6	870×930×580

的角度。当阻力过大或遇到障碍时刀片即回摆，以保证人身安全，也有刀盘铰接特殊尼龙绳靠离心力割草的。相邻刀盘上刀片的配置相互交错，刀片的回转轨迹有一定的重叠量。刀盘一般由齿轮传动，相邻刀盘的转向相反。该机结构紧凑，传动平稳、可靠。

转盘式割草机按刀片与刀盘的连接方式分为直刀式和甩刀式 2 种，直刀式刀片结构简单、制造容易，但草坪表面必须清洁、无杂物，否则刚性刀片会将石头等障碍物抛向操作者或周围。甩刀式刀片采用铰接方式与刀盘连接，即刀片可以绕铰接点任意转动，刀盘旋转时，在离心力的作用下刀片被甩开，当遇到障碍时刀片可以绕铰接轴转动而绕开障碍物。甩刀式割草机主要适用于杂物较多的草坪，也适用于牧草切割。

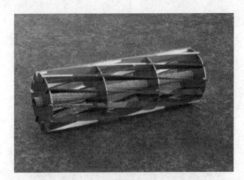

图 51-16　转盘式割草机的刀盘

如图 51-16 所示，刀片刃口一般开有 15°后角，另一边以一定形状、一定角度形成尾翼，构成一混流式风机的叶轮，与壳内腔配合，在剪草时可形成轴向（垂直方向）和径向（水平方向）气流。轴向气流将草茎吸起直立，以便于刀片切割，切断的草屑随径向气流被吸入吸草袋或直接从侧面排出吹向地面。

图 51-17 为 LY53APH1-160 型三合一功能草坪修剪机，具有侧排草、碎草、集草多种功能，

图 51-17　LY53APH1-160 型三合一功能草坪修剪机

并提供直刀和甩刀2种配置，采用本田 GXV160 型四冲程汽油机，修剪宽幅 533 mm，21 in 刀盘，留草高度 16～80 mm。LY53APH1-160 型三合一功能草坪修剪机的技术参数见表 51-16。

表 51-16　LY53APH1-160 型三合一功能草坪修剪机的技术参数

型号	刀盘/mm	轮子尺寸/mm	发动机	留草高度/mm	刀片	包装尺寸(长×宽×高)/(mm×mm×mm)
LY53APH1-160	700	203.2	本田 GXV160	16～80	甩刀	905×510×470

3. 其他类型割草机

1) 手推式草坪修剪机

手推式草坪修剪机是一种手动工具，其配备滚刀式刀片，主要由地轮、滚刀、定刀、手柄等部分组成，如图 51-18 所示。机器没有动力源，依靠人力推动机器，地轮转动，通过地轮内齿轮驱动与之啮合的小齿轮旋转，从而带动动刀轴转动。小齿轮和动刀轴之间设有单向离合器，在向前推行时剪草。该机器的使用条件有：一是草坪要相对平整；二是草不能太密，太密会推不动；三是草不能太高(4～25 cm)。手推式草坪修剪机劳动强度大、工作效率低，仅适用于小面积草坪或家庭庭院剪草。

图 51-18　手推式草坪修剪机

2) 坐骑式草坪修剪机

坐骑式(驾乘式)草坪修剪机一般以拖拉机、专用草坪车或草坪拖拉机为动力。割草装置与拖拉机的挂结方式包括前置式、后置式、轴间式及侧置式等。坐骑式草坪修剪机一般用于公用绿地、商用草坪(高尔夫球场、足球场)和环保草坪等大型草坪的修剪。该机器作业时劳动强度低，舒适性好，操作方便，作业质量比较稳定，生产率比较高。它一般配套有多种养护机具，或牵引或悬挂使用，可完成系统全面的草坪养护作业。

割台挂结在拖拉机前后轴之间的称为轴间挂结式草坪修剪机。其结构比较紧凑，视野良好，但是对地面起伏的适应性比较差，割草高度不稳定，回转半径较大。图 51-19 为 LTX1050 型草坪拖拉机，排草方式为侧排，前进速度为 0～8.2 km/h，割草宽度达 127 cm，割草高度为 350.1～101.6 mm，同时具有反向割草技术。其具体技术参数见表 51-17。

图 51-19　LTX1050 型草坪拖拉机

表 51-17　LTX1050 型草坪拖拉机的技术参数

型号	发动机型号	转向系统	前进速度/(km·h^{-1})	倒挡速度/(km·h^{-1})	油箱/L	轴距/mm	净重/kg
LTX1050	23HP 科勒双缸	手动	0～8.2	0～3.7	12.5	1 206.5	236

续表

型号	割草宽度/mm	割草高度/mm	刀片	总长/mm	机油容量/L	变速箱油容量/L	底盘滑轮	底盘清洗
LTX1050	1 270	38.1~101.6	三刀	1 752.6	2.1	2.2	钢制带轴承	带高压清洗

图 51-20 为美国生产的 725D 型草坪车,前置的刀盘装有自位轮(或称仿形轮、浮动轮),对地面有仿形作用,割刀装置可以浮动修剪,对起伏地面适应能力强,割草高度稳定。前进速度 0~16.1 km/h,后退速度 0~9.7 km/h,具有柔性操作手柄,零转弯半径,留草高度 32~127 mm,配备 45.7 cm、53.3 cm 或 63.5 cm 刀片。技术参数详见表 51-18。

图 51-20　725D 型草坪车

表 51-18　725D 型草坪车的技术参数

型号	引擎型号	刀片/mm	前进速度/(km·h^{-1})	倒挡速度/(km·h^{-1})	油箱/L	留草高度/mm	集草装置容量/L	刀轴座直径/mm
725D	久保田25HP柴油发动机	457/533/635	0~16.1	0~9.7	30.28	32~127	439	203.2

51.4.2　草坪打孔机

草坪打孔机是利用打孔刀具按一定的密度和深度对草坪进行打孔作业的专用机械,打孔的主要目的是增加土壤的透气性、透水性。能够帮助植物更好地吸收地表营养,切断根茎和匍匐茎,刺激新的根茎生长也是打孔的重要作用,此外,还可以在打孔后进行补种。园林草坪、高尔夫球场、运动场有必要按时进行打孔通气,高尔夫球场一般每 7~14 d 进行一次打孔。

草坪打孔机按机器的结构形式可分为手扶自行式打孔机、坐骑式打孔机和拖拉机悬挂牵引式打孔机等;按打孔刀具的运动方式可分为滚动式打孔机和垂直打孔机等。

1. 打孔刀具

常用的打孔刀具有实心锥式、空心锥管式、锥板式等。实心锥式刀具仅适用于土壤较为疏松或土壤湿度较大的草坪,靠实心锥在土壤上挤压出孔,可以帮助土壤排水。空心锥管式刀具的锥管前端圆环开有刃口,便于入土,同时锥管中部的侧面开有长形排土孔,打孔时锥管刺入土壤,部分土壤进入锥管中,当锥管再次刺入土层时,在锥管中的土壤就会被刚进入锥管的土壤从侧孔挤出,散落在草坪的表面。许多打孔机上的实心锥和空心锥是可以互换的,这需要根据土壤状况进行选用。

锥板式刀具及空心锥管式刀具如图 51-21 所示。

2. 悬挂式草坪打孔机

一般悬挂式草坪打孔机采用滚动打孔,可依靠拖拉机牵引进行工作,滚动式打孔机的打孔刀具沿刀盘径向呈放射状布置,依靠土壤的阻力在地面上滚动,靠机器的重力刺入土壤。滚动式打孔机上一般布置十几个打孔刀的圆盘或多边形刀盘,刀盘套装在一根轴上,盘与盘之间用隔套隔开,两头用弹簧将刀盘互相压紧。打孔刀刺入土壤后,在土壤的阻力作用下,刀盘可克服弹簧压紧力相对转动一定的角度,防止打孔刀挑土对草坪造成损坏。

3. 手扶滚动式打孔机

图 51-22 为 LYK50AHH1 型手扶自行滚动式草坪打孔机，整机两侧各有 21 kg 配重，以保证机器工作的平稳性，设计 5 排 30 个打孔针，发动机功率为 3.05 kW，采用一级皮带、二级链条的传动形式，刀盘前方装有镇压辊子。行走轮在机器打孔作业工作时可以保持行走的平稳。其技术参数见表 51-19。

(a)

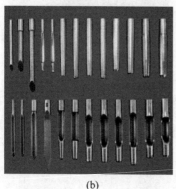

(b)

图 51-21 锥板式刀具及空心锥管式刀具
(a) 锥板式刀具；(b) 空心锥管式刀具

图 51-22 LYK50AHH1 型手扶自行滚动式草坪打孔机

表 51-19 LYK50AHH1 型手扶自行滚动式草坪打孔机的技术参数

型号	引擎型号	打孔深度/mm	打孔针直径/mm	孔型分布	前轮直径/mm	质量/kg	包装尺寸(长×宽×高)/(mm×mm×mm)
LYK50AHH1	GX160，3.05 kW	80	20(30 个)	100 mm×165 mm	255	180	900×860×915

4. 垂直式打孔机

垂直式打孔机的打孔刀具做垂直上下运动，刀具的往复运动是依靠发动机的旋转运动通过曲柄滑块机构或者间歇机构来实现的。

机器工作时始终是以一定的速度前进，但打孔刀具的刺入和提出需要一定的时间，在此期间，打孔刀若随着机器一起前进，必然会对土壤造成挤压，且不能保证为垂直打孔，为此垂直打孔装置均设有补偿机构，使打孔过程中打孔刀具以与机器相同的速度相对于机架向相反的方向移动或摆动，在打孔瞬间打孔刀具相对地面处于静止状态，在打孔刀离开地面后又可迅速回位，为打下一个孔做好准备。

图 51-23 为国外生产的 1500 型悬挂式打孔机，采用专利"Flexi-Link"柔性支撑摆臂设计；摆臂带动打孔针独立运动，以确保打孔垂

图 51-23 1500 型悬挂式打孔机

直度。打孔针有管形、侧开式及方形3种形式，打孔针尺寸在5~25.4 mm尺寸范围内可供选择，打孔宽度152.4 cm，打孔深度最深可达100 mm，可以利用机器侧面的打孔深度调节器进行调节。辊轮直径15.2 cm，防止在起伏地面，刮擦草坪。其技术参数见表51-20。

表51-20 约翰迪尔1500型悬挂式打孔机的技术参数

型号	质量/kg	打孔宽度/cm	打孔深度/mm	工作效率/(m²·h⁻¹)	打孔针尺寸/mm			规格尺寸(长×宽×高)/(mm×mm×mm)
					管形	侧开式	方形	
1500	499	152.4	100	最大6 972	10~25.4	6.35~25.4	5~19	845×1 662×990

图51-24为国外生产的800型手扶自行式垂直打孔机，其质量轻，轮胎压力小，打孔效率高，适用于专业体育场的草坪养护。采用皮带传动保证运行平稳，打孔刀具各自独立连接，工作效率较高，贴地性好，发动机功率18.6 kW，打孔模式具有4个挡位，其中1挡打孔尺寸为36 mm×36 mm，最高挡位打孔尺寸为75 mm×50 mm，打孔宽幅800 mm，打孔深度88.9 mm。其具体技术参数见表51-21。

图51-24 800型手扶自行式垂直打孔机

表51-21 约翰迪尔800型手扶自行式垂直打孔机的技术参数

型号	发动机	质量/kg	打孔宽度/mm	打孔深度/mm	打孔头驱动	工作效率/(m²·h⁻¹)	打孔尺寸/mm				规格尺寸(长×宽×高)/(mm×mm×mm)
							1挡	2挡	3挡	4挡	
800	25 HP 科勒 4冲程	620	800	88.9	配套的双重V形皮带	最大2 123	36×36	50×50	65×50	75×50	2 134×1 473×990

51.4.3 切根梳草机

枯草层是由枯死的根、茎、叶组成的致密层，一旦草坪草上形成枯草层，会阻止土壤吸收水、氧气、肥料等，影响草坪草的正常生长，使草坪易患病虫害，这时喷洒药物，不能治本，应先将枯草清除。使用梳草机能将枯草去除，促进新草繁殖。

切根梳草机的工作部件是由按一定间隔和规律装在一根刀轴上的一组刀片组成的，刀片有钢丝刀、直刀、甩刀等多种形式。

切根梳草机有多种类型，使用较多的为手扶梳草机与拖拉机悬挂梳草机。小型手扶梳草机一般以一台功率为2.2~3.7 kW的单缸风冷汽油发动机为动力，梳草宽度为46 cm；一台12 kW的小型拖拉机悬挂梳草机的梳草宽度为1.1 m。

图51-25为LYS46CHH1-100型切根梳草机，其以GX160型的3.05 kW汽油机为动力，梳草宽幅460 mm，LYS46CHH1系列切根梳草机可以选配图51-26所示的钢丝刀、甩刀或切根刀，其质量为63 kg。当切根梳草机工作时，发动机经皮带传动驱动刀轴高速旋转，切入土壤拉去枯草并切断地下草茎。控制升降机构调节手把可调节行走轮和机架的相对高度，以调节切刀的切入深度。同时刀片切入时土壤对刀片的阻力可推动机器向前行驶，所以手扶式切根梳草机不需要发动机驱动便可自行。LYS46CHH1-100型切根梳草机的技术参数见表51-22。

图 51-25 LYS46CHH1-100 型切根梳草机

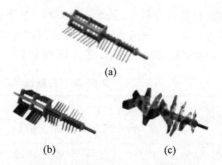

图 51-26 钢丝刀、甩刀及切根刀
(a)钢丝刀；(b)甩刀；(c)切根刀

表 51-22 LYS46CHH1-100 型切根梳草机的技术参数

型号	引擎型号	梳草宽幅/mm	刀具形式	质量/kg	机器尺寸（长×宽×高）/(mm×mm×mm)
LYS46CHH1-100	GX160，3.05 kW	460	弹簧针（钢丝刀32把）	63	705×680×850

51.4.4 草坪修边机

草坪修边机主要用于草坪绿地边缘的修剪，通过切断蔓延到草坪界限以外的根茎，使草坪边缘线整齐以保持草坪美观。修边机刀片有多种运动形式，如振动切刀、旋转切刀、圆盘刀等。草坪修边机有小型手推式、手持电动式、拖拉机悬挂式等多种类型。

1. 手推式旋刀草坪修边机

图 51-27 为 RE12 型手扶自行式旋刀草坪修边机，其以 GX160 型的 3.05 kW 汽油机为动力，修边深度为 0～125 mm，刀片直径 300 mm，装有旋转切刀，切刀的旋转由皮带传动，在把手架上设置有切割深度控制机构，可通过调节行走轮与机架的相对位置来调节修边机的切割深度。其技术参数见表 51-23。

图 51-27 RE12 型手扶自行式旋刀草坪修边机

表 51-23 RE12 型手扶自行式旋刀草坪修边机的技术参数

型号	引擎型号	切边深度/mm	刀片直径/mm	质量/kg	机器尺寸（长×宽×高）/(mm×mm×mm)
RE12	GX160，3.05 kW	0～125	300	35	1 135×490×1 015

2. 手持式电动草坪修边机

电动机驱动的手持式草坪修边机由小型电动机、传动轴、控制装置和修边切割装置组成。作业时，操作者手持机器，通过接通和切断电源开关控制切割装置的修边刀片旋转进行草坪的修边作业。这种手持式草坪修边机一般用于离电源较近的庭院草坪的修边作业，也有用蓄电池作为电源的。

图 51-28 与图 51-29 分别为 MDTM-400 型手持式电动草坪修边机及其工作场景，其额定功率为 400 W，伸缩长度 160 mm，机头角度可以调节，主要适用于家庭小型草坪修边。其技术参数见表 51-24。

图 51-28　MDTM-400 型手持式电动草坪修边机

图 51-29　MDTM-400 型手持式电动草坪修边机的工作场景

表 51-24　MDTM-400 型手持式电动草坪修边机的技术参数

型号	转速/(r·min^{-1})	额定功率/W	割草直径/mm	打草绳尺寸/cm	机器质量/kg	高度调节范围/cm	参考面积/m^2	伸缩长度/cm
MDTM-400	11 000	400	250	$\phi1.2\times9$	1.65	85～101	80 以内	16

51.4.5　草坪滚压机

在草坪建植里坪床准备的最后一道工序为滚压，播种后还要进行滚压，像赛马场等运动场草坪在比赛前后也要进行滚压，滚压的目的是通过滚压坪床和镇压草皮来提高场地的硬度和平整度，有控制草坪草向上生长，抑制杂草生长，促进草坪草分蘖的作用。

草坪滚压机的滚子一般用卷成中空筒状的钢板或聚合物制成，可以向滚子中加水或灌入砂子以增加质量。一般建坪时滚压平整需要较重型的滚子，运动场的整理可以采用轻型滚子。滚子的长度不宜过长，滚压幅面较宽时可采用多个滚子，使其在转弯时各滚子以不同的速度转向，避免对草坪造成破坏。

草坪滚压机有多种形式，小型草坪可选用手推式滚压机，中小型草坪可选用手扶自行式或坐骑式滚压机，大型草坪可以选用拖拉机牵引式滚压机。

1. 手扶自行式草坪滚压机

图 51-30 为 GY1000 型手扶自行式专业滚压机，其发动机采用 GX160K1RD，最大前进速度可达 0.8 m/s，最大工作能力为 2 180 m^2/h，滚压宽度达 1 000 mm，具有前进、空挡、后退三挡，操作更方便。其技术参数见表 51-25。

图 51-30　GY1000 型手扶自行式专业滚压机

表 51-25　GY1000 型手扶自行式专业滚压机的技术参数

型号	动力	最大前进速度/$(m \cdot s^{-1})$	滚压轮直径/mm	滚压宽度/mm	工作效率/$(m^2 \cdot h^{-1})$	噪声水平/dB(A)	质量/kg	尺寸(长×宽×高)/(mm×mm×mm)
GY1000	GX160K1RD	0.8	450	1 000	2 180	100	496	1 680×1 185×930

2. 坐骑式草坪滚压机

图 51-31 为 TP2000 型坐骑式草坪滚压机,其采用 28 kW 的 3 缸常柴 390 发动机,工作质量为 2 t,最小转弯半径 3 800 mm,压辊宽度 1 000 mm,主要适用于体育场等场所的滚压作业。其技术参数见表 51-26。

3. 拖拉机牵引式草坪滚压机

图 51-32 为国产的 KS83 型拖拉机牵引式草坪滚压机,其压辊宽幅达 2 100 mm,滚筒直径 630 mm,可以通过注水或注沙增加质量,注满水的质量达 1 350 kg,实现了大面积的草坪滚压工作。

图 51-31　TP2000 型坐骑式草坪滚压机

表 51-26　TP2000 型坐骑式草坪滚压机的技术参数

型号	动力	功率/kW	最小转弯半径/mm	转向	驱动	前后轮宽度/mm	质量/kg
TP2000	常柴 390	28	3 800	液压助力	液压双驱	1 000	1 800

图 51-32　KS83 型拖拉机牵引式草坪滚压机

51.4.6　草坪施肥机

为了使草坪草获得生长所需的养分且生长均匀,草坪肥料必须均匀地散布到草地表面,这时候利用草坪施肥机会比人工施撒更有优势,且施撒均匀度更好。

草坪肥料有颗粒肥料和液态肥料 2 种,一般颗粒肥料可以使用播种机械(如点播机)或施肥机施肥,液体肥料可以使用常用的打药机械(如喷药机)喷洒。

施肥机主要分为手推式撒肥机和拖拉机牵引式撒肥机。手推式施肥机主要用于小面积草坪的施肥,而拖拉机牵引式施肥机一般用于大面积的草坪。

1. 手推旋转式撒肥机

图 51-33 为国外生产的 MG2000 型手推旋

图 51-33　MG2000 型手推旋转式撒肥机

转式撒肥机,其应用螺旋圆锥体施肥盘结构,可使肥料散布较为均匀,减少条纹的形成;采用不锈钢料闸门,施肥盘容量达50 L,肥料散布宽度为2～4 m。其技术参数见表51-27。

表51-27　MG2000型手推旋转式施肥机的技术参数

型号	容量/L	肥料撒布宽度/m	轮子直径/mm	尺寸(长×宽×高)/(mm×mm×mm)	质量/kg
MG2000	50	2～4	330.2	1 230×720×670	14

2. 拖拉机牵引式撒肥机

撒肥机可用于草坪追肥或者建植草坪时撒基肥,属于多功能撒播机械,可在田间、草地、牧场、公路等进行厩肥、粪肥、有机肥、石灰、酒糟、糖渣、颗粒肥等不同形态固体物料的抛撒工作。图51-34为国产的2FS型拖拉机牵引式撒肥机,与拖拉机配套使用,主要由牵引架、车架焊合、肥箱、液压系统、传动系统、送肥装置、撒肥系统、地轮机构等组成。该机以拖拉机后动力输出为动力,带动机身自带的液压系统驱动液压马达工作,通过送肥装置向后输送肥料,后传动轴驱动齿轮箱实现双撒肥盘旋转,从而实现了肥料撒播。该系列撒肥机撒肥性能稳定,抛撒作业均匀高效,有效解决了肥料撒施成本高、撒施粗放、肥料浪费严重、有机肥还田难的问题。其技术参数见表51-28。

图51-34　2FS型拖拉机牵引式撒肥机

表51-28　2FS-8型拖拉机牵引式撒肥机的技术参数

型号	撒肥形式	容积/m³	最大载重/kg	整机质量/kg	整机尺寸(长×宽×高)/(mm×mm×mm)
2FS-8	双圆盘	8	8 000	2 500	5 400×2 300×2 500

型号	驱动形式	配套动力/hp	行驶速度/(km·h^{-1})	工作效率/(亩·d^{-1})	挂接形式	料斗尺寸(长×宽×高)/(mm×mm×mm)
2FS-8	PTO/540 r/min	80～140	3～20	500	牵引式	3 880×1 990×1 300

3. 拖拉机外挂式撒肥机

图51-35为S4090型甩盘式撒肥机,三点悬挂,搭配拖拉机使用,可实现对粒状、沙状、粉状等不同形态肥料的施撒。其开口大小调节设有18个位置,可满足7～90 kg范围内不同施肥作业的要求;料斗容积400 L,施肥宽度9 m,料斗内置搅拌叶片可解决底部的积料问题。其技术参数见表51-29。

图51-35　S4090型甩盘式撒肥机

表 51-29　S4090 甩盘式施肥机的技术参数

型号	容量/L	配套动力/hp	PTO 转速/(r·min^{-1})	工作宽度/m	尺寸(长×宽×高)/(mm×mm×mm)	质量/kg
S4090	400	30～60	350～450	9	1 630×1 440×1 152	167

S4090 甩盘式施肥机的施肥量调节装置上增加限位装置,施肥前先将施肥量限位装置调至所需施肥量处,需要施肥时直接拉下施肥调节杆即可,如图 51-36 所示。

图 51-36　施肥调节杆
(a) 施肥前;(b) 下拉施肥调节杆进行施肥

51.4.7　安全使用规程

1. 草坪修剪机安全使用规程

1) 启动发动机

(1) 发动机怠速运行时,切割装置不应转动。

(2) 启动发动机前,确保油门控制杆能自由工作。

(3) 机器启动后,应让机器加热数秒钟且不触碰加速器。

2) 机器的使用

(1) 应避免两侧或前侧接触异物时导致的反弹。

(2) 不能在地面与刀具成直角位置时使用。

(3) 不得使用非安全固件固定刀具,若刀具松脱则立即停止使用。

(4) 止动螺母可能损耗,必要时应更换。

(5) 刀具应远离泥沙,少量的泥沙也会使得刀具快速变钝,增加反弹的风险。

2. 草坪打孔机安全使用规程

1) 启动发动机之前

(1) 每次使用机器时要检查发动机机油油位。

(2) 检查燃油油位,并确保燃气切断阀处于打开位置。

2) 开始工作之前

(1) 机器工作的最佳条件是柔软潮湿的地面,如果条件达不到,则应该在工作之前给草坪浇水。

(2) 如果是在寒冷的天气下操作,在实际工作之前,首先应将尖刺固定在"凸起"的位置至少 2 min。这是为了在曲轴轴承内加热润滑脂。

3) 机器工作时

(1) 慢慢向前推齿位置杠杆,并与机器保持同步,因为齿与地面的接触会产生自动推进动作。

(2) 操作时切勿推机器。当尖刺刺入土壤时,如果使发生器向前拉,这些洞就会更深。

3. 切根梳草机安全使用规程

1) 准备工作

(1) 将机器连接到由剩余电流器件(residual current device,RCD)保护的电源电路,跳闸电流不超过 30mA。

(2) 彻底检查要使用本设备的区域,并清除所有石头、棍棒、金属丝、骨头和其他异物。

(3) 使用前,应检查刀片、螺栓和切刀组件是否磨损或损坏,如有,必须更换磨损或损坏的刀片和螺栓。

(4) 不要触摸旋转刀片,因为在电动机关闭后,刀片会继续旋转。

(5) 该设备具有多刀片,旋转一个刀片也会导致其他刀片旋转。

2) 工作运转

(1) 在可行的情况下,避免在潮湿的草地上操作设备。

(2) 始终确保在斜坡上立足。

(3) 不要在过陡的斜坡上工作。

(4) 如果在除草之外的其他表面上及在要修剪的区域来回运输设备,必须倾斜设备进行运输,且应停止刀片。

(5) 切勿在防护装置或防护罩损坏或没有安装偏转器或集草器等安全装置的情况下操作设备。

(6) 启动电动机时,切勿倾斜设备,除非必须倾斜设备才能启动。在这种情况下,切勿倾斜超过绝对必要的高度,只抬起远离操作员的部分即可。

4. 草坪修边机安全使用规程

1) 准备工作

(1) 避免在易燃液体或气体的存在下使用,以避免引起火灾或爆炸。

(2) 在进行任何维护或修理工作之前,或清洁单位或叶片,调整车轮深度,取出电池。

(3) 不要在雨中或潮湿的地方等使用,不要暴露在水、雨或雪中,以避免触电的可能性。

2) 冷启动

(1) 接通点火开关,发动机急速启动。

(2) 将阻气门杆滑至阻气门全开位置。

(3) 按下并释放底漆灯泡6~10次。首次启动新装置时,按20次引燃灯泡,以除去化油器中的空气。

(4) 当发动机开始运转时,让其以半节流阀运转几秒钟以进行预热,然后将节流阀推至发动机运转位置。

(5) 节气门触发器(发动机油门控制)的操作方法是用拇指按下联锁,拉动触发器。

3) 热启动

仅有冷启动的第三个步骤。

4) 工作运转

(1) 发动机全速运转,逐渐向前移动,确保叶片旋转并切割地面10~15 mm的深度。如果叶片不旋转(切割太深),则降低手柄或调整车轮高度到一个较低的数字,以使叶片旋转。

(2) 保持刀罩内部清洁,特别是在泥泞的情况下,因为阻塞的保护装置会减慢或停止叶片旋转,并可能对自动安全离合器造成损坏。磨边时始终使叶片高速旋转。为了防止对磨边机本体的损害,在关闭发动机后,应清理并清除任何可能缠绕在刀鼓周围的草。

5. 草坪滚压机安全使用规程

1) 操作安全

(1) 切勿在可能积聚危险气体的狭小空间内操作。

(2) 应尽量避免在湿草地上操作机器。

(3) 存放或运送机器时关闭燃油。切勿将燃油存放在靠近明火的地方,或在室内排油。

(4) 在撞击异物,出现异常振动之后,在重新启动和操作机器之前,应检查机器是否受损,并根据需要进行维修。

(5) 切勿驶近沙坑、沟渠或其他障碍物。

(6) 转弯时须减速行驶,避免突然停止或启动。

2) 斜坡安全

(1) 避免启动、停止或转向,避免突然改变速度或方向,应缓慢转向。

(2) 在牵引、转向或稳定性有问题的任何情况下,切勿操作机器。

(3) 在湿草地上可能会导致机器失去牵引力,从而导致打滑、丧失制动和转向能力。

3) 启动发动机

(1) 确保火花塞电线已连接到火花塞上。

(2) 确保手刹已接合,且运动踏板处于空挡位置。

(3) 将燃油切断阀移至开启位置。

(4) 发动机冷启动时,将阻风门控制杆移动到开启位置。

(5) 发动机启动后,将阻风门控制杆推至关闭位置。

4) 关闭发动机

(1) 将发动机转速降至急速,允许其运行 10~20 s。

(2) 将燃油切断阀移至关闭位置。

6. 草坪施肥机安全使用规程

1) 液压安全

(1) 液压系统处于高压状态,确保所有管路和配件均紧固且状况良好,因为这些在高压下逸出的液体可能会损伤皮肤并造成严重伤害。

(2) 立即更换任何磨损或损坏的液压软管。

(3) 松开任何液压管路或连接之前,关闭发动机以释放系统压力。

(4) 在施加压力之前,确保拧紧液压连接。

(5) 切勿使用夹具、密封剂、胶带等对液压软管、配件或任何组件进行临时维修。

2) 肥料安全

(1) 将植物可食用部分的肥料残留控制在法律允许的限度内。

(2) 在处理化肥时穿戴个人防护装备(personal protective equipment,PPE),如安全眼镜或面罩、呼吸器、适当的服装和橡胶手套。处理化肥后要洗手、洗脸、洗衣服。

(3) 不要将化肥洒在皮肤或衣服上。避免吸入化肥。施肥时,不要让周围的人靠近。在维修前,油船应完全清空化肥,清除所有残留物,并用清水清洗。

(4) 将肥料储存在原来的容器中,并密封。

(5) 根据说明书处理空肥料容器。

51.4.8 常见故障及排除方法

割草机的常见故障、原因及解决方法见表 51-30。

草坪打孔机的常见故障、原因及解决方法见表 51-31。

表 51-30 割草机的常见故障及解决方法

故障现象	故障原因	解决方法
发动机无法启动	没有火花	检查火花塞
	发动机满溢	提起火花塞帽,拧松并抹干火花塞,完全打开蝶阀
发动机不正确加速	汽化器需要调节	调节汽化器
发动机不能达到全速	检查机油/汽油的混合情况	锐化或更换刀片
	碎屑把刀片锁死	清除碎屑
	发动机转速过低	检查发动机转速
发动机无法惰转	变速箱旁通杆处于空挡位置	使用新汽油和适合二冲程发动机的机油
	空气过滤器脏	清洁空气过滤器
	汽化器需要调节	调节汽化器
驱动器不能释放	汽化器需要调节	按顺时针调节惰转螺丝以提高速度
切割器具不转动	离合器、冠齿轮或传动轴受损	如果有必要则更换

表 51-31 草坪打孔机的常见故障及解决方法

故障现象	故障原因	解决方法
发动机无法启动	火花塞不干净或有裂纹	检查火花塞,如有必要则更换
	火花塞线连接出问题	检查火花塞线连接
反冲难以拔出	发动机可能被卡住	检查发动机油位
	气缸中可能有油压锁	取出火花塞,弄出气缸中的所有机油,重新安装
	反冲可能卡住或损坏	检查反冲

续表

故障现象	故障原因	解决方法
发动机动力不足或运转不平稳	空气过滤器脏	清洁空气过滤器
	机油不干净	更换机油
	火花塞脏或破裂	更换火花塞
发动机冒烟	油位不正确	检查油位并根据需要调整
	坡度超过15°	切勿在斜坡超过15°的地方操作
	空气过滤器脏	清洁空气过滤器
	发动机散热片或化油器外壳脏	清洁发动机散热片或化油器外壳
异常振动	紧固件发生松动	根据需要拧紧
	齿尖发生磨损	根据需要更换
	尖头被硬化土阻塞住	清理尖头
	草坪硬度较高	浇水软化草坪

切根梳草机的常见故障、原因及解决方法见表51-32。

草坪修边机的常见故障、原因及解决方法见表51-33。

表51-32 切根梳草机的常见故障及解决方法

故障现象	故障原因	解决方法
机器无法启动	电源存在问题	检查电源
	保险丝存在问题	检查保险丝
	刀片存在问题	在电源断开的情况下,检查刀片的转动情况
异常振动	螺栓松动	断开切根梳草机电源,直到刀片完全停止旋转再检查螺栓是否松动,必要时拧紧
不收集剪下的草	草盒已满	清空草盒
	草是湿的	等待草干
	甲板底部被草屑堵塞	断开电源并清洁甲板底部
切割不均匀	切割高度设置过低	调高切割高度
	刀片变钝	锐化或更换刀片

表51-33 草坪修边机的常见故障及解决方法

故障现象	故障原因	解决方法
刀片不转动	螺母松动或组装不正确	拧紧螺母
	刀片盖上充满泥浆	清洁刀片盖
	切割深度过深,刀片会在负载下停止	减少切割深度
	离合器打滑会损坏离合器和壳体	减少切割深度或清洁
电动机动力不足或刀片停止旋转	切割深度过深	减少切割深度

续表

故障现象	故障原因	解决方法
油门扳机无法打开	油门线可能需要调整	松开2个扳机盖螺丝,将油门拉线拉出约2 mm,以调节油门拉线,重新拧紧螺丝
电动机	未接通电源	重新连线
	延长线故障	更换延长线
	电动机损坏	更换电动机
异常振动	离合器或传递装置损坏	进行更换
发动机无法运转	油箱不满	加满油箱
	发动机满溢	使用正确的启动程序
	空气过滤器脏	清洁空气过滤器
化油器故障	化油器脏	清洁化油器
	化油器不可调节	清洁化油器

草坪滚压机的常见故障、原因及解决方法见表51-34。

草坪施肥机的常见故障、原因及解决方法见表51-35。

表51-34 草坪滚压机的常见故障及解决方法

故障现象	故障原因	解决方法
失去控制	斜坡斜度过大	切勿在斜度过大的斜坡上操作机器
	驾驶速度过快	降低驾驶速度
	刹车不足	检查刹车系统,调节手刹
	滚筒抓地力不足	检查滚筒,降低速度行驶
发动机无法启动	火花塞不干净或有裂纹	检查火花塞,如有必要须更换
	火花塞线连接有问题	检查火花塞线连接
异常振动	离合器或传动装置损坏	进行更换
发动机动力不足或运转不平稳	空气过滤器脏	清洁空气过滤器
	机油不干净	更换机油
	火花塞脏或破裂	更换火花塞
化油器故障	化油器脏	清洁化油器
	化油器不可调节	清洁化油器

表51-35 草坪施肥机的常见故障及解决方法

故障现象	故障原因	解决方法
液压油过热	软管和配件尺寸不合适	更换软管和配件
	马达运转不正常	更换或修理马达
	安全阀压力不正确	检查并调整安全压力
	滚筒抓地力不足	检查滚筒,降低速度行驶
液压缸无法抬起排料机构	密封圈已磨损	更换密封圈
	控制阀密封已磨损	更换密封
	控制阀泄压过低	检查并调整压力
	液压软管扭弯	固定软管布线

续表

故障现象	故障原因	解决方法
输肥机构无法运转	电动机故障	更换电动机
	轴承卡住或磨损	更换轴承
	液压泵磨损	更换液压泵
	液压软管扭弯	固定软管布线
	控制阀泄压过低	检查并调整压力
滑门无法关闭	滑门阻塞	去除阻塞
闸门关闭时肥料流出	闸门未完全关闭	调整闸门手柄支架
	闸门损坏	更换闸门

51.5 高尔夫球场养护机械

高尔夫球场的草坪一般分为果岭、球道、发球台和长草区4个部分，每一部分承担着不同的功能，对草坪的平整度、密度、光滑度、均匀度、回弹力、留草高度等均有严格的不同等级的要求，其管理养护也有严格的规范。因此对作业机械的功能有各种明确的划分，机械结构和作业精度也有不同的等级。

51.5.1 果岭剪草机

果岭是高尔夫球场的核心部分，也是建场成败的关键。果岭草坪要求3~5 cm的极低地修剪，且耐低剪，无海绵状鼓起，击球阻力小，不受阳光影响，背向阳光和面向阳光都能击球，需要勤修剪，修剪量极小，在比赛和比赛中每天要剪2次。

果岭草坪修剪一般采用手扶自行式单组果岭剪草机或三联组坐骑式果岭剪草机。图51-37为美国某公司生产的220型混合动力手扶自行式单组果岭剪草机，其设计成左右两段滚筒，提供相等的功率来保证直线行使；驱动滚筒的外端为锥形，可以在压过和未压过的地面之间平稳过渡，使用者可以根据特殊的草坪状态设定合适的剪草频率；剪草宽度为55.9 mm，滚刀直径为127 mm。其技术参数见表51-36。

图51-37　220型混合动力手扶自行式单组果岭修剪机

表51-36　220型混合动力手扶自行式单组果岭剪草机的技术参数

型号	引擎	剪草宽度/cm	集草袋承重/kg	前进速度/(km·h^{-1})	滚刀直径/mm
220	GX120	55.9	3.2	8.4	127

型号	刀片数量/刃	后辊筒直径/mm	前辊轴直径/mm	底刀厚度/mm	底刀（选配）/mm	传动
220	11	190	60	3.2	2/2.8	皮带张紧

图 51-38 所示为国外公司生产的 2500B 型坐骑式剪草机为前置两组、轴间一组的三联组剪草机,采用偏置式剪草刀具设计,通过简单的换向几乎完全消除了三联环痕迹,球道用剪草刀具配耐用的球头挂接装置,可以使后辊轴在起伏的地形上始终贴在地面上,这样也会使剪草机通过不断变化的地面状态时保持一致的剪草高度。剪草高度联动调节系统将后滚轴的两端连接在一起,可使使用者只调节一端即可完成剪草高度的调整。其采用 14.6 kW 的水冷式柴油发动机,剪草速度为 0~6.4 km/h,倒车速度 0~4.8 km/h,配有 11 刃或 7 刃的滚刀组,可分别用于果岭和发球台草坪的修剪。

2500B 型坐骑式修剪机的技术参数见表 51-37。

图 51-38　2500B 型坐骑式剪草机

表 51-37　2500B 型坐骑式修剪机的技术参数

型号	引擎	质量/kg	剪草速度/(km·h⁻¹)	前进速度/(km·h⁻¹)	倒车速度/(km·h⁻¹)	滚刀直径/cm
2500B	洋马 IDI 柴油发动机	637.3	0~6.4	0~13.7	0~4.8	12.7

型号	集草装置离地间隙/cm	燃油箱容积/L	轴距/cm	胎面宽度/cm	剪草位置宽度/cm	切距(FOC)/(cm·(km·h⁻¹)⁻¹)	刀片数量/刃
2500B	10.2	29.9	129.5	101.5	157.5	11 刃:0.7,7 刃:1.14	7/11

51.5.2　发球台草坪剪草机

发球台区域的草坪必须抗践踏,耐低剪,修剪高度在果岭与球道之间为 10~25 mm,修剪频率一般为每周 2~4 次。常选用 5 组或 7 组坐骑式滚刀剪草机,图 51-39 为约翰迪尔公司生产的 8800A 型五联滚刀剪草机,其采用 43.1 hp 涡轮增压柴油发动机,5 个 53.34 cm 旋刀盘,地形适应能力强,大扭矩刀盘马达可在各种条件下实现恒定、整洁的剪草品质。这些马达可以毫不费力地将草页竖起,实现较好的剪草品质,利用后排放系统完成草屑的喷洒。若要调节剪草高度,只需向外拉动前后滚轮支架上的锁紧拉杆即可,一旦拉出就可以快速分离凹槽内啮合的定位齿,滚轮便可自由、轻松地上下旋转,随后需要找到调节器臂内侧的剪草高度指示器,根据所需剪草高度对齐锁紧螺母后的标记,并扣回锁紧拉杆将剪草高度锁定,定位齿也同时啮合到刻度槽内,以完成剪草高度的调节。

图 51-39　8800E 型五联滚刀剪草机

高度调节必须在前后滚轮上同时进行,前后滚轮的调节过程也是相同的。刀盘后侧贴有剪草高度标签,以便指导设定剪草高度。剪草高度可从 2.5 cm 调节至 10.2 cm,调节间隔为 0.64 cm。

8800A 型五联滚刀剪草机上的提升臂为钢管式,提升臂的几何形状几乎消除了转弯时遗漏的未剪草地,同时减小了在上坡操作时出现未剪草带的可能性。其技术参数见表 51-38。

表 51-38　8800A 型五联滚刀剪草机的技术参数

型号	引擎	油箱容量/L	剪草宽度/mm	运输宽度/m	剪草速度/(km·h^{-1})	运输速度/(km·h^{-1})
8800A	洋马 43.1 hp 柴油发动机	68.1	2 230	2 180	0～12.8	0～20.12

型号	倒挡速度/(km·h^{-1})	刀盘宽度/cm	剪草高度/cm	后辊轮直径/cm	前辊轮直径/cm	叶顶速度/(m·min^{-1})	质量/kg
8800A	0～8	53.3	2.54～10.2	7.6	10.2	4 572	1 405

51.5.3　球道剪草机

球道是指发球台通往果岭的区域,球道草坪要求地表平坦、草层较厚、耐修剪,修剪高度一般为 13～30 mm,修剪频率为每周 2～3 次。

图 51-40 为国外公司生产的 7500A 型精密修剪五联球道剪草机,采用 27.8 kW 的涡轮增压柴油发动机,可供应大量备用动力,确保在各种不同条件下达到最佳的剪草和爬坡性能。MT 螺旋辊轴和 MT 凹槽辊轴选配件可用于 QA5 剪草刀具,用以减少辊轴的重叠痕迹。采用流量补偿式压敏倒磨阀可以保持一致的剪草速度及质量,可调节的液压下压压力装置实现了任何条件下的最佳剪草质量,剪草速度为 0～12.8 km/h,剪草宽度为 2 540 mm,可以配置 11 刃或 7 刃滚刀组。其技术参数见表 51-39。

图 51-40　7500A 型精密修剪五联球道剪草机

表 51-39　7500A 型精密修剪五联球道剪草机的技术参数

型号	引擎	油箱容量/L	剪草宽度/cm	运输宽度/cm	集草箱长度/cm	运输速度/(km·h^{-1})
7500A	洋马 37.1 hp 柴油发动机	66.6	295	221	292	0～18.5

型号	倒挡速度/(km·h^{-1})	剪草速度/(km·h^{-1})	剪草刀具/个	剪草高度/mm	滚刀直径/cm	切距(FOC)/(cm·(km·h^{-1})$^{-1}$)	质量/kg
7500A	0～6.4	0～12.8	5	6.4～28.5	12.7	11 刃:1.12, 7 刃:1.75	1 014

51.5.4 铺沙机

高尔夫球场一般设置大小不同、数量不等的沙坑,是高尔夫球策略、景观及球场不可或缺的一部分,一般为覆盖沙子的坑,需要有专门的机器进行铺设打造。

图 51-41 为 F12E 型拖挂式铺沙机,其传送带和滚刷由电动离合器控制,6 个驱动轮可适应各种不同地形并完成作业。采用轮胎驱动传送带方式,无须液压、泵、发动机等动力源,轮胎通过地面驱动,由 6 个轮胎机械驱动覆沙带和滚刷,没有发动机和液压系统。其技术参数见表 51-40。

图 51-41 F12E 型拖挂式铺沙机

表 51-40 F12E 型拖挂式铺沙机的技术参数

型号	容量/L	最大覆沙速度/(km·h^{-1})	行驶速度/(km·h^{-1})	覆沙宽度/m	滚刷直径/mm	离合器	质量/kg
F12E	760	12.8	空载:24,负载:12	1.5	228	电动空载机械式棘轮离合	400

51.5.5 耙沙机

沙坑中的沙需要通过耙来维护其松软及水平状态,而且在每次降雨、灌溉及高强度使用后应该进行耙平。

图 51-42 为国外生产的 1200H 型耙沙机,通过前推板、耙片、深松齿、中耕器等多种附件能完成推、铲、耕、耙、造型、松土等作业,前进速度为 0~16.09 km/h,三轮驱动的静液压传动系统可提供足够的扭矩来推拉重物。1200H 型耙沙机的技术参见表 51-41。

图 51-42 1200H 型耙沙机

表 51-41 1200H 型耙沙机的技术参数

型号	引擎	油箱容量/L	转向	沙耙宽度/mm	外形尺寸(长×宽×高)/(mm×mm×mm)	耙片/件
1200H	百力通 16hp 发动机	13.2	355.6 mm 链条传动方向	1 981	1 676×1 422.4×1 117.6	5

型号	前进速度/(km·h^{-1})	倒挡速度/(km·h^{-1})	中耕器的宽度/mm	中耕器的质量/kg	轴距/mm	离地间隙/mm	质量/kg
1200H	0~16.09	0~6.44	1 626	20	1 193.8	241	449

除此之外,还可更换打孔机、切边机、梳草机等机械对高尔夫球场的草坪进行其他养护作业,在此不做重复介绍,可以参考51.4节草坪养护管理机械。

51.5.6 安全使用规程

1. 通用安全

(1) 在牵引、转向或稳定性有问题的情况下,切勿操作机器。

(2) 在湿草地上可能导致机器失去牵引力,从而导致打滑、丧失制动和转向能力。

2. 启动发动机

(1) 发动机怠速运行时,修剪机切割装置不应转动。

(2) 启动发动机前,应确保油门控制杆能自由工作。

3. 机器的使用

(1) 应避免两侧或前侧接触异物时导致的反弹。

(2) 不能在地面与刀具成直角位置时使用。

(3) 不得使用非安全固件固定刀具,若刀具松脱则立即中止使用。

(4) 止动螺母可能损耗,必要时更换。

(5) 不要触摸修剪机的旋转刀片,因为在发动机关闭后,刀片会继续旋转。

(6) 修剪机如若存在多刀片,则旋转一个刀片便会导致其他刀片旋转。

(7) 修剪机在草地潮湿时,使用性能最佳。条件允许的话,应在开始工作前几个小时喷洒一下工作区域。

(8) 修剪机刀具应远离泥沙,因为少量的泥沙也会使得刀具快速变钝,增加反弹的风险。

4. 关闭发动机

将发动机转速降至怠速,允许其运行10~20 s。

51.5.7 常见故障及排除方法

高尔夫球场养护机械的常见故障、原因及解决方法见表51-42。

表51-42 高尔夫球场养护机械的常见故障及解决方法

故障现象	故障原因	解决方法
发动机无法启动	阻塞	检查发动机
	没有汽油或汽油变质	检查汽油
	火花塞线断开	用认可的测试仪检查火花塞
	空气滤清器不干净	清洁或更换空气滤清器
	离合器已啮合	松开离合器杆
发动机动力不足或运转不平稳	空气过滤器脏	清洁空气过滤器
	火花塞脏或破裂	更换火花塞
	化油器故障	调整化油器
	火花塞损坏,有故障或间隙错误	复位间隙或更换火花塞
异常振动	修剪机刀片松散	检查修剪机刀片安装螺栓,并更换损坏或弯曲的叶片
	防振装置陈旧或磨损	检查车把振动安装支架
	发动机螺栓松动	检查发动机悬置
	草坪硬度较高	浇水软化草坪
化油器故障	化油器脏	清洁化油器
	化油器不可调节	清洁化油器

续表

故障现象	故 障 原 因	解 决 方 法
工作器具不转动	离合器或传动轴受损	如果有必要则更换
修剪机切割性能较差	刀片变钝或损坏	锐化或更换刀片
	碎屑把刀片锁死	清除碎屑
	发动机转速过低	检查发动机转速
修剪机或耙沙机使用性能较差	草坪或土地太干	浇水软化工作区域
割草或耙沙不均匀	工作高度设置存在问题	调整工作高度
铺沙机闸门关闭时物料流出	闸门未完全关闭	调整闸门手柄支架
	闸门损坏	更换闸门

第52章

园林绿化灌溉机械

52.1 概述

园林灌溉主要是指城市园林绿地、公园、运动场(如足球场、高尔夫球场等)的草坪,园林乔木、灌木,温室,大棚及花卉的灌溉。目前园林灌溉根据不同的要求一般采用喷灌和微灌的方式。

喷灌和微灌是借助于一套专门的设备或利用自然水头的落差,将具有一定压力的水喷到空中,散成水滴降落到地面,供给园林植物水分的一种先进的灌溉方式。由于城市绿地,公园,运动场草地,园林乔、灌木的特殊用途及较高的观赏性,一般不可采用漫灌、渠灌等原始的灌溉方式。而喷灌和微灌因其具有喷洒均匀、喷量容易控制并可实现自动化;对土质、地形、坡度等有较好的适应性;可保持土壤的团粒结构,避免水土流失,营造小气候等优点,越来越多地应用于园林灌溉。同时,由于高科技的不断应用、喷洒装置的艺术设计及喷水造型的不断翻新,使园林喷灌已成为园林景观绚丽多姿的一部分。

实现喷洒灌溉必须配备有水源及一整套从给水加压到喷洒的专门设备。把喷灌设备和水源工程联系起来,以实现喷洒灌溉的一种水利设施,称为喷灌系统或微灌系统。

52.1.1 喷灌系统的组成

喷灌系统由水源、水泵及动力、管路系统、喷洒器等组成。现代先进的喷灌系统还可以设置成自动控制系统,以实现喷灌作业的自动化。

1. 水源

城市绿地一般采用自来水为喷灌水源,有条件的也可以用井水或自建塔供水。

2. 水泵与动力机

水泵是对水加压的设备,水泵的压力和流量取决于喷管系统对喷洒压力和水量的要求。园林绿地一般有市电供应,可选用电动机作为动力机,无电源处可选用汽油机、柴油机作为动力机。

3. 管路系统

管路系统用以输送压力水至喷洒装置,应该能够承受系统的压力和通过要求的流量,并根据经济流速的要求和水在管中流动的压力水头损失不大于喷头压力的20%的原则选择输水管的内径。管路系统除管道外还包括一定数量的弯头、三通、旁通、闸阀、接头、堵头等附件,以满足管网布置的要求。

4. 喷洒器(喷头)

喷洒器(喷头)是把具有压力的集中水流分散成细小的水滴,并均匀地喷洒到地面上的一种喷灌专用设备。

5. 控制系统

在自动化喷灌系统中,按照预先编制的控制程序和作物需水要求的参量,自动控制水泵启、闭和自动按一定的轮灌顺序进行喷灌所设置的一套控制装置称为控制系统。

52.1.2 喷灌系统的类型

喷灌系统一般按照管道可移动的程度进行分类,分为固定式、半固定式和移动式3类。

(1) 固定式喷灌系统。该系统除喷头可以移动外,其余部分固定不动。园林草坪地埋式喷头一般也不移动。水泵及动力构成固定的泵站,干管和支管多埋在地下。图52-1所示为由地埋式喷头组成的固定式喷灌系统。

图52-1 固定式喷灌系统示意图

(2) 半固定式喷灌系统。该系统除喷头外支管也可以移动,如图52-2所示。

图52-2 半固定式喷灌系统

(3) 移动式喷灌系统。该系统除水源外其余部分均可以移动,往往把可以移动的部分安装在一起,构成一个整体,称为喷灌机组。

图52-3所示为移动式喷灌系统,其水泵、动力、喷洒系统均安装在手推车上形成一喷灌机,铝合金管道之间用快速接头连接,可以随意移动和组装。在某一地点喷完后可将喷灌机和管道全部移动到下一地点,但喷灌地点附近必须设有水源。

图52-3 移动式喷灌系统

52.1.3 喷灌系统的主要参数

园林喷灌要达到灌溉的目的,必须符合一定的技术要求。喷灌系统的技术要求主要以喷灌强度、喷灌均匀度和水滴打击强度3个指标来指示。

1. 喷灌强度

喷灌强度是指单位时间内喷洒在单位面积上的水深,其单位一般为 mm/h、mm/s。

在一定时间内喷洒在某一点土壤表面的水深称为点喷灌强度,用 ρ_i 表示。

各点喷灌强度的平均值为平均喷灌强度,用 $\bar{\rho}$ 表示。喷灌系统的平均喷灌强度应小于土壤的渗水速度,以避免积水或者产生径流。土壤的渗水速度除与土壤的质地有关外,还随水滴大小、水滴降落速度及喷水深度的变化而变化。目前我国还没有足够的试验资料来确定各种情况下土壤渗入速度的数据,通常采用国际上通用的对允许喷灌强度的规定,即设计喷灌强度不得大于允许的喷灌强度,用 $[\rho]$ 表示。各类土壤的允许喷灌强度见表52-1。当喷灌地面的坡度大于5%时,允许喷灌强度应按照表52-2进行折减。

表 52-1　各类土壤允许的喷灌强度[ρ]

土 壤 类 别	砂土	砂壤土	壤土	壤黏土	黏土
允许喷灌强度/(mm·h^{-1})	20	15	12	10	8

表 52-2　坡地允许喷灌强度的降低值

地面坡度/%	5～8	8～12	12～20	>20
降低值/%	20	40	60	75

2. 喷灌均匀度

喷灌均匀度是指喷灌范围内，水量分布的均匀程度。它是衡量喷灌系统喷洒质量好坏的主要指标之一，与喷头结构、工作压力、喷头布置形式、喷头距离、喷头旋转均匀性、竖管的倾斜度、地面坡度及风速风向有关。

喷灌均匀度按国际标准的规定，用 J.E. 克琴斯均匀度系数表示，符号为 Cu，即

$$Cu = 1 - \frac{\Delta h}{h} \quad (52-1)$$

式中　h——喷灌水深的平均值，mm；

　　　Δh——喷灌水深的平均离差，mm。

在设计风速下，喷灌系统的喷灌均匀度系数 Cu 不应低于 75%，但对行喷式喷灌系统，其喷灌均匀度系数不应低于 85%。

3. 水滴打击强度

水滴打击强度指的是单位受水面积内，水滴对植物或土壤的打击强度。它与喷洒水滴的大小、降落速度和密度有关。水滴打击强度难以测定，目前对该指标的测量有待进一步实验研究，故一般采用水滴直径大小和雾化指标等一些相近的指标来代替。测定水滴大小的方法很多，不好统一，因此目前国际上多采用雾化指标来表示，用 Pd 代表雾化指标。我国的标准 GB/T 50085—2007《喷灌工程技术规范》用 W_h 代表雾化指标，即

$$W_h = \frac{h_p}{d} \quad (52-2)$$

式中　h_p——喷头的工作压力水头，m；

　　　d——主喷嘴直径，m。

W_h 值在一定程度上表明了水滴打击强度，实际应用很简单。各种作物种类对雾化指标的要求见表 52-3。

表 52-3　各种作物要求的雾化指标

作物种类	蔬菜及花卉	粮食作物、经济作物及果树	牧草、饲料作物、草坪及绿化树木
h_p/d 值	4 000～5 000	3 000～4 000	2 000～3 000

注：表中数值适用于主喷嘴为圆形且不带碎水装置的喷头。

52.2　喷头

一般来说，园林喷洒可以部分采用农业、林业喷灌喷头。但由于园林灌溉的特殊性，如园林绿地常有游人活动，喷洒范围应严格控制，不应喷到人行道上，运动场等场所的喷洒设施不应露出地面等，因此，对园林喷灌的喷头应有特殊的要求。目前，国内外已研制和生产了符合各种园林绿地、景观等需要的园林专用喷头。

52.2.1　喷头的分类

1. 按工作压力分类

喷头按工作压力可分为微压喷头、低压喷头、中压喷头、高压喷头。

（1）微压喷头，压力为 0.05～0.1 MPa，射程 1～2 m。微压喷头的工作压力很低，雾化好，适用于微灌系统。

（2）低压喷头亦称近射程喷头，压力为 0.1～0.2 MPa，射程 2～15 m。其特点是耗能少，水滴打击强度小，主要用于菜地、苗圃小苗

区、温室、花卉等。

(3) 中压喷头亦称中射程喷头,压力为 0.2~0.5 MPa,射程 15~42 m。其特点是喷洒均匀性好,喷洒强度适中,水滴大小适中,适用范围广。果园、草坪、菜地、农业大田作物、苗圃地、经济作物及各种类型的土壤均有适宜的型号可供选择。

(4) 高压喷头亦称远射程喷头,压力大于 0.5 MPa,射程大于 42 m。其特点是喷洒范围大、效率高、耗能也高、水滴大,适用于喷洒质量要求不高的大田、牧草及林木等。

2. 按结构形式和喷洒特性分类

喷头按结构形式和喷洒特性可分为旋转式(或称射流式、旋转射流式)、固定式(或称散水式、固定散水式或漫射式)、喷洒孔管 3 种。

52.2.2 喷头的机构及工作原理

1. 旋转式喷头

旋转式喷头是指绕自身铅垂线旋转的喷头,水流呈集中射流状。其特点是边喷洒边旋转。这种喷头射程较远,流量范围大,喷灌强度低、均匀度高,是目前农、林、园林绿地使用很广的一种喷头。旋转式喷头的结构形式很多,根据旋转驱动机构的结构和原理不同,可以分为摇臂式、叶轮式、反作用式、水涡轮驱动式、全射流式等。

1) 摇臂式旋转喷头

(1) 水平摇臂式喷头

水平摇臂式喷头由水平摆动的摇臂作为驱动喷头旋转的动力。目前国内使用最普遍的是国产 PY1 系列喷头,其结构见图 52-4。

图 52-4 水平摇臂式喷头

摇臂式喷头主要由以下几部分组成:

① 旋转密封机构,常用的有径向密封和断面密封 2 种形式,由减磨密封圈、胶垫、防沙弹簧等组成。

② 流道,水流通过喷头时的通道,包括空心轴、喷体、稳流器、喷嘴等。

③ 驱动机构,由摇臂、摇臂轴、摇臂弹簧、弹簧座等组成,其作用是使喷头在规定的扇形范围内喷洒。

④ 扇形转向机构,由转向器、反转钩、限位环等组成,其作用是使喷头在规定的扇形范围内喷洒。

⑤ 连接件,摇臂式喷头与供水管常用螺纹连接,其连接件多为喷头的空心轴套。

摇臂式喷头的工作原理实质上是工作时不同能量相互传递和转化的运动过程,可以分为以下 5 个阶段:

① 启动阶段,射流经偏流板射向导流板后,导流板得到射流的反作用力,使摇臂获得动能而向外摆动,绕摇臂轴转动,使摇臂弹簧扭动,得到扭力矩,此力矩小于射流反作用力矩,因此,摇臂得到角速度而脱离射流。

② 外摆阶段,惯性力使摇臂继续转动,直至摇摆张角达到最大,从而得到最大的扭力矩,此时角速度转变为0,弹簧势能达到最大,即摇臂外摆的动能全部转化为弹簧的弹性势能。

③ 弹回阶段,在弹簧扭力矩的作用下,弹簧的弹性势能逐步转化为摇臂的转动动能,摇臂开始往回摆,角速度不断增大,直到摇臂将要切入射流。

④ 入水阶段,具有最大转动动能的摇臂又重新进入射流,偏流板最先接受水流(导流板不受水),产生的反作用力使摇臂的动能急剧增加,角速度变得越来越大。

⑤ 撞击阶段,摇臂在回转惯性力和偏流导板的切向力作用下,以很大的角速度开始碰撞喷管,使喷头转动,碰撞结束后,摇臂即完成了一个完整的旋转运动过程。在摩擦力矩的作用下,喷头很快停了下来,再继续重复上述的旋转运动过程。

(2) 地埋升降摇臂式喷头

绿地草坪、运动场地草坪一般选用地埋升降摇臂式喷头，即将摇臂式喷头装在壳体内，壳体装上顶盖，埋在地下。工作时，在水压力的作用下喷头升出地面；喷洒停止时，其在自重作用下又缩回地下。不工作时喷洒器的顶盖与地面平齐，可以踩踏。当管道内供水时，水压力将喷头、升降套筒及盖一起顶起，喷头露出地面，进行喷洒。

国外用于草坪喷洒的地埋升降摇臂式喷头型号很多。图 52-5 所示为雨鸟公司（RainBird）生产的 Falcon 6504 Rotors 的结构图，其适用于公园、体育场、游乐场、校园、工矿企业等大中面积草坪、花卉的灌溉，可以进行全圆或扇形喷洒。其喷嘴直径有多种可供选择，压力范围为 0.21～0.62 MPa，流量为 660～4 930 L/h，射程为 11.9～19.8 m。

国内也有类似的产品，如国产 SP-50 型升降式喷洒器。

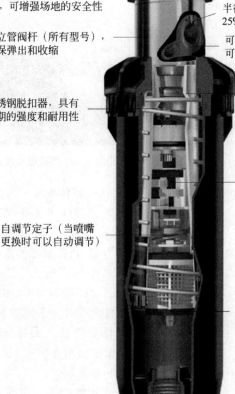

图 52-5　雨鸟 Falcon 6504 Rotors 结构图

(3) 垂直摇臂式喷头

垂直摇臂式喷头与水平摇臂式喷头相比，其驱动喷管旋转的原理不同。前者是利用水流通过垂直摇臂前端的导流器产生的反作用力获得驱动力矩的旋转式喷头，工作时摇臂不直接撞击喷管；后者是靠摇臂弹簧回位和摇臂撞击喷管获得驱动力矩的。

垂直摇臂式喷头也是由流道（包括空心轴、喷体、喷管、稳流器、喷嘴）、旋转密封机构（包括轴承、轴承座、密封圈）、驱动机构（包括摇臂、摇臂轴）、换向机构（包括挡环、拨杆、弹簧、挡块）4 部分组成的。

垂直摇臂式喷头的工作原理：高速水流从喷嘴流出后冲击摇臂头部的导流器，由于导流器的作用，使冲击力分解成向侧面和向下的分力，侧面分力使摇臂带动喷头做旋转运动，向下的分力使摇臂克服另一端平衡块的重力向下运动，当摇臂离开水射流后，在摇臂平衡块重力的作用下回位。再次切入射流，可重复以上过程。由于驱动力矩是间歇不连续的，故喷头不断地做间歇性旋转。当换向器起作用时，喷头反转。

2) 水涡轮、齿轮驱动式旋转喷头

该喷头的旋转运动是由于水流压力驱动设在喷头体内的水涡轮旋转而产生的。草坪绿地常选用地埋（或称地藏）伸缩水涡轮驱动式旋转喷头。

图 52-6 所示为 Toro 公司生产的 INFINITY® 35-6/55-6 Series Golf Rotors 埋藏式旋转喷头、喷头射程为 12.8～28 m，用于中型面积草坪的喷灌。其有多种旋转塔，喷嘴装在旋转塔上。可选用的喷嘴主要有雨帘喷嘴、远射程喷嘴、低仰角喷嘴、标准仰角补偿喷嘴等。

图 52-6　Toro 公司生产的 INFINITY® 35-6/55-6 Series Golf Rotors 埋藏式旋转喷头

3) 反作用式旋转喷头

反作用式旋转喷头是利用水射流的反作用力驱动喷头旋转的射流旋转式喷头。当水射流从喷嘴喷出时，与静止的空气撞击，空气对水流的反作用力（即阻力）形成对喷头轴线的旋转力矩，推动喷头旋转。

图 52-7 所示是一种运动场用的小型绞盘式喷灌机，反作用式双臂旋转喷头在水压力作用下驱动卷绕机，使绞盘缓慢转动。双臂反作用式喷头的旋转运动通过齿轮和蜗轮传动驱动绞盘旋转。工作时，绞盘钢索拉开，一头固定在远离喷灌车的一端。喷头喷洒时，水射流的反作用力使喷头旋转，并通过传动机构使绞盘旋转而卷起钢索，喷灌车便在钢索牵引下向固定端移动。在移动过程中，竖管上的摇臂式喷头进行喷洒作业。

图 52-7　小型绞盘式喷灌机

4) 全射流式旋转喷头

全射流式旋转喷头是我国自行研制的一种旋转式喷头。它是一种利用水流的反作用力获得驱动力矩，利用水流的附壁效应改变喷头旋转方向的旋转式喷头。其优点是运动部件少、无撞击部件、结构简单、喷洒性能好。缺点是射流元件上小孔加工难度大且易堵塞，同时射流元件既是喷嘴又是喷头旋转的驱动机构，易磨损，更换的成本较高，这也是该喷头和其他喷头的根本区别。

全射流式旋转喷头根据旋转方式不同分为连续式和步进式 2 类。

(1) 连续全射流式旋转喷头

连续全射流式旋转喷头的正转和反转都是连续旋转，其射流元件的结构和工作原理见图 52-8。

① 结构

连续全射流式喷头的射流元件有方形截面和圆形截面 2 种，其流道中心线与喷头喷管所在的铅垂平面成某一偏角 α，在射流元件两

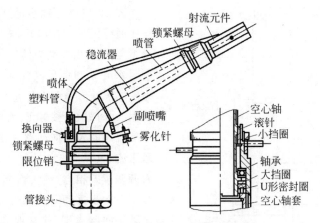

图 52-8 连续全射流式旋转喷头的结构

侧各有一个控制孔。

② 工作原理

喷头正转时左、右控制孔均开启,此时,射流元件相互作用区内两侧的压力相等,射流沿流道中心线射出(即沿着流道左壁射出),射流对元件左壁产生一个反作用力,促使喷头向左旋转。由于流道中心线的偏角 α 很小,故正转速度较慢。反转时,右控制孔在换向机构作用下关闭,左控制孔仍通大气,射流元件相互作用区的右侧产生负压,在压力差的作用下,射流向右壁偏转并沿右壁射出,射流元件右壁的曲线形状使射流射出的方向与正转时相反,因而喷头反转。

连续全射流式喷头结构简单、运动件少、无撞击部件,而且雾化程度好(因为射流在到达出口处之前已掺入空气)。缺点是旋转速度不稳定,易造成水量分布不均匀。

(2) 步进全射流式旋转喷头

步进全射流式旋转喷头是为了克服连续全射流式旋转喷头转速不稳定的缺点而研制的。

① 结构

双向步进式全射流旋转喷头利用射流元件体中主射流的附壁效应来推动喷头正反转动。若要使喷头步进转动,必须在射流元件体的两侧造成均匀间断的压力差,附壁一次,喷头步进一次。图 52-9 所示为 PXSB 射流元件体的结构,不对称的结构使喷头正反步进存在一定的差异。信号接嘴从主射流边缘取到信号流,称为信号取出,信号流经过正(反)向导管和正(反)向接嘴至作用区右(左)侧称为信号接收。

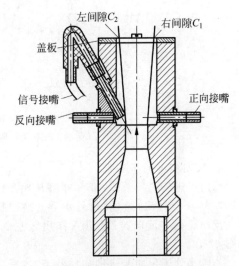

图 52-9 步进全射流式旋转喷头 PXSB 射流元件体结构图

② 正向步进工作原理

正向步进的边界条件:信号接嘴从作用区左侧取信号流,通过"信号水管—换向机构—正向导管—正向接嘴"进入作用区右侧,实现正向步进。图 52-10 中的 M_1 为正向补气孔,M_2 为反向补气孔。

当喷头处于正向步进的初始状态时,正向回路内的两相信号流近似呈现两段信号水流和两段信号气流,且信号水流和信号气流间隔排列。

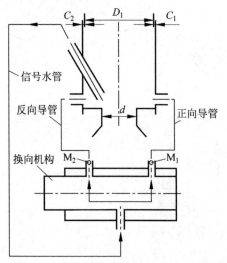

图 52-10　步进全射流式旋转喷头的工作原理

图 52-11 为正向步进过程图解。在附壁状态 1 时(见图 52-11(a)),末端信号流为信号水流 b,信号取出前端为信号气流 a′,其后分别为信号水流 b′和信号气流 a。附壁瞬间,附壁状态 1 的末端信号水流 b 进入作用区右侧的低压旋涡区,间隙 C_1 被封死,喷头正向附壁一次,信号气流 a 进入正向回路末端,前端取到新的信号水流 b″(见图 52-11(b)),间隙 C_1 被打开,左右两侧压差相当,喷头恢复直射。图 52-11(c) 为下一次步进的附壁状态 2,此时信号水流 b′已处于回路末端,前端取到新的信号气流 a″,开始下一次附壁。如此循环完成正向步进过程。

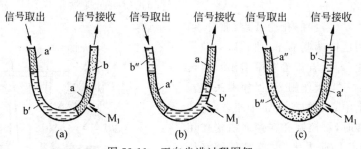

图 52-11　正向步进过程图解
(a) 附壁状态 1;(b) 附壁中间状态;(c) 附壁状态 2

③ 反向步进工作原理

反向步进的边界条件:信号接嘴从相互作用区左侧取信号流,通过"信号水管—换向机构—反向导管—反向接嘴"进入作用区左侧,见图 52-10。

当喷头处于反向步进的初始状态时,反向回路内的两相信号流近似呈现两段信号水流和一小段信号气流,由于反向补气孔 M_2 的作用,两段信号水流被信号气流分隔开。

如图 52-12(a) 所示为附壁初始状态,反向回路前端为剩余信号水流 B′,末端为信号水流 B,两者中间为信号气流 A。此时,信号水流 B 进入射流元件体左侧作用区,节流分离出的气流和 M_2 补入的空气混合向信号水流 B 的方向移动;同时,被 M_2 补入的空气隔断的剩余信号水流 B′在压差的作用下,逆向进入元件左侧作用区。图 52-12(b) 所示为附壁中间状态,信

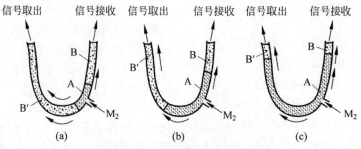

图 52-12　反向步进过程图解
(a) 初始状态;(b) 中间状态;(c) 终止前状态

号水流 B 和剩余信号水流 B′已部分进入作用区左侧,处于反向附壁。图 52-12(c)为附壁终止前的瞬间状态,信号气流 A 的长度即将充满整个反向回路系统。当空气进入元件左侧作用区时,恢复直射状态。此时,信号接嘴又重新从主射流表面取到信号流,开始第二次反向步进,如此循环完成反向步进。

5) 摆动射流式旋转喷头

利用水涡轮产生旋转运动,旋转运动通过蜗轮蜗杆机构减速后带动凸轮转动,凸轮在摆杆沟槽内的转动变成摆杆的摆动,从而驱动喷管摆动而进行喷洒工作。

摆动射流式喷头喷洒的射流细密,适用于方形地块、假山和地上景观。其可快速连接、移动方便,雾化形状优美,两端设有边路开关,使边路洒水面积可调,以控制喷洒的长度范围。

2. 固定式喷头

固定式喷头是指喷洒时其零件无相对运动的喷头。其特点是结构简单、工作可靠、要求的工作压力低(0.1~0.2 MPa)。喷洒时,水流在全圆周或部分圆周(扇形)同时向四周散开,故射程短(5~10 m)。近喷头处的喷灌强度比平均喷灌强度大得多(在 15~20 mm/h 及以上)。一般雾化较好,但多数喷头水量分布不均匀。一般用于公园绿地、苗圃、温室等处,也可装在行喷机上。

固定式喷头按工作原理可分为折射式、漫射式和缝隙式 3 类。此外,草坪喷灌常用地埋伸缩散水式喷头。

1) 折射式固定喷头

折射式固定喷头是喷头水流经折射锥折挡,裂散成水滴的固定式喷头。

折射式喷头的折射锥的角度一般为 120°~150°,通过螺杆可上、下移动,以调节水量分布和散落距离。整体式结构为单面折射,喷洒呈扇形。

2) 漫射式固定喷头

漫射式固定喷头是指压力水一经射出便散裂成水滴,其主要由喷体、锥形轴、喷嘴、接头等组成。喷洒时,水流沿切线方向或沿螺旋孔道进入喷体并沿锥形轴或壁面旋转,这样经喷嘴射出的薄水层同时具有沿轴向向外和沿切向旋转的速度,因此,在空气阻力作用下,薄水层很快裂散成小水滴,散落地面。

3) 缝隙式固定喷头

缝隙式固定喷头是水流经过缝隙裂散成水滴的固定式喷头,均为整体式,只做扇形喷洒。一般在封闭的管端附近开出一定宽度的缝隙,另一端为接头。缝隙与水平面的夹角一般为 30°。这种喷头结构简单,制造容易,但缝隙狭窄,容易堵塞,且缝隙两端的水较集中,影响喷洒均匀度。

4) 伸缩散水式固定喷头

伸缩散水式固定喷头是一种适于小块草坪喷洒的地埋(或称埋藏式)伸缩喷头。喷洒时喷头固定不动,也是通过折射锥折挡水流呈散射式全圆喷洒,装上扇形喷嘴也可以进行扇形喷洒。

52.3 系统管路

52.3.1 分类

喷灌管道的种类很多,按不同的使用方式分为固定管道和移动管道,按材料分为金属管道和非金属管道。

金属管道有铸铁管、钢管、薄壁钢管和铝合金管。非金属管道有预应力钢筋混凝土管、石棉水泥管和塑料管。塑料管有聚氯乙烯管、聚乙烯管、改性聚丙烯管、维纶塑料软管和锦纶塑料软管等。

管件包括三通(丁字管),四通(十字管),异径直通管,渐缩管,45°、90°弯头,堵头,法兰,活接头,外接头等。

各种材料制成的管道,由于其物理力学性质不同,适用于不同的使用条件。金属管、石棉水泥管、钢筋混凝土管、硬塑料管可埋在地下作为固定管道。在园林绿地喷灌中,目前常用硬塑料管道埋在地下。铝合金管、薄壁钢管、塑料软管装上快速接头后可作为移动式管道。

52.3.2 各种管道的特点

1. 铸铁管

铸铁管承压能力强,一般承压 1 MPa

（10 kgf/cm²）；工作可靠、寿命长（30～60 年）；管件齐全，加工安装方便。但其质量大、搬运不便、价高。使用 10～20 年后内壁会生铁瘤，使内径变小，阻力增大，输水能力下降。

2. 钢管

钢管承压能力大，工作压力在 1 MPa 以上；韧性好、不易断裂、品种齐全、铺设安装方便。但价格高、易腐蚀、寿命比铸铁管短，约为 20 a。

3. 钢筋混凝土管

钢筋混凝土管有自应力和预应力 2 种。其可承受 0.4～0.7 MPa 的压力，使用寿命长（40～60 a 及以上）；节省钢材，安装施工方便，输水能力稳定，接头密封性好，使用可靠。但自重大、运输不便、质脆、耐冲击性差、价高。

4. 石棉水泥管

石棉水泥管由 75%～85% 的水泥和 15%～25% 的石棉纤维混合后制成。其承压在 0.6 MPa 以下，价格较便宜、质量较轻、输水能力较稳定、加工性好、耐腐蚀、使用寿命长。但质地较脆、不耐冲击、运输中易损坏、质地不均匀、横向拉伸能力低，在温度变化作用下易发生环向断裂，使用时应用较大的安全系数。其成套性好，但安装施工较麻烦。

5. 硬塑料管

喷灌常用的硬塑料管有聚氯乙烯管、聚乙烯管、聚丙烯管等。其承压能力随壁厚和管径的不同而不同，一般为 0.4～0.6 MPa。硬塑料管耐腐蚀、寿命长（20 a 以上），质量小、易搬运，内壁光滑、水力性能好、过水能力稳定，有一定的韧性，能适应较小的不均匀沉陷。但受温度影响大，高温变形、低温变脆，受光照老化后强度逐渐下降，工作压力不稳定，膨胀系数较大。

聚乙烯管有高密度和低密度 2 种。高密度聚乙烯管简称 HDPE 或 UPE 管，为低硬度管。低密度聚乙烯管简称 LDOE 或 SPE 管，为高硬度管。聚乙烯管有低温时快脆的缺点，故一般喷灌多使用改性聚丙烯管，其承压 I 型为 0.4 MPa，II 型为 0.6 MPa，III 型为 0.8 MPa。

6. 薄壁铝合金管

薄壁铝合金管承压能力较强，一般为 0.8 MPa，韧性好、不易断裂，耐酸性腐蚀、不易生锈，使用寿命较长（约 15 年），内壁薄壁光滑、水力性能好。但价格较高、不耐冲击、不耐强碱腐蚀、耐磨性较钢管差。

薄壁铝合金管适用于移动管道系统，快速拆装接头可方便地拆装、移动。管道承接处用球面接触，可以适应一定的坡度和折角。

7. 薄壁钢管

薄壁钢管用 0.7～1.5 mm 的钢带卷焊而成。质量较轻、搬运方便，强度高、承压能力达 1 MPa，韧性好、不易断裂、抗冲击性好，使用寿命长，一般为 10～15 年。可制成移动式管道，但质量较铝合金管道和塑料移动式管道重，且价格高。

8. 涂塑软管

涂塑软管主要有锦纶塑料软管和维纶塑料软管 2 种，分别是以锦纶丝和维纶丝织成管坯，内外涂上聚氯乙烯制成的。其质量轻、便于移动、价格低。但易老化、不耐磨、强度低、寿命短，可使用 2～3 年。

52.3.3　控制及安全部件

为使喷灌系统按轮灌要求进行计划供水和保证其安全运行，在管路系统内应设置控制部件和安全保护部件。

1. 控制部件

控制部件由各种阀门和专用给水部件组成。阀门有闸阀、球阀、给水阀、弯头阀、竖管快接控制阀等。

1）闸阀

闸阀用得较多，其阻力小、开关省力，但结构较复杂，密封面易损伤而造成止水功能降低，结构强度大。

2）球阀

球阀多用于开关控制喷头。其结构简单、质量轻、阻力小。但开关速度不易控制，易引起水锤。

3）给水阀

给水阀是装于干管与支管之间或者固定管与移动管之间的一种给水阀门。其分为上、下阀体，下阀体与固定管出口连接，上阀体为阀门开关，与移动管道连接。上阀体可在360°内任意转动以适应各方向管道的需要。

4) 弯头阀

为了便于水泵出口与管道的连接，另外在竖管与支管连接处设有竖管快接控制阀，以便于快速拆装竖管，在竖管拆下后又可自动封闭支管出口。

2. 安全部件

安全部件包括水锤消除器、安全阀、减压阀、空气阀等。

1) 水锤消除器

水锤消除器用于防止在突然停止供水时，因压力骤降产生水锤压力对管道造成的破坏，一般与止回阀联合使用。水锤消除器适用于小流量、高扬程、长管道的水锤作用。在事故停泵初始阶段压降很大的情况下，应采用减压阀。

2) 安全阀

安全阀的作用是当管道内的压力升高时自动开启，防止水锤。

3) 减压阀

当系统内的压力超过正常压力时，减压阀自动打开降低压力，保证系统在正常压力下工作。

4) 空气阀

空气阀的作用是：当管路系统内有空气时，自动打开排气；当管内产生局部真空时，在大气压力的作用下打开出水口，使空气进入管道，防止负压破坏。

52.4 喷灌机

将除水源外的其他部件，如水泵、动力、管道及喷洒部件组成的整体称为喷灌机。

52.4.1 喷灌机的类型

喷灌机主要分为定喷式和行喷式2类。定喷式喷灌机在某一固定位置进行喷洒，当达到灌水定额后再移至下一位置。行喷式喷灌机是一边行走一边喷洒。

定喷式喷灌机有手抬式、担架式、手推车式、拖拉机悬挂式、牵引式、管道滚移式等。

行喷式喷灌机有自行式、平移式、时针式（中心支轴式）、绞盘式等。

园林绿地喷灌不宜选用时针式、平移式等特大型喷灌机，一般可选用手抬式、手推车式、担架式喷灌机，以及小型绞盘式和专用自行式喷洒车等。对于大型草圃、草坪草培育基地可选用平移式喷灌机。

52.4.2 园林绿地常用喷灌机的结构及工作原理

1. 手抬式和担架式喷灌机

手抬式和担架式喷灌机是一种比较轻便、灵活的便携式喷灌机，可进行定点喷洒，采用人工手抬移动。使用时，可迅速接好管道和喷头，配置一个或几个喷头同时喷洒。动力可用电动机、汽油机或柴油机。

图52-13和图52-14分别为手抬式、担架式喷灌机，其水泵均为离心泵。表52-4给出了SWZ-21D型担架式喷灌机的技术参数。

图52-13 手抬式喷灌机

图52-14 SWZ-21D型担架式喷灌机

表 52-4　SWZ-21D 型担架式喷灌机技术参数

项　目	参　数
机具名称	SWZ-21D 型担架式喷灌机
流量/(L·min^{-1})	10～16
水泵转速/(r·min^{-1})	800～1 200
工作压力/MPa	2.0～3.5
射程/m	30
配套动力	152f 汽油机
发动机功率/hp	2.5
发动机转速/(r·min^{-1})	3 600
外型尺寸(长×宽×高)/(mm×mm×mm)	600×320×370
使用燃油	90 号以上汽油
润滑油	SAE10W-30 四冲发动机油
整机质量/kg	18

2. 手推车式喷灌机

手推车式喷灌机是指水泵、动力、喷洒部件皆装在手推车上的便携式喷灌机,其动力可采用汽油机或柴油机。图 52-15 中的喷灌机为我国生产的手推车式喷灌机,移动方便、使用灵活。

图 52-15　手推车式喷灌机

3. 绞盘式喷灌机

绞盘式喷灌机是一种行喷式喷灌机。采用软管输水,以喷灌压力水为动力驱动绞盘转动。绞盘上缠绕软管或钢索,牵引一远射程旋转射流式喷头,边行走边喷洒。绞盘式喷灌机有软管牵引式和钢索牵引式 2 种形式。钢索牵引式喷灌机的喷头装在绞盘车上,绞盘车与喷头一起在钢索的牵引下运行;软管牵引式喷灌机的喷头装在专用的喷头车上,喷洒时,将绞盘车固定在水源附近不动,喷头车在软管的牵引下向绞盘车方向运行。喷头为旋转射流式,射程远,可进行扇形喷洒,一个行程可覆盖较大面积。

绞盘式喷灌机结构简单、紧凑、整体性好、机动灵活;绞盘靠水力驱动,不需要设动力机;运行速度快、控制面积大,因此生产率高;喷洒质量好,均匀度高达 85% 以上;操纵简便,可实现自动化;便于维护、保管和收藏,不易丢失或被人为破坏;运行费用低、投资回收快。在国外被认为是最好的喷灌机,有广泛的应用前途,故近年来发展很快。

软管牵引喷灌机的绞盘旋转驱动方式有反作用喷头驱动式、水涡轮驱动式和伸缩胶囊驱动式等。

伸缩胶囊驱动式喷灌机是利用喷灌用的一部分压力水供给伸缩胶囊进行工作。充水时,伸缩胶囊膨胀、伸展,推动绞盘转动,当行程到达终了时,通过回位弹簧的作用使胶囊收缩。胶囊中的水按一定的频率和速度膨胀和收缩,通过类似棘爪(与胶囊相连)、棘轮(装在绞盘卷筒端面上)的机构驱动绞盘旋转。伸缩胶囊驱动式喷灌机结构简单、体积小、水量消耗很小、水力损失小、无机械摩擦、性能稳定、对水质的要求不高。

图 52-16 为我国自主研发的江苏环球 JP85-300 型移动绞盘式喷灌机,其技术参数见表 52-5。

图 52-16　江苏环球 JP85-300 型移动绞盘式喷灌机

表 52-5　江苏环球 JP85-300 型移动绞盘式喷灌机的技术参数

项　目	参　数
PE 管直径/mm	75
最大控制带长/m	300 以上
喷头流量/(m³·h⁻¹)	13～38
入机压力/MPa	0.35～1.0
喷嘴直径/mm	14～24
含水质量/kg	2 400
不含水质量/kg	1 550
含喷头车长度/mm	5 300
最大宽度/mm	2 050
总高度/mm	2 660
不含喷头车的长度/mm	3650
主机轮距/mm	1 500～1 800
主机轮胎型号	7～12
主机轮胎气压/MPa	0.35
离地间隙/mm	280
牵引板距地面标准高度/mm	500
牵引板距地面最小高度/mm	235
喷头车轮距/mm	1 500～2 800
配套功率/kW	13
配置水泵	200QJ32-91

4. 平移式和时针式喷灌机

平移式和时针式（或称中心支轴式）喷灌机属于大型喷灌机,其可控制的面积达上百公顷。

平移式喷灌机是在时针式的基础上发展起来的,时针式喷灌机像一个巨大的时针,喷洒支管固定在若干个行走塔架上,并绕中心支轴旋转,喷洒呈圆形,故亦可称为圆形喷灌机。中心支轴设在中心塔架上,是喷灌机的回转中心,是供水、动力电源、运行控制的枢纽。行走塔架上端支撑着桁架、管道和喷头等,下端安装驱动机构和行走轮,各塔架沿直线排开,一起绕中心支轴旋转,边行走边喷洒。时针式喷灌机的缺点是其控制面积是一圆形,四角还要用小型喷灌机补喷,同时各塔架的行走速度不同。

平移式喷灌机的行走塔架与中央塔架一起沿直线行驶,由中央塔架上的水泵直接从水渠取水,喷洒为一矩形面积,控制面积可随地块长度延伸,喷洒质量好,自动化程度高,但对地面坡度适应能力差、要求地面平坦,并须修渠供水。其适用于大面积苗圃、草圃使用。

图 52-17 所示为国产华星雨林平移式喷灌机。

图 52-17　华星雨林平移式喷灌机

52.5　微灌设备

微灌是利用低压管路系统将压力水输送分配到灌水区,通过灌水器以微小的流量湿润作物根部附近土壤的一种局部灌水技术。微灌使作物主要根系活动区的土壤经常保持在最优含水状态。

微灌的优点是:其仅湿润根区附近的土壤,水在空中运动少,故水的损失小、利用率高;由管网输水操作方便,便于实现自动控制;微灌是局部灌溉,作物之间的干燥地面不易生长杂草,并可结合施肥;对土壤和地形的适应能力强。其缺点是灌水器出水孔较小、易堵塞,因此对水的质量要求高,必须经过严格过滤;微灌投资较高,比较适于温室、花卉和园林灌溉。

52.5.1　微灌系统的分类

微灌分为滴灌、微喷灌、渗灌和小管出流灌溉。

1. 滴灌

滴灌是一种利用装在毛管（末级管道）上的滴头、孔门或滴灌带等灌水器,将压力水以水滴状一滴一滴、均匀而缓慢地滴入作物根区附近土壤的微灌技术。滴头可放在地面的称为地表滴灌,埋在地下 30～40 cm 处的称为地下滴灌。

2. 微喷灌

微喷灌是一种利用安装在毛管上的微喷头将压力水均匀而缓慢地喷洒在根系周围的土壤上的微灌技术。

3. 渗灌

渗灌是将特制的渗水毛管埋入地下30～40 cm处，压力水通过渗水毛管管壁的毛细孔以渗流方式湿润周围的土壤，由于土壤表面蒸发量少，所以这是最省水的灌溉技术。

4. 小管出流灌溉

小管出流灌溉是利用直径小于4 mm的小塑料管与毛管连接作为灌水器，以细射流状局部湿润根系附近的土壤。

52.5.2 微灌系统的组成

微灌系统由水源、首部枢纽、输配水管网、灌水器等组成。图52-18为微灌系统的组成示意图。

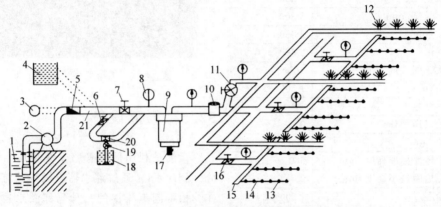

图52-18 微灌系统的组成示意图

1—水源；2—水泵；3—供水管；4—蓄水池；5—逆止阀；6—施肥开关；7—灌水总开关；8—压力表；9—主过滤器；10—水表；11—支管；12—微喷头；13—滴头；14—毛管（滴灌带、渗灌管）；15—滴灌支管；16—尾部开关（电磁阀）；17—冲洗阀；18—肥料罐；19—肥量调节阀；20—施肥器；21—干管

52.5.3 首部枢纽

微灌系统的首部枢纽包括泵组、动力机、肥料罐、过滤设备、控制阀、进排气阀、压力表、流量计等。其作用是从水源中取水增压并将其处理成符合微灌要求的水流送到系统中。

常用的水泵有潜水泵、深井泵、离心泵等。动力机可以是柴油机、电动机等，也可以利用自来水、蓄水池的压力水。

在供水量需要调蓄或使用含沙量很大的水源时，常要修建蓄水池和沉淀池。沉淀池用于去除灌溉水源中较大的颗粒，为了避免在沉淀池中产生藻类植物，应尽可能将沉淀池或蓄水池加盖。

1. 过滤设备

微灌系统的灌水器出水孔口直径微小，易被污物堵塞，因此对灌溉水经过严格的净化处理，是保证其正常工作、灌水质量、延长灌水器寿命的关键措施。过滤设备的作用是将灌溉水中较大的固体颗粒滤去，避免污物进入系统，造成系统堵塞。过滤设备应安装在输配水管之前。

灌溉水的杂物有物理、化学和生物杂物3类。物理杂物是指悬浮在水中的无机和有机颗粒，如沙粒、土粒、植物碎片、水藻等；化学杂物是指溶解在水中的碳酸钙、碳酸氢钙等化学物质，在一定条件下可变成不溶于水的固体沉淀物；生物杂物包括菌类、藻类生物和水生物，生物污物可在水中繁殖生长而堵塞喷头。

灌溉水中杂物的处理方法有物理处理和化学处理2种。化学处理法是指灌溉水中注入某些化学药剂，以中和某些化学物质，用消毒药品杀死藻类和微生物，物理处理法是指采用拦污栅、沉淀池、过滤器等物理设施进行处理。

微灌系统的过滤器形式很多,主要有离心式(或称涡流式、旋流式水砂分离器)、筛网式、叠片式和砂砾过滤式等形式。

1) 拦污栅(筛网)

拦污栅主要用于河流、库塘等含有较大体积杂物的灌溉水源中,拦截枯枝残叶、杂草和其他较大的漂浮物等,防止杂物进入沉淀池或蓄水池中。拦污栅构造简单,可以根据水源实际情况自行设计和制作。初级拦污栅(筛网)是安装在水源中水泵进口处的一种网式拦污栅,即初级净化处理设施,主要用于含有大量水草、杂物和藻类等水源拦泥。

2) 沉淀池

沉淀池是灌溉用水水质净化的初级处理设施之一,尽管它是一种简单而又古老的水处理方法,却是一种解决多种水源水质净化问题的有效而又经济的处理方式,沉淀池的作用表现在两个方面:①清除水中存在的固体物质。当水中含泥沙太多时,使用的筛网过滤器和介质过滤器会因频繁冲洗而失去作用,此种情况下沉淀池可起初级过滤作用。②去除铁物质。溶解在地下水中的二氧化碳在沉淀池中因压力降低、水温升高而逸出,使水的pH增大,引起铁物质的氧化和沉淀。

3) 过滤器

(1) 离心式过滤器(又称砂分离器)

离心式过滤器主要用于清除井水中的泥沙。离心式过滤器的工作原理是:由高速旋转水流产生的离心力将砂粒和其他较重的杂质从水体中分离出来,其内部没有滤网,也没有可拆卸的部件,保养维护很方便。离心式过滤器底部的积砂室必须频繁冲洗,以防沉积的泥砂再次被带入系统。对有机物或相对密度小于水的杂质,离心式过滤器的分离效果很差,只有在一定的流量范围内,离心式过滤器才能发挥出应有的净化水质的效果。图52-19为离心式过滤器的原理示意图。

(2) 砂石过滤器

砂石过滤器主要用于水库、塘坝、渠道、河

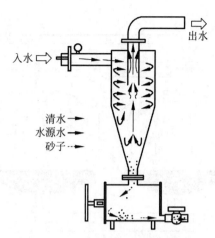

图 52-19 离心式过滤器的原理示意图

流及其他敞开水面水源中有机物的前级过滤。它是利用砂石作为过滤介质的,污水通过进水口进入滤罐,再经过砂石之间的孔隙截流和俘获而达到过滤目的。砂石过滤器过滤可靠、清洁度高,在所有过滤器中,用砂石过滤器处理水中的有机杂质和无机杂质最为有效,并可不间断供水。只要水中有机物含量超过 10 mg/L,无论无机物含量多少,均应选用砂石过滤器。图 52-20 所示为砂石过滤器的工作原理图。

(3) 网式过滤器(又称筛网过滤器)

这是一种简单而有效的过滤设备,造价也较便宜,在国内外灌溉系统中使用最为广泛。它的过滤介质是尼龙筛网或不锈钢筛网,主要用于过滤灌溉水中的粉粒、砂和水垢等污物,也可用于过滤含有少量有机污物的灌溉水,但当有机物含量稍高时过滤效果很差,尤其是当压力较大时,大量的有机污物会挤过筛网进入管道,造成系统与灌水器堵塞。网式过滤器种类繁多,按安装方式可分为立式和卧式,按制造材料可分为塑料和金属,按清洗方式可分为人工清洗和自动清洗,按封闭与否可分为封闭式和敞开式。如图 52-21 所示,网式过滤器由筛网、壳体、顶盖等主要部分组成。过滤器各部分要用耐压耐腐蚀的金属或塑料制造。系统主过滤器的筛网一般用不锈钢丝制成,用于支管和毛管上的过滤器,其筛网也可用尼龙或铜丝制成。

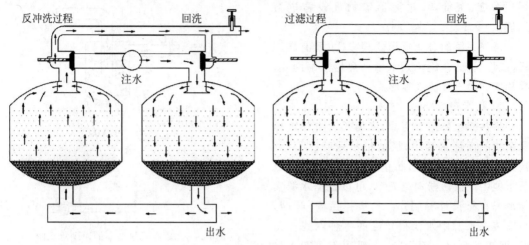

图 52-20　砂石过滤器的工作原理图

图 52-21　网式过滤器结构

图 52-22　AZUD 碟片过滤器

(4) 叠片式过滤器

该过滤器是由大量很薄的圆形叠片重叠起来，并锁紧形成一个圆柱形滤芯，每个圆形叠片有 2 个面，一面分布着许多 S 形滤槽，另一面为大量的同心环形滤槽。如果叠片式过滤器的过滤能力不同，则其叠片上的 S 形和环形滤槽的尺寸也不同，与网式过滤器一样，叠片式过滤器的过滤能力也以目数表示，一般这种过滤器的过滤能力在 40~400 目。图 52-22 所示为 AZUD 碟片过滤器。

在选择过滤设备之前，应首先确定以下因素：

(1) 弄清楚灌溉水中含有哪些杂质。

(2) 确定所选灌水器的流道直径，用此直径选定过滤器的过滤能力。

(3) 确定灌溉系统的峰值流量，用此流量选择过滤器的过滤容量。

所选过滤器的目数即过滤器的过滤能力，取决于灌水器的流道直径，对于微喷系统的过滤器，必须能将大于 1/7 喷嘴直径的杂质全部滤掉；对采用长流道滴头的滴灌系统，过滤器的过滤能力务必达到能将大于 1/10 滴孔直径的杂质全部滤出。

2. 施肥、施药装置

将施肥和施药与灌溉结合进行是微灌技术的一大优点。将化肥和农药注入压力管道中进行施肥、施药所用的设备称为施肥、施药装置。施肥、施药装置应设置在水源与过滤器之间，以防堵塞管道和灌水器。在水源与施肥装置之间必须设有逆止阀，以防化肥和农药进入水源。施肥和施药后必须用清水将残留在系统中的农药和肥料冲洗干净。

微灌系统中的施肥装置有开敞式施肥罐和密封式施肥罐，以及文丘里肥料注入器和活塞式液肥供给器等。

1) 开敞式施肥罐

任何耐腐蚀的容器都可以作为开敞式施肥罐。开敞式施肥罐的液面只承受大气压力，靠重力或吸力使流体出流。

2) 密封式施肥罐

密封式施肥罐是利用压力差将化肥注入灌溉系统，也称为压差式施肥罐。化肥罐的进水管和出水管均与压力水管相接，在化肥罐进、出水管接头之间的水管上装有截止阀。

密封式施肥罐的操作过程：待系统正常运行后，首先把可溶性化肥或化肥溶液装入密封式施肥罐内，然后关紧罐盖。打开进液管上的开关，此时化肥罐中的压力与输水管道中水的压力相等。然后再将水管上的截止阀关小，使其产生局部水头损失，在截止阀前后形成压力差，使阀前压力大于阀后压力，于是化肥罐内的肥料在此压力差的作用下经出液管注入输水管道流向灌水器。输水管通过进水阀门不断地向化肥罐补充水量，直至化肥罐的浓度接近零时再重新添加肥料。

密封式施肥罐靠压力差输送化肥，无须动力，加工制造容易、造价低。但在整个喷洒过程中肥料浓度变化大，无法控制；肥料罐要求密封性高，罐体容积有限，须经常添加肥料；管路增加截止阀会造成水头损失。

3) 文丘里肥料注入器

文丘里肥料注入器与敞开式施肥罐（即与大气相通的肥料罐）配套使用。图52-23所示为文丘里液肥注入装置示意图，文丘里管注肥器5两端与输水管道相通，阀门4为压力调节阀。插入肥料桶内的输液管与文丘里管注肥器5的喉口处相通。当水泵启动后，关小压力调节阀4，使部分水流进入文丘里管注肥器5，当流经喉口时水的流速加快，产生吸力将肥料罐中的液肥由过滤网7过滤后吸出，并随水流经过过滤器2过滤后被输送至灌水器。

文丘里液肥注入器主要适用于小型微灌系统。如温室、花卉微灌。

4) 活塞式液肥供给器

这是一种不用电力，而是用水压力驱动活

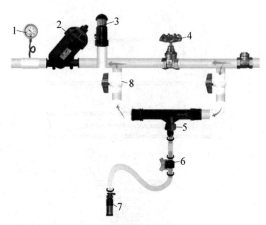

图 52-23　文丘里液肥注入装置

1—压力表；2—过滤器；3—排气阀；4—压力调节阀；5—文丘里管注肥器；6—调节阀；7—过滤器（与敞开式施肥罐连接）；8—球阀

塞做往复运动进行吸液的自动液肥供给设备，其串联在管路中，肥料浓度可以控制。

52.5.4　灌水器

灌水器是微灌系统的执行部件，其作用是将压力水用滴灌、微喷、渗灌等不同方式均匀而稳定地灌到作物根区附近的土壤中。

灌水器按结构和出流形式不同分为滴头、滴灌带（管）、微喷头、渗灌管（带）、涌水器等。

1. 滴头

通过流道或孔口将毛管中的压力水流变成滴状或细流状的装置称为滴头，其流量一般不大于 12 L/h。按滴头的压力补偿与否可将其分为压力补偿滴头与非压力补偿滴头2类，非压力补偿滴头有长流道滴头、孔眼式滴头和涡流式滴头等形式。

1) 长流道滴头

长流道滴头是一种靠水流在长的流道中流动时与管壁的摩擦阻力来消能减压的滴头。为了增强消能效果，可增加内壁的粗糙度，采用弯曲的长流道可使水流产生较大的紊流而消能。图52-24(a)为微孔管滴头。图52-24(b)为内螺纹式长流道滴头，是一种插接式滴头，水流流经螺纹槽时消能。

2) 孔眼式滴头

孔眼式滴头是靠水流从微小孔口流出造

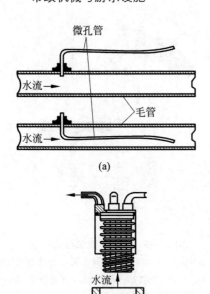

图 52-24　长流道滴头结构示意图
(a) 微孔管滴头；(b) 内螺纹式长流道滴头

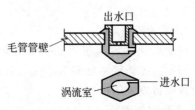

图 52-26　涡流式滴头结构示意图

大时，弹性片贴近滴头盖使过水断面减小，从而使滴头出水量不随压力的波动而改变，以保持稳定的出水量。滴头盖内壁布有迷宫式流道，用以增大阻力，消散压力。

2．滴灌带（管）

滴头与毛管制成一个整体，兼具配水和滴水功能的带（管）称为滴灌带（管）。按滴灌带（管）的结构可将其分为下面 2 种。

1）内镶式滴灌带（管）

内镶式滴灌带（管）是在毛管制造过程中，将预先制造好的滴头镶嵌在毛管内的滴灌带（管）。内镶滴头有 2 种：一种是片式，另一种是管式。

2）薄壁滴灌带

薄壁滴灌带为在制造薄壁管的同时，在管的一侧热合出各种形状的流道，灌溉水通过流道以滴流的形式湿润土壤。滴灌带分为压力补偿式与非压力补偿式 2 种。

3．微喷头

微喷头是将压力水流以细小水滴喷洒在土壤表面的灌水器。单个微喷头的喷水量一般不超过 250 L/h，射程一般小于 7 m。按照其结构和工作原理，将微喷头分为旋转式、折射式、离心式和缝隙式 4 种。

1）旋转式微喷头

水流从喷水嘴喷出后，集中成一束向上喷射到一个可以旋转的单向折射臂上，折射臂上的流道形状不仅可以使水流按一定的喷射仰角喷出，还可以使喷射出的水舌反作用力对旋转轴形成一个力矩，从而使喷射出来的水舌随着折射臂做快速旋转。旋转式微喷头一般由 3 个零件构成，即折射臂、支架、喷嘴。旋转式微喷头有效湿润半径较大，喷水强度较低，由于有运动部件，加工精度要求较高，并且旋转部

成的水头损失来消能的滴头。有时在出水口上接上一条细长管作为一种附加减压方法。孔眼式滴头的结构见图 52-25。

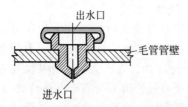

图 52-25　孔眼式滴头结构示意图

3）涡流式滴头

涡流式滴头是水流沿切线方向流入涡流室，形成涡流来消能的滴头。由于涡流的离心力作用，连接中心部位的出水口压力较小，以减少滴头流量，如图 52-26 所示。

4）压力补偿式滴头

压力补偿式滴头是利用水流压力对滴头内的弹性补偿片的作用，使流道的形状改变或过水断面发生变化而改变流量的。压力减小时，弹性片贴近底座，使过水断面增大；压力增

件容易磨损,因此使用寿命较短。

2) 折射式微喷头

折射式微喷头的主要部件有喷嘴、折射锥和支架,水流由喷嘴垂直向上喷出,遇到折射锥即被击散成薄水膜向四周射出,在空气阻力的作用下形成细微的水滴散落在地面上。折射式微喷头的优点是水滴小、雾化高、结构简单、没有运动部件、工作可靠、价格便宜。

3) 离心式微喷头

离心式微喷头由喷嘴、蜗形壳体及其内腔中带螺旋形流道的导流芯和沿蜗形壳切线方向的输水管接头构成。水流通过导流芯时产生一定的离心速度,并在蜗形壳体内腔上段因孔径逐渐收缩而使离心速度加大并由出口喷射出去。离心式微喷头的最大特点是雾化效果好,低压工作时平均雾粒直径可以达到50~100 μm,高压工作时的平均雾粒直径可以达到10 μm 以下。

4) 缝隙式微喷头

缝隙式微喷头一般由两部分组成,下部是底座,上部是带有缝隙的盖。当水流经过缝隙喷出时,在空气阻力作用下,裂散成小水滴。

4. 微喷带

喷带又称多孔管、喷水带,是在可压扁的塑料软管上采用机械或激光直接加工出水小孔,进行微喷灌的设备。微喷带的工作水头为100~200 kPa。

5. 小管灌水器

小管灌水器是由 $\phi 4$ 的小塑料管和接头连接插入毛管壁制成的。它的工作水头低,孔口大,不容易被堵塞。在使用中,为增加毛管的铺设长度,减少毛管末端流量的不均匀性,通常在小塑料管上安装稳流器,以保证每个灌水器流量均匀。在一定的压力范围内,这种稳流器的出流量保持不变。目前,国内生产的稳流器的流量已形成系列化。

6. 渗灌管

渗灌管是用大约 2/3 比例的废旧橡胶(多为旧轮胎)和 1/3 比例的 PE 塑料混合制成的可以沿管壁向外渗水的多孔管。使用中常将渗灌管埋入地下,是一种非常省水的灌溉技术。

52.5.5 微灌管道及管件

微灌系统通过各种规格的管道和管件(连接件)组成输配水管网。各种管道和管件在微灌系统中用量很大。要保证正常运行和使用寿命,要求各级管道:必须能承受设计的工作压力;抗腐蚀、抗老化能力强;加工精度要达到使用要求,表面光滑平整;安装连接方便、可靠,不允许漏水;价格低廉。

1. 微灌管道

微灌管道一般采用塑料管,若是大型微灌工程的干管也可采用其他材料的管道。塑料管主要有聚乙烯管(直径小于 63 mm)或聚氯乙烯管(直径大于 63 mm)。

聚乙烯管(PE 管)分为低压高密度和高压低密度 2 种。低压高密度聚乙烯管为硬管,管壁较薄;高压低密度聚乙烯管为半软管,管壁较厚。聚乙烯管的韧性好,有很高的抗冲击性,质量轻,耐低温性能好,抗老化性能比聚氯乙烯管好。但不耐磨,耐高温性能差,抗拉强度低。聚乙烯管为黑色,以防光线透入,可避免微生物、藻类繁殖,同时有利于吸收紫外线以减缓老化。

聚氯乙烯管(PYC 管)属硬质管,有良好的抗冲击和承压能力,韧性好,耐高温性能差,50℃以上,可软化变形。一般为灰色。

2. 微灌管件

管件是连接管道的部件,亦称连接件。管件的结构和种类与管道的种类及连接方式有关,管件必须与管道配合使用。微灌工程大多采用聚乙烯管,连接方式有内接式和外接式 2 种。如国内绿源微灌管道采用外接式管件、山东莱芜塑料制品厂生产的是内接式管件。各类管件包括接头、三通、旁通、弯头、堵头、插杆等。

52.6 自动化灌溉系统

灌溉系统的自动控制可以精确地控制灌水定额和灌水周期,适时、适量的供水;提高水的利用率、减轻劳动强度和运行费用;可方便灵活地调整灌水计划和灌水制度。因此,随着经济的发展、水资源的日趋匮乏,越来越多的节水灌溉系统采用自动控制,特别是经济价值较高的经济作物、花卉、草坪、温室等的灌溉系统。

自动化灌溉系统分为全自动化和半自动化 2 类。

全自动化灌溉系统运行时,不需要人直接参与控制,而是通过预先编制好的控制程序和根据作物需水量自动启、闭水泵和阀门,按要求进行轮灌。自动控制部分设备包括中央控制器、自动阀门、传感器等。

半自动化灌溉系统不是按照作物和土壤水分状况及气象状况来控制供水,而是根据设计的灌水周期、灌水定额、灌水量和灌水时间等要求,预先编好程序输入控制器,由控制器进行控制,在田间不设传感器。

52.6.1 自动控制设备

自动化灌溉系统的自动控制设备主要包括中央控制器、自动阀及传感器。

1. 中央控制器

中央控制器根据预先设定的灌溉程序向电磁阀发出电信号,开启或关闭灌溉系统。同时还具备手动灌溉控制功能,以便在设定的周期以外,手动启动和关闭系统。根据控制面积的不同,控制器的容量不同,小的只控制一个自动阀,大的可控制数百个。

中央控制器有交流和直流 2 种。交流电控制器的输入电压为 220 V 或 110 V,额定输出电压为 24 V。直流电控制器一般以 9V 电池为电源。

一个控制器可控制数个灌区,一个轮灌区称为一个站,厂家可提供多站式和一站式的控制器供选用。

2. 自动阀

自动阀的种类很多,按其驱动力不同可分为电磁阀、水动阀,按其功能不同可分为启闭阀、截止阀、逆止阀、体积阀、顺序阀等。现在常用的自动阀类型为电磁阀。下面对电磁阀结构与工作原理加以介绍。

电磁阀使用线性滑动阻塞器进行运作,该阻塞器可以打开和关闭阀门,或将流量从一个出口更改为另一个出口。阻塞器有许多不同的类型,包括柱塞、梭子、阀芯和隔膜。其结构与工作原理如图 52-27 所示。

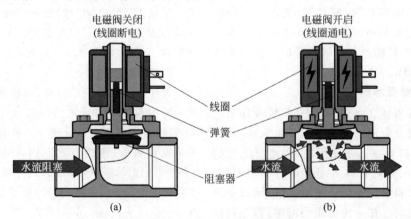

图 52-27 电磁阀结构示意图
(a) 弹簧将阻塞器压下;(b) 线圈电磁力将阻塞器拉起

线性运动是通过向电磁线圈通电以沿一个方向拉动阻塞器来实现的。当线圈断电时,弹簧会沿相反的方向向后推动阻塞器。二段式开/关阀是最常见的电磁阀类型,还有很多其他类型的电磁阀,包括三段式开/关阀,其中有两组线圈以相反的方向拉动阻塞器,当线圈断电时,利用弹簧将阻塞器压至居中位置,以达到关闭阀门的效果。甚至比例电磁阀也可用于流量控制。在这些阀中,线圈根据提供给的电压可使阻塞器移动不同的距离。

电磁阀相对较小,它们的大小受到线圈磁场强度的限制,而线圈磁场强度是通电时用于产生磁场的绕组的结果。除了线圈磁场强度的限制外,电磁阀中的流路和孔口与管线尺寸相比相当小,这会限制流量并增加通过阀门的压降。

图 52-28 所示为带 9 V 电线圈与 1 站、4 站控制器配套的 SV 系列电磁阀,其本身带有插头,可直接与中央控制器连接。

图 52-28　SV 系列电磁阀

3. 中央控制器与电磁阀接线

图 52-29 所示为 6 站式中央控制器与电磁阀的接线图。

在电磁阀上的两条线中,一条可以作为火线,另一条作为零线。二者可以互换。

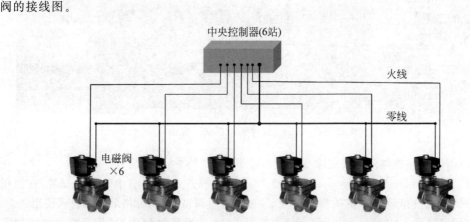

图 52-29　6 站式中央控制器与电磁阀的接线图

52.6.2　微机灌溉控制系统

微型计算机在自动化灌溉系统中的应用,使灌溉系统实现了真正意义上的全自动化控制,只要在控制室内按动键盘,就可以实现灌溉的绝大多数要求。

Toro 公司开发的 Lynx® 中央控制系统是目前全球灌溉控制系统中广受好评的一套系统。应用该系统与 Toro 的现场控制系统整合,只需轻动指尖,所有喷灌信息应有尽有,真正实现了灌溉的自动化控制。

Toro Lynx® 中央控制系统专为解决每天要面对的独一无二的挑战及不断变化的优先事项而开发。有了 Lynx®,只需要一个界面即可了解所有重要的喷灌信息,它们拥有统一直观的界面,便于使用。下面以其在大型高尔夫球场的运用为例,介绍一下该系统的特色:

(1) 轻松设置。Lynx® 的开发实现了快速设置——提供快速、准确的系统设置方式,可准确地将水喷灌到用户希望的地方,Lynx® 中央控制系统的高级功能让用户可以轻松编辑球场地图,或使用球场的数字图片创建自己的完全交互式地图。地图设置非常简单,且通过 Lynx® 可以利用地图对喷灌活动进行编程和控制,可立即知晓喷灌系统其他部分发送的操作反馈;在地图喷灌层中,可轻松地将喷头、分控箱、Turf Guard® 无线土壤传感器和开关添加、拖放和指定到精确位置,实现精准的现实模拟;除此之外,借助 Lynx® 中央控制系统,用户可根据整个球场区域、具体球洞或个别喷头轻松指定预设或自定义的水喷洒功能。

(2) 易于使用。Lynx® 拥有独特的用户界面,该界面可合并所有必要数据,并直观、简要地显示用户需要的信息(警报、计划内浇灌等信息)。通过收藏夹菜单,只需按一下鼠标,即可轻松访问用户需要的所有信息;其全面的"球场报告"功能可提供系统状态信息,甚至手动浇灌活动的相关信息,从而支持计划内喷灌活动;并且 Lynx® 可在每晚浇灌后自动生成报告,因此一眼即可快速确认所有喷头的运行情况。其软件用户交互界面如图 52-30 所示。

(3) 轻松控制。Lynx® 可以将多个来源的过往、当前和未来球场信息提供至单一、直观的界面,使用户采取快速、准确的行动,有效地控制和管理高尔夫球场。

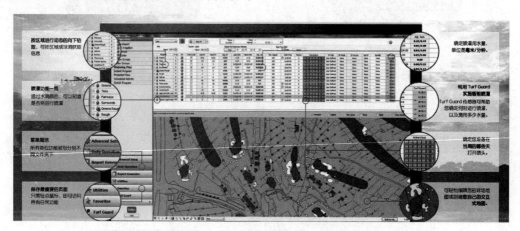

图 52-30　Lynx® 软件的用户交互界面

(4) 借助 NSN® 可提供全天候支持 Toro 专有的国家支持网络(national support network)可根据用户的需求安排经验丰富的服务专家,提供软件和网络协助。NSN Connect 可直接连接至该系统,提供即时支持或计划内的数据备份保护。

(5) 可随时随地访问。Lynx® 可以随时随地访问喷灌控制器——简单又安全!无论在家中、路上还是在现场,都可以访问 Lynx® 控制系统(及所有程序、文件及电子邮件)。

52.7　安全使用规程

(1) 操作者熟悉、掌握整套微灌设备的安全操作规程且穿着工作服,并佩戴口罩进行安全防护,严禁在疲劳、酒后作业。

(2) 按产品说明书中的规定安装,在使用前先进行调试,调试合格后方可投入使用。

(3) 在操作过程中,操作者应严格按照安全生产规定进行操作,随时监视微灌系统各部件的运行工况与仪表指示情况。

(4) 发生违反安全生产规定的操作或有安全隐患问题,应立即停止作业,排除隐患后方可继续作业。

52.8　常见故障及排除方法

微灌设备的常见故障、原因及解决方法见表 52-6。

表 52-6　微灌设备的常见故障及解决方法

故 障 现 象	故 障 原 因	解 决 方 法
水泵不出水（泵）	空气进入泵体	堵塞间隙，避免空气进入泵体
	泵体内有污物	清除污物、疏通淤塞
振动及噪声大（泵）	水泵有悬空或松动现象	加强基础强度或质量，排除悬空或松动
	泵内有杂物或破碎件	清除泵内杂物、破碎件
	泵叶轮或电动机风叶不平衡	更换不平衡件
流量不够（泵）	泵的轴封及进水管漏气，管道系统堵塞	堵塞漏气处、疏通堵塞
	底阀淹没深度及四壁距离过小	加深淹没深度，扩大四壁距离
	过流件磨损严重	更换磨损的过流件
密封面间渗漏（阀门）	密封面间有污物	清除污物
	密封面损坏	重新加工修正密封面
阀门卡阻（阀门）	摇杆机构位置不正	调整摇杆机构的位置
	摇杆变形或断裂	修复或更换摇杆

第53章

园林绿化树木修剪和枝丫削片粉碎机械

53.1 园林绿化树木修剪机械

53.1.1 绿篱修剪机

绿篱和灌木在生长过程中经常需要修剪，由于修剪量大、整形面广，通常需要绿篱修剪机通过修剪来控制绿篱和灌木的生长高度和美化外观。按刀片的运动方式不同可以将其分为旋刀式和往复式2种。

1. 旋刀式电动绿篱修剪机

旋刀式电动绿篱修剪机主要包括电动机、定刀架、动刀片、定刀片、操纵杆等，机器的转轴上装有具有两边刃口的转刀，一把放射形机架定刀，通过转刀的高速旋转剪切树叶和树枝。该机剪切平整、结构牢固、操作轻便、使用安全，广泛用于各种绿篱、树球、花坛整形和杂草剪切等园林施工。旋刀式电动绿篱修剪机的结构如图 53-1 所示。

图 53-2 所示为国内生产的 LDM-300A 型多功能电动绿篱修剪机，转速为 6 000 r/min，功率为 100 W，一次充满电可工作 8 h，每小时可修剪绿篱 1 a 以上，修剪效率高；在对超低绿篱、斜面绿篱、高大球形绿篱修剪造型时，可延伸作业半径，降低施工难度。其技术参数见表 53-1。

2. 往复式机动修剪机

如图 53-3 所示，往复式机动修剪机由汽

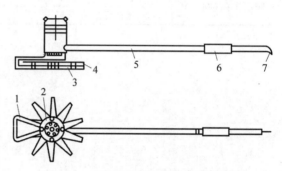

图 53-1 旋刀式电动绿篱修剪机的结构
1—定刀架；2—电动机；3—定刀片；4—动刀片；
5—操纵杆；6—把手；7—电缆

图 53-2 LDM-300A 型电动绿篱修剪机

油机、刀片、操纵开关、手柄等组成，通过曲轴连杆带动齿形刀片做往复运动，进行绿篱修剪作业。该机修剪平整，为绿篱修剪的主要机型。

表53-1 LDM-300A型多功能电动绿篱修剪机的技术参数

型号	主轴质量/kg	功率/W	转速/(r·min^{-1})	蓄电池	工作效率/(a·h^{-1})	杆长/mm
LDM-300A	2.6	100	6 000	24 V,两组	>1	1 300

图53-3 往复式机动修剪机的结构

1—启动绳；2—油箱；3—开关；4—油门把手；5—左手柄；6—右手柄；7—齿轮箱；8—空气滤清器；9—刀片

图53-4所示为国外公司生产的80 V型充电式双刃绿篱修剪机,其最大功率为600 W,刀片长度660 mm,刀片齿距33 mm,整机质量5.5 kg,80 V锂电池可达1 000次充放电次数,既有效减少了耗能,又提高了使用效率；同时还具有多角度可调节把手,以方便用户操作。表53-2为修剪机的部分技术参数。

图53-4 格力博80 V型充电式双刃绿篱修剪机

表53-2 80 V型充电式双刃绿篱修剪机的技术参数

型号	电压/V	最大功率/W	空载转速/(r·min^{-1})	刀片长度/mm	刀片齿距/mm	质量/kg
80 V	80	600	1 700	660	33	5.5

3. 臂架悬挂式绿篱修剪机

臂架悬挂式绿篱修剪机由拖拉机、液压油缸、液压起重臂、臂架、切割装置等组成,其以拖拉机为动力,切割装置主要受主臂和副臂液压油缸控制,可用于修剪道路、河流堤岸两旁的灌木丛和绿地公园中高大灌木丛的造型修剪作业。

图53-5所示为法国某公司推出的Poly-Longer型绿篱修剪机,其水平作业距离可达4.3～4.8 m,并提供缆索控制与电气控制2种控制系统,同时除了提供标准的直臂之外,还提供半自动的曲柄臂可选方案,以便于操作。表53-3为Agri-Longer绿篱修剪机的技术参数。

图53-5 Poly-Longer型绿篱修剪机

表 53-3　Agri-Longer 绿篱修剪机的技术参数

型号	水平延伸长度/m	有效功率/kW	刀盘直径/mm	安全控制装置	轴装切割刀	质量/kg
Agri-Longer	5	37	1 200	可以旋转 116°的枢轴	60 把 Y 形甩刀	1 450

53.1.2　动力链锯

动力链锯是利用动力装置带动机械锯切割树枝的机具，主要用于园林绿化种植场地，不仅可以清除地面上生长的乔、灌木树种，还可以对树木进行打枝、抚育作业，或者用来伐木及造材等。其工作原理是靠锯链上交错的 L 形刀片的横向运动进行剪切动作。

根据动力装置不同可将动力链锯分为汽油链锯、电动链锯、风动链锯、液压链锯,这 4 种动力链锯的优、缺点比较明显。

1. 汽油链锯

汽油链锯主要由发动机、离合器、减速器、锯链等组成,其特点是机动性强,适合野外移动式工作。但噪声大,维护保养麻烦,产热较多。

通常汽油链锯的结构如图 53-6 所示。

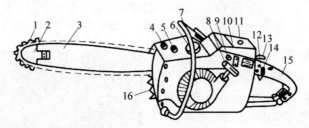

图 53-6　汽油链锯的构造

1—锯链；2—导向轮组件；3—导板；4—机油调节旋钮；5—机油箱盖；6—燃油箱盖；7—前锯把；8—启动器手柄；9—怠速限位螺钉调节孔；10—高低速油针调节孔；11—空气滤清器；12—阻风门开关；13—熄火开关；14—油门扳机启动锁定按钮；15—后锯把；16—插木齿

图 53-7 所示为 CS4680 型汽油链锯,整机质量为 4.9 kg,高速下转速可达 12 000 r/min,燃油箱容积 520 mL,导板有 20 in、18 in 及 16 in 3 种尺寸可选。其具体技术参数见表 53-4。

修剪一些较高的枝丫时,需要采用高枝汽油锯作业,该机相对于其他汽油锯而言,使用的危险性较高,往往需要专业人员进行操作。修剪树枝的一般操作方法为：

图 53-7　CS4680 型汽油链锯

表 53-4　CS4680 型汽油链锯的技术参数

型号	功率/kW	高速/(r·min⁻¹)	怠速/(r·min⁻¹)	燃油箱容量/mL	机油箱容量/mL	质量/kg
CS4680	2	12 000	3 000	520	260	4.9

（1）修剪时先剪下口,后剪上口,以防夹锯。

（2）切割时应先剪切下面的树枝,重的或大的树枝要分段切割。

（3）操作时右手握紧操作手柄,左手在把手上自然握住,手臂尽量伸直。机器与地面构成的角度不能超过 60°,但角度过低也不行,会影响操作。

（4）为了避免损坏树皮、机器反弹或锯链被夹住,在剪切粗的树枝时先在下面一侧锯一个卸负荷切口,即用导板的端部下切出一个弧形切口。

(5) 如果树枝的直径超过 10 cm,首先进行预切割,在所需要切口处 20～30 cm 的地方进行卸负荷切口和切断切口,然后用枝锯在此处切断。

图 53-8 所示为日本某公司生产的 G26 型高枝汽油链锯,其额定功率为 0.7 kW,额定转速为 8 000 r/min,燃油箱容积为 900 mL,总长 4.35 m,整机质量 18 kg。

图 53-8　G26 型高枝汽油链锯

表 53-5　G26 型高枝汽油链锯的技术参数

型号	功率/kW	伸缩范围/m	总长/mm	转速/(r·min^{-1})	燃油箱容量/mL	机油箱容量/mL	质量/kg
G26	0.7	3.2～4.2	4 350	8 000	900	200	18

2. 电动链锯

电动链锯的功率稳定,启动快,比其他链锯笨重,线路如果太长则移动不便。

图 53-9 所示为国内生产的 YT4302-13 AC 型电动链锯,其额定电压为 120 V,额定电流为 15 A,空载转速达 7 600 r/min,链板长度为 45.72 cm,链速达 14 m/s,工作效率高,操作简便。其具体的技术参数见表 53-6。

图 53-9　YT4302-13 AC 型电动链锯

表 53-6　YT4302-13 AC 型电动链锯的技术参数

型号	额定电压/V	额定电流/A	链板长度/mm	空载转速/(r·min^{-1})	链速/(m·s^{-1})	机油箱容量/mL	包装尺寸(长×宽×高)/(mm×mm×mm)
YT4302-13 AC	120	15	457.2	7 600	14	235	558×220.98×248.92

3. 风动链锯

风动链锯安全无污染、噪声小、质量轻。但是必须附带空气压缩机,增大了占地面积,受条件制约。

图 53-10 所示为 FJL-400 型风动链锯,其额定风压为 0.4～0.6 MPa,额定功率为 2 kW,额定转速为 3 200 r/min,整机质量为 6 kg,耗气量为 2.0 m³/min,除了切割木材,还适用于煤矿井下作业,防爆安全性高,使用寿命长。具体的技术参数见表 53-7。

表 53-7　FJL-400 型风动链锯的技术参数

型号	额定风压/MPa	额定功率/kW	额定转速/(r·min^{-1})	额定转矩/(N·m)	链速/(m·min^{-1})	耗气量/(m^3·min^{-1})	质量/kg
FJL-400	0.4～0.6	2	3 200	45	400	2.0	6

图 53-10 FJL-400 型风动链锯

4. 液压链锯

液压链锯动力足,工作平稳但是启动较慢,液压泵站体积虽较空气压缩机小,但成本较高。其主要应用于建筑桥梁、消防救灾等场合,可以快速切割混凝土、钢筋混凝土、管道、砖石、石头和其他石材,在此不做详细介绍。

53.1.3 安全使用规程

1. 电气安全

(1) 尽量避免将电动工具暴露在潮湿的环境中,这将增加电击的危险。

(2) 如果在潮湿的环境中操作是不可避免的,应使用剩余电流动作保护器(residual current operated protective device,RCD),因为使用RCD可减小电击的危险。

(3) 当在户外使用电动工具时,应使用户外适用的外界软线。

(4) 不能以任何方式改装插头,电动工具的插头必须和插座相匹配。

(5) 需要接地的电动工具不能使用任何转接插头。

(6) 避免人体接触接地表面,如散热片、管道等。

2. 使用安全

(1) 如果工具使用异常或发出奇怪的噪声,应立即关闭并进行检查和维修。

(2) 刀片在使用一段时间后会变得很热,切勿用手触摸以免烫伤。

(3) 在修剪过程中,不用让刀片承受过大的压力,以免损坏刀片。

(4) 将线缆远离修剪区域。

(5) 在运输或存放绿篱修剪机时,务必装上修剪设备防护罩。

(6) 绿篱修剪机的刀片运转时,切勿取下修剪材料或者握住要修剪的材料。

(7) 确保在清理卡塞物体时,开关已关闭。

53.1.4 常见故障及排除方法

绿篱修剪机的常见故障、原因及解决方法见表 53-8。

表 53-8 绿篱修剪机的常见故障及解决方法

故障现象	故障原因	解决方法
充电无效或时间过长	电池过热	先让电池充分冷却再重新充电
	电池或充电器的电极锈蚀或充电不良	使用棉花球清理电极
	电池或充电器故障	更换电池或充电器
工具不工作	电池耗尽	给电池充电
	刀片安装不正确	如果发动机在运转而刀片不运转,则重新安装刀片
	刀片被异物卡住	使用钳子或类似的工具将异物取出
	工具被过度使用	工具承受超负荷之后,发动机会关闭,先松开开关再拉回开关,即可继续工作
修剪性能较差	刀片变钝或损坏	锐化或更换刀片
	待修剪枝权的宽度超过刀片的修剪范围,刀片停止工作	以正确的角度进行修剪

53.2 枝丫削片粉碎机械

枝丫削片粉碎机,习惯上也称枝丫削片粉碎机或枝桠削片粉碎机。枝丫削片粉碎机按削片动刀机械的结构形式可以分为 2 类:切削刀装在圆盘上的盘式削片粉碎机和切削刀装在圆柱形鼓上的鼓式削片粉碎机。盘式削片粉碎机主要用于切削原木,其削出的木片质量较好,在制浆造纸厂用得较多,而鼓式削片粉碎机对木料品种的适应性广,可用于切削板皮等各种木料。其削出的木片规格一般根据后续使用要求确定,如用于木浆蒸煮,则尺寸控制在:长 15~20 mm,厚 3~5 mm,宽度虽不限,但也不希望超过 20 mm。

盘式削片粉碎机按刀盘上的刀数可以分为普通削片粉碎机(4~6 把刀)和多刀削片粉碎机(8~16 把刀)2 种。这 2 种削片粉碎机的喂料方式又有斜口喂料和平口喂料(或称水平喂料)之分。长原木的削片一般采用平口喂料,短原木和板皮的削片可采用斜口喂料,亦可采用平口喂料。

53.2.1 国内常用削片粉碎机的类型

国内常用削片粉碎机的类型见表 53-9。

表 53-9　国内常用的削片粉碎机类型

类　型		简　图	工作原理	特　点
盘式削片粉碎机	普通削片粉碎机		原木被旋转刀盘上的飞刀和固定在机座上的底刀剪切成木片,又被楔形刀刃挤压,剪切成木条,进而分裂成木片	间断切削,必须斜喂料;生产能力小,木片质量差、碎屑多,振动噪声大,消耗功率大,电流不稳定
	多刀削片粉碎机	平面刀盘	基本原理同上,由于刀数增加,形成了 2 把刀以上同时切入的连续切削过程	连续切削,自动进料,可采用平喂料,较普通削片粉碎机能力大,木片合格率高
		螺旋面刀盘	基本原理同上,采用了等螺距的螺旋面刀盘,使木片长度保持一致	较平面刀盘多刀削片粉碎机削出的木片均匀,生产能力大,木片合格率高,木屑量少,振动小,省动力,易维修,使用较多

续表

类型		简图	工作原理	特点
盘式削片粉碎机	板皮削片粉碎机	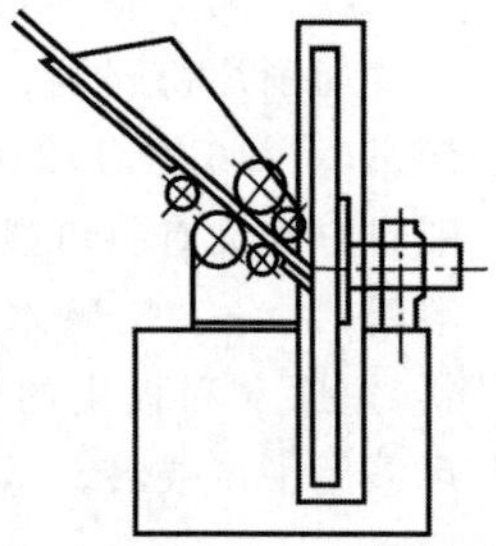	基本原理同上,采用喂料辊强制喂料,以保证板皮的喂料速度	木片合格率低,喂料机构复杂
	枝丫材削片粉碎机	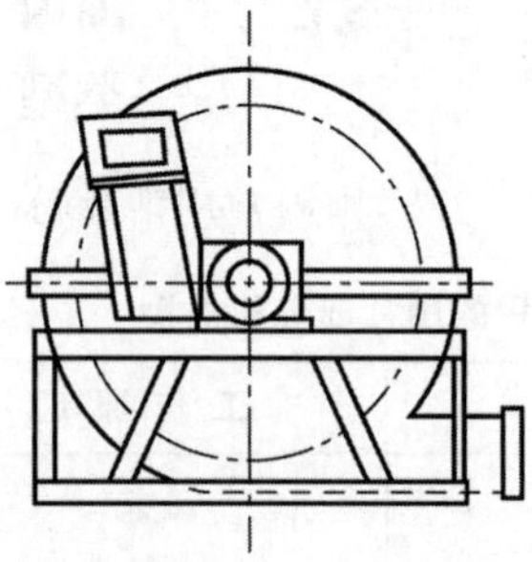	基本原理同上,设备为小型化移动式,便于木区流动作业	手工操作,无进出料配套装置,木片合格率低,产量低
鼓式削片粉碎机			木材被旋鼓形辊上的飞刀与机体上的底刀剪切形成木片。依靠成对的喂料辊夹持进料	对原料形状适应性广,木片合格率稍低,结构紧凑

53.2.2 盘式削片粉碎机

1. 盘式削片粉碎机的结构原理

普通削片粉碎机与多刀削片粉碎机的结构相似。图 53-11 所示为斜口喂料普通削片粉碎机的结构示意图,主要由刀盘、喂料槽、机壳和传动装置等部分组成。

1) 刀盘

刀盘是削片粉碎机的主要部件。它是一个直径 1 600～3 500 mm、厚 100～150 mm 的铸钢圆盘,上面装有若干把削片刀,供切削原木之用。此外,沉重的刀盘还起着惯性轮的作用,稳定切削过程,对于大型多刀削片粉碎机,往往还有一个与刀盘相平衡的惯性轮,这样可以使削片粉碎机振动小,电动机负荷较均匀,动力容量较小。

削片刀安装在刀盘面向喂料槽的一面。普通削片粉碎机的削片刀在刀盘上的安装位置为自辐射位置向前倾斜 8°～15°。在刀盘上,沿削片刀刀刃方向开有宽 100 mm 的长缝,缝的长度与削片刀的长度相同。为了调整削片刀刃口的位置,在削片刀的底面有一块楔形垫块,它们一起被一组埋头螺钉固定在刀盘上,在长缝的另一侧装有一块定位板,又称为下刀,供保护缝口之用。从原木上削下的木片经长缝至刀盘的后面。

多刀削片粉碎机的削片刀在刀盘上的安装情况见图 53-12。由于多刀削片粉碎机的刀数较多,故不能采用普通削片刀的安装方法,其削片刀一般安装在辐射位置。刀盘的装刀面为等螺距的螺旋面,由多块磨光的扇形压力板及倾斜装设的削片刀组成。刀刃凸出的距离就是扇形板的螺距 h。削片刀借扇形板夹紧,后者用螺钉固定在刀盘上,装卸方便。

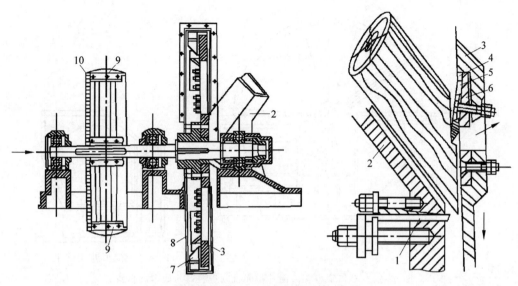

图 53-11 斜口喂料普通削片粉碎机

1—喂料槽底刀；2—喂料槽；3—刀盘；4—调整垫块；5—飞刀片；
6—楔形垫块；7—叶片；8—机壳；9—皮带轮；10—传动装置

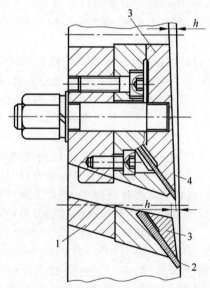

图 53-12 多刀削片粉碎机的刀盘结构

1—刀盘；2—削片刀；3—扇形压刀板；
4—刀盘的装刀面

削片刀一般采用碳素工具钢或合金钢制造，削片刀呈矩形，长 600～700 mm、宽 200 mm、厚 20～25 mm。刀片上开有多个长形透孔，供安装时前后调整固定使用，削片刀的刃角一般为 34°～39°，冬季采用 39°～40°；多刀片机则采用 35°～37°。另有一种双刀刃角的刀片，第一刀刃角为 40°～42°，第二刀刃角为 28°～32°，这种刀片较耐用，而且有利于提高削片的合格率，适用于处理硬质木材。

出料口在上方的削片粉碎机，其刀盘周围还有翘片，用于打碎大片和送出木片，出料口在下方的削片粉碎机则不需要翘片，木片直接落到下面的出料胶带运输机上。

2) 喂料槽

喂料槽俗称虎口，其截面形状有圆形、方形和多边形等几种。小型削片粉碎机一般采用圆形，普通削片粉碎机采用方形者居多，平口喂料的大型多刀削片粉碎机常用多边形进料口，见图 53-13。

斜口喂料槽与刀盘间的几何关系见图 53-14。设 XOZ 为刀盘平面，O 为削片刀刃口上的某一点，YOX 为过刀刃上 O 点且垂直于 O 点运动方向的平面，OA 为喂料槽的轴线，则图中的参数说明如下：

ε——投木角，即喂料槽轴线 OA 在 YOZ 平面上的投影与刀盘的夹角。

α_1——虎口角，即投木角的余角。

α_2——投木偏角，即喂料槽轴线与 YOZ 平面的夹角。

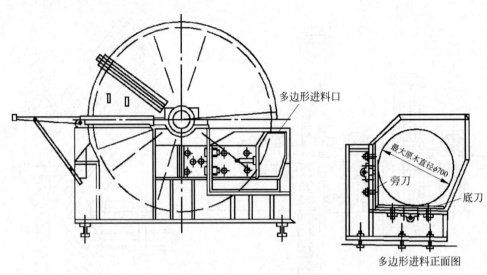

图 53-13 平口喂料多刀削片粉碎机的进料口与底刀的位置

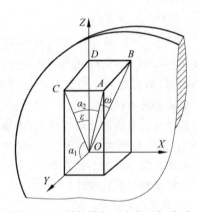

图 53-14 喂料槽与刀盘的几何关系

ω——木片斜角,即喂料槽轴线与刀盘的夹角。

对于斜口喂料削片粉碎机,一般只给出投木角 ε 和投木偏角 α_2 以表示削片粉碎机的特征。而实际上原木被切削的状态可以通过木片斜角 ω 完全反映出来。这 3 个角的关系可以由图 53-14 求得。

根据每个角的定义,由图 53-14 可以得出:

$$\sin\omega = \sin\varepsilon\cos\alpha_2 = \cos\alpha_1\cos\alpha_2 \quad (53\text{-}1)$$

如果是水平喂料的多刀削片粉碎机,$\varepsilon = 90°$,则有:

$$\sin\omega = \cos\alpha_2 \quad (53\text{-}2)$$

这说明木片斜角只与投木偏角有关。平口喂料是用喂料辊组成的喂料槽(即辊送机)。

喂料槽的位置可以在刀盘轴线以上的位置,也可以在刀盘轴线以下的位置。由于是水平安装,因此,喂料槽与刀盘间只有一个夹角,即投木偏角。斜口喂料槽的位置一般设置在刀盘轴线上。

斜口喂料槽的下方或平口喂料槽的端部装有底刀。因为底刀在削片时受力最大,容易损坏,故刀刃角特别大。普通削片粉碎机底刀刀刃角为 85°~90°,多刀削片粉碎机一般为 45°。为了保护普通削片粉碎机的底刀刀刃,在底刀上盖有一块固定在进料口内的角度为 40°~45°的大三角板。大三角板的刀口与底刀的刀口吻合。在削片过程中,削片刀除与底刀起切削作用外,还与喂料槽侧部的旁刀起切削作用。普通削片粉碎机的旁刀刀刃角为 60°~65°,多刀削刀机的为 88°。为了保护普通削片粉碎机的旁刀,在旁刀上也盖有一块角度为 35°~40°的小三角板,旁刀口与小三角板的刀口也是吻合的。旁刀与削片刀的距离和底刀与削片刀的距离都是 0.3~0.5 mm。旁刀的作用主要是防止和减少产生长木片。

在用削片粉碎机切削板或竹子时,喂料槽需要放置由喂料刺辊及其传动系统组成的强制喂料机构,以避免或减少板皮等在虎口的跳动而影响切削质量。

3) 机壳

刀盘外面装有封闭的机壳。采用上出料

时,在机壳上方沿切线方向接一风管,把木片吹至分离室,这种高速输送方式易造成木片过度破碎。一般削片粉碎机采用下出料,削落的木片直接落在刀盘下方的皮带输送机上随即被送出。

4) 传动装置

削片粉碎机经三角胶带由电动机带动,转速高的削片粉碎机也可由电动机直接带动。为了节约换刀时间,大都设有制动装置,使刀盘在停机后能迅速停止转动。

2. 影响木片质量的因素

1) 原木的质量和水分

原木的直径大小及质量优劣要搭配均匀,以保证木片的合格率。小原木、短原木在喂料槽中易跳动,产生大量短片和碎末,使木片中的三角块增多,从而影响木片的合格率。原木水分含量高,有利于提高木片的合格率,但在北方寒冷地区,冬季易冰冻,其水分以 25%～35% 为宜,水分过高易冰冻硬脆,削片时会产生大量碎末。夏季水分以 35%～45% 为宜,若水分过低,木材发脆,削片时碎末也多,影响木片的合格率。

2) 削片粉碎机的有关参数

安装在刀盘上的削片刀的刀距是否合适、刀距尺寸是否一致是决定木片质量好坏的重要因素。其他参数不变时,木片的长度主要由刀距大小而定,又因木片长度与厚度有一定的关系,即木片越长则越厚。为了得到高质量的合格木片,首先应保持标准刀距及其一致性,才能切出长短厚薄均一的木片。其次应按工艺要求"对刀",使每一把削片刀距离底刀、旁刀的间隙在 0.3～0.5 mm,并且在保持削片刀与底刀不碰的情况下,此间隙越小越好。如果刀距大小不一致,则只能按照刀距大的刀片来调整与底刀的间隙。这样,刀距小的刀片与底刀间的间隙就大,切削时长条木片和碎小木片便增多。

3) 削片刀刀刃角

削片刀刀刃角的大小对木片的质量有直接影响。其他参数不变时,过大的刀刃角会增大切削阻力,容易使木片变碎,增加木片受损伤的程度。因此,削片刀钢质较好时,宜用较小的刀刃角,一般为 34°～42°。使用多刀削片粉碎机的机器,一般采用 35°～37°的角度。

3. 盘式削片粉碎机的生产能力计算

削片粉碎机的瞬时最大生产能力就是削片粉碎机在某一时间内切完一根最大直径、最大长度的原木的能力,用符号 Q_{max} 表示。这既是设计削片粉碎机最大负荷的依据,也是选择配套设备,如木片筛、运输机等的依据。最大生产能力的理论值为

$$Q_{max} = \frac{\pi}{4}d^2 lzn \qquad (53\text{-}3)$$

式中 Q_{max}——瞬时最大生产能力的理论值 (实积),m^3/min;

d——削片粉碎机能切削的原木的最大直径,m;

l——木片的长度,m;

n——刀盘的转速,r/min;

z——削片刀的数目,把。

在削片粉碎机操作中,由于原木直径大小不一、投料的不连续性和切削时原木的跳动等原因,使其实际生产能力比最大生产能力的理论值低。削片粉碎机的实际生产能力 Q 为

$$Q = \phi Q_{max} \qquad (53\text{-}4)$$

式中 ϕ——生产能力降低系数。

投进削片粉碎机的原木直径与喂料槽的截面尺寸有密切关系,所以也有用喂料槽的截面尺寸来计算削片粉碎机的实际生产能力的。

为了说明喂料槽的填满程度,先假想原木完全填满喂料槽,这时的极限生产能力 Q_0 为

$$Q_0 = AlZn \qquad (53\text{-}5)$$

式中 Q_0——极限生产能力(实积),m^3/min;

A——喂料槽的截面积,m^2。

其余符号的含义同前。

在实际操作中,原木不可能完全填满喂料槽,再加上投料不连续,所以其公称生产能力 Q_n 为

$$Q_n = kQ_0 = kAlZn \qquad (53\text{-}6)$$

式中 Q_n——公称生产能力(实积),m^3/min;

k——削片粉碎机的生产能力有效系数,一般取 0.14～0.20。

其余符号的含义同前。

4. 国产盘式削片粉碎机的技术参数

国产盘式削片粉碎机的技术参数见表 53-10。

表 53-10 国产盘式削片粉碎机的主要技术参数

项目	ZMX$_1$	ZMX$_{11}$	ZMX$_2$	ZMX$_3$	ZMX$_4$	ZMX$_{12}$	BX$_{177}$	BX$_{1710}$	BX$_{1112}$	BX$_{1216}$	BX$_{6106}$	BX$_{6107}$
原木料	板皮,小径材,枝丫材	φ250以下原木	φ300以下原木	φ500以下原木	φ700以下原木	板皮	枝丫材,板皮,小径材	枝丫材,板皮,小径材	原木、小径材	原木、小径材	枝丫材	枝丫材
生产能力(实积)/(m^3·h^{-1})	5.5~8	20~28	30~50	60~100	180~240	6~9	3~4	5~13	15~20	25~45	2~4	4~6
刀盘直径/mm	φ950	φ1 270	φ1 670	φ2 600	φ3 350	φ1 600	φ650	φ950	φ1 220	φ1 600	φ620	φ710
飞刀数量/把	6	16	6	8	10	3	6	6	4	6	3	3
刀盘转速/(r·min^{-1})	730	980	590	290	246	450	980	980	740	625	700	800
喂料槽形式	螺旋面	螺旋面	螺旋面	螺旋面	螺旋面	平面	螺旋面	螺旋面	平面	平面	螺旋面	螺旋面
装刀面形式	平或斜	斜	平或斜	平	平	强制喂料	斜	斜	平	平	斜	平或斜
喂料口尺寸(长×宽)/(mm×mm)	205×190	317.5×317.5	419×362	550×550	800×740	320×225	150×130	205×190	750×400	383×545	130×125	180×180
出料方式	向上	向上	向上	向上及向下	向下	向上	向上	向上	向上及向下	向上及向下	向下	向上
功率/kW	55	240	310	500	800	45	45	55	75~110	200~250	13~15	40
设备质量/kg	2 500	8 300	16 000	37 000	55 500	4 700	1 640	2 800	4 500	8 700	600	900
外形尺寸(长×宽×高)/(mm×mm×mm)	2 380×2 440×1 500	3 800×2 520×2 215	4 500×2 800×2 760	1 270×3 200×3 015	7 200×5 640×3 680	3 300×3 700×2 717	2 190×1 620×882	2 550×1 600×1650	3000×1 506×1 614	3 756×1 855×2 093	1 950×750×1 100	2 000×850×1 200

5. 盘式削片粉碎机的使用与维护

（1）开机前的检查。仔细检查削片粉碎机的全部零件（包括喂料虎口、刀盘、刀片、外壳、轴承、传动装置等）有无问题、是否准备妥当；用规板检查和校正刀片的凸出高度、研磨角和紧固情况，使其符合工艺技术规程的规定；检查底刀的紧固情况，校正刀片与底刀的间隙大小，使其符合工艺技术规程的规定；用手转动刀盘，检查刀片的位置是否正确。

（2）正常运行时的操作。削片前先开动附属设备，包括运输机、筛选机等；大直径原木应分开投入，使削片粉碎机能恢复正常转速，使功率均衡；削片时应均匀地把原木送进喂料虎口，原木头尾应相互衔接；应经常检查切出木片的质量是否符合工艺要求；若突然停机，应立即停止喂料。

（3）停机与维修。先停止喂料，待削完再停车；削片粉碎机工作30天应小修一次，每次约8 h，削片机每6年应大修一次，每次约120 h。

53.2.3 鼓式削片粉碎机

1. 功能与用途

鼓式削片粉碎机具有对各种不同原料的适应性，可用于将各种小木径、枝丫材、板皮、板条和其他木材的加工剩余物切削成一定规格的木片，且生产出的木片质量较好，既可用于制浆造纸厂，也可作为刨花板、纤维板工厂备料工段制片的主机。

2. 结构原理

鼓式削片粉碎机刀鼓上旋转的飞刀（见图53-15）与其斜下方的底刀把原料切断成木片，并通过鼓下方装在机体上的筛板排出体外，然后借气流、胶带、链斗等运输机送往木片仓。未能通过筛板的大块木料借刀辊的旋转被再度破碎。

3. 技术参数

BX型鼓式削片粉碎机的主要参数见表53-11。

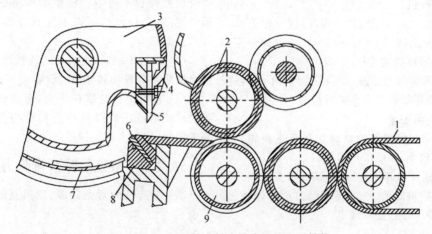

图53-15 BX型鼓式削片粉碎机的主要结构
1—进料胶带；2—上喂料辊；3—刀鼓；4—压力板；5—飞刀；6—底刀；7—筛板；8—底刀座；9—下喂料辊

表53-11 BX型鼓式削片粉碎机的主要技术参数

项 目	参 数			
	BX_{215}	BX_{216}	BX_{218}	BX_{2113}
刀鼓直径/mm	500	650	800	1300
刀数/把	2	2	2	2
进料口尺寸(长×宽)/(mm×mm)	160×400	230×500	300×680	450×700
刀鼓转速/(r·min^{-1})	592	590	650	500
进料速度/(m·min^{-1})	35	35	37	38
加工木料的最大直径/mm	160	230	300	450

续表

项目	参数			
	BX$_{215}$	BX$_{216}$	BX$_{218}$	BX$_{2113}$
木片长度/mm	30	30	30	38
生产能力(实积)/(m³·h⁻¹)	7	10	15~20	36
主电动机的功率/kW	45	55	115	200
喂料辊电动机的功率/kW	2.2~3	3~4	4~5.5	7.5×2

53.2.4 安全使用规程

1. 通用安全

(1) 切割机运行时,切勿站在或靠近卸料区。

(2) 空气中的碎片可能导致严重伤害。如果需要检查切屑材料,首先应关闭削片粉碎机和发动机。

(3) 喷口不应指向人、建筑物或其他可能损坏的物体。削片粉碎机或刀盘运行时,切勿定位、调整或移动卸料槽。

(4) 在发动机运行时,不要移动、定位或运输削片粉碎机。

(5) 如果刀盘罩或铰链损坏,应立即更换。

(6) 如出现异常噪声或振动,应立即停车,纠正问题后再继续操作。

(7) 远离压力泄漏。不要用手或手指检查渗漏,应使用纸板或木头进行检查。

2. 使用安全

(1) 切勿将倾斜的材料加载至进料轮,尤其是直径较小、长度较短的材料。

(2) 削片粉碎机运行时,保持刀盘罩关闭。在启动切割机之前,一定要确保刀盘罩锁销已就位,并使用挂锁安全锁定。

(3) 切勿在发动机运转时打开刀盘罩。发动机关闭后,须在刀盘完全停止之后,再打开刀盘罩。

(4) 削片粉碎机运行时,任何人不应触碰或倾斜进料槽,因为进料轮会拉入任何在操作路径上的物体,如果人被拉进去,将造成严重的人身伤害。

3. 维护安全

(1) 在维修之前,需要将所有机器部件充分冷却。

(2) 切勿在发动机运转时进行维护,即使离合已松开也不可以。即使操作员认为离合器已脱离,先导轴承可以卡住离合器轴,并允许离合器接合。

(3) 进行维护后,在启动切片机之前,一定要更换防护装置和其他保护设备。

(4) 在给进料轮维护之前,轭架锁销必须到位。使用液压升降机将进料轮抬高至足够高的位置,以插入轭架锁销。

53.2.5 常见故障及排除方法

削片粉碎机的常见故障、原因及解决方法见表 53-12。

表 53-12 削片粉碎机的常见故障及解决方法

故障现象	故障原因	解决方法
排出的木片尺寸不正确	刀片变钝或损坏	锐化或更换刀片
	刀具角度不对	确保刀具以正确的角度工作
	被加工的材料非常小、干燥或腐烂	这种材料的削片质量不好
碎屑不能正常排出	排料槽堵塞或损坏	清理或更换排料槽
	无实质物质的碎腐物料也会堵塞出料槽	用物质较多的物料将其冲刷出排料槽
轴承过热	轴承没有润滑	使用润滑脂进行润滑
	紧固件松开	重新拧紧螺栓或固定螺钉
	轴承磨损	更换轴承

续表

故障现象	故 障 原 因	解 决 方 法
进料轮不能进给物料	进料轮电动机不能正常工作	检查电动机和分流器
	安全阀卡住	清理或更换安全阀
	进料轮阀(控制阀)内部磨损和泄漏	检查和维修进料轮阀(控制阀)
	液压油液面低	保持油位 7/8 满
	泵过度磨损	更换泵
	分流器脏或磨损	清理或更换分流器
异常噪声	液压油的黏度与大气温度不匹配	检查和重新匹配温度
	油温过低	进行预热
	泵过度磨损	更换泵
液压油过热,导致削片粉碎机运行速度低于正常值	泵过度磨损	更换泵
	安全阀卡住	清理或更换安全阀
	液压油箱油位过低或液压油被污染	保持油位 7/8 满或更换机油
	液压过滤器脏	清洗或更换液压过滤器

参 考 文 献

[1] 陈德. 自助式全自动洗车机控制系统设计及应用[D]. 扬州：扬州大学，2018.
[2] 刘欢，许笑月. 小汽车自动清洗设备综述[J]. 环球市场，2017(1)：92.
[3] 张远望. 国内外汽车清洗机的发展现状[J]. 科技与企业，2015(21)：174.
[4] 袁晓红. 无水洗车工艺发展概述及可行性分析[J]. 科技创新与应用，2017(11)：1.
[5] 崔松. 自驱动清洗汽车装置动力系统设计及扇形喷嘴研究[D]. 淮南：安徽理工大学，2019.
[6] 杨叔子. 机械加工工艺师手册[M]. 北京：机械工业出版社，2002.
[7] 陈韦松，谢永智. 龙门式自动洗车机设计[J]. 机电工程技术，2018，47(1)：79-80.
[8] 徐汝，葛燕萍. 龙门往复式全自动洗车机仿形刷洗系统设计[J]. 机械制造与自动化，2012，41(4)：35-38.
[9] 徐进，石小龙. 全自动小型龙门式洗车机系统设计[J]. 机械研究与应用，2018，31(2)：91-92.
[10] 王海祥，薛峰. 往复式全自动洗车机电气控制系统设计[J]. 微计算机信息，2011，27(10)：53-55.
[11] 王冬炽. 自动清洗车电气控制系统应用[J]. 科技经济导刊，2019，27(12)：46-47.
[12] 罗勇，李峰，葛磊，等. 便携式汽车清洗器的研究[J]. 机械管理开发，2010，25(5)：22-23.
[13] 王正钦. 旋转喷头的数值模拟及参数研究[D]. 北京：北京科技大学，2007.
[14] A. C. 霍夫曼，L. E. 斯坦因. 旋风分离器：原理、设计和工程应用[M]. 彭维明，姬忠礼，译. 北京：化学工业出版社，2004.
[15] 欧健生. 吸尘器风机设计探讨(上)[J]. 家电科技，1990，32(6)：35-37.
[16] 机械设计手册编委会. 机械设计手册：机架、箱体及导轨[M]. 北京：机械工业出版社，2007.
[17] 王乃康，茅也冰，赵平. 现代园林机械[M]. 北京：中国林业出版社，2011.